디딤돌수학 개념기본 공통수학 1

펴낸날 [초판 1쇄] 2023년 11월 6일 [초판 3쇄] 2024년 6월 3일
펴낸이 이기열
펴낸곳 (주)디딤돌 교육
주소 (03972) 서울특별시 마포구 월드컵북로 122 청원선와이즈타워
대표전화 02-3142-9000
구입문의 02-322-8451
내용문의 02-336-7918
팩시밀리 02-335-6038
홈페이지 www.didimdol.co.kr
등록번호 제10-718호
구입한 후에는 철회되지 않으며 잘못 인쇄된 책은 바꾸어 드립니다.

1 **눈으로** 이해되는 개념

디딤돌수학 개념기본은 보는 즐거움이 있습니다.
핵심 개념과 문제 속 개념, 수학적 개념이
이미지로 쉽게 이해되고, 오래 기억됩니다.

● 핵심 개념의 이미지화

핵심 개념이 이미지로 빠르고
쉽게 이해됩니다.

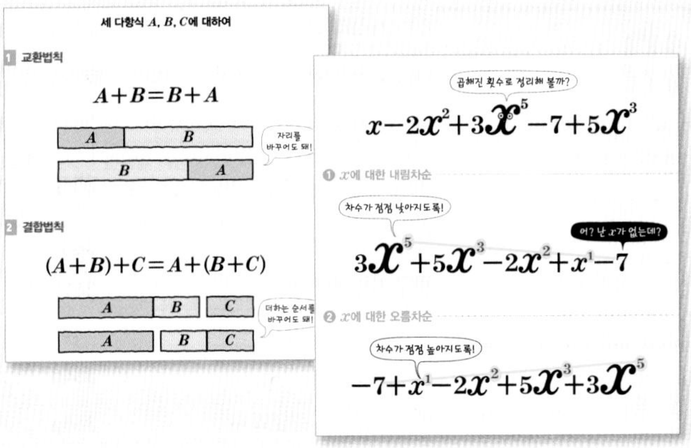

● 문제 속 개념의 이미지화

문제 속에 숨어있던 개념들을
이미지로 드러내 보여줍니다.

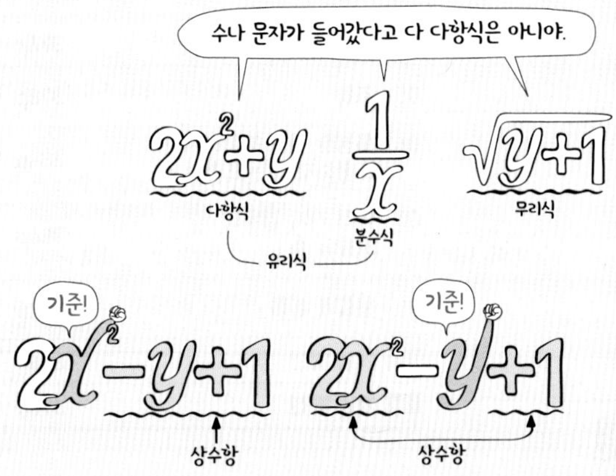

● 수학 개념의 이미지화

개념의 수학적 의미가 간단한
이미지로 쉽게 이해됩니다.

2 손으로 익히는 개념

디딤돌수학 개념기본은 문제를 푸는 즐거움이 있습니다.
학생들에게 가장 필요한 개념을 충분한 문항과 촘촘한 단계별 구성으로
자연스럽게 이해하고 적용할 수 있게 합니다.

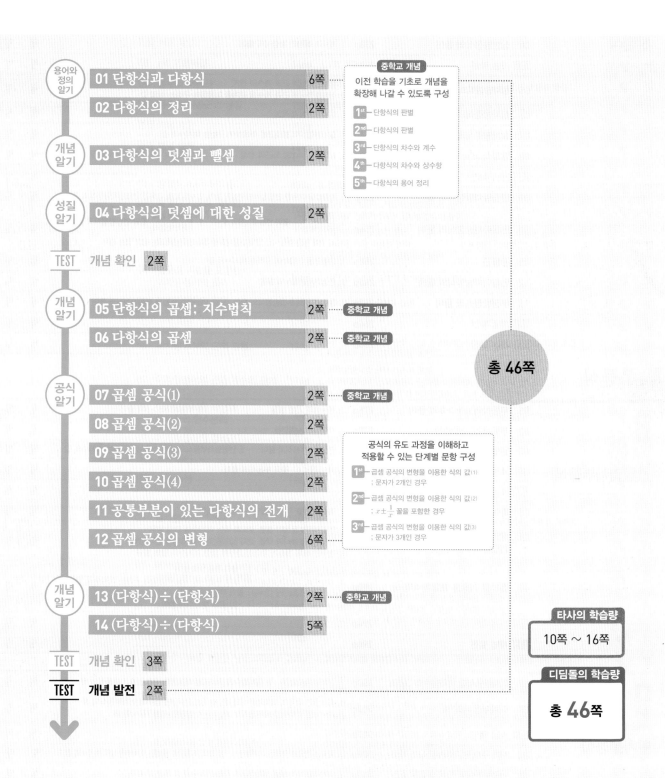

용어와 정의 알기
- 01 단항식과 다항식 6쪽 — 중학교 개념
  - 이전 학습을 기초로 개념을 확장해 나갈 수 있도록 구성
  - 1st — 단항식의 판별
  - 2nd — 다항식의 판별
  - 3rd — 단항식의 차수와 계수
  - 4th — 다항식의 차수와 상수항
  - 5th — 다항식의 용어 정리
- 02 다항식의 정리 2쪽

개념 알기
- 03 다항식의 덧셈과 뺄셈 2쪽

성질 알기
- 04 다항식의 덧셈에 대한 성질 2쪽

TEST 개념 확인 2쪽

개념 알기
- 05 단항식의 곱셈; 지수법칙 2쪽 — 중학교 개념
- 06 다항식의 곱셈 2쪽 — 중학교 개념

공식 알기
- 07 곱셈 공식(1) 2쪽 — 중학교 개념
- 08 곱셈 공식(2) 2쪽
- 09 곱셈 공식(3) 2쪽
- 10 곱셈 공식(4) 2쪽
- 11 공통부분이 있는 다항식의 전개 2쪽
- 12 곱셈 공식의 변형 6쪽
  - 공식의 유도 과정을 이해하고 적용할 수 있는 단계별 문항 구성
  - 1st — 곱셈 공식의 변형을 이용한 식의 값(1) ; 문자가 2개인 경우
  - 2nd — 곱셈 공식의 변형을 이용한 식의 값(2) ; $x\pm\frac{1}{x}$ 꼴을 포함한 경우
  - 3rd — 곱셈 공식의 변형을 이용한 식의 값(3) ; 문자가 3개인 경우

개념 알기
- 13 (다항식)÷(단항식) 2쪽 — 중학교 개념
- 14 (다항식)÷(다항식) 5쪽

TEST 개념 확인 3쪽

TEST 개념 발전 2쪽

총 46쪽

타사의 학습량
10쪽 ~ 16쪽

디딤돌의 학습량
총 46쪽

수학은 개념이다!

디딤돌수학

개념기본

공통수학 1

눈으로
손으로 개념이 발견되는 디딤돌 개념기본
머리로

디딤돌

이미지로 이해하고 문제를 풀다 보면
개념이 저절로 발견되는 디딤돌수학 개념기본

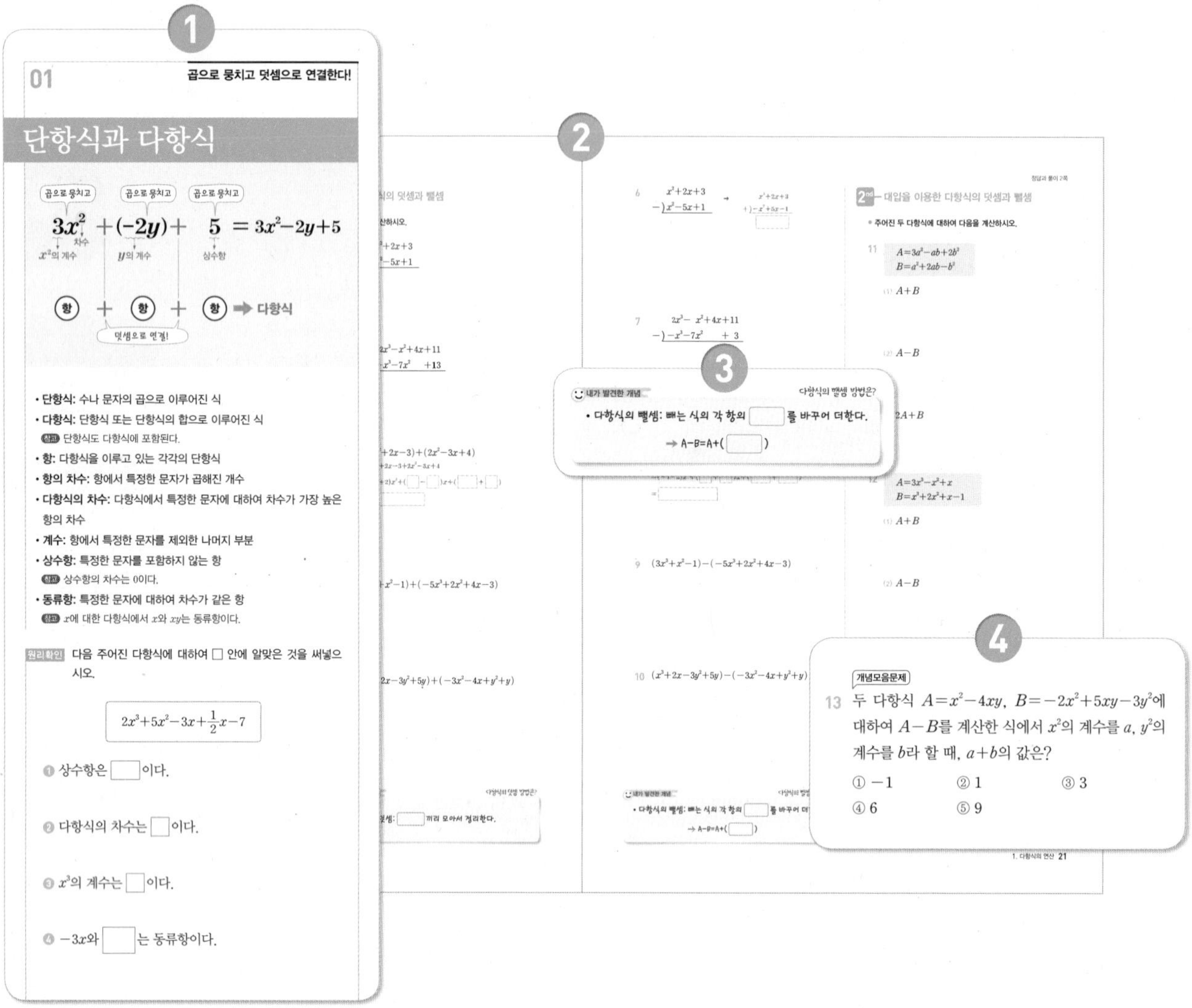

❶ 이미지로 개념 이해

핵심이 되는 개념을 이미지로
먼저 이해한 후 개념과 정의를
읽어보면 딱딱한 설명도 이해가 쏙!
원리확인 문제로 개념을
바로 적용하면서 개념을 확인!

❷ 단계별·충분한 문항

문제를 풀기만 하면
저절로 실력이 높아지도록
구성된 단계별 문항!
개념이 자신의 것이 되도록
구성된 충분한 문항!

❸ 내가 발견한 개념

문제 속에 숨겨져 있는
실전 개념들을 발견해 보자!
숨겨진 보물을 찾듯이
놓치기 쉬운 실전 개념들을
발견하면 흥미와 재미는 덤!
실력은 쑥!

❹ 개념모음문제

문제를 통해 이해한 개념들은
개념모음문제로 한 번에 정리!
개념의 활용과 응용력을 높이자!

발견된 개념들을 연결하여
통합적 사고를 할 수 있는 디딤돌수학 개념기본

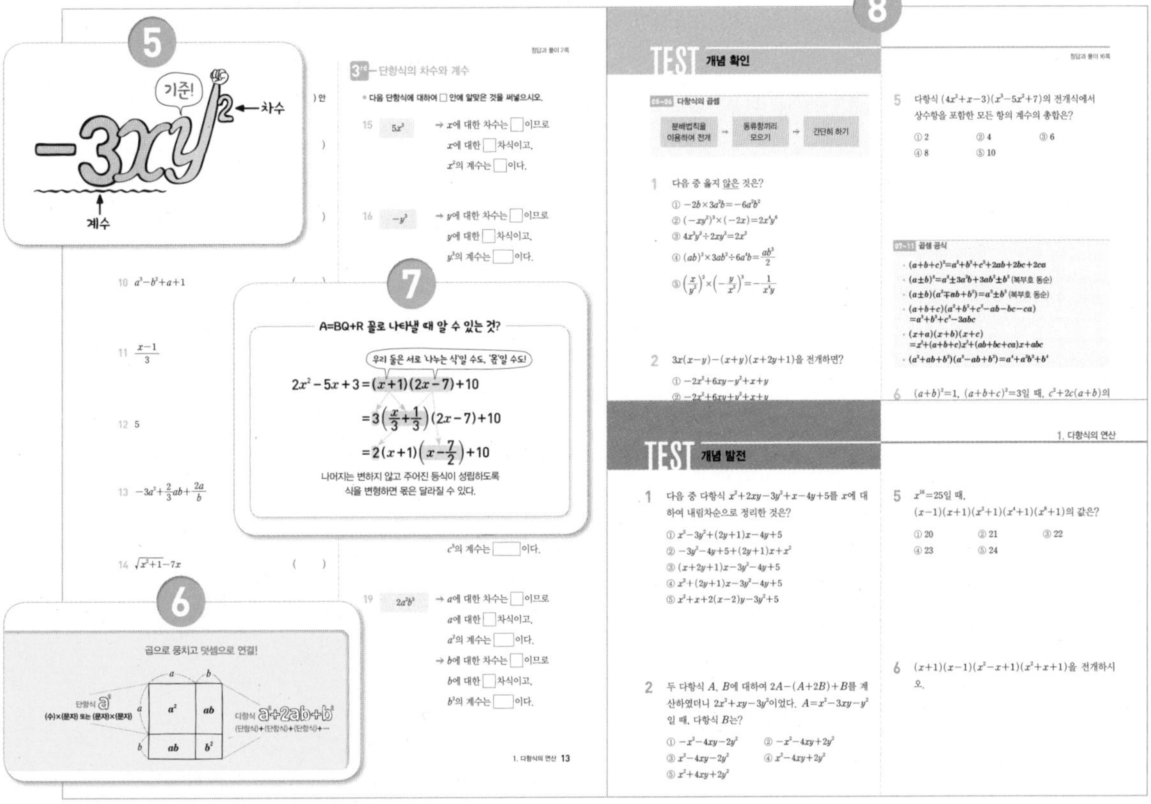

⑤
그림으로 보는 개념
문제 속에 숨어있던 개념을
적절한 이미지를 통해 눈으로 확인!
개념이 쉽게 확인되고 오래 기억되며
개념의 의미는 더 또렷이 저장!

⑥
개념 간의 연계
개념의 단원 안에서의 연계와
다른 단원과의 연계,
초·중·고 간의 연계를 통해
통합적 사고를 얻게 되면
흥미와 동기부여는 저절로 쭈욱~!

⑦
실전 개념
문제를 풀면서 알게되는
원리나 응용 개념들을 간결하고
시각적인 이미지로 확인!
문제와 개념을 다양한 각도로
연결 해주어 문제 해결 능력이 향상!

⑧
개념을 확인하는 TEST
소 주제별로 개념의 이해를
확인하는 '개념 확인'
중단원별로 개념과 실력을
확인하는 '개념 발전'

I 다항식

Ⅱ 방정식

※ '*'는 중학교 연계 내용입니다.

Ⅳ 경우의 수

Ⅴ 행렬

※ '*'는 중학교 연계 내용입니다.

변화에 대한 표현!

I 다항식

1 '수'처럼 다루는!
다항식의 연산

2 '수'처럼 나머지가 유일한!
나머지 정리

3 '수'처럼 분해하는!
인수분해

1

'수'처럼 다루는!
다항식의 연산

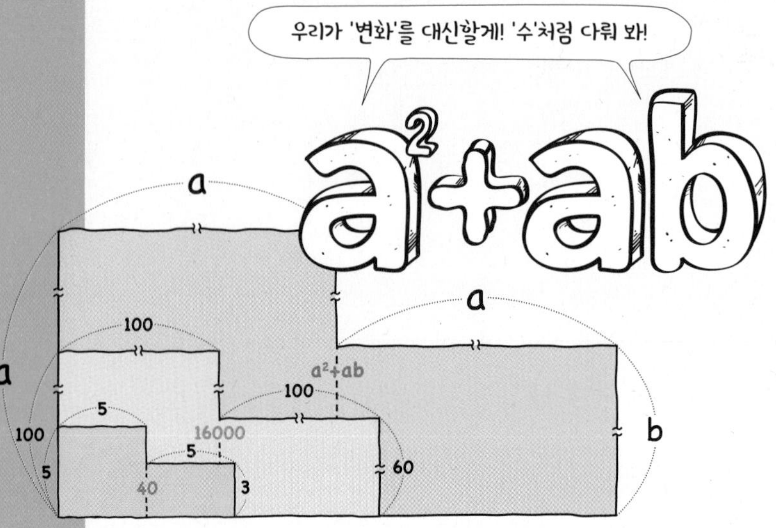

다항식

다항식과 관련된 여러 가지 용어의 뜻을 알고, 문자가 여러 개 있는 다항식의 차수, 계수, 상수항을 이해해 보자. 또한 다항식을 차수에 따라 정리하는 방법을 배워보자!

곱으로 뭉치고 덧셈으로 연결한다!

곱으로 뭉치고 / 곱으로 뭉치고 / 곱으로 뭉치고

$3x^2 + (-2y) + 5 = 3x^2 - 2y + 5$

(3: x^2의 계수, 2: 차수, -2: y의 계수, 5: 상수항)

항 + 항 + 항 ➡ 다항식 (덧셈으로 연결!)

❶ x에 대한 내림차순 $3x^5 + 5x^3 - 2x^2 + x^1 - 7$ (어? 난 x가 없는데?)

❷ x에 대한 오름차순 $-7 + x^1 - 2x^2 + 5x^3 + 3x^5$

다항식의 덧셈과 뺄셈

다항식끼리의 덧셈과 뺄셈 방법을 익혀 보자. 다항식의 덧셈은 동류항끼리 모아서 정리하여 계산하고, 뺄셈은 빼는 식의 각 항의 부호를 바꾸어 더하면 돼!

'수'처럼 계산이 가능한!

$3x^2+5x-4$ + x^2-2x+3

$(3x^2+5x-4)+(x^2-2x+3)$
$=3x^2+5x-4+x^2-2x+3$ (괄호 풀기)
$=(3x^2+x^2)+(5x-2x)+(-4+3)$ (동류항끼리 모으기)
$=4x^2+3x-1$ (간단히 하기)

$3x^2+5x-4$ − x^2-2x+3

(빼는 식의 각 항의 부호를 바꿔서 더해!)

$(3x^2+5x-4)-(x^2-2x+3)$
$=3x^2+5x-4+(-x^2+2x-3)$ (괄호 풀기)
$=(3x^2-x^2)+(5x+2x)+(-4-3)$ (동류항끼리 모으기)
$=2x^2+7x-7$ (간단히 하기)

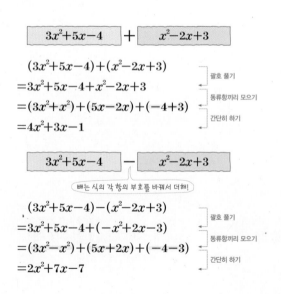

다항식의 곱셈

다항식끼리의 곱셈 방법을 익혀 보자. 다항식의 곱셈은 분배법칙을 이용하여 전개한 다음, 동류항끼리 모아서 간단히 정리하여 계산할 수 있어. 이때 곱셈 공식을 이용하면 훨씬 빠르고 정확히 계산할 수 있으니 잘 익혀서 활용해 보자!

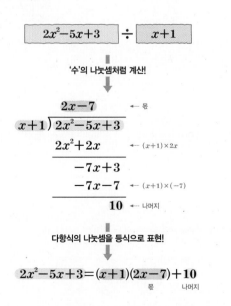

'수'처럼 계산이 가능한!

$x+1$ × $x+y+3$

$(x+1)\times(x+y+3)$ (①②③④⑤⑥)

$=x^2+xy+3x+x+y+3$ ← 분배법칙을 이용!

① ② ③ ④ ⑤ ⑥

$=x^2+(3x+x)+xy+y+3$ ← 동류항끼리 모으기

$=x^2+4x+xy+y+3$ ← 간단히 하기

곱셈 공식!

- $(a+b+c)^2=a^2+b^2+c^2+2ab+2bc+2ca$
- $(a+b)^3=a^3+3a^2b+3ab^2+b^3$
- $(a-b)^3=a^3-3a^2b+3ab^2-b^3$
- $(a+b)(a^2-ab+b^2)=a^3+b^3$
- $(a-b)(a^2+ab+b^2)=a^3-b^3$
- $(a+b+c)(a^2+b^2+c^2-ab-bc-ca)=a^3+b^3+c^3-3abc$
- $(x+a)(x+b)(x+c)=x^3+(a+b+c)x^2+(ab+bc+ca)x+abc$
- $(a^2+ab+b^2)(a^2-ab+b^2)=a^4+a^2b^2+b^4$

다항식의 나눗셈

몫과 나머지를 구하는 다항식끼리의 나눗셈 방법을 익혀 보자. 다항식을 내림차순으로 정리한 다음, 자연수의 나눗셈과 같은 방법으로 직접 나누어 계산할 수 있어!

'수'처럼 계산이 가능한!

$2x^2-5x+3$ ÷ $x+1$

'수'의 나눗셈처럼 계산!

$2x-7$ ← 몫

$x+1\,\overline{)\,2x^2-5x+3}$

$2x^2+2x$ ← $(x+1)\times 2x$

$-7x+3$

$-7x-7$ ← $(x+1)\times(-7)$

10 ← 나머지

다항식의 나눗셈을 등식으로 표현!

$2x^2-5x+3=(x+1)(2x-7)+10$

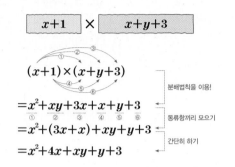

몫 나머지

01 곱으로 뭉치고 덧셈으로 연결한다!

단항식과 다항식

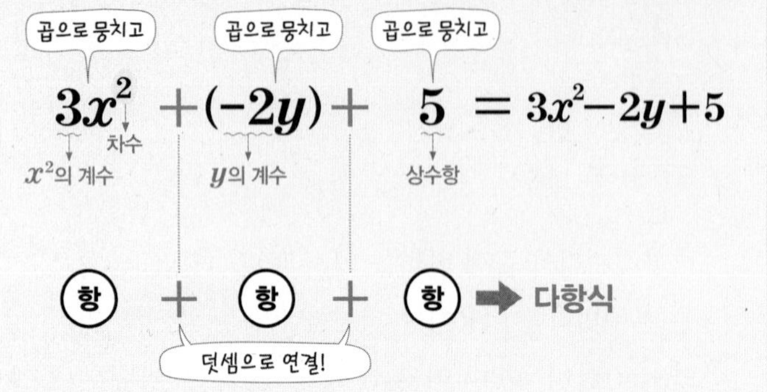

- **단항식:** 수나 문자의 곱으로 이루어진 식
- **다항식:** 단항식 또는 단항식의 합으로 이루어진 식
  참고 단항식도 다항식에 포함된다.
- **항:** 다항식을 이루고 있는 각각의 단항식
- **항의 차수:** 항에서 특정한 문자가 곱해진 개수
- **다항식의 차수:** 다항식에서 특정한 문자에 대하여 차수가 가장 높은 항의 차수
- **계수:** 항에서 특정한 문자를 제외한 나머지 부분
- **상수항:** 특정한 문자를 포함하지 않는 항
  참고 상수항의 차수는 0이다.
- **동류항:** 특정한 문자에 대하여 차수가 같은 항
  참고 x에 대한 다항식에서 x와 xy는 동류항이다.

원리확인 다음 주어진 다항식에 대하여 □ 안에 알맞은 것을 써넣으시오.

$$2x^3+5x^2-3x+\frac{1}{2}x-7$$

❶ 상수항은 □이다.

❷ 다항식의 차수는 □이다.

❸ x^3의 계수는 □이다.

❹ $-3x$와 □는 동류항이다.

1st — 단항식의 판별

● 다음 중 단항식인 것은 ○를, 단항식이 아닌 것은 ×를 ( ) 안에 써넣으시오.

1 $2x$ ( )

2 xy^2 ( )

3 $-\frac{3}{2}xy^2$ ( )

4 $\frac{2x^2}{y}$ ( )

→ $\frac{2x^2}{y}=2$ ◯ x ◯ x ◯ y
분모에 문자가 있는 식은 다항식이 아니야!

5 $-2\sqrt{x}$ ( )
근호 안에 문자가 있는 식은 다항식이 아니야!

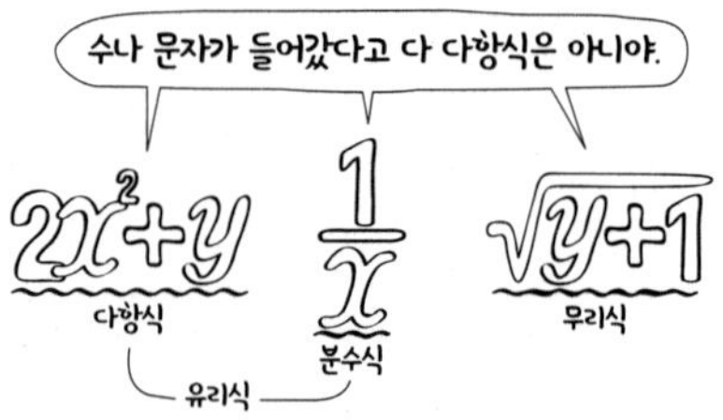

6 10 ( )

7 $\frac{1}{2}x^2y+5x$ ( )

2nd 다항식의 판별

● 다음 중 다항식인 것은 ○를, 다항식이 아닌 것은 ×를 (   ) 안에 써넣으시오.

8 $\frac{\sqrt{2}x}{3}$ 단항식도 다항식에 포함돼! (   )

9 $\alpha-\beta^3$ (   )

10 a^3-b^2+a+1 (   )

11 $\frac{x-1}{3}$ (   )

12 5 (   )

13 $-3a^2+\frac{2}{3}ab+\frac{2a}{b}$ (   )

14 $\sqrt{x^2+1}-7x$ (   )

곱으로 뭉치고 덧셈으로 연결!

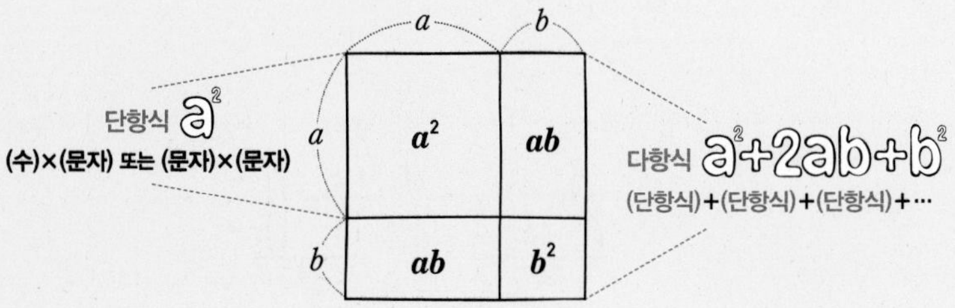

3rd 단항식의 차수와 계수

● 다음 단항식에 대하여 □ 안에 알맞은 것을 써넣으시오.

15 $5x^2$ → x에 대한 차수는 □이므로
x에 대한 □차식이고,
x^2의 계수는 □이다.

16 $-y^3$ → y에 대한 차수는 □이므로
y에 대한 □차식이고,
y^3의 계수는 □이다.

17 $-3xy^2$ → y에 대한 차수는 □이므로
y에 대한 □차식이고,
y^2의 계수는 □이다.

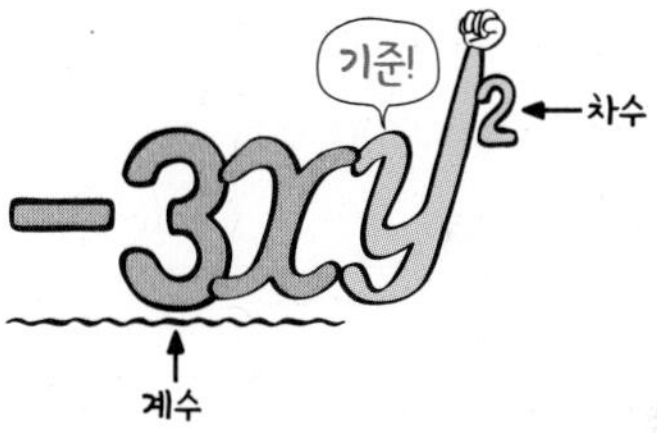

18 $5ab^2c^3$ → c에 대한 차수는 □이므로
c에 대한 □차식이고,
c^3의 계수는 □이다.

19 $2a^2b^3$ → a에 대한 차수는 □이므로
a에 대한 □차식이고,
a^2의 계수는 □이다.
→ b에 대한 차수는 □이므로
b에 대한 □차식이고,
b^3의 계수는 □이다.

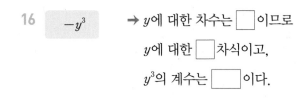

20 $\sqrt{2}x^3y^2$

→ x에 대한 차수는 □이므로

x에 대한 □차식이고,

x^3의 계수는 □이다.

→ y에 대한 차수는 □이므로

y에 대한 □차식이고,

y^2의 계수는 □이다.

→ x, y에 대한 차수는 $3+2=$□이므로

x, y에 대한 □차식이고,

x^3y^2의 계수는 □이다.

21 $-4a^2bc^3$

→ a, b에 대한 차수는 $2+1=$□이므로

a, b에 대한 □차식이고,

a^2b의 계수는 □이다.

→ b, c에 대한 차수는 □+□=□이므로

b, c에 대한 □차식이고,

bc^3의 계수는 □이다.

→ a, c에 대한 차수는 □+□=□이므로

a, c에 대한 □차식이고,

a^2c^3의 계수는 □이다.

→ a, b, c에 대한 차수는 □+□+□=□

이므로 a, b, c에 대한 □차식이고,

a^2bc^3의 계수는 □이다.

내가 발견한 개념 문자에 따라 달라지는 단항식의 차수!

단항식 $a^pb^qc^r$에 대하여

- a에 대한 □차식이고, a^p의 계수는 □이다.
- b에 대한 □차식이고, b^q의 계수는 □이다.
- c에 대한 □차식이고, c^r의 계수는 □이다.
- a, b, c에 대한 (□+□+□)차식이고,

  $a^pb^qc^r$의 계수는 □이다.

4th 다항식의 차수와 상수항

● 다음 다항식에 대하여 □ 안에 알맞은 것을 써넣으시오.

22 $3x^2+5x-7$

→ x에 대한 차수가 가장 높은 항의 차수는 □

이므로 x에 대한 □차식이고,

상수항은 □이다.

23 $-x^3+\frac{5}{3}x^2-4x+9$

→ x에 대한 차수가 가장 높은 항의 차수는 □

이므로 x에 대한 □차식이고,

상수항은 □이다.

기준이 되는 문자에 따라 달라진다.

24 $2x^2-y+1$

→ x에 대한 차수가 가장 높은 항의 차수는 □

이므로 x에 대한 □차식이고,

상수항은 $-y+$□이다.

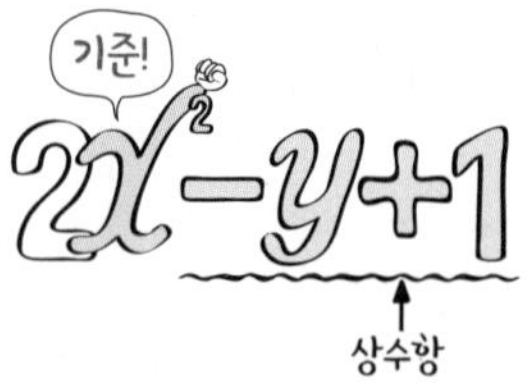

→ y에 대한 차수가 가장 높은 항의 차수는 □

이므로 y에 대한 □차식이고,

상수항은 $2x^2+$□이다.

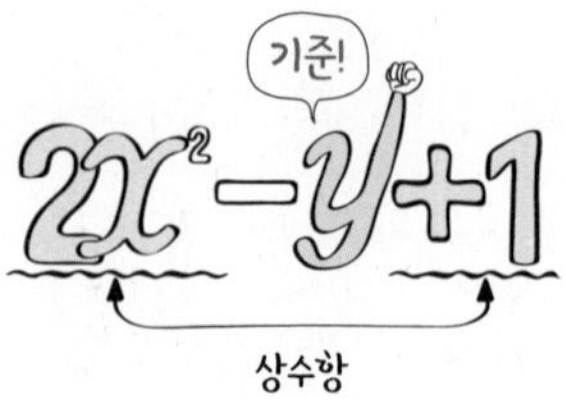

25 $y^3+2x^2+6y-3x+1$

→ x에 대한 차수가 가장 높은 항의 차수는 □
이므로 x에 대한 □ 차식이고,
상수항은 □ 이다.

→ y에 대한 차수가 가장 높은 항의 차수는 □
이므로 y에 대한 □ 차식이고,
상수항은 □ 이다.

26 $x^4+x^3y^2+y^3+1$

→ x에 대한 차수가 가장 높은 항의 차수는 □
이므로 x에 대한 □ 차식이고,
상수항은 □ 이다.

→ y에 대한 차수가 가장 높은 항의 차수는 □
이므로 y에 대한 □ 차식이고,
상수항은 □ 이다.

→ x, y에 대한 차수가 가장 높은 항의 차수는
$3+2=$ □ 이므로 x, y에 대한 □ 차식이고,
상수항은 □ 이다.

27 $-x^2+2y+x-4xy^3$

→ x에 대한 차수가 가장 높은 항의 차수는 □
이므로 x에 대한 □ 차식이고,
상수항은 □ 이다.

→ y에 대한 차수가 가장 높은 항의 차수는 □
이므로 y에 대한 □ 차식이고,
상수항은 □ 이다.

→ x, y에 대한 차수가 가장 높은 항의 차수는 □
이므로 x, y에 대한 □ 차식이고,
상수항은 □ 이다.

28 $2x^2y^3z+3x^4y^2-\frac{1}{2}z^2+1$

→ x, y, z에 대한 차수가 가장 높은 항의 차수는
$2+$ □ $+1=$ □ 이므로
x, y, z에 대한 □ 차식이고,
상수항은 □ 이다.

→ x, y에 대한 가장 차수가 높은 항의 차수는
$4+2=$ □ 이므로 x, y에 대한 □ 차식이고,
상수항은 □ 이다.

→ z에 대한 가장 차수가 높은 항의 차수는 □
이므로 z에 대한 □ 차식이고,
상수항은 □ 이다.

5th 다항식의 용어 정리

● **주어진 다항식에 대하여 다음을 구하시오.**

29 $x^2-2y^2-x+y-1$

(1) x에 대한 다항식의 차수

➜ x에 대한 최고차항은 ☐ 이므로 차수는 ☐ 이다.

(2) x에 대한 일차항의 계수

➜ x에 대한 일차항은 ☐ 이므로 계수는 ☐ 이다.

(3) x에 대한 상수항

➜ x에 대한 상수항은 x를 포함하지 않는 항이므로 ☐ 이다.

(4) y에 대한 다항식의 차수

(5) y에 대한 이차항의 계수

(6) y에 대한 상수항

30 $2x^3+3x^2-5y^2+7y^3-4x+3$

(1) x에 대한 다항식의 차수

(2) x에 대한 일차항의 계수

(3) x에 대한 상수항

(4) y에 대한 다항식의 차수

(5) y에 대한 일차항의 계수

(6) y에 대한 상수항

31 $x^3-2x^2y^2+3xy-y^3+1$

(1) x에 대한 다항식의 차수

(2) x에 대한 일차항의 계수

(3) x에 대한 상수항

(4) y에 대한 다항식의 차수

(5) y에 대한 일차항의 계수

(6) y에 대한 상수항

(7) x, y에 대한 다항식의 차수

(8) x, y에 대한 이차항의 계수

(9) x, y에 대한 상수항

32 $-2ab^2+\frac{1}{2}bc^2-a^2b^3c$

(1) a에 대한 다항식의 차수

(2) a에 대한 일차항의 계수

(3) a에 대한 상수항

(4) a, c에 대한 다항식의 차수

(5) a, c에 대한 삼차항의 계수

(6) a, c에 대한 상수항

내가 발견한 개념 문자에 따른 다항식의 차수는?

다항식 $x^n+y^m+x^{n-1}y^{m+1}$에 대하여

- x만 문자로 보면 x에 대한 ☐차식
- y만 문자로 보면 y에 대한 (☐)차식
- x, y를 모두 문자로 보면 x, y에 대한 (☐ + ☐)차식

개념모음문제

33 다음 중 다항식 $x^3-2x^2y^2+3y-5$에 대한 설명으로 옳지 않은 것은?

① 항의 개수는 x^3, $-2x^2y^2$, $3y$, -5의 4이다.
② x에 대한 삼차식이고, 상수항은 $3y-5$이다.
③ y에 대한 이차식이고, 상수항은 x^3-5이다.
④ x, y에 대한 이차식이고, 상수항은 -5이다.
⑤ y에 대한 이차항의 계수는 $-2x^2$이다.

02 한 문자에 대하여 차수를 순서대로!

다항식의 정리

곱해진 횟수로 정리해 볼까?

$$x-2x^2+3x^5-7+5x^3$$

❶ x에 대한 내림차순

차수가 점점 낮아지도록!

어? 난 x가 없는데?

$$3x^5+5x^3-2x^2+x^1-7$$

❷ x에 대한 오름차순

차수가 점점 높아지도록!

$$-7+x^1-2x^2+5x^3+3x^5$$

- **내림차순:** 한 문자에 대하여 차수가 높은 항부터 낮은 항의 순서로 나타내는 것
- **오름차순:** 한 문자에 대하여 차수가 낮은 항부터 높은 항의 순서로 나타내는 것

참고 ① 다항식은 일반적으로 내림차순으로 정리한다.
② 다항식을 한 문자에 대하여 내림차순이나 오름차순으로 정리할 때, 기준이 되는 문자를 제외한 나머지 문자는 상수로 생각한다.

원리확인 다음 x에 대한 다항식에 대하여 □ 안에 알맞은 것을 써넣으시오.

$3x^2+5-2x-x^3$

❶ 각 항의 차수 ➜ □, □, □, □

❷ 내림차순 ➜ □+□−□+□

❸ 오름차순 ➜ □−□+□−□

1st — 다항식의 정리

● 주어진 다항식을 다음과 같이 정리하시오.

1 $x^6-3+16x^4-17x+5x^2$

(1) x에 대한 내림차순

'대수'를 배우면 내가 네 옆에 항상 있었다는 걸 알게 될 거야.

(2) x에 대한 오름차순

2 $x^2+xy+y^2-x-y-1$

(1) x에 대한 내림차순

➜ $x^2+(xy-x)+y^2-y-1$

$=x^2+(\square-\square)x+\square-\square-\square$

(2) x에 대한 오름차순

(3) y에 대한 내림차순

➜ $y^2+(xy-y)+x^2-x-1$

$=y^2+(\square-\square)y+\square-\square-\square$

(4) y에 대한 오름차순

3 $xy^2-1-4x^2y+2x^2y^2$

(1) x에 대한 내림차순

(2) x에 대한 오름차순

(3) y에 대한 내림차순

(4) y에 대한 오름차순

4 $xy+3x^2-2x^2y^2-5y+x-4$

(1) x에 대한 내림차순

(2) x에 대한 오름차순

(3) y에 대한 내림차순

(4) y에 대한 오름차순

5 $3xy^2z^3-2y^6z^3-3xz^4+2x^3y^2-8$

(1) x에 대한 내림차순

(2) x에 대한 오름차순

(3) y에 대한 내림차순

(4) y에 대한 오름차순

(5) z에 대한 내림차순

(6) z에 대한 오름차순

변화를 다루는 힘!
그것이 진짜 고등 수학이지!

다항식을 기준이 되는 문자에 따라 정리하면 식의 값의 변화가 보인다!

$$3yx+2x^2y-x+4y-7$$

x가 기준이면

$$2yx^2+(3y-1)x+4y-7$$

상수항

x에 대한 이차식이니 x의 값이 변함에 따라 전체 식의 값은 포물선 모양으로 변하겠군!

y가 기준이면

$$(2x^2+3x+4)y-x-7$$

상수항

y에 대한 일차식이니 y의 값이 변함에 따라 전체 식의 값은 직선 모양으로 변하겠군!

03 '수'처럼 계산이 가능한!

다항식의 덧셈과 뺄셈

❶ 덧셈

$3x^2+5x-4$ + x^2-2x+3

$$\begin{aligned}&(3x^2+5x-4)+(x^2-2x+3)\\&=3x^2+5x-4+x^2-2x+3\\&=(3x^2+x^2)+(5x-2x)+(-4+3)\\&=4x^2+3x-1\end{aligned}$$

괄호 풀기
동류항끼리 모으기
간단히 하기

$$\begin{array}{rr}&3x^2+5x-4\\+)&x^2-2x+3\\\hline&4x^2+3x-1\end{array}$$

❷ 뺄셈

$3x^2+5x-4$ − x^2-2x+3

빼는 식의 각 항의 부호를 바꿔서 더해!

$$\begin{aligned}&(3x^2+5x-4)-(x^2-2x+3)\\&=3x^2+5x-4+(-x^2+2x-3)\\&=(3x^2-x^2)+(5x+2x)+(-4-3)\\&=2x^2+7x-7\end{aligned}$$

괄호 풀기
동류항끼리 모으기
간단히 하기

$$\begin{array}{rr}&3x^2+5x-4\\-)&x^2-2x+3\\\hline&2x^2+7x-7\end{array}$$

다항식1 + 다항식2 − … + 다항식9 = 다항식

연산으로 늘어놓은 다항식에 겁먹을 필요 없어!
'수'처럼 계산하면 결국 하나의 다항식이 될 거야!

- **다항식 A에 대하여 $-A$와 kA의 계산 (단, k는 실수)**
  ① $-A$: 다항식 A에 -1이 곱해진 것이므로 A의 각 항의 부호를 바꾼다.
  ② kA: 다항식 A의 각 항에 k를 곱한다.
- **다항식의 덧셈과 뺄셈**
  ① 다항식의 덧셈은 동류항끼리 모아서 정리한다.
  ② 다항식의 뺄셈은 빼는 식의 각 항의 부호를 바꾸어 더한다.
  → 두 다항식 A, B에 대하여 $A-B=A+(-B)$

1st — 다항식의 덧셈과 뺄셈

- 다음을 계산하시오.

1
$$\begin{array}{rr}&x^2+2x+3\\+)&x^2-5x+1\\\hline\end{array}$$

2
$$\begin{array}{rr}&2x^3-x^2+4x+11\\+)&-x^3-7x^2\qquad+13\\\hline\end{array}$$

3 $(-x^2+2x-3)+(2x^2-3x+4)$
$=-x^2+2x-3+2x^2-3x+4$
$=(-1+2)x^2+(\square-\square)x+(\square+\square)$
$=\square$

4 $(3x^3+x^2-1)+(-5x^3+2x^2+4x-3)$

5 $(x^3+2x-3y^2+5y)+(-3x^2-4x+y^2+y)$

내가 발견한 개념 — 다항식의 덧셈 방법은?

- 다항식의 덧셈: $\square$ 끼리 모아서 정리한다.

6 $\begin{array}{r} x^2+2x+3 \\ -)\ x^2-5x+1 \\ \hline \end{array}$ → $\begin{array}{r} x^2+2x+3 \\ +)\ -x^2+5x-1 \\ \hline \square \end{array}$

7 $\begin{array}{r} 2x^3-\ x^2+4x+11 \\ -)\ -x^3-7x^2 \quad\ +\ 3 \\ \hline \end{array}$

8 $(-x^2+2x-3)-(2x^2-3x+4)$

$=-x^2+2x-3+(-2x^2+3x-4)$

$=(-1-2)x^2+(\square+\square)x+(\square+\square)$

$=\square$

9 $(3x^3+x^2-1)-(-5x^3+2x^2+4x-3)$

10 $(x^3+2x-3y^2+5y)-(-3x^2-4x+y^2+y)$

내가 발견한 개념 다항식의 뺄셈 방법은?

• 다항식의 뺄셈: 빼는 식의 각 항의 $\square$를 바꾸어 더한다.

→ $A-B=A+(\square)$

2nd 대입을 이용한 다항식의 덧셈과 뺄셈

● 주어진 두 다항식에 대하여 다음을 계산하시오.

11
$A=3a^2-ab+2b^2$
$B=a^2+2ab-b^2$

(1) $A+B$

(2) $A-B$

(3) $2A+B$

12
$A=3x^3-x^2+x$
$B=x^3+2x^2+x-1$

(1) $A+B$

(2) $A-B$

(3) $2(2A-B)$

개념모음문제

13 두 다항식 $A=x^2-4xy$, $B=-2x^2+5xy-3y^2$에 대하여 $A-B$를 계산한 식에서 x^2의 계수를 a, y^2의 계수를 b라 할 때, $a+b$의 값은?

① -1 ② 1 ③ 3
④ 6 ⑤ 9

04

'수'처럼 계산이 가능한!

다항식의 덧셈에 대한 성질

세 다항식 A, B, C에 대하여

1 교환법칙

$$A+B=B+A$$

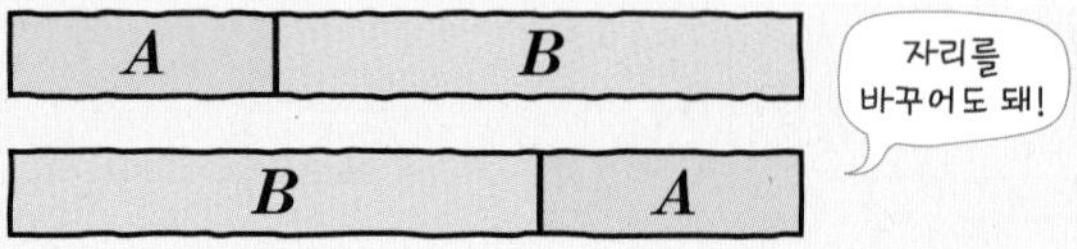

2 결합법칙

$$(A+B)+C=A+(B+C)$$

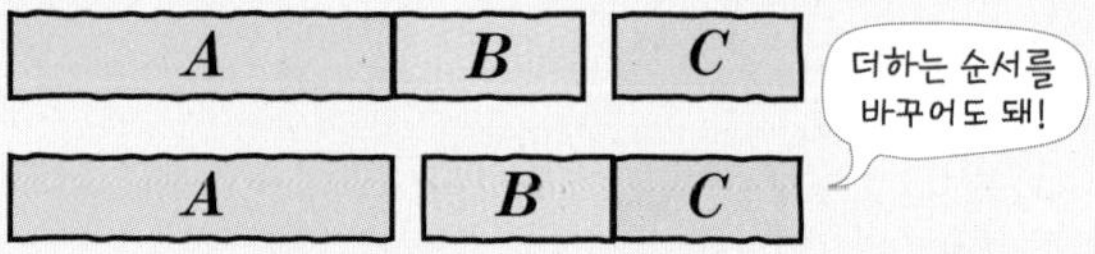

덧셈에 대하여 교환법칙, 결합법칙이 성립한다는 것은?

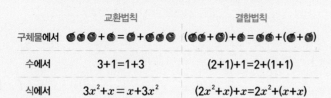

	교환법칙	결합법칙
구체물에서	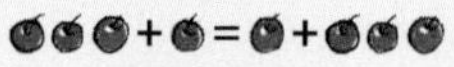	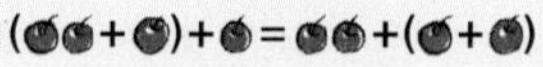
수에서	3+1=1+3	(2+1)+1=2+(1+1)
식에서	$3x^2+x=x+3x^2$	$(2x^2+x)+x=2x^2+(x+x)$

참고 $(A+B)+C$, $A+(B+C)$는 괄호를 생략하여 $A+B+C$로 나타내기도 한다.

원리확인 다음 □ 안에 알맞은 것을 써넣으시오.

$(x^3+2x^2+9)+(x^2-3)$
$=x^3+2x^2+9+x^2-3$
$=x^3+2x^2+x^2+9-3$ ⟵ □ 법칙
$=x^3+(2x^2+x^2)+(9-3)$ ⟵ □ 법칙
$=x^3+$□$+$□

1st 교환법칙과 결합법칙의 이용

● 주어진 세 다항식에 대하여 다음을 계산하시오.

1
$A=x^3-4x+3$
$B=-2x^3-3x^2+1$
$C=x^3+x^2+x+1$

(1) $A+B-C$

(2) $A-B+C+2B$
교환법칙을 이용해 봐!

(3) $-A+2B+(-2B+C)$
결합법칙을 이용해 봐!

(4) $A+2(A-B)-C$

(5) $2(A-B)-3(2B+C)$

2nd 조건을 이용하여 구하는 다항식

● 주어진 다항식을 이용하여 다항식 X를 구하시오.

2

$A=2a^2+2ab-2b^2$
$B=a^2+ab+4b^2$

(1) $A+X=B$

> $A+X+(-A)=B+(-A)$
> $X=B-A$
> 양변에 같은 다항식을 더하거나 빼도 등식은 성립한다.

(2) $2A-X=2B$

(3) $2A-2(X-B)=A$

● 주어진 다항식을 이용하여 다음을 계산하시오.

3

$A+B=5x^2-2x+2$
$A-B=-3x^2+4x-8$

(1) $2A$

> $A+\not{B}$
> $+)\ A-\not{B}$
> $2A$
> → 주어진 다항식의 덧셈이나 뺄셈을 이용한다.

(2) A

(3) $2B$

(4) B

4

$A-B=-9x^2-2xy+4y^2$
$A+2B=4xy+y^2$

(1) $3B$

(2) B

(3) $3A$

(4) A

5

$A+B=x^2-3xy+2y^2$
$B+C=-2x^2-xy$
$C+A=-x^2+6xy-8y^2$

(1) $2A+2B+2C$

(2) $A+B+C$

(3) A

(4) B

(5) C

TEST 개념 확인

01 단항식과 다항식

$$3x^2 + (-2y) + 5 = 3x^2 - 2y + 5$$

x^2의 계수 (3), 차수 (2), y의 계수 (−2), 상수항 (5)

02 다항식의 정리

- 내림차순: $5x^3-2x^2+x-7$ (x에 대한 차수 3, 2, 1, 0)
- 오름차순: $-7+x-2x^2+5x^3$ (x에 대한 차수 0, 1, 2, 3)

1 다음 중 다항식이 <u>아닌</u> 것을 모두 고르면? (정답 2개)

① $-6y$ ② x^2-3x

③ $\frac{2}{3x}+\sqrt{2}$ ④ a^2b-2ab^2+1

⑤ $x^2-2\sqrt{x}+1$

2 다음 중 상수항이 -5, 항이 3개인 x에 대한 삼차식은?

① $-3x^2-x-5$

② $-2x^2-x^2y+5$

③ x^3-5

④ x^3+2x-5

⑤ x^3-3x^2+2x-5

3 다항식 $3x^2-2xy-2y^3$에 대한 설명으로 옳은 것은?

① x에 대한 이차식이고 상수항은 0이다.

② y에 대한 이차식이고 상수항은 0이다.

③ x, y에 대한 일차식이고 상수항은 0이다.

④ 항의 개수는 3이다.

⑤ y에 대한 일차항의 계수는 $2x$이다.

4 다음 중 다항식을 x에 대한 내림차순으로 바르게 정리한 것은?

① $-3x^2+2x^4+x^3-x+2$

② $-x^4+3x+x^2+y+4$

③ $x^3+2x^2+x-x^4+1$

④ $x^4+x^2-x^3+x-1$

⑤ $2x^4+3x^3-x^2+x+3$

5 다음 다항식을 y에 대한 오름차순으로 정리할 때의 순서로 알맞은 것은?

$\underset{㉠}{x^3}\ \underset{㉡}{+4x^2y}\ \underset{㉢}{-xy^2}\ \underset{㉣}{+2y^3}\ \underset{㉤}{-2}$

① ㉡→㉢→㉣→㉠→㉤

② ㉠→㉤→㉡→㉢→㉣

③ ㉣→㉢→㉡→㉠→㉤

④ ㉠→㉡→㉢→㉣→㉤

⑤ ㉢→㉡→㉠→㉣→㉤

6 다음 다항식을 x에 대한 내림차순으로 정리하시오.

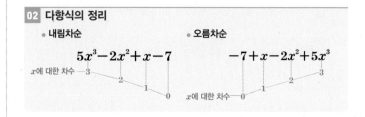

$$x^3y+3xy-2x^2y^2+3y-2+xy^2$$

03 다항식의 덧셈과 뺄셈

괄호 풀기 → 동류항끼리 모으기 → 간단히 하기

→ 뺄셈의 경우: 두 다항식 A, B에 대하여
$A-B=A+(-B)$

7 두 다항식 $A=x^2-y^2+3$, $B=3x^2-2+y^2$에 대하여 $A+B$를 계산하면?

① $4x^2+y^2$ ② $4x^2-2y^2+1$
③ $4x^2+1$ ④ $4x^2-2y^2-5$
⑤ $4x^2-1$

8 두 다항식 $A=x^2+xy-2y^2$, $B=2x^2-3xy+y^2$에 대하여 $2A-B$를 계산하면?

① $5xy+5y^2$
② $5xy-5y^2$
③ $-x^2+xy+3y^2$
④ $x^2-5xy-3y^2$
⑤ $x^2+5xy+5y^2$

9 세 다항식

$$A=3x+1,\ B=-x^2+2x,\ C=-x^2+3x-2$$

에 대하여 $A-B+C$를 계산하면?

① $4x-3$
② $4x-1$
③ x^2+4x-1
④ $2x^2+4x-1$
⑤ $-2x^2+4x+3$

04 다항식의 덧셈에 대한 성질

- 교환법칙

$$A+B=B+A$$

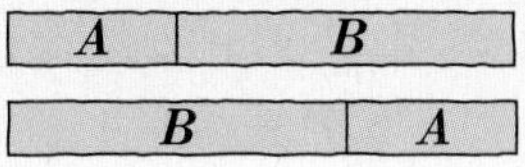

- 결합법칙

$$(A+B)+C=A+(B+C)$$

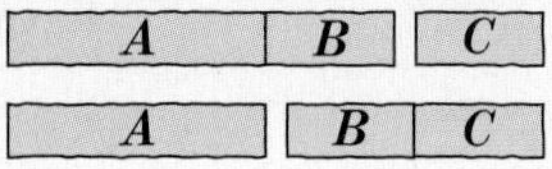

10 두 다항식 $A=x^2+xy$, $B=-xy+y^2$에 대하여 $(A-2B)+B$를 계산하면?

① x^2-xy-y^2
② x^2+xy-y^2
③ $x^2+2xy-y^2$
④ $x^2+2xy+y^2$
⑤ $x^2+2xy+2y^2$

11 두 다항식 $A=-x^2+2x+3$, $B=2x^2-3x+5$에 대하여 $2A+X=B$를 만족시킬 때, 다항식 X를 구하시오.

12 두 다항식 A, B에 대하여

$$A+B=x^2-2xy+y^2,\ A-B=x^2+2xy+y^2$$

일 때, A, B를 차례대로 구한 것은?

① $A=x^2+y^2$, $B=-2xy$
② $A=x^2+y^2$, $B=2xy$
③ $A=x^2-y^2$, $B=-2xy$
④ $A=x^2-y^2$, $B=2xy$
⑤ $A=x^2-2y^2$, $B=-2xy$

05

밑이 같은 거듭제곱의 연산!

단항식의 곱셈; 지수법칙

❶ 밑이 같은 거듭제곱의 곱셈

지수끼리 더해!

$2^3\times2^1=2\times2\times2\times2=2^4=2^{3+1}$

$2^2\times2^2=2\times2\times2\times2=2^4=2^{2+2}$

$$a^m\times a^n=a^{m+n}$$

❷ 밑이 같은 거듭제곱의 거듭제곱

지수끼리 곱해!

$(2^2)^3=2^2\times2^2\times2^2$

$=2\times2\times2\times2\times2\times2$

$=2^6=2^{2\times3}$

$$(a^m)^n=a^{m\times n}$$

❸ 밑이 같은 거듭제곱의 나눗셈

지수끼리 빼!

$2^3\div2^2=\frac{2\times2\times2}{2\times2}=2=2^{3-2}$

$2^3\div2^3=\frac{2\times2\times2}{2\times2\times2}=1$

$2^2\div2^3=\frac{2\times2}{2\times2\times2}=\frac{1}{2}=\frac{1}{2^{3-2}}$

$a^m\div a^n=$ (단, $a\neq0$)
- $m>n$이면 a^{m-n}
- $m=n$이면 1
- $m<n$이면 $\frac{1}{a^{n-m}}$

❹ 곱 · 몫의 거듭제곱

각각 분배해!

$(2\times3)^2=2\times3\times2\times3$

$=2\times2\times3\times3=2^2\times3^2$

$$(ab)^m=a^mb^m$$

$\left(\frac{2}{3}\right)^2=\frac{2}{3}\times\frac{2}{3}=\frac{2^2}{3^2}$

$$\left(\frac{a}{b}\right)^m=\frac{a^m}{b^m}\ (b\neq0)$$

• **단항식의 곱셈; 지수법칙**

① $a^l\times a^m\times a^n=a^{l+m+n}$

② $\{(a^l)^m\}^n=a^{lmn}$

③ $a^l\div a^m\div a^n=a^{l-m-n}$ (단, $l>m+n$)

참고 $a^0=1$, $a^{-n}=\frac{1}{a^n}$로 정하면 위의 ❸에서 m, n의 대소에 관계없이 $a^m\div a^n=a^{m-n}$이 성립한다. (단, $a\neq0$)

원리확인 다음 □ 안에 알맞은 수를 써넣으시오.

❶ $a^3\times a^2=a^{\square+\square}=a^{\square}$

❷ $(a^2)^3=a^{\square\times\square}=a^{\square}$

❸ $a^5\div a^3=a^{\square-\square}=a^{\square}$

❹ $a^3\div a^3=\square$

❺ $a^3\div a^5=\frac{1}{a^{\square-\square}}=\frac{1}{a^{\square}}$

❻ $(ab)^3=a^{\square}b^{\square}$, $\left(\frac{a}{b}\right)^3=\frac{a^{\square}}{b^{\square}}$

1st — 지수법칙의 이용

● 다음 식을 간단히 하시오.

1 $3x^2y\times2xy^2$

2 $2a^2\times(-4ab)$

3 $(-3ab^2)\times(-3a^5b^3)$

4 $\{(a^3)^2\}^5$

5 $(-x)^2\times(-x)^3$

부호에 주의해!

6 $(a^2b)^2\times(-ab^2)^3$

7 $(-4xy)^2\times\left(-\dfrac{x^2}{y}\right)^2$

8 $(-xy)^3\times\left(-\dfrac{y^2}{x}\right)^3\times\left(-\dfrac{x^3}{y}\right)^2$

9 $4a^4b^3\div2a^2b$

10 $15x^8y^{10}\div5x^2y^3\div y^5$

11 $2a^2b^9\div(-2ab^2)^3$

12 $\left(\dfrac{3a^2}{bc}\right)^3\div\left(-\dfrac{bc}{a^2}\right)^2$

13 $(3x^2y^3)^3\div12x^3\div\left(\dfrac{1}{4}xy^2\right)^2$

14 $8x^2y^3\div\left(\dfrac{1}{2}xy^2\right)^2\times\left(-\dfrac{1}{2}x^2y^3\right)^3$

$a\div b\times c=(a\div b)\times c$
$\neq a\div(b\times c)$
곱셈과 나눗셈만 있는 경우는 앞에서부터 차례로 계산한다.

15 $3\left(\dfrac{1}{2}a^2b\right)^3\times(-ab)^5\div\left(-\dfrac{3b^2}{2a}\right)^2$

내가 발견한 개념 음수의 거듭제곱은?

• a가 양수일 때, $(-a)^n=\begin{cases}\square & (n\text{은 짝수})\\ \square & (n\text{은 홀수})\end{cases}$

개념모음문제

16 $(-3xy)\div24x^6y^2\times(16xy^4)^2=-\dfrac{by^c}{x^a}$일 때, 자연수 a, b, c에 대하여 $a+b-c$의 값은?

① 18 ② 22 ③ 28
④ 35 ⑤ 42

지수의 확장

밑이 양수이면 지수의 범위가 변해도 지수법칙은 성립한다!

정수 → 유리수 → 실수

$a^4\times a^{-2}=a^{\frac{3}{2}}\times a^{\frac{1}{2}}=a^{2+\sqrt{2}}\times a^{-\sqrt{2}}=a^2$

06

'수'처럼 계산이 가능한!

다항식의 곱셈

$x+1$ × $x+y+3$

분배법칙

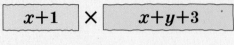

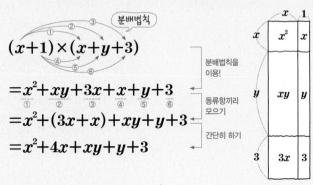

$(x+1)\times(x+y+3)$ — 분배법칙을 이용!

$=x^2+xy+3x+x+y+3$ (① ② ③ ④ ⑤ ⑥) — 동류항끼리 모으기

$=x^2+(3x+x)+xy+y+3$ — 간단히 하기

$=x^2+4x+xy+y+3$

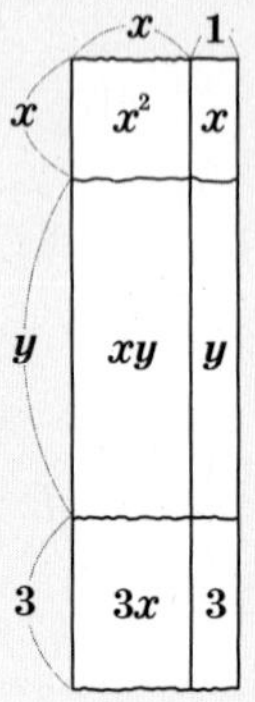

곱셈에 대하여 교환법칙, 결합법칙, 분배법칙이 성립한다는 것은?

	교환법칙	결합법칙	분배법칙
수에서	3×2 $=2\times3$	$(4\times3)\times2$ $=4\times(3\times2)$	$4\times(3+2)$ $=4\times3+4\times2$
식에서	$(x+2)\times x$ $=x\times(x+2)$	$x\times(2x\times3x)$ $=(x\times2x)\times3x$	$x(2x+1)$ $=x\times2x+x\times1$

세 개 이상의 다항식의 곱셈도 '수'처럼 계산할 수 있다는 거지!

- **전개:** 단항식과 다항식의 곱 또는 다항식과 다항식의 곱을 하나의 다항식으로 나타내는 것

  참고 전개하여 얻은 다항식을 전개식이라 한다.
- **다항식의 곱셈:** 분배법칙을 이용하여 식을 전개한 다음, 동류항끼리 모아서 정리한다.
- **다항식의 곱셈에 대한 성질:** 세 다항식 A, B, C에 대하여

  ① 교환법칙: $AB=BA$

  ② 결합법칙: $(AB)C=A(BC)$

  ③ 분배법칙: $A(B+C)=AB+AC$, $(A+B)C=AC+BC$

  참고 $(AB)C$, $A(BC)$는 괄호를 생략하여 ABC로 나타내기도 한다.

원리확인 다음 □ 안에 알맞은 것을 써넣으시오.

$(x^2+3x)(x-2)=x^2(x-2)+\square\times(x-2)$

$=(x^3-2x^2)+(\square-\square)$

$=x^3+(-2x^2+\square)-\square$

$=x^3+\square-\square$

1st — 다항식의 곱셈

● 다음 식을 전개하시오.

1 $a(a-3b+2)$

2 $(-xy)(x^2+xy-y^2)$

3 $(2a^2+a-3b^2)ab$

4 $(x+y)(2x-y)$

분배법칙을 이용하여 전개한 다음, 동류항끼리 계산해!

5 $(x-2)(x^2+x-1)$

6 $(2a^2-3a+1)(a+5)$

7 $(2x^2+xy+y^2)(-2x^2+y^2)$

8 $(x+y-1)(2x-y+2)$

9 $(x+y)(x-2y)(2x-y)$

2nd 전개식에서 특정한 항의 계수

● **다음 전개식에서 [ ] 안의 계수를 구하시오.**

10 $(x^2+2x+1)(2x^2-x+1)$ $[x^4]$

모두 전개한 다음 x^4항을 찾기보다는 x^4항이 나올 부분만 찾아서 전개해!

→ x^4항이 나올 수 있는 부분만 전개하면

$x^2\times 2x^2=$ ☐

이므로 x^4의 계수는 ☐ 이다.

11 $(x^3-x^2+3)(x^2-2x-5)$ $[x^3]$

12 $(x-y+1)(x+2y-4)$ $[xy]$

13 $(3x-y-2)(x+4y+3)$ $[xy]$

14 $(x+1)(x+2)(x+3)$ $[x^2]$

$(x+1)(x+2)(x+3)$ → $x\times x\times 3=3x^2$
$(x+1)(x+2)(x+3)$ → $x\times 2\times x=2x^2$
$(x+1)(x+2)(x+3)$ → $1\times x\times x=x^2$

15 $(x+1)(x+2)(x+3)(x+4)$ $[x^3]$

16 $(x+1)(x+2)(x+3)(x+4)(x+5)$ $[x^4]$

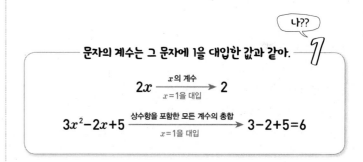

나??

문자의 계수는 그 문자에 1을 대입한 값과 같아.

$2x$ —(x의 계수 / $x=1$을 대입)→ 2

$3x^2-2x+5$ —(상수항을 포함한 모든 계수의 총합 / $x=1$을 대입)→ $3-2+5=6$

개념모음문제

17 $(3x^2-x+1)(x^3-2x^2+kx+1)$의 전개식에서 x의 계수가 3일 때, 상수 k의 값은?

① 1 ② 2 ③ 3
④ 4 ⑤ 5

07

분배법칙을 알면 저절로 외워지는!

곱셈 공식(1)

• 곱셈 공식❶

$$(a+b)^2=a^2+2ab+b^2$$

• 곱셈 공식❷

$$(a-b)^2=a^2-2ab+b^2$$

• 곱셈 공식❸

$$(a+b)(a-b)=a^2-b^2$$

• 곱셈 공식❹

$$(x+a)(x+b)=x^2+(a+b)x+ab$$

• 곱셈 공식❺

$$(ax+b)(cx+d)=acx^2+(ad+bc)x+bd$$

공식적으로 사과한다!
지금부터 공식이다.

1st 곱셈 공식(1)을 이용한 다항식의 전개

● 곱셈 공식을 이용하여 다음 식을 전개하시오.

$$(a+b)^2=a^2+2ab+b^2$$

1 $(x+2)^2=\square^2+2\times\square\times\square+\square^2$

$=\square+\square+\square$

2 $(2x+3)^2$

3 $(3x+5y)^2$

$$(a-b)^2=a^2-2ab+b^2$$

4 $(x-2)^2=\square^2-2\times\square\times\square+\square^2$

$=\square-\square+\square$

5 $(2x-3)^2$

6 $(3x-5y)^2$

내가 발견한 개념

$\left(x+\frac{1}{x}\right)^2$과 $\left(x-\frac{1}{x}\right)^2$에 곱셈 공식을 적용하면?

• $\left(x+\frac{1}{x}\right)^2=x^2+\square+\frac{1}{x^2}$

• $\left(x-\frac{1}{x}\right)^2=x^2+(\square)+\frac{1}{x^2}$

$(a+b)(a-b)=a^2-b^2$

7 $(x+2)(x-2)=\square^2-\square^2=\square-\square$

8 $(2x+5y)(2x-5y)$

9 $(2x^2+3)(2x^2-3)$

10 $\underline{(x-1)(x+1)}(x^2+1)$

밑줄 친 부분부터 전개해 봐!

11 $(x-1)(x+1)(x^2+1)(x^4+1)$

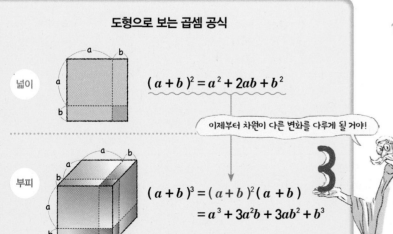

내가 발견한 개념 99×101에 곱셈 공식을 적용하면?

- $99\times101=(\square-1)\times(\square+1)$
  $=\square^2-\square^2$
  $=\square-\square=\square$

$(x+a)(x+b)=x^2+(a+b)x+ab$

12 $(x+2)(x+3)=\square^2+(\square+\square)x+\square$
$=\square+\square+\square$

13 $(x-2)(x-3)$

14 $(x+5y)(x-4y)$

$(ax+b)(cx+d)=acx^2+(ad+bc)x+bd$

15 $(2x+1)(3x+5)=\square\times x^2+(\square+\square)x+\square$
$=\square+\square+\square$

16 $(2x-3y)(3x-5y)$

17 $\left(\frac{1}{2}a^2+3b\right)(2a^2-b)$

도형으로 보는 곱셈 공식

넓이

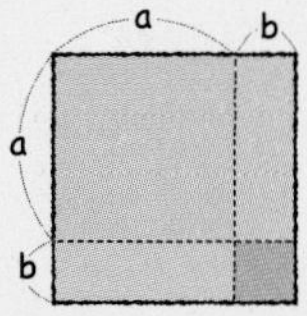

$(a+b)^2=a^2+2ab+b^2$

이제부터 차원이 다른 변화를 다루게 될 거야!

부피

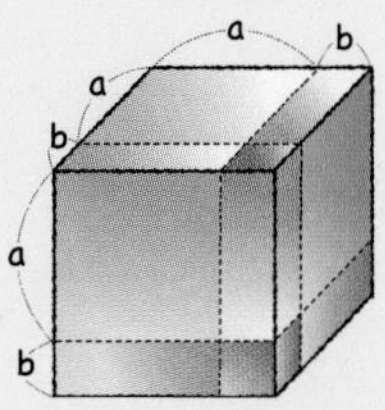

$(a+b)^3=(a+b)^2(a+b)$
$=a^3+3a^2b+3ab^2+b^3$

곱셈 공식(2)

• 곱셈 공식❻

$$(a+b+c)^2=a^2+b^2+c^2+2ab+2bc+2ca$$

• 곱셈 공식❼

$$(a+b)^3=a^3+3a^2b+3ab^2+b^3$$

• 곱셈 공식❽

$$(a-b)^3=a^3-3a^2b+3ab^2-b^3$$

원리확인 다음 □ 안에 알맞은 것을 써넣으시오.

❶ $(a+b+c)^2=\{(a+b)+\square\}^2$

$=(a+b)^2+\square(a+b)c+\square$ ← 곱셈 공식❶

$=(a^2+\square+b^2)+2ac+2bc+\square$

$=a^2+b^2+\square+2ab+2bc+\square$

❷ $(a+b)^3=(a+b)^{\square}(a+b)$

$=(a^2+\square+b^2)(a+b)$ ← 곱셈 공식❶

$=a^3+a^2b+2a^2b+\square+b^2a+b^3$

$=a^3+\square+3ab^2+\square$

❸ $(a-b)^3=(a-b)^{\square}(a-b)$

$=(a^2-\square+b^2)(a-b)$ ← 곱셈 공식❷

$=a^3-a^2b-\square+2ab^2+b^2a-b^3$

$=a^3-\square+3ab^2-\square$

1st — 곱셈 공식(2)를 이용한 다항식의 전개

• 곱셈 공식을 이용하여 다음 식을 전개하시오.

$(a+b+c)^2$
$=a^2+b^2+c^2+2ab+2bc+2ca$

1 $(x+y+z)^2$

2 $(a+b+1)^2$

3 $(x-y+z)^2$

$=x^2+(\square)^2+z^2+2\times x\times(\square)+2\times(\square)\times z+2\times x\times z$

$=x^2+\square+z^2-\square-\square+2zx$

4 $(a-b+3c)^2$

5 $(a-2b-1)^2$

6 $(x^2+y-3)^2$

$$(a+b)^3=a^3+3a^2b+3ab^2+b^3$$

7 $(x+2)^3=x^3+\square\times x^2\times 2+\square\times x\times 2^2+2^3$

$=x^3+\square+\square+8$

8 $(2x+y)^3$

9 $(3x+2y)^3$

10 $\left(\frac{1}{2}x+y\right)^3$

11 $(2x^2+y)^3$

$$(a-b)^3=a^3-3a^2b+3ab^2-b^3$$

12 $(x-2)^3=x^3-\square\times x^2\times 2+\square\times x\times 2^2-2^3$

$=x^3-\square+\square-8$

13 $(2x-y)^3$

14 $(3x-2y)^3$

15 $\left(\frac{1}{2}x-y\right)^3$

16 $(2x^2-y)^3$

규칙이 보이는 파스칼의 삼각형

$(a+b)^n$ 의 전개식 / 계수

$(a+b)^0=1$ ······ 1

$(a+b)^1=1a+1b$ ······ 1 1

$(a+b)^2=1a^2+2ab+1b^2$ ······ 1 2 1

$(a+b)^3=1a^3+3a^2b+3ab^2+1b^3$ ······ 1 3 3 1

1 4 6 4 1

⋮ ⋮

$(a+b)^6=1a^6+6a^5b+15a^4b^2+20a^3b^3+15a^2b^4+6ab^5+1b^6$

나 파스칼이 13살 때 발견한 삼각형이지!
계수에 대한 변화의 규칙을 찾으니
직접 전개하지 않고도 계수를 쉽게 찾을 수 있어!
잘 기억해 둬! 나중에 확률과 통계에서
많이 쓰이게 될 거야!
파스칼(1623–1662)

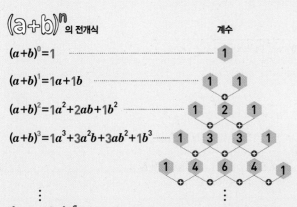

09

분배법칙을 알면 저절로 외워지는!

곱셈 공식(3)

• 곱셈 공식 ❾

$$(a+b)(a^2-ab+b^2)=a^3+b^3$$

• 곱셈 공식 ❿

$$(a-b)(a^2+ab+b^2)=a^3-b^3$$

• 곱셈 공식 ⓫

$$(a+b+c)(a^2+b^2+c^2-ab-bc-ca)$$
$$=a^3+b^3+c^3-3abc$$

원리확인 다음 □ 안에 알맞은 것을 써넣으시오.

❶ $(a+b)(a^2-ab+b^2)$

$=a^3-a^2b+\square+\square-ab^2+b^3$

$=a^3+\square$

❷ $(a-b)(a^2+ab+b^2)$

$=a^3+\square+ab^2-a^2b-\square-b^3$

$=\square-b^3$

❸ $(a+b+c)(a^2+b^2+c^2-ab-bc-ca)$

$=a^3+ab^2+ac^2-\square-abc-a^2c$

$\quad+a^2b+b^3+bc^2-ab^2-\square-abc$

$\quad+a^2c+b^2c+c^3-abc-bc^2-\square$

$=a^3+b^3+c^3-\square$

x^3-1

방정식의 해가 보이는 인수분해 ↓ ↑ 인수분해가 쉬워지는 곱셈 공식

$(x-1)(x^2+x+1)=0$

인수분해를 하면 방정식의 해를 쉽게 찾을 수 있고,
식의 값의 변화를 예측할 수 있지!

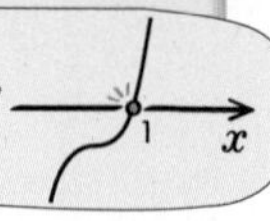

1st 곱셈 공식(3)을 이용한 다항식의 전개

• 곱셈 공식을 이용하여 다음 식을 전개하시오.

$$(a+b)(a^2-ab+b^2)=a^3+b^3$$

1 $(x+1)(x^2-x+1)=(x+1)(x^2-x\times\square+\square^2)$

$=x^3+\square^3$

$=\square+\square$

2 $(x+3)(x^2-3x+9)$

3 $(2x+3)(4x^2-6x+9)$

4 $(x+2y)(x^2-2xy+4y^2)$

5 $(3x+2y)(9x^2-6xy+4y^2)$

6 $(x^2+y)(x^4-x^2y+y^2)$

$$(a-b)(a^2+ab+b^2)=a^3-b^3$$

7 $(x-1)(x^2+x+1)=(x-1)(x^2+x\times\square+\square^2)$

$=x^3-\square^3$

$=\square-\square$

8 $(x-3)(x^2+3x+9)$

9 $(2x-3)(4x^2+6x+9)$

10 $(x-2y)(x^2+2xy+4y^2)$

11 $(3x-2y)(9x^2+6xy+4y^2)$

12 $(x^2-y)(x^4+x^2y+y^2)$

$$(a+b+c)(a^2+b^2+c^2-ab-bc-ca)$$
$$=a^3+b^3+c^3-3abc$$

13 $(x+y+1)(x^2+y^2-xy-x-y+1)$

$=(x+y+1)(x^2+y^2+1^2-xy-y\times\square-\square\times x)$

$=x^3+y^3+\square^3-3\times x\times y\times\square$

$=\square+y^3-\square+1$

14 $(2x+y+z)(4x^2+y^2+z^2-2xy-yz-2xz)$

15 $(x+y-1)(x^2+y^2-xy+x+y+1)$

16 $(x+2y-4)(x^2+4y^2-2xy+4x+8y+16)$

17 $(2x-3y-1)(4x^2+9y^2+6xy+2x-3y+1)$

10

분배법칙을 알면 저절로 외워지는!

곱셈 공식(4)

• 곱셈 공식 ⑫

$$(x+a)(x+b)(x+c)$$
$$=x^3+(a+b+c)x^2+(ab+bc+ca)x+abc$$

• 곱셈 공식 ⑬

$$(a^2+ab+b^2)(a^2-ab+b^2)$$
$$=a^4+a^2b^2+b^4$$

원리확인 다음 □ 안에 알맞은 것을 써넣으시오.

❶ $(x+a)(x+b)(x+c)$

$=\{x^2+(a+b)x+\square\}(x+c)$ ← 곱셈 공식❹

$=x^3+cx^2+(a+b)x^2+(a+b)cx+\square+\square$

$=x^3+(a+b+\square)x^2+(ab+\square+ca)x+abc$

❷ $(a^2+ab+b^2)(a^2-ab+b^2)$

$=\{(a^2+b^2)+\square\}\{(a^2+b^2)-\square\}$ ← 곱셈 공식❸

$=(a^2+b^2)^2-(\square)^2$ ← 곱셈 공식❶

$=a^4+2a^2b^2+b^4-\square$

$=a^4+\square+b^4$

일차식의 곱은 전개식의 구조를 알면 저절로 외워져!

$(x+a)(x+b)=x^2+(a+b)x+ab$

두 문자의 합 두 문자의 곱

$(x+a)(x+b)(x+c)$
$=x^3+(a+b+c)x^2+(ab+bc+ca)x+abc$

세 문자의 합 두 문자씩의 곱의 합 세 문자의 곱

1st — 곱셈 공식(4)를 이용한 다항식의 전개

• 곱셈 공식을 이용하여 다음 식을 전개하시오.

$$(x+a)(x+b)(x+c)$$
$$=x^3+(a+b+c)x^2+(ab+bc+ca)x+abc$$

1 $(x+2)(x+3)(x+4)$

$=x^3+(\square+\square+\square)x^2+(2\times3+3\times\square+4\times2)x$
$+2\times3\times\square$

$=x^3+\square x^2+\square x+\square$

2 $(x-1)(x+2)(x+3)$

3 $(x+1)(x-2)(x+4)$

4 $(x-2)(x+3)(x-5)$

5 $(x-1)(x-3)(x-5)$

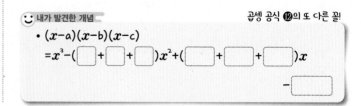

내가 발견한 개념 곱셈 공식 ⑫의 또 다른 꼴!

• $(x-a)(x-b)(x-c)$
$=x^3-(\square+\square+\square)x^2+(\square+\square+\square)x$
$-\square$

$(a^2+ab+b^2)(a^2-ab+b^2)=a^4+a^2b^2+b^4$

6 $(x^2+2x+4)(x^2-2x+4)$

$=(x^2+\square\times2+2^2)(x^2-\square\times2+2^2)$

$=x^4+\square\times2^2+2^4$

$=x^4+\square+\square$

7 $(x^2+3x+9)(x^2-3x+9)$

8 $(4x^2+2x+1)(4x^2-2x+1)$

9 $(4x^2+6xy+9y^2)(4x^2-6xy+9y^2)$

10 $(x^4-x^2y^2+y^4)(x^4+x^2y^2+y^4)$

자주 이용되는 곱셈 공식은 꼭 외우자!

❶ $(a+b+c)^2=a^2+b^2+c^2+2ab+2bc+2ca$
($a^2+b^2+c^2$: 각 항을 제곱, $2ab+2bc+2ca$: 둘씩 곱한 것에 ×2)

❷ $(a+b)^3=a^3+3a^2b+3ab^2+b^3$

$(a-b)^3=a^3-3a^2b+3ab^2-b^3$

❸ $(a+b)(a^2-ab+b^2)=a^3+b^3$

$(a-b)(a^2+ab+b^2)=a^3-b^3$

2nd 곱셈 공식 종합 연습

● 곱셈 공식을 이용하여 다음 식을 전개하시오.

11 $(a+b^2+4)^2$

12 $(2x^2+3)^3$

13 $(a^3+1)(a^6-a^3+1)$

14 $(a^2-b+3)(a^4+b^2+a^2b-3a^2+3b+9)$

15 $(x-3)(x+5)(x-7)$

16 $(16x^2-12xy+9y^2)(16x^2+12xy+9y^2)$

개념모음문제

17 $(x-1)(x^2+x+1)(x^6+x^3+1)$을 전개하면?

① x^9-1 ② x^9+1 ③ $x^{18}-1$
④ $x^{18}+1$ ⑤ $x^9+x^6+x^3+1$

11

공식을 알면 간단한!

공통부분이 있는 다항식의 전개

$$(x^2+x+1)(x^2+x-2)$$

잠깐 모습을 바꾸는 거야! ($x^2+x=t$로 치환)

$$=(\boxed{t}+1)(\boxed{t}-2)$$

곱셈 공식을 이용

$$=\boxed{t}^2-\boxed{t}-2$$

다시 원래대로! ($t=x^2+x$를 대입)

$$=(x^2+x)^2-(x^2+x)-2$$

곱셈 공식을 이용

$$=x^4+2x^3+x^2-x^2-x-2$$

간단히 정리

$$=x^4+2x^3-x-2$$

원리확인 다음은 공통부분을 문자 t로 치환하여 식을 전개하는 과정이다. □ 안에 알맞은 것을 써넣으시오.

❶ $(a+2b+c)(a+2b-c)$

$=\{(a+2b)+c\}\{(a+2b)-c\}$

$=(\square+c)(\square-c)$ ← $a+2b=t$로 치환

$=\square-c^2$

$=(\square+\square)^2-c^2$ ← $t=a+2b$를 대입

$=\square-c^2$

❷ $(x-2)(x-1)(x+2)(x+3)$

$=\{(x-1)(x+2)\}\{(\square)(x+3)\}$

$=(x^2+x-2)(\square)$

$=(t-2)(\square)$ ← $x^2+x=t$로 치환

$=t^2-\square+12$

$=(\square)^2-8(\square)+12$ ← $t=x^2+x$를 대입

$=\square-8x^2-\square+12$

$=\square$

1st — 공통부분이 있는 다항식의 전개

● 다음 식을 전개하시오.

1 $(x+y-1)(x+y+2)$

공통부분을 t로 치환해!

2 $(a^2+2a-2)(a^2+2a+1)$

3 $(a-2+b^2)(a+b^2+3)$

공통부분이 나오도록 항의 순서를 바꾼다.
$(a-2+b^2)(a+b^2+3)$
$=(a+b^2-2)(a+b^2+3)$
$=(t-2)(t+3)$

4 $(-x^2+y^2+4)(y^2-x^2+1)$

5 $(a+b-3)(a+b+3)$

6 $(x+y+\sqrt{5})(x+y-\sqrt{5})$

7 $(x^2+3x-2)(x^2+3x+2)$

8 $(x-z-y^2)(x-y^2+z)$

9 $(a+b-c)(a-b+c)$

공통부분이 나오도록 $-$부호로 묶어!

10 $(x^2+2x-1)(x^2-2x+1)$

11 $(x^2+x+1)(x^2+x-2)+3$

12 $(2x^2-x-3)(2x^2-x-5)+8$

13 $(\sqrt{2}x-\sqrt{3}+1)(\sqrt{2}x+\sqrt{3}+1)+5$

14 $\{(x+1)+(y-2)\}^2-2(x+1)(y-2)$

$x+1=a$, $y-2=b$로 치환하여 정리해 봐!

15 $(x-1)(x-2)(x+3)(x+4)$

공통부분이 나오도록 두 개씩 짝을 지어 전개한다.
$(x-1)(x-2)(x+3)(x+4)$
$=\{(x-1)(x+3)\}\{(x-2)(x+4)\}$
$=(x^2+2x-3)(x^2+2x-8)$

16 $(x-4)(x-3)(x-2)(x-1)$

17 $(x-9)(x-5)(x+2)(x-2)$

개념모음문제

18 $a=\sqrt{3}$, $b=\sqrt{5}$일 때,

$$\{(2a+1)+(2b-1)\}^2-\{(2a+1)-(2b-1)\}^2=p\sqrt{15}+q\sqrt{5}+r\sqrt{3}-4$$

이다. 정수 p, q, r에 대하여 $p+q+r$의 값은?

① -8 ② 0 ③ 8
④ 16 ⑤ 32

12

공식을 알면 자유자재!

곱셈 공식의 변형

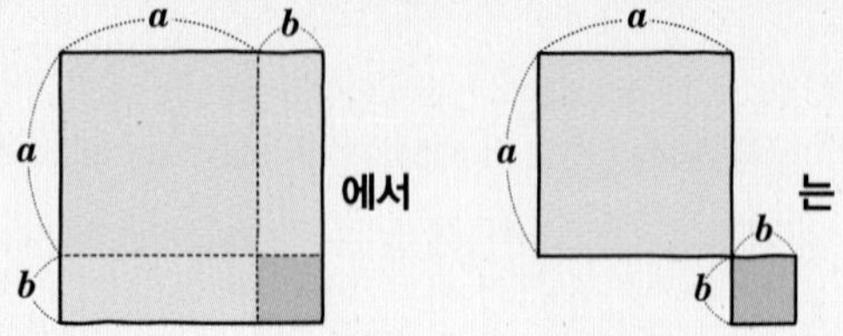

$$(a+b)^2=a^2+2ab+b^2$$

↓ 식을 변형

$$a^2+b^2=(a+b)^2-2ab$$

• **곱셈 공식의 변형**

① $a^2+b^2=(a+b)^2-2ab=(a-b)^2+2ab$

② $a^3+b^3=(a+b)^3-3ab(a+b)$

③ $a^3-b^3=(a-b)^3+3ab(a-b)$

④ $a^2+b^2+c^2=(a+b+c)^2-2(ab+bc+ca)$

⑤ $a^3+b^3+c^3=(a+b+c)(a^2+b^2+c^2-ab-bc-ca)+3abc$

⑥ $a^2+b^2+c^2-ab-bc-ca=\frac{1}{2}\{(a-b)^2+(b-c)^2+(c-a)^2\}$

⑦ $a^2+b^2+c^2+ab+bc+ca=\frac{1}{2}\{(a+b)^2+(b+c)^2+(c+a)^2\}$

원리확인 다음은 곱셈 공식을 변형하여 식의 값을 구하는 과정이다. □ 안에 알맞은 것을 써넣으시오.

$a+b=3$, $ab=2$일 때
a^2+b^2의 값

→ $(a+b)^2=a^2+2ab+b^2$에서

$a^2+b^2=(\square)^2-\square$

이때 $a+b=\square$, $ab=\square$이므로

$a^2+b^2=\square^2-2\times\square$

$=\square-\square$

$=\square$

1st 곱셈 공식의 변형을 이용한 식의 값(1) ; 문자가 2개인 경우

● 다음 곱셈 공식을 변형하는 과정에 대하여 □ 안에 알맞은 식을 써넣고, 주어진 조건을 이용하여 식의 값을 구하시오.

1

$(a+b)^2=a^2+2ab+b^2$

↓

$a^2+b^2=(\square)^2-\square$

(1) $a+b=4$, $ab=1$일 때, a^2+b^2의 값

(2) $a+b=1$, $ab=-5$일 때, a^2+b^2의 값

2

$(a-b)^2=a^2-2ab+b^2$

↓

$a^2+b^2=(\square)^2+\square$

(1) $a-b=6$, $ab=2$일 때, a^2+b^2의 값

(2) $a-b=-7$, $ab=5$일 때, a^2+b^2의 값

3

$$
\begin{array}{rl}
 & (a+b)^2=a^2+2ab+b^2 \\
-) & (a-b)^2=a^2-2ab+b^2 \\
\hline
 & (a+b)^2-(a-b)^2=\square
\end{array}
$$

↓

$$(a+b)^2=(\square)^2+\square$$

(1) $a-b=6$, $ab=2$일 때, $(a+b)^2$의 값

(2) $a-b=-4$, $ab=-3$일 때, $(a+b)^2$의 값

4

$$
\begin{array}{rl}
 & (a-b)^2=a^2-2ab+b^2 \\
-) & (a+b)^2=a^2+2ab+b^2 \\
\hline
 & (a-b)^2-(a+b)^2=\square
\end{array}
$$

↓

$$(a-b)^2=(\square)^2-\square$$

(1) $a+b=4$, $ab=1$일 때, $(a-b)^2$의 값

(2) $a+b=-2$, $ab=-3$일 때, $(a-b)^2$의 값

5

$$(a+b)^3=a^3+3a^2b+3ab^2+b^3$$

↓

$$a^3+b^3=(\square)^3-3a^2b-(\square)$$
$$=(\square)^3-3ab(\square)$$

(1) $a+b=4$, $ab=1$일 때, a^3+b^3의 값

(2) $a+b=-2$, $ab=3$일 때, a^3+b^3의 값

6

$$(a-b)^3=a^3-3a^2b+3ab^2-b^3$$

↓

$$a^3-b^3=(\square)^3+3a^2b-(\square)$$
$$=(\square)^3+3ab(\square)$$

(1) $a-b=3$, $ab=2$일 때, a^3-b^3의 값

(2) $a-b=4$, $ab=-5$일 때, a^3-b^3의 값

7

$$a^2+b^2=(\square)^2-2ab$$

$a^2+b^2=10$, $a+b=2$일 때, ab의 값

8

$$a^2+b^2=(\square)^2+2ab$$

$a^2+b^2=24$, $a-b=-4$일 때, ab의 값

9

$$(a+b)^2=(\square)^2+4ab$$

$(a+b)^2=64$, $a-b=6$일 때, ab의 값

10

$$(a-b)^2=(\square)^2-4ab$$

$(a-b)^2=29$, $a+b=-3$일 때, ab의 값

11

$$a^3+b^3=(a+b)^3-3ab(\square)$$

$a^3+b^3=20$, $a+b=2$일 때, ab의 값

12

$$a^3-b^3=(a-b)^3+3ab(\square)$$

$a^3-b^3=-4$, $a-b=-4$일 때, ab의 값

내가 발견한 개념 곱셈 공식은 항등식이니까 마음껏 변형해 봐!

$(a-b)^2 \xrightarrow{+2ab} a^2+b^2 \xrightarrow{+2ab} (a+b)^2$, $(a+b)^2 \xrightarrow{-2ab} a^2+b^2 \xrightarrow{-2ab} (a-b)^2$

- $a^2+b^2=(a-b)^2+\square$
  $=(a+b)^2-\square$
- $(a+b)^2=(a-b)^2+\square$
- $(a-b)^2=(a+b)^2-\square$

$a^3+b^3 \xrightarrow{+3ab(a+b)} (a+b)^3$, $(a+b)^3 \xrightarrow{-3ab(a+b)} a^3+b^3$

- $a^3+b^3=(a+b)^3-3ab(\square)$

$a^3-b^3 \xrightarrow{-3ab(a-b)} (a-b)^3$, $(a-b)^3 \xrightarrow{+3ab(a-b)} a^3-b^3$

- $a^3-b^3=(a-b)^3+3ab(\square)$

개념모음문제

13 $x+y=4$, $xy=3$일 때, x^3+y^3의 값은?

① 9 ② 16 ③ 28
④ 35 ⑤ 54

2nd 곱셈 공식의 변형을 이용한 식의 값(2)
; $x\pm\frac{1}{x}$ 꼴을 포함한 경우

● 다음 곱셈 공식을 변형하는 과정에 대하여 □ 안에 알맞은 것을 써넣고, 주어진 조건을 이용하여 식의 값을 구하시오. (단, $x\neq0$)

14

$$\left(x+\frac{1}{x}\right)^2=x^2+2\times x\times\frac{1}{\square}+\frac{1}{x^2}$$
$$=x^2+\square+\frac{1}{x^2}$$
$$\downarrow$$
$$x^2+\frac{1}{x^2}=\left(\square\right)^2-\square$$

(1) $x+\frac{1}{x}=4$일 때, $x^2+\frac{1}{x^2}$의 값

(2) $x+\frac{1}{x}=-3$일 때, $x^2+\frac{1}{x^2}$의 값

15

$$\left(x-\frac{1}{x}\right)^2=x^2-2\times x\times\frac{1}{\square}+\frac{1}{x^2}$$
$$=x^2-\square+\frac{1}{x^2}$$
$$\downarrow$$
$$x^2+\frac{1}{x^2}=\left(\square\right)^2+\square$$

(1) $x-\frac{1}{x}=2$일 때, $x^2+\frac{1}{x^2}$의 값

(2) $x-\frac{1}{x}=-3$일 때, $x^2+\frac{1}{x^2}$의 값

16

$$\left(x+\frac{1}{x}\right)^2=x^2+2+\frac{1}{x^2}$$
$$-)\ \left(x-\frac{1}{x}\right)^2=x^2-2+\frac{1}{x^2}$$
$$\left(x+\frac{1}{x}\right)^2-\left(x-\frac{1}{x}\right)^2=\square$$
$$\downarrow$$
$$\left(x+\frac{1}{x}\right)^2=\left(\square\right)^2+\square$$

(1) $x-\frac{1}{x}=2$일 때, $\left(x+\frac{1}{x}\right)^2$의 값

(2) $x-\frac{1}{x}=-3$일 때, $\left(x+\frac{1}{x}\right)^2$의 값

17

$$\left(x-\frac{1}{x}\right)^2=x^2-2+\frac{1}{x^2}$$
$$-)\ \left(x+\frac{1}{x}\right)^2=x^2+2+\frac{1}{x^2}$$
$$\left(x-\frac{1}{x}\right)^2-\left(x+\frac{1}{x}\right)^2=\square$$
$$\downarrow$$
$$\left(x-\frac{1}{x}\right)^2=\left(\square\right)^2-\square$$

(1) $x+\frac{1}{x}=4$일 때, $\left(x-\frac{1}{x}\right)^2$의 값

(2) $x+\frac{1}{x}=-3$일 때, $\left(x-\frac{1}{x}\right)^2$의 값

18

$$\left(x+\frac{1}{x}\right)^3=x^3+3\times x^2\times\frac{1}{\square}+3\times x\times\frac{1}{\square}+\frac{1}{x^3}$$

$$=\square$$

$$=\square+\frac{1}{\square}+3\left(\square\right)$$

↓

$$x^3+\frac{1}{x^3}=\left(\square\right)^3-3\left(\square\right)$$

(1) $x+\frac{1}{x}=4$일 때, $x^3+\frac{1}{x^3}$의 값

(2) $x+\frac{1}{x}=-3$일 때, $x^3+\frac{1}{x^3}$의 값

19

$$\left(x-\frac{1}{x}\right)^3=x^3-3\times x^2\times\frac{1}{\square}+3\times x\times\frac{1}{\square}-\frac{1}{x^3}$$

$$=\square$$

$$=\square-\frac{1}{\square}-3\left(\square\right)$$

↓

$$x^3-\frac{1}{x^3}=\left(\square\right)^3+3\left(\square\right)$$

(1) $x-\frac{1}{x}=2$일 때, $x^3-\frac{1}{x^3}$의 값

(2) $x-\frac{1}{x}=-1$일 때, $x^3-\frac{1}{x^3}$의 값

● **다음 등식을 변형하는 과정에 대하여 □ 안에 알맞은 것을 써넣고, 이 과정에서 얻은 조건을 이용하여 식의 값을 구하시오.**

20

$x^2-3x+1=0$일 때

$x\neq0$이므로 $x^2-3x+1=0$의 양변을 x로 나누면

$x-3+\frac{1}{\square}=0$ ➔ $x+\frac{1}{x}=\square$

(1) $x^2+\frac{1}{x^2}$

(2) $x^3+\frac{1}{x^3}$

21

$x^2+3x-1=0$일 때

$x\neq0$이므로 $x^2+3x-1=0$의 양변을 x로 나누면

$x+3-\frac{1}{\square}=0$ ➔ $x-\frac{1}{x}=\square$

(1) $x^2+\frac{1}{x^2}$

(2) $x^3-\frac{1}{x^3}$

내가 발견한 개념

$x\pm\frac{1}{x}$ 꼴이 포함된 식을 변형해 봐!

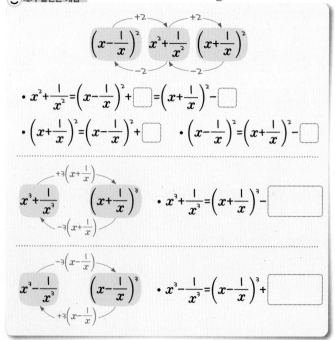

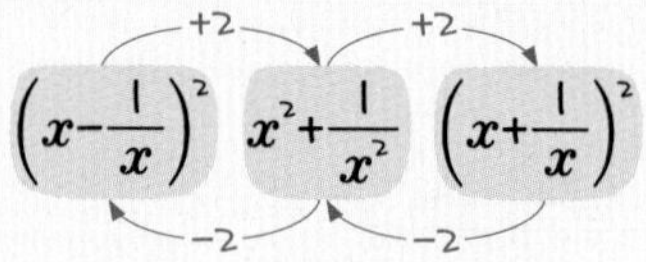

• $x^2+\frac{1}{x^2}=\left(x-\frac{1}{x}\right)^2+\square=\left(x+\frac{1}{x}\right)^2-\square$

• $\left(x+\frac{1}{x}\right)^2=\left(x-\frac{1}{x}\right)^2+\square$ • $\left(x-\frac{1}{x}\right)^2=\left(x+\frac{1}{x}\right)^2-\square$

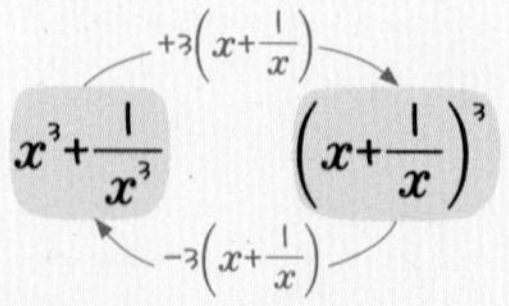

• $x^3+\frac{1}{x^3}=\left(x+\frac{1}{x}\right)^3-\square$

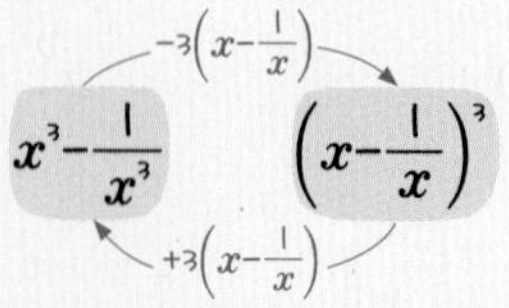

• $x^3-\frac{1}{x^3}=\left(x-\frac{1}{x}\right)^3+\square$

3rd 곱셈 공식의 변형을 이용한 식의 값(3) ; 문자가 3개인 경우

● 다음 곱셈 공식과 식을 변형하는 과정에 대하여 □ 안에 알맞은 식을 써넣고, 주어진 조건을 이용하여 식의 값을 구하시오.

22

$$(a+b+c)^2=a^2+b^2+c^2+2ab+2bc+2ca$$

↓

$$a^2+b^2+c^2=(\square)^2-2ab-\square-\square$$
$$=(\square)^2-2(\square)$$

(1) $a+b+c=3$, $ab+bc+ca=2$일 때, $a^2+b^2+c^2$의 값

(2) $a+b+c=-5$, $ab+bc+ca=4$일 때, $a^2+b^2+c^2$의 값

23

$$a^2+b^2+c^2+ab+bc+ca$$
$$=\frac{1}{2}(2a^2+\square+\square+2ab+\square+\square)$$
$$=\frac{1}{2}\{(a^2+2ab+b^2)+(\square+2bc+c^2)+(\square+\square+a^2)\}$$
$$=\frac{1}{2}\{(a+\square)^2+(b+\square)^2+(\square)^2\}$$

(1) $a+b=1+\sqrt{2}$, $b+c=1-\sqrt{2}$, $c+a=3$일 때, $a^2+b^2+c^2+ab+bc+ca$의 값

(2) $a+b=5$, $b+c=2-\sqrt{3}$, $c+a=2+\sqrt{3}$일 때, $a^2+b^2+c^2+ab+bc+ca$의 값

24

$$a^2+b^2+c^2-ab-bc-ca$$
$$=\frac{1}{2}(2a^2+\square+\square-2ab-\square-\square)$$
$$=\frac{1}{2}\{(a^2-2ab+b^2)+(\square-2bc+c^2)+(\square-\square+a^2)\}$$
$$=\frac{1}{2}\{(a-\square)^2+(b-\square)^2+(\square)^2\}$$

(1) $a-b=1-\sqrt{2}$, $b-c=1+\sqrt{2}$일 때, $a^2+b^2+c^2-ab-bc-ca$의 값

(2) $a-b=4-\sqrt{7}$, $b-c=4+\sqrt{7}$일 때, $a^2+b^2+c^2-ab-bc-ca$의 값

25

$$(a+b+c)(a^2+b^2+c^2-ab-bc-ca)$$
$$=a^3+b^3+c^3-3abc$$

↓

$$a^3+b^3+c^3=\square$$

(1) $a+b+c=5$, $ab+bc+ca=-4$, $abc=6$일 때, $a^3+b^3+c^3$의 값

$a^2+b^2+c^2$의 값을 구한 후 $a^3+b^3+c^3$의 값을 구해!

(2) $a+b+c=3$, $a^2+b^2+c^2=10$, $abc=-5$일 때, $a^3+b^3+c^3$의 값

$ab+bc+ca$의 값을 먼저 구해 봐!

내가 발견한 개념 문자가 3개인 경우의 곱셈 공식의 변형을 정리해 봐!

- $a^2+b^2+c^2=(\square)^2-2(\square)$
- $a^2+b^2+c^2+ab+bc+ca=\frac{1}{2}\{(a+\square)^2+(b+\square)^2+(\square)^2\}$
- $a^2+b^2+c^2-ab-bc-ca=\frac{1}{2}\{(a-\square)^2+(b-\square)^2+(\square)^2\}$
- $a^3+b^3+c^3=(\square)(a^2+b^2+c^2-ab-bc-ca)+\square$

13

'수'처럼 계산이 가능한!

(다항식)÷(단항식)

$2x^3+4x^2$ ÷ $2x$

$$(2x^3+4x^2)\div 2x$$

나누는 식의 역수 곱하기

$$=(2x^3+4x^2)\times\frac{1}{2x}$$

분배법칙을 이용

$$=\frac{2x^3}{2x}+\frac{4x^2}{2x}$$

간단히 하기

$$=x^2+2x$$

• (다항식)÷(단항식)

$$(a+b)\div m=(a+b)\times\frac{1}{m}=\frac{a}{m}+\frac{b}{m}$$

원리확인 다음 □ 안에 알맞은 것을 써넣으시오.

❶ $(4x^2+6xy)\div 2x=(4x^2+6xy)\times\frac{1}{\square}$

$=\frac{4x^2}{\square}+\frac{6xy}{\square}$

$=\square$

❷ $(x^3y^2+4x^2y^3)\div x^2y=(x^3y^2+4x^2y^3)\times\frac{1}{\square}$

$=\frac{x^3y^2}{\square}+\frac{4x^2y^3}{\square}$

$=\square$

❸ $(3x^2y+2xy^2)\div\frac{1}{4}xy$

$=(3x^2y+2xy^2)\times\square$

$=3x^2y\times\square+2xy^2\times\square$

$=\square$

1st — 다항식과 단항식의 나눗셈

● 다음을 계산하시오.

1 $(3a^2b+5ab^2)\div 4ab$

2 $(72x^6+16x^4)\div 8x^2$

3 $(6x^5-15x^6)\div 2x^4$

4 $(24x^2y^2-4x^2y)\div 8xy$

5 $(8ab^2c^3-4a^3b^2c)\div 2abc$

6 $(-3x^3yz+16x^2yz^3)\div(-xyz)$

7 $(9x^3y^5z^7-3x^2y^4)\div 15xy^2$

8 $\left(\frac{x^3}{2}-\frac{x^2}{3}\right)\div\frac{x}{2}$

9 $\left(\frac{1}{2}a^4b^2-4a^4b^5\right)\div\frac{8}{3}a^4b$

10 $\left(36x^2y-\frac{2}{5}xy^3\right)\div\left(-\frac{4}{5}xy\right)$

11 $(x^8+x^5+x^3)\div 2x^3$

12 $(abc+a^2bc+ab^3c^3)\div abc$

13 $(-3x^2y^2-14xy+6xy^3)\div xy$

14 $(3abc+2ab^2c-b^3c)\div bc$

15 $(x^2y^2z-x^3y^2z^2-x^4y^3z^3)\div x^2yz$

14

'수'처럼 계산이 가능한!

(다항식)÷(다항식)

$2x^2-5x+3$ ÷ $x+1$

'수'의 나눗셈처럼 계산!

$$\begin{array}{r} 2x-7 \quad \leftarrow \text{몫} \\ x+1\,\overline{)\,2x^2-5x+3} \\ 2x^2+2x \quad \leftarrow (x+1)\times 2x \\ \hline -7x+3 \\ -7x-7 \quad \leftarrow (x+1)\times(-7) \\ \hline 10 \quad \leftarrow \text{나머지} \end{array}$$

다항식의 나눗셈을 등식으로 표현!

$$2x^2-5x+3=(x+1)\underset{\text{몫}}{(2x-7)}+\underset{\text{나머지}}{10}$$

- (다항식)÷(다항식)
  각 다항식을 내림차순으로 정리한 다음, 자연수의 나눗셈과 같은 방법으로 계산한다.
- 다항식의 나눗셈에 대한 등식
  다항식 A를 다항식 B $(B\neq0)$로 나누었을 때의 몫을 Q, 나머지를 R라 하면
  $A=BQ+R$ (R의 차수는 B의 차수보다 낮다.)
  가 성립한다. 특히 $R=0$, 즉 $A=BQ$일 때, A는 B로 나누어떨어진다 한다.

원리확인 다음 □ 안에 알맞은 것을 써넣으시오.

$$\begin{array}{r} \square+\square \\ x+2\,\overline{)\,2x^2+9x+12} \\ \square+\square \quad \leftarrow (x+2)\times 2x \\ \hline \square+12 \\ \square+\square \quad \leftarrow (x+2)\times 5 \\ \hline \square \end{array}$$

➜ $2x^2+9x+12=(x+2)(\square)+\square$

1st 다항식과 다항식의 나눗셈

● 다음 다항식의 나눗셈을 세로셈으로 계산하는 과정을 쓰고, 몫과 나머지를 각각 구하시오.

1 $x+3\,\overline{)\,x^2+12x+20}$

➜ 몫: 나머지:

2 $x+1\,\overline{)\,3x^2-4x+7}$

➜ 몫: 나머지:

3 $x-4\,\overline{)\,5x^2-2x-3}$

➜ 몫: 나머지:

4 $x-2\,\overline{)\,3x^3+6x^2-2x+2}$

➜ 몫: 나머지:

5 $x^2+x-1\,\overline{)\,x^4-3x^3+6x^2-8x+5}$

→ 몫:　　　　　　나머지:

6

$$
\begin{array}{rl}
 & x^2+\square-3 \\
x-1 & \overline{)\,x^3+\square-4x+1} \\
 & \underline{x^3-x^2} \\
 & x^2-4x+1 \\
 & \underline{\square} \\
 & -3x+1 \\
 & \underline{-3x+3} \\
 & \square
\end{array}
$$

이차항이 없으니까 이차항의 자리를 비워 두면 계산할 때 편리해!

→ 몫:　　　　　　나머지:

7 $x-3\,\overline{)\,-x^3+x^2+\square-8}$

→ 몫:　　　　　　나머지:

8 $x^2+x+1\,\overline{)\,x^4+3x^3+\square-x+5}$

→ 몫:　　　　　　나머지:

9 $x^2+\square+1\,\overline{)\,x^3-7x^2+2x-1}$

→ 몫:　　　　　　나머지:

10 $x^2+\square+2\,\overline{)\,2x^4+\square-5x^2-2x+11}$

→ 몫:　　　　　　나머지:

● **두 다항식 A, B에 대하여 A를 B로 나누었을 때의 몫을 $Q(x)$, 나머지를 R 또는 $R(x)$라 할 때, 다음을 구하시오.**
(단, R는 상수, $R(x)$는 x에 대한 다항식이다.)

11 $A=x^2+3x+2$, $B=x-2$

(1) $Q(x)$

(2) R

(3) $Q(1)+R$의 값

$Q(x)$에 $x=1$을 대입해 봐!

12 $A=2x^2-x+2$, $B=2x+1$

(1) $Q(x)$

(2) R

(3) $Q\left(-\frac{1}{2}\right)+R$의 값

13 $A=-3x^2+2$, $B=x+1$

(1) $Q(x)$

(2) R

(3) $Q(-1)+R$의 값

14 $A=x^3+x^2-4x+3$, $B=x^2+x-1$

(1) $Q(x)$

(2) $R(x)$

(3) $Q(1)+R(1)$의 값

$Q(x)$, $R(x)$에 $x=1$을 각각 대입해 봐!

15 $A=x^4+2x^3-5x^2+2$, $B=x^2-1$

(1) $Q(x)$

(2) $R(x)$

(3) $Q(1)+R(2)$의 값

16 $A=5x^5-4x^4-2x^2+x-5$, $B=x^3+x^2+x+1$

(1) $Q(x)$

(2) $R(x)$

(3) $Q(0)+R(-1)$의 값

내가 발견한 개념 나누는 식에 따른 나머지의 특징은?

B) A (몫 Q, 나머지 R) → A= ☐ ×Q+ ☐

- 다항식 B가 일차식이면 나머지 R는 (상수, 일차식, 이차식)이다. 특히 R가 (0, 1)이면 A는 B로 나누어떨어진다.
- 나머지 R의 차수는 나누는 식 B의 차수보다 (낮다, 높다).

2nd 다항식의 나눗셈에 대한 등식

● 다음 두 다항식 A, B에 대하여 다항식 A를 다항식 B로 나누었을 때의 몫을 Q, 나머지를 R라 할 때, $A=BQ+R$ 꼴로 나타내시오.

17 $A=3x^2-2x-13$, $B=x+1$

18 $A=-2x^2-5x+1$, $B=x+3$

19 $A=9x^2-3x+10$, $B=3x-2$

20 $A=x^3+x^2-4x+5$, $B=x^2-2x-1$

21 $A=2x^3-4x-9$, $B=x^2-x+2$

22 $A=10x^3+3x^2-9x-8$, $B=2x^2+x-3$

● 주어진 조건을 이용하여 다음을 구하시오.

23

> 다항식 $P(x)$를 $x-2$로 나누었을 때
> → 몫: $2x-1$, 나머지: 3

(1) $P(x)$

(2) $P(x)$를 $2x-1$로 나누었을 때
→ 몫:　　　　　나머지:

(3) $P(x)$를 $x+2$로 나누었을 때
→ 몫:　　　　　나머지:

24

> 다항식 $P(x)$를 $2x+3$으로 나누었을 때
> → 몫: $3x^2-2$, 나머지: 0

(1) $P(x)$

(2) $P(x)$를 $3x^2-2$로 나누었을 때
→ 몫:　　　　　나머지:

(3) $P(x)$를 $x-1$로 나누었을 때
→ 몫:　　　　　나머지:

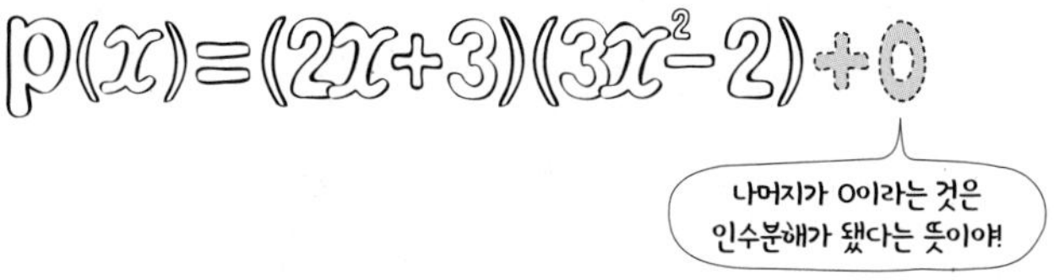

p(x)=(2x+3)(3x²-2)+0
나머지가 0이라는 것은 인수분해가 됐다는 뜻이야!

25

> 다항식 $P(x)$를 x^2+x-1로 나누었을 때
> → 몫: $x+3$, 나머지: 2

(1) $P(x)$

(2) $P(x)$를 $x+3$으로 나누었을 때

→ 몫: 나머지:

(3) $P(x)$를 x^2-1로 나누었을 때

→ 몫: 나머지:

26

> 다항식 $P(x)$를 $x-\frac{1}{2}$로 나누었을 때
> → 몫: $Q(x)$, 나머지: R

(1) $P(x)$를 $2x-1$로 나누었을 때

→ $P(x)=(\square)Q(x)+\square$

$=(2x-1)\times\square Q(x)+\square$

→ 몫: 나머지:

(2) $P(x)$를 $6x-3$으로 나누었을 때

→ $P(x)=(\square)Q(x)+\square$

$=(6x-3)\times\square Q(x)+\square$

→ 몫: 나머지:

27

> 다항식 $P(x)$를 $3x+1$로 나누었을 때
> → 몫: $Q(x)$, 나머지: R

(1) $P(x)$를 $x+\frac{1}{3}$로 나누었을 때

→ 몫: 나머지:

(2) $P(x)$를 $6x+2$로 나누었을 때

→ 몫: 나머지:

A=BQ+R 꼴로 나타낼 때 알 수 있는 것?

우리 둘은 서로 '나누는 식'일 수도, '몫'일 수도!

$2x^2-5x+3=(x+1)(2x-7)+10$

$=3\left(\frac{x}{3}+\frac{1}{3}\right)(2x-7)+10$

$=2(x+1)\left(x-\frac{7}{2}\right)+10$

나머지는 변하지 않고 주어진 등식이 성립하도록 식을 변형하면 몫은 달라질 수 있다.

내가 발견한 개념 몫을 변형해 봐!

- 다항식 $P(x)$를 일차식 $ax+b$로 나누었을 때의 몫이 $Q(x)$, 나머지가 R이면

$P(x)=(\square)Q(x)+R=\left(x+\frac{b}{a}\right)\times\square Q(x)+R$

따라서 $P(x)$를 $x+\frac{b}{a}$로 나누었을 때의 몫은 $\square$, 나머지는 $\square$이다.

TEST 개념 확인

정답과 풀이 16쪽

05~06 다항식의 곱셈

분배법칙을 이용하여 전개 → 동류항끼리 모으기 → 간단히 하기

1 다음 중 옳지 않은 것은?

① $-2b\times3a^2b=-6a^2b^2$

② $(-xy^2)^3\times(-2x)=2x^4y^6$

③ $4x^3y^2\div2xy^2=2x^2$

④ $(ab)^2\times3ab^2\div6a^4b=\dfrac{ab^3}{2}$

⑤ $\left(\dfrac{x}{y^2}\right)^2\times\left(-\dfrac{y}{x^2}\right)^3=-\dfrac{1}{x^4y}$

2 $3x(x-y)-(x+y)(x+2y+1)$을 전개하면?

① $-2x^2+6xy-y^2+x+y$

② $-2x^2+6xy+y^2+x+y$

③ $2x^2-6xy-y^2-x-y$

④ $2x^2-6xy-2y^2-x-y$

⑤ $2x^2-6xy-2y^2+x+y$

3 세 다항식 $A=a+b$, $B=a^2-1$, $C=a+2b$에 대하여 $A(B-C)+C(A+1)$을 계산하시오.

4 다항식 $(x^2-2x+a)(2x^2+x+3)$의 전개식에서 x^2의 계수가 9일 때, 상수 a의 값은?

① 1 ② 2 ③ 3 ④ 4 ⑤ 5

5 다항식 $(4x^2+x-3)(x^3-5x^2+7)$의 전개식에서 상수항을 포함한 모든 항의 계수의 총합은?

① 2 ② 4 ③ 6 ④ 8 ⑤ 10

07~11 곱셈 공식

- $(a+b+c)^2=a^2+b^2+c^2+2ab+2bc+2ca$
- $(a\pm b)^3=a^3\pm3a^2b+3ab^2\pm b^3$ (복부호 동순)
- $(a\pm b)(a^2\mp ab+b^2)=a^3\pm b^3$ (복부호 동순)
- $(a+b+c)(a^2+b^2+c^2-ab-bc-ca)$
  $=a^3+b^3+c^3-3abc$
- $(x+a)(x+b)(x+c)$
  $=x^3+(a+b+c)x^2+(ab+bc+ca)x+abc$
- $(a^2+ab+b^2)(a^2-ab+b^2)=a^4+a^2b^2+b^4$

6 $(a+b)^2=1$, $(a+b+c)^2=3$일 때, $c^2+2c(a+b)$의 값은?

① 1 ② 2 ③ 3 ④ 4 ⑤ 5

7 한 모서리의 길이가 $x+1$인 정육면체의 부피를 A, 한 모서리의 길이가 $x-1$인 정육면체의 부피를 B라 할 때, $A+B$를 계산하면?

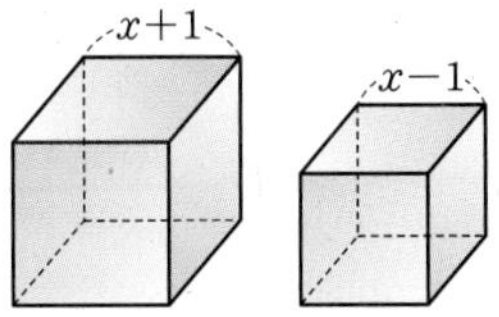

① $6x^2-2$ ② $2x^3+6x$

③ $2x^3+3x-2$ ④ $2x^3+6x^2+3x+1$

⑤ $2x^3+6x^2+6x+2$

8 $(a-2b+3c)(a^2+4b^2+9c^2+2ab+6bc-3ac)$를 전개하면?

① $a^3+8b^3+27c^3+18abc$
② $a^3+8b^3+27c^3-18abc$
③ $a^3-8b^3+27c^3+18abc$
④ $a^3-8b^3+27c^3-18abc$
⑤ $a^3+8b^3-27c^3+18abc$

9 $(x-y)(x^2+xy+y^2)(x^6+x^3y^3+y^6)$을 전개하면?

① x^9-y^9　② x^9+y^9
③ $x^6+x^3y^3+y^6$　④ $x^9-x^6y^6+y^9$
⑤ $x^9+x^6y^6+y^9$

10 $(2a-b+3c)(2a-b-3c)$를 전개하시오.

12 곱셈 공식의 변형

- $a^2+b^2=(a+b)^2-2ab=(a-b)^2+2ab$
- $a^3\pm b^3=(a\pm b)^3\mp 3ab(a\pm b)$ (복부호 동순)
- $a^2+b^2+c^2=(a+b+c)^2-2(ab+bc+ca)$
- $a^3+b^3+c^3=(a+b+c)(a^2+b^2+c^2-ab-bc-ca)+3abc$
- $a^2+b^2+c^2\mp ab\mp bc\mp ca=\frac{1}{2}\{(a\mp b)^2+(b\mp c)^2+(c\mp a)^2\}$ (복부호 동순)

11 $x-y=4$, $xy=-6$일 때, x^2+y^2의 값은?

① 1　② 2　③ 3
④ 4　⑤ 5

12 $x-y=-2$, $x^2+y^2=2$일 때, x^3-y^3의 값은?

① -10　② -8　③ -6
④ -4　⑤ -2

13 $x^2-x-1=0$일 때, $x^3-\frac{1}{x^3}$의 값은?

① 1　② 2　③ 3
④ 4　⑤ 5

14 $a+b+c=5$, $ab+bc+ac=10$일 때, $a^2+b^2+c^2$의 값을 구하시오.

15 오른쪽 그림과 같이 가로의 길이가 a, 세로의 길이가 b인 직사각형의 둘레의 길이가 12, 넓이가 8일 때, a^2+b^2의 값은?

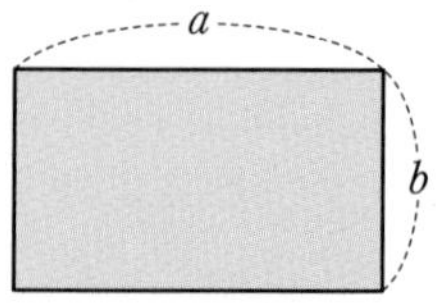

① 8　② 12　③ 16
④ 20　⑤ 24

13~14 다항식의 나눗셈

• 다항식 A를 다항식 B $(B\neq0)$로 나누었을 때의 몫을 Q, 나머지를 R라 하면

$A=BQ+R$

(단, R의 차수는 B의 차수보다 낮다.)

Q ← 몫
$B\,)\,A$
BQ
R ← 나머지

16 $(2a^2bc^4-2ab^2c+abc^2)\div ab^2c$를 계산하시오.

17 다항식 x^3+3x^2-5x+7을 다항식 x^2+x로 나누었을 때의 나머지가 $ax+b$이다. $a+b$의 값은?

(단, a, b는 상수이다.)

① -2 ② -1 ③ 0
④ 1 ⑤ 2

18 다항식 $2x^3-x^2+4$를 다항식 $x+1$로 나누었을 때의 몫을 $Q(x)$, 나머지를 R라 할 때, $Q(-1)+R$의 값은?

① 1 ② 3 ③ 5
④ 7 ⑤ 9

19 다항식 x^2+ax+2가 다항식 $x-1$로 나누어떨어질 때, 상수 a의 값은?

① -6 ② -3 ③ 0
④ 3 ⑤ 6

20 다항식 $P(x)$를 다항식 $x-1$로 나누었을 때의 몫이 $2x^2-1$이고 나머지가 -3일 때, 다항식 $P(x)$는?

① $2x^3+2x^2+x+2$
② $2x^3+2x^2-x-2$
③ $2x^3-2x^2-x-2$
④ $2x^3-2x^2+x-2$
⑤ $2x^3-2x^2-x+2$

21 다항식 x^3-2x^2-2x-3이 다항식 $P(x)$로 나누어떨어질 때의 몫이 x^2+x+1이다. $P(x)$는?

① $x-3$ ② $x-1$ ③ $x+1$
④ $x+2$ ⑤ $x+3$

22 다항식 $P(x)$를 $x+\frac{1}{2}$로 나누었을 때의 몫을 $Q(x)$, 나머지를 R라 할 때, $P(x)$를 $2x+1$로 나누었을 때의 몫과 나머지를 차례대로 구한 것은?

① $Q(x)$, $\frac{1}{2}R$ ② $Q(x)$, R
③ $\frac{1}{2}Q(x)$, R ④ $\frac{1}{2}Q(x)$, $\frac{1}{2}R$
⑤ $2Q(x)$, R

TEST 개념 발전

1 다음 중 다항식 $x^2+2xy-3y^2+x-4y+5$를 x에 대하여 내림차순으로 정리한 것은?

① $x^2-3y^2+(2y+1)x-4y+5$
② $-3y^2-4y+5+(2y+1)x+x^2$
③ $(x+2y+1)x-3y^2-4y+5$
④ $x^2+(2y+1)x-3y^2-4y+5$
⑤ $x^2+x+2(x-2)y-3y^2+5$

2 두 다항식 A, B에 대하여 $2A-(A+2B)+B$를 계산하였더니 $2x^2+xy-3y^2$이었다. $A=x^2-3xy-y^2$일 때, 다항식 B는?

① $-x^2-4xy-2y^2$　② $-x^2-4xy+2y^2$
③ $x^2-4xy-2y^2$　④ $x^2-4xy+2y^2$
⑤ $x^2+4xy+2y^2$

3 두 다항식 A, B에 대하여 $A+2B=2x^2+x-3$, $A+B=-x^2+2x-1$일 때, $A-B=ax^2+bx+c$이다. $a+b+c$의 값은? (단, a, b, c는 상수이다.)

① -2　② -1　③ 0
④ 1　⑤ 2

4 $(x^2+ax)(x^3+bx+2)$의 전개식에서 x와 x^2의 계수가 각각 2일 때, 상수 a, b에 대하여 ab의 값은?

① -2　② -1　③ 0
④ 1　⑤ 2

5 $x^{16}=25$일 때, $(x-1)(x+1)(x^2+1)(x^4+1)(x^8+1)$의 값은?

① 20　② 21　③ 22
④ 23　⑤ 24

6 $(x+1)(x-1)(x^2-x+1)(x^2+x+1)$을 전개하시오.

7 $(x+1)(x+2)(x+3)=4$를 만족시키는 x에 대하여 x^3+6x^2+11x의 값은?

① -2　② -1　③ 0
④ 1　⑤ 2

8 $(x+6)(x+3)(x+1)(x-2)$의 전개식에서 x^3의 계수를 a, x^2의 계수를 b, x의 계수를 c라 할 때, $a+b+c$의 값은?

① -21　② -18　③ -15
④ -12　⑤ -9

9 $x+y=3$, $xy=2$일 때, $\frac{y^2}{x}+\frac{x^2}{y}$의 값은?

① $\frac{5}{2}$ ② 3 ③ $\frac{7}{2}$
④ 4 ⑤ $\frac{9}{2}$

10 $x^2-x-2=0$일 때, $x^3-\frac{8}{x^3}$의 값은?

① 3 ② 4 ③ 5
④ 6 ⑤ 7

11 $a-b=1$, $b-c=2$일 때, $a^2+b^2+c^2-ab-bc-ca$의 값은?

① 3 ② 5 ③ 7
④ 9 ⑤ 11

12 다항식 $P(x)$를 $x+1$로 나누었을 때의 몫이 x^2-x+1, 나머지가 7이다. 다항식 $P(x)$를 $x+2$로 나누었을 때의 나머지는?

① -2 ② -1 ③ 0
④ 1 ⑤ 2

수능형 문제

정답과 풀이 18쪽

13 오른쪽 그림과 같이 가로의 길이가 a, 세로의 길이가 b인 직사각형의 대각선의 길이는 15, 둘레의 길이는 34일 때, 이 직사각형의 넓이를 구하시오.

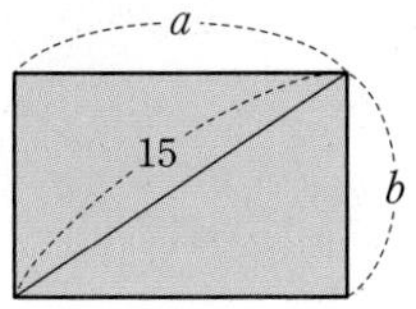

14 삼각형의 세 변의 길이 a, b, c에 대하여
$(a+b+c)(a+b-c)+(a-b+c)(a-b-c)=0$
일 때, 이 삼각형은 어떤 삼각형인가?

① 빗변의 길이가 a인 직각삼각형
② 빗변의 길이가 b인 직각삼각형
③ 빗변의 길이가 c인 직각삼각형
④ $a=c$인 이등변삼각형
⑤ 정삼각형

15 다항식 x^3+2x^2-x-5를 다항식 $P(x)$로 나누었을 때의 몫이 x^2+2x-1이고 나머지가 -5이다. 다항식 $P(x)$는?

① $2x-1$ ② $x-1$
③ x ④ $x+1$
⑤ $2x+1$

2

'수'처럼 나머지가 유일한!

나머지 정리

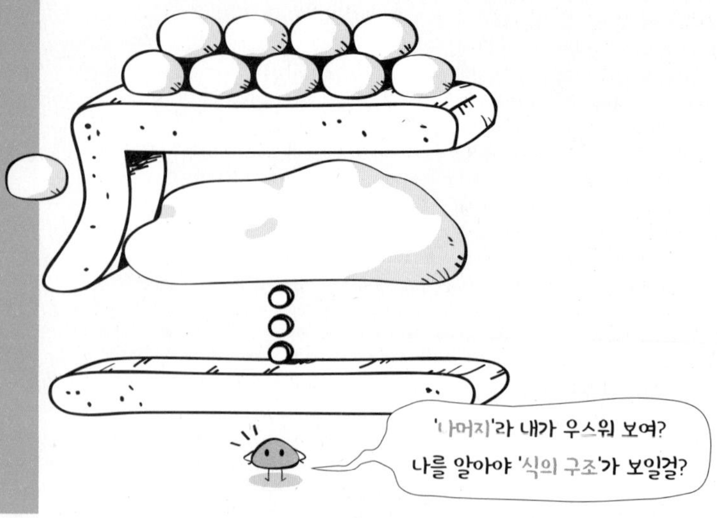

'나머지'라 내가 우스워 보여?
나를 알아야 '식의 구조'가 보일걸?

항등식

항등식은 주어진 식의 문자에 어떤 값을 대입해도 항상 성립하는 등식이야. 이 항등식의 개념을 바탕으로 항등식의 성질을 이해하고, 이를 이용하여 양변의 동류항의 계수를 비교하는 계수비교법과 적당한 수를 대입하여 계수를 정하는 수치대입법을 배워보자!

항상 참인 등식!

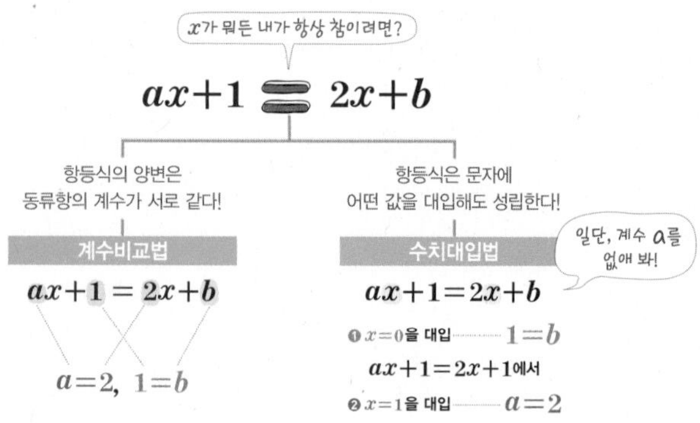

다항식의 나눗셈과 항등식

다항식의 나눗셈을 등식으로 나타낸 식은 항등식이야. 항등식의 성질을 이용하여 계수를 정하는 문제를 풀어보자.

유일하게 표현되는!

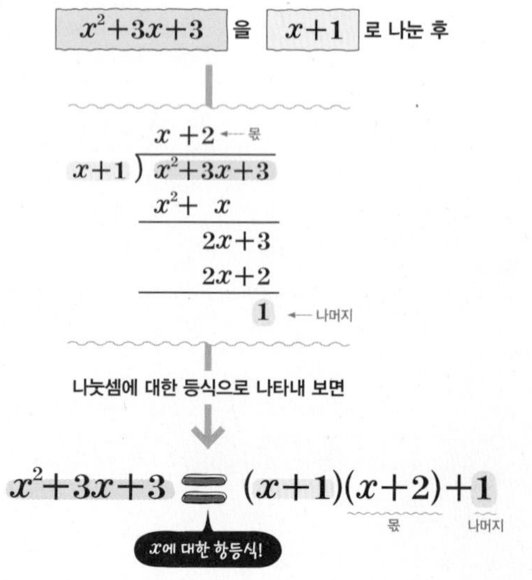

나머지 정리

05 나머지 정리

06 나머지 정리의 활용

다항식을 일차식으로 나누었을 때의 나머지를 직접 나누지 않고 간편하게 구하는 방법을 나머지 정리라 해. 다항식을 일차식으로 나누었을 때의 나머지를 구해보고, 나머지 정리를 이용하여 미정계수도 구해보자.

나머지를 쉽게 구하는!

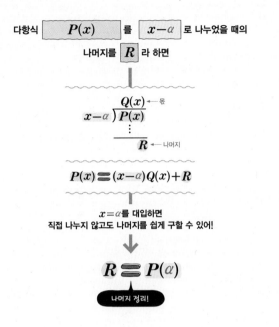

다항식 $P(x)$ 를 $x-\alpha$ 로 나누었을 때의 나머지를 R 라 하면

$Q(x)$ ← 몫

$x-\alpha\,)\,P(x)$

⋮

R ← 나머지

$$P(x)=(x-\alpha)Q(x)+R$$

$x=\alpha$를 대입하면
직접 나누지 않고도 나머지를 쉽게 구할 수 있어!

$$R=P(\alpha)$$

나머지 정리!

인수 정리

07 인수 정리

인수 정리는 나머지 정리의 특수한 경우로 나머지가 0인 경우야!
나머지 정리와 인수 정리는 삼차 이상의 다항식의 인수분해와 삼차 이상의 방정식의 풀이에 활용되므로 충분히 연습해 둬야 해!

나머지가 0일 때!

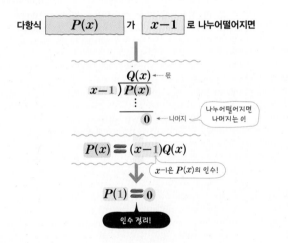

다항식 $P(x)$ 가 $x-1$ 로 나누어떨어지면

$Q(x)$ ← 몫

$x-1\,)\,P(x)$

⋮

0 ← 나머지 (나누어떨어지면 나머지는 0!)

$$P(x)=(x-1)Q(x)$$

$x-1$은 $P(x)$의 인수!

$$P(1)=0$$

인수 정리!

조립제법

08 조립제법

다항식을 일차식으로 나눌 때 나눗셈을 직접하지 않고 계수만을 이용하여 몫과 나머지를 구하는 방법을 조립제법이라 해. 조립제법에서 각 항의 계수를 나열할 때, 계수가 0인 것도 반드시 표시해야 되니까 주의하자!

계수만을 이용하여 나눗셈하는!

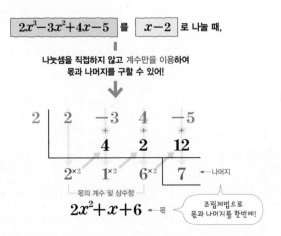

$2x^3-3x^2+4x-5$ 를 $x-2$ 로 나눌 때,

나눗셈을 직접하지 않고 계수만을 이용하여
몫과 나머지를 구할 수 있어!

2	2	-3	4	-5
		4	2	12
	$2^{\times 2}$	$1^{\times 2}$	$6^{\times 2}$	7 ← 나머지

몫의 계수 및 상수항

$2x^2+x+6$ ← 몫

조립제법으로 몫과 나머지를 한번에!

01 항상 참인 등식!

항등식

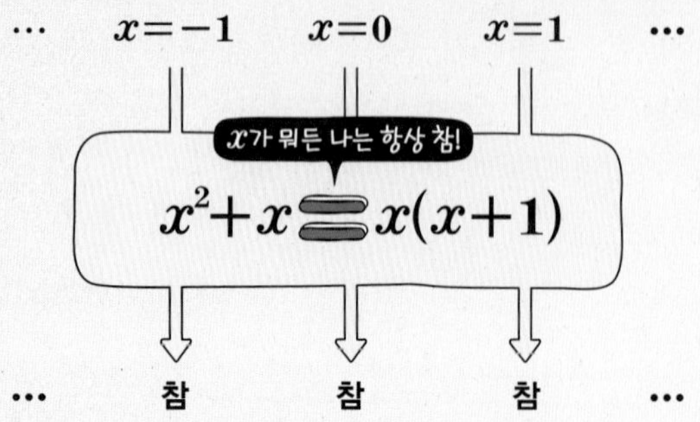

• **항등식:** 문자를 포함하는 등식에서 식에 포함된 문자에 어떤 값을 대입해도 항상 성립하는 등식

1st 항등식의 뜻

● **다음 등식의 x에 주어진 수를 대입했을 때 참인 것은 ○를, 거짓인 것은 ×를 ( ) 안에 써넣은 후 주어진 식이 항등식인지 방정식인지 구분하시오.**

1 $4(x-1)=-4+4x$

(1) $x=1$ ( )

(2) $x=2$ ( )

(3) $x=3$ ( )

⋮

→ 주어진 등식은 (항등식, 방정식)이다.

2 $x^2-2x+5=4$

(1) $x=1$ ( )

(2) $x=2$ ( )

(3) $x=3$ ( )

⋮

→ 주어진 등식은 (항등식, 방정식)이다.

3 $(x+2)(x-3)=x^2-x-6$

(1) $x=1$ ( )

(2) $x=2$ ( )

(3) $x=3$ ( )

⋮

→ 주어진 등식은 (항등식, 방정식)이다.

4 $x^2+8=(x+2)^2-4(x-1)$

(1) $x=1$ ( )

(2) $x=2$ ( )

(3) $x=3$ ( )

⋮

→ 주어진 등식은 (항등식, 방정식)이다.

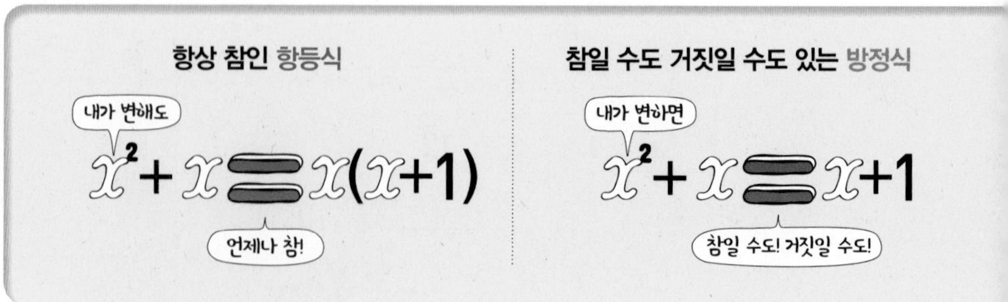

2nd 항등식의 판단

● 다음 중 항등식인 것은 ○를, 아닌 것은 ×를 (   ) 안에 써넣으시오.

5 $5x-1=0$ (   )

6 $\frac{2}{x+3}=1$ (   )

7 $4x-3=-3+4x$ (   )

8 $8(x+2)=8x+2$ (   )

9 $2x+3>x-1$ (   )

10 $x+6x<7x$ (   )

11 $2x^2-5x=3$ (   )

12 $2x^2+6x+9=2x^2+9$ (   )

13 $(x+3)(x-3)=x^2-9$ (   )

14 $9x^2+6x+13=(3x-1)^2+6(x+2)$ (   )

15 $(x+1)(x^2-x+1)=x^3+1$ (   )

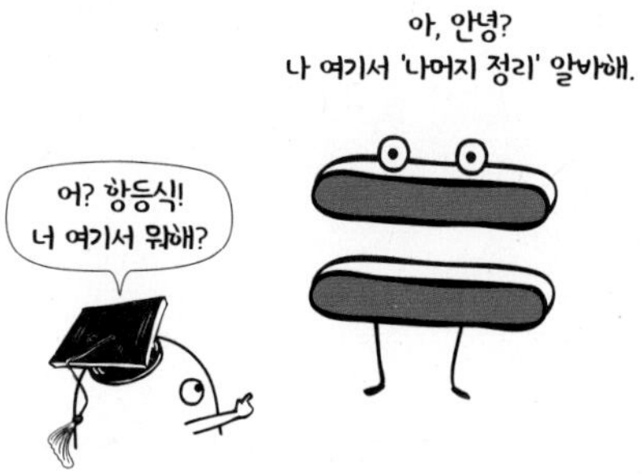

아, 안녕?
나 여기서 '나머지 정리' 알바해.
어? 항등식!
너 여기서 뭐해?

내가 발견한 개념 식을 구분하여 연결해 봐!

등식 •	• 식 중의 문자에 어떤 값을 대입해도 항상 성립하는 등식
부등식 •	• 미지수의 값에 따라 참이 되기도 하고, 거짓이 되기도 하는 등식
항등식 •	• 등호(=)를 써서 두 수 또는 두 식이 같음을 나타낸 식
방정식 •	• 부등호(<, ≤, >, ≥)를 사용하여 두 수 또는 두 식의 대소 관계를 나타낸 식

02 항상 참인 등식!

항등식의 성질

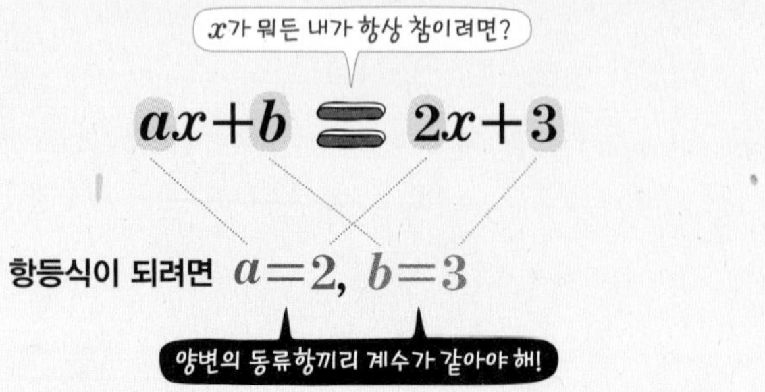

x가 뭐든 내가 항상 참이려면?
$ax+b \equiv 2x+3$
항등식이 되려면 $a=2$, $b=3$
양변의 동류항끼리 계수가 같아야 해!

- $\begin{cases} ax+b=0\text{이 } x\text{에 대한 항등식} \Longleftrightarrow a=0,\ b=0 \\ ax+b=a'x+b'\text{이 } x\text{에 대한 항등식} \Longleftrightarrow a=a',\ b=b' \end{cases}$
- $\begin{cases} ax^2+bx+c=0\text{이 } x\text{에 대한 항등식} \Longleftrightarrow a=0,\ b=0,\ c=0 \\ ax^2+bx+c=a'x^2+b'x+c'\text{이 } x\text{에 대한 항등식} \\ \qquad \Longleftrightarrow a=a',\ b=b',\ c=c' \end{cases}$
- $\begin{cases} ax+by+c=0\text{이 } x,\ y\text{에 대한 항등식} \Longleftrightarrow a=0,\ b=0,\ c=0 \\ ax+by+c=a'x+b'y+c'\text{이 } x,\ y\text{에 대한 항등식} \\ \qquad \Longleftrightarrow a=a',\ b=b',\ c=c' \end{cases}$

참고 기호 $\Longleftrightarrow$는 서로 같은 뜻임을 나타낸다.

원리확인 다음 □ 안에 알맞은 수를 써넣으시오.

등식 $ax^2+bx+c=0$이 x에 대한 항등식이면 x에 어떤 값을 대입해도 등식은 성립한다.

$x=0$을 대입하면 $c=$□ …… ㉠

$x=1$을 대입하면 $a+b+c=$□ …… ㉡

$x=-1$을 대입하면 $a-b+c=$□ …… ㉢

㉠, ㉡, ㉢을 연립하여 풀면 $a=b=c=$□

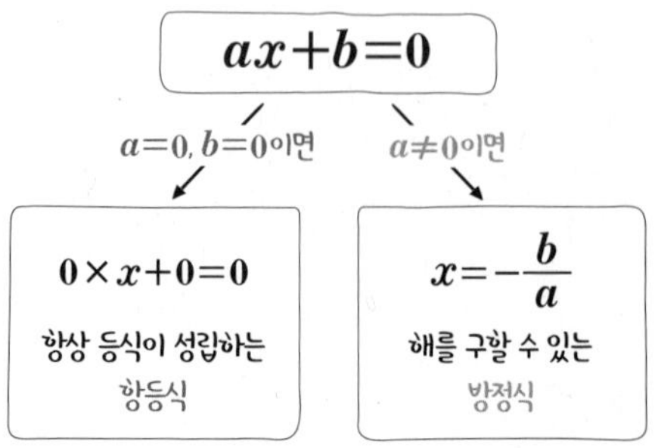

$ax+b=0$
$a=0$, $b=0$이면
$a\neq0$이면
$0\times x+0=0$
항상 등식이 성립하는 항등식
$x=-\frac{b}{a}$
해를 구할 수 있는 방정식

1st 항등식의 성질

● 다음 등식이 x, y에 대한 항등식이 되도록 하는 상수 a, b 또는 a, b, c의 값을 구하시오.

1 $(6a-24)x+b+11=0$

→ $6a-24=$□, $b+11=$□이므로

$a=$□, $b=$□

2 $9x+2b-3=(2a+3)x+7$

3 $-3x+ay+8=bx-7y+c$

4 $(a+4)x^2+(3b-3)x+c=0$

5 $ax^2+5x-3=6x^2+bx+c$

6 $(3a-1)x^2+(b+5)x+c=2x^2+11$

내가 발견한 개념 항등식의 성질을 정리해 봐!

- $ax^2+bx+c=0$이 x에 대한 항등식이면 $a=b=c=$□
- $ax^2+bx+c=a'x^2+b'x+c'$가 x에 대한 항등식이면 $a=$□, $b=$□, $c=$□

2nd 항등식의 표현

7 다음 등식이 임의의 x에 대하여 항상 성립할 때, 상수 a, b의 값을 구하시오. x에 대한 항등식

(1) $ax+3x+b-7=0$

→ $(a+\square)x+b-7=0$

이 등식이 x에 대한 항등식이므로

$a+\square=0$, $b-7=\square$

따라서 $a=\square$, $b=\square$

(2) $a(x-2)+5(x+3)=x+b$

(3) $a(x+4)+b(x-1)=x+9$

8 다음 등식이 모든 실수 x, y에 대하여 항상 성립할 때, 상수 a, b의 값을 구하시오. x, y에 대한 항등식

(1) $ax+b(x+y)-5y=0$

→ $ax+bx+by-5y=0$

$(a+\square)x+(b-\square)y=0$

이 등식이 x, y에 대한 항등식이므로

$a+\square=0$, $b-\square=0$

따라서 $a=\square$, $b=\square$

(2) $4(ax+y)-b(x-2y)=0$

(3) $a(x+3y+1)+3(2x-3y)-9x+2b-7=0$

● 주어진 등식에 대하여 다음 물음에 답하시오.

9 $ax-2kx+4k+16=0$

(1) 주어진 등식이 임의의 x에 대하여 항상 성립할 때, 상수 a, k의 값

(2) 주어진 등식이 k의 값에 관계없이 항상 성립할 때, 상수 a, x의 값 k에 대한 항등식

10 $2ax+3kx-12k+24=0$

(1) 주어진 등식이 어떤 x의 값에 대하여도 항상 성립할 때, 상수 a, k의 값 x에 대한 항등식

(2) 주어진 등식이 k의 값에 관계없이 항상 성립할 때, 상수 a, x의 값

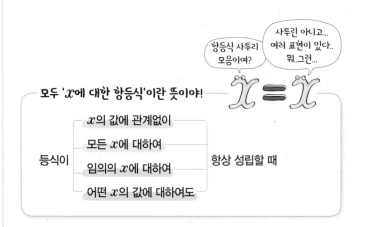

모두 'x에 대한 항등식'이란 뜻이야!

등식이
- x의 값에 관계없이
- 모든 x에 대하여
- 임의의 x에 대하여
- 어떤 x의 값에 대하여도

항상 성립할 때

개념모음문제

11 k의 값에 관계없이 등식 $2(k-3)x-(2k-5)y+3k-1=0$이 항상 성립할 때, 상수 x, y에 대하여 $2x-y$의 값은?

① 3 ② 5 ③ 7
④ 9 ⑤ 11

03 미정계수법

항상 참인 등식이 되도록!

x가 뭐든 내가 항상 참이려면?

$$ax+1 = 2x+b$$

항등식의 양변은 동류항의 계수가 서로 같다!

항등식은 문자에 어떤 값을 대입해도 성립한다!

계수비교법

$$ax+1=2x+b$$

$a=2,\ 1=b$

수치대입법

일단, 계수 a를 없애 봐!

$$ax+1=2x+b$$

❶ $x=0$을 대입 ········ $1=b$

$ax+1=2x+1$에서

❷ $x=1$을 대입 ········ $a=2$

- **미정계수법:** 항등식의 성질을 이용하여 주어진 등식에서 미정계수를 정하는 방법으로, 미정계수법에는 계수비교법과 수치대입법의 2가지가 있다.
  ① 계수비교법: 항등식의 양변에서 동류항의 계수가 서로 같다는 항등식의 성질을 이용하여 미정계수를 정하는 방법
  ② 수치대입법: 항등식의 문자에 어떤 값을 대입해도 항상 성립한다는 항등식의 성질을 이용하여 미정계수를 정하는 방법

원리확인 다음은 주어진 등식이 x에 대한 항등식이 되도록 하는 상수 a, b의 값을 구하는 과정이다. □ 안에 알맞은 것을 써넣으시오.

$$a(x-2)+bx+5=2x-3$$

❶ **계수비교법**

주어진 등식의 좌변을 전개하여 정리하면

□$-2a+bx+5=2x-3$

(□+□)$x-2a+5=2x-3$

양변의 동류항의 계수를 비교하면

□$=2$, $-2a+5=$□

두 식을 연립하여 풀면 $a=$□, $b=$□

❷ **수치대입법**

주어진 등식의 양변에 $x=0$을 대입하면

$-2a+5=$□이므로 $a=$□

주어진 등식의 양변에 $x=2$를 대입하면

$2b+5=$□이므로 $b=$□

1st 계수비교법

- 다음 등식이 x에 대한 항등식이 되도록 하는 상수 a, b 또는 a, b, c의 값을 계수비교법을 이용하여 구하시오.

1 $(5x+1)(2x-3)=ax^2+bx+c$

→ 좌변을 전개하여 정리하면

$10x^2-13x-3=ax^2+bx+c$

양변의 동류항의 계수를 비교하면

$a=$□, $b=$□, $c=$□

2 $(x+2)(x-5)=x^2+ax+b$

3 $ax^2+bx-3=(4x-1)(2x+3)$

4 $a(x+5)+b(x-5)=x-25$

5 $(ax-2)(x+7)=-3x^2+bx+c$

6 $7x^2-5x+8=ax(x+1)-bx+2c$

7 $5(x+2)(ax-2)=10x^2-bx+c$

8 $3x^2+ax-11=(bx-1)(x+2)+c$

9 $ax(x-4)+b(x+4)+c=-2x^2+6x+1$

10 $(2x+3)(ax^2-bx)=4x^3+cx^2+12x$

개념모음문제

11 모든 실수 x에 대하여 등식

$$x^3+ax-12=(x+3)(x^2+bx+c)$$

가 성립할 때, 상수 a, b, c에 대하여 $a+bc$의 값은?

① -25 ② -13 ③ -1
④ 1 ⑤ 25

2nd — 수치대입법

● 다음 등식이 x에 대한 항등식이 되도록 하는 상수 a, b 또는 a, b, c의 값을 수치대입법을 이용하여 구하시오.

12 $a(x-1)+b(x+2)=x+5$

→ 주어진 등식의 양변에 $x=-2$를 대입하면 $-3a=3$이므로 $a=$☐

주어진 등식의 양변에 $x=1$을 대입하면 $3b=6$이므로 $b=$☐

따라서 $a=$☐, $b=$☐

13 $x+3=a(x-1)+bx$

14 $a(x+1)+b(x-3)=3x-9$

15 $4x-8=a(x-1)+b(x-2)+1$

16 $x^2+4x-3=a(x-1)^2+b(x-1)+c$

17 $a(x-1)(x-2)+b(x-1)(x+3)=15x^2-10x+c$

18 $5x^2-2x+3=a(x-1)+b(x-1)(x-2)+c$

19 $ax(x-1)+b(x-1)+c=2x^2+x-1$

20 x^2-4x+9
$=ax(x-1)+b(x-1)(x+1)+cx(x+1)$

내가 발견한 개념 계수비교법vs수치대입법의 원리를 찾아봐!

계수비교법 •	• 미지수에 적당한 수를 대입한다.
수치대입법 •	• 양변의 동류항끼리의 계수를 비교한다.

개념모음문제

21 모든 실수 x에 대하여 등식

x^3+ax^2-24
$=(x+2)(x^2+bx-3)+c(x-1)(x+2)$

가 성립할 때, 상수 a, b, c에 대하여 $a+b+c$의 값은?

① 8 ② 10 ③ 12
④ 14 ⑤ 16

● **다음 등식이 x에 대한 항등식이 되도록 하는 상수 a, b의 값을 구하시오. (단, $Q(x)$는 x에 대한 다항식이다.)**

22 $5x^3+ax^2+bx-3=(x-1)(x+1)Q(x)$

주어진 등식의 양변에 $x=1$, $x=-1$을 각각 대입해 봐!

$Q(x)$를 알지 못하므로 계수비교법을 이용할 수 없다. 이런 경우는 수치대입법을 이용하여 a, b의 값을 구한다.

23 $x^3+x^2+ax+b=x(x-1)Q(x)$

24 $x^3+ax^2-bx-2=(x-1)(x+2)Q(x)$

25 $ax^3-x^2+6x-b=(x-2)(x+3)Q(x)$

26 $bx^3-ax^2+2b-8=x(x+2)Q(x)$

개념모음문제

27 다항식 $P(x)$에 대하여 x의 값에 관계없이 등식 $(x^2-4)P(x)=2x^3-3x^2+ax+b$가 항상 성립할 때, 상수 a, b에 대하여 $a+2b$의 값은?

① -28 ② -4 ③ 4
④ 16 ⑤ 28

3rd 항등식에서 계수의 합

● 주어진 등식이 x에 대한 항등식일 때, 다음 식의 값을 구하시오. (단, a_0, a_1, $\cdots$, a_{10}은 상수이다.)

28 $(x-1)^{10}=a_0+a_1x+a_2x^2+a_3x^3+\cdots+a_{10}x^{10}$

(1) $a_0+a_1+a_2+a_3+\cdots+a_{10}$
주어진 등식의 양변에 $x=1$을 대입해 봐!

(2) $a_0-a_1+a_2-a_3+\cdots+a_{10}$
주어진 등식의 양변에 $x=-1$을 대입해 봐!

(3) $a_1+a_2+a_3+\cdots+a_{10}$
주어진 등식의 양변에 $x=0$을 대입해 봐!

29 $(x^2+x-2)^5=a_0+a_1x+a_2x^2+a_3x^3+\cdots+a_{10}x^{10}$

(1) $a_0+a_1+a_2+a_3+\cdots+a_{10}$

(2) $a_0-a_1+a_2-a_3+\cdots+a_{10}$

(3) $a_1+a_2+a_3+\cdots+a_{10}$

30 $(x^2+x+1)^5=a_0+a_1(x+1)+a_2(x+1)^2+\cdots+a_{10}(x+1)^{10}$

(1) $a_0+a_1+a_2+a_3+\cdots+a_{10}$

(2) $a_0-a_1+a_2-a_3+\cdots+a_{10}$

(3) $a_1+a_2+a_3+\cdots+a_{10}$

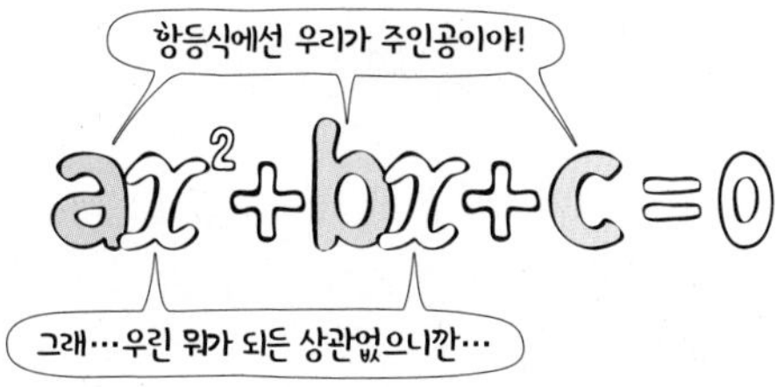

항등식에선 우리가 주인공이야!
ax²+bx+c=0
그래…우린 뭐가 되든 상관없으니깐…

개념모음문제

31 등식

$$(x^2-2x+3)^3$$
$$=a_6x^6+a_5x^5+a_4x^4+a_3x^3+a_2x^2+a_1x+a_0$$

이 x의 값에 관계없이 항상 성립할 때, $a_1+a_2+a_3+a_4+a_5+a_6$의 값은? (단, a_0, a_1, a_2, a_3, a_4, a_5, a_6은 상수이다.)

① -27 ② -19 ③ -8 ④ 19 ⑤ 27

04 유일하게 표현되는!

다항식의 나눗셈과 항등식

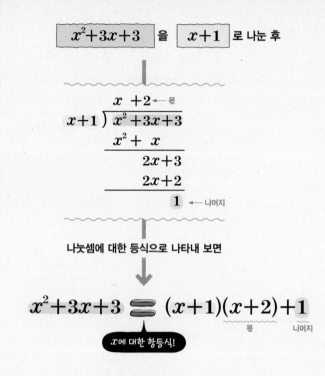

x^2+3x+3 을 $x+1$ 로 나눈 후

$$\begin{array}{r} x+2 \\ x+1 \,\big)\, \overline{x^2+3x+3} \\ \underline{x^2+x} \\ 2x+3 \\ \underline{2x+2} \\ 1 \end{array}$$

($x+2$ ← 몫, 1 ← 나머지)

나눗셈에 대한 등식으로 나타내 보면

$$x^2+3x+3 = (x+1)(x+2)+1$$

($(x+1)(x+2)$: 몫, 1: 나머지)

x에 대한 항등식!

나눗셈에 대한 등식이 '항등식'이라는 것은?

자연수의 나눗셈	다항식의 나눗셈
$7\div2$	$P(x)\div(x-1)$
$7=2\times3+1$ (검산식, 몫, 나머지)	$P(x)=(x-1)Q(x)+R$ (항등식, 몫, 나머지)

자연수의 나눗셈처럼 다항식의 나눗셈도 몫과 나머지로 표현할 수 있어.
이렇게 표현한 식이 항등식이기 때문에
항등식의 성질을 이용하면 식의 구조가 보일 거야!

• 다항식 A를 다항식 $B\,(B\neq0)$로 나누었을 때의 몫을 Q, 나머지를 R라 하면

① 다항식의 나눗셈에 대한 등식은 항등식이다. 왜?

→ $A=BQ+R$ (단, R의 차수는 B의 차수보다 낮다.)

② $A=BQ+R$는 항등식이므로 계수비교법이나 수치대입법을 이용하여 미정계수를 구할 수 있다.

1st — 다항식의 나눗셈과 항등식의 이용

● 다음 조건을 만족시키는 상수 a, b의 값을 구하시오.

1 다항식 $3x^3+5x^2+ax+8$을 $x+b$로 나누었을 때의 몫이 $3x^2-x+1$이고 나머지가 6이다.

→ 주어진 조건을 나눗셈에 대한 등식으로 나타내면

$3x^3+5x^2+ax+8=(x+b)(3x^2-x+1)+6$

우변을 전개하면

$3x^3+5x^2+ax+8$

$=3x^3+(\square)x^2+(1-b)x+\square$

양변의 동류항의 계수를 비교하면

$5=\square$, $a=1-b$, $8=\square$

따라서 $a=\square$, $b=\square$

2 다항식 $6x^3+ax^2-x+16$을 $2x+3$으로 나누었을 때의 몫이 $3x^2+bx+1$이고 나머지가 13이다.

3 다항식 $-5x^3+ax^2-10x-8$을 $x-b$로 나누었을 때의 몫이 $-5x^2+3x-1$이고 나머지가 -11이다.

4 다항식 $12x^3-26x^2+ax-22$를 $3x+b$로 나누었을 때의 몫이 $4x^2-2x+1$이고 나머지가 -17이다.

5 다항식 $5x^3+ax^2-17x+6$을 $5x-b$로 나누었을 때의 몫이 x^2+2x-3이고 나머지가 3이다.

6 다항식 x^3-5x^2+ax+b를 $x(x+1)$로 나누었을 때의 나머지가 -5이다.

→ x^3-5x^2+ax+b를 $x(x+1)$로 나누었을 때의 몫을 $Q(x)$라 하면
$x^3-5x^2+ax+b=x(x+1)Q(x)-5$
양변에 $x=0$을 대입하면 $b=$ □
양변에 $x=-1$을 대입하면 $-a+b=$ □
따라서 $a=$ □, $b=$ □

7 다항식 $2x^3+ax^2-30x+b$를 $2x(x-3)$으로 나누었을 때의 나머지는 10이다.

8 다항식 $5x^3+ax^2+bx-1$을 $(x-1)(x+2)$로 나누었을 때의 나머지는 -3이다.

9 다항식 $x^3+ax^2+bx+10$은 $(x+1)(x-2)$로 나누어떨어진다.

나누어떨어지면 나머지는 0이야!

10 다항식 $ax^3-x^2+bx-12$는 $(x-4)(x+3)$으로 나누어떨어진다.

내가 발견한 개념 다항식의 나눗셈에 대한 등식에서 미정계수법의 이용 방법은?

- 다항식의 나눗셈에 대한 등식 A=BQ+R는 (항등식, 방정식)이다.
- 나누는 다항식이 인수분해되지 않을 때는 (수치대입법, 계수비교법)을 이용하는 것이 좋다.
- 나누는 다항식이 인수분해되면 (수치대입법, 계수비교법)을 이용하는 것이 좋다.

개념모음문제

11 다항식 x^3+ax^2+bx+c를 x^2+x+1로 나누었을 때의 몫이 $x-2$이고 나머지가 $-4x+3$일 때, 상수 a, b, c에 대하여 $a-2b+3c$의 값은?

① 10 ② 11 ③ 12
④ 13 ⑤ 14

나눗셈에 대한 항등식 $A=BQ+R$에서 R의 차수는 B의 차수보다 낮은 이유는?

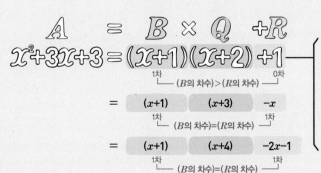

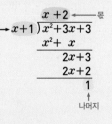

$$A \quad = \quad B \times Q + R$$
$$x^2+3x+3=(x+1)(x+2)+1$$
1차 ─ (B의 차수)>(R의 차수) ─ 0차

$$=(x+1)(x+3)-x$$
1차 ─ (B의 차수)=(R의 차수) ─ 1차

$$=(x+1)(x+4)-2x-1$$
1차 ─ (B의 차수)=(R의 차수) ─ 1차

⋮

$(x^2+3x+3)\div(x+1)$에 대한 표현식은 무수히 많지만 나머지(R)의 차수가 $x+1$(B)의 차수보다 낮은 경우는 오직 하나뿐이다.
따라서 $A=BQ+R$는 조건 'R의 차수는 B의 차수보다 낮다.'에 의하여 몫과 나머지가 유일하게 결정된다.

$$\begin{array}{r} x+2 \\ x+1 \,\overline{)\, x^2+3x+3} \\ \underline{x^2+\ x} \\ 2x+3 \\ \underline{2x+2} \\ 1 \end{array}$$
몫: $x+2$, 나머지: 1

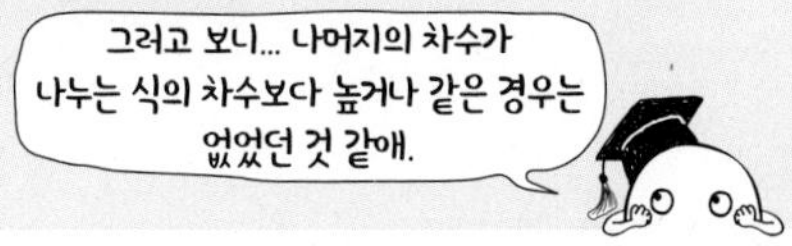

그러고 보니... 나머지의 차수가 나누는 식의 차수보다 높거나 같은 경우는 없었던 것 같애.

TEST 개념 확인

01 항등식

x가 뭐든 나는 항상 참!

$$x^2+x=x(x+1)$$

• **항등식:** 문자를 포함하는 등식에서 식에 포함된 문자에 어떤 값을 대입해도 항상 성립하는 등식

1 다음 중 항등식인 것은?

① $x=6$

② $\frac{3}{x+2}=-1$

③ x^2+2x-3

④ $2x^2-4x+7=2(x-1)^2+5$

⑤ $3x^2+5x+1=(3x+1)(x+1)$

2 다음 **보기**에서 옳은 것만을 있는 대로 고르시오.

보기

ㄱ. 모든 실수 x에 대하여 등식 $3x-1=-3x+1$은 항상 성립한다.

ㄴ. x의 값에 관계없이 등식 $(x+4)(x-4)=x^2-16$은 항상 성립한다.

ㄷ. 어떤 x의 값에 대하여도 등식 $2(x-5)=-10+2x$는 항상 성립한다.

ㄹ. 임의의 x에 대하여 등식 $(x-1)(x^2+x+1)=x^3-1$은 항상 성립한다.

02 항등식의 성질

$$ax+b=2x+3$$

항등식이 되려면 $a=2$, $b=3$

양변의 동류항끼리 계수가 같아야 해!

3 등식 $ax+3x+b-1=0$이 x에 대한 항등식일 때, 상수 a, b에 대하여 ab의 값은?

① -6　② -3　③ 1　④ 3　⑤ 6

4 임의의 x에 대하여 등식 $(2a-1)x^2+bx+c-3=5x^2-10x+9$가 항상 성립할 때, 상수 a, b, c에 대하여 $a+b+c$의 값은?

① -10　② -5　③ 0　④ 5　⑤ 10

5 모든 실수 x, y에 대하여 등식 $2(ax+2y-1)+b(x-y)+2=0$이 성립할 때, 상수 a, b에 대하여 $a+b$의 값을 구하시오.

6 k의 값에 관계없이 등식 $-3(2k-1)x+(k+7)y-5k+10=0$이 항상 성립할 때, 상수 x, y에 대하여 $x+y$의 값은?

① -2　② -1　③ 0　④ 1　⑤ 2

03 미정계수법

- **계수비교법:** 항등식의 양변에서 동류항의 계수가 같다는 항등식의 성질을 이용하는 방법
- **수치대입법:** 항등식의 문자에 어떤 값을 대입해도 성립한다는 항등식의 성질을 이용하는 방법

7 등식 $3x^2-2x+4=a(x-1)(x-2)+bx+c$가 x에 대한 항등식일 때, 상수 a, b, c에 대하여 $a+b+c$의 값은?

① -4　② 0　③ 4　④ 8　⑤ 12

8 다항식 $Q(x)$에 대하여 x의 값에 관계없이 등식 $(x^2-2x-3)Q(x)=5x^3+ax-b$가 항상 성립할 때, 상수 a, b에 대하여 $2a+3b$의 값은?

① 10　② 15　③ 20　④ 25　⑤ 0

9 등식
$(x^5+2x-3)^3=a_0+a_1x+a_2x^2+a_3x^3+\cdots+a_{15}x^{15}$
이 x의 값에 관계없이 항상 성립할 때,
$a_1+a_2+a_3+\cdots+a_{15}$의 값은?
(단, a_0, a_1, a_2, a_3, $\cdots$, a_{15}는 상수이다.)

① 0　② 9　③ 27　④ 81　⑤ 243

04 다항식의 나눗셈과 항등식

- 다항식 A를 다항식 $B\,(B\neq 0)$로 나누었을 때의 몫을 Q, 나머지를 R라 하면

$$\begin{array}{r} Q \\ B\overline{)\,A} \\ \underline{BQ} \\ R \end{array} \xrightarrow{\text{항등식}} A=BQ+R$$

10 다항식 $3x^4+ax^3+2x^2-3x+11$을 $x-2$로 나누었을 때의 몫이 $3x^3+bx+1$이고 나머지는 13일 때, 상수 a, b에 대하여 $a+2b$의 값은?

① -4　② -2　③ 0　④ 2　⑤ 4

11 다항식 $4x^3+6x^2+ax+b$를 $(x+1)(x-1)$로 나누었을 때의 나머지가 6일 때, 상수 a, b에 대하여 $2a+b$의 값은?

① -8　② -2　③ 0　④ 2　⑤ 4

12 다항식 $-2x^3+ax^2+bx+60$이 x^2-x-6으로 나누어떨어질 때, 상수 a, b에 대하여 $a+b$의 값을 구하시오.

05 나머지를 쉽게 구하는!

나머지 정리

꼭 일차식!

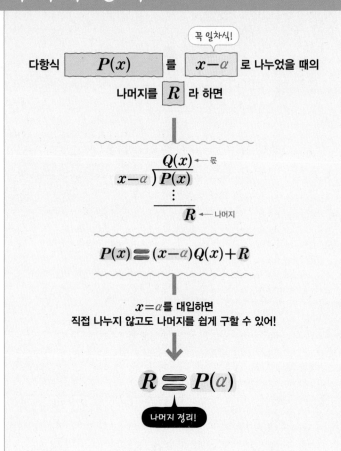

다항식 $P(x)$ 를 $x-\alpha$ 로 나누었을 때의 나머지를 R 라 하면

$Q(x)$ ← 몫

$x-\alpha\,)\,P(x)$

⋮

R ← 나머지

$$P(x)=(x-\alpha)Q(x)+R$$

$x=\alpha$를 대입하면
직접 나누지 않고도 나머지를 쉽게 구할 수 있어!

$$R=P(\alpha)$$

나머지 정리!

- **나머지 정리:** 다항식을 일차식으로 나누었을 때의 나머지는 직접 나누지 않고 다음의 성질을 이용하여 구할 수 있는데, 이 성질을 나머지 정리라 한다.
  ① 다항식 $P(x)$를 일차식 $x-\alpha$로 나누었을 때의 나머지는 $P(\alpha)$이다.
  ② 다항식 $P(x)$를 일차식 $ax+b$로 나누었을 때의 나머지는 $P\left(-\dfrac{b}{a}\right)$이다.

원리확인 다음은 나머지 정리를 확인해 보는 과정이다. □ 안에 알맞은 수를 써넣으시오.

x에 대한 다항식 $P(x)$를 일차식 $x-1$로 나누었을 때의 몫을 $Q(x)$, 나머지를 3이라 하면
$P(x)=(x-\square)Q(x)+3$
위 등식은 x에 대한 항등식이므로
양변에 $x=\square$을 대입하면
$P(\square)=(\square-1)\times Q(1)+3=0\times Q(1)+3=\square$
따라서 $P(x)$를 $x-1$로 나누었을 때의 나머지는
$P(\square)=3$

1st — 다항식 $P(x)$를 일차식으로 나누었을 때의 나머지

● 다항식 $P(x)=8x^3-4x^2+2x-1$을 다음 일차식으로 나누었을 때의 나머지를 구하시오.

1 $x-1$
→ $P(\square)=8\times\square^3-4\times\square^2+2\times\square-1=\square$

2 $x-2$

3 $x+1$

4 $x+2$

5 $x-\dfrac{1}{2}$

6 $x+\dfrac{1}{2}$

● 다항식 $P(x)=2x^3-x^2-5x+2$를 다음 일차식으로 나누었을 때의 나머지를 구하시오.

7 $2x-1$

→ 몫을 $Q(x)$, 나머지를 R라 하면

$P(x)=(2x-1)Q(x)+\square$

위 등식은 항등식이므로 양변에 $x=\square$을 대입하면

$P(\square)=\square$

따라서 구하는 나머지는

$P(\square)=2\times(\square)^3-(\square)^2-5\times\square+2=\square$

8 $2x+1$

9 $3x-1$

10 $3x+1$

11 $3x+2$

내가 발견한 개념 　　일차식으로 나누었을 때의 나머지는?

다항식 $P(x)$에 대하여

- $P(x)\div(x-\alpha)$의 나머지는 $P(\square)$이다.
- $P(x)\div(ax+b)$의 나머지는 $P(\square)$이다.

2nd 나머지 정리를 이용하여 구하는 미지수의 값

● x에 대한 다음 다항식 $P(x)$를 다항식 A로 나누었을 때의 나머지가 R일 때, 상수 a의 값을 구하시오.

12 $P(x)=4x^3-ax-1$, $A=x-1$, $R=5$

→ $P(\square)=5$이므로

$4\times\square^3-a\times\square-1=\square$에서 $a=\square$

13 $P(x)=ax^4+3x^2+6$, $A=x-2$, $R=-6$

14 $P(x)=16x^3-4x^2+ax+3$, $A=2x-1$, $R=-1$

15 $P(x)=x^3+ax^2+5x-1$, $A=2x-6$, $R=14$

16 $P(x)=25x^3+5x^2+ax-11$, $A=5x+1$, $R=-3$

개념모음문제

17 다항식 $x^4+ax^3+bx^2-6$을 $x-1$로 나누었을 때의 나머지가 5, $x+1$로 나누었을 때의 나머지가 -7일 때, 상수 a, b에 대하여 $2a-b$의 값은?

① 4 　② 8 　③ 12
④ 16 　⑤ 20

06 나머지를 쉽게 구하는!

나머지 정리의 활용

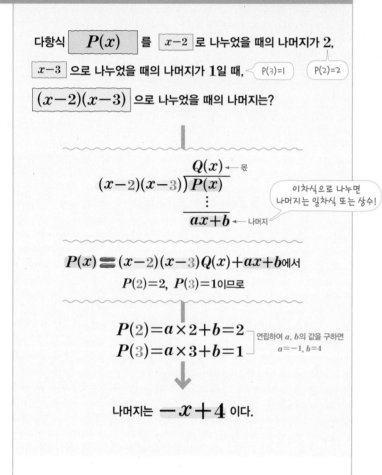

다항식 $P(x)$ 를 $x-2$ 로 나누었을 때의 나머지가 2,

$x-3$ 으로 나누었을 때의 나머지가 1일 때, P(3)=1 P(2)=2

$(x-2)(x-3)$ 으로 나누었을 때의 나머지는?

$$(x-2)(x-3)\overline{)P(x)}$$

$Q(x)$ ← 몫

⋮

$ax+b$ ← 나머지

이차식으로 나누면 나머지는 일차식 또는 상수!

$P(x)=(x-2)(x-3)Q(x)+ax+b$에서

$P(2)=2$, $P(3)=1$이므로

$P(2)=a\times 2+b=2$

$P(3)=a\times 3+b=1$

연립하여 a, b의 값을 구하면 $a=-1$, $b=4$

나머지는 $-x+4$ 이다.

• 다항식 $P(x)$를 이차식으로 나누었을 때의 나머지는 일차 이하의 다항식(일차식 또는 상수)이다.

→ 나머지를 $ax+b$ (a, b는 상수)로 놓고 나머지 정리를 이용한다.

1st 나머지 정리의 활용

● 다음을 구하시오.

1 다항식 $P(x)$를 $(x-2)(x+2)$로 나누었을 때의 나머지가 6일 때, $P(x)$를 $x-2$로 나누었을 때의 나머지

→ $P(x)$를 $(x-2)(x+2)$로 나누었을 때의 몫을 $Q(x)$라 하면

$P(x)=(x-2)(x+2)Q(x)+\square$ ⋯⋯ ㉠

따라서 $P(x)$를 $x-2$로 나누었을 때의 나머지는 $P(\square)$이므로

㉠에 의하여 $P(\square)=\square$

2 다항식 $P(x)$를 $(x+3)(x-5)$로 나누었을 때의 나머지가 $x+4$일 때, $P(x)$를 $x+3$으로 나누었을 때의 나머지

3 다항식 $P(x)$를 x^2-3x+2로 나누었을 때의 나머지가 $x+1$일 때, $P(x)$를 $x-2$로 나누었을 때의 나머지

x^2-3x+2를 인수분해해 봐!

4 다항식 $P(x)$를 $x^2-4x-12$로 나누었을 때의 나머지가 $2x+3$일 때, $P(x)$를 $x+2$로 나누었을 때의 나머지

5 다항식 $P(x)$를 x^2+3x+2로 나누었을 때의 나머지가 $4x$일 때, 다항식 $P(2x)$를 $x+1$로 나누었을 때의 나머지

$P(2x)$를 $x+1$로 나누었을 때의 나머지는 $P(2\times(-1))=P(-2)$의 값과 같아!

6 다항식 $P(x)$를 $x^2-5x-14$로 나누었을 때의 나머지가 $-2x+18$일 때, 다항식 $P(3x+1)$을 $x-2$로 나누었을 때의 나머지

개념모음문제

7 다항식 $f(x)$를 $(2x+1)(x-5)$로 나누었을 때의 나머지가 $3x-1$일 때, 다항식 $xf(x+3)$을 $x-2$로 나누었을 때의 나머지는?

① 16 ② 20 ③ 24
④ 28 ⑤ 32

2nd 다항식 $P(x)$를 이차식으로 나누었을 때의 나머지

8 다음은 다항식 $P(x)$를 $x-1$로 나누었을 때의 나머지가 5이고, $x+1$로 나누었을 때의 나머지가 -1일 때, $P(x)$를 $(x-1)(x+1)$로 나누었을 때의 나머지를 구하는 과정이다. □ 안에 알맞은 것을 써넣으시오.

(1) $P(x)$를 $(x-1)(x+1)$로 나누었을 때의 몫을 $Q(x)$, 나머지를 $ax+b$ (a, b는 상수)라 하면
$P(x)=(x-1)(x+1)Q(x)+$□

이차식으로 나누면 나머지는 이차식보다 차수가 낮은 일차식 또는 상수이다.

(2) 나머지 정리에 의하여
$P(1)=$□이므로
$P(1)=a+b=$□ …… ㉠
$P(-1)=$□이므로
$P(-1)=-a+b=$□ …… ㉡

(3) ㉠, ㉡을 연립하여 풀면
$a=$□, $b=$□

(4) 따라서 구하는 나머지는 □이다.

9 다항식 $P(x)$를 $x-2$, $x+1$로 나누었을 때의 나머지가 각각 -2, 4일 때, 다항식 $P(x)$를 $(x-2)(x+1)$로 나누었을 때의 나머지를 구하시오.

10 다음은 다항식 $P(x)$를 $(x-1)(x+1)$로 나누었을 때의 나머지가 $2x+1$이고, $(x-2)(x+2)$로 나누었을 때의 나머지가 $-x+1$일 때, 다항식 $P(x)$를 x^2-3x+2로 나누었을 때의 나머지를 구하는 과정이다. □ 안에 알맞은 것을 써넣으시오.

(1) $P(x)$를 x^2-3x+2로 나누었을 때의 몫을 $Q(x)$, 나머지를 $ax+b$ (a, b는 상수)라 하면
$P(x)=($□$)Q(x)+$□
$=($□$)(x-2)Q(x)+$□

(2) 나머지 정리에 의하여
$P(1)=$□이므로
$P(1)=a+b=$□ …… ㉠
$P(2)=$□이므로
$P(2)=2a+b=$□ …… ㉡

(3) ㉠, ㉡을 연립하여 풀면
$a=$□, $b=$□

(4) 따라서 구하는 나머지는 □이다.

11 다항식 $P(x)$를 $(x+1)(x-7)$로 나누었을 때의 나머지가 $2x-5$이고, $(x-3)(x-4)$로 나누었을 때의 나머지가 $-x+20$일 때, 다항식 $P(x)$를 x^2-2x-3으로 나누었을 때의 나머지를 구하시오.

내가 발견한 개념 나머지가 될 수 있는 것을 모두 골라 봐!

다항식 $P(x)$에 대하여 $P(x)$를
- 일차식으로 나누었을 때의 나머지는 (상수, 일차식, 이차식)이다.
- 이차식으로 나누었을 때의 나머지는 (상수, 일차식, 이차식)이다.

07 나머지가 0일 때!

인수 정리

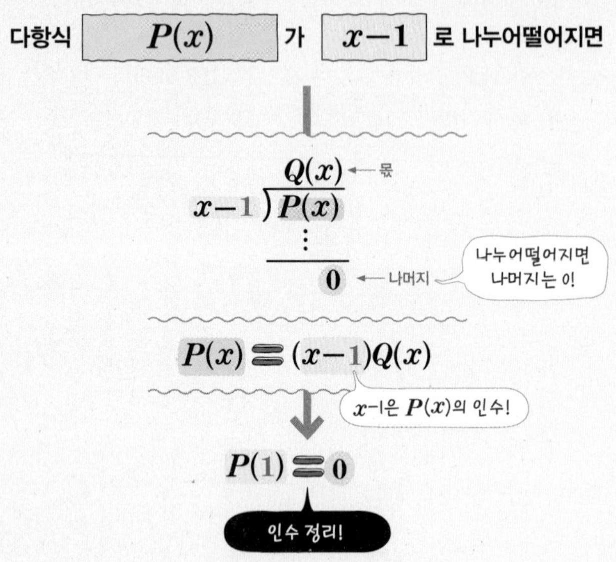

다항식 P(x) 가 x−1 로 나누어떨어지면
Q(x) ← 몫
x−1) P(x)
0 ← 나머지
나누어떨어지면 나머지는 0!
P(x) = (x−1)Q(x)
x−1은 P(x)의 인수!
P(1) = 0
인수 정리!

나머지가 '0'이면 인수가 보인다?

다항식 $P(x)=(x-1)(x-2)(x-3)$에 대하여

- $x-1$, $x-2$, $x-3$으로 각각 나누면 나머지가 0이다.
- $x-1$, $x-2$, $x-3$으로 각각 나누어떨어진다.
- $x-1$, $x-2$, $x-3$을 각각 인수로 갖는다.

↓

$P(1)=P(2)=P(3)=0$

자연스럽게 '인수분해'가 확인되고,
방정식 $P(x)=0$의 해는 1, 2, 3인 것도 보이지?

- **인수 정리**: 다항식 $P(x)$에 대하여
  ① $P(x)$가 일차식 $x-a$로 나누어떨어지면 $P(a)=0$
  ② $P(a)=0$이면 다항식 $P(x)$는 일차식 $x-a$로 나누어떨어진다.

참고 하나의 다항식을 두 개 이상의 다항식의 곱으로 나타낼 때, 각각의 다항식은 처음 다항식의 인수이다.

원리확인 다음 일차식이 다항식 $P(x)=x^3+3x^2-x-3$의 인수인 것은 ○를, 인수가 아닌 것은 ×를 ( ) 안에 써넣으시오.

❶ $x-1$ ( )
→ $P(1)=$☐이므로 $x-1$은 $P(x)$의
(인수이다 / 인수가 아니다).

❷ $x-2$ ( )
→ $P(2)=$☐이므로 $x-2$는 $P(x)$의
(인수이다 / 인수가 아니다).

1st — 인수 정리

● 다음 다항식 $P(x)$가 일차식 A로 나누어떨어지는 것은 ○를, 나누어떨어지지 않는 것은 ×를 ( ) 안에 써넣으시오.

1 $P(x)=x^3-3x^2+3x-2$, $A=x-2$ ( )
→ $P(2)=$☐

2 $P(x)=x^3+2x^2+9x-18$, $A=x-3$ ( )

3 $P(x)=4x^4-2x-6$, $A=x+1$ ( )

4 $P(x)=x^4-x^2-12$, $A=x+2$ ( )

5 $P(x)=2x^3-3x^2-11x+6$, $A=2x-1$ ( )

6 $P(x)=3x^3-2x^2-3x+2$, $A=3x+2$ ( )

2nd 인수 정리를 이용하여 구하는 미지수의 값

● 다음 다항식 $P(x)$가 일차식 A를 인수로 가질 때, 상수 a의 값을 구하시오.

(일차식 A를 인수로 갖는다.)
=(일차식 A로 나누어떨어진다.)

7 $P(x)=x^3-3x^2+ax-4$, $A=x-2$

→ $P(x)$가 $x-2$를 인수로 가지므로 $P(\square)=0$

따라서 $a=\square$

8 $P(x)=x^3+4x^2-ax+1$, $A=x-1$

9 $P(x)=x^3+ax^2+9x+9$, $A=x+3$

10 $P(x)=ax^3+x^2-5x+2$, $A=x+2$

11 $P(x)=6x^3-x^2+ax+5$, $A=2x-1$

12 $P(x)=12x^3+ax^2-10x-3$, $A=3x+1$

● 다음 다항식 $P(x)$가 일차식 A로 나누어떨어질 때, 상수 k의 값을 구하시오.

13 $P(x)=2x^3+kx^2+x-3$, $A=x-1$

→ $P(x)$가 $x-1$로 나누어떨어지므로 $P(\square)=0$

따라서 $k=\square$

14 $P(x)=x^3+2x^2-kx-3$, $A=x-3$

15 $P(x)=3x^3+kx^2+x+6$, $A=x+2$

16 $P(x)=3x^3+kx^2+x-6$, $A=3x-2$

내가 발견한 개념 '$x-\alpha$로 나누어떨어진다.'의 의미는?

다항식 $P(x)$가 $x-\alpha$로 나누어떨어지면
- $P(\square)=0$
- 다항식 $P(x)$는 $x-\alpha$를 (인수, 배수)로 갖는다.
- 다항식 $Q(x)$에 대하여 $P(x)=(\square)Q(x)$

개념모음문제

17 다항식 x^3+ax^2+bx-6은 $x+2$로 나누어떨어지고, $x-1$로 나누었을 때의 나머지는 6이다. 상수 a, b에 대하여 $2a+b$의 값은?

① 15 ② 16 ③ 17 ④ 18 ⑤ 19

● 다항식 $P(x)=x^3+ax^2-bx+4$가 다음 이차식으로 나누어떨어질 때, 상수 a, b의 값을 구하시오.

18 $(x-1)(x+1)$

→ $P(x)$가 $x-1$, $x+1$로 각각 나누어떨어지므로

$P(1)=0$, $P(\square)=0$

$P(1)=0$에서 $1+a-b+4=0$

$a-b=\square$ …… ㉠

$P(\square)=0$에서 $-1+a+b+4=0$

$a+b=\square$ …… ㉡

㉠, ㉡을 연립하여 풀면 $a=\square$, $b=\square$

19 $(x-1)(x+2)$

20 $(x-2)(x+1)$

21 x^2-5x+4

22 x^2+2x-8

내가 발견한 개념 '$(x-a)(x-b)$로 나누어떨어진다.'의 의미는?

다항식 P(x)가 (x−a)(x−b)로 나누어떨어지면
- P(x)는 x−a, x−b를 (배수, 인수)로 갖는다.
- P($\square$)=0, P($\square$)=0

● 다음 다항식 $P(x)$가 이차식 A로 나누어떨어질 때, 상수 a, b의 값을 구하시오.

23 $P(x)=x^3+ax^2-bx+1$, $A=(x-1)(x+1)$

→ $P(x)$가 $x-1$, $x+1$로 각각 나누어떨어지므로

$P(1)=0$, $P(\square)=0$

$P(1)=0$에서 $1+a-b+1=0$

$a-b=\square$ …… ㉠

$P(\square)=0$에서 $-1+a+b+1=0$

$a+b=\square$ …… ㉡

㉠, ㉡을 연립하여 풀면 $a=\square$, $b=\square$

24 $P(x)=3x^3-ax^2+bx-12$, $A=(x-1)(x-2)$

25 $P(x)=x^3-ax^2-bx+4$, $A=x^2+x-2$

26 $P(x)=2x^3+ax^2-bx+1$, $A=2x^2-3x+1$

개념모음문제

27 다항식 $P(x)=3x^3-8x^2+ax+b$가 x^2-3x-4로 나누어떨어진다. $P(x)$를 $x+2$로 나누었을 때의 나머지는? (단, a, b는 상수이다.)

① -30 ② -15 ③ 0
④ 15 ⑤ 30

3rd 인수 정리의 활용

● **다음 조건을 만족시키는 다항식 $P(x)$를 구하시오.**

28 이차항의 계수가 -5인 이차식 $P(x)$가 $x+1$, $x-3$으로 각각 나누어떨어진다.

→ $P(x)=\square(x+1)(x-3)$

$=\square$

29 이차항의 계수가 2인 이차식 $P(x)$에 대하여 $P(-1)=P(1)=0$

30 이차항의 계수가 -1인 이차식 $P(x)$가 $x+2$, $x-4$로 나누었을 때의 나머지가 모두 7이다.

→ $P(x)=-(x+2)(x-4)+\square$

$=\square$

31 이차항의 계수가 1인 이차식 $P(x)$에 대하여 $P(-5)=P(5)=3$

32 최고차항의 계수가 2인 삼차식 $P(x)$가 $x-1$, $x-2$, $x-3$으로 각각 나누어떨어진다.

33 최고차항의 계수가 -3인 삼차식 $P(x)$에 대하여 $P(-1)=P(3)=P(-7)=0$

내가 발견한 개념 인수 정리로 다항식을 만들어 봐!

- 이차항의 계수가 k인 이차식 $P(x)$가 $(x-a)(x-b)$로 나누어떨어진다.
  → $P(x)=\square(x-a)(x-b)$
- 이차항의 계수가 k인 이차식 $P(x)$가 $(x-a)(x-b)$로 나누었을 때의 나머지가 c이다.
  → $P(x)-c=\square(x-a)(x-b)$
  → $P(x)=\square(x-a)(x-b)+\square$

개념모음문제

34 최고차항의 계수가 -5인 삼차식 $P(x)$에 대하여 $P(-1)=P(0)=P(3)=-20$일 때, $P(x)$를 $x-1$로 나누었을 때의 나머지는?

① -20 ② -10 ③ 0 ④ 10 ⑤ 20

드디어 변화를 나타내는 식들을 만날 준비가 됐군!

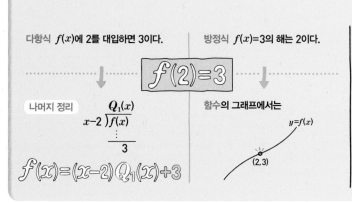

다항식 $f(x)$에 2를 대입하면 3이다. | 방정식 $f(x)=3$의 해는 2이다.

$f(2)=3$

나머지 정리

$$x-2\,\overline{)\,f(x)}\quad Q_1(x),\ \text{나머지 } 3$$

$f(x)=(x-2)Q_1(x)+3$

함수의 그래프에서는

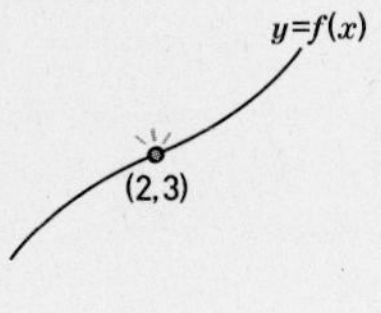

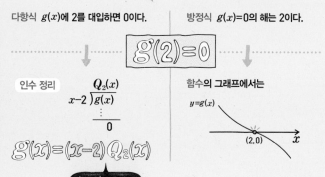

다항식 $g(x)$에 2를 대입하면 0이다. | 방정식 $g(x)=0$의 해는 2이다.

$g(2)=0$

인수 정리

$$x-2\,\overline{)\,g(x)}\quad Q_2(x),\ \text{나머지 } 0$$

$g(x)=(x-2)Q_2(x)$

인수분해 된 거야!

함수의 그래프에서는

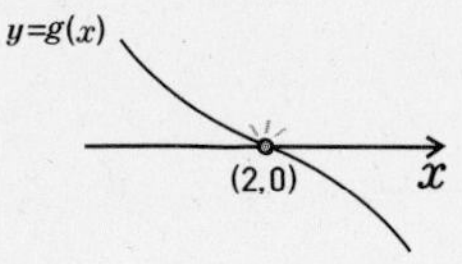

08 계수만을 이용하여 나눗셈하는!

조립제법

$2x^3-3x^2+4x-5$ 를 $x-2$ 로 나눌 때,

나눗셈을 직접하지 않고 계수만을 이용하여 몫과 나머지를 구할 수 있어!

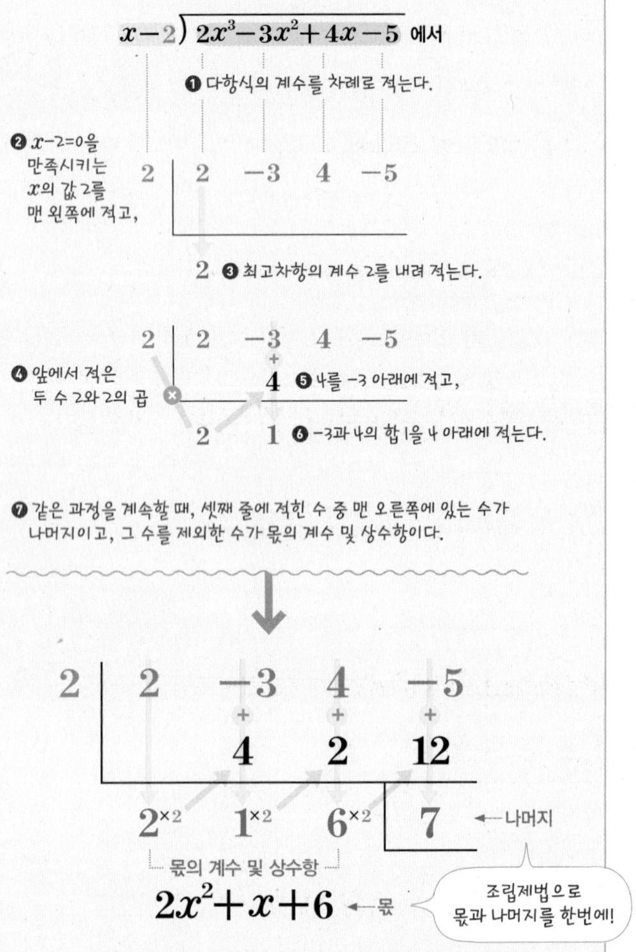

x−2) 2x³−3x²+4x−5 에서
❶ 다항식의 계수를 차례로 적는다.
❷ x−2=0을 만족시키는 x의 값 2를 맨 왼쪽에 적고,
2 | 2 −3 4 −5
2 ❸ 최고차항의 계수 2를 내려 적는다.
❹ 앞에서 적은 두 수 2와 2의 곱
4 ❺ 4를 −3 아래에 적고,
2 1 ❻ −3과 4의 합 1을 4 아래에 적는다.
❼ 같은 과정을 계속할 때, 셋째 줄에 적힌 수 중 맨 오른쪽에 있는 수가 나머지이고, 그 수를 제외한 수가 몫의 계수 및 상수항이다.
2 | 2 −3 4 −5
4 2 12
2 1 6 7 ← 나머지
몫의 계수 및 상수항
2x²+x+6 ← 몫
조립제법으로 몫과 나머지를 한번에!

원리확인 다음은 조립제법을 이용하여 다항식의 나눗셈의 몫과 나머지를 구하는 과정이다. □ 안에 알맞은 것을 써넣으시오.

$(2x^3-x^2+3x-5)\div(x+1)$

-1	2	-1	□	-5
		□	□	□
	2	□	□	□

→ 몫: $2x^2-$□$+$□, 나머지: □

1st 조립제법

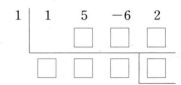

● 다음 나눗셈을 위한 조립제법의 □ 안에 알맞은 수를 써넣고, 나눗셈의 몫과 나머지를 구하시오.

1 $(x^3+5x^2-6x+2)\div(x-1)$

1	1	5	-6	2
		□	□	□
	□	□	□	□

→ 몫: 나머지:

조립제법에서 각 항의 계수를 나열할 때, 계수가 0인 것도 반드시 표시해야 한다.

2 $(5x^3+3x^2-2)\div(x+2)$

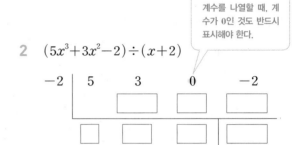

-2	5	3	0	-2
		□	□	□
	□	□	□	□

→ 몫: 나머지:

3 $(3x^3+6x^2-x+25)\div(x+3)$

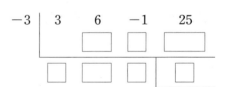

-3	3	6	-1	25
		□	□	□
	□	□	□	□

→ 몫: 나머지:

4 $(2x^3-3x^2-4x-12)\div(x-3)$

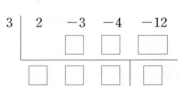

3	2	-3	-4	-12
		□	□	□
	□	□	□	□

→ 몫: 나머지:

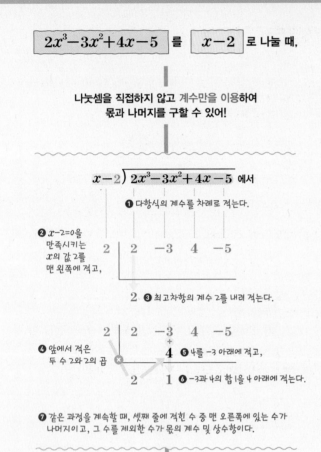

● **조립제법을 이용하여 다음 나눗셈의 몫과 나머지를 차례대로 구하시오.**

5 $(x^3+3x^2-2x-8)\div(x-2)$

6 $(20x^3+35x^2-5x+28)\div(x+2)$

7 $(2x^3-3x^2+4x-2)\div\left(x-\frac{1}{2}\right)$

8 $(4x^3+3x-1)\div\left(x+\frac{1}{2}\right)$

9 $(6x^3-2x^2-x+11)\div\left(x+\frac{2}{3}\right)$

10 $(x^3+3x^2-2x-8)\div(2x-4)$

→ $2x-4=2(x-\square)$이므로

□	1	3	−2	−8
		2	10	16
	1	□	□	□

$x^3+3x^2-2x-8=(x-\square)(x^2+\square x+\square)+\square$

$=2(x-\square)\times\frac{1}{2}(x^2+\square x+\square)+\square$

$=(2x-\square)\left(\frac{1}{2}x^2+\square x+\square\right)+\square$

따라서 몫은 $\frac{1}{2}x^2+\square x+\square$, 나머지는 □이다.

11 $(20x^3+35x^2-5x+28)\div(5x+10)$

12 $(4x^3+3x-1)\div(2x+1)$

$2x+1=2\left(x+\frac{1}{2}\right)$임을 이용해!

$ax+b$와 $x+\frac{b}{a}$로 나누었을 때의 몫과 나머지를 비교해 봐!

내가 발견한 개념

- 다항식 $P(x)$에 대하여 $ax+b$로 나눈 몫을 $Q(x)$, 나머지를 R라 하면

  $P(x)=(ax+b)Q(x)+R=\left(x+\frac{b}{a}\right)\square+\square$

- $P(x)$를 일차식 $ax+b$로 나눈 몫은 $P(x)$를 $x+\frac{b}{a}$로 나눈 몫의 $\frac{1}{\square}$배이다.

- $P(x)$를 일차식 $ax+b$로 나눈 나머지와 $P(x)$를 $x+\frac{b}{a}$로 나눈 나머지는 (같다, 다르다).

TEST 개념 확인

05 나머지 정리

- 다항식 $P(x)$를 일차식 $x-\alpha$로 나누었을 때의 나머지
  → $P(\alpha)$
- 다항식 $P(x)$를 일차식 $ax+b$로 나누었을 때의 나머지
  → $P\left(-\frac{b}{a}\right)$

1 다항식 $f(x)$를 $x+1$로 나누었을 때의 나머지가 3이고, 다항식 $g(x)$를 $x-2$로 나누었을 때의 나머지가 -5일 때, $f(-1)-g(2)$의 값은?

① -8　② -2　③ 0　④ 2　⑤ 8

2 다항식 x^3+ax^2-2x+3을 $x-1$로 나누었을 때의 나머지와 $x+2$로 나누었을 때의 나머지가 같을 때, 상수 a의 값을 구하시오.

3 다항식 x^3-x^2+ax+b를 $x-1$, $x-2$로 각각 나누었을 때의 나머지가 모두 4이다. 상수 a, b에 대하여 $a-b$의 값은?

① -12　② -4　③ 0　④ 4　⑤ 12

06 나머지 정리의 활용

- 다항식 $P(x)$를 이차식으로 나누었을 때의 나머지
  → 일차 이하의 다항식 (일차식 또는 상수)이므로 나머지를 $ax+b$ (a, b는 상수)로 놓는다.

4 다항식 $f(x)$를 $x-1$, $x+2$로 나누었을 때의 나머지가 각각 1, 7이다. $f(x)$를 $(x-1)(x+2)$로 나누었을 때의 나머지를 $R(x)$라 할 때, $R(-2)$의 값은?

① 5　② 6　③ 7　④ 8　⑤ 9

5 다항식 $(x+1)f(x)$를 $x+3$으로 나누었을 때의 나머지가 -22, $f(x)$를 $x+5$로 나누었을 때의 나머지가 7이다. $f(x)$를 $(x+5)(x+3)$으로 나누었을 때의 나머지를 구하시오.

6 다항식 $2x^5-3x^4+7x^3+10$을 $x(x+1)(x-1)$로 나누었을 때의 나머지를 $R(x)$라 할 때, $R(3)$의 값은?

① -10　② -6　③ 6　④ 10　⑤ 14

07 인수 정리

- $P(x)$가 일차식 $x-\alpha$로 나누어떨어진다.
  → $P(\alpha)=0$
- $P(\alpha)=0$
  → 다항식 $P(x)$는 일차식 $x-\alpha$로 나누어떨어진다.

7 다항식 $x^4+ax^3+(2a-5)x^2-ax-6$이 $x+2$를 인수로 가질 때, 상수 a의 값은?

① -10 ② -5 ③ 0
④ 5 ⑤ 10

8 다항식 $2x^3+ax+b$가 $(x-1)(x-2)$로 나누어떨어질 때, 상수 a, b에 대하여 $a+2b$의 값은?

① 5 ② 10 ③ 20
④ 30 ⑤ 35

9 다항식 $2x^3+5x^2-px+q$가 x^2+2x-8로 나누어떨어질 때, 상수 p, q에 대하여 $p-q$의 값은?

① -22 ② -12 ③ -6
④ 12 ⑤ 22

08 조립제법

- **조립제법:** 다항식 $f(x)$를 $x-\alpha$ 꼴의 일차식으로 나눌 때, 나눗셈을 직접하지 않고 계수만을 이용하여 몫과 나머지를 구하는 방법

10 조립제법을 이용하여 다음 나눗셈의 몫과 나머지를 차례대로 구하시오.

(1) $(2x^3+3x^2-4x+2)\div(x-1)$

(2) $(4x^3-30x+21)\div(x+3)$

11 다항식 x^3-ax^2+2x+b를 $x-2$로 나누었을 때의 몫과 나머지를 다음과 같이 조립제법을 이용하여 구하려 한다. $a+b+c+k$의 값은?

(단, a, b는 상수이다.)

k	1	$-a$	2	b
		2	c	-8
	1	-3	-4	5

① -11 ② 4 ③ 10
④ 14 ⑤ 26

12 다항식 ax^3+bx^2+cx+d를 $4x-1$로 나누었을 때의 몫과 나머지를 다음과 같이 조립제법을 이용하여 구할 때, 몫을 $Q(x)$, 나머지를 m이라 하자.
$Q(1)+4m$의 값은? (단, a, b, c, d는 상수이다.)

$\frac{1}{4}$	a	b	c	d
		1	0	-3
	4	0	-12	5

① 18 ② 16 ③ 12
④ 3 ⑤ -3

TEST 개념 발전

1 x에 대한 이차방정식
$ax^2-b(k+3)x+a(2k-1)=-3$이 k의 값에 관계없이 항상 2를 근으로 가질 때, 상수 a, b에 대하여 ab의 값은?

① -2 ② -1 ③ 0
④ 1 ⑤ 2

2 다항식 x^3-4x^2+7x-9를 $x-3$으로 나누었을 때의 몫과 나머지를 다음과 같이 조립제법을 이용하여 구하려 할 때, $abcd$의 값은?

a	1	-4	7	-9
		b	-3	12
	1	c	d	3

① -36 ② -24 ③ -12
④ 12 ⑤ 24

3 등식 $a(x+2)^2+b(x-2)^2=5x^2-4x+20$이 x에 대한 항등식일 때, ab의 값은? (단, a, b는 상수이다.)

① 4 ② 6 ③ 8
④ 10 ⑤ 12

4 $x\neq-3$, $x\neq-5$인 모든 실수 x에 대하여 등식

$$\frac{a}{x+3}+\frac{b}{x+5}=\frac{2x+14}{(x+3)(x+5)}$$

가 성립하도록 하는 상수 a, b에 대하여 $\frac{a}{b}$의 값은?

① -2 ② -1 ③ 1
④ 2 ⑤ 3

5 다항식 $f(x)$에 대하여 등식
$x^8+ax^3+b=(x^2-1)f(x)+6x-7$이 x에 대한 항등식일 때, 상수 a, b에 대하여 $2a+b$의 값은?

① -8 ② -4 ③ 4
④ 8 ⑤ 16

6 다항식 $x^3+5x^2-ax+15$를 일차식 $x-1$로 나누었을 때의 몫이 x^2+bx+c이고 나머지가 8일 때, 상수 a, b, c에 대하여 $a-b+c$의 값은?

① 0 ② 6 ③ 12
④ 18 ⑤ 24

7 x에 대한 다항식 $x^3-7x^2+14x+a$가 x^2-4x+b로 나누어떨어질 때, 상수 a, b에 대하여 a^2+b^2의 값을 구하시오.

8 다항식 $f(x)=x^2+5ax+3$에 대하여 $f(x)$를 $x-1$로 나누었을 때의 나머지를 m, $x-2$로 나누었을 때의 나머지를 n이라 하자. $m+n=71$일 때, 상수 a의 값은?

① 2 ② 3 ③ 4
④ 5 ⑤ 6

9 $f(x)=x^4+2x^3+ax-6$을 $x-1$로 나누었을 때의 나머지가 -1일 때, $f(x)$를 $x-a$로 나누었을 때의 나머지는? (단, a는 상수이다.)

① 24 ② 26 ③ 28
④ 30 ⑤ 32

10 다항식 $f(x)$, $g(x)$에 대하여 $f(x)+g(x)$를 $x+3$으로 나누었을 때의 나머지는 12이고, $f(x)-g(x)$를 $x+3$으로 나누었을 때의 나머지는 -4이다. $2x+f(x)g(x)$를 $x+3$으로 나누었을 때의 나머지는?

① 24 ② 26 ③ 28
④ 30 ⑤ 32

11 다항식 $f(x)$를 $x^2+5x-14$로 나누었을 때의 나머지가 $6x-11$이다. 다항식 $(3x^2+4)f(x)$를 $x-2$로 나누었을 때의 나머지를 구하시오.

12 다항식 x^4+mx^3+nx+4가 $x-2$, $x+1$로 각각 나누어떨어질 때, 상수 m, n에 대하여 $n-m$의 값은?

① 11 ② 12 ③ 13
④ 14 ⑤ 15

13 모든 실수 x에 대하여 등식

$x^{10}=a_0(x-1)^{10}+a_1(x-1)^9+a_2(x-1)^8+\cdots+a_{10}$

이 성립할 때, $a_0+a_2+a_4+a_6+a_8+a_{10}$의 값을 구하시오. (단, a_0, a_1, a_2, $\cdots$, a_{10}은 상수이다.)

14 다항식 $x^2+(a+b)x+8$은 $x+2$를 인수로 갖고, 다항식 $x^2-2x+ab$는 $x-3$을 인수로 가질 때, 상수 a, b에 대하여 a^2+b^2의 값은?

① 30 ② 34 ③ 38
④ 42 ⑤ 46

15 다항식 $f(x)$를 $3x+2$로 나누었을 때의 몫을 $Q(x)$, 나머지를 R라 할 때, $f(x)$를 $x+\frac{2}{3}$로 나누었을 때의 몫과 나머지를 차례대로 구한 것은?

① $\frac{1}{3}Q(x)$, $\frac{1}{3}R$ ② $\frac{1}{3}Q(x)$, R
③ $3Q(x)$, $\frac{1}{3}R$ ④ $3Q(x)$, R
⑤ $3Q(x)$, $3R$

3

'수'처럼 분해하는!

인수분해

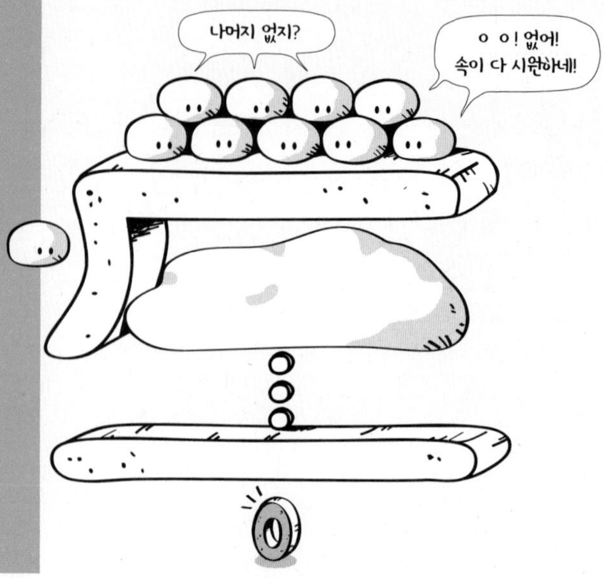

인수분해

인수분해 공식은 곱셈 공식의 역 과정으로, 주어진 다항식을 그보다 차수가 낮으면서 더 이상 분해되지 않는 다항식들의 곱으로 나타내는 거야. 인수분해 공식을 이해하고 이를 이용하여 다항식을 인수분해 해 보자.

곱셈 공식을 거꾸로!

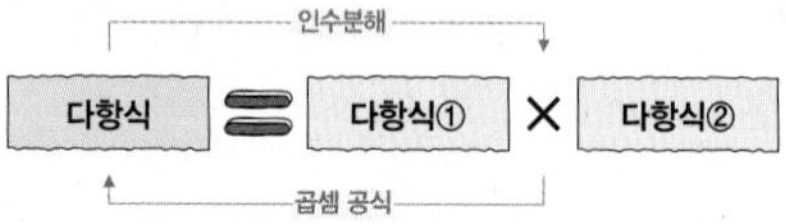

- $a^3+3a^2b+3ab^2+b^3=(a+b)^3$
- $a^3-3a^2b+3ab^2-b^3=(a-b)^3$
- $a^3+b^3=(a+b)(a^2-ab+b^2)$
- $a^3-b^3=(a-b)(a^2+ab+b^2)$
- $a^2+b^2+c^2+2ab+2bc+2ca=(a+b+c)^2$
- $a^3+b^3+c^3-3abc=(a+b+c)(a^2+b^2+c^2-ab-bc-ca)$
- $a^4+a^2b^2+b^4=(a^2+ab+b^2)(a^2-ab+b^2)$

여러 가지 식의 인수분해

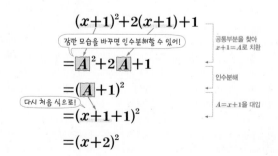

인수분해 공식을 바로 적용할 수 없는 다항식은 공통된 부분을 치환하거나 한 문자에 대하여 내림차순으로 정리해서 인수분해 공식을 사용할 수 있도록 바꿔줘야 해. 이 단원에서 다양한 형태의 다항식의 인수분해를 연습해 볼 거야.

인수분해가 바로 안될 때!

$(x+1)^2+2(x+1)+1$

잠깐 모습을 바꾸면 인수분해할 수 있어!

$=A^2+2A+1$ ← 공통부분을 찾아 $x+1=A$로 치환

$=(A+1)^2$ ← 인수분해

다시 처음 식으로!

$=(x+1+1)^2$ ← $A=x+1$을 대입

$=(x+2)^2$

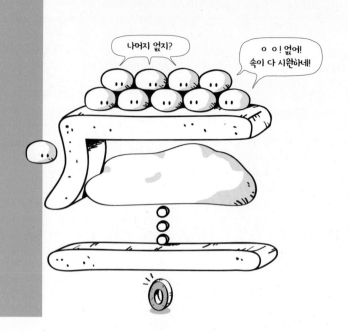

고차식의 인수분해

07 인수 정리를 이용한 고차식의 인수분해

인수분해 공식을 바로 적용할 수 없는 삼차 이상의 다항식의 인수분해는 인수 정리와 조립제법을 이용해야 해. 이 단원에서 삼차 이상의 다항식의 인수분해를 연습해 보자.

인수분해가 바로 안될 때!

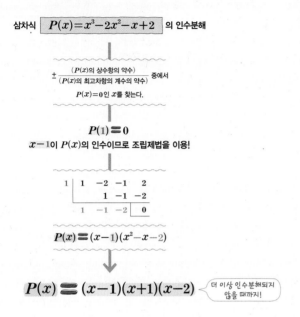

삼차식 $P(x)=x^3-2x^2-x+2$ 의 인수분해

$\pm\dfrac{(P(x)\text{의 상수항의 약수})}{(P(x)\text{의 최고차항의 계수의 약수})}$ 중에서

$P(x)=0$인 x를 찾는다.

$P(1)=0$

$x-1$이 $P(x)$의 인수이므로 조립제법을 이용!

1	1	−2	−1	2
		1	−1	−2
	1	−1	−2	0

$P(x)=(x-1)(x^2-x-2)$

$P(x)=(x-1)(x+1)(x-2)$ 더 이상 인수분해되지 않을 때까지!

인수분해의 활용

08 인수분해의 활용

인수분해를 이용하여 복잡한 수의 계산을 처리하거나 식의 값을 구해보자. 수의 계산은 반복적으로 사용해야 할 수를 문자로 치환하여 인수분해한 후 치환했던 수를 다시 대입하여 계산하면 돼. 식의 값은 주어진 식을 인수분해한 후 조건으로 제시된 값을 대입하여 구하면 돼.

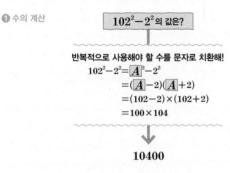

계산이 쉬워지는!

❶ 수의 계산

102^2-2^2의 값은?

반복적으로 사용해야 할 수를 문자로 치환해!

$102^2-2^2=A^2-2^2$

$=(A-2)(A+2)$

$=(102-2)\times(102+2)$

$=100\times104$

10400

❷ 식의 값

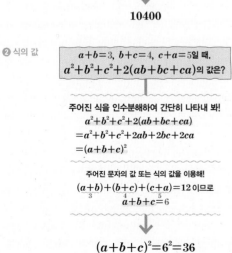

$a+b=3,\ b+c=4,\ c+a=5$일 때, $a^2+b^2+c^2+2(ab+bc+ca)$의 값은?

주어진 식을 인수분해하여 간단히 나타내 봐!

$a^2+b^2+c^2+2(ab+bc+ca)$

$=a^2+b^2+c^2+2ab+2bc+2ca$

$=(a+b+c)^2$

주어진 문자의 값 또는 식의 값을 이용해!

$\underbrace{(a+b)}_{3}+\underbrace{(b+c)}_{4}+\underbrace{(c+a)}_{5}=12$이므로

$a+b+c=6$

$(a+b+c)^2=6^2=36$

01

곱셈 공식을 거꾸로!

인수분해 공식(1)

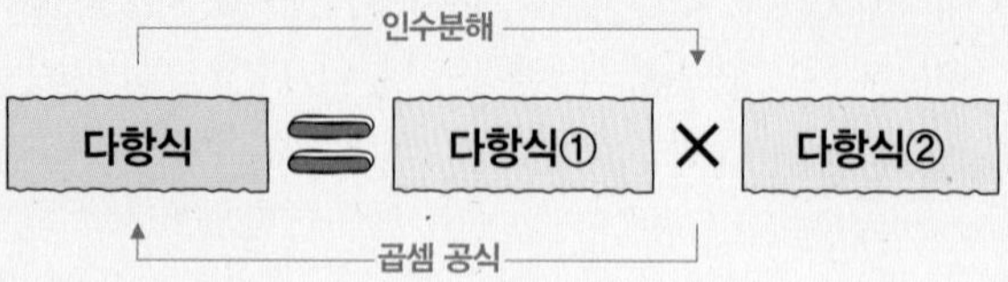

• 인수분해 공식❶

$$a^2+2ab+b^2=(a+b)^2$$

• 인수분해 공식❷

$$a^2-2ab+b^2=(a-b)^2$$

• 인수분해 공식❸

$$a^2-b^2=(a+b)(a-b)$$

• 인수분해 공식❹

$$x^2+(a+b)x+ab=(x+a)(x+b)$$

• 인수분해 공식❺

$$acx^2+(ad+bc)x+bd=(ax+b)(cx+d)$$

• **인수분해:** 하나의 다항식을 두 개 이상의 다항식의 곱으로 나타내는 것

참고 다항식을 인수분해할 때는 일반적으로 계수가 유리수인 범위에서 인수분해한다.

곱셈 공식을 거꾸로!
(이러면 좀 덜 미안하려나?)

1st 공통인수를 이용한 인수분해

• 다음 식에서 공통인수를 찾아 인수분해하시오.

1 $a^2+3ab=\square(a+3b)$

두 항에 a가 공통으로 들어 있지!

2 $2ax-8bx$

3 $3x^2y-12xy^2+6xy$

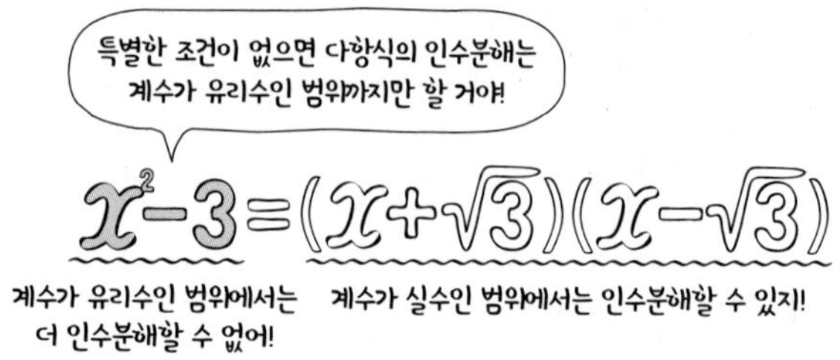

특별한 조건이 없으면 다항식의 인수분해는 계수가 유리수인 범위까지만 할 거야!
$x^2-3=(x+\sqrt{3})(x-\sqrt{3})$
계수가 유리수인 범위에서는 더 인수분해할 수 없어!
계수가 실수인 범위에서는 인수분해할 수 있지!

2nd 인수분해 공식(1)을 이용한 인수분해

• 다음 식을 인수분해하시오.

$$a^2+2ab+b^2=(a+b)^2$$

4 x^2+4x+4

→ $x^2+4x+4=x^2+2\times x\times\square+\square^2=(x+\square)^2$

5 $a^2+12a+36$

6 $25a^2+10ab+b^2$

$a^2-2ab+b^2=(a-b)^2$

7 x^2-6x+9

→ $x^2-6x+9=x^2-2\times x\times\square+\square^2=(x-\square)^2$

8 $4p^2-12p+9$

9 $9x^2-30xy+25y^2$

$a^2-b^2=(a+b)(a-b)$

10 x^2-4

→ $x^2-4=x^2-\square^2=(x+\square)(x-\square)$

11 $4x^2-25y^2$

12 $16a^2-9b^2$

$x^2+(a+b)x+ab=(x+a)(x+b)$

13 x^2+5x+6

→ 곱해서 6이 되는 두 정수 중에서 더해서 5가 되는 두 정수는

$\square$, $\square$이므로

$x^2+5x+6=x^2+(\square+\square)x+\square\times\square$

$=(x+\square)(x+\square)$

14 y^2-3y+2

15 x^2-x-6

$acx^2+(ad+bc)x+bd=(ax+b)(cx+d)$

16 $2x^2+7x+6$

→ $x \quad 2 \longrightarrow 4x$

$2x \quad \square \longrightarrow \square$ (+

$7x$

따라서 $2x^2+7x+6=(x+2)(2x+\square)$

17 $3x^2+11x-4$

18 $6n^2-n-2$

02

곱셈 공식을 거꾸로!

인수분해 공식(2)

• 인수분해 공식❻

$$a^3+3a^2b+3ab^2+b^3=(a+b)^3$$

• 인수분해 공식❼

$$a^3-3a^2b+3ab^2-b^3=(a-b)^3$$

• 인수분해 공식❽

$$a^3+b^3=(a+b)(a^2-ab+b^2)$$

• 인수분해 공식❾

$$a^3-b^3=(a-b)(a^2+ab+b^2)$$

1st 인수분해 공식(2)를 이용한 인수분해

● 다음 식을 인수분해하시오.

$$a^3+3a^2b+3ab^2+b^3=(a+b)^3$$

1 $x^3+9x^2+27x+27$

➜ $x^3+9x^2+27x+27$

$=x^3+3\times x^2\times\square+3\times x\times\square^2+\square^3$

$=(x+\square)^3$

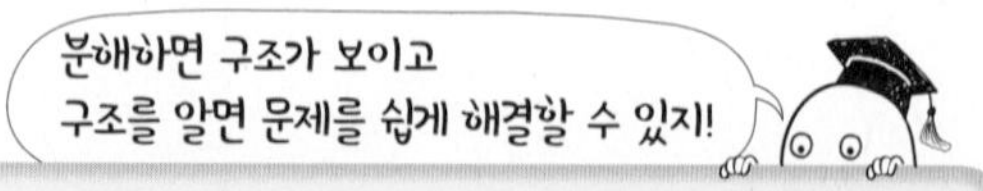

분해하면 구조가 보이고
구조를 알면 문제를 쉽게 해결할 수 있지!

수의 소인수분해	식의 인수분해
20	x^2-3x+2
$2^2\times5$	$(x-1)(x-2)$
소인수가 보여!	방정식의 해가 보여!
	x^2-3x+2의 값을 0으로 만드는 x의 값 $x=1$, $x=2$

2 $a^3+12a^2+48a+64$

3 $8x^3+12x^2y+6xy^2+y^3$

4 $27m^3+54m^2n+36mn^2+8n^3$

$$a^3-3a^2b+3ab^2-b^3=(a-b)^3$$

5 $x^3-6x^2+12x-8$

➜ $x^3-6x^2+12x-8$

$=x^3-3\times x^2\times\square+3\times x\times\square^2-\square^3$

$=(x-\square)^3$

6 a^3-3a^2+3a-1

7 $8k^3-36k^2+54k-27$

8 $x^3-9x^2y+27xy^2-27y^3$

$a^3+b^3=(a+b)(a^2-ab+b^2)$

9 x^3+27

→ $x^3+27=x^3+\square^3$

$=(x+\square)(x^2-x\times\square+\square^2)$

$=(x+\square)(x^2-\square x+\square)$

10 m^3+125

11 $8p^3+1$

12 $27a^3+64b^3$

$a^3-b^3=(a-b)(a^2+ab+b^2)$

13 x^3-8

→ $x^3-8=x^3-\square^3$

$=(x-\square)(x^2+x\times\square+\square^2)$

$=(x-\square)(x^2+\square x+\square)$

14 $64k^3-1$

15 $27a^3-8b^3$

16 $6m^3-48n^3$

공통인수를 묶어내면 인수분해 공식이 보여!

개념모음문제

17 다음 중 a^6-b^6의 인수가 아닌 것은?

① $a+b$ ② $a-b$ ③ a^2+b^2
④ a^2+ab+b^2 ⑤ a^2-ab+b^2

03 곱셈 공식을 거꾸로!

인수분해 공식(3)

• 인수분해 공식⑩

$$a^2+b^2+c^2+2ab+2bc+2ca=(a+b+c)^2$$

• 인수분해 공식⑪

$$a^3+b^3+c^3-3abc$$
$$=(a+b+c)(a^2+b^2+c^2-ab-bc-ca)$$

• 인수분해 공식⑫

$$a^4+a^2b^2+b^4=(a^2+ab+b^2)(a^2-ab+b^2)$$

1st — 인수분해 공식(3)을 이용한 인수분해

● 다음 식을 인수분해하시오.

$$a^2+b^2+c^2+2ab+2bc+2ca=(a+b+c)^2$$

1 $a^2+4b^2+c^2+4ab+4bc+2ca$

→ $a^2+4b^2+c^2+4ab+4bc+2ca$

$=a^2+(\square)^2+c^2+2\times a\times\square+2\times\square\times c+2\times c\times a$

$=(a+\square+c)^2$

2 $x^2+y^2+z^2-2xy-2yz+2zx$

→ $x^2+y^2+z^2-2xy-2yz+2zx$

$=x^2+(\square)^2+z^2+2\times x\times(\square)+2\times(\square)\times z+2\times z\times x$

$=\{x+(\square)+z\}^2$

$=(x-\square+z)^2$

부호가 −인 항에 공통으로 들어 있는 문자의 부호가 −라 생각하고 공식의 틀에 맞는지 확인한다.

3 $a^2+4b^2+9c^2+4ab+12bc+6ca$

4 $4p^2+q^2+r^2+4pq-2qr-4rp$

5 $4a^2+b^2+c^2-4ab+2bc-4ca$

6 $x^2+4y^2+4z^2-4xy+8yz-4zx$

7 $9l^2+m^2+4n^2+6lm-4mn-12nl$

내가 발견한 개념 — 부호에 변화에 따른 인수분해 공식⑩의 특징은?

• $a^2+b^2+c^2+2ab+2bc+2ca=(a\bigcirc b\bigcirc c)^2$

• $a^2+b^2+c^2-2ab-2bc+2ca=(a\bigcirc b\bigcirc c)^2$

• $a^2+b^2+c^2+2ab-2bc-2ca=(a\bigcirc b\bigcirc c)^2$

• $a^2+b^2+c^2-2ab+2bc-2ca=(a\bigcirc b\bigcirc c)^2=(-a+b+c)^2$

알아 두면 유용한 인수분해 공식⑪의 또 다른 변형

$$a^3+b^3+c^3-3abc$$
$$=(a+b+c)(a^2+b^2+c^2-ab-bc-ca)$$
$$=(a+b+c)\times\frac{1}{2}(2a^2+2b^2+2c^2-2ab-2bc-2ca)$$
$$=\frac{1}{2}\underbrace{(a+b+c)}_{㉠}\{\underbrace{(a-b)^2+(b-c)^2+(c-a)^2}_{㉡}\}$$

인수분해 공식은 아니지만
식을 변형해서 ㉠ 또는 ㉡의
값을 구할 때 유용하게 쓰여!

$$a^3+b^3+c^3-3abc$$
$$=(a+b+c)(a^2+b^2+c^2-ab-bc-ca)$$

8 $x^3+y^3+8z^3-6xyz$

→ $x^3+y^3+8z^3-6xyz$

$=x^3+y^3+(\square)^3-3\times x\times y\times(\square)$

$=(x+\square+\square)(x^2+\square+4z^2-xy-2yz-\square)$

9 $8x^3+y^3+z^3-6xyz$

10 $p^3+q^3-r^3+3pqr$

11 $a^3-b^3-c^3-3abc$

12 $x^3+8y^3+27z^3-18xyz$

13 $8a^3-b^3+c^3+6abc$

14 $8l^3-m^3-27n^3-18lmn$

$$a^4+a^2b^2+b^4=(a^2+ab+b^2)(a^2-ab+b^2)$$

15 a^4+9a^2+81

→ $a^4+9a^2+81=a^4+a^2\times\square^2+\square^4$

$=(a^2+3a+9)(\square)$

16 $16x^4+4x^2+1$

17 $81m^4+36m^2+16$

18 $a^4+25a^2b^2+625b^4$

19 $16x^4+36x^2y^2+81y^4$

개념모음문제

20 다음 중 인수분해가 옳지 않은 것은?

① $x^3-9x^2y+27xy^2-27y^3=(x-3y)^3$

② $a^8-b^8=(a+b)(a-b)(a^2+b^2)(a^4+b^4)$

③ $x^2+y^2+2xy-2x-2y+1=(x+y-1)^2$

④ $a^3+b^3-3ab+1$
$=(a-b-1)(a^2+b^2+1-ab-a-b)$

⑤ $16x^4y^4+36x^2y^2+81$
$=(4x^2y^2+6xy+9)(4x^2y^2-6xy+9)$

TEST 개념 확인

01 인수분해 공식(1)

- $a^2+2ab+b^2=(a+b)^2$
- $a^2-2ab+b^2=(a-b)^2$
- $a^2-b^2=(a+b)(a-b)$
- $x^2+(a+b)x+ab=(x+a)(x+b)$
- $acx^2+(ad+bc)x+bd=(ax+b)(cx+d)$

1 다음 중 옳은 것은?

① $a(x+y-2)+(b-1)(x+y-2)=(x+y-2)(a+b)$
② $9a^2+16b^2-24ab=(3a+4b)(3a-4b)$
③ $x^2+y^2-2xy-1=(x-y+1)(x-y-1)$
④ $2x^2-4x-30=(2x+3)(x-5)$
⑤ $3x^2-11x+6=(3x+2)(x-3)$

2 다음 중 a^2-b^2+6a+9의 인수를 모두 고르면? (정답 2개)

① $a+b+3$　② $a+b-3$　③ $a-b+3$
④ $a-b-3$　⑤ $a-3b+1$

3 다항식 $4x^2+9y^2+12xy-36$을 인수분해하면

$$(ax+3y+b)(2x+cy+d)$$

일 때, 상수 a, b, c, d에 대하여 $a+b+c+d$의 값은?

① 2　② 3　③ 4
④ 5　⑤ 6

4 다항식 $x^2+(2a-1)x+a^2-a-2$는 x의 계수가 1인 두 일차식의 곱으로 인수분해된다. 이 두 일차식의 합이 $2x+7$일 때, 상수 a의 값을 구하시오.

02 인수분해 공식(2)

- $a^3+3a^2b+3ab^2+b^3=(a+b)^3$
- $a^3-3a^2b+3ab^2-b^3=(a-b)^3$
- $a^3+b^3=(a+b)(a^2-ab+b^2)$
- $a^3-b^3=(a-b)(a^2+ab+b^2)$

5 다항식 $27x^3+ax^2y+144xy^2+by^3$이 $(cx-4y)^3$으로 인수분해될 때, 상수 a, b, c에 대하여 $c-a-b$의 값은?

① 148　② 162　③ 168
④ 175　⑤ 190

6 다음 중 옳지 <u>않은</u> 것은?

① $x^3-9x^2+27x-27=(x-3)^3$
② $8x^3+36x^2+54x+27=(2x+3)^3$
③ $24a^3+81b^3=3(2a+3b)(4a^2-6ab+9b^2)$
④ $x^3y-27y^4=y(x-3y)(x^2+3xy+9y^2)$
⑤ $x^4-y^4=(x+y)^2(x-y)^2$

7 다항식 $x^6-3x^4y^2+3x^2y^4-y^6$을 인수분해하면?

① $(x^2+y^2)^3$ ② $(x^3+y^3)^2$
③ $(x+y)^3(x-y)^3$ ④ $(x+y)^2(x^2+y^2)^2$
⑤ $(x-y)^2(x^2+y^2)^2$

8 다음 중 $x^4-yx^3-y^3x+y^4$의 인수가 <u>아닌</u> 것은?

① $x-y$ ② $(x-y)^2$
③ x^2+xy+y^2 ④ x^2-xy-y^2
⑤ x^3-y^3

9 다항식 $a^5+b^5-a^3b^2-a^2b^3$의 인수인 것만을 **보기**에서 있는 대로 고른 것은?

보기

ㄱ. $a+b$ ㄴ. $a-b$ ㄷ. $(a+b)^2$
ㄹ. $(a-b)^2$ ㅁ. a^2-b^2 ㅂ. a^2-ab+b^2

① ㄱ, ㄴ, ㄹ ② ㄱ, ㄴ, ㅁ
③ ㄱ, ㄷ, ㅁ ④ ㄱ, ㄴ, ㄹ, ㅁ
⑤ ㄱ, ㄷ, ㅁ, ㅂ

03 인수분해 공식(3)

- $a^2+b^2+c^2+2ab+2bc+2ca=(a+b+c)^2$
- $a^3+b^3+c^3-3abc$
$=(a+b+c)(a^2+b^2+c^2-ab-bc-ca)$
$=\frac{1}{2}(a+b+c)\{(a-b)^2+(b-c)^2+(c-a)^2\}$
- $a^4+a^2b^2+b^4=(a^2+ab+b^2)(a^2-ab+b^2)$

10 다항식 $4x^2+y^2+9z^2-4xy-6yz+12zx$를 인수분해하면?

① $(2x+y+3z)^2$ ② $(2x-y+3z)^2$
③ $(2x-y-3z)^2$ ④ $(4x+y+9z)^2$
⑤ $(4x-y-9z)^2$

11 다항식 $27x^3-8y^3+z^3+18xyz$를 인수분해하면
$(ax+by+cz)(a^2x^2+b^2y^2+c^2z^2+dxy+eyz+fzx)$
일 때, 상수 a, b, c, d, e, f에 대하여 $abc+d+e+f$의 값을 구하시오.

12 다항식 x^4+9x^2+81은 x^2의 계수가 1인 두 이차식의 곱으로 인수분해된다. 이 두 이차식의 합은?

① $2x^2+18$ ② $2x^2+6x$ ③ $2x^2+6x+18$
④ $2x^2-18$ ⑤ $2x^2-6x$

치환을 이용한 인수분해

$$(x+1)^2+2(x+1)+1$$

잠깐 모습을 바꾸면 인수분해할 수 있어!

공통부분을 찾아 $x+1=A$로 치환

$$=A^2+2A+1$$

인수분해

$$=(A+1)^2$$

$A=x+1$을 대입

다시 처음 식으로!

$$=(x+1+1)^2$$

$$=(x+2)^2$$

- **치환을 이용한 다항식의 인수분해**

  주어진 식에서 공통으로 나타나는 부분을 찾아 치환한 후 식을 인수분해한다.

  참고 공통부분이 없는 경우 공통부분이 생기도록 식을 적당히 변형해 본다.

1st 치환을 이용한 인수분해

● 다음 식을 인수분해하시오.

1 $(a-b)^2-2(a-b)+1$

→ $\square=A$로 놓으면

$(a-b)^2-2(a-b)+1=A^2-\square+1$

$=(A-\square)^2$

$=\square$

반드시 처음의 식을 다시 대입해야 해!

2 $(x+1)^2-3(x+1)+2$

3 $(x-3)^2-8(x-3)+16$

4 $(x-2y)(x-2y+2)-8$

5 $2(a+b)^2-a-b-6$

6 $(2x+y)^2+12x+6y+9$

$12x+6y=6(2x+y)$임을 이용해!

7 $(x-2y)^2-5x+10y+6$

8 $(2x-3)^2-2x-9$

9 $2(3x+1)^2-15x-8$

10 $(x^2+x+1)(x^2+x+2)-12$

→ $\square=A$로 놓으면

$(x^2+x+1)(x^2+x+2)-12$

$=(A+1)(\square)-12$

$=A^2+\square\times A-\square$

$=(A-2)(A+\square)$

$=(x^2+x-2)(\square)$

$=(\square)(x-1)(\square)$

계수가 유리수인 범위에서
더 이상 인수분해되지 않을 때까지 인수분해 해!

11 $(x^2-x-2)(x^2-x-10)-33$

12 $(x^2+3x+2)(x^2+3x-8)+24$

13 $(x^2+2x)(x^2+2x-1)-6$

14 $(x^2-x-3)(x^2-x-5)-3$

15 $(x^2-x+3)(x^2+2x+3)-4x^2$

2nd $(x+a)(x+b)(x+c)(x+d)+k$ 꼴의 인수분해

● 다음 식을 인수분해하시오.

16 $x(x-1)(x-2)(x-3)-15$

→ $x(x-1)(x-2)(x-3)-15$

$=\{x(x-\square)\}\{(x-\square)(x-\square)\}-15$

$=(x^2-3x)(\square)-15$

이때 $\square=A$로 놓으면

(주어진 식)$=A(A+\square)-15$

$=A^2+\square\times A-15$

$=(A+5)(\square)$

$=(\square)(x^2-3x-3)$

(일차식)×(일차식)×(일차식)×(일차식)+(상수) 꼴이면 공통부분이 생길 수 있도록 일차식을 적당히 두 개씩 짝지어 전개한다.

17 $(x-1)(x+1)(x+2)(x+4)+5$

18 $(x-2)(x-1)(x+3)(x+4)+6$

19 $(x-1)(x+1)(x+4)(x+6)-24$

개념모음문제

20 $(x+y+2)^2+4(x+y)+k$가 x, y에 대한 일차식의 완전제곱식으로 인수분해될 때, 상수 k의 값은?

① 4 ② 8 ③ 12
④ 16 ⑤ 20

복이차식의 인수분해

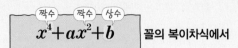

(짝수)(짝수)(상수) x^4+ax^2+b 꼴의 복이차식에서

❶ $x^2=X$로 치환

$$x^4-8x^2-9$$
$$=X^2-8X-9 \quad \leftarrow x^2=X\text{로 치환}$$
$$=(X-9)(X+1) \quad \leftarrow X^2+aX+b\text{ 꼴로 변형하여 인수분해}$$
$$=(x^2-9)(x^2+1) \quad \leftarrow X=x^2\text{을 대입}$$

더 이상 인수분해되지 않을 때까지!

$$=(x-3)(x+3)(x^2+1) \quad \leftarrow \text{인수분해}$$

❷ $(x^2+A)^2-(Bx)^2$ 꼴로 변형 ($x^2=X$로 치환하여 인수분해가 되지 않을 때!)

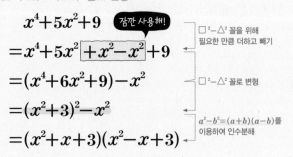

$$x^4+5x^2+9 \quad \text{잠깐 사용해!}$$
$$=x^4+5x^2+x^2-x^2+9 \quad \leftarrow \square^2-\triangle^2\text{ 꼴을 위해 필요한 만큼 더하고 빼기}$$
$$=(x^4+6x^2+9)-x^2 \quad \leftarrow \square^2-\triangle^2\text{ 꼴로 변형}$$
$$=(x^2+3)^2-x^2$$
$$=(x^2+x+3)(x^2-x+3) \quad \leftarrow a^2-b^2=(a+b)(a-b)\text{를 이용하여 인수분해}$$

• **x^4+ax^2+b 꼴인 다항식의 인수분해:** x^4+ax^2+b (a, b는 상수)와 같이 x에 대한 차수가 짝수인 항 및 상수항으로만 이루어진 다항식을 복이차식이라 한다.

① $x^2=X$로 치환하여 인수분해될 때
이차식 X^2+aX+b 꼴로 바꾼 후 인수분해한다.

② $x^2=X$로 치환하여 인수분해되지 않을 때
$(x^2+A)^2-(Bx)^2$ 꼴로 변형한 후 $a^2-b^2=(a+b)(a-b)$를 이용하여 인수분해한다.

1st — 치환을 이용한 인수분해

● 다음 식을 인수분해하시오.

1 x^4+3x^2-4

→ $x^2=X$로 놓으면

$x^4+3x^2-4=X^2+3X-4=(X-1)(\square)$
$=(x^2-1)(\square)$
$=(x-1)(\square)(\square)$

2 x^4+5x^2+6

3 x^4+6x^2+5

4 x^4+2x^2-24

5 x^4-4x^2-45

6 x^4-13x^2+36

7 x^4-5x^2+4

8 x^4-17x^2+16

9 x^4-26x^2+25

2nd 식의 변형을 이용한 인수분해

● 다음 식을 인수분해하시오.

10 x^4+7x^2+16

→ $x^4+7x^2+16=(x^4+\square+4^2)-\square$

$=(x^2+4)^2-\square$

$=(x^2+x+4)(\square)$

11 x^4+x^2+1

$x^4+x^2+1=(x^2+1)^2-$ ■^{2}을 만족시키는 ■^{2}을 만들어 봐!

12 x^4-13x^2+4

13 x^4-7x^2+9

14 x^4-8x^2+4

15 x^4+2x^2+9

16 x^4-6x^2+1

복이차식을 인수분해할 때
언제 치환하고, 언제 식을 변형할까?

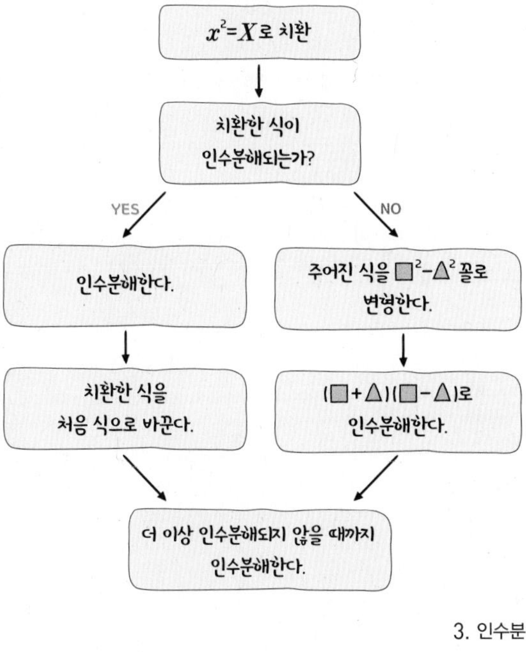
$x^2=X$로 치환
치환한 식이 인수분해되는가?
YES
NO
인수분해한다.
주어진 식을 □^{2}-△^{2} 꼴로 변형한다.
치환한 식을 처음 식으로 바꾼다.
(□+△)(□-△)로 인수분해한다.
더 이상 인수분해되지 않을 때까지 인수분해한다.

06 인수분해가 바로 안될 때!

여러 개의 문자가 포함된 식의 인수분해

$$x^2+4xy+3y^2-2y-1$$

(x를 기준으로 정리할 때) ← x에 대한 내림차순으로 정리 (나는 상수항!)

$$=x^2+4yx+3y^2-2y-1$$

← 상수항을 인수분해

$$=x^2+4yx+(3y+1)(y-1)$$

← 인수분해

$$=(x+3y+1)(x+y-1)$$

• **문자가 여러 개인 다항식의 인수분해**

(i) 문자의 차수가 같지 않을 때는 차수가 가장 낮은 문자에 대하여 내림차순으로 정리하고, 문자의 차수가 모두 같을 때는 한 문자에 대하여 내림차순으로 정리한다.

(ii) 공통인수가 있으면 공통인수로 먼저 묶어서 인수분해하고, 상수항이 인수분해되면 상수항을 인수분해한 후 전체를 인수분해한다.

1st — 여러 개의 문자가 포함된 식의 인수분해

● **다음 식을 인수분해하시오.**

1 $x^2+xy+3y-9$ y의 차수가 더 낮아!

→ 주어진 식을 y에 대한 내림차순으로 정리하면

$x^2+xy+3y-9=(\quad)y+x^2-3^2$

$=(\quad)y+(\quad)(x-3)$

$=(x+3)(\quad)$

2 $x^2+xy-4y-16$

3 $x^2-xy+3x-y+2$

4 $2a^2+ab+a+2b-6$

5 $2y^2+xy-3x-7y+3$

6 $2a^2-6ab-a+9b-3$

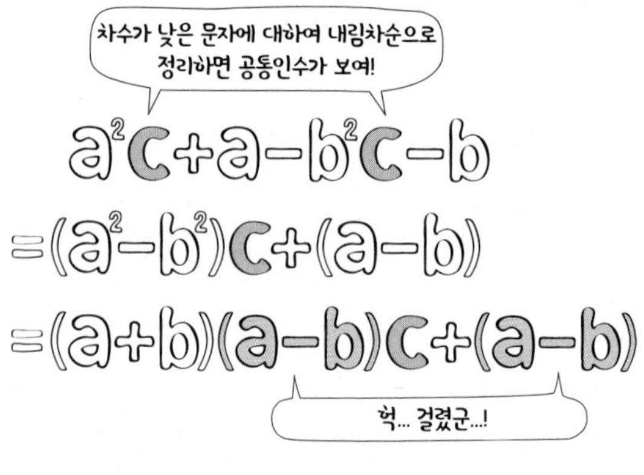

차수가 낮은 문자에 대하여 내림차순으로 정리하면 공통인수가 보여!
a²c+a−b²c−b
=(a²−b²)c+(a−b)
=(a+b)(a−b)c+(a−b)
헉... 걸렸군...!

개념모음문제

7 다음 중 $x^3+x^2z-y^2z-y^3$의 인수인 것은?

① $x+y$
② x^2-y^2
③ x^2+y^2
④ $x^2+y^2+xy+yz+zx$
⑤ $x^2+y^2-xy-yz-zx$

● 다음 식을 인수분해하시오.

8 $a^2b+ab^2+b^2c+bc^2+ca^2+ac^2+2abc$

➜ 주어진 식을 a에 대한 내림차순으로 정리하면

$a^2b+ab^2+b^2c+bc^2+ca^2+ac^2+2abc$

$=(\square)a^2+(\square)a+b^2c+bc^2$

$=(\square)a^2+(\square)^2a+bc(\square)$

$=(\square)\{a^2+(\square)a+\square\}$

$=(b+c)(\square)(\square)$

$=(\square)(b+c)(c+a)$

세 문자의 차수가 모두 같을 때를 '동차식'이라 한다. 이때 인수분해한 결과를 적을 때는 보통 알파벳 순으로 차례로 적는다.

9 $xy^2-x^2y+yz^2-y^2z+zx^2-z^2x$

10 $2abc-ab(a+b)+bc(b-c)+ca(a-c)$

11 $xy(x-y)+yz(y-z)+zx(z-x)$

12 $a^2(b-c)+b^2(c+a)-c^2(a+b)$

13 $x^2+y^2+2xy-2x-2y-3$

➜ 주어진 식을 x에 대한 내림차순으로 정리하면

$x^2+y^2+2xy-2x-2y-3$

$=x^2+(\square)x+\square$

상수항이 긴 경우에는 상수항만 따로 인수분해되는지 살펴봐!

$=x^2+\{(y+1)+(\square)\}x+(y+1)(\square)$

$=\{x+(y+1)\}\{x+(\square)\}$

$=(x+y+1)(\square)$

14 $x^2-2y^2+xy-5x-y+6$

15 $2x^2+y^2-3xy-5x+2y-3$

16 $x^2-2y^2-3z^2-xy-7yz+2zx$

개념모음문제

17 다항식 $2x^2-3y^2-xy+5x-5y+2$가 x, y의 계수 및 상수항이 모두 정수인 x, y에 대한 두 일차식의 곱으로 인수분해된다. 이 두 일차식의 합은?

① $3x+2y+3$　② $3x+2y-3$
③ $3x-2y+3$　④ $3x-2y-3$
⑤ $3x-2y$

04 치환을 이용한 인수분해

공통부분을 찾아 치환 → 인수분해 → 처음 식을 대입

1 다항식 $(2x-1)^2+6y-y^2-9$를 인수분해하면?

① $(2x-y-4)(2x+y+2)$
② $(2x+y-4)(2x+y+2)$
③ $(2x+y-4)(2x-y+2)$
④ $(x+y-4)(2x-y+2)$
⑤ $(x-y-4)(2x+y+2)$

2 다항식 $(x+3)^2-4(x+3)-5$는 x의 계수가 자연수인 두 일차식의 곱으로 인수분해된다. 이 두 일차식의 합은?

① $2x$ ② $2x+2$ ③ $2x+4$
④ $4x$ ⑤ $4x+2$

3 다음 중 다항식 $(x^2+2x+4)(x^2+2x-9)+12$의 인수가 아닌 것은?

① $x-2$ ② $x+3$ ③ $x+4$
④ x^2+2x+3 ⑤ x^2+2x-8

4 다항식 $(x-3)(x-1)(x+2)(x+4)+24$의 인수인 것만을 **보기**에서 있는 대로 고른 것은?

보기

ㄱ. $x+3$ ㄴ. $x+1$ ㄷ. $x-2$
ㄹ. $x-4$ ㅁ. $x-6$ ㅂ. $x-8$

① ㄱ, ㄷ ② ㄴ, ㅁ
③ ㄱ, ㄴ, ㄹ ④ ㄱ, ㄷ, ㅁ
⑤ ㄱ, ㄹ, ㅂ

05 복이차식의 인수분해

- $x^2=X$로 치환하여 인수분해가 되는 경우

$x^2=X$로 치환 → X^2+aX+b 꼴로 변형하여 인수분해 → $X=x^2$을 대입 → 인수분해

- $x^2=X$로 치환하여 인수분해가 되지 않는 경우

식을 적당히 분리하여 $\square^2-\triangle^2$ 꼴로 변형 → $a^2-b^2=(a+b)(a-b)$를 이용하여 인수분해

5 다음 중 두 다항식 x^4+8x^2+15, x^4-x^2-12의 공통인 인수인 것은?

① x^2+5 ② x^2+4 ③ x^2+3
④ x^2-3 ⑤ x^2-4

6 다항식 x^4-10x^2+9를 인수분해하면

$$(x+a)(x+b)(x+c)(x+d)$$

일 때, $ab+cd$의 값을 구하시오.

(단, a, b, c, d는 상수이고 $a>b>c>d$이다.)

7 다음 중 다항식 x^4+64의 인수인 것은?

① x^2+8x+4 ② x^2+8x-4
③ x^2-8x-4 ④ x^2+4x+8
⑤ x^2+4x-8

8 다항식 $x^4-8x^2y^2+4y^4$이

$$(x^2+axy+by^2)(x^2-axy+by^2)$$

으로 인수분해될 때, 유리수 a, b에 대하여 a^2+b^2의 값은?

① 2 ② 5 ③ 8
④ 10 ⑤ 13

06 여러 개의 문자가 포함된 식의 인수분해

차수가 가장 낮은 한 문자에 대하여 내림차순으로 정리 → 상수항을 인수분해 → 전체를 인수분해

9 다항식 $2x^2-4xy+5x+2y-3$을 인수분해하면?

① $(2x+1)(x+2y+3)$ ② $(x+1)(2x+y+3)$
③ $(2x-1)(x+2y+3)$ ④ $(x-1)(2x-y-3)$
⑤ $(2x-1)(x-2y+3)$

10 다항식

$ab(a+b+c)+bc(b+c+a)+ca(c+a+b)-abc$

를 인수분해하면?

① $(a+b)(b+c)(c+a)$
② $(a+b)(b+c)(a+b+c)$
③ $(a+b)(b-c)(c+a)$
④ $(a+b)(b-c)(a+b+c)$
⑤ $(a+b)(b+c)(c-a)$

11 다항식 $2x^2-6y^2+xy-x+5y-1$을 인수분해하면

$$(ax+by+1)(x+cy-1)$$

일 때, 상수 a, b, c에 대하여 $a-b+c$의 값은?

① -1 ② 1 ③ 3
④ 5 ⑤ 7

12 다음 중 다항식 $x^3+(y-1)x^2-(y+6)x-6y$의 인수를 모두 고르면? (정답 2개)

① $x-2$ ② $x+2$ ③ $x+3$
④ $x+y$ ⑤ $x-y$

07

인수 정리를 이용한 고차식의 인수분해

삼차식 $P(x)=x^3-2x^2-x+2$ 의 인수분해

$\pm\dfrac{(P(x)\text{의 상수항의 약수})}{(P(x)\text{의 최고차항의 계수의 약수})}$ 중에서

$P(x)=0$인 x를 찾는다.

$P(1)=0$

$x-1$이 $P(x)$의 인수이므로 조립제법을 이용!

1	1	−2	−1	2
		1	−1	−2
	1	−1	−2	0

$P(x)=(x-1)(x^2-x-2)$

더 이상 인수분해되지 않을 때까지!

$P(x)=(x-1)(x+1)(x-2)$

• **인수 정리를 이용한 삼차 이상의 다항식의 인수분해**

(i) 삼차 이상의 다항식 $P(x)$에 대하여 $P(\alpha)=0$을 만족시키는 α의 값을 구한다. 이때 α의 값은

$\pm\dfrac{(P(x)\text{의 상수항의 약수})}{(P(x)\text{의 최고차항의 계수의 약수})}$ 중에서 찾는다.

(ii) $P(\alpha)=0$이면 $x-\alpha$가 $P(x)$의 인수이므로 조립제법을 이용하여 $P(x)=(x-\alpha)Q(x)$로 나타낸다.

(iii) $Q(x)$가 더 이상 인수분해되지 않을 때까지 인수분해한다.

원리확인 다음은 다항식 $P(x)=x^3-6x^2+11x-6$을 인수분해하는 과정이다. □ 안에 알맞은 것을 써넣으시오.

$P(1)=$□에서 □은 $P(x)$의 인수이므로

□	1	−6	11	−6
		1	−5	6
	1	□	□	□

→ $P(x)=(x-1)($□$)$

$=(x-1)(x-2)($□$)$

1st — 인수 정리를 이용한 삼차식의 인수분해

● 다음 삼차다항식 $P(x)$에 대하여 물음에 답하시오.

1 $P(x)=x^3-7x+6$

(1) $P(1)$, $P(-2)$, $P(3)$의 값을 구하시오.
x에 1, −2, 3을 각각 대입해!

(2) 조립제법을 이용하여 $P(x)$를 인수분해하시오.
$P(x)$의 식에 x^2항이 없으니까 조립제법에서 x^2항의 계수 자리에 반드시 0을 써야 해!

2 $P(x)=x^3+5x^2+2x-8$

(1) $P(1)$, $P(2)$, $P(4)$의 값을 구하시오.

(2) 조립제법을 이용하여 $P(x)$를 인수분해하시오.

3 $P(x)=x^3+5x^2-2x-24$

(1) $P(1)$, $P(2)$, $P(3)$의 값을 구하시오.

(2) 조립제법을 이용하여 $P(x)$를 인수분해하시오.

● 다음 삼차다항식을 인수분해하시오.

4 $x^3-7x^2+14x-8$

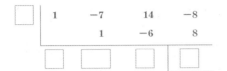

→ $P(x)=x^3-7x^2+14x-8$로 놓으면

$P(1)=1^3-7\times1^2+14\times1-8=$ ☐

즉 ☐ 은 $P(x)$의 인수이므로 조립제법을 이용하여 인수분해하면

☐	1	−7	14	−8
		1	−6	8
	☐	☐	☐	☐

따라서

$P(x)=($ ☐ $)(x^2-6x+8)$

$=$ ☐

$x^3-7x^2+14x-8=0$을 만족시키는 x의 값은

$\pm\frac{(\text{상수항의 약수})}{(\text{최고차항의 계수의 약수})}$ ← ㉡ ← ㉠

중에서 찾을 수 있다.

→

㉠ \ ㉡	1	2	4	8
1	±1	±2	±4	±8

5 x^3+x-10

6 $x^3-9x^2+26x-24$

7 x^3-3x^2-9x-5

8 x^3-3x^2+4

9 $2x^3+5x^2+5x+6$

10 $2x^3-5x^2+x+2$

11 $3x^3+x^2-8x+4$

12 $4x^3-8x^2-x+2$

개념모음문제

13 다음 중 다항식 $2x^3-5x^2-14x+8$의 인수를 모두 고르면? (정답 2개)

① $x+1$ ② $x-2$ ③ $x-4$

④ $2x+1$ ⑤ $2x-1$

2nd 인수 정리를 이용한 사차식의 인수분해

● 다음 사차다항식 $f(x)$에 대하여 물음에 답하시오.

14 $f(x)=x^4-2x^3+4x^2-3x-10$

(1) $f(-1)$, $f(2)$의 값을 구하시오.

➔ $f(-1)=(-1)^4-2\times(-1)^3+4\times(-1)^2-3\times(-1)-10$

$=\square$

$f(2)=2^4-2\times2^3+4\times2^2-3\times2-10=\square$

(2) 조립제법을 이용하여 $f(x)$를 인수분해하시오.

➔ $f(-1)=0$, $f(2)=0$에서 $\square$, $\square$는 $f(x)$의 인수이므로 조립제법을 이용하여 인수분해하면

-1	1	-2	4	-3	-10
		-1	3	-7	10
2	1	$\square$	$\square$	$\square$	$\square$
		2	-2	10	
	1	$\square$	5	$\square$	

따라서

$f(x)=(x+1)(\square)(\square)$

15 $f(x)=3x^4+4x^3-11x^2-16x-4$

(1) $f(-1)$, $f(-2)$의 값을 구하시오.

(2) 조립제법을 이용하여 $f(x)$를 인수분해하시오.

● 다음 사차다항식을 인수분해하시오.

16 $x^4-x^3-2x^2-2x+4$

17 $2x^4-7x^3+5x^2-9x+9$

인수분해 방법을 알고리즘으로 정리해 볼까?

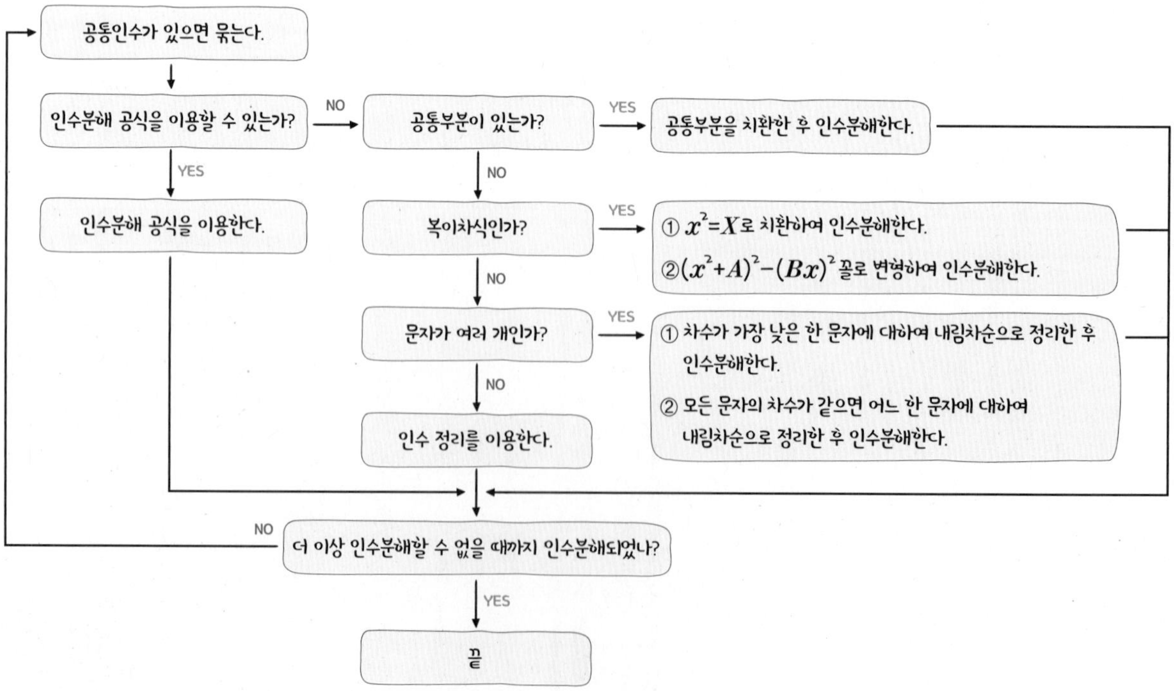
공통인수가 있으면 묶는다.
인수분해 공식을 이용할 수 있는가?
YES
인수분해 공식을 이용한다.
NO
공통부분이 있는가?
YES
공통부분을 치환한 후 인수분해한다.
NO
복이차식인가?
YES
① $x^2=X$로 치환하여 인수분해한다.
② $(x^2+A)^2-(Bx)^2$ 꼴로 변형하여 인수분해한다.
NO
문자가 여러 개인가?
YES
① 차수가 가장 낮은 한 문자에 대하여 내림차순으로 정리한 후 인수분해한다.
② 모든 문자의 차수가 같으면 어느 한 문자에 대하여 내림차순으로 정리한 후 인수분해한다.
NO
인수 정리를 이용한다.
NO
더 이상 인수분해할 수 없을 때까지 인수분해되었나?
YES
끝

18 $3x^4+8x^3+2x^2-5x-2$

19 $x^4-x^3-19x^2+49x-30$

20 $x^4-2x^3-33x^2-22x+56$

21 $x^4-8x^3+23x^2-28x+12$

22 $2x^4+x^3-6x^2-7x-2$

개념모음문제

23 다음 중 다항식 $x^4+2x^3-13x^2-14x+24$의 인수인 것은?

① $x-4$　② $x-3$　③ $x-2$　④ $x+1$　⑤ $x+6$

3rd 인수 정리로 미지수의 값을 구하여 인수분해

● **다음 조건을 이용하여 상수 a의 값을 구하고, 다항식 $f(x)$를 인수분해하시오.**

24 $f(x)=3x^3+ax^2-5x-2$가 $x-1$을 인수로 갖는다.

$f(x)$가 $x-\alpha$를 인수로 가지면 $f(\alpha)=0$이야!

(1) 상수 a의 값

(2) $f(x)$

25 $f(x)=2x^3-x^2+ax-9$가 $x+1$을 인수로 갖는다.

(1) 상수 a의 값

(2) $f(x)$

개념모음문제

26 다항식 $f(x)=6x^3-7x^2+ax+2$가 $x-1$을 인수로 가질 때, 다음 중 $f(x)$의 인수가 아닌 것은? (단, a는 상수이다.)

① $2x+1$　② $3x-2$　③ $2x^2+3x+1$　④ $3x^2-5x+2$　⑤ $6x^2-x-2$

08

계산이 쉬워지는!

인수분해의 활용

❶ 수의 계산

102^2-2^2의 값은?

반복적으로 사용해야 할 수를 문자로 치환해!

$102^2-2^2=A^2-2^2$

$=(A-2)(A+2)$

$=(102-2)\times(102+2)$

$=100\times104$

↓

10400

❷ 식의 값

$a+b=3$, $b+c=4$, $c+a=5$일 때, $a^2+b^2+c^2+2(ab+bc+ca)$의 값은?

주어진 식을 인수분해하여 간단히 나타내 봐!

$a^2+b^2+c^2+2(ab+bc+ca)$

$=a^2+b^2+c^2+2ab+2bc+2ca$

$=(a+b+c)^2$

주어진 문자의 값 또는 식의 값을 이용해!

$\underbrace{(a+b)}_{3}+\underbrace{(b+c)}_{4}+\underbrace{(c+a)}_{5}=12$ 이므로

$a+b+c=6$

↓

$(a+b+c)^2=6^2=36$

- **인수분해를 이용한 수의 계산**
  (i) 반복적으로 나타나는 수를 문자로 치환하여 나타낸다.
  (ii) 문자로 치환하여 나타낸 식을 인수분해한 후 치환했던 수를 다시 대입하여 계산한다.
- **인수분해를 이용한 식의 값**
  조건으로 주어진 문자의 값이나 식의 값을 주어진 식에 대입하기 전에 주어진 식을 인수분해하여 간단히 나타낸 후 대입하여 식의 값을 구한다.
  참고 인수분해 과정 중에 식의 값을 이용할 수도 있다.

1st 인수분해를 이용한 수의 계산

● 다음을 계산하시오.

1 95^2-25

→ 95^2-25에서 $95=x$로 놓으면

$95^2-25=x^2-\square^2$

$=(x+5)(\square)$

$=(\square+5)\times(\square-5)$

$=100\times\square$

$=\square$

2 51^2-49^2

3 $77^2+6\times77+9$

4 $196^2+196-12$

5 $17^2+20^2+23^2+2\times(17\times20+20\times23+23\times17)$

$17=a$, $20=b$, $23=c$로 놓고, 인수분해 공식을 떠올려 봐!

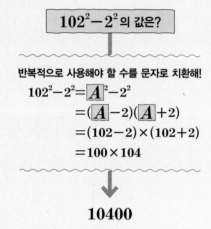

6 $99^3+3\times99^2+3\times99+1$

7 $\dfrac{39^3+1}{39^2-38}$ 39가 두 번이나 나왔으니까 38을 39−1로 생각해 봐!

8 $\sqrt{17^3-3\times17^2+3\times17-1}$

개념모음문제

9 $\dfrac{\sqrt{89^3+3\times89^2\times11+3\times89\times11^2+11^3}}{89^2-11^2}=\dfrac{q}{p}$일 때, $p+q$의 값은? (단, p, q는 서로소인 자연수이다.)

① 40 ② 42 ③ 44
④ 46 ⑤ 48

한마디로! 외우라는 거지!

고등에서 배운 인수분해 공식

❶ $a^3+3a^2b+3ab^2+b^3=(a+b)^3$

❷ $a^3-3a^2b+3ab^2-b^3=(a-b)^3$

❸ $a^3+b^3=(a+b)(a^2-ab+b^2)$

❹ $a^3-b^3=(a-b)(a^2+ab+b^2)$

❺ $a^2+b^2+c^2+2ab+2bc+2ca=(a+b+c)^2$

❻ $a^3+b^3+c^3-3abc$
$=(a+b+c)(a^2+b^2+c^2-ab-bc-ca)$

❼ $a^4+a^2b^2+b^4=(a^2+ab+b^2)(a^2-ab+b^2)$

2nd — 인수분해를 이용한 식의 값

● 다음을 구하시오.

10 $a-b=3$, $ab=10$일 때, a^3-b^3의 값

➜ $a^3-b^3=(\square)(a^2+ab+b^2)$이고

$a^2+ab+b^2=(a-b)^2+\square=\square$

이므로

$a^3-b^3=3\times\square=\square$

11 $a+b=2$, $b+c=3$, $c+a=5$일 때, $a^2+b^2+c^2+2ab+2bc+2ca$의 값

12 $a+b=6$, $ab=8$일 때, $a^4+a^2b^2+b^4$의 값

13 $a+b=5$, $ab=4$일 때, $a^3+b^3+a^2b+ab^2$의 값

14 $a+b+c=0$일 때, $\dfrac{a^3+b^3+c^3}{abc}$의 값

$a^3+b^3+c^3$이 포함된 인수분해 공식을 떠올려 봐!

TEST 개념 확인

정답과 풀이 47쪽

07 인수 정리를 이용한 고차식의 인수분해

(i) 삼차 이상의 다항식 $P(x)$에 대하여 $P(\alpha)=0$을 만족시키는 α의 값 구하기
(ii) 조립제법을 이용하여 $P(x)=(x-\alpha)Q(x)$로 나타내기
(iii) $Q(x)$가 더 이상 인수분해되지 않을 때까지 인수분해하기

1 다항식 $x^3+6x^2+11x+6$을 인수분해하면

$$(x+a)(x+b)(x+c)$$

일 때, $a+b+c$의 값을 구하시오.

2 다항식 $6x^4+13x^3-7x^2-22x-8$은 x의 계수가 자연수이고 상수항이 정수인 네 개의 일차식으로 인수분해된다. 이 네 일차식의 합은?

① $5x-4$ ② $7x-4$ ③ $7x$
④ $5x+4$ ⑤ $7x+4$

3 다항식 $x^4+ax^3+bx^2-22x+24$가 $x-1$, $x-2$를 모두 인수로 가질 때, 이 다항식을 인수분해하면? (단, a, b는 상수이다.)

① $(x-1)(x-2)(x-3)(x-4)$
② $(x-1)(x-2)(x-3)(x+4)$
③ $(x-1)(x-2)(x+3)(x-4)$
④ $(x-1)(x-2)(x+3)(x+4)$
⑤ $(x-1)^2(x-2)^2$

08 인수분해의 활용

- 인수분해를 이용한 수의 계산

반복적으로 사용해야 하는 큰 수를 문자로 치환하여 인수분해 → 치환했던 수를 다시 대입하여 계산

- 인수분해를 이용한 식의 값

주어진 식을 인수분해하여 간단히 나타내기 → 주어진 조건을 대입하여 식의 값 구하기

4 $25^2-23^2+21^2-19^2+17^2-15^2$의 값은?

① 200 ② 212 ③ 236
④ 240 ⑤ 252

5 다항식 $f(x)=x^4-11x^2+18x-8$에 대하여 $f(11)$의 값은?

① 10000 ② 11000 ③ 12100
④ 13200 ⑤ 13500

6 $a-b=3$, $ab=4$일 때, $a^4+b^4+a^3b+ab^3$의 값은?

① 325 ② 335 ③ 345
④ 355 ⑤ 365

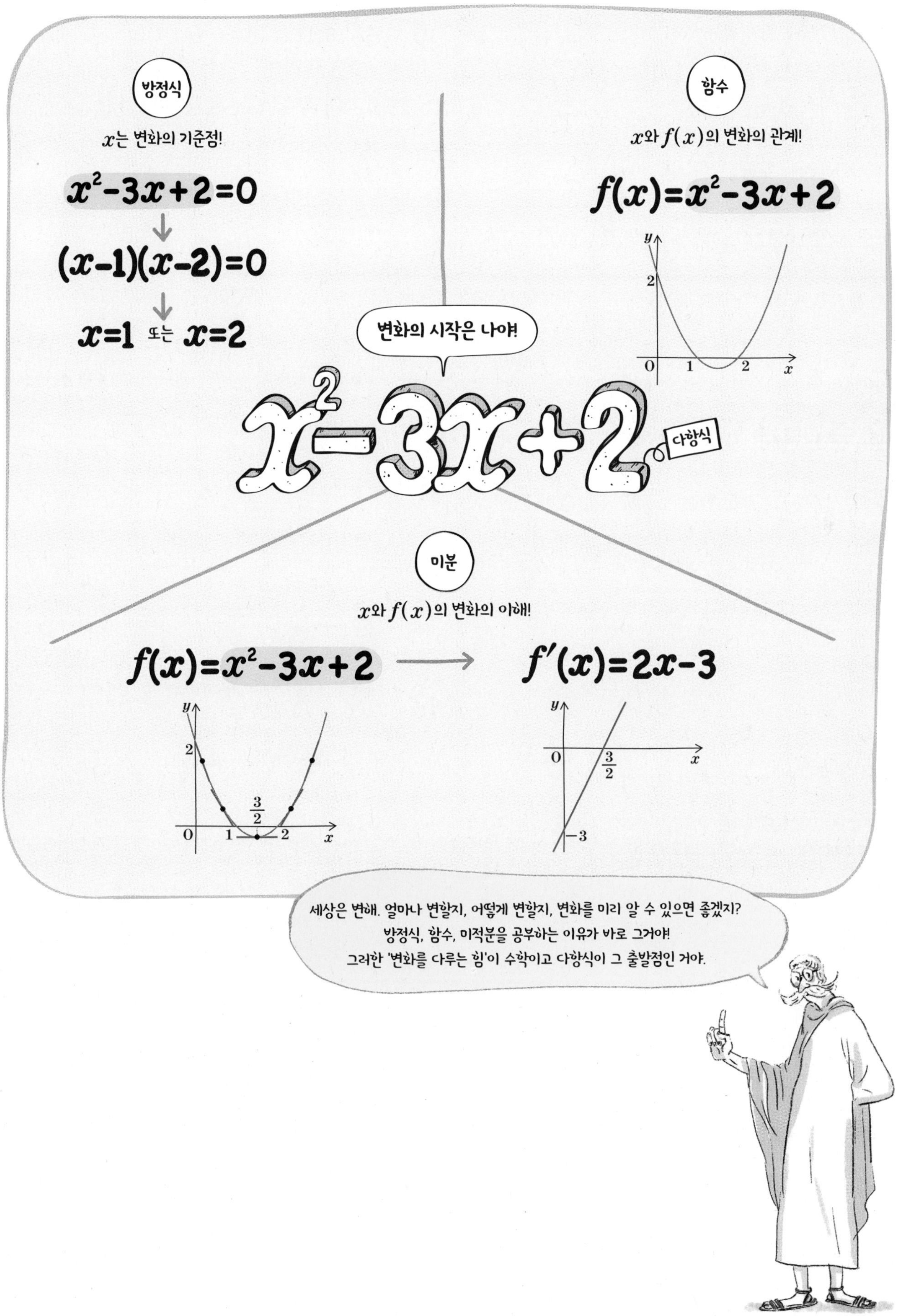

방정식
x는 변화의 기준점!
$x^2-3x+2=0$
$(x-1)(x-2)=0$
$x=1$ 또는 $x=2$
함수
x와 $f(x)$의 변화의 관계!
$f(x)=x^2-3x+2$
변화의 시작은 나야!
x^2-3x+2
다항식
미분
x와 $f(x)$의 변화의 이해!
$f(x)=x^2-3x+2$
$f'(x)=2x-3$
세상은 변해. 얼마나 변할지, 어떻게 변할지, 변화를 미리 알 수 있으면 좋겠지?
방정식, 함수, 미적분을 공부하는 이유가 바로 그거야!
그러한 '변화를 다루는 힘'이 수학이고 다항식이 그 출발점인 거야.

TEST 개념 발전

1 다음 중 인수분해가 옳은 것은?

① $a^3+3a^2b-3ab^2-b^3=(a-b)^3$
② $a^3+b^3=(a+b)(a^2+b^2)$
③ $a^2+b^2+c^2-2ab-2bc+2ca=(a+b-c)^2$
④ $a^3+b^3-c^3+3abc$
$=(a+b-c)(a^2+b^2+c^2-ab+bc+ca)$
⑤ $a^4+a^2b^2+b^4=(a^2-ab+b^2)(a^2+ab-b^2)$

2 다항식 x^3-64y^3을 인수분해하면
$(x+ay)(x^2+bxy+cy^2)$
일 때, 상수 a, b, c에 대하여 $a+bc$의 값은?

① 16 ② 32 ③ 60
④ 64 ⑤ 128

3 다음 중 $a^4+2a^3-2b^3-b^4$의 인수인 것은?

① $a+b$ ② $a-b$ ③ a^2+b^2
④ a^2-b^2 ⑤ a^2+ab+b^2

4 다항식 $(3x-1)^2-6x-6$의 인수를 모두 고르면? (정답 2개)

① $3x-5$ ② $3x-1$ ③ $3x+1$
④ $3x+3$ ⑤ $3x+5$

5 다음 중 다항식 $(x^2-4x+2)(x^2-4x+5)+2$의 인수가 아닌 것은?

① $x-1$ ② $x-2$ ③ $x-3$
④ x^2-3x+2 ⑤ x^2+4x+4

6 다항식 x^4-8x^2+16이 $(x+a)^2(x+b)^2$으로 인수분해될 때, 두 상수 a, b에 대하여 $a-b$의 값은? (단, $a>b$)

① 2 ② 4 ③ 8
④ 16 ⑤ 32

7 다항식 x^4-14x^2+25를 인수분해하면?

① $(x^2+2x+5)(x^2-2x+5)$
② $(x^2+2x-5)(x^2-2x-5)$
③ $(x^2-2x+5)(x^2-2x-5)$
④ $(x-1)^2(x-2)^2$
⑤ $(x+1)^2(x+2)^2$

8 다음 중 다항식 $x^2+2xy+8y-16$의 인수인 것은?

① $x-2y-4$ ② $x+2y-4$
③ $x+2y+4$ ④ $x-2$
⑤ $x-4$

9 다음 중 다항식 $2x^4+5x^3-10x^2-15x+18$의 인수가 아닌 것을 모두 고르면? (정답 2개)

① $2x-3$ ② $x-1$ ③ $x-2$
④ $x+3$ ⑤ $x+6$

10 다항식 $(x-3)(x-1)(x+2)(x+4)+k$가 x에 대한 이차식의 완전제곱식으로 인수분해될 때, 상수 k의 값을 구하시오.

11 다항식 $x^2+2y^2-3xy+ax-5y-3$이 x, y에 대한 두 일차식의 곱으로 인수분해될 때, 정수 a의 값은?

① -2 ② -1 ③ 1
④ 2 ⑤ 3

12 $19^4+7\times19^3+5\times19^2-7\times19-6$의 값은?

① 120000 ② 150000 ③ 160000
④ 180000 ⑤ 200000

13 다항식 $x^4+ax^3+bx^2+11x-6$이 $(x-1)^2$을 인수로 가질 때, 이 다항식을 바르게 인수분해한 것은?

① $(x-1)^3(x+6)$
② $(x-1)^2(x-1)(x+6)$
③ $(x-1)^2(x+1)(x-6)$
④ $(x-1)^2(x+2)(x-3)$
⑤ $(x-1)^2(x-2)(x+3)$

14 서로 다른 세 실수 a, b, c에 대하여
$\dfrac{ab^2+bc^2+ca^2-a^2b-b^2c-c^2a}{(a-b)(b-c)(c-a)}$의 값은?

① -2 ② -1 ③ 1
④ 2 ⑤ 3

15 $a-b=3$, $ab=10$일 때, $a^3+a^3b+a^2b^2+ab^3-b^3$의 값은?

① 497 ② 502 ③ 507
④ 512 ⑤ 517

문제를 보다!

삼차다항식 $P(x)$와 일차다항식 $Q(x)$가 다음 조건을 만족시킨다. [기출 변형]

> (가) $P(x)Q(x)$는 $(x^2-x+1)(x-1)$로 나누어떨어진다.
> (나) 모든 실수 x에 대하여 $P(x)-x^3+3x^2+2=\{Q(x)\}^2$

$Q(0)>0$일 때, $P(2)Q(2)$의 값은? [4점]

① 3 ② 6 ③ 9 ④ 12 ⑤ 15

자, 잠깐만! 당황하지 말고
문제를 잘 보면 문제의 구성이 보여!
출제자가 이 문제를 왜 냈는지를 봐야지!

내가 아는 것 ①
$P(x)=$(삼차다항식)
$Q(x)=$(일차다항식)

내가 찾은 것 ❶
$P(x)Q(x)=$(사차다항식)

내가 아는 것 ②
(가) $P(x)Q(x)$는
$(x^2-x+1)(x-1)$로 나누어 떨어진다.

내가 찾은 것 ❸
x에 대한 항등식
$P(x)Q(x)\equiv(x^2-x+1)(x-1)(x+k)$
m (k, m은 실수)

내가 아는 것 ③
x에 대한 항등식
$P(x)-x^3+3x^2+2\equiv\{Q(x)\}^2$

내가 찾은 것 ❷
$P(x)$는 x^3의 계수가 1인 삼차다항식

이 문제는

다항식의 성질로 구한

항등식을 이용하여 두 다항식 $P(x)$와 $Q(x)$를 추론**하는 문제야!**

두 다항식 $P(x)$와 $Q(x)$를 어떻게 구할 수 있을까?

네가 알고 있는 것(주어진 조건)은 뭐야?

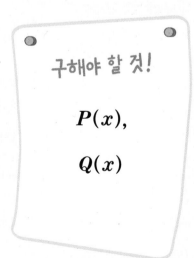

인수 정리

$P(1)Q(1)=0$

구해야 할 것!

$P(x)$,

$Q(x)$

내게 더 필요한 것은?

x에 대한 항등식

$$P(x)Q(x) \equiv (x^2-x+1)(x-1)(x+k)m$$

(k, m은 실수)

$\Rightarrow P(1)Q(1) \equiv 0$

인수 정리로 새로운 항등식을 만들 수 있네!

1 $P(1)=0$, $Q(1)=0$인 경우

$P(x)=(x^2-x+1)(x-1)$

$Q(x)=m(x-1)$

2 $P(1)=0$, $Q(1)\neq0$인 경우

$P(x)=(x^2-x+1)(x-1)$

$Q(x)=m(x+k)$ (단, $k\neq-1$)

3 $P(1)\neq0$, $Q(1)=0$인 경우

$P(x)=(x^2-x+1)(x+k)$ (단, $k\neq-1$)

$Q(x)=m(x-1)$

x에 대한 항등식 $P(x)-x^3+3x^2+2 \equiv \{Q(x)\}^2$

항등식의 성질을 이용하면 되는군!

1

위의 항등식에 $P(x)$, $Q(x)$를 대입하면

x^2+2x+1

$\equiv m^2x^2-2m^2x+m^2$

이 등식이 항상 성립하려면

$m^2=1$이고 $m^2=-1$이어야 하므로

m^2의 값은 존재하지 않는다.

2

위의 항등식에 $P(x)$, $Q(x)$를 대입하면

x^2+2x+1

$\equiv m^2x^2-2m^2kx+m^2k^2$

이 등식이 항상 성립하려면

$m^2=1$에서 $m=\pm1$이고 $k=1$이므로

$Q(x)=x+1$ 또는 $Q(x)=-(x+1)$

이때 $Q(0)>0$ 이므로

$Q(x)\equiv x+1$

3

위의 항등식에 $P(x)$, $Q(x)$를 대입하면

$(k+2)x^2-(k-1)x+(k+2)$

$\equiv m^2x^2-2m^2x+m^2$

이 등식이 항상 성립하려면

$k+2=m^2$, $k-1=2m^2$에서

$k=-5$, $m^2=-3$이므로

m의 값은 실수가 아니다.

$$P(x)\equiv(x^2-x+1)(x-1)$$

$$Q(x)\equiv x+1$$

문제를 보라고 했지?
구하려는 것과 주어진 것.
그리고 더 필요한 것은?

0

삼차다항식 $P(x)$와 일차다항식 $Q(x)$가 다음 조건을 만족시킨다.

(가) $P(x)Q(x)$는 $(x^2-2x+2)(x-1)$로 나누어떨어진다.
(나) 모든 실수 x에 대하여 $x^3-2x-P(x)=\{Q(x)\}^2$

$Q(0)<0$일 때, $P(-1)+Q(-1)$의 값은?

① -20 ② -19 ③ -18 ④ -17 ⑤ -16

변화를 나타내는 식의 이해!

II 방정식

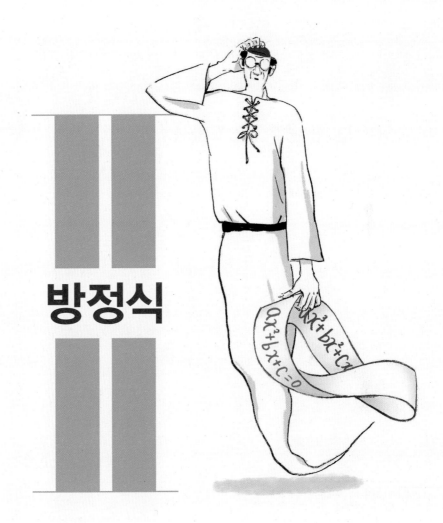

4

수의 확장! 복소수

어? 제가 보이세요?
어... 음...
수가 또 늘어서요.
건 또 무슨 코스프레여?

(실수)+(허수)=(복소수)

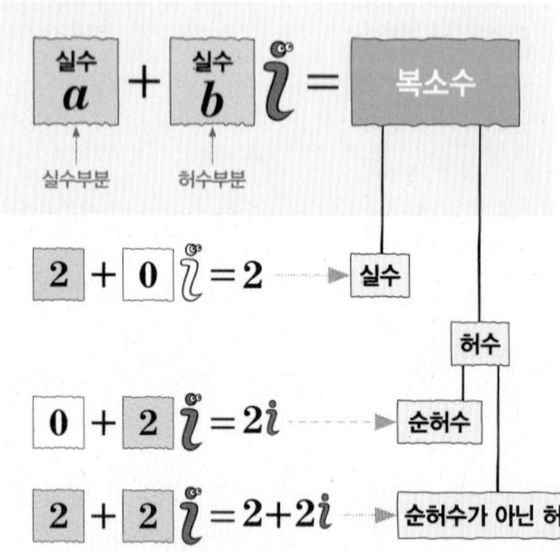

복소수

방정식 $x^2=-1$은 실수의 범위에서 해를 가지지 않으므로 이 방정식이 해를 가지려면 실수 이외의 새로운 수를 도입해야 해. 이 새로운 수를 i로 나타내고 허수단위라 할 거야. 또 실수 a, b에 대하여 $a+bi$ 꼴로 나타내어지는 수를 복소수라 할 거야. 복소수의 뜻과 성질을 배워보자.

복소수의 연산

복소수에서는 실수에서와 마찬가지로 덧셈에 대하여 교환법칙, 결합법칙이 성립해. 또 곱셈에 대하여도 교환법칙, 결합법칙, 분배법칙이 성립해. 따라서 복소수의 덧셈과 뺄셈은 허수단위 i를 문자처럼 생각하여 실수부분은 실수부분끼리, 허수부분은 허수부분끼리 모아서 계산하면 되고, 복소수의 곱셈은 다항식의 곱셈에서와 같이 허수단위 i를 문자처럼 생각하여 분배법칙을 이용하면 돼!

실수부분끼리, 허수부분끼리 계산하는!

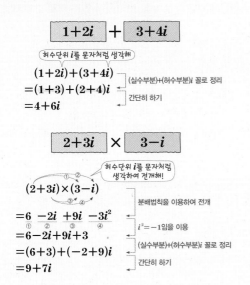

$1+2i$ + $3+4i$

허수단위 i를 문자처럼 생각해

$(1+2i)+(3+4i)$
(실수부분)+(허수부분)i 꼴로 정리
$=(1+3)+(2+4)i$
간단히 하기
$=4+6i$

$2+3i$ × $3-i$

허수단위 i를 문자처럼 생각하여 전개해!

$(2+3i)\times(3-i)$
분배법칙을 이용하여 전개
$=6\ -2i\ +9i\ -3i^2$ (① ② ③ ④)
$i^2=-1$임을 이용
$=6-2i+9i+3$
(실수부분)+(허수부분)i 꼴로 정리
$=(6+3)+(-2+9)i$
간단히 하기
$=9+7i$

i의 거듭제곱

허수단위 i를 거듭제곱하면 $i^2=-1$, $i^3=-i$, $i^4=1$ 이므로 다음과 같은 규칙을 가져.

$k=0, 1, 2, 3, \cdots$에 대하여

① $i^{4k}=1$

② $i^{4k+1}=i$

③ $i^{4k+2}=-1$

④ $i^{4k+3}=-i$

이를 이용하여 복소수의 연산을 간단히 해보자.

규칙이 발견되는!

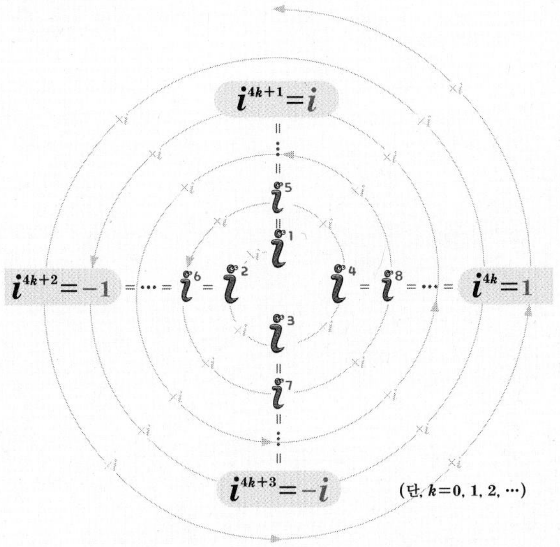

음수의 제곱근

양수 a에 대하여 a의 제곱근을 $\pm\sqrt{a}$로 나타내지. 이제, 수의 범위를 복소수까지 확장하면 양수뿐만 아니라 음수의 제곱근도 구할 수 있어.

$a>0$일 때, $-a$의 제곱근은 $\sqrt{a}i$와 $-\sqrt{a}i$로 나타낼 수 있고, 이때 $\sqrt{a}i$를 $\sqrt{-a}$로 나타내기도 해.

수의 확장으로 가능해진!

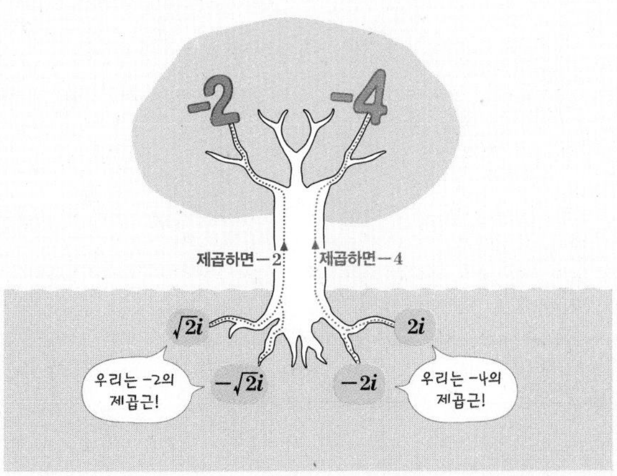

01

수직선 위에 있는 수!

실수

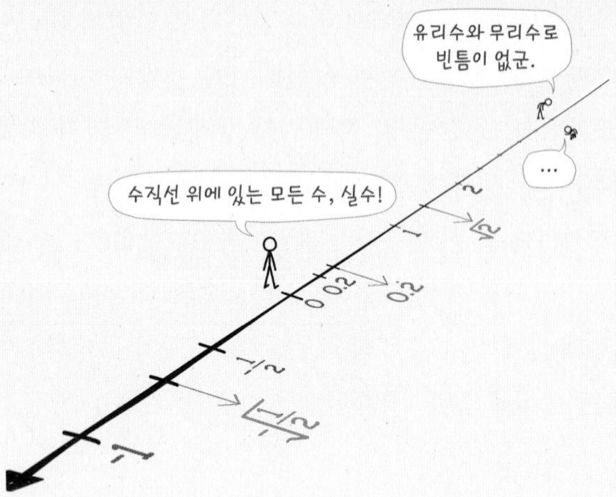

지금까지 다뤄왔던 수의 세계, 실수는!

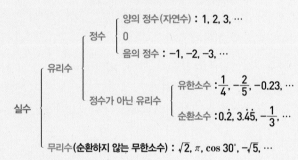

- 실수
  - 유리수
    - 정수
      - 양의 정수(자연수) : 1, 2, 3, …
      - 0
      - 음의 정수 : −1, −2, −3, …
    - 정수가 아닌 유리수
      - 유한소수 : $\frac{1}{4}$, $-\frac{2}{5}$, −0.23, …
      - 순환소수 : $0.\dot{2}$, $3.\dot{4}\dot{5}$, $-\frac{1}{3}$, …
  - 무리수(순환하지 않는 무한소수) : $\sqrt{2}$, π, $\cos 30°$, $-\sqrt{5}$, …

이제 이 세상에 존재하는 모든 수를 다 안 것 같아!
제곱했는데 −1이 되는 수도?

- **유리수**: $\frac{(\text{정수})}{(0\text{이 아닌 정수})}$ 꼴로 나타내어지는 수
- **유한소수**: 유리수 중 소수점 아래에 0이 아닌 숫자가 유한 번 나타나는 소수
- **순환소수**: 유리수 중 소수점 아래의 어떤 자리에서부터 일정한 숫자의 배열이 한없이 되풀이 되는 무한소수
- **무리수**
  - 순환하지 않는 무한소수
  - $\frac{(\text{정수})}{(0\text{이 아닌 정수})}$ 꼴의 분수로 나타내어질 수 없는 실수
- **실수**: 유리수와 무리수를 통틀어 실수라 한다.

1st 실수의 분류

● 다음에 해당하는 수를 보기에서 있는 대로 고르시오.

1 **보기**

$0.\dot{1}2\dot{3}$	$-\frac{20}{4}$	$\sqrt{3}+1$	0	π
$5-\sqrt{4}$	3.14	$\sqrt{\frac{1}{10}}$	$-\frac{5}{2}$	$\sin 30°$

(1) 자연수

(2) 정수

(3) 유리수

(4) 무리수

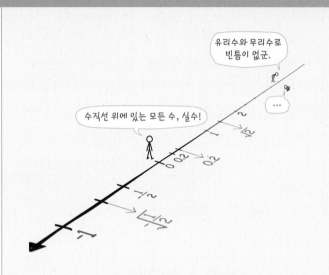

(5) 실수

2 **보기**

$-0.4\dot{3}$	$\frac{12}{6}$	$\sqrt{9}-3$	1	-10
$-1+\sqrt{3}$	$-\sqrt{(-6)^2}$	$\sqrt{0.01}$	$\frac{7}{3}$	$\cos 45°$

(1) 자연수

(2) 정수

(3) 유리수

(4) 무리수

(5) 실수

2nd 유리수와 무리수의 구분

● **다음 중 오른쪽 그림의 색칠한 부분에 속하는 수인 것은 ○를, 아닌 것은 ×를 (   ) 안에 써넣으시오.**

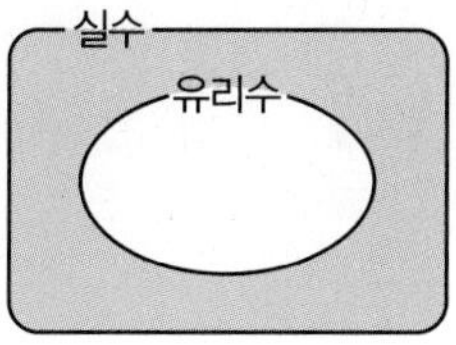

3 0 (   )

4 π (   )

5 $0.1\dot{8}\dot{1}$ (   )

6 $(-\sqrt{2})^2$ (   )

7 $-3+\sqrt{5}$ (   )

8 $\sqrt{\frac{16}{25}}$ (   )

개념모음문제

9 다음 중 옳지 않은 것은?

① 정수는 유리수이다.

② 1과 $\frac{1}{2}$ 사이에는 무수히 많은 유리수가 있다.

③ $\sqrt{2}$와 $\sqrt{3}$ 사이에는 무수히 많은 무리수가 있다.

④ 수직선 위에는 π를 나타내는 점이 없다.

⑤ 수직선은 유리수와 무리수를 나타내는 점으로 완전히 메울 수 있다.

02 **(실수)+(허수)=(복소수)**

복소수

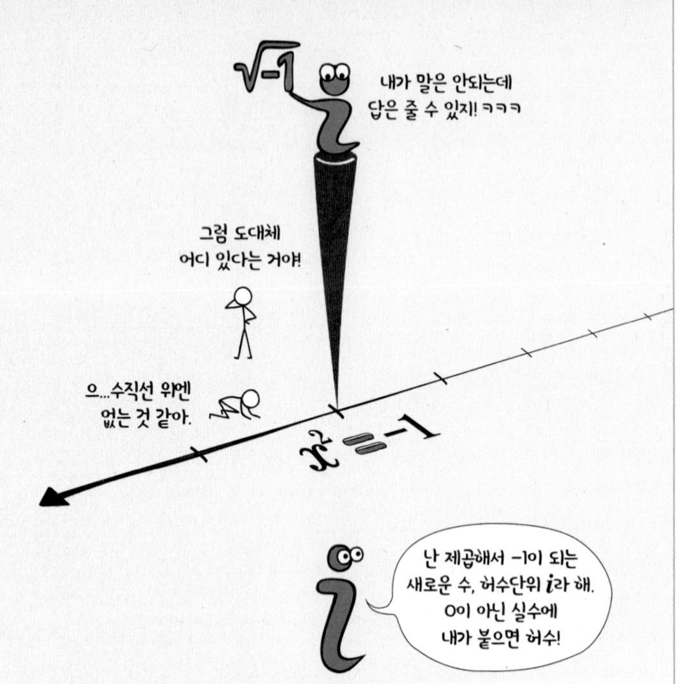

이제, 실수 (real number) 와 상상의 수 허수 (imaginary number) 를 결합하여

새로운 수로 확장해 보자!

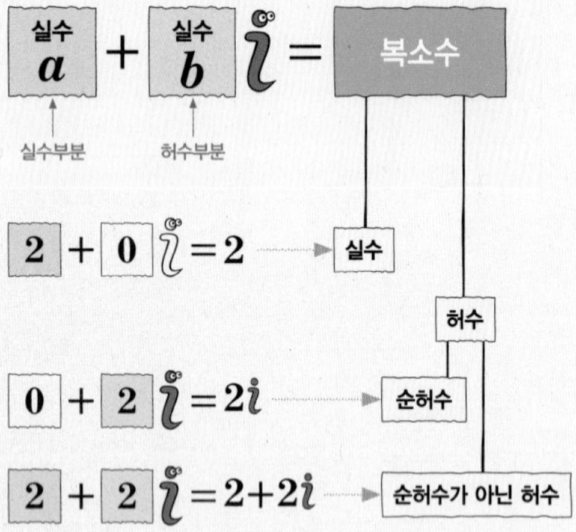

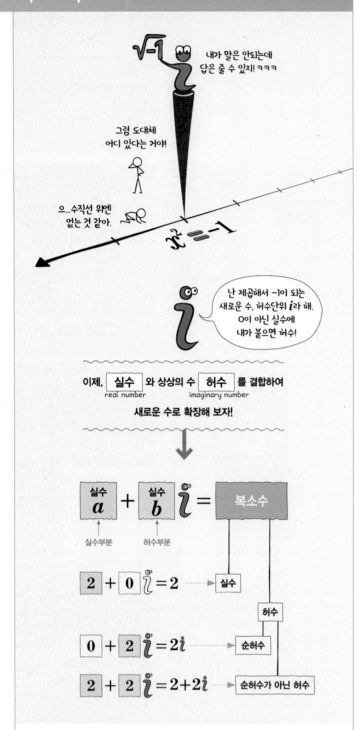

- **허수단위 i:** 제곱하여 -1이 되는 수를 i로 나타내고, 이것을 허수단위라 한다. 즉 $i^2=-1$ ($i=\sqrt{-1}$)
- **복소수:** 실수 a, b에 대하여 $a+bi$ 꼴로 나타내는 수를 복소수라 하고, a를 이 복소수의 실수부분, b를 이 복소수의 허수부분이라 한다.
- **허수와 순허수:** 복소수 $a+bi$ (a, b는 실수)에서 실수가 아닌 복소수 $a+bi$ ($b\neq0$)를 허수라 하고, 실수부분이 0인 허수 bi ($b\neq0$)를 순허수라 한다.

참고 $(\text{실수})^2\geq0$, $(\text{순허수})^2<0$

1st 복소수

● 다음 복소수의 실수부분과 허수부분을 각각 구하시오.

1 $2+i$

→ 실수부분: 　　　　허수부분:

2 $-i=0+(\square)i$

→ 실수부분: 　　　　허수부분:

3 $-1+\sqrt{2}i$

→ 실수부분: 　　　　허수부분:

4 $\dfrac{5-3i}{2}$

→ 실수부분: 　　　　허수부분:

5 $\sqrt{7}=\sqrt{7}+\square i$

→ 실수부분: 　　　　허수부분:

6 -7

→ 실수부분: 　　　　허수부분:

7 $2+\sqrt{3}$

→ 실수부분:　　　　　　허수부분:

8 $-\sqrt{3}+\dfrac{\sqrt{3}i}{3}$

→ 실수부분:　　　　　　허수부분:

● 다음 수가 실수인 것은 '실'을, 허수인 것은 '허'를 (　　) 안에 써넣으시오.

9 $3+4i$ (　　)

10 $-2i$ (　　)

11 i^2 (　　)

12 $\sqrt{2}i$ (　　)

13 $-\sqrt{(-7)^2}$ (　　)

14 $i+\sqrt{3}i$ (　　)

15 π (　　)

직선에서 평면으로의 수의 확장

모든 실수를 품고 있는 수직선　　**모든 복소수를 품고 있는 복소수평면**

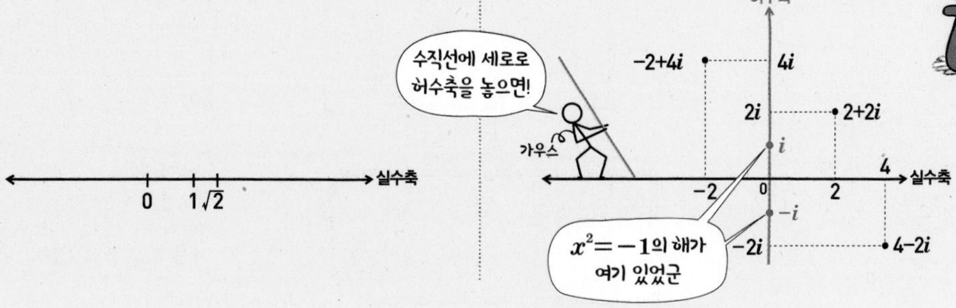

2nd 복소수의 분류

● 다음에 해당하는 수를 보기에서 있는 대로 고르시오.

16 보기

$3-i$ $1+\sqrt{2}$ $-\dfrac{i}{5}$

$-\sqrt{25}$ $\sqrt{4}i$ 0

(1) 실수

(2) 허수

(3) 순허수

(4) 순허수가 아닌 허수

17 보기

π $1+5i$ $\sqrt{7}-i$

$\sqrt{-3}$ $-i^2$ $\dfrac{\sqrt{2}}{2}i$

(1) 실수

(2) 허수

(3) 순허수

(4) 순허수가 아닌 허수

내가 발견한 개념 복소수의 분류의 조건을 정리해 봐!

a, b가 실수일 때, 복소수 a+bi가
- 실수가 될 조건: b ◯ 0
- 허수가 될 조건: b ◯ 0
- 순허수가 될 조건: a ◯ 0, b ◯ 0
- 순허수가 아닌 허수가 될 조건: a ◯ 0, b ◯ 0

3rd 복소수가 실수 또는 순허수가 되기 위한 조건

● 다음 복소수 z가 실수와 순허수가 되도록 하는 x의 값을 차례대로 구하시오.

18 $z=(x^2-1)+(x+3)i$

→ z가 실수가 되려면
(허수부분)$=0$이어야 하므로
$x+3=0$에서 $x=$ □

→ z가 순허수가 되려면
(실수부분)$=0$, (허수부분)$\neq 0$이어야 하므로
$x^2-1=0$에서 $x=$ □
$x+3\neq 0$에서 $x\neq$ □
따라서 $x=$ □

19 $z=(x+3)+(x-2)i$

20 $z=(x^2-9)+(x-1)i$

상상의 수, 허수 i

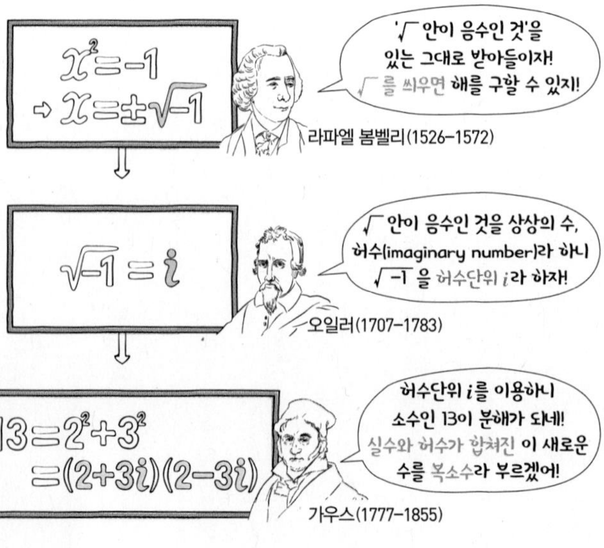

21 $z=2(x+5)+(x-3)i$

22 $z=x(x-1)-(x+5)i$

23 $z=(x^2-4)+(x+2)i$

4th 복소수의 이해

● 다음 중 옳은 것은 ○를, 옳지 않은 것은 ×를 (　　) 안에 써넣으시오.

24 실수와 허수를 통틀어 복소수라 한다. (　　)

25 $x^2=-1$이면 $x=i$이다. (　　)

26 허수부분이 0인 복소수는 없다. (　　)

27 실수가 아닌 복소수는 순허수 또는 순허수가 아닌 허수이다. (　　)

28 $5+4i$의 허수부분은 $4i$이다. (　　)

29 $i>0$이다. (　　)

개념모음문제

30 다음 중 옳은 것은?

① 복소수는 실수이다.

② $\sqrt{-25}$는 순허수이다.

③ -1의 제곱근은 i이다.

④ $3i<5i$

⑤ $-5i+6$의 실수부분은 5, 허수부분은 6이다.

허수에서는 대소 관계를 정할 수 있을까?

만약 허수의 대소 관계가 성립한다면 허수단위 i는 대소 관계를 알 수 있는 수직선 위의 한 점이어야 한다. 즉 허수단위 i가 양수, 0, 음수 중 하나이어야 한다.

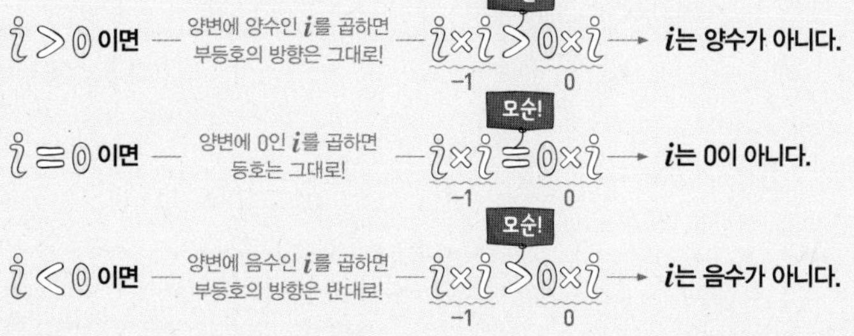

i는 양수가 아니다.

양변에 0인 i를 곱하면 등호는 그대로!

i는 0이 아니다.

i는 음수가 아니다.

따라서 허수단위 i가 수직선 위에 없으므로 허수는 대소 관계를 정할 수 없다.

그래서 내가 허수 아니겠어?
나랑 있으면 부등호 만날 일은 없을 거야!

03 실수부분끼리! 허수부분끼리!

복소수가 서로 같을 조건

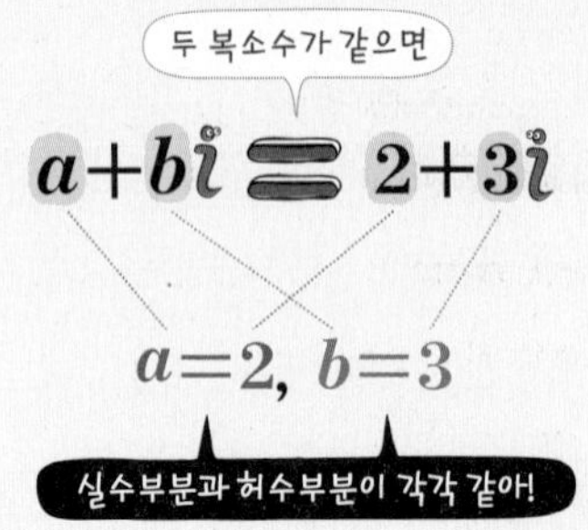

• 두 복소수 $a+bi$, $c+di$ (a, b, c, d는 실수)에 대하여

① $a+bi=c+di$이면 $a=c$, $b=d$
$a=c$, $b=d$이면 $a+bi=c+di$

② $a+bi=0$이면 $a=0$, $b=0$
$a=0$, $b=0$이면 $a+bi=0$

1st 복소수가 서로 같을 조건

● 다음 등식을 만족시키는 실수 a, b의 값을 구하시오.

1 $a+bi=2+5i$

→ 서로 같으려면
실수부분끼리 같아야 하므로
$a=$ □
허수부분끼리 같아야 하므로
$b=$ □

2 $a+bi=-1+4i$

3 $-a+bi=3+6i$

4 $a-bi=4-5i$

5 $a-i=-2+bi$

6 $a+bi=-3i$

7 $2+7i=a-bi$

8 $-a-4i=6-bi$

9 $-a-bi=10$

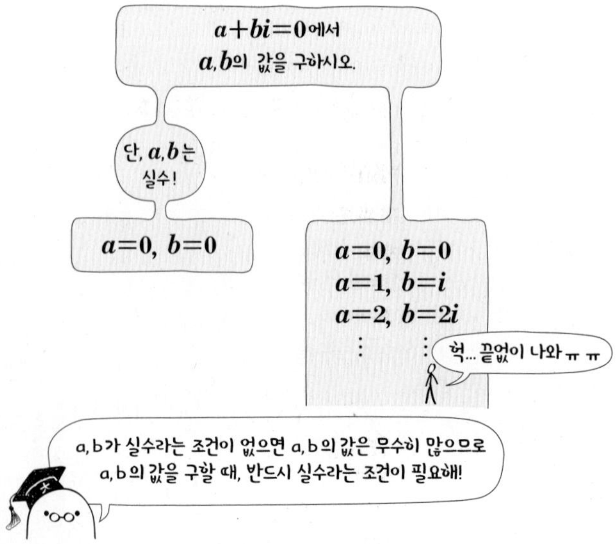

a+bi=0에서
a, b의 값을 구하시오.
단, a, b는 실수!
a=0, b=0
a=0, b=0
a=1, b=i
a=2, b=2i
헉... 끝없이 나와ㅠㅠ
a, b가 실수라는 조건이 없으면 a, b의 값은 무수히 많으므로
a, b의 값을 구할 때, 반드시 실수라는 조건이 필요해!

10 $(a+1)+(b-2)i=0$

→ $a+1=$ ☐ 이므로 $a=$ ☐

$b-2=$ ☐ 이므로 $b=$ ☐

> $0=0i$로 생각할 수 있으므로
> $a+bi=0$ (a, b는 실수)이면
> $a+bi=0+0i$
> 즉 $a=0$, $b=0$

11 $(2a-3)+(4+b)i=0$

12 $2a+(b+1)i=6-i$

13 $4a+2i=12+bi$

14 $(-a+6)-7i=5+(2b+1)i$

15 $(a+b)+10i=1-2ai$

16 $2a+(a+b-1)i=-6+5i$

17 $(a+2b)+(a-b)i=5+2i$

→ $a+2b=5$, $a-b=2$이므로

두 식을 연립하여 풀면

$a=$ ☐, $b=$ ☐

18 $(a+4b)+(2a+b)i=2-3i$

19 $(3a-b-5)+(a+b+1)i=0$

20 $(a-b-1)+(a-2b)i=9$

21 $(a+2b+1)+4i=-3+(2a+b-6)i$

개념모음문제

22 등식 $(x+3)+(2x-5y-9)i=0$을 만족시키는 실수 x, y에 대하여 xy의 값은?

① -10　② -9　③ 0

④ 9　⑤ 10

식 = 0을 만족시킬 때

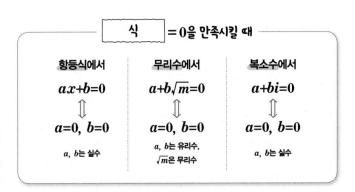

항등식에서	무리수에서	복소수에서
$ax+b=0$	$a+b\sqrt{m}=0$	$a+bi=0$
⇕	⇕	⇕
$a=0$, $b=0$	$a=0$, $b=0$	$a=0$, $b=0$
a, b는 실수	a, b는 유리수, $\sqrt{m}$은 무리수	a, b는 실수

04 항상 짝을 이루는!

켤레복소수

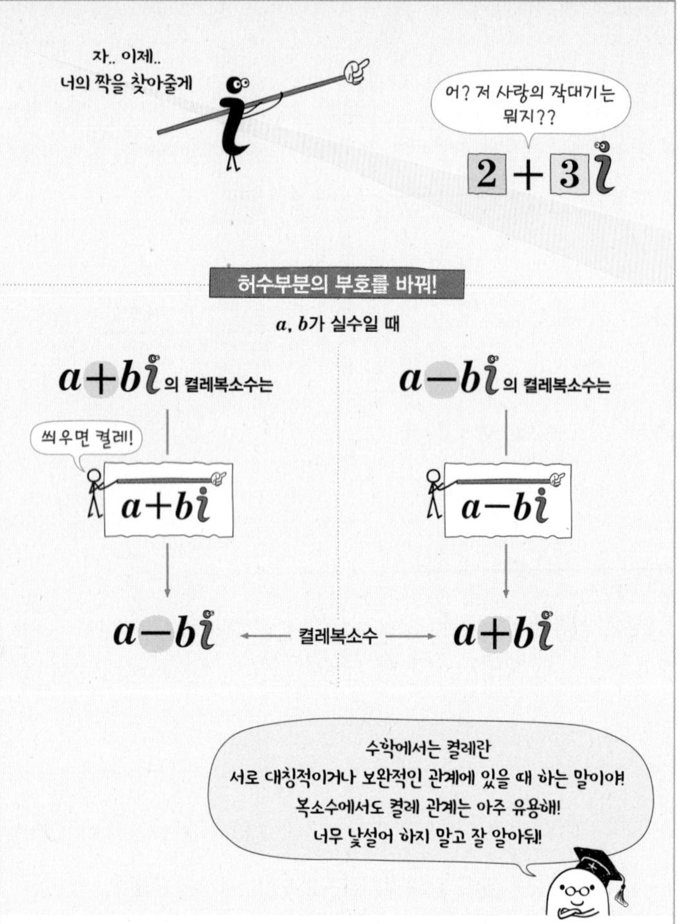

• 복소수 $a+bi$ (a, b는 실수)에 대하여 허수부분의 부호를 바꾼 복소수 $a-bi$를 $a+bi$의 켤레복소수라 하고, 기호로 $\overline{a+bi}$와 같이 나타낸다.

→ $\overline{a+bi}=a-bi$

참고 ① a, b가 실수일 때, $\overline{a-bi}=a+bi$이므로 두 복소수 $a+bi$와 $a-bi$는 서로 켤레복소수이다.

② 복소수 z의 켤레복소수를 $\bar{z}$로 나타내로 이를 'z bar'라 읽는다.

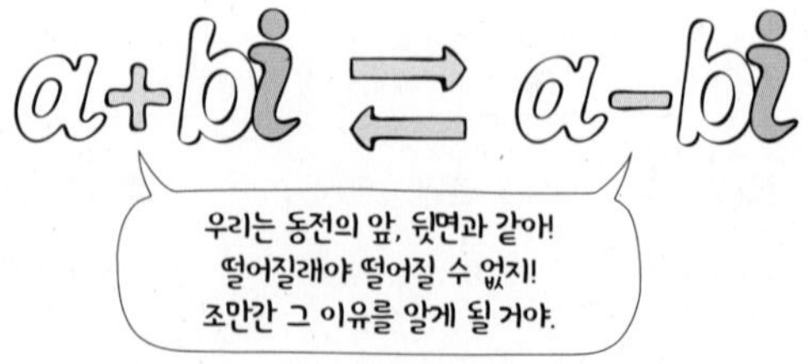

1st — 켤레복소수의 이해

● 다음 복소수의 켤레복소수를 구하시오.

1 $1+2i$

허수부분의 부호만 바꾸면 돼!

2 $-3+5i$

3 $2-i$

4 $4i+\sqrt{2}$

5 $5-\sqrt{3}i$

6 $-6i+8$

7 10

8 $-8i$

9 $\sqrt{2}i$

10 $1+\sqrt{2}$

11 $2-\sqrt{5}+i$

● 다음을 만족시키는 실수 a, b의 값을 구하시오.

12 $\overline{3+2i}=a+bi$ 복소수가 서로 같을 조건을 이용해 봐!

→ $\overline{3+2i}=\square-\square i$이므로

$\square-\square i=a+bi$

따라서 $a=\square$, $b=\square$

13 $\overline{2-5i}=a+bi$

14 $\overline{-4+9i}=a+bi$

15 $\overline{\sqrt{5}-\sqrt{3}i}=a+bi$

16 $\overline{8-\sqrt{2}i}=a+bi$

17 $\overline{-2i+\sqrt{3}}=a+bi$

18 $\overline{i-5}=a+bi$

19 $\overline{\sqrt{3}+3}=a+bi$

20 $\overline{-4i}=a+bi$

내가 발견한 개념 켤레복소수의 켤레복소수는?

• $\overline{\overline{2+3i}}=\overline{\square-\square i}=\square+\square i$

→ 복소수 z에 대하여 $\overline{\overline{z}}$는 (z, $\overline{z}$, $-z$)와 같다.

개념모음문제

21 실수 x, y에 대하여 복소수 $z=(x-y-5)+(2x+3y+1)i$이다. $\overline{z}=6+2i$일 때, xy의 값은? (단, $\overline{z}$는 z의 켤레복소수이다.)

① -30 ② -10 ③ -8
④ 8 ⑤ 10

TEST 개념 확인

01 실수

- 실수 $\begin{cases} \text{유리수} \begin{cases} \text{정수 - 양의 정수, 0, 음의 정수} \\ \text{정수가 아닌 유리수 - 유한소수, 순환소수} \end{cases} \\ \text{무리수 (순환하지 않는 무한소수)} \end{cases}$

1 다음 중 실수의 개수를 a, 무리수의 개수를 b라 할 때, $a+b$의 값은?

π	$1+\sqrt{2}$	$-\frac{5}{3}i$
3	$\sqrt{4}$	0

① 9 ② 8 ③ 7
④ 6 ⑤ 4

2 다음 중 옳은 것은?

① 수직선은 실수를 나타내는 점으로 완전히 메울 수 없다.
② 가장 작은 자연수는 1이다.
③ 가장 작은 정수는 0이다.
④ $\frac{1}{3}$과 $\frac{2}{3}$ 사이에 유리수는 없다.
⑤ $\sqrt{9}$는 무리수이다.

02 복소수

- 복소수 $(a+bi)$ $\begin{cases} \text{실수 } (b=0) \\ \text{허수} \begin{cases} \text{순허수 } (a=0,\ b\neq0) \\ \text{순허수가 아닌 허수 } (a\neq0,\ b\neq0) \end{cases} \end{cases}$

3 다음 중 옳은 것은?

① 복소수 $-3+5i$에서 실수부분은 -3, 허수부분은 $5i$이다.
② 순허수는 허수부분이 0인 복소수이다.
③ 실수는 복소수가 아니다.
④ 실수는 대소 관계를 정할 수 없다.
⑤ -1의 제곱근은 $\pm i$이다.

4 다음 중 허수의 개수는?

$2+\pi$	$2-\sqrt{7}$	$-\frac{5}{3}i$
$\sin 60^\circ$	$\sqrt{-25}$	$4i^2$

① 1 ② 2 ③ 3
④ 4 ⑤ 5

5 복소수 $a(a-2)+(3-a)i$가 실수가 되도록 하는 실수 a의 값은?

① -10 ② -6 ③ 3
④ 10 ⑤ 12

6 복소수 $x(x-2)+(x-2)(x-3)i$가 순허수가 되도록 하는 실수 x의 값을 구하시오.

03 복소수가 서로 같을 조건

- 두 복소수 $a+bi$, $c+di$ (a, b, c, d는 실수)에 대하여
  ① $a+bi=c+di$이면 $a=c$, $b=d$
  $a=c$, $b=d$이면 $a+bi=c+di$
  ② $a+bi=0$이면 $a=0$, $b=0$
  $a=0$, $b=0$이면 $a+bi=0$

7 등식 $(a+3)+(b-6)i=0$을 만족시키는 실수 a, b의 값은?

① $a=-3$, $b=-6$
② $a=-3$, $b=6$
③ $a=0$, $b=6$
④ $a=3$, $b=-6$
⑤ $a=3$, $b=6$

8 등식 $(a+2b)+(5a-4b)i=6-2i$를 만족시키는 실수 a, b에 대하여 $a+b$의 값을 구하시오.

9 등식 $(a+3b)+(2a-b)i=7$을 만족시키는 실수 a, b에 대하여 ab의 값은?

① -4　② 0　③ 2
④ 4　⑤ 7

04 켤레복소수

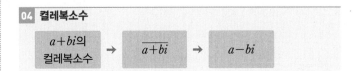

$a+bi$의 켤레복소수 → $\overline{a+bi}$ → $a-bi$

10 등식 $\overline{\sqrt{3}i+\sqrt{2}}=a+bi$를 만족시키는 실수 a, b의 값을 구하시오.

11 복소수 $z=a+bi$가 등식 $\bar{z}=(2a+1)+(b-4)i$를 만족시킬 때, 실수 a, b에 대하여 $a+b$의 값은?
(단, $\bar{z}$는 z의 켤레복소수이다.)

① -2　② 0　③ 1
④ 2　⑤ 4

12 복소수 $z=3-4i$가 등식 $\bar{z}=(3x-2y)+(x+4y)i$를 만족시킬 때, 실수 x, y에 대하여 xy의 값은?
(단, $\bar{z}$는 z의 켤레복소수이다.)

① $-\frac{90}{7}$　② $-\frac{90}{49}$　③ $\frac{45}{49}$
④ $\frac{90}{49}$　⑤ $\frac{90}{7}$

05 **실수부분끼리, 허수부분끼리 계산하는!**

복소수의 덧셈과 뺄셈

❶ 덧셈

$$\boxed{1+2i} + \boxed{3+4i}$$

(허수단위 i를 문자처럼 생각해)

$$(1+2i)+(3+4i)$$
$$=(1+3)+(2+4)i$$
$$=4+6i$$

(실수부분)+(허수부분)i 꼴로 정리 / 간단히 하기

❷ 뺄셈

$$\boxed{1+2i} - \boxed{3+4i}$$

(빼는 식의 각 항의 부호를 바꿔!)

$$(1+2i)-(3+4i)$$
$$=1+2i-3-4i$$
$$=(1-3)+(2-4)i$$
$$=-2-2i$$

괄호 풀기 / (실수부분)+(허수부분)i 꼴로 정리 / 간단히 하기

복소수에 대하여 교환법칙, 결합법칙이 성립한다는 것은?

교환법칙	결합법칙
$1+2i + 3+4i$	$(1+2i + 3+4i) + 5+6i$
$= 3+4i + 1+2i$	$= 1+2i + (3+4i + 5+6i)$

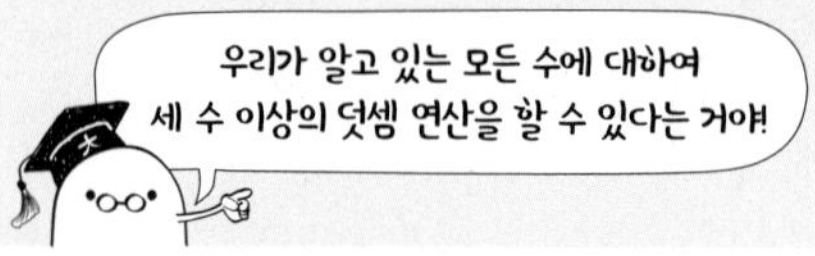

우리가 알고 있는 모든 수에 대하여
세 수 이상의 덧셈 연산을 할 수 있다는 거야!

- **복소수의 덧셈과 뺄셈**
  a, b, c, d가 실수일 때, 복소수의 덧셈과 뺄셈은 다음과 같이 한다.
  ① 덧셈: $(a+bi)+(c+di)=(a+c)+(b+d)i$
  ② 뺄셈: $(a+bi)-(c+di)=(a-c)+(b-d)i$
- **복소수의 실수배**: $k(a+bi)=ka+kbi$
- **복소수의 덧셈에 대한 연산법칙**
  세 복소수 z_1, z_2, z_3에 대하여 다음 연산법칙이 성립한다.
  ① 교환법칙: $z_1+z_2=z_2+z_1$
  ② 결합법칙: $(z_1+z_2)+z_3=z_1+(z_2+z_3)$

참고 복소수에서 덧셈에 대한 결합법칙이 성립하므로 $(z_1+z_2)+z_3$, $z_1+(z_2+z_3)$은 괄호를 생략하여 $z_1+z_2+z_3$으로 나타내기도 한다.

1st — 복소수의 덧셈과 뺄셈

● 다음을 계산하시오.

1 $3i+2(4-2i)$

→ $3i+2(4-2i)=3i+\square-\square i$
$=\square-i$

2 $(4i-3)+3$

3 $(5+3i)+(2+5i)$

4 $9i+(8-7i)$

5 $2(1+5i)+6i$

6 $(-3-2i)+3(-9+2i)$

7 $3(1+2i)+5(4i-7)$

8 $9i-(3+4i)$

→ $9i-(3+4i)=9i-\square-\square i$

$=-\square+\square i$

9 $(5+4i)-(2-i)$

10 $(-7-6i)-(4-3i)$

11 $-2i-(-9+5i)$

12 $-10-5(2i+8)$

13 $2(-1+8i)-4i$

14 $4(-i+7)-7(6+7i)$

2nd 복소수의 덧셈과 뺄셈의 혼합 계산

● 주어진 세 복소수에 대하여 다음을 구하시오.

$z_1=1+i,\quad z_2=2-3i,\quad z_3=-3+2i$

15 z_1+z_3

16 z_1-z_2

17 $z_1+z_2+z_3$

18 $z_3-z_2-z_1$

19 $z_1+(z_2-z_3)$

20 $2(z_1+z_2)-z_3$

21 $-(z_2-3z_1)-4z_3$

3rd 복소수가 실수 또는 순허수일 조건

● 다음 복소수 z가 실수가 되도록 하는 실수 x의 값을 구하시오.

> 복소수 $z=a+bi$ (a, b는 실수)가 실수가 되기 위한 조건
> → $b=0$

22 $z=(2-i)x+2(1+i)$

→ $(2-i)x+2(1+i)$

$=2x-\square i+2+\square i$

$=(2x+2)+(\square-\square)i$에서

$\square-\square=0$이어야 하므로

$x=\square$

23 $z=(5+i)x+9i$

24 $z=(-3+2i)x-x+6i$

25 $z=-2(-1-2i)x^2+4(2-5i)$

26 $z=x(x-2i+3)+3(x+5i)$

● 다음 복소수 z가 순허수가 되도록 하는 실수 x의 값을 구하시오.

> 복소수 $z=a+bi$ (a, b는 실수)가 순허수가 되기 위한 조건
> → $a=0$, $b\neq0$

27 $z=(3+i)x+2(-4-i)$

→ $(3+i)x+2(-4-i)$

$=3x+\square i-8-\square i$

$=(\square-8)+(x-\square)i$에서

$\square-8=0$, $x-\square\neq0$이어야 하므로

$x=\square$, $x\neq\square$

따라서 $x=\square$

28 $z=(5-i)x+10$

29 $z=(-2+7i)x-4(8+3i)$

30 $z=(-2+3i)x^2+3xi+7$

31 $z=x(x+i-2)-2(x+2i)$

4th 복소수가 서로 같을 조건

● 다음 등식을 만족시키는 실수 x, y의 값을 구하시오.

32 $(1-i)x-(2+3i)y=5i-2$

좌변을 $a+bi$ 꼴로 정리해 봐!

33 $(x-5)+(2x+y-1)i=0$

34 $(1-i)x-(2-3i)y+(5+i)=0$

35 $(3+i)x-(-4+5i)y=-i$

36 $2(6-5i)x-(3+2i)y=2x+1-3i$

개념모음문제

37 $(-3+i)x+(2+4i)y+2=-1-i$를 만족시키는 실수 x, y에 대하여 $x+y$의 값은?

① $-\frac{5}{7}$ ② $-\frac{2}{7}$ ③ $\frac{2}{7}$

④ 2 ⑤ $\frac{15}{7}$

5th 켤레복소수의 이용

● 복소수 z에 대하여 다음을 구하시오.
(단, $\bar{z}$는 z의 켤레복소수이다.)

38 $z=2-6i$

(1) $\bar{z}$

(2) $z+\bar{z}$

(3) $z-\bar{z}$

39 $z=3+2i$

(1) $\bar{z}$

(2) $z+\bar{z}$

(3) $\bar{z}-z$

내가 발견한 개념 복소수와 그 켤레복소수의 합은?

- 복소수 $z=a+bi$ (a, b는 실수)의 켤레복소수를 $\bar{z}$라 하면

$z+\bar{z}=(a+bi)+(a-bi)=$ ☐

→ 복소수와 그 켤레복소수의 합은 항상 (실수, 허수)이다.

06

$i^2=-1$로 계산하는!

복소수의 곱셈과 나눗셈

❶ 곱셈

$\boxed{2+3i} \times \boxed{3-i}$

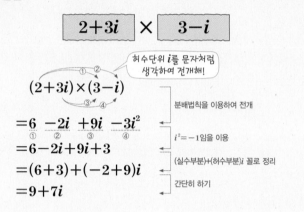

허수단위 i를 문자처럼 생각하여 전개해!

$(2+3i)\times(3-i)$ — 분배법칙을 이용하여 전개

$=\underset{①}{6}\ \underset{②}{-2i}\ \underset{③}{+9i}\ \underset{④}{-3i^2}$ — $i^2=-1$임을 이용

$=6-2i+9i+3$ — (실수부분)+(허수부분)i 꼴로 정리

$=(6+3)+(-2+9)i$ — 간단히 하기

$=9+7i$

❷ 나눗셈

$\boxed{2+i} \div \boxed{1-2i}$

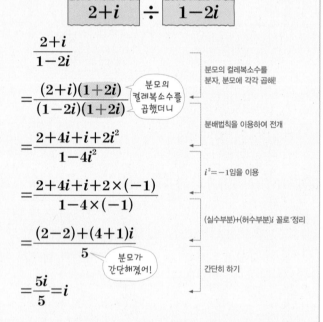

$\dfrac{2+i}{1-2i}$ — 분모의 켤레복소수를 분자, 분모에 각각 곱해!

$=\dfrac{(2+i)(1+2i)}{(1-2i)(1+2i)}$ (분모의 켤레복소수를 곱했더니) — 분배법칙을 이용하여 전개

$=\dfrac{2+4i+i+2i^2}{1-4i^2}$ — $i^2=-1$임을 이용

$=\dfrac{2+4i+i+2\times(-1)}{1-4\times(-1)}$ — (실수부분)+(허수부분)i 꼴로 정리

$=\dfrac{(2-2)+(4+1)i}{5}$ (분모가 간단해졌어!) — 간단히 하기

$=\dfrac{5i}{5}=i$

- **복소수의 곱셈**: a, b, c, d가 실수일 때
  $(a+bi)(c+di)=(ac-bd)+(ad+bc)i$
- **복소수의 곱셈에 대한 연산법칙**
  세 복소수 z_1, z_2, z_3에 대하여 다음 연산법칙이 성립한다.
  ① 교환법칙: $z_1z_2=z_2z_1$
  ② 결합법칙: $(z_1z_2)z_3=z_1(z_2z_3)$
  ③ 분배법칙: $z_1(z_2+z_3)=z_1z_2+z_1z_3$, $(z_1+z_2)z_3=z_1z_3+z_2z_3$
  참고 복소수에서 곱셈에 대한 결합법칙이 성립하므로 $(z_1z_2)z_3$, $z_1(z_2z_3)$은 괄호를 생략하여 $z_1z_2z_3$으로 나타내기도 한다.

  우리가 알고 있는 모든 수에 대하여 세 수 이상의 곱셈 연산을 할 수 있다는 거지!
- **복소수의 나눗셈**
  a, b, c, d가 실수이고 $c+di\neq0$일 때
  $\dfrac{a+bi}{c+di}=\dfrac{(a+bi)(c-di)}{(c+di)(c-di)}=\dfrac{ac+bd}{c^2+d^2}+\dfrac{bc-ad}{c^2+d^2}i$

1st — 복소수의 곱셈과 나눗셈

● 다음을 계산하시오.

1 $(3-2i)(4+5i)$ $i^2=-1$임을 이용하자!

→ $(3-2i)(4+5i)$

$=12+\square-8i+\square$

$=\square+\square i$

2 $2i(5+3i)$

3 $-i(6-7i)$

4 $(2+5i)(3+5i)$

5 $(-4-i)(-7+i)$

6 $(-3-5i)(8+7i)$

7 $(7-2i)(6-3i)$

8 $(3+i)^2$
다항식의 곱셈 공식을 이용하자!

9 $(2-3i)^2$

10 $(5+i)(5-i)$

11 $(-4+\sqrt{2}i)(4+\sqrt{2}i)$

● 다음을 $a+bi$ (a, b는 실수)꼴로 나타내시오.

12 $\dfrac{1-2i}{3+i}$ 분자와 분모에 분모의 켤레복소수를 곱해!

$$\rightarrow \frac{1-2i}{3+i}=\frac{(1-2i)(\square)}{(3+i)(\square)}=\frac{\square-\square i}{9+\square}=\square-\square i$$

13 $\dfrac{1}{2+i}$

14 $\dfrac{5}{3-2i}$

15 $\dfrac{i}{1-i}$

16 $\dfrac{9i}{2+3i}$

17 $\dfrac{-5+i}{4+i}$

18 $\dfrac{6+7i}{5-3i}$

19 $\dfrac{1-\sqrt{2}i}{1+\sqrt{2}i}$

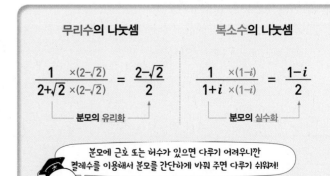

무리수의 나눗셈

$$\frac{1\times(2-\sqrt{2})}{(2+\sqrt{2})\times(2-\sqrt{2})}=\frac{2-\sqrt{2}}{2}$$

분모의 유리화

복소수의 나눗셈

$$\frac{1\times(1-i)}{(1+i)\times(1-i)}=\frac{1-i}{2}$$

분모의 실수화

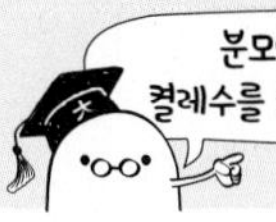

분모에 근호 또는 허수가 있으면 다루기 어려우니깐
켤레수를 이용해서 분모를 간단하게 바꿔 주면 다루기 쉬워져!

2nd 복소수의 혼합 계산

● 다음을 계산하시오.

20 $4i-(5-3i)(1+2i)$

21 $(2+3i)^2+i(-7+i)$

22 $(5+4i)^2+\dfrac{1-i}{1+i}$

23 $\dfrac{6-i}{1+3i}+(7+i)(-7+i)$

24 $(3+4i)(3-4i)-\dfrac{2i-1}{5+2i}$

25 $\dfrac{1-2i}{1+2i}+(2+\sqrt{3}i)(2-\sqrt{3}i)$

● 주어진 세 복소수 z_1, z_2, z_3에 대하여 다음을 구하시오.

$z_1=1-i,\quad z_2=4+3i,\quad z_3=-2+5i$

26 z_1z_2

27 $z_1^2+z_3^2$

28 $z_1^2-z_2^2$

29 $\dfrac{1}{z_1}-\dfrac{1}{z_3}$

30 $\dfrac{z_2}{z_1}+\dfrac{z_3}{z_2}$

31 $z_1^3+z_2^3$

$i^3=i\times i^2=i\times(-1)=-i$를 이용하면 돼!

3rd 복소수가 서로 같을 조건

● 다음 등식을 만족시키는 실수 x, y의 값을 구하시오.

32 $(x-i)(2+3i)=1-yi$

→ $2x+\square i-2i+\square=1-yi$

$(2x+\square)+(\square-2)i=1-yi$

$2x+\square=1$에서 $x=\square$

$3x-2=-y$에서 $y=\square$

33 $(2+3i)x-(3-i)=y+4i$

34 $(1+i)^2+(-2-3i)x=-2+yi$

35 $\frac{x}{2-i}+\frac{y}{2+i}=2-\frac{13}{5}i$

개념모음문제

36 $\frac{10}{3+i}+\frac{30}{3-i}=x+yi$일 때, 실수 x, y에 대하여 $x+y$의 값은?

① -14 ② -10 ③ 6

④ 8 ⑤ 14

4th 켤레복소수의 이용

● 복소수 z에 대하여 다음을 구하시오. (단, $\bar{z}$는 z의 켤레복소수이다.)

37 $z=3+5i$

(1) $z\bar{z}$

(2) $\frac{\bar{z}}{z}$

(3) $\frac{z}{\bar{z}}$

38 $z=2-4i$

(1) $3z\bar{z}$

(2) $\frac{\bar{z}}{z}$

(3) $\frac{z}{\bar{z}}$

내가 발견한 개념 복소수와 그 켤레복소수의 곱은?

• 실수 a, b에 대하여

$(a+bi)(a-bi)=a^2-(\square)^2=a^2+\square$

→ 복소수와 그 켤레복소수의 곱은 항상 (실수, 허수)이다.

07 항상 짝을 이루는!

켤레복소수의 성질

실수 a, b, c, d에 대하여

$$\overline{\overline{a+bi}}=a+bi$$

켤레의 켤레는 나 자신이야!

두 연산의 켤레는 각각의 켤레의 연산이야!

$$\overline{(a+bi)+(c+di)}=\overline{a+bi}+\overline{c+di}$$

$$\overline{(a+bi)-(c+di)}=\overline{a+bi}-\overline{c+di}$$

$$\overline{(a+bi)\times(c+di)}=\overline{a+bi}\times\overline{c+di}$$

$$\overline{\left(\frac{a+bi}{c+di}\right)}=\frac{\overline{a+bi}}{\overline{c+di}}$$ (단, $c+di\neq0$)

원리확인 다음 □ 안에 알맞은 것을 써넣으시오.

❶ $\overline{(\overline{z_1})}=$□, $\overline{\overline{z_2}}=$□

❷ $\overline{z_1+z_2}=$□+□

❸ $\overline{z_1z_2}=$□×□

❹ $\overline{\left(\frac{z_2}{z_1}\right)}=\frac{□}{□}$ (단, □$\neq0$)

1st — 켤레복소수의 성질을 이용하여 구하는 식의 값

● 두 복소수 α, β에 대하여 다음 식의 값을 구하시오.
(단, $\overline{\alpha}$, $\overline{\beta}$는 각각 α, β의 켤레복소수이다.)

$\alpha=2-i$, $\beta=3+4i$

1 $\overline{\alpha}+\overline{\beta}$

2 $(\alpha+\beta)(\overline{\alpha}+\overline{\beta})$

3 $\alpha\overline{\alpha}+\alpha\overline{\beta}+\overline{\alpha}\beta+\beta\overline{\beta}$

> $\alpha\overline{\alpha}+\alpha\overline{\beta}+\overline{\alpha}\beta+\beta\overline{\beta}$
> $=\alpha(\overline{\alpha}+\overline{\beta})+\beta(\overline{\alpha}+\overline{\beta})$
> $=(\alpha+\beta)(\overline{\alpha}+\overline{\beta})$
> 임을 이용한다.

4 $\alpha\overline{\alpha}-\alpha\overline{\beta}-\overline{\alpha}\beta+\beta\overline{\beta}$

5 $\frac{\overline{\beta}}{\alpha}+\frac{\overline{\alpha}}{\beta}$

2nd 켤레복소수의 성질을 이용하여 구하는 복소수

● 다음 등식을 만족시키는 복소수 z를 구하시오.
(단, $\overline{z}$는 z의 켤레복소수이다.)

6 $\overline{z+zi}=1-5i$ $z=a+bi$로 놓고 주어진 식에 대입해 봐!

→ $z=a+bi$ (a, b는 실수)라 하면

$z+zi=(a+bi)+(a+bi)i$

$=(\square)+(a+b)i$

$\overline{z+zi}=1-5i$에서

$(\square)-(a+b)i=1-5i$

$\square=1$, $a+b=\square$를 연립하여 풀면

$a=\square$, $b=\square$

따라서 $z=\square+\square i$

7 $\overline{z-zi}=1+3i$

8 $\overline{z+zi}=4$

9 $\overline{z+zi}=-6i$

10 $\overline{z-zi}=7-9i$

11 $2z+\overline{z}=-3+i$ $z=a+bi$로 놓고 주어진 식에 대입해 봐!

→ $z=a+bi$ (a, b는 실수)라 하면 $\overline{z}=a-bi$이므로

$2z+\overline{z}=-3+i$에서

$2(a+bi)+(a-bi)=-3+i$

$3a+\square i=-3+i$

$3a=-3$에서 $a=\square$, $b=\square$

따라서 $z=\square$

12 $2\overline{z}+3z=5-8i$

13 $iz-3\overline{z}=6+6i$

14 $(2-3i)z+3i\overline{z}=6-4i$

15 $(-1-2i)z+(3+4i)\overline{z}=8-2i$

TEST 개념 확인

05 복소수의 덧셈과 뺄셈

• a, b, c, d가 실수일 때

① 덧셈: $(a+bi)+(c+di)=(a+c)+(b+d)i$

② 뺄셈: $(a+bi)-(c+di)=(a-c)+(b-d)i$

1 $(2+3i)+(-4+5i)-(6i-7)$을 계산하시오.

2 복소수 $(3+i)x+2(6-4i)$가 순허수가 되도록 하는 실수 x의 값은?

① -8 ② -4 ③ 4
④ 8 ⑤ 10

3 등식 $2(1+i)x-(5i+3)y=1-2i$를 만족시키는 실수 x, y에 대하여 $x-y$의 값은?

① $-\frac{11}{4}$ ② $-\frac{1}{2}$ ③ $\frac{1}{8}$
④ $\frac{1}{4}$ ⑤ $\frac{5}{4}$

4 $z=2-3i$일 때, $1+z+\bar{z}$의 값은?
(단, $\bar{z}$는 z의 켤레복소수이다.)

① -5 ② 0 ③ 5
④ $-6i$ ⑤ $6i$

06 복소수의 곱셈과 나눗셈

• a, b, c, d가 실수이고 $c+di\neq 0$일 때

① 곱셈: $(a+bi)(c+di)=(ac-bd)+(ad+bc)i$

② 나눗셈: $\frac{a+bi}{c+di}=\frac{(a+bi)(c-di)}{(c+di)(c-di)}$
$=\frac{ac+bd}{c^2+d^2}+\frac{bc-ad}{c^2+d^2}i$

5 $(6-5i)^2$의 실수부분은?

① -11 ② 11 ③ 36
④ 60 ⑤ 61

6 $(2+3i)(-2+3i)+(3i-7)(4i+6)$을 계산하시오.

7 $a=1+2i$, $b=2-i$일 때, $\frac{b}{a}+\frac{a}{b}$의 값은?

① $-2i$ ② i ③ 0
④ i ⑤ $2i$

8 등식 $(2-3i)x-(8+3i)=y+6i$를 만족시키는 실수 x, y에 대하여 xy의 값은?

① -42 ② -17 ③ 17
④ 31 ⑤ 42

9 $z=\frac{3+i}{3-i}$일 때, $\overline{z}=a+bi$를 만족시키는 실수 a, b에 대하여 $25ab$의 값은? (단, $\overline{z}$는 z의 켤레복소수이다.)

① -12 ② -10 ③ 10
④ 12 ⑤ 15

07 켤레복소수의 성질

• 두 복소수 z_1, z_2의 켤레복소수를 각각 $\overline{z_1}$, $\overline{z_2}$라 할 때

① $\overline{(\overline{z_1})}=z_1$

② $\overline{z_1+z_2}=\overline{z_1}+\overline{z_2}$, $\overline{z_1-z_2}=\overline{z_1}-\overline{z_2}$

③ $\overline{z_1z_2}=\overline{z_1}\times\overline{z_2}$, $\overline{\left(\frac{z_2}{z_1}\right)}=\frac{\overline{z_2}}{\overline{z_1}}$

10 $\alpha=4+3i$, $\beta=-1-2i$일 때, $(\alpha+\beta)(\overline{\alpha}-\overline{\beta})$의 값을 구하시오. (단, $\overline{\alpha}$, $\overline{\beta}$는 각각 α, β의 켤레복소수이다.)

11 실수 a, b에 대하여 복소수 $z=a+bi$가 등식 $\overline{z+zi}=-2i$를 만족시킬 때, ab의 값은? (단, $\overline{z}$는 z의 켤레복소수이다.)

① -1 ② 1 ③ 2
④ 5 ⑤ 6

12 등식 $(1+i)-2i\overline{z}=7+5i$를 만족시키는 복소수 z의 허수부분은? (단, $\overline{z}$는 z의 켤레복소수이다.)

① -6 ② $-\frac{11}{2}$ ③ -5
④ -3 ⑤ $-\frac{1}{2}$

08

규칙이 발견되는!

i의 거듭제곱

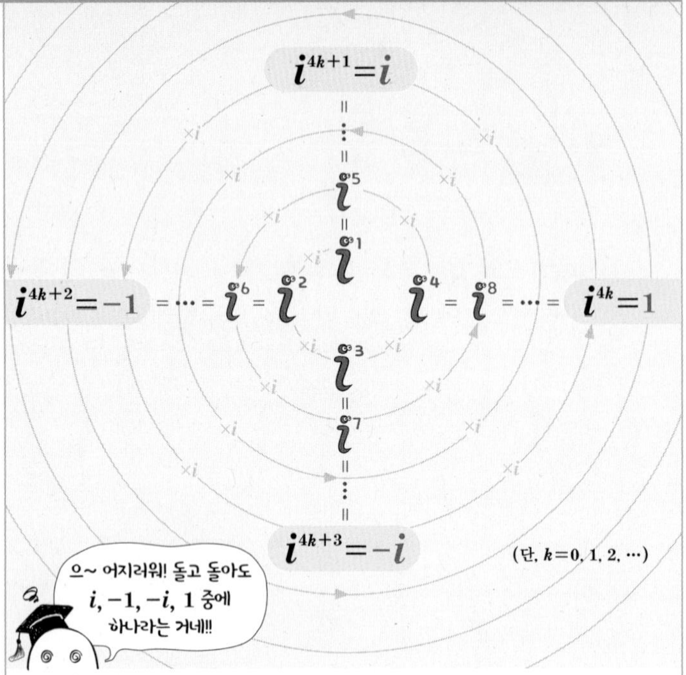

$i^{4k+1}=i$
$i^{4k+2}=-1$
$i^{4k+3}=-i$
$i^{4k}=1$
(단, $k=0, 1, 2, \cdots$)
으~ 어지러워! 돌고 돌아도
$i, -1, -i, 1$ 중에
하나라는 거네!!

- i의 거듭제곱의 값은 i, -1, $-i$, 1이 순서대로 반복되어 나타난다.
- $i^{4k+1}=i$, $i^{4k+2}=-1$, $i^{4k+3}=-i$, $i^{4k}=1$ (단, $k=0, 1, 2, \cdots$)

원리확인 다음을 간단히 하시오.

❶ i^3 → $i^3=i^2\times i=\square\times i=\square$

❷ i^4 → $i^4=i^3\times i=\square\times i=\square$

❸ i^5 → $i^5=i^4\times i=\square\times i=\square$

❹ i^6 → $i^6=i^5\times i=\square\times i=\square$

❺ i^7 → $i^7=i^6\times i=\square\times i=\square$

1st — i의 거듭제곱

● 다음을 계산하시오.

1 i^{10}

→ $i^{10}=i^{4\times\square+2}=\square$

2 $(-i)^{15}$

→ $(-i)^{15}=-i^{15}=-i^{4\times\square+3}=-i^{\square}=-(\square)=\square$

3 i^{25}

4 i^{31}

5 i^{47}

6 $(-i)^{53}$

7 i^{100}

8 i^{554}

9 $i^{19}+i^{30}$

10 $i^{13}+(-i)^{20}$

11 $\frac{1}{i^{100}}+\frac{1}{i^{101}}$

12 $\left(\frac{1+i}{1-i}\right)^2$

13 $\left(\frac{1-i}{1+i}\right)^2$

14 $\left(\frac{1+i}{1-i}\right)^{200}$

15 $\left(\frac{1-i}{1+i}\right)^{150}$

16 $i+i^2+i^3+i^4+i^5+i^6+i^7+i^8$

17 $\frac{1}{i}+\frac{1}{i^2}+\frac{1}{i^3}+\frac{1}{i^4}$

18 $i+i^2+i^3+i^4+i^5+i^6+i^7+i^8+\cdots+i^{100}$

19 $\frac{1}{i}+\frac{1}{i^2}+\frac{1}{i^3}+\frac{1}{i^4}+\cdots+\frac{1}{i^{50}}$

빙글빙글 회전하는 i의 거듭제곱

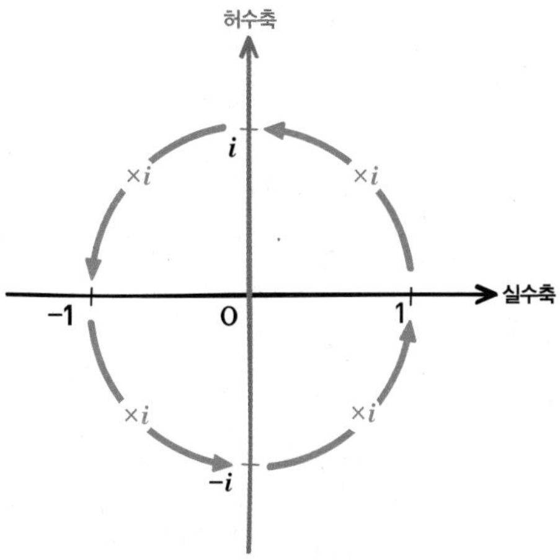

i를 곱할 때마다 90°씩 회전하네!
i를 네 번 곱하면 한 바퀴 도는 거네!

개념모음문제

20 $z=\left(\frac{1-i}{\sqrt{2}}\right)^2$일 때, $z+z^2+z^3+z^4+\cdots+z^{10}$의 값은?

① $-1-i$ ② $-1+i$ ③ 0
④ $1-i$ ⑤ $1+i$

09

수의 확장으로 가능해진!

음수의 제곱근

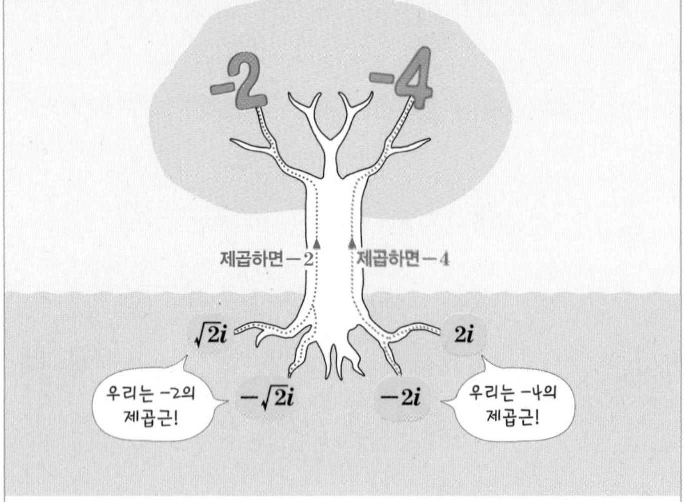

• $a>0$일 때

① $\sqrt{-a}=\sqrt{a}i$

② $-a$의 제곱근은 $\sqrt{a}i$와 $-\sqrt{a}i$이다.

참고 위와 같이 정하면 a가 양수, 0, 음수인 것에 관계없이 a의 제곱근은 $\pm\sqrt{a}$가 된다.

1st 음수의 제곱근

● 다음 수를 허수단위 i를 사용하여 나타내시오.

1 $\sqrt{-2}=\square i$

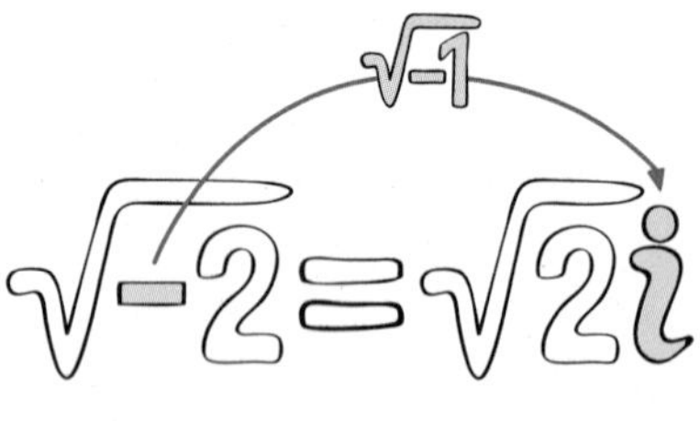

2 $\sqrt{-7}$

3 $\sqrt{-16}$

4 $\sqrt{-20}$

5 $-\sqrt{-10}$

6 $-\sqrt{-25}$

7 $\sqrt{-\frac{9}{4}}$

8 $\sqrt{-\frac{1}{3}}$

	중등에서는	고등에서는
	실수	복소수
-3의 제곱근	없다.	$\pm\sqrt{3}i$
$x^2+x+1=0$의 해	없다.	$x=\frac{-1\pm\sqrt{3}i}{2}$

수의 확장으로 음수의 제곱근을 다룰 수 있으니, 모든 방정식의 해도 구할 수 있어!

정답과 풀이 61쪽

● 다음 수의 제곱근을 구하시오.

9 $-3 \rightarrow \pm\square i$

음수의 제곱근은 2개야!

10 -5

11 -25

12 -30

13 $-\frac{1}{2}$

14 $-\frac{1}{9}$

15 $-\frac{7}{16}$

내가 발견한 개념 음수의 제곱근은?

$a>0$일 때

• $\sqrt{-a}=\square$ • $-a$의 제곱근: $\square$

2nd 음수의 제곱근의 덧셈과 뺄셈

● 다음을 계산하시오.

16 $\sqrt{-2}+\sqrt{-8}=\square i+2\sqrt{2}i=\square i$

17 $\sqrt{-3}-\sqrt{-10}$

18 $\sqrt{-6}+\sqrt{-5}$

19 $\sqrt{-5}-\sqrt{-32}$

20 $\sqrt{-4}+\sqrt{-9}$

21 $\sqrt{-16}+\sqrt{-\frac{49}{9}}$

22 $\sqrt{-8}-\sqrt{-18}+\sqrt{-24}$

23 $\sqrt{-12}+\sqrt{20}-\sqrt{-27}$

10

수의 확장으로 가능해진!

음수의 제곱근의 성질

$\sqrt{-1} \times \sqrt{-2}$

허수단위 i로!

$i \times \sqrt{2}i = \sqrt{2}i^2$

$-\sqrt{2}$

$a<0$, $b<0$이면

$\sqrt{a}\sqrt{b} = -\sqrt{ab}$

$\sqrt{-}\sqrt{-} = -\sqrt{+}$

$\dfrac{\sqrt{3}}{\sqrt{-2}}$

허수단위 i를 곱해 분모를 '실수'로!

$\dfrac{\sqrt{3} \times i}{\sqrt{2}i \times i} = \dfrac{\sqrt{3}i}{\sqrt{2}i^2} = -\dfrac{\sqrt{3}}{\sqrt{2}}i$

$-\sqrt{-\dfrac{3}{2}}$

$a>0$, $b<0$이면

$\dfrac{\sqrt{a}}{\sqrt{b}} = -\sqrt{\dfrac{a}{b}}$

$\dfrac{\sqrt{+}}{\sqrt{-}} = -\sqrt{\dfrac{+}{-}}$

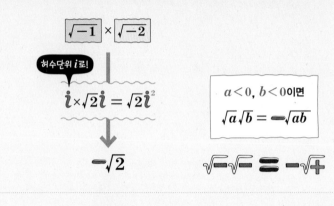

- $a<0$, $b<0$이면 $\sqrt{a}\sqrt{b}=-\sqrt{ab}$

  $a>0$, $b<0$이면 $\dfrac{\sqrt{a}}{\sqrt{b}}=-\sqrt{\dfrac{a}{b}}$
- $\sqrt{a}\sqrt{b}=-\sqrt{ab}$이면 $a<0$, $b<0$ 또는 $a=0$ 또는 $b=0$

  $\dfrac{\sqrt{a}}{\sqrt{b}}=-\sqrt{\dfrac{a}{b}}$이면 $a>0$, $b<0$ 또는 $a=0$, $b\neq0$

$\sqrt{-2} \times \sqrt{-3} \div \sqrt{-5}$

음수의 제곱근을 허수단위 i로 나타낸 다음 계산하면 돼!

$\sqrt{2}i \times \sqrt{3}i \div \sqrt{5}i$

1st 음수의 제곱근의 곱셈과 나눗셈

● 다음을 계산하시오.

1 $\sqrt{-2}\sqrt{-3}=\sqrt{2}i\times\sqrt{3}i=\square$

$\sqrt{-2}\sqrt{-3}$을 $\sqrt{(-2)(-3)}$으로 계산하면 안돼!

2 $\sqrt{-3}\sqrt{-5}$

3 $\sqrt{-4}\sqrt{16}$

4 $\dfrac{\sqrt{3}}{\sqrt{-2}}=\dfrac{\sqrt{3}}{\sqrt{2}i}=\dfrac{\sqrt{3}i}{\sqrt{2}i^2}=-\dfrac{\sqrt{3}i}{\square}=-\dfrac{\sqrt{6}}{\square}i$

$\dfrac{\sqrt{3}}{\sqrt{-2}}\neq\sqrt{-\dfrac{3}{2}}$임을 주의해!

5 $\dfrac{\sqrt{18}}{\sqrt{-3}}$

6 $\dfrac{\sqrt{-10}}{\sqrt{2}}$

7 $\dfrac{\sqrt{-40}}{\sqrt{-5}}$

8 $\dfrac{\sqrt{6}}{\sqrt{-24}}$

9 $\sqrt{-9}\sqrt{-16}-\sqrt{-25}\sqrt{-4}$

10 $\dfrac{2-2\sqrt{-1}}{1+\sqrt{-1}}$

11 $\sqrt{-4}\sqrt{-9}+\dfrac{\sqrt{2}}{\sqrt{-8}}$

12 $\sqrt{-3}\sqrt{15}-\sqrt{-3}\sqrt{-15}$

13 $\dfrac{\sqrt{-10}}{\sqrt{5}}+\dfrac{\sqrt{10}}{\sqrt{-5}}+\dfrac{\sqrt{-10}}{\sqrt{-5}}$

내가 발견한 개념 　　음수의 제곱근의 성질은?

0이 아닌 두 실수 a, b에 대하여

- $\sqrt{a}\sqrt{b}=-\sqrt{ab}$ → a ◯ 0, b ◯ 0
- $\dfrac{\sqrt{a}}{\sqrt{b}}=-\sqrt{\dfrac{a}{b}}$ → a ◯ 0, b ◯ 0

2nd 음수의 제곱근의 성질

● 다음을 만족시키는 0이 아닌 두 실수 a, b에 대하여 주어진 식을 간단히 하시오.

14 $\sqrt{a}\sqrt{b}=-\sqrt{ab}$

(1) $\sqrt{a^2}-\sqrt{b^2}$

(2) $|a|\,|b|$

(3) $\sqrt{(a+b)^2}$

15 $\dfrac{\sqrt{a}}{\sqrt{b}}=-\sqrt{\dfrac{a}{b}}$

(1) $\sqrt{a^2}-\sqrt{b^2}$

(2) $|a|\,|b|$

(3) $\sqrt{(a-b)^2}$

개념모음문제

16 0이 아닌 두 실수 x, y에 대하여 $\sqrt{a}\sqrt{b}=-\sqrt{ab}$ 일 때, $|b|+\sqrt{(a+b)^2}$을 간단히 하면?

① $-a-2b$　② $-a$　③ $-2b$
④ $a-2b$　⑤ $a+2b$

TEST 개념 확인

08 i의 거듭제곱

- k가 음이 아닌 정수일 때, 다음과 같이 값이 반복된다.

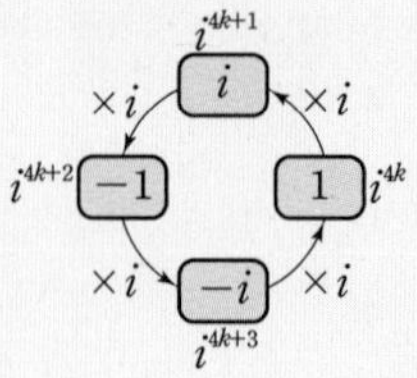

1 $i^{50}+\dfrac{1}{i^{50}}$의 값은?

① -2 ② 0 ③ 2
④ $-2i$ ⑤ $2i$

2 $\left(\dfrac{1-i}{1+i}\right)^{300}$의 값은?

① -1 ② 0 ③ 1
④ $-i$ ⑤ i

3 $i+2i^2+3i^3+4i^4$의 값은?

① -2 ② 2 ③ $-2+2i$
④ $2-2i$ ⑤ $2+2i$

09 음수의 제곱근

- $a>0$일 때
① $\sqrt{-a}=\sqrt{a}i$
② $-a$의 제곱근은 $\sqrt{a}i$, $-\sqrt{a}i$이다.

4 다음 수의 제곱근을 구하시오.

(1) -8

(2) $-\dfrac{25}{64}$

5 $-\sqrt{16}$의 제곱근은?

① $\pm16i$ ② $-4i$ ③ $\pm4i$
④ 2 ⑤ $\pm2i$

6 $(1+\sqrt{-64})+(-3-\sqrt{-25})$의 값은?

① $-2-3i$ ② $-2+3i$
③ $-i$ ④ $2-3i$
⑤ $2+3i$

10 음수의 제곱근의 성질

- 두 실수 a, b에 대하여

① $a\le 0$, $b\le 0$이면 $\sqrt{a}\sqrt{b}=-\sqrt{ab}$

② $a\ge 0$, $b<0$이면 $\dfrac{\sqrt{a}}{\sqrt{b}}=-\sqrt{\dfrac{a}{b}}$

7 $\sqrt{-2}\sqrt{-8}+\dfrac{\sqrt{20}}{\sqrt{-5}}$의 값은?

① -6 ② $-4-2i$ ③ $-4+2i$
④ $4-2i$ ⑤ 6

8 $\dfrac{1-\sqrt{-4}}{1+\sqrt{-4}}+\dfrac{2+\sqrt{-9}}{2-\sqrt{-9}}$를 계산하시오.

9 $\sqrt{-5}\sqrt{-2}\sqrt{2}\sqrt{5}$의 값은?

① -25 ② -10 ③ -4
④ 4 ⑤ 10

10 $a=\dfrac{\sqrt{-15}}{\sqrt{3}}+\dfrac{\sqrt{15}}{\sqrt{-3}}+\dfrac{\sqrt{-15}}{\sqrt{-3}}$일 때, a^2의 값은?

① $-\sqrt{5}$ ② $\sqrt{5}$ ③ 5
④ $-\sqrt{5}i$ ⑤ $\sqrt{5}i$

11 0이 아닌 두 실수 a, b에 대하여 $\dfrac{\sqrt{a}}{\sqrt{b}}=-\sqrt{\dfrac{a}{b}}$일 때, $|a-b|+|a|-2|b|$를 간단히 하면?

① $-2a-3b$ ② $-2a+b$
③ $-3b$ ④ $2a-b$
⑤ $2a+b$

12 0이 아닌 두 실수 a, b에 대하여 $\sqrt{a}\sqrt{b}=-\sqrt{ab}$일 때, $\sqrt{(a+b)^2}-2|a|$를 간단히 하면?

① $-a+b$ ② $-a$ ③ $-b$
④ $a-b$ ⑤ $a+b$

TEST 개념 발전

1 다음 중 실수의 개수를 a, 허수의 개수를 b라 할 때, $a-b$의 값을 구하시오.

i	0	$i+\sqrt{3}$	$\sqrt{-9}$
$1+\sqrt{5}$	$\frac{3}{2}i$	$\frac{i}{\sqrt{2}}$	i^4

2 $(3-2i)x-(1+2i)$가 순허수가 되도록 하는 실수 x의 값은?

① -1　② $-\frac{1}{3}$　③ $\frac{1}{3}$
④ $\frac{1}{2}$　⑤ 1

3 다음 **보기** 중 옳은 것의 개수는?

보기
ㄱ. $\overline{2+\sqrt{3}i}=2-\sqrt{3}i$　ㄴ. $\overline{-10i}=10i$
ㄷ. $\overline{15}=-15$　ㄹ. $\overline{-6i+3}=-6i-3$
ㅁ. $\overline{\left(\frac{1}{1+i}\right)}=\frac{1}{1-i}$

① 1　② 2　③ 3
④ 4　⑤ 5

4 $\frac{5+5i}{1+2i}=a+bi$일 때, $a-b$의 값은? (단, a, b는 실수이다.)

① -4　② -3　③ -1
④ 1　⑤ 4

5 $\sqrt{-12}+\sqrt{-27}-\sqrt{-48}=a\sqrt{3}$일 때, a의 값은?

① -1　② 1　③ $\frac{1}{3}$
④ $-i$　⑤ i

6 다음 중 옳지 않은 것은?

① $i=\sqrt{-1}$이다.
② $\sqrt{2}i^2$은 허수이다.
③ $3i$의 실수부분은 0이다.
④ 켤레복소수가 자신과 같은 복소수는 실수이다.
⑤ 복소수와 그 켤레복소수의 합은 항상 실수이다.

7 등식 $x(4-i)-2y(1+i)=\overline{5-2i}$를 만족시키는 실수 x, y에 대하여 $\frac{x}{y}$의 값은?

① -6　② $-\frac{6}{13}$　③ $-\frac{1}{13}$
④ $\frac{3}{5}$　⑤ $\frac{13}{3}$

8 다음 중 옳은 것은?

① $(12+7i)+(-6+i)=18+8i$
② $(-6+10i)-(3i+9)=-9+i$
③ $(2+3i)(-1+i)=1-i$
④ $(-4+2i)^2=12-16i$
⑤ $\frac{1}{5+i}+\frac{1}{5-i}=\frac{5}{12}$

수능형 문제

정답과 풀이 63쪽

9 실수 a, b에 대하여 등식 $\frac{a}{1+i}+\frac{b}{1-i}=2-i$가 성립할 때, ab의 값은?

① -3 ② -2 ③ 3
④ 5 ⑤ 8

10 $z+\overline{z}=10$, $z\overline{z}=34$를 만족시키는 복소수 $z=a+bi$에 대하여 $|a|+|b|$의 값은?
(단, a, b는 실수이고, $\overline{z}$는 z의 켤레복소수이다.)

① 2 ② 4 ③ 8
④ 10 ⑤ 14

11 $\alpha=2+7i$, $\beta=-1+5i$일 때, $\alpha\overline{\alpha}+\alpha\overline{\beta}+\overline{\alpha}\beta+\beta\overline{\beta}$의 값을 구하시오.
(단, $\overline{\alpha}$, $\overline{\beta}$는 각각 α, β의 켤레복소수이다.)

12 등식 $\sqrt{x-5}\sqrt{1-x}=-\sqrt{(x-5)(1-x)}$를 만족시키는 정수 x의 개수는?

① 1 ② 2 ③ 3
④ 4 ⑤ 5

13 복소수 $(a+\sqrt{2}i)^2i$가 실수가 되도록 하는 양수 a의 값을 구하시오.

14 $z=\frac{\sqrt{3}+i}{2}$일 때, $z^3+z^{15}+z^{30}$의 값은?

① $-2-2i$ ② $-1-2i$ ③ $-1+2i$
④ $1+2i$ ⑤ $2+2i$

15 $x=2-i$일 때, $x^4-3x^3+3x^2+8x+6=a+bi$이다. $a-b$의 값은? (단, a, b는 실수이다.)

① 25 ② 27 ③ 29
④ 31 ⑤ 33

5

근의 확장!
이차방정식

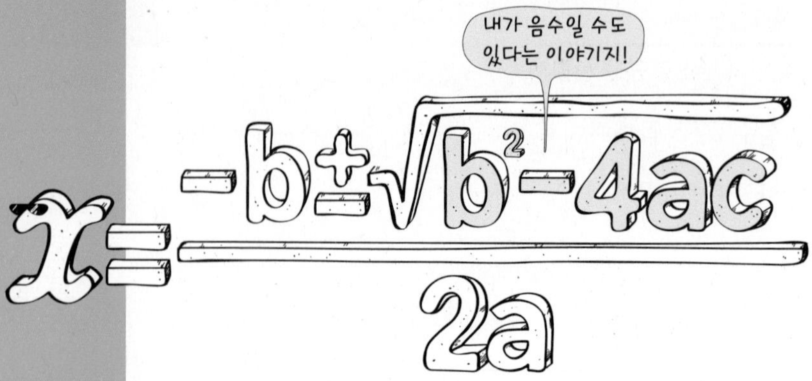

내가 음수일 수도 있다는 이야기지!
$x=\frac{-b\pm\sqrt{b^2-4ac}}{2a}$

x의 계수에 따라 나누어지는!

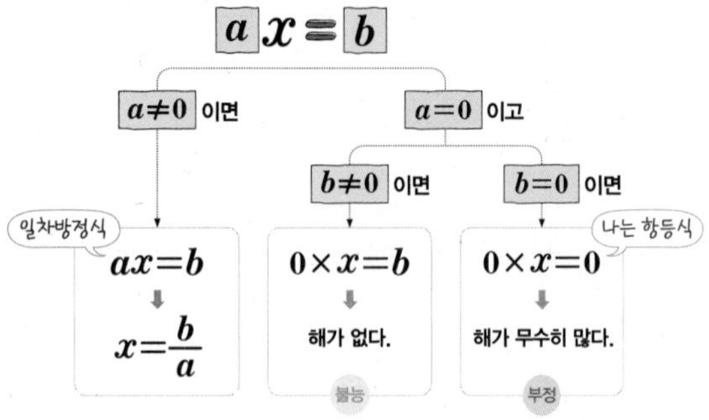

일차방정식

01 방정식 $ax=b$의 풀이
02 절댓값 기호를 포함한 일차방정식의 풀이

방정식 $ax=b$의 풀이는 x의 계수 a가 $a=0$인 경우와 $a\neq0$인 경우로 나누어 생각해 볼 수 있어. $a\neq0$이면 양변을 a로 나누어 x의 값을 구하면 되고, $a=0$이면 양변을 a로 나눌 수 없으므로 $b=0$인 경우와 $b\neq0$인 경우로 나누어 생각해야 해. 각각의 경우를 구하는 연습을 해 보자. 또 절댓값 기호를 포함한 일차방정식의 해를 구하는 연습도 할 거야. 이때 x의 범위만 잘 나눈다면 해를 구하는 건 어렵지 않으니 너무 겁먹지 마!

복소수 범위로 확장된!

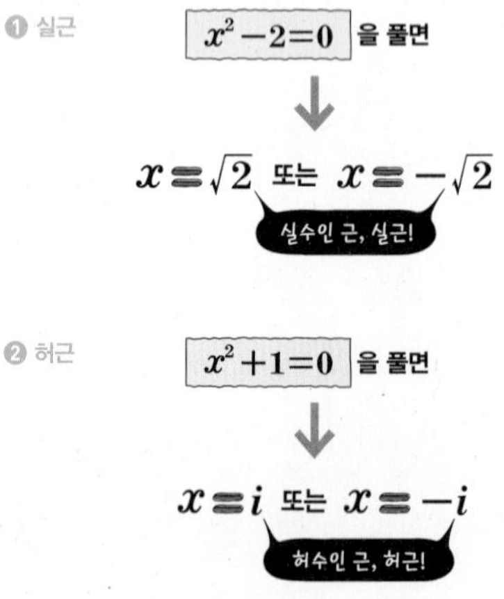

이차방정식

03 이차방정식의 근과 풀이
04 절댓값 기호를 포함한 이차방정식의 풀이
05 이차방정식의 활용

이차방정식의 근을 복소수의 범위로 확장시키면 실수인 근인 실근과 허수인 근인 허근을 모두 구할 수 있어. 이때 인수분해, 완전제곱꼴, 근의 공식을 이용하여 근을 구해보자. 또 절댓값 기호를 포함한 이차방정식의 해를 구하는 연습도 할 거야. 마찬가지로 x의 범위만 잘 나눈다면 해를 구하는 건 어렵지 않겠지? 해를 구하는 연습이 잘 되었다면 실생활에 적용된 이차방정식의 활용 문제도 해결할 수 있을 거야.

이차방정식의 근의 판별

06 이차방정식의 근의 판별

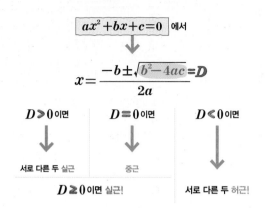

계수가 실수인 이차방정식 $ax^2+bx+c=0$의 근 $x=\frac{-b\pm\sqrt{b^2-4ac}}{2a}$가 실근인지 허근인지는 근호 안의 식 b^2-4ac의 부호에 따라 판별할 수 있어. 이때 b^2-4ac를 판별식이라 하고, 기호 D로 나타내. 즉 $D=b^2-4ac$야.

$\sqrt{\ }$ 안의 부호로 근을 판별해!

$ax^2+bx+c=0$ 에서

↓

$x=\frac{-b\pm\sqrt{b^2-4ac}}{2a}$, $b^2-4ac=D$

$D>0$ 이면	$D=0$ 이면	$D<0$ 이면
↓	↓	↓
서로 다른 두 실근	중근	서로 다른 두 허근!
$D\geq0$ 이면 실근!		

이차방정식의 근과 계수의 관계

07 이차방정식의 근과 계수의 관계

08 이차방정식의 작성과 이차식의 인수분해

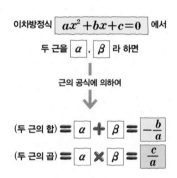

이차방정식 $ax^2+bx+c=0$에서 근과 계수의 관계를 알면 두 근을 직접 구하지 않아도 두 근의 합과 두 근의 곱을 구할 수 있어.

(두 근의 합)$=-\frac{b}{a}$, (두 근의 곱)$=\frac{c}{a}$이거든.

거꾸로 두 근을 알면 이차방정식을 작성할 수 있지.

계수로 근의 합과 곱을 알 수 있는!

이차방정식 $ax^2+bx+c=0$ 에서

두 근을 α, β 라 하면

근의 공식에 의하여

↓

(두 근의 합) $=\alpha+\beta=-\frac{b}{a}$

(두 근의 곱) $=\alpha\times\beta=\frac{c}{a}$

이차방정식의 켤레근

09 이차방정식의 켤레근

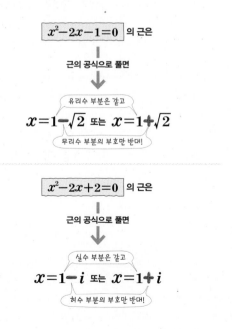

계수와 상수항이 모두 유리수인 이차방정식의 한 근이 $p+q\sqrt{m}$이면 다른 한 근은 $p-q\sqrt{m}$이야.

(단, p, q는 유리수, $q\neq0$, $\sqrt{m}$은 무리수)

또 계수와 상수항이 모두 실수인 이차방정식의 한 근이 $p+qi$이면 다른 한 근은 $p-qi$이지.

(단, p, q는 실수, $q\neq0$, $i=\sqrt{-1}$)

이를 각각 켤레근이라 불러.

한 근이 주어질 때 다른 한 근 찾기!

$x^2-2x-1=0$ 의 근은

근의 공식으로 풀면

↓

유리수 부분은 같고

$x=1-\sqrt{2}$ 또는 $x=1+\sqrt{2}$

무리수 부분의 부호만 반대!

$x^2-2x+2=0$ 의 근은

근의 공식으로 풀면

↓

실수 부분은 같고

$x=1-i$ 또는 $x=1+i$

허수 부분의 부호만 반대!

01 x의 계수에 따라 나누어지는!

방정식 $ax=b$의 풀이

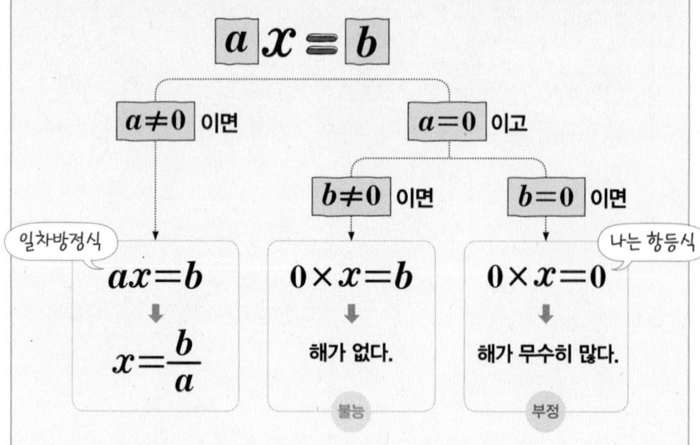

• **방정식 $ax=b$의 풀이**

x의 계수 a가 0인 경우와 0이 아닌 경우로 나누어 생각한다.

(1) $a\neq0$일 때 ← x에 대한 일차방정식

방정식 $ax=b$의 양변을 a로 나누면 $x=\frac{b}{a}$

(2) $a=0$일 때

양변을 a로 나눌 수 없으므로 $b\neq0$인 경우와 $b=0$인 경우로 나누어 생각한다.

① $b\neq0$이면

$0\times x=b$이므로 해가 없다. (불능)
x에 어떤 수를 대입해도 등식이 성립하지 않는다.

② $b=0$이면

$0\times x=0$이므로 해가 무수히 많다. (부정)
x에 어떤 수를 대입해도 항상 등식이 성립한다.(항등식)

원리확인 다음 □ 안에 알맞은 것을 써넣으시오.

❶ $x-7=3(x+1)$

→ $x-7=3x+$□, $-2x=$□

따라서 $x=$□

❷ $5x-3=2(x-1)+3x$

→ $5x-3=2x-$□$+3x$, □$\times x=$□

따라서 해가 □. (불능)

❸ $2x+6=2(x+5)-4$

→ $2x+6=2x+$□$-$□, □$\times x=$□

따라서 해가 □. (부정)

1st 방정식 $ax=b$의 풀이

● x에 대한 다음 방정식을 푸시오.

1 $ax=2$

계수가 문자인 경우, 양변에 똑같은 계수가 보이면 무조건 나누지 말고 계수가 0이 아닌 경우와 0인 경우로 나누어 생각한다.

→ (i) $a\neq0$일 때, $x=$□

(ii) $a=0$일 때, $0\times x=2$이므로 해가 □.

2 $ax=0$

3 $ax=-6$

4 $(a-3)x=1$

$a-3=0$인 경우와 $a-3\neq0$인 경우로 나눠 봐!

5 $(a+4)x=-7$

6 $ax+1=-3x$

이항하여 $ax=b$ 꼴로 식을 정리해 봐!

7 $ax-7=2(x-4)$

8 $a(x+2)=-x+5$

9 $a(x+1)=2a$

10 $a(2x-1)=5a$

11 $a(a+1)x=a$

- $a(a+1)\neq0$인 경우
  (ⅰ) $a\neq0$, $a+1\neq0$
- $a(a+1)=0$인 경우
  (ⅱ) $a=0$ (ⅲ) $a+1=0$

➜ (ⅰ) $a\neq0$, $a\neq-1$일 때

$$x=\frac{a}{a(a+1)}=\frac{1}{\square}$$

(ⅱ) $a=0$일 때

$0\times x=\square$이므로 해가 $\square$.

(ⅲ) $a=-1$일 때

$0\times x=\square$이므로 해가 $\square$.

12 $a(a-6)x=a-6$

13 $(a-2)(a+3)x=a+3$

14 $(a^2-9)x=a-3$

$a^2-9=(a-3)(a+3)$으로 인수분해한 후 a의 범위를 나눠 봐!

15 $(a-1)x=a^2-1$

16 $a^2x-2=a(x-2)$

➜ $a^2x-2=a(x-2)$에서 $a^2x-2=ax-2a$

$a^2x-ax=-2a+2$, $a(a-1)x=-2(a-1)$

(ⅰ) $a\neq0$, $a\neq1$일 때

$$x=\frac{-2(a-1)}{a(a-1)}=-\frac{2}{a}$$

(ⅱ) $a=0$일 때

$0\times x=\square$이므로 해가 $\square$.

(ⅲ) $a=1$일 때

$0\times x=\square$이므로 해가 $\square$.

17 $(a^2-4)x-a=2$

개념모음문제

18 x에 대한 방정식 $a^2x+5a=ax-a^2$의 해가 무수히 많을 때, 상수 a의 값은?

① -5 ② -3 ③ -1

④ 0 ⑤ 3

02 x의 값의 범위에 따라 해가 달라지는!

절댓값 기호를 포함한 일차방정식의 풀이

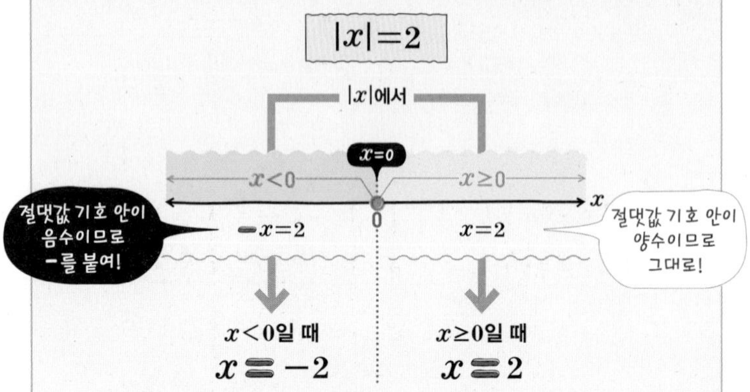

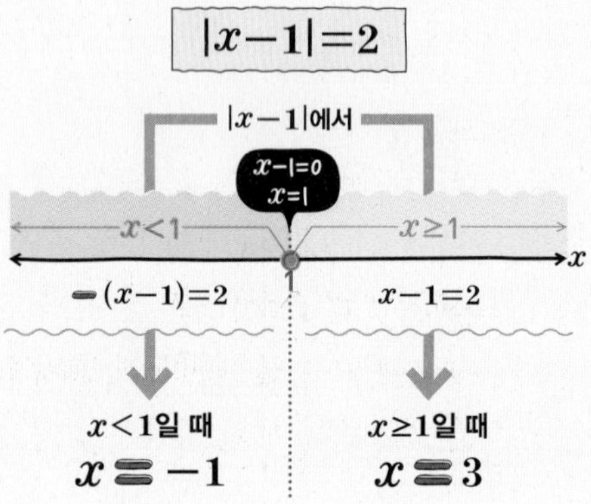

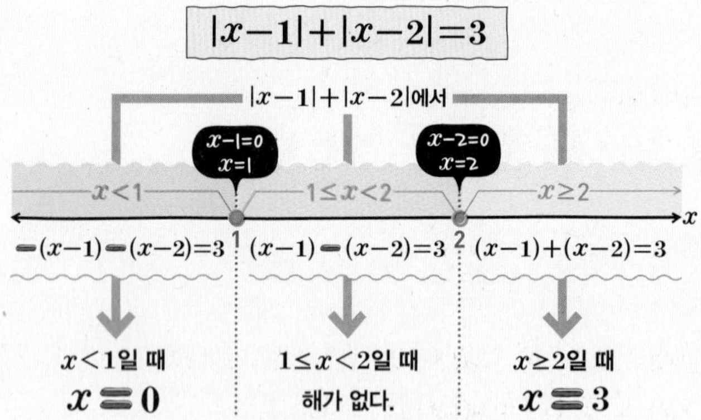

- **절댓값 기호를 포함한 일차방정식의 풀이**

  (i) x의 값의 범위를 나눈다.

  → 절댓값 기호 안의 식의 값이 0이 되는 x의 값을 경계로 하여 범위를 나눈다.

  (ii) 각각의 범위에 따라 방정식을 푼다.

  (iii) 구한 x의 값이 정한 범위 안에 포함되는지 확인한다.

  참고 $|A|=|B|$이면 $A=\pm B$이다.

1st — 절댓값 기호가 1개인 일차방정식의 풀이

● 다음 방정식을 푸시오.

1 $|x+2|=7$

→ $x+2=$ ☐ 또는 $x+2=$ ☐

따라서 $x=$ ☐ 또는 $x=$ ☐

> 절댓값의 성질을 이용한다.
> $|A|=\begin{cases} A & (A\ge 0\text{일 때}) \\ -A & (A<0\text{일 때}) \end{cases}$

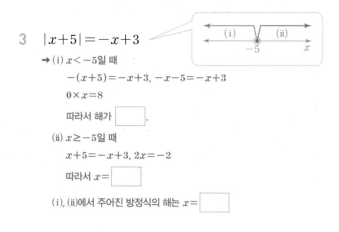

2 $|2x+3|=4$

3 $|x+5|=-x+3$

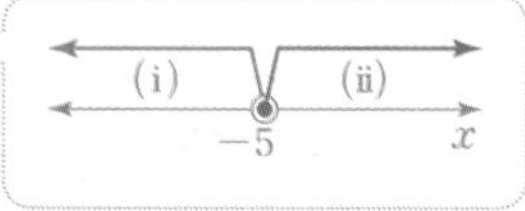

→ (i) $x<-5$일 때

$-(x+5)=-x+3$, $-x-5=-x+3$

$0\times x=8$

따라서 해가 ☐.

(ii) $x\ge -5$일 때

$x+5=-x+3$, $2x=-2$

따라서 $x=$ ☐

(i), (ii)에서 주어진 방정식의 해는 $x=$ ☐

4 $|x-3|-2x=-5$

5 $3|x-1|+x=9$

6 $2|x-2|-3x+5=0$

2nd 절댓값 기호가 2개인 일차방정식의 풀이

● **다음 방정식을 푸시오.**

7 $|x|+|x+1|=7$

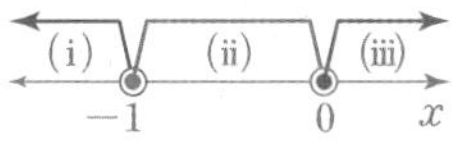

→ (i) $x<-1$일 때

$-x-(x+1)=7$에서 $-2x=8$

따라서 $x=$ □

(ii) $-1\le x<0$일 때, $-x+x+1=7$에서 $0\times x=6$

따라서 해가 □.

(iii) $x\ge 0$일 때, $x+x+1=7$에서 $2x+1=7$, $2x=6$

따라서 $x=$ □

(i), (ii), (iii)에서 주어진 방정식의 해는

$x=$ □ 또는 $x=$ □

8 $|x+6|+|x|=10$

9 $|x+2|+|x+5|=5$

10 $|x-3|-|x+2|=3$

11 $|2x|+|x-2|=5$

12 $|x-4|+|3x|=9$

13 $|x-2|=|3x+1|$

$|A|=|B|$이면 $A=\pm B$임을 이용한다.

→ (i) $x-2=3x+1$일 때

$-2x=3$

따라서 $x=$ □

(ii) $x-2=-(3x+1)$일 때

$x-2=-(3x+1)$에서 $x-2=-3x-1$

$4x=1$

따라서 $x=$ □

(i), (ii)에서 주어진 방정식의 해는

$x=$ □ 또는 $x=$ □

14 $|x|=|2x-5|$

15 $|4x-7|=|x-1|$

16 $|x-1|=|3x+1|$

17 $|2x|=|x-6|$

18 $|x+4|=|2x-1|$

03 복소수 범위로 확장된!

이차방정식의 근과 풀이

❶ 실근

$x^2-2=0$ 을 풀면

$x^2=2$

$x=\sqrt{2}$ 또는 $x=-\sqrt{2}$

실수인 근, 실근!

❷ 허근

$x^2+1=0$ 을 풀면

$x^2=-1$

$x=i$ 또는 $x=-i$

허수인 근, 허근!

- **이차방정식:** $ax^2+bx+c=0$ ($a\neq0$, a, b, c는 상수) 꼴로 변형할 수 있는 방정식을 x에 대한 이차방정식이라 한다.
- **실근과 허근:** 계수가 실수인 이차방정식은 복소수 범위에서 항상 근을 갖는다. 이때 실수인 근을 실근, 허수인 근을 허근이라 한다.
- **이차방정식의 풀이**
  ① 인수분해를 이용한 풀이
  → x에 대한 이차방정식이 $(ax-b)(cx-d)=0$ 꼴로 변형되면
  $x=\dfrac{b}{a}$ 또는 $x=\dfrac{d}{c}$
  ② 완전제곱꼴을 이용한 풀이
  → x에 대한 이차방정식이 $(x-a)^2=b$ 꼴로 변형되면
  $x=a\pm\sqrt{b}$
  ③ 근의 공식을 이용한 풀이
  → 계수가 실수인 이차방정식 $ax^2+bx+c=0$의 근은
  $x=\dfrac{-b\pm\sqrt{b^2-4ac}}{2a}$

1st 인수분해를 이용한 풀이

● 인수분해를 이용하여 다음 이차방정식을 푸시오.

> x에 대한 이차방정식이 $(ax-b)(cx-d)=0$ 꼴로 변형되면 $ax-b=0$ 또는 $cx-d=0$
> 따라서 $x=\frac{b}{a}$ 또는 $x=\frac{d}{c}$

1 $x^2-9x=0$

→ $x^2-9x=0$에서 $\square(x-9)=0$

따라서 $x=\square$ 또는 $x=\square$

2 $2x^2+8x=0$

3 $x^2-10x+25=0$

4 $9x^2+6x+1=0$

5 $x^2-4=0$

6 $x^2-2x-15=0$

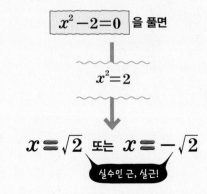

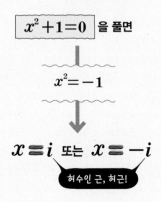

7 $2x^2+5x-7=0$

2nd 완전제곱식을 이용한 풀이

● **완전제곱식을 이용하여 다음 이차방정식을 푸시오.**

> x에 대한 이차방정식이
> $(x-a)^2=b$ 꼴로 변형되면
> $x-a=\pm\sqrt{b}$
> 따라서 $x=a\pm\sqrt{b}$

8 $x^2-3=0$

→ $x^2=$ □ 에서 $x=\pm$ □

9 $2x^2-10=0$

10 $(x+1)^2+5=0$ 허수단위 i를 이용해!

→ $(x+1)^2=$ □ 에서 $x+1=\pm$ □

따라서 $x=$ □

11 $(x-3)^2-12=0$

12 $x^2-8x+1=0$

→ $(x^2-8x+$ □ $-$ □ $)+1=0$

$(x^2-8x+$ □ $)-15=0$

$(x-$ □ $)^2=15$

$x-$ □ $=\pm\sqrt{15}$

따라서 $x=$ □

13 $x^2+4x+6=0$

14 $\frac{1}{3}x^2-2x+5=0$

3rd 근의 공식을 이용한 풀이

● **근의 공식을 이용하여 다음 이차방정식을 푸시오.**

> 계수가 실수인 이차방정식
> $ax^2+bx+c=0$의 근은
> $x=\frac{-b\pm\sqrt{b^2-4ac}}{2a}$

15 $x^2+3x-5=0$

→ $x=\frac{\square\pm\sqrt{3^2-4\times\square\times(\square)}}{2\times\square}$

$=\frac{\square\pm\square}{2}$

16 $x^2-5x-1=0$

17 $x^2+x+2=0$

허수단위 i를 이용해!

18 $2x^2-7x-2=0$

19 $5x^2-3x+1=0$

20 $3x^2+x+3=0$

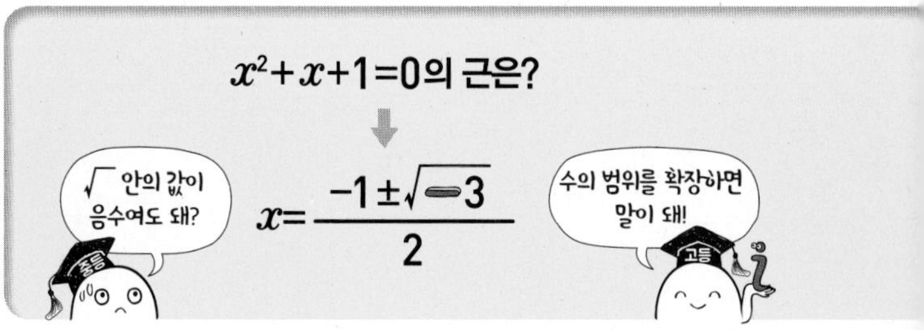

x²+x+1=0의 근은?
√ 안의 값이 음수여도 돼?
x= −1±√−3 / 2
수의 범위를 확장하면 말이 돼!
중등
고등

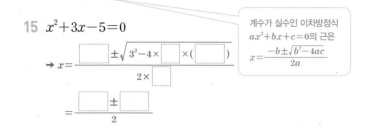

21 $x^2+2x-2=0$

→ $x=\dfrac{\square \pm\sqrt{1^2-1\times(\square)}}{1}$

$=\square$

> x의 계수가 짝수인 이차방정식 $ax^2+2b'x+c=0$의 근은 $x=\dfrac{-b'\pm\sqrt{b'^2-ac}}{a}$

22 $x^2+4x+5=0$

23 $x^2+6x+1=0$

24 $2x^2+2x+7=0$

25 $3x^2-10x+4=0$

26 $2x^2+6x+5=0$

내가 발견한 개념 근의 공식을 이용한 이차방정식의 해는?

- $ax^2+bx+c=0$ → $x=\dfrac{-\square\pm\sqrt{b^2-\square}}{\square}$
- $ax^2+2b'x+c=0$ → $x=\dfrac{-\square\pm\sqrt{b'^2-\square}}{\square}$

4th 복잡한 이차방정식의 풀이

● **다음 이차방정식을 푸시오.**

27 $\dfrac{2}{5}x^2-x+\dfrac{1}{2}=0$

> 계수가 분수일 때는 양변에 적당한 수를 곱하여 계수를 정수로 만든 후 푼다.

28 $\dfrac{x^2-1}{3}+\dfrac{2x+5}{2}=0$

29 $2(x^2-1)+3(x+2)-6=0$

30 $\dfrac{1}{3}(x^2+4)-x-1=\dfrac{x^2-1}{4}$

31 $x^2-2\sqrt{3}x+4=0$

> 계수가 실수이기만 하면 근의 공식을 이용할 수 있다.

32 $6x^2+4\sqrt{2}x-3=0$

5th 한 근이 주어진 이차방정식의 풀이

● 서로 다른 두 근을 가지는 x에 대한 이차방정식 및 그 이차방정식의 한 근이 다음과 같을 때, 다른 한 근을 구하시오. (단, a는 상수)

33 $x^2-x+3a=0$, $x=4$

➜ $x=4$를 주어진 식에 대입하면

$4^2-4+3a=0$, $3a=$ ☐

따라서 $a=$ ☐

즉 주어진 이차방정식은 x^2-x- ☐ $=0$이므로

$(x+$ ☐ $)(x-4)=0$에서 $x=$ ☐ 또는 $x=4$

따라서 다른 한 근은 $x=$ ☐

34 $x^2+ax-3=0$, $x=-1$

35 $2x^2-7x+a=0$, $x=3$

36 $x^2-(a+2)x+2a=0$, $x=4$

37 $x^2+ax-3(a+3)=0$, $x=-2$

38 $3x^2-2ax-a=0$, $x=1$

내가 발견한 개념 어떤 이차방정식의 한 근이 주어지면?

이차방정식 $ax^2+bx+c=0$의 한 근이 $x=k$이면
- 주어진 방정식에 $x=$ ☐ 를 대입하면 등호가 성립한다.
- a ☐ ^2+b ☐ $+c=0$

● 서로 다른 두 근을 가지는 x에 대한 이차방정식 및 그 이차방정식의 한 근이 다음과 같을 때, 상수 a의 값을 구하시오.

39 $x^2-ax-2a^2-7=0$, $x=5$

➜ $x=5$를 주어진 식에 대입하면

$5^2-5a-2a^2-7=0$

$2a^2+5a-$ ☐ $=0$, $(a-$ ☐ $)(2a+$ ☐ $)=0$

따라서 $a=$ ☐ 또는 $a=$ ☐

40 $4x^2-ax+a(a-6)=0$, $x=-1$

41 $2x^2-3x+a^2-11=0$, $x=2$

42 $(a-2)x^2+a^2x-4=0$, $x=1$

x에 대한 이차방정식이므로 $a-2\neq0$, 즉 $a\neq2$임에 주의한다.

43 $(a+1)x^2-2ax-a^2-5=0$, $x=3$

개념모음문제

44 $x^2+ax-a^2-1=0$의 두 근이 -5, b일 때, 실수 a, b에 대하여 $a+b$의 값은? (단, $a<0$)

① -5 ② 0 ③ 5
④ 8 ⑤ 13

04 x의 값의 범위를 만족시키는 값만 해가 되는!

절댓값 기호를 포함한 이차방정식의 풀이

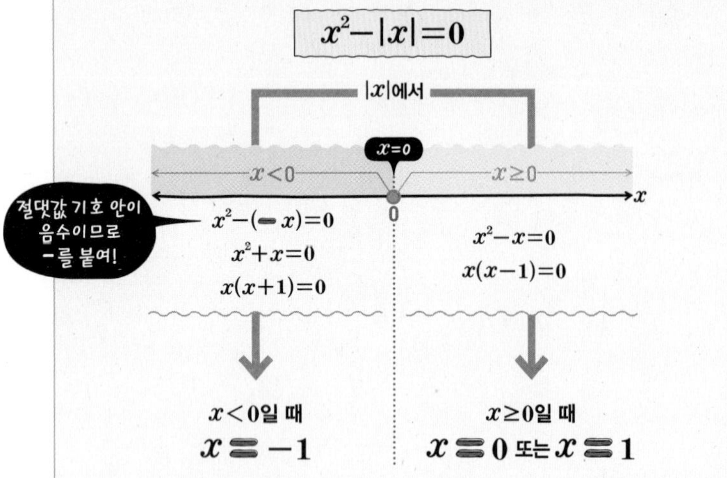

• **절댓값 기호를 포함한 방정식**

(i) 절댓값 기호 안의 식의 값이 0이 되는 x의 값을 구한다.

(ii) (i)에서 구한 x의 값을 기준으로 x의 값의 범위를 나눈다.

(iii) 각 범위에서 절댓값 기호를 없앤 후 방정식을 푼다.

(iv) 각 범위에서 구한 해 중에서 그 범위를 만족시키는 것만이 주어진 방정식의 해이다.

원리확인 다음은 주어진 이차방정식을 푸는 과정이다. □ 안에 알맞은 수를 써넣으시오.

$$x^2-|x|-6=0$$

(i) $x<0$일 때, $x^2+x-6=0$이므로
$(x+\square)(x-\square)=0$
따라서 $x=\square$ 또는 $x=\square$
이때 $x<0$이므로
$x=\square$

(ii) $x\geq0$일 때, $x^2-x-6=0$이므로
$(x+\square)(x-\square)=0$
따라서 $x=\square$ 또는 $x=\square$
이때 $x\geq0$이므로
$x=\square$

(i), (ii)에서 주어진 방정식의 해는
$x=\square$ 또는 $x=\square$

1st — 절댓값 기호를 포함한 이차방정식의 풀이

• 다음 방정식을 푸시오.

1 $x^2+|x|-12=0$

2 $x^2-|x|-2=0$

3 $x^2-3|x|-4=0$

4 $2x^2+5|x|-7=0$

5 $5x^2-8|x|-21=0$

6 $3x^2-4|x|-4=0$

7 $x^2-10|x|+25=0$

8 $x^2+8x+9=|x-1|$

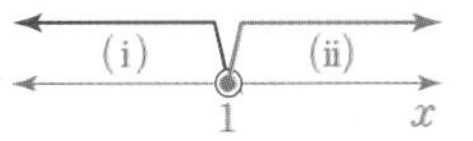

→ (i) $x<1$일 때

$x^2+8x+9=-(x-1)$

$x^2+\square x+\square=0$, $(x+8)(x+\square)=0$

따라서 $x=-8$ 또는 $x=\square$

(ii) $x\geq1$일 때, $x^2+8x+9=x-1$

$x^2+\square x+\square=0$, $(x+5)(x+\square)=0$

따라서 $x=-5$ 또는 $x=\square$

이때 $x\geq1$이므로 해가 $\square$.

(i), (ii)에서 주어진 방정식의 해는

$x=-8$ 또는 $x=\square$

9 $x^2-2x+2=|x-1|+x$

10 $x^2+5x+2=|x+2|$

11 $x^2-|x-2|=x+3$

12 $x^2+|4x-1|=2$

13 $|x^2+4x-30|=2$

$|A|=B\ (B>0)$이면 $A=\pm B$임을 이용한다.

→ $|x^2+4x-30|=2$에서 $x^2+4x-30=\pm2$

(i) $x^2+4x-30=2$일 때

$x^2+4x-\square=0$, $(x+8)(x-\square)=0$

따라서 $x=-8$ 또는 $x=\square$

(ii) $x^2+4x-30=-2$일 때, $x^2+4x-\square=0$에서

$$x=\frac{\square\pm\sqrt{2^2-1\times(\square)}}{1}$$

$=\square$

(i), (ii)에서 주어진 방정식의 해는

$x=-8$ 또는 $x=\square$ 또는 $x=\square$

14 $|x^2-3x-1|=9$

15 $|x^2-6x|=5$

16 $|x^2-x-9|=3$

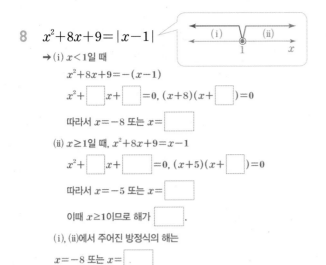

17 $|3x^2-8x|=5$

05 구하는 것을 x로 놓고 식을 만들어!

이차방정식의 활용

한 변의 길이가 x인 정사각형에서 가로의 길이를 2만큼, 세로의 길이를 1만큼 늘여서 만든 직사각형의 넓이가 처음 정사각형의 넓이의 3배가 되면

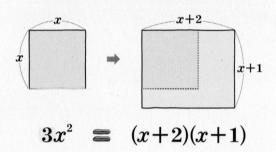

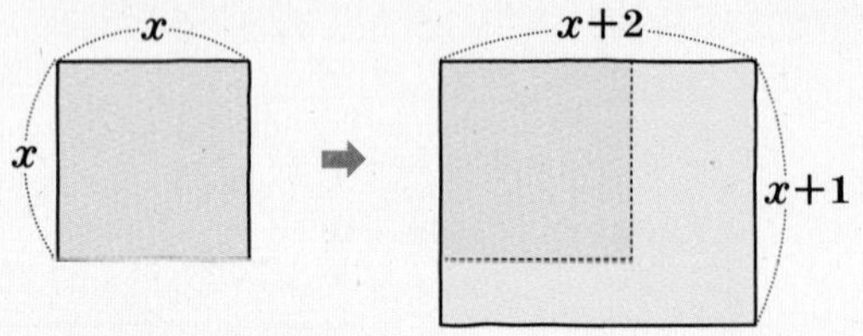

$$3x^2 = (x+2)(x+1)$$

- **이차방정식의 활용 문제의 풀이 순서**
  - (i) 구하는 값을 미지수 x로 놓는다.
  - (ii) 주어진 조건을 이용하여 x에 대한 이차방정식을 세운다.
  - (iii) 방정식을 풀어 x의 값을 구한다.
  - (iv) 구한 x의 값 중 문제의 조건을 만족시키는 것만을 답으로 구한다.

원리확인 한 변의 길이가 x cm인 정사각형에서 가로의 길이를 2 cm 늘이고, 세로의 길이를 3 cm 줄여서 직사각형을 만들었더니 넓이가 50 cm^2가 되었다. 다음은 x의 값을 구하는 과정이다. □ 안에 알맞은 것을 써넣으시오.

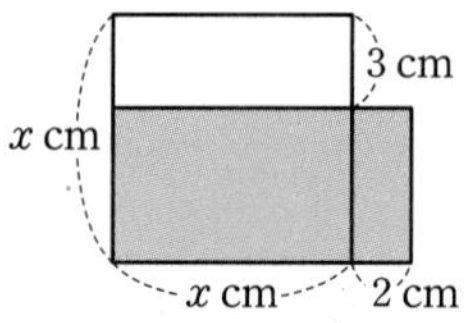

→ 직사각형의 가로의 길이는 (□+□) cm,
직사각형의 세로의 길이는 (□−□) cm이고
직사각형의 넓이는
(가로의 길이)×(세로의 길이)=□(cm^2)이므로
(□)×(□)=50
x^2-x-□$=50$
x^2-x-□$=0$
$(x+$□$)(x-$□$)=0$
따라서 $x=$□ 또는 $x=$□
이때 x는 길이이므로 $x>0$에서
$x=$□

1st — 이차방정식의 도형에 활용

1 다음 그림과 같이 어느 정사각형의 가로의 길이를 3 cm 늘이고, 세로의 길이를 2 cm 늘여서 직사각형을 만들었더니 새로 만든 직사각형의 넓이는 처음 정사각형의 넓이의 2배가 되었다. 물음에 답하시오.

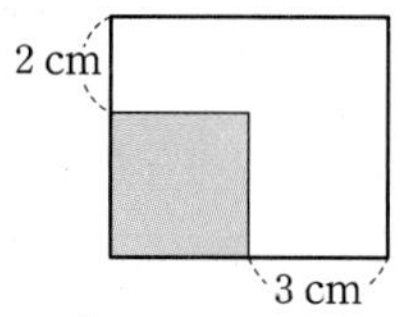

(1) 처음 정사각형의 한 변의 길이를 x cm라 할 때, 새로 만든 직사각형의 가로의 길이와 세로의 길이를 각각 x에 대한 식으로 나타내시오.

(2) x에 대한 이차방정식을 세우시오.

(3) (2)에서 세운 이차방정식을 푸시오.

(4) 처음 정사각형의 한 변의 길이를 구하시오.

2 다음 그림과 같이 가로의 길이가 8 cm, 세로의 길이가 4 cm인 직사각형이 있다. 가로와 세로의 길이를 같은 길이만큼 늘여서 만든 직사각형의 넓이가 처음 직사각형의 넓이의 3배가 되었을 때, 늘인 길이를 구하시오.

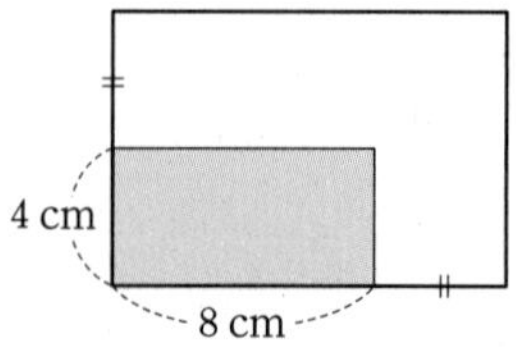

3 다음 그림과 같이 가로, 세로의 길이가 각각 16 m, 12 m인 직사각형 모양의 땅에 폭이 일정한 길을 만들었더니 길을 제외한 땅의 넓이가 96 m^2가 되었다. 물음에 답하시오.

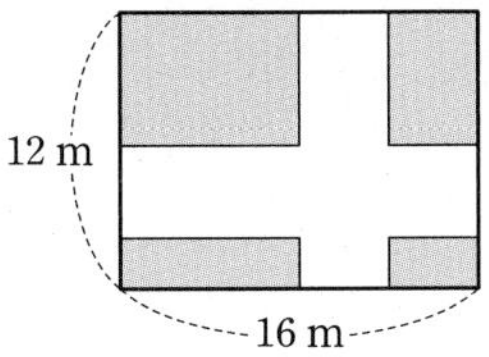

(1) 길의 폭을 x m라 할 때, x에 대한 이차방정식을 세우시오.

(2) (1)에서 세운 이차방정식을 푸시오.

(3) 길의 폭을 구하시오.

4 다음 그림과 같이 가로, 세로의 길이가 각각 15 m, 10 m인 직사각형 모양의 잔디밭에 폭이 일정한 길을 만들었더니 길을 제외한 잔디밭의 넓이가 104 m^2가 되었다. 길의 폭을 구하시오.

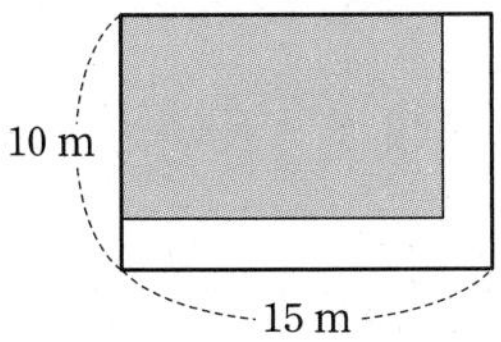

5 다음 그림과 같이 어느 직각이등변삼각형의 밑변의 길이를 4 cm 늘이고 높이를 2 cm 늘여서 직각삼각형을 만들었더니 새 직각삼각형의 넓이가 처음 직각이등변삼각형의 넓이의 3배가 되었다. 물음에 답하시오.

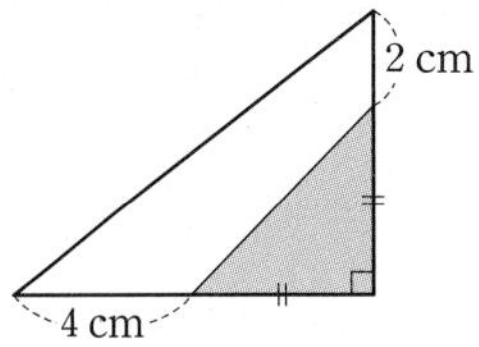

(1) 처음 직각이등변삼각형의 빗변이 아닌 한 변의 길이를 x cm라 할 때, x에 대한 이차방정식을 세우시오.

(2) (1)에서 세운 이차방정식을 푸시오.

(3) 처음 직각이등변삼각형의 빗변이 아닌 한 변의 길이를 구하시오.

(4) 처음 직각이등변삼각형의 넓이를 구하시오.

6 다음 그림과 같이 직각이등변삼각형의 밑변의 길이를 2 cm 줄이고 높이를 3 cm 줄여 직각삼각형을 만들었더니 새 직각삼각형의 넓이가 처음 직각이등변삼각형의 넓이의 $\frac{1}{3}$배가 되었다. 처음 직각이등변삼각형의 넓이를 구하시오.

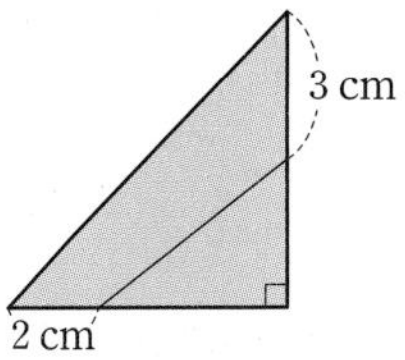

TEST 개념 확인

01 방정식 $ax=b$의 풀이

- x에 대한 방정식 $ax=b$의 해는 다음과 같다.

(1) $a\neq0$일 때, $x=\frac{b}{a}$

(2) $a=0$일 때

① $b=0$ ➔ $0\times x=0$ 꼴이므로 해가 무수히 많다. (부정)

② $b\neq0$ ➔ $0\times x=$(0이 아닌 수) 꼴이므로 해가 없다. (불능)

1 x에 대한 방정식 $ax=4$를 푸시오.

2 다음 **보기**에서 x에 대한 방정식 $ax-3=-(x+5)$의 해에 대한 설명 중 옳은 것만을 있는 대로 고른 것은?

보기

ㄱ. $a=-1$일 때, 방정식의 해가 무수히 많다.

ㄴ. $a\neq-1$일 때, $x=-\frac{2}{a+1}$이다.

ㄷ. a의 값에 상관없이 방정식의 해가 없다.

① ㄱ ② ㄴ ③ ㄷ
④ ㄱ, ㄴ ⑤ ㄱ, ㄴ, ㄷ

3 x에 대한 방정식 $a(a-2)x=a$의 해가 없을 때, 상수 a의 값은?

① 1 ② 2 ③ 3
④ 4 ⑤ 5

02 절댓값 기호를 포함한 일차방정식의 풀이

x의 값의 범위 나누기 → 각 범위에서 방정식 풀기 → 구한 x의 값이 해당 범위 안에 포함되는지 확인하기

4 방정식 $|x-1|+2x=5$를 풀면?

① $x=2$ ② $x=4$
③ $x=2$ 또는 $x=4$ ④ 해가 없다.
⑤ 해가 무수히 많다.

5 다음 방정식을 푸시오.

$$|x-1|+|x+4|=7$$

03 이차방정식의 근과 풀이

- 실근과 허근: 계수가 실수인 이차방정식은 복소수 범위에서 항상 근을 갖는다. 이때 실수인 근을 실근, 허수인 근을 허근이라 한다.
- 이차방정식의 풀이 방법

① 인수분해 ② 완전제곱꼴 ③ 근의 공식

6 이차방정식 $2x^2+5x-7=0$을 풀면?

① $x=-7$ 또는 $x=-1$ ② $x=-1$ 또는 $x=\frac{7}{2}$
③ $x=-\frac{7}{2}$ 또는 $x=1$ ④ $x=1$ 또는 $x=\frac{7}{2}$
⑤ $x=1$ 또는 $x=7$

7 이차방정식 $(x-2)^2+8=0$을 풀면?

① $x=-2\pm2\sqrt{2}i$ ② $x=-2\pm2i$
③ $x=2\pm\sqrt{2}i$ ④ $x=2\pm2i$
⑤ $x=2\pm2\sqrt{2}i$

8 이차방정식 $x^2-6x+14=0$의 근이 $x=a\pm\sqrt{b}i$일 때, 유리수 a, b에 대하여 $a+b$의 값은? (단, $i=\sqrt{-1}$)

① -5 ② -3 ③ 3
④ 5 ⑤ 8

9 $2x^2+(a+11)x+4a=0$의 두 근이 -1, b일 때, 실수 a, b에 대하여 ab의 값은?

① -24 ② -18 ③ -9
④ -3 ⑤ 0

04 절댓값 기호를 포함한 이차방정식의 풀이

절댓값 기호 안의 식의 값이 0이 되는 x의 값 구하기 → x의 값을 기준으로 범위 나누기 → 각 범위에서 방정식 풀기 → 해당 범위에 포함되는 것만 해로 구하기

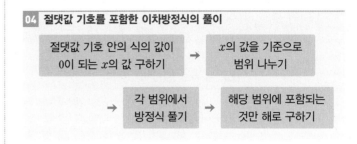

10 방정식 $x^2-2|x|-5=0$을 푸시오.

11 방정식 $x^2-2x+1=|x-1|$의 모든 근의 합은?

① 0 ② 3 ③ 6
④ 9 ⑤ 12

05 이차방정식의 활용

구하는 값을 미지수 x로 놓기 → x에 대한 이차방정식 세우기 → 방정식 풀기 → 구한 x의 값이 조건에 맞는지 확인하기

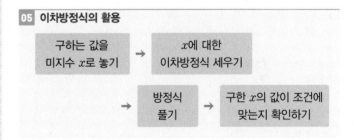

12 정사각형 모양의 땅을 가로의 길이는 3 m 줄이고 세로의 길이는 2 m 늘여서 직사각형 모양의 땅을 만들었더니 새로 만든 땅의 넓이가 처음 정사각형 모양의 땅의 넓이의 $\frac{2}{3}$배가 되었다. 처음 정사각형 모양의 땅의 한 변의 길이는?

① 2 m ② 3 m ③ 5 m
④ 6 m ⑤ 8 m

06 $\sqrt{\ }$ 안의 부호로 근을 판별해!

이차방정식의 근의 판별

$ax^2+bx+c=0$ 에서

근의 공식을 이용하면

$$x=\frac{-b\pm\sqrt{b^2-4ac}}{2a}$$

$\sqrt{\ }$ 안의 식 b^2-4ac의 부호에 따라 실근인지 허근인지 판별할 수 있으므로 판별식이라 하고 기호 D로 나타내!

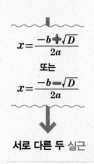

$$b^2-4ac=D$$

$D>0$이면

$x=\frac{-b+\sqrt{D}}{2a}$ 또는 $x=\frac{-b-\sqrt{D}}{2a}$

서로 다른 두 실근

$D=0$이면

$x=-\frac{b}{2a}$

중근

$D\geq0$이면 실근!

$D<0$이면

$x=\frac{-b+\sqrt{D}}{2a}$ 또는 $x=\frac{-b-\sqrt{D}}{2a}$

i $\sqrt{\ }$ 안이 음수여도 해를 구할 수 있어!

서로 다른 두 허근!

- **이차방정식의 판별식**

계수가 실수인 이차방정식 $ax^2+bx+c=0$의 근 $x=\frac{-b\pm\sqrt{b^2-4ac}}{2a}$가 실근인지 허근인지는 근호 안의 식 b^2-4ac의 부호에 따라 판별할 수 있다. 이때 b^2-4ac를 판별식이라 하고, 기호 D로 나타낸다. 즉 $D=b^2-4ac$

참고 ① x의 계수가 짝수인 이차방정식 $ax^2+2b'x+c=0$에서는 판별식 D 대신 $\frac{D}{4}=b'^2-ac$의 부호를 이용하여 근을 판별한다.

② D는 판별식을 뜻하는 Discriminant의 첫 글자를 따온 것이다.

- **이차방정식의 근의 판별**

계수가 실수인 이차방정식 $ax^2+bx+c=0$에서 $D=b^2-4ac$라 할 때

① $D>0$이면 서로 다른 두 실근을 갖는다.

② $D=0$이면 중근을 갖는다.

($D\geq0$이면 실근을 가져!)

③ $D<0$이면 서로 다른 두 허근을 갖는다.

1st — 이차방정식의 근의 판별

● 다음 이차방정식의 근을 판별하시오.

1 $x^2-3x+1=0$

→ 주어진 이차방정식을 $ax^2+bx+c=0$이라 하면

$a=1$, $b=$ ☐, $c=1$이므로 판별식을 D라 하면

$D=($☐$)^2-4\times1\times1=$☐>0

따라서 주어진 이차방정식은 ☐을 갖는다.

2 $x^2+5x-7=0$

3 $x^2+8x+16=0$

4 $2x^2-x+\frac{1}{4}=0$

5 $5x^2-6x-2=0$

> 이차방정식 $ax^2+bx+c=0$에서 일차항의 계수인 b가 짝수이면 즉 $b=2b'$이면 $\frac{D}{4}=b'^2-ac$를 사용해도 된다.

6 $3x^2+\sqrt{3}x+1=0$

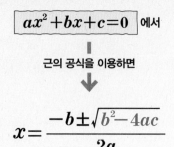

7 $\frac{1}{2}x^2+4x-1=0$

2nd 이차방정식이 실근, 중근, 허근을 가질 조건

● x에 대한 이차방정식이 다음과 같은 근을 갖도록 하는 실수 k의 값 또는 k의 값의 범위를 구하시오.

8 $x^2-x+k=0$

→ 주어진 이차방정식을 $ax^2+bx+c=0$이라 하면

$a=1$, $b=-1$, $c=k$이므로 판별식을 D라 하면

$D=(\square)^2-4\times1\times k=\square-4k$

(1) 서로 다른 두 실근

→ $D>0$이어야 하므로 $D=\square-4k>0$

따라서 $k<\square$

(2) 중근

→ $D=0$이어야 하므로 $D=\square-4k=0$

따라서 $k=\square$

(3) 서로 다른 두 허근

→ $D<0$이어야 하므로 $D=\square-4k<0$

따라서 $k>\square$

9 $x^2+3x+k-1=0$

(1) 서로 다른 두 실근

(2) 중근

(3) 서로 다른 두 허근

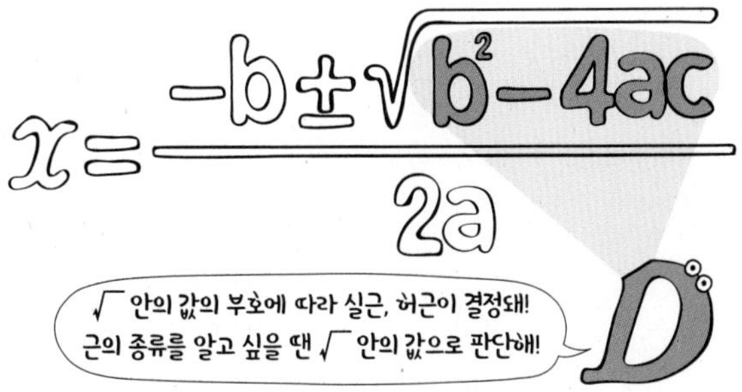

x = (-b ± √(b² - 4ac)) / 2a
√ 안의 값의 부호에 따라 실근, 허근이 결정돼!
근의 종류를 알고 싶을 땐 √ 안의 값으로 판단해!
D

● x에 대한 다음 이차방정식이 서로 다른 두 실근을 갖도록 하는 실수 k의 값의 범위를 구하시오.

10 $x^2+5x+k=0$

11 $x^2-x+k-2=0$

12 $2x^2+x+k-5=0$

13 $x^2-2kx+k^2+3k-6=0$

14 $kx^2+2kx+k-1=0$

15 $x^2-2(k-2)x+k^2+1=0$

● x에 대한 다음 이차방정식이 중근을 갖도록 하는 실수 k의 값을 구하시오.

16 $x^2+2x+k=0$

17 $4x^2+x-k-1=0$

18 $x^2-kx+9=0$

● x에 대한 다음 이차방정식이 서로 다른 두 허근을 갖도록 하는 실수 k의 값의 범위를 구하시오.

22 $x^2+3x-k=0$

23 $x^2+2x+2k=0$

24 $x^2-x+1-3k=0$

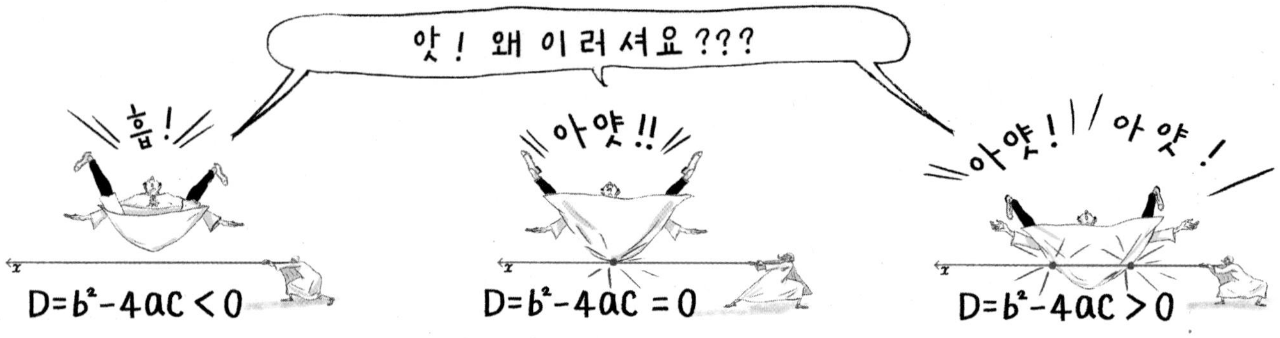

19 $x^2-2kx+2k+8=0$

20 $x^2+kx+3-k=0$

21 $x^2+2kx+k^2+k-1=0$

25 $kx^2+2kx+k+5=0$

26 $x^2+(2k+1)x+k^2=0$

개념모음문제

27 이차방정식 $x^2-2(k+2)x+k^2+1=0$은 서로 다른 두 허근을 갖고, 이차방정식 $x^2+kx+5=0$은 중근을 가질 때, 실수 k의 값은?

① $-2\sqrt{5}$ ② $-\sqrt{5}$ ③ $-\sqrt{2}$
④ $\sqrt{5}$ ⑤ $2\sqrt{5}$

● x에 대한 다음 이차방정식이 실근을 갖도록 하는 실수 k의 값의 범위를 구하시오.

28 $x^2+3x+2k-5=0$

실근을 가지려면 판별식 $D\geq 0$이어야 해!

29 $x^2+2(k-3)x+k^2+1=0$

30 $kx^2+6x+9=0$

이차방정식의 x^2의 계수는 0이 아니야!

● x에 대한 다음 이차방정식이 실근을 갖지 않도록 하는 실수 k의 값의 범위를 구하시오.

31 $x^2+3x-2k=0$

실근을 갖지 않으려면 판별식 $D<0$이어야 해!

32 $(k-1)x^2+x+1=0$

33 $x^2-2kx+k^2+3k-2=0$

내가 발견한 개념 판별식의 부호로 근을 판별해!

계수가 실수인 이차방정식 $ax^2+bx+c=0$ $(a\neq 0)$에서 판별식을 D라 할 때

- $D=b^2-4ac\geq 0$이면 (실근, 허근)을 갖는다.
- $D=b^2-4ac<0$이면 (실근, 허근)을 갖는다.

3rd 이차식이 완전제곱식이 될 조건

● x에 대한 다음 이차식이 완전제곱식이 되도록 하는 실수 k의 값을 구하시오.

34 x^2-x+2k

이차식 ax^2+bx+c가 완전제곱식이면
이차방정식 $ax^2+bx+c=0$은 중근을 가져!

35 x^2+kx+4

36 $2x^2+(k-3)x+1-k$

37 $kx^2+12x+1$

38 $kx^2-(1+k)x+1$

개념모음문제

39 이차방정식 $x^2+2(k+a)x+k^2+3k-b=0$이 실수 k의 값에 관계없이 항상 중근을 가질 때, 실수 a, b에 대하여 $a+2b$의 값은?

① -6 ② $-\frac{9}{2}$ ③ -3
④ 3 ⑤ 6

07 계수로 근의 합과 곱을 알 수 있는!

이차방정식의 근과 계수의 관계

이차방정식 $ax^2+bx+c=0$ 에서

두 근을 α, β 라 하면

근의 공식에 의하여

$$\alpha=\frac{-b+\sqrt{b^2-4ac}}{2a},\ \beta=\frac{-b-\sqrt{b^2-4ac}}{2a}$$

$$\alpha+\beta=\frac{-b+\sqrt{b^2-4ac}}{2a}+\frac{-b-\sqrt{b^2-4ac}}{2a}=\frac{-2b}{2a}=-\frac{b}{a}$$

$$\alpha\times\beta=\frac{-b+\sqrt{b^2-4ac}}{2a}\times\frac{-b-\sqrt{b^2-4ac}}{2a}$$

$$=\frac{b^2-(b^2-4ac)}{4a^2}=\frac{4ac}{4a^2}=\frac{c}{a}$$

(두 근의 합) $=\alpha+\beta=-\dfrac{b}{a}$

(두 근의 곱) $=\alpha\times\beta=\dfrac{c}{a}$

• 이차방정식의 근과 계수의 관계를 알면 두 근을 직접 구하지 않아도 두 근의 합과 곱을 구할 수 있다.
➜ 이차방정식 $ax^2+bx+c=0$의 두 근을 α, β라 하면
$\alpha+\beta=-\dfrac{b}{a}$, $\alpha\beta=\dfrac{c}{a}$

이차방정식으로 두 근의 합과 곱을 알 수 있다.

$$ax^2+bx+c=0 \Leftrightarrow x^2+\frac{b}{a}x+\frac{c}{a}=0$$

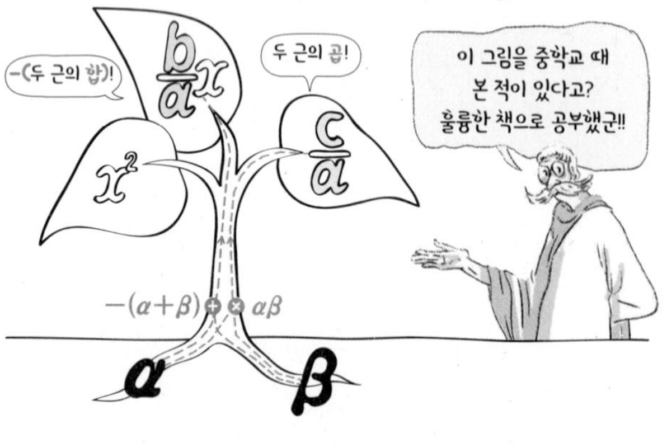

1st 이차방정식의 근과 계수의 관계

● 다음 이차방정식의 두 근을 α, β라 할 때, $\alpha+\beta$, $\alpha\beta$의 값을 차례대로 구하시오.

1 $2x^2-5x+3=0$

➜ 주어진 이차방정식을 $ax^2+bx+c=0$이라 하면
$a=2$, $b=-5$, $c=3$이므로

$\alpha+\beta=-\dfrac{b}{a}=-\dfrac{\square}{2}=\square$

$\alpha\beta=\dfrac{c}{a}=\square$

2 $x^2-3x+2=0$

3 $x^2-2x-2=0$

4 $x^2+25=0$

5 $5x^2+x+4=0$

6 $3x^2+10x+6=0$

내가 발견한 개념 이차방정식의 두 근의 합과 두 근의 곱은?

• 이차방정식 $x^2+ax+b=0$에 대하여
두 근의 합: $\square$, 두 근의 곱: $\square$

• 이차방정식 $ax^2+bx+c=0$에 대하여
두 근의 합: $\square$, 두 근의 곱: $\square$

2nd 이차방정식의 근과 계수의 관계를 이용하여 구하는 식의 값

● 다음 이차방정식의 두 근을 α, β라 할 때, 식의 값을 구하시오.

7 $x^2+3x-8=0$

(1) $\alpha+\beta+\alpha\beta$

→ $\alpha+\beta=\square$, $\alpha\beta=\square$이므로

$\alpha+\beta+\alpha\beta=\square+(\square)=\square$

(2) $\alpha^2+\beta^2$

→ $\alpha^2+\beta^2=(\alpha+\beta)^2-2\alpha\beta$

$=(\square)^2-2\times(\square)$

$=\square+\square=\square$

(3) $|\alpha-\beta|$

→ $(\alpha-\beta)^2=(\alpha+\beta)^2-4\alpha\beta$

$=(\square)^2-4\times(\square)$

$=\square+32=\square$

이때 $|\alpha-\beta|>0$이므로 $|\alpha-\beta|=\square$

(4) $\dfrac{1}{\alpha}+\dfrac{1}{\beta}$

→ $\dfrac{1}{\alpha}+\dfrac{1}{\beta}=\dfrac{\alpha+\beta}{\alpha\beta}=\dfrac{\square}{\square}=\square$

(5) $\dfrac{\beta}{\alpha}+\dfrac{\alpha}{\beta}$

→ $\dfrac{\beta}{\alpha}+\dfrac{\alpha}{\beta}=\dfrac{\alpha^2+\beta^2}{\alpha\beta}=\dfrac{\square}{\square}=\square$

(6) $\alpha^3\beta+\alpha\beta^3$

→ $\alpha^3\beta+\alpha\beta^3=\alpha\beta(\alpha^2+\beta^2)$

$=\square\times\square=\square$

8 $x^2-7x-5=0$

(1) $\alpha^2\beta+\alpha\beta^2$

(2) $\alpha^2+\beta^2$

곱셈 공식의 변형을 이용해!

(3) $\dfrac{1}{\alpha}+\dfrac{1}{\beta}$

9 $2x^2-3x+1=0$

(1) $\alpha^2+\alpha\beta+\beta^2$

(2) $(\alpha+1)(\beta+1)$

(3) $\dfrac{\beta}{\alpha}+\dfrac{\alpha}{\beta}$

곱셈 공식의 변형을 기억하자!

❶ $(a-b)^2=(a+b)^2-4ab$

❷ $(a+b)^2=(a-b)^2+4ab$

❸ $a^2+b^2=(a-b)^2+2ab=(a+b)^2-2ab$

❹ $a^3+b^3=(a+b)^3-3ab(a+b)$

❺ $a^3-b^3=(a-b)^3+3ab(a-b)$

10 $x^2+4x+2=0$

(1) $(\alpha-\beta)^2$

(2) $\alpha^2+\beta^2$

11 $x^2-5x-1=0$

(1) $(2\alpha-1)(2\beta-1)$

(2) $\alpha^3+\beta^3$

12 $3x^2-6x+4=0$

(1) $\alpha^3\beta+\alpha\beta^3$

(2) $\frac{\alpha}{\alpha-1}+\frac{\beta}{\beta-1}$

3rd — 두 근의 조건이 주어질 때 이차방정식의 근과 계수의 관계

● **다음 이차방정식의 두 근의 비가 [ ]와 같을 때, 실수 k의 값을 구하시오.**

13 $x^2-3x+k=0$, $[1:2]$

> 두 근의 비가 $m:n$이면 두 근을 $m\alpha$, $n\alpha$ $(\alpha\neq0)$로 놓을 수 있다.

→ 두 근을 α, ☐ $(\alpha\neq0)$라 하면

$\alpha+$☐$=3$이므로 ☐$\alpha=3$

즉 $\alpha=$☐ …… ㉠

또 $\alpha\times$☐$=k$이므로 ☐$\alpha^2=k$ …… ㉡

㉠을 ㉡에 대입하면 $k=$☐

14 $2x^2+5x-k=0$, $[2:3]$

15 $x^2+kx+3=0$, $[1:3]$

16 $3x^2-7kx+10=0$, $[2:5]$

17 $x^2+3(k-2)x+2k=0$, $[1:2]$

● 다음 이차방정식의 두 근의 차가 [ ]와 같을 때, 실수 k의 값을 구하시오.

> 두 근의 차가 p이면 두 근을 α, $\alpha+p$ 또는 $\alpha-p$, α로 놓을 수 있다.

18 $x^2+(k-1)x+3=0$, [2]

➜ 두 근을 α, $\alpha+$ ☐ 라 하면

$\alpha+(\alpha+$ ☐ $)=-(k-1)$이므로

$2\alpha+$ ☐ $=-k+1$

즉 $k=$ ☐ $\alpha-1$ …… ㉠

또 $\alpha\times(\alpha+$ ☐ $)=3$이므로

α^2+ ☐ $\alpha-3=0$

$(\alpha+$ ☐ $)(\alpha-1)=0$

따라서 $\alpha=$ ☐ 또는 $\alpha=1$

$\alpha=$ ☐ 을 ㉠에 대입하면 $k=$ ☐

$\alpha=1$을 ㉠에 대입하면 $k=$ ☐

19 $x^2-3x+2k=0$, [1]

20 $x^2+5x+k=0$, [3]

21 $x^2+(2k+4)x+(8-3k)=0$, [4]

22 $x^2+(3k-1)x-3k+6=0$, [1]

● 다음 이차방정식의 한 근이 다른 한 근의 [ ]배일 때, 실수 k의 값을 구하시오.

> 한 근이 다른 근의 k배이면 두 근을 α, $k\alpha$ $(\alpha\neq0)$로 놓을 수 있다.

23 $x^2+kx+12=0$, [2]

➜ 두 근을 α, ☐ $(\alpha\neq0)$라 하면

$\alpha+$ ☐ $=-k$이므로 $k=$ ☐ …… ㉠

또 $\alpha\times$ ☐ $=12$이므로 ☐ $\alpha^2=12$

즉 $\alpha=\pm$ ☐

$\alpha=-$ ☐ 을 ㉠에 대입하면 $k=$ ☐

$\alpha=$ ☐ 을 ㉠에 대입하면 $k=$ ☐

24 $x^2-3x+5k=0$, [2]

25 $x^2+4x+2k-1=0$, [3]

26 $x^2+5kx+3k+7=0$, [4]

27 $x^2+6kx-k^2+1=0$, [2]

08 두 근을 이용해서 이차방정식을 만들어!

이차방정식의 작성과 이차식의 인수분해

❶ 이차방정식의 작성

두 수 $\boxed{1}$, $\boxed{2}$ 를 근으로 하고,

x^2의 계수가 1인 이차방정식은

$$1x^2-(\boxed{1}+\boxed{2})x+\boxed{1}\times\boxed{2}=0$$

두 근의 합 / 두 근의 곱

↓

$$x^2-3x+2=0$$

❷ 이차식의 인수분해

이차식 $\boxed{2x^2-2x+1}$ 의 인수분해는

이차방정식 $2x^2-2x+1=0$의 근을 이용!

$$x=\frac{-(-1)\pm\sqrt{(-1)^2-2\times1}}{2}=\boxed{\frac{1\pm i}{2}}$$

↓

$$2\left(x-\boxed{\frac{1+i}{2}}\right)\left(x-\boxed{\frac{1-i}{2}}\right)$$

- **이차방정식의 작성**
  ① 두 수 α, β를 근으로 하고 x^2의 계수가 1인 이차방정식
  → $(x-\alpha)(x-\beta)=0$
  → $x^2-(\alpha+\beta)x+\alpha\beta=0$
  ② 두 수 α, β를 근으로 하고 x^2의 계수가 a인 이차방정식
  → $a(x-\alpha)(x-\beta)=0$
  → $a\{x^2-(\alpha+\beta)x+\alpha\beta\}=0$
- **이차식 ax^2+bx+c의 인수분해**
  이차방정식 $ax^2+bx+c=0$의 두 근을 α, β라 하면
  $ax^2+bx+c=a(x-\alpha)(x-\beta)$
  로 인수분해된다.

참고 계수가 실수인 이차식은 복소수의 범위에서 항상 두 일차식의 곱으로 인수분해할 수 있다.

1st 이차방정식의 작성

● 다음 두 수를 근으로 하고 x^2의 계수가 1인 이차방정식을 구하시오.

1 $1,\ -4$

→ $x^2-\{1+(-4)\}x+1\times(-4)=0$이므로

$x^2+\square x-\square=0$

2 $-3,\ -5$

3 $1+\sqrt{3},\ 1-\sqrt{3}$

4 $5i,\ -5i$

5 $-2+i,\ -2-i$

$$x^2+\frac{b}{a}x+\frac{c}{a}=0$$

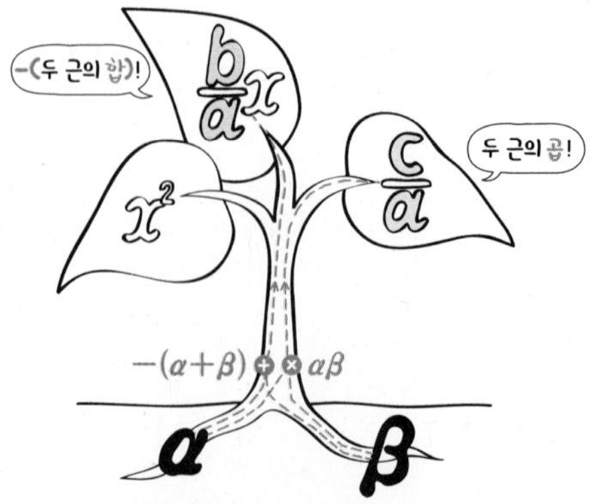

$$(x-\alpha)(x-\beta)=0$$

두 근으로 이차방정식을 만들 수 있다.

● 다음 이차방정식의 두 근을 α, β라 할 때, 주어진 두 수를 근으로 하고 x^2의 계수가 1인 이차방정식을 구하시오.

6 $x^2+5x+3=0$ ➜ $\alpha+\beta=-\frac{5}{1}=\square$, $\alpha\beta=\frac{3}{1}=\square$

(1) $\alpha+\beta$, $\alpha\beta$

(2) 2α, 2β

(3) $\frac{1}{\alpha}$, $\frac{1}{\beta}$

7 $2x^2-8x+1=0$ ➜ $\alpha+\beta=-\frac{-8}{2}=\square$, $\alpha\beta=\square$

(1) $\alpha+1$, $\beta+1$

(2) α^2, β^2

(3) $\frac{\beta}{\alpha}$, $\frac{\alpha}{\beta}$

내가 발견한 개념 이차방정식을 구해 봐!

이차방정식 $x^2+ax+b=0$ $(b\neq0)$의 두 근을 α, β라 하면

• $\alpha+\beta=\square$, $\alpha\beta=\square$

• $\frac{1}{\alpha}$, $\frac{1}{\beta}$을 두 근으로 하고 x^2의 계수가 1인 이차방정식은

$\frac{1}{\alpha}+\frac{1}{\beta}=\frac{\square}{\alpha\beta}=\frac{\square}{b}$, $\frac{1}{\alpha}\times\frac{1}{\beta}=\frac{1}{\alpha\beta}=\frac{1}{\square}$에서

$x^2+\frac{\square}{b}x+\square=0$

−(두 근의 합) 두 근의 곱

2nd 근의 공식을 이용한 이차식의 인수분해

● 다음 이차식을 복소수의 범위에서 인수분해하시오.

8 x^2-6

9 x^2+3

10 x^2-4x+2

➜ $x^2-4x+2=0$에서

$x=\frac{-(\square)\pm\sqrt{(\square)^2-\square\times2}}{\square}=\square\pm\square$

따라서 $x^2-4x+2=(x-2+\square)(x-\square-\sqrt{2})$

11 $x^2+6x+13$

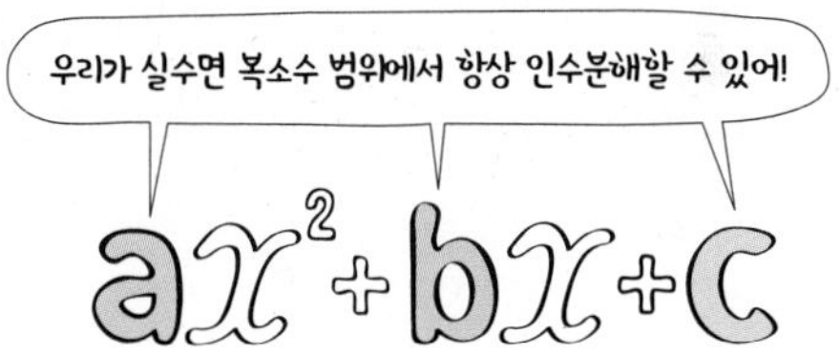

12 $2x^2-x-5$

이차항의 계수가 1이 아님에 주의해!

13 $3x^2+4x+7$

09 한 근이 주어질 때 다른 한 근 찾기!

이차방정식의 켤레근

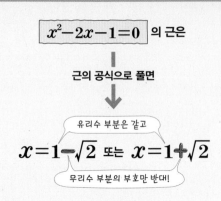

$x^2-2x-1=0$ 의 근은

근의 공식으로 풀면 ↓

유리수 부분은 같고

$x=1-\sqrt{2}$ 또는 $x=1+\sqrt{2}$

무리수 부분의 부호만 반대!

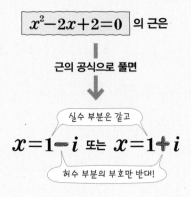

$x^2-2x+2=0$ 의 근은

근의 공식으로 풀면 ↓

실수 부분은 같고

$x=1-i$ 또는 $x=1+i$

허수 부분의 부호만 반대!

- **이차방정식의 켤레근**

이차방정식 $ax^2+bx+c=0$에서

① a, b, c가 유리수일 때, $p+q\sqrt{m}$이 근이면 $p-q\sqrt{m}$도 근이다.

(단, p, q는 유리수, $q\neq0$, $\sqrt{m}$은 무리수이다.)

② a, b, c가 실수일 때, $p+qi$가 근이면 $p-qi$도 근이다.

(단, p, q는 실수, $q\neq0$, $i=\sqrt{-1}$이다.)

참고 $p+q\sqrt{m}$과 $p-q\sqrt{m}$, $p+qi$와 $p-qi$를 각각 켤레근이라 한다.

항상 쌍으로 존재하는 켤레근!

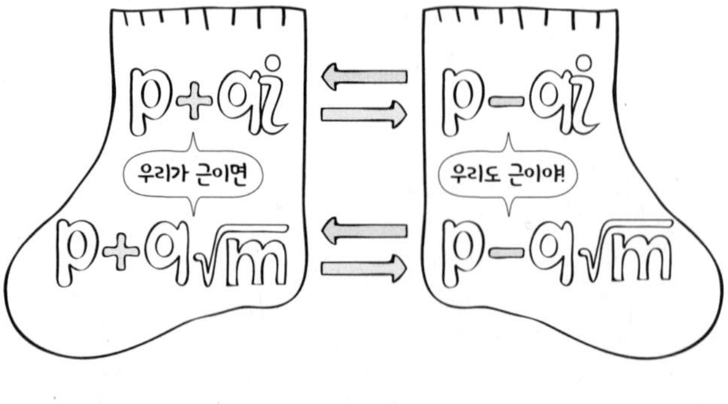

1st 이차방정식의 켤레근

- **유리수 a, b에 대하여 이차방정식 $x^2+ax+b=0$의 한 근이 다음과 같을 때, 물음에 답하시오.**

(두 근의 합)$=-a$
(두 근의 곱)$=b$

1 $2+\sqrt{3}$

(1) 다른 한 근을 구하시오.

→ 계수가 유리수이고 한 근이 $2+\sqrt{3}$이므로

다른 한 근은 ☐

(2) a, b의 값을 구하시오.

→ 두 근의 합은 $(2+\sqrt{3})+($☐$)=$☐,

두 근의 곱은 $(2+\sqrt{3})\times($☐$)=$☐이므로

이차방정식의 근과 계수의 관계에 의하여

$a=$☐, $b=$☐

2 $1-\sqrt{2}$

(1) 다른 한 근을 구하시오.

(2) a, b의 값을 구하시오.

3 $2-2\sqrt{7}$

(1) 다른 한 근을 구하시오.

(2) a, b의 값을 구하시오.

● 실수 a, b에 대하여 이차방정식 $x^2+ax+b=0$의 한 근이 다음과 같을 때, 물음에 답하시오. (단, $i=\sqrt{-1}$)

(두 근의 합)$=-a$
(두 근의 곱)$=b$

4 $2-i$

(1) 다른 한 근을 구하시오.

➜ 계수가 실수이고 한 근이 $2-i$이므로
다른 한 근은 ☐

(2) a, b의 값을 구하시오.

➜ 두 근의 합은 $(2-i)+($☐$)=$☐,
두 근의 곱은 $(2-i)\times($☐$)=$☐이므로
이차방정식의 근과 계수의 관계에 의하여
$a=$☐, $b=$☐

5 $5+i$

(1) 다른 한 근을 구하시오.

(2) a, b의 값을 구하시오.

6 $3i+2$

(1) 다른 한 근을 구하시오.

(2) a, b의 값을 구하시오.

● 유리수 a, b에 대하여 이차방정식 $x^2-ax+b=0$의 한 근이 다음과 같을 때, 다른 한 근과 a, b의 값을 각각 구하시오.

(두 근의 합)$=a$
(두 근의 곱)$=b$

7 $1-\sqrt{6}$

8 $\sqrt{2}-4$

9 $3\sqrt{2}-1$

(두 근의 합)$=-a$
(두 근의 곱)$=-b$

● 실수 a, b에 대하여 이차방정식 $x^2+ax-b=0$의 한 근이 다음과 같을 때, 다른 한 근과 a, b의 값을 각각 구하시오.
(단, $i=\sqrt{-1}$)

10 $7+2i$

11 $i-3$

12 $8+2i$

TEST 개념 확인

06 이차방정식의 근의 판별

- 계수가 실수인 이차방정식 $ax^2+bx+c=0$에서

$D=b^2-4ac$ (판별식)
- $D>0$ → 서로 다른 두 실근
- $D=0$ → 중근
- $D<0$ → 서로 다른 두 허근

($D\geq 0$이면 실근)

1 다음 이차방정식의 근을 판별하시오.

(1) $x^2+8x-2=0$

(2) $6x^2+4x+1=0$

(3) $x^2-10x+25=0$

2 x에 대한 이차방정식 $x^2-2kx+2k+3=0$이 중근 m을 가질 때, $k+m$의 값은? (단, $k>0$)

① -6 ② -2 ③ 0 ④ 2 ⑤ 6

3 x에 대한 이차방정식 $x^2-2(k-2)x+k^2-1=0$이 서로 다른 두 허근을 가질 때, 정수 k의 최솟값을 구하시오.

07 이차방정식의 근과 계수의 관계

- 이차방정식 $ax^2+bx+c=0$의 두 근을 α, β라 하면

(두 근의 합)$=\alpha+\beta=-\frac{b}{a}$, (두 근의 곱)$=\alpha\beta=\frac{c}{a}$

4 이차방정식 $2x^2-3x+8=0$의 두 근을 α, β라 할 때, $\frac{1}{\alpha}+\frac{1}{\beta}$의 값은?

① $-\frac{3}{2}$ ② $-\frac{3}{4}$ ③ $-\frac{3}{8}$ ④ $\frac{3}{8}$ ⑤ $\frac{3}{4}$

5 이차방정식 $x^2-x-4=0$의 두 근을 α, β라 할 때, $\alpha-\beta$의 값은? (단, $\alpha>\beta$)

① $\sqrt{5}$ ② $\sqrt{7}$ ③ $\sqrt{11}$ ④ $\sqrt{13}$ ⑤ $\sqrt{17}$

6 이차방정식 $x^2-8(k+1)x-3k=0$의 두 근의 비가 1 : 3일 때, 모든 실수 k의 값의 곱은?

① -3 ② 1 ③ 3 ④ 4 ⑤ 9

08 이차방정식의 작성과 이차식의 인수분해

- 두 수 α, β를 근으로 하고 x^2의 계수가 1인 이차방정식
  → $x^2-\underbrace{(\alpha+\beta)}_{\text{두 근의 합}}x+\underbrace{\alpha\beta}_{\text{두 근의 곱}}=0$
- 이차방정식 $ax^2+bx+c=0$의 두 근을 α, β라 하면
  $ax^2+bx+c=a(x-\alpha)(x-\beta)$
  로 인수분해된다.

7 두 수 $1+\sqrt{5}$, $1-\sqrt{5}$를 두 근으로 하고 x^2의 계수가 1인 이차방정식은?

① $x^2-2x-4=0$　② $x^2+2x-4=0$
③ $x^2+2x+4=0$　④ $x^2+4x-4=0$
⑤ $x^2-4x-2=0$

8 이차방정식 $x^2-3x-2=0$의 두 근을 α, β라 할 때, $\alpha-1$, $\beta-1$을 두 근으로 하고 x^2의 계수가 2인 이차방정식을 구하시오.

9 이차식 x^2-3x+3을 복소수의 범위에서 바르게 인수분해한 것은? (단, $i=\sqrt{-1}$)

① $\left(x-\frac{3+\sqrt{3}i}{4}\right)\left(x-\frac{3-\sqrt{3}i}{4}\right)$
② $\left(x-\frac{3+\sqrt{3}i}{2}\right)\left(x-\frac{3-\sqrt{3}i}{2}\right)$
③ $(x-3+\sqrt{3}i)(x-3-\sqrt{3}i)$
④ $\left(x+\frac{3+\sqrt{3}i}{2}\right)\left(x+\frac{3-\sqrt{3}i}{2}\right)$
⑤ $\left(x+\frac{3+\sqrt{3}i}{4}\right)\left(x-\frac{3+\sqrt{3}i}{4}\right)$

09 이차방정식의 켤레근

- 이차방정식 $ax^2+bx+c=0$에서

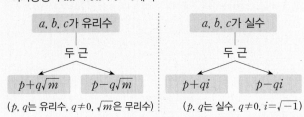

a, b, c가 유리수 → 두 근: $p+q\sqrt{m}$, $p-q\sqrt{m}$
(p, q는 유리수, $q\neq0$, $\sqrt{m}$은 무리수)

a, b, c가 실수 → 두 근: $p+qi$, $p-qi$
(p, q는 실수, $q\neq0$, $i=\sqrt{-1}$)

10 실수 a, b에 대하여 이차방정식 $x^2-ax-b=0$의 한 근이 $1+2i$일 때, ab의 값은? (단, $i=\sqrt{-1}$)

① -10　② -8　③ -5
④ 5　⑤ 10

11 유리수 a, b에 대하여 이차방정식 $x^2+2x+a=0$의 한 근이 $b-\sqrt{3}$일 때, $a+b$의 값은?

① 3　② 1　③ 0
④ -1　⑤ -3

12 이차방정식 $x^2+ax+b=0$의 한 근이 $3-\sqrt{2}$일 때, 이차방정식 $x^2+(a+b)x+ab=0$의 근을 구하시오.
(단, a, b는 유리수이다.)

TEST 개념 발전

1 이차방정식 $2x^2-6x+7=0$의 해가 $x=\frac{a\pm\sqrt{b}i}{2}$일 때, 유리수 a, b에 대하여 $a+b$의 값은?

① -8 ② -6 ③ -3
④ 3 ⑤ 8

2 이차방정식 $(\sqrt{2}+1)x^2-(\sqrt{2}+3)x+\sqrt{2}=0$을 푸시오.

3 이차방정식 $2x^2-ax+8+a=0$의 두 근이 -1, b일 때, 실수 a, b에 대하여 $\frac{b}{a}$의 값은?

① $-\frac{3}{2}$ ② $-\frac{3}{5}$ ③ $-\frac{3}{10}$
④ $\frac{3}{10}$ ⑤ $\frac{3}{5}$

4 방정식 $x^2-|4x-3|=8$의 모든 근의 합은?

① $3-\sqrt{15}$ ② $-\sqrt{15}$ ③ $3+\sqrt{15}$
④ $2\sqrt{15}$ ⑤ $3+2\sqrt{15}$

5 이차방정식 $x^2+(2k-3)x+k^2+2=0$이 서로 다른 두 실근을 갖도록 하는 정수 k의 최댓값은?

① -4 ② -1 ③ 0
④ 2 ⑤ 4

6 이차방정식 $x^2+3kx+k^2+3k+8=0$이 중근을 갖도록 하는 실수 k의 값을 모두 구하면? (정답 2개)

① -4 ② $-\frac{8}{5}$ ③ $-\frac{4}{5}$
④ $\frac{8}{5}$ ⑤ 4

7 이차방정식 $x^2-4x+1=0$의 두 근을 α, β라 할 때, $\sqrt{\alpha}+\sqrt{\beta}$의 값은?

① $\sqrt{2}$ ② $\sqrt{5}$ ③ $\sqrt{6}$
④ $2\sqrt{2}$ ⑤ 3

8 이차방정식 $2x^2+2x-k+3=0$의 두 근의 차가 5일 때, 실수 k의 값을 구하시오.

수능형 문제 정답과 풀이 82쪽

9 두 수 $\sqrt{3}+2$, $-\sqrt{3}+2$를 두 근으로 하고 x^2의 계수가 1인 이차방정식을 구하시오.

10 이차방정식 $x^2-4x+7=0$의 두 근을 α, β라 할 때, $\frac{1}{\alpha}$, $\frac{1}{\beta}$을 두 근으로 하고 x^2의 계수가 7인 이차방정식은?

① $7x^2-4x-1=0$ ② $7x^2-4x+1=0$
③ $7x^2-4x+4=0$ ④ $7x^2+4x-1=0$
⑤ $7x^2+4x+1=0$

11 이차식 x^2+4x+9를 복소수 범위에서 인수분해할 때, 다음 중 인수인 것은? (단, $i=\sqrt{-1}$)

① $x-\sqrt{5}i$ ② $x-2+\sqrt{5}i$
③ $x+2-\sqrt{5}i$ ④ $x+2+i$
⑤ $x+\sqrt{5}i$

12 실수 a, b에 대하여 이차방정식 $x^2+ax+b=0$의 한 근이 $\frac{1}{2-i}$일 때, ab의 값은? (단, $i=\sqrt{-1}$)

① $\frac{4}{25}$ ② $\frac{1}{25}$ ③ $-\frac{1}{25}$
④ $-\frac{4}{25}$ ⑤ $-\frac{8}{25}$

13 다음 그림과 같이 중심이 같은 세 개의 원이 있다. 가장 큰 원의 반지름 OC가 작은 두 원과 만나는 점을 각각 A, B라 하면 $\overline{AB}=\overline{BC}=1$이고, 가장 큰 원의 넓이가 나머지 작은 두 원의 넓이의 합과 같을 때, 가장 작은 원의 넓이를 구하시오.

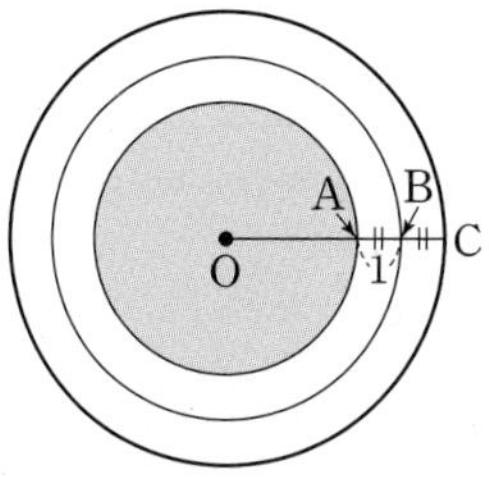

14 x에 대한 이차방정식

$$x^2+2(k+2a)x+k^2+k-b=0$$

이 k의 값에 관계없이 항상 중근을 가질 때, 실수 a, b에 대하여 $a+b$의 값은?

① -1 ② 0 ③ 1
④ 2 ⑤ 3

15 x에 대한 이차방정식 $x^2-12x+m=0$이 서로 다른 부호의 두 실근을 갖고, 양수인 근이 음수인 근의 절댓값의 3배와 같을 때, 실수 m의 값은?

① -120 ② -112 ③ -108
④ -100 ⑤ -92

6

식과 도형의 관계!

이차방정식과 이차함수

이차함수의 그래프

우리가 배웠던 일차함수의 그래프와 이차함수의 그래프를 다시 한 번 이해해 보고, 함수의 그래프의 식에서 각 항의 계수의 부호가 어떤 의미를 갖는지 알아보자. 또 주어진 좌표를 이용하여 이차함수의 식을 구하는 연습을 해 보자.

원점을 지나는 곡선을 평행이동시켜!

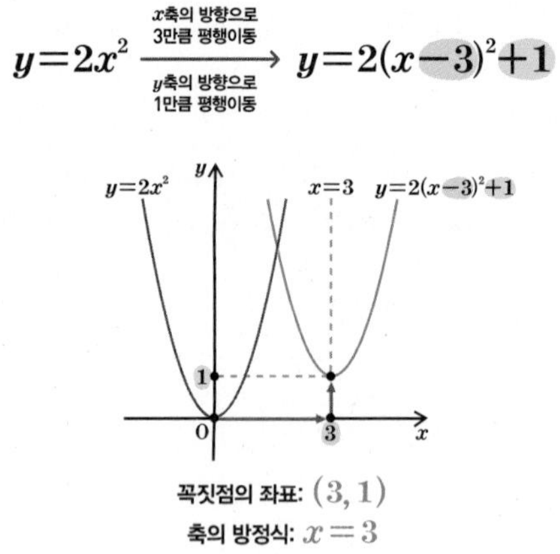

절댓값 기호를 포함한 식의 그래프

다음과 같이 절댓값을 포함한 식의 그래프를 그리는 연습을 해 볼 거야.

$y=|f(x)|$, $y=f(|x|)$,

$|y|=f(x)$, $|y|=f(|x|)$

위의 네 경우의 절댓값 기호를 포함한 식의 그래프는 각각의 경우에 대하여 $y=f(x)$의 그래프가 어떻게 변형되는지만 잘 이해하면 어렵지 않을 거야.

절댓값의 위치에 따라 그래프의 모양이 달라져!

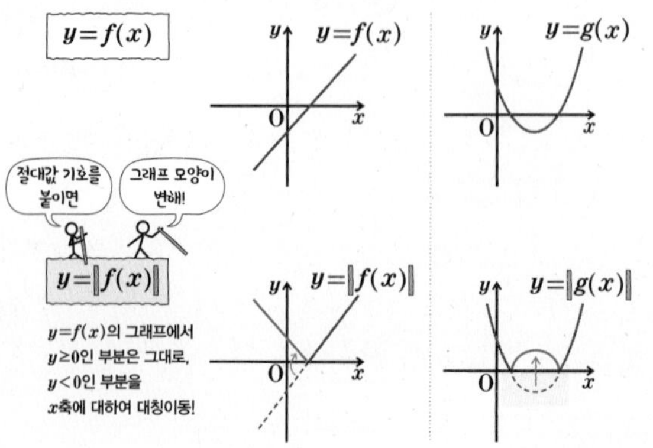

이차방정식과 이차함수의 관계

이차함수 $y=ax^2+bx+c$의 그래프와 x축의 교점의 x좌표는 이차방정식 $ax^2+bx+c=0$의 실근과 같고, 이차함수 $y=ax^2+bx+c$의 그래프와 x축의 교점의 개수는 이차방정식 $ax^2+bx+c=0$의 실근의 개수와 같아. 즉 판별식 $D=b^2-4ac$의 값의 부호에 따라 이차함수의 그래프와 이차방정식의 관계를 파악할 수 있어.

또 이차함수 $y=ax^2+bx+c$의 그래프와 직선 $y=mx+n$의 위치 관계도 두 방정식을 연립한 이차방정식의 판별식 D의 값의 부호에 따라 파악할 수 있어.

판별식 D의 부호로 알 수 있는!

이차함수 $y=ax^2+bx+c$ $(a>0)$ 의 그래프와

x축 $\longrightarrow x$ 의 위치 관계는

$ax^2+bx+c=0$의 근을 판별!

이차방정식 $ax^2+bx+c=0$ 의

판별식 D의 부호에 따라 결정된다.

$D=b^2-4ac$

	$D>0$이면	$D=0$이면	$D<0$이면
이차방정식 $ax^2+bx+c=0$의 근	서로 다른 두 실근	중근	서로 다른 두 허근
x축과의 교점의 개수	2	1	0
이차함수의 그래프와 x축의 위치 관계	서로 다른 두 점에서 만난다.	한 점에서 만난다. (접한다.)	만나지 않는다.

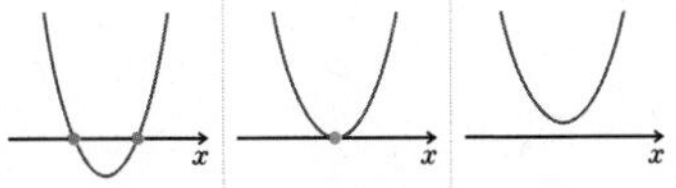

이차함수의 최대, 최소

이차함수 $y=a(x-p)^2+q$의 그래프는 x의 값의 범위가 실수 전체일 때, x^2의 계수의 부호에 따라 최댓값과 최솟값 중 하나만 가져.

① $a>0$일 때, $x=p$에서 최솟값 q를 갖고, 최댓값은 없다.

② $a<0$일 때, $x=p$에서 최댓값 q를 갖고, 최솟값은 없다.

x의 값의 범위가 제한된 경우 이차함수의 최댓값과 최솟값은 그래프를 그려 구할 수 있는데, 이때 꼭짓점의 x좌표가 주어진 범위에 포함되는 경우와 포함되지 않는 경우를 구분해서 그려야 해!

x^2의 계수의 부호에 따라 달라지는!

이차함수 $y=a(x-p)^2+q$ 에 대하여

$a>0$ 일 때

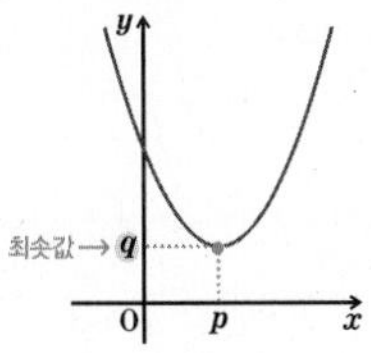

$x=p$에서 최솟값 q를 갖고, 최댓값은 없다.

$a<0$ 일 때

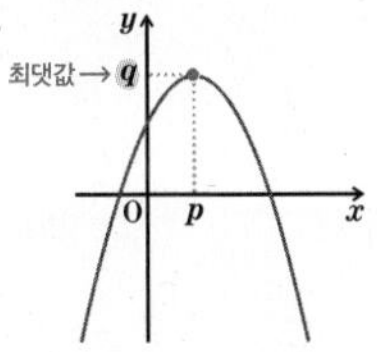

$x=p$에서 최댓값 q를 갖고, 최솟값은 없다.

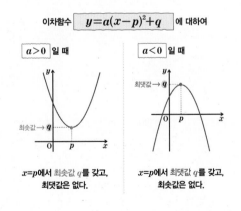

01

x의 계수에 따라 나누어지는!

일차함수의 그래프

기울기

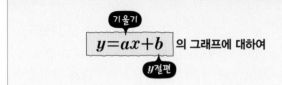

$y=ax+b$ 의 그래프에 대하여

y절편

① $a>0$, $b>0$일 때

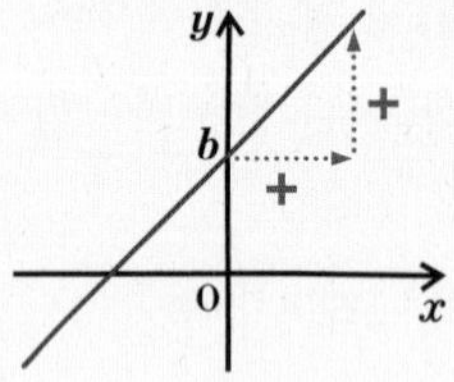

② $a>0$, $b<0$일 때

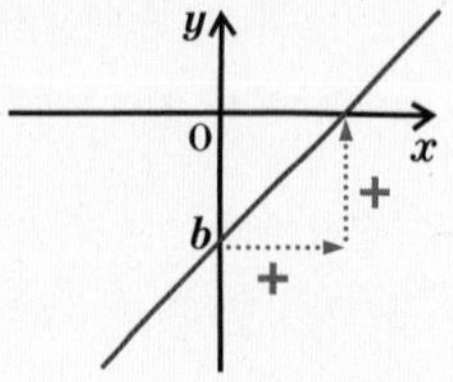

③ $a<0$, $b>0$일 때

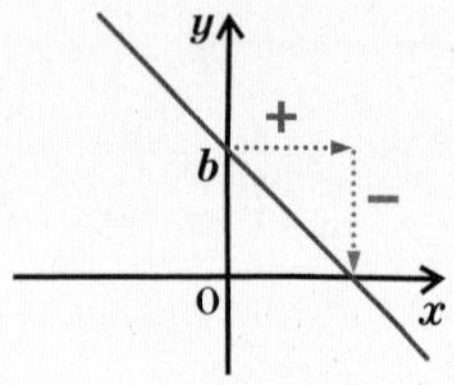

④ $a<0$, $b<0$일 때

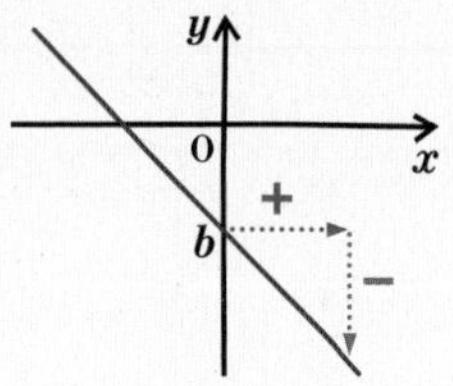

• **다항함수:** 함수 $y=f(x)$에서 $f(x)$가 x에 대한 다항식일 때, 이 함수를 다항함수라 한다. 다항식 $f(x)$가 일차식, 이차식, 삼차식, …일 때, 다항함수 $y=f(x)$를 각각 일차함수, 이차함수, 삼차함수, …라 한다. 특히 $f(x)$가 상수일 때, 즉 $y=c$ (c는 상수) 꼴인 다항함수를 상수함수라 한다.

• **일차함수의 그래프:** 일차함수 $y=ax+b$의 그래프는

① 기울기가 a, y절편이 b인 직선이다.

② $a>0$이면 오른쪽 위로 향하는 직선이고, $a<0$이면 오른쪽 아래로 향하는 직선이다.

x축에 평행한 상수함수의 그래프

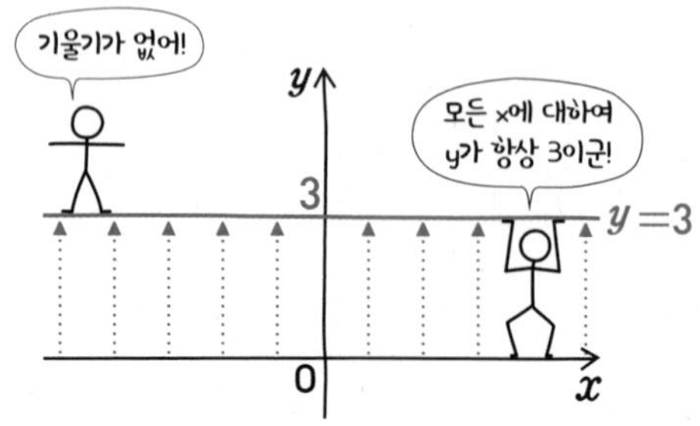

1st 일차함수의 그래프

● 다음 일차함수의 그래프의 기울기와 y절편을 각각 구하고, 이를 이용하여 그래프를 그리시오.

1 $y=-2x+4$

→ 기울기: y절편:

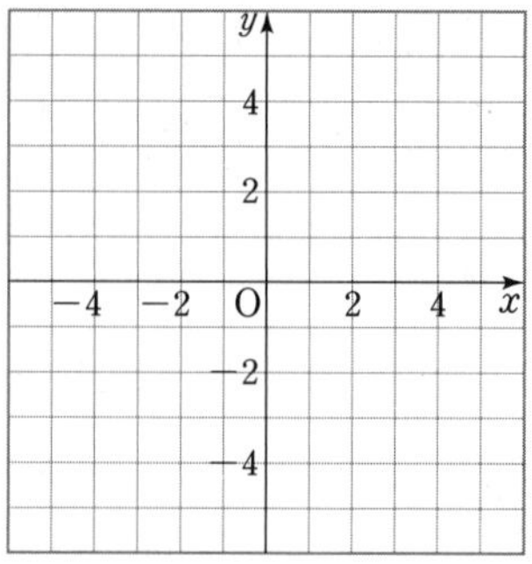

2 $y=\frac{1}{3}x+2$

→ 기울기: y절편:

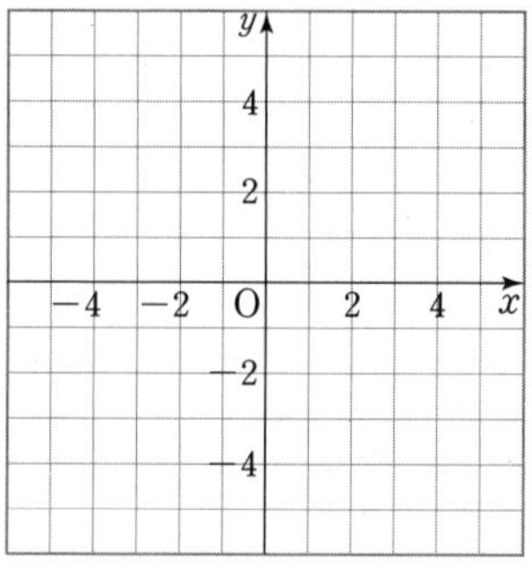

3 $y=-4x-1$

→ 기울기: y절편:

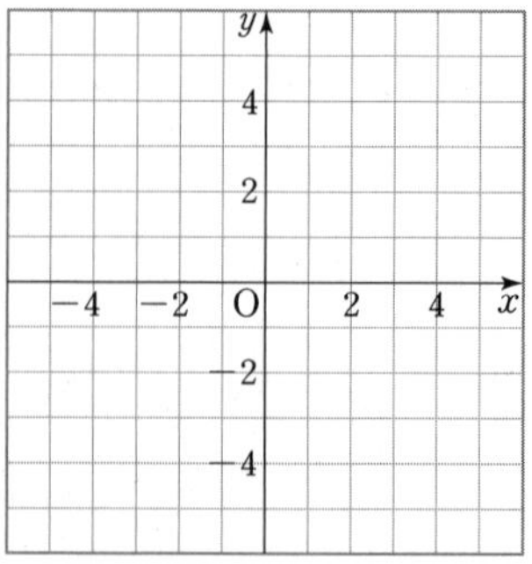

내가 발견한 개념 일차함수의 식을 세워 봐!

• 기울기가 a이고, 점 (0, b)를 지나는 직선을 그래프로 하는 일차함수의 식 → $y=$ ☐ $x+$ ☐

2nd 일차함수의 계수의 부호와 그래프

- 일차함수의 그래프가 다음과 같을 때, ○ 안에 알맞은 부등호를 써넣으시오.

4 $y=ax-b$

(1)

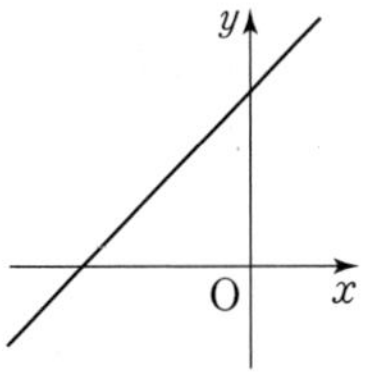

$\rightarrow \begin{cases} a \bigcirc 0 \\ b \bigcirc 0 \end{cases}$

(2)

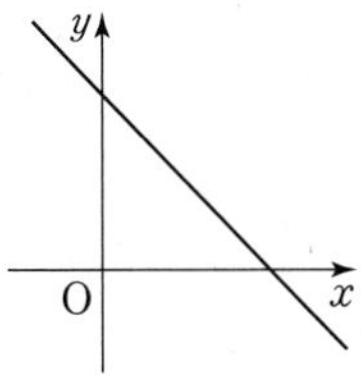

$\rightarrow \begin{cases} a \bigcirc 0 \\ b \bigcirc 0 \end{cases}$

(3)

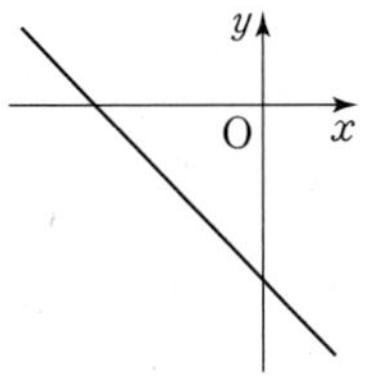

$\rightarrow \begin{cases} a \bigcirc 0 \\ b \bigcirc 0 \end{cases}$

(4)

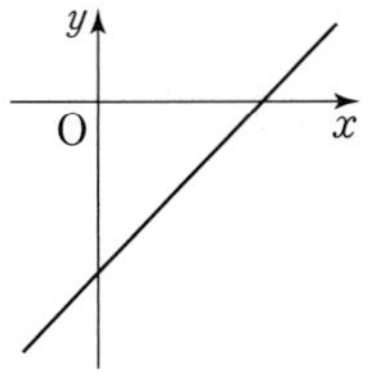

$\rightarrow \begin{cases} a \bigcirc 0 \\ b \bigcirc 0 \end{cases}$

5 $y=-ax-b$

(1)

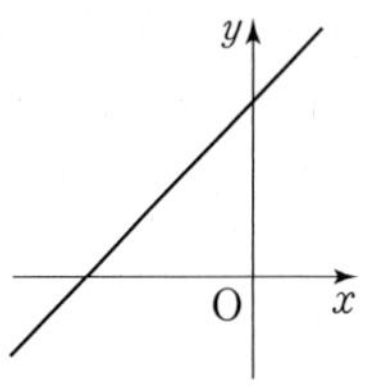

$\rightarrow \begin{cases} a \bigcirc 0 \\ b \bigcirc 0 \end{cases}$

(2)

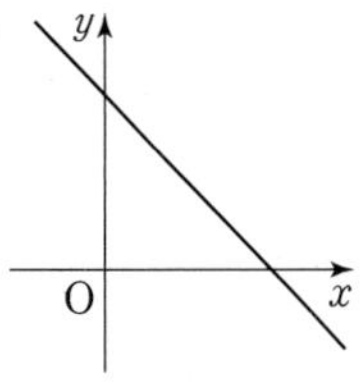

$\rightarrow \begin{cases} a \bigcirc 0 \\ b \bigcirc 0 \end{cases}$

(3)

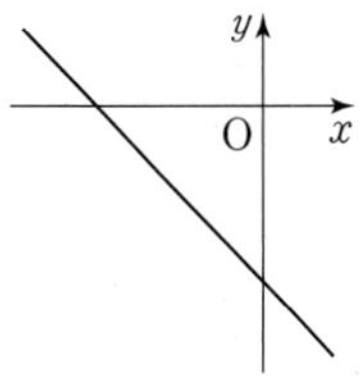

$\rightarrow \begin{cases} a \bigcirc 0 \\ b \bigcirc 0 \end{cases}$

(4)

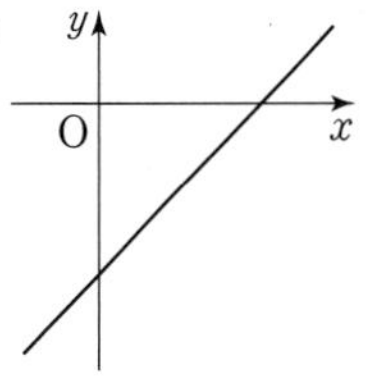

$\rightarrow \begin{cases} a \bigcirc 0 \\ b \bigcirc 0 \end{cases}$

개념모음문제

6 $a>0$, $b<0$일 때, 일차함수 $y=ax+b$의 그래프가 지나는 사분면은?

① 제1, 2사분면
② 제2, 4사분면
③ 제1, 2, 3사분면
④ 제1, 3, 4사분면
⑤ 제2, 3, 4사분면

02 원점을 지나는 곡선을 평행이동시켜!

이차함수의 그래프

$y=2x^2$ —(x축의 방향으로 3만큼 평행이동 / y축의 방향으로 1만큼 평행이동)→ $y=2(x-3)^2+1$

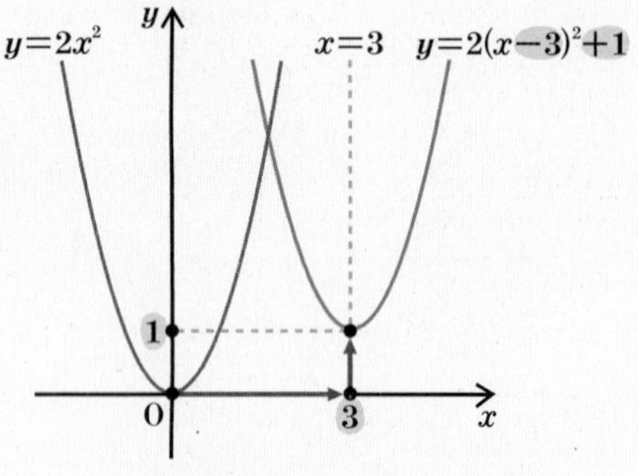

꼭짓점의 좌표: $(3, 1)$

축의 방정식: $x=3$

- **이차함수 $y=ax^2$의 그래프**
  ① 꼭짓점의 좌표: $(0, 0)$
  ② 축의 방정식: $x=0$ (y축)
  ③ $a>0$이면 ∪의 꼴로 아래로 볼록하다. / $a<0$이면 ∩의 꼴로 위로 볼록하다.
  ④ $|a|$의 값이 클수록 그래프의 폭은 좁아진다.
- **이차함수 $y=a(x-p)^2+q$의 그래프**
  이차함수 $y=ax^2$의 그래프를 x축의 방향으로 p만큼, y축의 방향으로 q만큼 평행이동한 것이다.
  ① 꼭짓점의 좌표: (p, q)
  ② 축의 방정식: $x=p$
- **이차함수 $y=ax^2+bx+c$의 그래프**
  $y=ax^2+bx+c=a\left(x+\frac{b}{2a}\right)^2-\frac{b^2-4ac}{4a}$이므로
  이차함수 $y=ax^2$의 그래프를 x축의 방향으로 $-\frac{b}{2a}$만큼,
  y축의 방향으로 $-\frac{b^2-4ac}{4a}$만큼 평행이동한 것이다.
  ① 꼭짓점의 좌표: $\left(-\frac{b}{2a}, -\frac{b^2-4ac}{4a}\right)$
  ② 축의 방정식: $x=-\frac{b}{2a}$
  ③ y축과의 교점의 좌표: $(0, c)$

참고 $y=ax^2+bx+c$ 꼴을 일반형, $y=a(x-p)^2+q$ 꼴을 표준형이라 한다.

1st 이차함수 $y=ax^2$의 그래프

● 주어진 이차함수의 그래프를 이용하여 다음 이차함수의 그래프를 그리고, □ 안에 알맞은 것을 써넣으시오.

1 $y=2x^2$

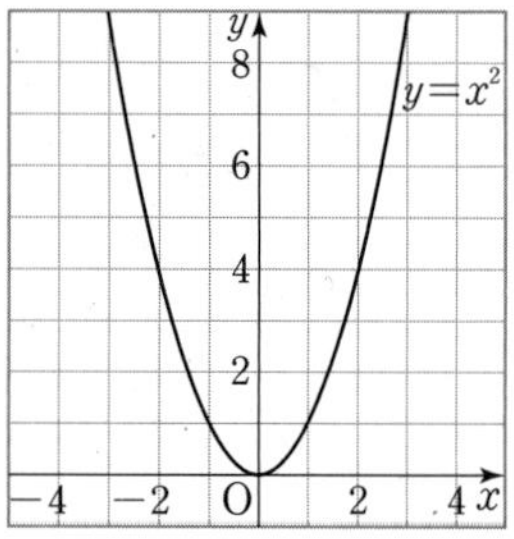

→ $y=2x^2$의 그래프는 $y=x^2$의 그래프 위의 각 점에 대하여 y좌표를 □배로 하는 점을 잡아서 그린 것과 같다.

2 $y=-3x^2$

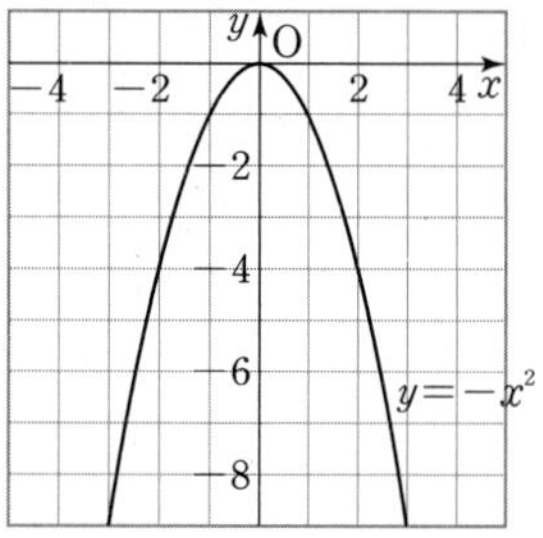

→ $y=-3x^2$의 그래프는 $y=-x^2$의 그래프 위의 각 점에 대하여 y좌표를 □배로 하는 점을 잡아서 그린 것과 같다.

3 $y=-\frac{1}{4}x^2$

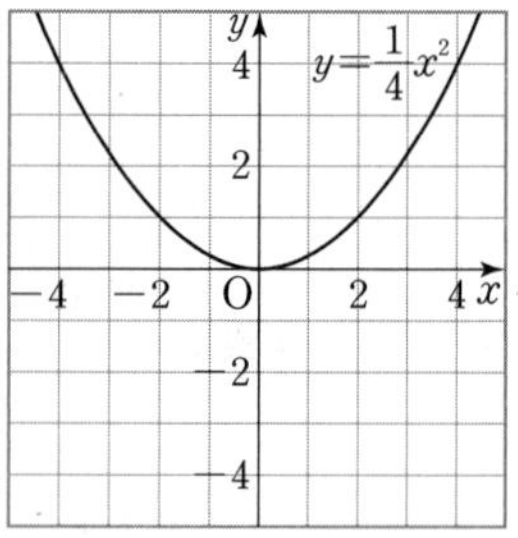

→ $y=-\frac{1}{4}x^2$의 그래프는 $y=\frac{1}{4}x^2$의 그래프와 □축에 대하여 서로 대칭이다.

내가 발견한 개념 이차함수의 식에서 그래프의 성질을 찾아 봐!

이차함수 $y=ax^2$의 그래프는
- a의 절댓값이 (클, 작을)수록 그래프의 폭이 좁아진다.
- 이차함수 $y=-ax^2$의 그래프와 □축에 대하여 서로 대칭이다.

2nd 이차함수 $y=a(x-p)^2+q$의 그래프

● 주어진 이차함수의 그래프를 이용하여 아래 이차함수의 그래프를 그리고, 다음을 구하시오.

4 $y=-2(x+1)^2+5$

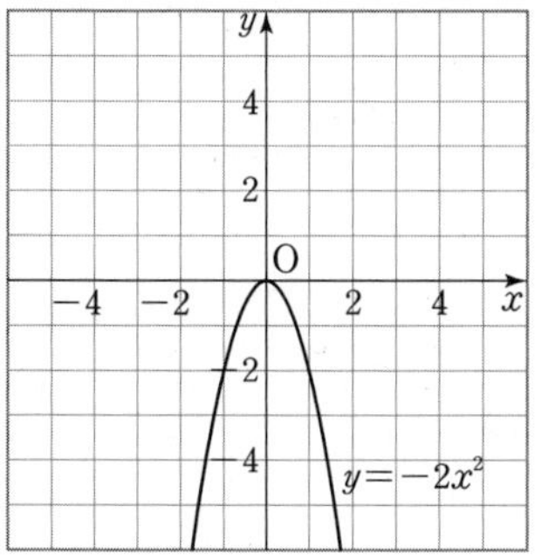

(1) 꼭짓점의 좌표

(2) 축의 방정식

5 $y=\frac{1}{3}(x-3)^2-4$

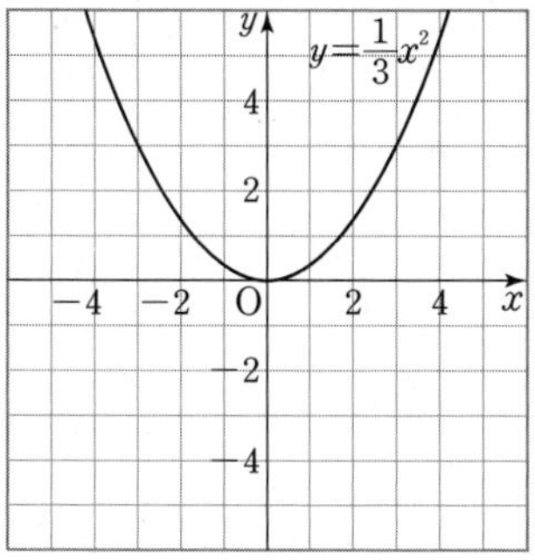

(1) 꼭짓점의 좌표

(2) 축의 방정식

내가 발견한 개념 이차함수의 식에서 그래프의 성질을 찾아 봐!

이차함수 $y=a(x-p)^2+q$의 그래프는

- 이차함수 $y=ax^2$의 그래프를 x축의 방향으로 ☐만큼, y축의 방향으로 ☐만큼 평행이동한 것이다.
- 꼭짓점의 좌표: (☐, ☐) • 축의 방정식: $x=$☐

3rd 이차함수 $y=ax^2+bx+c$의 그래프

● 다음 주어진 이차함수에 대하여 물음에 답하시오.

6 $y=x^2+6x+8$

(1) $y=a(x-p)^2+q$의 꼴로 고치시오.

(2) 꼭짓점의 좌표를 구하시오.

(3) 축의 방정식을 구하시오.

(4) y축과의 교점의 좌표를 구하시오.

(5) 그래프를 그리시오.

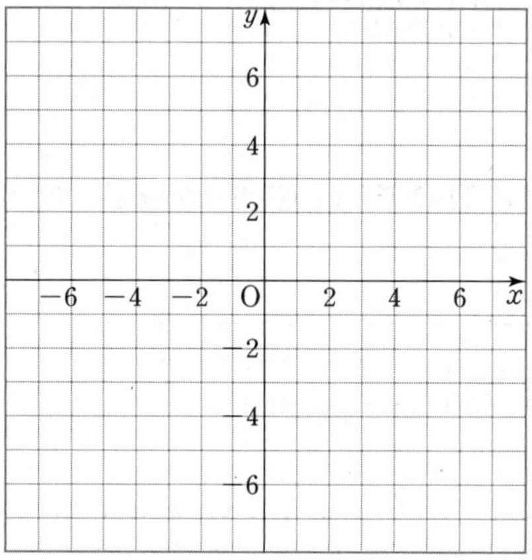

이차함수 $y=ax^2+bx+c$의 그래프를 그리는 순서
(i) $y=a(x-p)^2+q$ 꼴로 고치기
→ 꼭짓점 (p, q) 찍기
(ii) a의 부호 → 위로 볼록 또는 아래로 볼록
(iii) y절편 → y축과 만나는 점 $(0, c)$ 지나기

03 그래프의 모양으로 부호를 결정해!

이차함수 $y=ax^2+bx+c$의 그래프와 a, b, c의 부호

이차함수 $y=ax^2+bx+c$ 의 그래프

❶ a의 부호: 그래프의 모양으로 결정

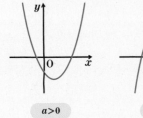

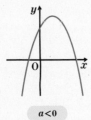

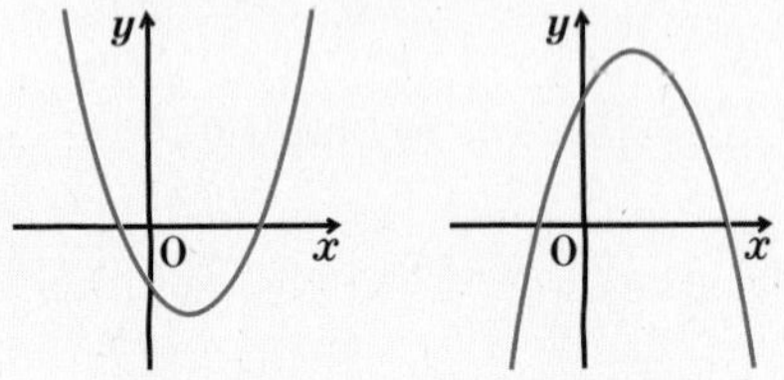

$a>0$ $a<0$

❷ b의 부호: 축의 위치로 결정 ($a>0$일 때)

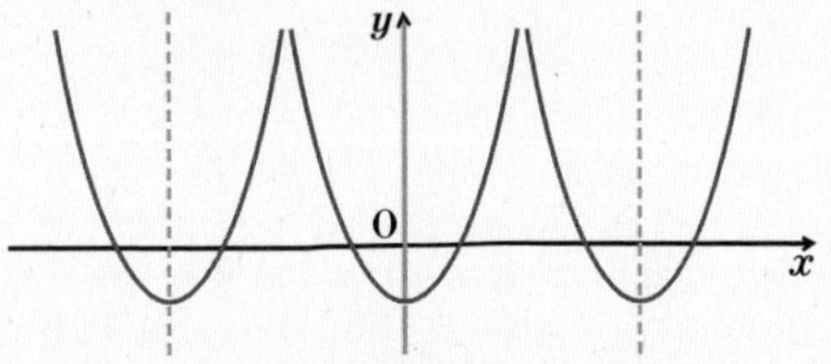

$b>0$ $b=0$ $b<0$

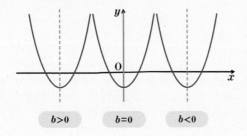

❸ c의 부호: y축과의 교점의 위치로 결정

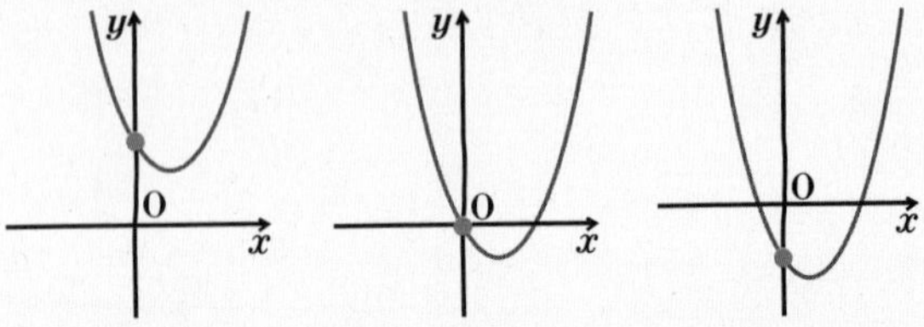

$c>0$ $c=0$ $c<0$

- 이차함수 $y=ax^2+bx+c$의 그래프가 주어졌을 때, a, b, c의 부호는 다음과 같은 방법으로 알 수 있다.
  (1) a의 부호: 그래프의 모양
  ① 아래로 볼록(⋃) ➜ $a>0$
  ② 위로 볼록(⋂) ➜ $a<0$
  (2) b의 부호: 축의 위치
  ① 축이 y축의 왼쪽에 위치하면 a, b는 서로 같은 부호 ➜ $ab>0$
  ② 축이 y축의 오른쪽에 위치하면 a, b는 서로 다른 부호 ➜ $ab<0$
  (3) c의 부호: y축과의 교점의 위치
  ① y축과의 교점이 원점의 위쪽에 위치 ➜ $c>0$
  ② y축과의 교점이 원점의 아래쪽에 위치 ➜ $c<0$

원리확인 다음 주어진 이차함수 $y=ax^2+bx+c$의 그래프에 대하여 ◯ 안에 알맞은 부등호를 써넣으시오.

❶

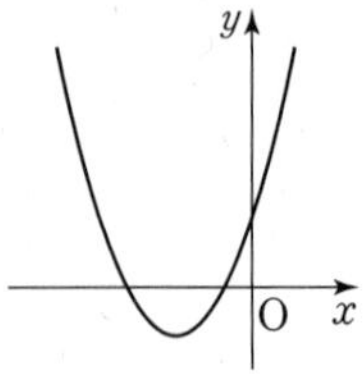

(1) 그래프가 아래로 볼록하므로
a ◯ 0

(2) 축이 y축의 왼쪽에 있으므로
ab ◯ 0에서 b ◯ 0

(3) y축과의 교점이 원점의 위쪽에 있으므로
c ◯ 0

❷

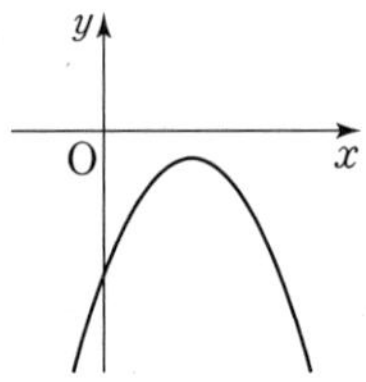

(1) 그래프가 위로 볼록하므로
a ◯ 0

(2) 축이 y축의 오른쪽에 있으므로
ab ◯ 0에서 b ◯ 0

(3) y축과의 교점이 원점의 아래쪽에 있으므로
c ◯ 0

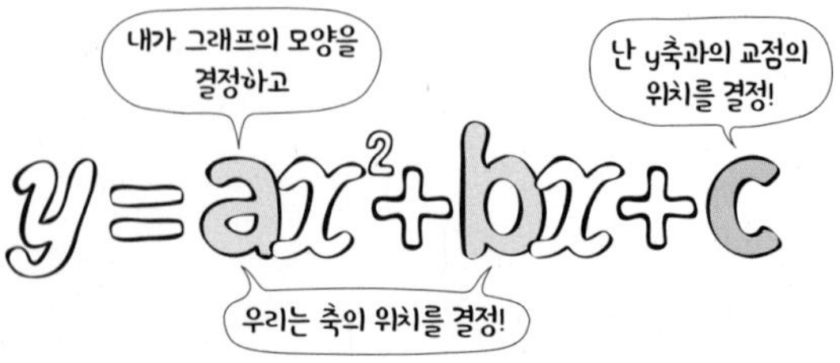

내가 그래프의 모양을 결정하고
난 y축과의 교점의 위치를 결정!
y=ax²+bx+c
우리는 축의 위치를 결정!

1st 그래프가 주어질 때 a, b, c의 부호

● 이차함수 $y=ax^2+bx+c$의 그래프가 다음 그림과 같을 때, ○ 안에 $>$, $=$, $<$ 중 알맞은 것을 써넣으시오.

1

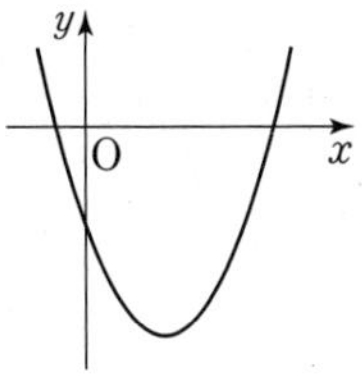

→ a ○ 0, b ○ 0, c ○ 0

2

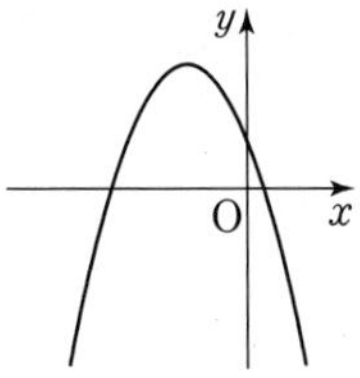

→ a ○ 0, b ○ 0, c ○ 0

3

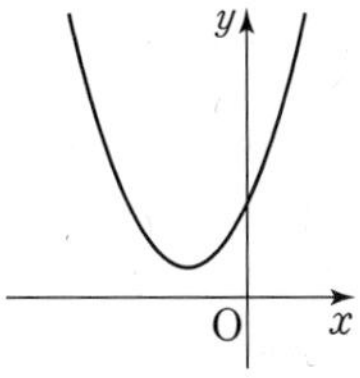

→ a ○ 0, b ○ 0, c ○ 0

4

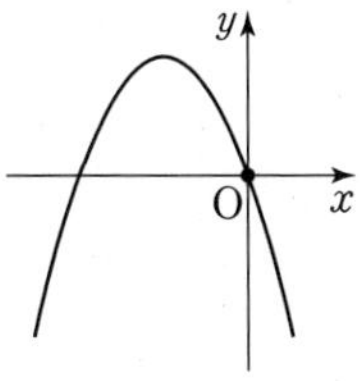

→ a ○ 0, b ○ 0, c ○ 0

5

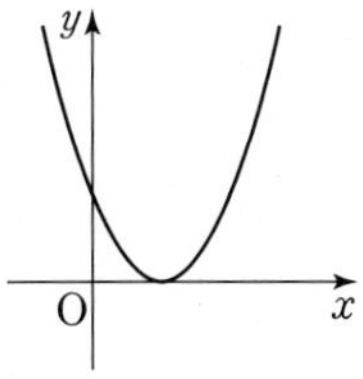

→ a ○ 0, b ○ 0, c ○ 0

6

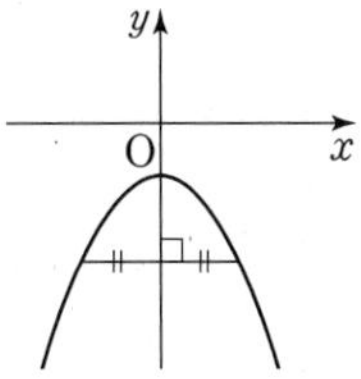

→ a ○ 0, b ○ 0, c ○ 0

7

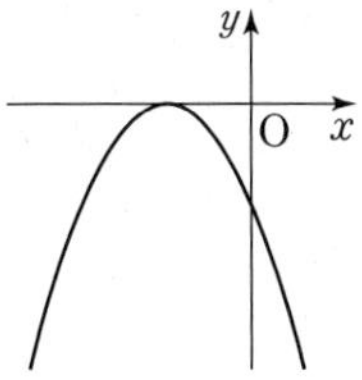

→ a ○ 0, b ○ 0, c ○ 0

8

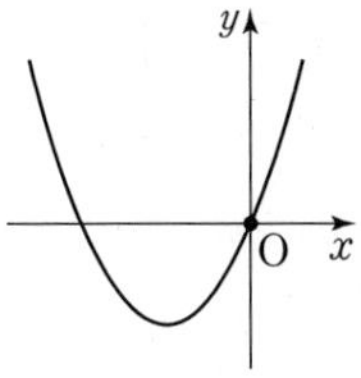

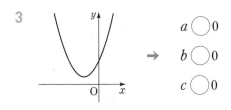

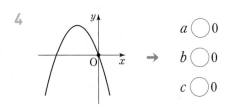

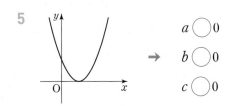

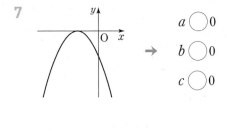

→ a ○ 0, b ○ 0, c ○ 0

04

좌표를 대입해서 식을 만들어!

이차함수의 식 구하기

그래프의 꼭짓점의 좌표가 (1, −4), 점 (3, 0)을 지나는 이차함수의 식

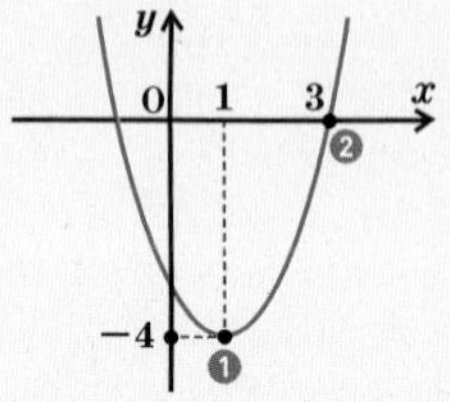

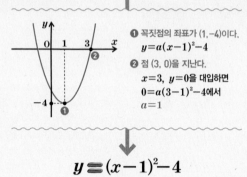

❶ 꼭짓점의 좌표가 (1, −4)이다.
$y=a(x-1)^2-4$

❷ 점 (3, 0)을 지난다.
$x=3$, $y=0$을 대입하면
$0=a(3-1)^2-4$에서
$a=1$

$$y=(x-1)^2-4$$

x축과의 교점의 좌표

그래프가 세 점 (−2, 5), (−1, 0), (3, 0)을 지나는 이차함수의 식

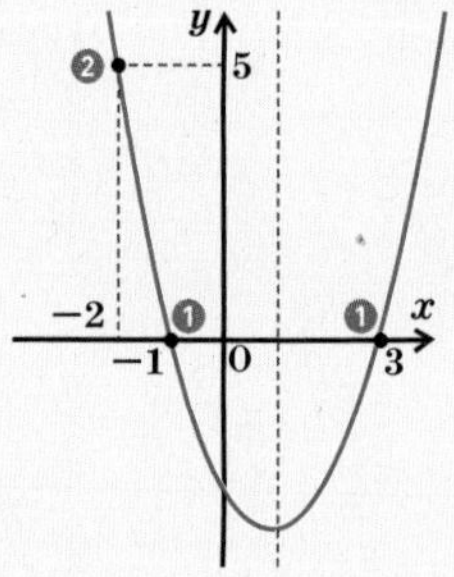

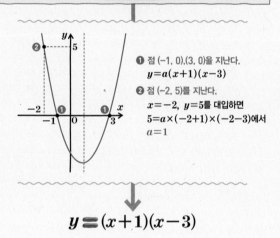

❶ 점 (−1, 0), (3, 0)을 지난다.
$y=a(x+1)(x-3)$

❷ 점 (−2, 5)를 지난다.
$x=-2$, $y=5$를 대입하면
$5=a\times(-2+1)\times(-2-3)$에서
$a=1$

$$y=(x+1)(x-3)$$

그래프가 세 점 (−2, 5), (0, −3), (3, 0)을 지나는 이차함수의 식

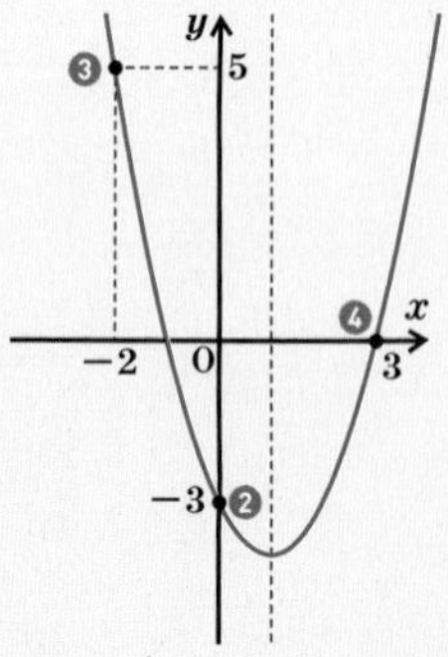

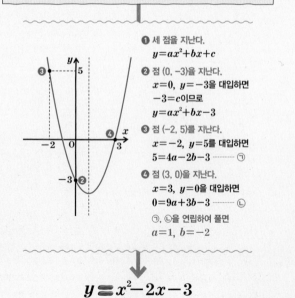

❶ 세 점을 지난다.
$y=ax^2+bx+c$

❷ 점 (0, −3)을 지난다.
$x=0$, $y=-3$을 대입하면
$-3=c$이므로
$y=ax^2+bx-3$

❸ 점 (−2, 5)를 지난다.
$x=-2$, $y=5$를 대입하면
$5=4a-2b-3$ ……… ㉠

❹ 점 (3, 0)을 지난다.
$x=3$, $y=0$을 대입하면
$0=9a+3b-3$ ……… ㉡

㉠, ㉡을 연립하여 풀면
$a=1$, $b=-2$

$$y=x^2-2x-3$$

1st 그래프의 꼭짓점의 좌표와 다른 한 점의 좌표로 구하는 이차함수의 식

● 다음을 만족시키는 그래프가 나타내는 이차함수의 식을 $y=a(x-p)^2+q$ 꼴로 나타내시오.

1 꼭짓점의 좌표가 (3, 5)이고, 점 (4, 7)을 지난다.

→ 이차함수의 식을 $y=a(x-\square)^2+\square$로 놓고
$x=4$, $y=7$을 대입하면
$7=a(4-\square)^2+\square$에서 $a=\square$
따라서 구하는 이차함수의 식은
$y=\square(x-\square)^2+\square$

2 꼭짓점의 좌표가 (0, 7)이고, 점 (−2, −1)을 지난다.

3 꼭짓점의 좌표가 (−3, −1)이고, 점 (−1, 11)을 지난다.

4 꼭짓점의 좌표가 (2, 4)이고, 점 (4, 0)을 지난다.

내가 발견한 개념 그래프의 꼭짓점의 좌표와 이차함수의 식의 관계는?

• 꼭짓점의 좌표가 (p, q) → $y=a(x-\square)^2+\square$

2nd 그래프와 x축의 교점의 좌표로 구하는 이차함수의 식

● 다음 세 점을 지나는 그래프가 나타내는 이차함수의 식을 $y=ax^2+bx+c$ 꼴로 나타내시오.

5 $(4, 6)$, $(2, 0)$, $(3, 0)$

→ 이차함수의 식을 $y=a(x-2)(x-3)$으로 놓고
$x=4$, $y=6$을 대입하면
$6=a\times\square\times\square$이므로 $a=\square$
따라서 구하는 이차함수의 식은
$y=\square(x-2)(x-3)=\square x^2-\square x+\square$

6 $(-1, 0)$, $(8, 0)$, $(2, -18)$

7 $(0, 0)$, $(4, 0)$, $(3, 6)$

8 $(-2, -5)$, $(-3, 0)$, $(-1, 0)$

내가 발견한 개념 그래프와 x축의 교점과 이차함수의 식의 관계는?

- 두 점 $(\alpha, 0)$, $(\beta, 0)$을 지난다. → $y=a(x-\square)(x-\square)$

3rd 그래프가 지나는 세 점의 좌표로 구하는 이차함수의 식

● 다음 세 점을 지나는 그래프가 나타내는 이차함수의 식을 $y=ax^2+bx+c$ 꼴로 나타내시오.

9 $(0, 1)$, $(1, -6)$, $(-1, 10)$

→ 이차함수의 식을 $y=ax^2+bx+1$로 놓고
$x=1$, $y=-6$을 대입하면 $-6=a+b+1$ ⋯⋯ ㉠
$x=-1$, $y=10$을 대입하면 $10=a-b+1$ ⋯⋯ ㉡
㉠, ㉡을 연립하여 풀면 $a=\square$, $b=\square$
따라서 구하는 이차함수의 식은
$y=x^2-\square x+\square$

10 $(-1, -11)$, $(0, -3)$, $(1, 1)$

11 $(1, 2)$, $(0, 10)$, $(-1, 4)$

12 $(0, -5)$, $(-1, -3)$, $(1, -1)$

내가 발견한 개념 그래프와 y축의 교점의 y좌표와 이차함수의 식의 관계는?

- 그래프와 y축의 교점의 y좌표가 점 $(0, \square)$을 지난다.
  → $y=ax^2+bx$
- 그래프와 y축의 교점의 y좌표가 점 $(0, c)$를 지난다.
  → $y=ax^2+bx+\square$

TEST 개념 확인

01 일차함수의 그래프

- 일차함수 $y=ax+b$의 그래프는
  ① 기울기가 a, y절편이 b인 직선이다.
  ② $a>0$이면 오른쪽 위로 향하는 직선이고,
  $a<0$이면 오른쪽 아래로 향하는 직선이다.

1 다음 일차함수 중 x의 값이 2에서 5까지 증가할 때, y의 값이 6만큼 감소하는 것은?

① $y=-4x+10$ ② $y=-2x+\frac{4}{3}$
③ $y=\frac{1}{2}x-1$ ④ $y=2x+9$
⑤ $y=4x-7$

2 일차함수 $y=3x-6$의 그래프의 기울기를 a, x절편을 b, y절편을 c라 할 때, $a+b+c$의 값은?

① -2 ② -1 ③ 0
④ 1 ⑤ 2

3 $a<0$, $b>0$일 때, **보기**의 일차함수 중 그 그래프가 제2사분면만 지나지 않는 것만을 있는 대로 고르시오.

보기
ㄱ. $y=ax+b$ ㄴ. $y=ax-b$
ㄷ. $y=-ax-b$ ㄹ. $y=-ax+ab$

02 이차함수의 그래프

- 이차함수 $y=ax^2+bx+c$의 그래프에서
  ① 꼭짓점의 좌표: $\left(-\frac{b}{2a},\ -\frac{b^2-4ac}{4a}\right)$
  ② 축의 방정식: $x=-\frac{b}{2a}$ ③ y축과의 교점의 좌표: $(0,\ c)$

4 다음 이차함수 중 그 그래프의 폭이 가장 좁은 것은?

① $y=-2x^2$ ② $y=-x^2$ ③ $y=-\frac{1}{3}x^2$
④ $y=\frac{1}{2}x^2$ ⑤ $y=3x^2$

5 다음 중 이차함수 $y=-2x^2+5$의 그래프에 대한 설명으로 옳은 것은?

① 꼭짓점의 좌표는 $(0,\ 5)$이다.
② 축의 방정식은 $x=5$이다.
③ 아래로 볼록한 포물선이다.
④ $y=2x^2$의 그래프를 평행이동한 것이다.
⑤ $x>0$일 때, x의 값이 증가하면 y의 값도 증가한다.

6 두 이차함수 $y=\frac{1}{3}x^2-2x+5$, $y=\frac{1}{3}(x-p)^2+q$의 그래프가 일치할 때, 상수 p, q에 대하여 pq의 값을 구하시오.

03 이차함수 $y=ax^2+bx+c$의 그래프와 a, b, c의 부호

- 이차함수 $y=ax^2+bx+c$의 그래프에서
  - (1) a의 부호: 그래프의 모양이
    - ① 아래로 볼록 → $a>0$
    - ② 위로 볼록 → $a<0$
  - (2) b의 부호: 축의 위치
    - ① 축이 y축의 왼쪽에 위치하면 → $ab>0$
    - ② 축이 y축의 오른쪽에 위치하면 → $ab<0$
  - (3) c의 부호: y축과의 교점이
    - ① 원점의 위쪽에 위치 → $c>0$
    - ② 원점의 아래쪽에 위치 → $c<0$

7 이차함수 $y=ax^2+bx+c$의 그래프가 오른쪽 그림과 같을 때, 다음 중 옳은 것은? (단, a, b, c는 상수이다.)

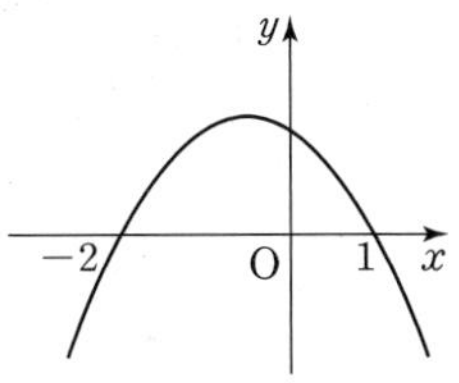

① $ab<0$　② $ac>0$　③ $bc>0$
④ $a+b+c>0$　⑤ $a-b+c>0$

8 $a>0$, $b>0$, $c=0$일 때, 이차함수 $y=ax^2+bx+c$의 그래프가 지나지 않는 사분면은? (단, a, b, c는 상수이다.)

① 제1사분면　② 제2사분면　③ 제3사분면
④ 제4사분면　⑤ 없다.

04 이차함수의 식 구하기

- 그래프의 꼭짓점의 좌표가 $(p,\ q)$로 주어질 때
  → $y=a(x-p)^2+q$로 놓는다.
- 그래프와 x축의 교점의 좌표가 $(\alpha,\ 0)$, $(\beta,\ 0)$으로 주어질 때
  → $y=a(x-\alpha)(x-\beta)$로 놓는다.
- 그래프 위의 세 점의 좌표가 주어질 때
  → $y=ax^2+bx+c$로 놓는다.

9 꼭짓점의 좌표가 $(-1,\ 4)$이고 점 $(2,\ -5)$를 지나는 이차함수의 그래프가 y축과 만나는 점의 y좌표는?

① -3　② -1　③ 1
④ 3　⑤ 5

10 이차함수 $y=ax^2+bx+c$의 그래프가 오른쪽 그림과 같을 때, 상수 a, b, c에 대하여 abc의 값은?

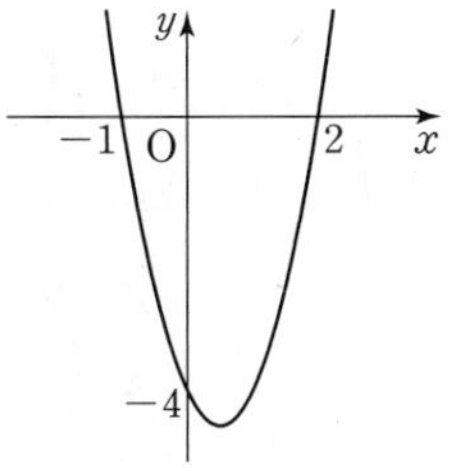

① -8　② -4
③ -2　④ 4
⑤ 16

11 세 점 $(-3,\ 6)$, $(0,\ 3)$, $(1,\ -2)$를 지나는 이차함수의 그래프의 꼭짓점의 좌표는?

① $(-4,\ 5)$　② $(-2,\ 7)$　③ $(-1,\ 4)$
④ $(2,\ -5)$　⑤ $(3,\ -8)$

05

절댓값의 위치에 따라 그래프의 모양이 달라져!

절댓값 기호를 포함한 식의 그래프

$y=f(x)$

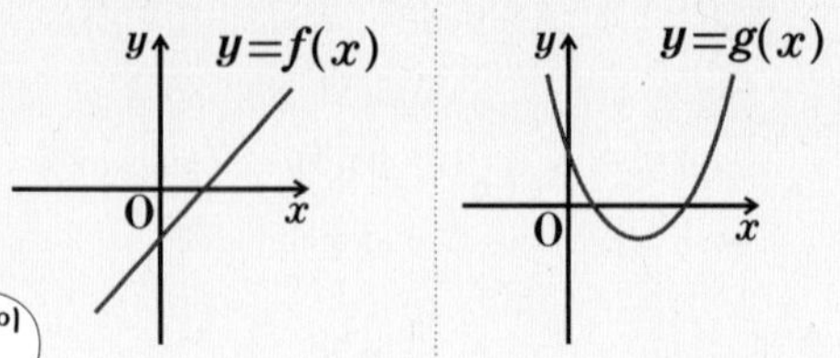

$y=|f(x)|$

$y=f(x)$의 그래프에서 $y\ge0$인 부분은 그대로, $y<0$인 부분을 x축에 대하여 대칭이동!

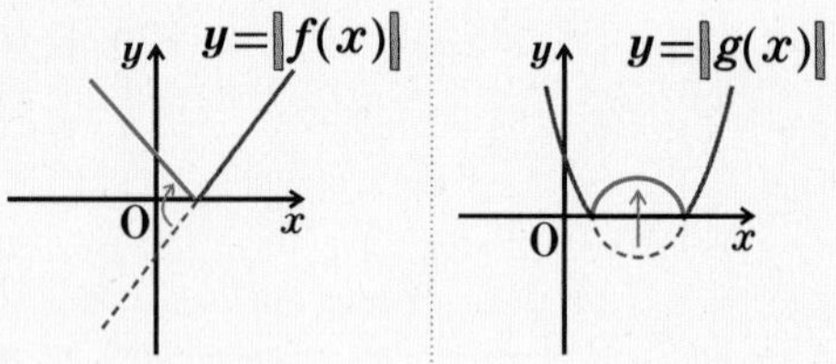

$y=f(|x|)$

$y=f(x)$의 그래프에서 $x<0$인 부분을 없애고, $x\ge0$인 부분만 남긴 후 y축에 대하여 대칭이동!

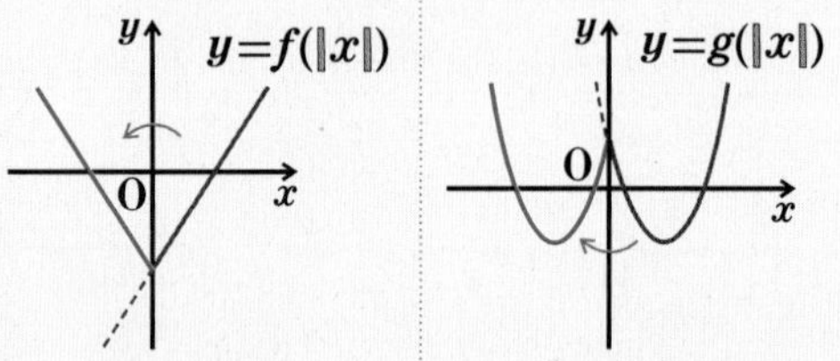

$|y|=f(x)$

$y=f(x)$의 그래프에서 $y<0$인 부분을 없애고, $y\ge0$인 부분만 남긴 후 x축에 대하여 대칭이동!

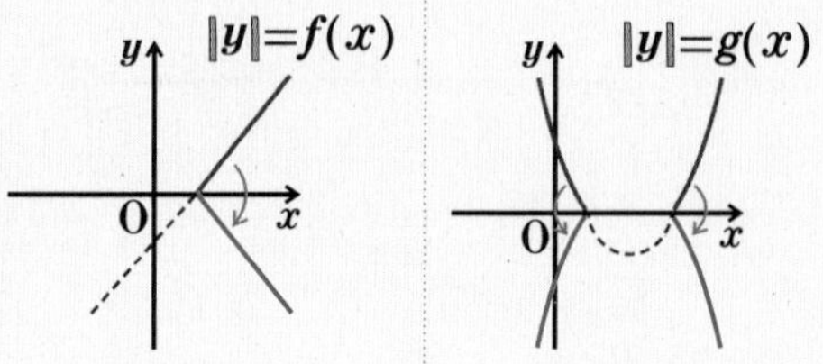

$|y|=f(|x|)$

$y=f(x)$의 그래프에서 $x\ge0$, $y\ge0$인 부분만 남긴 후 x축, y축 및 원점에 대하여 대칭이동!

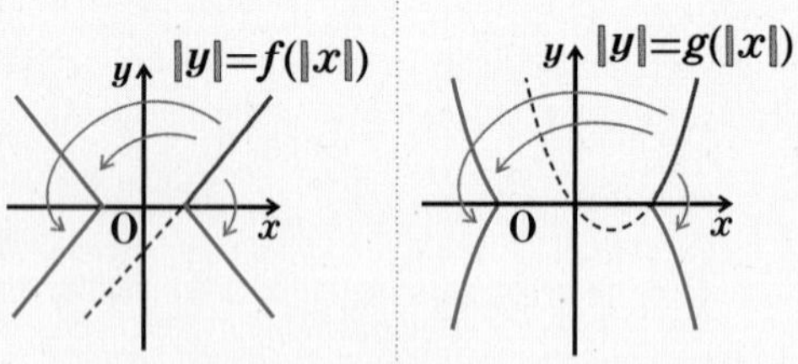

• **절댓값 기호를 포함한 식의 그래프 그리는 방법**

(i) 절댓값 기호 안의 식의 값이 0이 되는 x의 값을 기준으로 x의 값의 범위를 나눈다.

(ii) 각 범위에서 절댓값 기호를 포함하지 않은 식으로 나타낸다.

(iii) 각 범위에서 (ii)에서 구한 식의 그래프를 그린다.

1st 절댓값 기호를 포함한 식의 그래프(1)

● 다음은 주어진 함수의 그래프를 그리는 과정이다. □ 안에 알맞은 것을 써넣고 그래프를 그리시오.

$y=|f(x)|$의 그래프

1 $y=|x-3|$

(1) $x-3\ge0$일 때, 그래프 그리기

➜ $x-3\ge0$, 즉 $x\ge$ □ 에서

$y=$ □

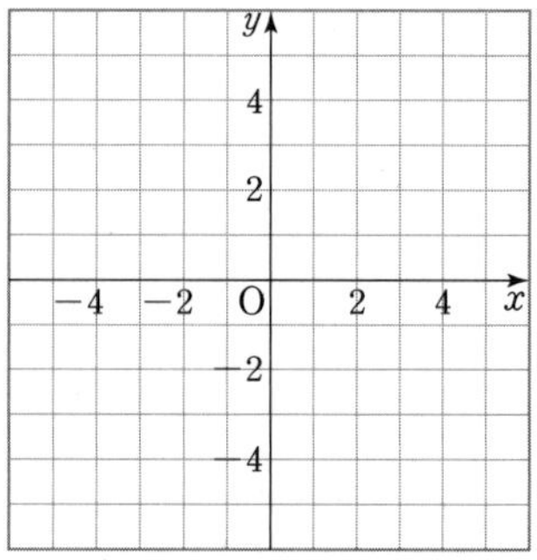

(2) $x-3<0$일 때, 그래프 그리기

➜ $x-3<0$, 즉 $x<$ □ 에서

$y=$ □

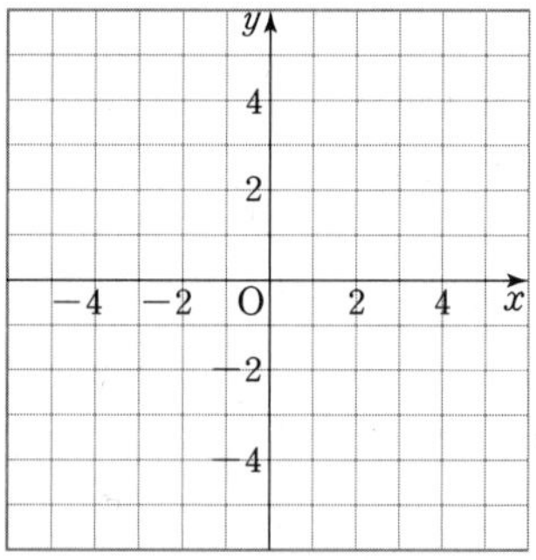

(3) $y=|x-3|$의 그래프 그리기

➜ (1), (2)의 그래프를 합치면

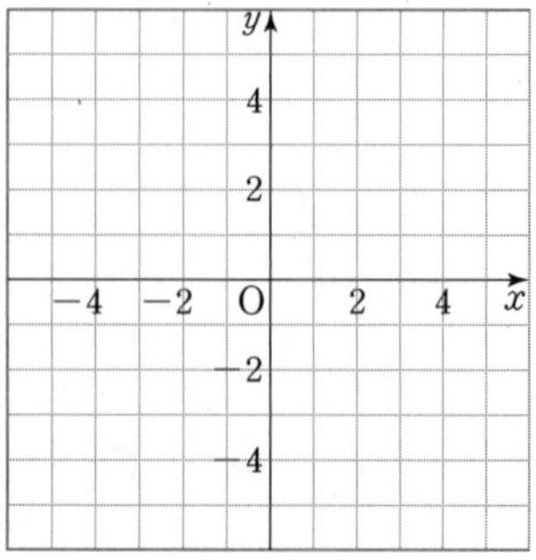

2 $y=|x^2+x-2|$

(1) $x^2+x-2\geq0$일 때, 그래프 그리기

➔ $x^2+x-2\geq0$, 즉 $x\leq-2$, $x\geq1$에서

$|x^2+x-2|=x^2+x-2$이므로

$y=$ ☐

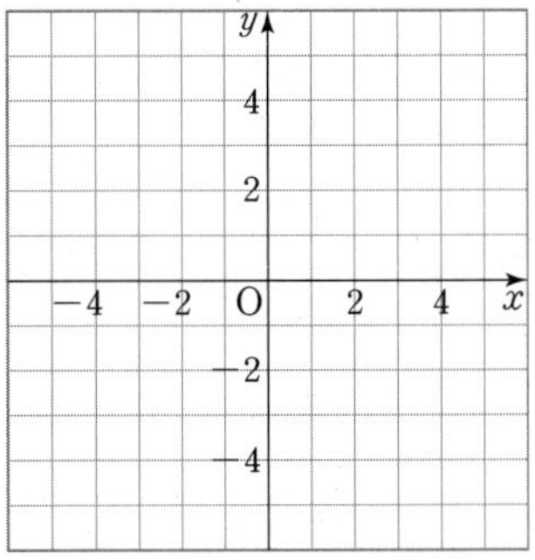

> $x^2+x-2\geq0$은
> $y=x^2+x-2$의 그래프에서
> $y\geq0$인 부분을 만족시키는
> x값의 범위이므로
> $x\leq-2$, $x\geq1$
>
> 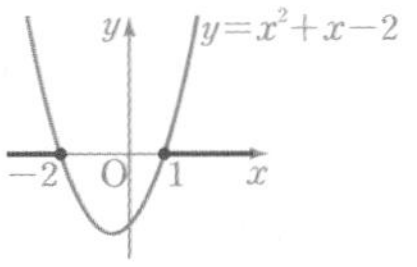
>
>
> ※ '이차부등식' 단원에서 배울 예정.

(2) $x^2+x-2<0$일 때, 그래프 그리기

➔ $x^2+x-2<0$, 즉 $-2<x<1$에서

$|x^2+x-2|=-(x^2+x-2)$이므로

$y=$ ☐

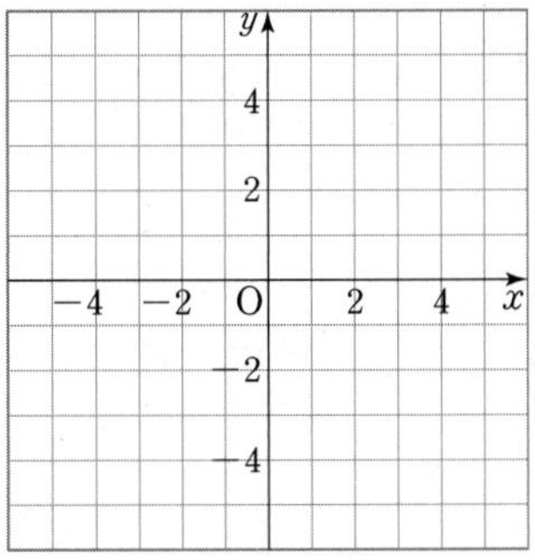

> $x^2+x-2<0$은
> $y=x^2+x-2$의 그래프에서
> $y<0$인 부분을 만족시키는
> x값의 범위이므로
> $-2<x<1$
>
> 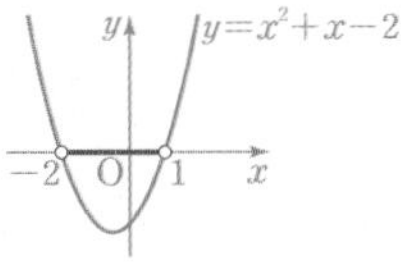
>
>
> ※ '이차부등식' 단원에서 배울 예정.

(3) $y=|x^2+x-2|$의 그래프 그리기

➔ (1), (2)의 그래프를 합치면

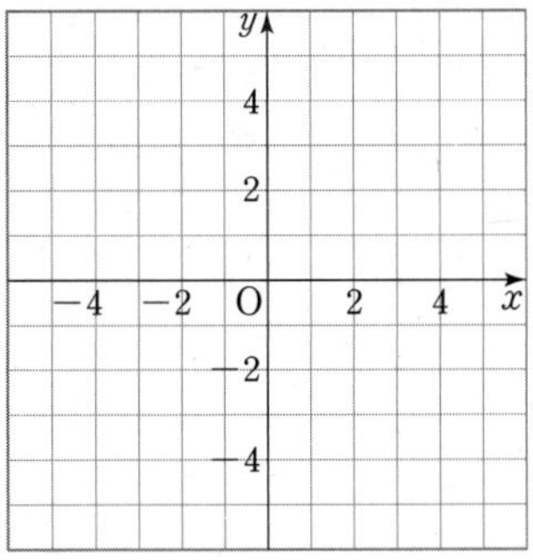

내가 발견한 개념 $y=|f(x)|$의 그래프를 그리는 방법은?

- 함수 $y=|f(x)|$의 그래프는 $y=f(x)$의 그래프에서 y ◯ 0인 부분은 그대로 두고, y ◯ 0인 부분을 ☐축에 대하여 대칭이동한다.

$y=f(|x|)$의 그래프

3 $y=|x|-3$

(1) $x\geq0$일 때, 그래프 그리기

➔ $x\geq0$에서 $y=$ ☐

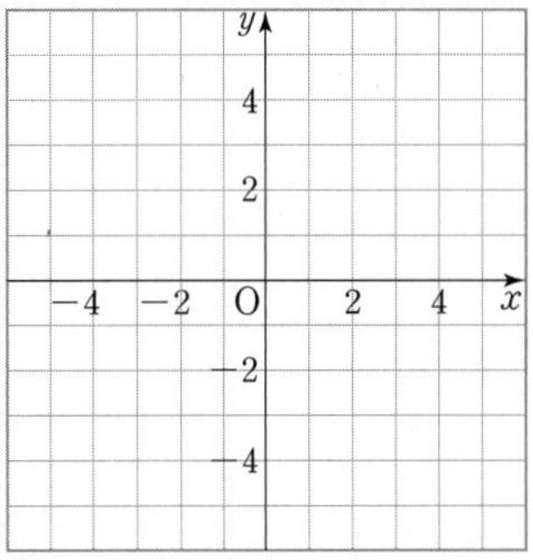

(2) $x<0$일 때, 그래프 그리기

➔ $x<0$에서 $y=$ ☐

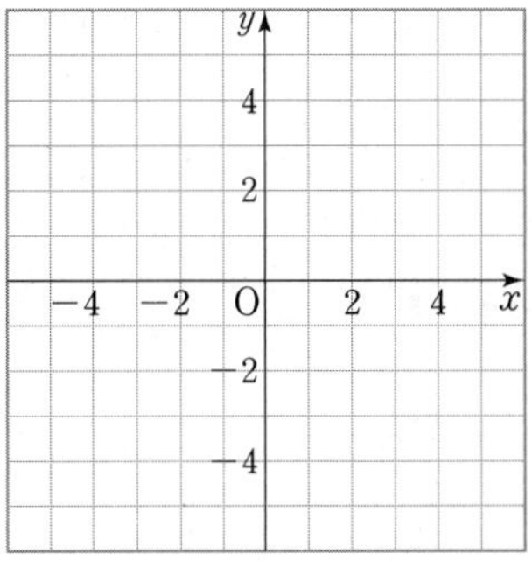

(3) $y=|x|-3$의 그래프 그리기

➔ (1), (2)의 그래프를 합치면

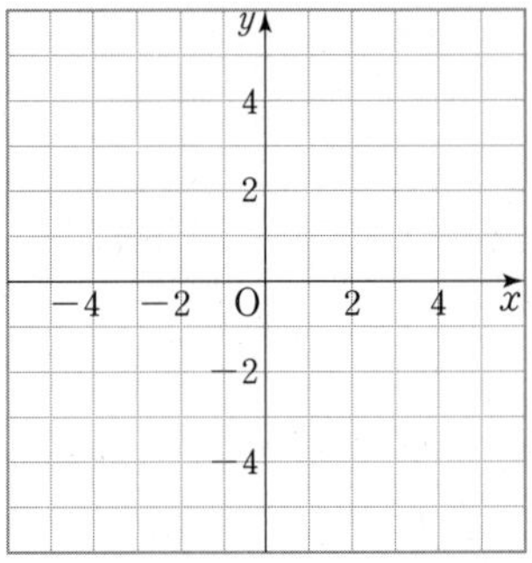

4 $y=|x|^2+|x|-2$

(1) $x\geq 0$일 때, 그래프 그리기

➔ $x\geq 0$에서 $y=$☐

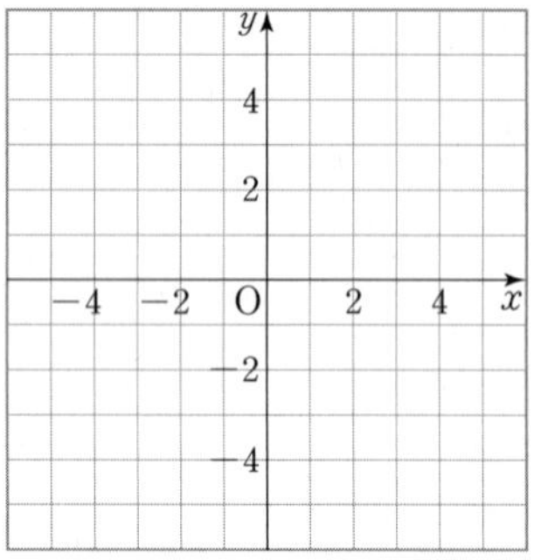

(2) $x<0$일 때, 그래프 그리기

➔ $x<0$에서 $y=$☐

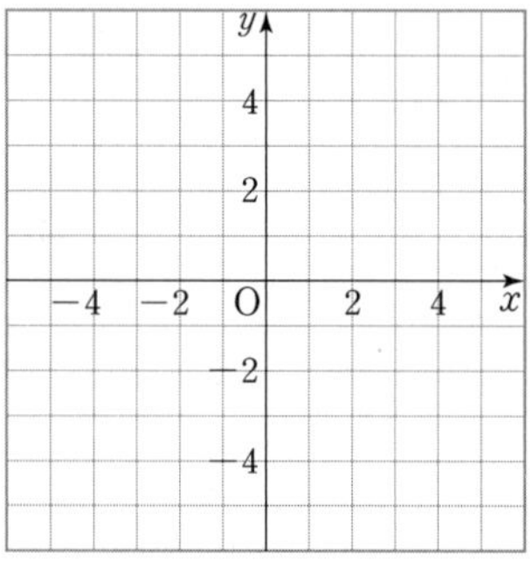

(3) $y=|x|^2+|x|-2$의 그래프 그리기

➔ (1), (2)의 그래프를 합치면

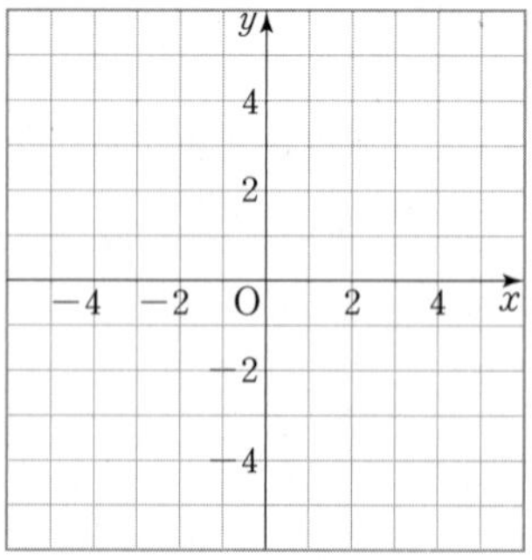

내가 발견한 개념 y=f(|x|)의 그래프를 그리는 방법은?

- 함수 $y=f(|x|)$의 그래프는 $y=f(x)$의 그래프에서 x◯0인 부분은 없애고, x◯0인 부분만 남긴 후 ☐축에 대하여 대칭이동한다.

$|y|=f(x)$의 그래프

5 $|y|=x-3$

(1) $y\geq 0$일 때, 그래프 그리기

➔ $y\geq 0$에서 $y=$☐

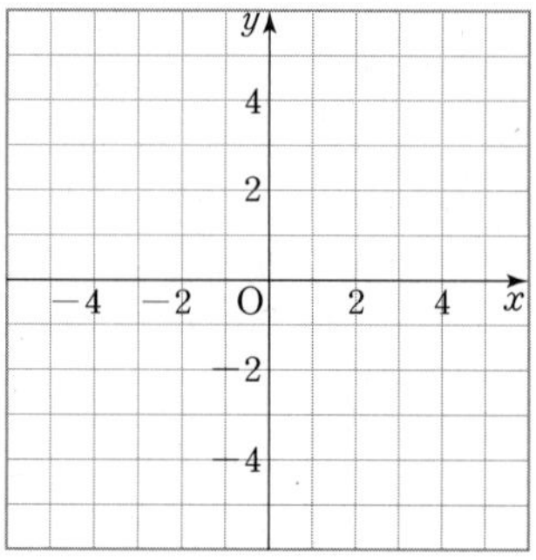

(2) $y<0$일 때, 그래프 그리기

➔ $y<0$에서 $y=$☐

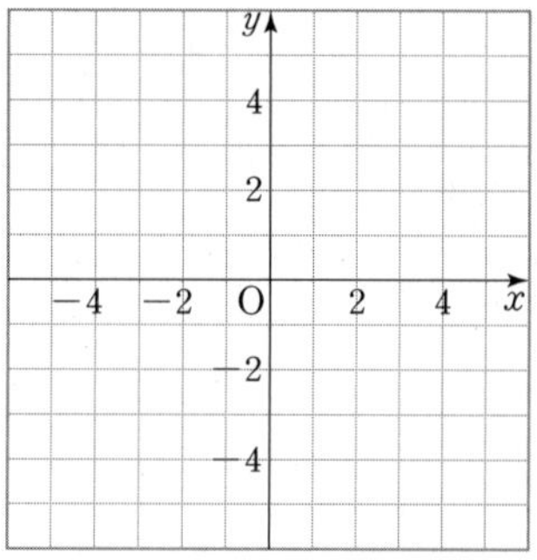

(3) $|y|=x-3$의 그래프 그리기

➔ (1), (2)의 그래프를 합치면

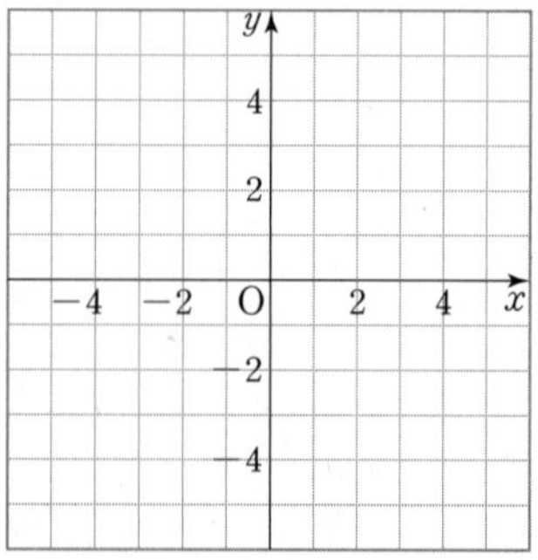

6 $|y|=x^2+x-2$

(1) $y\geq0$일 때, 그래프 그리기

→ $y\geq0$에서 $y=$ ☐

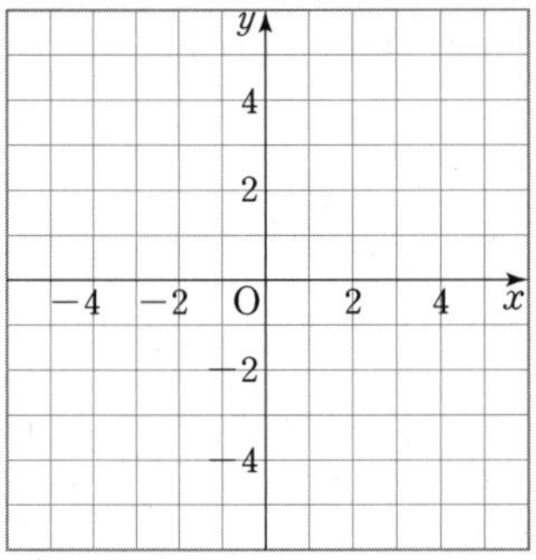

(2) $y<0$일 때, 그래프 그리기

→ $y<0$에서 $y=$ ☐

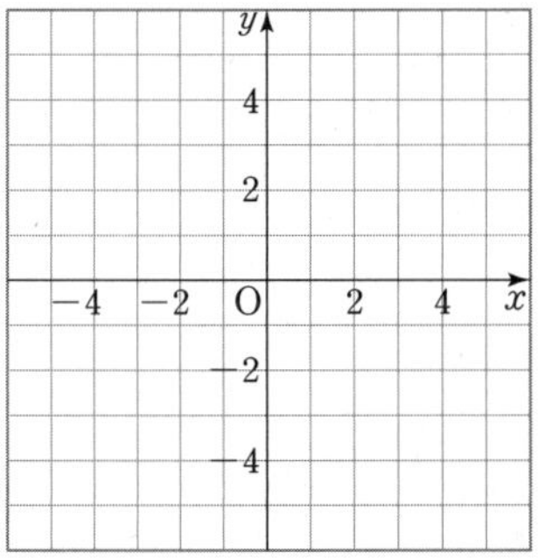

(3) $|y|=x^2+x-2$의 그래프 그리기

→ (1), (2)의 그래프를 합치면

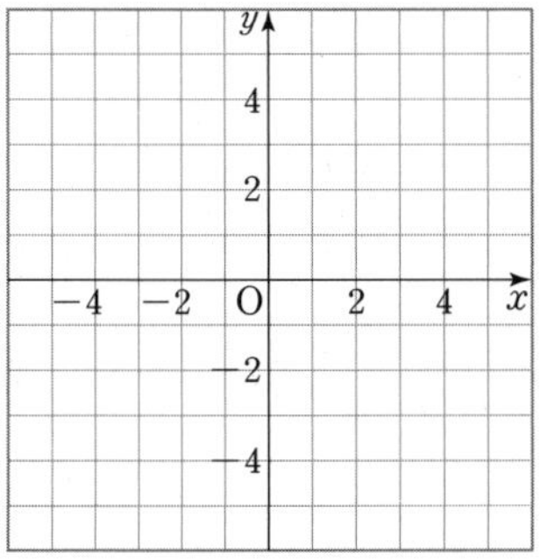

내가 발견한 개념 $|y|=f(x)$의 그래프를 그리는 방법은?

- 식 $|y|=f(x)$의 그래프는 $y=f(x)$의 그래프에서 y ◯ 0인 부분을 없애고, y ◯ 0인 부분만 남긴 후 ☐축에 대하여 대칭이동한다.

$|y|=f(|x|)$의 그래프

7 $|x|+|y|=3$

(1) $x\geq0$, $y\geq0$일 때, 그래프 그리기

→ $x\geq0$, $y\geq0$에서 $y=$ ☐

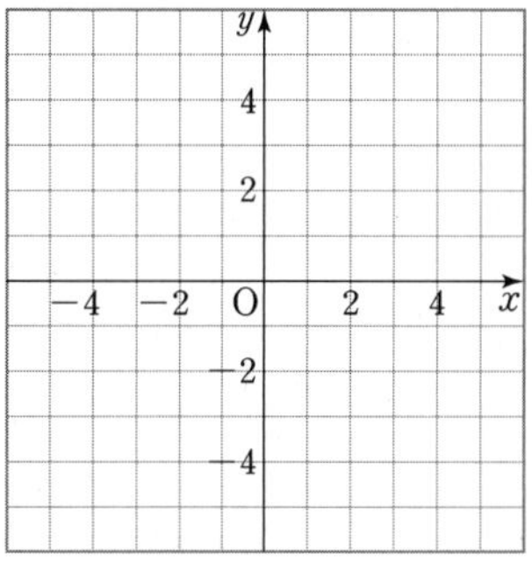

(2) $x\geq0$, $y<0$일 때, 그래프 그리기

→ $x\geq0$, $y<0$에서 $y=$ ☐

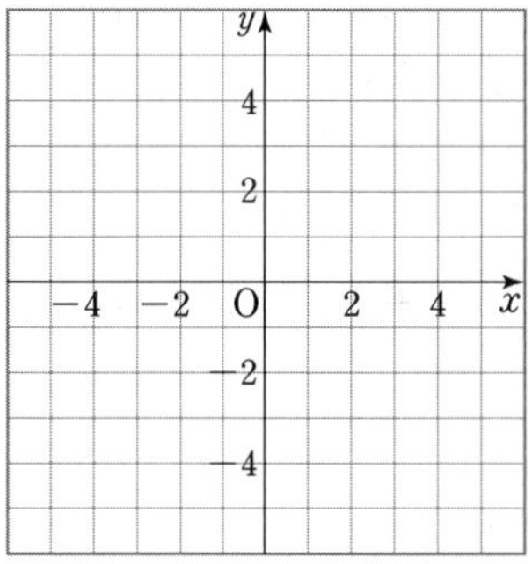

(3) $x<0$, $y\geq0$일 때, 그래프 그리기

→ $x<0$, $y\geq0$에서 $y=$ ☐

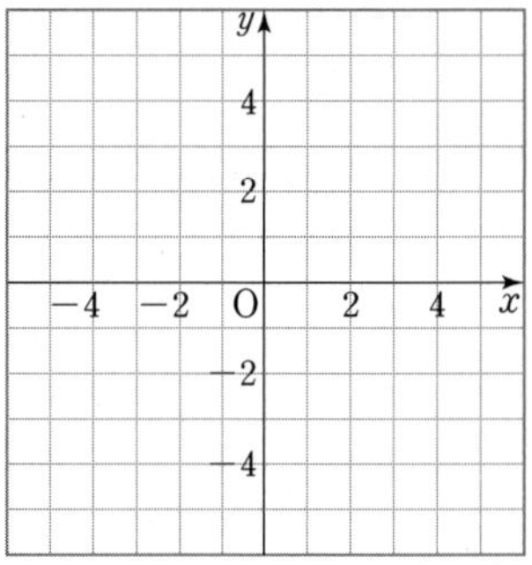

(4) $x<0$, $y<0$일 때, 그래프 그리기

➜ $x<0$, $y<0$에서 $y=$ □

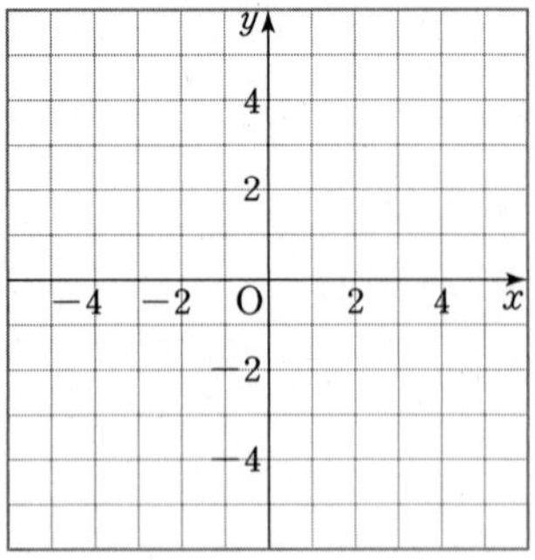

(5) $|x|+|y|=3$의 그래프 그리기

➜ (1), (2), (3), (4)의 그래프를 합치면

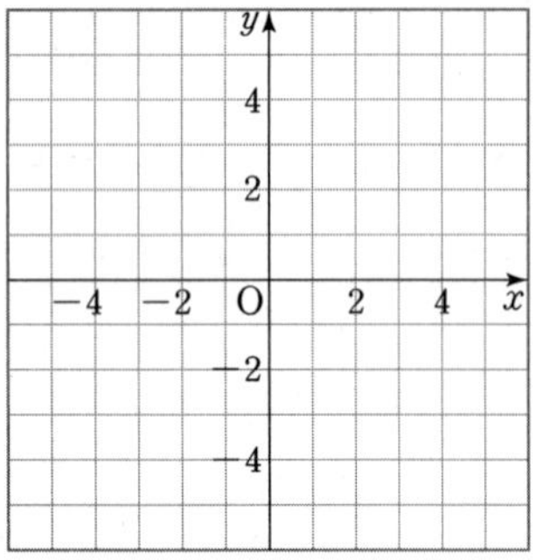

8 $|y|=|x|^2+|x|-2$

(1) $x\geq0$, $y\geq0$일 때, 그래프 그리기

➜ $x\geq0$, $y\geq0$에서 $y=$ □

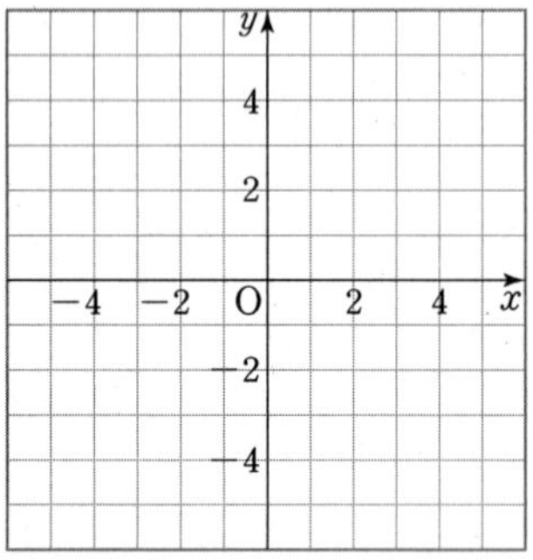

(2) $x\geq0$, $y<0$일 때, 그래프 그리기

➜ $x\geq0$, $y<0$에서 $y=$ □

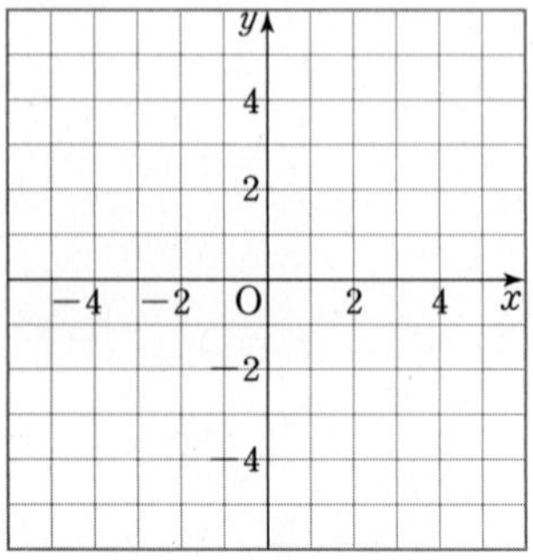

(3) $x<0$, $y\geq0$일 때, 그래프 그리기

➜ $x<0$, $y\geq0$에서 $y=$ □

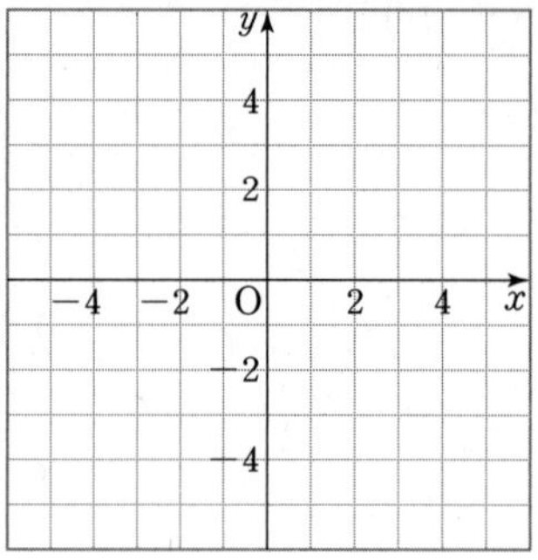

(4) $x<0$, $y<0$일 때, 그래프 그리기

➜ $x<0$, $y<0$에서 $y=$ □

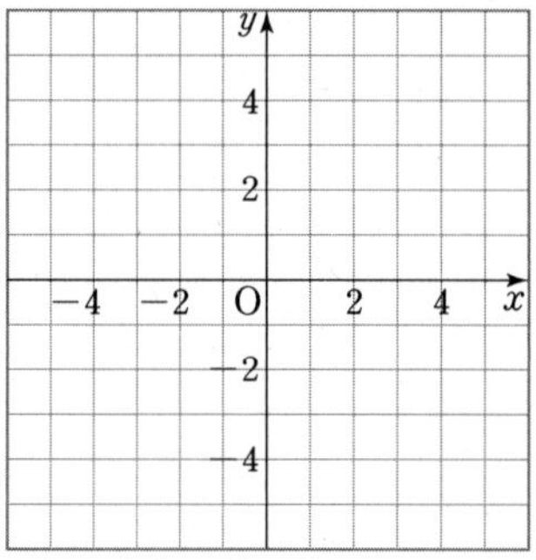

(5) $|y|=|x|^2+|x|-2$의 그래프 그리기

➜ (1), (2), (3), (4)의 그래프를 합치면

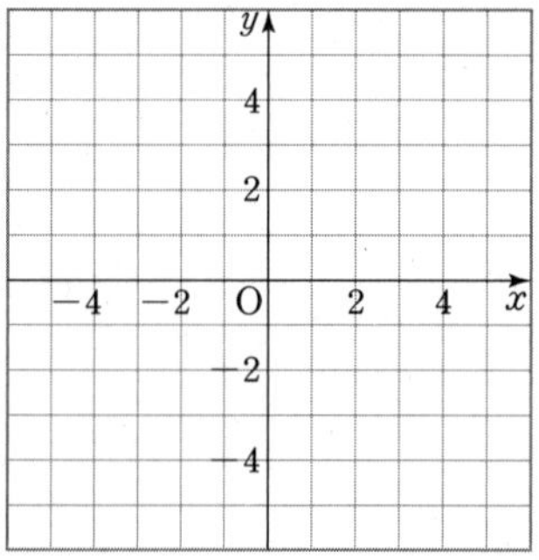

내가 발견한 개념 $|y|=f(|x|)$의 그래프를 그리는 방법은?

- 식 $|y|=f(|x|)$의 그래프는 $y=f(x)$의 그래프에서 x ◯ 0, y ◯ 0인 부분만 남긴 후 x축, □축 및 □에 대하여 각각 대칭이동한다.

2nd 절댓값 기호를 포함한 식의 그래프(2)

● **다음 식의 그래프를 그리시오.**

9 $y=|x-1|$

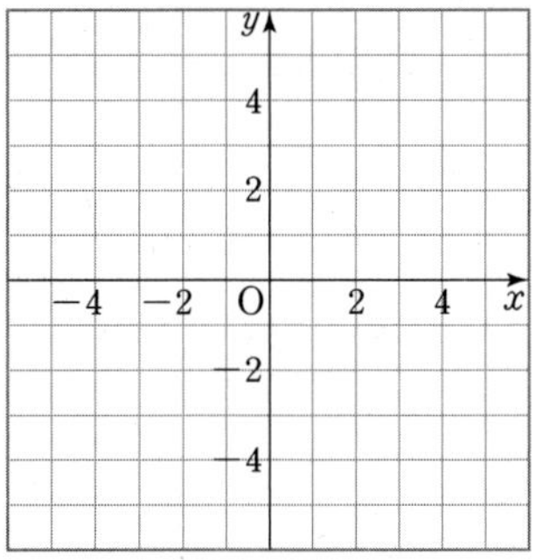

10 $y=|x|-1$

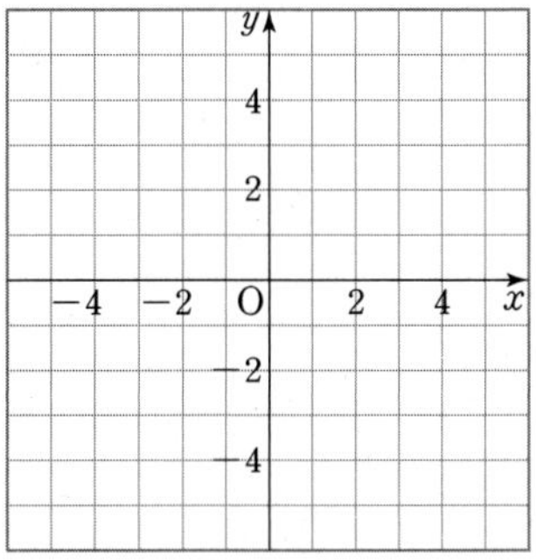

11 $|y|=x-1$

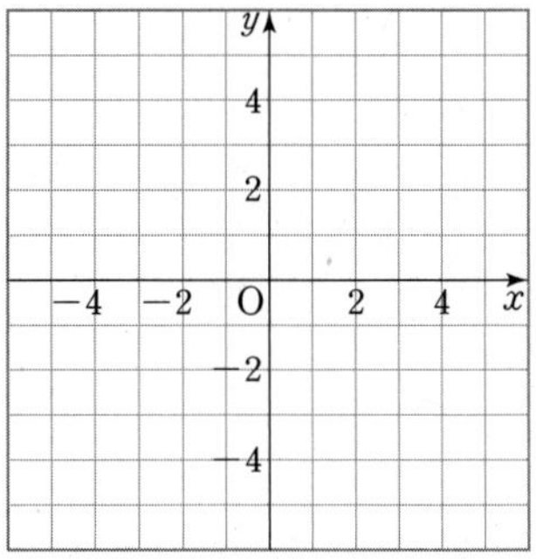

12 $|y|=|x|-1$

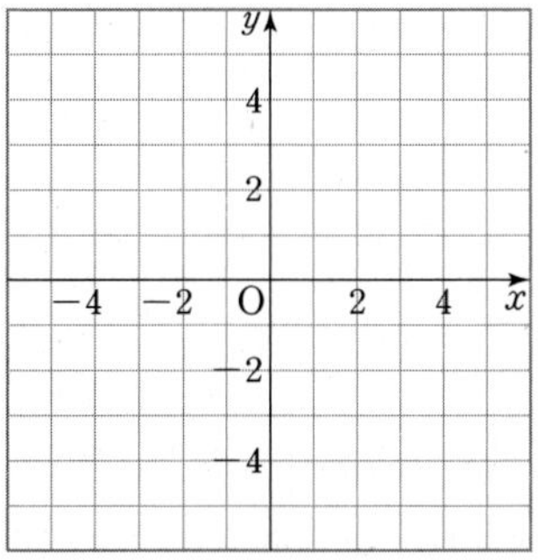

13 $y=|x^2+2x|$

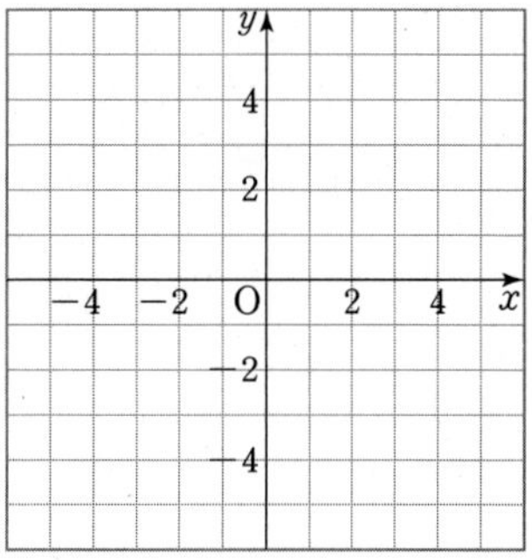

14 $y=|x|^2+2|x|$

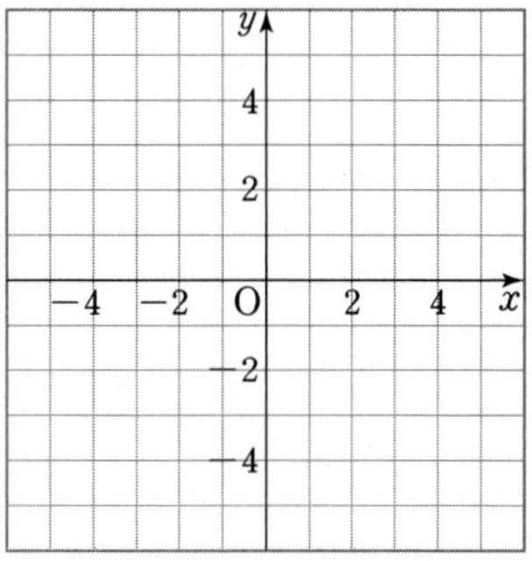

15 $|y|=x^2+2x$

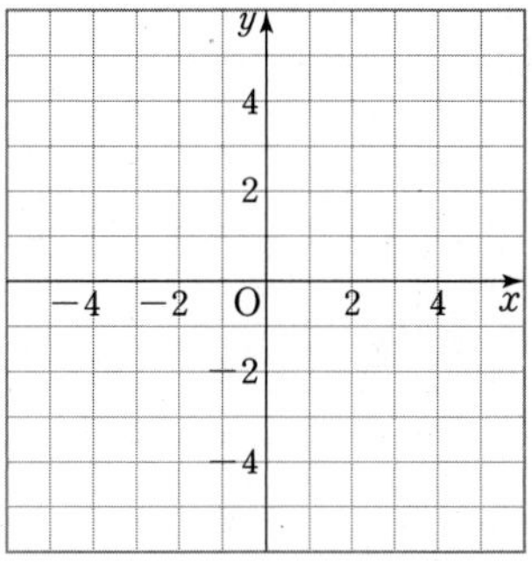

16 $|y|=|x|^2+2|x|$

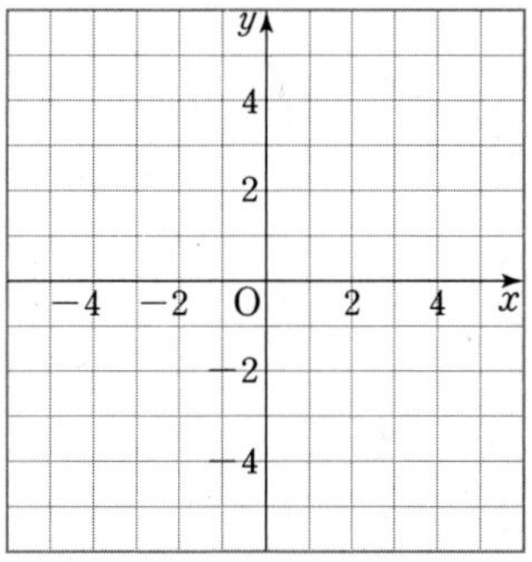

06 그래프와 x축의 교점의 x좌표는 실근!

이차방정식과 이차함수의 관계

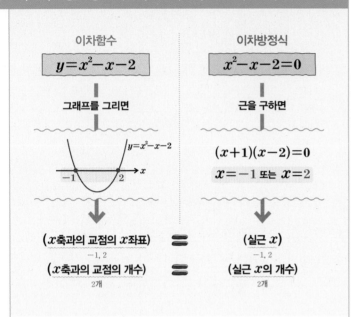

이차함수	이차방정식
$y=x^2-x-2$	$x^2-x-2=0$
그래프를 그리면	근을 구하면
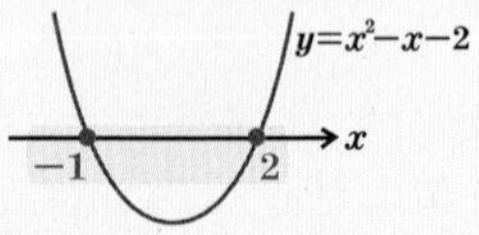	$(x+1)(x-2)=0$ $x=-1$ 또는 $x=2$
(x축과의 교점의 x좌표) −1, 2	= (실근 x) −1, 2
(x축과의 교점의 개수) 2개	= (실근 x의 개수) 2개

• 이차방정식과 이차함수의 관계

① 이차함수 $y=ax^2+bx+c$의 그래프와 x축의 교점의 x좌표는 이차방정식 $ax^2+bx+c=0$의 실근과 같다.

② 이차함수 $y=ax^2+bx+c$의 그래프와 x축의 교점의 개수는 이차방정식 $ax^2+bx+c=0$의 실근의 개수와 같다.

원리확인 다음 □ 안에 알맞은 수를 써넣으시오.

❶ 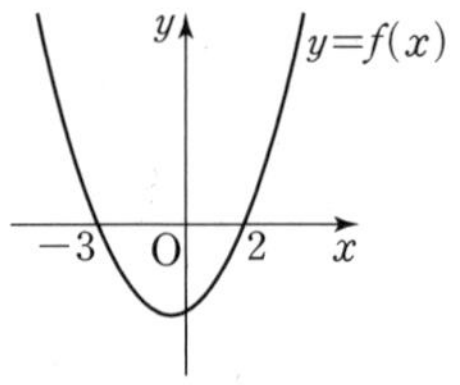

→ 방정식 $f(x)=0$의 실근은 $x=$□ 또는 $x=$□

❷ 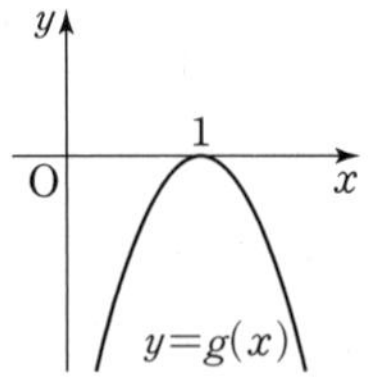

→ 방정식 $g(x)=0$의 실근은 $x=$□

1st — 이차함수의 그래프와 x축의 교점의 이해

● 다음 이차함수의 그래프와 x축의 교점의 x좌표를 구하시오.

1 $y=x^2+8x+12$

→ 이차방정식 $x^2+8x+12=0$에서

$(x+$□$)(x+2)=0$이므로

$x=$□ 또는 $x=-2$

따라서 교점의 x좌표는 □, -2

2 $y=x^2-x-20$

3 $y=-2x^2-5x+3$

4 $y=9x^2-1$

5 $y=16x^2+8x+1$

내가 발견한 개념 이차함수의 그래프와 x축의 관계는?

• 이차함수 $y=ax^2+bx+c$의 그래프가 x축과 만나는 점의 x좌표는 이차함수의 식에 $y=$□을 대입한 이차방정식 $ax^2+bx+c=0$의 실근과 같다.

● 다음 이차함수의 그래프와 x축의 두 교점을 A, B라 할 때, $\overline{AB}$의 길이를 구하시오.

6 $y=x^2+5x-24$

x축 위의 두 점 A$(\alpha, 0)$, B$(\beta, 0)$ 사이의 거리 → $\overline{AB}=|\alpha-\beta|=|\beta-\alpha|$

→ 이차방정식 $x^2+5x-24=0$에서

$(x+\square)(x-\square)=0$이므로

$x=\square$ 또는 $x=\square$

따라서 두 점 A, B의 좌표는 $(\square, 0)$, $(3, 0)$이므로

$\overline{AB}=|3-(\square)|=\square$

7 $y=-x^2+16$

8 $y=x^2+9x$

9 $y=-x^2+7x+18$

10 $y=-4x^2+3x+1$

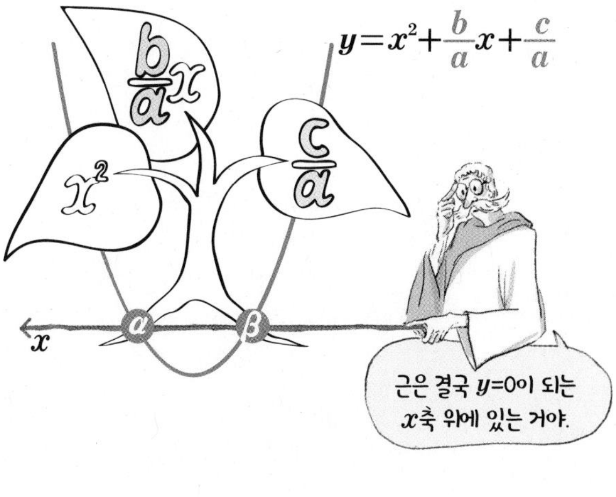

2nd 이차함수의 그래프와 x축의 교점을 이용하여 구하는 미지수의 값

● 다음을 만족시키는 상수 p, q의 값을 구하시오.

11 이차함수 $y=x^2+px+q$의 그래프와 x축의 교점의 x좌표가 -3, 5이다.

→ $y=(x+\square)(x-\square)$이므로

$y=x^2-\square x-\square$

따라서 $p=\square$, $q=\square$

12 이차함수 $y=x^2+px+q$의 그래프와 x축의 교점의 x좌표가 7, 8이다.

13 이차함수 $y=2x^2+px+q$의 그래프와 x축의 교점의 x좌표가 -9, -5이다.

→ $y=2(x+9)(x+\square)$이므로

$y=2(x^2+\square x+\square)$

$=2x^2+\square x+\square$

따라서 $p=\square$, $q=\square$

14 이차함수 $y=-3x^2+px+q$의 그래프와 x축의 교점의 x좌표가 -6뿐이다.

개념모음문제

15 이차함수 $y=2x^2-4x-5$의 그래프와 x축의 교점의 x좌표가 α, β일 때, $\alpha^3+\beta^3$의 값은?

① 17　② 19　③ 21
④ 23　⑤ 25

07 판별식 D의 부호로 알 수 있는!

이차방정식의 해와 이차함수의 그래프

이차함수 $y=ax^2+bx+c$ $(a>0)$ 의 그래프와

x축 $\longrightarrow x$ 의 위치 관계는

$ax^2+bx+c=0$의 근을 판별!

이차방정식 $ax^2+bx+c=0$ 의

판별식 D의 부호에 따라 결정된다.

$D=b^2-4ac$

	$D>0$ 이면	$D=0$ 이면	$D<0$ 이면
이차방정식 $ax^2+bx+c=0$ 의 근	서로 다른 두 실근	중근	서로 다른 두 허근
x축과의 교점의 개수	2	1	0
이차함수의 그래프와 x축의 위치 관계	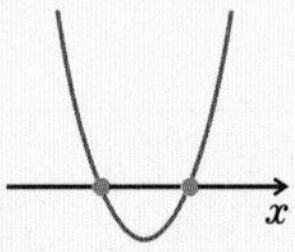 서로 다른 두 점에서 만난다.	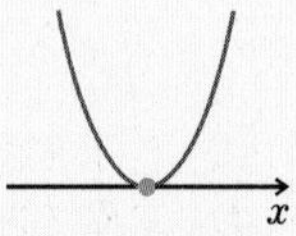 한 점에서 만난다. (접한다.)	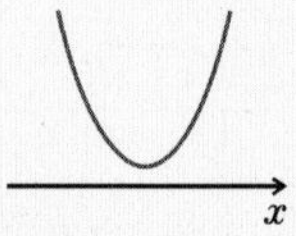 만나지 않는다.

원리확인 다음 이차함수의 그래프에 대하여 빈칸에 알맞은 것을 써넣으시오.

$y=ax^2+bx+c$ $(a<0)$의 그래프	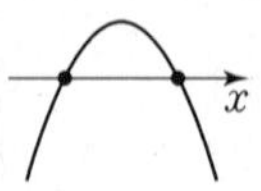	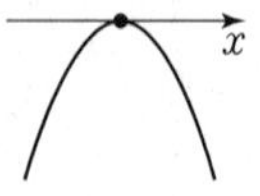	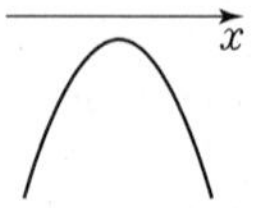
x축과의 교점의 개수			
이차방정식 $ax^2+bx+c=0$ 의 근		중근	

1st — 이차함수의 그래프와 x축의 교점의 개수

● 다음 이차함수의 그래프와 x축의 교점의 개수를 구하시오.

1 $y=4x^2-7x+3$

→ 이차방정식 $4x^2-7x+3=0$의 판별식을 D라 하면

$D=(\square)^2-4\times4\times3=\square$

따라서 D ◯ 0이므로 이차함수의 그래프와 x축의 교점의 개수는

$\square$이다.

2 $y=2x^2-4x+2$

3 $y=-5x^2+x-1$

4 $y=-3x^2+4x+1$

5 $y=-x^2+6x-9$

내가 발견한 개념 이차함수의 그래프가 x축과 만나는 경우 vs x축과 만나지 않는 경우는?

이차함수 $y=ax^2+bx+c$의 그래프가

• x축과 만나는 경우

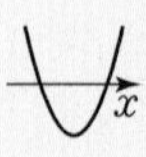 또는 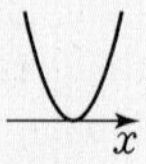 이므로 D ◯ 0

D>0 D=0

• x축과 만나지 않는 경우

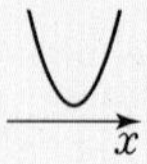 이므로 D ◯ 0

2nd 이차함수의 그래프와 x축의 위치 관계를 이용하여 구하는 미지수의 값

● 주어진 이차함수의 그래프와 x축의 위치 관계가 다음과 같을 때, 실수 k의 값 또는 k의 값의 범위를 구하시오.

6 $y=x^2+3x+k$

(1) 서로 다른 두 점에서 만난다.

➜ 이차방정식 $x^2+3x+k=0$의 판별식을 D라 하면

$D=\square^2-4\times1\times k=\square$ ⋯⋯ ㉠

이차함수의 그래프가 x축과 서로 다른 두 점에서 만나려면

D ◯ 0이어야 하므로 $\square$ ◯ 0

따라서 $k<\square$

(2) 한 점에서 만난다.

➜ 이차함수의 그래프가 x축과 한 점에서 만나려면

㉠에서 D ◯ 0이어야 하므로 $\square$ ◯ 0

따라서 $k=\square$

(3) 만나지 않는다.

➜ 이차함수의 그래프가 x축과 만나지 않으려면

㉠에서 D ◯ 0이어야 하므로 $\square$ ◯ 0

따라서 $k>\square$

● 다음 이차함수의 그래프와 x축의 위치 관계가 [ ] 안과 같을 때, 실수 k의 값 또는 k의 값의 범위를 구하시오.

8 $y=x^2+6x+k$ [서로 다른 두 점에서 만난다.]

9 $y=-4x^2+2kx-1$ [한 점에서 만난다.]

10 $y=-x^2-5x+3k$ [만나지 않는다.]

11 $y=x^2-4x+k$ [만난다.]

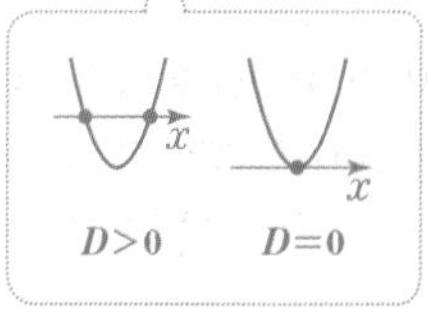

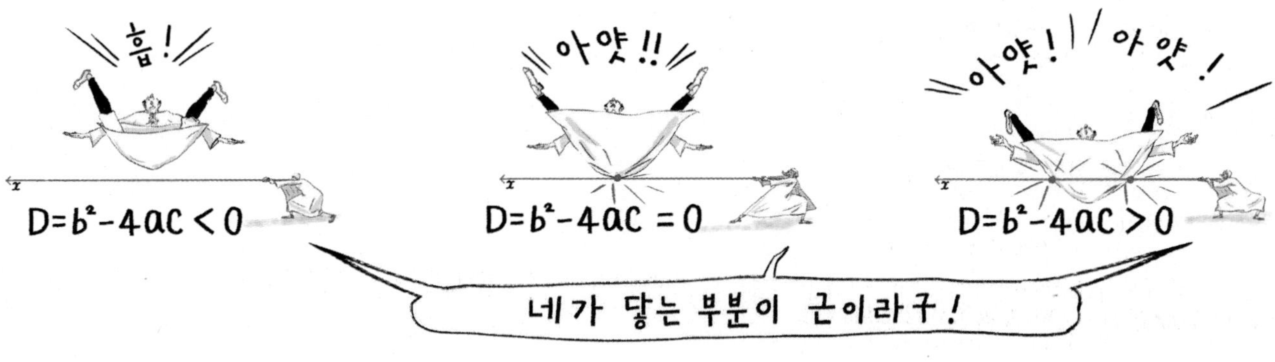

7 $y=-x^2+2x-k$

(1) 서로 다른 두 점에서 만난다.

(2) 한 점에서 만난다.

(3) 만나지 않는다.

개념모음문제

12 이차함수 $y=x^2-2kx+k+2$의 그래프는 x축과 한 점에서 만나고, 이차함수 $y=x^2-x-k$의 그래프는 x축과 서로 다른 두 점에서 만나도록 하는 실수 k의 값은?

① -2 ② -1 ③ 0
④ 1 ⑤ 2

08

판별식 D의 부호로 알 수 있는!

이차함수의 그래프와 직선의 위치 관계

이차함수 $y=ax^2+bx+c$ $(a>0)$ 의 그래프와

직선 $y=mx+n$ 의 위치 관계는

$ax^2+bx+c=mx+n$의 근을 판별!

이차방정식 $ax^2+(b-m)x+c-n=0$ 의

판별식 D의 부호에 따라 결정된다.

$D=(b-m)^2-4a(c-n)$

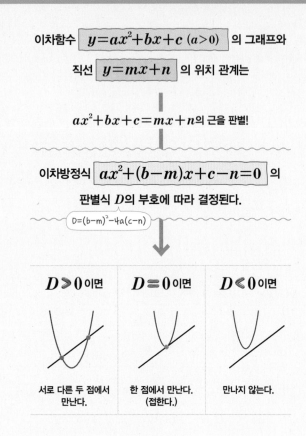

$D>0$이면	$D=0$이면	$D<0$이면
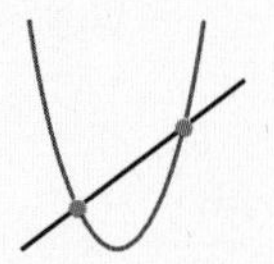	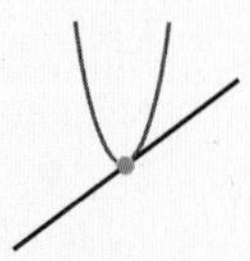	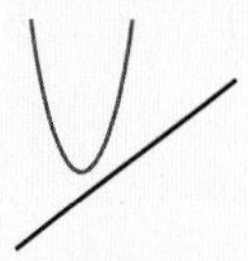
서로 다른 두 점에서 만난다.	한 점에서 만난다. (접한다.)	만나지 않는다.

• 이차함수 $y=ax^2+bx+c$의 그래프와 직선 $y=mx+n$이 만나는 점의 x좌표는 이차방정식 $ax^2+bx+c=mx+n$, 즉 $ax^2+(b-m)x+c-n=0$의 실근과 같다.

참고 일반적으로 두 함수 $y=f(x)$, $y=g(x)$의 그래프의 교점의 개수는 방정식 $f(x)=g(x)$의 서로 다른 실근의 개수와 같다.

원리확인 다음 □ 안에 알맞은 수를 써넣으시오.

❶ 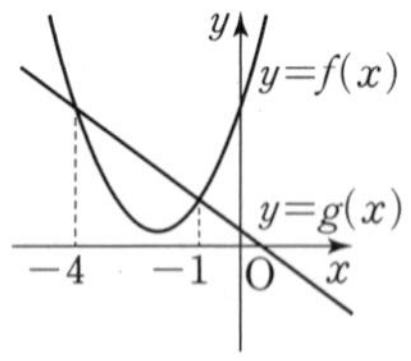

→ 방정식 $f(x)=g(x)$의 실근은 $x=$ □ 또는 $x=$ □

❷ 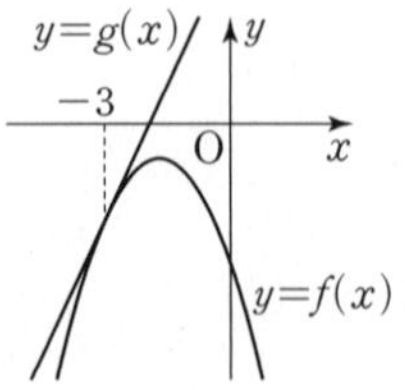

→ 방정식 $f(x)=g(x)$의 실근은 $x=$ □ (중근)

1st 이차함수의 그래프와 직선의 교점의 좌표

● 다음 이차함수의 그래프와 직선의 교점의 좌표를 구하시오.

1 $y=x^2-3x+1$, $y=2x-5$

→ 이차함수 $y=x^2-3x+1$의 그래프와 직선 $y=2x-5$의 교점의 x좌표는 이차방정식 $x^2-3x+1=$ □, 즉

□ $=0$의 실근과 같으므로

$(x-2)(x-$ □ $)=0$

즉 $x=2$ 또는 $x=$ □ ...... ㉠

따라서 교점의 좌표는 $(2,$ □ $)$, $($ □ $,$ □ $)$이다.

㉠을 $y=x^2-3x+1$ 또는 $y=2x-5$에 대입해서 교점의 좌표를 각각 구한다.

2 $y=x^2+2x$, $y=3x+2$

3 $y=2x^2-10x+17$, $y=6x-15$

4 $y=-x^2$, $y=3x-4$

5 $y=-2x^2+3x-2$, $y=-5x+6$

2nd 이차함수의 그래프와 직선의 위치 관계

● 다음 이차함수의 그래프와 직선의 위치 관계를 말하시오.

6 $y=x^2+2x+7$, $y=-3x+5$

→ 이차방정식 $x^2+2x+7=$ ☐, 즉

☐ $=0$의 판별식을 D라 하면

$D=$ ☐$^2-4\times1\times2=$ ☐

따라서 D ◯ 0이므로 주어진 이차함수의 그래프와 직선은

☐ 에서 만난다.

7 $y=2x^2-6x+\frac{1}{2}$, $y=-4x$

8 $y=3x^2-x+4$, $y=8x-3$

9 $y=-x^2+x-1$, $y=2x-3$

10 $y=-x^2+7x+2$, $y=-3x+27$

11 $y=-5x^2+4x+3$, $y=3x+4$

내가 발견한 개념 — 이차함수의 그래프와 직선의 교점의 관계는?

• 이차함수 $y=ax^2+bx+c$의 그래프와 직선 $y=mx+n$에 대하여

교점의 x좌표 • • $ax^2+bx+c=mx+n$의 실근의 개수

교점의 개수 • • $ax^2+bx+c=mx+n$의 실근

곡선 모양으로 움직이는 물체가
곡선 위의 점 A에 한없이 가까이 갈 때
두 점을 지나는 직선의 기울기는 한 점 A에서의 접선의 기울기와
운동하는 물체의 점 A에서의 순간변화율과 같다고 본다.

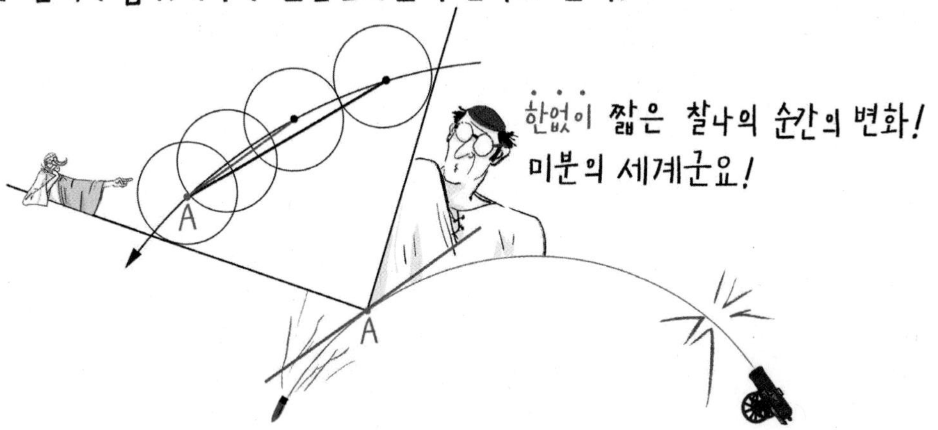

A
A
한없이 짧은 찰나의 순간의 변화!
미분의 세계군요!

3rd 이차함수의 그래프와 직선의 위치 관계를 이용하여 구하는 미지수의 값

● **다음 주어진 이차함수의 그래프와 직선 $y=-2x+1$의 위치 관계가 [ ] 안과 같을 때, 실수 k의 값 또는 k의 값의 범위를 구하시오.**

12 $y=x^2+2x+k+5$ [서로 다른 두 점에서 만난다.]

➔ 이차함수 $y=x^2+2x+k+5$의 그래프와 직선 $y=-2x+1$이 서로 다른 두 점에서 만나려면 이차방정식

$x^2+2x+k+5=-2x+1$, 즉 $\square=0$이 서로 다른 두 실근을 가져야 하므로 이 이차방정식의 판별식을 D라 하면

$\frac{D}{4}=\square \bigcirc 0$

따라서 $k<\square$

13 $y=-2x^2+kx-1$ [한 점에서 만난다.]

14 $y=-x^2+x+k$ [만나지 않는다.]

15 $y=x^2-6x+k-1$ [적어도 한 점에서 만난다.]

> 적어도 한 점에서 만나는 경우는 다음과 같다.
> (i) 한 점에서 만나는 경우($D=0$)
> (ii) 서로 다른 두 점에서 만나는 경우($D>0$)
> 따라서 $D\geq 0$인 경우이다.

16 $y=-2x^2-5x+k+2$ [접한다.]

내가 발견한 개념 이차함수의 그래프와 직선의 위치 관계에 따른 판별식은?

만나지 않는다. •	• D>0
한점에서 만난다.(접한다.) •	• D≥0
적어도 한 점에서 만난다. •	• D=0
서로 다른 두 점에서 만난다. •	• D<0

● **다음 주어진 이차함수의 그래프와 직선 $y=ax+b$가 k의 값에 관계없이 접할 때, 상수 a, b의 값을 구하시오.**

> k에 대한 항등식이므로 $\square\times k+\triangle=0$에서 $\square=0$, $\triangle=0$임을 이용한다.

17 $y=x^2+2kx+k^2+6k$

➔ 이차함수 그래프와 직선이 접하므로

$x^2+2kx+k^2+6k=\square$, 즉

$x^2+(\square)x+\square=0$

의 판별식을 D라 하면

$D=(\square)^2-4(k^2+6k-b)=0$

$(\square)k+a^2+4b=0$

위 식은 k에 대한 항등식이므로

$\square=0$, $a^2+4b=\square$

따라서 $a=\square$, $b=\square$

18 $y=x^2-2kx+k^2-4$

19 $y=x^2+2kx+k^2-2k$

20 $y=-x^2+kx-\frac{1}{4}k^2+k+2$

4th 이차함수의 그래프와 직선의 위치 관계를 이용하여 구하는 직선의 방정식

● 다음 주어진 조건을 만족시키는 직선의 방정식을 구하시오.

21 이차함수 $y=x^2-3x-4$의 그래프에 접하고,
직선 $y=x$와 평행하다.

> 두 직선 $y=mx+n$, $y=m'x+n'$이 서로 평행하면 기울기는 같고 y절편은 다르다. → $m=m'$, $n\neq n'$

22 이차함수 $y=2x^2+5x+3$의 그래프에 접하고,
직선 $y=x-4$와 평행하다.

23 이차함수 $y=-x^2+3x-1$의 그래프에 접하고,
직선 $y=\frac{1}{3}x-2$와 평행하다.

24 이차함수 $y=x^2+x+3$의 그래프에 접하고,
직선 $y=-x+5$와 평행하다.

25 이차함수 $y=-2x^2+7x-4$의 그래프에 접하고,
직선 $y=-5x+2$와 평행하다.

26 이차함수 $y=x^2+2x-3$의 그래프에 접하고,
직선 $y=-2x+\frac{1}{3}$과 평행하다.

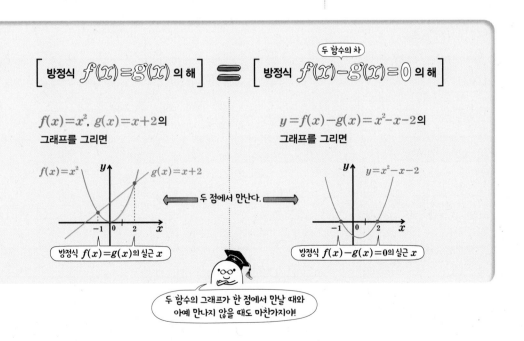

두 함수의 차

[방정식 $f(x)=g(x)$의 해] = [방정식 $f(x)-g(x)=0$의 해]

$f(x)=x^2$, $g(x)=x+2$의 그래프를 그리면

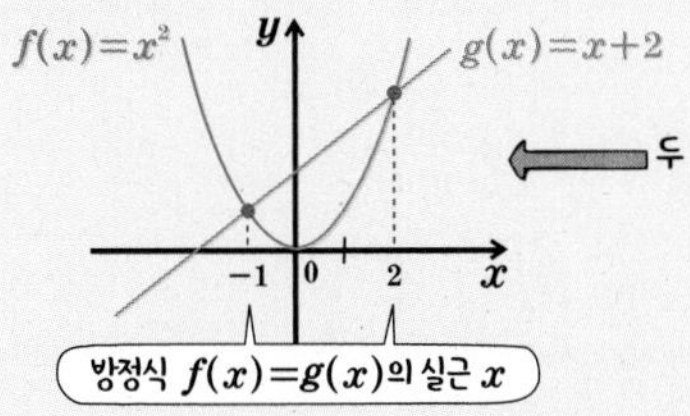

⟸ 두 점에서 만난다. ⟹

$y=f(x)-g(x)=x^2-x-2$의 그래프를 그리면

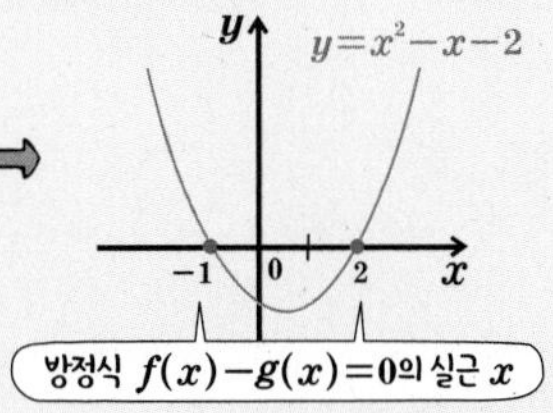

두 함수의 그래프가 한 점에서 만날 때와
아예 만나지 않을 때도 마찬가지야!

05 절댓값 기호를 포함한 식의 그래프

- 절댓값 기호를 포함한 식의 그래프 그리는 방법
  (i) 절댓값 기호 안의 식의 값이 0이 되는 x의 값을 기준으로 x의 값의 범위를 나눈다.
  (ii) 각 범위에서 절댓값 기호를 포함하지 않은 식으로 나타낸다.
  (iii) 각 범위에서 (ii)에서 구한 식의 그래프를 그린다.

1 함수 $y=f(x)$의 그래프가 오른쪽 그림과 같을 때, **보기**에서 주어진 식과 그래프가 바르게 짝지어진 것만을 있는 대로 고른 것은?

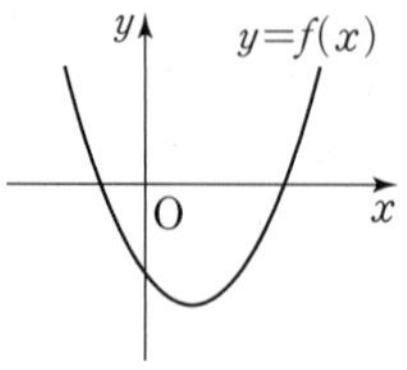

보기

ㄱ. $y=f(|x|)$

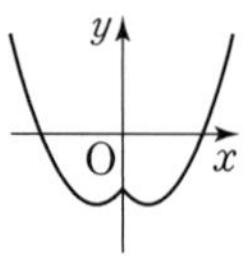

ㄴ. $|y|=f(x)$

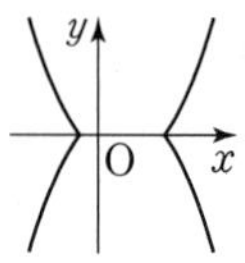

ㄷ. $|y|=f(|x|)$

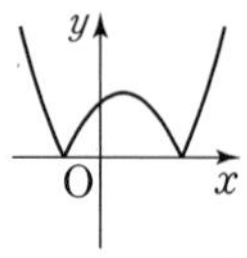

① ㄱ ② ㄷ ③ ㄱ, ㄴ
④ ㄴ, ㄷ ⑤ ㄱ, ㄴ, ㄷ

2 함수 $y=|x^2-2x|$의 그래프와 직선 $y=a$가 서로 다른 세 점에서 만날 때, 상수 a의 값을 구하시오.

3 $|x|+2|y|=8$의 그래프가 나타내는 도형의 넓이는?

① 52 ② 56 ③ 60
④ 64 ⑤ 68

06 이차방정식과 이차함수의 관계

- (이차함수 $y=ax^2+bx+c$의 그래프와 x축의 교점의 x좌표)
  =(이차방정식 $ax^2+bx+c=0$의 실근)

4 이차함수 $y=2x^2+ax+b$의 그래프와 x축의 교점의 x좌표가 -5, 3일 때, 상수 a, b에 대하여 $a-b$의 값은?

① 25 ② 28 ③ 31
④ 34 ⑤ 37

5 이차함수 $y=x^2-3x+k$의 그래프와 x축의 교점의 x좌표가 α, β일 때, $|\alpha-\beta|=7$이 되도록 하는 실수 k의 값은?

① -10 ② -6 ③ -2
④ 2 ⑤ 6

6 이차함수 $y=x^2-2x-4$의 그래프와 x축의 두 교점 사이의 거리는?

① $\sqrt{3}$ ② $\sqrt{5}$ ③ $2\sqrt{3}$
④ $2\sqrt{5}$ ⑤ $3\sqrt{5}$

07 이차방정식의 해와 이차함수의 그래프

	$D>0$이면	$D=0$이면	$D<0$이면
이차방정식 $ax^2+bx+c=0$의 근	서로 다른 두 실근	중근	서로 다른 두 허근
이차함수의 그래프와 x축의 위치 관계	서로 다른 두 점에서 만난다.	한 점에서 만난다. (접한다)	만나지 않는다.

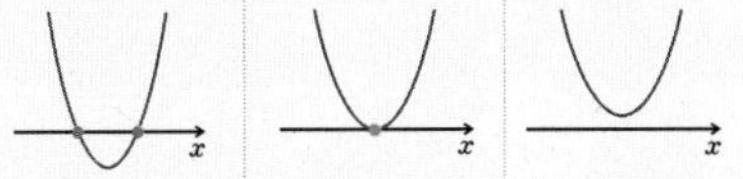

7 이차함수 $y=x^2-2kx+k+6$의 그래프가 x축과 한 점에서 만날 때, 양수 k의 값은?

① 1 ② 2 ③ 3
④ 4 ⑤ 5

8 이차함수 $y=x^2+(2-n)x+\frac{n^2}{4}$의 그래프가 x축과 만나지 않도록 하는 자연수 n의 최솟값은?

① 2 ② 3 ③ 4
④ 5 ⑤ 6

9 이차함수 $y=-x^2+2(k-2)x-k^2+3k+2$의 그래프가 x축과 적어도 한 점에서 만나도록 하는 정수 k의 최댓값은?

① 4 ② 5 ③ 6
④ 7 ⑤ 8

08 이차함수의 그래프와 직선의 위치 관계

$D>0$이면	$D=0$이면	$D<0$이면
서로 다른 두 점에서 만난다.	한 점에서 만난다. (접한다.)	만나지 않는다.

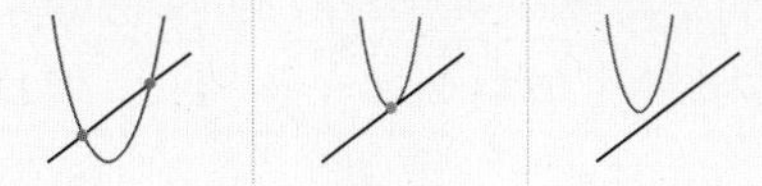

10 이차함수 $y=x^2+ax-3$의 그래프와 직선 $y=-x+b$의 교점의 x좌표가 2, 5일 때, 상수 a, b에 대하여 $a+b$의 값을 구하시오.

11 직선 $y=x+k$가 이차함수 $y=x^2-3x+1$의 그래프와 서로 다른 두 점에서 만나고, 이차함수 $y=x^2-x+4$의 그래프와 만나지 않을 때, 정수 k의 개수는?

① 1 ② 3 ③ 5
④ 7 ⑤ 9

12 이차함수 $y=-x^2+2x+5$의 그래프에 접하고 점 $(-3, 1)$을 지나는 두 직선의 기울기의 곱은?

① 5 ② 10 ③ 15
④ 20 ⑤ 25

09

x^2의 계수의 부호에 따라 달라지는!

이차함수의 최대, 최소

이차함수 $y=a(x-p)^2+q$ 에 대하여

$a>0$ 일 때

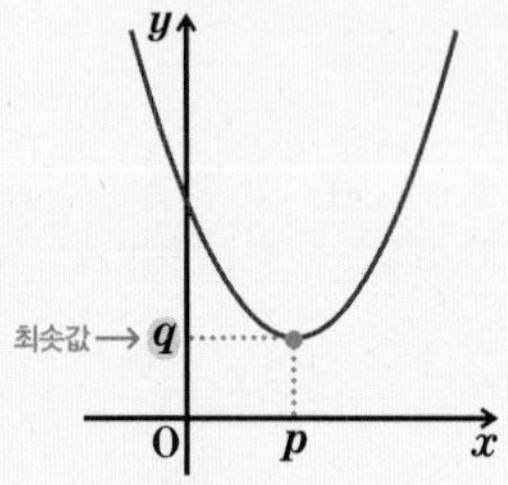

$x=p$에서 최솟값 q를 갖고, 최댓값은 없다.

$a<0$ 일 때

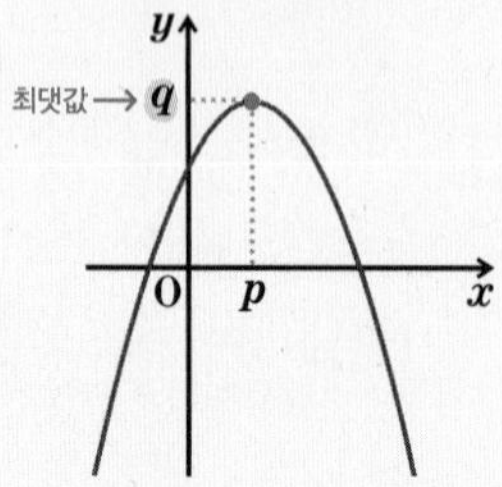

$x=p$에서 최댓값 q를 갖고, 최솟값은 없다.

- **함수의 최댓값과 최솟값**
  - ① 최댓값: 함수의 함숫값 중에서 가장 큰 값
  - ② 최솟값: 함수의 함숫값 중에서 가장 작은 값
- **이차함수의 최댓값과 최솟값**

  이차함수 $y=a(x-p)^2+q$의 최댓값과 최솟값은 a의 부호에 따라 다음과 같다.
  - ① $a>0$일 때, $x=p$에서 최솟값 q를 갖고, 최댓값은 없다.
  - ② $a<0$일 때, $x=p$에서 최댓값 q를 갖고, 최솟값은 없다.

원리확인 이차함수의 그래프가 다음과 같을 때, □ 안에 알맞은 수를 써넣고, 옳은 것에 ○를 하시오.

❶

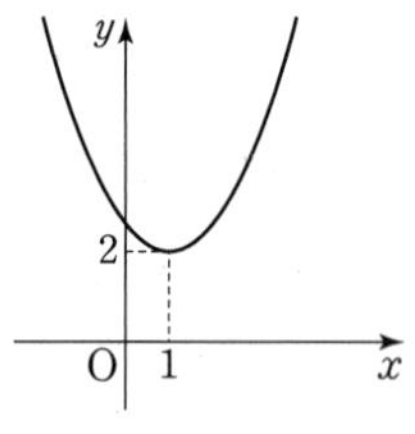

→ 함수 $y=(x-1)^2+2$는 $x=$□에서 (최댓값, 최솟값)을 갖고, 그 값은 □이다.

❷

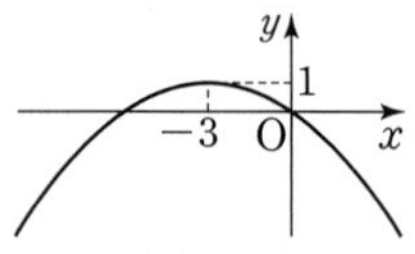

→ 함수 $y=-\frac{1}{9}(x+3)^2+1$은 $x=$□에서 (최댓값, 최솟값)을 갖고, 그 값은 □이다.

1st — 이차함수의 최댓값, 최솟값

● 다음 이차함수의 최댓값과 최솟값을 구하시오.

1 $y=x^2+4x-1$

→ $y=x^2+4x-1=(x+2)^2-$□

최댓값: 없다.

최솟값: □

2 $y=2x^2-8x+9$

완전제곱식 꼴로 고쳐봐!

3 $y=\frac{1}{2}x^2-3x$

4 $y=-x^2+6x+12$

5 $y=-3x^2+6x-2$

내가 발견한 개념 — 이차함수의 최댓값과 최솟값은?

이차함수 $y=a(x-p)^2+q$의 최댓값과 최솟값은 다음과 같다.

	최댓값	최솟값
a>0	없다.	
a<0		

2nd 최댓값, 최솟값을 이용하여 구하는 미지수의 값

● 다음 이차함수의 최댓값 또는 최솟값이 [ ]와 같을 때, 상수 a의 값을 구하시오.

6 $y=x^2-2x+a$ [최솟값 1]

→ $y=x^2-2x+a=(x-1)^2+$ □

이 함수의 최솟값이 □ 이므로 □ $=1$

따라서 $a=$ □

7 $y=3x^2+6x+a-2$ [최솟값 4]

8 $y=x^2+ax$ [최솟값 -9]

9 $y=-x^2+6x+a$ [최댓값 1]

10 $y=-2x^2-4x+2a+3$ [최댓값 3]

11 $y=-\frac{1}{4}x^2+2ax+4$ [최댓값 4]

● 다음 이차함수가 [ ] 안의 조건을 만족시킬 때, 상수 a, b의 값을 구하시오.

12 $y=x^2+ax+b$ [$x=1$에서 최솟값 -2]

→ 주어진 함수의 x^2의 계수가 1이고 $x=1$에서 최솟값 -2를 가지므로

$y=(x-$ □ $)^2+($ □ $)=x^2-$ □ $x-$ □

따라서 $a=$ □, $b=$ □

이차함수 $y=ax^2+bx+c$의 그래프의 꼭짓점의 좌표가 (m, n)이면
$y=ax^2+bx+c=a(x-m)^2+n$

13 $y=-x^2+ax+b$ [$x=4$에서 최댓값 1]

14 $y=3x^2+ax+b$ [$x=0$에서 최솟값 7]

15 $y=-2x^2+ax+b$ [$x=-2$에서 최댓값 -3]

개념모음문제

16 다음 이차함수 중 최솟값이 가장 큰 것은?

① $y=(x-1)^2+2$　② $y=3(x+4)^2-6$

③ $y=x^2-4x$　④ $y=\frac{1}{2}x^2+x-3$

⑤ $y=4x^2+6x+5$

10

범위에 따라 달라지는!

제한된 범위에서의 이차함수의 최대, 최소

$\alpha \le x \le \beta$에서

이차함수 $f(x)=a(x-p)^2+q$ 에 대하여

❶ 꼭짓점의 x좌표가 주어진 범위에 포함될 때,
(x좌표 = p)

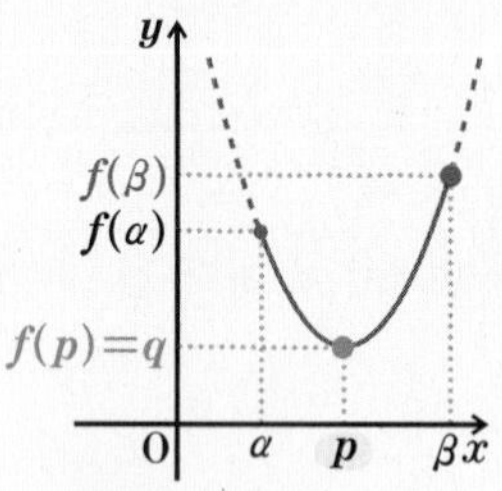

최댓값: $f(\beta)$
최솟값: $f(p)=q$

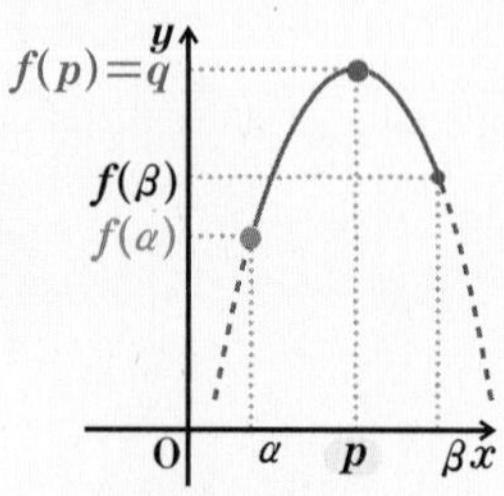

최댓값: $f(p)=q$
최솟값: $f(\alpha)$

❷ 꼭짓점의 x좌표가 주어진 범위에 포함되지 않을 때,
(x좌표 = p)

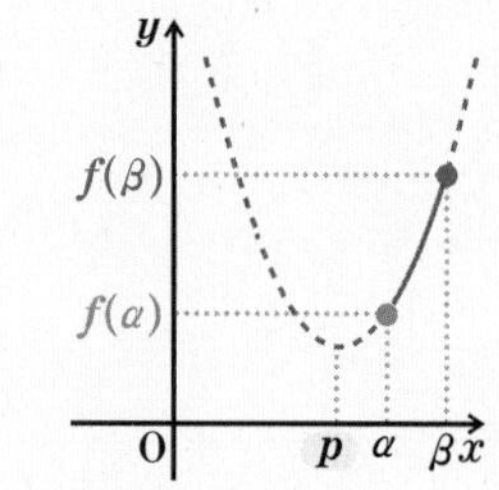

최댓값: $f(\beta)$
최솟값: $f(\alpha)$

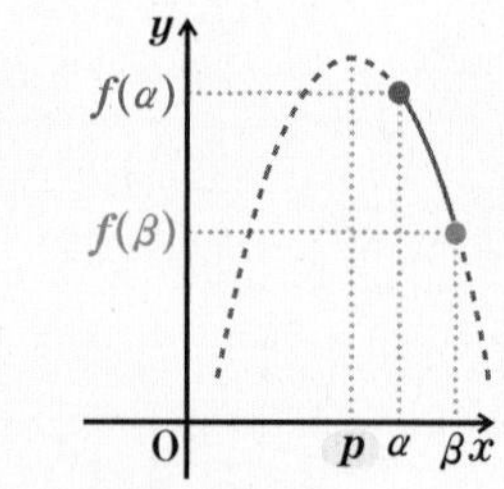

최댓값: $f(\alpha)$
최솟값: $f(\beta)$

원리확인 다음은 주어진 범위에서 이차함수 $y=(x-1)^2+2$의 최댓값과 최솟값을 구하는 과정이다. □ 안에 알맞은 수를 써넣으시오.

❶

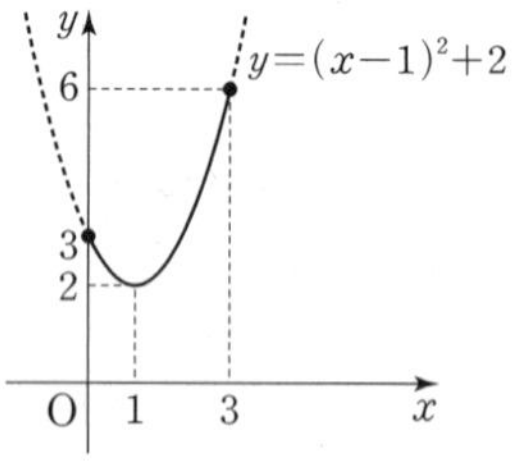

→ $0\le x\le 3$에서 $x=$□ 일 때 최댓값은 □, $x=$□일 때 최솟값은 □이다.

❷

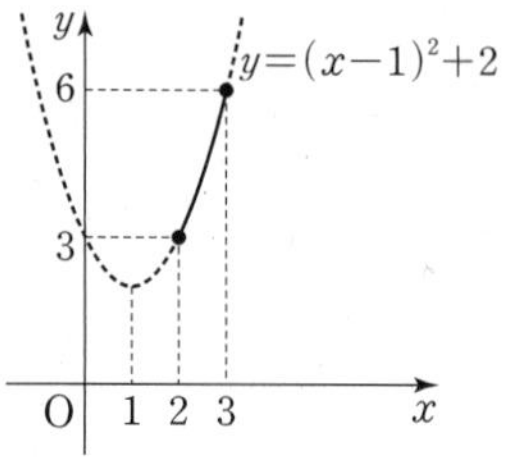

→ $2\le x\le 3$에서 $x=$□ 일 때 최댓값은 □, $x=$□일 때 최솟값은 □이다.

1st — 제한된 범위에서의 이차함수의 최댓값, 최솟값

● x의 값의 범위가 다음과 같을 때, 이차함수 $f(x)$의 최댓값과 최솟값을 구하시오.

1 $f(x)=x^2-6x+6$

(1) $0\le x\le 4$

→ $f(x)=x^2-6x+6=(x-$□$)^2-$□

$0\le x\le 3$에서 $y=f(x)$의 그래프는 오른쪽 그림과 같고

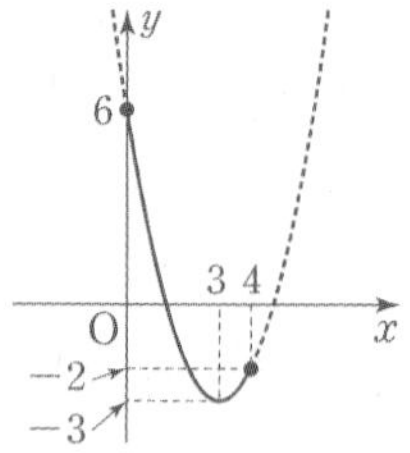

$f(0)=$□, $f(3)=$□,

$f(4)=$□

따라서 $f(x)$의 최댓값은 □, 최솟값은 □이다.

(2) $1\le x\le 2$

(3) $3\le x\le 6$

2 $f(x)=-2x^2-4x+2$

함수 $f(x)$의 그래프를 그려봐!

(1) $0\le x\le 2$

(2) $-1\le x\le 1$

(3) $-2\le x\le 0$

● 다음과 같이 x의 값의 범위가 주어진 이차함수의 최댓값과 최솟값을 각각 구하시오.

3 $f(x)=\frac{1}{2}(x-1)^2-1$ $(-1\le x\le 2)$

→ 최댓값: 최솟값:

4 $f(x)=-(x+2)^2+1$ $(-2\le x\le 0)$

→ 최댓값: 최솟값:

5 $f(x)=x^2-2x+1$ $(2\le x\le 3)$

→ 최댓값: 최솟값:

6 $f(x)=-x^2+6x-3$ $(2\le x\le 6)$

→ 최댓값: 최솟값:

7 $f(x)=-2x^2-4x+5$ $(0\le x\le 1)$

→ 최댓값: 최솟값:

$\alpha\le x\le\beta$일 때,
이차함수 $y=f(x)$의 최댓값이 $f(\alpha)$, 최솟값이 $f(\beta)$이면

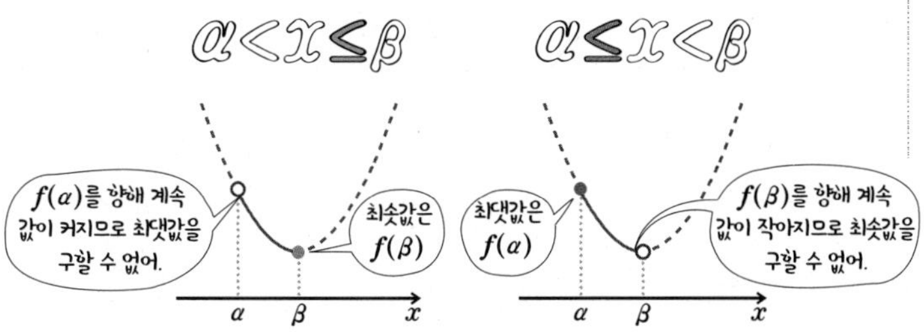

2nd 제한된 범위에서의 이차함수의 최댓값, 최솟값을 이용하여 구하는 미지수의 값

● 다음을 만족시키는 실수 k의 값을 구하시오.

8 $-2\le x\le 0$에서 함수 $f(x)=x^2+2x+k$의 최솟값은 2이다.

→ $f(x)=x^2+2x+k$

$=(x+\square)^2+\square$

$-2\le x\le 0$에서 $y=f(x)$의 그래프는 오른쪽 그림과 같다.

따라서 $x=\square$에서 최솟값 $\square$을 가지므로

$\square=2$

$k=\square$

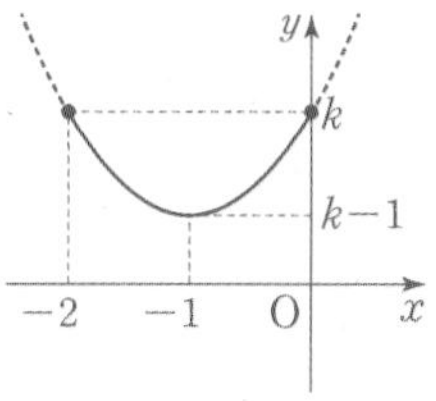

9 $-1\le x\le 1$에서 함수 $f(x)=2x^2+12x+k$의 최솟값은 -3이다.

10 $0\le x\le 3$에서 함수 $f(x)=-x^2+4x+k$의 최댓값은 4이다.

11 $-1\le x\le 0$에서 함수 $f(x)=-3x^2-12x+k$의 최댓값은 0이다.

개념모음문제

12 $-3\le x\le 1$에서 함수 $f(x)=x^2+4x-1$의 최댓값을 M, 최솟값을 m이라 할 때, $M+m$의 값은?

① -2 ② -1 ③ 0

④ 1 ⑤ 2

11 치환된 문자의 값의 범위에 따라 달라지는!

치환을 이용한 이차함수의 최대, 최소

$y=(x^2+4x+2)^2-2(x^2+4x+2)+3$ 의

최솟값을 구하려면

먼저 공통부분을 t로 치환하여 t의 범위 구하기

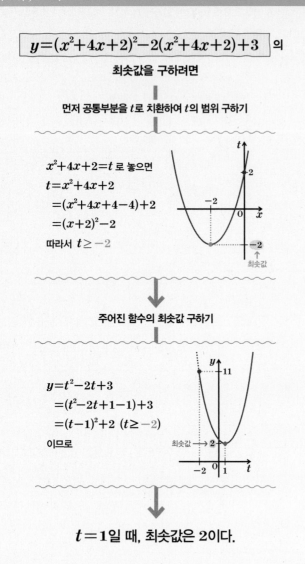

$x^2+4x+2=t$ 로 놓으면

$t=x^2+4x+2$

$=(x^2+4x+4-4)+2$

$=(x+2)^2-2$

따라서 $t\geq-2$

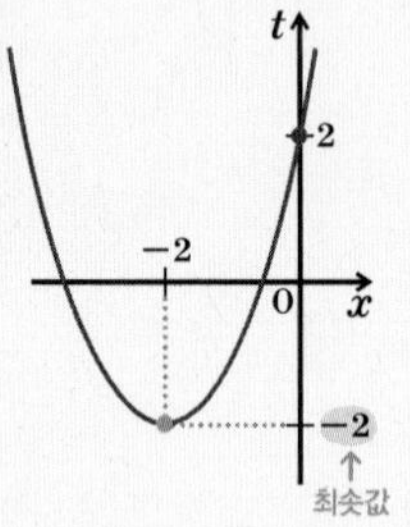

주어진 함수의 최솟값 구하기

$y=t^2-2t+3$

$=(t^2-2t+1-1)+3$

$=(t-1)^2+2\ (t\geq-2)$

이므로

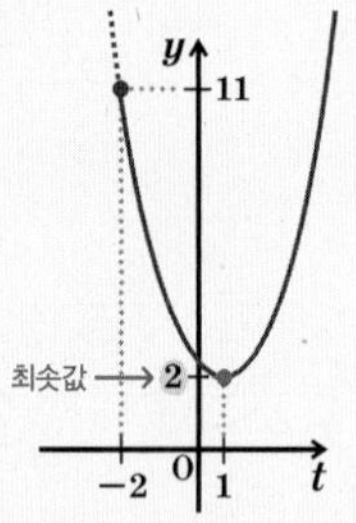

$t=1$일 때, 최솟값은 2이다.

• 공통부분이 있는 경우의 최대, 최소

공통부분이 있으면 공통부분을 t로 치환하여 t에 대한 함수의 최댓값과 최솟값을 구한다. 이때 t의 값의 범위에 주의한다.

1st 치환을 이용한 이차함수의 최댓값

● 다음은 치환을 이용하여 이차함수의 최댓값을 구하는 과정이다. □ 안에 알맞은 것을 써넣으시오.

1 $y=-(x^2+2x+2)^2+2(x^2+2x)+1$

$x^2+2x+2=t$로 놓으면 ← $x^2+2x=t-2$

$t=x^2+2x+2=(x+1)^2+1$이므로 $t\geq1$

주어진 함수는

$y=-(x^2+2x+2)^2+2(x^2+2x)+1$

$=-t^2+2(\square)+1$

$=-t^2+\square t-\square$

$=-(t-\square)^2-\square\ (t\geq1)$

따라서 $t=\square$일 때, 최댓값은 $\square$이다.

● 다음 함수의 최댓값을 구하시오.

2 $y=-(x^2-2x)^2+6(x^2-2x)-3$

$x^2-2x=t$로 놓고 t의 값의 범위를 먼저 찾아봐!

3 $y=-(x^2+8x+10)^2+4(x^2+8x+10)+2$

4 $y=-(3x^2+6x+6)^2-2(3x^2+6x)+1$

$3x^2+6x+6=t$로 놓고 t의 값의 범위에 주의해!

5 $y=-(x^2+4x+5)^2-4(x^2+4x)-1$

6 $y=-(x^2+x+1)^2+2(x^2+x-1)+5$

7 $y=-2(x^2-4x+4)^2+4(x^2-4x)+4$

2nd 치환을 이용한 이차함수의 최솟값

● 다음은 치환을 이용하여 이차함수의 최솟값을 구하는 과정이다. □ 안에 알맞은 것을 써넣으시오.

8 $y=3(x^2-x)^2-6(x^2-x+1)+2$

$x^2-x=t$로 놓으면 ← $x^2-x+1=t+1$

$t=x^2-x=\left(x-\frac{1}{2}\right)^2-\frac{1}{4}$이므로 $t\geq-\frac{1}{4}$

주어진 함수는

$y=3(x^2-x)^2-6(x^2-x+1)+2$

$=3t^2-6(\square)+2$

$=3t^2-\square t-\square$

$=3(t-\square)^2-\square \left(t\geq-\frac{1}{4}\right)$

따라서 $t=\square$일 때, 최솟값은 $\square$이다.

● 다음 함수의 최솟값을 구하시오.

9 $y=(x^2+2x+2)^2-2(x^2+2x-2)+1$

10 $y=(x^2+6x+8)^2+4(x^2+6x+8)-2$

$x^2+6x+8=t$로 놓고 t의 값의 범위에 주의해!

11 $y=(x^2+4x+3)^2+6(x^2+4x)+9$

12 $y=(x^2-2x+1)^2-4(x^2-2x)+5$

13 $y=(3x^2+6x+5)^2-4(3x^2+6x+5)+3$

14 $y=2(x^2-4x)^2+8(x^2-4x+7)-23$

12

완전제곱식 또는 조건을 이용하는!

여러 가지 이차식의 최대, 최소

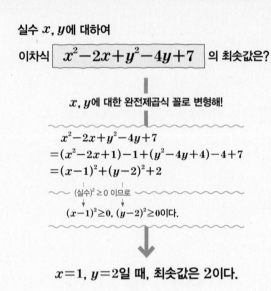

실수 x, y에 대하여

이차식 x^2-2x+y^2-4y+7 의 최솟값은?

x, y에 대한 완전제곱식 꼴로 변형해!

x^2-2x+y^2-4y+7
$=(x^2-2x+1)-1+(y^2-4y+4)-4+7$
$=(x-1)^2+(y-2)^2+2$

(실수)$^2\ge0$ 이므로

$(x-1)^2\ge0$, $(y-2)^2\ge0$이다.

$x=1$, $y=2$일 때, 최솟값은 2이다.

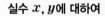

실수 x, y에 대하여

$x+y=3$ 일 때 x^2+4y 의 최솟값은?

조건식 결과식

조건식(일차식)을 결과식(이차식)에 대입해!

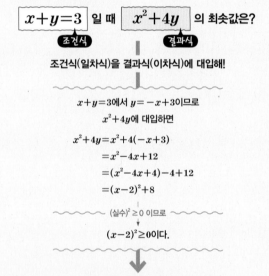

$x+y=3$에서 $y=-x+3$이므로

x^2+4y에 대입하면

$x^2+4y=x^2+4(-x+3)$
$=x^2-4x+12$
$=(x^2-4x+4)-4+12$
$=(x-2)^2+8$

(실수)$^2\ge0$ 이므로

$(x-2)^2\ge0$이다.

$x=2$일 때, 최솟값은 8이다.

- 완전제곱식이 포함된 이차식의 최대, 최소
  ① 실수 x, y의 조건이 있는 x, y에 대한 이차식 $ax^2+by^2+cx+dy+c$의 최댓값과 최솟값은
  ➜ x, y에 대한 완전제곱식 $a(x-l)^2+b(y-m)^2+k$ (a, b, l, m, k는 상수) 꼴로 변형한 후 (실수)$^2\ge0$임을 이용한다.
  ② $a>0$, $b>0$이면 최솟값, $a<0$, $b<0$이면 최댓값을 갖는다.
- 일차식의 조건식이 주어진 이차식의 최대, 최소
  조건식이 일차식, 결과식이 이차식일 때,
  일차식을 이차식에 대입하여 하나의 문자로 정리한다.

1st — 완전제곱식을 이용한 이차식의 최댓값, 최솟값

● 실수 x, y에 대하여 다음 식의 최솟값을 구하시오.

1 $x^2-4x+2y^2-12y+8$

➜ $x^2-4x+2y^2-12y+8$
$=(x^2-4x+4)+2(y^2-6y+9)-\square$
$=(x-2)^2+2(y-\square)^2-\square$
이때 x, y가 실수이므로
$(x-2)^2\ge0$, $(y-\square)^2\ge0$
즉 $x^2-4x+2y^2-12y+8\ge\square$
따라서 주어진 식의 최솟값은 $\square$이다.

2 x^2-2x+y^2+2y-5

3 x^2-8x+y^2+4y

● 실수 x, y에 대하여 다음 식의 최댓값을 구하시오.

4 $2x+4y-x^2-y^2+5$

➜ $2x+4y-x^2-y^2+5$
$=-(x^2-2x+1)-(y^2-4y+4)+\square$
$=-(x-1)^2-(y-\square)^2+10$
이때 x, y가 실수이므로
$-(x-1)^2\le0$, $-(y-\square)^2\le0$
즉 $2x+4y-x^2-y^2+5\le\square$
따라서 주어진 식의 최댓값은 $\square$이다.

5 $6x-10y-x^2-y^2+18$

6 $-8x+6y-x^2-3y^2$

2nd 조건을 만족시키는 이차식의 최댓값, 최솟값

● 실수 x, y에 대하여 [ ] 안의 조건을 이용하여 다음 식의 최솟값을 구하시오.

7 x^2+2y $[x-y=5]$

→ $x-y=5$에서 $y=x-5$

이를 x^2+2y에 대입하면

$x^2+2y=x^2+2(x-5)=x^2+\square x-\square$

$=(x+\square)^2-\square$

따라서 $x=\square$일 때, 최솟값 $\square$을 갖는다.

8 x^2-3y $[x+y=-1]$

9 $6x+y^2$ $[x+y=3]$

10 $3x+2y^2$ $[x-y=1]$

11 x^2+y^2 $[x-y=2]$

12 x^2+2y^2 $[x+y=-6]$

13 x^2+y^2+3 $[x+y=-3]$

● 실수 x, y에 대하여 [ ] 안의 조건을 이용하여 다음 식의 최댓값을 구하시오.

14 $3x-y^2$ $[x^2-y^2=-2]$

y^2을 x에 대한 식으로 표현한 뒤 대입해 봐!

15 $12x-3y^2$ $[x^2-3y^2=-10]$

16 $-2x-2y^2$ $[2x^2-2y^2=-3]$

13 문자를 사용하여 이차함수의 식을 세워봐!

이차함수의 최대, 최소의 활용

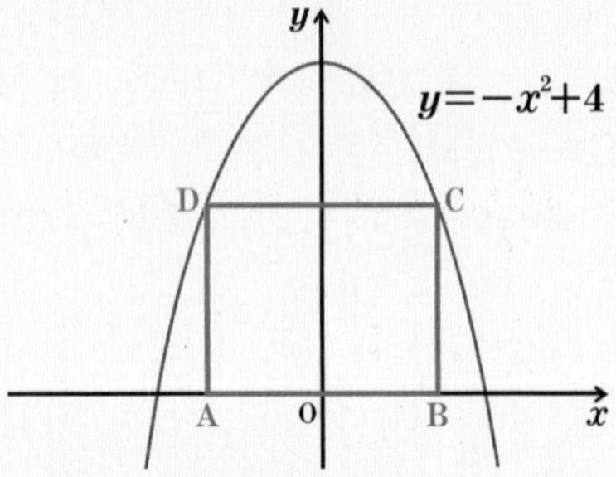

직사각형 ABCD의 둘레의 길이의 최댓값은?
(단, 점 C는 제1사분면 위의 점)

❶ 변수 t를 정하고 직사각형 ABCD의 둘레를 t를 이용하여 나타내기

점 B의 x좌표!

점 B의 좌표를 $(t, 0)(t>0)$으로 놓으면
$\overline{AB}=\overline{CD}=2t$, $\overline{AD}=\overline{BC}=-t^2+4$이므로

직사각형 ABCD의 둘레의 길이를 l이라 하면
$l=2\{2t+(-t^2+4)\}$
$=-2t^2+4t+8$

❷ 변수 t의 값의 범위 구하기

이차방정식 $-t^2+4=0$에서
$t^2=4$이므로 $t=\pm2$
따라서 $0<t<2$

❸ 최댓값 구하기

$l=-2t^2+4t+8$
$=-2(t-1)^2+10$ $(0<t<2)$
따라서 l은 $t=1$일 때, 최댓값 10을 갖는다.

직사각형 ABCD의 둘레의 길이의 최댓값은 10이다.

1st 이차함수의 최댓값, 최솟값의 활용

1 길이가 24 cm인 철사를 구부려 직사각형을 만들 때, 직사각형의 넓이의 최댓값을 구하려 한다. 다음 물음에 답하시오.

(1) 직사각형의 가로의 길이를 x cm라 할 때, 세로의 길이를 x를 이용하여 나타내시오.

(2) x의 값의 범위를 구하시오.

(3) 직사각형의 넓이를 S cm^2라 할 때, S를 x에 대한 식으로 나타내시오.

(4) 직사각형의 넓이의 최댓값을 구하시오.

2 둘레의 길이가 32인 직사각형의 넓이의 최댓값을 구하시오.

3 오른쪽 그림과 같이 담장 옆에 직사각형 모양의 화단을 만들고, 길이가 60 m인 철망으로 울타리를 만들려 한다. 다음 물음에 답하시오.

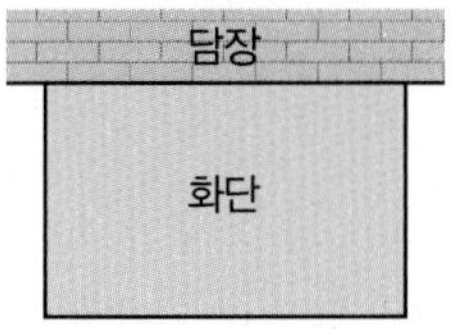

(단, 울타리의 한 면은 담장이다.)

(1) 화단의 세로의 길이를 x m라 할 때, 가로의 길이를 x를 이용하여 나타내시오.

(2) x의 값의 범위를 구하시오.

(3) 화단의 넓이를 S m^{2}라 할 때, S를 x에 대한 식으로 나타내시오.

(4) 화단의 넓이의 최댓값을 구하시오.

4 오른쪽 그림과 같이 길이가 28 m인 끈을 이용하여 벽면을 한 변으로 하는 직사각형 모양의 꽃밭을 만들려 한다. 꽃밭의 넓이의 최댓값을 구하시오.

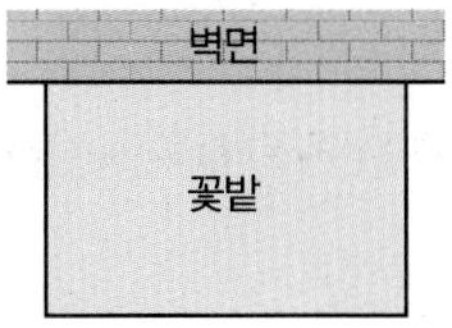

5 지면에서 초속 10 m로 똑바로 위로 던져 올린 공의 t초 후 지면으로부터의 높이 y m는 $y=-5t^2+10t$라 한다. 이 공이 가장 높이 올라갔을 때의 지면으로 부터의 높이를 구하시오.

→ $y=-5t^2+10t=-5(t-1)^2+$ ☐

따라서 y는 $t=$ ☐ 일 때 최댓값 ☐ 를 가지므로

공이 가장 높이 올라갔을 때의 지면으로부터의 높이는

☐ m이다.

6 지면으로부터 40 m의 높이에서 초속 20 m로 똑바로 위로 던져 올린 공의 t초 후 지면으로부터의 높이 y m는 $y=-5t^2+20t+40$이라 한다. 이 물체가 가장 높이 올라갔을 때의 지면으로부터의 높이와 그때까지 걸린 시간을 구하시오.

개념모음문제

7 지면으로부터 80 m의 높이에서 포물선의 모양으로 공을 던질 때, t초 후의 지면으로부터 공의 높이 h m는 $h=-5t^2+30t+80$라 한다. 이 공은 $t=a$일 때, 최고 높이에 도달하고, $t=b$일 때, 지면에 도착한다. $a+b$의 값은?

① 8 ② 9 ③ 10
④ 11 ⑤ 12

TEST 개념 확인

09~10 이차함수의 최대, 최소

- 이차함수 $f(x)=a(x-p)^2+q$에 대하여
  (1) x의 값의 범위가 실수 전체이면
  ① $a>0$ ➔ $x=p$에서 최솟값 q를 갖고, 최댓값은 없다.
  ② $a<0$ ➔ $x=p$에서 최댓값 q를 갖고, 최솟값은 없다.
  (2) x의 값의 범위가 $\alpha \le x \le \beta$이면
  ① $\alpha \le p \le \beta$ ➔ $f(p)$, $f(\alpha)$, $f(\beta)$ 중 가장 큰 값이 최댓값, 가장 작은 값이 최솟값이다.
  ② $p<\alpha$ 또는 $p>\beta$ ➔ $f(\alpha)$, $f(\beta)$ 중 큰 값이 최댓값, 작은 값이 최솟값이다.

1 이차함수 $y=-3(x-p)^2+q$가 $x=2$에서 최댓값 9를 가질 때, 상수 p, q에 대하여 $p+q$의 값은?

① 5 ② 7 ③ 9
④ 11 ⑤ 13

2 이차함수 $y=x^2+2ax+b$가 $x=4$에서 최솟값 -3을 가질 때, 상수 a, b에 대하여 $a+b$의 값은?

① 6 ② 7 ③ 8
④ 9 ⑤ 10

3 $0 \le x \le 3$에서 이차함수 $f(x)=3x^2-6x+k$의 최댓값이 8일 때, $f(x)$의 최솟값은? (단, k는 상수이다.)

① -4 ② -2 ③ 0
④ 2 ⑤ 4

4 $0 \le x \le 3$에서 이차함수 $f(x)=ax^2-2ax+2b$의 최댓값이 10, 최솟값이 -6일 때, 상수 a, b에 대하여 $a+b$의 값을 구하시오. (단, $a>0$)

11 치환을 이용한 이차함수의 최대, 최소

(i) 공통부분을 t로 치환한다.
(ii) t의 값의 범위를 구한다.
(iii) t에 대한 함수의 최댓값 또는 최솟값을 구한다.

5 함수 $y=-3(x^2-2x+2)^2+6(x^2-2x)+k+15$의 최댓값이 5일 때, 상수 k의 값은?

① -2 ② -1 ③ 0
④ 1 ⑤ 2

6 함수 $y=(x^2+4x+5)^2+3(x^2+4x+4)+1$은 $x=a$일 때, 최솟값 b를 갖는다. 상수 a, b에 대하여 $a+b$의 값은?

① 0 ② 1 ③ 2
④ 3 ⑤ 4

12 여러 가지 이차식의 최대, 최소

• 완전제곱식을 이용한 이차식의 최대, 최소

x, y에 대한 완전제곱식 꼴로 변형 → (실수)$^2 \geq 0$임을 이용

• 일차식의 조건식이 주어진 이차식의 최대, 최소

일차식을 이차식에 대입 → 하나의 문자로 정리

7 실수 x, y에 대하여 $-x^2-y^2+2x-10y-20$은 $x=a$, $y=b$일 때, 최댓값 c를 갖는다. 상수 a, b, c에 대하여 $a+b+c$의 값은?

① 1　② 2　③ 4　④ 8　⑤ 16

8 직선 $2x+y=-5$ 위를 움직이는 점 $\mathrm{P}(x, y)$에 대하여 x^2+y^2의 최솟값은?

① 1　② 3　③ 5　④ 7　⑤ 9

9 음이 아닌 실수 x, y에 대하여 $x+y=2$일 때, x^2+3y^2의 최댓값을 M, 최솟값을 m이라 하자. $\dfrac{M}{m}$의 값은?

① 3　② $\dfrac{7}{2}$　③ 4　④ $\dfrac{9}{2}$　⑤ 5

13 이차함수의 최대, 최소의 활용

(i) 주어진 상황을 한 문자에 대한 이차식으로 나타낸다.
(ii) 주어진 조건을 이용하여 문자의 값의 범위를 구한다.
(iii) 완전제곱식으로 변형한 후 최댓값 또는 최솟값을 구한다.

10 길이가 40인 끈을 이용하여 직사각형 모양의 울타리를 만들 때, 울타리의 넓이의 최댓값은?

① 50　② 75　③ 100　④ 125　⑤ 150

11 길이가 20인 철사로 직사각형을 만들 때, 직사각형의 대각선의 길이의 최솟값은?

① $4\sqrt{2}$　② $4\sqrt{3}$　③ $5\sqrt{2}$　④ $5\sqrt{3}$　⑤ $10\sqrt{2}$

12 어떤 농구 선수가 지면에서 똑바로 위로 던진 농구공의 t초 후의 지면으로부터의 높이 y m는 $y=-5t^2+10t$라 한다. 이 농구공은 a초 후에 가장 높이 올라가고 이때의 지면으로부터의 높이는 b m이다. $a+b$의 값을 구하시오.

(단, 농구 선수의 키는 무시한다.)

TEST 개념 발전

1 이차함수 $y=2x^2+ax+b$의 그래프가 오른쪽 그림과 같을 때, 상수 a, b에 대하여 $\frac{b}{a}$의 값은?

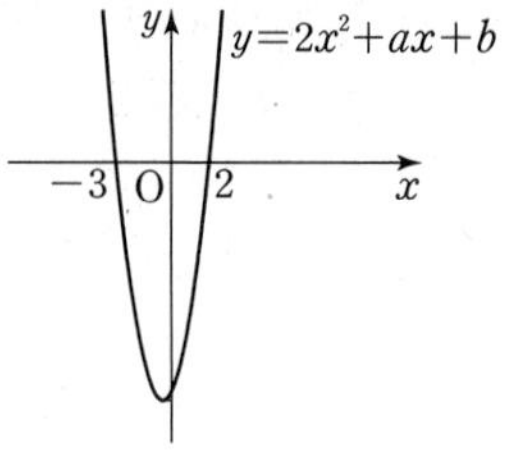

① -12 ② -6 ③ -3
④ $-\frac{1}{6}$ ⑤ $-\frac{1}{12}$

2 이차함수 $y=\frac{1}{3}x^2-2x+3$의 그래프와 x축의 교점의 개수를 구하시오.

3 이차함수 $y=x^2+2kx+k^2-3k+6$의 그래프가 x축과 서로 다른 두 점에서 만나도록 하는 정수 k의 최솟값은?

① 0 ② 1 ③ 2
④ 3 ⑤ 4

4 다음 중 이차함수 $y=x^2+3x+k$의 그래프와 직선 $y=x+1$이 적어도 한 점에서 만나도록 하는 상수 k의 값이 될 수 없는 것은?

① -3 ② -1 ③ 0
④ 2 ⑤ 3

5 이차함수 $y=x^2+ax+b$의 그래프가 점 $(-1, 1)$을 지나고 x축에 접할 때, 상수 a, b에 대하여 ab의 값은? (단, $a>0$)

① 4 ② 8 ③ 12
④ 16 ⑤ 20

6 이차함수 $y=2x^2-3x+3$의 그래프에 접하고 기울기가 1인 직선의 방정식이 $y=ax+b$일 때, 상수 a, b에 대하여 $a+b$의 값은?

① 1 ② $\frac{3}{2}$ ③ 2
④ $\frac{5}{2}$ ⑤ 3

7 이차함수 $f(x)=x^2-4ax+8a+7$의 최솟값을 $g(a)$라 할 때, $g(a)$의 최댓값은? (단, a는 상수이다.)

① 2 ② 5 ③ 8
④ 11 ⑤ 14

8 $-1\le x\le 3$에서 이차함수 $y=-x^2+4x+3$의 최댓값과 최솟값의 합은?

① 3 ② 5 ③ 7
④ 9 ⑤ 11

9 $0 \le x \le a$에서 이차함수 $y=x^2-8x+13$의 최댓값이 13, 최솟값이 6일 때, 상수 a의 값은?

① 1 ② 3 ③ 5
④ 7 ⑤ 9

10 실수 x, y에 대하여 $y=2x+3$일 때, $2x^2+y^2$의 최솟값은?

① 1 ② 3 ③ 5
④ 7 ⑤ 9

11 실수 x, y, z에 대하여 $4x-6z-x^2-y^2-z^2-3$의 최댓값은?

① -10 ② -5 ③ 5
④ 10 ⑤ 15

12 함수 $y=(x^2-2x+3)^2-4(x^2-2x+3)+k$의 최솟값이 -6일 때, 상수 k의 값은?

① -3 ② -2 ③ -1
④ 0 ⑤ 1

13 x에 대한 방정식 $|x^2-4|=n$이 서로 다른 4개의 실근을 갖도록 하는 자연수 n의 개수는?

① 1 ② 2 ③ 3
④ 4 ⑤ 5

14 이차함수 $y=x^2-2x+2$의 그래프와 직선 $y=mx+n$의 한 교점의 x좌표가 $1+\sqrt{2}$일 때, 유리수 m, n에 대하여 $m+n$의 값은?

① -5 ② -3 ③ -1
④ 1 ⑤ 3

15 다음 그림과 같이 담장 옆에 울타리를 치고 직사각형 모양의 땅과 그 내부의 경계를 울타리로 나누어 이웃한 2개의 직사각형 모양의 고추와 상추 텃밭을 각각 만들려 한다. 준비된 울타리의 길이가 120 m일 때, 전체 텃밭의 넓이의 최댓값을 구하시오.

(단, 담장에는 울타리를 치지 않는다.)

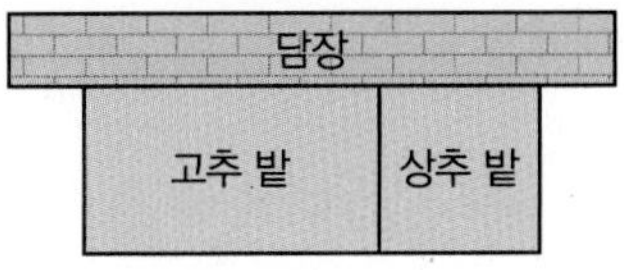

7

식의 확장!
여러 가지 방정식

여러 가지 방정식의 풀이

방정식의 해를 구하기 위해서는 인수분해 공식을 이용하거나 인수 정리를 이용하는 방법이 있어.
공통부분이 있는 방정식은 치환을 이용하고,
$x^4+ax^2+b=0$ 꼴의 방정식은 $x^2=X$로 치환하여 인수분해한 후 $A^2-B^2=0$ 꼴로 변형하면 해를 구할 수 있지. 조금 복잡해 보이지만 여러 가지 방정식의 해를 다양한 방법으로 구해보면 금방 숙달될 거야.

인수 정리와 조립제법을 이용해!

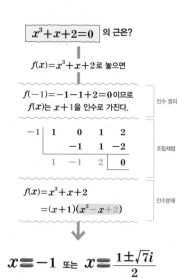

$x^3+x+2=0$ 의 근은?

$f(x)=x^3+x+2$로 놓으면

$f(-1)=-1-1+2=0$이므로 $f(x)$는 $x+1$을 인수로 가진다. (인수 정리)

$$\begin{array}{r|rrrr} -1 & 1 & 0 & 1 & 2 \\ & & -1 & 1 & -2 \\ \hline & 1 & -1 & 2 & 0 \end{array}$$
(조립제법)

$f(x)=x^3+x+2$
$=(x+1)(x^2-x+2)$ (인수분해)

$x=-1$ 또는 $x=\dfrac{1\pm\sqrt{7}i}{2}$

삼차방정식의 근의 성질

삼차방정식 $ax^3+bx^2+cx+d=0$에서 근을 직접 구하지 않아도 세 근의 합, 두 근끼리의 곱의 합, 세 근의 곱을 계수끼리의 관계로 알 수 있어.
(세 근의 합)$=-\dfrac{b}{a}$, (두 근끼리의 곱의 합)$=\dfrac{c}{a}$,
(세 근의 곱)$=-\dfrac{d}{a}$

계수로 근의 합과 곱을 알 수 있는!

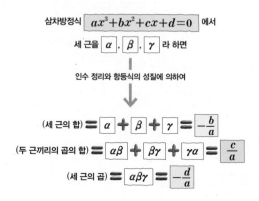

삼차방정식 $ax^3+bx^2+cx+d=0$ 에서
세 근을 α, β, γ 라 하면

인수 정리와 항등식의 성질에 의하여

(세 근의 합) $= \alpha+\beta+\gamma = -\dfrac{b}{a}$
(두 근끼리의 곱의 합) $= \alpha\beta+\beta\gamma+\gamma\alpha = \dfrac{c}{a}$
(세 근의 곱) $= \alpha\beta\gamma = -\dfrac{d}{a}$

연립방정식의 풀이

미지수가 2개인 연립이차방정식이 $\begin{cases}\text{일차방정식}\\\text{이차방정식}\end{cases}$ 으로 주어진 경우와 $\begin{cases}\text{이차방정식}\\\text{이차방정식}\end{cases}$ 으로 주어진 경우로 나누어 해를 구해보는 연습을 할 거야.

한편 주어진 두 방정식을 동시에 만족시키는 미지수의 값을 공통근이라 해.

위의 연립이차방정식의 해를 구하는 연습이 잘 되었다면 실생활에 적용된 연립이차방정식의 문제도 잘 해결할 수 있을 거야.

미지수 하나를 없애는!

$\begin{cases}\text{일차방정식}\\\text{이차방정식}\end{cases}$ 꼴의 연립이차방정식 $\begin{cases}x-y=2\\x^2+y^2=10\end{cases}$ 에서

$\begin{cases}x-y=2 \Rightarrow x=y+2\\x^2+y^2=10\end{cases}$ (한 문자에 대하여 정리한 후 대입해!)

$(y+2)^2+y^2=10$

$y^2+2y-3=0$

$(y+3)(y-1)=0$

$y=-3$ 또는 $y=1$

($y=-3$을 대입하면 $x=-1$, $y=1$을 대입하면 $x=3$)

따라서 $\begin{cases}x=-1\\y=-3\end{cases}$ 또는 $\begin{cases}x=3\\y=1\end{cases}$

$\begin{cases}\text{이차방정식}\\\text{이차방정식}\end{cases}$ 꼴의 연립이차방정식 $\begin{cases}x^2-y^2=0\\x^2+5xy-2y^2=24\end{cases}$ 에서

$x^2-y^2=0 \Rightarrow (x+y)(x-y)=0$

$\Rightarrow x=-y$ 또는 $x=y$ (각각 대입해!)

$x^2+5xy-2y^2=24$

❶ $x=-y$를 대입

$y^2-5y^2-2y^2=24$

$y^2=-4$

$y=\pm 2i$

따라서 $\begin{cases}x=2i\\y=-2i\end{cases}$ 또는 $\begin{cases}x=-2i\\y=2i\end{cases}$

❷ $x=y$를 대입하여 ❶과 같은 방법으로 하면

따라서 $\begin{cases}x=\sqrt{6}\\y=\sqrt{6}\end{cases}$ 또는 $\begin{cases}x=-\sqrt{6}\\y=-\sqrt{6}\end{cases}$

부정방정식의 풀이

부정방정식은 방정식의 개수가 미지수의 개수보다 적어 해가 무수히 많은 방정식이야. 이때 주어지는 조건에 따라 해가 유한 개로 정해지지.

정수 조건이 주어진 경우는

(일차식)×(일차식)=(정수) 꼴로 변형한 후 약수와 배수의 성질을 이용하면 되고,

실수 조건이 주어진 경우는 $A^2+B^2=0$ 꼴로 변형한 후 $A=B=0$임을 이용하면 돼.

방정식보다 미지수의 개수가 더 많은!

$xy+x-y=-2$ 를 만족시키는 정수 x, y의 값

$xy+x-y=-2$

$x(y+1)-(y+1)=-3$ (양변에 -1을 더해서 (일차식)×(일차식)=(정수) 꼴로 만들기)

$(x-1)(y+1)=-3$ (조건을 만족시키는 정수인 순서쌍 찾기)

$x-1$	-3	-1	1	3
$y+1$	1	3	-3	-1

따라서 $\begin{cases}x=-2\\y=0\end{cases}$ 또는 $\begin{cases}x=0\\y=2\end{cases}$ 또는 $\begin{cases}x=2\\y=-4\end{cases}$ 또는 $\begin{cases}x=4\\y=-2\end{cases}$

$x^2+y^2-2x+4y+5=0$ 을 만족시키는 실수 x, y의 값

$x^2+y^2-2x+4y+5=0$

$(x^2-2x+1)+(y^2+4y+4)=0$ ($5=1+4$임을 이용하여 $A^2+B^2=0$ 꼴로 변형)

$(x-1)^2+(y+2)^2=0$ (실수 A, B에 대하여 $A^2+B^2=0$이면 $A=0$, $B=0$임을 이용)

$x-1=0$, $y+2=0$ (x, y의 값 구하기)

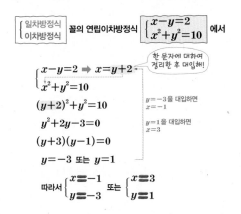

따라서 $x=1$, $y=-2$

01 인수분해 공식을 떠올려!

인수분해 공식을 이용한 삼·사차방정식의 풀이

❶ 공통인수로 묶어내기

$x^3+3x^2-x-3=0$

공통인수 x^2으로 묶기

$x^2(x+3)-(x+3)=0$

공통인수 $x+3$으로 묶기

$(x+3)(x^2-1)=0$

인수분해 공식 이용

$(x+3)(x+1)(x-1)=0$

$x=-3$ 또는 $x=-1$ 또는 $x=1$

❷ 인수분해 공식 이용

$x^3+27=0$

$x^3+3^3=0$

인수분해 공식 이용

$(x+3)(x^2-3x+9)=0$

근의 공식

$x=-3$ 또는 $x=\dfrac{3\pm3\sqrt{3}i}{2}$

- **삼차방정식과 사차방정식:** 다항식 $P(x)$가 x에 대한 삼차식, 사차식일 때, 방정식 $P(x)=0$을 각각 x에 대한 삼차방정식, 사차방정식이라 한다.
- **삼차방정식과 사차방정식의 풀이**
  다항식 $P(x)$를 인수분해한 후 다음을 이용하여 푼다.
  ① $ABC=0$이면 $A=0$ 또는 $B=0$ 또는 $C=0$
  ② $ABCD=0$이면 $A=0$ 또는 $B=0$ 또는 $C=0$ 또는 $D=0$

참고 ① 삼차 이상의 방정식을 고차방정식이라 한다.
② 계수가 실수인 삼차방정식과 사차방정식은 복소수의 범위에서 각각 3개, 4개의 근을 갖는다.

인수분해의 기본 공식을 기억해!

❶ $a^2-b^2=(a+b)(a-b)$
❷ $x^2+(a+b)x+ab=(x+a)(x+b)$
❸ $acx^2+(ad+bc)x+bd=(ax+b)(cx+d)$
❹ $a^3+b^3=(a+b)(a^2-ab+b^2)$
❺ $a^3-b^3=(a-b)(a^2+ab+b^2)$

1st — 인수분해 공식을 이용한 삼·사차방정식의 풀이

● 다음 방정식을 푸시오.

1 $x^3+1=0$

$a^3+b^3=(a+b)(a^2-ab+b^2)$

→ $x^3+1=0$에서

$(x+\square)(x^2-x+1)=0$

$x+\square=0$ 또는 $x^2-x+1=0$

특별한 조건이 없으면 복소수의 범위에서 해를 구한다.

따라서 $x=\square$ 또는 $x=\square$

2 $x^3-8=0$

$a^3-b^3=(a-b)(a^2+ab+b^2)$

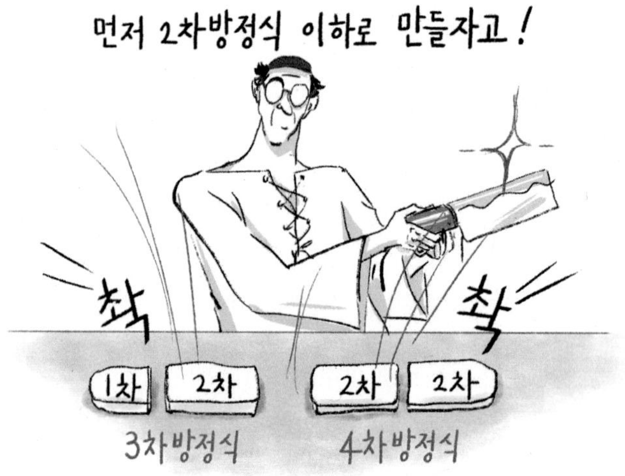

3 $x^3-x^2-6x=0$

공통인수 x로 묶어 봐!

4 $x^3-2x^2-x+2=0$

두 항씩 묶어서 인수분해 해봐!

5 $x^3-x^2-4x+4=0$

6 $x^3-3x^2+3x-1=0$

$a^3-3a^2b+3ab^2-b^3=(a-b)^3$

7 $x^4-1=0$

$a^2-b^2=(a+b)(a-b)$

8 $x^4-16=0$

9 $x^4-x^3-2x^2=0$

10 $2x^4+x^3+2x^2+x=0$

2nd 인수분해를 이용하여 구하는 미지수의 값

● 다음 방정식의 한 근이 [ ] 안의 수일 때, 상수 a의 값과 나머지 두 근을 구하시오.

11 $x^3-2x^2-x+a=0$ [1]

→ 방정식의 한 근이 $x=1$이므로

$1-2-1+a=0$에서 $a=$ ☐

즉 주어진 방정식은 x^3-2x^2-x+ ☐ $=0$이므로

좌변을 인수분해하면

$(x+1)(x-1)(x-$ ☐ $)=0$

따라서 $x=-1$ 또는 $x=1$ 또는 $x=$ ☐ 이므로

나머지 두 근은 $x=-1$ 또는 $x=$ ☐

12 $x^3+5x^2-x+a=0$ [−1]

13 $x^3+x^2-4x+a=0$ [2]

14 $x^3-3x^2-4x+a=0$ [−2]

방정식의 해를 구하기 위해서라면 수의 확장은 끝!

수가 복소수까지이면

1차방정식	$a_1x^1+a_0=0$의 근의 개수는	1개
2차방정식	$a_2x^2+a_1x+a_0=0$의 근의 개수는	2개
3차방정식	$a_3x^3+a_2x^2+a_1x+a_0=0$의 근의 개수는	3개
⋮	⋮	⋮
25차방정식	$a_{25}x^{25}+a_{24}x^{24}+\cdots+a_1x+a_0=0$의 근의 개수는	25개
⋮	⋮	⋮
n차방정식	$a_nx^n+a_{n-1}x^{n-1}+\cdots+a_1x+a_0=0$의 근의 개수는	n개

복소수를 계수로 갖는 n차방정식은 n개의 근을 갖는다.

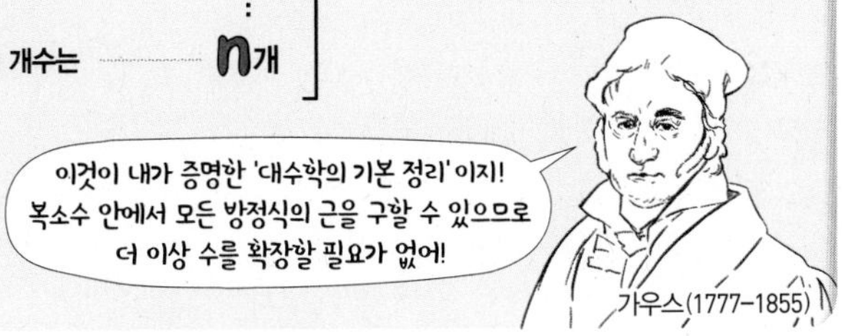
이것이 내가 증명한 '대수학의 기본 정리'이지!
복소수 안에서 모든 방정식의 근을 구할 수 있으므로
더 이상 수를 확장할 필요가 없어!
가우스(1777-1855)

02 인수 정리와 조립제법을 이용해!

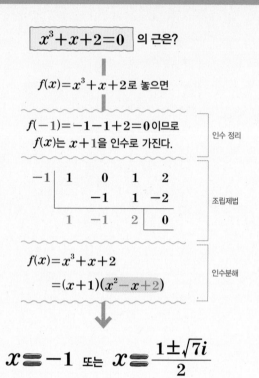

인수 정리를 이용한 삼·사차방정식의 풀이

$x^3+x+2=0$ 의 근은?

$f(x)=x^3+x+2$로 놓으면

$f(-1)=-1-1+2=0$이므로 $f(x)$는 $x+1$을 인수로 가진다. (인수 정리)

(조립제법)

-1	1	0	1	2
		-1	1	-2
	1	-1	2	0

(인수분해)

$f(x)=x^3+x+2$
$=(x+1)(x^2-x+2)$

$$x=-1 \text{ 또는 } x=\frac{1\pm\sqrt{7}i}{2}$$

• **인수 정리를 이용한 방정식의 풀이**

방정식 $P(x)=0$에서 다항식 $P(x)$에 대하여 $P(\alpha)=0$이면 인수 정리를 이용하여 $P(x)=(x-\alpha)Q(x)$ 꼴로 인수분해한 후 푼다.

참고 삼차방정식은 복소수의 범위에서 3개의 근을 가진다. 이때 세 근이 모두 같으면 삼중근이라 한다.

원리확인 다음은 주어진 식을 인수 정리와 조립제법을 이용하여 방정식을 푸는 과정이다. □ 안에 알맞은 것을 써넣으시오.

$x^3-2x^2-x+2=0$

→ $f(x)=x^3-2x^2-x+2$로 놓으면
$f(1)=1-2-1+2=0$이므로 조립제법을 이용하여 $f(x)$를 인수분해하면

1	1	-2	-1	2
		1	-1	-2
	□	□	□	0

$f(x)=(x-1)(\square)$
$=(x-1)(x+1)(\square)$

따라서 $x=-1$ 또는 $x=1$ 또는 $x=\square$

1st — 인수 정리를 이용한 삼·사차방정식의 풀이

● 다음 방정식을 푸시오.

1 $x^3+2x^2-13x+10=0$

→ $f(x)=x^3+2x^2-13x+10$으로 놓으면
$f(1)=1+2-13+10=0$이므로 조립제법을 이용하여 $f(x)$를 인수분해하면

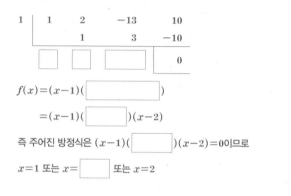

1	1	2	-13	10
		1	3	-10
	□	□	□	0

$f(x)=(x-1)(\square)$
$=(x-1)(\square)(x-2)$

즉 주어진 방정식은 $(x-1)(\square)(x-2)=0$이므로
$x=1$ 또는 $x=\square$ 또는 $x=2$

2 $x^3+5x^2-2x-6=0$

$f(\alpha)=0$이 되는 α의 값을 찾아봐!

3 $x^3+2x^2-5x+2=0$

4 $x^3-3x+2=0$

5 $x^3+2x^2-7x+4=0$

6 $3x^4-7x^3+4x=0$

7 $x^4+2x^3-7x^2-8x+12=0$

8 $x^4-6x^3+12x^2-9x+2=0$

2nd 인수 정리를 이용하여 구하는 미지수의 값

● **다음 방정식의 한 근이 [ ] 안의 수일 때, 상수 a의 값과 나머지 근을 구하시오.**

9 $x^3+ax^2+3x+10=0$ [2]

→ 방정식의 한 근이 $x=2$이므로

$8+4a+6+10=0$에서 $a=$☐

즉 주어진 방정식은 x^3-☐$x^2+3x+10=0$이고

$f(x)=x^3-6x^2+3x+10$으로 놓으면

$f(2)=$☐이므로 조립제법을 이용하여 $f(x)$를 인수분해하면

2	1	−6	3	10
		2	−8	−10
	1	☐	☐	0

$f(x)=(x-2)($☐$)$

$=(x-2)(x+1)($☐$)$

따라서 주어진 방정식은 $(x-2)(x+1)($☐$)=0$이므로

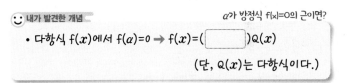

나머지 두 근은 $x=-1$ 또는 $x=$☐

10 $x^3+2ax^2+(a+8)x+12=0$ [−1]

11 $ax^3+x^2+(1-3a)x+2=0$ [2]

12 $x^4+(a-1)x^3-(3a+2)x-10=0$ [−1]

13 $2x^4+ax^3-5x^2-x+2=0$ [1]

내가 발견한 개념 a가 방정식 f(x)=0의 근이면?

• 다항식 $f(x)$에서 $f(a)=0$ → $f(x)=($☐$)Q(x)$

(단, $Q(x)$는 다항식이다.)

개념모음문제

14 양수 a에 대하여 한 근이 -2인 삼차방정식 $x^3+ax^2+2ax+a^2-1=0$의 다른 두 근을 α, β라 할 때, $a+\alpha+\beta$의 값은?

① −1 ② 0 ③ 1
④ 2 ⑤ 3

03 공통부분을 찾아봐!

공통부분이 있는 방정식과 복이차방정식의 풀이

공통부분이 있는 $(\square)^2+a(\square)+b=0$ 꼴의 방정식

$(x^2-1)^2+(x^2-1)-2=0$
→ $x^2-1=X$로 치환
$X^2+X-2=0$
→ 인수분해
$(X+2)(X-1)=0$
→ X의 값 구하기
$X=-2$ 또는 $X=1$
→ $X=x^2-1$을 대입
$x^2-1=-2$ 또는 $x^2-1=1$
→ x의 값 구하기
$x=\pm i$ 또는 $x=\pm\sqrt{2}$

$x^4+ax^2+b=0$ 꼴의 복이차방정식 (짝수, 짝수, 상수)

❶ $x^2=X$로 치환

$x^4+x^2-2=0$
→ $x^2=X$로 치환
$X^2+X-2=0$
→ 인수분해
$(X+2)(X-1)=0$
→ X의 값 구하기
$X=-2$ 또는 $X=1$
→ $X=x^2$을 대입
$x^2=-2$ 또는 $x^2=1$
→ x의 값 구하기
$x=\pm\sqrt{2}i$ 또는 $x=\pm1$

❷ $(x^2+A)^2-(Bx)^2$ 꼴로 변형 ($x^2=X$로 치환하여 인수분해가 되지 않을때!)

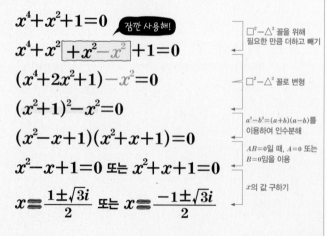

$x^4+x^2+1=0$ (잠깐 사용해!)
→ $\square^2-\triangle^2$ 꼴을 위해 필요한 만큼 더하고 빼기
$x^4+x^2+x^2-x^2+1=0$
→ $\square^2-\triangle^2$ 꼴로 변형
$(x^4+2x^2+1)-x^2=0$
$(x^2+1)^2-x^2=0$
→ $a^2-b^2=(a+b)(a-b)$를 이용하여 인수분해
$(x^2-x+1)(x^2+x+1)=0$
→ $AB=0$일 때, $A=0$ 또는 $B=0$임을 이용
$x^2-x+1=0$ 또는 $x^2+x+1=0$
→ x의 값 구하기
$x=\dfrac{1\pm\sqrt{3}i}{2}$ 또는 $x=\dfrac{-1\pm\sqrt{3}i}{2}$

1st 공통부분이 있는 방정식의 풀이

● 다음 방정식을 푸시오.

1 $(x^2+3x)^2-2(x^2+3x)-8=0$

→ $\square=X$로 놓으면 $X^2-2X-8=0$

$(X+2)(X-\square)=0$이므로

$X=-2$ 또는 $X=\square$

(i) $X=-2$일 때

$x^2+3x+2=0$에서 $(x+1)(x+2)=0$이므로

$x=-1$ 또는 $x=\square$

(ii) $X=\square$일 때

$x^2+3x-4=0$에서 $(x+4)(x-1)=0$이므로

$x=-4$ 또는 $x=\square$

(i), (ii)에서 $x=-1$ 또는 $x=\square$ 또는 $x=-4$ 또는 $x=\square$

2 $(x^2-5x)^2+10(x^2-5x)+24=0$

3 $(x^2+2x+3)(x^2+2x+5)-15=0$

4 $(x+1)(x+2)(x+3)(x+4)-3=0$

두 일차식의 상수항의 합이 서로 같아지도록 두 개씩 짝을 지어 전개한 후 공통부분을 치환한다.
→ $(x+1)(x+2)(x+3)(x+4)-3=0$
$\{(x+1)(x+4)\}\{(x+2)(x+3)\}-3=0$
$(x^2+5x+4)(x^2+5x+6)-3=0$

5 $(x-3)(x-1)(x+2)(x+4)+24=0$

2nd $x^4+ax^2+b=0$ 꼴의 방정식의 풀이

● 다음 방정식을 푸시오.

> $x^2=X$로 치환했을 때 좌변이 인수분해가 되면 인수분해 한다.

6 $x^4+x^2-12=0$

→ $\square=X$로 놓으면 $x^4=(x^2)^2=\square$이므로

$X^2+X-12=0$

$(X+4)(X-3)=0$

따라서 $X=-4$ 또는 $X=\square$

(i) $X=-4$일 때, $x^2=-4$에서 $x=\square$

(ii) $X=\square$일 때, $x^2=\square$에서 $x=\square$

(i), (ii)에서 $x=\square$ 또는 $x=\square$

7 $x^4+3x^2-10=0$

8 $4x^4+11x^2-3=0$

9 $x^4-5x^2+6=0$

10 $x^4-7x^2+12=0$

11 $x^4-9x^2+16=0$

> $x^2=X$로 치환했을 때 좌변이 인수분해가 되지 않으면 $(x^2+A)^2-(Bx)^2=0$ 꼴로 변형한다.

→ $x^4-9x^2+16=0$에서

$(x^4-8x^2+16)-\square=0$

$(x^2-4)^2-(\square)^2=0$

$(x^2-4+\square)(x^2-4-\square)=0$

$x^2+\square-4=0$ 또는 $x^2-\square-4=0$

따라서 구하는 해는

$x=\square$ 또는 $x=\square$

12 $x^4+2x^2+9=0$

13 $x^4-11x^2+1=0$

14 $x^4+6x^2+25=0$

15 $x^4+4=0$

16 $x^4-x^2+16=0$

04

먼저 x^2으로 나눠 봐!

상반방정식의 풀이

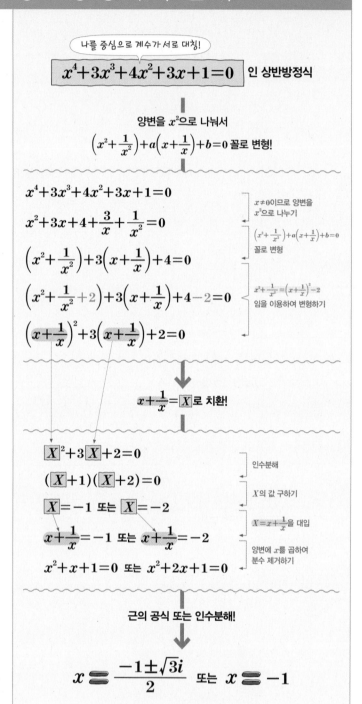

나를 중심으로 계수가 서로 대칭!

$x^4+3x^3+4x^2+3x+1=0$ 인 상반방정식

양변을 x^2으로 나눠서

$\left(x^2+\frac{1}{x^2}\right)+a\left(x+\frac{1}{x}\right)+b=0$ 꼴로 변형!

$x^4+3x^3+4x^2+3x+1=0$

$x^2+3x+4+\frac{3}{x}+\frac{1}{x^2}=0$ ← $x\neq0$이므로 양변을 x^2으로 나누기

$\left(x^2+\frac{1}{x^2}\right)+3\left(x+\frac{1}{x}\right)+4=0$ ← $\left(x^2+\frac{1}{x^2}\right)+a\left(x+\frac{1}{x}\right)+b=0$ 꼴로 변형

$\left(x^2+\frac{1}{x^2}+2\right)+3\left(x+\frac{1}{x}\right)+4-2=0$

$\left(x+\frac{1}{x}\right)^2+3\left(x+\frac{1}{x}\right)+2=0$ ← $x^2+\frac{1}{x^2}=\left(x+\frac{1}{x}\right)^2-2$ 임을 이용하여 변형하기

$x+\frac{1}{x}=X$로 치환!

$X^2+3X+2=0$

$(X+1)(X+2)=0$ ← 인수분해

$X=-1$ 또는 $X=-2$ ← X의 값 구하기

$x+\frac{1}{x}=-1$ 또는 $x+\frac{1}{x}=-2$ ← $X=x+\frac{1}{x}$을 대입

$x^2+x+1=0$ 또는 $x^2+2x+1=0$ ← 양변에 x를 곱하여 분수 제거하기

근의 공식 또는 인수분해!

$x=\frac{-1\pm\sqrt{3}i}{2}$ 또는 $x=-1$

• **상반방정식**: $ax^4+bx^3+cx^2+bx+a=0$과 같이 x에 대한 내림차순으로 정리하였을 때 가운데 항을 중심으로 계수가 좌우대칭인 방정식

1st — 계수가 대칭인 방정식의 풀이

● 다음 방정식을 푸시오.

1 $x^4+5x^3-4x^2+5x+1=0$

→ $x\neq0$이므로 주어진 방정식의 양변을 x^2으로 나누면

$x^2+5x-4+\frac{5}{x}+\frac{1}{x^2}=0$

$\left(x+\frac{1}{x}\right)^2+5\left(x+\frac{1}{x}\right)-$ ☐ $=0$

☐ $=X$로 놓으면 $X^2+5X-6=0$

$(X+6)(X-1)=0$이므로 $X=-6$ 또는 $X=1$

(i) $X=-6$일 때, ☐ $=-6$에서

$x^2+6x+1=0$이므로 $x=$ ☐

(ii) $X=1$일 때, $x+\frac{1}{x}=1$에서 $x^2-x+1=0$이므로

$x=$ ☐

(i), (ii)에서 $x=$ ☐ 또는 $x=$ ☐

2 $x^4+4x^3-3x^2+4x+1=0$

3 $x^4+5x^3+6x^2+5x+1=0$

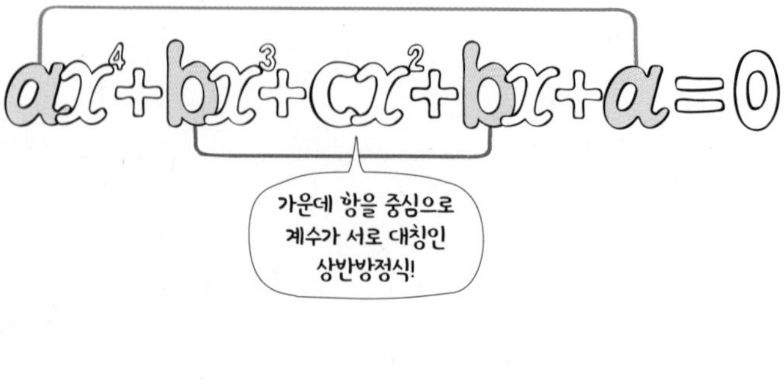

$ax^4+bx^3+cx^2+bx+a=0$
가운데 항을 중심으로 계수가 서로 대칭인 상반방정식!

4 $x^4+11x^3+26x^2+11x+1=0$

5 $x^4+4x^3+6x^2+4x+1=0$

6 $x^4-7x^3+12x^2-7x+1=0$

7 $x^4-3x^3-16x^2-3x+1=0$

8 $x^4+2x^3+3x^2+2x+1=0$

9 $x^4+2x^3-6x^2+2x+1=0$

10 $x^4-6x^3+11x^2-6x+1=0$

11 $x^4-5x^3-12x^2-5x+1=0$

방정식의 근과 함수의 그래프

$x^3-3x=0$

방정식 $(x+\sqrt{3})x(x-\sqrt{3})=0$

$x=-\sqrt{3}$ 또는 $x=0$ 또는 $x=\sqrt{3}$

함수의 그래프

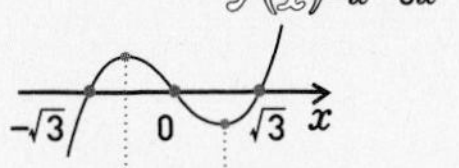

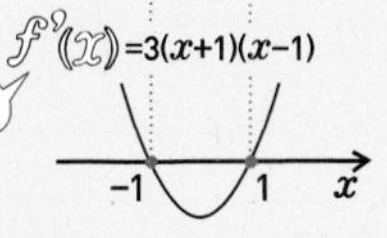

(방정식의 실근의 개수) = (함수의 그래프와 x축의 교점의 개수)

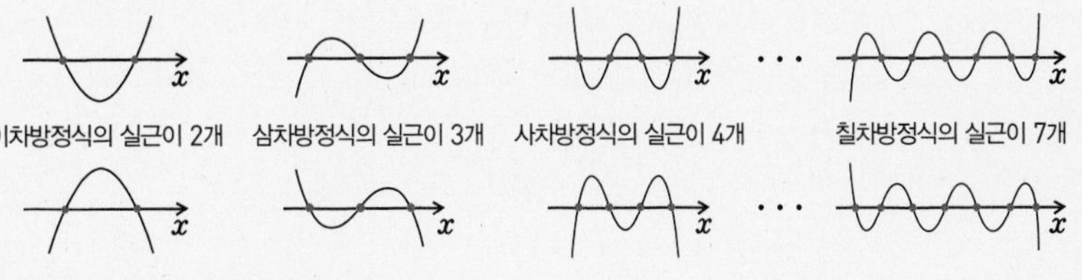

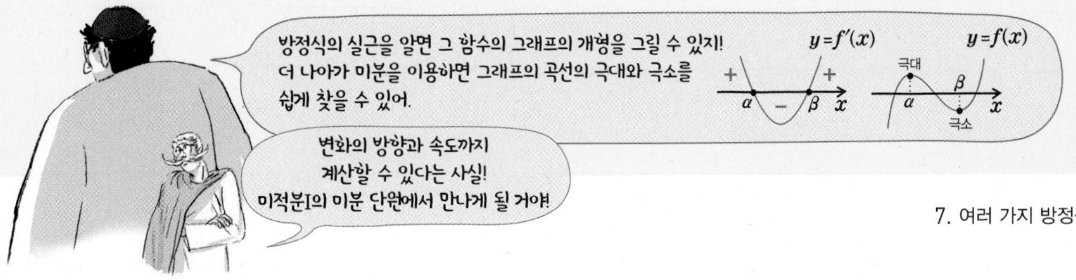

방정식의 실근을 알면 그 함수의 그래프의 개형을 그릴 수 있지! 더 나아가 미분을 이용하면 그래프의 곡선의 극대와 극소를 쉽게 찾을 수 있어.
$y=f'(x)$
+
−
+
α
β
x
$y=f(x)$
극대
극소
α
β
x
변화의 방향과 속도까지 계산할 수 있다는 사실! 미적분I의 미분 단원에서 만나게 될 거야!

TEST 개념 확인

01 인수분해 공식을 이용한 삼·사차방정식의 풀이

- $f(x)=0$ 꼴의 삼·사차방정식에서 $f(x)$를 인수분해한 후 다음을 이용하여 푼다.
  ① $ABC=0$ → $A=0$ 또는 $B=0$ 또는 $C=0$
  ② $ABCD=0$ → $A=0$ 또는 $B=0$ 또는 $C=0$ 또는 $D=0$

1 삼차방정식 $x^3+2x^2-x-2=0$의 가장 큰 근을 α, 가장 작은 근을 β라 할 때, $\alpha+\beta$의 값은?

① -4 ② -2 ③ -1
④ 1 ⑤ 4

2 사차방정식 $3x^4+x^3+3x^2+x=0$의 모든 실근의 합은?

① $-\frac{4}{3}$ ② $-\frac{1}{2}$ ③ $-\frac{1}{3}$
④ $\frac{1}{3}$ ⑤ $\frac{4}{3}$

3 삼차방정식 $x^3-4x^2+kx-8=0$의 한 근이 4이고 나머지 두 근이 α, β일 때, $k\alpha\beta$의 값은?
(단, k는 상수이다.)

① -4 ② -2 ③ -1
④ 2 ⑤ 4

02 인수 정리를 이용한 삼·사차방정식의 풀이

- 방정식 $f(x)=0$에서 $f(\alpha)=0$
  → $f(x)=(x-\alpha)Q(x)$ 꼴로 인수분해 (단, $Q(x)$는 다항식이다.)

4 삼차방정식 $x^3+ax^2-3x-1=0$의 한 근이 -1일 때, 나머지 두 근을 구하시오. (단, a는 상수이다.)

5 사차방정식 $x^4+3x^3+3x^2-x-6=0$의 두 허근을 α, β라 할 때, $\alpha^2+\beta^2$의 값은?

① -4 ② -2 ③ 0
④ 2 ⑤ 4

6 삼차방정식 $x^3-4x^2+ax-6=0$의 한 근이 2일 때, 나머지 두 근의 합은? (단, a는 상수이다.)

① -4 ② -2 ③ 1
④ 2 ⑤ 4

정답과 풀이 111쪽

03 공통부분이 있는 방정식과 복이차방정식의 풀이

- 공통부분이 있는 방정식: 공통부분을 한 문자로 치환한 후 인수분해하여 푼다.
- $x^4+ax^2+b=0$ 꼴의 복이차방정식
  ① $x^2=X$로 치환한 후 인수분해하여 푼다.
  ② $x^2=X$로 치환한 후 인수분해되지 않으면
  $(x^2+A)^2-(Bx)^2=0$ 꼴로 변형한 후 인수분해하여 푼다.

7 방정식 $(x^2+x)^2-2(x^2+x)-8=0$의 모든 실근의 합을 구하시오.

8 방정식 $(x-2)(x+1)(x+3)(x+6)+26=0$의 모든 근의 합은?

① -16 ② -12 ③ -8
④ -4 ⑤ 0

9 방정식 $x^4+2x^2+a=0$의 한 근이 1일 때, 다음 중 이 방정식의 허근인 것은? (단, a는 상수이다.)

① i ② $\sqrt{2}i$ ③ $\sqrt{3}i$
④ $2i$ ⑤ $\sqrt{5}i$

10 방정식 $x^4-14x^2+25=0$의 두 양의 근을 α, β라 할 때, $\alpha+\beta$의 값을 구하시오.

04 상반방정식의 풀이

양변을 x^2으로 나눈다. → $x+\frac{1}{x}=X$로 놓고 X에 대한 이차방정식을 푼다. → 방정식의 근을 구한다.

11 방정식 $x^4-2x^3-x^2-2x+1=0$의 실근은?

① $x=\frac{-5\pm\sqrt{3}}{2}$ ② $x=\frac{-3\pm\sqrt{5}}{2}$
③ $x=-1\pm\sqrt{5}$ ④ $x=\frac{3\pm\sqrt{5}}{2}$
⑤ $x=\frac{5\pm\sqrt{3}}{2}$

12 방정식 $x^4-6x^3+7x^2-6x+1=0$의 모든 실근의 곱은?

① -5 ② -3 ③ -1
④ 1 ⑤ 3

05

계수로 근의 합과 곱을 알 수 있는!

삼차방정식의 근과 계수의 관계

삼차방정식 $ax^3+bx^2+cx+d=0$ 에서

세 근을 α, β, γ 라 하면

인수 정리에 의하여

$f(x)=ax^3+bx^2+cx+d$로 놓으면

$f(\alpha)=0$, $f(\beta)=0$, $f(\gamma)=0$ 이므로

$f(x)$는 $x-\alpha$, $x-\beta$, $x-\gamma$를 인수로 갖는다.

$f(x)=ax^3+bx^2+cx+d=a(x-\alpha)(x-\beta)(x-\gamma)$ 이고,

양변을 a로 나누면

$$x^3+\frac{b}{a}x^2+\frac{c}{a}x+\frac{d}{a}=x^3-(\alpha+\beta+\gamma)x^2+(\alpha\beta+\beta\gamma+\gamma\alpha)x-\alpha\beta\gamma$$

양변의 동류항의 계수를 비교하면

항등식의 성질에 의하여

$$\frac{b}{a}=-(\alpha+\beta+\gamma),\ \frac{c}{a}=\alpha\beta+\beta\gamma+\gamma\alpha,\ \frac{d}{a}=-\alpha\beta\gamma$$

(세 근의 합) $=\alpha+\beta+\gamma=-\dfrac{b}{a}$

(두 근끼리의 곱의 합) $=\alpha\beta+\beta\gamma+\gamma\alpha=\dfrac{c}{a}$

(세 근의 곱) $=\alpha\beta\gamma=-\dfrac{d}{a}$

참고 삼차방정식의 근과 계수의 관계를 이용하면 세 근을 직접 구하지 않아도 세 근의 합, 두 근끼리의 곱의 합, 세 근의 곱을 구할 수 있다.

1st — 삼차방정식의 근과 계수의 관계

• 다음 삼차방정식의 세 근을 α, β, γ라 할 때, $\alpha+\beta+\gamma$, $\alpha\beta+\beta\gamma+\gamma\alpha$, $\alpha\beta\gamma$의 값을 차례대로 구하시오.

1 $x^3+4x^2+3x-5=0$

→ $\alpha+\beta+\gamma=-\dfrac{\square}{1}=\square$

$\alpha\beta+\beta\gamma+\gamma\alpha=\dfrac{3}{\square}=\square$

$\alpha\beta\gamma=-\dfrac{\square}{1}=\square$

2 $x^3-2x^2-x-1=0$

계수의 부호에 주의해!

3 $x^3+4x^2+3=0$

4 $2x^3+4x^2-x+2=0$

5 $2x^3+3x^2-7x-1=0$

6 $x^3+2x^2+5=0$

7 $x^3-6x-4=0$

내가 발견한 개념 — 삼차방정식의 근과 계수의 관계는?

$x^3+ax^2+bx+c=0$의 세 근을 α, β, γ라 하면

• $\alpha+\beta+\gamma=\square$

• $\alpha\beta+\beta\gamma+\gamma\alpha=\square$

• $\alpha\beta\gamma=\square$

2nd 삼차방정식의 근과 계수의 관계를 이용하여 구하는 식의 값

● 주어진 삼차방정식의 세 근을 α, β, γ라 할 때, 다음 값을 구하시오.

8 $x^3+4x^2+3x-5=0$

(1) $\alpha+\beta+\gamma$

(2) $\alpha\beta+\beta\gamma+\gamma\alpha$

(3) $\alpha\beta\gamma$

(4) $\dfrac{1}{\alpha}+\dfrac{1}{\beta}+\dfrac{1}{\gamma}$

(5) $\alpha^2+\beta^2+\gamma^2$

(6) $\dfrac{1}{\alpha\beta}+\dfrac{1}{\beta\gamma}+\dfrac{1}{\gamma\alpha}$

9 $x^3-x^2+6x+5=0$

(1) $\alpha+\beta+\gamma$

(2) $\alpha\beta+\beta\gamma+\gamma\alpha$

(3) $\alpha\beta\gamma$

(4) $\dfrac{1}{\alpha}+\dfrac{1}{\beta}+\dfrac{1}{\gamma}$

(5) $\alpha^2+\beta^2+\gamma^2$

(6) $(\alpha+1)(\beta+1)(\gamma+1)$

고차방정식의 근과 계수의 관계

이차방정식 $ax^2+bx+c=0$ 에서 ❶(두 근의 합) $=-\dfrac{b}{a}$ ❷(두 근의 곱) $=\dfrac{c}{a}$

삼차방정식 $ax^3+bx^2+cx+d=0$ 에서 ❶(세 근의 합) $=-\dfrac{b}{a}$ ❷(세 근의 곱) $=-\dfrac{d}{a}$

사차방정식 $ax^4+bx^3+cx^2+dx+e=0$ 에서 ❶(네 근의 합) $=-\dfrac{b}{a}$ ❷(네 근의 곱) $=\dfrac{e}{a}$

⋮

n차방정식 $a_nx^n+a_{n-1}x^{n-1}+\cdots+a_1x+a_0=0$ 에서 ❶(모든 근의 합) $=-\dfrac{a_{n-1}}{a_n}$ ❷(모든 근의 곱) $=(-1)^n\times\dfrac{a_0}{a_n}$

이제 어떠한 고차방정식이 와도
그 방정식의 모든 근의 합과 곱을 알 수 있겠지?

06 근을 이용해 삼차방정식을 만들어!

삼차방정식의 작성

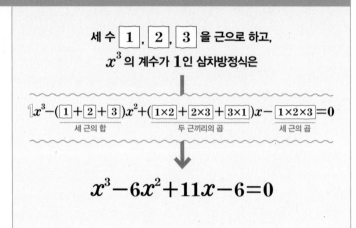

세 수 $\boxed{1}$, $\boxed{2}$, $\boxed{3}$ 을 근으로 하고,

x^3 의 계수가 1인 삼차방정식은

$$1x^3-(\boxed{1}+\boxed{2}+\boxed{3})x^2+(\boxed{1\times2}+\boxed{2\times3}+\boxed{3\times1})x-\boxed{1\times2\times3}=0$$

세 근의 합 / 두 근끼리의 곱 / 세 근의 곱

$$x^3-6x^2+11x-6=0$$

• 세 수를 근으로 하는 삼차방정식

세 수 α, β, γ를 근으로 하고 x^3의 계수가 1인 삼차방정식은

$(x-\alpha)(x-\beta)(x-\gamma)=0$

즉 $x^3-(\alpha+\beta+\gamma)x^2+(\alpha\beta+\beta\gamma+\gamma\alpha)x-\alpha\beta\gamma=0$

세 근의 합 / 두 근끼리의 곱의 합 / 세 근의 곱

1st 삼차방정식의 작성

● 다음 세 수를 근으로 하고 x^3의 계수가 1인 삼차방정식을 구하시오.

1 -1, 2, 3

→ (세 근의 합) $=-1+2+3=\square$

(두 근끼리의 곱의 합) $=-2+6-3=\square$

(세 근의 곱) $=-1\times2\times3=\square$

따라서 구하는 삼차방정식은

$x^3-\square x^2+x+\square=0$

2 -2, -5, 4

3 1, $\sqrt{3}$, $-\sqrt{3}$

4 2, 3, 4

5 -3, -4, -5

6 $\frac{1}{2}$, $\frac{1}{3}$, -2

7 -1, $2+\sqrt{5}$, $2-\sqrt{5}$

8 3, $-2i$, $2i$

9 2, $1+i$, $1-i$

내가 발견한 개념 — 근이 주어진 이차방정식 또는 삼차방정식은?

• α, β를 두 근으로 하고 x^2의 계수가 1인 이차방정식은

$(x-\alpha)(x-\beta)=0 \rightarrow x^2-(\square)x+\alpha\beta=0$

• α, β, γ를 근으로 하고 x^3의 계수가 1인 삼차방정식은

$(x-\alpha)(x-\beta)(x-\gamma)=0$

$\rightarrow x^3-(\square)x^2+(\alpha\beta+\beta\gamma+\gamma\alpha)x-\square=0$

● 주어진 삼차방정식의 세 근을 α, β, γ라 할 때, 다음을 세 근으로 하고 x^3의 계수가 1인 삼차방정식을 구하시오.

10 $x^3-2x^2+8x-1=0$

(1) $-\alpha,\ -\beta,\ -\gamma$

➜ 삼차방정식의 근과 계수의 관계에 의하여

$\alpha+\beta+\gamma=\square$, $\alpha\beta+\beta\gamma+\gamma\alpha=\square$, $\alpha\beta\gamma=\square$

구하는 삼차방정식의 세 근이 $-\alpha$, $-\beta$, $-\gamma$이므로

세 근의 합은

$-\alpha-\beta-\gamma=-(\alpha+\beta+\gamma)=\square$

두 근끼리의 곱의 합은 $\alpha\beta+\beta\gamma+\gamma\alpha=\square$

세 근의 곱은 $-\alpha\beta\gamma=\square$

따라서 구하는 방정식은 $\square$

(2) $\alpha+1,\ \beta+1,\ \gamma+1$

(3) $\frac{1}{\alpha},\ \frac{1}{\beta},\ \frac{1}{\gamma}$

(4) $\alpha\beta,\ \beta\gamma,\ \gamma\alpha$

11 $x^3+3x^2-2x-1=0$

(1) $-2\alpha,\ -2\beta,\ -2\gamma$

(2) $\frac{1}{\alpha},\ \frac{1}{\beta},\ \frac{1}{\gamma}$

12 $x^3-4x^2+3x+1=0$

(1) $\alpha+1,\ \beta+1,\ \gamma+1$

(2) $\alpha\beta,\ \beta\gamma,\ \gamma\alpha$

13 $x^3-3x^2+x-2=0$

(1) $\alpha-1,\ \beta-1,\ \gamma-1$

(2) $\alpha\beta,\ \beta\gamma,\ \gamma\alpha$

14 $x^3+x-1=0$

(1) $\alpha\beta,\ \beta\gamma,\ \gamma\alpha$

(2) $\alpha+\beta,\ \beta+\gamma,\ \gamma+\alpha$

07 한 근이 주어질 때 다른 한 근 찾기!

삼차방정식의 켤레근

$x^3-4x^2+3x+2=0$ 의 근은

인수 정리를 이용하여 풀면

유리수 부분은 같고

$x=2$ 또는 $x=1-\sqrt{2}$ 또는 $x=1+\sqrt{2}$

무리수 부분의 부호만 반대인 켤레근!

$x^3-3x^2+4x-2=0$ 의 근은

인수 정리를 이용하여 풀면

실수 부분은 같고

$x=1$ 또는 $x=1-i$ 또는 $x=1+i$

허수 부분의 부호만 반대인 켤레근!

• **삼차방정식의 켤레근**

삼차방정식 $ax^3+bx^2+cx+d=0$에서

① a, b, c, d가 유리수일 때, $p+q\sqrt{m}$이 근이면 $p-q\sqrt{m}$도 근이다.
(단, p, q는 유리수, $q\neq0$, $\sqrt{m}$은 무리수)

② a, b, c, d가 실수일 때, 허수 $p+qi$가 근이면 $p-qi$도 근이다.
(단, p, q는 실수, $q\neq0$, $i=\sqrt{-1}$)

항상 쌍으로 존재하는 켤레근!

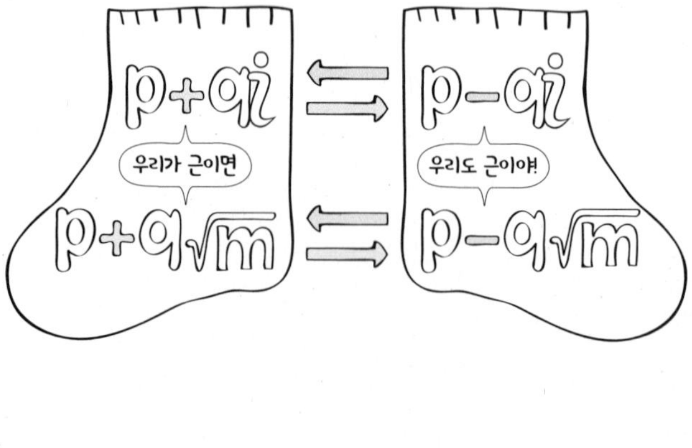

1st 삼차방정식의 켤레근을 이용하여 구하는 미지수의 값

● **삼차방정식 $x^3+x^2+ax+b=0$의 한 근이 다음과 같을 때, 유리수 a, b의 값을 구하시오.**

1 $1+\sqrt{2}$

→ 계수가 모두 유리수이고 한 근이 $1+\sqrt{2}$이므로 다른 한 근은 □이다.

나머지 한 근을 α라 하면 삼차방정식의 근과 계수의 관계에 의하여

$(1+\sqrt{2})+($□$)+\alpha=-1$이므로 $\alpha=$□

따라서 주어진 삼차방정식의 세 근이 $1+\sqrt{2}$, □, □

이므로 삼차방정식의 근과 계수의 관계에 의하여

$(1+\sqrt{2})($□$)+($□$)\times(-3)$
$+(-3)\times(1+\sqrt{2})=a$에서

$a=$□

$(1+\sqrt{2})($□$)\times(-3)=-b$에서 $b=$□

따라서 $a=$□, $b=$□

2 $3-\sqrt{3}$

먼저 켤레근을 구해봐!

3 $-2\sqrt{2}$

4 $4\sqrt{3}$

5 $-2+\sqrt{3}$

6 $2-\sqrt{5}$

7 $\sqrt{5}-1$

8 $\sqrt{6}-2$

● **삼차방정식 $x^3+x^2+ax+b=0$의 한 근이 다음과 같을 때, 실수 a, b의 값을 구하시오.**

9 $1+i$

→ 계수가 모두 실수이고 한 근이 $1+i$이므로 다른 한 근은 ☐이다.

나머지 한 근을 α라 하면 삼차방정식의 근과 계수의 관계에 의하여

$(1+i)+($☐$)+\alpha=-1$이므로 $\alpha=$☐

따라서 주어진 삼차방정식의 세 근이 $1+i$, ☐, ☐이므로

삼차방정식의 근과 계수의 관계에 의하여

$(1+i)($☐$)+($☐$)\times(-3)+(-3)\times(1+i)=a$

에서 $a=$☐

$(1+i)($☐$)\times(-3)=-b$에서 $b=$☐

따라서 $a=$☐, $b=$☐

10 $1-2i$

11 $\sqrt{2}i$

12 $1+\sqrt{5}i$

13 $-1-\sqrt{2}i$

14 $-2+2i$

15 $-1-3i$

08

대입하면 알 수 있는!

방정식 $x^3=1$의 허근의 성질

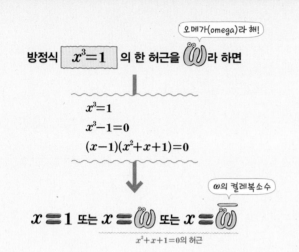

오메가(omega)라 해!

방정식 $x^3=1$ 의 한 허근을 ω라 하면

$x^3=1$

$x^3-1=0$

$(x-1)(x^2+x+1)=0$

ω의 켤레복소수

$x=1$ 또는 $x=\omega$ 또는 $x=\overline{\omega}$

$x^2+x+1=0$의 허근

$\omega=\dfrac{-1\pm\sqrt{3}i}{2}$ 이면 $\overline{\omega}=\dfrac{-1\mp\sqrt{3}i}{2}$ 야! (복부호 동순)
방정식 $x^3=1$을 통해 ω, $\overline{\omega}$의 성질들을 찾을 수 있어.
이 성질들을 이용하면 ω, $\overline{\omega}$로 이루어진 복잡한 식의 값을 직접 계산하지 않아도 구할 수 있지!

① ω는 $x^3=1$의 한 허근이므로 $\omega^3=1$

② ω는 $x^2+x+1=0$의 한 허근이므로 $\omega^2+\omega+1=0$ ❶

③ $x^2+x+1=0$의 두 근이 ω, $\overline{\omega}$이므로
이차방정식의 근과 계수의 관계에 의하여

$\omega+\overline{\omega}=-1$ ❷

$\omega\overline{\omega}=1$ ❸

④ $\omega^2+\omega+1=0$ (❶) 에서 $\omega^2=-\omega-1$

$\omega+\overline{\omega}=-1$ (❷) 에서 $-\omega-1=\overline{\omega}$

$\omega\overline{\omega}=1$ (❸) 에서 $\overline{\omega}=\dfrac{1}{\omega}$

따라서 $\omega^2=\overline{\omega}=\dfrac{1}{\omega}$

참고 방정식 $x^3=-1$의 한 허근을 ω, ω의 켤레복소수를 $\overline{\omega}$라 하면
① $\omega^3=-1$, $\omega^2-\omega+1=0$
② $\omega+\overline{\omega}=1$, $\omega\overline{\omega}=1$
③ $\omega^2=-\overline{\omega}=-\dfrac{1}{\omega}$

원리확인 방정식 $x^3=-1$의 한 허근을 ω라 할 때, 다음 □ 안에 알맞은 것을 써넣으시오. (단, $\overline{\omega}$는 ω의 켤레복소수이다.)

❶ 방정식 $x^3=-1$의 한 허근이 ω이므로
$\omega^3=$□

❷ $x^3=-1$에서
$x^3+1=0$
$(x+1)($□$)=0$
이때 ω는 □$=0$의 한 허근이므로
$\omega^2-\omega+1=$□

❸ $x^2-x+1=$□의 두 허근이 ω, $\overline{\omega}$이므로
이차방정식의 근과 계수의 관계에 의하여
$\omega+\overline{\omega}=$□

❹ $x^2-x+1=$□의 두 허근이 ω, $\overline{\omega}$이므로
이차방정식의 근과 계수의 관계에 의하여
$\omega\overline{\omega}=$□

❺ ❷에서 $\omega^2-\omega+1=$□이므로
$\omega^2=$□
❸에서 $\omega+\overline{\omega}=$□이므로
□$=-\overline{\omega}$
❹에서 $\omega\overline{\omega}=$□이므로
$\overline{\omega}=\dfrac{□}{\omega}$이므로
따라서 $\omega^2=-\overline{\omega}=$□

1st 방정식 $x^3=1$의 허근의 성질

● 삼차방정식 $x^3=1$의 한 허근을 ω라 할 때, 다음 값을 구하시오. (단, $\overline{\omega}$는 ω의 켤레복소수이다.)

1 ω^9

2 $\omega+\omega^3+\omega^5$

3 $\omega+\dfrac{1}{\omega}$

$\omega^2+\omega+1=0$의 양변을 ω로 나눠 봐!

4 $\omega^2+\dfrac{1}{\omega^2}$

5 $\dfrac{\overline{\omega}}{\omega}+\dfrac{\omega}{\overline{\omega}}$

통분을 해봐!

내가 발견한 개념 방정식 $x^2+x+1=0$의 한 허근을 ω라 하면?

• 방정식 $x^2+x+1=0$의 한 허근이 ω이면 다른 한 허근은 $\overline{\omega}$이다. (단, $\overline{\omega}$는 ω의 켤레복소수이다.)

→ $\omega^2+\omega+1=$☐, $\omega^3=$☐, $\omega+\overline{\omega}=$☐, $\omega\overline{\omega}=$☐

2nd 방정식 $x^3=-1$의 허근의 성질

● 삼차방정식 $x^3=-1$의 한 허근을 ω라 할 때, 다음 값을 구하시오. (단, $\overline{\omega}$는 ω의 켤레복소수이다.)

6 $\omega^2-\omega$

7 $\omega^3-\omega^2+\omega$

8 $\omega+\dfrac{1}{\omega}+\overline{\omega}+\dfrac{1}{\overline{\omega}}$

9 $\omega^{11}+\dfrac{1}{\omega^{11}}$

10 $\dfrac{\omega^{99}+\omega^{101}}{\omega^{100}}$

내가 발견한 개념 방정식 $x^2-x+1=0$의 한 허근을 ω라 하면?

• 방정식 $x^2-x+1=0$의 한 허근이 ω이면 다른 한 허근은 $\overline{\omega}$이다. (단, $\overline{\omega}$는 ω의 켤레복소수이다.)

→ $\omega^2-\omega+1=$☐, $\omega^3=$☐, $\omega+\overline{\omega}=$☐, $\omega\overline{\omega}=$☐

TEST 개념 확인

05 삼차방정식의 근과 계수의 관계

- 삼차방정식 $ax^3+bx^2+cx+d=0$의 세 근을 α, β, γ라 하면

$\alpha+\beta+\gamma=-\frac{b}{a}$, $\alpha\beta+\beta\gamma+\gamma\alpha=\frac{c}{a}$, $\alpha\beta\gamma=-\frac{d}{a}$

1 삼차방정식 $x^3+3x^2+x+1=0$의 세 근을 α, β, γ라 할 때, $\frac{1}{\alpha}+\frac{1}{\beta}+\frac{1}{\gamma}$의 값은?

① -3 ② -2 ③ -1
④ 0 ⑤ 1

2 삼차방정식 $x^3-x^2+3x-4=0$의 세 근을 α, β, γ라 할 때, $(\alpha+\beta)(\beta+\gamma)(\gamma+\alpha)$의 값을 구하시오.

3 삼차방정식 $x^3+7x^2+ax+b=0$의 세 근의 비가 $1:2:4$일 때, 상수 a, b에 대하여 $a+b$의 값은?

① -22 ② -12 ③ 6
④ 12 ⑤ 22

06 삼차방정식의 작성

- 세 수 α, β, γ를 근으로 하고 x^3의 계수가 1인 삼차방정식은

→ $(x-\alpha)(x-\beta)(x-\gamma)=0$

→ $x^3-(\alpha+\beta+\gamma)x^2+(\alpha\beta+\beta\gamma+\gamma\alpha)x-\alpha\beta\gamma=0$

4 x^3의 계수가 1인 삼차식 $P(x)$에 대하여

$$P(-3)=P(2+\sqrt{3})=P(2-\sqrt{3})=0$$

을 만족시키는 방정식 $P(x)=0$은?

① $x^3-x^2-11x-3=0$
② $x^3-x^2-11x+3=0$
③ $x^3+x^2+11x-3=0$
④ $x^3-2x^2-11x-3=0$
⑤ $x^3+2x^2+11x+3=0$

5 삼차방정식 $x^3+x^2-1=0$의 세 근을 α, β, γ라 할 때, $\frac{1}{\alpha}$, $\frac{1}{\beta}$, $\frac{1}{\gamma}$을 세 근으로 하고 x^3의 계수가 1인 삼차방정식은?

① $x^3-x^2-1=0$ ② $x^3+x^2+1=0$
③ $x^3-x-1=0$ ④ $x^3+x-1=0$
⑤ $x^3+x+1=0$

6 삼차방정식 $x^3+2x^2+x+4=0$의 세 근을 α, β, γ라 할 때, $\alpha+1$, $\beta+1$, $\gamma+1$을 세 근으로 하고 x^3의 계수가 1인 삼차방정식을 구하시오.

정답과 풀이 118쪽

07 삼차방정식의 켤레근

- 삼차방정식 $ax^3+bx^2+cx+d=0$에서
  ① a, b, c, d가 유리수일 때, $p+q\sqrt{m}$이 근이면 $p-q\sqrt{m}$도 근이다. (단, p, q는 유리수, $q\neq0$, $\sqrt{m}$은 무리수)
  ② a, b, c, d가 실수일 때, 허수 $p+qi$가 근이면 $p-qi$도 근이다. (단, p, q는 실수, $q\neq0$, $i=\sqrt{-1}$)

7 삼차방정식 $x^3-ax^2+bx-5=0$의 한 근이 $1-2i$일 때, 나머지 두 근의 합은? (단, a, b는 실수이다.)

① $2i$ ② $2-2i$ ③ 0
④ $2+2i$ ⑤ $-2i$

8 삼차방정식 $x^3+ax^2+bx-2=0$의 한 근이 $1+\sqrt{3}$일 때, 유리수 a, b에 대하여 ab의 값은?

① -4 ② -2 ③ -1
④ 2 ⑤ 4

9 삼차방정식 $x^3+x^2+ax+b=0$의 한 근이 $i-3$일 때, 실수 a, b에 대하여 $b-a$의 값은?

① -30 ② -20 ③ -15
④ -10 ⑤ -5

08 방정식 $x^3=1$의 허근의 성질

- 방정식 $x^3=1$의 한 허근을 ω라 할 때 (단, $\overline{\omega}$는 ω의 켤레복소수)
  ① $\omega^3=1$, $\omega^2+\omega+1=0$
  ② $\omega+\overline{\omega}=-1$, $\omega\overline{\omega}=1$
  ③ $\omega^2=\overline{\omega}=\frac{1}{\omega}$

10 방정식 $x^3=1$의 한 허근을 ω라 할 때, 옳은 것만을 **보기**에서 있는 대로 고른 것은?
(단, $\overline{\omega}$는 ω의 켤레복소수이다.)

보기
ㄱ. $\omega\overline{\omega}=1$
ㄴ. $\omega+\frac{1}{\omega}=1$
ㄷ. $\frac{\omega^2}{1+\omega}+\frac{\overline{\omega}}{1+\overline{\omega}^2}=0$
ㄹ. $\omega^5+\omega^4+\omega^3+\omega^2+\omega+1=0$

① ㄱ, ㄴ ② ㄱ, ㄹ ③ ㄴ, ㄹ
④ ㄱ, ㄴ, ㄷ ⑤ ㄴ, ㄷ, ㄹ

11 방정식 $x^3=-1$의 한 허근을 ω라 할 때, $\omega^8-\omega^7+1$의 값은?

① -2 ② -1 ③ 0
④ 1 ⑤ 2

12 방정식 $x^3=1$의 한 허근을 ω라 할 때, $\frac{\omega^{14}}{\omega+1}$의 값을 구하시오.

09 미지수 하나를 없애는!

연립일차방정식의 풀이

❶ 가감법

$\begin{cases} 2x-y=2 \\ x+y=1 \end{cases}$ →

$$\begin{array}{rl} & 2x-y=2 \\ +) & x+y=1 \\ \hline & 3x \quad =3 \\ & x \quad =1 \end{array}$$

더해서 y를 없애!

대입 → $y=0$

따라서 $x=1$, $y=0$

$\begin{cases} x+2y=2 \\ x+y=1 \end{cases}$ →

$$\begin{array}{rl} & x+2y=2 \\ -) & x+\ y=1 \\ \hline & \quad y=1 \end{array}$$

빼서 x를 없애!

대입 → $x=0$

따라서 $x=0$, $y=1$

❷ 대입법

$\begin{cases} y=x-1 \\ x+2y=4 \end{cases}$ (대입) → $x+2(x-1)=4$

괄호로 꼭 묶어!

$3x=6$

$x=2$ ($y=x-1$에 $x=2$를 대입하면 $y=1$)

따라서 $x=2$, $y=1$

- **미지수가 2개인 연립일차방정식:** 미지수가 2개인 일차방정식 두 개를 한 쌍으로 묶어 놓은 것
- **가감법:** 연립방정식의 두 일차방정식을 변끼리 더하거나 빼서 한 미지수를 소거하여 연립방정식을 푸는 방법
- **대입법:** 연립방정식의 한 방정식을 한 미지수에 대하여 정리한 후 그 식을 다른 방정식에 대입하여 연립방정식을 푸는 방법

해가 특수한 연립방정식

$\begin{cases} x+y=2 \\ 2x+2y=4 \end{cases}$ —양변에 ×2→ $\begin{cases} 2x+2y=4 \\ 2x+2y=4 \end{cases}$

일차방정식이 일치하므로 해가 무수히 많다.

$\begin{cases} x+y=2 \\ 2x+2y=3 \end{cases}$ —양변에 ×2→ $\begin{cases} 2x+2y=4 \\ 2x+2y=3 \end{cases}$

x, y의 계수가 각각 같고 상수항이 서로 다르므로 해가 없다.

1st — 가감법을 이용한 연립일차방정식의 풀이

● 다음 연립방정식을 가감법을 이용하여 푸시오.

1 $\begin{cases} x+y=6 & \cdots\cdots ㉠ \\ 2x-y=3 & \cdots\cdots ㉡ \end{cases}$

→ ㉠+㉡을 하면

$$\begin{array}{rl} & x+y=6 \\ +) & 2x-y=3 \\ \hline & \square x \quad = \square \end{array}$$

이므로 $x=\square$

$x=\square$을 ㉠에 대입하면

$\square+y=6$에서 $y=\square$

따라서 $x=\square$, $y=\square$

2 $\begin{cases} 3x-y=6 \\ -x+y=-4 \end{cases}$

3 $\begin{cases} x-y=3 \\ x+3y=-5 \end{cases}$

4 $\begin{cases} 2x+3y=8 \\ -x-3y=-7 \end{cases}$

5 $\begin{cases} 2x+5y=5 \\ x+y=1 \end{cases}$

소거하려는 문자의 계수의 절댓값이 같아지도록 각 방정식의 양변에 적당한 수를 곱해!

6 $\begin{cases} -x+2y=1 \\ 2x-3y=2 \end{cases}$

7 $\begin{cases} 3x-y=2 \\ x-4y=-3 \end{cases}$

8 $\begin{cases} 4x-3y=2 \\ 3x+2y=10 \end{cases}$

2nd 대입법을 이용한 연립일차방정식의 풀이

● **다음 연립방정식을 대입법을 이용하여 푸시오.**

9 $\begin{cases} -x+2y=7 & \cdots\cdots ㉠ \\ y=x+3 & \cdots\cdots ㉡ \end{cases}$

→ ㉡을 ㉠에 대입하면

$-x+2($ ☐ $)=7$이므로 $x=$ ☐

$x=$ ☐ 을 ㉡에 대입하면 $y=$ ☐

따라서 $x=$ ☐, $y=$ ☐

10 $\begin{cases} y=2x-4 \\ y=x-6 \end{cases}$

$\begin{cases} A=B \\ A=C \end{cases}$ 꼴의 연립방정식은 $B=C$로 놓고 푼다.

$\begin{cases} y=2x-4 \\ y=x-6 \end{cases}$ → $2x-4=x-6$

11 $\begin{cases} x=-3y+4 \\ 2x+3y=5 \end{cases}$

12 $\begin{cases} 3x-4y=2 \\ y=-2x+5 \end{cases}$

13 $\begin{cases} x-y=-2 \\ 2x-y=3 \end{cases}$

연립방정식 중 한 일차방정식을 한 미지수에 대하여 풀어 봐!

14 $\begin{cases} -x+2y=3 \\ x-3y=-5 \end{cases}$

15 $\begin{cases} x+4y=-3 \\ 3x+2y=1 \end{cases}$

16 $\begin{cases} 3x-y=-2 \\ -2x+3y=-1 \end{cases}$

10

미지수 하나를 없애는!

연립이차방정식의 풀이

$\begin{cases} \text{일차방정식} \\ \text{이차방정식} \end{cases}$ 꼴의 연립이차방정식

$\begin{cases} x-y=2 \\ x^2+y^2=10 \end{cases}$ 에서

$\begin{cases} x-y=2 \Rightarrow x=y+2 \\ x^2+y^2=10 \end{cases}$

한 문자에 대하여 정리한 후 대입해!

$(y+2)^2+y^2=10$

$y^2+2y-3=0$

$(y+3)(y-1)=0$

$y=-3$ 또는 $y=1$

$y=-3$을 대입하면 $x=-1$

$y=1$을 대입하면 $x=3$

따라서 $\begin{cases} x=-1 \\ y=-3 \end{cases}$ 또는 $\begin{cases} x=3 \\ y=1 \end{cases}$

$\begin{cases} \text{이차방정식} \\ \text{이차방정식} \end{cases}$ 꼴의 연립이차방정식

$\begin{cases} x^2-y^2=0 \\ x^2+5xy-2y^2=24 \end{cases}$ 에서

$x^2-y^2=0 \Rightarrow (x+y)(x-y)=0$

$\Rightarrow x=-y$ ❶ 또는 $x=y$ ❷

각각 대입해!

$x^2+5xy-2y^2=24$

❶ $x=-y$를 대입

$y^2-5y^2-2y^2=24$

$y^2=-4$

$y=\pm 2i$

따라서 $\begin{cases} x=2i \\ y=-2i \end{cases}$ 또는 $\begin{cases} x=-2i \\ y=2i \end{cases}$

❷ $x=y$를 대입하여 ❶과 같은 방법으로 하면

따라서 $\begin{cases} x=\sqrt{6} \\ y=\sqrt{6} \end{cases}$ 또는 $\begin{cases} x=-\sqrt{6} \\ y=-\sqrt{6} \end{cases}$

• **연립이차방정식:** 미지수가 2개인 연립방정식에서 차수가 가장 높은 방정식이 이차방정식일 때, 이 연립방정식을 미지수가 2개인 연립이차방정식이라 한다.

1st $\begin{cases} \text{일차방정식} \\ \text{이차방정식} \end{cases}$ 꼴의 연립방정식의 풀이

• 다음 연립방정식을 푸시오.

1 $\begin{cases} 2x-y=-5 & \cdots\cdots ㉠ \\ x^2+y^2=10 & \cdots\cdots ㉡ \end{cases}$

→ ㉠에서 y를 x에 대한 식으로 나타내면

$y=$ [　　] $\cdots\cdots$ ㉢

㉢을 ㉡에 대입하면 $x^2+($ [　　] $)^2=10$

즉 x^2+4x+ [　] $=0$, $(x+3)(x+$ [　] $)=0$이므로

$x=-3$ 또는 $x=$ [　]

$x=-3$을 ㉢에 대입하면 $y=$ [　]

$x=$ [　] 을 ㉢에 대입하면 $y=$ [　]

따라서 구하는 해는 $\begin{cases} x=-3 \\ y=\square \end{cases}$ 또는 $\begin{cases} x=\square \\ y=\square \end{cases}$

2 $\begin{cases} x-y=1 \\ x^2+y^2=25 \end{cases}$

3 $\begin{cases} x-2y=-5 \\ x^2-y^2=-8 \end{cases}$

4 $\begin{cases} 2x+y=3 \\ y^2-x^2=24 \end{cases}$

5 $\begin{cases} x-y=1 \\ 2x^2-xy=6 \end{cases}$

6 $\begin{cases} x-2y=-6 \\ x^2-xy+y^2=12 \end{cases}$

개념모음문제

7 연립방정식 $\begin{cases} x+y=a \\ x^2+2y^2=b \end{cases}$의 한 근이 $\begin{cases} x=3 \\ y=3 \end{cases}$일 때, 나머지 한 근을 구하시오. (단, a, b는 상수이다.)

2nd – $\begin{cases} \text{이차방정식} \\ \text{이차방정식} \end{cases}$ 꼴의 연립방정식의 풀이

● **다음 연립방정식을 푸시오.**

8 $\begin{cases} x^2-y^2=0 & \cdots\cdots ㉠ \\ x^2+xy+3y^2=15 & \cdots\cdots ㉡ \end{cases}$

→ ㉠의 좌변을 인수분해하면 $(x+y)(x-y)=0$이므로

$x=-y$ 또는 $x=$ ☐

(i) $x=-y$를 ㉡에 대입하여 풀면 $y=\sqrt{5}$ 또는 $y=-\sqrt{5}$

이때 $x=-y$이므로

$y=\sqrt{5}$일 때, $x=$ ☐

$y=-\sqrt{5}$일 때, $x=$ ☐

(ii) $x=$ ☐ 를 ㉡에 대입하여 풀면 $y=$ ☐ 또는 $y=-\sqrt{3}$

이때 $x=$ ☐ 이므로

$y=$ ☐ 일 때, $x=$ ☐

$y=-\sqrt{3}$일 때, $x=$ ☐

따라서 구하는 해는

$\begin{cases} x=☐ \\ y=\sqrt{5} \end{cases}$ 또는 $\begin{cases} x=☐ \\ y=-\sqrt{5} \end{cases}$ 또는 $\begin{cases} x=☐ \\ y=☐ \end{cases}$ 또는 $\begin{cases} x=☐ \\ y=-\sqrt{3} \end{cases}$

9 $\begin{cases} x^2-4y^2=0 \\ x^2+xy-3y^2=3 \end{cases}$

10 $\begin{cases} x^2+2y^2=18 \\ x^2-5xy+4y^2=0 \end{cases}$

11 $\begin{cases} 2x^2+y^2=9 \\ x^2+xy-2y^2=0 \end{cases}$

12 $\begin{cases} x^2-3xy-4y^2=0 \\ x^2+y^2=34 \end{cases}$

13 $\begin{cases} x^2-xy=18 \\ x^2-2xy-3y^2=0 \end{cases}$

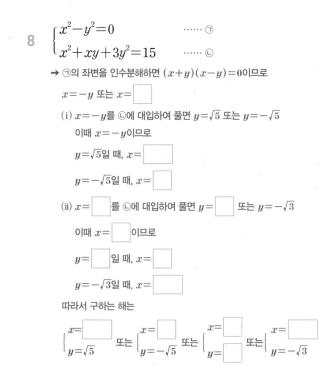

내가 발견한 개념 　　연립방정식의 원리는?

• 연립방정식 $\begin{cases} A=0 \\ BC=0 \end{cases}$ → $\begin{cases} A=0 \\ B=☐ \end{cases}$ 또는 $\begin{cases} A=0 \\ C=☐ \end{cases}$

개념모음문제

14 연립방정식 $\begin{cases} x^2+y^2=10 \\ 3x^2-4xy+y^2=0 \end{cases}$의 해를 $x=\alpha$, $y=\beta$라 할 때, $\alpha\beta$의 최댓값은?

① 1　② 2　③ 3　④ 4　⑤ 5

3rd x, y에 대한 대칭식인 연립방정식의 풀이

● 다음 연립방정식을 푸시오.

> x, y를 서로 바꾸어 대입해도 변하지 않는 식을 대칭식이라 한다. 방정식이 모두 x, y에 대한 대칭식인 경우
> (i) $x+y=u$, $xy=v$로 놓고 u, v에 대한 연립방정식으로 변형하여 u, v의 값을 구한다.
> (ii) 이차방정식 $t^2-ut+v=0$의 두 근이 x, y임을 이용하여 x, y의 값을 구한다.

15 $\begin{cases} x+y=8 \\ xy=12 \end{cases}$

→ 주어진 연립방정식을 만족시키는 x, y는 t에 대한 이차방정식

$t^2-\square t+\square=0$의 두 근이므로

$(t-2)(t-\square)=0$에서 $t=\square$ 또는 $t=\square$

따라서 구하는 해는

$\begin{cases} x=\square \\ y=\square \end{cases}$ 또는 $\begin{cases} x=\square \\ y=\square \end{cases}$

16 $\begin{cases} x+y=3 \\ xy=-10 \end{cases}$

17 $\begin{cases} x+y=-2 \\ xy=-8 \end{cases}$

18 $\begin{cases} x+y=6 \\ xy=-16 \end{cases}$

19 $\begin{cases} x+y=-10 \\ xy=21 \end{cases}$

> $x+y=u$, $xy=v$로 놓고 u, v에 대한 연립방정식을 세운다.

20 $\begin{cases} x^2+y^2=20 \\ xy=8 \end{cases}$

→ $\begin{cases} x^2+y^2=20 \\ xy=8 \end{cases}$에서 $\begin{cases} (x+y)^2-\square=20 \\ xy=8 \end{cases}$

$x+y=u$, $xy=v$로 놓으면 주어진 연립방정식은

$\begin{cases} u^2-2\square=20 \\ v=8 \end{cases}$

즉 $u=-6$, $v=\square$ 또는 $u=\square$, $v=8$

(i) $u=-6$, $v=\square$일 때, x, y는 t에 대한 이차방정식

$t^2+6t+\square=0$의 두 근이므로

$t=-2$ 또는 $t=\square$

(ii) $u=\square$, $v=8$일 때, x, y는 t에 대한 이차방정식

$t^2-\square t+8=0$의 두 근이므로 $t=2$ 또는 $t=\square$

따라서 구하는 해는

$\begin{cases} x=-4 \\ y=\square \end{cases}$ 또는 $\begin{cases} x=-2 \\ y=\square \end{cases}$ 또는 $\begin{cases} x=2 \\ y=\square \end{cases}$ 또는 $\begin{cases} x=4 \\ y=\square \end{cases}$

21 $\begin{cases} x^2+y^2=10 \\ xy=3 \end{cases}$

22 $\begin{cases} x^2+y^2=17 \\ xy=4 \end{cases}$

23 $\begin{cases} x^2+y^2-2xy=1 \\ xy=6 \end{cases}$

4th — $\begin{cases} \text{이차방정식} \\ \text{이차방정식} \end{cases}$ 꼴의 연립방정식의 풀이 ; 인수분해 되는 식이 없는 경우

● 다음 연립방정식을 푸시오.

(ⅰ) 이차항을 소거할 수 있는 경우
→ 이차항을 소거하여 일차방정식을 얻는다.
(ⅱ) 이차항을 소거할 수 없는 경우
→ 상수항을 소거하여 인수분해 되는 식을 얻은 후 인수분해하여 일차방정식을 얻는다.

24 $\begin{cases} x^2+y^2+2x=0 & \cdots\cdots ㉠ \\ x^2+y^2+x+y=2 & \cdots\cdots ㉡ \end{cases}$

→ ㉠−㉡을 하여 이차항을 소거하면

$x-y=-2$에서 $y=x+2$ ······ ㉢

㉢을 ㉠에 대입하면

$x^2+(x+2)^2+2x=0$

$x^2+3x+2=0$, $(x+2)(x+\square)=0$

$x=-2$ 또는 $x=\square$

(ⅰ) $x=-2$를 ㉢에 대입하면

$y=\square$

(ⅱ) $x=\square$을 ㉢에 대입하면

$y=\square$

따라서 구하는 해는 $\begin{cases} x=-2 \\ y=\square \end{cases}$ 또는 $\begin{cases} x=\square \\ y=\square \end{cases}$

25 $\begin{cases} x^2-2x+2y=6 \\ 2x^2-5x+3y=9 \end{cases}$

26 $\begin{cases} 2x^2+3x-3y=2 \\ 3x^2+4x-5y=4 \end{cases}$

27 $\begin{cases} x^2-xy=3 & \cdots\cdots ㉠ \\ y^2-xy=6 & \cdots\cdots ㉡ \end{cases}$

→ ㉠×$\square$−㉡을 하여 상수항을 소거하면

$2x^2-xy-y^2=0$에서 $(2x+y)(x-\square)=0$이므로

$y=-2x$ 또는 $y=\square$

(ⅰ) $y=-2x$를 ㉠에 대입하면

$x^2+2x^2=3$, $x^2=1$

$x=-1$ 또는 $x=\square$

이때 $y=-2x$이므로

$x=-1$일 때, $y=\square$

$x=\square$일 때, $y=\square$

(ⅱ) $y=\square$를 ㉠에 대입하면

$x^2-x^2=3$에서 $0\times x^2=3$이므로 해가 없다.

따라서 구하는 해는 $\begin{cases} x=-1 \\ y=\square \end{cases}$ 또는 $\begin{cases} x=\square \\ y=\square \end{cases}$

28 $\begin{cases} x^2+2xy+y^2=4 \\ x^2+4xy+3y^2=8 \end{cases}$

29 $\begin{cases} x^2-2xy=-3 \\ y^2+xy=6 \end{cases}$

공통근

$x^2-2x-3=0$ 과 $x^2-x-6=0$ 의 공통근

❶ 인수분해를 이용하는 방법

$x^2-2x-3=0$	$x^2-x-6=0$
$(x+1)(x-3)=0$	$(x+2)(x-3)=0$
$x=-1$ 또는 $x=3$	$x=-2$ 또는 $x=3$

따라서 공통근 $x=3$

❷ 최고차항 또는 상수항을 소거하는 방법

공통근을 α라 하면

$\alpha^2-2\alpha-3=0$ ······ ㉠

$\alpha^2-\alpha-6=0$ ······ ㉡

• 최고차항을 소거	• 상수항을 소거
㉠ − ㉡을 하면	2×㉠ − ㉡을 하면
$-\alpha+3=0$	$\alpha^2-3\alpha=0$
$\alpha=3$	$\alpha(\alpha-3)=0$
	$\alpha=0$ 또는 $\alpha=3$

㉠, ㉡에 대입해서 공통근인지 확인해!

㉠, ㉡을 만족시키는 공통근 $\alpha=3$

• **공통근:** 두 개 이상의 방정식을 동시에 만족시키는 미지수의 값을 방정식의 공통근이라 한다.

• **공통근을 구하는 방법**

두 방정식 $f(x)=0$, $g(x)=0$의 공통근 $x=\alpha$는 다음과 같은 방법으로 구한다.

[방법 1] 인수분해 이용

$f(x)$, $g(x)$를 각각 인수분해하여 공통근을 찾는다.

[방법 2] 최고차항 또는 상수항 소거

(ⅰ) 두 방정식 $f(x)=0$, $g(x)=0$의 공통근을 α라 하고 $x=\alpha$를 주어진 방정식에 대입한다.

(ⅱ) α에 대한 두 방정식 $f(\alpha)=0$, $g(\alpha)=0$을 연립하여 최고차항 또는 상수항을 소거한다.

(ⅲ) (ⅱ)에서 얻은 방정식의 해 중에서 공통근을 구한다.

참고 최고차항이나 상수항을 소거하여 얻은 방정식의 해 중에는 공통근이 아닌 근도 있어서 반드시 방정식에 대입하여 확인해야 한다.

1st 공통근을 이용하여 구하는 미지수의 값

● 다음 두 방정식의 공통근이 [ ] 안의 수와 같을 때, 상수 a, b의 값을 구하시오.

1 $x^2+ax=0$, $x^2-bx-4=0$ [-1]

→ $x=-1$이 두 방정식의 공통근이므로 $x=-1$을 각 방정식에 대입하면 성립한다.

$x=-1$을 $x^2+ax=0$에 대입하면

$(\square)^2+a\times(\square)=0$이므로 $a=\square$

$x=-1$을 $x^2-bx-4=0$에 대입하면

$(\square)^2-b\times(\square)-4=0$이므로 $b=\square$

따라서 $a=\square$, $b=\square$

2 $x^2-2ax+6=0$, $x^2+(b-2)x-8=0$ [2]

3 $x^2-ax+3b=0$, $x^2-(b-1)x-9=0$ [-3]

4 $x^2-ax+b=0$, $2x^2-bx-(a-3)=0$ [1]

공통근을 각 방정식에 대입한 후 a, b에 대한 연립방정식을 풀어 봐!

5 $x^2+(a-2)x-2b=0$, $x^2-2ax-(3b-6)=0$ [-4]

● 다음 두 이차방정식이 공통근을 가질 때, 모든 상수 a의 값의 합을 구하시오.

6 $x^2+x-a=0$, $x^2+3x-4=0$

→ $x^2+3x-4=0$에서

$(x-1)(x+□)=0$이므로 $x=1$ 또는 $x=□$

(i) 공통근이 $x=1$일 때

$x=1$을 $x^2+x-a=0$에 대입하면

$(□)^2+□-a=0$

따라서 $a=□$

(ii) 공통근이 $x=□$일 때

$x=□$를 $x^2+x-a=0$에 대입하면

$(□)^2+(□)-a=0$

따라서 $a=□$

(i), (ii)에서 모든 상수 a의 값의 합은 □이다.

7 $x^2-x+a=0$, $x^2-7x+6=0$

8 $x^2-(a+1)x+3=0$, $x^2-1=0$

9 $2ax^2+6ax-1=0$, $2x^2+3x-2=0$

10 $ax^2-3(a-2)x+4=0$, $x^2-x-2=0$

● 다음 두 이차방정식이 오직 하나의 공통근을 가질 때, 상수 k의 값과 공통근을 차례대로 구하시오.

11 $x^2+2x+k=0$, $x^2+kx+2=0$

→ 공통근을 α라 하고 두 방정식에 대입하면

$\alpha^2+2\alpha+k=0$ ······ ㉠, $\alpha^2+k\alpha+2=0$ ······ ㉡

㉠−㉡을 하면 $(□)\alpha+□=0$

$(2-k)(□)=0$에서 $k=2$ 또는 $\alpha=□$

이때 $k=2$이면 주어진 두 이차방정식이 일치하므로 공통근이 2개 존재한다. 즉 $\alpha=□$

$\alpha=□$을 ㉠에 대입하면

$□^2+2\times□+k=0$에서 $k=□$

따라서 $k=□$이고 공통근은 □이다.

12 $x^2+x-k=0$, $x^2-kx+1=0$

13 $3x^2+kx+4=0$, $3x^2+4x+k=0$

14 $2x^2+(k-1)x+k=0$, $2x^2-(2k+1)x+4k=0$

개념모음문제

15 두 이차방정식 $x^2+ax+3+b=0$, $x^2+(2a+1)x+b=0$의 공통근이 2일 때, 두 방정식의 근 중 공통근이 아닌 근의 곱은? (단, a, b는 상수이다.)

① -14 ② -12 ③ -10
④ 10 ⑤ 12

12 일차방정식과 이차방정식을 만들어!

연립이차방정식의 활용

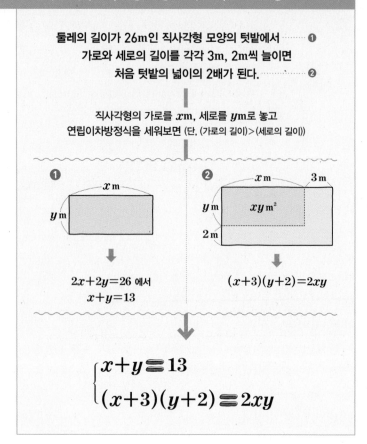

둘레의 길이가 26m인 직사각형 모양의 텃밭에서 ······ ❶
가로와 세로의 길이를 각각 3m, 2m씩 늘이면
처음 텃밭의 넓이의 2배가 된다. ······ ❷

직사각형의 가로를 xm, 세로를 ym로 놓고
연립이차방정식을 세워보면 (단, (가로의 길이)>(세로의 길이))

❶

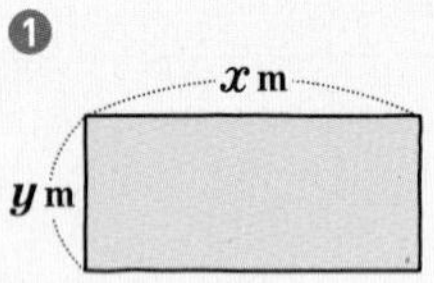

$2x+2y=26$ 에서
$x+y=13$

❷

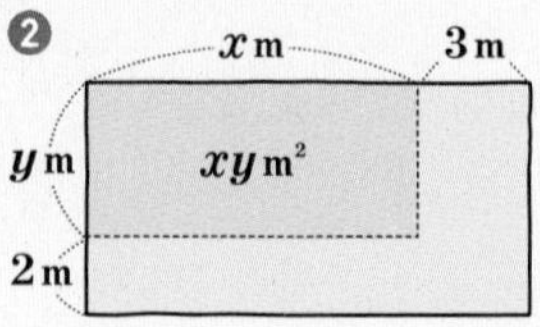

$(x+3)(y+2)=2xy$

$$\begin{cases} x+y=13 \\ (x+3)(y+2)=2xy \end{cases}$$

미지수 정하기
↓
연립방정식 세우기
↓
연립방정식 풀기
↓
답 확인하기

1st 연립이차방정식의 활용

1 두 자리 자연수가 있다. 각 자리 숫자의 제곱의 합은 73이고, 일의 자리 숫자와 십의 자리 숫자를 바꾼 자연수와 처음 자연수의 합은 121이다. 처음 자연수를 구하시오.

(1) 처음 자연수의 십의 자리 숫자를 x, 일의 자리 숫자를 y라 할 때, 다음 □ 안에 알맞은 식을 써넣으시오.

각 자리 숫자의 제곱의 합이 73이므로
$\square=73$
일의 자리 숫자와 십의 자리 숫자를 바꾼 자연수와 처음 자연수의 합이 121이므로
$(\square)+(10x+y)=121$에서
$\square=11$

(2) 연립방정식을 세우시오.

$$\begin{cases} \square=73 \\ \square=11 \end{cases}$$

(3) 연립방정식을 푸시오.

(4) 처음 자연수를 구하시오.

2 50 이하인 두 자리 자연수에서 각 자리 숫자의 합은 7이고, 각 자리 숫자의 제곱의 합은 37인 수를 구하시오.

3 둘레의 길이가 14 cm인 직사각형의 넓이가 10 cm^2일 때, 이 직사각형의 가로와 세로의 길이를 각각 구하시오.
(단, 가로의 길이가 세로의 길이보다 더 길다.)

(1) 직사각형의 가로의 길이를 x cm, 세로의 길이를 y cm라 할 때, 다음 □ 안에 알맞은 식을 써넣으시오.

직사각형의 둘레의 길이가 14 cm이므로
[ ]=14에서 [ ]=7
직사각형의 넓이가 10 cm^2이므로
[ ]=10

(2) 연립방정식을 세우시오.

$$\begin{cases} \square = 7 \\ \square = 10 \end{cases}$$

(3) 연립방정식을 푸시오.

(4) 직사각형의 가로와 세로의 길이를 차례대로 구하시오.

4 두 대각선의 길이의 합이 34 cm인 마름모의 넓이가 120 cm^2일 때, 마름모의 두 대각선 중 짧은 것의 길이를 구하시오.

두 대각선의 길이가 a, b인 마름모의 넓이는 $\frac{1}{2}ab$임을 이용해!

5 어느 김밥 전문점에서는 하루 평균 판매액이 120000원인 A 김밥의 가격을 500원 할인하는 행사를 하기로 하였다. 내린 가격으로 판매한 날의 판매량은 행사 전 하루 평균 판매량보다 10개가 증가하였고, 판매액은 140000원이었다. 가격을 할인하기 전 A 김밥 한 개의 가격과 그때의 하루 판매량을 구하시오.

(1) 할인하기 전 A 김밥 한 개의 가격을 x원, 그때의 하루 판매량을 y개라 할 때, 다음 □ 안에 알맞은 식을 써넣으시오.

할인하기 전 하루 평균 판매액이 120000원이므로
[ ]=120000
할인한 후 A김밥 한 개의 가격은
([ ])원이고, 하루 판매량은
([ ])개이다.
이때의 판매액은 140000원이므로
([ ])([ ])=140000

(2) 연립방정식을 세우시오.

$$\begin{cases} \square = 120000 \\ xy + \square x - \square y = \square \end{cases}$$

(3) 연립방정식을 푸시오.

(4) 할인하기 전 A 김밥 한 개의 가격과 그때의 하루 판매량을 차례대로 구하시오.

6 어떤 상품의 하루 매출이 200만 원인 매장에서 이 상품의 가격을 1만 원 할인하여 판매하였더니 하루 판매량이 20개 증가하여 매출이 40만 원 늘었다. 이때 가격을 할인하기 전 상품의 하루 판매량을 구하시오.

13 방정식보다 미지수의 개수가 더 많은!

부정방정식의 풀이

$xy+x-y=-2$ 를 만족시키는

정수 x, y의 값

$xy+x-y=-2$

$x(y+1)-(y+1)=-3$

$(x-1)(y+1)=-3$

양변에 -1을 더해서 (일차식)×(일차식)=(정수) 꼴로 만들기

조건을 만족시키는 정수인 순서쌍 찾기

$x-1$	-3	-1	1	3
$y+1$	1	3	-3	-1

따라서 $\begin{cases} x=-2 \\ y=0 \end{cases}$ 또는 $\begin{cases} x=0 \\ y=2 \end{cases}$ 또는 $\begin{cases} x=2 \\ y=-4 \end{cases}$ 또는 $\begin{cases} x=4 \\ y=-2 \end{cases}$

$x^2+y^2-2x+4y+5=0$ 을 만족시키는

실수 x, y의 값

❶ $A^2+B^2=0$ 꼴을 이용하는 방법

$x^2+y^2-2x+4y+5=0$

$(x^2-2x+1)+(y^2+4y+4)=0$

$(x-1)^2+(y+2)^2=0$

$x-1=0,\ y+2=0$

따라서 $x=1,\ y=-2$

$5=1+4$임을 이용하여 $A^2+B^2=0$ 꼴로 변형

실수 A, B에 대하여 $A^2+B^2=0$이면 $A=0$, $B=0$임을 이용

x, y의 값 구하기

❷ 판별식 D를 이용하는 방법

$x^2+y^2-2x+4y+5=0$ (x에 대한 이차방정식)

$x^2-2x+y^2+4y+5=0$ ······ ㉠ (상수)

이차방정식 ㉠의 판별식을 D라 하면

$\dfrac{D}{4}=1-(y^2+4y+5)\ge0$

$y^2+4y+4\le0,\ (y+2)^2\le0$

$y=-2$ ······ ㉡

㉡을 ㉠에 대입하면

$x^2-2x+1=0,\ (x-1)^2=0$

따라서 $x=1$

x에 대한 내림차순으로 정리

x는 실수이므로 이차방정식의 실근을 가질 조건을 이용 ($D\ge0$)

실수 A에 대하여 $A^2\le0$이면 $A=0$임을 이용하여 y의 값 구하기

대입을 이용하여 x의 값 구하기

• **부정방정식:** 방정식의 개수가 미지수의 개수보다 적을 때는 근이 무수히 많아서 그 근을 결정할 수 없게 되는데 이러한 방정식을 부정방정식이라 한다.

1st — 정수 조건의 부정방정식의 풀이

● 다음 방정식을 만족시키는 정수 x, y의 값을 모두 구하시오.

1 $(x+2)(y-1)=4$

→ x, y가 정수이므로 $x+2$, $y-1$의 값은 다음 표와 같다.

$x+2$	-4	-2	-1	1	2	4
$y-1$	-1	□	□	□	□	□

따라서 구하는 정수 x, y의 값은

$\begin{cases} x=-6 \\ y=\square \end{cases}$ 또는 $\begin{cases} x=-4 \\ y=\square \end{cases}$ 또는 $\begin{cases} x=\square \\ y=-3 \end{cases}$ 또는 $\begin{cases} x=-1 \\ y=\square \end{cases}$

또는 $\begin{cases} x=\square \\ y=3 \end{cases}$ 또는 $\begin{cases} x=\square \\ y=\square \end{cases}$

2 $(x+1)(y-3)=5$

3 $xy-x-2y-1=0$

→ $xy-x-2y-1=0$에서 $x(y-\square)-2(y-1)=\square$

$(x-\square)(y-1)=\square$

이때 x, y가 정수이므로 $x-2$, $y-1$의 값은 다음 표와 같다.

$x-2$	-3	-1	1	3
$y-1$	-1	□	□	□

따라서 구하는 정수 x, y의 값은

$\begin{cases} x=-1 \\ y=\square \end{cases}$ 또는 $\begin{cases} x=\square \\ y=-2 \end{cases}$ 또는 $\begin{cases} x=3 \\ y=\square \end{cases}$ 또는 $\begin{cases} x=\square \\ y=\square \end{cases}$

4 $xy+2x-y-5=0$

● 다음 방정식을 만족시키는 자연수 x, y의 값을 모두 구하시오.

5 $xy-x-2y-2=0$

→ $xy-x-2y-2=0$에서 $x(y-\square)-2(y-1)=\square$

$(x-\square)(y-1)=\square$

x, y가 자연수이므로 $x-2\ge-1$, $y-1\ge0$이고,

x, y가 자연수이므로 $x\ge1$, $y\ge1$에서 $x-2\ge-1$, $y-1\ge0$

$x-2$, $y-1$의 값은 다음 표와 같다.

$x-2$	1	2	4
$y-1$	$\square$	$\square$	$\square$

따라서 구하는 자연수 x, y의 값은

$\begin{cases} x=3 \\ y=\square \end{cases}$ 또는 $\begin{cases} x=\square \\ y=3 \end{cases}$ 또는 $\begin{cases} x=\square \\ y=\square \end{cases}$

뭘 그리 놀래?
부정방정식을 봤나?
줄기는 하나인데 서로 다른 이파리가 여러 개예요!!!

2nd 실수 조건의 부정방정식의 풀이

● 다음 방정식을 만족시키는 실수 x, y의 값을 구하시오.

6 $x^2+y^2-4x-8y+20=0$

→ $x^2+y^2-4x-8y+20=0$에서

$(x^2-4x+4)+(y^2-8y+\square)=0$이므로

$(x-\square)^2+(y-\square)^2=0$

이때 x, y가 실수이므로 $x-\square=0$, $y-\square=0$

따라서 $x=\square$, $y=\square$

7 $x^2-4x+y^2+2y+5=0$

8 $x^2+4xy+5y^2-6y+9=0$

$5y^2=4y^2+y^2$으로 나누면 두 개의 완전제곱식이 나와!

9 $9x^2-6xy+2y^2+4y+4=0$

10 $x^2-2xy+2y^2-2x+6y+5=0$

→ 주어진 방정식을 x에 대한 내림차순으로 정리하면

$x^2-2(y+1)x+2y^2+6y+5=0$ …… ㉠

x가 실수이므로 이차방정식 ㉠의 판별식을 D라 하면

$\frac{D}{4}=(y+1)^2-(2y^2+6y+5)$

$=-y^2-4y-4=-(\square)^2\ge0$

따라서 $y=\square$이고, 이를 ㉠에 대입하면

$x^2+2x+\square=0$, $(x+\square)^2=0$이므로

$x=\square$

11 $2x^2+2xy+y^2+2x+2y+1=0$

12 $x^2-4xy+5y^2-4x+2y+13=0$

TEST 개념 확인

09~10 연립방정식의 풀이

- $\begin{cases} \text{일차방정식} \\ \text{일차방정식} \end{cases}$ → 가감법 또는 대입법을 이용
- $\begin{cases} \text{일차방정식} \\ \text{이차방정식} \end{cases}$ → 일차방정식을 한 문자에 대하여 정리한 후 이차방정식에 대입
- $\begin{cases} \text{이차방정식} \\ \text{이차방정식} \end{cases}$ → 한 이차방정식의 이차식을 인수분해하여 푼 후 다른 이차방정식에 대입

1 연립방정식 $\begin{cases} x-y=-2 \\ x^2+y^2=10 \end{cases}$을 만족시키는 x, y에 대하여 $x+y$의 최댓값은?

① -4 ② 0 ③ 2
④ 4 ⑤ 6

2 연립방정식 $\begin{cases} 2x-y=4 \\ x^2+2xy-2y^2=13 \end{cases}$의 해를 $x=\alpha$, $y=\beta$라 할 때, $\alpha\beta$의 값은? (단, $\alpha>\beta$)

① -2 ② 0 ③ 6
④ 15 ⑤ 30

3 연립방정식 $\begin{cases} x^2+xy=12 \\ 2x^2+3xy-2y^2=0 \end{cases}$을 만족시키는 자연수 x, y에 대하여 $y-x$의 값은?

① 0 ② 2 ③ 4
④ 6 ⑤ 8

4 연립방정식 $\begin{cases} x^2-2xy+y^2=1 \\ x^2+y^2=5 \end{cases}$를 만족시키는 x, y의 순서쌍 (x, y)를 모두 구하시오.

11 공통근

- 두 방정식 $f(x)=0$, $g(x)=0$의 공통근을 구하는 방법
  ① 두 방정식을 인수분해를 이용하여 각각 푸는 방법
  ② 두 방정식을 연립하여 최고차항 또는 상수항을 소거하는 방법

5 두 이차방정식 $x^2+2kx+k=0$, $x^2+(k-1)x-1=0$이 오직 하나의 공통근을 가질 때, 상수 k의 값은?

① -2 ② -1 ③ 1
④ 2 ⑤ 3

6 두 이차방정식 $x^2+(m-3)x+2n=0$, $x^2+2mx+n-8=0$의 공통근이 1일 때, 두 방정식의 근 중 공통근이 아닌 근의 합은? (단, m, n은 상수)

① -12 ② -11 ③ -10
④ 10 ⑤ 11

12 연립이차방정식의 활용

미지수 정하기 → 연립방정식 세우기 → 연립방정식 풀기 → 답 확인하기

7 대각선의 길이가 13 m인 직사각형 모양의 땅이 있다. 이 땅의 가로의 길이를 1 m 줄이고, 세로의 길이를 2 m 늘인 땅의 넓이는 처음 땅의 넓이보다 4 m^2만큼 줄어든다 한다. 이때 처음 땅의 넓이는?

① 44 m^2 ② 48 m^2 ③ 52 m^2
④ 56 m^2 ⑤ 60 m^2

8 어떤 두 원의 둘레의 길이의 합은 14π이고, 넓이의 합은 29π일 때, 두 원 중 큰 원의 반지름의 길이는?

① 2 ② 3 ③ 4
④ 5 ⑤ 6

9 각 자리의 숫자의 제곱의 합이 40인 두 자리 자연수가 있다. 일의 자리의 숫자와 십의 자리의 숫자를 바꾼 자연수와 처음 자연수의 합이 88일 때, 처음 자연수를 구하시오. (단, 처음 자연수의 십의 자리 숫자는 일의 자리 숫자보다 크다.)

13 부정방정식의 풀이

- 정수 조건이 있는 부정방정식의 풀이

(일차식)×(일차식)=(정수) 꼴로 변형 → 약수와 배수의 성질 이용

- 실수 조건이 있는 부정방정식의 풀이

① $A^2+B^2=0$ 꼴로 변형 → $A=0$, $B=0$임을 이용

② 한 문자에 대하여 내림차순으로 정리 → 판별식 이용

10 방정식 $xy+2x+2y+3=0$을 만족시키는 정수 x, y의 순서쌍 (x, y)의 개수를 구하시오.

11 방정식 $x^2-xy-2x+2y-3=0$을 만족시키는 정수 x, y에 대하여 xy의 최댓값은?

① 5 ② 10 ③ 15
④ 20 ⑤ 25

12 방정식 $5x^2-4xy+y^2-2x+1=0$을 만족시키는 실수 x, y에 대하여 $3xy$의 값은?

① -6 ② -3 ③ 3
④ 6 ⑤ 12

TEST 개념 발전

1 삼차방정식 $x^3-2x^2+16=0$의 두 허근의 곱은?

① 2 ② 4 ③ 6
④ 8 ⑤ 10

2 삼차방정식 $x^3+kx^2+3kx-5=0$의 한 근이 1일 때, 나머지 두 근의 합은? (단, k는 상수)

① -4 ② -2 ③ 0
④ 2 ⑤ 4

3 사차방정식 $(x+1)(x+2)(x+3)(x+4)-8=0$의 모든 실근의 곱은?

① -8 ② -2 ③ 2
④ 4 ⑤ 8

4 사차방정식 $2x^4-3x^3-4x^2+3x+2=0$의 네 근 중 가장 큰 근과 가장 작은 근의 곱은?

① -7 ② -5 ③ -2
④ 3 ⑤ 7

5 삼차방정식 $x^3+3x^2-4x+2=0$의 세 근을 α, β, γ라 할 때, $(\alpha-1)(\beta-1)(\gamma-1)$의 값은?

① -2 ② -1 ③ 0
④ 1 ⑤ 2

6 삼차방정식 $x^3+x^2+ax+b=0$의 한 근이 $1-i$일 때, 실수 a, b에 대하여 $a+b$의 값은?

① 2 ② 5 ③ 8
④ 12 ⑤ 15

7 삼차방정식 $x^3=1$의 한 허근을 ω라 할 때, $\dfrac{\omega^{17}}{\omega+1}$의 값을 구하시오.

8 두 연립방정식 $\begin{cases} x+3y=5 \\ 4x+y=a \end{cases}$, $\begin{cases} x^2+y^2=5 \\ bx-y=1 \end{cases}$의 공통인 해가 있을 때, 양수 a, b에 대하여 ab의 값은?

① 2 ② 4 ③ 6
④ 9 ⑤ 12

9 연립방정식 $\begin{cases} xy=-3 \\ x^2+y^2=10 \end{cases}$ 의 해를 $x=\alpha$, $y=\beta$라 할 때, $\alpha+2\beta$의 최댓값은?

① -2 ② 0 ③ 2
④ 4 ⑤ 5

10 연립방정식 $\begin{cases} 2x^2-3xy+y^2=0 \\ x^2+xy-y^2=25 \end{cases}$ 를 만족시키는 실수 x, y에 대하여 $x+y$의 최댓값을 구하시오.

11 연립방정식 $\begin{cases} x+y=k \\ x^2+3x+y=2 \end{cases}$ 가 오직 한 쌍의 해 $x=\alpha$, $y=\beta$를 가질 때, $k+\alpha\beta$의 값은?

(단, k는 실수)

① -1 ② 1 ③ 3
④ 5 ⑤ 7

12 방정식 $x^2+y^2-4x-2y+5=0$을 만족시키는 실수 x, y에 대하여 $2x+y$의 값은?

① -3 ② -1 ③ 1
④ 3 ⑤ 5

수능형 문제

정답과 풀이 129쪽

13 사차방정식 $x^4+2x^3-x^2+2x+1=0$의 한 허근을 α라 할 때, $\alpha^2-\alpha$의 값은?

① -2 ② -1 ③ 1
④ 2 ⑤ 3

14 크기가 서로 다른 두 정사각형이 있다. 두 정사각형의 둘레의 길이의 합은 28이고, 넓이의 차는 21일 때, 큰 정사각형의 한 변의 길이는?

① 5 ② 6 ③ 7
④ 8 ⑤ 9

15 삼차방정식 $x^3=1$의 한 허근을 ω라 하고, 자연수 n에 대하여 $f(n)=\dfrac{\omega^n}{\omega^{2n}+1}$이라 할 때, $f(1)+f(2)+f(3)+\cdots+f(10)$의 값을 구하시오.

문제를 보다!

그림과 같이 이차함수 $y=x^2-4x+9$의 그래프가 직선 $y=ax$ $(a>0)$와 한 점 A에서만 만난다. 이차함수 $y=x^2-4x+9$의 그래프가 y축과 만나는 점을 B, 점 A에서 x축에 내린 수선의 발을 H라 하고, 선분 OA와 선분 BH가 만나는 점을 C라 하자. 삼각형 BOC의 넓이를 S_1, 삼각형 ACH의 넓이를 S_2라 할 때, S_1-S_2의 값은? (단, O는 원점이다.) [4점]

[기출 변형]

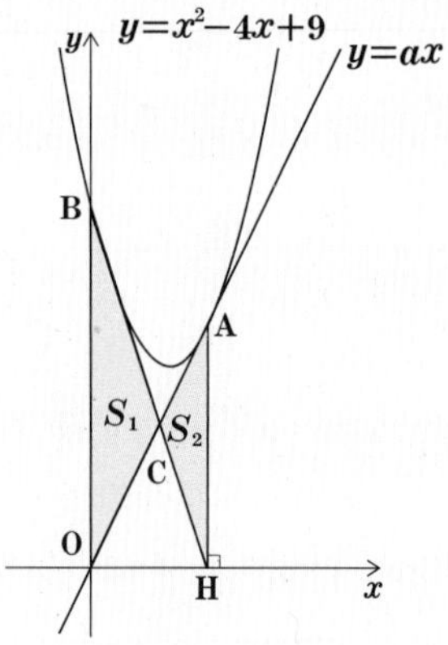

① 3 ② $\frac{7}{2}$ ③ 4 ④ $\frac{9}{2}$ ⑤ 5

자, 잠깐만! 당황하지 말고
문제를 잘 보면 문제의 구성이 보여!
출제자가 이 문제를 왜 냈는지를 봐야지!

내가 아는 것①

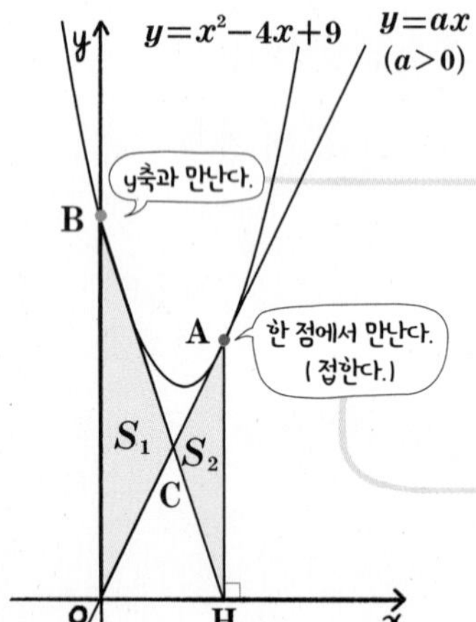

이차함수의 그래프와 직선의 위치 관계

내가 찾은 것 ❶

B(0, 9)

내가 찾은 것 ❷

이차방정식 $x^2-4x+9=ax$의 판별식 $D=0$

이 문제는

이차함수의 그래프를 보고 이차방정식을 이용하는 문제야!

이차방정식의 어떤 성질을 이용할 수 있을까?

네가 알고 있는 것(주어진 조건)은 뭐야?

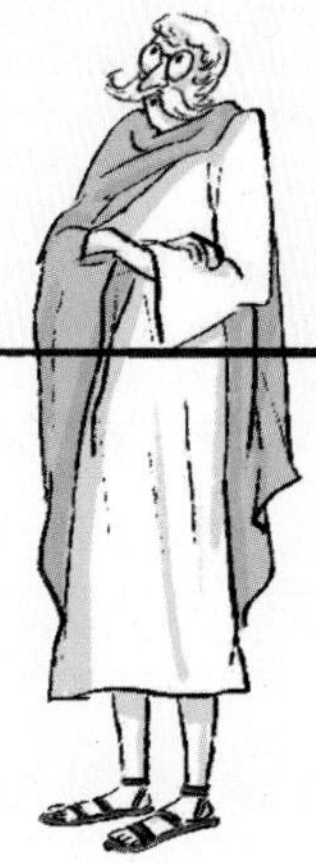

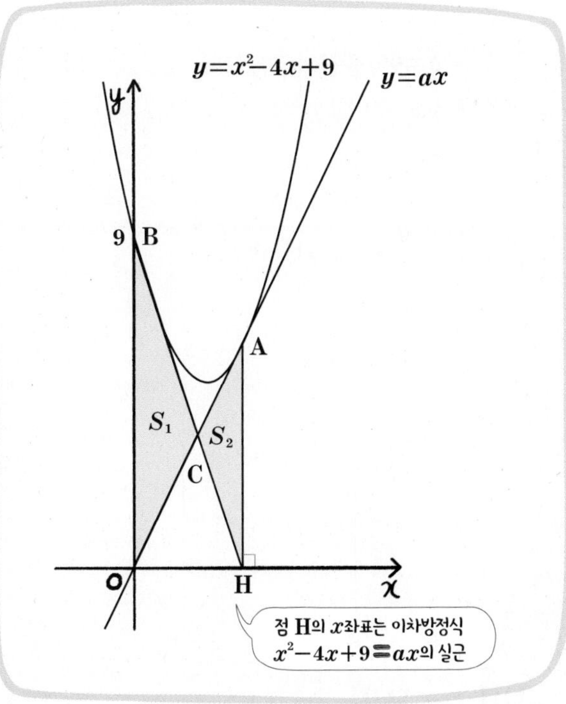

구해야 할 것!

S_1-S_2

내게 더 필요한 것은?

이차함수의 그래프와 직선의
위치관계를 이차방정식으로 해결하네!

이차방정식 $x^2-4x+9=ax$의
판별식 $D=0$

1 이차방정식의 판별식을 이용해서 a의 값을 구할 수 있어!

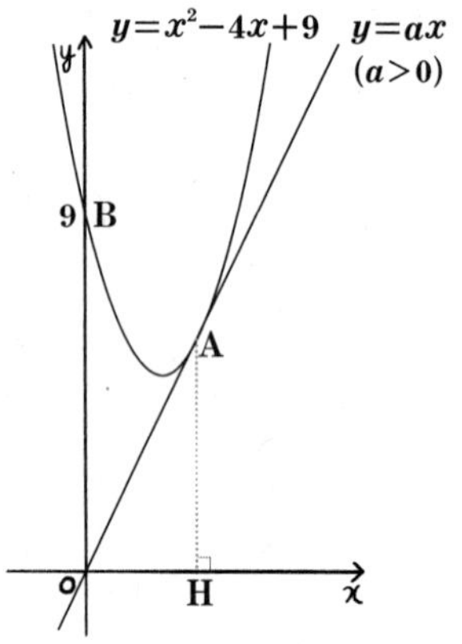

직선 $y=ax$는 이차함수 $y=x^2-4x+9$의 그래프와 접하므로
이차방정식 $x^2-4x+9=ax$는 중근을 가진다.

이차방정식 $x^2-(a+4)x+9=0$ 의 판별식을 D라 하면

$$D=0$$

$$D=\{-(a+4)\}^2-4\times 9=a^2+8a-20$$
$$=(a+10)(a-2)=0$$

$$a=2\ (a>0)$$

2 이차방정식의 실근을 이용해서 접점의 좌표를 구할 수 있어!

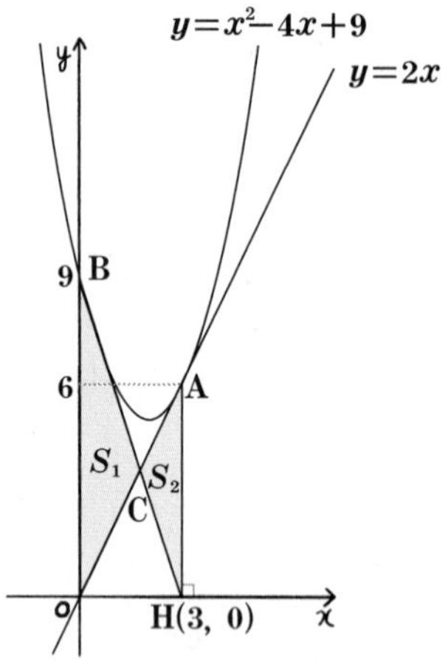

점 A는 이차함수 $y=x^2-4x+9$와 직선 $y=2x$의
접점이므로 $x^2-4x+9=2x$ 는 중근을 가진다.

이차방정식 $x^2-6x+9=0$의 중근과 같으므로
$(x-3)^2=0$에서 $x=3$이고 $y=6$

A(3, 6) ➡ H(3, 0)

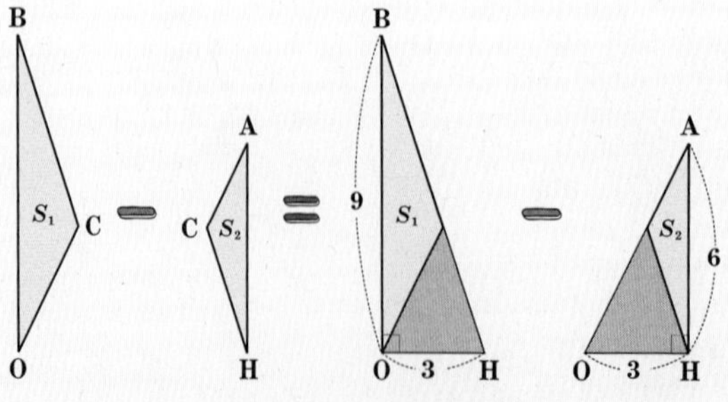

$$S_1-S_2=\triangle\mathrm{BOH}-\triangle\mathrm{AOH}$$

0

그림과 같이 이차함수 $y=x^2-x+4$의 그래프가 직선 $y=ax\ (a>0)$와 한 점 A에서만 만난다.
이차함수 $y=x^2-x+4$의 그래프가 y축과 만나는 점을 B, 점 A에서 x축에 내린 수선의 발을 H라 하고, 선분 AB의 연장선과 x축이 만나는 점을 C라 하자.
삼각형 ACO의 넓이는? (단, O는 원점이다.)

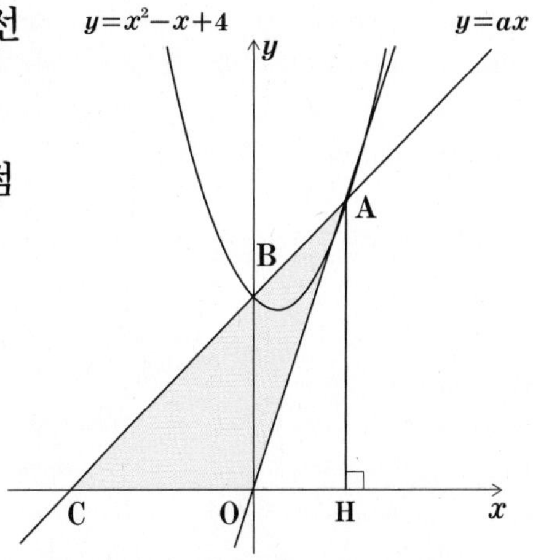

① 10 ② 12 ③ 14
④ 16 ⑤ 18

변화를 나타내는 식의 이해!

거기 있는 거
다 알아, 나와!
부등식
제가 어느 범위에 있는지
보이세요?
부등식이잖아.

8

식의 범위!
연립일차부등식

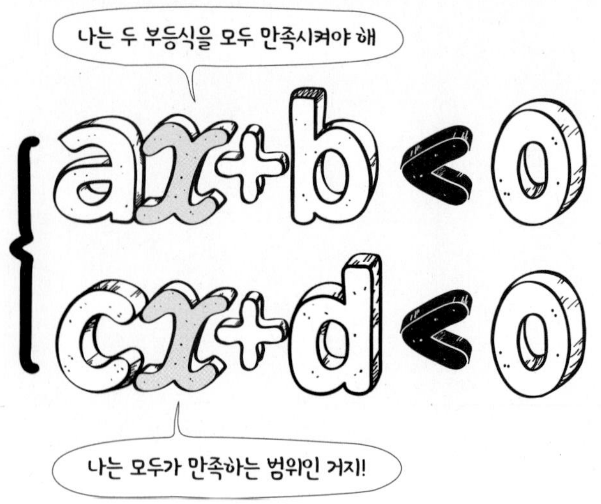

나는 두 부등식을 모두 만족시켜야 해
ax+b<0
cx+d<0
나는 모두가 만족하는 범위인 거지!

부등식

01 부등식 $ax>b$의 풀이
02 부등식의 사칙연산

부등호가 있는 식, 부등식!

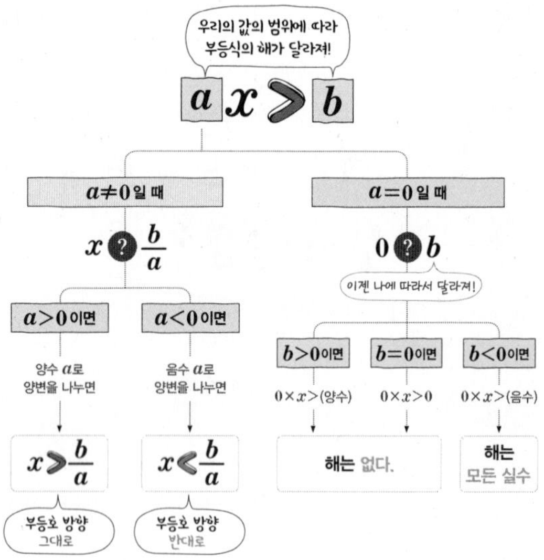

부등식의 모든 항을 좌변으로 이항하여 정리했을 때, $ax+b>0$, $ax+b\geq0$, $ax+b<0$, $ax+b\leq0$과 같이 좌변이 x에 대한 일차식인 부등식을 x에 대한 일차부등식이라 해.

또 x, y의 값의 범위가 부등식으로 주어졌을 때, x, y를 사칙연산한 값의 범위는 주어진 부등식의 양 끝값을 이용하여 구할 수 있어.

연립일차부등식 (1)

03 연립일차부등식
04 $A<B<C$ 꼴의 부등식

공통점을 찾아라!

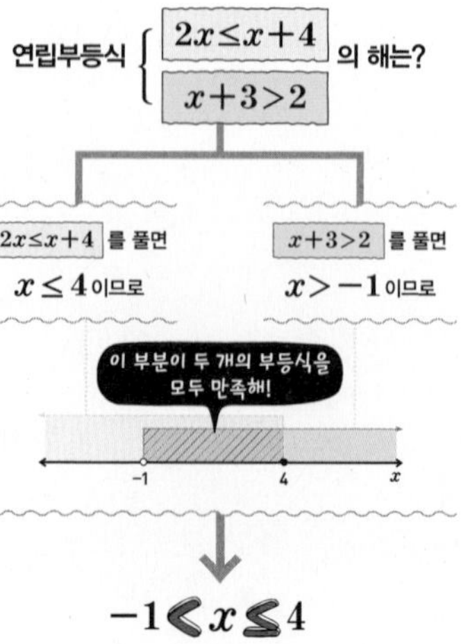

부등식의 풀이는 기본적으로 실수의 대소 관계에 근거하고 있으니까 이를 이용하여 부등식을 풀 거야. 연립일차부등식에서는 각 부등식의 해를 구하고, 수직선을 이용하여 공통부분을 찾으면 돼!

$A<B<C$ 꼴의 연립부등식은 $\begin{cases} A<B \\ B<C \end{cases}$로 바꾸어서 풀면 돼. 이때 $\begin{cases} A<B \\ A<C \end{cases}$ 또는 $\begin{cases} A<C \\ B<C \end{cases}$로 풀지 않도록 주의해야 해!

연립일차부등식 (2)

연립일차부등식의 해를 구할 때 수직선을 이용하는데, 이때 공통부분이 없거나 모든 실수를 나타내는 경우가 있어. 이게 바로 해가 없거나 해가 모든 실수인 경우지. 이 단원에서는 이 두 경우의 문제들을 집중해서 풀게 될 거야.
해의 조건이 주어진 연립일차부등식은 해의 조건에 맞도록 수직선 위에 나타내 보면 쉽게 해결할 수 있어.

해가 하나거나! 없거나!

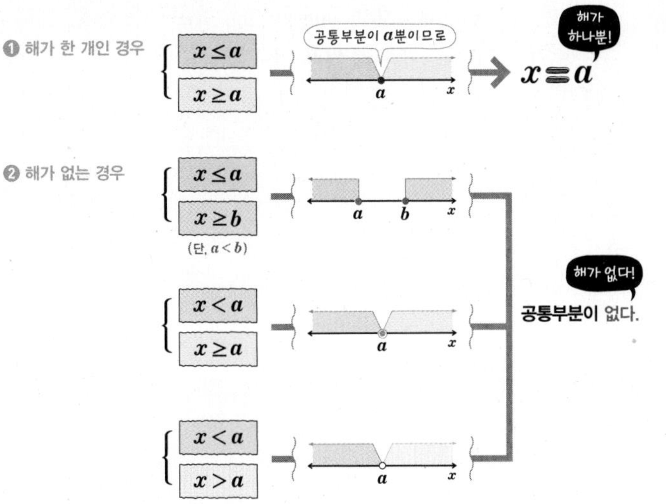

절댓값 기호를 포함한 부등식

절댓값의 뜻을 이용하여 부등식을 만족시키는 값의 범위를 구할 거야. 절댓값 기호를 포함한 식을 절댓값 기호를 포함하지 않은 식으로 바꿔야 하는데, 이때 부호에 주의해야 해.
또 수직선 위에 ●은 그 점에 대응하는 수가 부등식의 범위에 포함됨을, ○은 그 점에 대응하는 수가 부등식의 범위에 포함되지 않음을 나타내잖아!
그래서 범위를 나누어서 풀 때는 부등호 $>$, $<$와 $\ge$, $\le$를 주의해서 봐야 해.

절댓값 기호를 없애라!

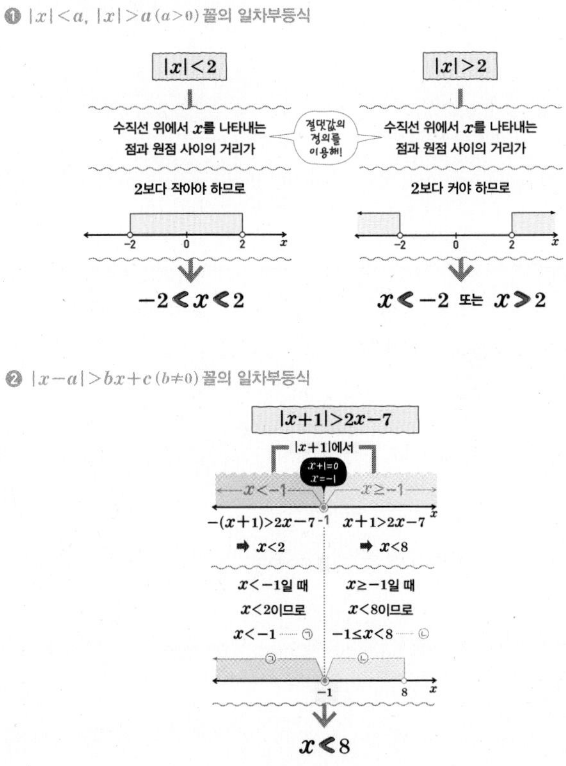

❶ $|x|<a$, $|x|>a\ (a>0)$ 꼴의 일차부등식
$|x|<2$
수직선 위에서 x를 나타내는 점과 원점 사이의 거리가
2보다 작아야 하므로
$-2<x<2$
절댓값의 정의를 이용해!
$|x|>2$
수직선 위에서 x를 나타내는 점과 원점 사이의 거리가
2보다 커야 하므로
$x<-2$ 또는 $x>2$
❷ $|x-a|>bx+c\ (b\ne0)$ 꼴의 일차부등식
$|x+1|>2x-7$
$|x+1|$에서
$x+1=0$
$x=-1$
$x<-1$
$x\ge-1$
$-(x+1)>2x-7$
➡ $x<2$
$x+1>2x-7$
➡ $x<8$
$x<-1$일 때
$x<2$이므로
$x<-1$ ······ ㉠
$x\ge-1$일 때
$x<8$이므로
$-1\le x<8$ ······ ㉡
$x<8$

01 **부등호가 있는 식, 부등식!**

부등식 $ax>b$의 풀이

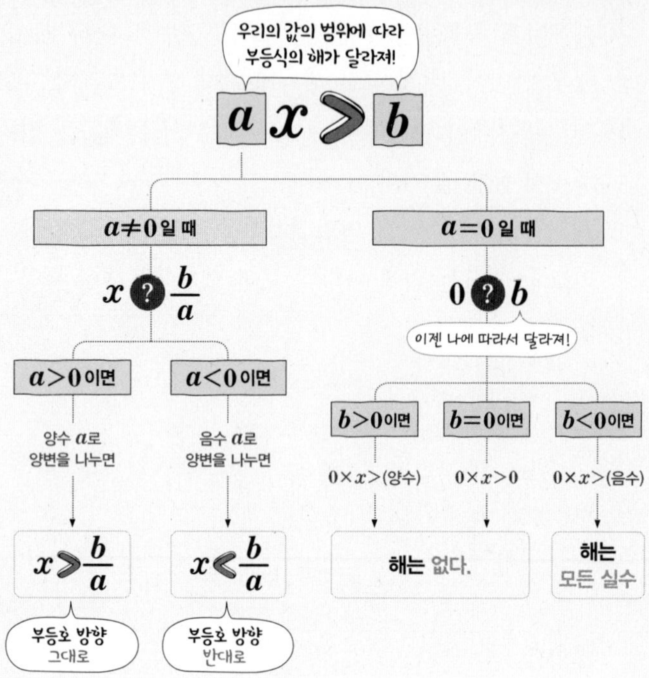

- **일차부등식:** 모든 항을 좌변으로 이항하여 정리했을 때, 좌변이 x에 대한 일차식인 부등식

$$ax+b>0,\ ax+b\geq0,\ ax+b<0,\ ax+b\leq0$$

을 x에 대한 일차부등식이라 한다.

원리확인 다음 조건에 대하여 부등식의 성질을 이용하여 ○ 안에 알맞은 부등호를 써넣으시오.

$$a\leq b$$

❶ $a-2$ ○ $b-2$

❷ $-a+3$ ○ $-b+3$

❸ $\frac{1}{2}a+4$ ○ $\frac{1}{2}b+4$

❹ $-\frac{1}{6}a-1$ ○ $-\frac{1}{6}b-1$

1st — 부등식의 기본 성질

- 두 실수 a, b에 대하여 다음 중 항상 옳은 것은 ○를, 옳지 않은 것은 ×를 (　) 안에 써넣으시오.

1 $a>b$이면 $\frac{1}{a}>\frac{1}{b}$이다. (　)

2 $a>b>0$이면 $\frac{1}{a}<\frac{1}{b}$이다. (　)

3 $a<b<0$이면 $\frac{1}{a}<\frac{1}{b}$이다. (　)

4 $a<0<b$이면 $\frac{1}{a}<\frac{1}{b}$이다. (　)

5 $a>b$이면 $a^2>b^2$이다. (　)

6 $a>b>0$이면 $a^2>b^2$이다. (　)

7 $a>b>0$이면 $2a>a+b$이다. (　)

8 $a<b<0$이면 $a^2<ab$이다. (　)

2nd 부등식 $ax>b$의 풀이

● 다음 부등식을 푸시오.

9 $2x-3<x+5$

→ $2x-\square<5+\square$에서 $x<\square$

10 $x-5>7x+13$

11 $3(x-3)-x\leq 6x-1$

12 $-2(x-1)\geq -5x+2(x+8)$

13 $-0.7x+3.5>0.1x-0.5$

양변에 10을 곱해서 계수를 정수로 바꿔 봐!

14 $\frac{x}{3}+1<\frac{x}{4}-\frac{1}{2}$

양변에 분모인 3, 4, 2의 최소공배수를 곱해서 계수를 정수로 바꿔 봐!

배운 거 기억나?

부등식의 성질

❶ $a>b$일 때, $b>c$이면 ······ $a>c$

❷ $a>b$일 때 ······ 양변에 같은 수를 더하거나 빼어도 부등호의 방향은 바뀌지 않는다. ······ $a+c>b+c$, $a-c>b-c$

❸ $a>b$일 때, $c>0$이면 ··· 양변에 같은 양수를 곱하거나 나누어도 부등호의 방향은 바뀌지 않는다. ······ $ac>bc$, $\frac{a}{c}>\frac{b}{c}$

❹ $a>b$일 때, $c<0$이면 ··· 양변에 같은 음수를 곱하거나 나누면 부등호의 방향은 바뀐다. ······ $ac<bc$, $\frac{a}{c}<\frac{b}{c}$

● 다음 조건에 따라 x에 대한 부등식을 푸시오.

15 $ax>5$

(1) $a>0$일 때 → 양변을 a로 나누면 $x \bigcirc \frac{5}{a}$

(2) $a=0$일 때

→ $a=0$이면 $0\times x>5$를 만족시키는 x는 없으므로 해는 $\square$.

(3) $a<0$일 때 → 양변을 a로 나누면 $x \bigcirc \frac{5}{a}$

16 $(a+2)x<-2$

(1) $a>-2$일 때

(2) $a=-2$일 때

(3) $a<-2$일 때

17 $(a-3)x\geq a-3$

(1) $a>3$일 때

(2) $a=3$일 때

(3) $a<3$일 때

내가 발견한 개념 — 부등식 $ax>b$의 해는?

$ax>b$에서

- $a>0$ → $x \bigcirc \frac{b}{a}$
- $a<0$ → $x \bigcirc \frac{b}{a}$
- $a \bigcirc 0$ → 해가 없거나 모든 실수

02 부등식의 양 끝 값을 이용하는!

부등식의 사칙연산

실수 x, y에 대하여

$0<a<x<b$, $0<c<y<d$ 일 때 (모두 양수!)

다음 식의 값의 범위는?

덧셈 $x+y$

$$\begin{array}{rccccc} & a & < & x & < & b \\ +) & c & < & y & < & d \\ \hline & a+c & < & x+y & < & b+d \end{array}$$

중에서 최솟값 $(a+c,\ a+d,\ b+c,\ b+d)$ 중에서 최댓값

뺄셈 $x-y$

$$\begin{array}{rccccc} & a & < & x & < & b \\ -) & c & < & y & < & d \\ \hline & a-d & < & x-y & < & b-c \end{array}$$

중에서 최솟값 $(a-c,\ a-d,\ b-c,\ b-d)$ 중에서 최댓값

곱셈 $x\times y$

$$\begin{array}{rccccc} & a & < & x & < & b \\ \times) & c & < & y & < & d \\ \hline & a\times c & < & x\times y & < & b\times d \end{array}$$

중에서 최솟값 $(ac,\ ad,\ bc,\ bd)$ 중에서 최댓값

나눗셈 $x\div y$

$$\begin{array}{rccccc} & a & < & x & < & b \\ \div) & c & < & y & < & d \\ \hline & \frac{a}{d} & < & x\div y & < & \frac{b}{c} \end{array}$$

중에서 최솟값 $\left(\frac{a}{c},\ \frac{a}{d},\ \frac{b}{c},\ \frac{b}{d}\right)$ 중에서 최댓값

• x, y의 값의 범위가 부등식으로 주어졌을 때, x, y를 사칙연산한 값의 범위는 주어진 부등식의 양 끝 값을 이용하여 구할 수 있다.

1st — 부등식의 사칙연산

● 범위가 주어진 두 실수 x, y에 대하여 다음 식의 값의 범위를 구하시오.

1 $2<x<10,\ 1<y<2$

(1) $x+y$

$$\begin{array}{rccccc} & 2 & < & x & < & 10 \\ +) & 1 & < & y & < & 2 \\ \hline & 2+1 & < & x+y & < & 10+2 \end{array}$$

→ $\square < x+y < \square$

(2) $x-y$

$$\begin{array}{rccccc} & 2 & < & x & < & 10 \\ -) & 1 & < & y & < & 2 \\ \hline & 2-2 & < & x-y & < & 10-1 \end{array}$$

→ $\square < x-y < \square$

(3) xy

$$\begin{array}{rccccc} & 2 & < & x & < & 10 \\ \times) & 1 & < & y & < & 2 \\ \hline & 2\times1 & < & xy & < & 10\times2 \end{array}$$

→ $\square < xy < \square$

(4) $\frac{x}{y}$

$$\begin{array}{rccccc} & 2 & < & x & < & 10 \\ \div) & 1 & < & y & < & 2 \\ \hline & \frac{2}{2} & < & \frac{x}{y} & < & \frac{10}{1} \end{array}$$

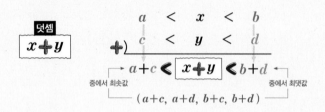

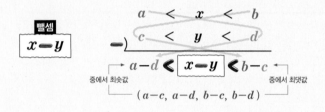

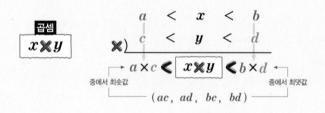

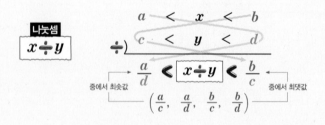

→ $\square < \frac{x}{y} < \square$

2 $1\le x\le 12,\ 3\le y\le 4$

(1) $x+y$

$$\begin{array}{rccccc} & 1 & \le & x & \le & 12 \\ +) & 3 & \le & y & \le & 4 \\ \hline \end{array}$$

(2) $x-y$

$$\begin{array}{rccccc} & 1 & \le & x & \le & 12 \\ -) & 3 & \le & y & \le & 4 \\ \hline \end{array}$$

(3) xy

$$\begin{array}{rccccc} & 1 & \le & x & \le & 12 \\ \times) & 3 & \le & y & \le & 4 \\ \hline \end{array}$$

(4) $\dfrac{x}{y}$

$$\begin{array}{rccccc} & 1 & \le & x & \le & 12 \\ \div) & 3 & \le & y & \le & 4 \\ \hline \end{array}$$

3 $-2<x<20,\ -5<y<8$

(1) $x+y$

$$\begin{array}{rccccc} & -2 & < & x & < & 20 \\ +) & -5 & < & y & < & 8 \\ \hline \end{array}$$

덧셈과 뺄셈에서는 x, y의 값에 음수가 포함되어 있어도 다음이 성립한다.

$$\begin{array}{rccccc} & a & < & x & < & b \\ +) & c & < & y & < & d \\ \hline & \multicolumn{5}{c}{a+c<x+y<b+d} \end{array} \qquad \begin{array}{rccccc} & a & < & x & < & b \\ -) & c & < & y & < & d \\ \hline & \multicolumn{5}{c}{a-d<x-y<b-c} \end{array}$$

(2) $x-y$

$$\begin{array}{rccccc} & -2 & < & x & < & 20 \\ -) & -5 & < & y & < & 8 \\ \hline \end{array}$$

4 $1<x\le 7,\ 2<y\le 6$

(1) xy

$$\begin{array}{rccccc} & 1 & < & x & \le & 7 \\ \times) & 2 & < & y & \le & 6 \\ \hline \end{array}$$

부등식의 사칙연산에서 등호가 있는 것과 없는 것의 계산
→ 등호가 x, y 모두에 존재하는 경우에만 연산 결과에 등호가 나타난다.

$$\begin{array}{rccccc} & a & < & x & \le & b \\ \times) & c & < & y & \le & d \\ \hline & \multicolumn{5}{c}{ac<xy\le bd} \end{array} \qquad \begin{array}{rccccc} & a & < & x & \le & b \\ \div) & c & < & y & \le & d \\ \hline & \multicolumn{5}{c}{\frac{a}{d}<\frac{x}{y}<\frac{b}{c}} \end{array}$$

(2) $\dfrac{x}{y}$

$$\begin{array}{rccccc} & 1 & < & x & \le & 7 \\ \div) & 2 & < & y & \le & 6 \\ \hline \end{array}$$

03

공통점을 찾아라!

연립일차부등식

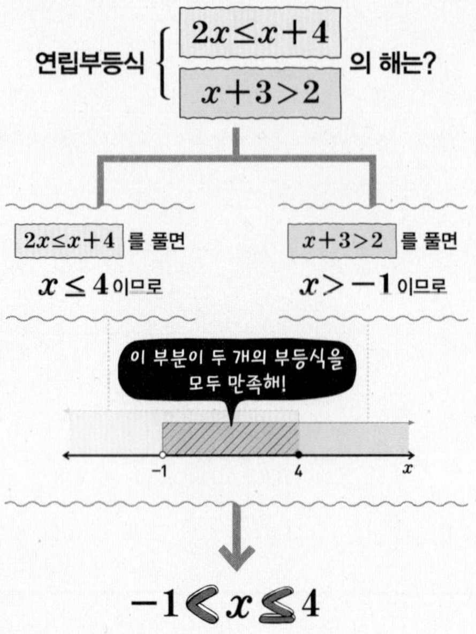

- **연립부등식:** 두 개 이상의 부등식을 한 쌍으로 묶어서 나타낸 것
- **연립부등식의 해:** 연립부등식에서 각 부등식의 공통인 해를 연립부등식의 해라 하고, 연립부등식의 해를 구하는 것을 연립부등식을 푼다 한다.

참고 연립부등식의 해는 일반적으로 x의 값의 범위로 나타난다.

- **연립일차부등식의 풀이**

(i) 각각의 일차부등식을 푼다.

(ii) 각 부등식의 해를 수직선 위에 함께 나타낸다.

(iii) 공통부분을 찾아 주어진 연립부등식의 해를 구한다.

원리확인 다음은 주어진 연립부등식을 이루는 각각의 부등식의 해를 수직선 위에 나타낸 것이다. 공통부분을 찾아 색칠하시오.

❶ $\begin{cases} x \geq 2 & \cdots\cdots ㉠ \\ x < 5 & \cdots\cdots ㉡ \end{cases}$ →

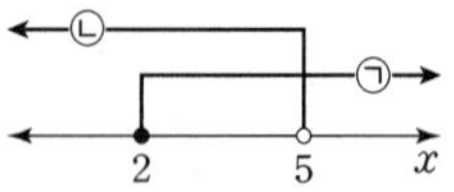

❷ $\begin{cases} x > -2 & \cdots\cdots ㉠ \\ x \geq 1 & \cdots\cdots ㉡ \end{cases}$ →

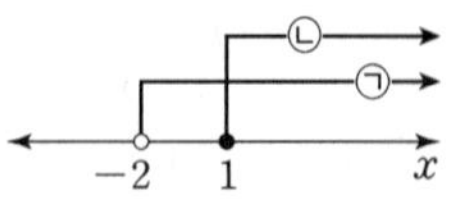

❸ $\begin{cases} x \leq -1 & \cdots\cdots ㉠ \\ x < 5 & \cdots\cdots ㉡ \end{cases}$ →

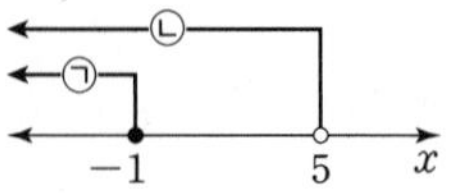

1st 연립일차부등식의 풀이

- 다음 연립부등식의 각 부등식의 해를 수직선 위에 나타내고, 그 해를 구하시오.

1 $\begin{cases} x > 4 \\ x \leq 6 \end{cases}$

→ $\square < x \leq \square$

2 $\begin{cases} x < 7 \\ x \geq -5 \end{cases}$

3 $\begin{cases} x < 3 \\ x > 0 \end{cases}$

4 $\begin{cases} x < 2 \\ x \leq -3 \end{cases}$

5 $\begin{cases} x \geq -1 \\ x \leq 1 \end{cases}$

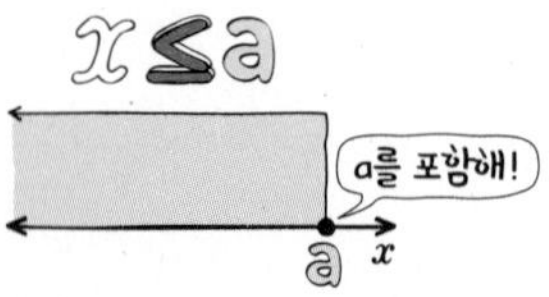

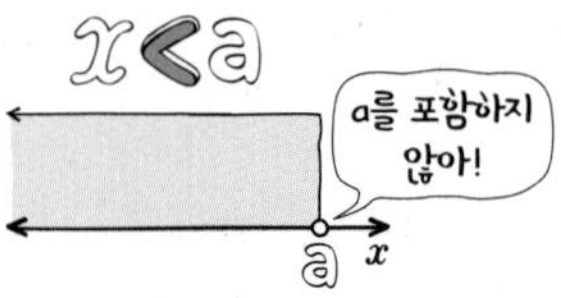

● **다음 연립부등식을 푸시오.**

6 $\begin{cases} 2x-1<5 & \cdots\cdots ㉠ \\ 3x+1\geq -8 & \cdots\cdots ㉡ \end{cases}$

→ ㉠을 풀면 $2x<$ ☐ 에서 $x<$ ☐

㉡을 풀면 $3x\geq$ ☐ 에서 $x\geq$ ☐

㉠, ㉡의 해를 수직선 위에 나타내면

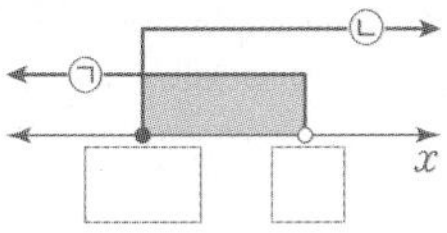

따라서 구하는 해는 ☐ $\leq x<$ ☐

7 $\begin{cases} x+3\geq 1 \\ -6x+3<9 \end{cases}$

8 $\begin{cases} -x+17\geq 5 \\ -2x+10<0 \end{cases}$

9 $\begin{cases} 2x+4<12 \\ 4x>-12 \end{cases}$

10 $\begin{cases} x-1\geq 4 \\ x-3\geq -x+3 \end{cases}$

11 $\begin{cases} 3x+1>-x+5 \\ 5x-2\leq 2x+7 \end{cases}$

12 $\begin{cases} 5x\leq 2x+21 \\ 6-x>3x-18 \end{cases}$

13 $\begin{cases} 8x+10\geq 3x-15 \\ 4x-11>7x-2 \end{cases}$

14 $\begin{cases} 11x-5<-9x+55 \\ 4x+3>-x-12 \end{cases}$

15 $\begin{cases} 4x-3<-5x+24 \\ 20-6x\geq -3x+2 \end{cases}$

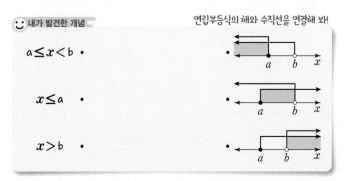

내가 발견한 개념

연립부등식의 해와 수직선을 연결해 봐!

$a\leq x<b$ •

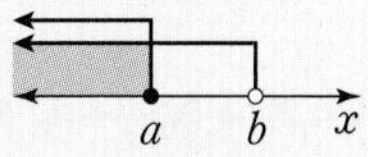

$x\leq a$ •

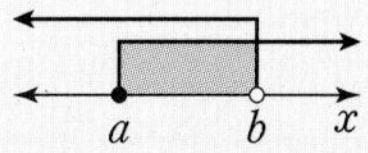

$x>b$ •

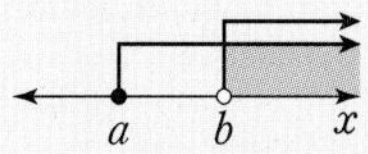

16 $\begin{cases} 3(x-2)>x+12 \\ 18-2(x+5)\le 4x \end{cases}$

괄호를 풀어서 정리해!

17 $\begin{cases} 7(x-1)+4<18 \\ 11x+10\ge -6(x+4) \end{cases}$

18 $\begin{cases} 5(2x-1)-14\le x+8 \\ 8x-(x+3)\ge 4(x-2)-1 \end{cases}$

19 $\begin{cases} 0.6x-0.1>1.7 \\ -0.4x+2.5\ge 0.3x-0.3 \end{cases}$

10, 100, 1000, … 등을 곱하여 계수를 정수로 만든 후 풀어!

20 $\begin{cases} 3.6x-0.8\ge 2.8x-4.8 \\ 1-0.2(x+2)<0.4x+3 \end{cases}$

연립은 왜 하는 거야?

연립방정식

$$\begin{cases} a_1x+b_1y+c_1=0 \\ a_2x+b_2y+c_2=0 \\ \vdots \\ a_nx+b_ny+c_n=0 \end{cases}$$

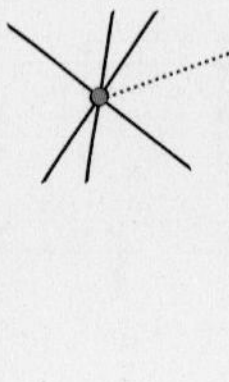

모두를
만족시키는 해

연립부등식

$$\begin{cases} a_1x+b_1y+c_1>0 \\ a_2x+b_2y+c_2>0 \\ \vdots \\ a_nx+b_ny+c_n>0 \end{cases}$$

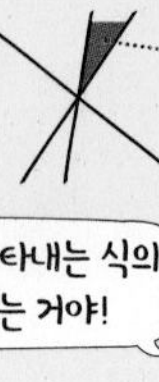

모두를
만족시키는 영역

여러 가지 변화를 나타내는 식의
공통점을 찾아내는 거야!

21 $\begin{cases} \dfrac{x}{6}+1\ge \dfrac{x}{3}-2 \\ -\dfrac{x}{24}<\dfrac{x}{8}+1 \end{cases}$

양변에 분모의 최소공배수를 곱하여 계수를 정수로 만든 후 풀어!

22 $\begin{cases} \dfrac{5}{3}x+\dfrac{7}{12}>\dfrac{5}{12}x+1 \\ -\dfrac{3}{4}x+\dfrac{1}{2}\le \dfrac{1}{4}x-\dfrac{1}{6} \end{cases}$

23 $\begin{cases} \dfrac{1}{3}x-2>5-\dfrac{1}{4}x \\ 0.6(x+7)\ge 1.4x-7 \end{cases}$

24 $\begin{cases} 0.5x-0.7<0.2(x-3)+0.8 \\ \dfrac{x-7}{8}\le \dfrac{3x-1}{4} \end{cases}$

25 $\begin{cases} -2.1x+4.5<\dfrac{2}{5}x-0.5 \\ 0.3(x-2)\ge -5+\dfrac{1}{2}x \end{cases}$

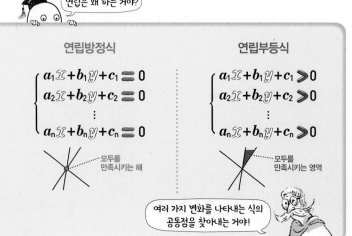

2nd 연립일차부등식의 해를 이용하여 구하는 미지수의 값

● 다음 연립부등식의 해가 [　　] 안의 범위와 같을 때, 상수 a의 값을 구하시오.

26 $\begin{cases} x-7<2(a+1) & \cdots\cdots ㉠ \\ 3x-8<4x+1 & \cdots\cdots ㉡ \end{cases}$ $[-9<x<13]$

→ ㉠을 풀면 $x<$ □

㉡을 풀면 $x>$ □

이때 해가 $-9<x<13$이어야 하므로 주어진 연립부등식의 해는

□ $<x<$ □ 이고 □ $=13$

따라서 $a=$ □

27 $\begin{cases} 12-4x\ge 6x-18 \\ 10x+2\ge 8x+3a \end{cases}$ $[-4\le x\le 3]$

28 $\begin{cases} 5x-12\le 7x \\ 8x-a\le -2x+3 \end{cases}$ $[-6\le x\le 4]$

29 $\begin{cases} -2(x+1)>a \\ 3x-34\le 6x+2 \end{cases}$ $[-12\le x<-10]$

30 $\begin{cases} 2(x-1)+3\le 4x+7 \\ 3(x+a)\ge 7(x+2) \end{cases}$ $[-3\le x\le 4]$

● 다음 연립부등식의 해가 [　　] 안의 범위와 같을 때, 상수 a, b의 값을 구하시오.

31 $\begin{cases} 3x+2\ge 4a-3 & \cdots\cdots ㉠ \\ 7(x-1)\le 5x+3 & \cdots\cdots ㉡ \end{cases}$ $[1\le x\le b]$

→ ㉠을 풀면 $3x\ge$ □ 에서 $x\ge$ □

㉡을 풀면 $7x-$ □ $\le 5x+3$, $2x\le$ □ 에서 $x\le$ □

이때 해가 $1\le x\le b$이어야 하므로 주어진 연립부등식의 해는

□ $\le x\le$ □ 이고, □ $=\dfrac{4a-5}{3}$, $b=$ □

따라서 $a=$ □, $b=$ □

32 $\begin{cases} 2x-3<5x+3a \\ -5+8x<7x+1 \end{cases}$ $[-8<x<b]$

33 $\begin{cases} x+4>2(a-1) \\ 2x+b>4x+5 \end{cases}$ $[-16<x<5]$

34 $\begin{cases} 7x+2\ge 4(x-a) \\ 5(x-1)\ge 6x+b \end{cases}$ $[-2\le x\le 7]$

35 $\begin{cases} 4x-1\le ax+8 \\ x-b\ge 2x-1 \end{cases}$ (단, $a>4$) $[-3\le x\le 5]$

04 연립하여 공통점을 찾아라!

$A<B<C$ 꼴의 부등식

나를 기준으로 좌우를 나눠!

부등식 $A<B<C$ 는

$A<B$, $B<C$ 를 하나로 나타낸 것이므로

연립부등식 $\begin{cases} A<B \\ B<C \end{cases}$ 와 같다.

참고 $A<B<C$를 $\begin{cases} A<B \\ A<C \end{cases}$ 또는 $\begin{cases} A<C \\ B<C \end{cases}$로 바꾸어 풀지 않도록 주의한다.

1st — $A<B<C$ 꼴의 부등식의 풀이

● 다음 부등식을 푸시오.

1 $2x<3x-1\leq5$

→ 주어진 부등식은

$\begin{cases} 2x<3x-1 & \cdots\cdots ㉠ \\ 3x-1\leq5 & \cdots\cdots ㉡ \end{cases}$

㉠을 풀면 $x>$ ☐

㉡을 풀면 $x\leq$ ☐

㉠, ㉡의 해를 수직선 위에 나타내면

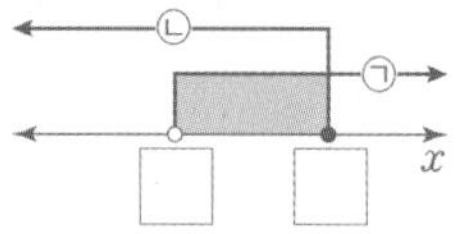

따라서 구하는 해는 ☐ 이다.

> 부등식 $2x<3x-1\leq5$에서
> (i) $\begin{cases} 2x<3x-1 \\ 2x\leq5 \end{cases}$로 풀면 $1<x\leq\frac{5}{2}$
> (ii) $\begin{cases} 2x<5 \\ 3x-1\leq5 \end{cases}$로 풀면 $x\leq2$
> 따라서 (i), (ii)로 바꾸어 풀면 안 된다.

2 $4x+28\leq100\leq3x+55$

3 $x+6\leq2x<x+10$

4 $2x-5<x+3\leq-7x+27$

5 $5x-4<2x+2\leq4x+5$

6 $8-5x<6(1-x)\leq4-8x$

7 $\frac{3x-1}{4}<x+3<\frac{1}{6}x-1$

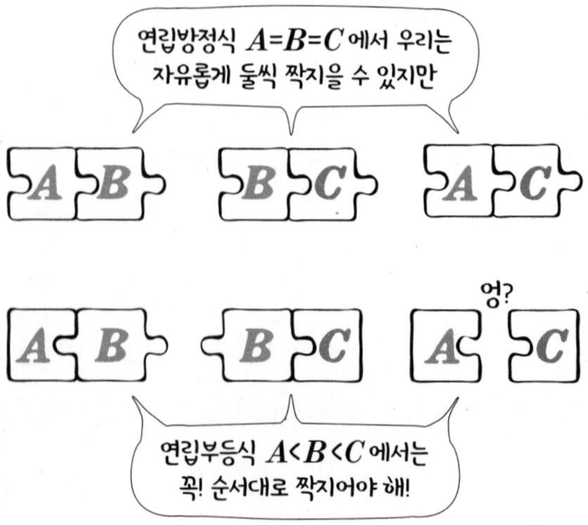

연립방정식 A=B=C 에서 우리는 자유롭게 둘씩 짝지을 수 있지만
A B
B C
A C
엉?
연립부등식 A<B<C 에서는 꼭! 순서대로 짝지어야 해!

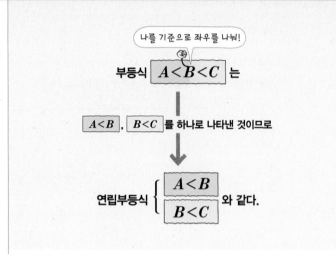

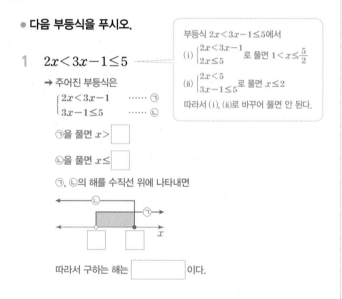

TEST 개념 확인

01~03 연립일차부등식

• 연립일차부등식의 풀이
(i) 각각의 일차부등식을 푼다.
(ii) 각 부등식의 해를 수직선 위에 함께 나타낸다.
(iii) 공통부분을 찾아 주어진 연립부등식의 해를 구한다.

1 연립부등식 $\begin{cases} 2(x-2)<x+1 \\ 7-3(x-1)\le-2 \end{cases}$ 를 만족시키는 정수 x의 개수는?

① 0 ② 1 ③ 2
④ 3 ⑤ 4

2 연립부등식 $\begin{cases} \frac{1}{5}x-2.9\le0.4x-\frac{5}{2} \\ -(x-7)>3x+11 \end{cases}$ 의 해가 $a\le x<b$ 일 때, 상수 a, b에 대하여 $2a-3b$의 값은?

① -7 ② -4 ③ -1
④ 1 ⑤ 4

3 연립부등식 $\begin{cases} 0.3x+1.4\le0.8(x-2) \\ \frac{x-1}{3}\ge\frac{x+1}{4}-1 \end{cases}$ 을 만족시키는 x의 값 중 가장 작은 자연수를 구하시오.

4 연립부등식 $\begin{cases} -2x+a\ge-14 \\ 6(x-1)\ge3(x+1) \end{cases}$ 의 해가 $b\le x\le12$ 일 때, 상수 a, b에 대하여 $a+b$의 값은?

① 10 ② 11 ③ 12
④ 13 ⑤ 14

04 $A<B<C$ 꼴의 부등식

• $A<B<C$ 꼴의 부등식은 $\begin{cases} A<B \\ B<C \end{cases}$ 꼴로 고쳐서 푼다.

5 부등식 $6x-1\le2x+11<5x+14$를 만족시키는 정수 x의 값의 합은?

① 3 ② 5 ③ 6
④ 9 ⑤ 10

6 부등식 $\frac{x-1}{2}-3\le\frac{2(x+1)-5}{3}<-x+2$를 만족시키는 정수 x의 개수를 구하시오.

05 특수한 해를 갖는 연립일차부등식

❶ 해가 한 개인 경우

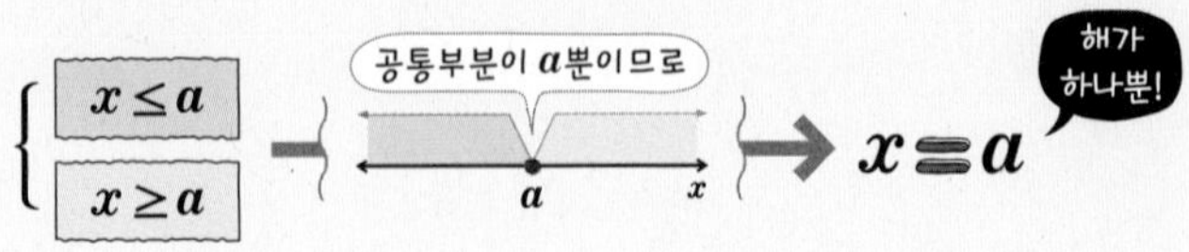

❷ 해가 없는 경우

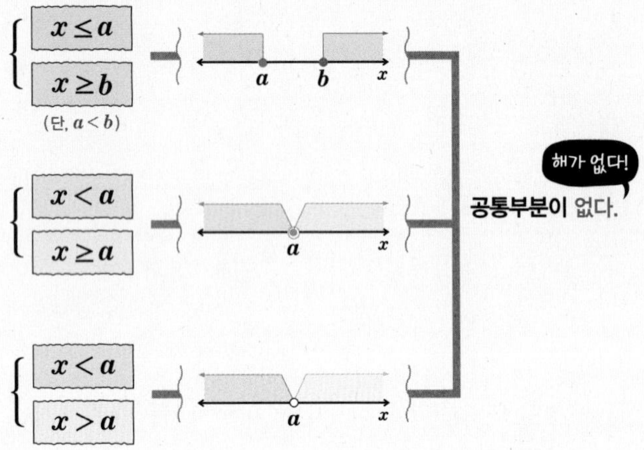

1st — 특수한 해를 갖는 연립일차부등식의 풀이

● 다음 연립부등식의 각 부등식의 해를 수직선 위에 나타내고, 그 해를 구하시오.

1 $\begin{cases} x \le 1 \\ x \ge 1 \end{cases}$

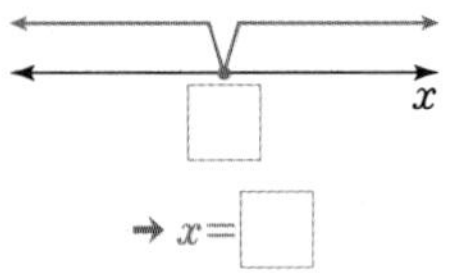

2 $\begin{cases} x \le -8 \\ x \ge -8 \end{cases}$

3 $\begin{cases} x \le 0 \\ x \ge 0 \end{cases}$

4 $\begin{cases} x \le -2 \\ x > 3 \end{cases}$

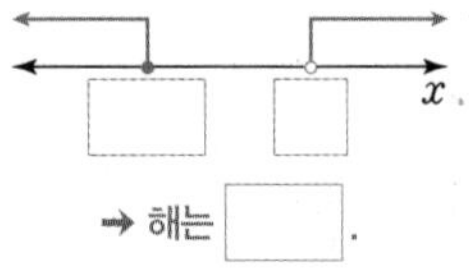

5 $\begin{cases} x < 5 \\ x \ge 5 \end{cases}$

6 $\begin{cases} x < -1 \\ x > -1 \end{cases}$

7 $\begin{cases} x > -1 \\ x < -3 \end{cases}$

8 $\begin{cases} x \ge -7 \\ x < -7 \end{cases}$

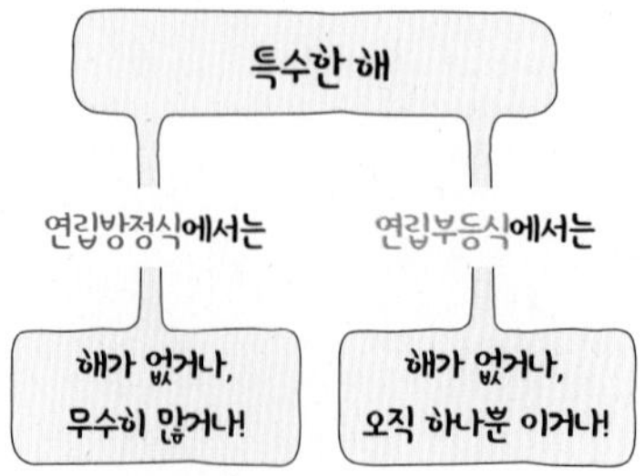

정답과 풀이 138쪽

● **다음 연립부등식을 푸시오.**

9 $\begin{cases} 2x-3<11 \\ 5x-28\geq 7 \end{cases}$

10 $\begin{cases} 6-x\leq -5 \\ 8x+2\leq 34 \end{cases}$

11 $\begin{cases} -2x\leq 4x+18 \\ 7x+2\leq 3x-10 \end{cases}$

12 $\begin{cases} -2x+5>17 \\ 3x+5<4x-1 \end{cases}$

13 $\begin{cases} -4x+4\leq -10x-8 \\ -11x-14\leq -9x-10 \end{cases}$

14 $\begin{cases} -x+9\leq 8-2x \\ 2-4(x+1)\leq 3x+5 \end{cases}$

15 $\begin{cases} 11-2(x+1)\leq 2(x-5)-5 \\ 3(x-1)+1<2x+4 \end{cases}$

16 $\begin{cases} 6x-1\geq x+19 \\ 0.2x+0.7\geq 0.5(x-1) \end{cases}$

17 $\begin{cases} 1-(x+5)<3x-12 \\ \dfrac{2x-1}{3}\leq \dfrac{x-4}{2}+1 \end{cases}$

18 $\begin{cases} \dfrac{x+1}{6}-1\leq \dfrac{x-3}{4}+1 \\ 1.4-0.2(x+1)\leq -1.4-0.4x \end{cases}$

내가 발견한 개념 연립부등식에서 해가 특수한 경우는?

- 연립부등식의 해를 수직선 위에 나타낼 때

공통부분이 없다. •	• 해는 없다.
공통부분이 a뿐이다. •	• 해는 $x=a$이다.

06 **공통부분이 있거나! 없거나!**

해의 조건이 주어진 연립일차부등식

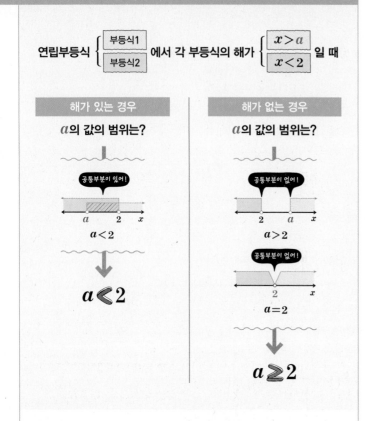

연립부등식 $\begin{cases} \boxed{\text{부등식1}} \\ \boxed{\text{부등식2}} \end{cases}$ 에서 각 부등식의 해가 $\begin{cases} \boxed{x>a} \\ \boxed{x<2} \end{cases}$ 일 때

해가 있는 경우	해가 없는 경우
a의 값의 범위는?	a의 값의 범위는?

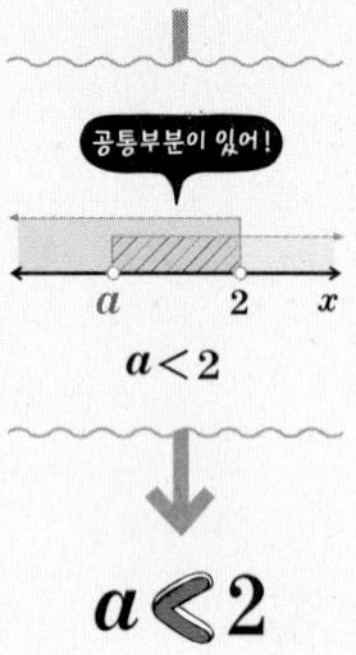

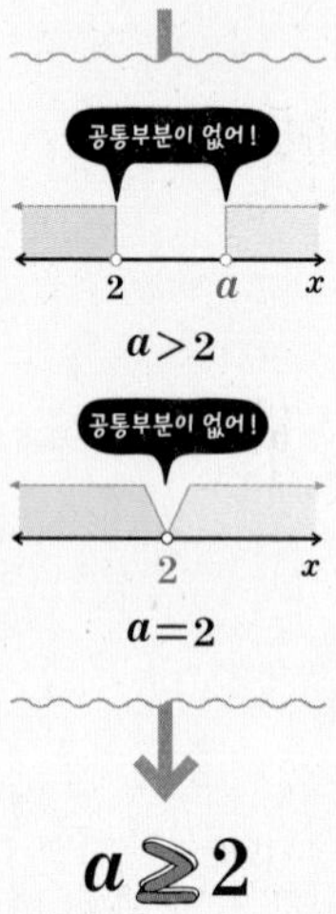

- 해의 조건이 주어진 연립일차부등식의 풀이
  (ⅰ) 미정계수가 없는 부등식의 해를 먼저 수직선 위에 나타낸다.
  (ⅱ) 조건에 맞도록 수직선 위에서 다른 부등식의 해를 생각한다.

1st 연립일차부등식이 해를 갖도록 하는 미지수의 값의 범위

- 다음 연립부등식이 해를 갖도록 하는 실수 a의 값의 범위를 구하시오.

공통부분이 생기도록 해를 수직선 위에 나타낸다.

1 $\begin{cases} x-2a>8 & \cdots\cdots ㉠ \\ 14-4x>3x & \cdots\cdots ㉡ \end{cases}$

→ ㉠을 풀면 $x>$ □ ⋯⋯ ㉢

㉡을 풀면 $x<$ □ ⋯⋯ ㉣

주어진 연립부등식이 해를 갖도록 ㉢, ㉣을 수직선 위에 나타내면 오른쪽 그림과 같다.

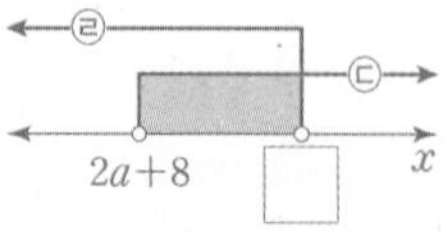

따라서 $2a+8<$ □ 이어야 하므로

$a<$ □

2 $\begin{cases} x+7>3 \\ 2x-4<a \end{cases}$

3 $\begin{cases} 3x>3a-12 \\ 8x+20<4(x-1) \end{cases}$

4 $\begin{cases} 3(x-2a)\geq a \\ 4x-2\leq 3x+5 \end{cases}$

2nd 연립일차부등식이 해를 갖지 않도록 하는 미지수의 값의 범위

- 다음 연립부등식이 해를 갖지 않도록 하는 실수 a의 값의 범위를 구하시오.

공통부분이 없도록 해를 수직선 위에 나타낸다.

5 $\begin{cases} 3x-4<14 & \cdots\cdots ㉠ \\ x-3\geq a & \cdots\cdots ㉡ \end{cases}$

→ ㉠을 풀면 $x<$ □ ⋯⋯ ㉢

㉡을 풀면 $x\geq$ □ ⋯⋯ ㉣

주어진 연립부등식이 해를 갖지 않도록 ㉢, ㉣을 수직선 위에 나타내면 오른쪽 그림과 같다.

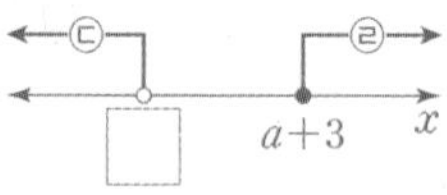

따라서 $a+3\geq$ □ 이어야 하므로

$a\geq$ □

6 $\begin{cases} 2x \geq 6a-18 \\ 1-4x \geq x+16 \end{cases}$

7 $\begin{cases} 6-2(x-1) \leq -x+4 \\ 8x-2a \leq 7x+6 \end{cases}$

8 $\begin{cases} \dfrac{x-1}{2} < \dfrac{x+1}{3}-1 \\ 0.2x+0.7 \leq 0.5(x-a) \end{cases}$

3rd — 정수인 해의 개수가 주어진 경우에 대한 미지수의 값의 범위

● **다음 조건을 만족시키는 실수 a의 값의 범위를 구하시오.**

9 $\begin{cases} 5-3x \leq 8-4x & \cdots\cdots ㉠ \\ x-a \geq 3 & \cdots\cdots ㉡ \end{cases}$을 만족시키는 정수 x가 3개

공통부분이 3개의 정수를 포함하도록 수직선 위에 나타낸다. 이때 등호에 주의한다.

→ ㉠을 풀면 $x \leq$ □ …… ㉢

㉡을 풀면 $x \geq$ □ …… ㉣

주어진 연립부등식을 만족시키는 정수 x가 3개가 되도록 ㉢, ㉣을 수직선 위에 나타내면 오른쪽 그림과 같다.

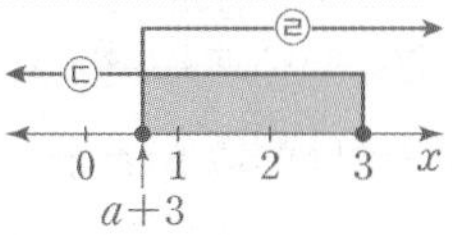

따라서 연립부등식을 만족시키는 정수 x는

□, □, □의 3개이고 □ $< a+3 \leq$ □ 이어야 하므로

□ $< a \leq$ □

10 $\begin{cases} 2(3x+1) \leq 3x+6a-1 \\ x+3 < 2x+1 \end{cases}$을 만족시키는 정수 x가 2개

11 $\begin{cases} 5(x-3)-5 < x \\ 2x-6a > 10 \end{cases}$을 만족시키는 정수 x가 1개

12 $\begin{cases} -2x+5 > x-10 \\ 1-(x-a) \leq 0 \end{cases}$을 만족시키는 정수 x가 4개

13 $\begin{cases} 3x+a < 8 \\ x+8 < 2x+6 \end{cases}$을 만족시키는 정수 x가 존재하지 않는다.

14 $\begin{cases} 0.5(x-1) \geq 0.3x-0.9 \\ 3-2(x-1) \geq a \end{cases}$를 만족시키는 정수 x가 5개

07 절댓값 기호를 없애라!

절댓값 기호를 포함한 부등식

❶ $|x|<a$, $|x|>a\,(a>0)$ 꼴의 일차부등식

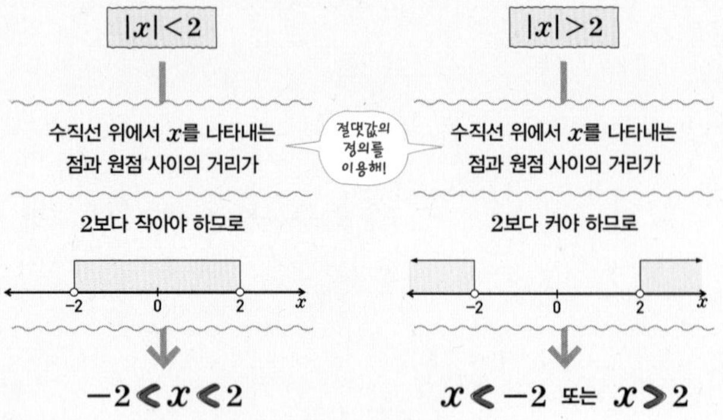

❷ $|x-a|>bx+c\,(b\neq0)$ 꼴의 일차부등식

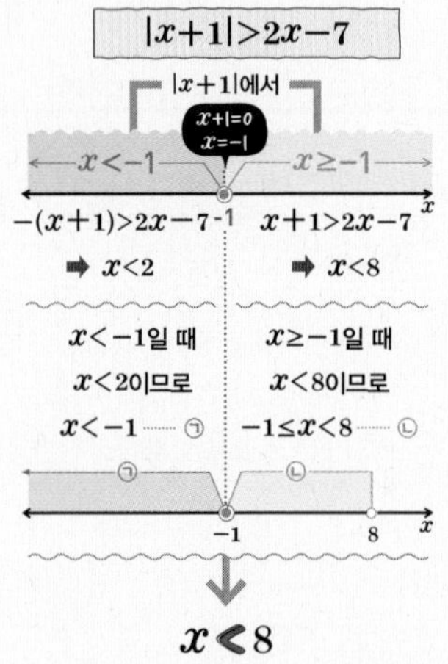

❸ $|x-a|+|x-b|<c\,(c>0)$ 꼴의 일차부등식

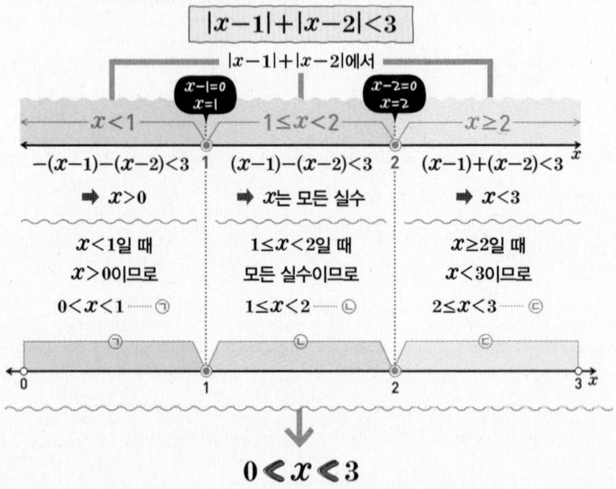

• **절댓값 기호를 포함한 부등식의 풀이**

(i) 절댓값 기호 안의 식의 값이 0이 되는 x의 값을 경계로 하여 x의 값의 범위를 나눈다.

(ii) 각 범위에서 절댓값 기호를 없앤 후 식을 정리하여 해를 구한다.

(iii) (ii)에서 구한 해를 합친 x의 값의 범위를 구한다.

1st — $|x|<a$, $|x|>a\,(a>0)$ 꼴의 부등식의 풀이

● 다음 부등식을 푸시오.

1 $|x+2|<3$

> $a>0$일 때
> $|x|<a \iff -a<x<a$

→ □ $<x+2<$ □ 이므로

□ $<x<$ □

2 $|2x|<4$

3 $|x-6|>5$

> $a>0$일 때
> $|x|>a \iff x<-a$ 또는 $x>a$

→ $x-6<$ □ 또는 $x-6>$ □

따라서 $x<$ □ 또는 $x>$ □

4 $|-x+3|\le4$

5 $|-2x-10|\ge8$

6 $|3x+1|<17$

내가 발견한 개념 절댓값 기호의 정의를 이용하면?

$b>0$일 때

• $|x-a|<b$ → □ $<x-a<$ □

• $|x-a|>b$ → $x-a<$ □ 또는 $x-a>$ □

2nd $|x|<a$, $|x|>a\ (a>0)$ 꼴의 부등식의 해를 이용하여 구하는 미지수의 값

● 다음 부등식의 해가 [ ] 안의 범위와 같을 때, 실수 a, b의 값을 구하시오.

7 $|x+a|<2$ $[-3<x<b]$

→ $|x+a|<2$를 풀면 $-2<x+a<2$

$\square<x<\square$

이때 해가 $-3<x<b$이므로 $\square=-3$, $\square=b$

따라서 $a=\square$, $b=\square$

8 $|x-a|\le 3$ $[-1\le x\le b]$

9 $|2x+a|\le 4$ $[b\le x\le 5]$

10 $|x+a|>7$ $[x<-10$ 또는 $x>b]$

11 $|x-a|\ge 5$ $[x\le b$ 또는 $x\ge 4]$

12 $|4x-a|>20$ $[x<-1$ 또는 $x>b]$

3rd $|x-a|<bx+c\ (b\ne 0)$ 꼴의 부등식의 풀이

● 다음 부등식을 푸시오.

13 $|x-3|<2x$

→ 절댓값 기호 안의 식의 값이 0이 되는 x의 값은 $\square$

(i) $x<\square$일 때

$-(\square)<2x$이므로 $x>\square$

이때 $x<3$이므로 $\square<x<3$

(ii) $x\ge\square$일 때

$\square<2x$이므로 $x>\square$

이때 $x\ge 3$이므로 $x\ge\square$

(i), (ii)에서 주어진 부등식의 해는 $x>\square$

14 $|x|>3x-2$

15 $|x+4|\le 3x+2$

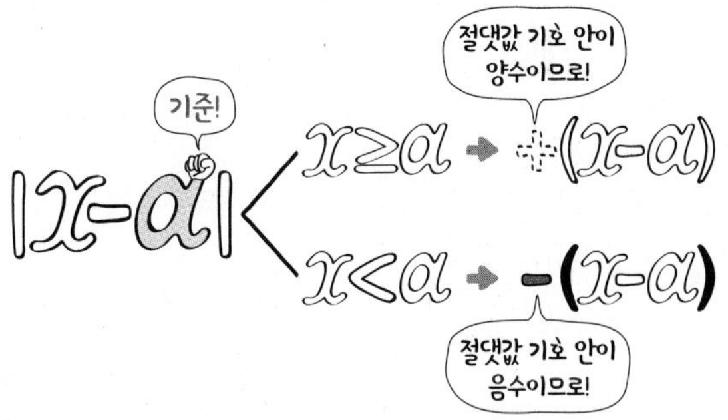

절댓값 기호 안이 양수이므로!
기준!
|x-a|
x≥a → +(x-a)
x<a → -(x-a)
절댓값 기호 안이 음수이므로!

16 $|x+2|\ge 3x$

17 $|3x-9|>x+7$

18 $|5-x|>-3x+17$

19 $3|x+1|\geq x-15$

20 $4x-|x-4|<16$

21 $x+|2x-5|\leq 13$

22 $|2x-8|+x<-3x+4$

내가 발견한 개념 $|x-a|<bx+c\ (b\neq 0)$ 꼴의 부등식을 풀 때는?

- $|x-a|<bx+c\ (b\neq 0)$ 꼴의 부등식은
  $x<$ ☐, $x\geq$ ☐ 일 때로 구간을 나누어 푼다.

4th $|x-a|+|x-b|<c\ (c>0)$ 꼴의 부등식의 풀이

• [ ] 안에 주어진 범위에서 다음 부등식을 푸시오.

23 $|x-1|+|x-2|<4$ $[x<1]$

→ $x<1$일 때, $x-1<0$, $x-2<0$이므로 주어진 부등식은

$-(x-1)-(x-2)<4$, 즉 $x>$ ☐

이때 $x<1$이므로 주어진 부등식의 해는

☐ $<x<$ ☐

24 $|x+1|+|x-4|>7$ $[x>4]$

25 $|x-1|+|x+3|\leq 12$ $[x<-3]$

26 $|x-7|+|x+5|<18$ $[x<-5]$

27 $|x|+2|x-5|>6$ $[0<x<5]$

28 $5|x-3|-|x+4|\leq 1$ $[x>3]$

● **다음 부등식을 푸시오.**

29 $|x+2|+|x-2|\le 8$

→ 절댓값 기호 안의 식의 값이 0이 되는 x의 값은

$x=$ ☐, $x=$ ☐

(i) $x<$ ☐ 일 때

$-(x+2)-(x-2)\le 8$이므로 $x\ge$ ☐

이때 $x<-2$이므로 ☐ $\le x<-2$

(ii) $-2\le x<$ ☐ 일 때

$(x+2)-(x-2)\le 8$, 즉 $0\times x$ ◯ 4이므로 주어진 부등식은 이 범위에서 항상 성립한다.

따라서 $-2\le x<2$

(iii) $x\ge$ ☐ 일 때

$(x+2)+(x-2)\le 8$이므로 $x\le$ ☐

이때 $x\ge 2$이므로 $2\le x\le$ ☐

(i), (ii), (iii)에서 주어진 부등식의 해는

☐ $\le x\le$ ☐

30 $|x-3|+|x+6|>15$

31 $|x|+|x-5|\le x+14$

32 $|x+3|+|x-1|>-5x+4$

33 $|2x-1|+5|x+2|\le 12$

34 $3|x-2|-4|x|>-1$

35 $2|x-1|-|x+1|>2$

36 $3|x-4|+2|x+3|>16$

37 $6|x+1|-2|x-5|<3x-2$

내가 발견한 개념 $|x-a|+|x-b|<c\ (c>0)$ 꼴의 부등식을 풀 때는?

- $|x-a|-|x-b|<c\ (a<b,\ c>0)$ 꼴의 부등식은

(i) $x<$ ☐, (ii) $a\le x<$ ☐, (iii) $x\ge$ ☐

일 때로 구간을 나누어 푼다.

TEST 개념 확인

05 특수한 해를 갖는 연립일차부등식

- 해가 한 개인 경우
  두 일차부등식의 해가 $x \geq a$, $x \leq a$이면 연립부등식의 해는 $x=a$이다.
- 해가 없는 경우
  두 일차부등식의 해의 공통부분이 없다.

1 연립부등식 $\begin{cases} 4(x+1) \geq 6x+10 \\ 5x-3 < 8x-12 \end{cases}$를 푸시오.

2 다음 중 연립부등식 $\begin{cases} \frac{x}{6}+2 \leq \frac{x}{3}+1 \\ \frac{x-10}{12} \leq -\frac{x-5}{3} \end{cases}$의 해인 것은?

① 4 ② 5 ③ 6
④ 7 ⑤ 8

3 연립부등식 $\begin{cases} 0.4x-3.7 \leq x-1.3 \\ 2(x-1)+3 \geq 3x+5 \end{cases}$를 푸시오.

06 해의 조건이 주어진 연립일차부등식

- 해의 조건이 주어진 연립일차부등식의 풀이
  (i) 미정계수가 없는 부등식의 해를 먼저 수직선 위에 나타낸다.
  (ii) 조건에 맞도록 수직선 위에서 다른 부등식의 해를 생각한다.

4 연립부등식 $\begin{cases} 3(4x-1)-2(3-x) > 19 \\ 6x-a \leq 4x+5 \end{cases}$가 해를 갖도록 하는 정수 a의 최솟값은?

① -2 ② -1 ③ 0
④ 1 ⑤ 2

5 연립부등식 $\begin{cases} 0.9x-0.8 \leq 1.3(x-4) \\ x-3 \leq -2(x+2)+a \end{cases}$가 해를 갖지 않도록 하는 자연수 a의 개수는?

① 32 ② 33 ③ 34
④ 35 ⑤ 36

6 부등식 $-3x+6 < 2(4-x) \leq -5(x+8)+3k$를 만족시키는 정수 x가 2개가 되도록 하는 상수 k의 값의 범위는?

① $15 < k < 16$ ② $15 < k \leq 16$
③ $16 < k < 17$ ④ $16 \leq k < 17$
⑤ $16 \leq k \leq 17$

7 부등식 $\frac{4x+5}{3} \le 2x+a \le \frac{5x+7}{4}$의 해가 오직 1개일 때, 상수 a의 값은?

① -2　② -1　③ 0
④ 1　⑤ 2

07 절댓값 기호를 포함한 부등식

- 절댓값 기호를 포함한 부등식
  ① $|x|<a \Longleftrightarrow -a<x<a$ (단, $a>0$)
  ② $|x|>a \Longleftrightarrow x<-a$ 또는 $x>a$ (단, $a>0$)
- 절댓값 기호를 포함한 부등식의 풀이
  (i) 절댓값 기호 안의 식의 값이 0이 되는 x의 값을 경계로 하여 x의 값의 범위를 나눈다.
  (ii) 각 범위에서 절댓값 기호를 없앤 후 식을 정리하여 해를 구한다.
  (iii) (ii)에서 구한 해를 합친 x의 값의 범위를 구한다.

8 부등식 $|x-2|<3$의 해가 $\alpha<x<\beta$일 때, 실수 α, β에 대하여 $\alpha\beta$의 값은?

① -5　② -3　③ 1
④ 3　⑤ 5

9 부등식 $|2x+1| \ge 5$의 해가 $x \le \alpha$ 또는 $x \ge \beta$일 때, 실수 α, β에 대하여 $\alpha+\beta$의 값을 구하시오.
(단, $\alpha<\beta$)

10 부등식 $|x-a|<4$의 해가 $3<x<11$일 때, 상수 a의 값은?

① 3　② 4　③ 5
④ 6　⑤ 7

11 부등식 $|4x-3| \ge 2x+3$의 해가 $x \le \alpha$ 또는 $x \ge \beta$일 때, 실수 α, β에 대하여 $\alpha+2\beta$의 값은? (단, $\alpha<\beta$)

① 4　② 5　③ 6
④ 7　⑤ 8

12 부등식 $4|x-1|-3|x+1| \le 8$의 해가 $\alpha \le x \le \beta$일 때, 실수 α, β에 대하여 $\alpha+\beta$의 값은?

① 14　② 15　③ 16
④ 17　⑤ 18

TEST 개념 발전

1 다음 중 부등식 $(a-1)x>b$에 대한 설명으로 옳지 않은 것은? (단, a, b는 상수이다.)

① $a<1$이면 해는 $x<\frac{b}{a-1}$이다.
② $a=1$, $b>0$이면 해는 없다.
③ $a=1$, $b=0$이면 해는 모든 실수이다.
④ $a=1$, $b<0$이면 해는 모든 실수이다.
⑤ $a>1$이면 해는 $x>\frac{b}{a-1}$이다.

2 다음 중 연립부등식 $\begin{cases} 2x-3\geq 5x-9 \\ -x+5<5x+17 \end{cases}$의 해가 아닌 것은?

① -2 ② -1 ③ 0
④ 1 ⑤ 2

3 연립부등식 $\begin{cases} \frac{x}{8}-2\leq\frac{x}{4}+1 \\ \frac{x+3}{8}>\frac{x-1}{6} \end{cases}$의 해가 $\alpha\leq x<\beta$일 때, 실수 α, β에 대하여 $\beta-\alpha$의 값을 구하시오.

4 오른쪽 그림은 연립부등식 $\begin{cases} 8x-20>-a \\ -x+15>2x-3 \end{cases}$의 해를 수직선 위에 나타낸 것이다. 상수 a의 값은?

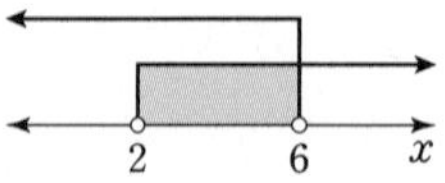

① -5 ② -4 ③ 3
④ 4 ⑤ 5

5 연립부등식 $\begin{cases} 2x+a<7(x+5) \\ 3(x-2)\leq 2x+b \end{cases}$의 해가 $-5<x\leq 8$일 때, 상수 a, b에 대하여 ab의 값은?

① -20 ② -10 ③ 10
④ 15 ⑤ 20

6 다음 부등식을 만족시키는 모든 정수 x의 값의 합은?

$$\frac{3}{2}x-4\leq\frac{2}{5}x<\frac{3}{4}x+1$$

① 3 ② 2 ③ 1
④ 0 ⑤ -1

7 연립부등식 $\begin{cases} 7x-21\leq 5(x+3) \\ 0.2(x+3)-0.5(1-2x)<1.3x \end{cases}$를 만족시키는 x의 값 중 가장 큰 정수를 M, 가장 작은 정수를 m이라 할 때, $M-m$의 값을 구하시오.

8 다음 부등식 중 해가 없는 것은?

① $\begin{cases} 2x-3\leq 0 \\ 5x-4<2x+5 \end{cases}$ ② $\begin{cases} 3(x+1)>2(x-2) \\ x\geq 3x+8 \end{cases}$

③ $\begin{cases} \frac{x}{2}+\frac{1}{3}\leq\frac{1}{6} \\ \frac{x}{2}-2\geq 1 \end{cases}$ ④ $\begin{cases} 0.1x+0.3\leq 0.5 \\ 2x-1\geq x+1 \end{cases}$

⑤ $x-1<5x+1<8-2x$

9 연립부등식 $\begin{cases} 2(x-3) \le 3x-a \\ 4x+b \ge 6x+9 \end{cases}$의 해가 $x=6$일 때, 상수 a, b에 대하여 $a+b$의 값은?

① 31 ② 32 ③ 33
④ 34 ⑤ 35

10 연립부등식 $\begin{cases} 2x \ge -x+3 \\ \frac{7}{4}-\frac{1}{3}(a+1) > \frac{1}{12}x \end{cases}$의 해가 존재할 때, 자연수 a의 최댓값을 구하시오.

11 연립부등식 $\begin{cases} 3x+4 > x+2k \\ 2(x+7)-1 \le -(x-2)+5 \end{cases}$의 해가 존재하지 않을 때, 정수 k의 최솟값은?

① -2 ② -1 ③ 0
④ 1 ⑤ 2

12 부등식 $|4x+3| \le 11$의 해가 $\alpha \le x \le \beta$일 때, 실수 α, β에 대하여 $\alpha\beta$의 값은?

① -21 ② -14 ③ -7
④ 7 ⑤ 14

13 부등식 $2x-a \le x+a < 3x+b$를 잘못 변형하여 연립부등식 $\begin{cases} 2x-a \le x+a \\ 2x-a < 3x+b \end{cases}$를 풀었더니 $-2 < x \le 6$을 해로 얻었다. 처음 부등식의 옳은 해가 $\alpha < x \le \beta$일 때, $\alpha\beta$의 값은? (단, a, b, α, β는 상수이다.)

① -12 ② -6 ③ -3
④ 6 ⑤ 12

14 연립부등식 $\begin{cases} 0.2(4-x) \ge 0.6-0.3x \\ 4x+a > 8(x+1) \end{cases}$을 만족시키는 정수 x가 4개일 때, 정수 a의 개수는?

① 2 ② 3 ③ 4
④ 5 ⑤ 6

15 부등식 $3|x+2|+|x-1| < 6$을 만족시키는 정수 x의 개수는?

① 1 ② 2 ③ 3
④ 4 ⑤ 5

9

식의 범위!
이차부등식

관계를 알면 보인다!

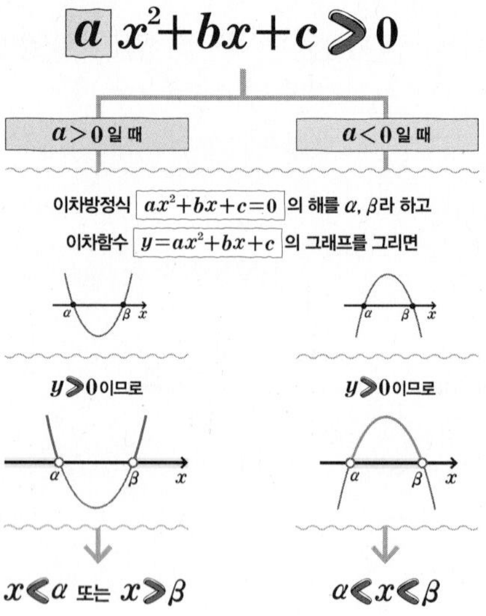

$a x^2+bx+c > 0$
$a>0$일 때
$a<0$일 때
이차방정식 $ax^2+bx+c=0$ 의 해를 α, β라 하고
이차함수 $y=ax^2+bx+c$ 의 그래프를 그리면
$y>0$이므로
$y>0$이므로
$x<\alpha$ 또는 $x>\beta$
$\alpha<x<\beta$

이차부등식

$ax^2+bx+c>0$, $ax^2+bx+c\geq0$, $ax^2+bx+c<0$, $ax^2+bx+c\leq0$ (a, b, c는 실수, $a\neq0$)과 같은 꼴로 정리할 수 있는 부등식을 x에 대한 이차부등식이라 해.

이차부등식 $ax^2+bx+c>0$의 해는 이차함수 $y=ax^2+bx+c$의 그래프에서 x축보다 위쪽에 있는 부분의 x의 값의 범위를 나타내. 또 이차부등식 $ax^2+bx+c<0$의 해는 이차함수 $y=ax^2+bx+c$의 그래프에서는 x축보다 아래쪽에 있는 부분의 x의 값의 범위를 나타내지.

해를 보면 관계를 알 수 있어!

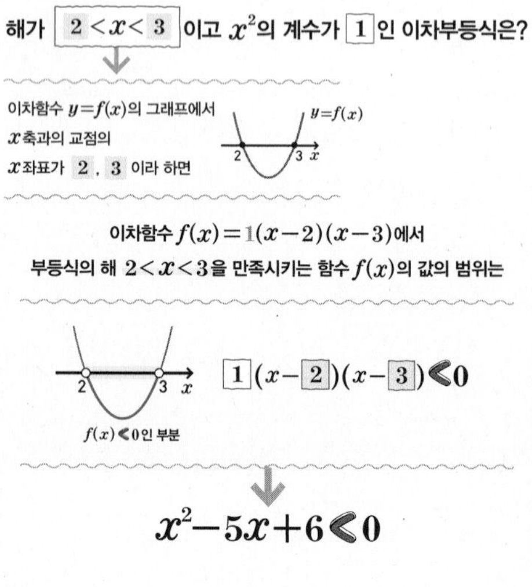

해가 $2<x<3$ 이고 x^2의 계수가 1 인 이차부등식은?
이차함수 $y=f(x)$의 그래프에서
x축과의 교점의
x좌표가 2, 3 이라 하면
$y=f(x)$
이차함수 $f(x)=1(x-2)(x-3)$에서
부등식의 해 $2<x<3$을 만족시키는 함수 $f(x)$의 값의 범위는
$1(x-2)(x-3)<0$
$f(x)<0$인 부분
$x^2-5x+6<0$

해가 주어진 이차부등식

해의 조건이 주어졌을 때 이차부등식을 작성해 볼 거야. 특정한 해가 존재하는 경우 뿐만 아니라 해가 모든 실수이거나 해가 없는 이차부등식도 살펴보자. 이때는 이차함수의 그래프나 이차방정식의 해를 활용해야 해.

연립이차부등식

07 연립이차부등식

일차부등식과 이차부등식 또는 두 개의 이차부등식이 하나로 묶여 있는 것을 연립이차부등식이라 해. 각 부등식을 풀어 해를 구한 후, 공통부분을 찾으면 그게 바로 연립이차부등식의 해야.

공통점을 찾아라!

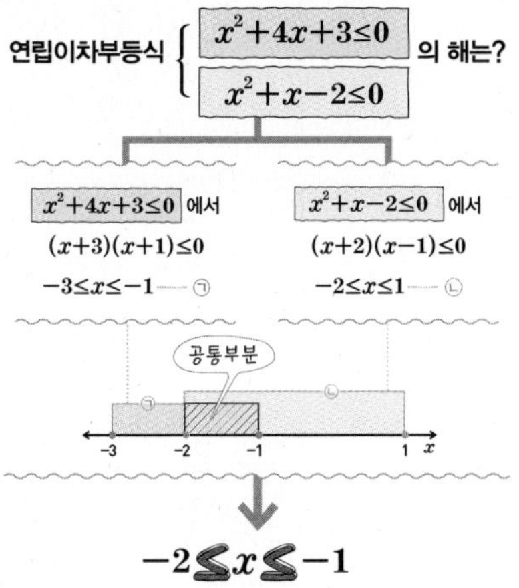

연립이차부등식 $\begin{cases} x^2+4x+3\le0 \\ x^2+x-2\le0 \end{cases}$ 의 해는?
$x^2+4x+3\le0$ 에서
$(x+3)(x+1)\le0$
$-3\le x\le-1$ ······ ㉠
$x^2+x-2\le0$ 에서
$(x+2)(x-1)\le0$
$-2\le x\le1$ ······ ㉡
공통부분
$-2\le x\le-1$

절댓값 기호를 포함한 이차부등식

08 절댓값 기호를 포함한 이차부등식의 풀이

절댓값 기호를 포함한 일차부등식과 마찬가지로 절댓값 기호 안의 식의 값이 0이 되는 x의 값을 기준으로 범위를 나누어 생각하면 돼. x의 값의 범위에 따라 절댓값 기호를 없애고 만든 각 부등식을 풀고, 해당하는 x의 값의 범위와의 공통부분을 찾으면 되지.

절대값 기호를 없애라!

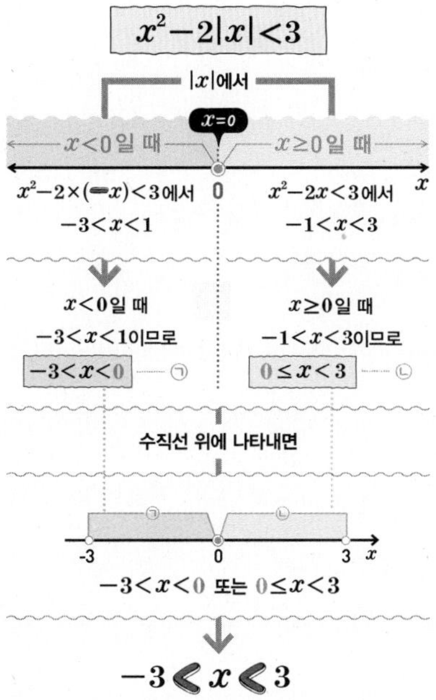

$x^2-2|x|<3$
$|x|$에서
$x=0$
$x<0$일 때
$x\ge0$일 때
$x^2-2\times(-x)<3$에서
$-3<x<1$
$x^2-2x<3$에서
$-1<x<3$
$x<0$일 때
$-3<x<1$이므로
$-3<x<0$ ······ ㉠
$x\ge0$일 때
$-1<x<3$이므로
$0\le x<3$ ······ ㉡
수직선 위에 나타내면
$-3<x<0$ 또는 $0\le x<3$
$-3<x<3$

이차방정식의 실근과 이차부등식

09 이차방정식의 근의 판별과 이차부등식
10 이차방정식의 실근의 부호와 이차부등식
11 이차방정식의 근의 분리

이차방정식 $ax^2+bx+c=0$의 판별식을 D라 할 때, D의 조건에 따라 이차방정식의 근을 판별할 수 있어. 이차방정식의 계수 a, b, c로 두 근이 모두 양수, 모두 음수, 서로 다른 부호인지도 알 수 있지. 이를 모두 이해하면 방정식의 근의 위치를 판별하기 위해 방정식의 실근과 어떤 실수의 대소 관계의 조건을 따지는 문제를 쉽게 해결할 수 있을 거야.

방정식 속에 숨은 부등식!

계수가 실수인 이차방정식 $ax^2+bx+c=0$ 의
두 실근을 α, β $(\alpha<\beta)$라 하고 판별식을 $D(=b^2-4ac)$라 하면

	두 근이 모두 양수	두 근이 모두 음수	두 근이 서로 다른 부호
D의 부호	$D\ge0$	$D\ge0$	
근과 계수의 관계 (두 근의 합!)	$\alpha+\beta$ $-\frac{b}{a}>0$	$\alpha+\beta$ $-\frac{b}{a}<0$	
근과 계수의 관계 (두 근의 곱!)	$\alpha\times\beta$ $\frac{c}{a}>0$	$\alpha\times\beta$ $\frac{c}{a}>0$	$\alpha\times\beta$ $\frac{c}{a}<0$

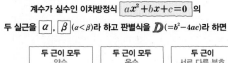

01

관계를 알면 보인다!

이차부등식과 이차함수의 그래프

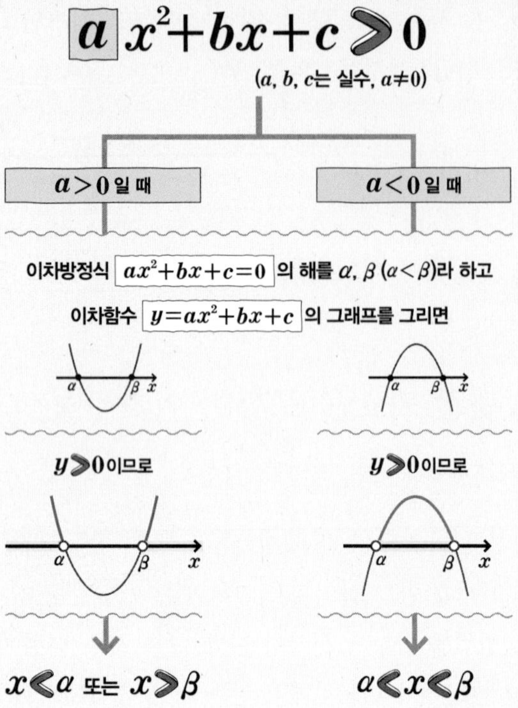

$a x^2+bx+c > 0$
(a, b, c는 실수, $a \neq 0$)
$a>0$일 때
$a<0$일 때
이차방정식 $ax^2+bx+c=0$ 의 해를 α, β ($\alpha<\beta$)라 하고
이차함수 $y=ax^2+bx+c$ 의 그래프를 그리면
$y>0$이므로
$y>0$이므로
$x<\alpha$ 또는 $x>\beta$
$\alpha<x<\beta$

- **이차부등식:** 부등식의 모든 항을 좌변으로 이항하여 정리했을 때 $ax^2+bx+c>0$, $ax^2+bx+c\geq 0$, $ax^2+bx+c<0$, $ax^2+bx+c\leq 0$ (a, b, c는 실수, $a\neq 0$)과 같이 좌변이 x에 대한 이차식이 되는 부등식을 x에 대한 이차부등식이라 한다.
- **이차부등식의 해와 이차함수의 그래프의 관계**

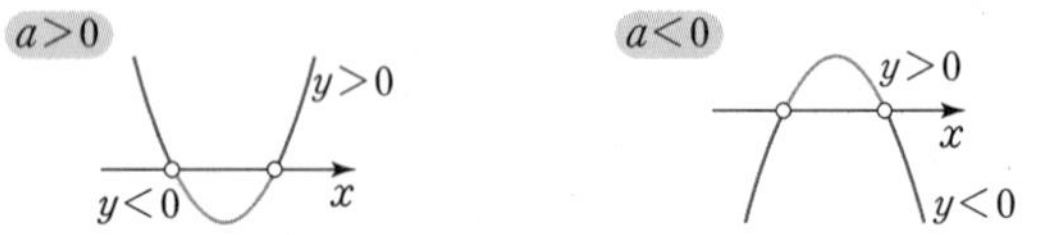

① $ax^2+bx+c>0$의 해

→ $y=ax^2+bx+c$에서 $y>0$인 x의 값의 범위

→ $y=ax^2+bx+c$의 그래프에서 x축보다 위쪽에 있는 부분의 x의 값의 범위

② $ax^2+bx+c<0$의 해

→ $y=ax^2+bx+c$에서 $y<0$인 x의 값의 범위

→ $y=ax^2+bx+c$의 그래프에서 x축보다 아래쪽에 있는 부분의 x의 값의 범위

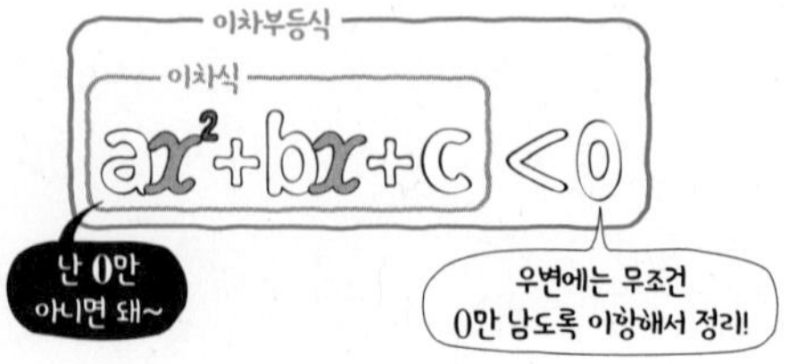

1st — 이차부등식의 뜻

● 다음 부등식이 이차부등식인 것은 ○를, 이차부등식이 아닌 것은 ×를 ( ) 안에 써넣으시오.

1 $x^2+3x\leq 3-x^2$ ( )

→ 모든 항을 좌변으로 이항하면

$x^2+3x-3+\square\leq 0$에서

$\square x^2+\square x-\square\leq 0$

따라서 (이차식)≤ 0 꼴이므로 이차부등식이다.

2 $2x^2+3x-1>3x+x^2$ ( )

3 $x(2x-3)<1+2x^2$ ( )

4 $x+1\geq x(x+3)$ ( )

5 $2x(1+2x)+3\leq 3(x^2-1)+x^2$ ( )

6 $1+x+x^2<3-x^2+x^3$ ( )

2nd 이차함수의 그래프를 이용하여 구하는 이차부등식의 해

● 이차함수 $y=f(x)$의 그래프가 다음과 같을 때, 각 부등식의 해를 구하시오.

7

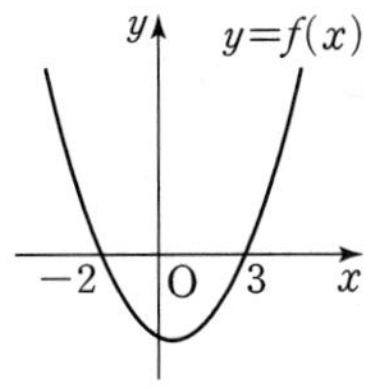

(1) $f(x)<0$

→ 이 부등식의 해는 이차함수 $y=f(x)$의 그래프에서

$y<$ □ 인 부분의 x의 값의 범위이므로

□ $<x<$ □

(2) $f(x)\leq 0$

→ 이 부등식의 해는 이차함수 $y=f(x)$의 그래프에서

y ○ 0인 부분의 x의 값의 범위이므로

□ $\leq x\leq$ □

(3) $f(x)>0$

→ 이 부등식의 해는 이차함수 $y=f(x)$의 그래프에서

$y>$ □ 인 부분의 x의 값의 범위이므로

$x<$ □ 또는 $x>$ □

(4) $f(x)\geq 0$

→ 이 부등식의 해는 이차함수 $y=f(x)$의 그래프에서

y ○ 0인 부분의 x의 값의 범위이므로

$x\leq$ □ 또는 $x\geq$ □

8

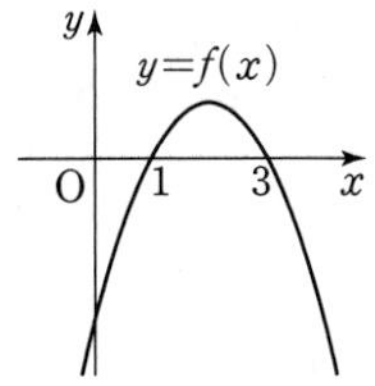

(1) $f(x)<0$

(2) $f(x)\leq 0$

(3) $f(x)>0$

(4) $f(x)\geq 0$

● 이차함수와 그 그래프가 다음과 같이 주어질 때, 각 부등식의 해를 구하시오.

9 $y=(x-2)(x-5)$

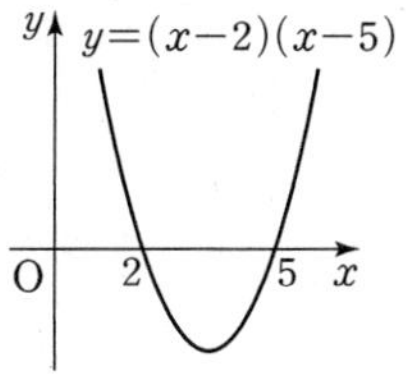

(1) $(x-2)(x-5)<0$

(2) $(x-2)(x-5)\leq 0$

(3) $(x-2)(x-5)>0$

(4) $(x-2)(x-5)\geq 0$

10 $y=x^2+x-12$

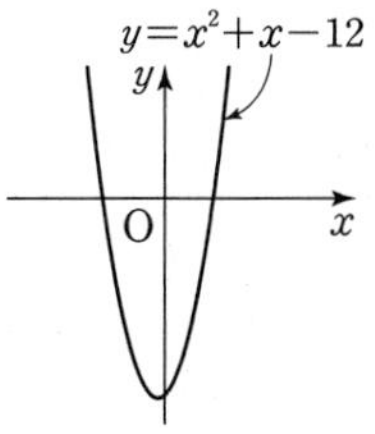

인수분해를 먼저 해봐!

(1) $x^2+x-12<0$

(2) $x^2+x-12\leq 0$

(3) $x^2+x-12>0$

(4) $x^2+x-12\geq 0$

내가 발견한 개념 주어진 이차부등식의 해는?

이차함수 $y=f(x)$의 그래프가 오른쪽 그림과 같을 때 (단, $\alpha<\beta$)

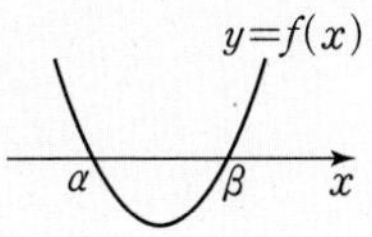

- $f(x)<0$의 해 → □
- $f(x)\leq 0$의 해 → □
- $f(x)>0$의 해 → □ 또는 $x>\beta$
- $f(x)\geq 0$의 해 → $x\leq\alpha$ 또는 □

이차부등식의 해

이차함수 $y=ax^2+bx+c\ (a>0)$ 의 그래프가

x축 과 만나는 점의 x좌표를 $\alpha, \beta\ (\alpha<\beta)$라 하면

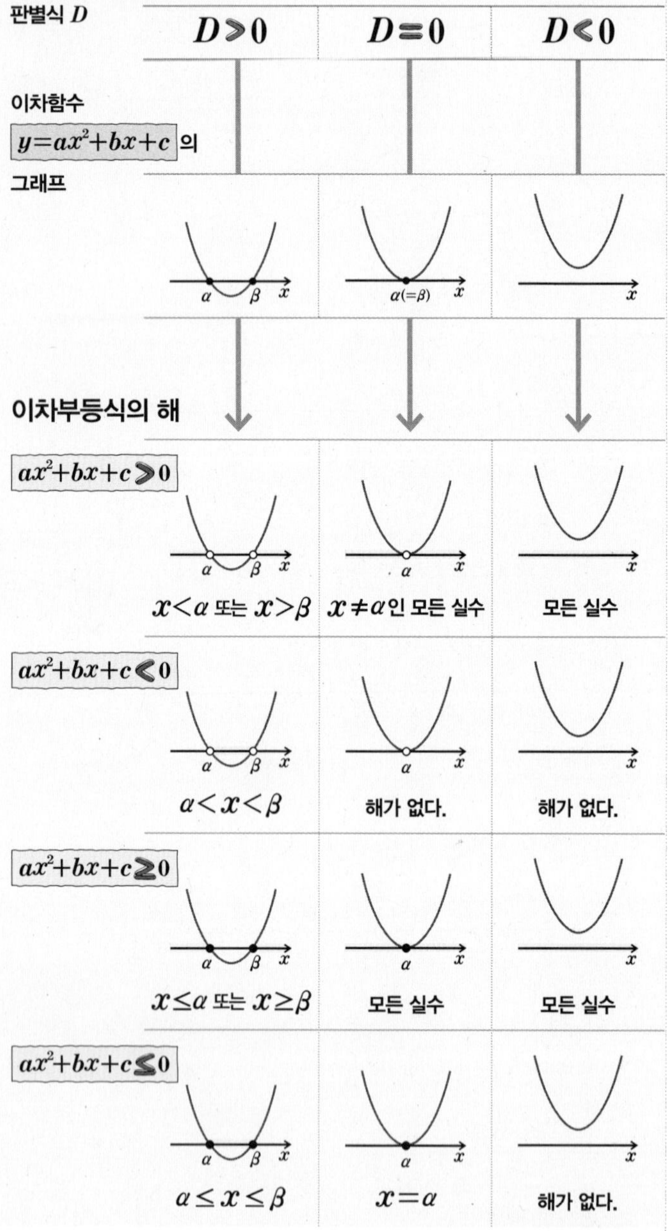

이차방정식 $ax^2+bx+c=0$ 의 판별식 D
$D>0$
$D=0$
$D<0$
이차함수 $y=ax^2+bx+c$ 의 그래프
이차부등식의 해
$ax^2+bx+c>0$
$x<\alpha$ 또는 $x>\beta$
$x\neq\alpha$인 모든 실수
모든 실수
$ax^2+bx+c<0$
$\alpha<x<\beta$
해가 없다.
해가 없다.
$ax^2+bx+c\geq0$
$x\leq\alpha$ 또는 $x\geq\beta$
모든 실수
모든 실수
$ax^2+bx+c\leq0$
$\alpha\leq x\leq\beta$
$x=\alpha$
해가 없다.

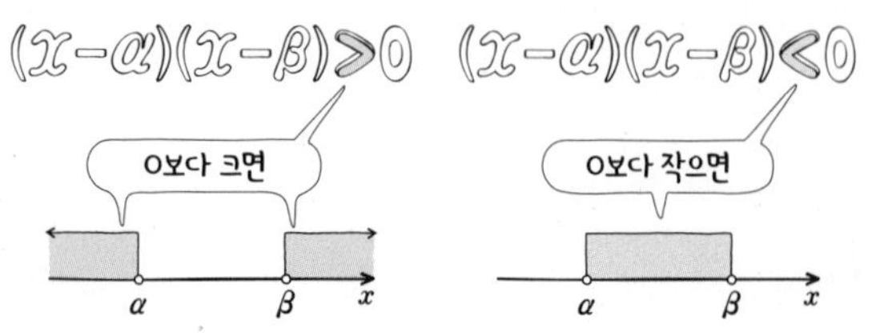

원리확인 다음은 이차함수의 그래프를 이용하여 주어진 이차부등식의 해를 구하는 과정이다. □ 안에 알맞은 것을 써넣으시오.

❶

$y=x^2-3x+2$
$=(x-\square)(x-\square)$

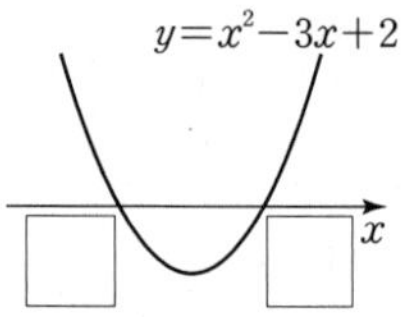

(1) $x^2-3x+2<0$의 해 ➔ $\square<x<\square$

(2) $x^2-3x+2\geq0$의 해 ➔ $x\leq\square$ 또는 $x\geq\square$

❷

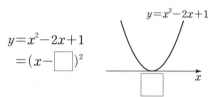

$y=x^2-2x+1$
$=(x-\square)^2$

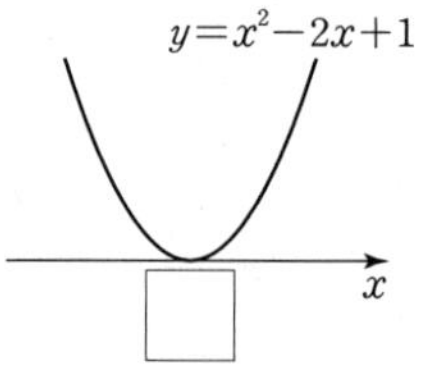

(1) $x^2-2x+1>0$의 해 ➔ $\square$인 모든 실수

(2) $x^2-2x+1\geq0$의 해 ➔ $\square$

(3) $x^2-2x+1<0$의 해 ➔ $\square$

(4) $x^2-2x+1\leq0$의 해 ➔ $x=\square$

❸

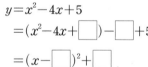

$y=x^2-4x+5$
$=(x^2-4x+\square)-\square+5$
$=(x-\square)^2+\square$

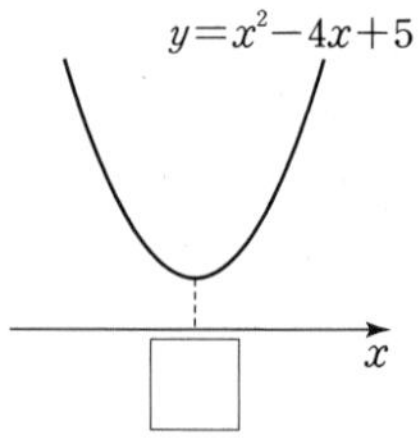

(1) $x^2-4x+5>0$의 해 ➔ $\square$

(2) $x^2-4x+5\geq0$의 해 ➔ $\square$

(3) $x^2-4x+5<0$의 해 ➔ $\square$

(4) $x^2-4x+5\leq0$의 해 ➔ $\square$

1st — $D>0$인 경우의 이차부등식의 해

1 이차함수 $y=(x+1)(x-3)$의 그래프가 오른쪽 그림과 같을 때, 다음 이차부등식의 해를 구하시오.

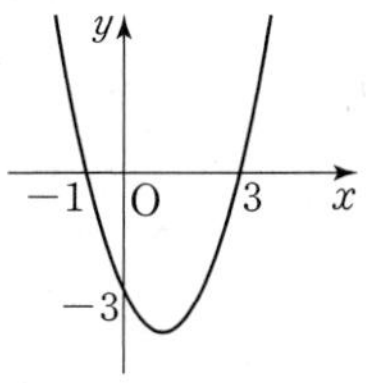

(1) $(x+1)(x-3)>0$

(2) $(x+1)(x-3)\geq 0$

(3) $(x+1)(x-3)<0$

(4) $(x+1)(x-3)\leq 0$

● 다음 이차부등식의 해를 이차함수의 그래프를 이용하여 구하시오.

2 $(x+3)(x-7)>0$

➜ 이차함수 $y=(x+3)(x-7)$의 그래프는 오른쪽 그림과 같이 x축과 두 점 (☐, 0), (☐, 0)에서 만난다.

따라서 주어진 이차부등식의 해는

$x<$ ☐ 또는 $x>$ ☐

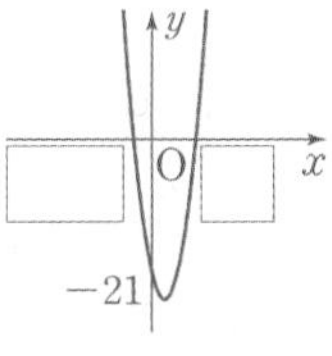

3 $(2x+1)(x-1)\geq 0$

4 $(1-3x)(x-3)>0$

x의 계수가 양수가 되게 식을 변형해 봐!

5 $(-2x-3)(x+3)\geq 0$

● 다음 이차부등식을 푸시오.

6 $x^2-2x-8>0$

➜ 주어진 부등식의 좌변을 인수분해하면

$(x+$ ☐ $)(x-$ ☐ $)>0$

따라서 주어진 이차부등식의 해는 $x<$ ☐ 또는 $x>$ ☐

실수의 범위에서 인수분해가 되는 경우
① $(x-\alpha)(x-\beta)<0$의 해
➜ $\alpha<x<\beta$ (단, $\alpha<\beta$)
② $(x-\alpha)(x-\beta)>0$의 해
➜ $x<\alpha$ 또는 $x>\beta$ (단, $\alpha<\beta$)

7 $x^2-5x+4\geq 0$

8 $2x^2+3x-2<0$

9 $-6x^2+5x-1\geq 0$

x^2의 계수가 양수가 되게 식을 변형해 봐!

10 $1-9x^2\geq 0$

개념모음문제

11 이차부등식 $21+4x\geq x^2$을 만족시키는 정수 x의 개수는?

① 9 ② 10 ③ 11 ④ 12 ⑤ 13

2nd $D=0$인 경우의 이차부등식의 해

12 이차함수 $y=(x-3)^2$의 그래프가 오른쪽 그림과 같을 때, 다음 이차부등식의 해를 구하시오.

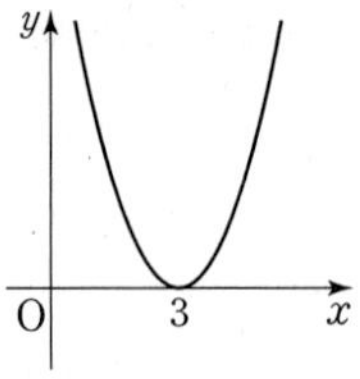

(1) $(x-3)^2>0$

(2) $(x-3)^2\geq 0$

(3) $(x-3)^2<0$

(4) $(x-3)^2\leq 0$

13 다음 이차부등식의 해를 구하시오.

(1) $x^2+4x+4>0$

→ 모든 실수 x에 대하여

$x^2+4x+4=(x+\square)^2\geq 0$

따라서 부등식 $(x+\square)^2>0$의 해는

$x\neq\square$인 모든 실수이다.

(2) $x^2+4x+4\geq 0$

→ 부등식 $(x+\square)^2\geq 0$의 해는

(없다, 모든 실수이다).

(3) $x^2+4x+4<0$

→ 부등식 $(x+\square)^2<0$의 해는

(없다, 모든 실수이다).

(이차식)≥ 0, (이차식)≤ 0과 같이 부등호에 등호가 포함된 경우에는 (이차식)$=0$을 만족시키는 x가 부등식의 해가 되는지 확인한다.

(4) $x^2+4x+4\leq 0$

→ 부등식 $(x+\square)^2\leq 0$의 해는

$x=\square$

● 다음 이차부등식을 푸시오.

14 $x^2-8x+16>0$

15 $1+x^2+2x\leq 0$

16 $1+4x+4x^2<0$

17 $-9x^2-12x-4\leq 0$

x^2의 계수가 양수가 되게 식을 변형해 봐!

18 $30x-25x^2-9>0$

개념모음문제

19 양수 a에 대하여 이차방정식 $x^2-3x-2a=0$의 한 근이 $x=a$일 때, 다음 중 이차부등식 $2x^2-(a+3)x+8\leq 0$의 해를 바르게 구한 것은?

① $x\neq 2$인 모든 실수 ② $x=2$
③ $2\leq x\leq 4$ ④ $-2\leq x\leq 2$
⑤ 해는 없다.

3rd $D<0$인 경우의 이차부등식의 해

20 이차함수 $y=(x-3)^2+2$의 그래프가 오른쪽 그림과 같을 때, 다음 이차부등식의 해를 구하시오.

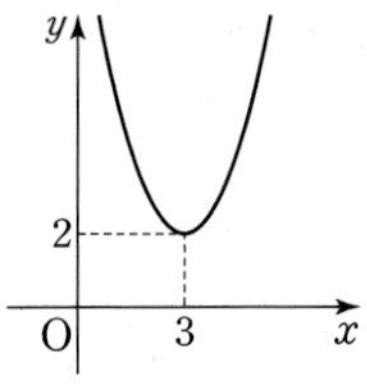

(1) $(x-3)^2+2>0$

(2) $(x-3)^2+2\geq 0$

(3) $(x-3)^2+2<0$

(4) $(x-3)^2+2\leq 0$

21 다음 이차부등식의 해를 구하시오.

(1) $x^2+2x+3>0$

(완전제곱식)+(양수)의 값은 항상 0보다 크다.

➜ 모든 실수 x에 대하여

$x^2+2x+3=(x+\square)^2+2\geq \square>0$

따라서 부등식 $(x+\square)^2+\square>0$의 해는

(없다, 모든 실수이다).

(2) $x^2+2x+3\geq 0$

➜ 부등식 $(x+\square)^2+\square\geq 0$의 해는

(없다, 모든 실수이다).

(3) $x^2+2x+3<0$

➜ 부등식 $(x+\square)^2+\square<0$의 해는

(없다, 모든 실수이다).

(4) $x^2+2x+3\leq 0$

➜ 부등식 $(x+\square)^2+\square\leq 0$의 해는

(없다, 모든 실수이다).

● **다음 이차부등식을 푸시오.**

실수의 범위에서 인수분해가 되지 않는 경우;
부등식의 모든 항을 이항하여 정리한 후 좌변의 이차식이 인수분해되지 않으면 좌변의 이차식을 $a(x-p)^2+q$의 꼴로 변형하여 식의 값의 범위를 구해 본다.

22 $x^2+x+3\geq 0$

23 $x^2-3x+4\leq 0$

24 $2x^2+5x+4>0$

25 $-x^2+2x-2<0$

x^2의 계수가 양수가 되게 식을 변형해 봐!

26 $-3x^2+3x-1>0$

개념모음문제

27 다음 이차부등식 중 해가 존재하지 않는 것은?

① $2x^2-3x+3\geq 0$ ② $2(x^2+1)>4x$

③ $3x^2-4x+6>0$ ④ $3x^2\leq 5x-3$

⑤ $12x-7\geq 3x^2+5$

4th 다양한 이차부등식의 해

● 다음 이차부등식을 푸시오.

28 $x^2+2x-8\leq 0$

29 $x^2-8x+15>0$

30 $6x^2\geq 7x+5$

부등식의 우변이 0이 되게 정리해 봐!

31 $3(x^2+2)<x^2+8x$

32 $2x(x+1)\leq 4-5x$

33 $9x(x+2)\geq 2(3x-2)$

34 $4x>4x^2+1$

35 $3(x+2)(x+3)-x\leq 2(x+3)$

36 $x^2+4x+7>0$

37 $2x^2-5x+5<0$

38 $x(x+6)\leq 2(x^2+5)$

개념모음문제

39 다음 중 이차부등식 $4(x+1)\geq x^2-1$과 해가 같은 것은?

① $x^2-2x-3\geq 0$　② $x^2+4x-5\leq 0$
③ $|x-1|\leq 4$　④ $|x-2|\leq 3$
⑤ $|x-2|\geq 3$

TEST 개념 확인

01~02 이차부등식의 해

이차함수 $y=f(x)$의 그래프	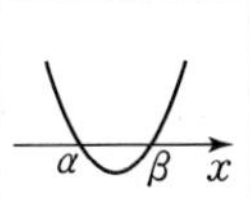	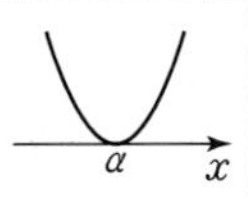	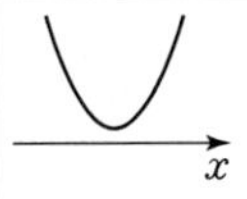
이차부등식 $f(x)>0$의 해	$x<\alpha$ 또는 $x>\beta$	$x\neq\alpha$인 모든 실수	모든 실수
이차부등식 $f(x)\geq 0$의 해	$x\leq\alpha$ 또는 $x\geq\beta$	모든 실수	모든 실수
이차부등식 $f(x)<0$의 해	$\alpha<x<\beta$	해가 없다.	해가 없다.
이차부등식 $f(x)\leq 0$의 해	$\alpha\leq x\leq\beta$	$x=\alpha$	해가 없다.

1 이차함수 $y=f(x)$의 그래프가 오른쪽 그림과 같을 때, 이차부등식 $f(x)\leq 0$의 해는?

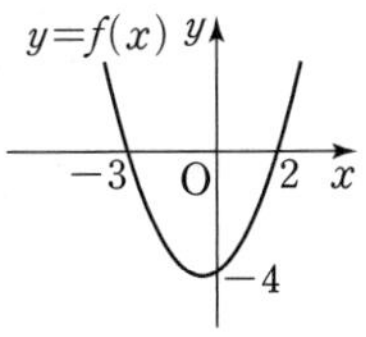

① $x\leq 2$ ② $x\geq -3$ ③ $x\geq -4$ ④ $-3\leq x\leq 2$ ⑤ $x\leq -3$ 또는 $x\geq 2$

2 이차함수 $y=f(x)$의 그래프가 오른쪽 그림과 같을 때, 이차부등식 $f(x)\leq 0$의 해가 $x\leq\alpha$ 또는 $x\geq\beta$이다. $\alpha\beta$의 값을 구하시오.

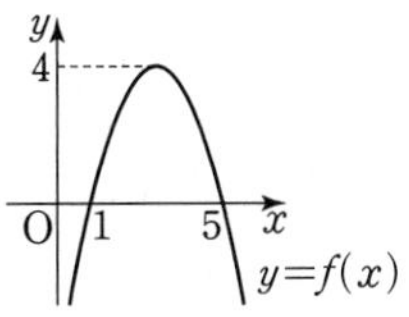

3 이차부등식 $3(x^2-x-1)\leq 2x-1$의 해가 $\alpha\leq x\leq\beta$일 때, $\frac{\beta}{\alpha}$의 값은?

① -6 ② -3 ③ $-\frac{3}{2}$ ④ $\frac{3}{2}$ ⑤ 6

4 이차부등식 $(x+1)(x-4)>x+8$을 만족시키는 자연수 x의 최솟값은?

① 4 ② 5 ③ 6 ④ 7 ⑤ 8

5 해가 없는 이차부등식인 것만을 **보기**에서 있는 대로 고른 것은?

보기

ㄱ. $-x^2+2x-3>0$ ㄴ. $x^2-4x+3\leq 0$
ㄷ. $2x^2+3x+4>0$ ㄹ. $3x^2+2x+1\leq 0$

① ㄱ, ㄴ ② ㄱ, ㄷ ③ ㄱ, ㄹ ④ ㄱ, ㄴ, ㄹ ⑤ ㄱ, ㄷ, ㄹ

6 이차부등식 $x^2-(k+2)x+2k<0$을 만족시키는 자연수 x의 개수가 3일 때, 자연수 k의 값은? (단, $k>2$)

① 5 ② 6 ③ 7 ④ 8 ⑤ 9

03 **해를 보면 관계를 알 수 있어!**

해가 주어진 이차부등식의 작성

해가 $\boxed{2}<x<\boxed{3}$ 이고 x^2의 계수가 $\boxed{1}$인 이차부등식은?

이차함수 $y=f(x)$의 그래프에서
x축과의 교점의
x좌표가 $\boxed{2}$, $\boxed{3}$ 이라 하면

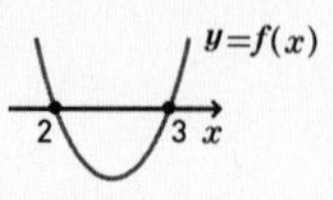

이차함수 $f(x)=1(x-2)(x-3)$에서
부등식의 해 $2<x<3$을 만족시키는 함수 $f(x)$의 값의 범위는

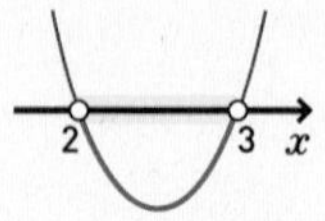

$\boxed{1}(x-\boxed{2})(x-\boxed{3})\leq 0$

$$x^2-5x+6\leq 0$$

해가 $x<\boxed{-2}$ 또는 $x>\boxed{1}$ 이고 x^2의 계수가 $\boxed{1}$인 이차부등식은?

이차함수 $y=f(x)$의 그래프에서
x축과의 교점의
x좌표가 $\boxed{-2}$, $\boxed{1}$ 이라 하면

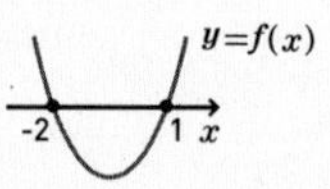

이차함수 $f(x)=1(x+2)(x-1)$에서
부등식의 해 $x<-2$ 또는 $x>1$을 만족시키는 함수 $f(x)$의 값의 범위는

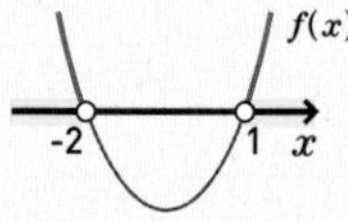

$\boxed{1}(x+\boxed{2})(x-\boxed{1})\geq 0$

$$x^2+x-2\geq 0$$

- 해가 $\alpha<x<\beta$이고 x^2의 계수가 1인 이차부등식은
  $(x-\alpha)(x-\beta)<0$, 즉 $x^2-(\alpha+\beta)x+\alpha\beta<0$
- 해가 $x<\alpha$ 또는 $x>\beta$ $(\alpha<\beta)$이고 x^2의 계수가 1인 이차부등식은
  $(x-\alpha)(x-\beta)>0$, 즉 $x^2-(\alpha+\beta)x+\alpha\beta>0$

참고 ① 해가 $\alpha<x<\beta$이고 x^2의 계수가 -1인 이차부등식
→ $-(x-\alpha)(x-\beta)>0$, 즉 $-x^2+(\alpha+\beta)x-\alpha\beta>0$
② 해가 $x<\alpha$ 또는 $x>\beta$ $(\alpha<\beta)$이고 x^2의 계수가 -1인 이차부등식
→ $-(x-\alpha)(x-\beta)<0$, 즉 $-x^2+(\alpha+\beta)x-\alpha\beta<0$

1st ─ 해의 조건으로 구하는 이차부등식

● 다음과 같은 해를 갖고, x^2의 계수 조건을 만족시키는 이차부등식을 구하시오.

1 $1<x<2$

(1) x^2의 계수가 1인 이차부등식
→ $(x-\square)(x-2)\bigcirc 0$이므로
$x^2-\square x+2\bigcirc 0$

(2) x^2의 계수가 3인 이차부등식

(1)의 부등식의 양변에 x^2의 계수를 곱해서 구한다. 이때 부등식의 양변에 음수를 곱하면 부등호의 방향이 바뀜에 유의한다.

2 $x<-1$ 또는 $x>3$

(1) x^2의 계수가 1인 이차부등식
→ $(x+1)(x-\square)\bigcirc 0$이므로
$x^2-\square x-3\bigcirc 0$

(2) x^2의 계수가 3인 이차부등식

3 $2\leq x\leq 5$

(1) x^2의 계수가 1인 이차부등식

(2) x^2의 계수가 -2인 이차부등식

4 $x\leq 2$ 또는 $x\geq 6$

(1) x^2의 계수가 1인 이차부등식

(2) x^2의 계수가 -1인 이차부등식

2nd 해의 조건으로 구하는 이차부등식의 미지수의 값

● 이차부등식과 그 해가 다음과 같을 때, 상수 a, b의 값을 구하시오.

5 이차부등식: $x^2+ax+b<0$
해: $1<x<3$

➜ 해가 $1<x<3$이고 x^2의 계수가 1인 이차부등식은
$(x-1)(x-\square)\ \bigcirc\ 0$, 즉
$x^2-\square x+3\ \bigcirc\ 0$
이 이차부등식이 $x^2+ax+b<0$과 일치하므로
$a=\square$, $b=\square$

6 이차부등식: $x^2+ax+b>0$
해: $x<3$ 또는 $x>5$

7 이차부등식: $x^2+ax+b\le0$
해: $-3\le x\le2$

8 이차부등식: $x^2+ax+b\ge0$
해: $x\le-4$ 또는 $x\ge-2$

9 이차부등식: $x^2+ax+b<0$
해: $-2<x<5$

10 이차부등식: $ax^2-6x+b<0$
해: $1<x<2$

➜ 해가 $1<x<2$이고 이차부등식이 $ax^2-6x+b<0$이므로
x^2의 계수 a의 부호는 $a\ \bigcirc\ 0$
해가 $1<x<2$이고 x^2의 계수가 1인 이차부등식은
$(x-1)(x-\square)\ \bigcirc\ 0$, 즉 $x^2-\square x+2\ \bigcirc\ 0$
이때 $a\ \bigcirc\ 0$이므로 이 부등식의 양변에 a를 곱하면
$a(x^2-\square x+2)\ \bigcirc\ 0$, 즉 $ax^2-\square x+2a\ \bigcirc\ 0$
이 이차부등식이 $ax^2-6x+b<0$과 일치하므로
$\square=-6$, $\square=b$
따라서 $a=\square$, $b=\square$

11 이차부등식: $ax^2+bx+8\ge0$
해: $x\le-4$ 또는 $x\ge-1$

12 이차부등식: $ax^2+bx+6\le0$
해: $x\le-3$ 또는 $x\ge2$

13 이차부등식: $ax^2+12x+b\ge0$
해: $1\le x\le3$

개념모음문제

14 이차부등식 $2x^2+ax+b>0$의 해가 $x<-1$ 또는 $x>-\frac{1}{2}$일 때, 이차부등식 $bx^2-2x-a\le0$의 해는 $\alpha\le x\le\beta$이다. $\alpha^2+\beta^2$의 값은?

① 2 ② 5 ③ 8
④ 10 ⑤ 18

배운 거 기억나?

이차방정식의 작성

두 근이 α, β이고, x^2의 계수가 a인 이차방정식

➜ $a(x-\alpha)(x-\beta)=0$
➜ $a\{x^2-(\alpha+\beta)x+\alpha\beta\}=0$

04

이차함수의 그래프가 보여주는!

이차부등식이 항상 성립할 조건

이차방정식 $ax^2+bx+c=0$ 의 판별식을 $D(=b^2-4ac)$라 할 때

모든 실수 x에 대하여

$ax^2+bx+c>0$ 이 항상 성립하려면

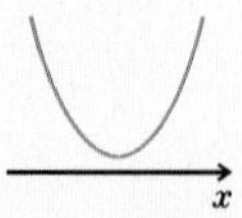

그래프가 아래로 볼록하고 x축보다 위쪽에 있다.

→ $a>0$, $D<0$

$ax^2+bx+c\geq0$ 이 항상 성립하려면

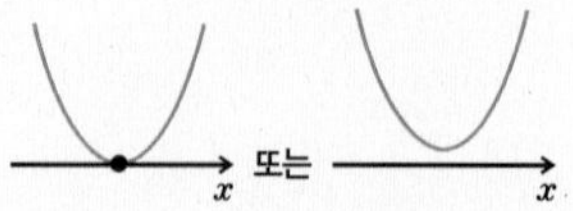

그래프가 아래로 볼록하고 x축에 접하거나 x축보다 위쪽에 있다.

→ $a>0$, $D\leq0$

$ax^2+bx+c<0$ 이 항상 성립하려면

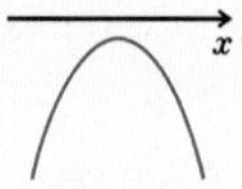

그래프가 위로 볼록하고 x축보다 아래쪽에 있다.

→ $a<0$, $D<0$

$ax^2+bx+c\leq0$ 이 항상 성립하려면

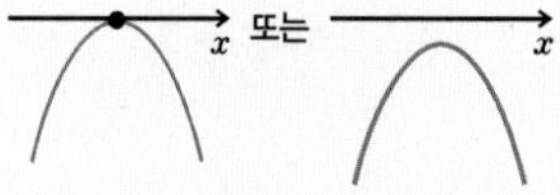

그래프가 위로 볼록하고 x축에 접하거나 x축보다 아래쪽에 있다.

→ $a<0$, $D\leq0$

모든 실수 x에 대하여 부등식 $ax^2+bx+c>0$이 성립하려면?

$a=0$ 일 때

부등식 $bx+c>0$이려면 함수 $y=bx+c$의 그래프는

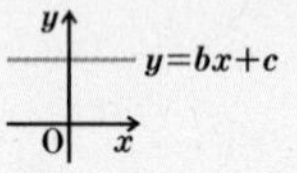

→ $b=0$, $c>0$

$a\neq0$ 일 때

부등식 $ax^2+bx+c>0$이려면 함수 $y=ax^2+bx+c$의 그래프는

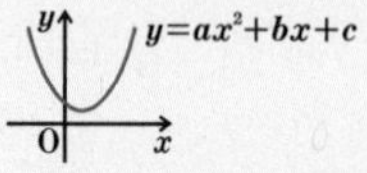

→ $a>0$, $b^2-4ac<0$

부등식 $ax^2+bx+c>0$이 주어지면 $a=0$인 경우도 생각해야 해!

1st 이차부등식이 항상 성립하도록 하는 미지수의 값 또는 그 범위

● 주어진 이차부등식이 항상 성립할 때, 다음 물음에 답하시오.

1 $x^2-4x+k\geq0$ (단, k는 실수)

(1) 조건을 만족시키는 이차함수 $y=x^2-4x+k$의 그래프의 개형을 그리시오.

→ 이차항의 계수가 ☐수이므로 그래프는 ☐로 볼록하다. 또 모든 실수 x에 대하여 y ○ 0이어야 하므로 그래프는 x축과 접하거나 x축보다 위쪽에 그려져야 한다.

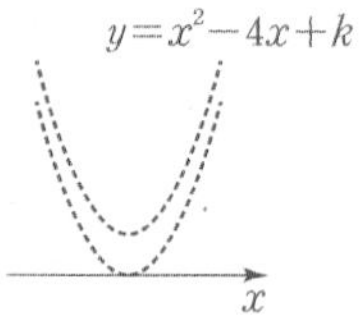

(2) 이차방정식 $x^2-4x+k=0$의 판별식을 D라 할 때, (1)의 그래프와 D를 이용하여 k의 값 또는 k의 값의 범위를 구하시오.

→ 이차함수 $y=x^2-4x+k$의 그래프가 (1)과 같이 그려지려면

D ○ 0을 만족시켜야 하므로

$\frac{D}{4}=(-2)^2-k$ ○ 0

따라서 $k\geq$ ☐

꼭짓점의 (y좌표)≥0을 이용할 수도 있다.
→ $y=x^2-4x+k=(x-2)^2+k-4$
이므로 $k-4\geq0$
따라서 $k\geq4$

2 $3x^2-2x+k>0$ (단, k는 실수)

(1) 조건을 만족시키는 이차함수 $y=3x^2-2x+k$의 그래프의 개형을 그리시오.

(2) 이차방정식 $3x^2-2x+k=0$의 판별식을 D라 할 때, (1)의 그래프와 D를 이용하여 k의 값 또는 k의 값의 범위를 구하시오.

이차부등식의 부등호에 등호가 없는 경우
→ 그래프가 x축과 접하지 않는다.
→ (판별식)$\neq0$

● 다음 이차부등식이 항상 성립하도록 하는 실수 k의 값 또는 k의 값의 범위를 구하시오.

3 $x^2+2x+k\geq0$

→ $x^2+2x+k\geq0$이 항상 성립하려면 $y=x^2+2x+k$의 그래프가 오른쪽 그림과 같아야 한다. 즉 이차방정식 $x^2+2x+k=0$의 판별식을 D라 하면

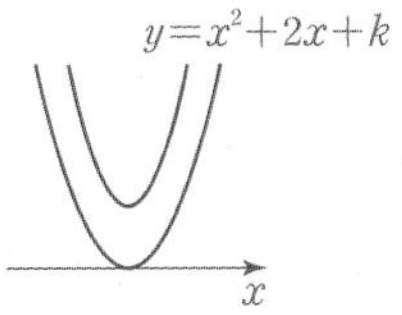

D ◯ 0이어야 하므로 $\frac{D}{4}=1^2-k$ ◯ 0

따라서 $k\geq$ □

4 $2x^2-3x+k>0$

5 $-x^2+6x+k\leq0$

6 $-3x^2-2x+k<0$

7 $x^2+kx+1>0$

8 $-x^2+(k-1)x+k\leq0$

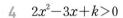

9 $kx^2+4kx+3\geq0$

→ 이 이차부등식이 항상 성립하려면 $y=kx^2+4kx+3$의 그래프는 다음과 같아야 한다.

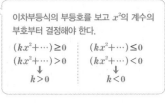

> 이차부등식의 부등호를 보고 x^2의 계수의 부호부터 결정해야 한다.
> $(kx^2+\cdots)\geq0$, $(kx^2+\cdots)>0$ ↓ $k>0$
> $(kx^2+\cdots)\leq0$, $(kx^2+\cdots)<0$ ↓ $k<0$

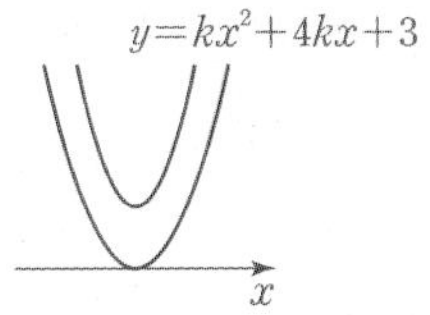

즉 k ◯ 0 ······ ㉠

이차방정식 $kx^2+4kx+3=0$의 판별식을 D라 하면

$\frac{D}{4}$ ◯ 0이어야 하므로 $\frac{D}{4}=(2k)^2-3k$ ◯ 0

따라서 □ $\leq k\leq$ □

이때 ㉠에서 k ◯ 0이므로 구하는 k의 값의 범위는

□ $<k\leq$ □

10 $kx^2+2kx-5<0$

11 $kx^2+2(2k+1)x+9>0$

12 $kx^2-(k-1)x-1\leq0$

개념모음문제

13 모든 실수 x에 대하여 이차부등식

$$x^2+2(k-2)x+k\geq0$$

이 성립하도록 하는 실수 k의 최댓값을 M, 최솟값을 m이라 할 때, Mm의 값은?

① -4 ② -2 ③ 4
④ 6 ⑤ 8

내가 발견한 개념 — 이차부등식이 항상 성립할 조건은?

• 모든 실수 x에 대하여 $ax^2+bx+c\geq0$
→ a ◯ 0, D ◯ 0

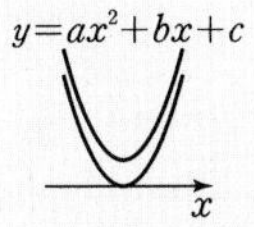

• 모든 실수 x에 대하여 $ax^2+bx+c\leq0$
→ a ◯ 0, D ◯ 0

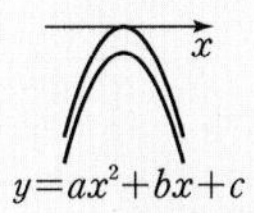

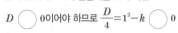

05 이차함수의 그래프가 보여주는!

이차부등식의 해가 존재하지 않을 조건

이차방정식 $ax^2+bx+c=0$ 의 판별식을 $D(=b^2-4ac)$라 할 때

모든 실수 x에 대하여

$ax^2+bx+c \leq 0$ 의 해가 없다면	$ax^2+bx+c < 0$ 의 해가 없다면
반대로 $ax^2+bx+c > 0$ 이 성립하므로	반대로 $ax^2+bx+c \geq 0$ 이 성립하므로
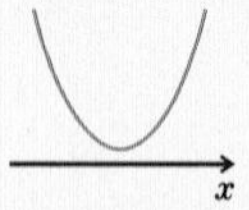	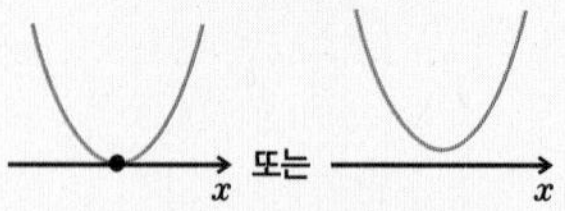
그래프가 아래로 볼록하고 x축보다 위쪽에 있다.	그래프가 아래로 볼록하고 x축에 접하거나 x축보다 위쪽에 있다.
$a>0$, $D<0$	$a>0$, $D\leq 0$

원리확인 다음은 이차방정식 $ax^2+bx+c=0$의 판별식 D를 이용하여 이차부등식의 해가 존재하지 않도록 하는 조건을 찾는 과정이다. ○ 안에 알맞은 부등호를 써넣으시오.

❶ 이차부등식 $ax^2+bx+c\leq 0$의 해가 없을 때

모든 실수 x에 대하여

ax^2+bx+c ○ 0

➜ a ○ 0, D ○ 0

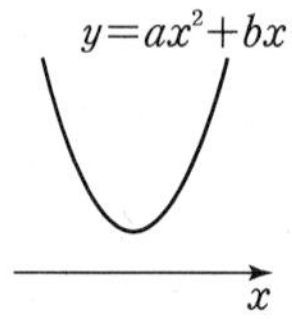

❷ 이차부등식 $ax^2+bx+c\geq 0$의 해가 없을 때

모든 실수 x에 대하여

ax^2+bx+c ○ 0

➜ a ○ 0, D ○ 0

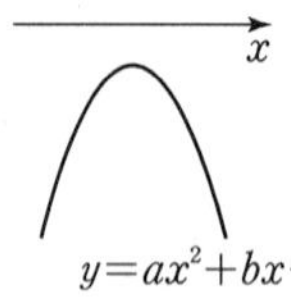

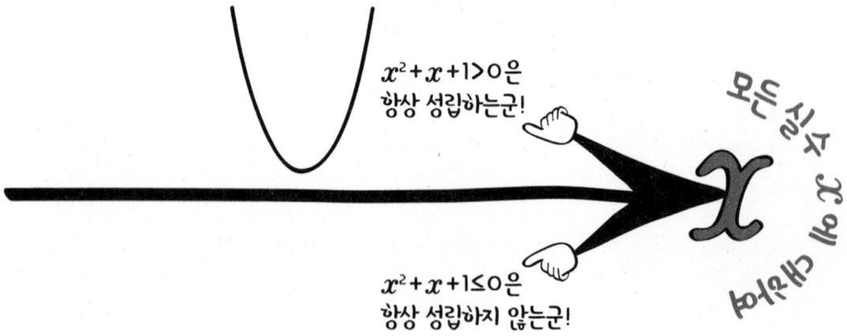

x²+x+1>0은 항상 성립하는군!
x²+x+1≤0은 항상 성립하지 않는군!
모든 실수 x에 대하여

1st 이차부등식의 해가 존재하지 않도록 하는 미지수의 값 또는 그 범위

● 주어진 이차부등식의 해가 없을 때, 다음 ○ 안에 알맞은 부등호를 써넣고, 물음에 답하시오.

반대의 경우가 성립할 조건을 생각한다.

1 $x^2-6x+k\leq 0$ (단, k는 실수)

(1) 모든 실수 x에 대하여 이차부등식 x^2-6x+k ○ 0이 성립한다는 뜻이다.

(2) 이차방정식 $x^2-6x+k=0$의 판별식 D를 이용하여 k의 값 또는 k의 값의 범위를 구하시오.

➜ 이차항의 계수가 □ 수인 이차부등식 □ 이 모든 실수 x에 대하여 성립하려면 D ○ 0이어야 하므로

$\frac{D}{4}=$ □ $-k$ ○ 0

따라서 $k>$ □

2 $3x^2-2x+k<0$ (단, k는 실수)

(1) 모든 실수 x에 대하여 이차부등식 $3x^2-2x+k$ ○ 0이 성립한다는 뜻이다.

(2) 이차방정식 $3x^2-2x+k=0$의 판별식 D를 이용하여 k의 값 또는 k의 값의 범위를 구하시오.

3 $-2x^2+5x+k>0$ (단, k는 실수)

(1) 모든 실수 x에 대하여 이차부등식 $-2x^2+5x+k$ ○ 0이 성립한다는 뜻이다.

(2) 이차방정식 $-2x^2+5x+k=0$의 판별식 D를 이용하여 k의 값 또는 k의 값의 범위를 구하시오.

● 다음 이차부등식의 해가 없을 때, 실수 k의 값 또는 k의 값의 범위를 구하시오.

4 $x^2+2x+2k+3\le 0$

반대의 경우가 성립할 조건을 생각해!

5 $-2x^2-6x+k>0$

6 $-x^2+2(k-2)x+4k-5\ge 0$

이차부등식이라는 조건이 있으므로 x^2의 계수가 0이 아님을 기억한다.

7 $kx^2+4kx+8<0$

➜ 이 이차부등식의 해가 없으므로 모든 실수 x에 대하여 이차부등식

$kx^2+4kx+8$ ◯ 0이 성립한다.

이차부등식 $kx^2+4kx+8$ ◯ 0이 항상 성립하려면

k ◯ 0 …… ㉠

이차방정식 $kx^2+4kx+8=0$의 판별식을 D라 할 때

D ◯ 0이어야 하므로

$\frac{D}{4}=(2k)^2-8k$ ◯ 0, $4k(k-2)$ ◯ 0

따라서 □ $\le k\le$ □

이때 ㉠에서 k ◯ 0이므로 구하는 k의 값의 범위는

□ $<k\le$ □

8 $2kx^2+kx+1<0$

9 $kx^2-(k-3)x-3>0$

● 다음 부등식의 해가 없을 때, 실수 k의 값 또는 k의 값의 범위를 구하시오.

'부등식'은 이차부등식이 아닐 수도 있음에 주의한다.

10 $kx^2-kx-2\ge 0$

➜ 이 부등식의 해가 없으므로 모든 실수 x에 대하여

kx^2-kx-2 ◯ 0 …… ㉠

이 성립한다.

(i) $k=0$일 때 ← 이차부등식이 아닐 때

㉠에서 (좌변) = □ <0이므로 부등식 ㉠은 모든 실수 x에 대하여 성립한다.

(ii) $k\ne 0$일 때 ← 이차부등식일 때

㉠이 항상 성립하려면 k ◯ 0 …… ㉡

이차방정식 $kx^2-kx-2=0$의 판별식을 D라 할 때

D ◯ 0이어야 하므로 □ $<k<$ □ …… ㉢

따라서 ㉡, ㉢의 의하여

□ $<k<$ □

(i), (ii)에서 구하는 k의 값의 범위는

□ $<k\le$ □

11 $(k-1)x^2+2(k-1)x-1\ge 0$

12 $(k+2)x^2-2kx-4x+3<0$

내가 발견한 개념 이차부등식의 해가 존재하지 않을 조건은?

- $f(x)>0$의 해가 없다.
  ➜ 모든 실수 x에 대하여 $f(x)$ ◯ 0이 성립한다.
- $f(x)\ge 0$의 해가 없다.
  ➜ 모든 실수 x에 대하여 $f(x)$ ◯ 0이 성립한다.
- $f(x)<0$의 해가 없다.
  ➜ 모든 실수 x에 대하여 $f(x)$ ◯ 0이 성립한다.
- $f(x)\le 0$의 해가 없다.
  ➜ 모든 실수 x에 대하여 $f(x)$ ◯ 0이 성립한다.

06

관계를 알면 보이는!

두 함수의 그래프와 부등식의 해

두 이차함수 $y=f(x)$, $y=g(x)$ 의 그래프에서

$f(x)>g(x)$일 때

부등식의 해는?

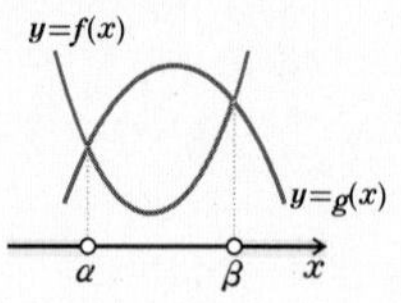

$x<\alpha$ 또는 $x>\beta$

$f(x)<g(x)$일 때

부등식의 해는?

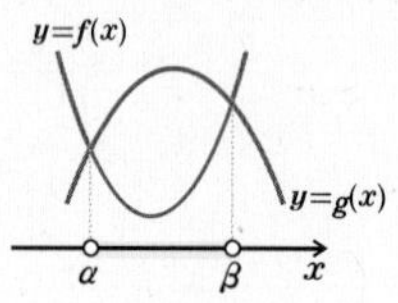

$\alpha<x<\beta$

이차함수 $y=f(x)$의 그래프와 직선 $y=g(x)$의 위치 관계에 따른 이차부등식의 해는?

두 그래프의 위치 관계	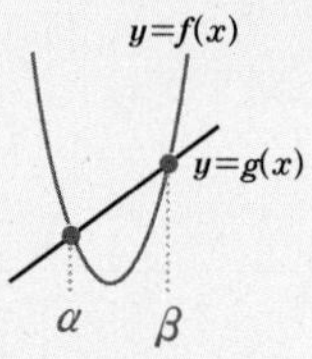	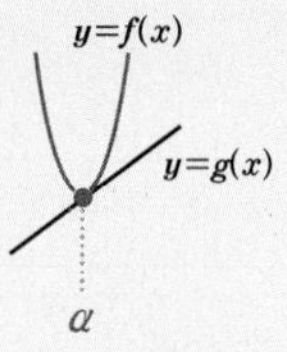	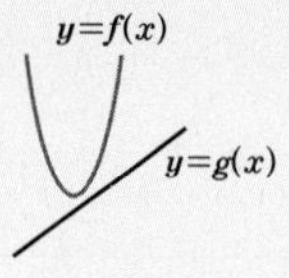
$f(x)>g(x)$의 해	$x<\alpha$ 또는 $x>\beta$	$x\neq\alpha$인 모든 실수	모든 실수
$f(x)\geq g(x)$의 해	$x\leq\alpha$ 또는 $x\geq\beta$	모든 실수	모든 실수
$f(x)<g(x)$의 해	$\alpha<x<\beta$	해가 없다.	해가 없다.
$f(x)\leq g(x)$의 해	$\alpha\leq x\leq\beta$	$x=\alpha$	해가 없다.
이차방정식 $f(x)=g(x)$의 판별식 D의 부호	$D>0$	$D=0$	$D<0$

※ α, β는 $\alpha<\beta$이고, 두 그래프의 교점의 x좌표이다.

1st 이차함수의 그래프와 직선

● 이차함수의 그래프와 직선이 다음 그림과 같을 때, 주어진 이차부등식의 해를 구하시오.

1

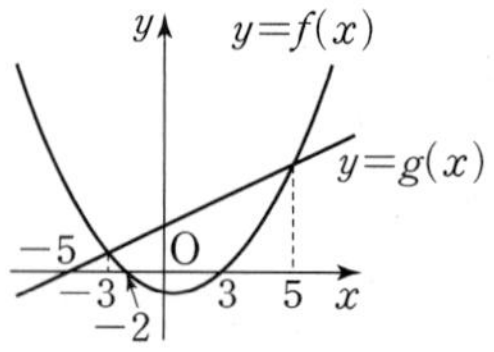

(1) $f(x)\leq 0$

(2) $f(x)<g(x)$

(3) $f(x)\geq g(x)$

(4) $f(x)-g(x)>0$

2

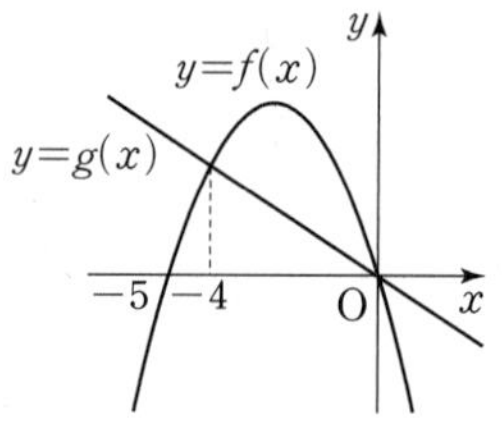

(1) $f(x)>0$

(2) $f(x)\leq g(x)$

(3) $f(x)>g(x)$

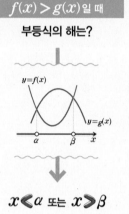

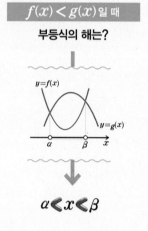

(4) $g(x)-f(x)\leq 0$

3

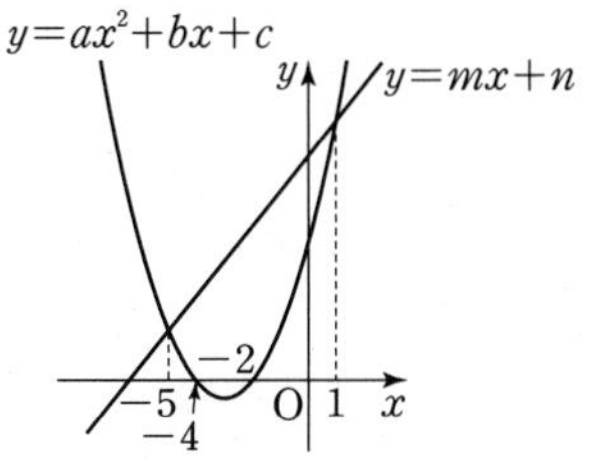

(1) $ax^2+bx+c\le0$

(2) $ax^2+bx+c\ge mx+n$

(3) $ax^2+bx+c<mx+n$

(4) $ax^2+(b-m)x+c-n>0$

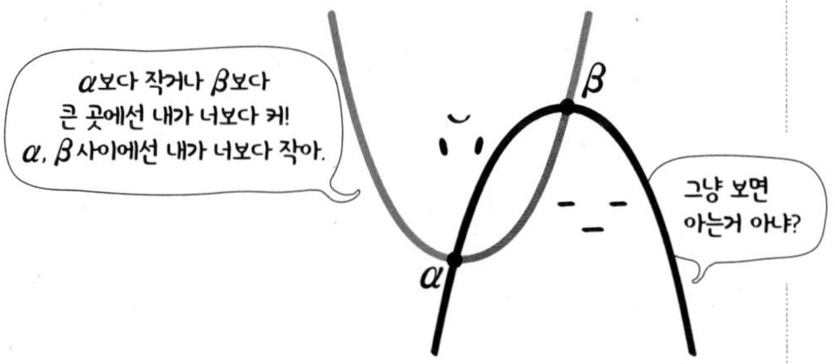

4

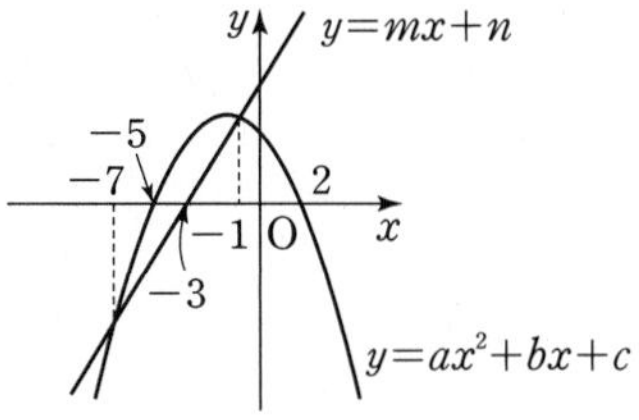

(1) $ax^2+bx+c\ge0$

(2) $ax^2+bx+c<mx+n$

(3) $ax^2+bx+c>mx+n$

(4) $ax^2+(b-m)x+c-n\le0$

2nd 두 이차함수의 그래프

● **두 이차함수 $y=f(x)$, $y=g(x)$의 그래프가 다음 그림과 같을 때, 주어진 부등식의 해를 구하시오.**

5

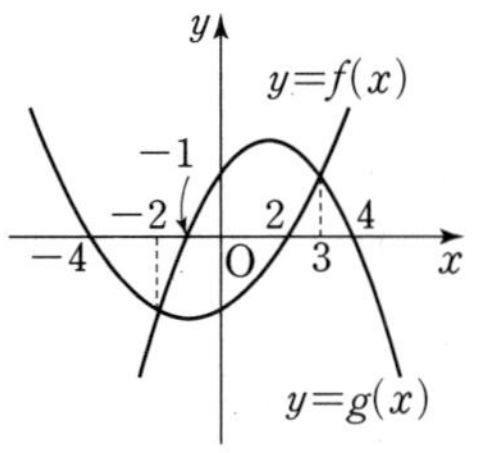

그래프에서 $f(x)=g(x)$가 되는 x의 값부터 찾는다.

(1) $f(x)\le g(x)$

(2) $f(x)>g(x)$

(3) $f(x)-g(x)<0$

(4) $f(x)g(x)>0$

(i) (양수)×(양수)=(양수)에서 $f(x)>0$, $g(x)>0$
(ii) (음수)×(음수)=(양수)에서 $f(x)<0$, $g(x)<0$

(5) $f(x)g(x)<0$

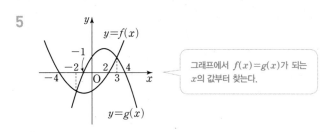

(i) (양수)×(음수)=(음수)에서 $f(x)>0$, $g(x)<0$
(ii) (음수)×(양수)=(음수)에서 $f(x)<0$, $g(x)>0$

6 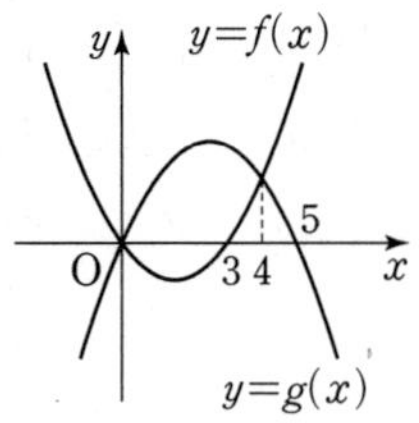

(1) $f(x) \geq g(x)$

(2) $f(x) < g(x)$

(3) $g(x) - f(x) < 0$

(4) $f(x)g(x) > 0$

(5) $f(x)g(x) < 0$

😊 내가 발견한 개념 　　　　이차부등식의 해는?

두 이차함수 $y=f(x)$, $y=g(x)$에 대하여

- 이차부등식 $f(x) < g(x)$의 해
  → 이차함수 $y=f(x)$의 그래프가 이차함수 $y=g(x)$의 그래프보다 ☐쪽에 있는 x의 값의 범위
- 이차부등식 $f(x) > g(x)$의 해
  → 이차함수 $y=f(x)$의 그래프가 이차함수 $y=g(x)$의 그래프보다 ☐쪽에 있는 x의 값의 범위

3rd 두 함수의 그래프의 위치 관계를 만족시키는 x의 값의 범위

● 다음을 구하시오.

7 이차함수 $y=x^2+4x-3$의 그래프가 직선 $y=2x+5$보다 위쪽에 있는 부분의 x의 값의 범위

→ 이차함수의 그래프가 직선보다 위쪽에 있으므로

x^2+4x-3 ◯ $2x+5$

즉 x^2+☐$x-$☐>0에서

$(x+4)(x-$☐$)>0$

따라서 $x<$☐ 또는 $x>$☐

8 이차함수 $y=2x^2+9x+3$의 그래프가 직선 $y=x-3$보다 아래쪽에 있는 부분의 x의 값의 범위

9 이차함수 $y=3x^2-7x+5$의 그래프가 이차함수 $y=x^2-2x+3$의 그래프보다 위쪽에 있는 부분의 x의 값의 범위

10 이차함수 $y=x^2-x+2$의 그래프가 이차함수 $y=-2x^2+7x-2$의 그래프보다 아래쪽에 있는 부분의 x의 값의 범위

4th 두 함수의 그래프의 위치 관계를 만족시키는 미지수의 값 또는 그 범위

● **다음을 구하시오.**

11 이차함수 $y=x^2-2x+a$의 그래프가 직선 $y=2x-1$보다 아래쪽에 있는 부분의 x의 값의 범위가 $1<x<3$일 때, 실수 a의 값

→ 이차함수의 그래프가 직선보다 아래쪽에 있으므로

x^2-2x+a ○ $2x-1$

즉 $x^2-4x+a+1$ ○ 0이고 이 이차부등식의 해가

$1<x<3$

한편 x^2의 계수가 1이고 해가 $1<x<3$인 이차부등식은

$(x-$ □ $)(x-3)$ ○ 0, 즉 x^2-4x+ □ <0

이 이차부등식이 $x^2-4x+a+1$ ○ 0과 일치하므로

$a+1=$ □

따라서 $a=$ □

12 이차함수 $y=2x^2+ax+4$의 그래프가 직선 $y=4x+b$보다 아래쪽에 있는 부분의 x의 값의 범위가 $\frac{1}{2}<x<1$일 때, 실수 a, b에 대하여 $a+b$의 값

13 이차함수 $y=x^2+2x-3$의 그래프가 직선 $y=ax-1$보다 위쪽에 있는 부분의 x의 값의 범위가 $x<-1$ 또는 $x>b$일 때, 실수 a, b에 대하여 a^2+b^2의 값

14 이차함수 $y=3x^2+x+a$의 그래프가 이차함수 $y=2x^2-4x-1$보다 위쪽에 있는 부분의 x의 값의 범위가 $x<b$ 또는 $x>-2$일 때, 실수 a, b에 대하여 $a-b$의 값

15 이차함수 $y=x^2+2kx+4$의 그래프가 직선 $y=2x+3$보다 항상 위쪽에 있도록 하는 실수 k의 값 또는 k의 값의 범위

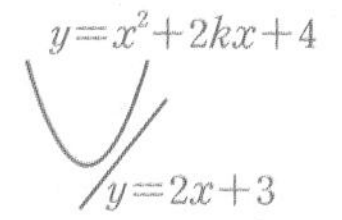

→ 이차방정식 $x^2+2kx+4=2x+3$의 판별식 D는 $D<0$

→ 이차함수의 그래프가 직선보다 항상 위쪽에 있으므로 부등식

$x^2+2kx+4$ ○ $2x+3$

즉 $x^2+2(k-1)x+1$ ○ 0

이 항상 성립해야 한다.

이차방정식 $x^2+2(k-1)x+1=0$의 판별식을 D라 하면

D ○ 0이어야 하므로 k의 값의 범위는

□ $<k<$ □

16 이차함수 $y=3x^2+4kx-5$의 그래프가 이차함수 $y=x^2+2x-7$의 그래프보다 항상 위쪽에 있도록 하는 실수 k의 값 또는 k의 값의 범위

17 이차함수 $y=-4x^2+2x+1$의 그래프가 직선 $y=kx+2$보다 항상 아래쪽에 있도록 하는 실수 k의 값 또는 k의 값의 범위

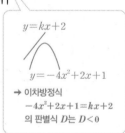

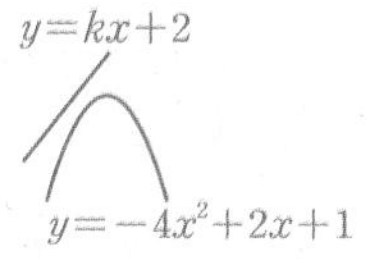

→ 이차방정식 $-4x^2+2x+1=kx+2$의 판별식 D는 $D<0$

18 이차함수 $y=-2x^2+4x-k$의 그래프가 직선 $y=2(k-1)x+k$보다 항상 아래쪽에 있도록 하는 실수 k의 값 또는 k의 값의 범위

TEST 개념 확인

03 해가 주어진 이차부등식의 작성

- 해가 $\alpha<x<\beta$이고 x^2의 계수가 1인 이차부등식
  → $(x-\alpha)(x-\beta)<0$, 즉 $x^2-(\alpha+\beta)x+\alpha\beta<0$
- 해가 $x<\alpha$ 또는 $x>\beta\ (\alpha<\beta)$이고 x^2의 계수가 1인 이차부등식
  → $(x-\alpha)(x-\beta)>0$, 즉 $x^2-(\alpha+\beta)x+\alpha\beta>0$

1 이차부등식 $ax^2+bx+6>0$의 해가 $-3<x<\frac{2}{3}$일 때, 실수 a, b에 대하여 $a-b$의 값은?

① -4　② -2　③ 4　④ 6　⑤ 10

2 이차부등식 $4x^2-4kx+3k\le 0$의 해가 $x=\frac{3}{2}$일 때, 실수 k의 값은?

① -2　② $-\frac{1}{2}$　③ $\frac{1}{2}$　④ 2　⑤ 3

3 이차부등식 $ax^2+bx+c<0$의 해가 $1<x<3$일 때, 이차부등식 $4cx^2+2ax+b\ge 0$의 해는?

① $-\frac{2}{3}\le x\le\frac{1}{2}$　② $x\le-\frac{2}{3}$ 또는 $x\ge\frac{1}{2}$
③ $-\frac{1}{2}\le x\le\frac{2}{3}$　④ $x\le\frac{1}{2}$ 또는 $x\ge\frac{2}{3}$
⑤ $\frac{1}{2}\le x\le\frac{2}{3}$

04 이차부등식이 항상 성립할 조건

- 이차방정식 $ax^2+bx+c=0$의 판별식을 D라 할 때, 모든 실수 x에 대하여 주어진 부등식이 성립할 조건
  ① $ax^2+bx+c>0$ → $a>0$, $D<0$
  ② $ax^2+bx+c\ge 0$ → $a>0$, $D\le 0$
  ③ $ax^2+bx+c<0$ → $a<0$, $D<0$
  ④ $ax^2+bx+c\le 0$ → $a<0$, $D\le 0$

4 이차부등식 $3x^2+2(k-1)x+k-1\ge 0$의 해가 모든 실수일 때, 실수 k의 값의 범위는?

① $-1\le k\le 4$　② $k\le -1$ 또는 $k\ge 4$
③ $1\le k\le 4$　④ $k\le 1$ 또는 $k\ge 4$
⑤ $1<k<4$

5 모든 실수 x에 대하여 이차부등식

$$kx^2-2kx-6x+k+2<0$$

이 성립하도록 하는 정수 k의 최댓값은?

① -3　② -2　③ -1　④ 0　⑤ 1

6 모든 실수 x에 대하여 부등식

$$(k+1)x^2-2(k+1)x+2>0$$

이 성립하도록 하는 정수 k의 개수를 구하시오.

05 이차부등식의 해가 존재하지 않을 조건

- 이차부등식의 해가 존재하지 않을 때는 반대의 경우가 항상 성립함을 이용한다.
- 이차방정식 $ax^2+bx+c=0$의 판별식을 D라 할 때, 주어진 부등식을 만족시키는 x가 존재하지 않을 조건
  ① $ax^2+bx+c>0$ ➜ $a<0$, $D\le 0$
  ② $ax^2+bx+c\ge 0$ ➜ $a<0$, $D<0$
  ③ $ax^2+bx+c<0$ ➜ $a>0$, $D\le 0$
  ④ $ax^2+bx+c\le 0$ ➜ $a>0$, $D<0$

7 이차부등식 $-x^2-6x+k-1\ge 0$의 해가 없도록 하는 정수 k의 최댓값은?

① -10　② -9　③ -8　④ -7　⑤ -6

8 이차부등식 $kx^2+kx+1<0$을 만족시키는 x의 값이 존재하지 않도록 하는 실수 k의 최댓값은?

① -4　② -2　③ 4　④ 6　⑤ 1

9 부등식 $kx^2-2kx+5<2x^2-4x+1$이 해를 갖지 않도록 하는 정수 k의 개수는?

① 2　② 3　③ 4　④ 5　⑤ 6

06 두 함수의 그래프와 부등식의 해

- 이차함수 $y=ax^2+bx+c$의 그래프가 직선 $y=mx+n$보다 위쪽에 있는 부분의 x의 값의 범위
  ➜ 이차부등식 $ax^2+bx+c>mx+n$의 해
- 이차함수 $y=ax^2+bx+c$의 그래프가 직선 $y=mx+n$보다 항상 위쪽에 있다.
  ➜ 모든 실수 x에 대하여 이차부등식
  $ax^2+bx+c>mx+n$, 즉 $ax^2+(b-m)x+c-n>0$
  이 성립한다.

10 이차함수 $y=-x^2+10x-8$의 그래프가 직선 $y=2x+7$보다 위쪽에 있는 부분의 x의 값의 범위는?

① $-5<x<3$　② $x<-5$ 또는 $x>3$　③ $-3<x<5$　④ $x<-3$ 또는 $x>5$　⑤ $3<x<5$

11 이차함수 $y=x^2+ax+b$의 그래프가 직선 $y=-x+5$보다 아래쪽에 있는 부분의 x의 값의 범위가 $2<x<4$일 때, 상수 a, b에 대하여 $b-a$의 값을 구하시오.

12 이차함수 $y=-x^2+2kx-1$의 그래프가 이차함수 $y=kx^2-2x+2$의 그래프보다 항상 아래쪽에 있을 때, 실수 k의 최솟값은?

① -4　② -2　③ -1　④ 1　⑤ 2

07

공통점을 찾아라!

연립이차부등식

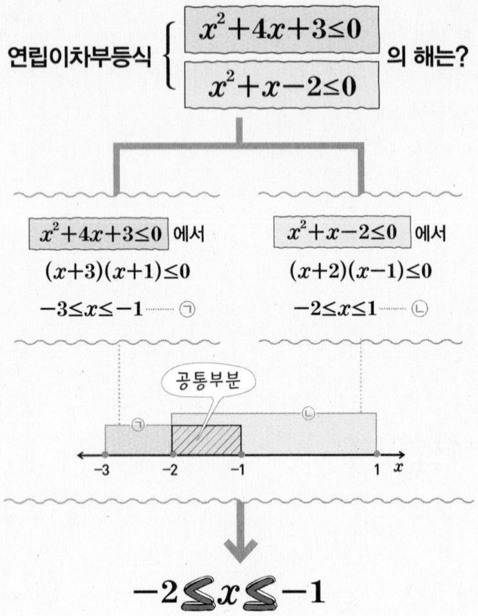

- **연립이차부등식:** 연립부등식에서 차수가 가장 높은 부등식이 이차부등식인 연립부등식
- **연립이차부등식의 풀이**
  (i) 연립부등식을 이루는 각 부등식의 해를 구한다.
  (ii) (i)에서 구한 각 부등식의 해를 수직선 위에 나타낸다.
  (iii) 공통부분을 찾아 주어진 연립부등식의 해를 구한다.

원리확인 □ 안에 알맞은 것을 써넣고, 각 부등식의 해를 수직선 위에 나타낸 후 공통부분을 찾아 색칠하여 연립이차부등식의 해를 구하시오.

$\begin{cases} x-1\ge0 & \rightarrow x\ge\square & \cdots\cdots ㉠ \\ (x+1)(x-3)\le0 & \rightarrow \square\le x\le\square & \cdots\cdots ㉡ \end{cases}$

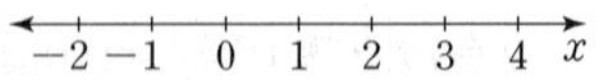

㉠, ㉡의 공통부분을 구하면 □

1st 연립이차부등식의 풀이

● 다음 연립부등식을 푸시오.

1 $\begin{cases} 2x-1>x+1 \\ x^2-4x+3\le0 \end{cases}$

→ $2x-1>x+1$에서 $x>\square$ ······ ㉠

$x^2-4x+3\le0$에서

$(x-\square)(x-\square)\le0$이므로

$\square\le x\le\square$ ······ ㉡

㉠, ㉡을 수직선 위에 나타내면

따라서 ㉠, ㉡의 공통부분은

□

2 $\begin{cases} 3x+3\le2(x+2) \\ x^2<x+2 \end{cases}$

3 $\begin{cases} 2(x-1)\ge4-x \\ x^2+2x\le3(x+2) \end{cases}$

4 $\begin{cases} \frac{3}{2}x+2\ge x+1 \\ 2x^2-x>x^2+2 \end{cases}$

5 $\begin{cases} 2(x+3)<4 \\ 5x\le x^2+6 \end{cases}$

6 $\begin{cases} 4x+1 \geq 2x-1 \\ 9x > 2(x^2+2) \end{cases}$

7 $\begin{cases} 3x+2 < 8 \\ \dfrac{x^2}{9}+1 < x-1 \end{cases}$

8 $\begin{cases} \dfrac{3}{2}x-1 \geq x+1 \\ x(x+3) \leq 2(x+1) \end{cases}$

9 $\begin{cases} x^2-4 \leq 0 \\ x^2-5x+4 < 0 \end{cases}$

→ $x^2-4 \leq 0$에서 $(x+2)($ $\square$ $) \leq 0$이므로

$\square \leq x \leq \square$ …… ㉠

$x^2-5x+4 < 0$에서 $(x-1)($ $\square$ $) < 0$이므로

$\square < x < \square$ …… ㉡

㉠, ㉡을 수직선 위에 나타내면

따라서 ㉠, ㉡의 공통부분은

$\square$

10 $\begin{cases} x^2-3x+2 \leq 0 \\ x^2+3x+2 > 0 \end{cases}$

11 $\begin{cases} x^2+x+3 < 4x+1 \\ x^2-3x+5 \leq 5(x-2) \end{cases}$

12 $\begin{cases} x^2 \leq x+2 \\ (x-3)(x-4) \leq x \end{cases}$

13 $\begin{cases} x(2x+1) < x^2+6 \\ (x-1)^2 \geq 9 \end{cases}$

우리 모두 가장 높은 부등식의 차수가 2이므로 연립이차부등식이야!

$\begin{cases} ax^2+bx+c>0 \\ mx+n<0 \end{cases}$ $\begin{cases} ax^2+bx+c>0 \\ a'x^2+b'x+c'<0 \end{cases}$

14 $\begin{cases} x^2 > x+6 \\ 2x^2+7x+3 \geq (x+2)(x+3) \end{cases}$

15 $\begin{cases} x^2+2 \geq 3x \\ (x+3)^2 > 1 \end{cases}$

● 다음 부등식을 푸시오.

16 $2\le x^2-x\le 6$

→ 주어진 부등식에서 $\begin{cases} 2\le x^2-x \\ \square \end{cases}$

$2\le x^2-x$에서 $x^2-x-2\ge 0$

$(x+1)(\square)\ge 0$이므로

$x\le\square$ 또는 $x\ge\square$ …… ㉠

$x^2-x\le 6$에서 $\square\le 0$

$(x+2)(\square)\le 0$이므로

$\square\le x\le 3$ …… ㉡

㉠, ㉡을 수직선 위에 나타내면

따라서 ㉠, ㉡의 공통부분은

$\square$ 또는 $\square$

17 $6\le x^2+x\le 5x$

18 $2x^2\le x^2-x+2<3x-1$

개념모음문제

19 연립부등식 $2x+1<x^2+3x-5\le x+10$을 만족시키는 정수 x의 최댓값을 M, 최솟값을 m이라 할 때, $M-m$의 값은?

① -6　② -4　③ -2
④ 4　⑤ 8

2nd — 연립부등식의 해를 이용하여 구하는 미지수의 값 또는 그 범위

20 다음은 연립부등식 $\begin{cases} (x+1)(x-3)\le 0 \\ (x-1)(x-k)\le 0 \end{cases}$의 해가 $1\le x\le 3$일 때, 실수 k의 값의 범위를 구하는 과정이다. □ 안에 알맞은 것을 써넣으시오.

$(x+1)(x-3)\le 0$에서 $\square\le x\le\square$ …… ㉠

$(x-1)(x-k)\le 0$에서

(i) $k<1$일 때, 해는 $\square\le x\le\square$이므로 연립부등식의 해의 조건을 만족시키지 않는다.

(ii) $k=1$일 때, 해는 $x=\square$이므로 연립부등식의 해의 조건을 만족시키지 않는다.

(iii) $k>1$일 때, 해는 $\square\le x\le\square$ …… ㉡

이때 연립부등식의 해가 $1\le x\le 3$이 되도록 두 부등식의 해를 수직선 위에 나타내면 다음 그림과 같다.

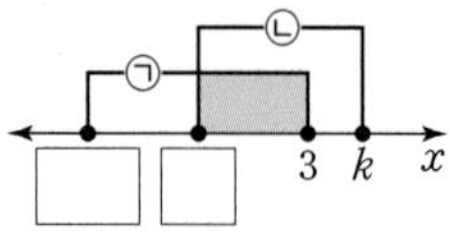

즉 $k\ge\square$

(i), (ii), (iii)에서 구하는 실수 k의 값의 범위는

$k\ge\square$

● 연립부등식과 그 해가 다음과 같을 때, 실수 k의 값 또는 k의 값의 범위를 구하시오.

21 연립부등식: $\begin{cases} x^2-5x+4\le 0 \\ x^2-(k+2)x+2k>0 \end{cases}$

해: $1\le x<2$

22 연립부등식: $\begin{cases} x^2+4x<2x+3 \\ 2x^2+x\ge x^2+kx+k \end{cases}$

해: $-1\le x<1$

k의 값의 범위에 경계가 되는 값이 포함되는지의 여부를 확인해야 해!

23 다음은 연립부등식 $\begin{cases} x^2-x-6\le0 \\ x^2-x+k>0 \end{cases}$의 해가

$-2\le x<-1$ 또는 $2<x\le3$일 때, 실수 k의 값을 구하는 과정이다. □ 안에 알맞은 것을 써넣으시오.

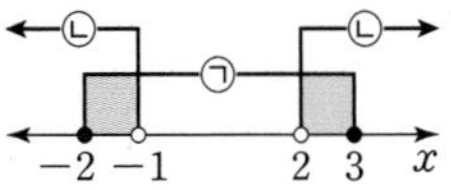

$x^2-x-6\le0$에서 $\square\le x\le\square$ …… ㉠

이때 주어진 연립부등식의 해가

$-2\le x<-1$ 또는 $2<x\le3$

이므로 이차부등식 $x^2-x+k>0$의 해는

$x<\square$ 또는 $x>\square$ …… ㉡

가 되어야 한다.

즉 x^2의 계수가 1이고 해가 ㉡과 같은 이차부등식은

$(x+1)(\square)>0$이므로

$\square>0$

따라서 이 이차부등식이 $x^2-x+k>0$과 일치해야 하므로

$k=\square$

● **연립부등식과 그 해가 다음과 같을 때, 실수 k의 값을 구하시오.**

24 연립부등식: $\begin{cases} x^2-6x+5<0 \\ x^2-6x+k\ge0 \end{cases}$

해: $1<x\le2$ 또는 $4\le x<5$

25 연립부등식: $\begin{cases} x(x-2)\le2x-3 \\ 2(x^2+x-1)\le x(3x+k) \end{cases}$

해: $x=1$ 또는 $2\le x\le3$

3rd 연립부등식의 해의 존재 여부를 이용하여 구하는 미지수의 값 또는 그 범위

26 다음은 연립부등식 $\begin{cases} x^2-x-6\le0 \\ k-x\ge0 \end{cases}$의 해가 존재하도록 하는 실수 k의 값의 범위를 구하는 과정이다. □ 안에 알맞은 것을 써넣으시오.

$x^2-x-6\le0$에서 $\square\le x\le\square$ …… ㉠

$k-x\ge0$에서 $x\le\square$ …… ㉡

주어진 연립부등식의 해가 존재하려면 ㉠, ㉡의 공통부분이 존재해야 하므로 ㉠, ㉡을 수직선 위에 나타내면 다음 그림과 같다.

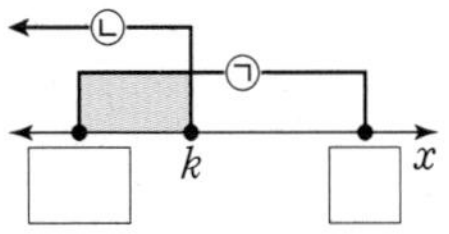

따라서 구하는 실수 k의 값의 범위는

$k\ge\square$

● **다음 연립부등식의 해가 존재하도록 하는 실수 k의 값의 범위를 구하시오.**

27 $\begin{cases} x^2-4x+3<0 \\ 2x+1>k \end{cases}$

28 $\begin{cases} x^2+x<2 \\ x^2-2x+k\ge k(x-1) \end{cases}$

k의 값의 범위에 따라 경우를 나누어 생각해 봐!

29 다음은 연립부등식 $\begin{cases} x^2-6x+8\le 0 \\ x^2-(k+5)x+5k\ge 0 \end{cases}$ 의 해가 존재하지 않도록 하는 실수 k의 값의 범위를 구하는 과정이다. □ 안에 알맞은 것을 써넣으시오.

(단, $k<5$)

$x^2-6x+8\le 0$에서

$\square \le x \le \square$ …… ㉠

$x^2-(k+5)x+5k\ge 0$에서

$(\square)(x-5)\ge 0$

이때 $k<5$이므로 이 부등식의 해는

$x\le\square$ 또는 $x\ge\square$ …… ㉡

주어진 연립부등식의 해가 존재하지 않으려면 ㉠, ㉡의 공통부분이 존재하지 않아야 하므로 ㉠, ㉡을 수직선 위에 나타내면 다음 그림과 같다.

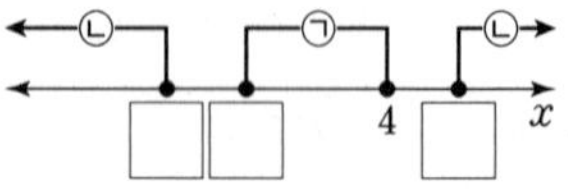

따라서 구하는 실수 k의 값의 범위는

$k<\square$

● **다음 연립부등식의 해가 존재하지 않도록 하는 실수 k의 값의 범위를 구하시오.**

30 $\begin{cases} x^2-x-2<0 \\ x^2-(2k+4)x+k(k+4)\ge 0 \end{cases}$

31 $\begin{cases} (x+2)(x-1)\ge 10 \\ x^2-(2k+1)x+k^2+k-2\le 0 \end{cases}$

4th 연립부등식의 정수해의 개수를 이용하여 구하는 미지수의 값 또는 그 범위

32 다음은 연립부등식 $\begin{cases} x^2-5x+4<0 \\ x^2+(1-k)x-k\le 0 \end{cases}$ 을 만족시키는 정수 x의 값이 2뿐일 때, 실수 k의 값의 범위를 구하는 과정이다. □ 안에 알맞은 것을 써넣으시오.

$x^2-5x+4<0$에서 $\square<x<\square$ …… ㉠

$x^2+(1-k)x-k\le 0$에서 $(x+1)(\square)\le 0$

(i) $k<-1$일 때, 이 부등식의 해는

$\square\le x\le\square$이므로 연립부등식의 해가 존재하지 않는다.

(ii) $k=-1$일 때, 이 부등식의 해는 $x=\square$이므로 연립부등식의 해가 존재하지 않는다.

(iii) $k>-1$일 때, 이 부등식의 해는

$\square\le x\le\square$ …… ㉡

연립부등식을 만족시키는 정수 x가 2만 존재하도록 ㉠, ㉡을 수직선 위에 나타내면 다음 그림과 같다.

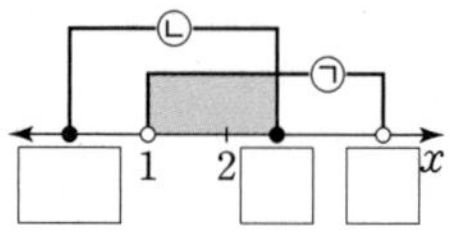

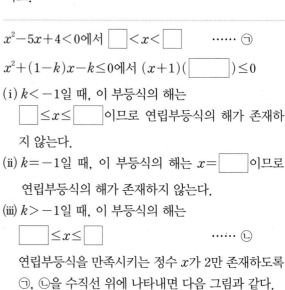

(i), (ii), (iii)에서 구하는 실수 k의 값의 범위는

$\square\le k<\square$

---

33 연립부등식 $\begin{cases} x^2\le x+2 \\ x^2-(k+4)x+4k<0 \end{cases}$ 을 만족시키는 정수 x의 값이 2뿐일 때, 실수 k의 값의 범위를 구하시오.

34 연립부등식 $\begin{cases} x(x-1)>x+3 \\ x^2-kx+k<x \end{cases}$ 을 만족시키는 정수 x의 값이 4뿐일 때, 실수 k의 값의 범위를 구하시오.

야! 부등식은 왜 한다 그랬지?
음… 변화를 나타내는 식의 범위 아해?

35 다음은 연립부등식 $\begin{cases} x^2-2x-8\le 0 \\ 2x+3>k \end{cases}$를 만족시키는 정수 x가 3개일 때, 실수 k의 값의 범위를 구하는 과정이다. □ 안에 알맞은 것을 써넣으시오.

$x^2-2x-8\le 0$에서 □$\le x\le$□ …… ㉠

$2x+3>k$에서 $x>$□ …… ㉡

이때 ㉠, ㉡의 공통부분에 속하는 정수 x가 3개가 되도록 ㉠, ㉡을 수직선 위에 나타내면 다음 그림과 같다.

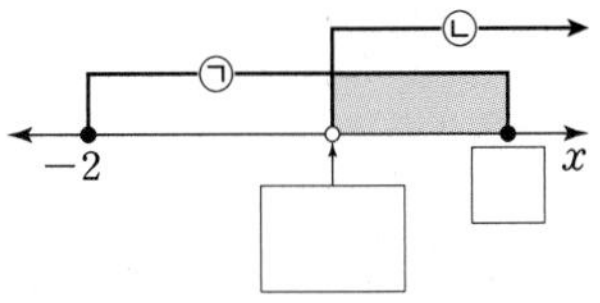

즉 연립부등식을 만족시키는 정수 x는 □, □, □의 3개이고 □$\le \frac{k-3}{2}<$□이어야 한다.

따라서 구하는 실수 k의 값의 범위는

□$\le k<$□

36 연립부등식 $\begin{cases} x^2+3x-2\le 2(x+1)(x-1) \\ x^2+2x<k(x+2) \end{cases}$를 만족시키는 정수 x가 4개 존재할 때, 실수 k의 값의 범위를 구하시오. (단, $k>-2$)

37 연립부등식 $\begin{cases} x(x-1)<2(x+2) \\ x^2+3x-2k\le k(x+1) \end{cases}$을 만족시키는 정수 x가 2개일 때, 실수 k의 값의 범위를 구하시오.

k의 값의 범위에 따라 경우를 나누어 생각해 봐!

38 다음은 연립부등식 $\begin{cases} x^2+4x+3\le 0 \\ x^2-(k+4)x+4k<0 \end{cases}$을 만족시키는 정수 x가 없을 때, 실수 k의 값의 범위를 구하는 과정이다. □ 안에 알맞은 것을 써넣으시오.

$x^2+4x+3\le 0$에서 □$\le x\le$□ …… ㉠

$x^2-(k+4)x+4k<0$에서

$(x-4)($□$)<0$

(i) $k<4$일 때, 이 부등식의 해는

□$<x<$□ …… ㉡

㉠, ㉡의 공통부분에 속하는 정수 x가 없도록 ㉠, ㉡을 수직선 위에 나타내면 다음 그림과 같다.

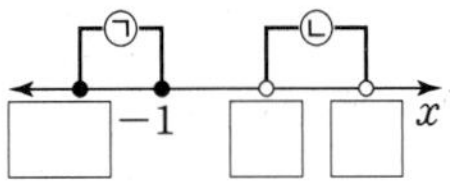

즉 $k\ge$□

(ii) $k=4$일 때, 이 부등식의 해는 □.

즉 연립부등식의 해가 존재하지 않는다.

(iii) $k>4$일 때, 이 부등식의 해는 □$<x<$□이므로 연립부등식의 해가 존재하지 않는다.

(i), (ii), (iii)에서 구하는 실수 k의 값의 범위는

$k\ge$□

39 연립부등식 $\begin{cases} x^2-6x+8<0 \\ x^2-(k+1)x+k>0 \end{cases}$을 만족시키는 정수 x가 존재하지 않도록 하는 실수 k의 값의 범위를 구하시오.

40 연립부등식 $\begin{cases} x^2-7x+10\le 0 \\ x^2-(k-3)x-3k\le 0 \end{cases}$을 만족시키는 정수 x가 없을 때, 실수 k의 값의 범위를 구하시오.

08 절대값 기호를 없애라!

절댓값 기호를 포함한 이차부등식의 풀이

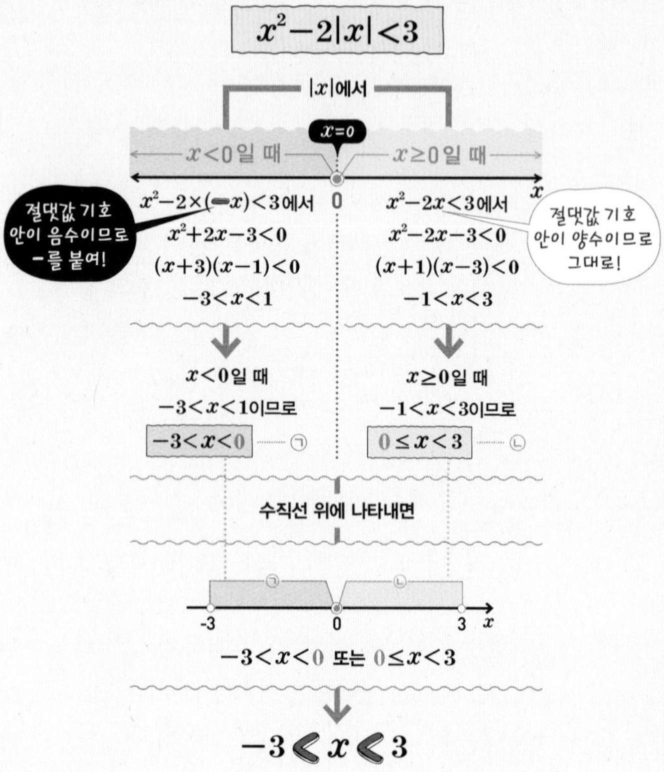

$x^2-2|x|<3$
$|x|$에서
$x=0$
$x<0$일 때
$x\geq0$일 때
$x^2-2\times(-x)<3$에서
$x^2+2x-3<0$
$(x+3)(x-1)<0$
$-3<x<1$
$x^2-2x<3$에서
$x^2-2x-3<0$
$(x+1)(x-3)<0$
$-1<x<3$
절댓값 기호 안이 음수이므로 −를 붙여!
절댓값 기호 안이 양수이므로 그대로!
$x<0$일 때
$-3<x<1$이므로
$-3<x<0$ ㉠
$x\geq0$일 때
$-1<x<3$이므로
$0\leq x<3$ ㉡
수직선 위에 나타내면
-3
0
3
x
$-3<x<0$ 또는 $0\leq x<3$
$-3<x<3$

• $|x-a|$ 꼴이 포함된 부등식

절댓값 안의 식의 값이 0이 되게 하는 x의 값을 기준으로 범위를 나누어 생각한다.

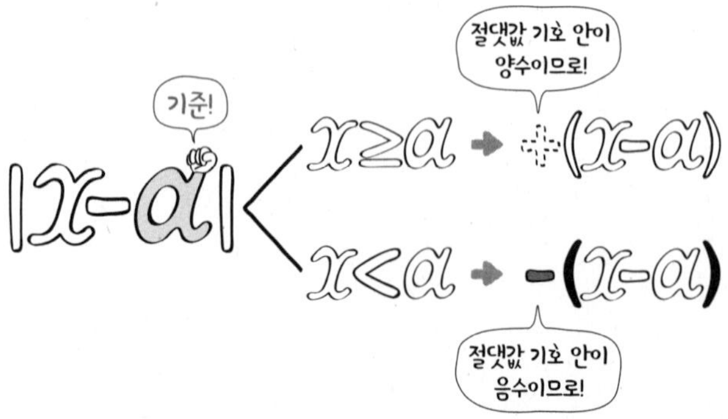

기준!
$|x-a|$
$x\geq a$ → $+(x-a)$
절댓값 기호 안이 양수이므로!
$x<a$ → $-(x-a)$
절댓값 기호 안이 음수이므로!

1st 절댓값 기호를 포함한 이차부등식의 풀이

● 다음 이차부등식을 푸시오.

1 $x^2+|x|-6<0$

→ (i) $x\geq$ ☐ 일 때, ☐ <0이므로

☐ $<x<$ ☐

이때 $x\geq$ ☐ 이므로 ☐

(ii) $x<$ ☐ 일 때, ☐ <0이므로

☐ $<x<$ ☐

이때 $x<$ ☐ 이므로 ☐

(i), (ii)에서

☐

2 $3x^2>|x|+2$

3 $x^2-|x-1|+1>0$

절댓값 기호 안의 식의 값이 0이 되게 하는 x의 값을 기준으로 범위를 나누어 푼다.

→ (i) $x\geq$ ☐ 일 때, ☐ >0

이 부등식은 모든 실수 x에 대하여 성립하므로

☐

(ii) $x<$ ☐ 일 때, ☐ >0이므로

$x<$ ☐ 또는 $x>0$

이때 $x<$ ☐ 이므로 $x<$ ☐ 또는 ☐

(i), (ii)에서

$x<$ ☐ 또는 $x>$ ☐

4 $x^2\leq|2x-3|$

2nd 절댓값 기호를 포함한 연립이차부등식의 풀이

● 다음 부등식을 푸시오.

5 $|x^2-2x|\le 3$

> $a>0$일 때
> ① $|x|<a \Longleftrightarrow -a<x<a$
> ② $|x|>a \Longleftrightarrow x<-a$ 또는 $x>a$

→ 주어진 부등식에서

$\square \le x^2-2x \le \square$

$\square \le x^2-2x$에서

$\square \ge 0$이므로

이 부등식의 해는 $\square$이다. …… ㉠

$x^2-2x\le \square$에서 $\square \le 0$이므로

$\square \le x \le \square$ …… ㉡

따라서 ㉠, ㉡의 공통부분은

$\square \le x \le \square$

6 $|2x^2-11x+6|\le 6$

7 $|x^2-4|<3x$

x의 값에 관계없이 $|x^2-4|\ge 0$이므로 $3x>0$임을 이용해!

8 $|x^2-3x|<3x-5$

● 다음 연립부등식을 푸시오.

9 $\begin{cases} |x-1|\le 3 \\ x^2-x-2>0 \end{cases}$

→ $|x-1|\le 3$에서 $\square \le x-1 \le \square$이므로

$\square \le x \le 4$ …… ㉠

$x^2-x-2>0$에서 $(x+1)(\square)>0$이므로

$x<\square$ 또는 $x>\square$ …… ㉡

따라서 ㉠, ㉡의 공통부분은

$\square \le x < \square$ 또는 $\square < x \le \square$

10 $\begin{cases} |2x+3|\le 7 \\ x^2-3x<18 \end{cases}$

11 $\begin{cases} x^2+2|x|-3<0 \\ 2x^2-9x+4\le 0 \end{cases}$

개념모음문제

12 연립부등식 $\begin{cases} |2x-1|\le 5 \\ 2x^2-9x-5<0 \end{cases}$을 만족시키는 정수 x의 개수는?

① 2 ② 3 ③ 4
④ 5 ⑤ 6

09

방정식 속에 숨은 부등식!

이차방정식의 근의 판별과 이차부등식

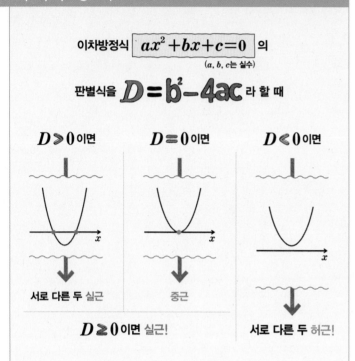

이차방정식 $ax^2+bx+c=0$ 의
(a, b, c는 실수)

판별식을 $D=b^2-4ac$ 라 할 때

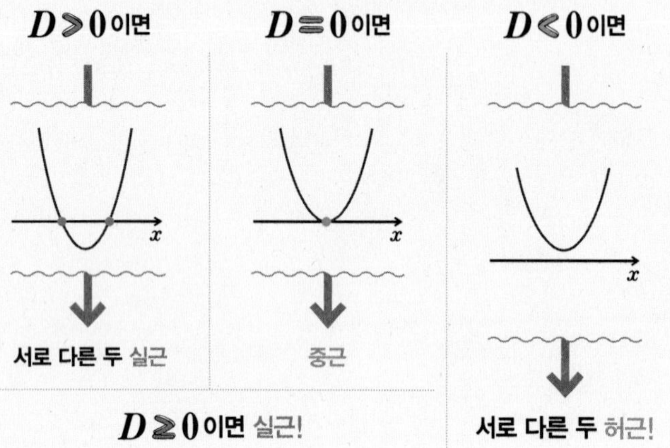

1st 이차방정식의 근의 판별을 이용하여 구하는 미지수의 값의 범위

● **다음을 만족시키는 실수 k의 값의 범위를 구하시오.**

1 이차방정식 $x^2+kx+4=0$이 서로 다른 두 실근을 갖는다.

→ 주어진 이차방정식의 판별식을 D라 하면 D ◯ 0이어야 하므로

$D=\square^2-4\times\square\times\square>0$

따라서 $k<\square$ 또는 $k>\square$

2 이차방정식 $x^2+(2k-1)x+1=0$이 서로 다른 두 실근을 갖는다.

3 이차방정식 $3x^2+2(k-1)x+k-1=0$이 서로 다른 두 허근을 갖는다.

4 이차방정식 $x^2+2kx+3k-2=0$이 실근을 갖는다.

서로 다른 두 실근 또는 중근을 갖는다.

5 이차방정식 $x^2+(k-1)x-k=0$이 서로 다른 두 실근을 갖는다.

6 이차방정식 $x^2+(k+2)x+2k+1=0$이 서로 다른 두 허근을 갖는다.

7 이차방정식 $x^2-2(k-3)x-k+3=0$이 실근을 갖는다.

8 이차방정식 $x^2-2kx+2(k+4)=0$은 서로 다른 두 실근, 이차방정식 $x^2+(k-1)x-(k-1)=0$은 서로 다른 두 허근을 갖는다.

→ 이차방정식 $x^2-2kx+2(k+4)=0$의 판별식을 D라 하면

$\frac{D}{4}=(-k)^2-2(k+4)$ ◯ 0이어야 하므로

$k<$ ☐ 또는 $k>$ ☐ ...... ㉠

이차방정식 $x^2+(k-1)x-(k-1)=0$의 판별식을 D'이라 하면

$D'=(k-1)^2-4\times1\times\{-(k-1)\}$ ◯ 0이어야 하므로

☐ $<k<$ ☐ ...... ㉡

따라서 ㉠, ㉡의 공통부분을 구하면

☐ $<k<$ ☐

9 이차방정식 $x^2+2(k-2)x+k^2=0$은 실근, 이차방정식 $x^2+2(k-1)x+1=0$은 서로 다른 두 허근을 갖는다.

10 x에 대한 두 이차방정식

$x^2+2(3k-1)x+2k(3k-1)=0$,

$x^2-2(k-2)x-4k+5=0$

이 모두 실근을 갖는다.

11 이차방정식 $kx^2+(k+1)x+2k-1=0$은 서로 다른 두 허근, 이차방정식 $x^2-2kx+4=0$은 서로 다른 두 실근을 갖는다.

12 x에 대한 두 이차방정식

$x^2+2(k-1)x+4=0$,

$x^2-2kx+2k(k-1)=0$

이 모두 서로 다른 두 허근을 갖는다.

$f(x)=x^2+2x+2$, $g(x)=x-1$이라 하면

그래프 를 이용

함수 $y=f(x)$의 그래프가 함수 $y=g(x)$의 그래프보다 위에 있으면 된다.

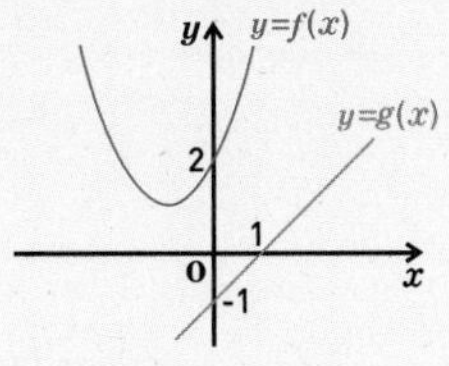

⟹ $f(x)>g(x)$

판별식 을 이용

$f(x)>g(x)$가 성립하면 된다.

즉 $x^2+2x+2>x-1$에서 $x^2+x+3>0$이어야 한다.

이차방정식 $x^2+x+3=0$의 판별식을 D라 하면

$D=1^2-4\times1\times3=-11<0$

이므로 $x^2+x+3>0$은 항상 성립한다.

⟹ $f(x)>g(x)$

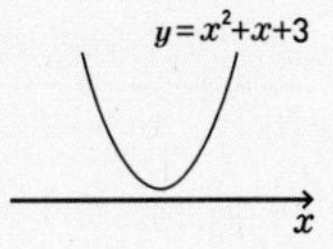

부등식 $x^2+2x+2>x-1$ 은 항상 참일까?

최솟값 을 이용

$f(x)>g(x)$에서 $f(x)-g(x)>0$이 성립하면 된다.

$h(x)=f(x)-g(x)$라 하면

$h(x)=x^2+x+3=\left(x+\frac{1}{2}\right)^2+\frac{11}{4}$이고

$x=-\frac{1}{2}$일 때 최솟값 $\frac{11}{4}$을 가지므로 항상 $h(x)>0$이다.

⟹ $f(x)>g(x)$

'미적분 Ⅰ'의 '미분'에서 배우게 될 거야.
미분을 알면 최솟값, 복잡한 부등식이 쉬울텐데.
토닥
토닥

10 방정식 속에 숨은 부등식!

이차방정식의 실근의 부호와 이차부등식

계수가 실수인 이차방정식 $ax^2+bx+c=0$ 의
두 실근을 α, β $(\alpha<\beta)$라 하고 판별식을 $D(=b^2-4ac)$라 하면

두 근이 모두 양수	두 근이 모두 음수	두 근이 서로 다른 부호
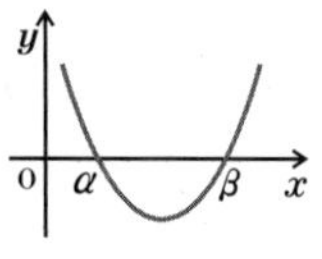	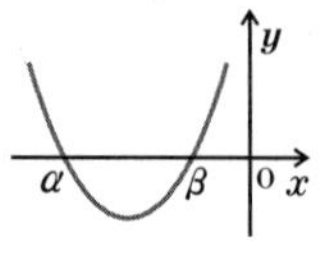	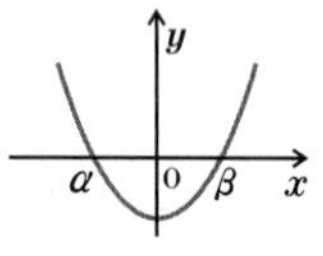

	두 근이 모두 양수	두 근이 모두 음수	두 근이 서로 다른 부호
D의 부호	$D\geq0$	$D\geq0$	
근과 계수의 관계 (두근의 합!)	$\overset{+}{\alpha}+\overset{+}{\beta}$, $-\dfrac{b}{a}>0$	$\overset{-}{\alpha}+\overset{-}{\beta}$, $-\dfrac{b}{a}<0$	
(두근의 곱!)	$\overset{+}{\alpha}\times\overset{+}{\beta}$, $\dfrac{c}{a}>0$	$\overset{-}{\alpha}\times\overset{-}{\beta}$, $\dfrac{c}{a}>0$	$\overset{-}{\alpha}\times\overset{+}{\beta}$, $\dfrac{c}{a}<0$

$D\geq0$ 이라는 조건이 꼭 필요할까?

$\alpha=1+i,\ \beta=1-i$일 때
α, β를 양수라 할 수 없지.
$\alpha+\beta=2>0$
$\alpha\times\beta=2>0$

$\alpha=-1+i,\ \beta=-1-i$일 때
α, β를 음수라 할 수 없지.
$\alpha+\beta=-2<0$
$\alpha\times\beta=2>0$

α, β는 허수이므로 양수, 음수인지 따질 수 없다.
따라서 이차방정식의 근의 부호는 실근인 경우만 생각할 수 있으므로 $D\geq0$이라는 조건이 있어야 한다.

$D>0$은?

$\alpha\times\beta=\dfrac{c}{a}<0$
⬇
$ac<0$
⬇
$D=b^2-4ac>0$
두 근의 부호가 서로 다를 때는 항상 $D>0$이므로 실근을 갖는 조건을 생략해도 된다.

참고 계수가 실수인 이차방정식의 두 근이 실수일 때, 직접 근을 구하지 않고 판별식과 근과 계수의 관계를 이용하여 실근의 부호를 판별할 수 있다.

1st 두 근이 모두 양수인 경우

1 다음은 이차방정식 $x^2+2(k+1)x+k+7=0$의 두 근이 모두 양수일 때, 실수 k의 값의 범위를 구하는 과정이다. 빈칸에 알맞은 것을 써넣으시오.

주어진 이차방정식의 두 근을 α, β라 하고 판별식을 D라 하자.

(i) α, β는 모두 양수이므로 주어진 이차방정식은 실근을 가져야 한다. 즉 D ◯ 0이어야 하므로

$\dfrac{D}{4}=(k+1)^2-(k+7)$ ◯ 0에서

$k\leq$ ☐ 또는 $k\geq$ ☐ …… ㉠

(ii) $\alpha>0$, $\beta>0$에서 $\alpha+\beta$ ◯ 0
이차방정식의 근과 계수의 관계에 의하여
$-2(k+1)>0$이므로
$k<$ ☐ …… ㉡

x^2의 계수가 1인 이차방정식 $x^2+bx+c=0$의 두 실근을 α, β라 하면 → $\alpha+\beta=-b$, $\alpha\beta=c$

(iii) $\alpha>0$, $\beta>0$에서 $\alpha\beta$ ◯ 0
이차방정식의 근과 계수의 관계에 의하여
$k+7>0$이므로
$k>$ ☐ …… ㉢

이때 ㉠, ㉡, ㉢을 수직선 위에 나타내면 다음 그림과 같다.

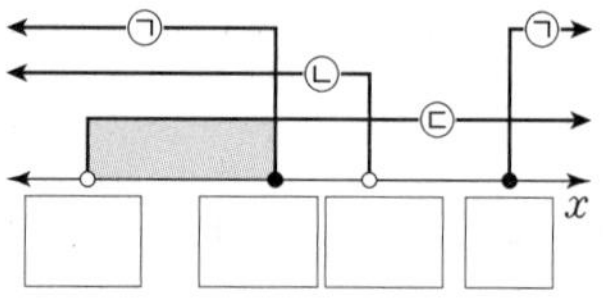

따라서 구하는 실수 k의 값의 범위는
☐ $<k\leq$ ☐

2 이차방정식 $x^2-2(k-2)x+k=0$의 두 근이 모두 양수일 때, 실수 k의 값의 범위를 구하시오.

2nd 두 근이 모두 음수인 경우

3 다음은 이차방정식 $x^2-2(k+1)x-k+5=0$의 두 근이 모두 음수일 때, 실수 k의 값의 범위를 구하는 과정이다. 빈칸에 알맞은 것을 써넣으시오.

주어진 이차방정식의 두 근을 α, β라 하고 판별식을 D라 하자.

(i) α, β는 모두 음수이므로 주어진 이차방정식은 실근을 가져야 한다. 즉 D ◯ 0이어야 하므로

$\frac{D}{4}=\{-(k+1)\}^2-(-k+5)$ ◯ 0에서

$k\leq$ □ 또는 $k\geq$ □ …… ㉠

(ii) $\alpha<0$, $\beta<0$에서 $\alpha+\beta$ ◯ 0

이차방정식의 근과 계수의 관계에 의하여

$2(k+1)<0$이므로

$k<$ □ …… ㉡

(iii) $\alpha<0$, $\beta<0$에서 $\alpha\beta$ ◯ 0

이차방정식의 근과 계수의 관계에 의하여

$-k+5>0$이므로

$k<$ □ …… ㉢

이때 ㉠, ㉡, ㉢을 수직선 위에 나타내면 다음 그림과 같다.

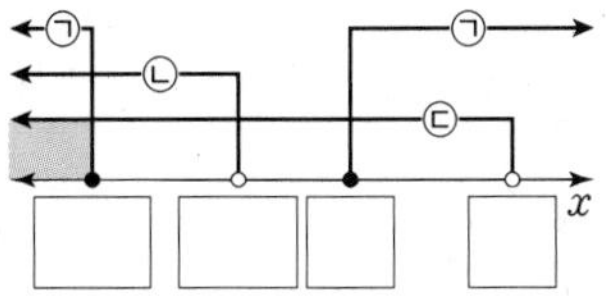

따라서 구하는 실수 k의 값의 범위는

$k\leq$ □

4 이차방정식 $x^2+2kx+k+2=0$의 두 근이 모두 음수일 때, 실수 k의 값의 범위를 구하시오.

3rd 두 근의 부호가 서로 다른 경우

5 이차방정식 $x^2-(k-2)x+k^2-4k+3=0$에 대하여 다음 물음에 답하시오.

(1) 두 근의 부호가 서로 다를 때, 실수 k의 값의 범위를 구하시오.

→ 두 근을 α, β라 할 때, $\alpha\beta$ ◯ 0이어야 하므로

k^2-4k+3 ◯ 0에서 □ $<k<$ □

(2) 두 근의 부호가 서로 다르고 두 근의 합은 양수일 때, 실수 k의 값의 범위를 구하시오.

→ (i) 두 근을 α, β라 할 때, (1)에 의하여 □ $<k<$ □

(ii) 두 근의 합은 양수이므로 $\alpha+\beta$ ◯ 0에서

$k-2$ ◯ 0, 즉 $k>$ □

(i), (ii)에서 실수 k의 값의 범위는 □ $<k<$ □

(3) 두 근의 부호가 서로 다르고 음수인 근의 절댓값이 양수인 근보다 클 때, 실수 k의 값의 범위를 구하시오.

→ (i) 두 근을 α, β라 할 때, (1)에 의하여 □ $<k<$ □

(ii) 음수인 근의 절댓값이 양수인 근보다 크므로 $\alpha+\beta$ ◯ 0이어야 한다. 즉 $k-2$ ◯ 0에서 $k<$ □

(i), (ii)에서 실수 k의 값의 범위는 □ $<k<$ □

6 이차방정식 $x^2+kx+k^2+k-6=0$의 두 근의 부호가 서로 다를 때, 실수 k의 값의 범위를 구하시오.

7 이차방정식 $x^2-(k+1)x+k^2-3k-10=0$의 두 근이 부호가 서로 다르고 양수인 근이 음수인 근의 절댓값보다 클 때, 실수 k의 값의 범위를 구하시오.

11

방정식 속에 숨은 부등식!

이차방정식의 근의 분리

이차방정식 $ax^2+bx+c=0$ 에서
두 실근 α, β 와 두 상수 p, q 사이의 대소 관계는?
(단, $a>0$, $\alpha<\beta$, $p<q$)

이차방정식 $ax^2+bx+c=0$의 판별식을 D라 하면
이차함수 $f(x)=ax^2+bx+c$의 그래프에서

	D의 부호	경계값의 부호	축의 위치 (꼭짓점 x의 좌표)
두 근이 모두 p보다 크다. 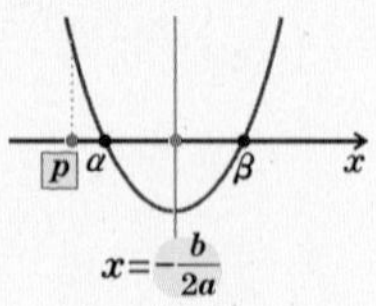	$D\geq 0$	$f(p)>0$	$-\frac{b}{2a}>p$
두 근이 모두 p보다 작다. 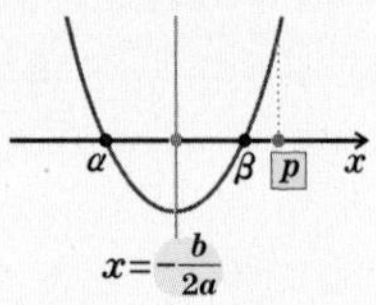	$D\geq 0$	$f(p)>0$	$-\frac{b}{2a}<p$
두 근 사이에 p가 있다. 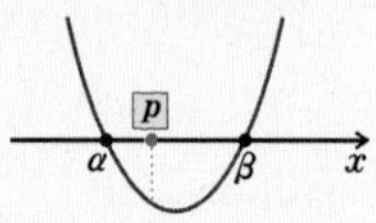		$f(p)<0$ (이 조건만으로도 두 근이 p의 좌우에서 x축과 만나!)	
두 근이 모두 p와 q 사이에 있다. 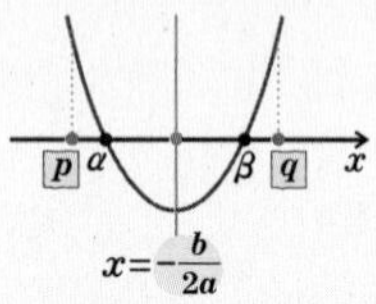	$D\geq 0$	$f(p)>0$, $f(q)>0$	$p<-\frac{b}{2a}<q$

참고 방정식의 근의 위치를 판별하기 위해 방정식의 실근과 어떤 실수와의 대소 관계의 조건을 따지는 것을 근의 분리라 한다.

축의 방정식이 $x=-\frac{b}{2a}$인 이유는?

이차함수 $y=ax^2+bx+c$를 $y=a(x-p)^2+q$의 꼴로 나타내면

$$\begin{aligned}y&=ax^2+bx+c\\&=a\left(x+\frac{b}{2a}\right)^2-\frac{b^2-4ac}{4a}\\&=a\left\{x-\left(-\frac{b}{2a}\right)\right\}^2-\frac{b^2-4ac}{4a}\end{aligned}$$

($-\frac{b}{2a}=p$, $-\frac{b^2-4ac}{4a}=q$)

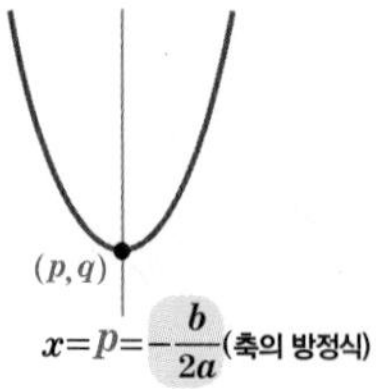

1st 두 근이 모두 어떤 값보다 큰(작은) 경우

1 다음은 이차방정식 $x^2-2kx+8k-12=0$의 두 근이 모두 2보다 클 때, 실수 k의 값의 범위를 구하는 과정이다. 빈칸에 알맞은 것을 써넣으시오.

$f(x)=x^2-2kx+8k-12$라 하면 조건을 만족시키는 이차함수 $y=f(x)$의 그래프의 개형은 오른쪽 그림과 같다.

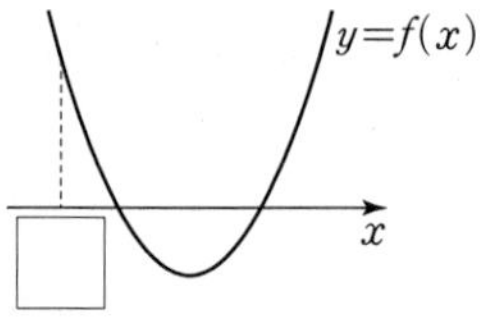

(i) **판별식 D의 부호**
이차방정식 $f(x)=0$의 판별식을 D라 하면
D ◯ 0이므로
$\frac{D}{4}=(-k)^2-(8k-12)$ ◯ 0에서
k ◯ 2 또는 k ◯ 6

(ii) **경계에서의 함숫값의 부호**
$f(2)>0$에서 $4-4k+8k-12$ ◯ 0이므로
k ◯ 2

(iii) **축의 위치**
$f(x)=x^2-2kx+8k-12$
$=(x-$ ☐ $)^2-$ ☐ $+8k-12$
에서 이차함수 $y=f(x)$의 그래프의 축의 방정식은
$x=$ ☐ 이므로
k ◯ 2

(i), (ii), (iii)에서 구하는 실수 k의 값의 범위는
☐

2 이차방정식 $x^2+2kx+2k=0$의 두 근이 모두 -1보다 클 때, 실수 k의 값의 범위를 구하시오.

3 이차방정식 $x^2-kx+k+3=0$의 두 근이 모두 3보다 작을 때, 실수 k의 값의 범위를 구하시오.

4 이차방정식 $x^2-2kx+4k+5=0$의 두 근이 모두 1보다 클 때, 실수 k의 값의 범위를 구하시오.

2nd 두 근 사이에 어떤 값이 있는 경우

5 다음은 이차방정식 $2x^2-kx+k^2-11=0$의 두 근 사이에 2가 있을 때, 실수 k의 값의 범위를 구하는 과정이다. 빈칸에 알맞은 것을 써넣으시오.

$f(x)=2x^2-kx+k^2-11$이라 하면 조건을 만족시키는 이차함수 $y=f(x)$의 그래프의 개형은 오른쪽과 같다.

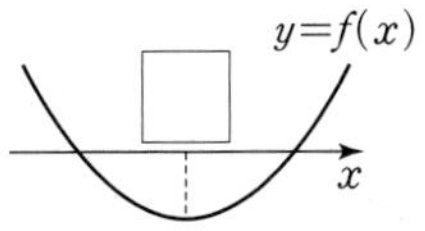

이때 $f(2)$ ○ 0이므로 구하는 실수 k의 값의 범위는

□ $<k<$ □

6 이차방정식 $x^2-k^2x+3(k-1)=0$의 두 근 사이에 3이 있을 때, 실수 k의 값의 범위를 구하시오.

3rd 두 근이 모두 어떤 두 수 사이에 있는 경우

7 다음은 이차방정식 $x^2-4kx+1=0$의 두 근이 모두 -1과 3 사이에 있을 때, 실수 k의 값의 범위를 구하는 과정이다. 빈칸에 알맞은 것을 써넣으시오.

$f(x)=x^2-4kx+1$이라 하면 조건을 만족시키는 이차함수 $y=f(x)$의 그래프의 개형은 오른쪽 그림과 같다.

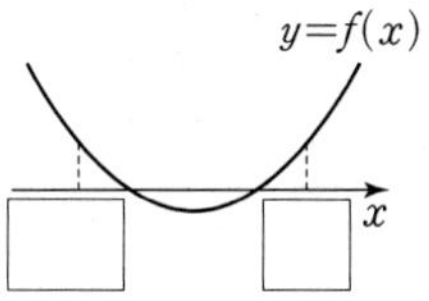

(i) **판별식 D의 부호**

이차방정식 $f(x)=0$의 판별식을 D라 하면

D ○ 0이므로

$\frac{D}{4}=$ □ -1 ○ 0에서

$k\le$ □ 또는 $k\ge$ □ …… ㉠

(ii) **경계에서의 함숫값의 부호**

$f(-1)$ ○ 0에서 $k>$ □ …… ㉡

$f(3)$ ○ 0에서 $k<$ □ …… ㉢

(iii) **축의 위치**

$f(x)=x^2-4kx+1=(x-$ □ $)^2-$ □ $+1$

에서 이차함수 $y=f(x)$의 그래프의 축의 방정식은 $x=$ □ 이므로 $-1<$ □ <3에서

□ $<k<$ □ …… ㉣

따라서 ㉠, ㉡, ㉢, ㉣의 공통부분을 구하면

□ $\le k<$ □

8 이차방정식 $x^2-4x-3k+2=0$의 두 근이 모두 1과 4 사이에 있을 때, 실수 k의 값의 범위를 구하시오.

TEST 개념 확인

07~08 여러 가지 연립이차부등식의 풀이

- 연립이차부등식의 풀이
  연립이차부등식을 이루는 각 부등식의 해를 구한 다음, 이들의 공통부분을 구한다.
- 절댓값 기호를 포함한 이차부등식의 풀이
  절댓값 기호 안의 식의 값이 0이 되게 하는 x의 값을 기준으로 범위를 나누어 생각한다.

1 연립이차부등식 $\begin{cases}(x+2)(x-4)\le 7\\ x(x-1)>2\end{cases}$를 만족시키는 정수 x의 개수는?

① 2 ② 3 ③ 5
④ 7 ⑤ 8

2 연립부등식 $\begin{cases}|x+2|\ge 2\\ x^2+x-6<0\end{cases}$을 풀면?

① $-3\le x<0$ ② $-3<x\le 0$
③ $0<x<2$ ④ $0\le x<2$
⑤ $0\le x\le 2$

3 연립부등식 $\begin{cases}x^2<2x+3\\ x^2-kx+k\le 2x-k\end{cases}$의 해가 $-1<x\le 2$일 때, 실수 k의 최댓값은?

① -2 ② -1 ③ 0
④ 1 ⑤ 2

4 연립부등식 $\begin{cases}(x+4)(x-2)\le x-6\\ x^2+k^2\ge 2kx+9\end{cases}$의 해가 존재하지 않도록 하는 모든 정수 k의 값의 합은?

① -2 ② -1 ③ 0
④ 1 ⑤ 2

5 연립부등식 $\begin{cases}x^2-x-2\le 0\\ x+2>k\end{cases}$을 만족시키는 정수 x가 2개 존재할 때, 실수 k의 값의 범위는?

① $1<k\le 2$ ② $1\le k<2$
③ $2<k\le 3$ ④ $2\le k<3$
⑤ $3<k\le 4$

09 이차방정식의 근의 판별과 이차부등식

- 계수가 실수인 이차방정식 $ax^2+bx+c=0$의 판별식을 D라 할 때
  ① 서로 다른 두 실근을 가지면 → $D>0$ ┐→ 실근
  ② 중근을 가지면 → $D=0$ ┘
  ③ 서로 다른 두 허근을 가지면 → $D<0$

6 다음 중 이차방정식 $x^2+(k-3)x+k-3=0$이 서로 다른 두 실근을 갖도록 하는 실수 k의 값이 될 수 있는 것을 모두 고르면? (정답 2개)

① 1 ② 3 ③ 5
④ 7 ⑤ 9

7 x에 대한 두 이차방정식

$$x^2-(k-2)x+4=0,\ x^2+(k-3)x+k=0$$

이 모두 서로 다른 두 허근을 갖도록 하는 정수 k의 개수를 구하시오.

10 이차방정식의 실근의 부호와 이차부등식

- 계수가 실수인 이차방정식 $ax^2+bx+c=0$의 판별식을 D라 할 때
  ① 두 근이 모두 양수일 조건 → $D\geq 0,\ -\frac{b}{a}>0,\ \frac{c}{a}>0$
  ② 두 근이 모두 음수일 조건 → $D\geq 0,\ -\frac{b}{a}<0,\ \frac{c}{a}>0$
  ③ 두 근이 서로 다른 부호일 조건 → $\frac{c}{a}<0$

8 x에 대한 이차방정식 $x^2-2(k-4)x+2k=0$의 두 근이 모두 음수일 때, 실수 k의 최댓값은?

① -1　② 0　③ 1
④ 2　⑤ 3

9 x에 대한 이차방정식

$$x^2-(k^2-6k+5)x-k+3=0$$

이 서로 다른 부호의 두 실근을 갖는다. 양수인 근이 음수인 근의 절댓값보다 작을 때, 실수 k의 값의 범위는?

① $1<k<3$　② $k<1$ 또는 $k>3$
③ $1<k<5$　④ $k<3$ 또는 $k<5$
⑤ $3<k<5$

11 이차방정식의 근의 분리

- 이차방정식 $ax^2+bx+c=0\ (a>0)$의 판별식을 D라 하고, $f(x)=ax^2+bx+c$라 할 때
  ① 두 근이 모두 p보다 크다. → $D\geq 0,\ f(p)>0,\ -\frac{b}{2a}>p$
  ② 두 근이 모두 p보다 작다. → $D\geq 0,\ f(p)>0,\ -\frac{b}{2a}<p$
  ③ 두 근이 사이에 p가 있다. → $f(p)<0$
  ④ 두 근이 p와 q 사이에 있다.
  → $D\geq 0,\ f(p)>0,\ f(q)>0,\ p<-\frac{b}{2a}<q$

10 x에 대한 이차방정식 $x^2-2kx+3k+4=0$의 두 근이 모두 2보다 크도록 하는 실수 k의 최솟값은?

① 2　② 3　③ 4
④ 5　⑤ 6

11 x에 대한 이차방정식 $x^2+4k^2x-3k^2-2=0$의 서로 다른 두 실근 사이에 1이 있도록 하는 실수 k의 값의 범위는 $\alpha<k<\beta$이다. $\alpha^2+\beta^2$의 값을 구하시오.

12 x에 대한 이차방정식

$$x^2-(k+2)x-k+1=0$$

이 $-1<x<2$에서 서로 다른 두 실근을 갖도록 하는 실수 k의 값의 범위는?

① $0<k<\frac{1}{3}$　② $0\leq k<\frac{1}{3}$
③ $0<k<3$　④ $0\leq k<3$
⑤ $k>3$

TEST 개념 발전

1 이차함수 $y=ax^2+bx+c$의 그래프와 직선 $y=mx+n$이 오른쪽 그림과 같을 때, x에 대한 이차부등식 $ax^2+(b-m)x+c-n>0$의 해는?

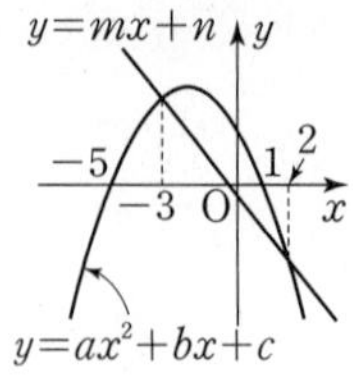

① $-5<x<2$ ② $x<-5$ 또는 $x>2$
③ $-3<x<2$ ④ $x<-3$ 또는 $x>1$
⑤ $1<x<2$

2 모든 실수에 대하여 항상 성립하는 이차부등식인 것만을 **보기**에서 있는 대로 고른 것은?

보기

ㄱ. $x^2+25+10x\ge 0$ ㄴ. $4x^2+20x+25\le 0$
ㄷ. $2x^2-8x+9<0$ ㄹ. $3x^2+x+1\ge 0$

① ㄱ, ㄴ ② ㄱ, ㄷ ③ ㄱ, ㄹ
④ ㄱ, ㄴ, ㄹ ⑤ ㄱ, ㄷ, ㄹ

3 부등식 $x^2-3x-3<3|x-1|$을 만족시키는 정수 x의 개수는?

① 4 ② 5 ③ 6
④ 7 ⑤ 8

4 이차부등식 $x^2+ax-3>0$의 해가

$x<-1$ 또는 $x>b$

일 때, 실수 a, b에 대하여 a^2+b^2의 값을 구하시오.
(단, $b>-1$)

5 이차부등식 $2x^2-8x+k<0$의 해가 존재하지 않도록 하는 정수 k의 최솟값은?

① 8 ② 9 ③ 10
④ 11 ⑤ 12

6 이차함수 $y=2x^2-3x+a$의 그래프에서 직선 $y=x+13$보다 아래쪽에 있는 부분의 x의 값의 범위가 $-3<x<b$일 때, $b-a$의 값은?
(단, a, b는 상수이다.)

① 19 ② 22 ③ 25
④ 28 ⑤ 31

7 이차함수 $y=x^2-2(2-k)x+k$의 그래프가 x축과 만나지 않도록 하는 모든 정수 k의 값의 합은?

① 3 ② 5 ③ 6
④ 9 ⑤ 10

8 가로, 세로의 길이가 각각 30 cm, 20 cm인 직사각형이 있다. 오른쪽 그림과 같이 가로의 길이를 x cm만큼 줄이고 세로의 길이를 $2x$ cm만큼 늘여서 만든 직사각형의 넓이가 782 cm^2 이상이 되도록 하는 x의 최댓값을 구하시오.

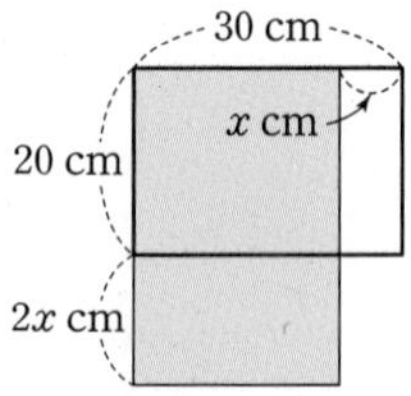

9 연립부등식 $\begin{cases} |2x-7|<4 \\ 3x^2-11x+6\le 0 \end{cases}$을 만족시키는 정수 x의 개수는?

① 0 ② 1 ③ 2
④ 3 ⑤ 4

10 연립부등식 $\begin{cases} (x+2)(x-2)\le x+8 \\ x^2-kx-k-1<0 \end{cases}$의 해가 $-1<x<4$일 때, 실수 k의 값은?

① 3 ② 4 ③ 5
④ 6 ⑤ 7

11 연립부등식 $\begin{cases} 2x^2<x^2+x+2 \\ x^2+3x-2k\le kx+k \end{cases}$의 해가 존재할 때, 정수 k의 최솟값은?

① -2 ② -1 ③ 0
④ 1 ⑤ 2

12 연립부등식 $\begin{cases} x^2-4x+3\le 0 \\ x^2-(k-1)x-k>0 \end{cases}$을 만족시키는 정수 x가 존재하지 않도록 하는 실수 k의 값의 범위는?

① $k\ge 3$ ② $k>3$ ③ $0\le k\le 3$
④ $k\le 3$ ⑤ $k<3$

13 부등식 $(k+1)x^2+2(k+1)x+3>0$이 모든 실수 x에 대하여 성립할 때, 실수 k의 값의 범위는?

① $-1<k<2$ ② $k<-1$ 또는 $k>2$
③ $-1\le k<2$ ④ $k\le -1$ 또는 $k>2$
⑤ $-1<k\le 2$

14 x에 대한 이차방정식

$$2x^2-(k^2+5k-6)x+k^2-4=0$$

의 두 근의 부호가 서로 다르고 절댓값이 같을 때, 실수 k의 값을 구하시오.

15 이차방정식 $x^2-2kx+6-k=0$의 두 근이 모두 -1보다 작을 때, 실수 k의 값의 범위는?

① $-7<k\le -3$ ② $-7<k\le -1$
③ $-3\le x<-1$ ④ $-1<x\le 2$
⑤ $1\le x\le 2$

문제를 보다!

x에 대한 연립부등식 [기출 변형]

$$\begin{cases} x^2-(a^2-2)x-2a^2<0 \\ x^2+(a-7)x-7a>0 \end{cases}$$

를 만족시키는 정수 x가 존재하지 않도록 하는

실수 a의 최댓값을 M이라 할 때, M^2 의 값은? (단, $a>0$) [4점]

① 6 ② 7 ③ 8 ④ 9 ⑤ 10

자, 잠깐만! 당황하지 말고
문제를 잘 보면 문제의 구성이 보여!
출제자가 이 문제를 왜 냈는지를 봐야지!

내가 아는 것①

연립부등식

$$\begin{cases} x^2-(a^2-2)x-2a^2<0 \\ x^2+(a-7)x-7a>0 \end{cases}$$

인수분해

내가 찾은 것 ❶

$$\begin{cases} (x-a^2)(x+2)<0 & \text{—— (1)} \\ (x+a)(x-7)>0 & \text{—— (2)} \end{cases}$$

내가 아는 것②

$a>0$

내가 찾은 것 ❷

(1) $y=(x-a^2)(x+2)$

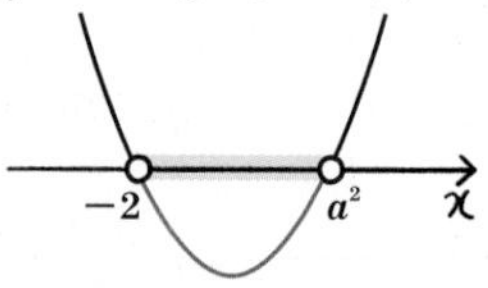

$y<0$ 이므로
$-2\leqslant x\leqslant a^2$

(2) $y=(x+a)(x-7)$

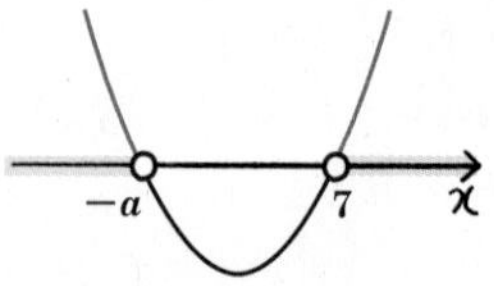

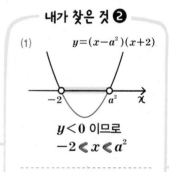

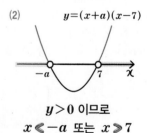

$y>0$ 이므로
$x\leqslant -a$ 또는 $x\geqslant 7$

이 문제는

이차함수의 그래프로 연립이차부등식의 해를 찾는 **문제야!**

연립이차부등식의 해는 어떻게 나타낼 수 있을까?

네가 알고 있는 것(주어진 조건)은 뭐야?

수직선에 나타내면

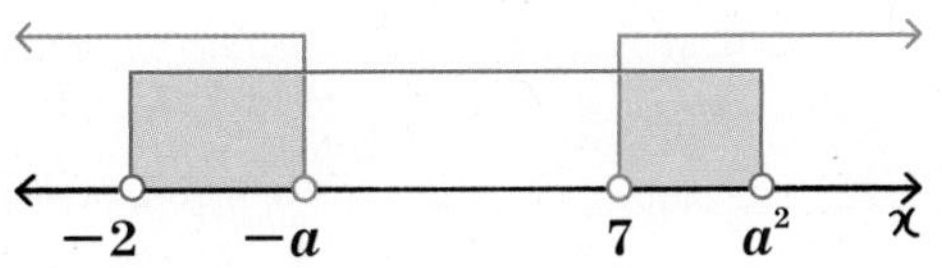

구해야 할 것!

정수해가 존재하지 않기 위한 조건

내게 더 필요한 것은?

정수해가 존재하지 않도록
수직선을 이용하여
연립부등식의 해를 조정하면 되는구나!

연립부등식 $\begin{cases} (x-a^2)(x+2) \le 0 & \cdots\cdots (1) \\ (x+a)(x-7) \ge 0 & \cdots\cdots (2) \end{cases}$

(단, $a>0$)

(1)

$x^2-(a^2-2)x-2a^2<0$

인수분해

$(x-a^2)(x+2)<0$

$a>0$에서 $a^2>0$

$-2 \le x \le a^2$ ⋯⋯ ㉠

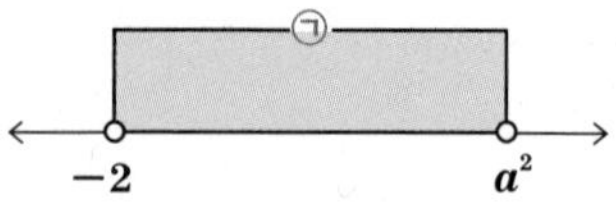

(2)

$x^2+(a-7)x-7a>0$

인수분해

$(x+a)(x-7)>0$

$a>0$에서 $-a<0$

$x \le -a$ 또는 $x \ge 7$ ⋯⋯ ㉡

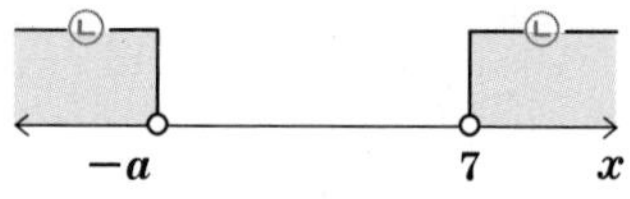

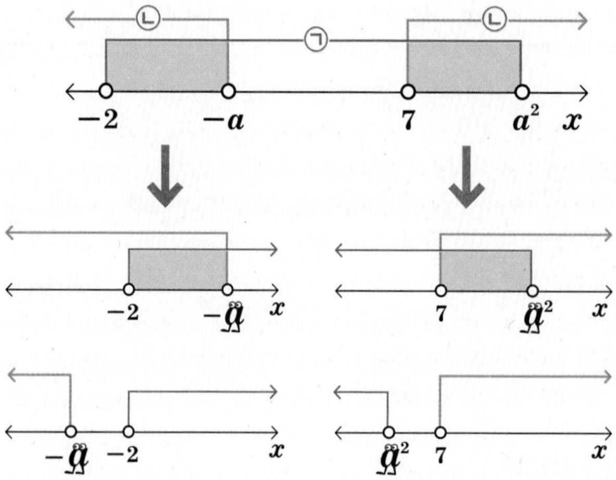

$\begin{cases} x>-2 \\ x<-a \end{cases}$ 에서 정수 x가

존재하지 않으려면

$-a \le -1$

즉 $a \ge 1$ ⋯⋯ ㉢

$\begin{cases} x>7 \\ x<a^2 \end{cases}$ 에서 정수 x가

존재하지 않으려면

$a^2 \le 8\ (a>0)$

즉 $0 < a \le 2\sqrt{2}$ ⋯⋯ ㉣

정수 x가 존재하지 않도록 하는

실수 a의 값의 범위는

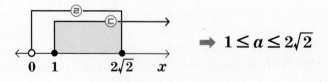

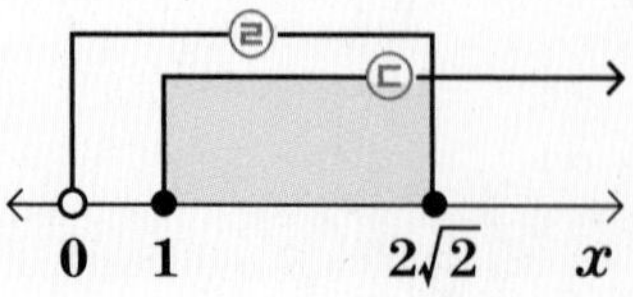

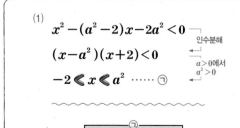

➡ $1 \le a \le 2\sqrt{2}$

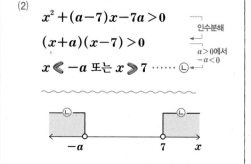

문제를 보라고 했지?
구하려는 것과 주어진 것,
그리고 더 필요한 것은?

0

x에 대한 연립부등식

$$\begin{cases} x^2-(a^2-3)x-3a^2<0 \\ x^2+(a-10)x-10a\geq 0 \end{cases}$$

를 만족시키는 정수 x가 존재하지 않도록 하는 실수 a의 값의 범위는? (단, $a>0$)

① $2<x<\sqrt{10}$　　② $2<x\leq\sqrt{10}$

③ $2\leq x\leq\sqrt{10}$　　④ $2<x<\sqrt{11}$

⑤ $2<x\leq\sqrt{11}$

만두 던져먹기 신공대회
변화에 대한 표현
다항식
부문
변화를 나타내는
식의 이해
방정식
부문
변화를 나타내는
식의 범위
부등식
부문
와!
오우!

만두가 올라간 높이는?
$-ax^2+bx$
만두가 앞으로 이동한 거리는 얼마?
$-ax^2+bx=0$
만두가 올라간 높이의 범위는?
$-ax^2+bx>0$
만두가 가장 높이 올라갔을 때, 만두가 앞으로 이동한 거리는?
$(-ax^2+bx)'=0$
'변화의 순간', 미분은 '미적분I'때 하죠? 네?

변화를 예측하다!

IV 경우의 수

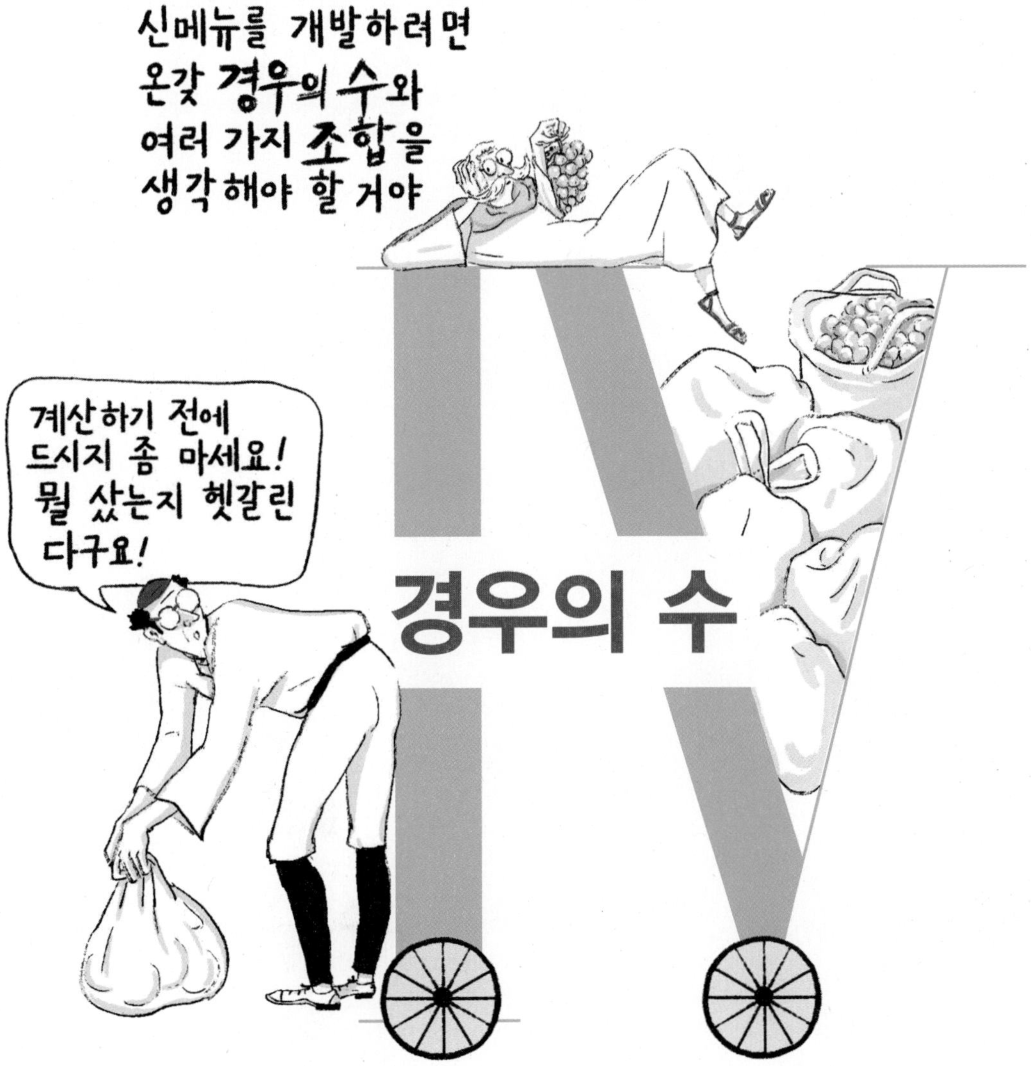
신메뉴를 개발하려면 온갖 경우의 수와 여러 가지 조합을 생각해야 할 거야
계산하기 전에 드시지 좀 마세요! 뭘 샀는지 헷갈린다구요!

10

선택 가능한 모든!
경우의 수

뭐하고 뭘 섞어야 맛있을까?
고기류
해산물
채소

경우의 수

01 사건과 경우의 수

경우의 수 단원은 중학교 때 학습했던 내용으로 동일한 조건에서 반복할 수 있는 실험이나 관찰의 결과를 사건이라 하고, 사건이 일어나는 경우의 가짓수를 경우의 수라 했어.
앞으로는 다양한 방법으로 경우의 수를 구해볼 거야!

어떤 일이 일어나는!

주사위를 던지면
어떤 일이 일어날까?
❶ 실험, 관찰
한 개의 주사위를 던진다.
❷ 사건
짝수의 눈이 나온다.
❸ 경우
짝수의 눈이 나오는
모든 경우
❹ 경우의 수
3
짝수의 눈이 나오는
모든 가짓수

합의 법칙

02 합의 법칙

두 사건 A, B에 대하여 사건 A가 일어나는 경우의 수가 m이고, 사건 B가 일어나는 경우의 수가 n이면 두 사건 A, B가 동시에 일어나지 않을 때, 사건 A 또는 사건 B가 일어나는 경우의 수는 $m+n$인 합의 법칙이 성립해! 합의 법칙이 사용되는 상황을 이해하고 이를 이용해 경우의 수를 구해보자!

동시에 일어나지 않는 두 사건!

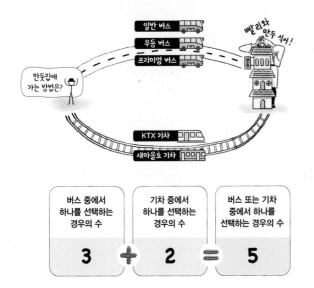

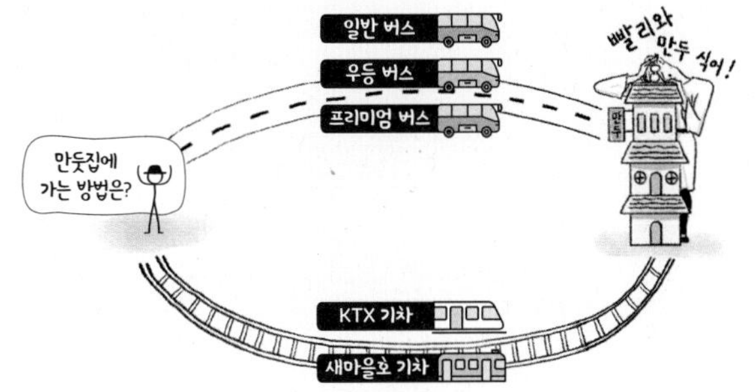

버스 중에서 하나를 선택하는 경우의 수		기차 중에서 하나를 선택하는 경우의 수		버스 또는 기차 중에서 하나를 선택하는 경우의 수
3	+	2	=	5

곱의 법칙

03 곱의 법칙

두 사건 A, B에 대하여 사건 A가 일어나는 경우의 수가 m이고 사건 B가 일어나는 경우의 수가 n이면 두 사건 A, B가 동시에 일어날 때, 사건 A와 사건 B가 잇달아 일어나는 경우의 수는 $m\times n$인 곱의 법칙이 성립해! 곱의 법칙이 사용되는 상황을 이해하고 이를 이용해 경우의 수를 구해보자!

동시에 또는 잇달아 일어나는 두 사건!

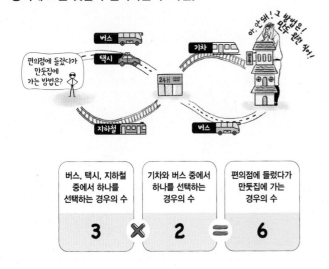

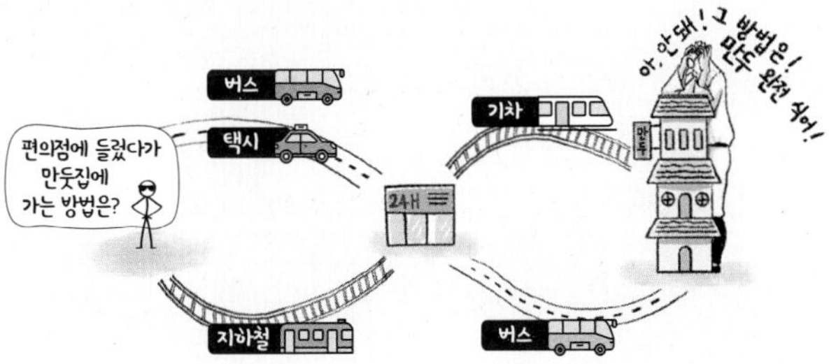

버스, 택시, 지하철 중에서 하나를 선택하는 경우의 수		기차와 버스 중에서 하나를 선택하는 경우의 수		편의점에 들렀다가 만둣집에 가는 경우의 수
3	×	2	=	6

여러 가지 경우의 수

04 여러 가지 경우의 수

이 단원에서는 여러 가지 경우의 수를 구하게 될 거야. 방정식과 부등식의 해의 개수, 전개식의 항의 개수, 약수의 개수, 색칠하는 경우의 수, 도로망에서의 경우의 수, 지불하는 경우의 수와 지불하는 금액의 수를 각각 구하는 연습을 하게 될거야.
중학교 때 배웠던 내용이니 너무 겁먹지 마~

어떤 일이 일어나는!

두 사건 A, B가 일어나는 경우의 수가 각각 m, n일 때

사건 A, B가 동시에 일어나지 않을 때 사건 A 또는 사건 B가 일어나는 경우의 수	사건 A에 잇달아 사건 B가 일어나는 경우의 수
합의 법칙	곱의 법칙
$m+n$	$m\times n$

01

어떤 일이 일어나는!

사건과 경우의 수

❶ 실험, 관찰

한 개의 주사위를 던진다.

❷ 사건

짝수의 눈이 나온다.

❸ 경우

짝수의 눈이 나오는 모든 경우

❹ 경우의 수

3

짝수의 눈이 나오는 모든 가짓수

경우의 수를 잘 세면 일어날 가능성을 계산할 수 있기 때문이야. 그러니 빠짐없이 잘 세는 것이 중요해!
경우의 수를 왜 셀까??

1st — 경우의 수

● 주어진 조건에 대하여 다음 사건이 일어나는 경우의 수를 구하시오.

1 한 개의 주사위를 던질 때

(1) 홀수의 눈이 나온다.

→ 홀수의 눈이 나오는 경우는 1, ☐, ☐이므로 경우의 수는 ☐이다.

(2) 3의 약수의 눈이 나온다.

(3) 소수의 눈이 나온다.

2 서로 다른 두 개의 주사위를 동시에 던질 때

(1) 나오는 눈의 수의 합이 6이다.

(2) 나오는 눈의 수의 합이 10이다.

(3) 나오는 눈의 수의 차가 3이다.

3 각 면에 1부터 12까지의 자연수가 각각 적힌 정십이면체 모양의 주사위 한 개를 던져 윗면에 적혀 있는 수를 읽을 때

(1) 짝수가 나온다.

(2) 5의 배수가 나온다.

(3) 12의 약수가 나온다.

● 다음을 구하시오.

4 어느 동아리 학생 26명 중에서 회장 1명을 뽑는 경우의 수

5 1부터 10까지의 자연수가 각각 적힌 10개의 공이 들어 있는 주머니에서 한 개의 공을 꺼낼 때, 8의 약수가 나오는 경우의 수

6 10부터 99까지의 두 자리 자연수가 각각 적힌 90장의 카드 중에서 한 장을 뽑을 때, 7의 배수가 나오는 경우의 수

7 서로 다른 동전 세 개를 동시에 던질 때, 앞면이 2개 나오는 경우의 수

동전 한 개를 한 번 던질 때 나오는 경우는 앞면, 뒷면의 2가지야!

2nd 수형도를 이용한 경우의 수

● 다음을 구하시오.

8 4개의 문자 A, A, B, B를 일렬로 나열하는 경우의 수

→ 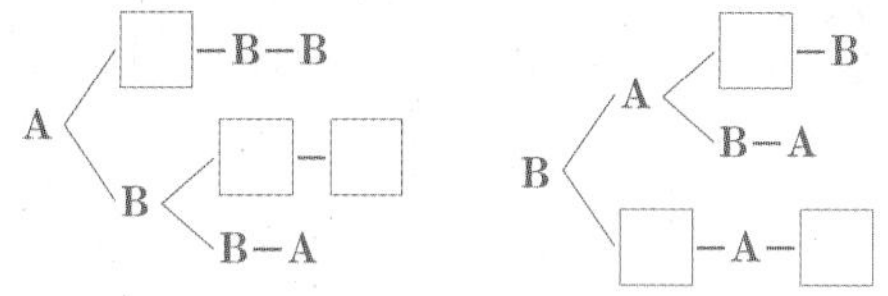

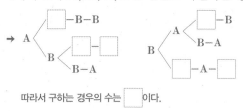

따라서 구하는 경우의 수는 ☐이다.

9 3개의 문자 A, A, B를 일렬로 나열하는 경우의 수

10 4개의 숫자 1, 1, 2, 3으로 만들 수 있는 네 자리 자연수의 개수

11 네 명의 학생 A, B, C, D의 이름이 각각 적힌 가방이 있을 때, 네 명 모두 자기 가방이 아닌 다른 학생의 가방을 메는 경우의 수

12 갑, 을, 병 세 명의 학생이 가위바위보를 할 때, 세 명이 모두 서로 다른 것을 내는 경우의 수

02

동시에 일어나지 않는 두 사건!

합의 법칙

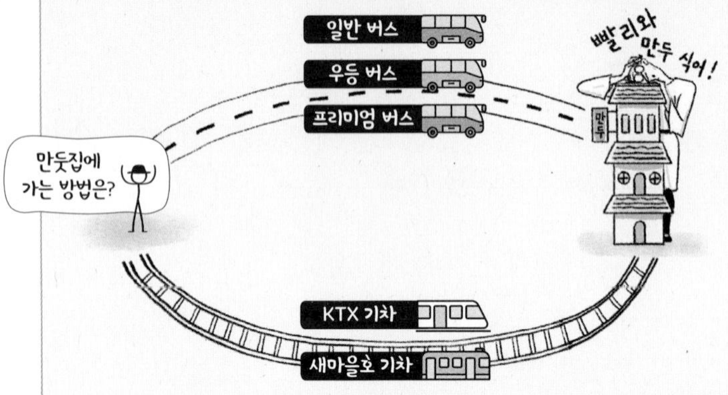

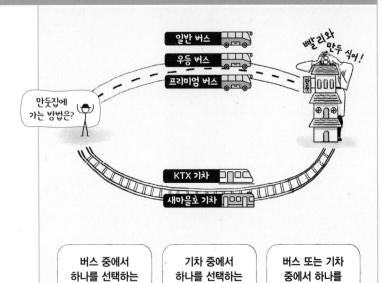

버스 중에서 하나를 선택하는 경우의 수		기차 중에서 하나를 선택하는 경우의 수		버스 또는 기차 중에서 하나를 선택하는 경우의 수
3	+	2	=	5

일반적으로 두 사건 A, B가 동시에 일어나지 않을 때,
사건 A가 일어나는 경우의 수를 m,
사건 B가 일어나는 경우의 수를 n이라 하면
사건 A 또는 사건 B가 일어나는 경우의 수는 $m+n$이다.

참고 ① 합의 법칙은 셋 이상의 사건에 대해서도 성립한다.
② 두 사건 A, B가 동시에 일어나는 경우의 수가 l이면 사건 A 또는 사건 B가 일어나는 경우의 수는 $m+n-l$

1st 합의 법칙을 이용하여 구하는 경우의 수

● 다음을 구하시오.

1 한 개의 주사위를 던질 때

(1) 2 이하 또는 5 이상의 눈이 나오는 경우의 수

→ 2 이하의 눈이 나오는 경우는 1, 2의 ☐가지
5 이상의 눈이 나오는 경우는 ☐, 6의 2가지
따라서 구하는 경우의 수는 ☐+2=☐

(2) 3의 약수 또는 2의 배수의 눈이 나오는 경우의 수

2 1부터 15까지의 자연수가 각각 적힌 15장의 카드에서 한 장의 카드를 뽑을 때

(1) 5의 약수 또는 7의 배수가 적힌 카드가 나오는 경우의 수

(2) 3의 배수 또는 8의 배수가 나오는 경우의 수

3 1부터 30까지의 자연수가 각각 적힌 30개의 공이 들어 있는 주머니에서 한 개의 공을 꺼낼 때

(1) 소수 또는 4의 배수가 적힌 공이 나오는 경우의 수

(2) 5의 배수 또는 9의 배수가 나오는 경우의 수

4 집에서 도서관까지 버스를 타고 가는 방법 6가지, 지하철을 타고 가는 방법 2가지가 있다. 집에서 도서관까지 버스 또는 지하철을 타고 가는 방법의 수

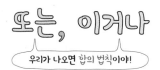

또는, 이거나

우리가 나오면 합의 법칙이야!

5 서로 다른 소설책 3권, 문제집 4권, 잡지 5권 중에서 한 권을 택하는 경우의 수

6 서로 다른 두 개의 주사위를 동시에 던질 때, 나오는 눈의 수의 합이 4 또는 9가 되는 경우의 수

7 한 개의 주사위를 두 번 던질 때, 나오는 눈의 수의 차가 2 또는 4인 경우의 수

내가 발견한 개념 — 사건 A 또는 사건 B가 일어나는 경우의 수는?

- 두 사건 A, B가 동시에 일어나지 않을 때, A, B가 일어나는 경우의 수를 각각 m, n이라 하면
  사건 A 또는 사건 B가 일어나는 경우의 수
  → m ◯ n

2nd 중복된 사건이 있을 때 합의 법칙을 이용하여 구하는 경우의 수

● 다음을 구하시오.

8 각 면에 1부터 20까지의 자연수가 각각 적힌 정이십면체 모양의 주사위를 한 번 던질 때, 바닥에 오는 면에 적힌 수가 3의 배수 또는 4의 배수인 경우의 수

→ 바닥에 오는 면에 적힌 수가

3의 배수인 경우는 3, 6, 9, 12, 15, 18의 □가지

4의 배수인 경우는 4, 8, 12, 16, 20의 5가지

3과 4의 공배수인 경우는 12의 □가지

따라서 구하는 경우의 수는 □+5−1=□

합의 법칙을 이용할 때는 중복되는 경우가 있는 지 확인한 후 중복되는 경우가 있으면 중복되는 경우를 빼야 한다.

9 오른쪽 그림과 같이 16등분한 원판의 각 면에 1부터 16까지의 자연수가 각각 적혀 있다. 원판을 돌려 멈춘 후 바늘이 가리키는 면에 적힌 수가 2의 배수 또는 5의 배수인 경우의 수

(단, 바늘이 경계선을 가리키는 경우는 없다.)

10 1부터 30까지의 자연수가 각각 적힌 30장의 카드 중에서 한 장을 뽑을 때, 8의 약수 또는 20의 약수가 적힌 카드가 나오는 경우의 수

03

동시에 또는 잇달아 일어나는 두 사건!

곱의 법칙

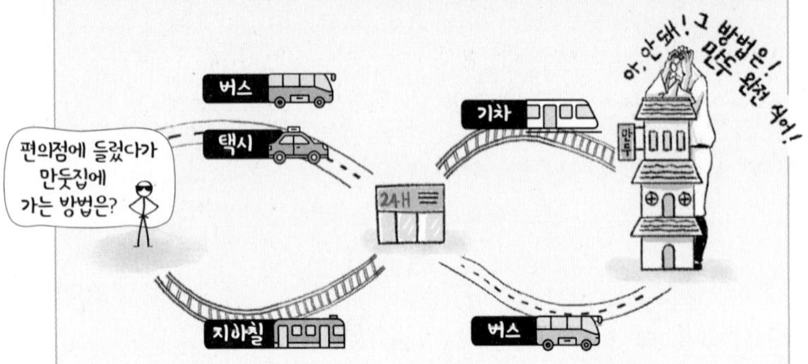

버스, 택시, 지하철 중에서 하나를 선택하는 경우의 수		기차와 버스 중에서 하나를 선택하는 경우의 수		편의점에 들렀다가 만둣집에 가는 경우의 수
3	×	2	=	6

일반적으로 두 사건 A, B에 대하여
사건 A가 일어나는 경우의 수가 m이고
그 각각에 대하여 사건 B가 일어나는 경우의 수가 n일 때,
두 사건 A, B가 동시에 일어나는 경우의 수는 $m \times n$이다.

참고 곱의 법칙은 잇달아 일어나는 셋 이상의 사건에 대해서도 성립한다.

1st — 곱의 법칙을 이용하여 구하는 경우의 수

● 다음을 구하시오.

1 두 자리 자연수 중에서 하나를 택할 때

(1) 십의 자리의 숫자는 짝수이고 일의 자리의 숫자는 소수인 경우의 수

→ 십의 자리가 될 수 있는 숫자는 2, 4, 6, 8의 ☐가지
일의 자리가 될 수 있는 숫자는 2, 3, 5, 7의 ☐가지
따라서 구하는 경우의 수는 ☐×☐=☐

(2) 십의 자리의 숫자는 홀수이고 일의 자리의 숫자는 3의 배수인 경우의 수

2 서로 다른 동전 두 개와 주사위 한 개를 던질 때

(1) 일어나는 모든 경우의 수

(2) 동전은 서로 같은 면이 나오고 주사위는 소수의 눈이 나오는 경우의 수

3 1부터 10까지의 자연수가 각각 적힌 10개의 카드에서 두 장의 카드를 뽑을 때

(1) 한 장은 3의 배수, 다른 한 장은 4의 배수가 적힌 카드가 나오는 경우의 수

(2) 한 장은 짝수, 다른 한 장은 홀수가 적힌 카드가 나오는 경우의 수

4 자음 ㄱ, ㄴ, ㄷ이 각각 하나씩 적힌 카드 3장과 모음 ㅏ, ㅜ가 각각 하나씩 적힌 카드 2장이 있다. 자음과 모음이 적힌 카드를 각각 한 장씩 뽑아 만들 수 있는 글자의 개수

동시에, 그리고, ~하고 나서

우리가 나오면 곱의 법칙이야!

5 남학생 5명, 여학생 6명으로 구성된 동아리에서 남학생 대표 1명과 여학생 대표 1명을 뽑는 경우의 수

6 한 개의 주사위를 두 번 던질 때, 첫 번째에는 짝수의 눈이, 두 번째에는 소수의 눈이 나오는 경우의 수

7 서로 다른 밥 5종류, 면 3종류, 음료수 2종류 중에서 각각 한 가지씩을 택하는 경우의 수

8 세 자리 자연수 중에서 백의 자리 숫자는 홀수, 십의 자리 숫자는 4의 배수, 일의 자리 숫자는 6의 약수인 경우의 수

9 깃발을 올리거나 내려서 신호를 만들 때, 서로 다른 깃발 3개로 만들 수 있는 신호의 개수
(단, 깃발을 모두 내리는 경우도 신호로 생각한다.)

10 전구를 켜거나 꺼서 신호를 만들 때, 빨강, 노랑, 파랑, 초록 네 가지 색 전구로 만들 수 있는 신호의 개수 (단, 전구가 모두 꺼진 경우도 신호로 생각한다.)

내가 발견한 개념 사건 A와 사건 B가 동시에 일어나는 경우의 수는?

- 두 사건 A, B가 일어나는 경우의 수가 각각 m, n일 때 사건 A와 사건 B가 동시에 일어나는 경우의 수
  → m ◯ n

일일이 세지 않아도 상황을 파악하면 계산할 수 있는

합의 법칙	곱의 법칙
두 사건 A, B가 동시에 일어나지 않을 때, 사건A 또는 사건 B가 일어나는 경우	두 사건 A, B가 동시에 일어나는 경우
(사건 A 경우의 수) + (사건 B 경우의 수)	(사건 A 경우의 수) × (사건 B 경우의 수)

04 **어떤 일이 일어나는!**

여러 가지 경우의 수

두 사건 A, B가 일어나는 경우의 수가 각각 m, n일 때

사건 A, B가 동시에 일어나지 않을 때 사건 A 또는 사건 B가 일어나는 경우의 수	사건 A에 잇달아 사건 B가 일어나는 경우의 수
합의 법칙	**곱의 법칙**
$m+n$	$m\times n$

1st 방정식의 해의 순서쌍의 개수

방정식이 참이 되는 순서쌍 (x, y)의 개수는?

$$ax+by=c$$

x, y 중 계수의 절댓값이 큰 문자에 수를 대입해서 순서쌍을 구하여 그 개수를 센다.

● 다음을 구하시오.

1 방정식 $3x+2y=13$을 만족시키는 자연수 x, y의 순서쌍 (x, y)의 개수

→ [방법1] x를 기준으로 구하기

$x=1$일 때, $3+2y=13$, $2y=10$이므로 $y=5$

$x=3$일 때, □$+2y=13$, $2y=$□이므로 $y=$□

따라서 자연수 x, y의 순서쌍 (x, y)의 개수는

$(1, 5)$, (□, □)의 □이다.

→ [방법2] y를 기준으로 구하기

$y=2$일 때, $3x+4=13$, $3x=9$이므로 $x=$□

$y=5$일 때, $3x+$□$=13$, $3x=$□이므로 $x=$□

따라서 자연수 x, y의 순서쌍 (x, y)의 개수는

(□, 2), (□, 5)의 □이다.

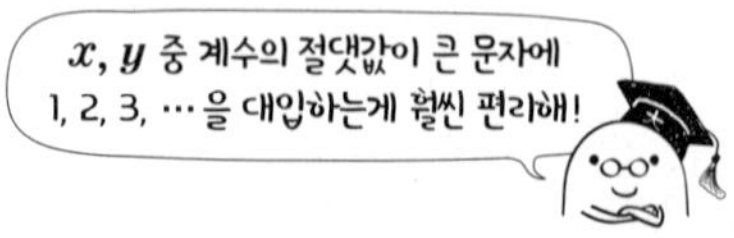

x, y 중 계수의 절댓값이 큰 문자에
1, 2, 3, …을 대입하는게 훨씬 편리해!

2 방정식 $x+4y=13$을 만족시키는 자연수 x, y의 순서쌍 (x, y)의 개수

3 방정식 $3x+y+2z=11$을 만족시키는 자연수 x, y, z의 순서쌍 (x, y, z)의 개수

4 방정식 $3x+y=9$를 만족시키는 음이 아닌 정수 x, y의 순서쌍 (x, y)의 개수

5 방정식 $2x+3y=12$를 만족시키는 음이 아닌 정수 x, y의 순서쌍 (x, y)의 개수

6 방정식 $x+y+2z=5$를 만족시키는 음이 아닌 정수 x, y, z의 순서쌍 (x, y, z)의 개수

7 부등식 $x+2y\le6$을 만족시키는 자연수 x, y의 순서쌍 (x, y)의 개수

→ 계수의 절댓값이 큰 y에 대하여

$y=1$일 때, $x\le4$이므로 $x=1, 2, 3, 4$의 □개

$y=2$일 때, $x\le2$이므로 $x=1, 2$의 □개

따라서 자연수 x, y의 순서쌍 (x, y)의 개수는 □이다.

8 부등식 $2x+3y\le9$를 만족시키는 자연수 x, y의 순서쌍 (x, y)의 개수

9 부등식 $3x+4y<11$을 만족시키는 자연수 x, y의 순서쌍 (x, y)의 개수

10 부등식 $3x+y\le5$를 만족시키는 음이 아닌 정수 x, y의 순서쌍 (x, y)의 개수

11 부등식 $4x+3y\le9$를 만족시키는 음이 아닌 정수 x, y의 순서쌍 (x, y)의 개수

2nd 전개했을 때 서로 다른 항의 개수

다음 식을 전개했을 때 서로 다른 항의 개수는?

$$\underbrace{(a_1+a_2+\cdots+a_m)}_{\text{항의 개수: } m}\underbrace{(b_1+b_2+\cdots+b_n)}_{\text{항의 개수: } n}$$

항의 문자가 모두 다른 다항식을 전개했을 때 만들어지는 항의 개수는 $m\times n$

● 다음 식을 전개했을 때, 서로 다른 항의 개수를 구하시오.

12 $(a+b)(x+y+z)$ 두 다항식의 곱에서 동류항이 생기는지를 확인하도록 해!

→ a, b를 x, y, z에 각각 곱하면 항이 만들어지므로 구하는 항의 개수는

$2\times$□$=$□

13 $(a+b)(x+y+z+w)$

14 $(a+b+c)(x+y+z)$

15 $(a+b)(m+n)(x+y)$

동류항이 만들어지지 않는 세 다항식의 항의 개수는 각 다항식의 항의 개수를 곱하면 돼!

16 $(a+b+c)(m+n)(x+y)$

3rd 약수의 개수

12의 약수의 개수는?

×	1	2	2^2
1	1	2	2^2
3	3	2×3	2^2×3

12의 약수

$12=2^2\times3^1$

$(2+1)\times(1+1)=3\times2=6$

12의 약수의 개수

자연수 A가 $A=a^m\times b^n$ (a, b는 서로 다른 소수, m, n은 자연수)으로 소인수분해될 때, A의 약수의 개수는 $(m+1)\times(n+1)$

약수의 개수를 구하는 것이 곱의 법칙이었어?

● **다음 수의 약수의 개수를 구하시오.**

17 36 주어진 수를 먼저 소인수분해하고 소인수의 지수를 확인해!

→ 36을 소인수분해하면 $36=2^2\times3^2$

이때 2^2의 약수는 1, ☐, 2^2의 3개

3^2의 약수는 1, 3, ☐의 3개

따라서 36의 약수의 개수는

(☐+1)(☐+1)=☐

18 75

19 100

20 168

21 250

4th 색칠하는 경우의 수

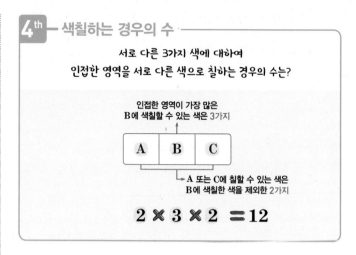

서로 다른 3가지 색에 대하여
인접한 영역을 서로 다른 색으로 칠하는 경우의 수는?

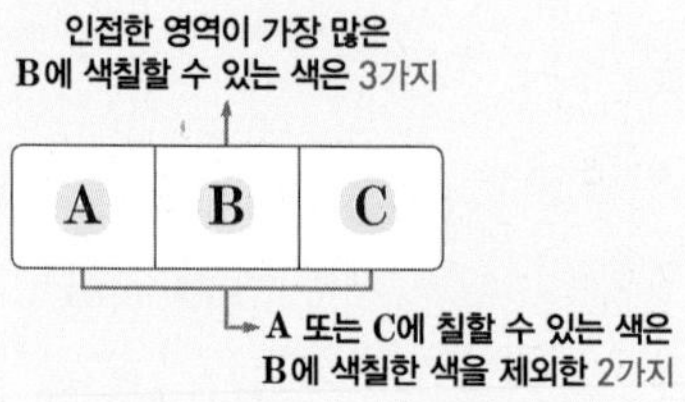

인접한 영역이 가장 많은 B에 색칠할 수 있는 색은 3가지
A
B
C
A 또는 C에 칠할 수 있는 색은 B에 색칠한 색을 제외한 2가지

$2\times3\times2=12$

● **다음 그림과 같은 4개의 영역 A, B, C, D를 서로 다른 4가지 색으로 칠하려 한다. 같은 색을 중복해서 칠할 수 있으나 인접한 영역은 서로 다른 색으로 칠하는 경우의 수를 구하시오.**

22

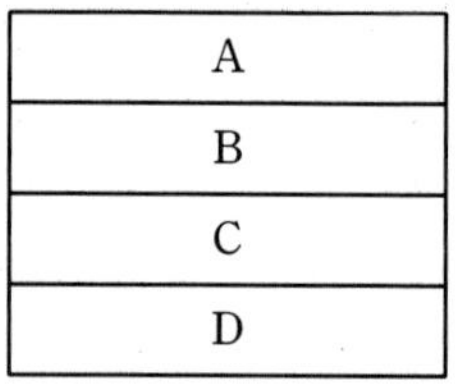

A
B
C
D

인접한 영역이 가장 많은 B 또는 C에 색칠할 수 있는 색의 개수를 먼저 구한다.

→ 인접한 영역이 가장 많은 B와 C 중에서 B를 기준으로 생각하면

B에 칠할 수 있는 색은 4가지

C에 칠할 수 있는 색은 B에 칠한 색을 제외한 ☐가지

D에 칠할 수 있는 색은 C에 칠한 색을 제외한 3가지

A에 칠할 수 있는 색은 B에 칠한 색을 제외한 ☐가지

따라서 구하는 경우의 수는

4×☐×3×☐=☐

23

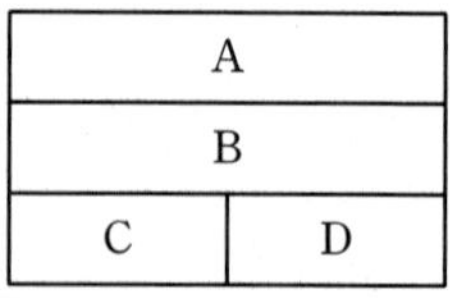

A
B
C
D

B가 인접한 영역이 가장 많아!

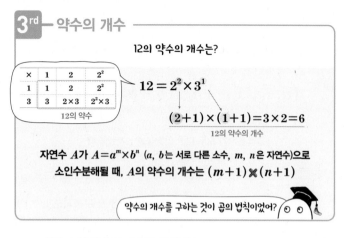

24

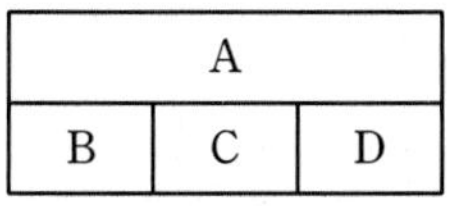

25

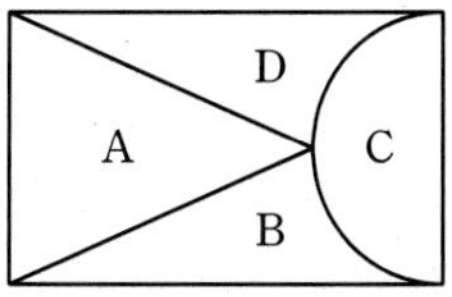

→ (i) A, C에 같은 색을 칠한 경우
A에 칠할 수 있는 색은 4가지
B에 칠할 수 있는 색은 A에 칠한 색을 제외한 □가지
C에 칠할 수 있는 색은 A에 칠한 색과 같으므로 1가지
D에 칠할 수 있는 색은 A, C에 칠한 색을 제외한 □가지
이므로 경우의 수는 4×□×1×□=□

(ii) A, C에 다른 색을 칠한 경우
A에 칠할 수 있는 색은 4가지
B에 칠할 수 있는 색은 A에 칠한 색을 제외한 □가지
C에 칠할 수 있는 색은 A, B에 칠한 색을 제외한 □가지
D에 칠할 수 있는 색은 A, C에 칠한 색을 제외한 □가지
이므로 경우의 수는 4×□×□×□=□

따라서 구하는 경우의 수는 □+□=□

26

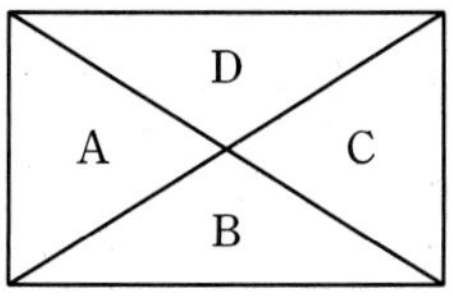

5th 도로망에서의 경우의 수

A 지점에서 B 지점을 지나 C 지점으로 가는 경우의 수는?

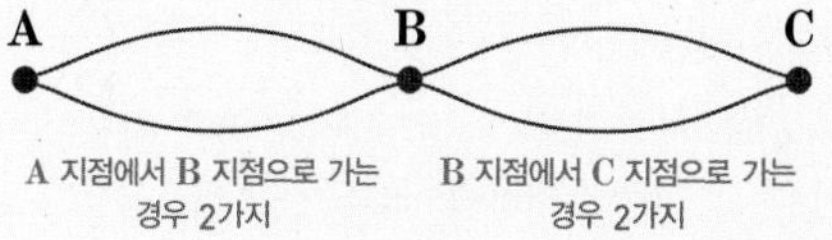

2 × 2 = 4

• **다음 그림과 같이 세 지점 A, B, C를 연결하는 도로망이 있다. A 지점에서 C 지점으로 가는 경우의 수를 구하시오. (단, 같은 지점을 두 번 이상 지나지 않는다.)**

27

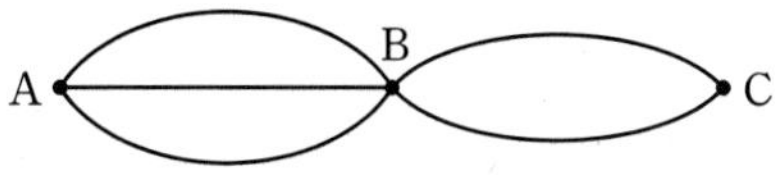

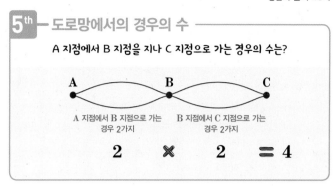

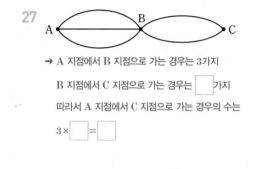

→ A 지점에서 B 지점으로 가는 경우는 3가지
B 지점에서 C 지점으로 가는 경우는 □가지
따라서 A 지점에서 C 지점으로 가는 경우의 수는
3×□=□

28

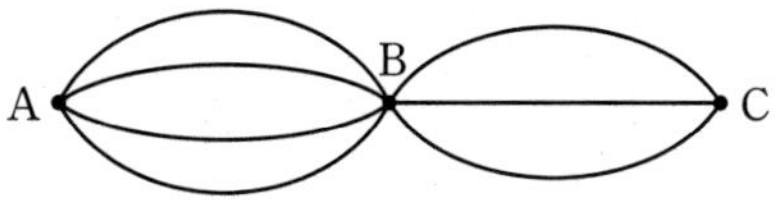

29

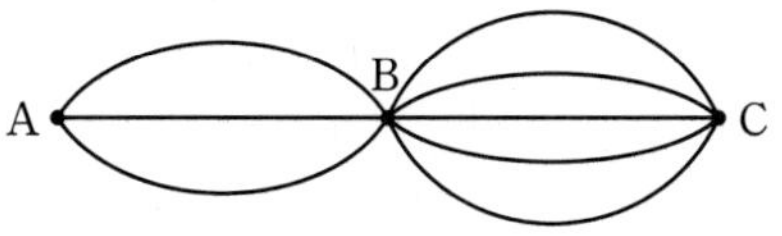

30

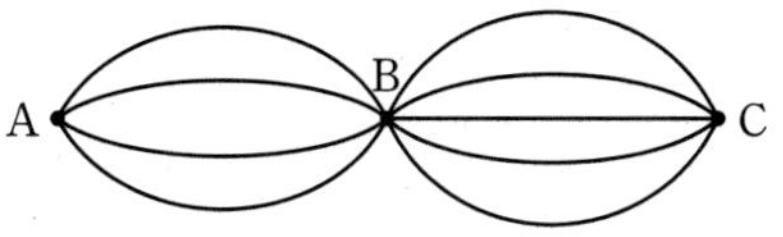

31

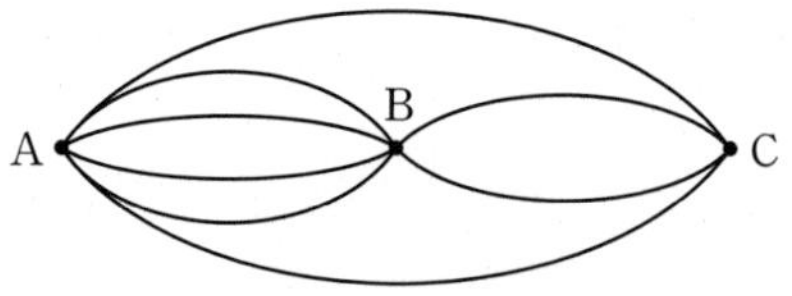

먼저 출발 지점에서 도착 지점까지 갈 수 있는 경로를 나누도록 해!

→ A 지점에서 C 지점으로 가는 경우는 다음과 같다.

(i) A → C를 이용하는 경우는 2가지

(ii) A → B → C를 이용하는 경우는 ☐×☐=☐(가지)

따라서 구하는 경우의 수는 2+☐=☐

32

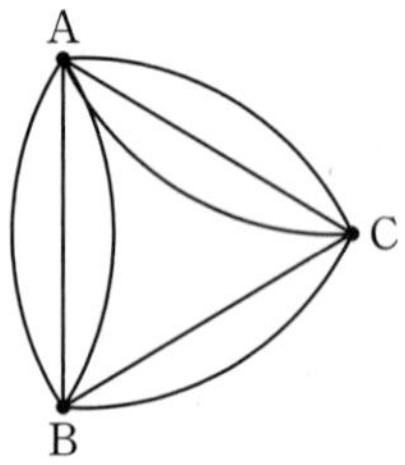

● 다음 그림과 같이 네 지점 A, B, C, D를 연결하는 도로망이 있다. A 지점에서 C 지점으로 가는 경우의 수를 구하시오.
(단, 같은 지점을 두 번 이상 지나지 않는다.)

33

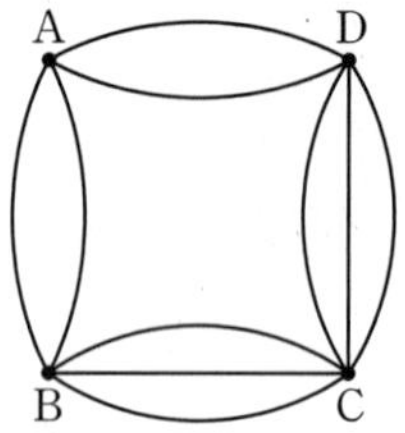

34

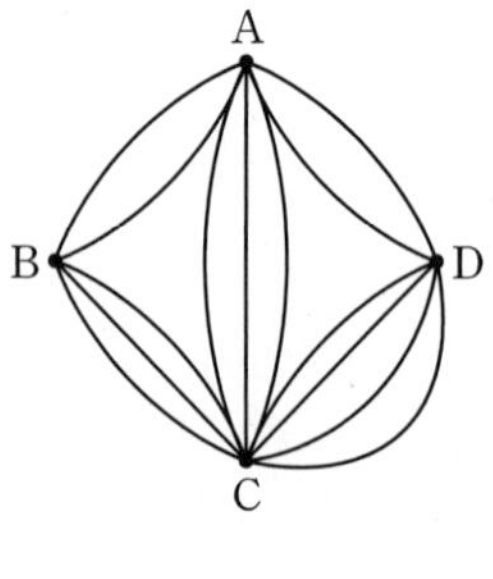

6th-1 지불하는 경우의 수

100원짜리 동전 2개, 500원짜리 동전 1개가 주어졌을 때, 지불할 수 있는 경우의 수는?

500원 \ 100원	0개	1개	2개
0개	╳	100원	200원
1개	500원	600원	700원

0원을 지불하는 경우는 제외해야 해!

$(2+1)\times(1+1)-1=5$

단위가 다른 화폐의 개수가 각각 l, m, n일 때,
지불할 수 있는 경우의 수는

$(l+1)(m+1)(n+1)-1$ (0원)

● 다음에서 주어진 동전 또는 지폐의 일부 또는 전부를 사용하여 지불할 수 있는 경우의 수를 구하시오.
(단, 0원을 지불하는 것은 제외한다.)

35 100원짜리 동전 5개, 500원짜리 동전 4개

→ 100원짜리 5개로 지불할 수 있는 경우
➡ 0개, 1개, 2개, 3개, 4개, 5개의 6가지
500원짜리 4개로 지불할 수 있는 경우
➡ 0개, 1개, 2개, 3개, 4개의 5가지
모두 0개인 경우는 지불하는 경우가 아니다.
따라서 구하는 경우의 수는
6×☐−☐=☐

36 500원짜리 동전 4개, 1000원짜리 지폐 3장

37 100원짜리 동전 6개, 1000원짜리 지폐 4장

38 10원짜리 동전 3개, 100원짜리 동전 2개, 500원짜리 동전 3개

39 100원짜리 동전 5개, 500원짜리 동전 3개, 1000원짜리 지폐 2장

40 100원짜리 동전 8개, 500원짜리 동전 2개, 1000원짜리 지폐 4장

6th-2 지불하는 금액의 수

만들 수 있는 금액이 중복되는 경우, 큰 단위의 화폐를 작은 단위의 화폐로 바꾸어 지불할 수 있는 금액을 계산해!

● **다음에서 주어진 동전 또는 지폐의 일부 또는 전부를 사용하여 지불할 수 있는 금액의 수를 구하시오.**
(단, 0원을 지불하는 것은 제외한다.)

41 100원짜리 동전 5개, 500원짜리 동전 4개

작은 단위의 화폐의 개수가 많아서 큰 단위의 화폐 1개의 금액과 중복되는지 확인해!

→ 100원짜리 5개로 만들 수 있는 금액

➡ 0원, 100원, 200원, 300원, 400원, 500원 …… ㉠

500원짜리 4개로 만들 수 있는 금액

➡ 0원, 500원, 1000원, 1500원, □원 …… ㉡

이때 ㉠, ㉡에서 500원이 중복되므로 500원짜리 동전 4개를 100원짜리 동전 □개로 생각하면 구하는 금액의 수는 100원짜리 동전 □개로 지불할 수 있는 경우의 수와 같다.

100원짜리 25개로 지불할 수 있는 경우

➡ 0개, 1개, 2개, …, 25개로 26가지

0원인 경우는 지불하는 금액이 아니다.

따라서 구하는 금액의 수는 □$-1=$□

42 100원짜리 동전 4개, 500원짜리 동전 5개

만들 수 있는 금액이 중복이 되지 않는 경우:
(지불할 수 있는 경우의 수)=(지불할 수 있는 금액의 수)

43 500원짜리 동전 6개, 1000원짜리 지폐 3장

44 100원짜리 동전 4개, 500원짜리 동전 5개, 1000원짜리 지폐 2장

45 50원짜리 동전 4개, 100원짜리 동전 6개, 1000원짜리 지폐 4장

46 100원짜리 동전 5개, 500원짜리 동전 3개, 1000원짜리 지폐 1장

TEST 개념 확인

01~04 합의 법칙과 곱의 법칙

사건 A가 일어나는 경우의 수가 m이고 사건 B가 일어나는 경우의 수가 n이면

- 합의 법칙: 두 사건 A, B가 동시에 일어나지 않을 때, 사건 A 또는 사건 B가 일어나는 경우의 수
  → $m+n$
- 곱의 법칙: 두 사건 A, B가 잇달아 일어나는 경우의 수
  → $m \times n$

1 1부터 18까지의 자연수가 각각 적힌 18장의 카드가 들어 있는 상자에서 임의로 1장의 카드를 꺼낼 때, 카드에 적힌 수를 4로 나눈 나머지가 0 또는 2인 경우의 수는?

① 6 ② 7 ③ 8
④ 9 ⑤ 10

2 서로 다른 두 개의 주사위를 동시에 던져서 나온 두 눈의 수의 곱이 홀수가 되는 경우의 수는?

① 6 ② 7 ③ 8
④ 9 ⑤ 10

3 하운이는 동네 공원을 산책하려 산책 코스를 확인해 보니 호수 코스 3개, 정원 코스 5개가 있었다. 호수 코스에서 시작해서 정원 코스에서 마무리하려 할 때, 산책 코스를 택하는 경우의 수를 구하시오.

(단, 호수 코스 1개, 정원 코스 1개만 산책한다.)

4 x, y가 10 이하의 자연수일 때, $2 \le \frac{x}{y} \le 3$을 만족시키는 순서쌍 (x, y)의 개수는?

① 13 ② 14 ③ 15
④ 16 ⑤ 17

5 72의 약수의 개수를 a, 240의 약수의 개수를 b라 할 때, $a+b$의 값은?

① 24 ② 26 ③ 28
④ 30 ⑤ 32

6 50원짜리 동전 2개, 100원짜리 동전 4개, 1000원짜리 지폐 3장의 일부 또는 전부를 사용하여 지불할 수 있는 금액의 수를 구하시오.

(단, 0원을 지불하는 것은 제외한다.)

TEST 개념 발전

1 주사위 한 개를 두 번 던져서 처음에 나온 눈의 수를 a, 나중에 나온 눈의 수를 b라 하자. 서로 다른 두 직선 $y=ax+1$과 $y=2x+b$의 교점의 x좌표가 1이 되는 경우의 수는?

① 2　② 3　③ 4　④ 5　⑤ 6

2 다항식

$$(a+b+c)(x+y+z)-(x+y)(p+q)$$

를 전개할 때, 서로 다른 항의 개수를 구하시오.

3 문구점에서 세 종류의 공책을 각각 1000원, 2000원, 3000원에 팔고 있다. 이 세 종류의 공책을 적어도 1개씩 구입하여 총액이 10000원이 되었을 때, 구입하는 경우의 수는?

① 3　② 4　③ 5　④ 6　⑤ 7

4 오른쪽 그림과 같이 5개의 영역 A, B, C, D, E를 서로 다른 4가지 색으로 칠하려 한다. 같은 색을 중복해서 칠할 수 있으나 인접한 영역은 서로 다른 색으로 칠하는 경우의 수는?

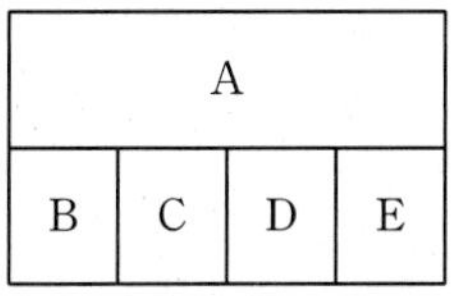

① 48　② 64　③ 80　④ 96　⑤ 104

5 오른쪽 그림은 4개의 지역 A, B, C, D를 연결하는 도로를 나타낸 것이다. A 지역에서 출발하여 D 지역으로 가는 모든 경우의 수는? (단, 같은 지역은 두 번 지나지 않는다.)

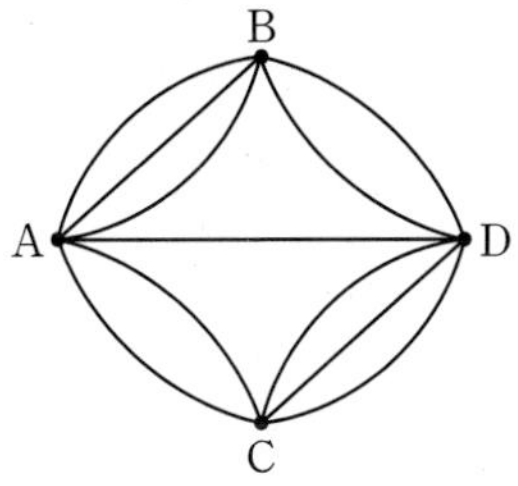

① 12　② 13　③ 14　④ 15　⑤ 16

수능형 문제

6 서로 다른 두 개의 주사위를 동시에 던져 나온 두 눈의 수를 각각 a, b라 하자. x에 대한 이차방정식 $x^2-2ax+5b=0$이 실근을 갖는 경우의 수는?

① 13　② 14　③ 15　④ 16　⑤ 17

11

선택과 배열!
순열과 조합

에잇! 순서를 생각하지 말자!
풍부한 맛이 최고여, 다 섞어!

순열

순서를 생각하여 택하는!

4명 중에서

1 순열 2명을 뽑아 일렬로 세우는 경우의 수는?

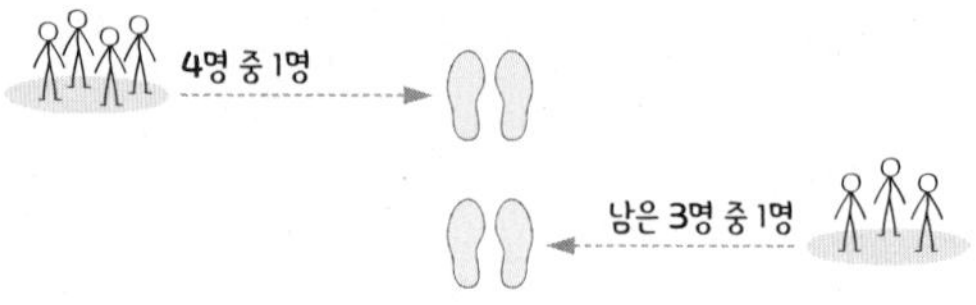
4명 중 1명
남은 3명 중 1명

$$4 \times 3 = 12$$

안녕? 이제 내가 간단하게 나타낼 거야!

2 계승 4명 모두를 일렬로 세우는 경우의 수는?

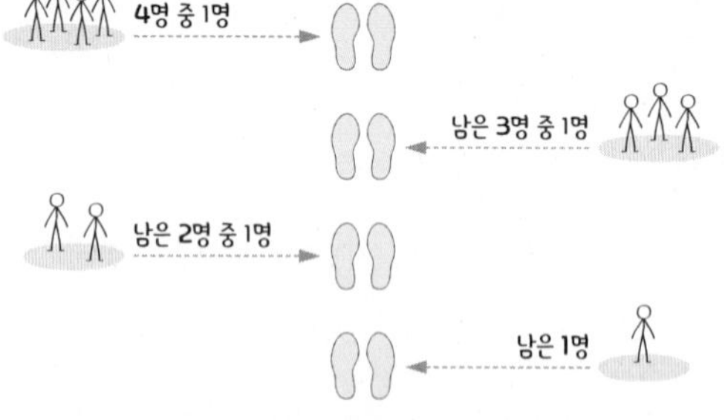
4명 중 1명
남은 3명 중 1명
남은 2명 중 1명
남은 1명

$$4 \times 3 \times 2 \times 1 = 24$$

모두를 택하는 순열은 내가 맡지!

서로 다른 n개에서 r $(0<r\le n)$개를 택하여 일렬로 나열하는 것을 n개에서 r개를 택하는 순열이라 하고, 이 순열의 수를 기호로 ${}_n\mathrm{P}_r$와 같이 나타내.
또 서로 다른 n개에서 n개를 모두 택하는 순열의 수는 ${}_n\mathrm{P}_n=n(n-1)(n-2)\times\cdots\times3\times2\times1$이므로 1부터 n까지의 자연수를 차례대로 곱한 것과 같아. 이것을 n의 계승이라 하고, 기호로 $n!$과 같이 나타내지.
즉 ${}_n\mathrm{P}_n=n!$이야.
이제, 간단한 순열의 수를 구해 보는 연습을 해 보고, 서로 이웃하거나 서로 이웃하지 않는 순열의 수, 여러 가지 경우의 순열의 수를 구해 보는 연습을 하게 될 거야.

여러 가지 순열

04 여러 가지 경우의 순열의 수

이 단원에서는 여러 가지 경우의 순열의 수를 구해 보자! 자리가 정해진 순열의 수, '적어도'의 조건이 있는 순열의 수, 번갈아 서는 순열의 수, 자연수의 개수, 사전식으로 배열하는 순열의 수를 구하는 연습을 하게 될 거야. 순열 ${}_nP_r$의 의미를 정확히 이해했다면 어렵지 않아!

순서를 생각하여 택하는!

1 서로 다른 n개에서 r개를 택하는 순열의 수는

$${}_nP_r=\underbrace{n(n-1)(n-2)\times\cdots\times(n-r+1)}_{r\text{개}}\ (\text{단, } 0<r\le n)$$

2 ${}_nP_r=\dfrac{n!}{(n-r)!}$ (단, $0\le r\le n$) | ${}_nP_n=n!$

$0!=1$ | ${}_nP_0=1$

조합

05 조합

06 특정한 것을 포함하거나 포함하지 않는 조합의 수

서로 다른 n개에서 순서를 생각하지 않고 $r(0<r\le n)$개를 택하는 것을 n개에서 r개를 택하는 조합이라 하고, 이 조합의 수를 기호로 ${}_nC_r$ 와 같이 나타내. 이때 순열 ${}_nP_r$와의 차이를 이해하면 순열과 조합이 헷갈리지 않을 거야.
전체 중에서 일부를 택하는 것이 조합이라면 그 택한 걸 일렬로 나열한 게 순열이라 보면 돼!

순서를 생각하지 않고 택하는!

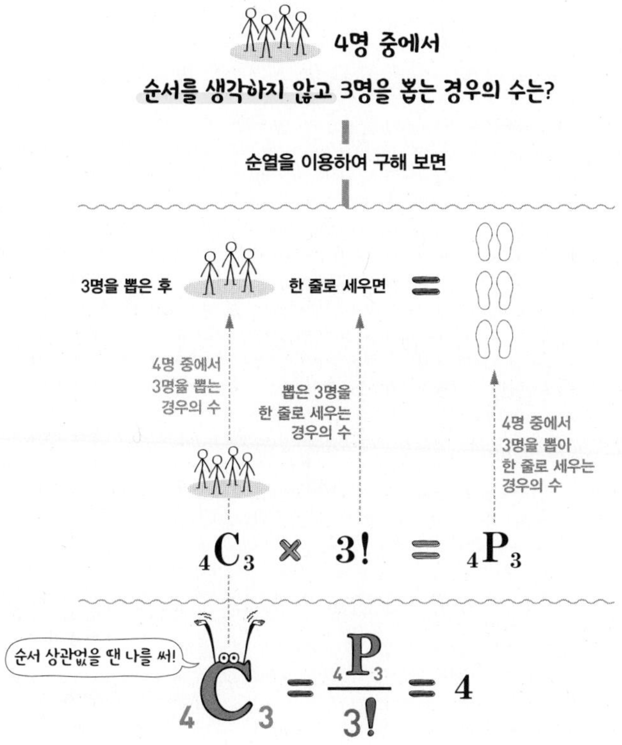

4명 중에서
순서를 생각하지 않고 3명을 뽑는 경우의 수는?
순열을 이용하여 구해 보면
3명을 뽑은 후
한 줄로 세우면
4명 중에서 3명을 뽑는 경우의 수
뽑은 3명을 한 줄로 세우는 경우의 수
4명 중에서 3명을 뽑아 한 줄로 세우는 경우의 수
${}_4C_3 \times 3! = {}_4P_3$
순서 상관없을 땐 나를 써!
${}_4C_3=\dfrac{{}_4P_3}{3!}=4$

여러 가지 조합

07 여러 가지 경우의 조합의 수

08 분할과 분배

이 단원에서는 여러 가지 경우의 조합의 수를 구해 보자! '적어도'의 조건이 있는 조합의 수, 뽑아서 나열하는 경우의 수, 직선의 개수, 다각형의 대각선의 개수, 삼각형의 개수, 사각형의 개수를 구하는 연습을 하게 될 거야. 조합 ${}_nC_r$의 의미를 정확히 이해했다면 어렵지 않아!

순서를 생각하지 않고 택하는!

1 서로 다른 n개에서 r개를 택하는 조합의 수는

$${}_nC_r=\frac{{}_nP_r}{r!}=\frac{n!}{r!(n-r)!}\ (\text{단, } 0\le r\le n)$$

2 ${}_nC_0=1$ | ${}_nC_n=1$ | ${}_nC_r={}_nC_{n-r}$

01 순서를 생각하여 택하는!

순열

1 순열 **2명을 뽑아 일렬로 세우는 경우의 수는?**

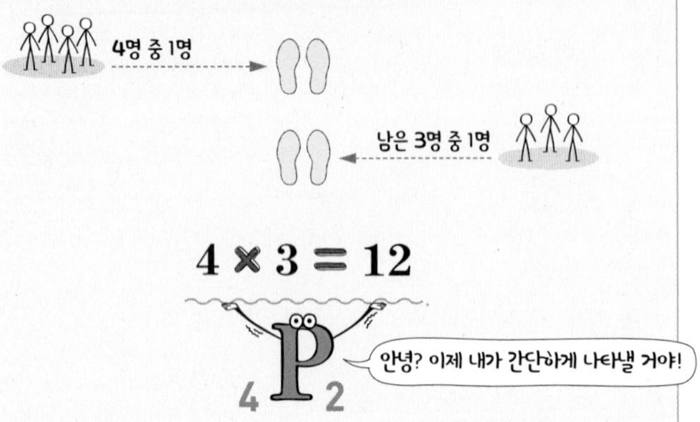

2 계승 **4명 모두를 일렬로 세우는 경우의 수는?**

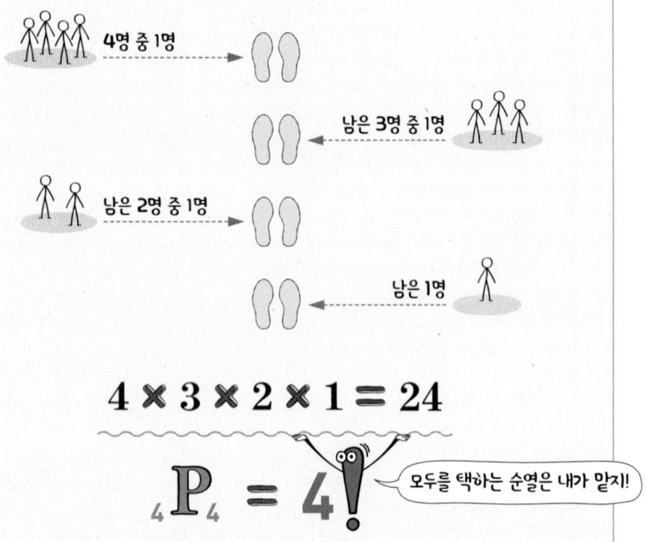

- **순열:** 서로 다른 n개에서 r $(0<r\leq n)$개를 택하여 일렬로 나열하는 것을 n개에서 r개를 택하는 순열이라 하고, 이 순열의 수를 기호로 $_nP_r$와 같이 나타낸다.
- **순열의 수:** 서로 다른 n개에서 r개를 택하는 순열의 수는
  $_nP_r=\underbrace{n(n-1)(n-2)\times\cdots\times(n-r+1)}_{r\text{개}}$ (단, $0<r\leq n$)
- **계승:** 1부터 n까지의 자연수를 차례로 곱한 것을 n의 계승이라 하고, 기호로 $n!$과 같이 나타낸다. 즉
  $_nP_n=n(n-1)(n-2)\times\cdots\times3\times2\times1=n!$

참고 ① $_nP_r$에서 P는 순열을 뜻하는 'Permutation'의 첫 글자이다.
② $n!$은 'n팩토리얼(factorial)'이라 읽기도 한다.

1st — 기호를 사용하여 나타내는 순열

● 다음을 기호 $_nP_r$로 나타내시오.

1 5명의 학생 중에서 3명을 뽑아 일렬로 세우는 경우의 수
→ $_5P\square$

2 서로 다른 6개의 알파벳 중에서 2개를 뽑아 일렬로 나열하는 경우의 수

3 서로 다른 10개의 꽃병 중에서 4개를 뽑아 일렬로 나열하는 경우의 수

4 서로 다른 20개의 컵 중에서 19개를 뽑아 일렬로 나열하는 경우의 수

5 서로 다른 5곳의 관광지를 관광하는 순서를 정하는 경우의 수

$_nP_r$를 계승의 기호로 나타내면?

$0<r<n$일 때

$_nP_r=n(n-1)(n-2)\times\cdots\times(n-r+1)$

$=\dfrac{n(n-1)(n-2)\times\cdots\times(n-r+1)(n-r)\times\cdots\times3\times2\times1}{(n-r)\times\cdots\times3\times2\times1}$

$=\dfrac{n!}{(n-r)!}$ ……… ㉠

이때 $\begin{pmatrix} _nP_0=1 \\ 0!=1 \end{pmatrix}$로 정의하면 $\begin{pmatrix} _nP_0=\dfrac{n!}{n!}=1 \\ _nP_n=\dfrac{n!}{0!}=n! \end{pmatrix}$이므로 ㉠은 $\begin{pmatrix} r=0 \\ r=n \end{pmatrix}$일 때도 성립한다.

❶ $_nP_r=\dfrac{n!}{(n-r)!}$ ❷ $_nP_n=n!$, $_nP_0=1$, $0!=1$

2nd 순열의 계산

● 다음 값을 구하시오.

6 $_4P_3$

→ $_4P_3=4\times3\times$ □

= □

7 $_3P_2$

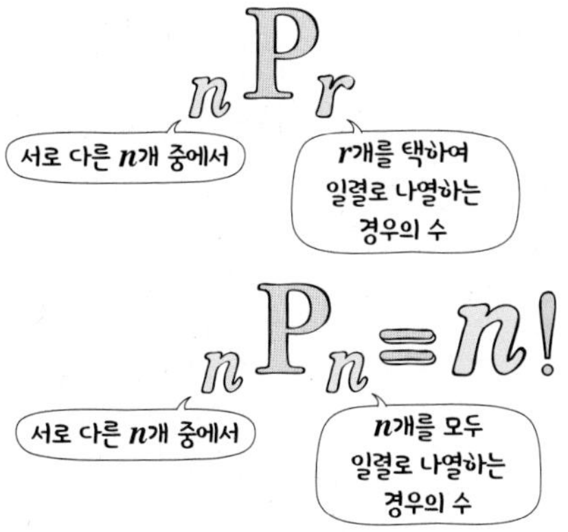

8 $_5P_1$

9 $_6P_2$

10 $_6P_4$

11 $_7P_3$

12 $_8P_6$

13 $_9P_4$

14 $_5P_0$

15 $_{10}P_0$

16 $_4P_4$

17 $_5P_5$

● 다음을 계산하시오.

18 $4!$

→ $4!=4\times3\times$ □ $\times1$

= □

19 $6!$

20 $5\times0!$

21 $6\times5!$

22 $_5P_2\times3!$

23 $_6P_3\times4!$

24 $\dfrac{6!}{3!}$

25 $\dfrac{7!}{4!}$

26 $\dfrac{10!}{7!}$

27 $\dfrac{12!}{2!\times10!}$

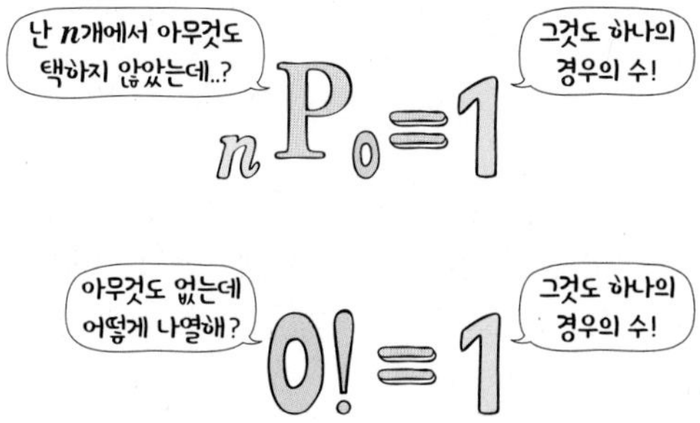

난 n개에서 아무것도 택하지 않았는데..?
$_nP_0=1$
그것도 하나의 경우의 수!
아무것도 없는데 어떻게 나열해?
$0!=1$
그것도 하나의 경우의 수!

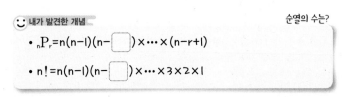

내가 발견한 개념 순열의 수는?

- $_nP_r=n(n-1)(n-$ □ $)\times\cdots\times(n-r+1)$
- $n!=n(n-1)(n-$ □ $)\times\cdots\times3\times2\times1$

● 다음을 만족시키는 자연수 n의 값을 구하시오.

28 ${}_{n}P_{2}=56$

→ ${}_{n}P_{2}=n\times($ ☐ $)$이므로

$n\times($ ☐ $)=56=8\times$ ☐

따라서 $n=$ ☐

29 ${}_{n}P_{3}=60$

30 ${}_{n}P_{n}=720$

31 ${}_{n}P_{2}=5n$

32 ${}_{n}P_{2}=7n-16$

33 ${}_{n}P_{4}=6\times{}_{n}P_{2}$

34 ${}_{n}P_{3}:{}_{n-1}P_{3}=5:4$

● 다음을 만족시키는 자연수 r의 값을 구하시오.

35 ${}_{6}P_{r}=120$

→ $120=6\times5\times$ ☐ 이므로 ${}_{6}P_{3}=120$

따라서 $r=$ ☐

36 ${}_{11}P_{r}=110$

37 ${}_{10}P_{r-1}=1$

38 ${}_{8}P_{5}=\dfrac{8!}{r!}$

39 ${}_{5}P_{r}\times4!=1440$

40 ${}_{6}P_{2r+1}=2\times{}_{6}P_{2r}$

개념모음문제

41 등식 ${}_{n+2}P_{n+2}-{}_{n}P_{n}=55\times n!$을 만족시키는 자연수 n의 값은?

① 6 ② 7 ③ 8
④ 9 ⑤ 10

3rd 순열을 이용하여 구하는 경우의 수

● **다음을 구하시오.**

42 5명의 학생 중에서 대표, 부대표를 각각 1명씩 뽑는 경우의 수

→ 5명 중에서 ☐명을 택하는 순열의 수와 같으므로

$_5P_{\square}=5\times\square=\square$

43 5개의 문자 A, B, C, D, E 중에서 3개의 문자를 택하여 일렬로 나열하는 경우의 수

44 1부터 6까지의 자연수 중에서 서로 다른 4개를 사용하여 만들 수 있는 네 자리 자연수의 개수

45 서로 다른 7가지 색을 사용하여 A, B, C를 모두 다른 색으로 칠하는 경우의 수

46 서로 다른 색연필 8자루 중에서 4자루를 택하여 일렬로 나열하는 경우의 수

47 10명의 회원이 있는 동아리에서 회장, 부회장, 서기를 각각 1명씩 뽑는 경우의 수

48 6, 7, 8, 9의 숫자가 각각 하나씩 적힌 4장의 카드를 일렬로 나열하여 만들 수 있는 네 자리 자연수의 개수

→ 서로 다른 4개 중에서 4개를 택하는 순열의 수와 같으므로

$_4P_4=\square!=\square$

49 남학생 1명, 여학생 3명을 일렬로 세우는 경우의 수

50 5개의 문자 s, u, g, a, r를 일렬로 나열하는 경우의 수

51 서로 다른 6개의 전시회가 열리고 있는 박물관에서 6개의 전시회의 관람 순서를 정하는 경우의 수

02 이웃하는 것을 하나로!

이웃하는 순열의 수

4명을 일렬로 세울 때,
두 사람이 이웃하여 서는 순열의 수는?

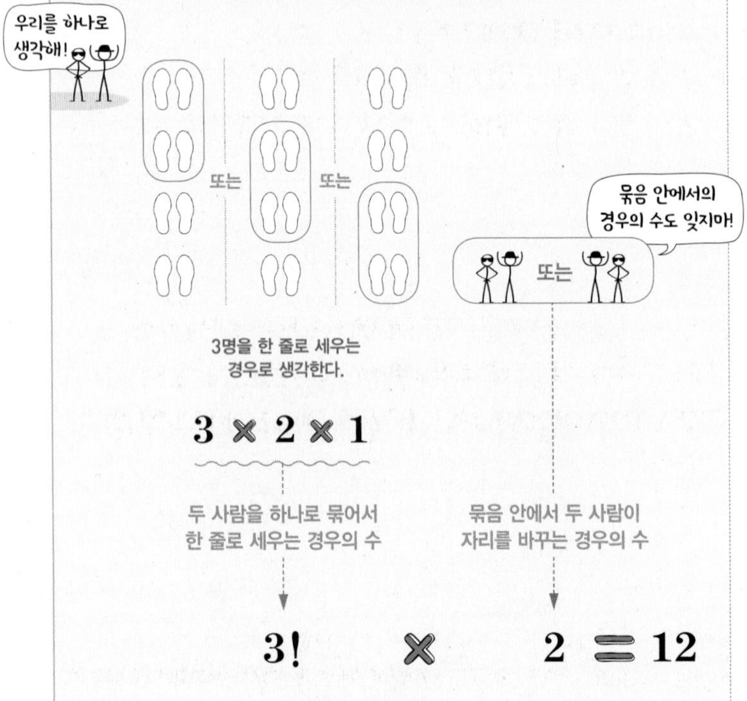

우리를 하나로 생각해!
또는
또는
묶음 안에서의 경우의 수도 잊지마!
또는
3명을 한 줄로 세우는 경우로 생각한다.
3 × 2 × 1
두 사람을 하나로 묶어서 한 줄로 세우는 경우의 수
묶음 안에서 두 사람이 자리를 바꾸는 경우의 수
3! × 2 = 12

• **이웃하는 순열의 수**

(i) 이웃하는 것을 한 묶음으로 생각하여 일렬로 나열하는 경우의 수 구하기

(ii) 묶음 안에서 이웃하는 것끼리 자리를 바꾸는 경우의 수 구하기

(iii) (i), (ii)에서 구한 경우의 수 곱하기

원리확인 다음 □ 안에 알맞은 수를 써넣으시오.

중학생 3명, 고등학생 4명을 일렬로 세울 때

❶ 중학생 3명이 이웃하여 서는 경우의 수 구하기

(1) 중학생 3명을 한 사람으로 생각하여 □명을 일렬로 세우는 경우의 수
→ □! = □

(2) 중학생 3명이 자리를 바꾸는 경우의 수
→ 3! = □

(3) 구하는 경우의 수
→ □ × □ = □

❷ 고등학생 4명이 이웃하여 서는 경우의 수 구하기

(1) 고등학생 4명을 한 사람으로 생각하여 □명을 일렬로 세우는 경우의 수
→ □! = □

(2) 고등학생 4명이 자리를 바꾸는 경우의 수
→ 4! = □

(3) 구하는 경우의 수
→ □ × □ = □

❸ 중학생은 중학생끼리, 고등학생은 고등학생끼리 이웃하여 서는 경우의 수 구하기

(1) 중학생 3명을 한 사람으로 생각하고, 고등학생 4명을 한 사람으로 생각하여 2명을 일렬로 세우는 경우의 수
→ 2! = □

(2) 중학생 3명이 자리를 바꾸는 경우의 수
→ □! = □

고등학생 4명이 자리를 바꾸는 경우의 수
→ □! = □

(3) 구하는 경우의 수
→ 2 × □ × □ = □

1st 이웃하는 순열의 수

● 다음을 구하시오.

1 A, B를 포함한 5명을 일렬로 세울 때, A, B가 서로 이웃하여 서는 경우의 수

2 부모님을 포함한 6명의 가족을 일렬로 세울 때, 부모님이 이웃하여 서는 경우의 수

3 7개의 문자 a, b, c, d, e, f, g를 일렬로 나열할 때, a와 e가 이웃하는 경우의 수

4 6개의 문자 o, r, a, n, g, e를 일렬로 나열할 때, 모음끼리 이웃하는 경우의 수

5 1부터 7까지의 자연수를 일렬로 나열할 때, 홀수끼리 이웃하게 나열하는 경우의 수

2nd 끼리끼리 이웃하는 순열의 수

● 다음을 구하시오.

6 서로 다른 발라드 4곡, 트로트 2곡을 부르려 할 때, 발라드는 발라드끼리, 트로트는 트로트끼리 이웃하여 부르는 경우의 수

7 7개의 문자 d, r, e, a, m, u, p를 모음은 모음끼리, 자음은 자음끼리 이웃하도록 나열하는 경우의 수

8 서로 다른 체육책 3권, 음악책 2권을 포함한 8권의 책을 책장에 일렬로 꽂을 때, 체육책은 체육책끼리, 음악책은 음악책끼리 이웃하게 꽂는 경우의 수

9 1학년 학생 3명, 2학년 학생 2명, 3학년 학생 2명을 일렬로 세울 때, 같은 학년끼리 이웃하여 서는 경우의 수

10 어느 학교 축제에서 합창 4팀, 밴드 3팀, 댄스 2팀이 모두 공연할 때, 공연 순서를 합창끼리, 밴드끼리, 댄스끼리 연달아 공연하도록 정하는 경우의 수

03

이웃해도 되는 것을 먼저 나열!

이웃하지 않는 순열의 수

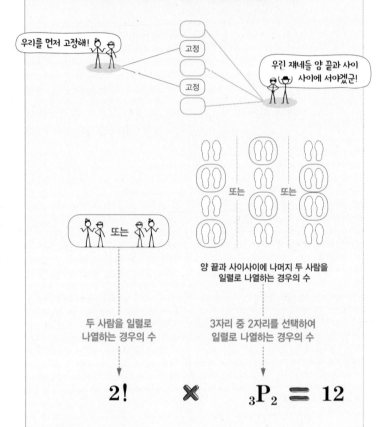

4명을 일렬로 세울 때,
두 사람이 이웃하지 않는 순열의 수는?

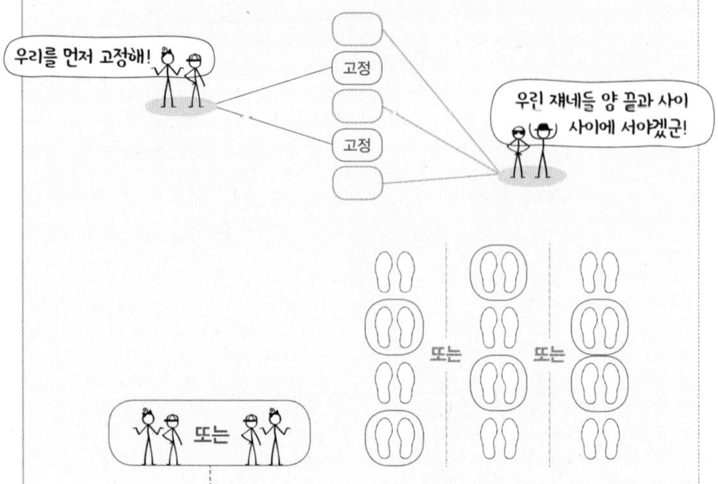

우리를 먼저 고정해!
고정
고정
우린 재네들 양 끝과 사이 사이에 서야겠군!
또는
또는
또는

양 끝과 사이사이에 나머지 두 사람을 일렬로 나열하는 경우의 수

두 사람을 일렬로 나열하는 경우의 수

3자리 중 2자리를 선택하여 일렬로 나열하는 경우의 수

$$2! \times {}_3P_2 = 12$$

- **이웃하지 않는 순열의 수**
  (i) 이웃해도 상관없는 것들을 일렬로 나열하는 경우의 수 구하기
  (ii) (i)의 배열 양 끝과 사이사이에 이웃하지 않는 것을 나열하는 경우의 수 구하기
  (iii) (i), (ii)에서 구한 경우의 수 곱하기

원리확인 다음 □ 안에 알맞은 수를 써넣으시오.

남학생 4명과 여학생 3명을 일렬로 세울 때

❶ 남학생끼리 이웃하지 않도록 서는 경우의 수 구하기

(1) 여학생 3명을 일렬로 나열하는 경우의 수
→ □! = □

(2) 여학생의 양 끝과 사이사이의 4개의 자리에 남학생 4명을 세우는 경우의 수
∨ 여 ∨ 여 ∨ 여 ∨
→ ${}_4P_4 = 4! = 24$

(3) 구하는 경우의 수
→ □ × 24 = □

❷ 여학생끼리 이웃하지 않도록 서는 경우의 수 구하기

(1) 남학생 4명을 일렬로 나열하는 경우의 수
→ □! = □
∨ 남 ∨ 남 ∨ 남 ∨ 남 ∨

(2) 남학생의 양 끝과 사이사이의 5개의 자리 중에서 3개의 자리에 여학생 3명을 세우는 경우의 수
→ ${}_5P_3 = 60$

(3) 구하는 경우의 수
→ □ × 60 = □

❸ 선생님 1명을 추가하여 일렬로 세울 때, 남학생끼리는 이웃하고 여학생끼리는 이웃하지 않도록 서는 경우의 수 구하기

(1) 남학생 4명을 한 명으로 생각하고 여학생을 제외한 2명을 일렬로 세우는 경우의 수
→ □! = □

(2) 이들의 양 끝과 사이사이의 3개의 자리에 여학생 3명을 세우는 경우의 수
→ ${}_3P_3 =$ □

남학생이 자리를 바꾸는 경우의 수
→ □! = □

(3) 구하는 경우의 수
→ □ × □ × □ = □

1st 이웃하지 않는 순열의 수

● 다음을 구하시오.

1 5명의 학생 A, B, C, D, E를 일렬로 세울 때, C와 D가 이웃하지 않도록 서는 경우의 수

2 5개의 문자 a, b, c, d, e를 일렬로 나열할 때, 자음끼리 이웃하지 않도록 나열하는 경우의 수

3 6개의 문자 a, n, g, e, l, s를 일렬로 나열할 때, 모음끼리 이웃하지 않도록 나열하는 경우의 수

4 서로 다른 사회책 3권, 국사책 3권을 책꽂이에 일렬로 꽂을 때, 국사책끼리 이웃하지 않도록 꽂는 경우의 수

5 1부터 7까지의 자연수를 일렬로 나열할 때, 짝수끼리 이웃하지 않도록 나열하는 경우의 수

2nd 이웃하면서 이웃하지 않는 순열의 수

● 다음을 구하시오.

6 6명의 사람 A, B, C, D, E, F를 일렬로 세울 때, A와 B는 이웃하고, C와 D는 이웃하지 않도록 서는 경우의 수

7 7개의 문자 p, e, n, c, i, l, s를 일렬로 나열할 때, 모음끼리는 이웃하고 p, l은 이웃하지 않도록 나열하는 경우의 수

8 서로 다른 볼펜 3자루와 연필 2자루, 색연필 1자루를 일렬로 나열할 때, 볼펜끼리는 이웃하고, 연필끼리는 이웃하지 않도록 나열하는 경우의 수

9 서로 다른 수학책 3권, 영어책 2권, 국어책 2권을 책꽂이에 일렬로 꽂을 때, 수학책끼리는 이웃하고 영어책끼리는 이웃하지 않도록 꽂는 경우의 수

10 초등학생 3명, 중학생 3명, 고등학생 2명을 일렬로 세울 때, 초등학생끼리는 이웃하고 중학생끼리는 이웃하지 않도록 서는 경우의 수

04 여러 가지 경우의 순열의 수

순서를 생각하여 택하는!

1 서로 다른 n개에서 r개를 택하는 순열의 수는

$${}_nP_r = \underbrace{n(n-1)(n-2)\times\cdots\times(n-r+1)}_{r\text{개}} \ (\text{단, } 0<r\leq n)$$

2 ${}_nP_r = \dfrac{n!}{(n-r)!}$ (단, $0\leq r\leq n$) | ${}_nP_n = n!$

$0! = 1$ | ${}_nP_0 = 1$

1st 자리가 정해진 순열의 수

4명을 일렬로 세울 때, 가 맨 앞에 오도록 세우는 경우의 수는?

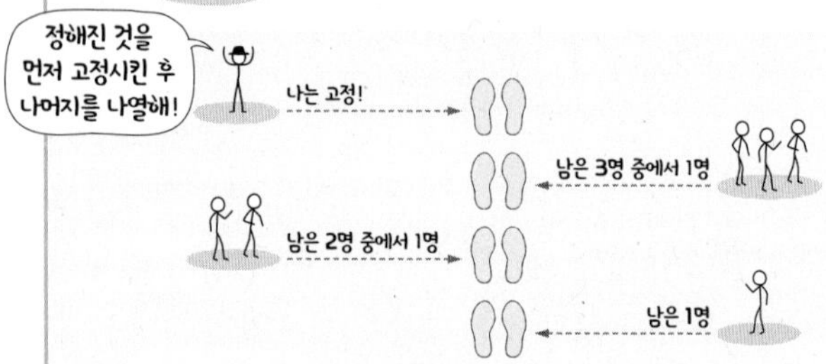

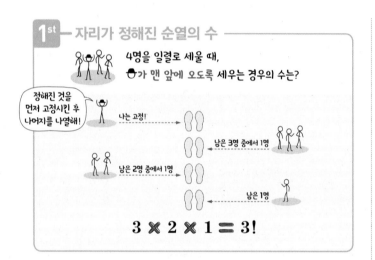

$$3 \times 2 \times 1 = 3!$$

● 다음을 구하시오.

1 선생님 1명과 학생 4명을 일렬로 세울 때, 선생님이 맨 앞에 오도록 세우는 경우의 수

→ 선생님을 맨 앞에 세우고 그 뒤로 학생 4명을 일렬로 세우면 되므로 구하는 경우의 수는 $\square! = \square$

2 5개의 문자 t, e, a, c, h를 일렬로 나열할 때, t가 맨 뒤에 오도록 나열하는 경우의 수

3 어른 1명과 어린이 5명을 일렬로 세울 때, 어른이 세 번째에 오도록 세우는 경우의 수

4 고등학생 4명과 대학생 2명을 일렬로 세울 때, 대학생이 양 끝에 오도록 세우는 경우의 수

5 6명의 학생 A, B, C, D, E, F 중에서 회장 1명, 부회장 1명, 서기 1명을 뽑을 때, D가 회장으로 뽑히는 경우의 수

2nd '적어도'의 조건이 있는 순열의 수

1부터 3까지의 자연수가 하나씩 적힌 3개의 공을 일렬로 나열할 때, 적어도 한 쪽 끝에 짝수가 적힌 공이 오도록 나열하는 경우의 수는?

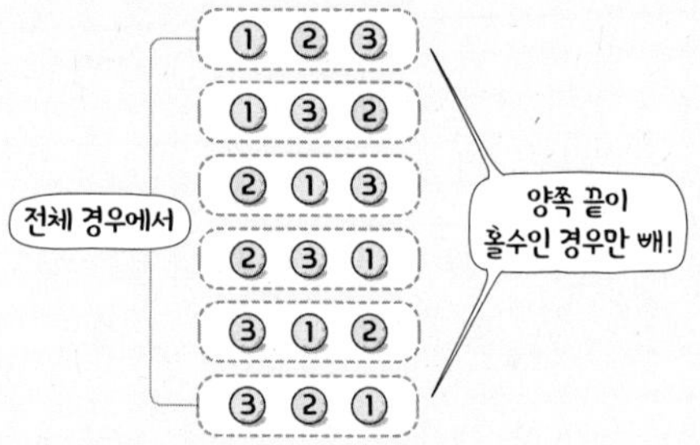

$$3! - 2$$

● 다음을 구하시오.

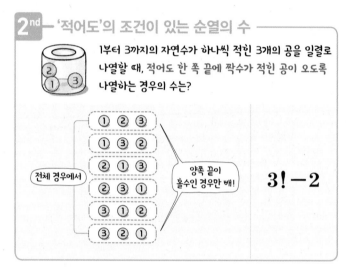

6 6개의 문자 s, q, u, a, r, e를 일렬로 나열할 때, 적어도 한 쪽 끝에 자음이 오도록 나열하는 경우의 수

→ 적어도 한 쪽 끝에 자음이 오도록 나열하는 경우의 수는 6개의 문자를 일렬로 나열하는 경우의 수에서 양 끝에 모두 모음이 오도록 나열하는 경우의 수를 빼면 된다.

(i) 6개의 문자를 일렬로 나열하는 경우의 수는 $6! = 720$

(ii) 양 끝에 모두 모음이 오는 경우의 수는

(모음 u, a, e 3개 중에서 2개를 양 끝에 나열하는 경우의 수)

×(나머지 자리에 4개의 문자를 일렬로 나열하는 경우의 수)

${}_3P_2 \times \square! = 6 \times \square = \square$

(i), (ii)에서 구하는 경우의 수는 $720 - \square = \square$

(사건 A가 적어도 한 번 일어나는 경우의 수) = (모든 경우의 수) − (사건 A가 일어나지 않는 경우의 수)

'적어도'가 있으면 전체에서 반대 경우의 수를 빼!

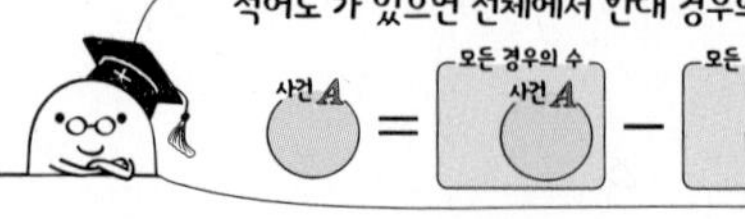

7 남학생 4명, 여학생 4명 중에서 대표 1명, 부대표 1명을 뽑을 때, 대표, 부대표 중에서 적어도 한 명은 남학생을 뽑는 경우의 수

8 5개의 문자 a, b, c, d, e를 일렬로 나열할 때, 적어도 자음 2개가 이웃하도록 나열하는 경우의 수

9 5개의 문자 k, o, r, e, a를 일렬로 나열할 때, 자음 사이에 적어도 모음 1개가 오도록 나열하는 경우의 수

10 어른 2명과 어린이 4명을 일렬로 세울 때, 어른 2명 사이에 적어도 어린이 한 명이 서는 경우의 수

3rd 번갈아 서는 순열의 수

두 집단이 번갈아 서는 경우의 수는?

구성원의 수가 다른 경우	구성원의 수가 같은 경우
	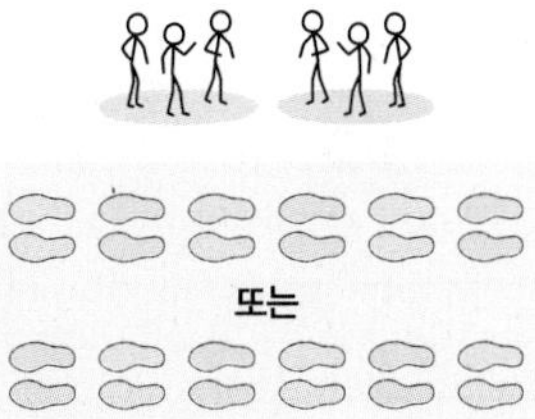
$3!\times 2!$	$(3!\times 3!)+(3!\times 3!)$

● 다음을 구하시오.

11 1부터 6까지의 자연수를 일렬로 나열할 때, 홀수와 짝수가 번갈아 오는 경우의 수

→ 홀수와 짝수의 개수가 같으므로 번갈아 오는 경우는 다음과 같다.

홀 짝 홀 짝 홀 짝 또는 짝 홀 짝 홀 짝 홀

홀수 3개를 일렬로 나열하는 경우의 수는 $3!=6$

홀수 사이사이와 오른쪽 끝에 짝수 3개를 세우는 경우의 수는

$\square!=\square$

홀수 사이사이와 왼쪽 끝에 짝수 3개를 세우는 경우의 수는

$\square!=\square$

따라서 구하는 경우의 수는

$6\times\square+6\times\square=\square$

두 집단의 구성원의 수가 각각 n으로 같은 경우
$n!\times n!+n!\times n!$
$=n!\times n!\times 2$

12 선생님 4명과 학생 4명을 일렬로 세울 때, 선생님과 학생이 번갈아 서는 경우의 수

13 남학생 2명, 여학생 3명을 일렬로 세울 때, 남학생과 여학생이 번갈아 서는 경우의 수

→ 남학생과 여학생이 번갈아 서는 경우는 다음과 같다.

여 남 여 남 여

수가 더 적은 남학생 2명을 일렬로 세우는 경우의 수는 $2!=2$

남학생의 양 끝과 사이사이에 여학생 3명을 세우는 경우의 수는

$\square!=\square$

따라서 구하는 경우의 수는

$2\times\square=\square$

두 집단의 구성원의 수가 각각 n, $n-1$인 경우
$(n-1)!\times n!$

14 서로 다른 우산 3개와 지팡이 4개를 일렬로 나열할 때, 우산과 지팡이를 번갈아 나열하는 경우의 수

번갈아 나열하는 두 대상의 개수가 다를 때는 개수가 적은 쪽을 먼저 나열해!

4th 자연수의 개수

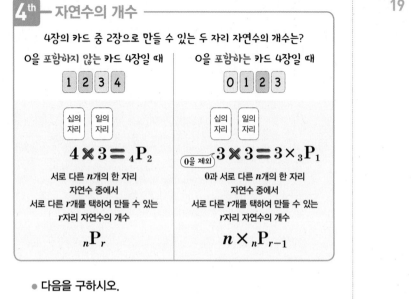

4장의 카드 중 2장으로 만들 수 있는 두 자리 자연수의 개수는?

0을 포함하지 않는 카드 4장일 때	0을 포함하는 카드 4장일 때
1 2 3 4	0 1 2 3
십의 자리 / 일의 자리	십의 자리 / 일의 자리
$4 \times 3 = {}_4P_2$	(0을 제외) $3 \times 3 = 3 \times {}_3P_1$
서로 다른 n개의 한 자리 자연수 중에서 서로 다른 r개를 택하여 만들 수 있는 r자리 자연수의 개수	0과 서로 다른 n개의 한 자리 자연수 중에서 서로 다른 r개를 택하여 만들 수 있는 r자리 자연수의 개수
${}_nP_r$	$n \times {}_nP_{r-1}$

● **다음을 구하시오.**

15 5개의 숫자 1, 3, 5, 7, 9에서 서로 다른 3개의 숫자를 택하여 만들 수 있는 세 자리 자연수의 개수

➜ 5개의 숫자 중에서 □개를 택하여 나열하면 되므로 구하는 자연수의 개수는 ${}_5P_{\square}=\square$

16 6개의 숫자 2, 3, 4, 5, 6, 7에서 서로 다른 4개의 숫자를 택하여 만들 수 있는 네 자리 자연수의 개수

17 5개의 숫자 0, 1, 2, 3, 4에서 서로 다른 3개의 숫자를 택하여 만들 수 있는 세 자리 자연수의 개수

➜ 백의 자리에는 0이 올 수 없으므로 백의 자리에 올 수 있는 숫자의 개수는 1, 2, 3, 4의 4이다.
십의 자리, 일의 자리에는 백의 자리에 온 숫자를 제외한 4개의 숫자 중에서 2개를 택하여 나열하면 되므로
${}_4P_2=\square$
따라서 구하는 자연수의 개수는 $4\times\square=\square$

18 6개의 숫자 0, 1, 2, 3, 4, 5에서 서로 다른 4개를 택하여 만들 수 있는 네 자리 자연수의 개수
가장 높은 자리에는 0이 올 수 없어!

19 5개의 숫자 0, 1, 2, 3, 4에서 서로 다른 3개의 숫자를 택하여 만들 수 있는 세 자리 짝수의 개수

➜ (i) □□0 꼴
백의 자리, 십의 자리는 4개의 숫자 1, 2, 3, 4에서 서로 다른 2개를 택하여 나열하면 되므로
${}_4P_2=12$
(ii) □□2, □□4 꼴
백의 자리에는 □이 올 수 없으므로 0과 일의 자리에 온 숫자를 제외한 3개의 숫자가 올 수 있고, 십의 자리에는 백의 자리와 일의 자리에 온 숫자를 제외한 □개의 숫자가 올 수 있으므로
$3\times\square\times2=\square$
(i), (ii)에서 구하는 세 자리 짝수의 개수는 $12+\square=\square$

20 6개의 숫자 0, 1, 2, 3, 4, 5에서 서로 다른 4개의 숫자를 택하여 만들 수 있는 네 자리 홀수의 개수

21 5개의 숫자 0, 1, 2, 3, 4에서 서로 다른 3개의 숫자를 택하여 만들 수 있는 세 자리 자연수 중 3의 배수의 개수

➜ 3의 배수는 각 자리의 숫자의 합이 3의 배수이어야 한다.
0, 1, 2, 3, 4 중에서 서로 다른 3개를 택하여 합이 3의 배수가 되는 경우는 (0, 1, 2), (0, 2, 4), (1, 2, 3), (2, 3, 4)이다.
(i) (0, 1, 2), (0, 2, 4)일 때
백의 자리에는 0이 올 수 없으므로 만들 수 있는 세 자리 자연수의 개수는 $\square\times2!\times2=\square$
(ii) (1, 2, 3), (2, 3, 4)일 때
만들 수 있는 세 자리 자연수의 개수는 $3!\times2=12$
(i), (ii)에서 구하는 3의 배수의 개수는 $\square+12=\square$

22 5개의 숫자 0, 1, 2, 3, 4에서 서로 다른 3개의 숫자를 택하여 만들 수 있는 세 자리 자연수 중 4의 배수의 개수

23 5개의 숫자 1, 2, 3, 4, 5에서 서로 다른 3개의 숫자를 택하여 세 자리 자연수를 만들 때, 320보다 큰 자연수의 개수

→ 32□ 꼴인 자연수의 개수는 321, 324, □의 3
34□ 꼴인 자연수의 개수는 341, □, 345의 3
35□ 꼴인 자연수의 개수는 351, 352, □의 3
4□□ 꼴인 자연수의 개수는 $_4P_2=12$
5□□ 꼴인 자연수의 개수는 $_4P_2=12$
따라서 구하는 자연수의 개수는 3+3+3+12+12=□

24 4개의 숫자 1, 2, 3, 4에서 서로 다른 3개의 숫자를 택하여 만든 세 자리 자연수 중 230보다 큰 자연수의 개수

25 5개의 숫자 1, 2, 3, 4, 5에서 서로 다른 4개의 숫자를 택하여 만든 네 자리 자연수 중 3200보다 작은 자연수의 개수

26 5개의 숫자 1, 2, 3, 4, 5를 한 번씩만 사용하여 다섯 자리 자연수를 만들 때, 32100보다 큰 자연수의 개수

순열에서 중복을 허용하면?

[1], [2]의 카드로 만들 수 있는 두 자리 자연수

중복을 허용하지 않은 경우	중복을 허용하는 경우
[1][2], [2][1]	[1][1], [2][2] [1][2], [2][1]
2가지 ($_2P_2$)	4가지 ($_2\Pi_2=2^2$)

중복을 허용하는지의 여부에 따라 경우의 수가 다르지?
'확률과 통계'에서 '중복순열'로 배우게 될 거야!

5th 사전식으로 배열하는 순열의 수

4개의 문자 [a][b][c][d]를 사전식으로 배열할 때

[c][b][a][d]는 몇 번째로 나타나는가?	15번째로 나타나는 문자열은?
[a]□□□ → 3!	[a]□□□ → 3! = 6
[b]□□□ → 3!	[b]□□□ → 3! = 6
[c][a]□□ → 2!	[c]□□□ c, a, b, d — 13번째 c, a, d, b — 14번째 c, b, a, d — 15번째 ⋮
[c][b][a][d] → 1	
3!+3!+2!+1=15(번째)	[c][b][a][d]

● 다음 물음에 답하시오.

27 4개의 자음 ㄱ, ㄴ, ㄷ, ㄹ을 한 번씩만 사용하여 만든 문자열을 사전식으로 배열할 때, ㄷㄴㄹㄱ은 몇 번째로 나타나는지 구하시오.

→ ㄱ□□□, ㄴ□□□ 꼴인 문자열의 개수는 3!×2=12
ㄷㄱ□□ 꼴인 문자열의 개수는 □!=□
ㄷㄴ□□ 꼴은 ㄷㄴㄱㄹ, ㄷㄴㄹㄱ의 2가지
따라서 ㄷㄴㄹㄱ이 나타나는 순서는 12+□+2=□(번째)

28 5개의 문자 a, b, c, d, e를 한 번씩만 사용하여 만든 문자열을 사전식으로 배열할 때, $cbade$는 몇 번째로 나타나는지 구하시오.

29 4개의 자음 ㄱ, ㄴ, ㄷ, ㄹ을 한 번씩만 사용하여 만든 문자열을 사전식으로 배열할 때, 20번째로 나타나는 문자열을 구하시오.

→ ㄱ□□□, ㄴ□□□, ㄷ□□□ 꼴인 문자열의 개수는 3!×3=18
따라서 20번째로 나타나는 문자열은 ㄹ□□□ 꼴에서 □번째이므로 □이다.

30 5개의 문자 a, b, c, d, e를 한 번씩만 사용하여 만든 문자열을 사전식으로 배열할 때, 75번째로 나타나는 문자열을 구하시오.

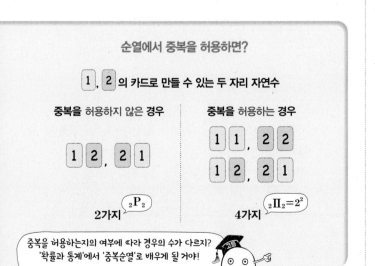

TEST 개념 확인

01 순열

- 서로 다른 n개에서 r개를 택하는 순열의 수는
  ${}_nP_r=\underbrace{n(n-1)(n-2)\times\cdots\times(n-r+1)}_{r\text{개}}$ (단, $0<r\le n$)
- ${}_nP_r=\dfrac{n!}{(n-r)!}$ (단, $0\le r\le n$)
- ${}_nP_n=n!$, ${}_nP_0=1$, $0!=1$

1 등식 $2\times{}_{n+2}P_2={}_{n+1}P_3$을 만족시키는 자연수 n의 값은?

① 1 ② 2 ③ 3
④ 4 ⑤ 5

2 놀이공원에 있는 12개의 놀이 기구 중에서 서로 다른 3개의 놀이 기구를 이용하려 한다. 타는 순서를 고려하여 놀이 기구를 이용하는 경우의 수를 구하시오.

3 정연, 희제, 예슬, 지연, 선화 다섯 사람이 5인승 승용차를 타려 한다. 운전을 할 수 있는 희제와 선화만 운전석에 앉을 수 있다 할 때, 다섯 사람이 승용차 자리에 앉는 경우의 수는?

① 18 ② 24 ③ 36
④ 48 ⑤ 56

02~03 이웃하거나 이웃하지 않는 순열의 수

- 이웃하는 순열의 수
  → 이웃하는 것을 한 묶음으로 생각하여 일렬로 나열한 경우의 수와 이웃하는 것끼리 자리를 바꾸는 경우의 수를 곱한다.
- 이웃하지 않는 순열의 수
  → 이웃해도 상관없는 것들을 일렬로 나열한 후 그 양 끝과 사이사이에 이웃하지 않는 것을 나열하는 경우의 수를 곱한다.

4 어느 수학 동아리는 1학년 학생 3명, 2학년 학생 3명, 3학년 학생 2명으로 구성되어 있다. 동아리 회원들이 일렬로 서서 동아리 홍보를 하려 할 때, 같은 학년 학생끼리 이웃하여 서는 경우의 수는?

① 216 ② 362 ③ 432
④ 512 ⑤ 588

5 숫자 2, 3, 4, 5, 6, 7, 8이 각각 적힌 카드를 일렬로 나열할 때, 홀수가 적힌 카드가 서로 이웃하지 않도록 나열하는 경우의 수는?

① 288 ② 480 ③ 720
④ 1080 ⑤ 1440

04 여러 가지 경우의 순열의 수

- 특정한 것의 자리가 정해진 순열의 수
  → 자리가 정해진 특정한 것을 먼저 고정시킨 후 나머지를 일렬로 나열한다.
- '적어도'의 조건이 있는 경우의 수
  → (사건 A가 적어도 한 번 일어나는 경우의 수)
  =(모든 경우의 수)−(사건 A가 일어나지 않는 경우의 수)

6 10명의 사격 선수 중에서 4명의 선수가 단체전 경기에 나간다 한다. 10명의 선수 중에서 가장 실력이 좋은 선수 A가 세 번째 순서로 경기에 나가도록 순서를 정하는 경우의 수는?

① 5040 ② 3024 ③ 2520
④ 1012 ⑤ 504

7 5개의 문자 s, t, o, r, e를 사용하여 만든 문자열 중에서 적어도 한 쪽 끝에 모음이 오는 경우의 수는?

① 120 ② 84 ③ 72
④ 64 ⑤ 52

8 이어달리기에 참가한 남학생 3명과 여학생 n명이 달리는 순서를 정할 때, 남학생이 1번 주자와 마지막 주자로 달리는 경우의 수가 144이다. n의 값은?

① 3 ② 4 ③ 5
④ 6 ⑤ 7

9 로마 숫자 Ⅰ, Ⅱ, Ⅲ과 아라비아 숫자 1, 2, 3을 일렬로 나열할 때, 로마 숫자는 로마 숫자끼리, 아라비아 숫자는 아라비아 숫자끼리 각각 이웃하게 나열하는 경우의 수를 a, 로마 숫자와 아라비아 숫자를 교대로 나열하는 경우의 수를 b라 할 때, $a+b$의 값을 구하시오.

10 5개의 숫자 0, 1, 2, 3, 4를 모두 사용하여 만들 수 있는 다섯 자리 자연수 중에서 짝수의 개수는?

① 72 ② 64 ③ 60
④ 54 ⑤ 48

11 6개의 숫자 0, 1, 2, 3, 4, 5가 각각 하나씩 적힌 6장의 카드 중에서 3장의 카드를 사용하여 세 자리 자연수를 만들 때, 5의 배수의 개수는?

① 32 ② 36 ③ 40
④ 44 ⑤ 48

12 5개의 숫자 1, 2, 3, 4, 5를 한 번씩만 사용하여 만들 수 있는 다섯 자리 자연수 중 23000보다 크고 42000보다 작은 수의 개수는?

① 32 ② 36 ③ 40
④ 44 ⑤ 48

13 5개의 문자 a, b, c, d, e를 모두 한 번씩만 사용하여 만든 문자열을 사전식으로 배열할 때, 다음 중 70번째로 나타나는 문자열은?

① $cebda$ ② $cedab$ ③ $cedba$
④ $dabce$ ⑤ $dabec$

05

순서를 생각하지 않고 택하는!

조합

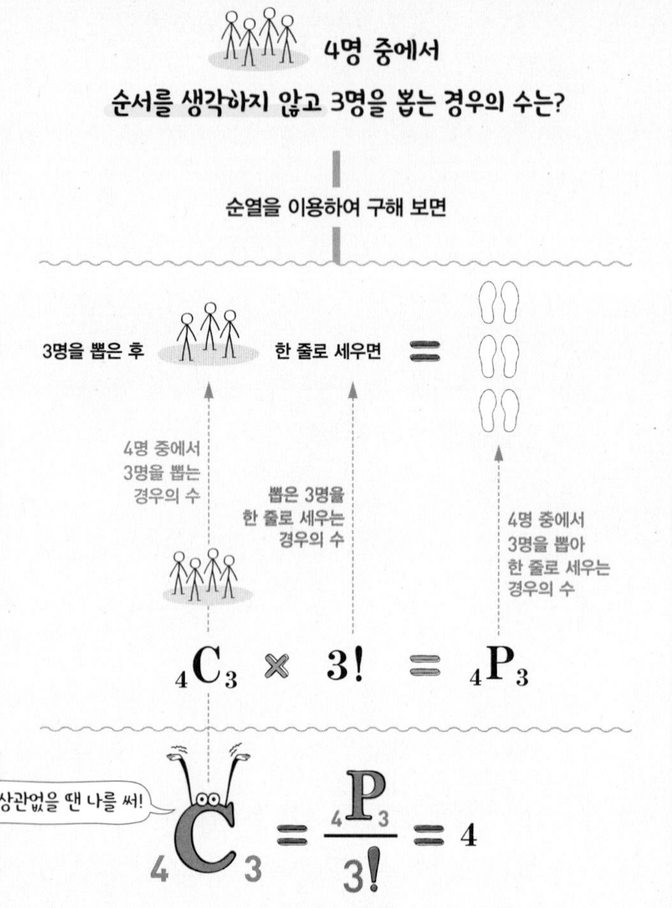
4명 중에서
순서를 생각하지 않고 3명을 뽑는 경우의 수는?
순열을 이용하여 구해 보면
3명을 뽑은 후
한 줄로 세우면
4명 중에서 3명을 뽑는 경우의 수
뽑은 3명을 한 줄로 세우는 경우의 수
4명 중에서 3명을 뽑아 한 줄로 세우는 경우의 수
$_4C_3 \times 3! = {}_4P_3$
순서 상관없을 땐 나를 써!
$_4C_3 = \frac{_4P_3}{3!} = 4$

- **조합:** 서로 다른 n개에서 순서를 생각하지 않고 $r(0<r\le n)$개를 택하는 것을 n개에서 r개를 택하는 조합이라 하고, 이 조합의 수를 기호로 $_nC_r$와 같이 나타낸다.
- **조합의 수**

  ① 서로 다른 n개에서 r개를 택하는 조합의 수는

  $_nC_r=\frac{_nP_r}{r!}=\frac{n!}{r!(n-r)!}$ (단, $0\le r\le n$)

  ② $_nC_n=1$, $_nC_0=\frac{n!}{0!(n-0)!}=\frac{n!}{1\times n!}=1$
- **조합의 수의 성질**

  ① $_nC_r={}_nC_{n-r}$ (단, $0\le r\le n$)

  ② $_nC_r={}_{n-1}C_{r-1}+{}_{n-1}C_r$ (단, $1\le r\le n$)

  참고 $_nC_r$의 C는 조합을 뜻하는 Combination의 첫 글자이다.

$$_nC_r={}_nC_{n-r}$$

증명 $_nC_{n-r}=\frac{n!}{(n-r)!\{n-(n-r)\}!}=\frac{n!}{(n-r)!r!}={}_nC_r$

1st 기호를 사용하여 나타내는 조합

● 다음을 기호 $_nC_r$로 나타내시오.

1 서로 다른 5권의 책 중에서 2권을 택하는 경우의 수
→ $_5C$□

2 6명의 후보 중에서 3명을 택하는 경우의 수

3 봉사 동아리 회원 7명 중에서 봉사 활동에 참여할 3명을 뽑는 경우의 수

4 서로 다른 8개의 초콜릿 중에서 5개를 택하는 경우의 수

5 1부터 10까지의 자연수 중에서 5개의 수를 택하는 경우의 수

6 서로 다른 장미꽃 15송이 중에서 10송이를 택하는 경우의 수

$$_nC_r={}_{n-1}C_{r-1}+{}_{n-1}C_r$$

증명 $_{n-1}C_{r-1}+{}_{n-1}C_r=\frac{(n-1)!}{(r-1)!\{(n-1)-(r-1)\}!}+\frac{(n-1)!}{r!(n-r-1)!}$

$=\frac{r\times(n-1)!}{r\times(r-1)!(n-r)!}+\frac{(n-1)!\times(n-r)}{r!(n-r-1)!\times(n-r)}$

$=\frac{r\times(n-1)!}{r!(n-r)!}+\frac{(n-1)!\times(n-r)}{r!(n-r)!}$

$=\frac{(n-1)!\times n}{r!(n-r)!}=\frac{n!}{r!(n-r)!}={}_nC_r$

2nd 조합의 계산

● 다음 값을 구하시오.

7 $_{10}C_2$

→ $_{10}C_2=\dfrac{_{10}P_2}{\square!}$

$=\dfrac{10\times9}{2\times1}$

$=\square$

8 $_5C_3$

$_nC_r$

서로 다른 것의 개수 (n)

택하는 것의 개수 (r)

9 $_8C_1$

10 $_{10}C_0$

11 $_{20}C_2$

12 $_{25}C_{25}$

n개 중에서 r개를 뽑는 것은 n개 중에서 뽑지 않은 $(n-r)$개를 뽑는 것과 같으므로 $_nC_r={_nC_{n-r}}$가 성립한다.

13 $_8C_5$

→ $_8C_5={_8C_{\square}}$

$=\dfrac{8\times7\times6}{\square\times2\times1}$

$=\square$

14 $_{10}C_9$

15 $_8C_6$

16 $_{12}C_9$

내가 발견한 개념 — 조합의 수는?

• 서로 다른 n개에서 $r(0\leq r\leq n)$개를 택하는 조합의 수는

$_nC_r=\dfrac{_nP_r}{\square!}=\dfrac{n!}{r!(\square)!}$

• $_nC_n=\square$, $_nC_0=\square$ • $_nC_r={_nC_{n-\square}}$

● 다음을 만족시키는 자연수 n의 값을 구하시오.

17 $_nC_2=21$

→ $_nC_2=21$에서 $\dfrac{\square(n-1)}{2\times1}=21$이므로

$n(n-1)=42=\square\times6$

따라서 $n=\square$

18 $_nC_2=10$

19 $_nC_3=35$

20 $_nC_1=15$

21 $_nC_3=120$

22 $_nC_4=126$

23 ${}_{n}C_{4}={}_{n}C_{6}$

➜ ${}_{n}C_{4}={}_{n}C_{n-\square}$ 이므로

${}_{n}C_{n-\square}={}_{n}C_{6}$에서 $n-\square=6$

따라서 $n=\square$

[다른 풀이] ${}_{n}C_{4}={}_{n}C_{6}$에서 $n=4+6=10$

24 ${}_{n}C_{5}={}_{n}C_{7}$

25 ${}_{n}C_{6}={}_{n}C_{9}$

26 ${}_{n+2}C_{n}=10$

27 ${}_{n+1}C_{n-1}=28$

28 ${}_{n}C_{1}+{}_{n}C_{2}=21$

➜ ${}_{n}C_{1}+{}_{n}C_{2}=21$에서 $n+\dfrac{\square(n-1)}{2}=21$

$2n+\square\times(n-1)=42$

$\square\times(n+1)=42=6\times7$

따라서 $n=\square$

29 ${}_{n}C_{2}-{}_{n}C_{1}=20$

30 ${}_{n+1}C_{2}-{}_{n}C_{2}={}_{7}C_{6}$

31 ${}_{n-1}C_{3}+{}_{n-1}C_{2}={}_{6}C_{3}$

32 ${}_{n-1}C_{2}+{}_{n}C_{2}={}_{n+2}C_{2}$

파스칼의 삼각형이 다항식에서도 보이더니 조합에서도 보이네!
공통수학2에서 배울 집합에서도 보일 거야~

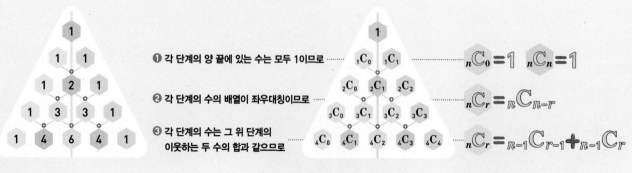

파스칼의 삼각형으로 보는 조합의 성질

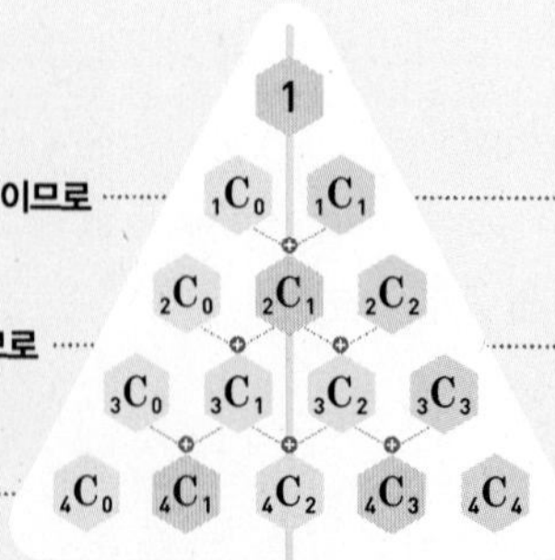

❶ 각 단계의 양 끝에 있는 수는 모두 1이므로 ········ ${}_{n}C_{0}=1$, ${}_{n}C_{n}=1$

❷ 각 단계의 수의 배열이 좌우대칭이므로 ········ ${}_{n}C_{r}={}_{n}C_{n-r}$

❸ 각 단계의 수는 그 위 단계의 이웃하는 두 수의 합과 같으므로 ········ ${}_{n}C_{r}={}_{n-1}C_{r-1}+{}_{n-1}C_{r}$

● **다음을 만족시키는 자연수 r의 값을 구하시오.**

33 $_8C_r={}_8C_{r-4}$

→ $_8C_r={}_8C_{8-\square}$이므로 $_8C_{8-\square}={}_8C_{r-4}$

$8-\square=r-4$에서 $\square\times r=12$

따라서 $r=\square$

[다른 풀이]

$_8C_r={}_8C_{r-4}$에서 $r+r-4=8$, $2r=12$, $r=6$

$$_nC_r={}_nC_{n-r}$$

우리 중 크지 않은 것으로 계산하면 편해!

34 $_{10}C_r={}_{10}C_{r-6}$

35 $_{11}C_{r+1}={}_{11}C_{2r-2}$

36 $_{15}C_{2r+3}={}_{15}C_{9-r}$

개념모음문제

37 $_nP_r=20$, $_nC_r=10$을 만족시키는 자연수 n, r에 대하여 $n+r$의 값은?

① 5 ② 6 ③ 7
④ 8 ⑤ 9

3rd 순열과 조합을 이용한 계산

● **다음을 만족시키는 자연수 n의 값을 구하시오.**

38 $3\times{}_nC_3={}_nP_2$

→ $3\times{}_nC_3={}_nP_2$에서 $3\times\dfrac{n(n-1)(\square)}{3\times2\times1}=n(n-1)$

$_nC_3$에서 $n\geq3$이므로 등식의 양변을 $n(n-1)$로 나누면

$\dfrac{\square}{2}=1$, $n-2=2$

따라서 $n=\square$

39 $6\times{}_nC_2={}_nP_3$

40 $24\times{}_nC_3={}_nP_4$

41 $14\times{}_nC_2=5\times{}_{n+1}P_2$

42 $15\times{}_{n+1}C_3={}_nP_4$

43 $_{n+2}P_3=20\times{}_{n+1}C_2$

44 ${}_{n}\mathrm{P}_{2}+{}_{n}\mathrm{C}_{2}=30$

→ ${}_{n}\mathrm{P}_{2}+{}_{n}\mathrm{C}_{2}=30$에서 $n(n-1)+\dfrac{n(n-1)}{2\times1}=30$

$n^2-n-\square=0$, $(n+4)(n-\square)=0$

${}_{n}\mathrm{P}_{2}$에서 $n\geq2$이므로 $n=\square$

45 ${}_{n+1}\mathrm{P}_{2}+{}_{n+2}\mathrm{C}_{n}=35$

46 ${}_{n}\mathrm{P}_{2}+3\times{}_{n}\mathrm{C}_{2}=75$

47 $5\times{}_{n-1}\mathrm{C}_{2}-{}_{n}\mathrm{P}_{2}={}_{n}\mathrm{C}_{3}$

48 $2\times{}_{n}\mathrm{P}_{2}+4\times{}_{n}\mathrm{C}_{n-1}={}_{n}\mathrm{P}_{3}$

개념모음문제

49 등식 ${}_{n}\mathrm{C}_{2}+{}_{n+1}\mathrm{C}_{3}=3\times{}_{n}\mathrm{P}_{2}$를 만족시키는 자연수 n의 값은?

① 12 ② 14 ③ 16
④ 18 ⑤ 20

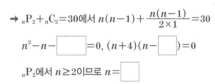

4th 조합을 이용한 경우의 수

● 다음을 구하시오.

50 6명의 학생 중에서 대표 선수 3명을 뽑는 경우의 수

→ 6명의 학생 중에서 3명을 뽑는 경우의 수는

${}_{6}\mathrm{C}_{3}=\square$

51 5명의 학생 중에서 대표 3명을 뽑는 경우의 수

52 7장의 카드 A, B, C, D, E, F, G 중에서 5장을 택하는 경우의 수

53 1부터 10까지의 자연수가 각각 하나씩 적힌 10개의 공이 들어 있는 주머니에서 6개를 뽑는 경우의 수

54 8개의 실업야구팀이 다른 모든 팀과 각각 한 번씩 경기를 할 때, 총 경기 수

55 12명의 회원이 각자 다른 사람들과 한 번씩 악수를 할 때, 악수한 총 횟수

56 투수 4명, 외야수 5명 중에서 투수 2명, 외야수 3명을 뽑는 경우의 수

➜ 투수 4명 중에서 2명을 뽑는 경우의 수는

${}_4C_2=$ □

외야수 5명 중에서 3명을 뽑는 경우의 수는

${}_5C_3=$ □

따라서 구하는 경우의 수는 □ 이다.

57 남학생 5명, 여학생 4명 중에서 남자 대표 2명, 여자 대표 2명을 뽑는 경우의 수

58 6종류의 셔츠와 8종류의 바지 중에서 셔츠 3종류, 바지 4종류를 택하는 경우의 수

59 박물관 5곳, 전시장 6곳, 공연장 7곳 중에서 박물관 3곳, 전시장 2곳, 공연장 3곳을 방문하는 경우의 수

60 서로 다른 알파벳이 각각 하나씩 적힌 카드 10장과 서로 다른 숫자가 각각 하나씩 적힌 9장의 카드 중에서 3장의 카드를 뽑을 때, 알파벳이 적힌 카드 3장을 뽑거나 숫자가 적힌 카드 3장을 뽑는 경우의 수

61 1부터 9까지의 자연수 중에서 서로 다른 두 수를 택할 때, 두 수의 합이 짝수가 되는 경우의 수

62 모둠원이 모두 5명씩인 세 모둠 A, B, C 중에서 3명을 뽑을 때, 3명의 모둠이 모두 같은 경우의 수

63 A 지역에는 3곳, B 지역에서 5곳, C 지역에는 7곳의 박물관이 있다. 이 중에서 3곳을 선택할 때, 3곳의 지역이 모두 같은 경우의 수

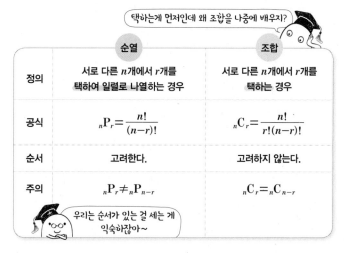

	순열	조합
정의	서로 다른 n개에서 r개를 택하여 일렬로 나열하는 경우	서로 다른 n개에서 r개를 택하는 경우
공식	${}_nP_r=\frac{n!}{(n-r)!}$	${}_nC_r=\frac{n!}{r!(n-r)!}$
순서	고려한다.	고려하지 않는다.
주의	${}_nP_r \neq {}_nP_{n-r}$	${}_nC_r={}_nC_{n-r}$

우리는 순서가 있는 걸 세는 게 익숙하잖아~

06 고정하거나 제외하거나!

특정한 것을 포함하거나 포함하지 않는 조합의 수

5명 중에서 3명을 뽑을 때

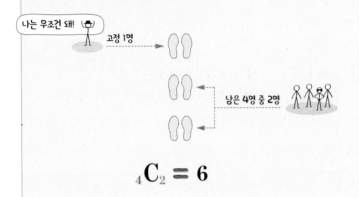

1 를 꼭 포함시키는 경우의 수는?

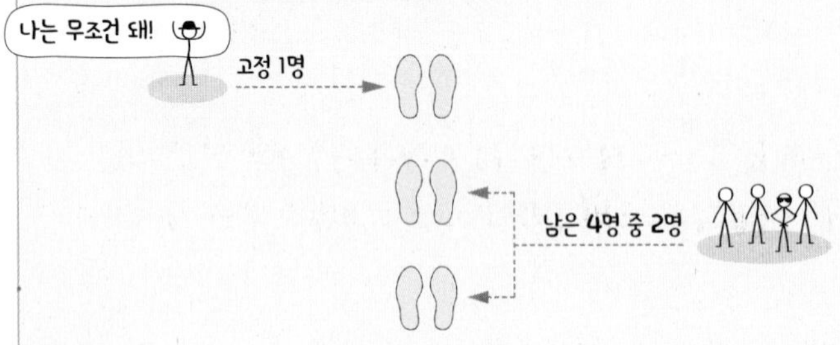

$${}_4C_2 = 6$$

2 를 절대로 포함시키지 않는 경우의 수는?

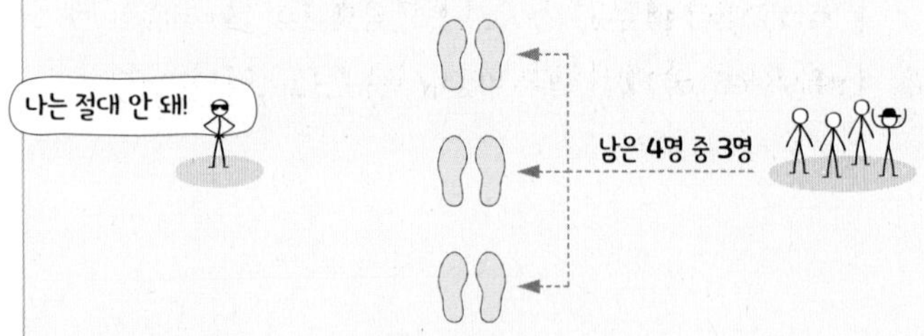

$${}_4C_3 = 4$$

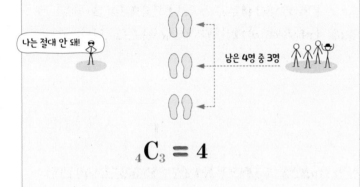

- **서로 다른 n개에서 특정한 k개를 포함하여 r개를 뽑는 경우의 수**
  : 특정한 k개를 제외한 $(n-k)$개에서 $(r-k)$를 뽑는 경우의 수와 같다.
  → ${}_{n-k}C_{r-k}$
- **서로 다른 n개에서 특정한 k개를 제외하고 r개를 뽑는 경우의 수**
  : 특정한 k개를 제외한 $(n-k)$개 중에서 r개를 뽑는 경우의 수와 같다.
  → ${}_{n-k}C_r$

1st 특정한 것을 포함하거나 포함하지 않는 조합의 수

● 다음을 구하시오.

1 9명의 동아리 회원 중에서 3명의 대표를 뽑을 때, 특정한 학생 2명을 반드시 포함하여 뽑는 경우의 수

→ 특정한 학생 2명을 미리 뽑아 놓고 나머지 7명 중에서 □명을 뽑으면 되므로 구하는 경우의 수는

${}_7C_{\square} = \square$

2 6개의 숫자 1, 2, 3, 4, 5, 6 중에서 4개를 뽑을 때, 2를 반드시 포함하여 뽑는 경우의 수

3 1부터 10까지의 자연수가 각각 하나씩 적힌 10개의 구슬이 들어 있는 주머니에서 5개의 구슬을 동시에 꺼낼 때, 반드시 4의 약수가 적힌 구슬을 모두 포함하여 뽑는 경우의 수

4 빵 5종류와 쿠키 5종류 중에서 4종류를 고를 때, 특정한 쿠키 한 종류를 반드시 포함하여 고르는 경우의 수

5 서로 다른 10개의 아이스크림 중에서 4개를 선택할 때, 특정한 아이스크림 3개를 모두 포함하지 않고 선택하는 경우의 수

→ 특정한 아이스크림 3개를 제외한 나머지 7개 중에서 □개를 선택하면 되므로 구하는 경우의 수는

$_7C_{\square}=\square$

6 6개의 문자 A, B, C, D, E, F 중에서 3개를 뽑을 때, D를 포함하지 않고 뽑는 경우의 수

7 수학책 3권을 포함한 서로 다른 8권의 책 중에서 4권을 택할 때, 수학책을 모두 포함하지 않고 택하는 경우의 수

8 남자 계주 선수 6명과 여자 계주 선수 5명 중에서 4명을 뽑을 때, 특정한 남자 계주 선수 2명을 모두 포함하지 않고 뽑는 경우의 수

2nd — 특정한 것을 포함하면서 포함하지 않는 조합의 수

● 다음을 구하시오.

9 10명의 학생 중에서 대표 3명을 뽑을 때, 특정한 학생 2명을 반드시 포함하고 다른 특정한 학생 2명을 포함하지 않고 뽑는 경우의 수

→ 특정한 학생 2명을 미리 뽑아 놓고 다른 특정한 학생 2명을 제외한 나머지 6명 중에서 □명을 뽑으면 되므로 구하는 경우의 수는

$_6C_{\square}=\square$

10 1부터 10까지의 자연수 중에서 4개를 뽑을 때, 5의 배수는 모두 포함하고 3의 배수는 모두 포함하지 않고 뽑는 경우의 수

11 고등학생 7명과 중학생 5명 중에서 3명을 뽑을 때, 특정한 중학생 1명을 반드시 포함하고 특정한 고등학생 2명을 모두 포함하지 않고 뽑는 경우의 수

12 A, B, C, D 네 사람을 포함한 12명 중에서 6명을 뽑을 때, A, B, C는 반드시 포함하고 D는 포함하지 않고 뽑는 경우의 수

13 A, B, C 세 회사의 서로 다른 제품이 각각 5개씩 들어 있는 상자에서 6개를 꺼낼 때, 특정한 A회사 제품 2개를 반드시 포함하고 B회사 제품은 포함하지 않고 꺼내는 경우의 수

전체 경우의 수는 특정한 한 개를 포함하거나 포함하지 않는 것으로 나뉜다.

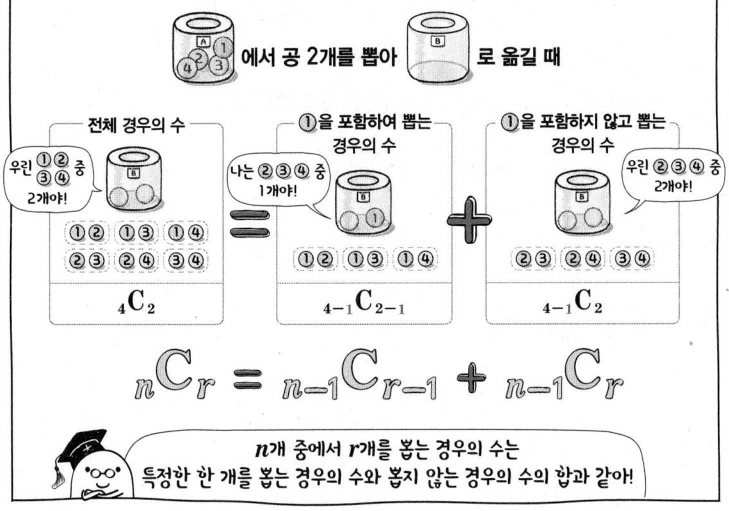

07 순서를 생각하지 않고 택하는!

여러 가지 경우의 조합의 수

1 서로 다른 n개에서 r개를 택하는 조합의 수는

$${}_{n}C_{r}=\frac{{}_{n}P_{r}}{r!}=\frac{n!}{r!(n-r)!}\text{ (단, }0\le r\le n)$$

2 ${}_{n}C_{0}=1$ ${}_{n}C_{n}=1$ ${}_{n}C_{r}={}_{n}C_{n-r}$

1st '적어도'의 조건이 있는 조합의 수

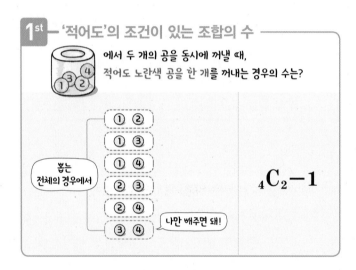

에서 두 개의 공을 동시에 꺼낼 때,
적어도 노란색 공을 한 개를 꺼내는 경우의 수는?

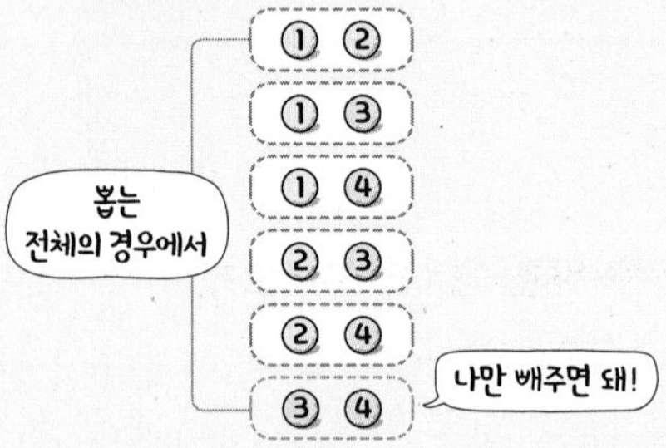

$${}_{4}C_{2}-1$$

● 다음을 구하시오.

1 2개의 불량품이 포함된 서로 다른 10개의 제품 중에서 3개를 뽑을 때, 적어도 1개의 불량품을 포함하여 뽑는 경우의 수

→ 적어도 1개의 불량품을 포함하여 뽑는 경우의 수는 10개 중에서 3개를 뽑는 경우의 수에서 불량품을 1개도 포함하지 않는 경우의 수를 빼면 된다.

(i) 10개 중에서 3개를 뽑는 경우의 수는 ${}_{10}C_{3}=120$

(ii) 불량품을 1개도 포함하지 않는 경우는 정상제품 8개 중에서 3개를 뽑을 때이므로 ${}_{8}C_{\square}=\square$

(i), (ii)에서 구하는 경우의 수는

$120-\square=\square$

(사건 A가 적어도 한 번 일어나는 경우의 수)
=(모든 경우의 수)−(사건 A가 일어나지 않는 경우의 수)

2 남학생 5명과 여학생 4명 중에서 2명을 뽑을 때, 여학생을 적어도 1명 포함하여 뽑는 경우의 수

3 서로 다른 수학책 5권과 국어책 5권 중에서 4권을 뽑을 때, 수학책을 적어도 1권 포함하여 뽑는 경우의 수

4 수영 선수 6명과 체조 선수 6명 중에서 4명을 뽑을 때, 수영 선수를 적어도 1명 포함하여 뽑는 경우의 수

5 남학생 4명과 여학생 5명 중에서 3명을 뽑을 때, 남학생과 여학생을 각각 적어도 1명씩 포함하여 뽑는 경우의 수

→ 9명 중에서 3명을 뽑는 경우의 수는 ${}_{9}C_{3}=84$

남학생 4명 중에서 3명을 뽑는 경우의 수는 ${}_{4}C_{\square}=\square$

여학생 5명 중에서 3명을 뽑는 경우의 수는 ${}_{5}C_{\square}=\square$

따라서 구하는 경우의 수는

$84-(\square+\square)=\square$

6 제과점에 서로 다른 시나몬 빵 5개, 야채 빵 6개가 있다. 이 중에서 4개를 살 때, 시나몬 빵과 야채 빵을 각각 적어도 1개씩 포함하여 사는 경우의 수

7 서로 다른 자음 7개와 모음 6개 중에서 4개를 뽑을 때, 자음과 모음을 각각 적어도 1개씩 포함하여 뽑는 경우의 수

8 중학생 8명과 초등학생 7명 중에서 3명을 뽑을 때, 중학생과 초등학생을 각각 적어도 1명씩 포함하여 뽑는 경우의 수

2nd 뽑아서 나열하는 경우의 수

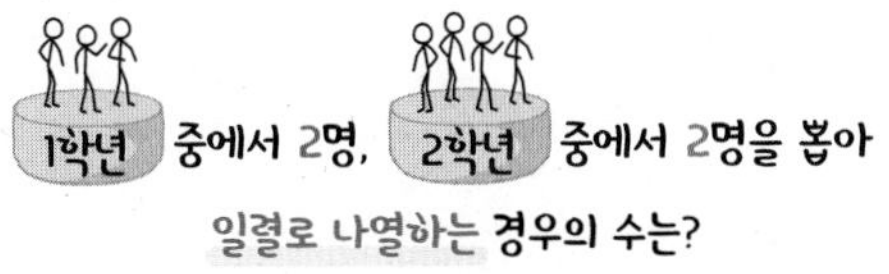
1학년
중에서 2명,
2학년
중에서 2명을 뽑아
일렬로 나열하는 경우의 수는?

$$_3C_2 \times {_4C_2} \times (2+2)!$$

● **다음을 구하시오.**

9 1학년 학생 6명과 2학년 학생 5명 중에서 1학년 학생 3명, 2학년 학생 2명을 뽑아 일렬로 세우는 경우의 수

→ 1학년 학생 6명 중에서 3명을 뽑고, 2학년 학생 5명 중에서 2명을 뽑는 경우의 수는

$_6C_{\square} \times {_5C_{\square}} = \square$

뽑은 5명을 일렬로 세우는 경우의 수는 $5! = 120$

따라서 구하는 경우의 수는

$\square \times 120 = \square$

서로 다른 m개 중에서 r개, 서로 다른 n개 중에서 k개를 뽑아서 일렬로 나열하는 경우의 수
→ $_mC_r \times {_nC_k} \times (r+k)!$

10 서로 다른 소설책 5권과 시집 4권 중에서 소설책 2권, 시집 2권을 뽑아 책꽂이에 일렬로 꽂는 경우의 수

11 서로 다른 사탕 6개와 초콜릿 4개 중에서 사탕 2개, 초콜릿 1개를 뽑아 일렬로 나열하는 경우의 수

12 1부터 10까지의 자연수 중에서 짝수 2개, 홀수 2개를 뽑아 일렬로 나열하는 경우의 수

13 학생 6명 중에서 4명을 뽑아 일렬로 세울 때, 특정한 2명을 반드시 포함하여 세우는 경우의 수

→ 특정한 2명을 미리 뽑아 놓고 나머지 4명 중에서 2명을 뽑는 경우의 수는

$_4C_{\square} = \square$

뽑은 4명을 일렬로 세우는 경우의 수는 $4! = \square$

따라서 구하는 경우의 수는

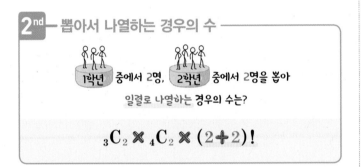

$\square \times \square = \square$

14 1부터 8까지의 자연수 중에서 4개를 뽑아 일렬로 나열할 때, 특정한 두 수를 모두 포함하지 않고 나열하는 경우의 수

15 8개의 문자 A, B, C, D, E, F, G, H 중에서 서로 다른 5개의 문자를 뽑아 일렬로 나열할 때, A, B는 포함하고 G는 포함하지 않도록 나열하는 경우의 수

→ A, B는 미리 뽑아 놓고 G를 제외한 5개 중에서 3개를 뽑는 경우의 수는

$_5C_{\square}=\square$

뽑은 5개를 일렬로 나열하는 경우의 수는 $5!=\square$

따라서 구하는 경우의 수는

$\square\times\square=\square$

16 A, B, C를 포함한 10명의 학생 중에서 6명을 뽑아 일렬로 세울 때, A는 포함하고 B, C는 포함하지 않도록 세우는 경우의 수

조합에서 중복을 허용하면?

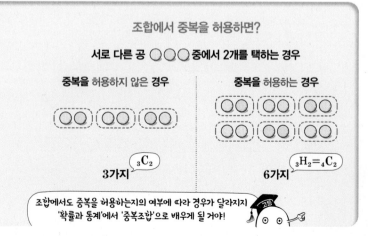

서로 다른 공 ○○○ 중에서 2개를 택하는 경우

중복을 허용하지 않은 경우

3가지 ($_3C_2$)

중복을 허용하는 경우

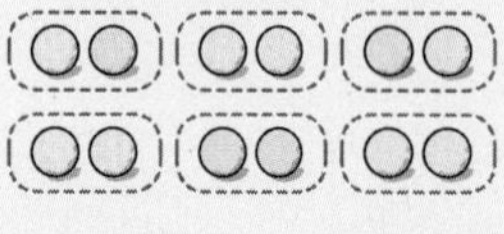

6가지 ($_3H_2={}_4C_2$)

조합에서도 중복을 허용하는지의 여부에 따라 경우가 달라지지 '확률과 통계'에서 '중복조합'으로 배우게 될 거야!

3rd 두 점을 이어서 만들 수 있는 직선의 개수

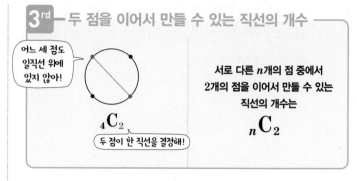

어느 세 점도 일직선 위에 있지 않아!

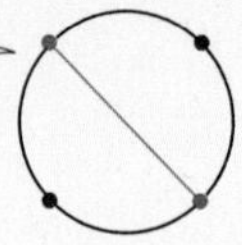

$_4C_2$

두 점이 한 직선을 결정해!

서로 다른 n개의 점 중에서 2개의 점을 이어서 만들 수 있는 직선의 개수는

$_nC_2$

● 다음 그림과 같이 원 위에 점들이 있을 때, 2개의 점을 이어서 만들 수 있는 서로 다른 직선의 개수를 구하시오.

원 위의 점들은 어느 세 점도 한 직선 위에 있지 않다.

17

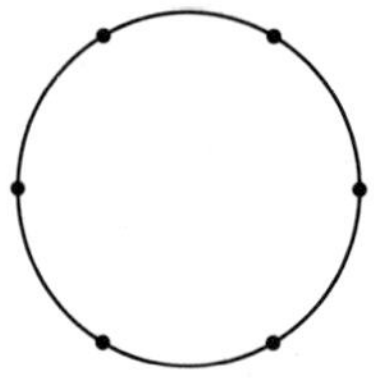

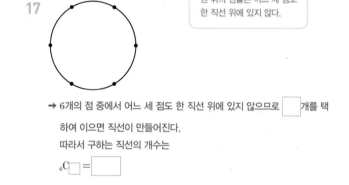

→ 6개의 점 중에서 어느 세 점도 한 직선 위에 있지 않으므로 $\square$개를 택하여 이으면 직선이 만들어진다.

따라서 구하는 직선의 개수는

$_6C_{\square}=\square$

18

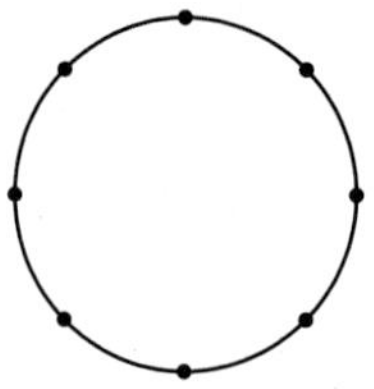

19

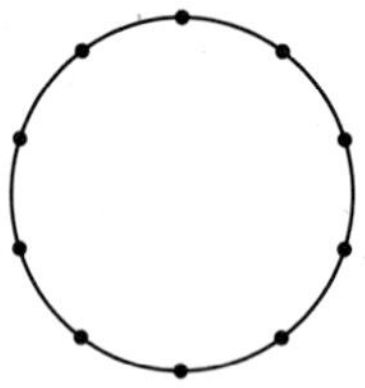

20

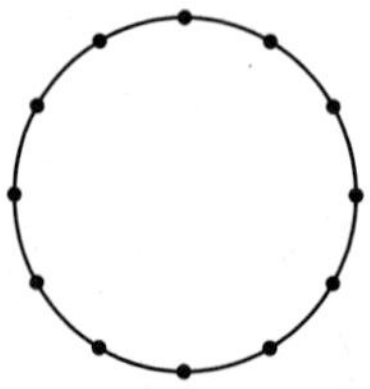

● **다음 그림과 같이 평행한 두 직선 위에 점들이 있을 때, 2개의 점을 이어서 만들 수 있는 서로 다른 직선의 개수를 구하시오.**

일직선 위의 점들은 한 개의 직선을 만든다.

21 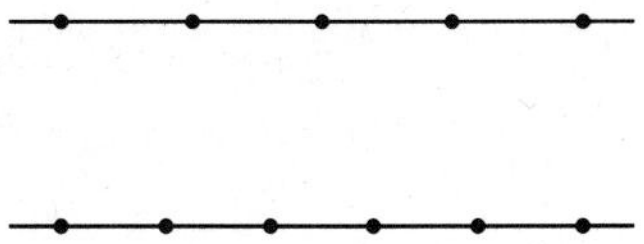

→ 평행한 두 직선 위의 점을 각각 1개씩 택하여 이으면 직선이 만들어지므로 ${}_5C_1 \times {}_6C_1=$□

주어진 평행선 2개를 추가하면 구하는 직선의 개수는

□$+2=$□

22 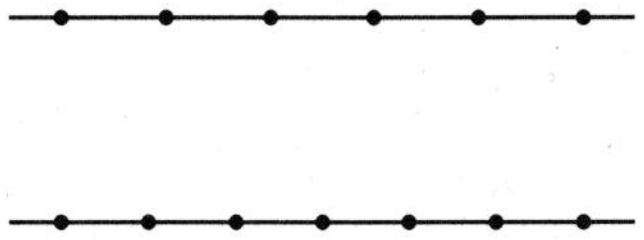

23 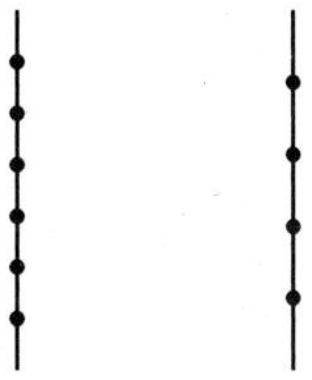

24 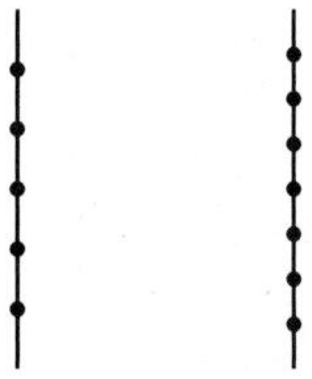

개념모음문제

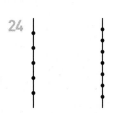

25 오른쪽 그림과 같은 반원 위에 있는 8개의 점 중에서 2개의 점을 이어 만들 수 있는 서로 다른 직선의 개수는?

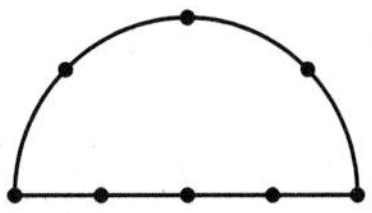

① 18 ② 19 ③ 24 ④ 27 ⑤ 28

4th 다각형의 대각선의 개수

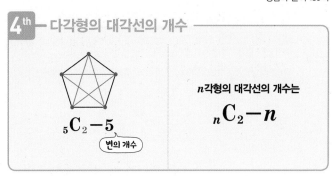

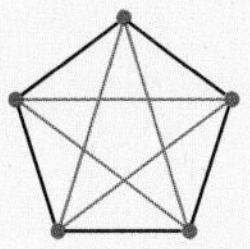

${}_5C_2-5$ (변의 개수)

*n*각형의 대각선의 개수는

$${}_nC_2-n$$

● **다음 다각형의 대각선의 개수를 구하시오.**

26 육각형

→ 6개의 꼭짓점 중에서 □개를 택하여 만들 수 있는 선분의 개수는

${}_6C_{□}=$□

이때 이웃한 두 점을 택하는 경우는 대각선이 아닌 변이 만들어진다.

따라서 구하는 대각선의 개수는

□$-6=$□

27 팔각형

28 십각형

29 십삼각형

30 십오각형

● 대각선의 개수가 다음과 같을 때, 다각형의 변의 개수를 구하시오.

31 대각선의 개수: 14

→ 대각선의 개수가 14인 다각형의 변의 개수를 $n(n\geq3)$이라 하면

${}_{n}C_{2}-\square=14$에서 $\frac{n(n-1)}{2}-\square=14$

$n^2-\square n-28=0$, $(n-7)(n+4)=0$

$n\geq3$이므로 $n=\square$

32 대각선의 개수: 35

33 대각선의 개수: 44

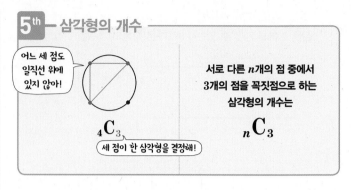

34 대각선의 개수: 170

n각형의 대각선의 개수

중등에서는 한 꼭짓점에서 그을 수 있는 대각선의 개수를 이용	고등에서는 두 점을 택하여 만들 수 있는 직선의 개수를 이용
$\frac{n(n-3)}{2}$ 꼭짓점의 개수 한 꼭짓점에서 그을 수 있는 대각선의 개수 한 대각선을 두 번씩 세었으므로 2로 나눠!	${}_{n}C_{2}-n=\frac{n(n-1)}{2}-n=\frac{n^2-n-2n}{2}=\frac{n^2-3n}{2}=\frac{n(n-3)}{2}$ 변의 개수

5th 삼각형의 개수

어느 세 점도 일직선 위에 있지 않아!

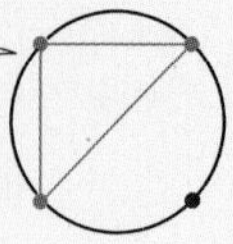

${}_{4}C_{3}$

세 점이 한 삼각형을 결정해!

서로 다른 n개의 점 중에서 3개의 점을 꼭짓점으로 하는 삼각형의 개수는

${}_{n}C_{3}$

● 다음 그림과 같은 도형 위에 점들이 있을 때, 3개의 점을 꼭짓점으로 하는 삼각형의 개수를 구하시오.

35

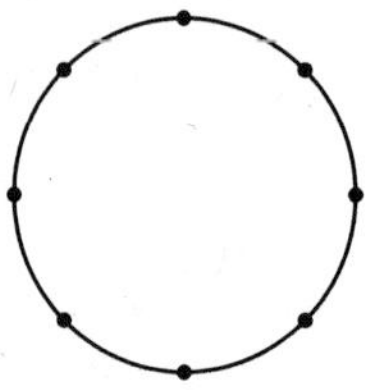

→ 원 위의 8개의 점 중에서 □개를 택하면 삼각형이 만들어지므로 구하는 삼각형의 개수는

${}_{8}C_{\square}=\square$

36

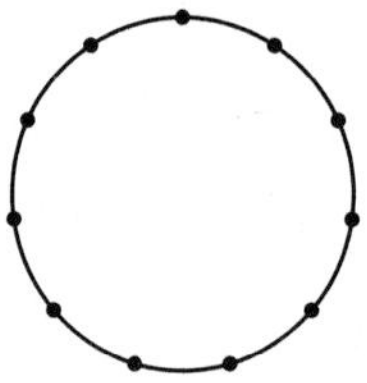

37

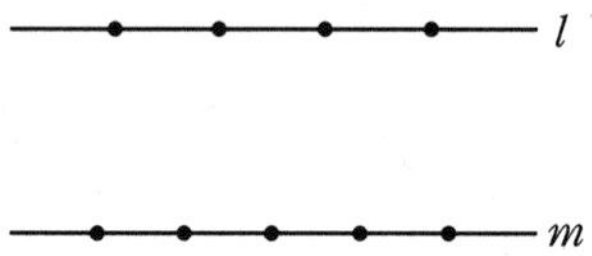

한 직선 위의 3개의 점으로는 삼각형을 만들 수 없어!

→ 직선 l, m 위의 9개의 점 중에서 3개를 택하는 경우의 수는 ${}_{9}C_{3}=84$

이때 한 직선 위에 있는 3개의 점으로는 삼각형을 만들 수 없다.

직선 l 위의 4개의 점 중에서 3개를 택하는 경우의 수는 ${}_{4}C_{\square}=\square$

직선 m 위의 5개의 점 중에서 3개를 택하는 경우의 수는

${}_{5}C_{\square}=\square$

따라서 구하는 삼각형의 개수는

$84-\square-\square=\square$

38

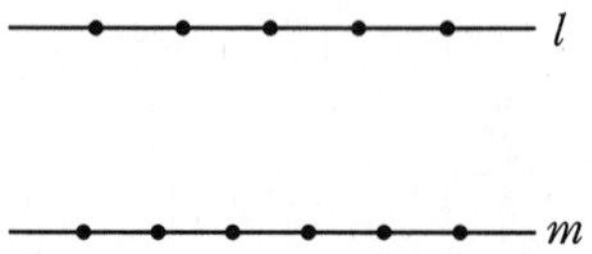

39

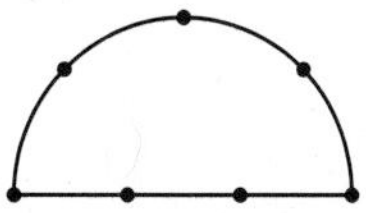

→ 7개의 점 중에서 3개를 택하는 경우의 수는 ${}_{7}C_{3}=35$

이때 한 직선 위에 있는 3개의 점으로는 삼각형이 만들어지지 않는다.

한 직선 위의 4개의 점 중에서 3개를 택하는 경우의 수는

${}_{4}C_{□}=□$

따라서 구하는 삼각형의 개수는

$35-□=□$

40

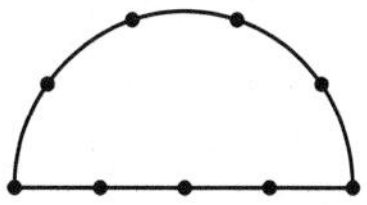

43

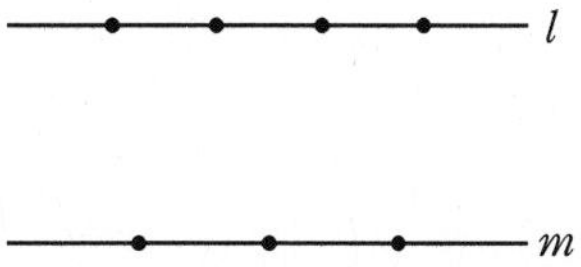

한 직선 위의 4개의 점으로는 사각형을 만들 수 없어!

→ 직선 l 위의 4개의 점 중에서 2개를 택하는 경우의 수는

${}_{4}C_{2}=6$

직선 m 위의 3개의 점 중에서 2개를 택하는 경우의 수는

${}_{3}C_{2}=□$

따라서 구하는 사각형의 개수는 $6\times□=□$

44

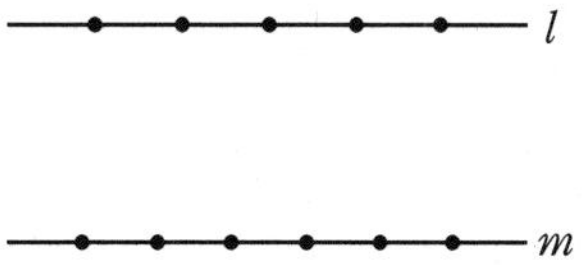

6th 사각형의 개수

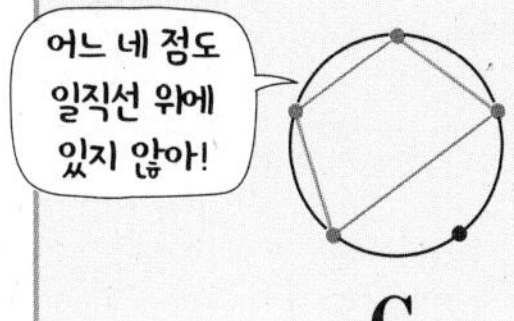

${}_{5}C_{4}$

네 점이 한 사각형을 결정해!

서로 다른 n개의 점 중에서 4개의 점을 꼭짓점으로 하는 사각형의 개수는

${}_{n}C_{4}$

7th 평행사변형의 개수

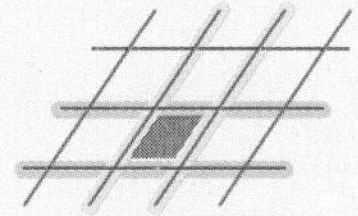

${}_{4}C_{2}\times{}_{3}C_{2}=18$

네 직선이 한 평행사변형을 결정해!

m개의 평행선과 이와 평행하지 않은 n개의 평행선이 만날 때, 만들어지는 평행사변형의 개수는

${}_{m}C_{2}\times{}_{n}C_{2}$

● 다음 그림과 같은 도형 위에 점들이 있을 때, 4개의 점을 꼭짓점으로 하는 사각형의 개수를 구하시오.

41

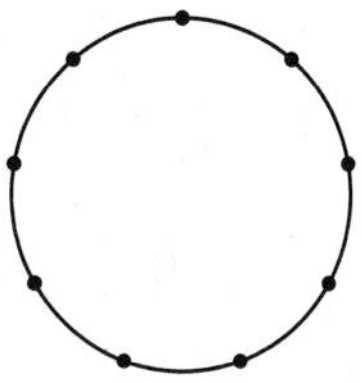

→ 원 위의 9개의 점 중에서 □개를 택하면 사각형이 만들어지므로 구하는 사각형의 개수는

${}_{9}C_{□}=□$

42

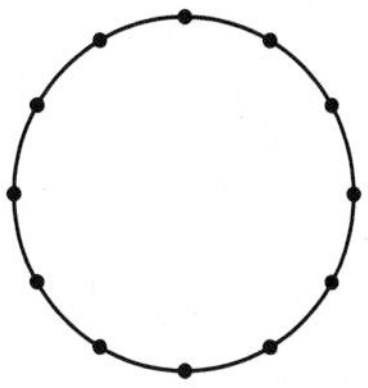

● 다음 그림과 같이 평행선과 평행선이 만날 때, 이 평행선으로 만들어지는 평행사변형의 개수를 구하시오.

45

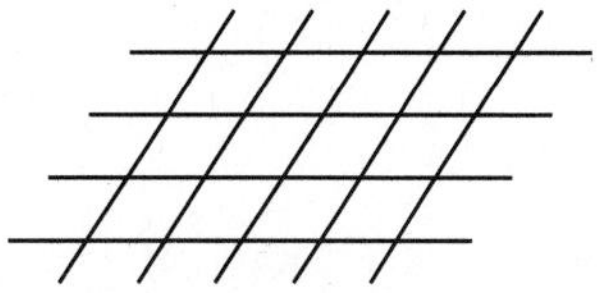

→ 가로 방향의 평행선에서 2개, 세로 방향의 평행선에서 2개 택하면 1개의 평행사변형이 만들어진다.

가로 방향의 4개의 평행선 중에서 2개를 택하는 경우의 수는

${}_{4}C_{2}=6$

세로 방향의 5개의 평행선 중에서 2개를 택하는 경우의 수는

${}_{5}C_{2}=□$

따라서 구하는 사각형의 개수는 $6\times□=□$

46

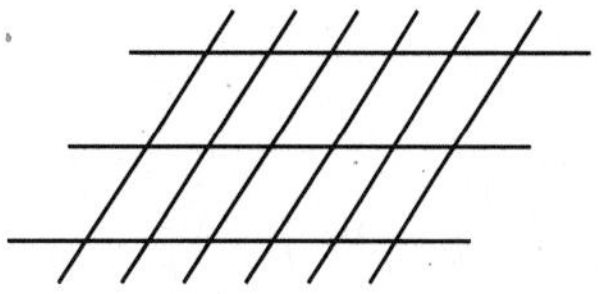

08 분할과 분배

묶음으로 나누고! 다시 배열하고!

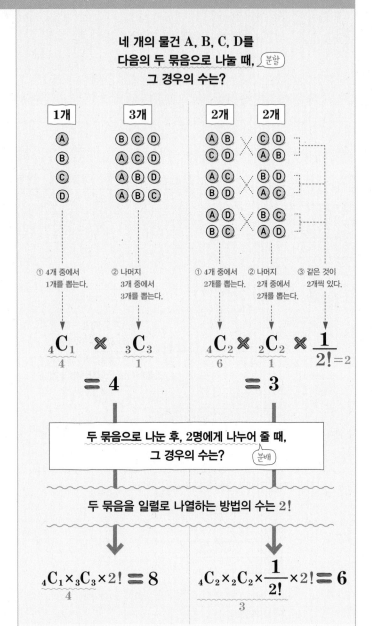

네 개의 물건 A, B, C, D를
다음의 두 묶음으로 나눌 때, (분할)
그 경우의 수는?

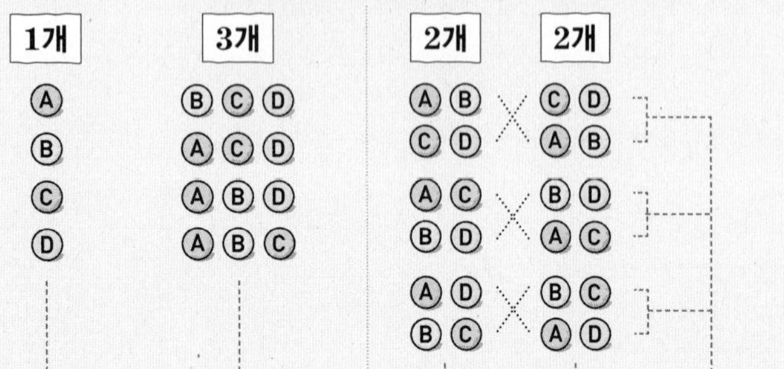

① 4개 중에서 1개를 뽑는다. ② 나머지 3개 중에서 3개를 뽑는다.

$${}_4C_1 \times {}_3C_3 = 4$$

(${}_4C_1$ = 4, ${}_3C_3$ = 1)

① 4개 중에서 2개를 뽑는다. ② 나머지 2개 중에서 2개를 뽑는다. ③ 같은 것이 2개씩 있다.

$${}_4C_2 \times {}_2C_2 \times \frac{1}{2!} = 3$$

(${}_4C_2$ = 6, ${}_2C_2$ = 1, $2!=2$)

두 묶음으로 나눈 후, 2명에게 나누어 줄 때,
그 경우의 수는? (분배)

두 묶음을 일렬로 나열하는 방법의 수는 $2!$

$${}_4C_1\times{}_3C_3\times 2! = 8$$

(4)

$${}_4C_2\times{}_2C_2\times\frac{1}{2!}\times 2! = 6$$

(3)

1 분할

여러개의 물건을 몇 개의 묶음으로 나누는 것을 **분할**이라 하고,
서로 다른 n개의 물건을 p개, q개, r개$(p+q+r=n)$의 세 묶음으로 분할하는 경우의 수는

❶ p, q, r가 모두 다른 수일 때 ➡ ${}_nC_p \times {}_{n-p}C_q \times {}_rC_r$

❷ p, q, r중 어느 두 수가 같을 때 ➡ ${}_nC_p \times {}_{n-p}C_q \times {}_rC_r \times \frac{1}{2!}$

❸ p, q, r의 세 수가 모두 같을 때 ➡ ${}_nC_p \times {}_{n-p}C_q \times {}_rC_r \times \frac{1}{3!}$

2 분배

분할된 묶음을 일렬로 나열하는 것을 **분배**라 하고,
n묶음으로 분할하여 n명에게 분배하는 경우의 수는
➡ (n묶음으로 분할하는 방법의 수)$\times n!$

1st 분할하는 경우의 수

● 다음을 구하시오.

1 6명의 학생을 다음과 같은 인원으로 조를 나누는 경우의 수

(1) 4명, 2명

➡ 6명 중 4명을 택한 후 남은 ☐명 중 2명을 택하는 경우의 수이므로

$${}_6C_4 \times {}_{\square}C_2 = \frac{\square\times 5}{2\times 1}\times 1 = \square \times 1 = \square$$

(2) 3명, 3명

➡ 6명 중 3명을 택한 후 남은 ☐명 중 3명을 택하는 경우의 수이므로

$${}_6C_3 \times {}_{\square}C_3$$

이때 3명을 택한 두 조는 구별되지 않으므로 ☐!만큼 중복하여 나타난다.
따라서 구하는 경우의 수는

$${}_6C_3 \times {}_{\square}C_3 \times \frac{1}{\square!} = \frac{6\times5\times4}{\square\times2\times1}\times1\times\frac{1}{\square}$$
$$= \square \times 1 \times \frac{1}{\square} = \square$$

(3) 2명, 2명, 2명

➡ 6명 중 2명을 택한 후 남은 ☐명 중 2명을 택하고 나머지 ☐명 중 2명을 택하는 경우의 수이므로

$${}_6C_2 \times {}_{\square}C_2 \times {}_{\square}C_2$$

이때 2명을 택한 세 조는 구별되지 않으므로 ☐!만큼 중복하여 나타난다.
따라서 구하는 경우의 수는

$${}_6C_2 \times {}_{\square}C_2 \times {}_{\square}C_2 \times \frac{1}{\square!}$$
$$= \frac{6\times5}{2\times1}\times\frac{\square\times3}{2\times1}\times1\times\frac{1}{\square!}$$
$$= 15\times\square\times1\times\frac{1}{\square} = \square$$

2 서로 다른 9종류의 과일을 다음과 같이 분할하는 경우의 수

(1) 2종류, 3종류, 4종류

(2) 2종류, 2종류, 5종류

(3) 3종류, 3종류, 3종류

2nd — 분할한 후 분배하는 경우의 수

● 다음을 구하시오.

3 서로 다른 7개의 과자를 2개, 2개, 3개로 나누어 3명에게 나누어 주는 경우의 수

→ 7개의 과자를 2개, 2개, 3개로 나누는 경우의 수는

$${}_7C_2 \times {}_5C_2 \times {}_3C_3 \times \frac{1}{\square!} = \frac{7\times6}{2\times1} \times \frac{5\times4}{2\times1} \times 1 \times \frac{1}{\square}$$

$$=21 \times \square \times 1 \times \frac{1}{\square} = 105$$

이때 3명에게 나누어 주는 경우의 수는 $\square$!이므로

$105 \times \square ! = \square$

4 8명의 학생을 2명, 2명, 4명으로 나누어 서로 다른 세 동아리에 배정하는 경우의 수

5 서로 다른 5권의 책을 3명에게 못 받는 사람이 없도록 나누어 주는 경우의 수

→ 서로 다른 5권의 책을 3명이 적어도 1권씩 받도록 나누는 방법은 (1권, 1권, 3권), (1권, 2권, 2권)의 두 가지이다.

(i) 1권, 1권, 3권으로 나누어 주는 경우

$$\left({}_5C_1 \times {}_4C_1 \times {}_3C_3 \times \frac{1}{\square!}\right) \times 3! = \square$$

(ii) 1권, 2권, 2권으로 나누어 주는 경우

$$\left({}_5C_1 \times {}_4C_2 \times {}_2C_2 \times \frac{1}{\square!}\right) \times \square ! = 90$$

(i), (ii)에서 구하는 경우의 수는 $\square + 90 = \square$

6 서로 다른 6종류의 꽃을 3명에게 못 받는 사람이 없도록 나누어 주는 경우의 수

3rd — 대진표의 작성

● 주어진 수의 팀이 아래 그림과 같은 토너먼트 방식으로 경기를 할 때 대진표를 작성하는 경우의 수를 구하시오.

7

6개의 팀

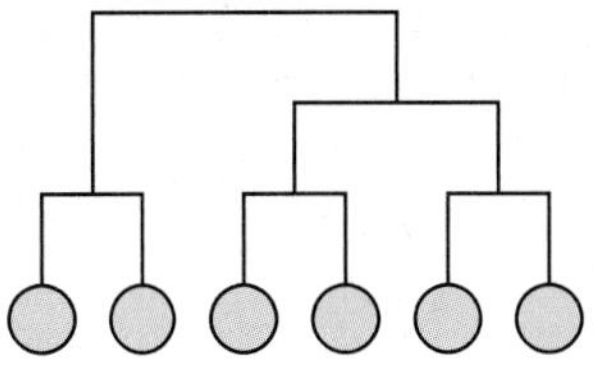

→ 6개의 팀을 2개, $\square$개의 팀으로 분할하고, $\square$개의 팀을 다시 2개, 2개의 팀으로 분할하는 경우의 수이므로

$$({}_6C_2 \times {}_4C_{\square}) \times \left({}_4C_2 \times {}_2C_2 \times \frac{1}{\square!}\right) = 15 \times \square = \square$$

8

8개의 팀

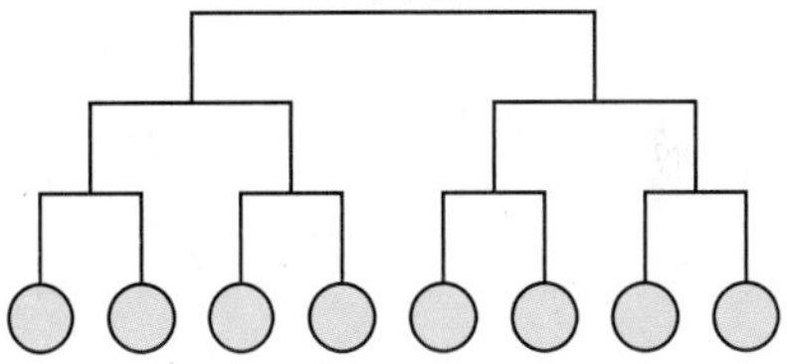

9

5개의 팀

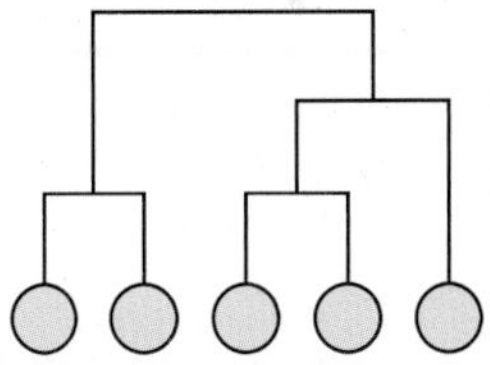

→ 5개의 팀을 2개, $\square$개의 팀으로 분할하고, $\square$개의 팀 중에서 부전승으로 올라가는 1개의 팀을 택하는 경우의 수이므로

$$({}_5C_2 \times {}_3C_{\square}) \times {}_3C_1 = \square \times 3 = \square$$

10

6개의 팀

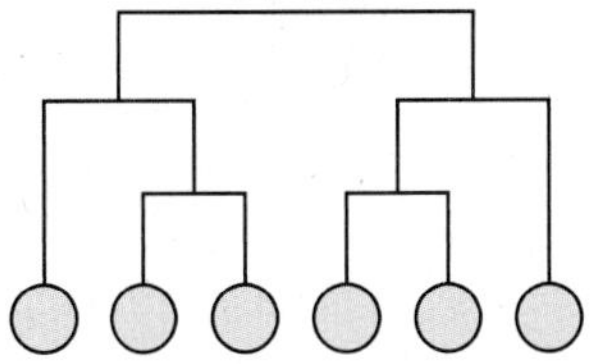

05 조합

• **조합의 수**

① 서로 다른 n개에서 r개를 택하는 조합의 수는

$${}_nC_r=\frac{{}_nP_r}{r!}=\frac{n!}{r!(n-r)!}\ (\text{단, } 0\le r\le n)$$

② ${}_nC_n=1$, ${}_nC_0=1$

③ ${}_nC_r={}_nC_{n-r}$ (단, $0\le r\le n$)

④ ${}_nC_r={}_{n-1}C_{r-1}+{}_{n-1}C_r$ (단, $1\le r\le n$)

1 ${}_nC_2:{}_nC_3=3:4$를 만족시키는 자연수 n의 값은?

① 3 ② 4 ③ 5
④ 6 ⑤ 7

2 부등식 ${}_{n+1}P_3-2\times{}_nC_{n-2}\le n\times{}_8C_3$을 만족시키는 자연수 n의 개수는?

① 3 ② 4 ③ 5
④ 6 ⑤ 7

3 서로 다른 파란 구슬 6개와 노란 구슬 4개가 들어 있는 주머니에서 파란 구슬 2개와 노란 구슬 1개를 꺼내는 경우의 수를 구하시오.

4 교내 일대일 토론 대회는 참가한 모든 학생이 서로 한 번씩 토론하는 리그전으로 치러진다. 치러진 토론의 총 횟수가 45일 때, 이 대회에 참가한 학생은 모두 몇 명인가?

① 6명 ② 7명 ③ 8명
④ 9명 ⑤ 10명

5 주머니 안에 서로 다른 검은 공 4개, 흰 공 3개, 빨간 공 n개가 들어 있다. 이 주머니에서 3개의 공을 꺼낼 때, 모두 같은 색의 공을 꺼내는 경우의 수가 15이다. n의 값은? (단, $n\ge3$)

① 5 ② 6 ③ 7
④ 8 ⑤ 9

06 특정한 것을 포함하거나 포함하지 않는 조합의 수

• 서로 다른 n개에서 특정한 k개를 포함하여 r개를 뽑는 경우의 수 → ${}_{n-k}C_{r-k}$

• 서로 다른 n개에서 특정한 k개를 제외하고 r개를 뽑는 경우의 수 → ${}_{n-k}C_r$

• 서로 다른 m개 중에서 r개, 서로 다른 n개 중에서 k개를 뽑아서 일렬로 나열하는 경우의 수 → ${}_mC_r\times{}_nC_k\times(r+k)!$

6 1부터 10까지의 자연수가 각각 하나씩 적힌 카드 10장 중에서 5장을 뽑을 때, 반드시 5의 배수를 모두 포함하여 뽑는 경우의 수는?

① 28 ② 42 ③ 56
④ 336 ⑤ 672

7 1부터 8까지의 자연수가 각각 하나씩 적힌 8개의 공이 들어 있는 주머니에서 5개를 뽑을 때, 3의 배수가 적힌 공을 포함하지 않고 뽑는 경우의 수는?

① 4 ② 5 ③ 6
④ 7 ⑤ 8

8 어느 슈퍼마켓에서 서로 다른 종류의 우유 5개와 서로 다른 종류의 오렌지 주스 4개, 서로 다른 종류의 요구르트 2개 중에서 우유 2개, 오렌지 주스 2개, 요구르트 2개를 택하여 일렬로 진열하려 한다. 요구르트끼리는 이웃하지 않게 진열하는 경우의 수는?

① 12100 ② 14400 ③ 19600
④ 21600 ⑤ 28800

07~08 여러 가지 경우의 조합의 수

어느 세 점도 한 직선 위에 있지 않은 서로 다른 n개의 점 중에서

- 2개의 점을 이어서 만들 수 있는 직선의 개수 → ${}_n\mathrm{C}_2$
- 3개의 점을 꼭짓점으로 하는 삼각형의 개수 → ${}_n\mathrm{C}_3$
- 4개의 점을 꼭짓점으로 하는 사각형의 개수 → ${}_n\mathrm{C}_4$

9 윤미는 오페라 4편과 뮤지컬 6편 중에서 4편을 골라 관람하려 한다. 오페라와 뮤지컬을 적어도 한 편씩 포함되도록 고르는 경우의 수를 구하시오.

10 다음 그림과 같이 평행한 두 직선 l, m 위에 각각 4개, 5개의 점이 있을 때, 주어진 점을 이어서 만들 수 있는 서로 다른 직선의 개수는?

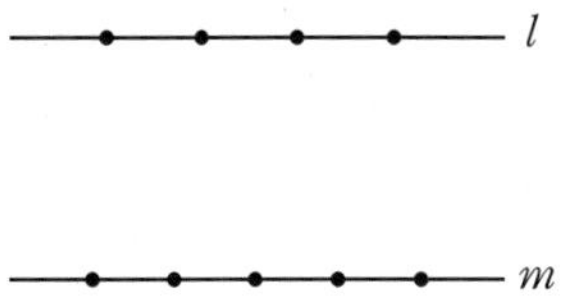

① 18 ② 20 ③ 22
④ 24 ⑤ 26

11 오른쪽 그림과 같은 정팔각형에서 세 꼭짓점을 이어서 만들 수 있는 삼각형의 개수는?

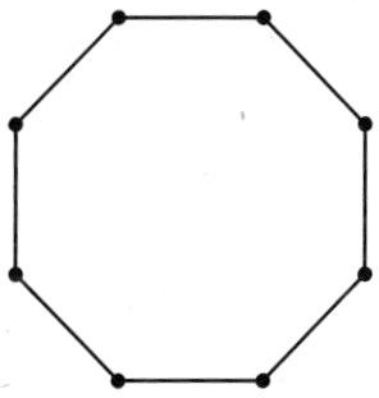

① 44 ② 48
③ 52 ④ 56
⑤ 60

12 오른쪽 그림과 같이 직사각형의 가로와 세로에 평행한 선분을 각각 3개씩 그었을 때, 그림에서 찾을 수 있는 크고 작은 직사각형의 개수를 구하시오.

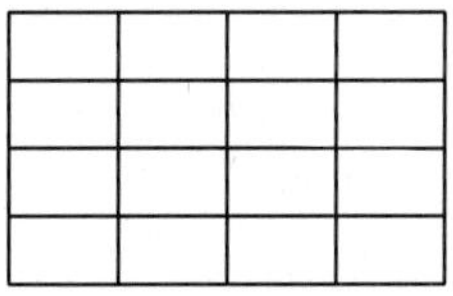

TEST 개념 발전

1 5개의 좌석이 일렬로 배열된 영화관에서 혜나, 찬호, 예은, 형균, 지수가 일렬로 앉아 영화를 관람하려 할 때, 혜나, 찬호가 이웃하게 앉는 경우의 수를 구하시오.

2 남학생 5명과 여학생 5명으로 구성된 배드민턴팀에서 남녀 각각 1명씩을 짝 지어 5개의 남녀 혼합 복식팀을 만드는 경우의 수는?

① 40 ② 60 ③ 80
④ 100 ⑤ 120

3 x에 대한 이차방정식 ${}_nP_r \times x^2 - 4 \times {}_nC_{n-r} \times x - 48 = 0$의 두 근이 -2, 4일 때, $n+r$의 값을 구하시오.
(단, n, r는 자연수이다.)

4 일렬로 놓여 있는 8개의 의자에 학생 세 명이 서로 다른 의자에 앉을 때, 세 명 사이에 적어도 하나의 빈 의자가 있도록 앉는 경우의 수는?

① 216 ② 256 ③ 274
④ 300 ⑤ 336

5 어느 모임에 참석한 모든 회원들은 각자 다른 사람들과 한 번씩 악수를 하였다. 회원들이 악수를 한 총 횟수가 78일 때, 모임에 참석한 회원 수는?

① 10 ② 11 ③ 12
④ 13 ⑤ 14

6 펜싱부와 수영부로 구성된 운동부원 10명 중에서 대표 3명을 뽑을 때, 적어도 펜싱부 한 명을 포함하는 경우의 수가 100이다. 10명 중에서 수영부는 몇 명인가?

① 4명 ② 5명 ③ 6명
④ 7명 ⑤ 8명

7 오른쪽 그림과 같이 같은 간격으로 배열된 12개의 점에 대하여 두 점을 연결하여 만들 수 있는 직선의 개수는?

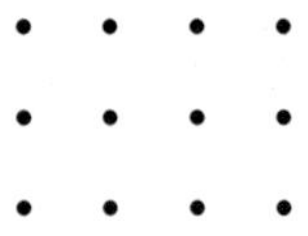

① 30 ② 35 ③ 40
④ 45 ⑤ 50

8 8명의 학생 중 4명의 대표를 뽑을 때, 특정한 세 학생 A, B, C 중에서 A는 뽑히지 않고 B, C는 모두 뽑히는 경우의 수는?

① 10 ② 14 ③ 18
④ 22 ⑤ 26

9 대각선의 개수가 252인 다각형의 꼭짓점의 개수를 구하시오.

10 1부터 9까지의 자연수가 각각 하나씩 적힌 9개의 공이 들어 있는 주머니에서 3개를 뽑을 때, 공에 적힌 세 수의 곱이 짝수인 경우의 수는?

① 72 ② 74 ③ 76
④ 78 ⑤ 80

11 선생님과 학생 모두 6명을 일렬로 나열할 때, 적어도 한 쪽 끝에 선생님이 오는 경우의 수가 576이다. 선생님의 수는? (단, 선생님은 2명 이상이다.)

① 2 ② 3 ③ 4
④ 5 ⑤ 6

12 4명의 가족이 서로 다른 두 개의 3인용 소파에 앉으려 한다. 이 가족이 두 소파의 자리에 앉을 자리를 정하는 경우의 수는?

① 256 ② 288 ③ 304
④ 330 ⑤ 360

13 백의 자리의 수를 a, 십의 자리의 수를 b, 일의 자리의 수를 c라 할 때, $0<a\le b\le c<10$을 만족시키는 세 자리 자연수의 개수는?

① 134 ② 142 ③ 148
④ 154 ⑤ 165

14 어느 회사에서 A 캐릭터 상품 6종류, B 캐릭터 상품 5종류, C 캐릭터 상품 4종류를 출시하였다. 이 중에서 3종류의 상품을 묶어 세트로 판매하려 한다. 같은 캐릭터의 상품으로 묶는 경우의 수를 a, 서로 다른 캐릭터의 상품으로 묶는 경우의 수를 b라 할 때, $a+b$의 값은?

① 154 ② 156 ③ 158
④ 160 ⑤ 162

문제를 보다!

그림과 같이 한 개의 정삼각형과 세 개의 정사각형으로 이루어진 도형이 있다. [기출 변형]
숫자 1, 2, 3, 4, 5, 6 중에서 중복을 허락하여 네 개를 택해 네 개의 정다각형 내부에 하나씩 적을 때, 다음 조건을 만족시키는 경우의 수는? [4점]

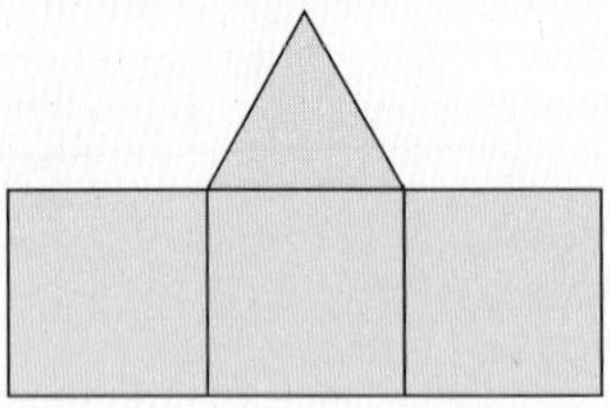

(가) 세 개의 정사각형에 적혀 있는 수는 정삼각형에 적혀 있는 수보다 크다.
(나) 변을 공유하는 두 정사각형에 적혀 있는 수는 서로 다르다.

① 50 ② 130 ③ 280 ④ 560 ⑤ 750

자, 잠깐만! 당황하지 말고
문제를 잘 보면 문제의 구성이 보여!
출제자가 이 문제를 왜 냈는지를 봐야지!

내가 아는 것 ①

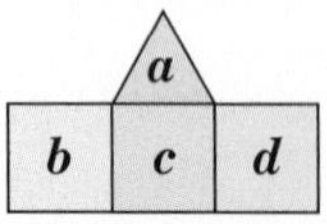

(가) $a<b$, $a<c$, $a<d$
(나) $b\neq c$, $c\neq d$

중복을 허용

내가 찾은 것 ❶

$a=1$일 때 … $a=4$일 때

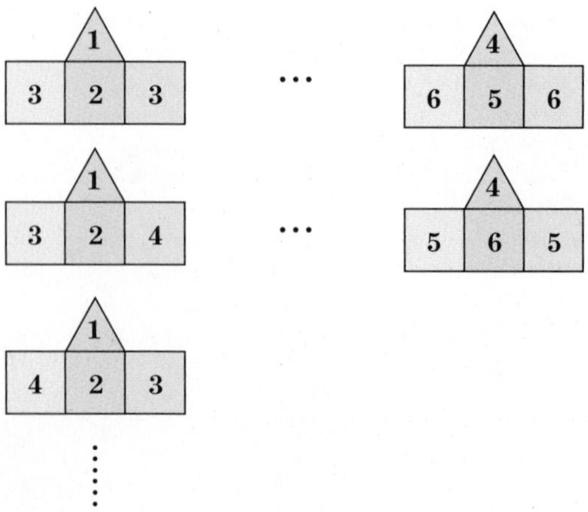

이 문제는

전체 경우의 수를 구하기 위해 사건을 나누는 문제야!

사건은 어떻게 나눌 수 있을까?

네가 알고 있는 것(주어진 조건)은 뭐야?

$\triangle a$ 에 적을 수 있는 수는 1, 2, 3, 4이다.

구해야 할 것!

$a=1$, $a=2$, $a=3$, $a=4$일 때 각각의 경우의 수

내게 더 필요한 것은?

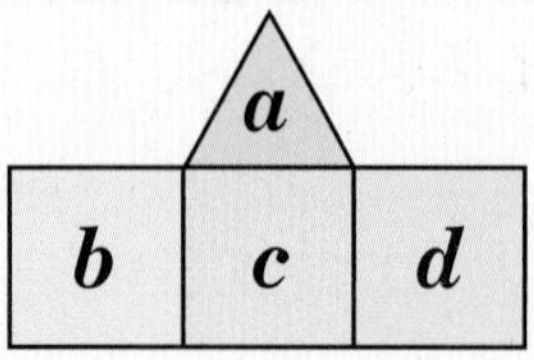

(i) a를 정하고

(ii) c를 정한 후,

(iii) b, d를 정한다!

1 $a=1$일 때

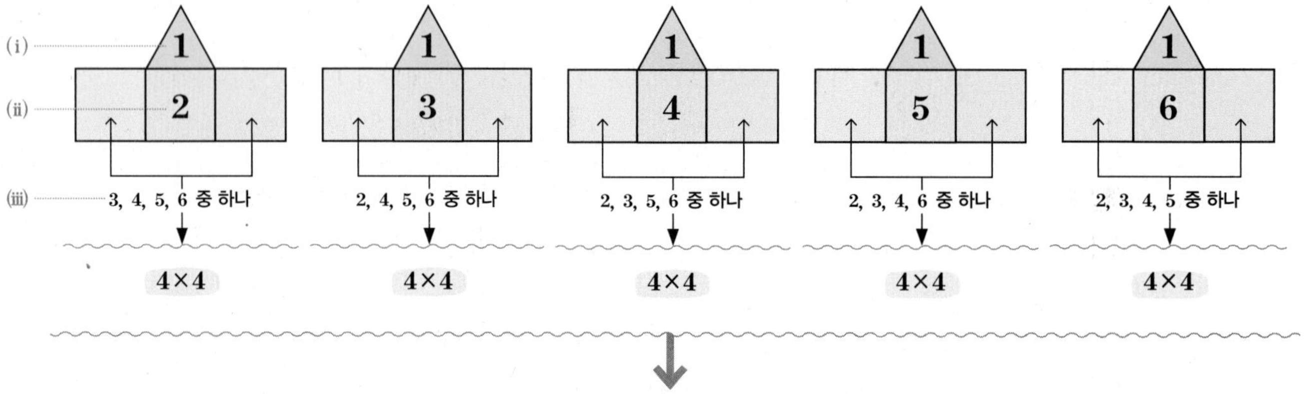

$5\times(4\times4)$ ······ ㉠

2 $a=2$일 때

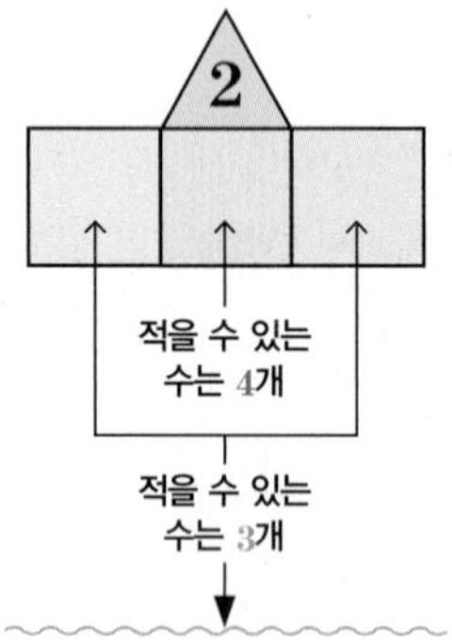

$4\times(3\times3)$ ······ ㉡

3 $a=3$일 때

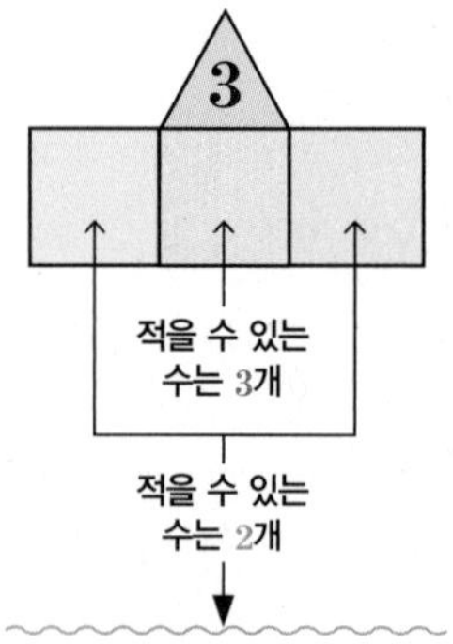

$3\times(2\times2)$ ······ ㉢

4 $a=4$일 때

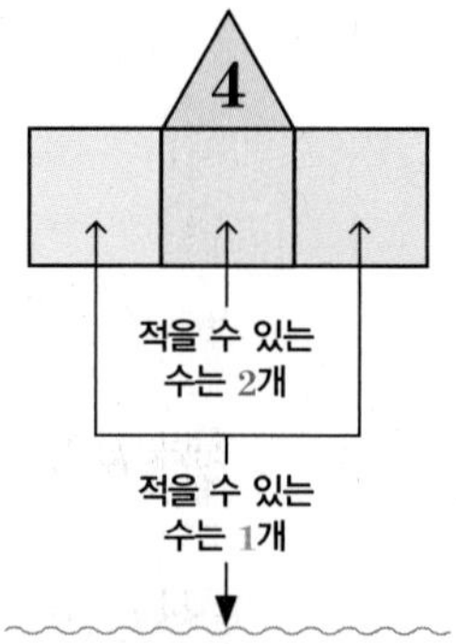

$2\times(1\times1)$ ······ ㉣

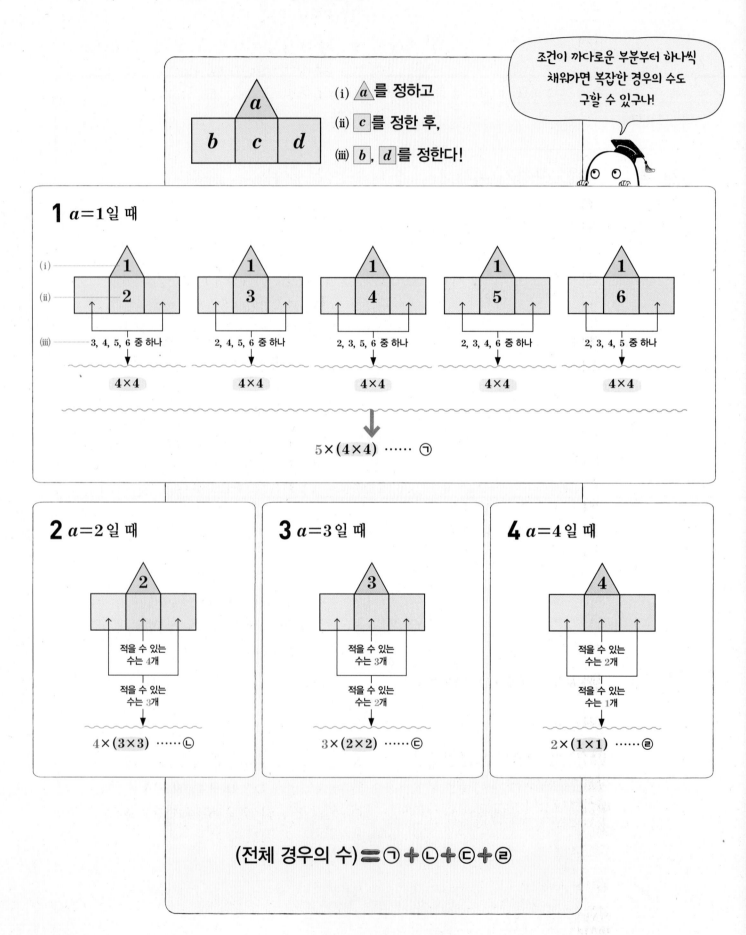

(전체 경우의 수) = ㉠ + ㉡ + ㉢ + ㉣

문제를 보라고 했지?
구하려는 것과 주어진 것,
그리고 더 필요한 것은?

0

그림과 같이 다섯 개의 정사각형으로 이루어진 도형이 있다. 숫자 1, 2, 3 중에서 중복을 허락하여 다섯 개를 택해 다섯 개의 정다각형 내부에 하나씩 적을 때, 다음 조건을 만족시키는 경우의 수는?

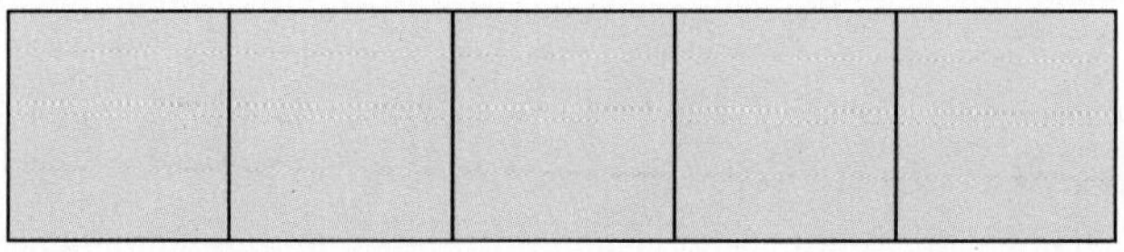

(가) 맨 왼쪽 정사각형과 맨 오른쪽 정사각형에 적힌 수는 서로 다르다.
(나) 변을 공유하는 두 정사각형에 적혀 있는 수는 서로 다르다.

① 30 ② 40 ③ 50 ④ 60 ⑤ 70

변화를 단순하게 표현하다!

V 행렬

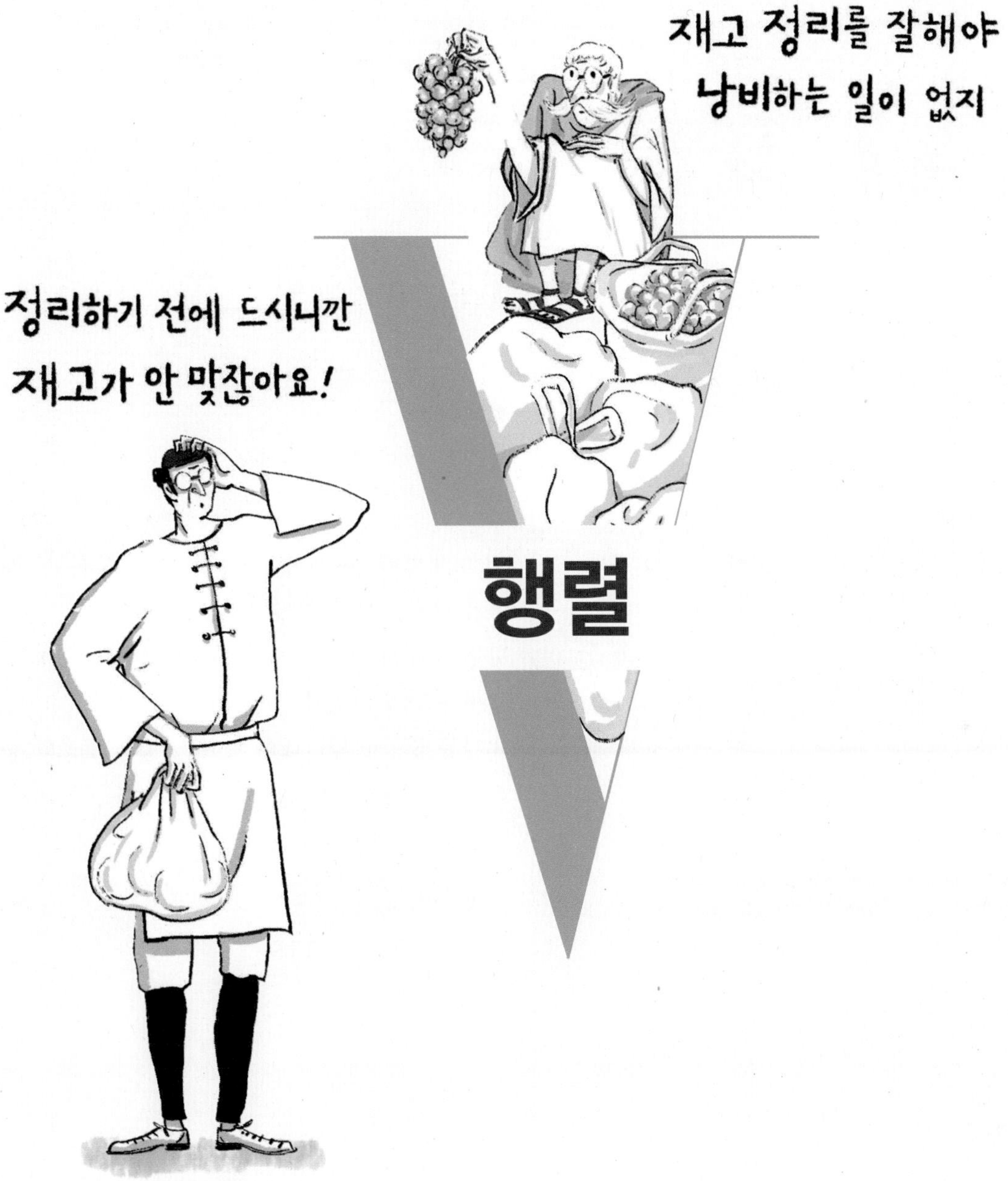
재고 정리를 잘해야
낭비하는 일이 없지
정리하기 전에 드시니깐
재고가 안 맞잖아요!

12

변화를 계산하기 위한 도구!
행렬과 그 연산

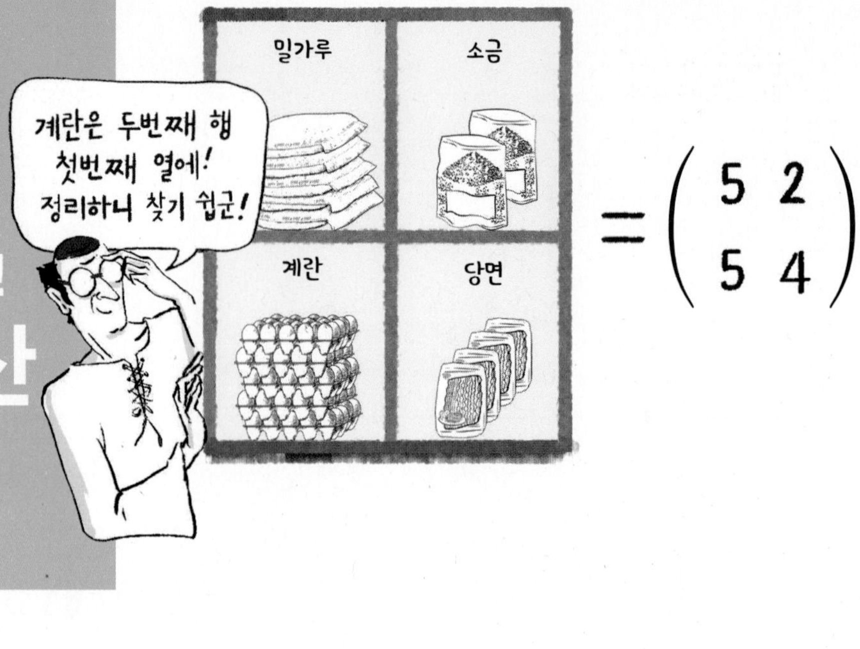

행렬

여러 개의 수 또는 문자를 직사각형 모양으로 배열하고 괄호로 묶어 놓은 것을 행렬이라 해!
행렬은 여러 가지 자료를 조직적으로 나타내거나 저장하는 데 편리하지!
자료를 행렬로 나타내어 보고, 행렬의 구조와 용어들을 배우게 될 거야.

자료의 단순한 표현!

행렬의 뜻

제1행, 제2행, 제3행 / 제1열, 제2열, 제3열

$$\begin{pmatrix} 5 & 15 & 35 \\ 4 & 13 & 18 \\ 1 & 10 & 12 \end{pmatrix}$$

3개의 행과 3개의 열로 이루어진

3 × 3 행렬

행과 열의 수가 모두 3인 3차정사각행렬이야!

수 또는 문자를 직사각형 모양으로 배열하여 괄호로 묶은 것을 **행렬**이라 하며, 행렬을 이루는 수 또는 문자 각각을 행렬의 **성분**이라 한다.

행렬이 서로 같을 조건

두 행렬 $A=\begin{pmatrix} a_{11} & a_{12} \\ a_{21} & a_{22} \end{pmatrix}$, $B=\begin{pmatrix} b_{11} & b_{12} \\ b_{21} & b_{22} \end{pmatrix}$에 대하여

$$A=B \Longleftrightarrow \begin{cases} a_{11}=b_{11},\ a_{12}=b_{12} \\ a_{21}=b_{21},\ a_{22}=b_{22} \end{cases}$$

행렬의 덧셈과 뺄셈

행렬끼리는 연산이 가능해서 여러 가지 실생활 문제를 쉽게 해결할 수 있어!
행렬의 덧셈과 뺄셈은 두 행렬 A, B가 같은 꼴일 때만 연산할 수 있어.
두 행렬 A, B의 대응하는 각 성분의 합을 성분으로 하는 행렬을 A와 B의 합이라 하고 $A+B$로 나타내며, 행렬 A의 각 성분에서 행렬 B의 대응하는 성분을 뺀 것을 각 성분으로 하는 행렬을 A에서 B를 뺀 차라 하고, $A-B$로 나타내!
또한 임의의 실수 k에 대하여 행렬 A의 각 성분을 k배한 것을 행렬 A를 k배 한 행렬이라 하고, kA로 나타내지!

꼴이 같아야 정의되는!

행렬의 덧셈

두 행렬 $A=\begin{pmatrix} a_{11} & a_{12} \\ a_{21} & a_{22} \end{pmatrix}$, $B=\begin{pmatrix} b_{11} & b_{12} \\ b_{21} & b_{22} \end{pmatrix}$에 대하여

$$A+B=\begin{pmatrix} a_{11}+b_{11} & a_{12}+b_{12} \\ a_{21}+b_{21} & a_{22}+b_{22} \end{pmatrix}$$

행렬의 뺄셈

두 행렬 $A=\begin{pmatrix} a_{11} & a_{12} \\ a_{21} & a_{22} \end{pmatrix}$, $B=\begin{pmatrix} b_{11} & b_{12} \\ b_{21} & b_{22} \end{pmatrix}$에 대하여

$$A-B=\begin{pmatrix} a_{11}-b_{11} & a_{12}-b_{12} \\ a_{21}-b_{21} & a_{22}-b_{22} \end{pmatrix}$$

행렬의 실수배

행렬 $A=\begin{pmatrix} a_{11} & a_{12} \\ a_{21} & a_{22} \end{pmatrix}$일 때, 실수 k에 대하여

$$kA=k\begin{pmatrix} a_{11} & a_{12} \\ a_{21} & a_{22} \end{pmatrix}=\begin{pmatrix} ka_{11} & ka_{12} \\ ka_{21} & ka_{22} \end{pmatrix}$$

행렬의 곱셈

행렬의 곱셈은 여러 가지 자료를 편리하게 처리할 때 이용되고, 복잡한 계산을 간단하게 표현할 수 있게 하지!
행렬의 곱셈에는 조건이 있어. 두 행렬 A, B에 대하여 행렬 A의 열의 개수와 행렬 B의 행의 개수가 같을 때에만 두 행렬의 곱 AB를 구할 수 있어. 행렬의 곱셈에서는 수의 곱셈과 다른 성질이 있기 때문에 잘 정리해 두어야 할 거야!
또한 수의 곱셈에서 1과 같은 역할을 하는 행렬을 단위행렬이라 하는데, 단위행렬의 구조와 성분에 대해서도 배우게 될 거야!

$AB \neq BA$인!

행렬의 곱셈

두 행렬 $A=\begin{pmatrix} a_{11} & a_{12} \\ a_{21} & a_{22} \end{pmatrix}$, $B=\begin{pmatrix} b_{11} & b_{12} \\ b_{21} & b_{22} \end{pmatrix}$에 대하여

$$AB=\begin{pmatrix} a_{11}b_{11}+a_{12}b_{21} & a_{11}b_{12}+a_{12}b_{22} \\ a_{21}b_{11}+a_{22}b_{21} & a_{21}b_{12}+a_{22}b_{22} \end{pmatrix}$$

$A=\begin{pmatrix} 1 & 2 \\ 3 & 4 \end{pmatrix}$, $B=\begin{pmatrix} 1 & 0 \\ 0 & 0 \end{pmatrix}$에 대하여

AB

$=\begin{pmatrix} 1 & 2 \\ 3 & 4 \end{pmatrix}\begin{pmatrix} 1 & 0 \\ 0 & 0 \end{pmatrix}$

$=\begin{pmatrix} 1 & 0 \\ 3 & 0 \end{pmatrix}$

BA

$=\begin{pmatrix} 1 & 0 \\ 0 & 0 \end{pmatrix}\begin{pmatrix} 1 & 2 \\ 3 & 4 \end{pmatrix}$

$=\begin{pmatrix} 1 & 2 \\ 0 & 0 \end{pmatrix}$

$$AB \neq BA$$

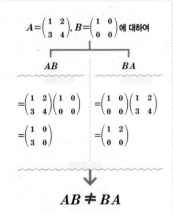

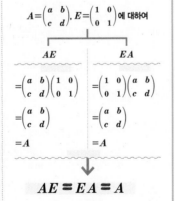

합과 곱이 정의되는 세 행렬 A, B, C에 대하여
❶ $AB \neq BA$
❷ $(AB)C=A(BC)$
❸ $A(B+C)=AB+AC$, $(A+B)C=AC+BC$
❹ $k(AB)=(kA)B=A(kB)$ (단, k는 실수)

$A=\begin{pmatrix} a & b \\ c & d \end{pmatrix}$, $E=\begin{pmatrix} 1 & 0 \\ 0 & 1 \end{pmatrix}$에 대하여

AE

$=\begin{pmatrix} a & b \\ c & d \end{pmatrix}\begin{pmatrix} 1 & 0 \\ 0 & 1 \end{pmatrix}$

$=\begin{pmatrix} a & b \\ c & d \end{pmatrix}$

$=A$

EA

$=\begin{pmatrix} 1 & 0 \\ 0 & 1 \end{pmatrix}\begin{pmatrix} a & b \\ c & d \end{pmatrix}$

$=\begin{pmatrix} a & b \\ c & d \end{pmatrix}$

$=A$

$$AE=EA=A$$

일반적으로 임의의 n차정사각행렬 A에 대하여 $AE=EA=A$를 만족시키는 n차정사각행렬 E를 n차 단위행렬이라 한다.

01 　　　　**자료의 단순한 표현!**

행렬의 뜻과 그 성분

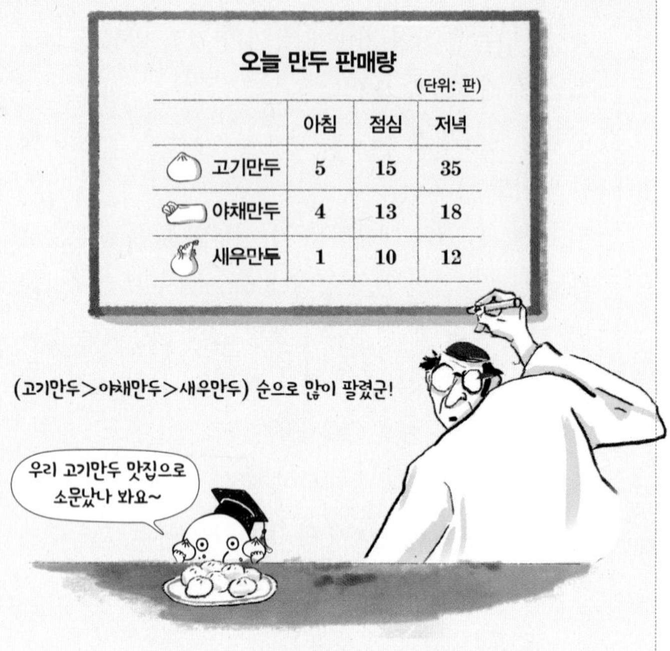

우리 고기만두 맛집으로 소문났나 봐요~

판매된 양만 직사각형 모양으로 배열해 볼까?

$$\begin{pmatrix} 5 & 15 & 35 \\ 4 & 13 & 18 \\ 1 & 10 & 12 \end{pmatrix}$$

각각은 성분!

수 또는 문자를 직사각형 모양으로 배열하여 괄호로 묶은 것을 **행렬**이라 하며, 행렬을 이루는 수 또는 문자 각각을 행렬의 **성분**이라 한다.

수의 배열을 이용하여 여러 가지 형태의 행렬을 만들 수 있다.

$$\begin{pmatrix} 5 & 15 & 35 \\ 4 & 13 & 18 \\ 1 & 10 & 12 \end{pmatrix}$$

❶ 아침의 만두 판매량

$$\begin{pmatrix} 5 \\ 4 \\ 1 \end{pmatrix}$$

❷ 점심, 저녁의 만두 판매량

$$\begin{pmatrix} 15 & 35 \\ 13 & 18 \\ 10 & 12 \end{pmatrix}$$

❸ 아침, 점심, 저녁의 새우만두 판매량

$$\begin{pmatrix} 1 & 10 & 12 \end{pmatrix}$$

참고 ① 행렬을 영어로 matrix, 성분을 entry라 한다.
② 행렬 안의 성분과 성분 사이에는 ‘,(콤마)’를 적지 않는다.

숫자의 위치에 의미를 담으면 보다 정확하고 바르게 그 내용을 전달할 수 있지!

원리확인 아래 표는 A, B 두 아파트의 최고 층수와 세대수를 조사하여 나타낸 것이다. 다음 □ 안에 알맞은 것을 써넣으시오.

	최고 층수	세대수
A	13	556
B	24	1024

❶ 위의 표를 괄호를 사용하여 행렬로 나타내면

$$\begin{pmatrix} 13 & \square \\ \square & 1024 \end{pmatrix}$$

❷ 13, 556, 24, 1024는 ❶의 행렬의 □이다.

다양한 실생활 데이터를 행렬로 표현하면 데이터의 변화를 파악하고 분석하기에 유용해!

수학 수업이 일주일에 몇 번 있지?

시간표

	월	화	수	목	금
1	사회	도덕	국어	수학	영어
2	국어	수학	사회	미술	국어
3	체육	음악	특활	과학	음악
4	영어	과학	영어	도덕	수학
5	수학	미술	체육	동아리	사회
6		동아리			

주식 가격의 변동 패턴을 분석해 볼까?

주식 가격 (단위: 원)

시간 \ 종목	9:00	9:30	10:00
A	1,100	1,150	1,123
B	2,785	2,770	2,760
C	3,450	3,575	3,855

고객들의 소비 패턴을 파악해 볼까?

신용카드 거래내역 (단위: 만 원)

	식료품 구매	의류 구매	전자제품 구매
고객 A	50	80	60
고객 B	60	-	-
고객 C	-	60	150
고객 D	40	10	-

기온의 변화 추이를 살펴볼까?

평균 기온 (단위: ℃)

	2019	2020	2021
봄	12.5	12.0	12.8
여름	23.9	23.9	24.2
가을	15.2	12.1	14.9
겨울	0.7	0.9	0.3

내가 처음 행렬(Matrix)이라는 이름을 붙였어!

실베스터(1814~1897)

나는 행렬에 대한 수학적 이론을 발전시켰지!

아서 케일리(1821~1895)

정답과 풀이 194쪽

1st 행렬의 뜻과 그 성분

● 아래 표는 어느 전자 제품 대리점에서 7월, 8월, 9월에 판매된 컴퓨터와 스마트폰의 수를 조사하여 나타낸 것이다. 다음을 구하시오.

	7월	8월	9월
컴퓨터	28	42	15
스마트폰	38	27	33

1 7월, 8월, 9월의 컴퓨터의 판매 수를 나타내는 행렬 A

→ 7월, 8월, 9월의 컴퓨터의 판매 수를 괄호를 사용하여 행렬로 나타내면

$A=(28$ ☐ $15)$

2 7월, 8월, 9월의 스마트폰의 판매 수를 나타내는 행렬 B

3 7월과 8월의 컴퓨터와 스마트폰의 판매 수를 나타내는 행렬 C

4 9월의 컴퓨터와 스마트폰의 판매 수를 나타내는 행렬 D

5 7월, 8월, 9월의 컴퓨터와 스마트폰의 전체 판매 수를 나타내는 행렬 T

● 아래는 어느 특정 주중에 대하여 하루 동안의 특정한 시각의 기온(단위: ℃)을 측정하여 행렬로 나타낸 것이다. 다음을 구하시오.

$$\begin{array}{c} \\ 6\text{시} \\ 12\text{시} \\ 18\text{시} \end{array} \begin{array}{c} \begin{array}{ccccc} \text{월} & \text{화} & \text{수} & \text{목} & \text{금} \end{array} \\ \begin{pmatrix} 19 & 20 & 20 & 23 & 22 \\ 24 & 25 & 24 & 27 & 25 \\ 21 & 22 & 21 & 24 & 21 \end{pmatrix} \end{array}$$

6 월요일 12시 기온의 성분

7 최고 기온과 최저 기온의 성분

8 기온이 23 ℃일 때의 요일과 시각

9 6시 기온이 가장 낮은 때의 요일과 기온의 성분

내가 발견한 개념 — 행렬의 뜻!

- 행렬: 몇 개의 수 또는 문자를 직사각형 모양으로 배열하여 ☐로 묶은 것
- 행렬의 ☐: 행렬을 이루는 각각의 수 또는 문자

행렬의 구조

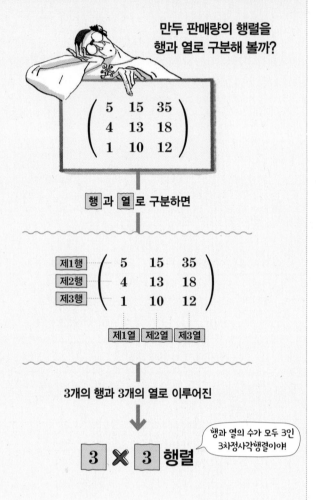

만두 판매량의 행렬을
행과 열로 구분해 볼까?

$$\begin{pmatrix} 5 & 15 & 35 \\ 4 & 13 & 18 \\ 1 & 10 & 12 \end{pmatrix}$$

행과 **열**로 구분하면

$$\begin{matrix} \text{제1행} \\ \text{제2행} \\ \text{제3행} \end{matrix} \begin{pmatrix} 5 & 15 & 35 \\ 4 & 13 & 18 \\ 1 & 10 & 12 \end{pmatrix}$$

제1열 제2열 제3열

3개의 행과 3개의 열로 이루어진

↓

3 × 3 행렬

행과 열의 수가 모두 3인 3차정사각행렬이야!

❶ 행과 열

행렬에서 가로줄을 행 이라 하고,
위에서부터 차례대로 제1행, 제2행, … 이라 한다.
또 세로줄을 열 이라 하고,
왼쪽에서부터 차례대로 제1열, 제2열, …이라 한다.

❷ $m\times n$행렬

일반적으로 m개의 행과 n개의 열로 이루어진 행렬을
m행 n열의 행렬 또는 $m\times n$ 행렬이라 한다.
특히 행의 수와 열의 수가 같은 행렬을 정사각행렬 이라 하고,
행과 열의 수가 모두 n인 행렬을 n차정사각행렬이라 한다.

참고 ① 행을 영어로 row, 열을 column이라 한다.
② 1×1행렬 (k)는 괄호를 생략하여 실수 형태인 k로 나타내기도 한다. 즉 실수를 행렬의 특수한 형태로 생각할 수 있다.

원리확인 주어진 행렬에 대하여 다음 □ 안에 알맞은 수를 써넣으시오.

$$\begin{pmatrix} 2 & 4 \\ 3 & 4 \end{pmatrix}$$

❶ 제1행의 성분 → 2, □

❷ 제2행의 성분 → □, 4

❸ 제1열의 성분 → 2, □

❹ 제2열의 성분 → □, 4

❺ 위의 행렬은 $2\times$□ 행렬이므로 □차정사각행렬이다.

2명 들어오세요!
만두집
역시! 맛집이었어!
줄선 행렬을 봐바~~
5×1 행렬이네

정답과 풀이 195쪽

1st 행렬의 구조

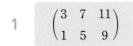

● 주어진 행렬에 대하여 다음을 구하시오.

1 $\begin{pmatrix} 3 & 7 & 11 \\ 1 & 5 & 9 \end{pmatrix}$

(1) 행의 개수

(2) 열의 개수

(3) 제1행의 성분

(4) 제2행의 성분

(5) 제1열의 성분

(6) 제2열의 성분

(7) 제1행과 제2열이 만나는 곳의 성분

(8) 제2행과 제3열이 만나는 곳의 성분

2nd 행렬의 꼴

● 다음 행렬의 꼴을 ( ) 안에 써넣고 정사각형일 때는 '정'을 함께 써넣으시오.

2 $\begin{pmatrix} 3 & 7 \\ 2 & 5 \end{pmatrix}$ (2×☐ 행렬, 정)

3 $\begin{pmatrix} -1 & 0 & 3 \end{pmatrix}$ (　　　　)

4 $\begin{pmatrix} 2 \\ 9 \end{pmatrix}$ (　　　　)

행의 개수
$m \times n$ 행렬
열의 개수

5 $\begin{pmatrix} 85 & 78 & 73 \\ 92 & 65 & 48 \end{pmatrix}$ (　　　　)

6 $\begin{pmatrix} 2a+1 \\ 3b-1 \end{pmatrix}$ (　　　　)

7 $\begin{pmatrix} a & b & c \\ d & e & f \\ g & h & i \end{pmatrix}$ (　　　　)

내가 발견한 개념 행렬의 용어를 정리해 봐!

- 행: 행렬에서 성분의 ☐
- 열: 행렬에서 성분의 ☐
- m×n행렬: 행, 열의 개수가 각각 ☐, n인 행렬
- n차정사각행렬: 행과 열의 개수가 모두 ☐인 행렬

행렬의 (i, j) 성분

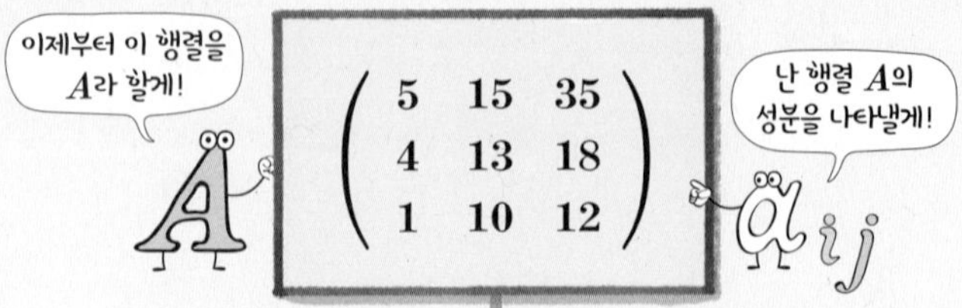

$$\begin{pmatrix} 5 & 15 & 35 \\ 4 & 13 & 18 \\ 1 & 10 & 12 \end{pmatrix}$$

행렬 A를 (i, j) 성분으로 나타내면

$$A=\begin{pmatrix} a_{11} & a_{12} & a_{13} \\ a_{21} & a_{22} & a_{23} \\ a_{31} & a_{32} & a_{33} \end{pmatrix}$$

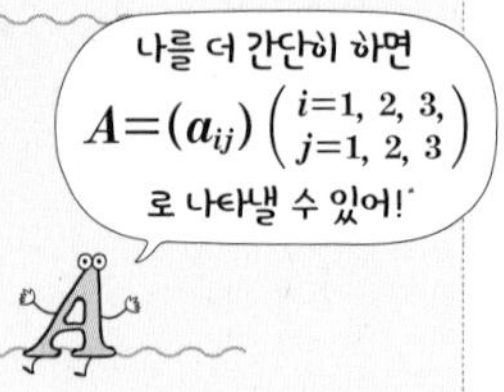

행렬 A의 (i, j) 성분 a_{ij}의 값을 구하면

$a_{11}=5$ $a_{12}=15$ $a_{13}=35$ (행렬 A의 $(1, 1)$ 성분: a_{11})

$a_{21}=4$ $a_{22}=13$ $a_{23}=18$

$a_{31}=1$ $a_{32}=10$ $a_{33}=12$

행렬은 보통 알파벳 대문자 A, B, C, …로 나타내고,
행렬의 성분은 보통 소문자 a, b, c, …로 나타낸다.
또 제i행과 제j열이 만나는 위치에 있는
행렬의 성분을 그 행렬의 (i, j) 성분이라 하고,
그 성분을 a_{ij}로 나타낸다.

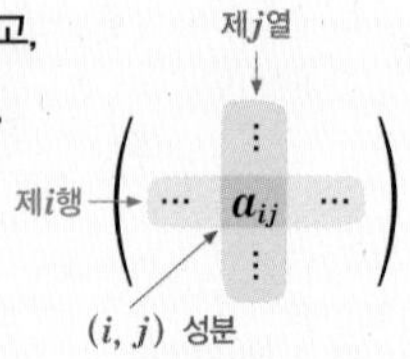

원리확인 주어진 행렬에 대하여 다음 □ 안에 알맞은 것을 써넣으시오.

❶ $\begin{pmatrix} 5 & 2 & -1 \\ 0 & 3 & 4 \end{pmatrix}$

(1) $(1, 2)$ 성분은 제1행과 제□열이 만나는 위치에 있는 성분이므로 □이다.

(2) $(2, 3)$ 성분은 제□행과 제3열이 만나는 위치에 있는 성분이므로 □이다.

(3) 행렬의 (i, j) 성분이 a_{ij}일 때,
$a_{11}=$□, $a_{22}=$□

❷ 3×2행렬 A의 (i, j) 성분 a_{ij}는 $a_{ij}=i+j$

(1) 행렬 A를 (i, j) 성분으로 나타내면

$$A=\begin{pmatrix} a_{11} & \square \\ \square & a_{22} \\ a_{31} & \square \end{pmatrix}$$

(2) $i=1$, 2, □, □$=1$, 2를 $a_{ij}=i+j$에 대입하여 행렬 A의 각 성분을 구하면

$a_{11}=1+1=2$, $a_{12}=1+2=$□

$a_{21}=$□$+1=$□, $a_{22}=2+$□$=$□

$a_{31}=3+$□$=$□, $a_{32}=$□$+2=$□

(3) 행렬 A의 성분을 (2)에서 구한 값으로 나타내면

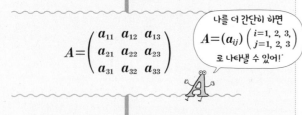

$$A=\begin{pmatrix} 2 & \square \\ \square & \square \\ \square & \square \end{pmatrix}$$

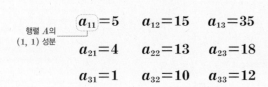

정답과 풀이 195쪽

1st 행렬의 성분

● 주어진 행렬 A의 (i, j) 성분이 a_{ij}일 때, 다음을 구하시오.

1 $A=\begin{pmatrix} 3 & 7 & 11 \\ 1 & 5 & 9 \end{pmatrix}$

(1) $(2,\ 1)$ 성분

(2) a_{21}

(3) $a_{13}+a_{23}$

(4) $i<j$인 성분 a_{ij}

→ $i<j$인 성분은 a_{12}, □, a_{23}이므로

$a_{12}=7$, □$=11$, $a_{23}=$□

(5) $i=j$인 성분 a_{ij}

2 $A=\begin{pmatrix} 1 & 7 & 5 \\ -2 & 9 & 4 \\ 5 & 0 & 1 \end{pmatrix}$

(1) $(3,\ 2)$ 성분

(2) a_{32}

(3) $a_{21}+a_{33}$

(4) $i>j$인 성분 a_{ij}

(5) $i=j$인 성분 a_{ij}

내가 발견한 개념 행렬의 (i, j) 성분의 의미는?

행렬 A의 (i, j) 성분 a_{ij}는 제□행과 제□열이 만나는 위치에 있는 성분이다.

● 주어진 행렬 A의 (i, j) 성분이 a_{ij}일 때, 다음 행렬을 구하시오.

3 $A=\begin{pmatrix} 7 & 1 \\ 2 & 3 \end{pmatrix}$

(1) $B=\begin{pmatrix} a_{21} & a_{12} \\ a_{11} & a_{22} \end{pmatrix}$

→ $a_{11}=7$, $a_{12}=1$, $a_{21}=$□, $a_{22}=$□이므로

$B=\begin{pmatrix} \square & 1 \\ 7 & \square \end{pmatrix}$

(2) $C=\begin{pmatrix} a_{12} & a_{11} & a_{21} \\ a_{22} & a_{12} & a_{21} \end{pmatrix}$

4 $A=\begin{pmatrix} 6 & 8 & 2 \\ 3 & 1 & 4 \\ 5 & 7 & 0 \end{pmatrix}$

(1) $B=\begin{pmatrix} a_{21} & a_{12} & a_{22} \\ a_{23} & a_{31} & a_{33} \end{pmatrix}$

(2) $C=\begin{pmatrix} a_{21} & a_{12} & a_{23} \\ a_{22} & a_{13} & a_{32} \\ a_{11} & a_{12} & a_{13} \end{pmatrix}$

5 개념모음문제

다음 중 행렬 $A=\begin{pmatrix} 3 & -2 & 1 \\ 2 & 1 & 5 \end{pmatrix}$에 대한 설명으로 옳지 않은 것을 모두 고르면? (정답 2개)

① 행렬 A는 2×3행렬이다.
② $(2,\ 3)$ 성분은 5이다.
③ $i<j$인 성분의 합은 4이다.
④ $i=j$인 성분의 합은 3이다.
⑤ 행렬 A는 3차정사각행렬이다.

2nd 함수식으로 정의된 행렬

● **행렬 A의 $(i,\ j)$ 성분 a_{ij}가 다음과 같이 주어질 때, 행렬 A를 구하시오.**

6 $a_{ij}=i+j-1$ (단, A는 2×2행렬이다.)

> A는 2×2행렬이므로 $i=1,\ 2,\ j=1,\ 2$를 각각 $a_{ij}=i+j-1$에 대입한다.

→ $i=1,\ 2,\ j=1,\ 2$를 $a_{ij}=i+j-1$에 대입하여 행렬 A의 각 성분을 구하면

$a_{11}=1+\square-1=1$, $a_{12}=\square+2-1=\square$,

$a_{21}=2+1-\square=\square$, $a_{22}=2+\square-1=3$

따라서 구하는 행렬 A는

$$A=\begin{pmatrix} 1 & \square \\ \square & 3 \end{pmatrix}$$

7 $a_{ij}=2i+j-1$ (단, A는 2×3행렬이다.)

8 $a_{ij}=i^2+2ij$ (단, A는 2×2행렬이다.)

9 $a_{ij}=\dfrac{j}{i}$ (단, A는 2×2행렬이다.)

10 $a_{ij}=(-1)^{i+j}$ (단, A는 2×3행렬이다.)

11 $a_{ij}=\begin{cases} 1 & (i=j) \\ -2 & (i\neq j) \end{cases}$ (단, $i=1,\ 2,\ j=1,\ 2,\ 3$)

→ $i=j$일 때, $a_{ij}=1$이므로 $a_{11}=a_{\square}=1$

$i\neq j$일 때, $a_{ij}=\square$이므로

$a_{12}=a_{13}=a_{\square}=a_{23}=\square$

따라서 구하는 행렬 A는

$$A=\begin{pmatrix} 1 & \square & -2 \\ -2 & \square & -2 \end{pmatrix}$$

12 $a_{ij}=\begin{cases} 1 & (i<j) \\ -1 & (i\geq j) \end{cases}$ (단, $i=1,\ 2,\ 3,\ j=1,\ 2$)

13 $a_{ij}=\begin{cases} ij & (i\geq j) \\ i+j & (i<j) \end{cases}$ (단, $i=1,\ 2,\ j=1,\ 2,\ 3$)

14 $a_{ij}=\begin{cases} i^2+j & (i\neq j) \\ i+j & (i=j) \end{cases}$ (단, $i=1,\ 2,\ 3,\ j=1,\ 2,\ 3$)

15 $a_{ij}=\begin{cases} 2i-j & (i\leq j) \\ 2^{i-j} & (i>j) \end{cases}$ (단, $i=1,\ 2,\ 3,\ j=1,\ 2,\ 3$)

16 $a_{ij}=\begin{cases} 1 & (i>j) \\ 0 & (i=j) \\ -1 & (i<j) \end{cases}$ (단, $i=1,\ 2,\ j=1,\ 2,\ 3$)

→ $i>j$일 때, $a_{ij}=1$이므로 $a_{\square}=1$

$i=j$일 때, $a_{ij}=\square$이므로 $a_{11}=a_{\square}=\square$

$i<j$일 때, $a_{ij}=-1$이므로 $a_{12}=a_{13}=a_{\square}=\square$

따라서 구하는 행렬 A는

$A=\begin{pmatrix} 0 & -1 & -1 \\ 1 & \square & \square \end{pmatrix}$

17 $a_{ij}=\begin{cases} i+j & (i>j) \\ 2 & (i=j) \\ -ij & (i<j) \end{cases}$ (단, $i=1,\ 2,\ 3,\ j=1,\ 2$)

18 $a_{ij}=\begin{cases} i+j+1 & (i>j) \\ 0 & (i=j) \\ -a_{ji} & (i<j) \end{cases}$ (단, $i=1,\ 2,\ 3,\ j=1,\ 2,\ 3$)

개념모음문제

19 2×2행렬 A의 $(i,\ j)$ 성분 a_{ij}를 $a_{ij}=i+j+k$로 정의할 때, 행렬 A의 모든 성분의 합은 20이다. 상수 k의 값은?

① -2 ② -1 ③ 0 ④ 1 ⑤ 2

3rd – 행렬의 정의의 활용

20 갑, 을 두 사람이 가위바위보를 하여 이기면 1점, 비기면 0점, 지면 -1점을 주는 규칙으로 게임을 하고 있다. 갑이 얻는 점수를 다음과 같이 행렬 A로 나타낼 때, 행렬 A를 구하시오.

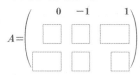

	가위	바위	보
가위	0	−1	1
바위	□	□	□
보	□	□	□

→ 행렬 A의 $(i,\ j)$ 성분을 a_{ij}라 하고, 두 사람이 내는 것을 (갑, 을)로 나타내자.

비기는 경우는 (가위, 가위), (바위, 바위), (보, 보)이므로

$a_{11}=a_{22}=a_{33}=\square$

갑이 이기는 경우는 (가위, 보), (바위, 가위), (보, 바위)이고,

$a_{13}=1$이므로 $a_{13}=a_{21}=a_{32}=\square$

갑이 지는 경우는 (가위, 바위), (바위, 보), (보, 가위)이고,

$a_{12}=-1$이므로 $a_{12}=a_{23}=a_{31}=\square$

따라서 구하는 행렬 A는

$A=\begin{pmatrix} 0 & -1 & 1 \\ \square & \square & \square \\ \square & \square & \square \end{pmatrix}$

21 다음 그림과 같이 두 지점 1, 2를 연결하는 도로가 있다. 화살표 방향으로만 갈 수 있고 행렬 A의 $(i,\ j)$ 성분 a_{ij}는 i지점에서 j지점으로 한 번에 갈 수 있는 도로의 개수를 나타낸다고 할 때, 행렬 A를 구하시오. (단, $i=1,\ 2,\ j=1,\ 2$)

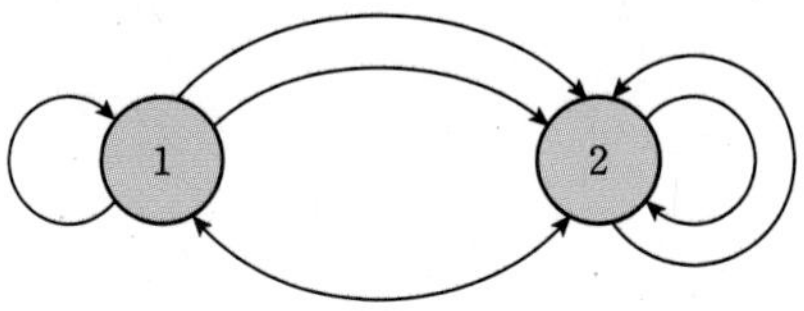

04 꼴이 같고! 성분끼리도 같은!

서로 같은 행렬

우리는 2×2행렬!
같은 꼴이야!

$$A=\begin{pmatrix} x & u \\ y & v \end{pmatrix} \quad B=\begin{pmatrix} 1 & 3 \\ 2 & 4 \end{pmatrix}$$

$A=B$이면

$$\begin{pmatrix} x & u \\ y & v \end{pmatrix}=\begin{pmatrix} 1 & 3 \\ 2 & 4 \end{pmatrix}$$

$$x=1,\ u=3$$
$$y=2,\ v=4$$

두 행렬 A, B에서 두 행렬의 행의 개수와 열의 개수가 각각 같을 때, 두 행렬 A, B는 [같은 꼴]이라 한다. 또 두 행렬 A, B가 같은 꼴이고 대응하는 성분이 각각 같을 때, 행렬 A와 행렬 B는 [서로 같다]고 하며 이것을 [$A=B$]로 나타낸다.

행렬이 서로 같을 조건

두 행렬 $A=\begin{pmatrix} a_{11} & a_{12} \\ a_{21} & a_{22} \end{pmatrix}$, $B=\begin{pmatrix} b_{11} & b_{12} \\ b_{21} & b_{22} \end{pmatrix}$에 대하여

$$A=B \Longleftrightarrow \begin{cases} a_{11}=b_{11},\ a_{12}=b_{12} \\ a_{21}=b_{21},\ a_{22}=b_{22} \end{cases}$$

참고 두 행렬 A, B가 서로 같지 않을 때, $A\neq B$와 같이 나타낸다.

원리확인 다음은 등식을 만족시키는 상수 a, b, c의 값을 정하는 과정이다. □ 안에 알맞은 수를 써넣으시오.

$$\begin{pmatrix} a+1 & 4 \\ b-1 & c \end{pmatrix}=\begin{pmatrix} 1 & 4 \\ 1 & 3 \end{pmatrix}$$

→ 대응하는 성분이 각각 같아야 하므로

$a+1=$□, $b-1=$□, $c=$□

따라서 $a=$□, $b=$□, $c=$□

1st — 서로 같은 행렬의 성분

● 두 행렬 A, B가 다음과 같을 때, $A=B$를 만족시키는 상수 a, b 또는 a, b, c 또는 a, b, c, d의 값을 정하시오.

1 $A=\begin{pmatrix} a-1 & 5 & 4 \\ -2 & 3 & 2b \end{pmatrix}$, $B=\begin{pmatrix} 5 & 5 & c \\ -2 & d & 4 \end{pmatrix}$

→ 대응하는 성분이 각각 같아야 하므로

$a-1=$□, □$=c$, $3=$□, $2b=$□

따라서 $a=$□, $b=$□, $c=$□, $d=$□

2 $A=(a+b \quad c \quad b+c)$, $B=(3 \quad 5 \quad 2)$

3 $A=\begin{pmatrix} 2a+b \\ 3a-b \end{pmatrix}$, $B=\begin{pmatrix} 6 \\ 4 \end{pmatrix}$

4 $A=\begin{pmatrix} a+2b & c \\ a-b & -1 \end{pmatrix}$, $B=\begin{pmatrix} 4 & 2 \\ 1 & -1 \end{pmatrix}$

서로 같은 실수	서로 같은 행렬
세 실수 a, b, c에 대하여	같은 꼴인 세 행렬 A, B, C에 대하여
❶ $a=a$	❶ $A=A$
❷ $a=b$이면 $b=a$	❷ $A=B$이면 $B=A$
❸ $a=b$, $b=c$이면 $a=c$	❸ $A=B$, $B=C$이면 $A=C$

행렬에서의 '='는 수에서의 '='와 같이 생각하면 돼!

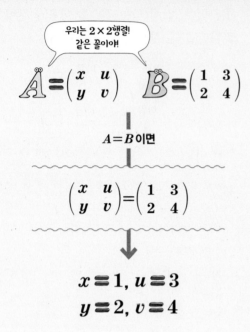

5 $A=\begin{pmatrix} a+2 & 3 \\ -2 & c+d \end{pmatrix}$, $B=\begin{pmatrix} 5 & a-b \\ 2d+2 & 4 \end{pmatrix}$

6 $A=\begin{pmatrix} 5a-3b & 2b-1 \\ 4-5c & 6 \end{pmatrix}$, $B=\begin{pmatrix} 2 & c-1 \\ 5d-1 & 2-4d \end{pmatrix}$

7 $A=\begin{pmatrix} a-b & a+b \\ 2 & ab \end{pmatrix}$, $B=\begin{pmatrix} 6 & 2 \\ 2 & -8 \end{pmatrix}$

→ 대응하는 성분이 각각 같아야 하므로

$a-b=$ □ …… ㉠

□ $=2$ …… ㉡

$ab=$ □ …… ㉢

㉠, ㉡을 연립하여 풀면

$a=$ □, $b=$ □

이때 a, b의 값을 ㉢에 대입하면 성립하므로

$a=$ □, $b=$ □

㉠, ㉡, ㉢에서 미지수의 개수는 2이고 방정식의 개수는 3이다.
이와 같이 미지수의 개수보다 방정식의 개수가 많은 경우 구한 값이 모든 방정식을 만족시키는지 확인해야 한다.

8 $A=\begin{pmatrix} a & a+b \\ b-c & a+b+c \end{pmatrix}$, $B=\begin{pmatrix} 3 & 5 \\ 2 & 5 \end{pmatrix}$

9 $A=\begin{pmatrix} a^2 & 1 \\ -6 & b^2 \end{pmatrix}$, $B=\begin{pmatrix} 4 & a+b \\ ab & 9 \end{pmatrix}$

→ 대응하는 성분이 각각 같아야 하므로

$a^2=$ □ …… ㉠, $1=a+b$ …… ㉡

$-6=ab$ …… ㉢, □ $=9$ …… ㉣

㉠에서 $a=\pm$ □, ㉣에서 $b=\pm$ □

이 중에서 ㉡, ㉢을 만족시키는 a, b의 값을 구하면

$a=$ □, $b=$ □

10 $A=\begin{pmatrix} a+b & ab \\ a+c & a^2 \end{pmatrix}$, $B=\begin{pmatrix} -1 & -2 \\ 7 & 1 \end{pmatrix}$

내가 발견한 개념 행렬이 서로 같을 조건은?

• 두 행렬 $A=\begin{pmatrix} a_{11} & a_{12} \\ a_{21} & a_{22} \end{pmatrix}$, $B=\begin{pmatrix} b_{11} & b_{12} \\ b_{21} & b_{22} \end{pmatrix}$에 대하여 $A=B$이면

→ $a_{11}=b_{11}$, $a_{12}=$ □, □ $=b_{21}$, $a_{22}=b_{22}$

개념모음문제

11 $\begin{pmatrix} 2x+3y & 2 \\ 2xy+1 & 3 \end{pmatrix}=\begin{pmatrix} x+2y+3 & 2 \\ xy+2 & 3 \end{pmatrix}$을 만족시키는 x, y에 대하여 x^2+y^2의 값은?

① 1 ② 3 ③ 5
④ 7 ⑤ 9

05 꼴이 같아야 정의되는!

행렬의 덧셈

1호점과 2호점의 점심과 저녁
각각의 만두 판매량의 합은?

1호점

(단위: 판)

	점심	저녁
고기만두	12	15
야채만두	13	14
새우만두	10	15

2호점

(단위: 판)

	점심	저녁
고기만두	8	12
야채만두	6	10
새우만두	7	10

행렬로 계산해 볼까?

$$\begin{pmatrix} 12 & 15 \\ 13 & 14 \\ 10 & 15 \end{pmatrix}+\begin{pmatrix} 8 & 12 \\ 6 & 10 \\ 7 & 10 \end{pmatrix}$$

$$=\begin{pmatrix} 12+8 & 15+12 \\ 13+6 & 14+10 \\ 10+7 & 15+10 \end{pmatrix}$$

점심 저녁

$$\begin{pmatrix} 20 & 27 \\ 19 & 24 \\ 17 & 25 \end{pmatrix}$$

고기만두 / 야채만두 / 새우만두

두 행렬 A, B가 같은 꼴일 때 A, B의 대응하는 각 성분의 합을 성분으로 하는 행렬을 행렬 A와 행렬 B의 합이라 하고, 이것을 $A+B$ 로 나타낸다.

행렬의 덧셈

두 행렬 $A=\begin{pmatrix} a_{11} & a_{12} \\ a_{21} & a_{22} \end{pmatrix}$, $B=\begin{pmatrix} b_{11} & b_{12} \\ b_{21} & b_{22} \end{pmatrix}$에 대하여

$$A+B=\begin{pmatrix} a_{11}+b_{11} & a_{12}+b_{12} \\ a_{21}+b_{21} & a_{22}+b_{22} \end{pmatrix}$$

1st 행렬의 덧셈

● 다음을 계산하시오.

1 $(-1 \quad 2 \quad 4)+(3 \quad 0 \quad 1)$

→ $(-1 \quad 2 \quad 4)+(3 \quad 0 \quad 1)=(-1+3 \quad 2+\square \quad 4+\square)$

$=(2 \quad \square \quad \square)$

2 $\begin{pmatrix} 5 \\ 4 \end{pmatrix}+\begin{pmatrix} -2 \\ 3 \end{pmatrix}$

3 $\begin{pmatrix} 4 & 1 \\ 6 & 3 \end{pmatrix}+\begin{pmatrix} 2 & 3 \\ 2 & 5 \end{pmatrix}$

$(1 \quad 2)+\begin{pmatrix} 3 \\ 4 \end{pmatrix}=?$

$\begin{pmatrix} 1 & 0 \\ 3 & 2 \end{pmatrix}+\begin{pmatrix} 1 & 2 & 3 \\ 3 & 2 & 1 \end{pmatrix}=?$

같은 꼴이 아니면 더할 수 없어!

4 $\begin{pmatrix} -3 & 1 \\ -2 & 5 \end{pmatrix}+\begin{pmatrix} 7 & -2 \\ 0 & -1 \end{pmatrix}$

5 $\begin{pmatrix} -1 & 3 & 3 \\ -3 & -5 & 1 \end{pmatrix}+\begin{pmatrix} 2 & 0 & -1 \\ 3 & 1 & -2 \end{pmatrix}$

● **다음 등식이 성립하도록 x, y, z의 값을 정하시오.**

6 $\begin{pmatrix} x & 1 \\ 4 & 2 \end{pmatrix}+\begin{pmatrix} 5 & -2 \\ 3 & y \end{pmatrix}=\begin{pmatrix} 6 & -1 \\ z & 3 \end{pmatrix}$

대응하는 성분끼리 각각 더하여 좌변을 간단히 한 후, 행렬이 서로 같을 조건을 이용해!

→ $\begin{pmatrix} x & 1 \\ 4 & 2 \end{pmatrix}+\begin{pmatrix} 5 & -2 \\ 3 & y \end{pmatrix}=\begin{pmatrix} \square & -1 \\ \square & 2+y \end{pmatrix}$이므로

$\begin{pmatrix} \square & -1 \\ \square & 2+y \end{pmatrix}=\begin{pmatrix} 6 & -1 \\ z & 3 \end{pmatrix}$

두 행렬이 서로 같을 조건에 의하여

$\square=6$, $\square=z$, $2+y=3$

따라서 $x=\square$, $y=1$, $z=\square$

7 $\begin{pmatrix} 2 & -3 \\ x & -9 \end{pmatrix}+\begin{pmatrix} y & 3 \\ 6 & 2 \end{pmatrix}=\begin{pmatrix} 5 & 0 \\ 8 & z \end{pmatrix}$

8 $\begin{pmatrix} 6 & x \\ 3 & 2 \end{pmatrix}+\begin{pmatrix} -2 & 5 \\ 5 & x \end{pmatrix}=\begin{pmatrix} y & 7 \\ 8 & z \end{pmatrix}$

9 $\begin{pmatrix} x & 3 \\ y & 4 \end{pmatrix}+\begin{pmatrix} y & 2 \\ 3 & z \end{pmatrix}=\begin{pmatrix} 5 & z \\ 8 & 9 \end{pmatrix}$

내가 발견한 개념 행렬의 덧셈은?

• 두 행렬 $A=\begin{pmatrix} a_{11} & a_{12} \\ a_{21} & a_{22} \end{pmatrix}$, $B=\begin{pmatrix} b_{11} & b_{12} \\ b_{21} & b_{22} \end{pmatrix}$에 대하여

→ $A+B=\begin{pmatrix} a_{11}+b_{11} & \square \\ \square & a_{22}+b_{22} \end{pmatrix}$

10 세 행렬 $A=\begin{pmatrix} 4 & 3 \\ -1 & 1 \end{pmatrix}$, $B=\begin{pmatrix} 1 & 2 \\ 5 & -1 \end{pmatrix}$, $C=\begin{pmatrix} 3 & 2 \\ 1 & 4 \end{pmatrix}$에 대하여 다음을 계산하시오.
(단, 괄호가 있으면 괄호 안의 계산을 먼저 한다.)

(1) $A+B$

(2) $B+A$

(3) $(A+B)+C$

(4) $A+(B+C)$

내가 발견한 개념 행렬의 덧셈에 대한 법칙을 생각해 봐!

같은 꼴의 세 행렬 A, B, C에 대하여

• A+B=□+A

• (A+B)+C=A+(□+C)

• (C+B)+A=C+(A+□)

같은 꼴의 세 행렬 A, B, C에 대하여

❶ 교환법칙 $A+B=B+A$

A	B
B	A

❷ 결합법칙 $(A+B)+C=A+(B+C)$

A	B	C
A	B	C

수의 덧셈과 마찬가지로 교환법칙과 결합법칙이 성립하네!

개념모음문제

11 두 행렬 $A=\begin{pmatrix} 1 & 3 \\ -2 & 2 \end{pmatrix}$, $B=\begin{pmatrix} 3 & 1 \\ 7 & -3 \end{pmatrix}$에 대하여 행렬 $A+B$의 $(1, 2)$ 성분을 m, $(2, 2)$ 성분을 n이라 할 때, $m+n$의 값은?

① 1 ② 3 ③ 5 ④ 7 ⑤ 9

06

꼴이 같아야 정의되는!

행렬의 뺄셈

1호점과 2호점의 점심과 저녁 각각의 만두 판매량의 차는?

1호점 (단위: 판)

	점심	저녁
고기만두	12	15
야채만두	13	14
새우만두	10	15

2호점 (단위: 판)

	점심	저녁
고기만두	8	12
야채만두	6	10
새우만두	7	10

$$\begin{pmatrix} 12 & 15 \\ 13 & 14 \\ 10 & 15 \end{pmatrix} - \begin{pmatrix} 8 & 12 \\ 6 & 10 \\ 7 & 10 \end{pmatrix}$$

$$= \begin{pmatrix} 12-8 & 15-12 \\ 13-6 & 14-10 \\ 10-7 & 15-10 \end{pmatrix}$$

점심 저녁

$$\begin{pmatrix} 4 & 3 \\ 7 & 4 \\ 3 & 5 \end{pmatrix}$$ 고기만두 / 야채만두 / 새우만두

1호점이 더 많이 판매했군!

행렬 A에 대하여 A의 각 성분의 부호를 바꾼 행렬을 $-A$로 나타낸다.
같은 꼴의 두 행렬 A, B에 대하여 $A+(-B)$를 $\boxed{A-B}$로 나타내고
이것을 행렬 A에서 행렬 B를 뺀 차라 한다.

행렬의 뺄셈

두 행렬 $A=\begin{pmatrix} a_{11} & a_{12} \\ a_{21} & a_{22} \end{pmatrix}$, $B=\begin{pmatrix} b_{11} & b_{12} \\ b_{21} & b_{22} \end{pmatrix}$에 대하여

$$A-B=\begin{pmatrix} a_{11}-b_{11} & a_{12}-b_{12} \\ a_{21}-b_{21} & a_{22}-b_{22} \end{pmatrix}$$

성분이 모두 0인 행렬, 영행렬

우리 모두 영행렬!

우리 모두 기호 O로 나타내!

$(0,\ 0)$, $\begin{pmatrix} 0 \\ 0 \end{pmatrix}$, $\begin{pmatrix} 0 & 0 \\ 0 & 0 \end{pmatrix}$, $\begin{pmatrix} 0 & 0 & 0 \\ 0 & 0 & 0 \end{pmatrix}$ → O

일반적으로 행렬 A와 같은 꼴의 영행렬 O에 대하여

$$A+O=O+A=A,$$
$$A+(-A)=(-A)+A=O$$

영행렬은 실수에서의 0과 같은 성질을 가져!

1st — 행렬의 뺄셈(1)

● 다음을 계산하시오.

1 $(2\ \ -5\ \ 1)-(-1\ \ 3\ \ 4)$

→ $(2\ \ -5\ \ 1)-(-1\ \ 3\ \ 4)$

$=(2-(-1)\ \ -5-\square\ \ 1-\square)$

$=(3\ \ \square\ \ \square)$

2 $\begin{pmatrix} 7 \\ 2 \end{pmatrix}-\begin{pmatrix} 3 \\ -2 \end{pmatrix}$

3 $\begin{pmatrix} 3 & 0 \\ -1 & 4 \end{pmatrix}-\begin{pmatrix} 3 & 2 \\ 3 & 6 \end{pmatrix}$

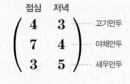

$(1\ \ 2)-\begin{pmatrix} 3 \\ 4 \end{pmatrix}=?$

$\begin{pmatrix} 1 & 0 \\ 3 & 2 \end{pmatrix}-\begin{pmatrix} 1 & 2 & 3 \\ 3 & 2 & 1 \end{pmatrix}=?$

같은 꼴이 아니면 뺄 수 없어!

4 $\begin{pmatrix} 1 & -7 \\ 5 & 3 \end{pmatrix}-\begin{pmatrix} 3 & 9 \\ 1 & -6 \end{pmatrix}$

5 $\begin{pmatrix} 1 & 3 & 9 \\ 8 & 0 & 10 \end{pmatrix}-\begin{pmatrix} 3 & 2 & 1 \\ 5 & -4 & 6 \end{pmatrix}$

내가 발견한 개념 행렬의 뺄셈은?

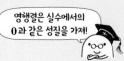

• 두 행렬 $A=\begin{pmatrix} a_{11} & a_{12} \\ a_{21} & a_{22} \end{pmatrix}$, $B=\begin{pmatrix} b_{11} & b_{12} \\ b_{21} & b_{22} \end{pmatrix}$에 대하여

→ $A-B=\begin{pmatrix} \square & a_{12}-b_{12} \\ \square & a_{22}-b_{22} \end{pmatrix}$

2nd 영행렬의 성질

6 행렬 $A=\begin{pmatrix} 3 & 1 \\ 2 & 5 \end{pmatrix}$에 대하여 다음을 계산하시오. (단, O는 영행렬이다.)

> 2차정사각행렬 A와 연산할 영행렬 O는 $O=\begin{pmatrix} 0 & 0 \\ 0 & 0 \end{pmatrix}$

(1) $A+O$

(2) $O+A$

(3) $A+(-A)$

(4) $(-A)+A$

내가 발견한 개념 영행렬의 성질은?

임의의 행렬 A와 같은 꼴의 영행렬 O에 대하여

- A+O=O ◯ A= ☐
- A+(−A)=(☐)+A= ☐

3rd 행렬의 뺄셈(2)

● 다음 등식을 만족시키는 행렬 X를 구하시오.

7 $X+\begin{pmatrix} 4 & -5 \\ 0 & 1 \end{pmatrix}=\begin{pmatrix} 3 & 0 \\ 7 & -2 \end{pmatrix}$

→ 주어진 등식의 양변에서 행렬 $\begin{pmatrix} 4 & \square \\ \square & 1 \end{pmatrix}$을 빼면

$X+\begin{pmatrix} 4 & -5 \\ 0 & 1 \end{pmatrix}-\begin{pmatrix} 4 & \square \\ \square & 1 \end{pmatrix}$

$=\begin{pmatrix} 3 & 0 \\ 7 & -2 \end{pmatrix}-\begin{pmatrix} 4 & \square \\ \square & 1 \end{pmatrix}$

따라서 $X=\begin{pmatrix} 3-4 & 0-(\square) \\ 7-\square & -2-1 \end{pmatrix}=\begin{pmatrix} -1 & \square \\ \square & -3 \end{pmatrix}$

8 $\begin{pmatrix} 4 & 3 \\ -2 & 4 \end{pmatrix}+X=\begin{pmatrix} 1 & 6 \\ -3 & 5 \end{pmatrix}$

9 $X+\begin{pmatrix} -1 & 3 \\ -2 & 3 \end{pmatrix}=O$ (단, O는 영행렬이다.)

10 $\begin{pmatrix} 1 & 2 & 1 \\ 3 & 0 & 1 \end{pmatrix}+X=\begin{pmatrix} 5 & 4 & 3 \\ 4 & -3 & 5 \end{pmatrix}$

내가 발견한 개념 행렬을 이항하면?

- 같은 꼴의 세 행렬 A, B, X에 대하여 X+B=A이면
  → X=A ◯ B

행렬의 이항

같은 꼴의 세 행렬 A, B, X에 대하여

$A+X=B$ 이면

$(-A)+A+X=(-A)+B$

$O+X=B+(-A)$ 이므로

$X=B-A$

> 부호를 바꾸어 등호 건너편으로 가자!
>
> $+A+X=B$ (이항) $X=B-A$

행렬의 등식에서도 수와 식에서와 마찬가지로 이항하여 계산할 수 있어!

개념모음문제

11 세 행렬

$A=\begin{pmatrix} 5 & 3 \\ 1 & 4 \end{pmatrix}$, $B=\begin{pmatrix} 3 & -7 \\ -5 & 2 \end{pmatrix}$, $C=\begin{pmatrix} 4 & 2 \\ 1 & -1 \end{pmatrix}$

에 대하여 $B-(A-C)=\begin{pmatrix} a & b \\ c & d \end{pmatrix}$일 때, $ad-bc$의 값은?

① −46 ② −44 ③ −42

④ −40 ⑤ −38

07

각 성분에 곱해지는!

행렬의 실수배

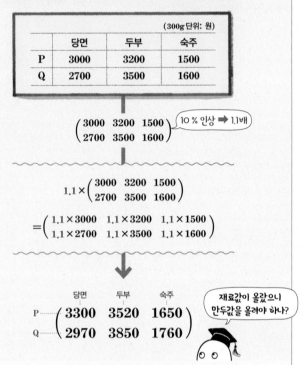

식료품점 P, Q에서 판매하는 만두 속 재료의 가격이 다음 표와 같을 때, 10 % 인상된 가격은?

(300g 단위: 원)

	당면	두부	숙주
P	3000	3200	1500
Q	2700	3500	1600

$\begin{pmatrix} 3000 & 3200 & 1500 \\ 2700 & 3500 & 1600 \end{pmatrix}$ 10 % 인상 ➡ 1.1배

$1.1\times\begin{pmatrix} 3000 & 3200 & 1500 \\ 2700 & 3500 & 1600 \end{pmatrix}$

$=\begin{pmatrix} 1.1\times3000 & 1.1\times3200 & 1.1\times1500 \\ 1.1\times2700 & 1.1\times3500 & 1.1\times1600 \end{pmatrix}$

당면 두부 숙주

P, Q: $\begin{pmatrix} 3300 & 3520 & 1650 \\ 2970 & 3850 & 1760 \end{pmatrix}$

행렬 A의 각 성분에 실수 k를 곱한 수를 성분으로 하는 행렬을 행렬 A의 k배라 하고, 이것을 kA로 나타낸다.

행렬의 실수배

행렬 $A=\begin{pmatrix} a_{11} & a_{12} \\ a_{21} & a_{22} \end{pmatrix}$일 때, 실수 k에 대하여

$$kA=k\begin{pmatrix} a_{11} & a_{12} \\ a_{21} & a_{22} \end{pmatrix}=\begin{pmatrix} ka_{11} & ka_{12} \\ ka_{21} & ka_{22} \end{pmatrix}$$

행렬의 실수배에 대한 성질

두 행렬 A, B가 같은 꼴이고, k, l이 실수일 때

❶ $(kl)A=k(lA)$ ← 결합법칙

❷ $(k+l)A=kA+lA$, $k(A+B)=kA+kB$ ← 분배법칙

❸ $1A=A$, $(-1)A=-A$

❹ $0A=O$, $kO=O$

설명 임의의 행렬 $A=\begin{pmatrix} a & b \\ c & d \end{pmatrix}$와 영행렬 $O=\begin{pmatrix} 0 & 0 \\ 0 & 0 \end{pmatrix}$에 대하여

❸ $(-1)A=-\begin{pmatrix} a & b \\ c & d \end{pmatrix}=\begin{pmatrix} -a & -b \\ -c & -d \end{pmatrix}=-A$

❹ $0A=0\begin{pmatrix} a & b \\ c & d \end{pmatrix}=\begin{pmatrix} 0\times a & 0\times b \\ 0\times c & 0\times d \end{pmatrix}=\begin{pmatrix} 0 & 0 \\ 0 & 0 \end{pmatrix}=O$

$kO=k\begin{pmatrix} 0 & 0 \\ 0 & 0 \end{pmatrix}=\begin{pmatrix} k\times0 & k\times0 \\ k\times0 & k\times0 \end{pmatrix}=\begin{pmatrix} 0 & 0 \\ 0 & 0 \end{pmatrix}=O$

1st — 행렬의 실수배

● 주어진 행렬 A에 대하여 다음을 계산하시오.

1 $A=\begin{pmatrix} 2 & -4 & 6 \\ -2 & 8 & 0 \end{pmatrix}$

(1) $2A$

→ $2A=\square\begin{pmatrix} 2 & -4 & 6 \\ -2 & 8 & 0 \end{pmatrix}$

$=\begin{pmatrix} 2\times2 & 2\times(-4) & \square\times6 \\ \square\times(-2) & 2\times8 & 2\times0 \end{pmatrix}$

$=\begin{pmatrix} 4 & -8 & \square \\ \square & 16 & 0 \end{pmatrix}$

(2) $\frac{1}{2}A$

(3) $1.5A$

(4) $(-1)A$

(5) $0A$

내가 발견한 개념 행렬의 실수배는?

• $A=\begin{pmatrix} a_{11} & a_{12} \\ a_{21} & a_{22} \end{pmatrix}$일 때, 실수 k에 대하여

→ $kA=k\begin{pmatrix} a_{11} & a_{12} \\ a_{21} & a_{22} \end{pmatrix}=\begin{pmatrix} ka_{11} & \square \\ ka_{21} & \square \end{pmatrix}$

2 $A=\begin{pmatrix} 1 & 0 \\ 3 & 2 \end{pmatrix}$, $B=\begin{pmatrix} -1 & 3 \\ -3 & 4 \end{pmatrix}$

(1) $2(3A)$

→ $2(3A)=(\square\times 3)A=\square A$

$=\square\begin{pmatrix} 1 & 0 \\ 3 & 2 \end{pmatrix}=\begin{pmatrix} \square & 0 \\ 18 & \square \end{pmatrix}$

(2) $3A+2A$

(3) $2(A+B)$

(4) $3A-3B$

(5) $3A-2(A-B)$

내가 발견한 개념 행렬의 실수배의 연산법칙은?

같은 꼴의 두 행렬 A, B와 임의의 실수 k, l에 대하여

- $(kl)A=k(\square)$
- $(k+l)A=kA+\square$, $k(A+B)=\square+kB$

2nd 행렬의 계산을 이용하여 구하는 행렬

● 주어진 두 행렬 A, B에 대하여 다음 등식을 만족시키는 행렬 X를 구하시오.

3 $A=\begin{pmatrix} -1 & 0 \\ 2 & 1 \end{pmatrix}$, $B=\begin{pmatrix} 4 & 3 \\ 2 & -1 \end{pmatrix}$

(1) $2X-A=3A-2B$

주어진 등식을 X에 대한 방정식으로 보고 X를 A, B로 나타내어 계산하면 돼!

→ $2X-A=3A-2B$에서 $2X=\square-2B$이므로

$X=\square-B=\square\begin{pmatrix} -1 & 0 \\ 2 & 1 \end{pmatrix}-\begin{pmatrix} 4 & 3 \\ 2 & -1 \end{pmatrix}$

$=\begin{pmatrix} -2 & \square \\ \square & 2 \end{pmatrix}-\begin{pmatrix} 4 & 3 \\ 2 & -1 \end{pmatrix}=\begin{pmatrix} -6 & \square \\ \square & 3 \end{pmatrix}$

(2) $3(X-B)=2A+B$

(3) $2(X-2A)=X-2B$

(4) $2(X-3A)=3X-2(A+B)$

수와 같은 행렬의 덧셈의 성질

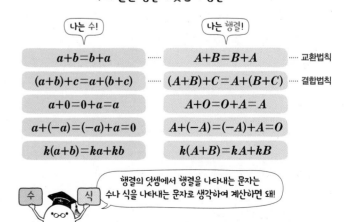

나는 수!		나는 행렬!	
$a+b=b+a$	……	$A+B=B+A$	…… 교환법칙
$(a+b)+c=a+(b+c)$	……	$(A+B)+C=A+(B+C)$	…… 결합법칙
$a+0=0+a=a$		$A+O=O+A=A$	
$a+(-a)=(-a)+a=0$		$A+(-A)=(-A)+A=O$	
$k(a+b)=ka+kb$		$k(A+B)=kA+kB$	

행렬의 덧셈에서 행렬을 나타내는 문자는 수나 식을 나타내는 문자로 생각하여 계산하면 돼!

● 주어진 두 행렬 A, B에 대하여 등식을 만족시키는 두 행렬 X, Y를 구하시오.

4 $A=\begin{pmatrix} 1 & -2 \\ 3 & 1 \end{pmatrix}$, $B=\begin{pmatrix} 3 & 4 \\ -1 & 1 \end{pmatrix}$에 대하여

$X+Y=A$, $X-Y=B$

주어진 두 등식을 X, Y에 대한 연립방정식으로 보고 X, Y를 A, B로 나타낸다.

→ $X+Y=A$ …… ㉠

$X-Y=B$ …… ㉡

㉠+㉡을 하면 $\square X=A\bigcirc B$이므로

$X=\frac{1}{\square}(A\bigcirc B)$

$=\frac{1}{\square}\left\{\begin{pmatrix} 1 & -2 \\ 3 & 1 \end{pmatrix}\bigcirc\begin{pmatrix} 3 & 4 \\ -1 & 1 \end{pmatrix}\right\}$

$=\frac{1}{\square}\begin{pmatrix} 4 & 2 \\ \square & 2 \end{pmatrix}=\begin{pmatrix} \square & 1 \\ 1 & 1 \end{pmatrix}$

㉠−㉡을 하면 $\square Y=A\bigcirc B$이므로

$Y=\frac{1}{\square}(A\bigcirc B)$

$=\frac{1}{\square}\left\{\begin{pmatrix} 1 & -2 \\ 3 & 1 \end{pmatrix}\bigcirc\begin{pmatrix} 3 & 4 \\ -1 & 1 \end{pmatrix}\right\}$

$=\frac{1}{\square}\begin{pmatrix} -2 & -6 \\ \square & 0 \end{pmatrix}=\begin{pmatrix} -1 & -3 \\ \square & 0 \end{pmatrix}$

5 $A=\begin{pmatrix} -1 & -3 \\ 2 & -2 \end{pmatrix}$, $B=\begin{pmatrix} 4 & 3 \\ 4 & -1 \end{pmatrix}$에 대하여

$X-Y=A$, $2X+Y=B$

6 $A=\begin{pmatrix} 0 & 7 \\ -1 & 2 \end{pmatrix}$, $B=\begin{pmatrix} 1 & 3 \\ 5 & 2 \end{pmatrix}$에 대하여

$5X-2Y=A+2B$, $2X-Y=A+B$

● 두 이차정사각행렬 A, B의 (i, j) 성분을 각각 a_{ij}, b_{ij}라 할 때, 다음을 구하시오.

7 $a_{ij}=ij-2$, $b_{ij}=2i-j+3$일 때, $2(A-2B)-(A-3B)$의 $(2, 1)$ 성분

주어진 행렬식을 간단히 한 후, 그 행렬의 (2, 1) 성분의 값을 구한다.

→ $2(A-2B)-(A-3B)$

$=2A-4B-A+3B=A-\square$

이므로 행렬 $A-\square$의 (2, 1) 성분을 구하면 된다.

행렬 $A-\square$의 (2, 1) 성분은 $a_{21}-\square$이고

$a_{21}=2\times1-2=0$

$\square=2\times2-1+3=\square$

따라서 $a_{21}-\square=0-\square=\square$

8 $a_{ij}=i+2j$, $b_{ij}=-4i+2j+1$일 때, $4(A+B)-3(A+2B)$의 $(1, 2)$ 성분

개념모음문제

9 두 이차정사각행렬 A, B에 대하여

$$2A+B=\begin{pmatrix} 1 & -1 \\ -2 & 1 \end{pmatrix},\ A-2B=\begin{pmatrix} 3 & 2 \\ -1 & 3 \end{pmatrix}$$

이 성립할 때, 행렬 $A-B$의 모든 성분의 합은?

① 2 ② 4 ③ 6

④ 8 ⑤ 10

3rd 행렬의 계산을 이용하여 구하는 미지수의 값

● 다음 등식이 성립하도록 실수 a, b의 값을 정하시오.

10 $a\begin{pmatrix}1 & 0\\0 & 1\end{pmatrix}+b\begin{pmatrix}-1 & 2\\3 & 0\end{pmatrix}=\begin{pmatrix}-1 & 6\\9 & 2\end{pmatrix}$

→ $a\begin{pmatrix}1 & 0\\0 & 1\end{pmatrix}+b\begin{pmatrix}-1 & 2\\3 & 0\end{pmatrix}=\begin{pmatrix}a & 0\\\square & \square\end{pmatrix}+\begin{pmatrix}\square & 2b\\\square & 0\end{pmatrix}$

$=\begin{pmatrix}\square & 2b\\\square & a\end{pmatrix}$

이므로 $\begin{pmatrix}\square & 2b\\\square & a\end{pmatrix}=\begin{pmatrix}-1 & 6\\9 & 2\end{pmatrix}$

두 행렬이 서로 같을 조건에 의하여

$\square=-1$, $2b=6$, $3b=9$, $a=\square$

따라서 $a=\square$, $b=\square$

11 $a\begin{pmatrix}1 & -1\\0 & 4\end{pmatrix}+b\begin{pmatrix}5 & 7\\3 & -2\end{pmatrix}=\begin{pmatrix}-3 & -9\\-3 & 10\end{pmatrix}$

12 $a\begin{pmatrix}2 & 2\\0 & -1\end{pmatrix}+b\begin{pmatrix}-1 & -3\\3 & 4\end{pmatrix}=\begin{pmatrix}-9 & -7\\-3 & 1\end{pmatrix}$

13 $2\begin{pmatrix}a^2 & -1\\b & 4\end{pmatrix}+3\begin{pmatrix}a & 2\\1 & b\end{pmatrix}=\begin{pmatrix}5 & 4\\1 & 5\end{pmatrix}$

(단, a는 정수이다.)

● 다음과 같이 주어진 세 행렬 A, B, C가 $xA+yB=C$를 만족시킬 때, 실수 x, y의 값을 구하시오.

14 $A=\begin{pmatrix}3 & 2\\-1 & -6\end{pmatrix}$, $B=\begin{pmatrix}-1 & 0\\1 & -1\end{pmatrix}$,

$C=\begin{pmatrix}9 & 4\\-5 & -9\end{pmatrix}$

→ $xA+yB=x\begin{pmatrix}3 & 2\\-1 & -6\end{pmatrix}+y\begin{pmatrix}-1 & 0\\1 & -1\end{pmatrix}$

$=\begin{pmatrix}3x & \square\\-x & \square\end{pmatrix}+\begin{pmatrix}-y & 0\\\square & \square\end{pmatrix}$

$=\begin{pmatrix}3x-y & \square\\-x+y & \square\end{pmatrix}$

이므로 $\begin{pmatrix}3x-y & \square\\-x+y & \square\end{pmatrix}=\begin{pmatrix}9 & 4\\-5 & -9\end{pmatrix}$

두 행렬이 서로 같을 조건에 의하여

$3x-y=9$, $\square=4$, $-x+y=-5$, $\square=-9$

따라서 $x=\square$, $y=\square$

15 $A=\begin{pmatrix}2 & 2\\3 & 3\end{pmatrix}$, $B=\begin{pmatrix}2 & -1\\-1 & 1\end{pmatrix}$, $C=\begin{pmatrix}10 & 1\\3 & 9\end{pmatrix}$

개념모음문제

16 다음 등식을 만족시키는 행렬 X의 모든 성분의 합이 12일 때, $x+y$의 값은?

$$X-3\begin{pmatrix}3 & x\\2 & 1\end{pmatrix}=\frac{1}{2}\begin{pmatrix}2 & 6\\6y & 4\end{pmatrix}$$

① -6　② -4　③ -2　④ 0　⑤ 2

TEST 개념 확인

01~03 행렬의 뜻과 성분

- 행렬: 몇 개의 수 또는 문자를 직사각형 모양으로 배열하여 괄호로 묶은 것
- $m\times n$행렬: 행, 열의 개수가 각각 m, n인 행렬
- n차정사각행렬: 행과 열의 개수가 모두 n인 행렬
- (i, j) 성분: 행렬에서 제i행과 제j열이 만나는 위치에 있는 성분

1 행렬 $A=\begin{pmatrix} 2 & -1 & 3 \\ 2 & 3 & 0 \end{pmatrix}$의 (i, j) 성분이 a_{ij}일 때, 다음 중 옳은 것을 모두 고르면? (정답 2개)

① $a_{12}+a_{21}=2$
② 행렬 A는 3×2행렬이다.
③ $(1, 3)$ 성분과 $(2, 2)$ 성분은 같다.
④ 제2행의 성분은 2, 3, 0이다.
⑤ 행렬 A는 2차정사각행렬이다.

2 행렬 $A=\begin{pmatrix} 2x-y & x-y \\ x+2y & x+y \end{pmatrix}$의 (i, j) 성분이 a_{ij}일 때, $a_{11}+a_{22}=3$, $a_{12}-a_{21}=6$이다. a_{21}의 값은?

① -3　② -2　③ -1　④ 1　⑤ 2

3 3×2행렬 A의 (i, j) 성분 a_{ij}를

$$a_{ij}=\begin{cases} ij & (i>j) \\ k & (i=j) \\ -a_{ji} & (i<j) \end{cases}$$

로 정의할 때, 행렬 A의 모든 성분의 합은 19이다. 상수 k의 값을 구하시오.

04 서로 같은 행렬

- 두 행렬 $A=\begin{pmatrix} a & b \\ c & d \end{pmatrix}$, $B=\begin{pmatrix} x & y \\ z & w \end{pmatrix}$에 대하여 $A=B$이면
  → $a=x$, $b=y$, $c=z$, $d=w$

4 $\begin{pmatrix} a+2b & 1 & 4 \\ 1 & -7 & 3c \end{pmatrix}=\begin{pmatrix} 5 & 1 & 4 \\ 1 & a-b & 9 \end{pmatrix}$일 때, $a+b+c$의 값은?

① 2　② 4　③ 6　④ 8　⑤ 10

5 두 행렬 $A=\begin{pmatrix} 2x-y & 2 \\ z^2-2z & 1 \end{pmatrix}$, $B=\begin{pmatrix} 4 & x+y \\ 3 & z^2 \end{pmatrix}$에 대하여 $A=B$일 때, $x-y+z$의 값은?

① -1　② 0　③ 1　④ 2　⑤ 3

6 $\begin{pmatrix} 3 & 2x+3y \\ 2xy+1 & x-y \end{pmatrix}=\begin{pmatrix} 3 & x+2y+2 \\ xy+2 & -2y+2 \end{pmatrix}$를 만족시키는 x, y에 대하여 x^2+y^2의 값은?

① 2　② 4　③ 6　④ 8　⑤ 10

05~06 행렬의 덧셈과 뺄셈

- 두 행렬 $A=\begin{pmatrix} a & b \\ c & d \end{pmatrix}$, $B=\begin{pmatrix} x & y \\ z & w \end{pmatrix}$에 대하여

$$A+B=\begin{pmatrix} a+x & b+y \\ c+z & d+w \end{pmatrix},\ A-B=\begin{pmatrix} a-x & b-y \\ c-z & d-w \end{pmatrix}$$

- 같은 꼴의 세 행렬 A, B, X에 대하여 $X+B=A$이면
  → $X=A-B$

7 두 행렬 $A=\begin{pmatrix} 2 & 1 \\ x & 3 \end{pmatrix}$, $B=\begin{pmatrix} 4 & 3x \\ 3 & -1 \end{pmatrix}$에 대하여 행렬 $A+B$의 모든 성분의 합이 16일 때, x의 값은?

① -1 ② 0 ③ 1
④ 2 ⑤ 3

8 $\begin{pmatrix} 3 & 5 \\ -1 & 1 \end{pmatrix}+X=\begin{pmatrix} 2 & 4 \\ -2 & 5 \end{pmatrix}$를 만족시키는 행렬 X의 모든 성분의 합은?

① -2 ② -1 ③ 0
④ 1 ⑤ 2

9 세 행렬

$$A=\begin{pmatrix} 2 & 1 \\ -2 & -1 \end{pmatrix},\ B=\begin{pmatrix} 7 & 3 \\ 1 & 2 \end{pmatrix},\ C=\begin{pmatrix} -4 & 1 \\ 2 & -3 \end{pmatrix}$$

에 대하여 $A-(B+C)=\begin{pmatrix} a & b \\ c & d \end{pmatrix}$일 때, $ad+bc$의 값은?

① 19 ② 17 ③ 15
④ 13 ⑤ 11

07 행렬의 실수배

- 행렬 $A=\begin{pmatrix} a & b \\ c & d \end{pmatrix}$일 때, 실수 k에 대하여 $kA=\begin{pmatrix} ka & kb \\ kc & kd \end{pmatrix}$
- 같은 꼴의 두 행렬 A, B와 임의의 실수 k, l에 대하여
  ① $(kl)A=k(lA)$
  ② $(k+l)A=kA+lA$, $k(A+B)=kA+kB$

10 두 행렬 $A=\begin{pmatrix} 8 & 3 \\ 2 & 1 \end{pmatrix}$, $B=\begin{pmatrix} -2 & 1 \\ 5 & 1 \end{pmatrix}$에 대하여 $X+2A=A+3B$를 만족시키는 행렬 X의 $(2,\ 2)$ 성분은?

① 0 ② 2 ③ 4
④ 6 ⑤ 8

11 두 행렬 $A=\begin{pmatrix} 3 & -4 \\ -3 & 2 \end{pmatrix}$, $B=\begin{pmatrix} 1 & 2 \\ 1 & 5 \end{pmatrix}$일 때, 두 식 $2X+Y=A$, $X+Y=B$를 만족시키는 두 행렬 X, Y에 대하여 $X-Y$의 모든 성분의 합을 구하시오.

12 세 행렬 $A=\begin{pmatrix} 5 & 3 \\ 1 & 2 \end{pmatrix}$, $B=\begin{pmatrix} -2 & 2 \\ -1 & 3 \end{pmatrix}$, $C=\begin{pmatrix} 4 & 12 \\ -1 & 13 \end{pmatrix}$에 대하여 실수 x, y가 $xA+yB=C$를 만족시킬 때, xy의 값은?

① 2 ② 3 ③ 4
④ 5 ⑤ 6

08 (행렬 A의 열의 개수)=(행렬 B의 행의 개수)

행렬의 곱셈

밀가루와 계란을 식료품점 P와 Q 중 어디서 사야 좋을까?

필요한 양

	밀가루	계란
1호점	10봉	90개
2호점	15봉	30개

가격 (단위: 원)

	P	Q
밀가루(1봉)	3000	2500
계란(1개)	100	150

지불해야 할 금액 (단위: 원)

	P	Q
1호점	$10\times3000+90\times100=39000$	$10\times2500+90\times150=38500$
2호점	$15\times3000+30\times100=48000$	$15\times2500+30\times150=42000$

$$\begin{pmatrix}10 & 90\\ 15 & 30\end{pmatrix}\times\begin{pmatrix}3000 & 2500\\ 100 & 150\end{pmatrix}$$

$$=\begin{pmatrix}\overset{①}{10\times3000+90\times100} & \overset{②}{10\times2500+90\times150}\\ \overset{③}{15\times3000+30\times100} & \overset{④}{15\times2500+30\times150}\end{pmatrix}$$

$$=\begin{pmatrix}39000 & 38500\\ 48000 & 42000\end{pmatrix}$$

(1행: 1호점, 2행: 2호점 / 1열: P, 2열: Q)

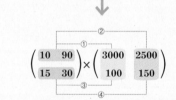

음.. 1호점, 2호점 모두 총합이 더 싼 Q에서 사는 게 좋겠군!

행렬의 곱셈

두 행렬 $A=\begin{pmatrix}a_{11} & a_{12}\\ a_{21} & a_{22}\end{pmatrix}$, $B=\begin{pmatrix}b_{11} & b_{12}\\ b_{21} & b_{22}\end{pmatrix}$에 대하여

$$AB=\begin{pmatrix}a_{11}b_{11}+a_{12}b_{21} & a_{11}b_{12}+a_{12}b_{22}\\ a_{21}b_{11}+a_{22}b_{21} & a_{21}b_{12}+a_{22}b_{22}\end{pmatrix}$$

1st — 행렬의 곱셈(1)

● 다음을 계산하시오.

$$(a\quad b)\begin{pmatrix}x\\ y\end{pmatrix}=(ax+by)$$

(1×2 행렬)(2×1 행렬) → (1×1 행렬)

1×1행렬은 괄호를 생략해서 나타내기도 해! $(ax+by)\rightarrow ax+by$

1 $(2\quad 4)\begin{pmatrix}3\\ 1\end{pmatrix}$

→ $(2\quad 4)\begin{pmatrix}3\\ 1\end{pmatrix}=(\square\times3+4\times\square)=(\square)$

2 $(-3\quad 3)\begin{pmatrix}-1\\ 4\end{pmatrix}$

3 $(4\quad -1)\begin{pmatrix}-2\\ 0\end{pmatrix}$

4 $(-2\quad 5)\begin{pmatrix}-3\\ -1\end{pmatrix}$

행렬의 곱셈 원리

행렬 A가 $m\times n$행렬이고 행렬 B가 $n\times l$행렬일 때, 두 행렬 A와 B의 곱 AB는 $m\times l$ 행렬이고 AB의 (i, j) 성분은 A의 제i행과 B의 제j열의 곱으로 정한다.

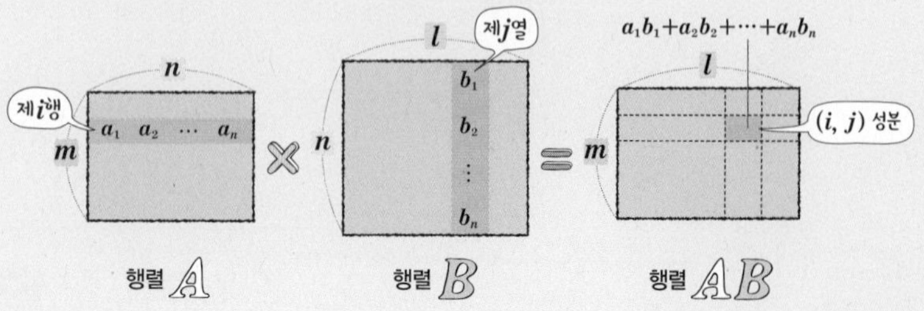

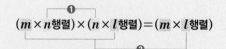

$(m\times n$행렬$)\times(n\times l$행렬$)=(m\times l$행렬$)$

❶ 행렬의 곱셈의 성립 요건
행렬 A의 열의 개수와 행렬 B의 행의 개수가 같아야 행렬의 곱 AB가 정의된다.

❷ 곱셈 결과
행렬 A의 행의 개수와 행렬 B의 열의 개수를 각각 행의 개수와 열의 개수로 하는 행렬이 된다.

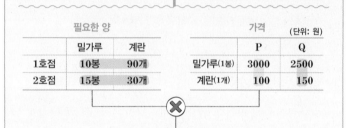

$$(a \quad b)\begin{pmatrix} x & u \\ y & v \end{pmatrix} = (ax+by \quad au+bv)$$

$\begin{pmatrix} 1\times2 \\ \text{행렬} \end{pmatrix}\begin{pmatrix} 2\times2 \\ \text{행렬} \end{pmatrix} \rightarrow \begin{pmatrix} 1\times2 \\ \text{행렬} \end{pmatrix}$

$$\begin{pmatrix} a \\ b \end{pmatrix}(x \quad y) = \begin{pmatrix} ax & ay \\ bx & by \end{pmatrix}$$

$\begin{pmatrix} 2\times1 \\ \text{행렬} \end{pmatrix}\begin{pmatrix} 1\times2 \\ \text{행렬} \end{pmatrix} \rightarrow \begin{pmatrix} 2\times2 \\ \text{행렬} \end{pmatrix}$

5 $(2 \quad 4)\begin{pmatrix} 1 & 3 \\ 2 & 5 \end{pmatrix}$

→ $(2 \quad 4)\begin{pmatrix} 1 & 3 \\ 2 & 5 \end{pmatrix} = (2\times\square+4\times2 \quad 2\times3+4\times\square)$

$= (\square \quad \square)$

6 $(-2 \quad 3)\begin{pmatrix} 1 & 2 \\ 2 & 3 \end{pmatrix}$

7 $(1 \quad -2)\begin{pmatrix} -3 & 1 \\ 0 & 4 \end{pmatrix}$

8 $(3 \quad -5)\begin{pmatrix} -1 & 3 \\ -2 & 4 \end{pmatrix}$

9 $(-1 \quad -3)\begin{pmatrix} 2 & -3 \\ 3 & -2 \end{pmatrix}$

10 $\begin{pmatrix} 4 \\ 2 \end{pmatrix}(3 \quad 1)$

→ $\begin{pmatrix} 4 \\ 2 \end{pmatrix}(3 \quad 1) = \begin{pmatrix} 4\times3 & \square \\ \square & 2\times1 \end{pmatrix} = \begin{pmatrix} 12 & \square \\ \square & 2 \end{pmatrix}$

11 $\begin{pmatrix} 2 \\ 5 \end{pmatrix}(-1 \quad 4)$

12 $\begin{pmatrix} 6 \\ 4 \end{pmatrix}(3 \quad -2)$

13 $\begin{pmatrix} -2 \\ 7 \end{pmatrix}(-1 \quad 4)$

14 $\begin{pmatrix} 3 \\ -1 \end{pmatrix}(-5 \quad 2)$

$$\begin{pmatrix} a & b \\ c & d \end{pmatrix}\begin{pmatrix} x \\ y \end{pmatrix} = \begin{pmatrix} ax+by \\ cx+dy \end{pmatrix}$$

$\begin{pmatrix} 2\times2 \\ \text{행렬} \end{pmatrix}\begin{pmatrix} 2\times1 \\ \text{행렬} \end{pmatrix} \rightarrow \begin{pmatrix} 2\times1 \\ \text{행렬} \end{pmatrix}$

15 $\begin{pmatrix} 3 & 2 \\ 5 & 1 \end{pmatrix}\begin{pmatrix} 1 \\ 3 \end{pmatrix}$

$\rightarrow \begin{pmatrix} 3 & 2 \\ 5 & 1 \end{pmatrix}\begin{pmatrix} 1 \\ 3 \end{pmatrix} = \begin{pmatrix} 3\times1+\square \\ \square+1\times3 \end{pmatrix} = \begin{pmatrix} \square \\ \square \end{pmatrix}$

16 $\begin{pmatrix} 1 & 2 \\ 2 & 1 \end{pmatrix}\begin{pmatrix} 2 \\ -3 \end{pmatrix}$

17 $\begin{pmatrix} 3 & 1 \\ -2 & 0 \end{pmatrix}\begin{pmatrix} 1 \\ 1 \end{pmatrix}$

18 $\begin{pmatrix} -2 & 3 \\ 0 & -1 \end{pmatrix}\begin{pmatrix} 2 \\ -4 \end{pmatrix}$

19 $\begin{pmatrix} 3 & -1 \\ 2 & 1 \end{pmatrix}\begin{pmatrix} -2 \\ -1 \end{pmatrix}$

$$\begin{pmatrix} a & b \\ c & d \end{pmatrix}\begin{pmatrix} x & u \\ y & v \end{pmatrix} = \begin{pmatrix} ax+by & au+bv \\ cx+dy & cu+dv \end{pmatrix}$$

$\begin{pmatrix} 2\times2 \\ \text{행렬} \end{pmatrix}\begin{pmatrix} 2\times2 \\ \text{행렬} \end{pmatrix} \rightarrow \begin{pmatrix} 2\times2 \\ \text{행렬} \end{pmatrix}$

20 $\begin{pmatrix} 2 & 1 \\ 4 & 3 \end{pmatrix}\begin{pmatrix} 3 & 2 \\ 2 & 1 \end{pmatrix}$

$\rightarrow \begin{pmatrix} 2 & 1 \\ 4 & 3 \end{pmatrix}\begin{pmatrix} 3 & 2 \\ 2 & 1 \end{pmatrix}$

$= \begin{pmatrix} 2\times3+1\times2 & \square+1\times1 \\ \square+3\times2 & 4\times2+\square \end{pmatrix}$

$= \begin{pmatrix} 8 & \square \\ \square & \square \end{pmatrix}$

21 $\begin{pmatrix} 4 & 2 \\ 1 & 2 \end{pmatrix}\begin{pmatrix} 1 & 1 \\ -3 & 2 \end{pmatrix}$

22 $\begin{pmatrix} 1 & -2 \\ 2 & 3 \end{pmatrix}\begin{pmatrix} 4 & 5 \\ -1 & 2 \end{pmatrix}$

23 $\begin{pmatrix} -1 & 2 \\ 3 & -2 \end{pmatrix}\begin{pmatrix} -3 & -2 \\ 4 & 0 \end{pmatrix}$

24 $\begin{pmatrix} -3 & -2 \\ 1 & 0 \end{pmatrix}\begin{pmatrix} 2 & -2 \\ 3 & -3 \end{pmatrix}$

2nd 행렬의 곱셈(2)

● 다음 등식이 성립할 때, 실수 a, b 또는 a, b, c의 값을 구하시오.

25 $\begin{pmatrix} 5 & 4 \\ 6 & 5 \end{pmatrix}\begin{pmatrix} a \\ b \end{pmatrix}=\begin{pmatrix} 1 \\ 2 \end{pmatrix}$

→ $\begin{pmatrix} 5 & 4 \\ 6 & 5 \end{pmatrix}\begin{pmatrix} a \\ b \end{pmatrix}=\begin{pmatrix} \square+4b \\ 6a+\square \end{pmatrix}=\begin{pmatrix} \square \\ 2 \end{pmatrix}$

두 행렬이 서로 같을 조건에 의하여

$\square+4b=\square$, $6a+\square=2$

위의 두 식을 연립하여 풀면

$a=\square$, $b=\square$

26 $\begin{pmatrix} a & 1 \\ -2 & 1 \end{pmatrix}\begin{pmatrix} -1 \\ 2 \end{pmatrix}=\begin{pmatrix} -2 \\ b \end{pmatrix}$

27 $\begin{pmatrix} -1 & 3 \\ -2 & a \end{pmatrix}\begin{pmatrix} b \\ -3 \end{pmatrix}=\begin{pmatrix} -11 \\ 5 \end{pmatrix}$

28 $\begin{pmatrix} 3 & -2 \\ a & 1 \end{pmatrix}\begin{pmatrix} 2 \\ b \end{pmatrix}=\begin{pmatrix} 0 \\ 11 \end{pmatrix}$

29 $\begin{pmatrix} 2 & -5 \\ 4 & 6 \end{pmatrix}\begin{pmatrix} a \\ b \end{pmatrix}=\begin{pmatrix} 7 \\ -2 \end{pmatrix}$

30 $\begin{pmatrix} 2 & a \\ a & 5 \end{pmatrix}\begin{pmatrix} -3 & 4 \\ 2 & b \end{pmatrix}=\begin{pmatrix} 2 & c \\ -2 & 1 \end{pmatrix}$

31 $\begin{pmatrix} -1 & -2 \\ a & 3 \end{pmatrix}\begin{pmatrix} 0 & b \\ 1 & 2 \end{pmatrix}=\begin{pmatrix} c & -3 \\ 3 & 4 \end{pmatrix}$

32 $\begin{pmatrix} 2 & a \\ -3 & b \end{pmatrix}\begin{pmatrix} 1 & 0 \\ -1 & 2 \end{pmatrix}=\begin{pmatrix} 3 & -2 \\ c & 8 \end{pmatrix}$

개념모음문제

33 두 행렬 $A=\begin{pmatrix} x & -2 \\ -9 & y \end{pmatrix}$, $B=\begin{pmatrix} 3x & 3 \\ 6 & 2 \end{pmatrix}$에 대하여 $AB=\begin{pmatrix} 0 & 2 \\ 0 & -9 \end{pmatrix}$일 때, $x+y$의 값은?

① 8 ② 9 ③ 10
④ 11 ⑤ 12

역사적으로 보면 행렬은 '연립일차방정식의 풀이를 어떻게 하면 될까?'라는 고민에서 시작됐어!

행렬의 곱셈

$\begin{pmatrix} 1 & 1 \\ 1 & -1 \end{pmatrix}\begin{pmatrix} x \\ y \end{pmatrix}=\begin{pmatrix} 3 \\ 1 \end{pmatrix}$ ㉠ —좌변의 행렬을 곱셈하면→ $\begin{pmatrix} x+y \\ x-y \end{pmatrix}=\begin{pmatrix} 3 \\ 1 \end{pmatrix}$ → $\begin{cases} x+y=3 \\ x-y=1 \end{cases}$ ㉡

연립일차방정식

㉠을 만족시키는 행렬 $\begin{pmatrix} x \\ y \end{pmatrix}$를 찾는 것은 ㉡의 해 x, y를 구하는 것과 같다.

즉 행렬의 곱셈을 연립일차방정식으로 나타낼 수 있다.

34 다음의 [표 1]은 참외와 복숭아의 1개당 가격과 무게를 나타낸 것이고, [표 2]는 하린이와 윤미가 구입한 참외와 복숭아의 개수를 나타낸 것이다.

[표 1]

	참외	복숭아
가격	1400원	2000원
무게	200 g	100 g

[표 2]

	하린	윤미
참외	5개	4개
복숭아	8개	7개

(1) 위의 [표 1], [표 2]를 각각 행렬 A, B로 나타내면 다음과 같다. □ 안에 알맞은 수를 써넣으시오.

$$A=\begin{pmatrix} 1400 & \square \\ 200 & \square \end{pmatrix},\ B=\begin{pmatrix} 5 & \square \\ 8 & \square \end{pmatrix}$$

(2) 다음이 나타내는 것을 쓰시오.

❶ 행렬 A의 (1, 1) 성분

→ □ 1개의 가격

❷ 행렬 B의 (2, 1) 성분

→ 하린이가 구입한 □의 개수

(3) (1)에서 구한 두 행렬 A, B에 대하여 $C=AB$라 할 때, 행렬 C를 구하시오.

$$\rightarrow C=AB=\begin{pmatrix} 1400 & 2000 \\ 200 & 100 \end{pmatrix}\begin{pmatrix} 5 & 4 \\ 8 & 7 \end{pmatrix}$$

$$=\begin{pmatrix} 1400\times5+2000\times8 & \square\times4+\square\times7 \\ 200\times\square+100\times\square & \square\times4+\square\times7 \end{pmatrix}$$

$$=\begin{pmatrix} 23000 & \square \\ \square & \square \end{pmatrix}$$

(4) (3)에서 구한 행렬 C의 다음 성분이 나타내는 것을 쓰시오.

❶ (1, 2) 성분

→ □(이)가 구입한 참외와 복숭아의 총 □

❷ (2, 1) 성분

→ □(이)가 구입한 참외와 복숭아의 총 □

35 다음의 [표 1]은 주말 동안 사준이와 사로가 함께 자전거 타기와 수영을 한 시간을 나타낸 것이고, [표 2]는 사준이와 사로가 1분 동안 자전거 타기와 수영을 했을 때 소모되는 열량을 나타낸 것이다.

[표 1] (단위: 분)

	자전거	수영
토요일	20	30
일요일	15	45

[표 2] (단위: kcal)

	사준	사로
자전거	8	7
수영	9	8

(1) 위의 [표 1], [표 2]를 각각 행렬 A, B로 나타내면 다음과 같다. □ 안에 알맞은 수를 써넣으시오.

$$A=\begin{pmatrix} \square & 30 \\ 15 & \square \end{pmatrix},\ B=\begin{pmatrix} 8 & \square \\ \square & 8 \end{pmatrix}$$

(2) 다음이 나타내는 것을 쓰시오.

❶ 행렬 A의 (2, 1) 성분

❷ 행렬 B의 (1, 2) 성분

(3) (1)에서 구한 두 행렬 A, B에 대하여 $C=AB$라 할 때, 행렬 C를 구하시오.

(4) (3)에서 구한 행렬 C의 다음 성분이 나타내는 것을 쓰시오.

❶ 행렬 C의 (1, 2) 성분

❷ (2, 1) 성분과 (2, 2) 성분의 합

정답과 풀이 204쪽

36 다음의 **[표 1]**은 마트와 편의점에서 판매하는 A과자 1봉지와 B음료수 1캔의 가격이고, **[표 2]**는 혁진이와 혜상이가 구입해야 하는 A과자와 B음료수의 수량을 나타낸 것이다.

[표 1]

	A과자	B음료수
마트	1200원	800원
편의점	1500원	1000원

[표 2]

	혁진	혜상
A과자	3봉지	5봉지
B음료수	2캔	3캔

(1) 위의 **[표 1]**, **[표 2]**를 각각 행렬 A, B로 나타내면 다음과 같다. □ 안에 알맞은 수를 써넣으시오.

$$A=\begin{pmatrix} \square & 800 \\ \square & 1000 \end{pmatrix},\ B=\begin{pmatrix} 3 & \square \\ 2 & \square \end{pmatrix}$$

(2) (1)에서 구한 두 행렬 A, B에 대하여 $C=AB$라 할 때, 행렬 C를 구하시오.

(3) (2)에서 구한 행렬 C의 다음 성분이 나타내는 것을 쓰시오.

❶ (1, 1) 성분

❷ (1, 2) 성분

❸ (2, 1) 성분

❹ (2, 2) 성분

(4) 혁진이는 마트에서, 혜상이는 편의점에서 A과자와 B음료수를 구입했을 때, 혁진이와 혜상이가 지불한 금액의 평균을 구하시오.

개념모음문제

37 다음의 **[표 1]**은 박물관과 미술관의 관람 요금이고, **[표 2]**는 민준이네와 채원이네의 가족 수이다.

[표 1] (단위: 원)

	일반	청소년
박물관	10000	8000
미술관	5000	4000

[표 2] (단위: 명)

	민준	채원
일반	2	3
청소년	1	4

각각의 표를 행렬로 나타내어 다음과 같이 행렬의 곱셈을 하였다.

$$\begin{pmatrix} 10000 & 8000 \\ 5000 & 4000 \end{pmatrix}\begin{pmatrix} 2 & 3 \\ 1 & 4 \end{pmatrix}=\begin{pmatrix} a & b \\ c & d \end{pmatrix}$$

민준이네는 미술관을 관람하였고, 채원이네는 박물관을 관람하였을 때, 다음 중 민준이네와 채원이네가 지불한 금액의 평균은?

① $\dfrac{a+b}{2}$원 ② $\dfrac{a+c}{2}$원 ③ $\dfrac{a+d}{2}$원
④ $\dfrac{b+c}{2}$원 ⑤ $\dfrac{b+d}{2}$원

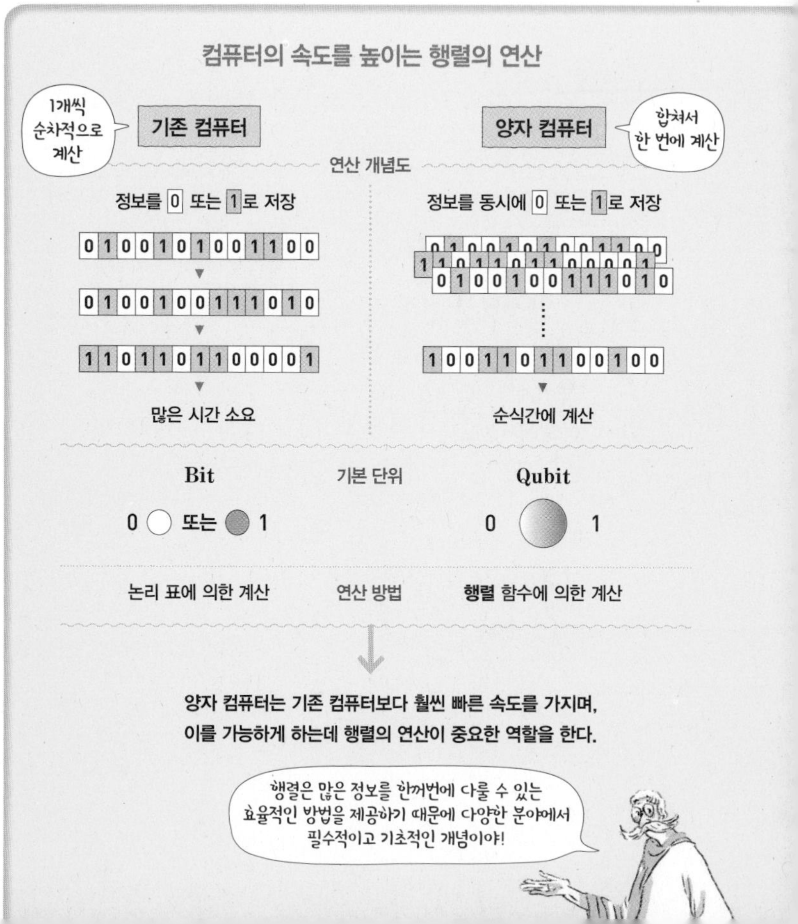

09 · $AB \neq BA$인!

행렬의 곱셈의 성질

$A=\begin{pmatrix} 1 & 2 \\ 3 & 4 \end{pmatrix}$, $B=\begin{pmatrix} 1 & 0 \\ 0 & 0 \end{pmatrix}$에 대하여

AB	BA
$=\begin{pmatrix} 1 & 2 \\ 3 & 4 \end{pmatrix}\begin{pmatrix} 1 & 0 \\ 0 & 0 \end{pmatrix}$	$=\begin{pmatrix} 1 & 0 \\ 0 & 0 \end{pmatrix}\begin{pmatrix} 1 & 2 \\ 3 & 4 \end{pmatrix}$
$=\begin{pmatrix} 1 & 0 \\ 3 & 0 \end{pmatrix}$	$=\begin{pmatrix} 1 & 2 \\ 0 & 0 \end{pmatrix}$

$$AB \neq BA$$

합과 곱이 정의되는 세 행렬 A, B, C에 대하여

❶ $AB \neq BA$

$A=\begin{pmatrix} 1 & 2 \\ -3 & 4 \end{pmatrix}$ $B=\begin{pmatrix} 2 & -2 \\ 3 & -1 \end{pmatrix}$일 때는 $AB=BA=\begin{pmatrix} 8 & -4 \\ 6 & 2 \end{pmatrix}$

그러나 임의의 두 행렬 A, B에 대하여 항상 $AB=BA$인 것은 아니다. 일반적으로 $AB \neq BA$ (교환법칙이 성립하지 않는다!)

❷ $(AB)C=A(BC)$ ········· 결합법칙

❸ $A(B+C)=AB+AC$, $(A+B)C=AC+BC$ ········· 분배법칙

❹ $k(AB)=(kA)B=A(kB)$ (단, k는 실수)

영행렬과 행렬의 곱

세 행렬 A, B, C와 영행렬 O에 대하여

❶ $AO=OA=O$

❷ $A=O$ 또는 $B=O$이면 $AB=O$

❸ $AB=O$이라 해서 반드시 $A=O$ 또는 $B=O$인 것은 아니다. (❷의 역은 성립하지 않아!)
즉 $A\neq O$, $B\neq O$이지만 $AB=O$인 행렬 A, B가 존재한다.

➡ $A=\begin{pmatrix} 1 & 0 \\ 0 & 0 \end{pmatrix}$, $B=\begin{pmatrix} 0 & 0 \\ 1 & 0 \end{pmatrix}$일 때, $AB=\begin{pmatrix} 1 & 0 \\ 0 & 0 \end{pmatrix}\begin{pmatrix} 0 & 0 \\ 1 & 0 \end{pmatrix}=\begin{pmatrix} 0 & 0 \\ 0 & 0 \end{pmatrix}=O$

❹ $A\neq O$이고 $AB=AC$일 때 $B\neq C$일 수 있다.

➡ $A=\begin{pmatrix} 1 & 0 \\ 1 & 0 \end{pmatrix}$, $B=\begin{pmatrix} 1 & 2 \\ 3 & 1 \end{pmatrix}$, $C=\begin{pmatrix} 1 & 2 \\ 5 & 3 \end{pmatrix}$일 때

$AB=\begin{pmatrix} 1 & 0 \\ 1 & 0 \end{pmatrix}\begin{pmatrix} 1 & 2 \\ 3 & 1 \end{pmatrix}=\begin{pmatrix} 1 & 2 \\ 1 & 2 \end{pmatrix}$, $AC=\begin{pmatrix} 1 & 0 \\ 1 & 0 \end{pmatrix}\begin{pmatrix} 1 & 2 \\ 5 & 3 \end{pmatrix}=\begin{pmatrix} 1 & 2 \\ 1 & 2 \end{pmatrix}$

1st — 행렬의 곱셈의 성질

● 세 행렬 $A=\begin{pmatrix} 1 & 2 \\ -1 & 0 \end{pmatrix}$, $B=\begin{pmatrix} 1 & 3 \\ 0 & -2 \end{pmatrix}$, $C=\begin{pmatrix} 2 & 0 \\ -1 & 3 \end{pmatrix}$에 대하여 다음을 계산하시오.

1 $AC+BC$

→ $AC+BC=(A+B)C$

$=\left\{\begin{pmatrix} 1 & 2 \\ \square & 0 \end{pmatrix}+\begin{pmatrix} 1 & 3 \\ 0 & \square \end{pmatrix}\right\}\begin{pmatrix} 2 & 0 \\ -1 & 3 \end{pmatrix}$

$=\begin{pmatrix} 2 & \square \\ \square & -2 \end{pmatrix}\begin{pmatrix} 2 & 0 \\ -1 & 3 \end{pmatrix}$

$=\begin{pmatrix} -1 & \square \\ \square & -6 \end{pmatrix}$

2 $AB-AC$

3 $AB-BA$

합과 곱이 정의되는 두 행렬 A, B에 대하여
덧셈에 대한 교환법칙은 성립하지만

$$A+B=B+A$$

곱셈에 대한 교환법칙은 성립하지 않아!

$$AB \neq BA$$

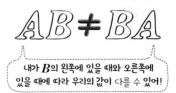

내가 B의 왼쪽에 있을 때와 오른쪽에
있을 때에 따라 우리의 값이 다를 수 있어!

4 $A(2B)$

5 $(6A)B-A(3B)$

주어진 식을 그대로 계산해도 되지만 계산이 복잡할 수 있으므로 행렬의 곱셈에 대한 성질을 이용하여 간단하게 정리한 후 계산하는 것이 편리하다.

6 $ABC-ABA$

7 $(BC)A-A(CA)$

내가 발견한 개념 행렬의 곱셈의 성질은?

합과 곱이 정의되는 세 행렬 A, B, C에 대하여

- AB ◯ BA
- (AB)C=A( )
- A(B+C)=AB+ , (A+B)C= +BC
- (kA)B=k( )=A( ) (단, k는 실수)

2nd 영행렬과 행렬의 곱

8 이차정사각행렬 A, B, C, D, X와 영행렬 O에 대하여 옳은 것은 ○를, 옳지 않은 것은 ×를 ( ) 안에 써넣으시오.

(1) $A(BC)=A(CB)$ ( )

(2) $A(BC)D=(AB)(CD)$ ( )

(3) $A(B+C)=(B+C)A$ ( )

(4) $A\neq O$, $B\neq O$이면 $AB\neq O$ ( )

(5) $A\neq O$, $B\neq O$, $C\neq O$이면 $ABC\neq O$ ( )

(6) $X=A$ 또는 $X=B$이면 $(X-A)(X-B)=O$ ( )

(7) $(X-A)(X-B)=O$이면 $X=A$ 또는 $X=B$ ( )

(8) $XA=XB$, $X\neq O$이면 $A=B$ ( )

수와 행렬의 곱셈의 비교

나는 수! 실수 a, b, c에 대하여	나는 행렬! 같은 꼴의 정사각행렬 A, B, C에 대하여
$ab=ba$	$AB\neq BA$
$ab=0$이면 $a=0$ 또는 $b=0$	$AB=O$이라 해서 반드시 $A=O$ 또는 $B=O$인 것은 아니다.
$a\neq 0$이고 $ab=ac$이면 $b=c$	$A\neq O$이고 $AB=AC$라 해서 반드시 $B=C$인 것은 아니다.

수의 곱셈에서는 모든 실수에 대하여 성립하는 것이 행렬의 곱셈에서는 모든 행렬에 대하여 성립하지는 않아!

10

정사각행렬일 때에만 가능한!

행렬의 거듭제곱

정사각행렬 A에 대하여

A를 ⟶ $A^1=A$

2번 곱하면 ⟶ $A^2=AA$

3번 곱하면 ⟶ $A^3=AAA=(AA)A=A^2A$

4번 곱하면 ⟶ $A^4=AAAA=(AAA)A=A^3A$

5번 곱하면 ⟶ $A^5=AAAAA=(AAAA)A=A^4A$

⋮

n번 곱하면 ⟶ $A^n=\overbrace{AA\cdots AA}^{n개}=(\overbrace{AA\cdots A}^{(n-1개)})A=A^{n-1}A$

(단, $n\geq 2$인 자연수)

왜?

A가 정사각행렬이고 m, n이 자연수일 때

❶ $A^mA^n=A^{m+n}$

❷ $(A^m)^n=A^{mn}$

❸ $(kA)^n=k^nA^n$ (단, k는 실수)

a가 실수이고 m, n이 자연수일 때

❶ $a^ma^n=a^{m+n}$ ❷ $(a^m)^n=a^{mn}$ ❸ $(ka)^n=k^na^n$ (단, k는 실수)

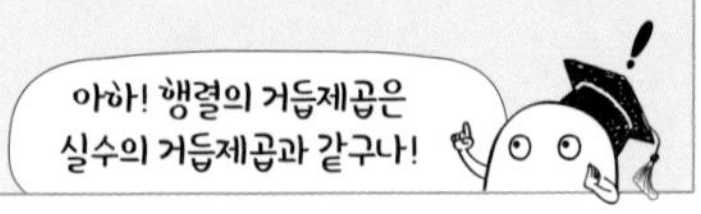

정사각행렬이어야 행렬의 거듭제곱이 가능하다.

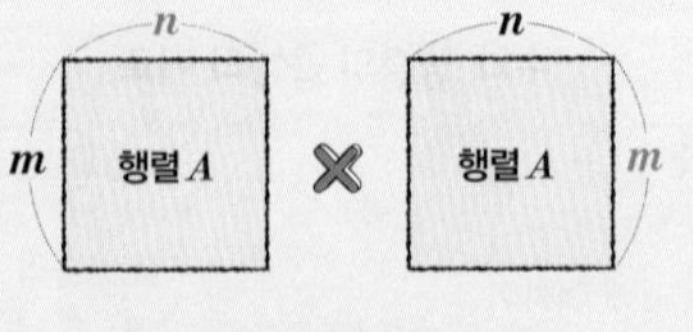

➡ A^2이 되려면 $n=m$

행렬의 곱셈은 두 행렬의 크기에 따라 정의되는데,
첫 번째 행렬의 열의 개수와 두 번째 행렬의 행의 개수가 같아야 한다.
즉 $m\times n$ 행렬과 $m\times n$ 행렬의 곱이 정의되려면 $m=n$이어야 한다.
따라서 정사각행렬인 경우에만 행렬의 거듭제곱이 가능하다.

1st — 행렬의 거듭제곱

● 주어진 행렬 A에 대하여 다음을 구하시오.

1 $A=\begin{pmatrix}1 & -1\\1 & 0\end{pmatrix}$

(1) A^2

(2) A^3

→ (1)에서 $A^2=\begin{pmatrix}0 & \square\\1 & \square\end{pmatrix}$이므로

$A^3=A^2\square$

$=\begin{pmatrix}0 & \square\\1 & \square\end{pmatrix}\begin{pmatrix}1 & -1\\1 & 0\end{pmatrix}=\begin{pmatrix}-1 & \square\\0 & \square\end{pmatrix}$

(3) A^6

(4) $(2A)^{10}$

2 $A=\begin{pmatrix}1 & 0\\2 & 1\end{pmatrix}$

(1) A^2

(2) A^3

(3) A^4

(4) A^{10}

→ $A^{10}=(A^{\square})^2A^2=A^{\square}A^{\square}A^2$

$=\begin{pmatrix}1 & 0\\\square & 1\end{pmatrix}\begin{pmatrix}1 & 0\\\square & 1\end{pmatrix}\begin{pmatrix}1 & 0\\\square & 1\end{pmatrix}$

$=\begin{pmatrix}1 & 0\\\square & 1\end{pmatrix}\begin{pmatrix}1 & 0\\\square & 1\end{pmatrix}$

$=\begin{pmatrix}1 & 0\\\square & 1\end{pmatrix}$

3 $A=\begin{pmatrix} 1 & 3 \\ 0 & 1 \end{pmatrix}$

(1) A^2

(2) A^3

(3) A^4

(4) A^{15}

→ $A^2=\begin{pmatrix} 1 & 3\times\square \\ 0 & 1 \end{pmatrix}$, $A^3=\begin{pmatrix} 1 & 3\times\square \\ 0 & 1 \end{pmatrix}$,

$A^4=\begin{pmatrix} 1 & 3\times\square \\ 0 & 1 \end{pmatrix}$, …

이므로 A^n (n은 자연수)을 추정하면

$A^n=\begin{pmatrix} 1 & 3\times\square \\ 0 & 1 \end{pmatrix}$

따라서 $A^{15}=\begin{pmatrix} 1 & 3\times\square \\ 0 & 1 \end{pmatrix}=\begin{pmatrix} 1 & \square \\ 0 & 1 \end{pmatrix}$

4 $A=\begin{pmatrix} 2 & 0 \\ 0 & 3 \end{pmatrix}$

(1) A^2

(2) A^3

(3) A^4

(4) A^{100}

행렬의 성분의 값이 너무 크면 거듭제곱으로 나타내!

5 $A=\begin{pmatrix} 1 & 0 \\ 0 & 1 \end{pmatrix}$

(1) A^2

(2) A^3

(3) A^4

(4) A^{2025}

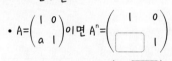

내가 발견한 개념 행렬의 곱셈을 추정해 봐!

n이 자연수일 때

- $A=\begin{pmatrix} 1 & 0 \\ a & 1 \end{pmatrix}$이면 $A^n=\begin{pmatrix} 1 & 0 \\ \square & 1 \end{pmatrix}$
- $A=\begin{pmatrix} 1 & a \\ 0 & 1 \end{pmatrix}$이면 $A^n=\begin{pmatrix} 1 & \square \\ 0 & 1 \end{pmatrix}$
- $A=\begin{pmatrix} a & 0 \\ 0 & b \end{pmatrix}$이면 $A^n=\begin{pmatrix} \square & 0 \\ 0 & \square \end{pmatrix}$
- $A=\begin{pmatrix} 1 & 0 \\ 0 & 1 \end{pmatrix}$이면 $A^n=\begin{pmatrix} 1 & 0 \\ \square & \square \end{pmatrix}$

개념모음문제

6 행렬 $A=\begin{pmatrix} 1 & 2 \\ -1 & -2 \end{pmatrix}$일 때, 행렬 $A^{10}+A^{21}$의 모든 성분의 합은?

① 0 ② 2 ③ 4
④ 6 ⑤ 8

11

$AB \neq BA$일 때!

행렬의 곱셈의 주의 사항

같은 꼴의 두 정사각행렬 A, B에 대하여
일반적으로 $\boxed{AB} \neq \boxed{BA}$ 이므로

1 $(AB)^2 \neq A^2B^2$

$(AB)^2=(AB)(AB)=A(BA)B$
$A^2B^2=(AA)(BB)=A(AB)B$ — $AB \neq BA$
따라서 $(AB)^2 \neq A^2B^2$

2 $(A+B)^2 \neq A^2+2AB+B^2$, $(A-B)^2 \neq A^2-2AB+B^2$

$(A+B)^2=(A+B)(A+B)$
$=(A+B)A+(A+B)B$
$=A^2+BA+AB+B^2$ — $AB \neq BA$
따라서 $(A+B)^2 \neq A^2+2AB+B^2$
같은 방법으로 하면
$(A-B)^2 \neq A^2-2AB+B^2$

3 $(A+B)(A-B) \neq A^2-B^2$

$(A+B)(A-B)=(A+B)A-(A+B)B$
$=A^2+BA-AB-B^2$ — $AB \neq BA$
따라서 $(A+B)(A-B) \neq A^2-B^2$

4 $A^2=O$이라 해서 반드시 $A=O$인 것은 아니다.

➡ $A^3=O$이라 해서 반드시 $A=O$인 것은 아니다. ······①
➡ $(A-B)^2=O$이라 해서 반드시 $A=B$인 것은 아니다. ······②

① $A=\begin{pmatrix} 0 & 1 \\ 0 & 0 \end{pmatrix}$일 때, $A^2=\begin{pmatrix} 0 & 0 \\ 0 & 0 \end{pmatrix}$, $A^3=\begin{pmatrix} 0 & 0 \\ 0 & 0 \end{pmatrix}$

② $A=\begin{pmatrix} 0 & 1 \\ 0 & 0 \end{pmatrix}$일 때, $B=\begin{pmatrix} 0 & -1 \\ 0 & 0 \end{pmatrix}$, $(A-B)^2=\begin{pmatrix} 0 & 0 \\ 0 & 0 \end{pmatrix}$

참고 a, b가 실수일 때, 교환법칙 $ab=ba$가 성립하므로
다음 등식이 성립한다.
① $(ab)^2=a^2b^2$
② $(a+b)^2=a^2+2ab+b^2$
③ $(a-b)^2=a^2-2ab+b^2$
④ $(a+b)(a-b)=a^2-b^2$

1st — 행렬의 곱셈의 주의 사항

● 두 행렬 A, B가 모두 이차정사각행렬일 때, 다음 식을 전개하시오.

1 $(A+2B)^2$

→ $(A+2B)^2=(A+2B)(A+2B)$
$=A(\square)+\square(A+2B)$
$=AA+A(2B)+(2B)\square+(2B)(2B)$
$=\square+2AB+\square+4B^2$

2 $(2A-B)^2$

3 $A(A-2B)+A(2A-B)$

4 $(A+2B)(A-2B)$

5 $(2A+B)(2B-A)$

6 $(A-3B)(A+B)-(A+3B)(A-B)$

7 $(A+2B)(2A+B)-(A-2B)(3A-B)$

2nd $AB=BA$인 행렬의 계산

● **다음과 같이 주어진 두 행렬 A, B가 조건을 만족시킬 때, 실수 a, b의 값을 구하시오.**

8 $A=\begin{pmatrix} a & b \\ 3 & 1 \end{pmatrix}$, $B=\begin{pmatrix} 1 & 2 \\ 2 & -1 \end{pmatrix}$일 때,

$(A+B)(A-B)=A^2-B^2$

→ $(A+B)(A-B)=A^2-AB+BA-B^2$이므로

$(A+B)(A-B)=A^2-B^2$에서 $AB=$ ☐

$AB=\begin{pmatrix} a & b \\ 3 & 1 \end{pmatrix}\begin{pmatrix} 1 & 2 \\ 2 & -1 \end{pmatrix}=\begin{pmatrix} a+2b & \square \\ 5 & 5 \end{pmatrix}$,

$BA=\begin{pmatrix} 1 & 2 \\ 2 & -1 \end{pmatrix}\begin{pmatrix} a & b \\ 3 & 1 \end{pmatrix}=\begin{pmatrix} a+6 & b+2 \\ \square & 2b-1 \end{pmatrix}$

이므로

$\begin{pmatrix} a+2b & \square \\ 5 & 5 \end{pmatrix}=\begin{pmatrix} a+6 & b+2 \\ \square & 2b-1 \end{pmatrix}$

두 행렬이 서로 같을 조건에 의하여

$a+2b=a+6$, ☐ $=b+2$, $5=$ ☐, $5=2b-1$

따라서 $a=$ ☐, $b=$ ☐

9 $A=\begin{pmatrix} 1 & 2 \\ 3 & 4 \end{pmatrix}$, $B=\begin{pmatrix} 1 & 3 \\ a & b \end{pmatrix}$일 때,

$(AB)^2=A^2B^2$

10 $A=\begin{pmatrix} -2 & 2 \\ -1 & 3 \end{pmatrix}$, $B=\begin{pmatrix} a & b \\ 4 & -3 \end{pmatrix}$일 때,

$(A+B)^2=A^2+2AB+B^2$

11 $A=\begin{pmatrix} 2 & a \\ 3 & -1 \end{pmatrix}$, $B=\begin{pmatrix} b & 1 \\ -1 & 2 \end{pmatrix}$일 때,

$(A-B)^2=A^2-2AB+B^2$

12 $A=\begin{pmatrix} 2 & a \\ 0 & 3 \end{pmatrix}$, $B=\begin{pmatrix} -1 & 2 \\ b & 1 \end{pmatrix}$일 때,

$(A+2B)(A-2B)=A^2-4B^2$

개념모음문제

13 두 행렬 $A=\begin{pmatrix} -2 & 1 \\ -1 & 2 \end{pmatrix}$, $B=\begin{pmatrix} 3 & x \\ 4 & y \end{pmatrix}$에 대하여 $(A+2B)^2=A^2+4AB+4B^2$이 성립할 때, $x+y$의 값은?

① -9 ② -11 ③ -13
④ -15 ⑤ -17

12

곱해도 변하지 않는!

단위행렬

$A=\begin{pmatrix} a & b \\ c & d \end{pmatrix}$, $E=\begin{pmatrix} 1 & 0 \\ 0 & 1 \end{pmatrix}$에 대하여

AE	EA
$=\begin{pmatrix} a & b \\ c & d \end{pmatrix}\begin{pmatrix} 1 & 0 \\ 0 & 1 \end{pmatrix}$	$=\begin{pmatrix} 1 & 0 \\ 0 & 1 \end{pmatrix}\begin{pmatrix} a & b \\ c & d \end{pmatrix}$
$=\begin{pmatrix} a & b \\ c & d \end{pmatrix}$	$=\begin{pmatrix} a & b \\ c & d \end{pmatrix}$
$=A$	$=A$

$$AE=EA=A$$

일반적으로 임의의 n차정사각행렬 A에 대하여 $AE=EA=A$를 만족시키는 n차정사각행렬 E를 n차 단위행렬 이라 한다.

실수 a에 대하여
$a\times1=1\times a=a$

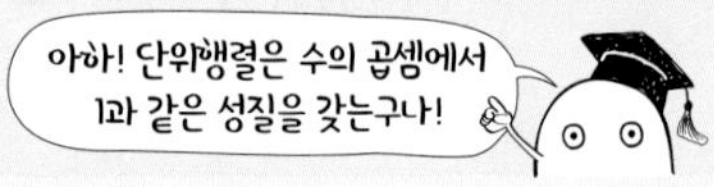
아하! 단위행렬은 수의 곱셈에서
1과 같은 성질을 갖는구나!

우리는 모두 단위행렬 E

$\begin{pmatrix} 1 & 0 \\ 0 & 1 \end{pmatrix}$ 이차단위행렬

$\begin{pmatrix} 1 & 0 & 0 \\ 0 & 1 & 0 \\ 0 & 0 & 1 \end{pmatrix}$ 삼차단위행렬

$\begin{pmatrix} 1 & 0 & 0 & 0 \\ 0 & 1 & 0 & 0 \\ 0 & 0 & 1 & 0 \\ 0 & 0 & 0 & 1 \end{pmatrix}$ 사차단위행렬

참고 단위행렬을 영어로 identity matrix라 한다.

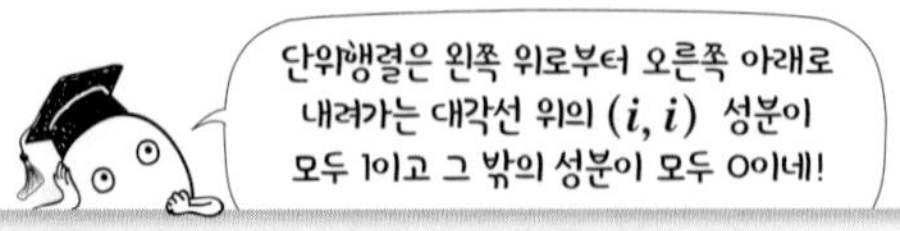
단위행렬은 왼쪽 위로부터 오른쪽 아래로
내려가는 대각선 위의 (i, i) 성분이
모두 1이고 그 밖의 성분이 모두 0이네!

단위행렬의 성질

A는 n차정사각형행렬, E는 n차단위행렬이고, k가 자연수일 때

❶ $E^2=E,\ E^3=E,\ \cdots,\ E^k=E$

❷ $(AE)^k=A^kE^k=A^k$

❸ $(A+E)^2=A^2+AE+EA+E^2=A^2+2A+E$
$(A-E)^2=A^2-AE-EA+E^2=A^2-2A+E$

❹ $(A+E)(A-E)=A^2-AE+EA-E^2=A^2-E^2=A^2-E$

1st 단위행렬의 성질

1 단위행렬 $E=\begin{pmatrix} 1 & 0 \\ 0 & 1 \end{pmatrix}$에 대하여 다음을 구하시오.

(1) E^2

(2) $(-E)^2$

(3) $(-E)^{101}$

(4) $E^{20}+(-E)^{25}$

(5) $(-E)^{2024}+E^{2025}$

내가 발견한 개념 단위행렬의 거듭제곱은?

• 단위행렬E에 대하여
$E^2=E^3=E^4=\cdots=E^n=$ ☐ (단, n은 자연수)

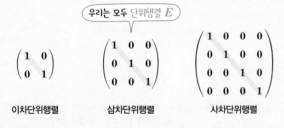

● 이차정사각행렬 A와 같은 꼴의 단위행렬 E에 대하여 다음 식을 전개하시오.

2 $(A+2E)(A-2E)$ $AE=EA=A$임을 이용해!

→ $(A+2E)(A-2E)=A(A-2E)+\square(A-2E)$

$=A^2-\square+2EA-\square$

$=A^2-\square E^2$

$=A^2-\square$

3 $(A+2E)^2$

4 $(A+E)^3$

5 $(A+E)(A^2-A+E)$

개념모음문제

6 세 행렬 $A=\begin{pmatrix} -2 & 1 \\ 1 & 3 \end{pmatrix}$, $B=\begin{pmatrix} -3 & 2 \\ 1 & 1 \end{pmatrix}$, $E=\begin{pmatrix} 1 & 0 \\ 0 & 1 \end{pmatrix}$일 때, $A(B+E)-(A-E)B$의 모든 성분의 합은?

① 2 ② 4 ③ 6
④ 8 ⑤ 10

2nd — 단위행렬이 되게 하는 최소의 자연수

● 다음과 같이 주어진 행렬 A에 대하여 $A^n=E$를 만족시키는 최소의 자연수 n의 값을 구하시오. (단, E는 단위행렬이다.)

7 $A=\begin{pmatrix} 1 & 3 \\ -1 & -2 \end{pmatrix}$

→ $A^2=AA=\begin{pmatrix} 1 & 3 \\ -1 & -2 \end{pmatrix}\begin{pmatrix} 1 & 3 \\ -1 & -2 \end{pmatrix}=\begin{pmatrix} -2 & \square \\ \square & 1 \end{pmatrix}$

$A^3=A^{\square}A=\begin{pmatrix} -2 & \square \\ \square & 1 \end{pmatrix}\begin{pmatrix} 1 & 3 \\ -1 & -2 \end{pmatrix}$

$=\begin{pmatrix} \square & 0 \\ \square & 1 \end{pmatrix}=E$

따라서 $A^n=E$를 만족시키는 최소의 자연수 n의 값은 $\square$이다.

8 $A=\begin{pmatrix} 1 & 0 \\ 0 & -1 \end{pmatrix}$

9 $A=\begin{pmatrix} 2 & 5 \\ -1 & -2 \end{pmatrix}$

10 $A=\begin{pmatrix} 2 & 1 \\ -3 & -1 \end{pmatrix}$

● 주어진 행렬 A에 대하여 다음을 구하시오.
(단, 행렬의 성분은 소수의 거듭제곱으로 나타내시오.)

11 $A=\begin{pmatrix} -1 & 3 \\ -1 & -1 \end{pmatrix}$일 때, A^6

→ $A^2=AA=\begin{pmatrix} -1 & 3 \\ -1 & -1 \end{pmatrix}\begin{pmatrix} -1 & 3 \\ -1 & -1 \end{pmatrix}=\begin{pmatrix} \square & -6 \\ 2 & \square \end{pmatrix}$

$A^3=A^2A=\begin{pmatrix} \square & -6 \\ 2 & \square \end{pmatrix}\begin{pmatrix} -1 & 3 \\ -1 & -1 \end{pmatrix}$

$=\begin{pmatrix} \square & 0 \\ 0 & \square \end{pmatrix}=\square\begin{pmatrix} 1 & 0 \\ 0 & 1 \end{pmatrix}=2^{\square}E$

따라서

$A^6=(A^3)^2=(2^{\square}E)^2=2^{\square}E=\begin{pmatrix} 2^{\square} & 0 \\ 0 & 2^{\square} \end{pmatrix}$

12 $A=\begin{pmatrix} 1 & 1 \\ -1 & 1 \end{pmatrix}$일 때, A^{12}

13 $A=\begin{pmatrix} 0 & 2 \\ -1 & -2 \end{pmatrix}$일 때, A^{21}

14 $A=\begin{pmatrix} 0 & 3 \\ -3 & 0 \end{pmatrix}$일 때, A^{100}

3rd 곱하여 단위행렬이 되는 행렬

● 주어진 행렬 A에 대하여 $AX=E$를 만족시키는 행렬 X를 구하시오.

15 $A=\begin{pmatrix} 3 & 4 \\ 2 & 3 \end{pmatrix}$

→ $X=\begin{pmatrix} x & u \\ y & v \end{pmatrix}$라 하면 $\begin{pmatrix} 3 & 4 \\ 2 & 3 \end{pmatrix}\begin{pmatrix} x & u \\ y & v \end{pmatrix}=\begin{pmatrix} 1 & 0 \\ 0 & 1 \end{pmatrix}$에서

$\begin{pmatrix} \square & 3u+4v \\ 2x+3y & \square \end{pmatrix}=\begin{pmatrix} 1 & 0 \\ 0 & 1 \end{pmatrix}$

두 행렬이 서로 같을 조건에 의하여

$\square=1,\ 2x+3y=0$ ...... ㉠

$3u+4v=0,\ \square=1$ ...... ㉡

㉠의 두 방정식을 연립하여 풀면 $x=3,\ y=\square$

㉡의 두 방정식을 연립하여 풀면 $u=\square,\ v=3$

따라서 $X=\begin{pmatrix} 3 & \square \\ \square & 3 \end{pmatrix}$

16 $A=\begin{pmatrix} 0 & -1 \\ 1 & 0 \end{pmatrix}$

17 $A=\begin{pmatrix} 1 & -2 \\ 3 & -4 \end{pmatrix}$

곱해서 단위행렬을 만드는, 역행렬

정사각행렬 A에 대하여 $AX=XA=E$를 만족시키는 행렬 X가 존재할 때, X를 A의 역행렬이라 하고, 기호로 A^{-1}로 나타낸다.

행렬 $A=\begin{pmatrix} a & b \\ c & d \end{pmatrix}$에 대하여 $ad-bc\neq0$이면 A의 역행렬이 존재하고

$$A^{-1}=\frac{1}{ad-bc}\begin{pmatrix} d & -b \\ -c & a \end{pmatrix}$$

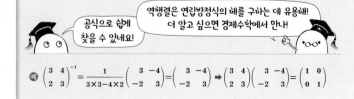

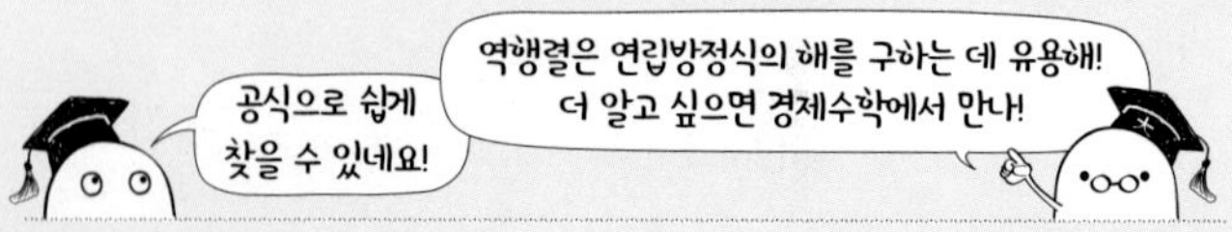

공식으로 쉽게 찾을 수 있네요!
역행렬은 연립방정식의 해를 구하는 데 유용해! 더 알고 싶으면 경제수학에서 만나!

예 $\begin{pmatrix} 3 & 4 \\ 2 & 3 \end{pmatrix}^{-1}=\frac{1}{3\times3-4\times2}\begin{pmatrix} 3 & -4 \\ -2 & 3 \end{pmatrix}=\begin{pmatrix} 3 & -4 \\ -2 & 3 \end{pmatrix}$ ➡ $\begin{pmatrix} 3 & 4 \\ 2 & 3 \end{pmatrix}\begin{pmatrix} 3 & -4 \\ -2 & 3 \end{pmatrix}=\begin{pmatrix} 1 & 0 \\ 0 & 1 \end{pmatrix}$

4th 단위행렬의 성질을 이용한 행렬의 계산

● 두 행렬 A, B가 이차정사각행렬일 때, 다음과 같이 주어진 조건을 이용하여 행렬을 간단히 하시오.

(단, E는 단위행렬, O는 영행렬이다.)

18 $A+B=3E$, $AB=O$일 때, A^4+B^4

→ $A+B=3E$의 양변의 왼쪽에 A를 곱하면

$A^2+\square=3A$

그런데 $AB=O$이므로 $A^2=\square$

$A+B=3E$의 양변의 오른쪽에 B를 곱하면

$AB+B^2=\square$

그런데 $AB=O$이므로 $B^2=\square$

$A^4=(A^2)^2=(3A)^2=9\square=9\times\square=\square$

$B^4=(B^2)^2=(3B)^2=9\square=9\times\square=\square$

따라서

$A^4+B^4=\square+27B=27(\square)$

$=27\times\square=\square$

19 $A+B=4E$, $AB=E$일 때, A^2+B^2

20 $A+B=2E$, $BA=O$일 때, A^2+B^2

21 $A+B=3E$, $AB=E$일 때, A^2B+AB^2

$A^2B+AB^2=A(AB)+(AB)B$임을 이용해!

5th 행렬의 거듭제곱의 계산

● 다음과 같이 주어진 행렬 A가 $A^2+pA+qE=O$를 만족시킬 때, 실수 p, q의 값을 구하시오.

(단, E는 단위행렬, O는 영행렬이다.)

22 $A=\begin{pmatrix} 4 & 1 \\ 3 & 1 \end{pmatrix}$

→ $A^2=\begin{pmatrix} 4 & 1 \\ 3 & 1 \end{pmatrix}\begin{pmatrix} 4 & 1 \\ 3 & 1 \end{pmatrix}=\begin{pmatrix} \square & \square \\ 15 & 4 \end{pmatrix}$이므로

$A^2+pA+qE=\begin{pmatrix} \square & \square \\ 15 & 4 \end{pmatrix}+p\begin{pmatrix} 4 & 1 \\ 3 & 1 \end{pmatrix}+q\begin{pmatrix} 1 & 0 \\ 0 & 1 \end{pmatrix}$

$=\begin{pmatrix} \square & \square \\ 15 & 4 \end{pmatrix}+\begin{pmatrix} 4p & p \\ \square & \square \end{pmatrix}+\begin{pmatrix} \square & 0 \\ \square & q \end{pmatrix}$

$=\begin{pmatrix} 19+4p+q & 5+p \\ \square & \square \end{pmatrix}$

$=\begin{pmatrix} 0 & 0 \\ 0 & 0 \end{pmatrix}$

두 행렬이 서로 같을 조건에 의하여

$19+4p+q=0$, $5+p=0$, $\square=0$, $\square=0$

따라서 $p=\square$, $q=\square$

23 $A=\begin{pmatrix} 1 & -1 \\ 1 & 3 \end{pmatrix}$

24 $A=\begin{pmatrix} 3 & 4 \\ -1 & -3 \end{pmatrix}$

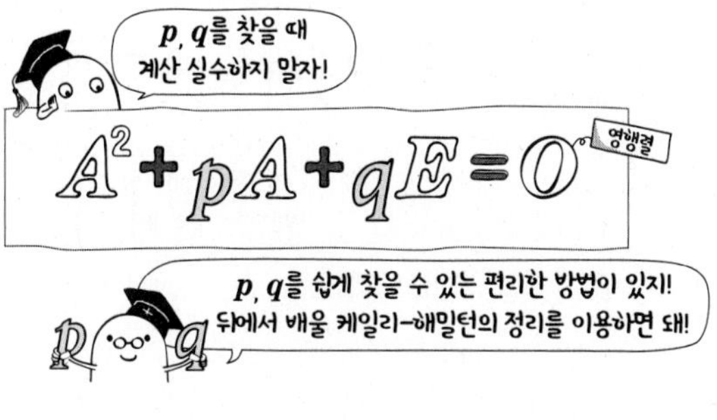

p, q를 찾을 때
계산 실수하지 말자!
A² + pA + qE = O
영행렬
p, q를 쉽게 찾을 수 있는 편리한 방법이 있지!
뒤에서 배울 케일리-해밀턴의 정리를 이용하면 돼!

13 행렬의 거듭제곱의 차수를 낮춰 주는!

케일리-해밀턴의 정리

행렬 $A=\begin{pmatrix} a & b \\ c & d \end{pmatrix}$에 대하여

$\boxed{A^2-(a+d)A+(ad-bc)E=O}$ 이 성립한다.

(단, E는 단위행렬, O는 영행렬)

이를 케일리-해밀턴의 정리라 한다.

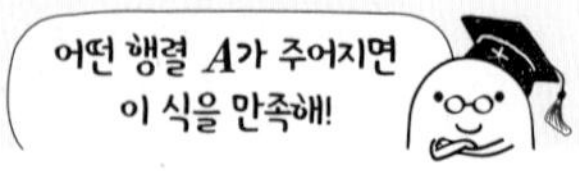

설명

$$A^2=\begin{pmatrix} a & b \\ c & d \end{pmatrix}\begin{pmatrix} a & b \\ c & d \end{pmatrix}=\begin{pmatrix} a^2+bc & ab+bd \\ ac+cd & bc+d^2 \end{pmatrix}$$이므로

$A^2-(a+d)A+(ad-bc)E$에 대입하면

$$A^2-(a+d)A+(ad-bc)E$$
$$=\begin{pmatrix} a^2+bc & ab+bd \\ ac+cd & bc+d^2 \end{pmatrix}-(a+d)\begin{pmatrix} a & b \\ c & d \end{pmatrix}+(ad-bc)\begin{pmatrix} 1 & 0 \\ 0 & 1 \end{pmatrix}$$
$$=\begin{pmatrix} a^2+bc & ab+bd \\ ac+cd & bc+d^2 \end{pmatrix}-\begin{pmatrix} a^2+ad & ab+bd \\ ac+cd & ad+d^2 \end{pmatrix}+\begin{pmatrix} ad-bc & 0 \\ 0 & ad-bc \end{pmatrix}$$
$$=\begin{pmatrix} 0 & 0 \\ 0 & 0 \end{pmatrix}=O$$

우리 둘이 발견한 정리야!
행렬의 다항식을 계산할 때 사용돼~!

아서 케일리 (1821~1895)

윌리엄 로원 해밀턴 (1805~1865)

케일리-해밀턴의 정리의 역은 성립하지 않는다.

$A^2-(a+d)A+(ad-bc)E=O$를 만족시키는 이차정사각행렬 A는

$A=\begin{pmatrix} a & b \\ c & d \end{pmatrix}$ 또는 $A=kE=\begin{pmatrix} k & 0 \\ 0 & k \end{pmatrix}$(단, k는 실수)

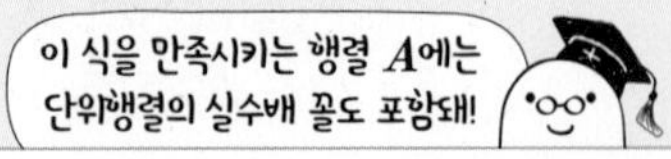

1st — 케일리-해밀턴의 정리 이용

● 다음과 같이 주어진 행렬 A가 $A^2+pA+qE=O$를 만족시킬 때, 실수 p, q의 값을 구하시오.

(단, E는 단위행렬, O는 영행렬이다.)

1 $A=\begin{pmatrix} 2 & 1 \\ 3 & -1 \end{pmatrix}$

→ 케일리-해밀턴의 정리에 의하여

$A^2-\{\square+(\square)\}A+\{2\times(\square)-1\times\square\}E=O$

즉 $A^2-\square-\square=O$ ······ ㉠

이때 ㉠이 등식 $A^2+pA+qE=O$와 같아야 하므로

$p=\square$, $q=\square$

2 $A=\begin{pmatrix} 2 & 4 \\ -1 & -3 \end{pmatrix}$

3 $A=\begin{pmatrix} 3 & 4 \\ -1 & 3 \end{pmatrix}$

4 $A=\begin{pmatrix} 1 & 2 \\ 7 & -3 \end{pmatrix}$

2nd 행렬의 거듭제곱을 포함한 식

● **주어진 행렬 A에 대하여 다음을 구하시오.**
(단, E는 단위행렬이다.)

5 $A=\begin{pmatrix} 2 & -1 \\ 0 & 1 \end{pmatrix}$

(1) $A^2-3A-5E$

➜ 케일리-해밀턴의 정리에 의하여

$A^2-(2\bigcirc 1)A+\{2\times1\bigcirc(-1)\times0\}E=O$

$A^2-\square A+2E=O$

따라서

$A^2-3A-5E=(A^2-\square A+2E)-\square=\square$

$=-7\begin{pmatrix} \square & 0 \\ 0 & \square \end{pmatrix}=\begin{pmatrix} \square & 0 \\ 0 & \square \end{pmatrix}$

(2) A^3-3A^2+8A

➜ $A^3-3A^2+8A=A(A^2-3A+\square)+\square=\square$

$=\square\begin{pmatrix} 2 & -1 \\ 0 & 1 \end{pmatrix}=\begin{pmatrix} \square & -6 \\ 0 & \square \end{pmatrix}$

6 $A=\begin{pmatrix} 1 & 1 \\ 2 & 3 \end{pmatrix}$

(1) $A^2-4A+3E$

(2) $A^4-4A^3+A^2-3A$

7 $A=\begin{pmatrix} -1 & 1 \\ -4 & 3 \end{pmatrix}$

(1) A^2-2A+E

(2) $(A-E)+(A-E)^2+\cdots+(A-E)^{10}$

● **다음과 같이 행렬 A가 주어진 조건을 만족시킬 때, 실수 x, y의 값을 구하시오. (단, E는 단위행렬, O는 영행렬이다.)**

8 $A=\begin{pmatrix} 3 & 2 \\ x & y \end{pmatrix}$, $A^2-9A+8E=O$

➜ 케일리-해밀턴의 정리에 의하여

$A^2-(\square+y)A+(\square-2x)E=O$

$A\neq kE$ (k는 실수)이므로

$\square+y=9$, $\square-2x=8$

따라서 $x=\square$, $y=\square$

> $A^2-(a+d)A+(ad-bc)E=O$를 만족시키는 행렬 A가 단위행렬의 실수배 ($A=kE$, k는 실수) 꼴이 아니면 케일리-해밀턴의 정리의 역을 이용할 수 있다.

9 $A=\begin{pmatrix} x & y \\ -1 & 2 \end{pmatrix}$, $A^2-3A+2E=O$

10 $A=\begin{pmatrix} x & 1 \\ -1 & y \end{pmatrix}$, $A^2-4A-4E=O$

개념모음문제

11 행렬 $A=\begin{pmatrix} 3 & 4 \\ -2 & -2 \end{pmatrix}$일 때, $A^3+2A^2+3A+4E$와 같은 행렬은? (단, E는 단위행렬이다.)

① $A+E$ ② $2A+E$ ③ $4A-2E$
④ $4A+E$ ⑤ $6A-3E$

행렬의 거듭제곱을 포함한 식은
케일리-해밀턴의 정리를 이용하여 간단히 할 수 있어!

세 행렬 $A=\begin{pmatrix} a & b \\ c & d \end{pmatrix}$, $E=\begin{pmatrix} 1 & 0 \\ 0 & 1 \end{pmatrix}$, $O=\begin{pmatrix} 0 & 0 \\ 0 & 0 \end{pmatrix}$에 대하여

$A^2-(a+d)A+(ad-bc)E=O$

➡ $A^2=(a+d)A-(ad-bc)E$

➡ $A^2-(a+d)A=-(ad-bc)E$

➡ $A^2+(ad-bc)E=(a+d)A$

임을 이용하여 행렬로 된 이차 이상의 식의 차수를 낮출 수 있다.

TEST 개념 확인

08 행렬의 곱셈

- 두 행렬 $A=\begin{pmatrix} a & b \\ c & d \end{pmatrix}$, $B=\begin{pmatrix} x & u \\ y & v \end{pmatrix}$에 대하여

$$AB=\begin{pmatrix} ax+by & au+bv \\ cx+dy & cu+dv \end{pmatrix}$$

1 두 행렬 $A=\begin{pmatrix} 3 & 1 \\ -1 & 2 \end{pmatrix}$, $B=\begin{pmatrix} 1 & 2 \\ -1 & -4 \end{pmatrix}$에 대하여 AB의 $(1, 1)$ 성분을 m, $(2, 2)$ 성분을 n이라 할 때, $m+n$의 값은?

① -2 ② -4 ③ -6
④ -8 ⑤ -10

2 두 행렬 $A=\begin{pmatrix} 2 & a \\ 1 & 5 \end{pmatrix}$, $B=\begin{pmatrix} -3 & 4 \\ 2 & b \end{pmatrix}$에 대하여 $AB=\begin{pmatrix} 2 & c \\ 7 & -6 \end{pmatrix}$일 때, $a+b+c$의 값은?

① -2 ② 2 ③ 4
④ 6 ⑤ 8

3 양수 x, y가 등식 $\begin{pmatrix} 2 & -1 \\ x & y \end{pmatrix}\begin{pmatrix} x \\ y \end{pmatrix}=\begin{pmatrix} 1 \\ 2 \end{pmatrix}$를 만족시킬 때, $x+y$의 값은?

① 2 ② 4 ③ 6
④ 8 ⑤ 10

09 행렬의 곱셈의 성질

- 합과 곱이 정의되는 세 행렬 A, B, C에 대하여
  ① $AB\neq BA$
  ② $(AB)C=A(BC)$
  ③ $A(B+C)=AB+AC$, $(A+B)C=AC+BC$
  ④ $(kA)B=k(AB)=A(kB)$ (단, k는 실수)
- 곱이 정의되는 세 행렬 A, B, C와 영행렬 O에 대하여
  ① $A\neq O$, $B\neq O$이지만 $AB=O$인 행렬 A, B가 존재할 수 있다.
  ② $A=O$ 또는 $B=O$이면 $AB=O$
  ③ $AB=O$이라 해서 반드시 $A=O$ 또는 $B=O$인 것은 아니다.

4 두 행렬 $A=\begin{pmatrix} 2 & 1 \\ 3 & 4 \end{pmatrix}$, $B=\begin{pmatrix} 1 & -1 \\ -1 & 1 \end{pmatrix}$일 때, $(5A)B-A(2B)$의 모든 성분의 합은?

① -2 ② -1 ③ 0
④ 1 ⑤ 2

5 세 행렬 $A=\begin{pmatrix} 2 & 2 \\ 3 & 3 \end{pmatrix}$, $B=\begin{pmatrix} 2 & -1 \\ -1 & 1 \end{pmatrix}$, $C=\begin{pmatrix} 2 & 3 \\ 4 & 5 \end{pmatrix}$일 때, $ABC-ABA$는?

① $\begin{pmatrix} 0 & 0 \\ 2 & 2 \end{pmatrix}$ ② $\begin{pmatrix} 0 & 2 \\ 0 & 3 \end{pmatrix}$ ③ $\begin{pmatrix} 1 & 0 \\ 1 & 0 \end{pmatrix}$
④ $\begin{pmatrix} 1 & 1 \\ 0 & 0 \end{pmatrix}$ ⑤ $\begin{pmatrix} 0 & 1 \\ 2 & 0 \end{pmatrix}$

6 세 행렬 $A=\begin{pmatrix} 1 & -1 \\ 0 & a \end{pmatrix}$, $B=\begin{pmatrix} b & 1 \\ -3 & -1 \end{pmatrix}$, $C=\begin{pmatrix} 2 & 5 \\ -1 & c \end{pmatrix}$에 대하여 $AC+BC=\begin{pmatrix} 6 & 15 \\ -7 & -15 \end{pmatrix}$일 때, abc의 값은?

① -4 ② -2 ③ 0
④ 2 ⑤ 4

정답과 풀이 214쪽

7 세 이차정사각행렬 A, B, C와 영행렬 O에 대하여 옳은 것만을 **보기**에서 있는 대로 고른 것은?

보기

ㄱ. $AB=BA$
ㄴ. $(AB)C=A(BC)$
ㄷ. $A \neq O$, $AB=AC$이면 $B=C$
ㄹ. $AB=O$이면 $A=O$ 또는 $B=O$

① ㄴ ② ㄹ ③ ㄱ, ㄴ
④ ㄴ, ㄷ ⑤ ㄷ, ㄹ

10 행렬의 거듭제곱

- A가 정사각행렬이고 m, n이 자연수일 때
  ① $A^2=AA$, $A^3=A^2A$, $\cdots$, $A^n=A^{n-1}A$ (단, $n \geq 2$)
  ② $A^mA^n=A^{m+n}$
  ③ $(A^m)^n=A^{mn}$
  ④ $(kA)^n=k^nA^n$ (단, k는 실수)

8 행렬 $A=\begin{pmatrix} 1 & 1 \\ 3 & -2 \end{pmatrix}$일 때, A^3+4A^2+2A의 $(1, 1)$ 성분과 $(2, 2)$ 성분의 합은?

① 20 ② 22 ③ 24
④ 26 ⑤ 28

9 두 행렬 $A=\begin{pmatrix} -1 & 2 \\ 4 & 1 \end{pmatrix}$, $B=\begin{pmatrix} 4 & 2 \\ 1 & 3 \end{pmatrix}$일 때, A^2+B^2의 모든 성분의 합을 구하시오.

10 행렬 $A=\begin{pmatrix} 1 & -2 \\ 0 & 1 \end{pmatrix}$일 때, A^{30}의 $(1, 2)$ 성분을 구하시오.

11 행렬 $A=\begin{pmatrix} 1 & 2 \\ -1 & -2 \end{pmatrix}$에 대하여 $A^{2024}=kA$를 만족시키는 실수 k의 값은?

① -1 ② 1 ③ 2
④ 2^{1012} ⑤ 2^{2024}

11 행렬의 곱셈의 주의 사항

- 합과 곱이 정의되는 두 행렬 A, B에 대하여 $AB \neq BA$이므로
  ① $(AB)^2 \neq A^2B^2$
  ② $(A+B)^2 \neq A^2+2AB+B^2$, $(A-B)^2 \neq A^2-2AB+B^2$
  ③ $(A+B)(A-B) \neq A^2-B^2$
- $A^2=O$라 해서 반드시 $A=O$인 것은 아니다.
  (단, O는 영행렬)

12 두 행렬 $A=\begin{pmatrix} 2 & -1 \\ 5 & -2 \end{pmatrix}$, $B=\begin{pmatrix} 1 & -3 \\ 1 & -2 \end{pmatrix}$에 대하여

$$(A-B)(A+3B)+(B-2A)(A+B)=\begin{pmatrix} a & b \\ c & d \end{pmatrix}$$

일 때, $ad-bc$의 값은?

① -12 ② -16 ③ -18
④ -20 ⑤ -22

13 두 행렬 $A=\begin{pmatrix} 2 & 1 \\ -1 & x \end{pmatrix}$, $B=\begin{pmatrix} 2 & y \\ -1 & 1 \end{pmatrix}$에 대하여 $(A+B)^2=A^2+2AB+B^2$이 성립할 때, x^2+y^2의 값을 구하시오.

14 두 이차정사각행렬 A, B에 대하여 다음 중 옳은 것을 모두 고르면? (정답 2개) (단, O는 영행렬이다.)

① $(AB)^2=A^2B^2$
② $A^2=O$이면 $A=O$
③ $(A^2B^2)C^2=A^2(B^2C^2)$
④ $(A-B)^2=A^2-2AB+B^2$
⑤ $AB=BA$이면 $(A+B)(A-B)=A^2-B^2$

12~13 단위행렬

- 정사각행렬 A와 같은 꼴의 단위행렬 E에 대하여
  $AE=EA=A$
- 단위행렬 E에 대하여
  $E^2=E^3=\cdots=E^n=E$ (단, n은 자연수)
- **케일리-해밀턴의 정리**
  행렬 $A=\begin{pmatrix} a & b \\ c & d \end{pmatrix}$에 대하여 $A^2-(a+d)A+(ad-bc)E=O$
  (단, E는 단위행렬, O는 영행렬)

15 이차정사각행렬 A에 대하여 다음 중 옳지 않은 것은? (단, E는 단위행렬, O는 영행렬이다.)

① $E^{2025}=E$
② $AE=EA=A$
③ $E^5+(-E)^5=O$
④ $(A-E)^2=A^2-2A+E$
⑤ $A=2E$이면 $A^5=10E$

16 행렬 $A=\begin{pmatrix} 0 & -1 \\ 1 & 1 \end{pmatrix}$일 때, $A^n=E$를 만족시키는 자연수 n의 최솟값은? (단, E는 단위행렬이다.)

① 3 ② 4 ③ 5 ④ 6 ⑤ 7

17 행렬 $A=\begin{pmatrix} 2 & 0 \\ 1 & -3 \end{pmatrix}$이 $A^2+pA+qE=O$를 만족시킬 때, 실수 p, q에 대하여 pq의 값은?
(단, E는 단위행렬, O는 영행렬이다.)

① -10 ② -8 ③ -6 ④ -4 ⑤ -2

18 행렬 $A=\begin{pmatrix} 3 & -1 \\ 5 & -2 \end{pmatrix}$에 대하여
$A^3+3A^2+A+3E=pA+qE$일 때, $p+q$의 값은?
(단, E는 단위행렬이고 p, q는 실수이다.)

① 13 ② 15 ③ 17 ④ 19 ⑤ 21

19 행렬 $A=\begin{pmatrix} x & -2 \\ 1 & y \end{pmatrix}$가 $A^2-3A+3E=O$를 만족시킬 때, x^2+y^2의 값은?
(단, E는 단위행렬, O는 영행렬이다.)

① 7 ② 8 ③ 9 ④ 10 ⑤ 11

TEST 개념 발전

정답과 풀이 217쪽

1 2×2행렬 A의 $(i,\ j)$ 성분 a_{ij}를

$$a_{ij}=\begin{cases}2i-3j & (i\geq j)\\ -i+2j & (i<j)\end{cases}$$

로 정의할 때, $a_{12}+a_{22}$의 값은?

① -3 ② -2 ③ -1
④ 0 ⑤ 1

2 두 행렬 $A=\begin{pmatrix} x & x+y \\ -2 & 3-xy \end{pmatrix}$, $B=\begin{pmatrix} 3-y & 3 \\ -2 & 5 \end{pmatrix}$에 대하여 $A=B$일 때, x^2+y^2의 값은?

① 5 ② 9 ③ 13
④ 17 ⑤ 21

3 세 행렬

$$A=\begin{pmatrix} 1 & -1 \\ 0 & 2 \end{pmatrix},\ B=\begin{pmatrix} -3 & 0 \\ 2 & 3 \end{pmatrix},\ C=\begin{pmatrix} 1 & 4 \\ 5 & 3 \end{pmatrix}$$

에 대하여 $B-(A+C)=\begin{pmatrix} a & b \\ c & d \end{pmatrix}$일 때, $ad-bc$의 값은?

① 1 ② 3 ③ 5
④ 7 ⑤ 9

4 두 행렬 $A=\begin{pmatrix} 3 & 4 \\ -1 & 3 \end{pmatrix}$, $B=\begin{pmatrix} 4 & 2 \\ 2 & -1 \end{pmatrix}$에 대하여 $3X-A=3(B-A)$를 만족시키는 행렬 X의 모든 성분의 합은?

① -3 ② -1 ③ 1
④ 3 ⑤ 5

5 두 이차정사각형 행렬 A, B에 대하여

$$A+B=\begin{pmatrix} 1 & -1 \\ -2 & 1 \end{pmatrix},\ A-B=\begin{pmatrix} 3 & -1 \\ 4 & 1 \end{pmatrix}$$

이 성립할 때, 행렬 $2A+B$의 $(1,\ 2)$ 성분은?

① -1 ② -2 ③ -3
④ -4 ⑤ -5

6 세 행렬 $A=\begin{pmatrix} 1 & -1 \\ 0 & 4 \end{pmatrix}$, $B=\begin{pmatrix} 5 & 7 \\ 3 & -2 \end{pmatrix}$, $C=\begin{pmatrix} -3 & -9 \\ -3 & 10 \end{pmatrix}$에 대하여 실수 x, y가 $xA+yB=C$를 만족시킬 때, $x+y$의 값을 구하시오.

7 두 행렬 $A=\begin{pmatrix} 0 & a \\ -2 & 3 \end{pmatrix}$, $B=\begin{pmatrix} 1 & 7 \\ 2 & b \end{pmatrix}$에 대하여 $AB=\begin{pmatrix} 8 & c \\ 4 & 1 \end{pmatrix}$일 때, a^2+b-c의 값은?

① -6 ② -4 ③ -2
④ 1 ⑤ 2

8 등식 $\begin{pmatrix} -5 & 0 \\ -1 & -8 \end{pmatrix}+10\begin{pmatrix} 1 & 0 \\ 0 & 1 \end{pmatrix}=\begin{pmatrix} 1 & -2 \\ 0 & 1 \end{pmatrix}\begin{pmatrix} x & 4 \\ y & 2 \end{pmatrix}$를 만족시키는 x, y에 대하여 $x+y$의 값은?

① 2 ② 4 ③ 6
④ 8 ⑤ 10

9 행렬 $A=\begin{pmatrix} 1 & -2 \\ 1 & 1 \end{pmatrix}$일 때, A^3-2A^2+4A의 모든 성분의 합은?

① -2 ② -1 ③ 0
④ 1 ⑤ 2

10 행렬 $A=\begin{pmatrix} 1 & 2 \\ 0 & 1 \end{pmatrix}$에 대하여 $A^n=\begin{pmatrix} a_n & b_n \\ c_n & d_n \end{pmatrix}$이라 할 때, $a_n+b_n+c_n+d_n=120$을 만족시키는 자연수 n의 값은?

① 51 ② 53 ③ 55
④ 57 ⑤ 59

11 두 행렬 $A=\begin{pmatrix} a & b \\ -3 & 1 \end{pmatrix}$, $B=\begin{pmatrix} 1 & 2 \\ 3 & 0 \end{pmatrix}$에 대하여 $(A+B)(A-B)=A^2-B^2$이 성립할 때, $a+b$의 값은?

① -3 ② -2 ③ -1
④ 0 ⑤ 1

12 세 이차정사각행렬 A, B, C에 대하여 옳은 것만을 **보기**에서 있는 대로 고른 것은?
(단, E는 단위행렬, O는 영행렬이다.)

보기
ㄱ. $(A+2E)^2=A^2+4A+4E$
ㄴ. $A+B=E$이면 $AB=BA$
ㄷ. $A\neq O$, $AB=AC$이면 $B=C$
ㄹ. $(A-2E)^2=O$이면 $A=2E$

① ㄴ ② ㄹ ③ ㄱ, ㄴ
④ ㄴ, ㄷ ⑤ ㄷ, ㄹ

13 두 이차정사각행렬 A, B가 $A+B=2E$, $AB=O$를 만족시킬 때, A^3+B^3을 간단히 하면?
(단, E는 단위행렬, O는 영행렬이다.)

① $2E$ ② $4E$ ③ $6E$
④ $8E$ ⑤ $10E$

14 행렬 $A=\begin{pmatrix} 3 & 1 \\ -5 & -2 \end{pmatrix}$일 때, $A+A^2+A^3+A^4$과 같은 행렬은? (단, E는 단위행렬이다.)

① $4A+E$ ② $5A+2E$ ③ $6A+3E$
④ $7A+4E$ ⑤ $8A+5E$

15 행렬 $A=\begin{pmatrix} x & 2 \\ y & 1 \end{pmatrix}$이 $A^2-4A-5E=O$를 만족시킬 때, xy의 값은? (단, E는 단위행렬, O 영행렬이다.)

① 4 ② 6 ③ 8
④ 10 ⑤ 12

16 이차방정식 $x^2-3x-5=0$의 두 근을 α, β라 할 때, $\begin{pmatrix} \alpha+\beta & \alpha \\ 0 & \beta \end{pmatrix}\begin{pmatrix} \beta & 0 \\ \alpha+\beta & \alpha \end{pmatrix}$의 모든 성분의 합은?

① 10 ② 12 ③ 14
④ 16 ⑤ 18

17 두 이차정사각행렬 A, B에 대하여

$$A+B=\begin{pmatrix} 2 & 1 \\ -1 & 3 \end{pmatrix},\ AB+BA=\begin{pmatrix} 3 & 1 \\ -2 & 5 \end{pmatrix}$$

일 때, 행렬 A^2+B^2의 $(2,\ 2)$ 성분은?

① 1 ② 2 ③ 3
④ 4 ⑤ 5

18 행렬 $A=\begin{pmatrix} a & b \\ c & d \end{pmatrix}$가 $A^2-5A+4E=O$를 만족시킬 때, $a+d$의 최댓값을 구하시오.
(단, E는 단위행렬, O는 영행렬이다.)

문제를 보다!

두 이차정사각행렬 [수능 기출 변형]

A, B가 $A+B=(BA)^2$, $ABA=B+E$

를 만족시킬 때, A^5-B^5을 간단히 한 것은? (단, E는 단위행렬이다.) [4점]

① $A+B$ ② $A-B$ ③ $2A$ ④ $2B$ ⑤ $A+2B$

자, 잠깐만! 당황하지 말고
문제를 잘 보면 문제의 구성이 보여!
출제자가 이 문제를 왜 냈는지를 봐야지!

내가 아는 것①

$A+B=(BA)^2$
$=BABA$

B^2A^2이 아니야!

내가 아는 것②

$ABA=B+E$

내가 찾은 것 ❶

$A=B^2$

내가 찾은 것 ❷

$A^5 = (B^2)^5$

내가 찾은 것 ❸

$B^5 = B+E$

이 문제는

행렬의 연산의 성질에 주의**하여 A^5과 B^5을 구하는 문제야!**

A^5과 B^5을 어떻게 간단하게 나타낼 수 있을까?

네가 알고 있는 것(주어진 조건)은 뭐야?

$$A^5 = A+2B+E$$
$$B^5 = B+E$$

구해야 할 것!

$$A^5 - B^5$$

내게 더 필요한 것은?

행렬의 연산은 실수의 연산과
다르니 주의해야 겠군!

$$A+B=(BA)^2$$
$$ABA=B+E$$

1 주어진 조건의 행렬식을 연산해 봐!

$A+B=(BA)^2=BABA$

$ABA=B+E$ 이므로

$A+B=B(ABA)$

$\quad\quad =B(B+E)$

$\quad\quad =B^2+B$

따라서 $\boxed{A=B^2}$

2 $\boxed{A=B^2}$ 으로 B^5 을 구해!

$ABA=B+E$

$\boxed{A=B^2}$ 을 대입

$(B^2)B(B^2)=B+E$

따라서 $B^5=B+E$

3 $\boxed{A=B^2}$ 으로 A^5 을 구해!

$\boxed{A=B^2}$ 의 양변을 다섯제곱하면

$A^5=(B^2)^5$

$\quad =(B^5)^2$ ………………………… $B^5=B+E$

$\quad =(B+E)^2$

$\quad =B^2+2B+E$ ……………… $\boxed{A=B^2}$ 을 대입

$\quad =A+2B+E$

$$A^5=A+2B+E$$
$$B^5=B+E$$

문제를 보라고 했지?
구하려는 것과 주어진 것,
그리고 더 필요한 것은?

0

두 이차정사각행렬 A, B가

$$A-B=(AB)^2,\ ABA+B+E=O$$

을 만족시킬 때, 보기에서 옳은 것만을 있는 대로 고른 것은?

(단, E는 단위행렬, O는 영행렬이다.)

보기

ㄱ. $A=B^2$

ㄴ. $B^5=-B-E$

ㄷ. $B^5-A^5=-A+B$

① ㄱ ② ㄴ ③ ㄱ, ㄷ

④ ㄴ, ㄷ ⑤ ㄱ, ㄴ, ㄷ

변화를 다루는 힘! 디딤돌수학

공통수학1

I 변화에 대한 표현!
다항식

II 변화를 나타내는 식의 이해!
방정식

III 변화를 나타내는 식의 이해!

부등식

IV 변화를 예측하다!

경우의 수

V 변화를 단순하게 표현하다!

행렬

공통수학 2

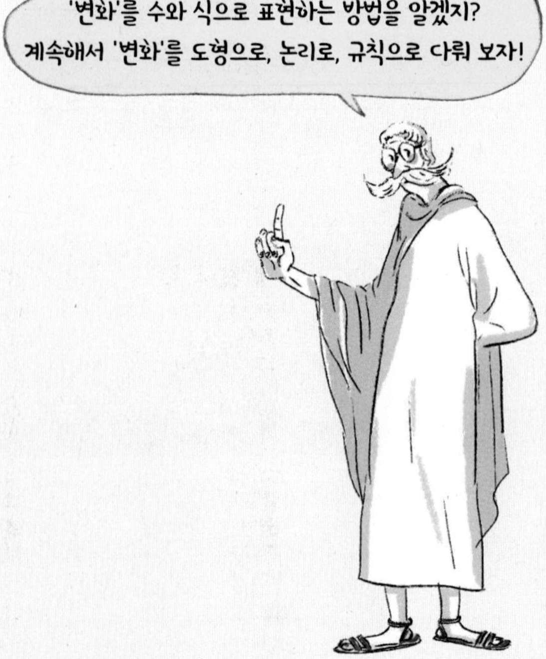

'변화'를 수와 식으로 표현하는 방법을 알겠지?
계속해서 '변화'를 도형으로, 논리로, 규칙으로 다뤄 보자!

빠른 정답

1 다항식의 연산

01 단항식과 다항식 12쪽

원리확인 ❶ -7 ❷ 3 ❸ 2 ❹ $\frac{1}{2}x$

1 ○ 2 ○ 3 ○
4 × (✎×, ×, ÷) 5 × 6 ○
7 × 8 ○ 9 ○ 10 ○
11 ○ 12 ○ 13 × 14 ×
15 2, 이, 5 16 3, 삼, -1
17 2, 이, $-3x$ 18 3, 삼, $5ab^2$
19 2, 이, $2b^3$, 3, 삼, $2a^2$
20 3, 삼, $\sqrt{2}y^2$, 2, 이, $\sqrt{2}x^3$, 5, 오, $\sqrt{2}$
21 3, 삼, $-4c^3$, 1, 3, 4, 사, $-4a^2$, 2, 3, 5, 오, $-4b$, 2, 1, 3, 6, 육, -4
☺ p, b^qc^r, q, a^pc^r, r, a^pb^q, p, q, r, 1
22 2, 이, -7 23 3, 삼, 9
24 2, 이, 1, 1, 일, 1
25 2, 이, y^3+6y+1, 3, 삼, $2x^2-3x+1$
26 4, 사, y^3+1, 3, 삼, x^4+1, 5, 오, 1
27 2, 이, $2y$, 3, 삼, $-x^2+x$, 4, 사, 0
28 3, 6, 육, 1, 6, 육, $-\frac{1}{2}z^2+1$, 2, 이, $3x^4y^2+1$
29 (1) (✎x^2, 2) (2) (✎$-x$, -1)
(3) (✎$-2y^2+y-1$)
(4) 2 (5) -2 (6) x^2-x-1
30 (1) 3 (2) -4 (3) $7y^3-5y^2+3$
(4) 3 (5) 0 (6) $2x^3+3x^2-4x+3$
31 (1) 3 (2) $3y$ (3) $-y^3+1$ (4) 3
(5) $3x$ (6) x^3+1 (7) 4 (8) 3
(9) 1
32 (1) 2 (2) $-2b^2$ (3) $\frac{1}{2}bc^2$ (4) 3
(5) $-b^3$ (6) 0
☺ n, $m+1$, n, m 33 ④

02 다항식의 정리 18쪽

원리확인 ❶ 2, 0, 1, 3 ❷ $-x^3$, $3x^2$, $2x$, 5
❸ 5, $2x$, $3x^2$, x^3

1 (1) $x^6+16x^4+5x^2-17x-3$
(2) $-3-17x+5x^2+16x^4+x^6$
2 (1) (✎y, 1, y^2, y, 1)
(2) $y^2-y-1+(y-1)x+x^2$
(3) (✎x, 1, x^2, x, 1)
(4) $x^2-x-1+(x-1)y+y^2$
3 (1) $(2y^2-4y)x^2+y^2x-1$
(2) $-1+y^2x+(2y^2-4y)x^2$
(3) $(2x^2+x)y^2-4x^2y-1$
(4) $-1-4x^2y+(2x^2+x)y^2$
4 (1) $(-2y^2+3)x^2+(y+1)x-5y-4$
(2) $-5y-4+(y+1)x+(-2y^2+3)x^2$
(3) $-2x^2y^2+(x-5)y+3x^2+x-4$
(4) $3x^2+x-4+(x-5)y-2x^2y^2$
5 (1) $2y^2x^3+(3y^2z^3-3z^4)x-2y^6z^3-8$
(2) $-2y^6z^3-8+(3y^2z^3-3z^4)x+2y^2x^3$
(3) $-2z^3y^6+(3xz^3+2x^3)y^2-3xz^4-8$
(4) $-3xz^4-8+(3xz^3+2x^3)y^2-2z^3y^6$
(5) $-3xz^4+(3xy^2-2y^6)z^3+2x^3y^2-8$
(6) $2x^3y^2-8+(3xy^2-2y^6)z^3-3xz^4$

03 다항식의 덧셈과 뺄셈 20쪽

1 $2x^2-3x+4$ 2 $x^3-8x^2+4x+24$
3 (✎2, 3, -3, 4, x^2-x+1)
4 $-2x^3+3x^2+4x-4$
5 $x^3-3x^2-2x-2y^2+6y$
☺ 동류항 6 (✎$7x+2$)
7 $3x^3+6x^2+4x+8$
8 (✎2, 3, -3, -4, $-3x^2+5x-7$)
9 $8x^3-x^2-4x+2$
10 $x^3+3x^2+6x-4y^2+4y$
☺ 부호, $-B$
11 (1) $4a^2+ab+b^2$ (2) $2a^2-3ab+3b^2$
(3) $7a^2+3b^2$
12 (1) $4x^3+x^2+2x-1$ (2) $2x^3-3x^2+1$
(3) $10x^3-8x^2+2x+2$
13 ④

04 다항식의 덧셈에 대한 성질 22쪽

원리확인 교환, 결합, $3x^2$, 6

1 (1) $-2x^3-4x^2-5x+3$
(2) $-2x^2-3x+5$
(3) x^2+5x-2 (4) $6x^3+5x^2-13x+6$
(5) $15x^3+21x^2-11x-5$
2 (1) $-a^2-ab+6b^2$ (2) $2a^2+2ab-12b^2$
(3) $2a^2+2ab+3b^2$
3 (1) $2x^2+2x-6$ (2) x^2+x-3
(3) $8x^2-6x+10$ (4) $4x^2-3x+5$
4 (1) $9x^2+6xy-3y^2$ (2) $3x^2+2xy-y^2$
(3) $-18x^2+9y^2$ (4) $-6x^2+3y^2$
5 (1) $-2x^2+2xy-6y^2$ (2) $-x^2+xy-3y^2$
(3) $x^2+2xy-3y^2$ (4) $-5xy+5y^2$
(5) $-2x^2+4xy-5y^2$

TEST 개념 확인 24쪽

1 ③, ⑤ 2 ④ 3 ④ 4 ⑤
5 ② 6 $yx^3-2y^2x^2+(y^2+3y)x+3y-2$
7 ③ 8 ② 9 ② 10 ③
11 $4x^2-7x-1$ 12 ①

05 단항식의 곱셈; 지수법칙 26쪽

원리확인 ❶ 3, 2, 5 ❷ 2, 3, 6 ❸ 5, 3, 2
❹ 1 ❺ 5, 3, 2 ❻ 3, 3, 3, 3

1 $6x^3y^3$ 2 $-8a^3b$ 3 $9a^6b^5$ 4 a^{30}
5 $-x^5$ 6 $-a^7b^8$ 7 $16x^6$ 8 x^6y^7
9 $2a^2b^2$ 10 $3x^6y^2$ 11 $-\frac{b^3}{4a}$ 12 $\frac{27a^{10}}{b^5c^5}$
13 $36xy^5$ 14 $-4x^6y^8$ 15 $-\frac{a^{13}b^4}{6}$
☺ a^n, $-a^n$ 16 ③

06 다항식의 곱셈 28쪽

원리확인 $3x$, $3x^2$, $6x$, $3x^2$, $6x$, x^2, $6x$

1 $a^2-3ab+2a$ 2 $-x^3y-x^2y^2+xy^3$
3 $2a^3b+a^2b-3ab^3$ 4 $2x^2+xy-y^2$
5 x^3-x^2-3x+2 6 $2a^3+7a^2-14a+5$
7 $-4x^4-2x^3y+xy^3+y^4$
8 $2x^2+xy-y^2+3y-2$
9 $2x^3-3x^2y-3xy^2+2y^3$
10 (✎$2x^4$, 2)
11 -3 12 1 13 11 14 6
15 10 16 15 17 ④

07 곱셈 공식(1) 30쪽

1 (✎x, x, 2, 2, x^2, $4x$, 4)
2 $4x^2+12x+9$
3 $9x^2+30xy+25y^2$
4 (✎x, x, 2, 2, x^2, $4x$, 4)
5 $4x^2-12x+9$ 6 $9x^2-30xy+25y^2$
☺ 2, -2 7 (✎x, 2, x^2, 4)
8 $4x^2-25y^2$ 9 $4x^4-9$
10 x^4-1 11 x^8-1
☺ 100, 100, 100, 1, 10000, 1, 9999
12 (✎x, 2, 3, 6, x^2, $5x$, 6)
13 x^2-5x+6 14 $x^2+xy-20y^2$
15 (✎6, 10, 3, 5, $6x^2$, $13x$, 5)
16 $6x^2-19xy+15y^2$ 17 $a^4+\frac{11}{2}a^2b-3b^2$

08 곱셈 공식(2) 32쪽

원리확인 ❶ c, 2, c^2, $2ab$, c^2, c^2, $2ca$
❷ 2, $2ab$, $2ab^2$, $3a^2b$, b^3
❸ 2, $2ab$, $2a^2b$, $3a^2b$, b^3

1 $x^2+y^2+z^2+2xy+2yz+2zx$
2 $a^2+b^2+2ab+2a+2b+1$
3 (✎$-y$, $-y$, $-y$, y^2, $2xy$, $2yz$)
4 $a^2+b^2+9c^2-2ab-6bc+6ca$
5 $a^2+4b^2-4ab-2a+4b+1$
6 $x^4+y^2+2x^2y-6x^2-6y+9$
7 (✎3, 3, $6x^2$, $12x$)
8 $8x^3+12x^2y+6xy^2+y^3$
9 $27x^3+54x^2y+36xy^2+8y^3$
10 $\frac{1}{8}x^3+\frac{3}{4}x^2y+\frac{3}{2}xy^2+y^3$
11 $8x^6+12x^4y+6x^2y^2+y^3$

12 (✎3, 3, $6x^2$, $12x$)

13 $8x^3-12x^2y+6xy^2-y^3$

14 $27x^3-54x^2y+36xy^2-8y^3$

15 $\frac{1}{8}x^3-\frac{3}{4}x^2y+\frac{3}{2}xy^2-y^3$

16 $8x^6-12x^4y+6x^2y^2-y^3$

09 곱셈 공식(3) 34쪽

원리확인 ❶ ab^2, a^2b, b^3 ❷ a^2b, ab^2, a^3
❸ a^2b, b^2c, ac^2, $3abc$

1 (✎1, 1, 1, x^3, 1) 2 x^3+27

3 $8x^3+27$ 4 x^3+8y^3

5 $27x^3+8y^3$ 6 x^6+y^3

7 (✎1, 1, 1, x^3, 1) 8 x^3-27

9 $8x^3-27$ 10 x^3-8y^3

11 $27x^3-8y^3$ 12 x^6-y^3

13 (✎1, 1, 1, 1, x^3, $3xy$)

14 $8x^3+y^3+z^3-6xyz$

15 $x^3+y^3+3xy-1$ 16 $x^3+8y^3+24xy-64$

17 $8x^3-27y^3-18xy-1$

10 곱셈 공식(4) 36쪽

원리확인 ❶ ab, abx, abc, c, bc
❷ ab, ab, ab, a^2b^2, a^2b^2

1 (✎2, 3, 4, 4, 9, 26, 24)

2 x^3+4x^2+x-6 3 x^3+3x^2-6x-8

4 $x^3-4x^2-11x+30$ 5 $x^3-9x^2+23x-15$

☺ a, b, c, ab, bc, ca, abc

6 (✎x, x, x^2, $4x^2$, 16)

7 x^4+9x^2+81 8 $16x^4+4x^2+1$

9 $16x^4+36x^2y^2+81y^4$ 10 $x^8+x^4y^4+y^8$

11 $a^2+b^4+2ab^2+8b^2+8a+16$

12 $8x^6+36x^4+54x^2+27$ 13 a^9+1

14 $a^6-b^3+9a^2b+27$

15 $x^3-5x^2-29x+105$

16 $256x^4+144x^2y^2+81y^4$ 17 ①

11 공통부분이 있는 다항식의 전개 38쪽

원리확인 ❶ t, t, t^2, a, $2b$, $a^2+4ab+4b^2$
❷ $x-2$, x^2+x-6, $t-6$, $8t$, x^2+x, x^2+x, $x^4+2x^3+x^2$, $8x$, $x^4+2x^3-7x^2-8x+12$

1 $x^2+2xy+y^2+x+y-2$

2 $a^4+4a^3+3a^2-2a-2$

3 $a^2+2ab^2+b^4+a+b^2-6$

4 $x^4-2x^2y^2+y^4-5x^2+5y^2+4$

5 $a^2+2ab+b^2-9$ 6 $x^2+2xy+y^2-5$

7 $x^4+6x^3+9x^2-4$ 8 $x^2-2xy^2+y^4-z^2$

9 $a^2-b^2+2bc-c^2$ 10 x^4-4x^2+4x-1

11 x^4+2x^3-x+1

12 $4x^4-4x^3-15x^2+8x+23$

13 $2x^2+2\sqrt{2}x+3$ 14 x^2+2x+y^2-4y+5

15 $x^4+4x^3-7x^2-22x+24$

16 $x^4-10x^3+35x^2-50x+24$

17 $x^4-14x^3+41x^2+56x-180$

18 ④

12 곱셈 공식의 변형 40쪽

원리확인 $a+b$, $2ab$, 3, 2, 3, 2, 9, 4, 5

1 $a+b$, $2ab$ (1) 14 (2) 11

2 $a-b$, $2ab$ (1) 40 (2) 59

3 $4ab$, $a-b$, $4ab$ (1) 44 (2) 4

4 $-4ab$, $a+b$, $4ab$ (1) 12 (2) 16

5 $a+b$, $3ab^2$, $a+b$, $a+b$ (1) 52 (2) 10

6 $a-b$, $3ab^2$, $a-b$, $a-b$ (1) 45 (2) 4

7 $a+b$, -3 8 $a-b$, 4

9 $a-b$, 7 10 $a+b$, -5

11 $a+b$, -2 12 $a-b$, -5

☺ $2ab$, $2ab$, $4ab$, $4ab$, $a+b$, $a-b$

13 ③

14 x, 2, $x+\frac{1}{x}$, 2 (1) 14 (2) 7

15 x, 2, $x-\frac{1}{x}$, 2 (1) 6 (2) 11

16 4, $x-\frac{1}{x}$, 4 (1) 8 (2) 13

17 -4, $x+\frac{1}{x}$, 4 (1) 12 (2) 5

18 x, x^2, $x^3+3x+\frac{3}{x}+\frac{1}{x^3}$, x^3, x^3, $x+\frac{1}{x}$, $x+\frac{1}{x}$, $x+\frac{1}{x}$ (1) 52 (2) -18

19 x, x^2, $x^3-3x+\frac{3}{x}-\frac{1}{x^3}$, x^3, x^3, $x-\frac{1}{x}$, $x-\frac{1}{x}$, $x-\frac{1}{x}$ (1) 14 (2) -4

20 x, 3 (1) 7 (2) 18

21 x, -3 (1) 11 (2) -36

☺ 2, 2, 4, 4, $3\left(x+\frac{1}{x}\right)$, $3\left(x-\frac{1}{x}\right)$

22 $a+b+c$, $2bc$, $2ca$, $a+b+c$, $ab+bc+ca$ (1) 5 (2) 17

23 $2b^2$, $2c^2$, $2bc$, $2ca$, b^2, c^2, $2ca$, b, c, $c+a$ (1) $\frac{15}{2}$ (2) $\frac{39}{2}$

24 $2b^2$, $2c^2$, $2bc$, $2ca$, b^2, c^2, $2ca$, b, c, $c-a$ (1) 5 (2) 55

25 $(a+b+c)(a^2+b^2+c^2-ab-bc-ca)+3abc$ (1) 203 (2) $\frac{33}{2}$

☺ $a+b+c$, $ab+bc+ca$, b, c, $c+a$, b, c, $c-a$, $a+b+c$, $3abc$

13 (다항식)÷(단항식) 46쪽

원리확인 ❶ $2x$, $2x$, $2x$, $2x+3y$
❷ x^2y, x^2y, x^2y, $xy+4y^2$
❸ $\frac{4}{xy}$, $\frac{4}{xy}$, $\frac{4}{xy}$, $12x+8y$

1 $\frac{3a}{4}+\frac{5b}{4}$ 2 $9x^4+2x^2$

3 $3x-\frac{15x^2}{2}$ 4 $3xy-\frac{x}{2}$

5 $4bc^2-2a^2b$ 6 $3x^2-16xz^2$

7 $\frac{3x^2y^3z^7}{5}-\frac{xy^2}{5}$ 8 $x^2-\frac{2x}{3}$

9 $\frac{3b}{16}-\frac{3b^4}{2}$ 10 $-45x+\frac{y^2}{2}$

11 $\frac{x^5+x^2+1}{2}$ 12 $1+a+b^2c^2$

13 $-3xy-14+6y^2$ 14 $3a+2ab-b^2$

15 $y-xyz-x^2y^2z^2$

14 (다항식)÷(다항식) 48쪽

원리확인 $2x$, 5, $2x^2$, $4x$, $5x$, $5x$, 10, 2, $2x+5$, 2

1 풀이 참조, $x+9$, -7

2 풀이 참조, $3x-7$, 14

3 풀이 참조, $5x+18$, 69

4 풀이 참조, $3x^2+12x+22$, 46

5 풀이 참조, $x^2-4x+11$, $-23x+16$

6 x^2+x-3, -2 (✎x, x^2-x, -2)

7 풀이 참조, $-x^2-2x-6$, -26

8 풀이 참조, x^2+2x-3, 8

9 풀이 참조, $x-7$, $x+6$

10 풀이 참조, $2x^2-9$, $-2x+29$

11 (1) $x+5$ (2) 12 (3) 18

12 (1) $x-1$ (2) 3 (3) $\frac{3}{2}$

13 (1) $-3x+3$ (2) -1 (3) 5

14 (1) x (2) $-3x+3$ (3) 1

15 (1) x^2+2x-4 (2) $2x-2$ (3) 1

16 (1) $5x^2-9x+4$ (2) $-2x^2+6x-9$ (3) -13

☺ B, R, 상수, 0, 낮다

17 $3x^2-2x-13=(x+1)(3x-5)-8$

18 $-2x^2-5x+1=(x+3)(-2x+1)-2$

19 $9x^2-3x+10=(3x-2)(3x+1)+12$

20 x^3+x^2-4x+5
$=(x^2-2x-1)(x+3)+3x+8$

21 $2x^3-4x-9$
$=(x^2-x+2)(2x+2)-6x-13$

22 $10x^3+3x^2-9x-8$
$=(2x^2+x-3)(5x-1)+7x-11$

23 (1) $2x^2-5x+5$ (2) $x-2$, 3 (3) $2x-9$, 23

24 (1) $6x^3+9x^2-4x-6$ (2) $2x+3$, 0
(3) $6x^2+15x+11$, 5

25 (1) x^3+4x^2+2x-1 (2) x^2+x-1, 2
(3) $x+4$, $3x+3$

26 (1) $\frac{1}{2}Q(x)$, R $\left(✎x-\frac{1}{2}, R, \frac{1}{2}, R\right)$

11 치환을 이용한 이차함수의 최대, 최소 220쪽

1 $t-2$, 2, 3, 1, 2, 1, -2

2 6 3 6 4 -2 5 14

6 2 7 -10

8 $t+1$, 6, 4, 1, 7, 1, -7

9 8 10 -5 11 -14 12 5

13 -1 14 25

12 여러 가지 이차식의 최대, 최소 222쪽

1 (✎14, 3, 14, 3, -14, -14)

2 -7 3 -20 4 (✎10, 2, 2, 10, 10)

5 52 6 19

7 (✎2, 10, 1, 11, -1, -11)

8 $\frac{3}{4}$ 9 9 10 $\frac{15}{8}$ 11 2

12 24 13 $\frac{15}{2}$ 14 $\frac{1}{4}$ 15 26

16 $-\frac{5}{2}$

13 이차함수의 최대, 최소의 활용 224쪽

1 (1) $(12-x)$ cm (2) $0<x<12$

(3) $S=-x^2+12x$ (4) 36 cm^2

2 64

3 (1) $(60-2x)$ m (2) $0<x<30$

(3) $S=-2x^2+60x$ (4) 450 m^2

4 98 m^2 5 (✎5, 1, 5, 5)

6 지면으로부터의 높이: 60 m, 걸린 시간: 2초

7 ④

TEST 개념 확인 226쪽

1 ④ 2 ④ 3 ① 4 3

5 ② 6 ① 7 ② 8 ③

9 ③ 10 ③ 11 ③ 12 6

TEST 개념 발전 228쪽

1 ② 2 1 3 ④ 4 ⑤

5 ④ 6 ③ 7 ④ 8 ②

9 ① 10 ② 11 ④ 12 ②

13 ③ 14 ⑤ 15 1200 m^2

7 여러 가지 방정식

01 인수분해 공식을 이용한 삼・사차방정식의 풀이 232쪽

1 $\left(✎1, 1, -1, \frac{1\pm\sqrt{3}i}{2}\right)$

2 $x=2$ 또는 $x=-1\pm\sqrt{3}i$

3 $x=-2$ 또는 $x=0$ 또는 $x=3$

4 $x=-1$ 또는 $x=1$ 또는 $x=2$

5 $x=-2$ 또는 $x=1$ 또는 $x=2$

6 $x=1$

7 $x=\pm i$ 또는 $x=-1$ 또는 $x=1$

8 $x=\pm 2i$ 또는 $x=-2$ 또는 $x=2$

9 $x=-1$ 또는 $x=0$ 또는 $x=2$

10 $x=-\frac{1}{2}$ 또는 $x=0$ 또는 $x=\pm i$

11 (✎2, 2, 2, 2, 2)

12 $a=-5$, $x=-5$ 또는 $x=1$

13 $a=-4$, $x=-2$ 또는 $x=-1$

14 $a=12$, $x=2$ 또는 $x=3$

02 인수 정리를 이용한 삼・사차방정식의 풀이 234쪽

원리확인 1, -1, -2, x^2-x-2, $x-2$, 2

1 (✎1, 3, -10, $x^2+3x-10$, $x+5$, $x+5$, -5)

2 $x=-1$ 또는 $x=-2\pm\sqrt{10}$

3 $x=1$ 또는 $x=\frac{-3\pm\sqrt{17}}{2}$

4 $x=-2$ 또는 $x=1$

5 $x=-4$ 또는 $x=1$

6 $x=-\frac{2}{3}$ 또는 $x=0$ 또는 $x=1$ 또는 $x=2$

7 $x=-3$ 또는 $x=-2$ 또는 $x=1$ 또는 $x=2$

8 $x=1$ 또는 $x=2$ 또는 $x=\frac{3\pm\sqrt{5}}{2}$

9 (✎-6, 6, 0, -4, -5, x^2-4x-5, $x-5$, $x-5$, 5)

10 $a=-3$, $x=3$ 또는 $x=4$

11 $a=-4$, $x=\frac{-7\pm\sqrt{33}}{8}$

12 $a=3$, $x=2$ 또는 $x=\frac{-3\pm\sqrt{11}i}{2}$

13 $a=2$, $x=-2$ 또는 $x=\pm\frac{\sqrt{2}}{2}$

☺ $x-\alpha$ 14 ④

03 공통부분이 있는 방정식과 복이차방정식의 풀이 236쪽

1 (✎x^2+3x, 4, 4, -2, 4, 1, -2, 1)

2 $x=1$ 또는 $x=2$ 또는 $x=3$ 또는 $x=4$

3 $x=-1\pm\sqrt{7}i$ 또는 $x=-2$ 또는 $x=0$

4 $x=\frac{-5\pm\sqrt{3}i}{2}$ 또는 $x=\frac{-5\pm\sqrt{13}}{2}$

5 $x=-3$ 또는 $x=2$ 또는 $x=\frac{-1\pm\sqrt{33}}{2}$

6 (✎x^2, X^2, 3, $\pm 2i$, 3, 3, $\pm\sqrt{3}$, $\pm 2i$, $\pm\sqrt{3}$)

7 $x=\pm\sqrt{5}i$ 또는 $x=\pm\sqrt{2}$

8 $x=\pm\sqrt{3}i$ 또는 $x=\pm\frac{1}{2}$

9 $x=\pm\sqrt{2}$ 또는 $x=\pm\sqrt{3}$

10 $x=\pm\sqrt{3}$ 또는 $x=\pm 2$

11 $\left(✎x^2, x, x, x, x, x, \frac{-1\pm\sqrt{17}}{2}, \frac{1\pm\sqrt{17}}{2}\right)$

12 $x=-1\pm\sqrt{2}i$ 또는 $x=1\pm\sqrt{2}i$

13 $x=\frac{-3\pm\sqrt{13}}{2}$ 또는 $x=\frac{3\pm\sqrt{13}}{2}$

14 $x=-1\pm 2i$ 또는 $x=1\pm 2i$

15 $x=-1\pm i$ 또는 $x=1\pm i$

16 $x=\frac{-3\pm\sqrt{7}i}{2}$ 또는 $x=\frac{3\pm\sqrt{7}i}{2}$

04 상반방정식의 풀이 238쪽

1 $\left(✎6, x+\frac{1}{x}, x+\frac{1}{x}, -3\pm2\sqrt{2}, \frac{1\pm\sqrt{3}i}{2}, -3\pm2\sqrt{2}, \frac{1\pm\sqrt{3}i}{2}\right)$

2 $x=\frac{-5\pm\sqrt{21}}{2}$ 또는 $x=\frac{1\pm\sqrt{3}i}{2}$

3 $x=-2\pm\sqrt{3}$ 또는 $x=\frac{-1\pm\sqrt{3}i}{2}$

4 $x=\frac{-3\pm\sqrt{5}}{2}$ 또는 $x=-4\pm\sqrt{15}$

5 $x=-1$ 6 $x=1$ 또는 $x=\frac{5\pm\sqrt{21}}{2}$

7 $x=\frac{-3\pm\sqrt{5}}{2}$ 또는 $x=3\pm2\sqrt{2}$

8 $x=\frac{-1\pm\sqrt{3}i}{2}$

9 $x=-2\pm\sqrt{3}$ 또는 $x=1$

10 $x=\frac{3\pm\sqrt{5}}{2}$

11 $x=-1$ 또는 $x=\frac{7\pm3\sqrt{5}}{2}$

TEST 개념 확인 240쪽

1 ③ 2 ③ 3 ⑤

4 $x=1\pm\sqrt{2}$ 5 ② 6 ④

7 -1 8 ③ 9 ③ 10 $2\sqrt{6}$

11 ④ 12 ④

05 삼차방정식의 근과 계수의 관계 242쪽

1 (✎4, -4, 1, 3, -5, 5)

2 2, -1, 1 3 -4, 0, -3

4 -2, $-\frac{1}{2}$, -1 5 $-\frac{3}{2}$, $-\frac{7}{2}$, $\frac{1}{2}$

6 -2, 0, -5 7 0, -6, 4

☺ $-a$, b, $-c$

8 (1) -4 (2) 3 (3) 5 (4) $\frac{3}{5}$ (5) 10 (6) $-\frac{4}{5}$

9 (1) 1 (2) 6 (3) -5 (4) $-\frac{6}{5}$ (5) -11 (6) 3

06 삼차방정식의 작성 244쪽

1 (✎4, 1, -6, 4, 6)

2 $x^3+3x^2-18x-40=0$

3 $x^3-x^2-3x+3=0$

4 $x^3-9x^2+26x-24=0$

5 $x^3+12x^2+47x+60=0$

6 $x^3+\frac{7}{6}x^2-\frac{3}{2}x+\frac{1}{3}=0$

7 $x^3-3x^2-5x-1=0$

8 $x^3-3x^2+4x-12=0$

9 $x^3-4x^2+6x-4=0$

☺ $\alpha+\beta$, $\alpha+\beta+\gamma$, $\alpha\beta\gamma$

10 (1) (✎2, 8, 1, −2, 8, −1, $x^3+2x^2+8x+1=0$)
(2) $x^3-5x^2+15x-12=0$
(3) $x^3-8x^2+2x-1=0$
(4) $x^3-8x^2+2x-1=0$

11 (1) $x^3-6x^2-8x+8=0$
(2) $x^3+2x^2-3x-1=0$

12 (1) $x^3-7x^2+14x-7=0$
(2) $x^3-3x^2-4x-1=0$

13 (1) $x^3-2x-3=0$ (2) $x^3-x^2+6x-4=0$

14 (1) $x^3-x^2-1=0$ (2) $x^3+x+1=0$

07 삼차방정식의 켤레근 246쪽

1 (✎$1-\sqrt{2}$, $1-\sqrt{2}$, -3, $1-\sqrt{2}$, -3, $1-\sqrt{2}$, $1-\sqrt{2}$, -7, $1-\sqrt{2}$, -3, -7, -3)

2 $a=-36$, $b=42$ 3 $a=-8$, $b=-8$

4 $a=-48$, $b=-48$ 5 $a=-11$, $b=-3$

6 $a=-21$, $b=-5$ 7 $a=-6$, $b=4$

8 $a=-14$, $b=6$

9 (✎$1-i$, $1-i$, -3, $1-i$, -3, $1-i$, $1-i$, -4, $1-i$, 6, -4, 6)

10 $a=-1$, $b=15$ 11 $a=2$, $b=2$

12 $a=0$, $b=18$ 13 $a=1$, $b=-3$

14 $a=-4$, $b=-24$ 15 $a=8$, $b=-10$

08 방정식 $x^3=1$의 허근의 성질 248쪽

원리확인 ① -1 ② x^2-x+1, x^2-x+1, 0
③ 0, 1 ④ 0, 1
⑤ 0, $\omega-1$, 1, $\omega-1$, 1, 1, $-\frac{1}{\omega}$

1 1 2 0 3 −1 4 −1

5 −1 ☺ 0, 1, −1, 1 6 −1

7 0 8 2 9 1 10 1

☺ 0, −1, 1, 1

TEST 개념 확인 250쪽

1 ③ 2 −1 3 ⑤ 4 ②

5 ③ 6 $x^3-x^2+4=0$ 7 ④

8 ⑤ 9 ① 10 ② 11 ③

12 −1

09 연립일차방정식의 풀이 252쪽

1 (✎3, 9, 3, 3, 3, 3, 3)

2 $x=1$, $y=-3$

3 $x=1$, $y=-2$ 4 $x=1$, $y=2$

5 $x=0$, $y=1$ 6 $x=7$, $y=4$

7 $x=1$, $y=1$ 8 $x=2$, $y=2$

9 (✎$x+3$, 1, 1, 4, 1, 4)

10 $x=-2$, $y=-8$ 11 $x=1$, $y=1$

12 $x=2$, $y=1$ 13 $x=5$, $y=7$

14 $x=1$, $y=2$ 15 $x=1$, $y=-1$

16 $x=-1$, $y=-1$

10 연립이차방정식의 풀이 254쪽

1 (✎$2x+5$, $2x+5$, 3, 1, −1, −1, −1, 3, −1, −1, 3)

2 $\begin{cases} x=-3 \\ y=-4 \end{cases}$ 또는 $\begin{cases} x=4 \\ y=3 \end{cases}$

3 $\begin{cases} x=1 \\ y=3 \end{cases}$ 또는 $\begin{cases} x=\frac{7}{3} \\ y=\frac{11}{3} \end{cases}$

4 $\begin{cases} x=-1 \\ y=5 \end{cases}$ 또는 $\begin{cases} x=5 \\ y=-7 \end{cases}$

5 $\begin{cases} x=-3 \\ y=-4 \end{cases}$ 또는 $\begin{cases} x=2 \\ y=1 \end{cases}$

6 $\begin{cases} x=-2 \\ y=2 \end{cases}$ 또는 $\begin{cases} x=2 \\ y=4 \end{cases}$

7 $x=5$, $y=1$

8 (✎y, $-\sqrt{5}$, $\sqrt{5}$, y, $\sqrt{3}$, y, $\sqrt{3}$, $\sqrt{3}$, $-\sqrt{3}$, $-\sqrt{5}$, $\sqrt{5}$, $\sqrt{3}$, $\sqrt{3}$, $-\sqrt{3}$)

9 $\begin{cases} x=2\sqrt{3}i \\ y=-\sqrt{3}i \end{cases}$ 또는 $\begin{cases} x=-2\sqrt{3}i \\ y=\sqrt{3}i \end{cases}$ 또는 $\begin{cases} x=-2 \\ y=-1 \end{cases}$ 또는 $\begin{cases} x=2 \\ y=1 \end{cases}$

10 $\begin{cases} x=-\sqrt{6} \\ y=-\sqrt{6} \end{cases}$ 또는 $\begin{cases} x=\sqrt{6} \\ y=\sqrt{6} \end{cases}$ 또는 $\begin{cases} x=-4 \\ y=-1 \end{cases}$ 또는 $\begin{cases} x=4 \\ y=1 \end{cases}$

11 $\begin{cases} x=-\sqrt{3} \\ y=-\sqrt{3} \end{cases}$ 또는 $\begin{cases} x=\sqrt{3} \\ y=\sqrt{3} \end{cases}$ 또는 $\begin{cases} x=2 \\ y=-1 \end{cases}$ 또는 $\begin{cases} x=-2 \\ y=1 \end{cases}$

12 $\begin{cases} x=\sqrt{17} \\ y=-\sqrt{17} \end{cases}$ 또는 $\begin{cases} x=-\sqrt{17} \\ y=\sqrt{17} \end{cases}$ 또는 $\begin{cases} x=-4\sqrt{2} \\ y=-\sqrt{2} \end{cases}$ 또는 $\begin{cases} x=4\sqrt{2} \\ y=\sqrt{2} \end{cases}$

13 $\begin{cases} x=3 \\ y=-3 \end{cases}$ 또는 $\begin{cases} x=-3 \\ y=3 \end{cases}$ 또는 $\begin{cases} x=-3\sqrt{3} \\ y=-\sqrt{3} \end{cases}$ 또는 $\begin{cases} x=3\sqrt{3} \\ y=\sqrt{3} \end{cases}$

☺ 0, 0 14 ⑤

15 (✎8, 12, 6, 2, 6, 2, 6, 6, 2)

16 $\begin{cases} x=-2 \\ y=5 \end{cases}$ 또는 $\begin{cases} x=5 \\ y=-2 \end{cases}$

17 $\begin{cases} x=-4 \\ y=2 \end{cases}$ 또는 $\begin{cases} x=2 \\ y=-4 \end{cases}$

18 $\begin{cases} x=-2 \\ y=8 \end{cases}$ 또는 $\begin{cases} x=8 \\ y=-2 \end{cases}$

19 $\begin{cases} x=-3 \\ y=-7 \end{cases}$ 또는 $\begin{cases} x=-7 \\ y=-3 \end{cases}$

20 (✎$2xy$, v, 8, 6, 8, 8, −4, 6, 6, 4, −2, −4, 4, 2)

21 $\begin{cases} x=-1 \\ y=-3 \end{cases}$ 또는 $\begin{cases} x=-3 \\ y=-1 \end{cases}$ 또는 $\begin{cases} x=1 \\ y=3 \end{cases}$ 또는 $\begin{cases} x=3 \\ y=1 \end{cases}$

22 $\begin{cases} x=-1 \\ y=-4 \end{cases}$ 또는 $\begin{cases} x=-4 \\ y=-1 \end{cases}$ 또는 $\begin{cases} x=1 \\ y=4 \end{cases}$ 또는 $\begin{cases} x=4 \\ y=1 \end{cases}$

23 $\begin{cases} x=-2 \\ y=-3 \end{cases}$ 또는 $\begin{cases} x=-3 \\ y=-2 \end{cases}$ 또는 $\begin{cases} x=2 \\ y=3 \end{cases}$ 또는 $\begin{cases} x=3 \\ y=2 \end{cases}$

24 (✎1, −1, 0, −1, 1, 0, −1, 1)

25 $\begin{cases} x=0 \\ y=3 \end{cases}$ 또는 $\begin{cases} x=4 \\ y=-1 \end{cases}$

26 $\begin{cases} x=-2 \\ y=0 \end{cases}$ 또는 $\begin{cases} x=-1 \\ y=-1 \end{cases}$

27 (✎2, y, x, 1, 2, 1, −2, x, 2, 1, −2)

28 $\begin{cases} x=-1 \\ y=-1 \end{cases}$ 또는 $\begin{cases} x=1 \\ y=1 \end{cases}$

29 $\begin{cases} x=-\sqrt{3} \\ y=-\sqrt{3} \end{cases}$ 또는 $\begin{cases} x=\sqrt{3} \\ y=\sqrt{3} \end{cases}$ 또는 $\begin{cases} x=-1 \\ y=-2 \end{cases}$ 또는 $\begin{cases} x=1 \\ y=2 \end{cases}$

11 공통근 258쪽

1 (✎−1, −1, 1, −1, −1, 3, 1, 3)

2 $a=\frac{5}{2}$, $b=4$ 3 $a=-4$, $b=1$

4 $a=3$, $b=2$ 5 $a=1$, $b=10$

6 (✎4, −4, 1, 1, 2, −4, −4, −4, −4, 12, 14)

7 −30 8 −2 9 $\frac{1}{28}$ 10 $\frac{17}{2}$

11 (✎$2-k$, $k-2$, $a-1$, 1, 1, 1, 1, 1, −3, −3, 1)

12 $k=2$, 1 13 $k=-7$, 1

14 $k=-\frac{1}{2}$, 1 15 ④

12 연립이차방정식의 활용 260쪽

1 (1) x^2+y^2, $10y+x$, $x+y$
(2) x^2+y^2, $x+y$
(3) $\begin{cases} x=3 \\ y=8 \end{cases}$ 또는 $\begin{cases} x=8 \\ y=3 \end{cases}$ (4) 38 또는 83

2 16

3 (1) $2x+2y$, $x+y$, xy (2) $x+y$, xy
(3) $x=5$, $y=2$ (4) 5 cm, 2 cm

4 10 cm

5 (1) xy, $x-500$, $y+10$, $x-500$, $y+10$
(2) xy, 10, 500, 145000
(3) $x=4000$, $y=30$ (4) 4000원, 30개

6 40개

13 부정방정식의 풀이 262쪽

1 (✎−2, −4, 4, 2, 1, 0, −1, −3, 5, 0, 2, 2)

2 $\begin{cases} x=-6 \\ y=2 \end{cases}$ 또는 $\begin{cases} x=-2 \\ y=-2 \end{cases}$ 또는 $\begin{cases} x=0 \\ y=8 \end{cases}$ 또는 $\begin{cases} x=4 \\ y=4 \end{cases}$

3 (✎1, 3, 2, 3, −3, 3, 1, 0, 1, 4, 5, 2)

4 $\begin{cases} x=-2 \\ y=-3 \end{cases}$ 또는 $\begin{cases} x=0 \\ y=-5 \end{cases}$ 또는 $\begin{cases} x=2 \\ y=1 \end{cases}$ 또는 $\begin{cases} x=4 \\ y=-1 \end{cases}$

수학은 개념이다!

디딤돌수학

개념기본

공통수학 1

2022 개정 교육과정

정답과 풀이

수학은 개념이다!

디딤돌수학

개념기본

공통수학 1

정답과 풀이

디딤돌

1 다항식의 연산

01 단항식과 다항식

본문 12쪽

원리확인

❶ -7 ❷ 3 ❸ 2 ❹ $\frac{1}{2}x$

1 ○ 2 ○ 3 ○
4 × (✎ ×, ×, ÷) 5 × 6 ○
7 × 8 ○ 9 ○ 10 ○
11 ○ 12 ○ 13 × 14 ×
15 2, 이, 5 16 3, 삼, -1 17 2, 이, $-3x$
18 3, 삼, $5ab^2$ 19 2, 이, $2b^3$, 3, 삼, $2a^2$
20 3, 삼, $\sqrt{2}y^2$, 2, 이, $\sqrt{2}x^3$, 5, 오, $\sqrt{2}$
21 3, 삼, $-4c^3$, 1, 3, 4, 사, $-4a^2$, 2, 3, 5, 오, $-4b$, 2, 1, 3, 6, 육, -4
☺ p, b^qc^r, q, a^pc^r, r, a^pb^q, p, q, r, 1
22 2, 이, -7 23 3, 삼, 9
24 2, 이, 1, 1, 일, 1
25 2, 이, y^3+6y+1, 3, 삼, $2x^2-3x+1$
26 4, 사, y^3+1, 3, 삼, x^4+1, 5, 오, 1
27 2, 이, $2y$, 3, 삼, $-x^2+x$, 4, 사, 0
28 3, 6, 육, 1, 6, 육, $-\frac{1}{2}z^2+1$, 2, 이, $3x^4y^2+1$
29 (1) (✎ x^2, 2) (2) (✎ $-x$, -1)
(3) (✎ $-2y^2+y-1$)
(4) 2 (5) -2 (6) x^2-x-1
30 (1) 3 (2) -4 (3) $7y^3-5y^2+3$
(4) 3 (5) 0 (6) $2x^3+3x^2-4x+3$
31 (1) 3 (2) $3y$ (3) $-y^3+1$ (4) 3
(5) $3x$ (6) x^3+1 (7) 4 (8) 3
(9) 1
32 (1) 2 (2) $-2b^2$ (3) $\frac{1}{2}bc^2$ (4) 3
(5) $-b^3$ (6) 0
☺ n, $m+1$, n, m 33 ④

33 ④ x, y에 대한 사차 다항식이고, 상수항은 -5이다.

02 다항식의 정리

본문 18쪽

원리확인

❶ 2, 0, 1, 3 ❷ $-x^3$, $3x^2$, $2x$, 5
❸ 5, $2x$, $3x^2$, x^3

1 (1) $x^6+16x^4+5x^2-17x-3$ (2) $-3-17x+5x^2+16x^4+x^6$
2 (1) (✎ y, 1, y^2, y, 1) (2) $y^2-y-1+(y-1)x+x^2$
(3) (✎ x, 1, x^2, x, 1) (4) $x^2-x-1+(x-1)y+y^2$
3 (1) $(2y^2-4y)x^2+y^2x-1$
(2) $-1+y^2x+(2y^2-4y)x^2$
(3) $(2x^2+x)y^2-4x^2y-1$
(4) $-1-4x^2y+(2x^2+x)y^2$
4 (1) $(-2y^2+3)x^2+(y+1)x-5y-4$
(2) $-5y-4+(y+1)x+(-2y^2+3)x^2$
(3) $-2x^2y^2+(x-5)y+3x^2+x-4$
(4) $3x^2+x-4+(x-5)y-2x^2y^2$
5 (1) $2y^2x^3+(3y^2z^3-3z^4)x-2y^6z^3-8$
(2) $-2y^6z^3-8+(3y^2z^3-3z^4)x+2y^2x^3$
(3) $-2z^3y^6+(3xz^3+2x^3)y^2-3xz^4-8$
(4) $-3xz^4-8+(3xz^3+2x^3)y^2-2z^3y^6$
(5) $-3xz^4+(3xy^2-2y^6)z^3+2x^3y^2-8$
(6) $2x^3y^2-8+(3xy^2-2y^6)z^3-3xz^4$

03 다항식의 덧셈과 뺄셈

본문 20쪽

1 $2x^2-3x+4$ 2 $x^3-8x^2+4x+24$
3 (✎ 2, 3, -3, 4, x^2-x+1)
4 $-2x^3+3x^2+4x-4$ 5 $x^3-3x^2-2x-2y^2+6y$
☺ 동류항 6 (✎ $7x+2$)
7 $3x^3+6x^2+4x+8$
8 (✎ 2, 3, -3, -4, $-3x^2+5x-7$)
9 $8x^3-x^2-4x+2$ 10 $x^3+3x^2+6x-4y^2+4y$
☺ 부호, $-B$
11 (1) $4a^2+ab+b^2$ (2) $2a^2-3ab+3b^2$ (3) $7a^2+3b^2$
12 (1) $4x^3+x^2+2x-1$ (2) $2x^3-3x^2+1$
(3) $10x^3-8x^2+2x+2$
13 ④

11 (3) $2A+B=2(3a^2-ab+2b^2)+(a^2+2ab-b^2)$
$=6a^2-2ab+4b^2+a^2+2ab-b^2$
$=7a^2+3b^2$

12 (3) $2(2A-B)=4A-2B$
$=4(3x^3-x^2+x)-2(x^3+2x^2+x-1)$
$=12x^3-4x^2+4x-2x^3-4x^2-2x+2$
$=10x^3-8x^2+2x+2$

13 $A-B=(x^2-4xy)-(-2x^2+5xy-3y^2)$
$=x^2-4xy+(2x^2-5xy+3y^2)$
$=3x^2-9xy+3y^2$
따라서 $a=3$, $b=3$이므로 $a+b=6$

04 다항식의 덧셈에 대한 성질

본문 22쪽

원리확인

교환, 결합, $3x^2$, 6

1 (1) $-2x^3-4x^2-5x+3$ (2) $-2x^2-3x+5$
(3) x^2+5x-2 (4) $6x^3+5x^2-13x+6$
(5) $15x^3+21x^2-11x-5$
2 (1) $-a^2-ab+6b^2$ (2) $2a^2+2ab-12b^2$
(3) $2a^2+2ab+3b^2$
3 (1) $2x^2+2x-6$ (2) x^2+x-3
(3) $8x^2-6x+10$ (4) $4x^2-3x+5$
4 (1) $9x^2+6xy-3y^2$ (2) $3x^2+2xy-y^2$
(3) $-18x^2+9y^2$ (4) $-6x^2+3y^2$
5 (1) $-2x^2+2xy-6y^2$ (2) $-x^2+xy-3y^2$
(3) $x^2+2xy-3y^2$ (4) $-5xy+5y^2$
(5) $-2x^2+4xy-5y^2$

1 (1) $A+B-C$
$=(x^3-4x+3)+(-2x^3-3x^2+1)-(x^3+x^2+x+1)$
$=x^3-4x+3-2x^3-3x^2+1-x^3-x^2-x-1$
$=-2x^3-4x^2-5x+3$
(2) $A-B+C+2B$
$=A+B+C$
$=(x^3-4x+3)+(-2x^3-3x^2+1)+(x^3+x^2+x+1)$
$=x^3-4x+3-2x^3-3x^2+1+x^3+x^2+x+1$
$=-2x^2-3x+5$
(3) $-A+2B+(-2B+C)$
$=-A+2B-2B+C$
$=-A+C$
$=-(x^3-4x+3)+(x^3+x^2+x+1)$
$=-x^3+4x-3+x^3+x^2+x+1$
$=x^2+5x-2$
(4) $A+2(A-B)-C$
$=A+2A-2B-C$
$=3A-2B-C$
$=3(x^3-4x+3)-2(-2x^3-3x^2+1)-(x^3+x^2+x+1)$
$=3x^3-12x+9+4x^3+6x^2-2-x^3-x^2-x-1$
$=6x^3+5x^2-13x+6$
(5) $2(A-B)-3(2B+C)$
$=2A-2B-6B-3C$
$=2A-8B-3C$
$=2(x^3-4x+3)-8(-2x^3-3x^2+1)-3(x^3+x^2+x+1)$
$=2x^3-8x+6+16x^3+24x^2-8-3x^3-3x^2-3x-3$
$=15x^3+21x^2-11x-5$

2 (1) $A+X=B$에서 $X=B-A$이므로
$X=(a^2+ab+4b^2)-(2a^2+2ab-2b^2)$
$=a^2+ab+4b^2-2a^2-2ab+2b^2$
$=-a^2-ab+6b^2$
(2) $2A-X=2B$에서 $X=2A-2B$이므로
$X=2(2a^2+2ab-2b^2)-2(a^2+ab+4b^2)$
$=4a^2+4ab-4b^2-2a^2-2ab-8b^2$
$=2a^2+2ab-12b^2$
(3) $2A-2(X-B)=A$에서
$2A-2X+2B=A$, $-2X=-A-2B$
따라서 $X=\frac{1}{2}A+B$이므로
$X=\frac{1}{2}(2a^2+2ab-2b^2)+(a^2+ab+4b^2)$
$=a^2+ab-b^2+a^2+ab+4b^2$
$=2a^2+2ab+3b^2$

3 (1) $(A+B)+(A-B)=2A$이므로
$2A=(5x^2-2x+2)+(-3x^2+4x-8)$
$=5x^2-2x+2-3x^2+4x-8$
$=2x^2+2x-6$
(2) $\frac{1}{2}\times 2A=A$이므로 (1)에 의하여
$A=\frac{1}{2}(2x^2+2x-6)$
$=x^2+x-3$
(3) $(A+B)-(A-B)=2B$이므로
$2B=(5x^2-2x+2)-(-3x^2+4x-8)$
$=5x^2-2x+2+3x^2-4x+8$
$=8x^2-6x+10$
(4) $\frac{1}{2}\times 2B=B$이므로 (3)에 의하여
$B=\frac{1}{2}(8x^2-6x+10)$
$=4x^2-3x+5$

4 (1) $(A+2B)-(A-B)=3B$이므로

$3B=(4xy+y^2)-(-9x^2-2xy+4y^2)$

$=4xy+y^2+9x^2+2xy-4y^2$

$=9x^2+6xy-3y^2$

(2) $\frac{1}{3}\times 3B=B$이므로 (1)에 의하여

$B=\frac{1}{3}(9x^2+6xy-3y^2)$

$=3x^2+2xy-y^2$

(3) $2(A-B)+(A+2B)=3A$이므로

$3A=2(-9x^2-2xy+4y^2)+(4xy+y^2)$

$=-18x^2-4xy+8y^2+4xy+y^2$

$=-18x^2+9y^2$

(4) $\frac{1}{3}\times 3A=A$이므로 (3)에 의하여

$A=\frac{1}{3}(-18x^2+9y^2)$

$=-6x^2+3y^2$

5 (1) $(A+B)+(B+C)+(C+A)=2A+2B+2C$이므로

$2A+2B+2C$

$=(x^2-3xy+2y^2)+(-2x^2-xy)+(-x^2+6xy-8y^2)$

$=x^2-3xy+2y^2-2x^2-xy-x^2+6xy-8y^2$

$=-2x^2+2xy-6y^2$

(2) $\frac{1}{2}(2A+2B+2C)=A+B+C$이므로 (1)에 의하여

$A+B+C=\frac{1}{2}(-2x^2+2xy-6y^2)$

$=-x^2+xy-3y^2$

(3) $(A+B+C)-(B+C)=A$이므로 (2)에 의하여

$A=(-x^2+xy-3y^2)-(-2x^2-xy)$

$=-x^2+xy-3y^2+2x^2+xy$

$=x^2+2xy-3y^2$

(4) $(A+B+C)-(C+A)=B$이므로 (2)에 의하여

$B=(-x^2+xy-3y^2)-(-x^2+6xy-8y^2)$

$=-x^2+xy-3y^2+x^2-6xy+8y^2$

$=-5xy+5y^2$

(5) $(A+B+C)-(A+B)=C$이므로 (2)에 의하여

$C=(-x^2+xy-3y^2)-(x^2-3xy+2y^2)$

$=-x^2+xy-3y^2-x^2+3xy-2y^2$

$=-2x^2+4xy-5y^2$

TEST 개념 확인

본문 24쪽

1 ③, ⑤	2 ④	3 ④	4 ⑤
5 ②	6 $yx^3-2y^2x^2+(y^2+3y)x+3y-2$		
7 ③	8 ②	9 ②	10 ③
11 $4x^2-7x-1$	12 ①		

1 ③ 분모에 문자가 있는 항이 포함되어 있으므로 다항식이 아니다.

⑤ $\sqrt{\ }$ 안에 문자가 있는 항이 포함되어 있으므로 다항식이 아니다.

3 ① x에 대한 이차식이고 상수항은 $-2y^3$이다.

② y에 대한 삼차식이고 상수항은 $3x^2$이다.

③ x, y에 대한 삼차식이고 상수항은 0이다.

⑤ y에 대한 일차항의 계수는 $-2x$이다.

7 $A+B=(x^2-y^2+3)+(3x^2-2+y^2)$

$=x^2-y^2+3+3x^2-2+y^2$

$=4x^2+1$

8 $2A-B=2(x^2+xy-2y^2)-(2x^2-3xy+y^2)$

$=2x^2+2xy-4y^2-2x^2+3xy-y^2$

$=5xy-5y^2$

9 $A-B+C$

$=(3x+1)-(-x^2+2x)+(-x^2+3x-2)$

$=3x+1+x^2-2x-x^2+3x-2$

$=4x-1$

10 $(A-2B)+B=A-B$

$=(x^2+xy)-(-xy+y^2)$

$=x^2+xy+xy-y^2$

$=x^2+2xy-y^2$

11 $2A+X=B$에서 $X=B-2A$이므로

$X=(2x^2-3x+5)-2(-x^2+2x+3)$

$=2x^2-3x+5+2x^2-4x-6$

$=4x^2-7x-1$

12 $\frac{1}{2}\{(A+B)+(A-B)\}=A$이므로

$A=\frac{1}{2}\{(x^2-2xy+y^2)+(x^2+2xy+y^2)\}$

$=\frac{1}{2}(2x^2+2y^2)$

$=x^2+y^2$

$\frac{1}{2}\{(A+B)-(A-B)\}=B$이므로

$B=\frac{1}{2}\{(x^2-2xy+y^2)-(x^2+2xy+y^2)\}$

$=\frac{1}{2}(x^2-2xy+y^2-x^2-2xy-y^2)$

$=\frac{1}{2}\times(-4xy)=-2xy$

05 단항식의 곱셈; 지수법칙

본문 26쪽

원리확인

❶ 3, 2, 5 ❷ 2, 3, 6 ❸ 5, 3, 2
❹ 1 ❺ 5, 3, 2 ❻ 3, 3, 3, 3

1 $6x^3y^3$ 2 $-8a^3b$ 3 $9a^6b^5$ 4 a^{30}
5 $-x^5$ 6 $-a^7b^8$ 7 $16x^6$ 8 x^6y^7
9 $2a^2b^2$ 10 $3x^6y^2$ 11 $-\frac{b^3}{4a}$ 12 $\frac{27a^{10}}{b^5c^5}$
13 $36xy^5$ 14 $-4x^6y^8$ 15 $-\frac{a^{13}b^4}{6}$
☺ a^n, $-a^n$ 16 ③

4 $\{(a^3)^2\}^5=(a^6)^5=a^{30}$

5 $(-x)^2\times(-x)^3=x^2\times(-x^3)=-x^5$

6 $(a^2b)^2\times(-ab^2)^3=a^4b^2\times(-a^3b^6)$
$=-a^7b^8$

7 $(-4xy)^2\times\left(-\frac{x^2}{y}\right)^2=16x^2y^2\times\frac{x^4}{y^2}=16x^6$

8 $(-xy)^3\times\left(-\frac{y^2}{x}\right)^3\times\left(-\frac{x^3}{y}\right)^2$
$=-x^3y^3\times\left(-\frac{y^6}{x^3}\right)\times\frac{x^6}{y^2}$
$=x^6y^7$

9 $4a^4b^3\div2a^2b=4a^4b^3\times\frac{1}{2a^2b}=2a^2b^2$

10 $15x^8y^{10}\div5x^2y^3\div y^5=15x^8y^{10}\times\frac{1}{5x^2y^3}\times\frac{1}{y^5}$
$=3x^6y^2$

11 $2a^2b^9\div(-2ab^2)^3=2a^2b^9\times\left(-\frac{1}{8a^3b^6}\right)=-\frac{b^3}{4a}$

12 $\left(\frac{3a^2}{bc}\right)^3\div\left(-\frac{bc}{a^2}\right)^2=\frac{27a^6}{b^3c^3}\times\frac{a^4}{b^2c^2}$
$=\frac{27a^{10}}{b^5c^5}$

13 $(3x^2y^3)^3\div12x^3\div\left(\frac{1}{4}xy^2\right)^2=27x^6y^9\times\frac{1}{12x^3}\times\frac{16}{x^2y^4}$
$=36xy^5$

14 $8x^2y^3\div\left(\frac{1}{2}xy^2\right)^2\times\left(-\frac{1}{2}x^2y^3\right)^3=8x^2y^3\times\frac{4}{x^2y^4}\times\left(-\frac{x^6y^9}{8}\right)$
$=-4x^6y^8$

15 $3\left(\frac{1}{2}a^2b\right)^3\times(-ab)^5\div\left(-\frac{3b^2}{2a}\right)^2$
$=\frac{3a^6b^3}{8}\times(-a^5b^5)\times\frac{4a^2}{9b^4}$
$=-\frac{a^{13}b^4}{6}$

16 $(-3xy)\div24x^6y^2\times(16xy^4)^2=(-3xy)\times\frac{1}{24x^6y^2}\times256x^2y^8$
$=-\frac{32y^7}{x^3}$
이므로 $a=3$, $b=32$, $c=7$
따라서 $a+b-c=3+32-7=28$

06 다항식의 곱셈

본문 28쪽

원리확인

$3x$, $3x^2$, $6x$, $3x^2$, $6x$, x^2, $6x$

1 $a^2-3ab+2a$ 2 $-x^3y-x^2y^2+xy^3$
3 $2a^3b+a^2b-3ab^3$ 4 $2x^2+xy-y^2$
5 x^3-x^2-3x+2 6 $2a^3+7a^2-14a+5$
7 $-4x^4-2x^3y+xy^3+y^4$ 8 $2x^2+xy-y^2+3y-2$
9 $2x^3-3x^2y-3xy^2+2y^3$ 10 (✎ $2x^4$, 2)
11 -3 12 1 13 11 14 6
15 10 16 15 17 ④

4 $(x+y)(2x-y)=2x^2-xy+2xy-y^2$
$=2x^2+xy-y^2$

5 $(x-2)(x^2+x-1)=x^3+x^2-x-2x^2-2x+2$
$=x^3-x^2-3x+2$

6 $(2a^2-3a+1)(a+5)=2a^3+10a^2-3a^2-15a+a+5$
$=2a^3+7a^2-14a+5$

7 $(2x^2+xy+y^2)(-2x^2+y^2)$
$=-4x^4+2x^2y^2-2x^3y+xy^3-2x^2y^2+y^4$
$=-4x^4-2x^3y+xy^3+y^4$

8 $(x+y-1)(2x-y+2)$
$=2x^2-xy+2x+2xy-y^2+2y-2x+y-2$
$=2x^2+xy-y^2+3y-2$

2 $(x-1)(x+2)(x+3)$
$=x^3+\{(-1)+2+3\}x^2+\{(-1)\times2+2\times3+3\times(-1)\}x+(-1)\times2\times3$
$=x^3+4x^2+x-6$

3 $(x+1)(x-2)(x+4)$
$=x^3+\{1+(-2)+4\}x^2+\{1\times(-2)+(-2)\times4+4\times1\}x+1\times(-2)\times4$
$=x^3+3x^2-6x-8$

4 $(x-2)(x+3)(x-5)$
$=x^3+\{(-2)+3+(-5)\}x^2+\{(-2)\times3+3\times(-5)+(-5)\times(-2)\}x+(-2)\times3\times(-5)$
$=x^3-4x^2-11x+30$

5 $(x-1)(x-3)(x-5)$
$=x^3+\{(-1)+(-3)+(-5)\}x^2+\{(-1)\times(-3)+(-3)\times(-5)+(-5)\times(-1)\}x+(-1)\times(-3)\times(-5)$
$=x^3-9x^2+23x-15$

7 $(x^2+3x+9)(x^2-3x+9)=x^4+x^2\times3^2+3^4$
$=x^4+9x^2+81$

8 $(4x^2+2x+1)(4x^2-2x+1)=(2x)^4+(2x)^2\times1^2+1^4$
$=16x^4+4x^2+1$

9 $(4x^2+6xy+9y^2)(4x^2-6xy+9y^2)$
$=(2x)^4+(2x)^2\times(3y)^2+(3y)^4$
$=16x^4+36x^2y^2+81y^4$

10 $(x^4-x^2y^2+y^4)(x^4+x^2y^2+y^4)=(x^2)^4+(x^2)^2\times(y^2)^2+(y^2)^4$
$=x^8+x^4y^4+y^8$

11 $(a+b^2+4)^2$
$=a^2+(b^2)^2+4^2+2\times a\times b^2+2\times b^2\times4+2\times4\times a$
$=a^2+b^4+2ab^2+8b^2+8a+16$

12 $(2x^2+3)^3$
$=(2x^2)^3+3\times(2x^2)^2\times3+3\times2x^2\times3^2+3^3$
$=8x^6+36x^4+54x^2+27$

13 $(a^3+1)(a^6-a^3+1)=(a^3)^3+1^3$
$=a^9+1$

14 $(a^2-b+3)(a^4+b^2+a^2b-3a^2+3b+9)$
$=(a^2-b+3)\{(a^2)^2+(-b)^2+3^2-a^2\times(-b)-(-b)\times3-3a^2\}$
$=(a^2)^3+(-b)^3+3^3-3\times a^2\times(-b)\times3$
$=a^6-b^3+9a^2b+27$

15 $(x-3)(x+5)(x-7)$
$=x^3+\{(-3)+5+(-7)\}x^2+\{(-3)\times5+5\times(-7)+(-7)\times(-3)\}x+(-3)\times5\times(-7)$
$=x^3-5x^2-29x+105$

16 $(16x^2-12xy+9y^2)(16x^2+12xy+9y^2)$
$=(4x)^4+(4x)^2\times(3y)^2+(3y)^4$
$=256x^4+144x^2y^2+81y^4$

17 $(x-1)(x^2+x+1)(x^6+x^3+1)$
$=(x^3-1)(x^6+x^3+1)$
$=(x^3)^3-1$
$=x^9-1$

11 공통부분이 있는 다항식의 전개

본문 38쪽

원리확인

❶ t, t, t^2, a, $2b$, $a^2+4ab+4b^2$

❷ $x-2$, x^2+x-6, $t-6$, $8t$, x^2+x, x^2+x, $x^4+2x^3+x^2$, $8x$, $x^4+2x^3-7x^2-8x+12$

1 $x^2+2xy+y^2+x+y-2$
2 $a^4+4a^3+3a^2-2a-2$
3 $a^2+2ab^2+b^4+a+b^2-6$
4 $x^4-2x^2y^2+y^4-5x^2+5y^2+4$
5 $a^2+2ab+b^2-9$
6 $x^2+2xy+y^2-5$
7 $x^4+6x^3+9x^2-4$
8 $x^2-2xy^2+y^4-z^2$
9 $a^2-b^2+2bc-c^2$
10 x^4-4x^2+4x-1
11 x^4+2x^3-x+1
12 $4x^4-4x^3-15x^2+8x+23$
13 $2x^2+2\sqrt{2}x+3$
14 x^2+2x+y^2-4y+5
15 $x^4+4x^3-7x^2-22x+24$
16 $x^4-10x^3+35x^2-50x+24$
17 $x^4-14x^3+41x^2+56x-180$
18 ④

1 $x+y=t$로 놓으면
$(x+y-1)(x+y+2)=(t-1)(t+2)$
$=t^2+t-2$
$=(x+y)^2+(x+y)-2$
$=x^2+2xy+y^2+x+y-2$

2 $a^2+2a=t$로 놓으면
$(a^2+2a-2)(a^2+2a+1)=(t-2)(t+1)$
$=t^2-t-2$
$=(a^2+2a)^2-(a^2+2a)-2$
$=a^4+4a^3+4a^2-a^2-2a-2$
$=a^4+4a^3+3a^2-2a-2$

05 단항식의 곱셈; 지수법칙

본문 26쪽

원리확인

❶ 3, 2, 5 ❷ 2, 3, 6 ❸ 5, 3, 2
❹ 1 ❺ 5, 3, 2 ❻ 3, 3, 3, 3

1 $6x^3y^3$ 2 $-8a^3b$ 3 $9a^6b^5$ 4 a^{30}
5 $-x^5$ 6 $-a^7b^8$ 7 $16x^6$ 8 x^6y^7
9 $2a^2b^2$ 10 $3x^6y^2$ 11 $-\frac{b^3}{4a}$ 12 $\frac{27a^{10}}{b^5c^5}$
13 $36xy^5$ 14 $-4x^6y^8$ 15 $-\frac{a^{13}b^4}{6}$
☺ a^n, $-a^n$ 16 ③

4 $\{(a^3)^2\}^5=(a^6)^5=a^{30}$

5 $(-x)^2\times(-x)^3=x^2\times(-x^3)=-x^5$

6 $(a^2b)^2\times(-ab^2)^3=a^4b^2\times(-a^3b^6)$
$=-a^7b^8$

7 $(-4xy)^2\times\left(-\frac{x^2}{y}\right)^2=16x^2y^2\times\frac{x^4}{y^2}=16x^6$

8 $(-xy)^3\times\left(-\frac{y^2}{x}\right)^3\times\left(-\frac{x^3}{y}\right)^2$
$=-x^3y^3\times\left(-\frac{y^6}{x^3}\right)\times\frac{x^6}{y^2}$
$=x^6y^7$

9 $4a^4b^3\div2a^2b=4a^4b^3\times\frac{1}{2a^2b}=2a^2b^2$

10 $15x^8y^{10}\div5x^2y^3\div y^5=15x^8y^{10}\times\frac{1}{5x^2y^3}\times\frac{1}{y^5}$
$=3x^6y^2$

11 $2a^2b^9\div(-2ab^2)^3=2a^2b^9\times\left(-\frac{1}{8a^3b^6}\right)=-\frac{b^3}{4a}$

12 $\left(\frac{3a^2}{bc}\right)^3\div\left(-\frac{bc}{a^2}\right)^2=\frac{27a^6}{b^3c^3}\times\frac{a^4}{b^2c^2}$
$=\frac{27a^{10}}{b^5c^5}$

13 $(3x^2y^3)^3\div12x^3\div\left(\frac{1}{4}xy^2\right)^2=27x^6y^9\times\frac{1}{12x^3}\times\frac{16}{x^2y^4}$
$=36xy^5$

14 $8x^2y^3\div\left(\frac{1}{2}xy^2\right)^2\times\left(-\frac{1}{2}x^2y^3\right)^3=8x^2y^3\times\frac{4}{x^2y^4}\times\left(-\frac{x^6y^9}{8}\right)$
$=-4x^6y^8$

15 $3\left(\frac{1}{2}a^2b\right)^3\times(-ab)^5\div\left(-\frac{3b^2}{2a}\right)^2$
$=\frac{3a^6b^3}{8}\times(-a^5b^5)\times\frac{4a^2}{9b^4}$
$=-\frac{a^{13}b^4}{6}$

16 $(-3xy)\div24x^6y^2\times(16xy^4)^2=(-3xy)\times\frac{1}{24x^6y^2}\times256x^2y^8$
$=-\frac{32y^7}{x^3}$

이므로 $a=3$, $b=32$, $c=7$
따라서 $a+b-c=3+32-7=28$

06 다항식의 곱셈

본문 28쪽

원리확인

$3x$, $3x^2$, $6x$, $3x^2$, $6x$, x^2, $6x$

1 $a^2-3ab+2a$ 2 $-x^3y-x^2y^2+xy^3$
3 $2a^3b+a^2b-3ab^3$ 4 $2x^2+xy-y^2$
5 x^3-x^2-3x+2 6 $2a^3+7a^2-14a+5$
7 $-4x^4-2x^3y+xy^3+y^4$ 8 $2x^2+xy-y^2+3y-2$
9 $2x^3-3x^2y-3xy^2+2y^3$ 10 (✐ $2x^4$, 2)
11 -3 12 1 13 11 14 6
15 10 16 15 17 ④

4 $(x+y)(2x-y)=2x^2-xy+2xy-y^2$
$=2x^2+xy-y^2$

5 $(x-2)(x^2+x-1)=x^3+x^2-x-2x^2-2x+2$
$=x^3-x^2-3x+2$

6 $(2a^2-3a+1)(a+5)=2a^3+10a^2-3a^2-15a+a+5$
$=2a^3+7a^2-14a+5$

7 $(2x^2+xy+y^2)(-2x^2+y^2)$
$=-4x^4+2x^2y^2-2x^3y+xy^3-2x^2y^2+y^4$
$=-4x^4-2x^3y+xy^3+y^4$

8 $(x+y-1)(2x-y+2)$
$=2x^2-xy+2x+2xy-y^2+2y-2x+y-2$
$=2x^2+xy-y^2+3y-2$

9 $(x+y)(x-2y)(2x-y)$
$=(x^2-2xy+xy-2y^2)(2x-y)$
$=(x^2-xy-2y^2)(2x-y)$
$=2x^3-x^2y-2x^2y+xy^2-4xy^2+2y^3$
$=2x^3-3x^2y-3xy^2+2y^3$

11 $x^3\times(-5)+(-x^2)\times(-2x)=-3x^3$
이므로 x^3의 계수는 -3이다.

12 $x\times 2y+(-y)\times x=xy$
이므로 xy의 계수는 1이다.

13 $3x\times 4y+(-y)\times x=11xy$
이므로 xy의 계수는 11이다.

14 $x\times x\times 3+x\times 2\times x+1\times x\times x=6x^2$
이므로 x^2의 계수는 6이다.

15 $(x+1)(x+2)(x+3)(x+4)=(x^2+3x+2)(x^2+7x+12)$에서
$x^2\times 7x+3x\times x^2=10x^3$이므로 x^3의 계수는 10이다.

16 $(x+1)(x+2)(x+3)(x+4)(x+5)$
$=(x^2+3x+2)(x^2+7x+12)(x+5)$에서
$x^2\times x^2\times 5+x^2\times 7x\times x+3x\times x^2\times x=15x^4$이므로 x^4의 계수는 15이다.

17 x항이 나오는 부분만 계산하면
$(-x)\times 1+1\times kx=(k-1)x$
이므로 $k-1=3$
따라서 $k=4$

07 곱셈 공식(1)

본문 30쪽

1 (✎ x, x, 2, 2, x^2, $4x$, 4) 2 $4x^2+12x+9$
3 $9x^2+30xy+25y^2$ 4 (✎ x, x, 2, 2, x^2, $4x$, 4)
5 $4x^2-12x+9$ 6 $9x^2-30xy+25y^2$
☺ 2, -2 7 (✎ x, 2, x^2, 4)
8 $4x^2-25y^2$ 9 $4x^4-9$
10 x^4-1 11 x^8-1
☺ 100, 100, 100, 1, 10000, 1, 9999
12 (✎ x, 2, 3, 6, x^2, $5x$, 6)
13 x^2-5x+6 14 $x^2+xy-20y^2$
15 (✎ 6, 10, 3, 5, $6x^2$, $13x$, 5)
16 $6x^2-19xy+15y^2$ 17 $a^4+\frac{11}{2}a^2b-3b^2$

10 $(x-1)(x+1)(x^2+1)=(x^2-1)(x^2+1)=x^4-1$

11 $(x-1)(x+1)(x^2+1)(x^4+1)$
$=(x^2-1)(x^2+1)(x^4+1)$
$=(x^4-1)(x^4+1)$
$=x^8-1$

08 곱셈 공식(2)

본문 32쪽

원리확인

① c, 2, c^2, $2ab$, c^2, c^2, $2ca$
② 2, $2ab$, $2ab^2$, $3a^2b$, b^3
③ 2, $2ab$, $2a^2b$, $3a^2b$, b^3

1 $x^2+y^2+z^2+2xy+2yz+2zx$
2 $a^2+b^2+2ab+2a+2b+1$
3 (✎ $-y$, $-y$, $-y$, y^2, $2xy$, $2yz$)
4 $a^2+b^2+9c^2-2ab-6bc+6ca$
5 $a^2+4b^2-4ab-2a+4b+1$
6 $x^4+y^2+2x^2y-6x^2-6y+9$
7 (✎ 3, 3, $6x^2$, $12x$)
8 $8x^3+12x^2y+6xy^2+y^3$ 9 $27x^3+54x^2y+36xy^2+8y^3$
10 $\frac{1}{8}x^3+\frac{3}{4}x^2y+\frac{3}{2}xy^2+y^3$ 11 $8x^6+12x^4y+6x^2y^2+y^3$
12 (✎ 3, 3, $6x^2$, $12x$) 13 $8x^3-12x^2y+6xy^2-y^3$
14 $27x^3-54x^2y+36xy^2-8y^3$
15 $\frac{1}{8}x^3-\frac{3}{4}x^2y+\frac{3}{2}xy^2-y^3$ 16 $8x^6-12x^4y+6x^2y^2-y^3$

4 $(a-b+3c)^2$
$=a^2+(-b)^2+(3c)^2+2\times a\times(-b)+2\times(-b)\times 3c+2\times 3c\times a$
$=a^2+b^2+9c^2-2ab-6bc+6ca$

5 $(a-2b-1)^2$
$=a^2+(-2b)^2+(-1)^2+2\times a\times(-2b)+2\times(-2b)\times(-1)+2\times(-1)\times a$
$=a^2+4b^2-4ab-2a+4b+1$

6 $(x^2+y-3)^2$
$=(x^2)^2+y^2+(-3)^2+2\times x^2\times y+2\times y\times(-3)+2\times(-3)\times x^2$
$=x^4+y^2+2x^2y-6x^2-6y+9$

8 $(2x+y)^3$
$=(2x)^3+3\times(2x)^2\times y+3\times 2x\times y^2+y^3$
$=8x^3+12x^2y+6xy^2+y^3$

9 $(3x+2y)^3$
$=(3x)^3+3\times(3x)^2\times 2y+3\times 3x\times(2y)^2+(2y)^3$
$=27x^3+54x^2y+36xy^2+8y^3$

10 $\left(\frac{1}{2}x+y\right)^3$
$=\left(\frac{1}{2}x\right)^3+3\times\left(\frac{1}{2}x\right)^2\times y+3\times\frac{1}{2}x\times y^2+y^3$
$=\frac{1}{8}x^3+\frac{3}{4}x^2y+\frac{3}{2}xy^2+y^3$

11 $(2x^2+y)^3$
$=(2x^2)^3+3\times(2x^2)^2\times y+3\times 2x^2\times y^2+y^3$
$=8x^6+12x^4y+6x^2y^2+y^3$

13 $(2x-y)^3$
$=(2x)^3-3\times(2x)^2\times y+3\times 2x\times y^2-y^3$
$=8x^3-12x^2y+6xy^2-y^3$

14 $(3x-2y)^3$
$=(3x)^3-3\times(3x)^2\times 2y+3\times 3x\times(2y)^2-(2y)^3$
$=27x^3-54x^2y+36xy^2-8y^3$

15 $\left(\frac{1}{2}x-y\right)^3$
$=\left(\frac{1}{2}x\right)^3-3\times\left(\frac{1}{2}x\right)^2\times y+3\times\frac{1}{2}x\times y^2-y^3$
$=\frac{1}{8}x^3-\frac{3}{4}x^2y+\frac{3}{2}xy^2-y^3$

16 $(2x^2-y)^3$
$=(2x^2)^3-3\times(2x^2)^2\times y+3\times 2x^2\times y^2-y^3$
$=8x^6-12x^4y+6x^2y^2-y^3$

09 곱셈 공식(3)

본문 34쪽

원리확인

❶ ab^2, a^2b, b^3 ❷ a^2b, ab^2, a^3
❸ a^2b, b^2c, ac^2, $3abc$

1 (✎ 1, 1, 1, x^3, 1) 2 x^3+27
3 $8x^3+27$ 4 x^3+8y^3
5 $27x^3+8y^3$ 6 x^6+y^3
7 (✎ 1, 1, 1, x^3, 1) 8 x^3-27
9 $8x^3-27$ 10 x^3-8y^3
11 $27x^3-8y^3$ 12 x^6-y^3
13 (✎ 1, 1, 1, 1, x^3, $3xy$) 14 $8x^3+y^3+z^3-6xyz$
15 $x^3+y^3+3xy-1$ 16 $x^3+8y^3+24xy-64$
17 $8x^3-27y^3-18xy-1$

14 $(2x+y+z)(4x^2+y^2+z^2-2xy-yz-2xz)$
$=(2x)^3+y^3+z^3-3\times 2x\times y\times z$
$=8x^3+y^3+z^3-6xyz$

15 $(x+y-1)(x^2+y^2-xy+x+y+1)$
$=(x+y-1)(x^2+y^2+1-xy+y+x)$
$=x^3+y^3+(-1)^3-3\times x\times y\times(-1)$
$=x^3+y^3+3xy-1$

16 $(x+2y-4)(x^2+4y^2-2xy+4x+8y+16)$
$=(x+2y-4)(x^2+4y^2+16-2xy+8y+4x)$
$=x^3+(2y)^3+(-4)^3-3\times x\times 2y\times(-4)$
$=x^3+8y^3+24xy-64$

17 $(2x-3y-1)(4x^2+9y^2+6xy+2x-3y+1)$
$=(2x-3y-1)(4x^2+9y^2+1+6xy-3y+2x)$
$=(2x)^3+(-3y)^3+(-1)^3-3\times 2x\times(-3y)\times(-1)$
$=8x^3-27y^3-18xy-1$

10 곱셈 공식(4)

본문 36쪽

원리확인

❶ ab, abx, abc, c, bc
❷ ab, ab, ab, a^2b^2, a^2b^2

1 (✎ 2, 3, 4, 4, 4, 9, 26, 24)
2 x^3+4x^2+x-6 3 x^3+3x^2-6x-8
4 $x^3-4x^2-11x+30$ 5 $x^3-9x^2+23x-15$
☺ a, b, c, ab, bc, ca, abc 6 (✎ x, x, x^2, $4x^2$, 16)
7 x^4+9x^2+81 8 $16x^4+4x^2+1$
9 $16x^4+36x^2y^2+81y^4$ 10 $x^8+x^4y^4+y^8$
11 $a^2+b^4+2ab^2+8b^2+8a+16$
12 $8x^6+36x^4+54x^2+27$ 13 a^9+1
14 $a^6-b^3+9a^2b+27$ 15 $x^3-5x^2-29x+105$
16 $256x^4+144x^2y^2+81y^4$ 17 ①

2 $(x-1)(x+2)(x+3)$
$=x^3+\{(-1)+2+3\}x^2+\{(-1)\times2+2\times3+3\times(-1)\}x$
$+(-1)\times2\times3$
$=x^3+4x^2+x-6$

3 $(x+1)(x-2)(x+4)$
$=x^3+\{1+(-2)+4\}x^2+\{1\times(-2)+(-2)\times4+4\times1\}x$
$+1\times(-2)\times4$
$=x^3+3x^2-6x-8$

4 $(x-2)(x+3)(x-5)$
$=x^3+\{(-2)+3+(-5)\}x^2$
$+\{(-2)\times3+3\times(-5)+(-5)\times(-2)\}x$
$+(-2)\times3\times(-5)$
$=x^3-4x^2-11x+30$

5 $(x-1)(x-3)(x-5)$
$=x^3+\{(-1)+(-3)+(-5)\}x^2$
$+\{(-1)\times(-3)+(-3)\times(-5)+(-5)\times(-1)\}x$
$+(-1)\times(-3)\times(-5)$
$=x^3-9x^2+23x-15$

7 $(x^2+3x+9)(x^2-3x+9)=x^4+x^2\times3^2+3^4$
$=x^4+9x^2+81$

8 $(4x^2+2x+1)(4x^2-2x+1)=(2x)^4+(2x)^2\times1^2+1^4$
$=16x^4+4x^2+1$

9 $(4x^2+6xy+9y^2)(4x^2-6xy+9y^2)$
$=(2x)^4+(2x)^2\times(3y)^2+(3y)^4$
$=16x^4+36x^2y^2+81y^4$

10 $(x^4-x^2y^2+y^4)(x^4+x^2y^2+y^4)=(x^2)^4+(x^2)^2\times(y^2)^2+(y^2)^4$
$=x^8+x^4y^4+y^8$

11 $(a+b^2+4)^2$
$=a^2+(b^2)^2+4^2+2\times a\times b^2+2\times b^2\times4+2\times4\times a$
$=a^2+b^4+2ab^2+8b^2+8a+16$

12 $(2x^2+3)^3$
$=(2x^2)^3+3\times(2x^2)^2\times3+3\times2x^2\times3^2+3^3$
$=8x^6+36x^4+54x^2+27$

13 $(a^3+1)(a^6-a^3+1)=(a^3)^3+1^3$
$=a^9+1$

14 $(a^2-b+3)(a^4+b^2+a^2b-3a^2+3b+9)$
$=(a^2-b+3)$
$\{(a^2)^2+(-b)^2+3^2-a^2\times(-b)-(-b)\times3-3a^2\}$
$=(a^2)^3+(-b)^3+3^3-3\times a^2\times(-b)\times3$
$=a^6-b^3+9a^2b+27$

15 $(x-3)(x+5)(x-7)$
$=x^3+\{(-3)+5+(-7)\}x^2$
$+\{(-3)\times5+5\times(-7)+(-7)\times(-3)\}x$
$+(-3)\times5\times(-7)$
$=x^3-5x^2-29x+105$

16 $(16x^2-12xy+9y^2)(16x^2+12xy+9y^2)$
$=(4x)^4+(4x)^2\times(3y)^2+(3y)^4$
$=256x^4+144x^2y^2+81y^4$

17 $(x-1)(x^2+x+1)(x^6+x^3+1)$
$=(x^3-1)(x^6+x^3+1)$
$=(x^3)^3-1$
$=x^9-1$

11 공통부분이 있는 다항식의 전개

본문 38쪽

원리확인

❶ t, t, t^2, a, $2b$, $a^2+4ab+4b^2$

❷ $x-2$, x^2+x-6, $t-6$, $8t$, x^2+x, x^2+x, $x^4+2x^3+x^2$, $8x$, $x^4+2x^3-7x^2-8x+12$

1 $x^2+2xy+y^2+x+y-2$ 2 $a^4+4a^3+3a^2-2a-2$
3 $a^2+2ab^2+b^4+a+b^2-6$ 4 $x^4-2x^2y^2+y^4-5x^2+5y^2+4$
5 $a^2+2ab+b^2-9$ 6 $x^2+2xy+y^2-5$
7 $x^4+6x^3+9x^2-4$ 8 $x^2-2xy^2+y^4-z^2$
9 $a^2-b^2+2bc-c^2$ 10 x^4-4x^2+4x-1
11 x^4+2x^3-x+1 12 $4x^4-4x^3-15x^2+8x+23$
13 $2x^2+2\sqrt{2}x+3$ 14 x^2+2x+y^2-4y+5
15 $x^4+4x^3-7x^2-22x+24$ 16 $x^4-10x^3+35x^2-50x+24$
17 $x^4-14x^3+41x^2+56x-180$
18 ④

1 $x+y=t$로 놓으면
$(x+y-1)(x+y+2)=(t-1)(t+2)$
$=t^2+t-2$
$=(x+y)^2+(x+y)-2$
$=x^2+2xy+y^2+x+y-2$

2 $a^2+2a=t$로 놓으면
$(a^2+2a-2)(a^2+2a+1)=(t-2)(t+1)$
$=t^2-t-2$
$=(a^2+2a)^2-(a^2+2a)-2$
$=a^4+4a^3+4a^2-a^2-2a-2$
$=a^4+4a^3+3a^2-2a-2$

3 $(a-2+b^2)(a+b^2+3)=(a+b^2-2)(a+b^2+3)$

이때 $a+b^2=t$로 놓으면

(주어진 식)$=(t-2)(t+3)$

$=t^2+t-6$

$=(a+b^2)^2+(a+b^2)-6$

$=a^2+2ab^2+b^4+a+b^2-6$

4 $(-x^2+y^2+4)(y^2-x^2+1)=(-x^2+y^2+4)(-x^2+y^2+1)$

이때 $-x^2+y^2=t$로 놓으면

(주어진 식)$=(t+4)(t+1)$

$=t^2+5t+4$

$=(-x^2+y^2)^2+5(-x^2+y^2)+4$

$=x^4-2x^2y^2+y^4-5x^2+5y^2+4$

5 $a+b=t$로 놓으면

$(a+b-3)(a+b+3)=(t-3)(t+3)$

$=t^2-9$

$=(a+b)^2-9$

$=a^2+2ab+b^2-9$

6 $x+y=t$로 놓으면

$(x+y+\sqrt{5})(x+y-\sqrt{5})=(t+\sqrt{5})(t-\sqrt{5})$

$=t^2-5$

$=(x+y)^2-5$

$=x^2+2xy+y^2-5$

7 $x^2+3x=t$로 놓으면

$(x^2+3x-2)(x^2+3x+2)=(t-2)(t+2)$

$=t^2-4$

$=(x^2+3x)^2-4$

$=x^4+6x^3+9x^2-4$

8 $(x-z-y^2)(x-y^2+z)=(x-y^2-z)(x-y^2+z)$

이때 $x-y^2=t$로 놓으면

(주어진 식)$=(t-z)(t+z)$

$=t^2-z^2$

$=(x-y^2)^2-z^2$

$=x^2-2xy^2+y^4-z^2$

9 $(a+b-c)(a-b+c)=\{a+(b-c)\}\{a-(b-c)\}$

이때 $b-c=t$로 놓으면

(주어진 식)$=(a+t)(a-t)$

$=a^2-t^2$

$=a^2-(b-c)^2$

$=a^2-(b^2-2bc+c^2)$

$=a^2-b^2+2bc-c^2$

10 $(x^2+2x-1)(x^2-2x+1)=\{x^2+(2x-1)\}\{x^2-(2x-1)\}$

이때 $2x-1=t$로 놓으면

(주어진 식)$=(x^2+t)(x^2-t)$

$=x^4-t^2$

$=x^4-(2x-1)^2$

$=x^4-(4x^2-4x+1)$

$=x^4-4x^2+4x-1$

11 $x^2+x=t$로 놓으면

$(x^2+x+1)(x^2+x-2)+3$

$=(t+1)(t-2)+3$

$=t^2-t-2+3=t^2-t+1$

$=(x^2+x)^2-(x^2+x)+1$

$=x^4+2x^3+x^2-x^2-x+1$

$=x^4+2x^3-x+1$

12 $2x^2-x=t$로 놓으면

$(2x^2-x-3)(2x^2-x-5)+8$

$=(t-3)(t-5)+8$

$=t^2-8t+15+8=t^2-8t+23$

$=(2x^2-x)^2-8(2x^2-x)+23$

$=4x^4-4x^3+x^2-16x^2+8x+23$

$=4x^4-4x^3-15x^2+8x+23$

13 $(\sqrt{2}x-\sqrt{3}+1)(\sqrt{2}x+\sqrt{3}+1)+5$

$=(\sqrt{2}x+1-\sqrt{3})(\sqrt{2}x+1+\sqrt{3})+5$

이때 $\sqrt{2}x+1=t$로 놓으면

(주어진 식)$=(t-\sqrt{3})(t+\sqrt{3})+5$

$=t^2-3+5=t^2+2$

$=(\sqrt{2}x+1)^2+2$

$=2x^2+2\sqrt{2}x+1+2$

$=2x^2+2\sqrt{2}x+3$

14 $x+1=a$, $y-2=b$로 놓으면

$\{(x+1)+(y-2)\}^2-2(x+1)(y-2)$

$=(a+b)^2-2ab$

$=a^2+2ab+b^2-2ab=a^2+b^2$

$=(x+1)^2+(y-2)^2$

$=x^2+2x+1+y^2-4y+4$

$=x^2+2x+y^2-4y+5$

15 $(x-1)(x-2)(x+3)(x+4)$

$=\{(x-1)(x+3)\}\{(x-2)(x+4)\}$

$=(x^2+2x-3)(x^2+2x-8)$

이때 $x^2+2x=t$로 놓으면

(주어진 식)$=(t-3)(t-8)$

$=t^2-11t+24$

$=(x^2+2x)^2-11(x^2+2x)+24$

$=x^4+4x^3+4x^2-11x^2-22x+24$

$=x^4+4x^3-7x^2-22x+24$

16 $(x-4)(x-3)(x-2)(x-1)$

$=\{(x-4)(x-1)\}\{(x-3)(x-2)\}$

$=(x^2-5x+4)(x^2-5x+6)$

이때 $x^2-5x=t$로 놓으면

(주어진 식)$=(t+4)(t+6)$

$=t^2+10t+24$

$=(x^2-5x)^2+10(x^2-5x)+24$

$=x^4-10x^3+25x^2+10x^2-50x+24$

$=x^4-10x^3+35x^2-50x+24$

17 $(x-9)(x-5)(x+2)(x-2)$

$=\{(x-9)(x+2)\}\{(x-5)(x-2)\}$

$=(x^2-7x-18)(x^2-7x+10)$

이때 $x^2-7x=t$로 놓으면

(주어진 식)$=(t-18)(t+10)$

$=t^2-8t-180$

$=(x^2-7x)^2-8(x^2-7x)-180$

$=x^4-14x^3+49x^2-8x^2+56x-180$

$=x^4-14x^3+41x^2+56x-180$

18 $2a+1=A$, $2b-1=B$로 놓으면

$\{(2a+1)+(2b-1)\}^2-\{(2a+1)-(2b-1)\}^2$

$=(A+B)^2-(A-B)^2$

$=A^2+2AB+B^2-A^2+2AB-B^2$

$=4AB$

$=4(2a+1)(2b-1)$

$=4(4ab-2a+2b-1)=16ab-8a+8b-4$

$=16\times\sqrt{3}\times\sqrt{5}-8\sqrt{3}+8\sqrt{5}-4$

$=16\sqrt{15}+8\sqrt{5}-8\sqrt{3}-4$

따라서 $p=16$, $q=8$, $r=-8$이므로

$p+q+r=16+8+(-8)=16$

12 곱셈 공식의 변형

본문 40쪽

원리확인

$a+b$, $2ab$, 3, 2, 3, 2, 9, 4, 5

1 $a+b$, $2ab$ (1) 14 (2) 11

2 $a-b$, $2ab$ (1) 40 (2) 59

3 $4ab$, $a-b$, $4ab$ (1) 44 (2) 4

4 $-4ab$, $a+b$, $4ab$ (1) 12 (2) 16

5 $a+b$, $3ab^2$, $a+b$, $a+b$ (1) 52 (2) 10

6 $a-b$, $3ab^2$, $a-b$, $a-b$ (1) 45 (2) 4

7 $a+b$, -3

8 $a-b$, 4

9 $a-b$, 7

10 $a+b$, -5

11 $a+b$, -2

12 $a-b$, -5

☺ $2ab$, $2ab$, $4ab$, $4ab$, $a+b$, $a-b$

13 ③

14 x, 2, $x+\frac{1}{x}$, 2 (1) 14 (2) 7

15 x, 2, $x-\frac{1}{x}$, 2 (1) 6 (2) 11

16 4, $x-\frac{1}{x}$, 4 (1) 8 (2) 13

17 -4, $x+\frac{1}{x}$, 4 (1) 12 (2) 5

18 x, x^2, $x^3+3x+\frac{3}{x}+\frac{1}{x^3}$, x^3, x^3, $x+\frac{1}{x}$, $x+\frac{1}{x}$, $x+\frac{1}{x}$

(1) 52 (2) -18

19 x, x^2, $x^3-3x+\frac{3}{x}-\frac{1}{x^3}$, x^3, x^3, $x-\frac{1}{x}$, $x-\frac{1}{x}$, $x-\frac{1}{x}$

(1) 14 (2) -4

20 x, 3 (1) 7 (2) 18

21 x, -3 (1) 11 (2) -36

☺ 2, 2, 4, 4, $3\left(x+\frac{1}{x}\right)$, $3\left(x-\frac{1}{x}\right)$

22 $a+b+c$, $2bc$, $2ca$, $a+b+c$, $ab+bc+ca$

(1) 5 (2) 17

23 $2b^2$, $2c^2$, $2bc$, $2ca$, b^2, c^2, $2ca$, b, c, $c+a$

(1) $\frac{15}{2}$ (2) $\frac{39}{2}$

24 $2b^2$, $2c^2$, $2bc$, $2ca$, b^2, c^2, $2ca$, b, c, $c-a$ (1) 5 (2) 55

25 $(a+b+c)(a^2+b^2+c^2-ab-bc-ca)+3abc$

(1) 203 (2) $\frac{33}{2}$

☺ $a+b+c$, $ab+bc+ca$, b, c, $c+a$, b, c, $c-a$, $a+b+c$, $3abc$

1 (1) $a^2+b^2=(a+b)^2-2ab$

$=4^2-2\times1=14$

(2) $a^2+b^2=(a+b)^2-2ab$

$=1^2-2\times(-5)=11$

2 (1) $a^2+b^2=(a-b)^2+2ab$

$=6^2+2\times2=40$

(2) $a^2+b^2=(a-b)^2+2ab$

$=(-7)^2+2\times5=59$

3 (1) $(a+b)^2=(a-b)^2+4ab$

$=6^2+4\times2=44$

(2) $(a+b)^2=(a-b)^2+4ab$

$=(-4)^2+4\times(-3)=4$

4 (1) $(a-b)^2=(a+b)^2-4ab$

$=4^2-4\times1=12$

(2) $(a-b)^2=(a+b)^2-4ab$

$=(-2)^2-4\times(-3)=16$

5 (1) $a^3+b^3=(a+b)^3-3ab(a+b)$

$=4^3-3\times1\times4=52$

(2) $a^3+b^3=(a+b)^3-3ab(a+b)$

$=(-2)^3-3\times3\times(-2)=10$

6 (1) $a^3-b^3=(a-b)^3+3ab(a-b)$

$=3^3+3\times2\times3=45$

(2) $a^3-b^3=(a-b)^3+3ab(a-b)$

$=4^3+3\times(-5)\times4=4$

7 $a^2+b^2=(a+b)^2-2ab$이므로

$10=2^2-2ab$, $2ab=-6$

따라서 $ab=-3$

8 $a^2+b^2=(a-b)^2+2ab$이므로

$24=(-4)^2+2ab$, $2ab=8$

따라서 $ab=4$

9 $(a+b)^2=(a-b)^2+4ab$이므로

$64=6^2+4ab$, $4ab=28$

따라서 $ab=7$

10 $(a-b)^2=(a+b)^2-4ab$이므로

$29=(-3)^2-4ab$, $4ab=-20$

따라서 $ab=-5$

11 $a^3+b^3=(a+b)^3-3ab(a+b)$이므로

$20=2^3-3ab\times2$, $6ab=-12$

따라서 $ab=-2$

12 $a^3-b^3=(a-b)^3+3ab(a-b)$이므로

$-4=(-4)^3+3ab\times(-4)$, $12ab=-60$

따라서 $ab=-5$

13 $x^3+y^3=(x+y)^3-3xy(x+y)$

$=4^3-3\times3\times4$

$=28$

18 (1) $x^3+\frac{1}{x^3}=\left(x+\frac{1}{x}\right)^3-3\left(x+\frac{1}{x}\right)$

$=4^3-3\times4=52$

(2) $x^3+\frac{1}{x^3}=\left(x+\frac{1}{x}\right)^3-3\left(x+\frac{1}{x}\right)$

$=(-3)^3-3\times(-3)=-18$

19 (1) $x^3-\frac{1}{x^3}=\left(x-\frac{1}{x}\right)^3+3\left(x-\frac{1}{x}\right)$

$=2^3+3\times2=14$

(2) $x^3-\frac{1}{x^3}=\left(x-\frac{1}{x}\right)^3+3\left(x-\frac{1}{x}\right)$

$=(-1)^3+3\times(-1)=-4$

20 (1) $x^2+\frac{1}{x^2}=\left(x+\frac{1}{x}\right)^2-2$

$=3^2-2=7$

(2) $x^3+\frac{1}{x^3}=\left(x+\frac{1}{x}\right)^3-3\left(x+\frac{1}{x}\right)$

$=3^3-3\times3=18$

21 (1) $x^2+\frac{1}{x^2}=\left(x-\frac{1}{x}\right)^2+2$

$=(-3)^2+2=11$

(2) $x^3-\frac{1}{x^3}=\left(x-\frac{1}{x}\right)^3+3\left(x-\frac{1}{x}\right)$

$=(-3)^3+3\times(-3)=-36$

22 (1) $a^2+b^2+c^2=(a+b+c)^2-2(ab+bc+ca)$

$=3^2-2\times2=5$

(2) $a^2+b^2+c^2=(a+b+c)^2-2(ab+bc+ca)$

$=(-5)^2-2\times4=17$

23 (1) $a^2+b^2+c^2+ab+bc+ca$

$=\frac{1}{2}\{(a+b)^2+(b+c)^2+(c+a)^2\}$

$=\frac{1}{2}\{(1+\sqrt{2})^2+(1-\sqrt{2})^2+3^2\}$

$=\frac{1}{2}(1+2\sqrt{2}+2+1-2\sqrt{2}+2+9)$

$=\frac{1}{2}\times15=\frac{15}{2}$

(2) $a^2+b^2+c^2+ab+bc+ca$

$=\frac{1}{2}\{(a+b)^2+(b+c)^2+(c+a)^2\}$

$=\frac{1}{2}\{5^2+(2-\sqrt{3})^2+(2+\sqrt{3})^2\}$

$=\frac{1}{2}(25+4-4\sqrt{3}+3+4+4\sqrt{3}+3)$

$=\frac{1}{2}\times39=\frac{39}{2}$

24 (1) $a-c=(a-b)+(b-c)$

$=(1-\sqrt{2})+(1+\sqrt{2})=2$

이므로 $c-a=-2$

$a^2+b^2+c^2-ab-bc-ca$

$=\frac{1}{2}\{(a-b)^2+(b-c)^2+(c-a)^2\}$

$=\frac{1}{2}\{(1-\sqrt{2})^2+(1+\sqrt{2})^2+(-2)^2\}$

$=\frac{1}{2}(1-2\sqrt{2}+2+1+2\sqrt{2}+2+4)$

$=\frac{1}{2}\times 10=5$

(2) $a-c=(a-b)+(b-c)$

$=(4-\sqrt{7})+(4+\sqrt{7})=8$

이므로 $c-a=-8$

$a^2+b^2+c^2-ab-bc-ca$

$=\frac{1}{2}\{(a-b)^2+(b-c)^2+(c-a)^2\}$

$=\frac{1}{2}\{(4-\sqrt{7})^2+(4+\sqrt{7})^2+(-8)^2\}$

$=\frac{1}{2}(16-8\sqrt{7}+7+16+8\sqrt{7}+7+64)$

$=\frac{1}{2}\times 110=55$

25 (1) $a^2+b^2+c^2=(a+b+c)^2-2(ab+bc+ca)$

$=5^2-2\times(-4)=33$

이므로

$a^3+b^3+c^3=(a+b+c)(a^2+b^2+c^2-ab-bc-ca)+3abc$

$=5\times\{33-(-4)\}+3\times 6$

$=185+18=203$

(2) $a^2+b^2+c^2=(a+b+c)^2-2(ab+bc+ca)$에서

$10=3^2-2(ab+bc+ca)$

$2(ab+bc+ca)=-1$

따라서 $ab+bc+ca=-\frac{1}{2}$이므로

$a^3+b^3+c^3=(a+b+c)(a^2+b^2+c^2-ab-bc-ca)+3abc$

$=3\times\left(10+\frac{1}{2}\right)+3\times(-5)$

$=\frac{63}{2}-15=\frac{33}{2}$

13

본문 46쪽

(다항식)÷(단항식)

원리확인

❶ $2x$, $2x$, $2x$, $2x+3y$ ❷ x^2y, x^2y, x^2y, $xy+4y^2$

❸ $\frac{4}{xy}$, $\frac{4}{xy}$, $\frac{4}{xy}$, $12x+8y$

1 $\frac{3a}{4}+\frac{5b}{4}$
2 $9x^4+2x^2$
3 $3x-\frac{15x^2}{2}$
4 $3xy-\frac{x}{2}$
5 $4bc^2-2a^2b$
6 $3x^2-16xz^2$
7 $\frac{3x^2y^3z^7}{5}-\frac{xy^2}{5}$
8 $x^2-\frac{2x}{3}$
9 $\frac{3b}{16}-\frac{3b^4}{2}$
10 $-45x+\frac{y^2}{2}$
11 $\frac{x^5+x^2+1}{2}$
12 $1+a+b^2c^2$
13 $-3xy-14+6y^2$
14 $3a+2ab-b^2$
15 $y-xyz-x^2y^2z^2$

1 $(3a^2b+5ab^2)\div 4ab=(3a^2b+5ab^2)\times\frac{1}{4ab}$

$=\frac{3a^2b}{4ab}+\frac{5ab^2}{4ab}$

$=\frac{3a}{4}+\frac{5b}{4}$

2 $(72x^6+16x^4)\div 8x^2=(72x^6+16x^4)\times\frac{1}{8x^2}$

$=\frac{72x^6}{8x^2}+\frac{16x^4}{8x^2}$

$=9x^4+2x^2$

3 $(6x^5-15x^6)\div 2x^4=(6x^5-15x^6)\times\frac{1}{2x^4}$

$=\frac{6x^5}{2x^4}-\frac{15x^6}{2x^4}$

$=3x-\frac{15x^2}{2}$

4 $(24x^2y^2-4x^2y)\div 8xy=(24x^2y^2-4x^2y)\times\frac{1}{8xy}$

$=\frac{24x^2y^2}{8xy}-\frac{4x^2y}{8xy}$

$=3xy-\frac{x}{2}$

5 $(8ab^2c^3-4a^3b^2c)\div 2abc=(8ab^2c^3-4a^3b^2c)\times\frac{1}{2abc}$

$=\frac{8ab^2c^3}{2abc}-\frac{4a^3b^2c}{2abc}$

$=4bc^2-2a^2b$

6 $(-3x^3yz+16x^2yz^3)\div(-xyz)$

$=(-3x^3yz+16x^2yz^3)\times\left(-\frac{1}{xyz}\right)$

$=\frac{3x^3yz}{xyz}-\frac{16x^2yz^3}{xyz}$

$=3x^2-16xz^2$

7 $(9x^3y^5z^7-3x^2y^4)\div 15xy^2=(9x^3y^5z^7-3x^2y^4)\times\frac{1}{15xy^2}$

$=\frac{9x^3y^5z^7}{15xy^2}-\frac{3x^2y^4}{15xy^2}$

$=\frac{3x^2y^3z^7}{5}-\frac{xy^2}{5}$

8 $\left(\frac{x^3}{2}-\frac{x^2}{3}\right)\div\frac{x}{2}=\left(\frac{x^3}{2}-\frac{x^2}{3}\right)\times\frac{2}{x}$

$=\frac{x^3}{2}\times\frac{2}{x}-\frac{x^2}{3}\times\frac{2}{x}$

$=x^2-\frac{2x}{3}$

9 $\left(\frac{1}{2}a^4b^2-4a^4b^5\right)\div\frac{8}{3}a^4b=\left(\frac{1}{2}a^4b^2-4a^4b^5\right)\times\frac{3}{8a^4b}$

$=\frac{1}{2}a^4b^2\times\frac{3}{8a^4b}-4a^4b^5\times\frac{3}{8a^4b}$

$=\frac{3b}{16}-\frac{3b^4}{2}$

10 $\left(36x^2y-\frac{2}{5}xy^3\right)\div\left(-\frac{4}{5}xy\right)$

$=\left(36x^2y-\frac{2}{5}xy^3\right)\times\left(-\frac{5}{4xy}\right)$

$=36x^2y\times\left(-\frac{5}{4xy}\right)-\frac{2}{5}xy^3\times\left(-\frac{5}{4xy}\right)$

$=-45x+\frac{y^2}{2}$

11 $(x^8+x^5+x^3)\div 2x^3=(x^8+x^5+x^3)\times\frac{1}{2x^3}$

$=\frac{x^8}{2x^3}+\frac{x^5}{2x^3}+\frac{x^3}{2x^3}$

$=\frac{x^5}{2}+\frac{x^2}{2}+\frac{1}{2}=\frac{x^5+x^2+1}{2}$

12 $(abc+a^2bc+ab^3c^3)\div abc=(abc+a^2bc+ab^3c^3)\times\frac{1}{abc}$

$=\frac{abc}{abc}+\frac{a^2bc}{abc}+\frac{ab^3c^3}{abc}$

$=1+a+b^2c^2$

13 $(-3x^2y^2-14xy+6xy^3)\div xy=(-3x^2y^2-14xy+6xy^3)\times\frac{1}{xy}$

$=-\frac{3x^2y^2}{xy}-\frac{14xy}{xy}+\frac{6xy^3}{xy}$

$=-3xy-14+6y^2$

14 $(3abc+2ab^2c-b^3c)\div bc=(3abc+2ab^2c-b^3c)\times\frac{1}{bc}$

$=\frac{3abc}{bc}+\frac{2ab^2c}{bc}-\frac{b^3c}{bc}$

$=3a+2ab-b^2$

15 $(x^2y^2z-x^3y^2z^2-x^4y^3z^3)\div x^2yz$

$=(x^2y^2z-x^3y^2z^2-x^4y^3z^3)\times\frac{1}{x^2yz}$

$=\frac{x^2y^2z}{x^2yz}-\frac{x^3y^2z^2}{x^2yz}-\frac{x^4y^3z^3}{x^2yz}$

$=y-xyz-x^2y^2z^2$

14

본문 48쪽

(다항식)÷(다항식)

원리확인

$2x$, 5, $2x^2$, $4x$, $5x$, $5x$, 10, 2, $2x+5$, 2

1 풀이 참조, $x+9$, -7

2 풀이 참조, $3x-7$, 14

3 풀이 참조, $5x+18$, 69

4 풀이 참조, $3x^2+12x+22$, 46

5 풀이 참조, $x^2-4x+11$, $-23x+16$

6 x^2+x-3, -2 (✎ x, x^2-x, -2)

7 풀이 참조, $-x^2-2x-6$, -26

8 풀이 참조, x^2+2x-3, 8

9 풀이 참조, $x-7$, $x+6$

10 풀이 참조, $2x^2-9$, $-2x+29$

11 (1) $x+5$ (2) 12 (3) 18

12 (1) $x-1$ (2) 3 (3) $\frac{3}{2}$

13 (1) $-3x+3$ (2) -1 (3) 5

14 (1) x (2) $-3x+3$ (3) 1

15 (1) x^2+2x-4 (2) $2x-2$ (3) 1

16 (1) $5x^2-9x+4$ (2) $-2x^2+6x-9$ (3) -13

☺ B, R, 상수, 0, 낮다

17 $3x^2-2x-13=(x+1)(3x-5)-8$

18 $-2x^2-5x+1=(x+3)(-2x+1)-2$

19 $9x^2-3x+10=(3x-2)(3x+1)+12$

20 $x^3+x^2-4x+5=(x^2-2x-1)(x+3)+3x+8$

21 $2x^3-4x-9=(x^2-x+2)(2x+2)-6x-13$

22 $10x^3+3x^2-9x-8=(2x^2+x-3)(5x-1)+7x-11$

23 (1) $2x^2-5x+5$ (2) $x-2$, 3 (3) $2x-9$, 23

24 (1) $6x^3+9x^2-4x-6$ (2) $2x+3$, 0 (3) $6x^2+15x+11$, 5

25 (1) x^3+4x^2+2x-1 (2) x^2+x-1, 2 (3) $x+4$, $3x+3$

26 (1) $\frac{1}{2}Q(x)$, R $\left(✎\ x-\frac{1}{2}, R, \frac{1}{2}, R\right)$

(2) $\frac{1}{6}Q(x)$, R $\left(✎\ x-\frac{1}{2}, R, \frac{1}{6}, R\right)$

27 (1) $3Q(x)$, R (2) $\frac{1}{2}Q(x)$, R

☺ $ax+b$, a, $aQ(x)$, R

1

$$
\begin{array}{r}
x+9 \\
x+3\,\overline{)\,x^2+12x+20} \\
\underline{x^2+3x} \\
9x+20 \\
\underline{9x+27} \\
-7
\end{array}
$$

몫: $x+9$, 나머지: -7

2

$$
\begin{array}{r}
3x-7 \\
x+1\,\overline{)\,3x^2-4x+7} \\
\underline{3x^2+3x} \\
-7x+7 \\
\underline{-7x-7} \\
14
\end{array}
$$

몫: $3x-7$, 나머지: 14

3

$$
\begin{array}{r}
5x+18 \\
x-4\,\overline{)\,5x^2-2x-3} \\
\underline{5x^2-20x} \\
18x-3 \\
\underline{18x-72} \\
69
\end{array}
$$

몫: $5x+18$, 나머지: 69

4

$$
\begin{array}{r}
3x^2+12x+22 \\
x-2\,\overline{)\,3x^3+6x^2-2x+2} \\
\underline{3x^3-6x^2} \\
12x^2-2x+2 \\
\underline{12x^2-24x} \\
22x+2 \\
\underline{22x-44} \\
46
\end{array}
$$

몫: $3x^2+12x+22$, 나머지: 46

5

$$
\begin{array}{r}
x^2-4x+11 \\
x^2+x-1\,\overline{)\,x^4-3x^3+6x^2-8x+5} \\
\underline{x^4+x^3-x^2} \\
-4x^3+7x^2-8x+5 \\
\underline{-4x^3-4x^2+4x} \\
11x^2-12x+5 \\
\underline{11x^2+11x-11} \\
-23x+16
\end{array}
$$

몫: $x^2-4x+11$, 나머지: $-23x+16$

7

$$
\begin{array}{r}
-x^2-2x-6 \\
x-3\,\overline{)\,-x^3+x^2+\square-8} \\
\underline{-x^3+3x^2} \\
-2x^2-8 \\
\underline{-2x^2+6x} \\
-6x-8 \\
\underline{-6x+18} \\
-26
\end{array}
$$

몫: $-x^2-2x-6$, 나미지: -26

8

$$
\begin{array}{r}
x^2+2x-3 \\
x^2+x+1\,\overline{)\,x^4+3x^3+\square-x+5} \\
\underline{x^4+x^3+x^2} \\
2x^3-x^2-x+5 \\
\underline{2x^3+2x^2+2x} \\
-3x^2-3x+5 \\
\underline{-3x^2-3x-3} \\
8
\end{array}
$$

몫: x^2+2x-3, 나머지: 8

9

$$
\begin{array}{r}
x-7 \\
x^2+\square+1\,\overline{)\,x^3-7x^2+2x-1} \\
\underline{x^3+x} \\
-7x^2+x-1 \\
\underline{-7x^2-7} \\
x+6
\end{array}
$$

몫: $x-7$, 나머지: $x+6$

10

$$
\begin{array}{r}
2x^2-9 \\
x^2+\square+2\,\overline{)\,2x^4+\square-5x^2-2x+11} \\
\underline{2x^4+4x^2} \\
-9x^2-2x+11 \\
\underline{-9x^2-18} \\
-2x+29
\end{array}
$$

몫: $2x^2-9$, 나머지: $-2x+29$

11

$$
\begin{array}{r}
x+5 \\
x-2\,\overline{)\,x^2+3x+2} \\
\underline{x^2-2x} \\
5x+2 \\
\underline{5x-10} \\
12
\end{array}
$$

(1) $Q(x)=x+5$

(2) $R=12$

(3) $Q(1)=1+5=6$이므로 $Q(1)+R=6+12=18$

12

$$
\begin{array}{r}
x-1 \\
2x+1\,\overline{)\,2x^2-\ x+2} \\
\underline{2x^2+\ x} \\
-2x+2 \\
\underline{-2x-1} \\
3
\end{array}
$$

(1) $Q(x)=x-1$

(2) $R=3$

(3) $Q\left(-\frac{1}{2}\right)=-\frac{1}{2}-1=-\frac{3}{2}$이므로

$Q\left(-\frac{1}{2}\right)+R=-\frac{3}{2}+3=\frac{3}{2}$

13

$$
\begin{array}{r}
-3x+3 \\
x+1\,\overline{)\,-3x^2+2} \\
\underline{-3x^2-3x} \\
3x+2 \\
\underline{3x+3} \\
-1
\end{array}
$$

(1) $Q(x)=-3x+3$

(2) $R=-1$

(3) $Q(-1)=-3\times(-1)+3=6$이므로

$Q(-1)+R=6+(-1)=5$

14

$$
\begin{array}{r}
x \\
x^2+x-1\,\overline{)\,x^3+x^2-4x+3} \\
\underline{x^3+x^2-\ x} \\
-3x+3
\end{array}
$$

(1) $Q(x)=x$

(2) $R(x)=-3x+3$

(3) $Q(1)=1,\ R(1)=-3\times1+3=0$이므로

$Q(1)+R(1)=1+0=1$

15

$$
\begin{array}{r}
x^2+2x-4 \\
x^2-1\,\overline{)\,x^4+2x^3-5x^2+2} \\
\underline{x^4-x^2} \\
2x^3-4x^2+2 \\
\underline{2x^3-2x} \\
-4x^2+2x+2 \\
\underline{-4x^2+4} \\
2x-2
\end{array}
$$

(1) $Q(x)=x^2+2x-4$

(2) $R(x)=2x-2$

(3) $Q(1)=1^2+2\times1-4=-1,\ R(2)=2\times2-2=2$이므로

$Q(1)+R(2)=-1+2=1$

16

$$
\begin{array}{r}
5x^2-9x+4 \\
x^3+x^2+x+1\,\overline{)\,5x^5-4x^4-2x^2+\ x-5} \\
\underline{5x^5+5x^4+5x^3+5x^2} \\
-9x^4-5x^3-7x^2+\ x-5 \\
\underline{-9x^4-9x^3-9x^2-\ 9x} \\
4x^3+2x^2+10x-5 \\
\underline{4x^3+4x^2+\ 4x+4} \\
-2x^2+\ 6x-9
\end{array}
$$

(1) $Q(x)=5x^2-9x+4$

(2) $R(x)=-2x^2+6x-9$

(3) $Q(0)=4,\ R(-1)=-2\times(-1)^2+6\times(-1)-9=-17$

이므로

$Q(0)+R(-1)=4+(-17)=-13$

17

$$
\begin{array}{r}
3x-5 \\
x+1\,\overline{)\,3x^2-2x-13} \\
\underline{3x^2+3x} \\
-5x-13 \\
\underline{-5x-\ 5} \\
-\ 8
\end{array}
$$

따라서 $3x^2-2x-13=(x+1)(3x-5)-8$

18

$$
\begin{array}{r}
-2x+1 \\
x+3\,\overline{)\,-2x^2-5x+1} \\
\underline{-2x^2-6x} \\
x+1 \\
\underline{x+3} \\
-2
\end{array}
$$

따라서 $-2x^2-5x+1=(x+3)(-2x+1)-2$

19

$$
\begin{array}{r}
3x+1 \\
3x-2\,\overline{)\,9x^2-3x+10} \\
\underline{9x^2-6x} \\
3x+10 \\
\underline{3x-\ 2} \\
12
\end{array}
$$

따라서 $9x^2-3x+10=(3x-2)(3x+1)+12$

20

$$
\begin{array}{r}
x+3 \\
x^2-2x-1\,\overline{)\,x^3+\ x^2-4x+5} \\
\underline{x^3-2x^2-\ x} \\
3x^2-3x+5 \\
\underline{3x^2-6x-3} \\
3x+8
\end{array}
$$

따라서 $x^3+x^2-4x+5=(x^2-2x-1)(x+3)+3x+8$

21

$$\begin{array}{r} 2x+2 \\ x^2-x+2\,\overline{)\,2x^3-4x-\ 9} \\ \underline{2x^3-2x^2+4x} \\ 2x^2-8x-\ 9 \\ \underline{2x^2-2x+\ 4} \\ -6x-13 \end{array}$$

따라서 $2x^3-4x-9=(x^2-x+2)(2x+2)-6x-13$

22

$$\begin{array}{r} 5x-1 \\ 2x^2+x-3\,\overline{)\,10x^3+3x^2-\ 9x-\ 8} \\ \underline{10x^3+5x^2-15x} \\ -2x^2+\ 6x-\ 8 \\ \underline{-2x^2-\ \ x+\ 3} \\ 7x-11 \end{array}$$

따라서 $10x^3+3x^2-9x-8=(2x^2+x-3)(5x-1)+7x-11$

23 (1) $P(x)=(x-2)(2x-1)+3$
$=2x^2-5x+2+3$
$=2x^2-5x+5$

(2) $P(x)=(x-2)(2x-1)+3$
$=(2x-1)(x-2)+3$

이므로 몫: $x-2$, 나머지: 3

(3)

$$\begin{array}{r} 2x-9 \\ x+2\,\overline{)\,2x^2-5x+\ 5} \\ \underline{2x^2+4x} \\ -9x+\ 5 \\ \underline{-9x-18} \\ 23 \end{array}$$

이므로 몫: $2x-9$, 나머지: 23

24 (1) $P(x)=(2x+3)(3x^2-2)+0$
$=6x^3+9x^2-4x-6$

(2) $P(x)=(2x+3)(3x^2-2)$
$=(3x^2-2)(2x+3)$

이므로 몫: $2x+3$, 나머지: 0

(3)

$$\begin{array}{r} 6x^2+15x+11 \\ x-1\,\overline{)\,6x^3+\ 9x^2-\ 4x-\ 6} \\ \underline{6x^3-\ 6x^2} \\ 15x^2-\ 4x-\ 6 \\ \underline{15x^2-15x} \\ 11x-\ 6 \\ \underline{11x-11} \\ 5 \end{array}$$

이므로 몫: $6x^2+15x+11$, 나머지: 5

25 (1) $P(x)=(x^2+x-1)(x+3)+2$
$=x^3+3x^2+x^2+3x-x-3+2$
$=x^3+4x^2+2x-1$

(2) $P(x)=(x^2+x-1)(x+3)+2$
$=(x+3)(x^2+x-1)+2$

이므로 몫: x^2+x-1, 나머지: 2

(3)

$$\begin{array}{r} x+4 \\ x^2-1\,\overline{)\,x^3+4x^2+2x-1} \\ \underline{x^3-\ x} \\ 4x^2+3x-1 \\ \underline{4x^2-4} \\ 3x+3 \end{array}$$

이므로 몫: $x+4$, 나머지: $3x+3$

27 (1) $P(x)=(3x+1)Q(x)+R$
$=\left(x+\frac{1}{3}\right)\times 3Q(x)+R$

이므로 몫: $3Q(x)$, 나머지: R

(2) $P(x)=(3x+1)Q(x)+R$
$=(6x+2)\times\frac{1}{2}Q(x)+R$

이므로 몫: $\frac{1}{2}Q(x)$, 나머지: R

TEST 개념 확인

본문 53쪽

1 ④	2 ④	3 a^3+a^2b+b	
4 ④	5 ③	6 ②	7 ②
8 ③	9 ①	10 $4a^2-4ab+b^2-9c^2$	
11 ④	12 ⑤	13 ④	14 5
15 ④	16 $\frac{2ac^3}{b}-2+\frac{c}{b}$		17 ③
18 ⑤	19 ②	20 ③	21 ①
22 ③			

1 ④ $(ab)^2\times 3ab^2\div 6a^4b=a^2b^2\times 3ab^2\div 6a^4b$
$=3a^3b^4\div 6a^4b$
$=\frac{3a^3b^4}{6a^4b}=\frac{b^3}{2a}$

2 $3x(x-y)-(x+y)(x+2y+1)$
$=3x^2-3xy-(x^2+2xy+x+xy+2y^2+y)$
$=3x^2-3xy-(x^2+3xy+x+2y^2+y)$
$=3x^2-3xy-x^2-3xy-x-2y^2-y$
$=2x^2-6xy-2y^2-x-y$

3 $A(B-C)+C(A+1)=AB-AC+CA+C$
$=AB+C$
$=(a+b)(a^2-1)+(a+2b)$
$=a^3-a+a^2b-b+a+2b$
$=a^3+a^2b+b$

4 x^2항이 나오는 부분만 계산하면

$x^2\times3+(-2x)\times x+a\times2x^2=(1+2a)x^2$

$1+2a=9$이므로 $2a=8$

따라서 $a=4$

5 $(4x^2+x-3)(x^3-5x^2+7)$

$=4x^5-20x^4+28x^2+x^4-5x^3+7x-3x^3+15x^2-21$

$=4x^5-19x^4-8x^3+43x^2+7x-21$

따라서 상수항을 포함한 모든 항의 계수의 총합은

$4-19-8+43+7-21=6$

[다른 풀이]

x에 대한 다항식에서 상수항을 포함한 모든 항의 계수의 총합은 $x=1$을 대입한 값과 같으므로 구하는 총합은

$(4\times1^2+1-3)\times(1^3-5\times1^2+7)=2\times3=6$

6 $(a+b+c)^2=\{(a+b)+c\}^2$

$=(a+b)^2+2c(a+b)+c^2$

이므로

$3=1+2c(a+b)+c^2$

따라서 $c^2+2c(a+b)=2$

7 $A+B=(x+1)^3+(x-1)^3$

$=x^3+3x^2+3x+1+x^3-3x^2+3x-1$

$=2x^3+6x$

8 $(a-2b+3c)(a^2+4b^2+9c^2+2ab+6bc-3ac)$

$=\{a+(-2b)+3c\}\{a^2+(-2b)^2+(3c)^2-a\times(-2b)$

$-(-2b)\times3c-3c\times a\}$

$=a^3+(-2b)^3+(3c)^3-3\times a\times(-2b)\times3c$

$=a^3-8b^3+27c^3+18abc$

9 $(x-y)(x^2+xy+y^2)(x^6+x^3y^3+y^6)$

$=(x^3-y^3)(x^6+x^3y^3+y^6)$

$=(x^3)^3-(y^3)^3$

$=x^9-y^9$

10 $2a-b=t$로 놓으면

$(2a-b+3c)+(2a-b-3c)=(t+3c)(t-3c)$

$=t^2-(3c)^2$

$=(2a-b)^2-9c^2$

$=4a^2-4ab+b^2-9c^2$

11 $x^2+y^2=(x-y)^2+2xy$

$=4^2+2\times(-6)=4$

12 $x^2+y^2=(x-y)^2+2xy$이므로

$2=(-2)^2+2xy,\ 2xy=-2$

따라서 $xy=-1$이므로

$x^3-y^3=(x-y)^3+3xy(x-y)$

$=(-2)^3+3\times(-1)\times(-2)$

$=-2$

13 $x^2-x-1=0$에서 $x\neq0$이므로 양변을 x로 나누면

$x-1-\dfrac{1}{x}=0$

따라서 $x-\dfrac{1}{x}=1$이므로

$x^3-\dfrac{1}{x^3}=\left(x-\dfrac{1}{x}\right)^3+3\left(x-\dfrac{1}{x}\right)$

$=1^3+3\times1=4$

14 $a^2+b^2+c^2=(a+b+c)^2-2(ab+bc+ca)$

$=5^2-2\times10=5$

15 직사각형의 둘레의 길이가 12이므로

$2(a+b)=12$

즉 $a+b=6$

또 넓이가 8이므로 $ab=8$

따라서

$a^2+b^2=(a+b)^2-2ab$

$=6^2-2\times8=20$

16 $(2a^2bc^4-2ab^2c+abc^2)\div ab^2c$

$=(2a^2bc^4-2ab^2c+abc^2)\times\dfrac{1}{ab^2c}$

$=\dfrac{2a^2bc^4}{ab^2c}-\dfrac{2ab^2c}{ab^2c}+\dfrac{abc^2}{ab^2c}$

$=\dfrac{2ac^3}{b}-2+\dfrac{c}{b}$

17

$$
\begin{array}{r}
x+2\\
x^2+x\,\overline{)\,x^3+3x^2-5x+7}\\
x^3+\ \ x^2\\
\hline
2x^2-5x+7\\
2x^2+2x\\
\hline
-7x+7
\end{array}
$$

나머지는 $-7x+7$이므로 $a=-7,\ b=7$

따라서 $a+b=-7+7=0$

18

$$
\begin{array}{r}
2x^2-3x+3\\
x+1\,\overline{)\,2x^3-\ \ x^2+4}\\
2x^3+2x^2\\
\hline
-3x^2+4\\
-3x^2-3x\\
\hline
3x+4\\
3x+3\\
\hline
1
\end{array}
$$

이므로 $Q(x)=2x^2-3x+3,\ R=1$

따라서 $Q(-1)=2\times(-1)^2-3\times(-1)+3=8$이므로

$Q(-1)+R=8+1=9$

19
$$\begin{array}{r|l} & x\ +a+1 \\ \hline x-1 & x^2+ax\qquad +2 \\ & x^2-\ x \\ \hline & (a+1)x+2 \\ & (a+1)x-(a+1) \\ \hline & \qquad\qquad a+3 \end{array}$$

이때 나머지가 0이어야 하므로 $a+3=0$

따라서 $a=-3$

20 $P(x)=(x-1)(2x^2-1)-3$

$=2x^3-x-2x^2+1-3$

$=2x^3-2x^2-x-2$

21 $x^3-2x^2-2x-3=P(x)(x^2+x+1)$이므로 x^3-2x^2-2x-3을 x^2+x+1로 나누었을 때의 몫이 $P(x)$, 나머지가 0이다.

$$\begin{array}{r|l} & x\ -3 \\ \hline x^2+x+1 & x^3-2x^2-2x-3 \\ & x^3+\ x^2+\ x \\ \hline & \ -3x^2-3x-3 \\ & \ -3x^2-3x-3 \\ \hline & \qquad\qquad 0 \end{array}$$

따라서 $P(x)=x-3$

22 $P(x)=\left(x+\frac{1}{2}\right)Q(x)+R$

$=(2x+1)\times\frac{1}{2}Q(x)+R$

이므로 구하는 몫은 $\frac{1}{2}Q(x)$, 나머지는 R이다.

TEST 개념 발전

1. 다항식의 연산

본문 56쪽

1 ④	2 ②	3 ③	4 ③
5 ⑤	6 x^6-1	7 ①	8 ①
9 ⑤	10 ⑤	11 ③	12 ③
13 32	14 ③	15 ③	

2 $2A-(A+2B)+B=2A-A-2B+B=A-B$이므로

$A-B=2x^2+xy-3y^2$

따라서

$B=A-(2x^2+xy-3y^2)$

$=x^2-3xy-y^2-2x^2-xy+3y^2$

$=-x^2-4xy+2y^2$

3 $(A+2B)-(A+B)=B$이므로

$B=2x^2+x-3-(-x^2+2x-1)$

$=2x^2+x-3+x^2-2x+1$

$=3x^2-x-2$

$A+B=-x^2+2x-1$에서

$A=-x^2+2x-1-B$

$=-x^2+2x-1-(3x^2-x-2)$

$=-x^2+2x-1-3x^2+x+2$

$=-4x^2+3x+1$

따라서

$A-B=-4x^2+3x+1-(3x^2-x-2)$

$=-4x^2+3x+1-3x^2+x+2$

$=-7x^2+4x+3$

에서 $a=-7$, $b=4$, $c=3$이므로

$a+b+c=-7+4+3=0$

[다른 풀이]

$A-B=A+B-2B$

$=(-x^2+2x-1)-2(3x^2-x-2)$

$=-x^2+2x-1-6x^2+2x+4$

$=-7x^2+4x+3$

4 x항이 나오는 부분만 계산하면

$ax\times 2=2ax$

즉 $2a=2$에서 $a=1$

또 x^2항이 나오는 부분만 계산하면

$x^2\times 2+ax\times bx=(2+ab)x^2$

즉 $2+ab=2$에서 $2+1\times b=2$

따라서 $b=0$이므로

$ab=0$

5 $(x-1)(x+1)(x^2+1)(x^4+1)(x^8+1)$

$=(x^2-1)(x^2+1)(x^4+1)(x^8+1)$

$=(x^4-1)(x^4+1)(x^8+1)$

$=(x^8-1)(x^8+1)$

$=x^{16}-1$

$=25-1=24$

6 $(x+1)(x-1)(x^2-x+1)(x^2+x+1)$

$=\{(x+1)(x^2-x+1)\}\{(x-1)(x^2+x+1)\}$

$=(x^3+1)(x^3-1)$

$=(x^3)^2-1^2$

$=x^6-1$

7 $(x+1)(x+2)(x+3)=4$에서

$x^3+(1+2+3)x^2+(1\times 2+2\times 3+3\times 1)x+1\times 2\times 3=4$

따라서 $x^3+6x^2+11x+6=4$이므로

$x^3+6x^2+11x=4-6=-2$

8 $(x+6)(x+3)(x+1)(x-2)$

$=\{(x+6)(x-2)\}\{(x+3)(x+1)\}$

$=(x^2+4x-12)(x^2+4x+3)$

이때 $x^2+4x=t$로 놓으면

$$\begin{aligned}(\text{주어진 식})&=(t-12)(t+3)\\&=t^2-9t-36\\&=(x^2+4x)^2-9(x^2+4x)-36\\&=x^4+8x^3+16x^2-9x^2-36x-36\\&=x^4+8x^3+7x^2-36x-36\end{aligned}$$

따라서 $a=8$, $b=7$, $c=-36$이므로

$a+b+c=8+7+(-36)=-21$

[다른 풀이]

$(x+6)(x+3)(x+1)(x-2)$의 전개식에서 x^3이 나오는 항만 계산하면

$x\times x\times x\times(-2)+x\times x\times 1\times x+x\times 3\times x\times x$
$+6+x\times x\times x$

$=-2x^3+x^3+3x^3+6x^3=8x^3$

같은 방법으로 x^2이 나오는 항만 계산하면

$x\times x\times 1\times(-2)+x\times 3\times x\times(-2)+x\times 3\times 1\times x$
$+6\times x\times x\times(-2)+6\times x\times 1\times x+6\times 3\times x\times x$

$=-2x^2-6x^2+3x^2-12x^2+6x^2+18x^2=7x^2$

또 x가 나오는 항만 계산하면

$x\times 3\times 1\times(-2)+6\times x\times 1\times(-2)+6\times 3\times x\times(-2)$
$+6\times 3\times 1\times x$

$=-6x-12x-36x+18x=-36x$

따라서 $a=8$, $b=7$, $c=-36$이므로

$a+b+c=8+7-36=-21$

9 $$\begin{aligned}\frac{y^2}{x}+\frac{x^2}{y}&=\frac{x^3+y^3}{xy}\\&=\frac{(x+y)(x^2-xy+y^2)}{xy}\\&=\frac{(x+y)\{(x+y)^2-3xy\}}{xy}\\&=\frac{3\times(3^2-3\times 2)}{2}\\&=\frac{9}{2}\end{aligned}$$

10 $x^2-x-2=0$에서 $x\neq0$이므로 양변을 x로 나누면

$x-1-\frac{2}{x}=0$

따라서 $x-\frac{2}{x}=1$이므로

$$\begin{aligned}x^3-\frac{8}{x^3}&=\left(x-\frac{2}{x}\right)^3+3\times x\times\frac{2}{x}\left(x-\frac{2}{x}\right)\\&=\left(x-\frac{2}{x}\right)^3+6\left(x-\frac{2}{x}\right)\\&=1^3+6\times 1=7\end{aligned}$$

11 $a-c=(a-b)+(b-c)=1+2=3$, 즉 $c-a=-3$

따라서

$$\begin{aligned}&a^2+b^2+c^2-ab-bc-ca\\&=\frac{1}{2}\{(a-b)^2+(b-c)^2+(c-a)^2\}\\&=\frac{1}{2}\{1^2+2^2+(-3)^2\}\\&=\frac{1}{2}\times 14=7\end{aligned}$$

12 $$\begin{aligned}P(x)&=(x+1)(x^2-x+1)+7\\&=x^3+1^3+7\\&=x^3+8\end{aligned}$$

$$\begin{array}{r|l} & x^2-2x+4\\ \hline x+2 & x^3\qquad\qquad +8\\ & x^3+2x^2\\ \hline & \quad -2x^2\qquad +8\\ & \quad -2x^2-4x\\ \hline & \qquad\quad 4x+8\\ & \qquad\quad 4x+8\\ \hline & \qquad\qquad 0\end{array}$$

따라서 $P(x)$를 $x+2$로 나누었을 때의 몫은 x^2-2x+4이고 나머지는 0이다.

13 직사각형의 대각선의 길이가 15이므로 $a^2+b^2=15^2$

직사각형의 둘레의 길이가 34이므로

$2a+2b=34$에서 $a+b=17$

이때 $a^2+b^2=(a+b)^2-2ab$에서

$15^2=17^2-2ab$, $2ab=64$

따라서 $ab=32$이므로 직사각형의 넓이는 32이다.

14 $(a+b+c)(a+b-c)+(a-b+c)(a-b-c)=0$에서

$\{(a+b)+c\}\{(a+b)-c\}+\{(a-b)+c\}\{(a-b)-c\}=0$

$(a+b)^2-c^2+(a-b)^2-c^2=0$

$a^2+2ab+b^2-c^2+a^2-2ab+b^2-c^2=0$

$2a^2+2b^2-2c^2=0$

$2(a^2+b^2-c^2)=0$

따라서 $a^2+b^2=c^2$이므로 세 변의 길이가 a, b, c인 삼각형은 빗변의 길이가 c인 직각삼각형이다.

15 $x^3+2x^2-x-5=(x^2+2x-1)P(x)-5$에서

$x^3+2x^2-x=(x^2+2x-1)P(x)$이므로

$P(x)=(x^3+2x^2-x)\div(x^2+2x-1)$로 구할 수 있다.

$$\begin{array}{r|l} & x\\ \hline x^2+2x+1 & x^3+2x^2-x\\ & x^3+2x^2-x\\ \hline & \qquad\quad 0\end{array}$$

따라서 $P(x)=x$

2 나머지 정리

01 항등식

본문 60쪽

1 (1) ○ (2) ○ (3) ○, 항등식

2 (1) ○ (2) × (3) ×, 방정식

3 (1) ○ (2) ○ (3) ○, 항등식

4 (1) ○ (2) ○ (3) ○, 항등식

5 ×	6 ×	7 ○	8 ×
9 ×	10 ×	11 ×	12 ×
13 ○	14 ×	15 ○	

☺
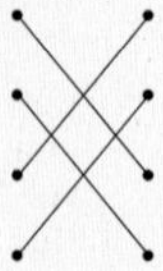

8 (좌변)$=8(x+2)=8x+16$
즉 (좌변)$\neq$(우변)이므로 항등식이 아니다.

9 등식이 아니므로 항등식이 아니다.

10 등식이 아니므로 항등식이 아니다.

13 (좌변)$=(x+3)(x-3)=x^2-9$
즉 (좌변)$=$(우변)이므로 항등식이다.

14 (우변)$=(3x-1)^2+6(x+2)=9x^2+13$
즉 (좌변)$\neq$(우변)이므로 항등식이 아니다.

15 (좌변)$=(x+1)(x^2-x+1)=x^3+1$
즉 (좌변)$=$(우변)이므로 항등식이다.

02 항등식의 성질

본문 62쪽

원리확인

0, 0, 0, 0

1 (✎ 0, 0, 4, -11)

2 $a=3$, $b=5$

3 $a=-7$, $b=-3$, $c=8$

4 $a=-4$, $b=1$, $c=0$

5 $a=6$, $b=5$, $c=-3$

6 $a=1$, $b=-5$, $c=11$

☺ 0, a', b', c'

7 (1) (✎ 3, 3, 0, -3, 7)
(2) $a=-4$, $b=23$ (3) $a=2$, $b=-1$

8 (1) (✎ b, 5, b, 5, -5, 5)
(2) $a=-\frac{1}{2}$, $b=-2$ (3) $a=3$, $b=2$

9 (1) $a=-8$, $k=-4$ (2) $a=-8$, $x=2$

10 (1) $a=-3$, $k=2$ (2) $a=-3$, $x=4$

11 ②

2 $9x+2b-3=(2a+3)x+7$이 x에 대한 항등식이 되려면
$9=2a+3$, $2b-3=7$이므로
$a=3$, $b=5$

4 $(a+4)x^2+(3b-3)x+c=0$이 x에 대한 항등식이 되려면
$a+4=0$, $3b-3=0$, $c=0$이므로
$a=-4$, $b=1$, $c=0$

6 $(3a-1)x^2+(b+5)x+c=2x^2+11$이 x에 대한 항등식이 되려면
$3a-1=2$, $b+5=0$, $c=11$이므로
$a=1$, $b=-5$, $c=11$

7 (2) $a(x-2)+5(x+3)=x+b$에서
$ax-2a+5x+15=x+b$
$(a+5)x-2a+15=x+b$
이 등식이 x에 대한 항등식이므로
$a+5=1$, $-2a+15=b$
따라서 $a=-4$, $b=23$
(3) $a(x+4)+b(x-1)=x+9$에서
$ax+4a+bx-b=x+9$
$(a+b)x+4a-b=x+9$
이 등식이 x에 대한 항등식이므로
$a+b=1$, $4a-b=9$
두 식을 연립하여 풀면 $a=2$, $b=-1$

8 (2) $4(ax+y)-b(x-2y)=0$에서
$4ax+4y-bx+2by=0$
$(4a-b)x+(4+2b)y=0$
이 등식이 x, y에 대한 항등식이므로
$4a-b=0$, $4+2b=0$
따라서 $b=-2$, $a=-\frac{1}{2}$
(3) $a(x+3y+1)+3(2x-3y)-9x+2b-7=0$에서
$ax+3ay+a+6x-9y-9x+2b-7=0$
$(a-3)x+(3a-9)y+a+2b-7=0$
이 등식이 x, y에 대한 항등식이므로
$a-3=0$, $3a-9=0$, $a+2b-7=0$
따라서 $a=3$, $b=2$

9 (1) $ax-2kx+4k+16=0$의 좌변을 x에 대하여 정리하면

$(a-2k)x+4k+16=0$

이 등식이 임의의 x에 대하여 항상 성립하면 x에 대한 항등식이므로

$a-2k=0$, $4k+16=0$

따라서 $k=-4$, $a=-8$

(2) $ax-2kx+4k+16=0$의 좌변을 k에 대하여 정리하면

$(-2x+4)k+ax+16=0$

이 등식이 k의 값에 관계없이 항상 성립하면 k에 대한 항등식이므로

$-2x+4=0$, $ax+16=0$

따라서 $x=2$, $a=-8$

10 (1) $2ax+3kx-12k+24=0$의 좌변을 x에 대하여 정리하면

$(2a+3k)x-12k+24=0$

이 등식이 어떤 x의 값에 대하여도 항상 성립하면 x에 대한 항등식이므로

$2a+3k=0$, $-12k+24=0$

따라서 $k=2$, $a=-3$

(2) $2ax+3kx-12k+24=0$의 좌변을 k에 대하여 정리하면

$(3x-12)k+2ax+24=0$

이 등식이 k의 값에 관계없이 항상 성립하면 k에 대한 항등식이므로

$3x-12=0$, $2ax+24=0$

따라서 $x=4$, $a=-3$

11 $2(k-3)x-(2k-5)y+3k-1=0$의 좌변을 전개하면

$2kx-6x-2ky+5y+3k-1=0$

좌변을 k에 대하여 정리하면

$(2x-2y+3)k-6x+5y-1=0$

이 등식이 k의 값에 관계없이 항상 성립하면 k에 대한 항등식이므로

$2x-2y+3=0$, $-6x+5y-1=0$

두 식을 연립하여 풀면 $x=\frac{13}{2}$, $y=8$이므로

$2x-y=13-8=5$

03 본문 64쪽

미정계수법

원리확인

❶ ax, a, b, $a+b$, -3, 4, -2

❷ -3, 4, 1, -2

1 (✎ 10, -13, -3)
2 $a=-3$, $b=-10$
3 $a=8$, $b=10$
4 $a=-2$, $b=3$
5 $a=-3$, $b=-23$, $c=-14$
6 $a=7$, $b=12$, $c=4$
7 $a=2$, $b=-10$, $c=-20$
8 $a=5$, $b=3$, $c=-9$
9 $a=-2$, $b=-2$, $c=9$
10 $a=2$, $b=-4$, $c=14$
11 ③
12 (✎ -1, 2, -1, 2)
13 $a=-3$, $b=4$
14 $a=0$, $b=3$
15 $a=-1$, $b=5$
16 $a=1$, $b=6$, $c=2$
17 $a=8$, $b=7$, $c=-5$
18 $a=13$, $b=5$, $c=6$
19 $a=2$, $b=3$, $c=2$
20 $a=7$, $b=-9$, $c=3$
☺ 
21 ④
22 $a=3$, $b=-5$
23 $a=-2$, $b=0$
24 $a=2$, $b=1$
25 $a=-1$, $b=0$
26 $a=-8$, $b=4$
27 ④
28 (1) 0 (2) 1024 (3) -1
29 (1) 0 (2) -32 (3) 32
30 (1) 1 (2) 243 (3) 0
31 ②

2 $(x+2)(x-5)=x^2+ax+b$의 좌변을 전개하여 정리하면

$x^2-3x-10=x^2+ax+b$

양변의 동류항의 계수를 비교하면

$a=-3$, $b=-10$

3 $ax^2+bx-3=(4x-1)(2x+3)$의 우변을 전개하여 정리하면

$ax^2+bx-3=8x^2+10x-3$

양변의 동류항의 계수를 비교하면

$a=8$, $b=10$

4 $a(x+5)+b(x-5)=x-25$의 좌변을 전개하여 정리하면

$(a+b)x+5a-5b=x-25$

양변의 동류항의 계수를 비교하면

$a+b=1$, $5a-5b=-25$

두 식을 연립하여 풀면

$a=-2$, $b=3$

5 $(ax-2)(x+7)=-3x^2+bx+c$의 좌변을 전개하여 정리하면

$ax^2+(7a-2)x-14=-3x^2+bx+c$

양변의 동류항의 계수를 비교하면

$a=-3$, $7a-2=b$, $-14=c$
따라서 $a=-3$, $b=-23$, $c=-14$

6 $7x^2-5x+8=ax(x+1)-bx+2c$의 우변을 전개하여 정리하면
$7x^2-5x+8=ax^2+(a-b)x+2c$
양변의 동류항의 계수를 비교하면
$7=a$, $-5=a-b$, $8=2c$
따라서 $a=7$, $b=12$, $c=4$

7 $5(x+2)(ax-2)=10x^2-bx+c$의 좌변을 전개하여 정리하면
$5ax^2+(10a-10)x-20=10x^2-bx+c$
양변의 동류항의 계수를 비교하면
$5a=10$, $10a-10=-b$, $-20=c$
따라서 $a=2$, $b=-10$, $c=-20$

8 $3x^2+ax-11=(bx-1)(x+2)+c$의 우변을 전개하여 정리하면
$3x^2+ax-11=bx^2+(2b-1)x-2+c$
양변의 동류항의 계수를 비교하면
$3=b$, $a=2b-1$, $-11=-2+c$
따라서 $a=5$, $b=3$, $c=-9$

9 $ax(x-4)+b(x+4)+c=-2x^2+6x+1$의 좌변을 전개하여 정리하면
$ax^2+(-4a+b)x+4b+c=-2x^2+6x+1$
양변의 동류항의 계수를 비교하면
$a=-2$, $-4a+b=6$, $4b+c=1$
따라서 $a=-2$, $b=-2$, $c=9$

10 $(2x+3)(ax^2-bx)=4x^3+cx^2+12x$의 좌변을 전개하여 정리하면
$2ax^3+(3a-2b)x^2-3bx=4x^3+cx^2+12x$
양변의 동류항의 계수를 비교하면
$2a=4$, $3a-2b=c$, $-3b=12$
따라서 $a=2$, $b=-4$, $c=14$

11 $x^3+ax-12=(x+3)(x^2+bx+c)$의 우변을 전개하여 정리하면
$x^3+ax-12=x^3+(b+3)x^2+(3b+c)x+3c$
양변의 동류항의 계수를 비교하면
$0=b+3$, $a=3b+c$, $-12=3c$
따라서 $a=-13$, $b=-3$, $c=-4$이므로
$a+bc=-13+12=-1$

13 주어진 등식의 양변에 $x=0$을 대입하면
$3=-a$이므로 $a=-3$
주어진 등식의 양변에 $x=1$을 대입하면
$4=b$
따라서 $a=-3$, $b=4$

14 주어진 등식의 양변에 $x=3$을 대입하면
$4a=0$이므로 $a=0$
주어진 등식의 양변에 $x=-1$을 대입하면
$-4b=-12$이므로 $b=3$
따라서 $a=0$, $b=3$

15 주어진 등식의 양변에 $x=2$를 대입하면
$0=a+1$이므로 $a=-1$
주어진 등식의 양변에 $x=1$을 대입하면
$-4=-b+1$이므로 $b=5$
따라서 $a=-1$, $b=5$

16 주어진 등식의 양변에 $x=1$을 대입하면
$2=c$
주어진 등식의 양변에 $x=0$을 대입하면
$-3=a-b+c$이므로 $a-b=-5$ …… ㉠
주어진 등식의 양변에 $x=2$를 대입하면
$9=a+b+c$이므로 $a+b=7$ …… ㉡
㉠, ㉡을 연립하여 풀면 $a=1$, $b=6$
따라서 $a=1$, $b=6$, $c=2$

17 주어진 등식의 양변에 $x=1$을 대입하면
$0=5+c$이므로 $c=-5$
주어진 등식의 양변에 $x=2$를 대입하면
$5b=40+c$이므로 $5b=35$, $b=7$
주어진 등식의 양변에 $x=-3$을 대입하면
$20a=165+c$이므로 $20a=160$, $a=8$
따라서 $a=8$, $b=7$, $c=-5$

18 주어진 등식의 양변에 $x=1$을 대입하면
$6=c$
주어진 등식의 양변에 $x=2$를 대입하면
$19=a+c$이므로 $19=a+6$, $a=13$
주어진 등식의 양변에 $x=0$을 대입하면
$3=-a+2b+c$이므로 $3=-13+2b+6$
$2b=10$, $b=5$
따라서 $a=13$, $b=5$, $c=6$

19 주어진 등식의 양변에 $x=1$을 대입하면
$c=2$
주어진 등식의 양변에 $x=0$을 대입하면
$-b+c=-1$이므로 $-b+2=-1$, $b=3$
주어진 등식의 양변에 $x=2$를 대입하면
$2a+b+c=9$이므로 $2a+3+2=9$
$2a=4$, $a=2$
따라서 $a=2$, $b=3$, $c=2$

20 주어진 등식의 양변에 $x=-1$을 대입하면
$14=2a$이므로 $a=7$
주어진 등식의 양변에 $x=0$을 대입하면
$9=-b$이므로 $b=-9$
주어진 등식의 양변에 $x=1$을 대입하면
$6=2c$이므로 $c=3$
따라서 $a=7$, $b=-9$, $c=3$

21 주어진 등식의 양변에 $x=-2$를 대입하면
$-8+4a-24=0$이므로 $4a=32$, $a=8$
주어진 등식의 양변에 $x=1$을 대입하면
$a-23=3(b-2)$이므로 $-15=3(b-2)$
$b-2=-5$, $b=-3$
주어진 등식의 양변에 $x=0$을 대입하면
$-24=-6-2c$이므로 $2c=18$, $c=9$
따라서 $a+b+c=8-3+9=14$

22 주어진 등식의 양변에 $x=1$을 대입하면
$5+a+b-3=0$이므로
$a+b=-2$ ...... ㉠
주어진 등식의 양변에 $x=-1$을 대입하면
$-5+a-b-3=0$이므로
$a-b=8$ ...... ㉡
㉠, ㉡을 연립하여 풀면 $a=3$, $b=-5$

23 주어진 등식의 양변에 $x=0$을 대입하면
$b=0$
주어진 등식의 양변에 $x=1$을 대입하면
$1+1+a+b=0$이므로 $a=-2$
따라서 $a=-2$, $b=0$

24 주어진 등식의 양변에 $x=1$을 대입하면
$1+a-b-2=0$이므로
$a-b=1$ ...... ㉠
주어진 등식의 양변에 $x=-2$를 대입하면
$-8+4a+2b-2=0$이므로 $4a+2b=10$
$2a+b=5$ ...... ㉡
㉠, ㉡을 연립하여 풀면 $a=2$, $b=1$

25 주어진 등식의 양변에 $x=2$를 대입하면
$8a-4+12-b=0$이므로
$8a-b=-8$ ...... ㉠
주어진 등식의 양변에 $x=-3$을 대입하면
$-27a-9-18-b=0$이므로
$-27a-b=27$ ...... ㉡
㉠, ㉡을 연립하여 풀면 $a=-1$, $b=0$

26 주어진 등식의 양변에 $x=0$을 대입하면
$2b-8=0$이므로 $b=4$
주어진 등식의 양변에 $x=-2$를 대입하면
$-8b-4a+2b-8=0$이므로 $-4a-6b-8=0$
$-4a-24-8=0$, $-4a=32$, $a=-8$
따라서 $a=-8$, $b=4$

27 $(x^2-4)P(x)=2x^3-3x^2+ax+b$에서
$(x+2)(x-2)P(x)=2x^3-3x^2+ax+b$ ...... ㉠
㉠에 $x=-2$를 대입하면
$-2a+b=28$ ...... ㉡
㉠에 $x=2$를 대입하면
$2a+b=-4$ ...... ㉢
㉡, ㉢을 연립하여 풀면 $a=-8$, $b=12$
따라서 $a+2b=-8+24=16$

28 (1) 주어진 등식의 양변에 $x=1$을 대입하면
$a_0+a_1+a_2+a_3+\cdots+a_{10}=0$
(2) 주어진 등식의 양변에 $x=-1$을 대입하면
$a_0-a_1+a_2-a_3+\cdots+a_{10}=1024$
(3) 주어진 등식의 양변에 $x=0$을 대입하면
$a_0=1$
(1)에서 $a_0+a_1+a_2+a_3+\cdots+a_{10}=0$이므로
$a_1+a_2+a_3+\cdots+a_{10}=-1$

29 (1) 주어진 등식의 양변에 $x=1$을 대입하면
$a_0+a_1+a_2+a_3+\cdots+a_{10}=0$
(2) 주어진 등식의 양변에 $x=-1$을 대입하면
$a_0-a_1+a_2-a_3+\cdots+a_{10}=-32$
(3) 주어진 등식의 양변에 $x=0$을 대입하면
$a_0=-32$
(1)에서 $a_0+a_1+a_2+a_3+\cdots+a_{10}=0$이므로
$a_1+a_2+a_3+\cdots+a_{10}=32$

30 (1) 주어진 등식의 양변에 $x=0$을 대입하면
$a_0+a_1+a_2+a_3+\cdots+a_{10}=1$
(2) 주어진 등식의 양변에 $x=-2$를 대입하면
$a_0-a_1+a_2-a_3+\cdots+a_{10}=243$
(3) 주어진 등식의 양변에 $x=-1$을 대입하면
$a_0=1$
(1)에서 $a_0+a_1+a_2+a_3+\cdots+a_{10}=1$이므로
$a_1+a_2+a_3+\cdots+a_{10}=0$

31 주어진 등식의 양변에 $x=1$을 대입하면
$a_0+a_1+a_2+a_3+a_4+a_5+a_6=8$ ...... ㉠
주어진 등식의 양변에 $x=0$을 대입하면
$a_0=27$
이 값을 ㉠에 대입하면
$27+a_1+a_2+a_3+a_4+a_5+a_6=8$
따라서 $a_1+a_2+a_3+a_4+a_5+a_6=-19$

04

본문 68쪽

다항식의 나눗셈과 항등식

1 (✐ $3b-1$, $b+6$, $3b-1$, $b+6$, -1, 2)

2 $a=7$, $b=-1$

3 $a=18$, $b=3$

4 $a=13$, $b=-5$

5 $a=9$, $b=1$

6 (✐ -5, 1, -6, -5)

7 $a=4$, $b=10$

8 $a=4$, $b=-11$

9 $a=-6$, $b=3$

10 $a=2$, $b=-25$

☺ 항등식, 계수비교법, 수치대입법

11 ③

2 주어진 조건을 나눗셈에 대한 등식으로 나타내면

$6x^3+ax^2-x+16=(2x+3)(3x^2+bx+1)+13$

우변을 전개하면

$6x^3+ax^2-x+16=6x^3+(2b+9)x^2+(2+3b)x+16$

양변의 동류항의 계수를 비교하면

$a=2b+9$, $-1=2+3b$

위 식을 연립하여 풀면 $a=7$, $b=-1$

3 주어진 조건을 나눗셈에 대한 등식으로 나타내면

$-5x^3+ax^2-10x-8=(x-b)(-5x^2+3x-1)-11$

우변을 전개하면

$-5x^3+ax^2-10x-8$

$=-5x^3+(3+5b)x^2-(1+3b)x+b-11$

양변의 동류항의 계수를 비교하면

$a=3+5b$, $-10=-(1+3b)$, $-8=b-11$

위 식을 연립하여 풀면 $a=18$, $b=3$

4 주어진 조건을 나눗셈에 대한 등식으로 나타내면

$12x^3-26x^2+ax-22=(3x+b)(4x^2-2x+1)-17$

우변을 전개하면

$12x^3-26x^2+ax-22$

$=12x^3+(-6+4b)x^2+(3-2b)x+b-17$

양변의 동류항의 계수를 비교하면

$-26=-6+4b$, $a=3-2b$, $-22=b-17$

위 식을 연립하여 풀면 $a=13$, $b=-5$

5 주어진 조건을 나눗셈에 대한 등식으로 나타내면

$5x^3+ax^2-17x+6=(5x-b)(x^2+2x-3)+3$

우변을 전개하면

$5x^3+ax^2-17x+6=5x^3+(10-b)x^2-(15+2b)x+3b+3$

양변의 동류항의 계수를 비교하면

$a=10-b$, $-17=-(15+2b)$, $6=3b+3$

위 식을 연립하여 풀면 $a=9$, $b=1$

7 $2x^3+ax^2-30x+b$를 $2x(x-3)$으로 나누었을 때의 몫을 $Q(x)$라 하면

$2x^3+ax^2-30x+b=2x(x-3)Q(x)+10$

양변에 $x=0$을 대입하면 $b=10$

양변에 $x=3$을 대입하면

$54+9a-90+b=10$에서 $9a+b=46$

따라서 $a=4$, $b=10$

8 $5x^3+ax^2+bx-1$을 $(x-1)(x+2)$로 나누었을 때의 몫을 $Q(x)$라 하면

$5x^3+ax^2+bx-1=(x-1)(x+2)Q(x)-3$

양변에 $x=1$을 대입하면

$5+a+b-1=-3$에서 $a+b=-7$ …… ㉠

양변에 $x=-2$를 대입하면

$-40+4a-2b-1=-3$에서

$4a-2b=38$, $2a-b=19$ …… ㉡

㉠, ㉡을 연립하여 풀면 $a=4$, $b=-11$

9 $x^3+ax^2+bx+10$을 $(x+1)(x-2)$로 나누었을 때의 몫을 $Q(x)$라 하면

$x^3+ax^2+bx+10=(x+1)(x-2)Q(x)$

양변에 $x=-1$을 대입하면

$-1+a-b+10=0$에서 $a-b=-9$ …… ㉠

양변에 $x=2$를 대입하면

$8+4a+2b+10=0$에서

$4a+2b=-18$, $2a+b=-9$ …… ㉡

㉠, ㉡을 연립하여 풀면 $a=-6$, $b=3$

10 $ax^3-x^2+bx-12$를 $(x-4)(x+3)$으로 나누었을 때의 몫을 $Q(x)$라 하면

$ax^3-x^2+bx-12=(x-4)(x+3)Q(x)$

양변에 $x=4$를 대입하면

$64a-16+4b-12=0$에서

$64a+4b=28$, $16a+b=7$ …… ㉠

양변에 $x=-3$을 대입하면

$-27a-9-3b-12=0$에서

$27a+3b=-21$, $9a+b=-7$ …… ㉡

㉠, ㉡을 연립하여 풀면 $a=2$, $b=-25$

11 주어진 조건을 나눗셈에 대한 등식으로 나타내면

$x^3+ax^2+bx+c=(x^2+x+1)(x-2)-4x+3$

우변을 전개하여 정리하면

$x^3+ax^2+bx+c=x^3-x^2-5x+1$

양변을 동류항끼리 비교하면

$a=-1$, $b=-5$, $c=1$

따라서 $a-2b+3c=-1+10+3=12$

TEST 개념 확인

본문 70쪽

1 ④	2 ㄴ, ㄷ, ㄹ	3 ②	4 ④
5 2	6 ①	7 ④	8 ③
9 ③	10 ②	11 ①	12 14

1 ① 방정식
② 방정식
③ 등식이 아니므로 항등식이 아니다.
④ (우변)$=2x^2-4x+7$
즉 (좌변)$=$(우변)이므로 항등식이다.
⑤ (우변)$=3x^2+4x+1$
즉 (좌변)$\neq$(우변)이므로 항등식이 아니다.
따라서 항등식은 ④이다.

2 ㄱ. 등식 $3x-1=-3x+1$에서 $6x-2=0$이므로 $x=\frac{1}{3}$일 때에만 등식이 성립한다. (거짓)
ㄴ. 등식 $(x+4)(x-4)=x^2-16$은 항등식이므로 x의 값에 관계없이 항상 성립한다. (참)
ㄷ. 등식 $2(x-5)=-10+2x$는 항등식이므로 어떤 x의 값에 대하여도 항상 성립한다. (참)
ㄹ. 등식 $(x-1)(x^2+x+1)=x^3-1$은 항등식이므로 임의의 x에 대하여 항상 성립한다. (참)
따라서 옳은 것은 ㄴ, ㄷ, ㄹ이다.

3 등식 $ax+3x+b-1=0$을 x에 대하여 정리하면
$(a+3)x+b-1=0$
이 등식이 x에 대한 항등식이므로
$a+3=0$, $b-1=0$
따라서 $a=-3$, $b=1$이므로 $ab=-3$

4 등식 $(2a-1)x^2+bx+c-3=5x^2-10x+9$가 x에 대한 항등식이므로
$2a-1=5$, $b=-10$, $c-3=9$
따라서 $a=3$, $b=-10$, $c=12$이므로
$a+b+c=5$

5 등식 $2(ax+2y-1)+b(x-y)+2=0$의 좌변을 전개하여 x, y에 대하여 정리하면
$(2a+b)x+(4-b)y=0$
이 등식이 x, y에 대한 항등식이므로
$2a+b=0$, $4-b=0$
따라서 $b=4$, $a=-2$이므로
$a+b=2$

6 등식 $-3(2k-1)x+(k+7)y-5k+10=0$의 좌변을 전개하여 k에 대하여 정리하면
$(-6x+y-5)k+3x+7y+10=0$
이 등식이 k에 대한 항등식이므로
$-6x+y-5=0$, $3x+7y+10=0$
위 식을 연립하여 풀면 $x=-1$, $y=-1$
따라서 $x+y=-2$

7 $3x^2-2x+4=a(x-1)(x-2)+bx+c$의
우변을 전개하여 정리하면
$3x^2-2x+4=ax^2+(-3a+b)x+2a+c$이므로
양변의 동류항의 계수를 비교하면
$a=3$, $-3a+b=-2$, $2a+c=4$이므로
$a=3$, $b=7$, $c=-2$
따라서 $a+b+c=8$

8 $(x^2-2x-3)Q(x)=5x^3+ax-b$에서
$(x+1)(x-3)Q(x)=5x^3+ax-b$ …… ㉠
㉠은 x에 대한 항등식이므로
㉠의 양변에 $x=-1$을 대입하면 $0=-5-a-b$
$a+b=-5$ …… ㉡
㉠의 양변에 $x=3$을 대입하면 $0=135+3a-b$
$3a-b=-135$ …… ㉢
㉡, ㉢을 연립하여 풀면 $a=-35$, $b=30$
따라서 $2a+3b=-70+90=20$

9 주어진 등식의 양변에 $x=1$을 대입하면
$a_0+a_1+a_2+a_3+\cdots+a_{15}=0$ …… ㉠
주어진 등식의 양변에 $x=0$을 대입하면
$a_0=-27$
이 값을 ㉠에 대입하면
$-27+a_1+a_2+a_3+\cdots+a_{15}=0$
따라서 $a_1+a_2+a_3+\cdots+a_{15}=27$

10 주어진 조건을 $A=BQ+R$ 꼴로 나타내면
$3x^4+ax^3+2x^2-3x+11=(x-2)(3x^3+bx+1)+13$
우변을 전개하여 정리하면
$3x^4+ax^3+2x^2-3x+11=3x^4-6x^3+bx^2+(1-2b)x+11$
양변의 동류항의 계수를 비교하면
$a=-6$, $2=b$, $-3=1-2b$
따라서 $a=-6$, $b=2$이므로
$a+2b=-6+4=-2$

[다른 풀이]
주어진 조건을 $A=BQ+R$ 꼴로 나타내면
$3x^4+ax^3+2x^2-3x+11=(x-2)(3x^3+bx+1)+13$ …… ㉠
㉠의 양변에 $x=2$를 대입하면
$48+8a+8-6+11=13$
$61+8a=13$, $8a=-48$, $a=-6$

㉠의 양변에 $x=1$, $a=-6$을 대입하면

$3-6+2-3+11=-(3+b+1)+13$

$7=-b+9$, $b=2$

따라서 $a+2b=-6+4=-2$

11 $4x^3+6x^2+ax+b$를 $(x+1)(x-1)$로 나누었을 때의 몫을 $Q(x)$라 하면

$4x^3+6x^2+ax+b=(x+1)(x-1)Q(x)+6$

양변에 $x=-1$을 대입하면

$-4+6-a+b=6$이므로 $a-b=-4$ …… ㉠

양변에 $x=1$을 대입하면

$4+6+a+b=6$이므로 $a+b=-4$ …… ㉡

㉠, ㉡을 연립하여 풀면 $a=-4$, $b=0$

따라서 $2a+b=-8+0=-8$

12 $-2x^3+ax^2+bx+60$을 x^2-x-6으로 나누었을 때의 몫을 $Q(x)$라 하면

$-2x^3+ax^2+bx+60=(x^2-x-6)Q(x)$

$=(x+2)(x-3)Q(x)$

양변에 $x=-2$를 대입하면

$16+4a-2b+60=0$이므로 $4a-2b=-76$

$2a-b=-38$ …… ㉠

양변에 $x=3$을 대입하면

$-54+9a+3b+60=0$이므로 $9a+3b=-6$

$3a+b=-2$ …… ㉡

㉠, ㉡을 연립하여 풀면 $a=-8$, $b=22$

따라서 $a+b=14$

05 나머지 정리

본문 72쪽

원리확인

1, 1, 1, 1, 3, 1

1 (✎1, 1, 1, 1, 5)　2 51　3 -15

4 -85　5 0　6 -4

7 $\left(✎R, \frac{1}{2}, \frac{1}{2}, R, \frac{1}{2}, \frac{1}{2}, \frac{1}{2}, \frac{1}{2}, -\frac{1}{2}\right)$　8 4

9 $\frac{8}{27}$　10 $\frac{94}{27}$　11 $\frac{116}{27}$　☺ a, $-\frac{b}{a}$

12 (✎1, 1, 1, 5, -2)　13 $-\frac{3}{2}$　14 -10

15 -3　16 -40　17 ②

2 $P(2)=8\times2^3-4\times2^2+2\times2-1$

$=64-16+4-1=51$

3 $P(-1)=8\times(-1)^3-4\times(-1)^2+2\times(-1)-1$

$=-8-4-2-1=-15$

4 $P(-2)=8\times(-2)^3-4\times(-2)^2+2\times(-2)-1$

$=-64-16-4-1=-85$

5 $P\left(\frac{1}{2}\right)=8\times\left(\frac{1}{2}\right)^3-4\times\left(\frac{1}{2}\right)^2+2\times\frac{1}{2}-1$

$=1-1+1-1=0$

6 $P\left(-\frac{1}{2}\right)=8\times\left(-\frac{1}{2}\right)^3-4\times\left(-\frac{1}{2}\right)^2+2\times\left(-\frac{1}{2}\right)-1$

$=-1-1-1-1=-4$

8 $P\left(-\frac{1}{2}\right)=2\times\left(-\frac{1}{2}\right)^3-\left(-\frac{1}{2}\right)^2-5\times\left(-\frac{1}{2}\right)+2$

$=-\frac{1}{4}-\frac{1}{4}+\frac{5}{2}+2=4$

9 $P\left(\frac{1}{3}\right)=2\times\left(\frac{1}{3}\right)^3-\left(\frac{1}{3}\right)^2-5\times\frac{1}{3}+2$

$=\frac{2}{27}-\frac{1}{9}-\frac{5}{3}+2=\frac{8}{27}$

10 $P\left(-\frac{1}{3}\right)=2\times\left(-\frac{1}{3}\right)^3-\left(-\frac{1}{3}\right)^2-5\times\left(-\frac{1}{3}\right)+2$

$=-\frac{2}{27}-\frac{1}{9}+\frac{5}{3}+2=\frac{94}{27}$

11 $P\left(-\frac{2}{3}\right)=2\times\left(-\frac{2}{3}\right)^3-\left(-\frac{2}{3}\right)^2-5\times\left(-\frac{2}{3}\right)+2$

$=-\frac{16}{27}-\frac{4}{9}+\frac{10}{3}+2=\frac{116}{27}$

13 $P(2)=-6$이므로

$a\times2^4+3\times2^2+6=-6$

$16a+12+6=-6$, $16a=-24$

따라서 $a=-\frac{3}{2}$

14 $P\left(\frac{1}{2}\right)=-1$이므로

$16\times\left(\frac{1}{2}\right)^3-4\times\left(\frac{1}{2}\right)^2+a\times\frac{1}{2}+3=-1$

$2-1+\frac{1}{2}a+3=-1$, $\frac{1}{2}a=-5$

따라서 $a=-10$

15 $P(3)=14$이므로

$3^3+a\times3^2+5\times3-1=14$

$27+9a+15-1=14$, $9a=-27$

따라서 $a=-3$

16 $P\left(-\frac{1}{5}\right)=-3$이므로

$25\times\left(-\frac{1}{5}\right)^3+5\times\left(-\frac{1}{5}\right)^2+a\times\left(-\frac{1}{5}\right)-11=-3$

$-\frac{1}{5}+\frac{1}{5}-\frac{1}{5}a-11=-3$, $-\frac{1}{5}a=8$

따라서 $a=-40$

17 $P(x)=x^4+ax^3+bx^2-6$이라 하자.
$P(x)$를 $x-1$로 나누었을 때의 나머지가 5이므로
$P(1)=5$
$P(1)=1+a+b-6=5$에서
$a+b=10$ …… ㉠
또한 $P(x)$를 $x+1$로 나누었을 때의 나머지가 -7이므로
$P(-1)=-7$
$P(-1)=1-a+b-6=-7$에서
$a-b=2$ …… ㉡
㉠, ㉡을 연립하여 풀면 $a=6$, $b=4$
따라서 $2a-b=12-4=8$

06 나머지 정리의 활용

본문 74쪽

1 (✐6, 2, 2, 6)　2 1　3 3
4 -1　5 -8　6 4　7 ④
8 (1) $ax+b$　(2) 5, 5, -1, -1　(3) 3, 2　(4) $3x+2$
9 $-2x+2$
10 (1) x^2-3x+2, $ax+b$, $x-1$, $ax+b$
(2) 3, 3, -1, -1　(3) -4, 7　(4) $-4x+7$
11 $6x-1$
☺ 상수 / 상수, 일차식

2 $P(x)$를 $(x+3)(x-5)$로 나누었을 때의 몫을 $Q(x)$라 하면
$P(x)=(x+3)(x-5)Q(x)+x+4$ …… ㉠
따라서 $P(x)$를 $x+3$으로 나누었을 때의 나머지는 $P(-3)$이므로 ㉠에 의하여 $P(-3)=-3+4=1$

3 $P(x)$를 x^2-3x+2로 나누었을 때의 몫을 $Q(x)$라 하면
$P(x)=(x^2-3x+2)Q(x)+x+1$
$=(x-1)(x-2)Q(x)+x+1$ …… ㉠
따라서 $P(x)$를 $x-2$로 나누었을 때의 나머지는 $P(2)$이므로 ㉠에 의하여 $P(2)=2+1=3$

4 $P(x)$를 $x^2-4x-12$로 나누었을 때의 몫을 $Q(x)$라 하면
$P(x)=(x^2-4x-12)Q(x)+2x+3$
$=(x-6)(x+2)Q(x)+2x+3$ …… ㉠
따라서 $P(x)$를 $x+2$로 나누었을 때의 나머지는 $P(-2)$이므로 ㉠에 의하여 $P(-2)=-4+3=-1$

5 다항식 $P(x)$를 x^2+3x+2로 나누었을 때의 몫을 $Q(x)$라 하면
$P(x)=(x^2+3x+2)Q(x)+4x$
$=(x+1)(x+2)Q(x)+4x$ …… ㉠
따라서 $P(2x)$를 $x+1$로 나누었을 때의 나머지는 $P(-2)$이므로 ㉠에 의하여 $P(-2)=-8$

6 $P(x)$를 $x^2-5x-14$로 나누었을 때의 몫을 $Q(x)$라 하면
$P(x)=(x^2-5x-14)Q(x)-2x+18$
$=(x+2)(x-7)Q(x)-2x+18$ …… ㉠
따라서 $P(3x+1)$을 $x-2$로 나누었을 때의 나머지는 $P(7)$이므로 ㉠에 의하여 $P(7)=-14+18=4$

7 다항식 $f(x)$를 $(2x+1)(x-5)$로 나누었을 때의 몫을 $Q(x)$라 하면
$f(x)=(2x+1)(x-5)Q(x)+3x-1$ …… ㉠
다항식 $xf(x+3)$을 $x-2$로 나누었을 때의 나머지는 $2f(5)$이다.
따라서 ㉠에서 구하는 나머지는
$2f(5)=2\times14=28$

9 $P(x)$를 $(x-2)(x+1)$로 나누었을 때의 몫을 $Q(x)$, 나머지를 $ax+b$ (a, b는 상수)라 하면
$P(x)=(x-2)(x+1)Q(x)+ax+b$
이때 $P(x)$를 $x-2$, $x+1$로 나누었을 때의 나머지가 각각 -2, 4이므로 나머지 정리에 의하여 $P(2)=-2$, $P(-1)=4$에서
$P(2)=2a+b=-2$ …… ㉠
$P(-1)=-a+b=4$ …… ㉡
㉠, ㉡을 연립하여 풀면 $a=-2$, $b=2$
따라서 구하는 나머지는 $-2x+2$이다.

11 $P(x)$를 x^2-2x-3으로 나누었을 때의 몫을 $Q(x)$, 나머지를 $ax+b$ (a, b는 상수)라 하면
$P(x)=(x^2-2x-3)Q(x)+ax+b$
$=(x+1)(x-3)Q(x)+ax+b$ …… ㉠
$P(x)$를 $(x+1)(x-7)$로 나누었을 때의 나머지가 $2x-5$이므로 나머지 정리에 의하여 $P(-1)=-7$
$P(x)$를 $(x-3)(x-4)$로 나누었을 때의 나머지가 $-x+20$이므로 나머지 정리에 의하여 $P(3)=17$
㉠에서
$P(-1)=-a+b=-7$ …… ㉡
$P(3)=3a+b=17$ …… ㉢
㉡, ㉢을 연립하여 풀면 $a=6$, $b=-1$
따라서 구하는 나머지는 $6x-1$이다.

07 인수 정리

본문 76쪽

원리확인

❶ ○, 0, 인수이다 ❷ ×, 15, 인수가 아니다

1 ○ (✐0)	2 ×	3 ○	4 ○
5 ○	6 ×	7 (✐2, 4)	8 6
9 5	10 2	11 −11	12 1
13 (✐1, 0)	14 14	15 5	16 10

☺ a, 인수, $x-a$ 17 ③

18 (✐−1, −5, −1, −3, −4, 1)

19 $a=-1$, $b=4$ 20 $a=-3$, $b=0$

21 $a=-4$, $b=1$ 22 $a=\frac{3}{2}$, $b=9$

☺ 인수, a, b

23 (✐−1, −2, −1, 0, −1, 1)

24 $a=15$, $b=24$ 25 $a=1$, $b=4$

26 $a=-1$, $b=2$ 27 ①

28 (✐−5, $-5x^2+10x+15$)

29 $P(x)=2x^2-2$ 30 (✐7, $-x^2+2x+15$)

31 $P(x)=x^2-22$ 32 $P(x)=2x^3-12x^2+22x-12$

33 $P(x)=-3x^3-15x^2+51x+63$

☺ k, k, k, c 34 ③

2 $P(3)=27+18+27-18=54\neq0$

3 $P(-1)=4+2-6=0$

4 $P(-2)=16-4-12=0$

5 $P\left(\frac{1}{2}\right)=\frac{1}{4}-\frac{3}{4}-\frac{11}{2}+6=0$

6 $P\left(-\frac{2}{3}\right)=-\frac{8}{9}-\frac{8}{9}+2+2=\frac{20}{9}\neq0$

8 $P(x)$가 $x-1$을 인수로 가지므로 $P(1)=0$
$P(1)=1+4-a+1=0$에서 $a=6$

9 $P(x)$가 $x+3$을 인수로 가지므로 $P(-3)=0$
$P(-3)=-27+9a-27+9=0$에서 $9a=45$
따라서 $a=5$

10 $P(x)$가 $x+2$를 인수로 가지므로 $P(-2)=0$
$P(-2)=-8a+4+10+2=0$에서 $8a=16$
따라서 $a=2$

11 $P(x)$가 $2x-1$을 인수로 가지므로 $P\left(\frac{1}{2}\right)=0$
$P\left(\frac{1}{2}\right)=\frac{3}{4}-\frac{1}{4}+\frac{1}{2}a+5=0$에서 $\frac{1}{2}a=-\frac{11}{2}$
따라서 $a=-11$

12 $P(x)$가 $3x+1$을 인수로 가지므로 $P\left(-\frac{1}{3}\right)=0$
$P\left(-\frac{1}{3}\right)=-\frac{4}{9}+\frac{1}{9}a+\frac{10}{3}-3=0$에서 $\frac{1}{9}a=\frac{1}{9}$
따라서 $a=1$

14 $P(x)$가 $x-3$으로 나누어떨어지므로 $P(3)=0$
$P(3)=27+18-3k-3=0$에서 $3k=42$
따라서 $k=14$

15 $P(x)$가 $x+2$로 나누어떨어지므로 $P(-2)=0$
$P(-2)=-24+4k-2+6=0$에서 $4k=20$
따라서 $k=5$

16 $P(x)$가 $3x-2$로 나누어떨어지므로 $P\left(\frac{2}{3}\right)=0$
$P\left(\frac{2}{3}\right)=\frac{8}{9}+\frac{4}{9}k+\frac{2}{3}-6=0$에서 $\frac{4}{9}k=\frac{40}{9}$
따라서 $k=10$

17 $P(x)=x^3+ax^2+bx-6$이라 하면
$P(x)$가 $x+2$로 나누어떨어지므로 $P(-2)=0$
$P(-2)=-8+4a-2b-6=0$에서
$4a-2b=14$, $2a-b=7$ …… ㉠
또한 $P(x)$를 $x-1$로 나누었을 때의 나머지가 6이므로
$P(1)=6$
$P(1)=1+a+b-6=6$에서
$a+b=11$ …… ㉡
㉠, ㉡을 연립하여 풀면 $a=6$, $b=5$
따라서 $2a+b=12+5=17$

19 $P(x)$가 $x-1$, $x+2$로 각각 나누어떨어지므로
$P(1)=0$, $P(-2)=0$
$P(1)=0$에서 $1+a-b+4=0$
$a-b=-5$ …… ㉠
$P(-2)=0$에서 $-8+4a+2b+4=0$
$4a+2b=4$, $2a+b=2$ …… ㉡
㉠, ㉡을 연립하여 풀면 $a=-1$, $b=4$

20 $P(x)$가 $x-2$, $x+1$로 각각 나누어떨어지므로
$P(2)=0$, $P(-1)=0$
$P(2)=0$에서 $8+4a-2b+4=0$
$4a-2b=-12$, $2a-b=-6$ …… ㉠
$P(-1)=0$에서 $-1+a+b+4=0$
$a+b=-3$ …… ㉡
㉠, ㉡을 연립하여 풀면 $a=-3$, $b=0$

21 $P(x)$가 x^2-5x+4, 즉 $(x-1)(x-4)$로 나누어떨어지므로
$P(1)=0$, $P(4)=0$
$P(1)=0$에서 $1+a-b+4=0$
$a-b=-5$ ...... ㉠
$P(4)=0$에서 $64+16a-4b+4=0$
$16a-4b=-68$, $4a-b=-17$ ...... ㉡
㉠, ㉡을 연립하여 풀면 $a=-4$, $b=1$

22 $P(x)$가 x^2+2x-8, 즉 $(x-2)(x+4)$로 나누어떨어지므로
$P(2)=0$, $P(-4)=0$
$P(2)=0$에서 $8+4a-2b+4=0$
$4a-2b=-12$, $2a-b=-6$ ...... ㉠
$P(-4)=0$에서 $-64+16a+4b+4=0$
$16a+4b=60$, $4a+b=15$ ...... ㉡
㉠, ㉡을 연립하여 풀면 $a=\frac{3}{2}$, $b=9$

24 $P(x)=3x^3-ax^2+bx-12$가 $x-1$, $x-2$로 각각 나누어떨어지므로
$P(1)=0$, $P(2)=0$
$P(1)=0$에서 $3-a+b-12=0$
$a-b=-9$ ...... ㉠
$P(2)=0$에서 $24-4a+2b-12=0$
$4a-2b=12$, $2a-b=6$ ...... ㉡
㉠, ㉡을 연립하여 풀면 $a=15$, $b=24$

25 $P(x)=x^3-ax^2-bx+4$가 x^2+x-2, 즉 $(x-1)(x+2)$로 나누어떨어지므로
$P(1)=0$, $P(-2)=0$
$P(1)=0$에서 $1-a-b+4=0$
$a+b=5$ ...... ㉠
$P(-2)=0$에서 $-8-4a+2b+4=0$
$4a-2b=-4$, $2a-b=-2$ ...... ㉡
㉠, ㉡을 연립하여 풀면 $a=1$, $b=4$

26 $P(x)=2x^3+ax^2-bx+1$이 $2x^2-3x+1$, 즉 $(2x-1)(x-1)$로 나누어떨어지므로
$P\left(\frac{1}{2}\right)=0$, $P(1)=0$
$P\left(\frac{1}{2}\right)=0$에서 $\frac{1}{4}+\frac{1}{4}a-\frac{1}{2}b+1=0$
$\frac{1}{4}a-\frac{1}{2}b=-\frac{5}{4}$, $a-2b=-5$ ...... ㉠
$P(1)=0$에서 $2+a-b+1=0$
$a-b=-3$ ...... ㉡
㉠, ㉡을 연립하여 풀면 $a=-1$, $b=2$

27 $P(x)=3x^3-8x^2+ax+b$가 x^2-3x-4, 즉 $(x+1)(x-4)$로 나누어떨어지므로
$P(-1)=0$, $P(4)=0$
$P(-1)=0$에서 $-3-8-a+b=0$
$a-b=-11$ ...... ㉠
$P(4)=0$에서 $192-128+4a+b=0$
$4a+b=-64$ ...... ㉡
㉠, ㉡을 연립하여 풀면 $a=-15$, $b=-4$
따라서 $P(x)=3x^3-8x^2-15x-4$를 $x+2$로 나누었을 때의 나머지는 나머지 정리에 의하여
$P(-2)=-24-32+30-4=-30$

29 $P(-1)=P(1)=0$이면 이차식 $P(x)$는 $x+1$, $x-1$로 각각 나누어떨어지므로 이를 인수로 가진다.
이때 이차항의 계수가 2이므로
$P(x)=2(x+1)(x-1)$
$=2x^2-2$

31 $P(-5)=P(5)=3$이면 이차식 $P(x)-3$은 $x+5$, $x-5$로 각각 나누어떨어지므로 이를 인수로 가진다.
이때 이차항의 계수가 1이므로
$P(x)-3=(x+5)(x-5)$
따라서 구하는 이차식 $P(x)$는
$P(x)=(x+5)(x-5)+3$
$=x^2-22$

32 삼차식 $P(x)$는 $x-1$, $x-2$, $x-3$으로 각각 나누어떨어지므로 이를 인수로 가진다.
이때 삼차항의 계수가 2이므로
$P(x)=2(x-1)(x-2)(x-3)$
$=2x^3-12x^2+22x-12$

33 $P(-1)=P(3)=P(-7)=0$이면 삼차식 $P(x)$는 $x+1$, $x-3$, $x+7$로 각각 나누어떨어지므로 이를 인수로 가진다.
이때 삼차항의 계수가 -3이므로
$P(x)=-3(x+1)(x-3)(x+7)$
$=-3x^3-15x^2+51x+63$

34 $P(-1)=P(0)=P(3)=-20$이면 삼차식 $P(x)+20$은 $x+1$, x, $x-3$으로 각각 나누어떨어지므로 이를 인수로 가진다.
이때 삼차항의 계수가 -5이므로
$P(x)+20=-5x(x+1)(x-3)$
$P(x)=-5x(x+1)(x-3)-20$
따라서 삼차식 $P(x)$를 $x-1$로 나눈 나머지는 나머지 정리에 의하여
$P(1)=20-20=0$

08 　　본문 80쪽

조립제법

원리확인

3, −2, 3, −6, −3, 6, −11, $3x$, 6, −11

1 1, 6, 0, 1, 6, 0, 2, x^2+6x, 2

2 −10, 14, −28, 5, −7, 14, −30, $5x^2-7x+14$, −30

3 −9, 9, −24, 3, −3, 8, 1, $3x^2-3x+8$, 1

4 6, 9, 15, 2, 3, 5, 3, $2x^2+3x+5$, 3

5 x^2+5x+8, 8

6 $20x^2-5x+5$, 18

7 $2x^2-2x+3$, $-\frac{1}{2}$

8 $4x^2-2x+4$, −3

9 $6x^2-6x+3$, 9

10 (✎2, 2, 5, 8, 8, 2, 5, 8, 8, 2, 5, 8, 8, 4, $\frac{5}{2}$, 4, 8, $\frac{5}{2}$, 4, 8)

11 $4x^2-x+1$, 18

12 $2x^2-x+2$, −3

☺ $aQ(x)$, R, a, 같다

5

2	1	3	−2	−8
		2	10	16
	1	5	8	8

따라서 몫은 x^2+5x+8, 나머지는 8이다.

6

−2	20	35	−5	28
		−40	10	−10
	20	−5	5	18

따라서 몫은 $20x^2-5x+5$, 나머지는 18이다.

7

$\frac{1}{2}$	2	−3	4	−2
		1	−1	$\frac{3}{2}$
	2	−2	3	$-\frac{1}{2}$

따라서 몫은 $2x^2-2x+3$, 나머지는 $-\frac{1}{2}$이다.

8

$-\frac{1}{2}$	4	0	3	−1
		−2	1	−2
	4	−2	4	−3

따라서 몫은 $4x^2-2x+4$, 나머지는 −3이다.

9

$-\frac{2}{3}$	6	−2	−1	11
		−4	4	−2
	6	−6	3	9

따라서 몫은 $6x^2-6x+3$, 나머지는 9이다.

11 $5x+10=5(x+2)$이므로 다음과 같이 조립제법을 이용하면

−2	20	35	−5	28
		−40	10	−10
	20	−5	5	18

$20x^3+35x^2-5x+28=(x+2)(20x^2-5x+5)+18$

$=(5x+10)(4x^2-x+1)+18$

따라서 몫은 $4x^2-x+1$, 나머지는 18이다.

12 $2x+1=2\left(x+\frac{1}{2}\right)$이므로 다음과 같이 조립제법을 이용하면

$-\frac{1}{2}$	4	0	3	−1
		−2	1	−2
	4	−2	4	−3

$4x^3+3x-1=\left(x+\frac{1}{2}\right)(4x^2-2x+4)-3$

$=(2x+1)(2x^2-x+2)-3$

따라서 몫은 $2x^2-x+2$, 나머지는 −3이다.

TEST 개념 확인 　　본문 82쪽

1 ⑤ 　2 1 　3 ① 　4 ③

5 $2x+17$ 　6 ④ 　7 ④ 　8 ②

9 ⑤

10 (1) $2x^2+5x+1$, 3 　(2) $4x^2-12x+6$, 3

11 ④ 　12 ①

1 나머지 정리에 의하여 $f(-1)=3$, $g(2)=-5$이므로

$f(-1)-g(2)=3-(-5)=8$

2 $f(x)=x^3+ax^2-2x+3$이라 하면 나머지 정리에 의하여

$f(1)=f(-2)$

즉 $1+a-2+3=-8+4a+4+3$이므로

$a+2=4a-1$, $-3a=-3$

따라서 $a=1$

3 $f(x)=x^3-x^2+ax+b$라 하면 나머지 정리에 의하여

$f(1)=4$, $f(2)=4$

$f(1)=4$에서 $1-1+a+b=4$

$a+b=4$ …… ㉠

$f(2)=4$에서 $8-4+2a+b=4$

$2a+b=0$ …… ㉡

㉠, ㉡을 연립하여 풀면 $a=-4$, $b=8$

따라서 $a-b=-4-8=-12$

4 나머지 정리에 의하여 $f(1)=1$, $f(-2)=7$

다항식 $f(x)$를 $(x-1)(x+2)$로 나누었을 때의 몫을 $Q(x)$, 나머지를 $R(x)=ax+b$ (a, b는 상수)라 하면

$f(x)=(x-1)(x+2)Q(x)+ax+b$ …… ㉠

㉠의 양변에 $x=1$, $x=-2$를 각각 대입하면

$f(1)=a+b=1$, $f(-2)=-2a+b=7$

두 식을 연립하여 풀면 $a=-2$, $b=3$

따라서 $R(x)=-2x+3$이므로 $R(-2)=7$

5 다항식 $(x+1)f(x)$를 $x+3$으로 나누었을 때의 나머지가 -22이므로 나머지 정리에 의하여

$-2f(-3)=-22$, $f(-3)=11$

또한 $f(x)$를 $x+5$로 나누었을 때의 나머지가 7이므로 나머지 정리에 의하여

$f(-5)=7$

$f(x)$를 $(x+5)(x+3)$으로 나누었을 때의 몫을 $Q(x)$, 나머지를 $ax+b$ (a, b는 상수)라 하면

$f(x)=(x+5)(x+3)Q(x)+ax+b$ …… ㉠

㉠의 양변에 $x=-3$, $x=-5$를 각각 대입하면

$f(-3)=-3a+b=11$, $f(-5)=-5a+b=7$

두 식을 연립하여 풀면 $a=2$, $b=17$

따라서 구하는 나머지는 $2x+17$이다.

6 다항식 $2x^5-3x^4+7x^3+10$을 $x(x+1)(x-1)$로 나누었을 때의 몫을 $Q(x)$, 나머지를 $R(x)=ax^2+bx+c$ (a, b, c는 상수)라 하면

$2x^5-3x^4+7x^3+10=x(x+1)(x-1)Q(x)+ax^2+bx+c$ …… ㉠

㉠의 양변에 $x=0$을 대입하면 $10=c$

㉠의 양변에 $x=-1$, $x=1$을 각각 대입하면

$-2=a-b+10$에서 $a-b=-12$ …… ㉡

$16=a+b+10$에서 $a+b=6$ …… ㉢

㉡, ㉢을 연립하여 풀면 $a=-3$, $b=9$

따라서 $R(x)=-3x^2+9x+10$이므로

$R(3)=-27+27+10=10$

7 $f(x)=x^4+ax^3+(2a-5)x^2-ax-6$이라 하면 $f(x)$가 $x+2$를 인수로 가지므로 인수 정리에 의하여 $f(-2)=0$

즉 $16-8a+8a-20+2a-6=0$이므로 $2a=10$

따라서 $a=5$

8 $f(x)=2x^3+ax+b$라 하면 $f(x)$가 $(x-1)(x-2)$로 나누어떨어지므로 인수 정리에 의하여 $f(1)=0$, $f(2)=0$

즉 $2+a+b=0$, $16+2a+b=0$에서

$a+b=-2$, $2a+b=-16$

두 식을 연립하여 풀면 $a=-14$, $b=12$

따라서 $a+2b=-14+24=10$

9 $f(x)=2x^3+5x^2-px+q$라 하면 $f(x)$가 $x^2+2x-8=(x-2)(x+4)$로 나누어떨어지므로 인수 정리에 의하여 $f(2)=0$, $f(-4)=0$

즉 $16+20-2p+q=0$, $-128+80+4p+q=0$에서

$2p-q=36$, $4p+q=48$

두 식을 연립하여 풀면 $p=14$, $q=-8$

따라서 $p-q=14-(-8)=22$

10 (1) 조립제법을 이용하여 나눗셈을 하면 다음과 같다.

1	2	3	-4	2
		2	5	1
	2	5	1	3

따라서 구하는 몫은 $2x^2+5x+1$이고, 나머지는 3이다.

(2) 조립제법을 이용하여 나눗셈을 하면 다음과 같다.

-3	4	0	-30	21
		-12	36	-18
	4	-12	6	3

따라서 구하는 몫은 $4x^2-12x+6$이고, 나머지는 3이다.

11 주어진 조립제법은 다항식 x^3-ax^2+2x+b를 일차식 $x-2$로 나누는 과정이므로

$k=2$

즉 조립제법을 이용하여 나눗셈을 하면 다음과 같다.

2	1	$-a$	2	b
		2	$-2a+4$	$-4a+12$
	1	$-a+2$	$-2a+6$	$-4a+b+12$

이를 주어진 조립제법과 비교하면

$-a+2=-3$에서 $a=5$

$c=-2a+4$에서 $a=5$이므로 $c=-6$

$-4a+b+12=5$에서 $a=5$이므로 $b=13$

따라서 $a+b+c+k=5+13-6+2=14$

12 주어진 조립제법에서 ax^3+bx^2+cx+d를 $x-\frac{1}{4}$로 나누었을 때의 몫이 $4x^2-12$이고 나머지가 5이므로

$$ax^3+bx^2+cx+d=\left(x-\frac{1}{4}\right)(4x^2-12)+5$$
$$=(4x-1)(x^2-3)+5$$

따라서 구하는 몫은 $Q(x)=x^2-3$, 나머지는 $m=5$이므로

$Q(1)+4m=-2+20=18$

TEST 개념 발전

본문 84쪽

1 ④	2 ①	3 ②	4 ①
5 ③	6 ①	7 40	8 ③
9 ④	10 ②	11 16	12 ⑤
13 512	14 ④	15 ④	

1 주어진 이차방정식에 $x=2$를 대입하면

$4a-2b(k+3)+a(2k-1)=-3$

k에 대하여 정리하면

$(2a-2b)k+3a-6b=-3$

이 등식이 k에 대한 항등식이므로

$2a-2b=0$, $3a-6b=-3$

즉 $a-b=0$, $a-2b=-1$

두 식을 연립하여 풀면 $a=1$, $b=1$

따라서 $ab=1$

2 다항식 x^3-4x^2+7x-9를 $x-3$으로 나누었을 때의 몫과 나머지는 다음과 같이 조립제법을 이용하여 구할 수 있다.

3	1	−4	7	−9
		3	−3	12
	1	−1	4	3

따라서 $a=3$, $b=3$, $c=-1$, $d=4$이므로

$abcd=3\times3\times(-1)\times4=-36$

3 **[방법 1] 수치대입법**

주어진 등식의 양변에 $x=2$를 대입하면

$16a=32$에서 $a=2$

주어진 등식의 양변에 $x=-2$를 대입하면

$16b=48$에서 $b=3$

따라서 $ab=2\times3=6$

[방법 2] 계수비교법

주어진 등식의 좌변을 전개하여 정리하면

$(a+b)x^2+(4a-4b)x+4a+4b=5x^2-4x+20$

양변의 동류항의 계수를 비교하면

$a+b=5$ ...... ㉠

$4a-4b=-4$에서 $a-b=-1$ ...... ㉡

㉠, ㉡을 연립하여 풀면 $a=2$, $b=3$

따라서 $ab=6$

4 주어진 등식의 좌변을 통분하면

$$\frac{a(x+5)+b(x+3)}{(x+3)(x+5)}=\frac{2x+14}{(x+3)(x+5)}$$

$x\neq-3$, $x\neq-5$일 때, 이 등식이 성립하므로

$ax+5a+bx+3b=2x+14$

$(a+b)x+5a+3b=2x+14$

이 등식이 x에 대한 항등식이므로

$a+b=2$, $5a+3b=14$

두 식을 연립하여 풀면 $a=4$, $b=-2$

따라서 $\frac{a}{b}=\frac{4}{-2}=-2$

5 $x^8+ax^3+b=(x^2-1)f(x)+6x-7$에서

$x^8+ax^3+b=(x+1)(x-1)f(x)+6x-7$ ...... ㉠

㉠의 양변에 $x=-1$을 대입하면

$1-a+b=-13$에서 $a-b=14$ ...... ㉡

㉠의 양변에 $x=1$을 대입하면

$1+a+b=-1$에서 $a+b=-2$ ...... ㉢

㉡, ㉢을 연립하여 풀면 $a=6$, $b=-8$

따라서 $2a+b=12-8=4$

6 $x^3+5x^2-ax+15=(x-1)(x^2+bx+c)+8$이므로 우변을 전개하여 정리하면

$x^3+5x^2-ax+15=x^3+(b-1)x^2+(c-b)x-c+8$

이 등식이 x에 대한 항등식이므로

$5=b-1$, $-a=c-b$, $15=-c+8$

따라서 $a=13$, $b=6$, $c=-7$이므로

$a-b+c=13-6-7=0$

7 $x^3-7x^2+14x+a$를 x^2-4x+b로 나누었을 때의 몫을 $x+p$ (p는 상수)라 하면

$x^3-7x^2+14x+a=(x^2-4x+b)(x+p)$

우변을 전개하여 정리하면

$x^3-7x^2+14x+a=x^3+(p-4)x^2+(-4p+b)x+bp$

이 등식이 x에 대한 항등식이므로

$-7=p-4$, $14=-4p+b$, $a=bp$

따라서 $p=-3$, $a=-6$, $b=2$이므로

$a^2+b^2=36+4=40$

8 나머지 정리에 의하여

$m=f(1)$, $n=f(2)$

즉 $m+n=71$에서 $f(1)+f(2)=71$이므로

$(1+5a+3)+(4+10a+3)=71$, $15a=60$

따라서 $a=4$

9 나머지 정리에 의하여 $f(1)=-1$이므로

$1+2+a-6=-1$, $a=2$

따라서 $f(x)=x^4+2x^3+2x-6$을 $x-2$로 나누었을 때의 나머지는

$f(2)=16+16+4-6=30$

10 나머지 정리에 의하여

$f(-3)+g(-3)=12$ ...... ㉠

$f(-3)-g(-3)=-4$ ...... ㉡

㉠, ㉡을 연립하여 풀면

$f(-3)=4$, $g(-3)=8$

따라서 $2x+f(x)g(x)$를 $x+3$으로 나누었을 때의 나머지는
$2\times(-3)+f(-3)g(-3)=-6+32=26$

11 다항식 $(3x^2+4)f(x)$를 $x-2$로 나누었을 때의 나머지는 나머지 정리에 의하여
$(3\times2^2+4)\times f(2)=16f(2)$
한편 $f(x)$를 $x^2+5x-14$로 나누었을 때의 몫을 $Q(x)$라 하면
$f(x)=(x^2+5x-14)Q(x)+6x-11$
$=(x+7)(x-2)Q(x)+6x-11$ ...... ㉠
㉠의 양변에 $x=2$를 대입하면 $f(2)=1$
따라서 구하는 나머지는 $16f(2)=16\times1=16$

12 $f(x)=x^4+mx^3+nx+4$라 하면 $f(x)$가 $x-2$, $x+1$로 각각 나누어떨어지므로 인수 정리에 의하여
$f(2)=0$, $f(-1)=0$
즉 $16+8m+2n+4=0$, $1-m-n+4=0$에서
$4m+n=-10$, $m+n=5$
두 식을 연립하여 풀면 $m=-5$, $n=10$
따라서 $n-m=10-(-5)=15$

13 주어진 등식의 양변에 $x=0$을 대입하면
$0=a_0-a_1+a_2-a_3+\cdots+a_{10}$ ...... ㉠
주어진 등식의 양변에 $x=2$를 대입하면
$2^{10}=a_0+a_1+a_2+a_3+\cdots+a_{10}$ ...... ㉡
㉠+㉡을 하면
$2(a_0+a_2+a_4+a_6+a_8+a_{10})=1024$
따라서 $a_0+a_2+a_4+a_6+a_8+a_{10}=512$

14 $f(x)=x^2+(a+b)x+8$, $g(x)=x^2-2x+ab$라 하자.
$f(x)$가 $x+2$를 인수로 가지므로 $f(-2)=0$
즉 $f(-2)=4-2(a+b)+8=0$에서
$a+b=6$ ...... ㉠
$g(x)$가 $x-3$을 인수로 가지므로 $g(3)=0$
즉 $g(3)=9-6+ab=0$에서
$ab=-3$ ...... ㉡
㉠, ㉡에 의하여
$a^2+b^2=(a+b)^2-2ab=36+6=42$

15 다항식 $f(x)$를 $3x+2$로 나누었을 때의 몫이 $Q(x)$, 나머지가 R이므로
$f(x)=(3x+2)Q(x)+R$
$=3\left(x+\frac{2}{3}\right)Q(x)+R$
$=\left(x+\frac{2}{3}\right)\times3Q(x)+R$
따라서 $f(x)$를 $x+\frac{2}{3}$로 나누었을 때의 몫은 $3Q(x)$, 나머지는 R이다.

3 인수분해

01 인수분해 공식(1)

본문 88쪽

1 (✎ a)	2 $2x(a-4b)$
3 $3xy(x-4y+2)$	4 (✎ 2, 2, 2)
5 $(a+6)^2$	6 $(5a+b)^2$
7 (✎ 3, 3, 3)	8 $(2p-3)^2$
9 $(3x-5y)^2$	10 (✎ 2, 2, 2)
11 $(2x+5y)(2x-5y)$	12 $(4a+3b)(4a-3b)$
13 (✎ 2, 3, 2, 3, 2, 3, 2, 3)	
14 $(y-1)(y-2)$	15 $(x+2)(x-3)$
16 (✎ 3, $3x$, 3)	17 $(x+4)(3x-1)$
18 $(2n+1)(3n-2)$	

5 $a^2+12a+36=a^2+2\times a\times6+6^2=(a+6)^2$

6 $25a^2+10ab+b^2=(5a)^2+2\times5a\times b+b^2=(5a+b)^2$

8 $4p^2-12p+9=(2p)^2-2\times2p\times3+3^2=(2p-3)^2$

9 $9x^2-30xy+25y^2=(3x)^2-2\times3x\times5y+(5y)^2$
$=(3x-5y)^2$

11 $4x^2-25y^2=(2x)^2-(5y)^2=(2x+5y)(2x-5y)$

12 $16a^2-9b^2=(4a)^2-(3b)^2=(4a+3b)(4a-3b)$

14 곱해서 2가 되는 두 정수 중에서 더해서 -3이 되는 두 정수는 -1, -2이므로
$y^2-3y+2=y^2+\{(-1)+(-2)\}y+(-1)\times(-2)$
$=(y-1)(y-2)$

15 곱해서 -6이 되는 두 정수 중에서 더해서 -1이 되는 두 정수는 2, -3이므로
$x^2-x-6=x^2+\{2+(-3)\}x+2\times(-3)$
$=(x+2)(x-3)$

17 $3x^2+11x-4$
$=(x+4)(3x-1)$

$x \quad 4 \longrightarrow 12x$
$3x \quad -1 \longrightarrow -x\ (+$
$11x$

18 $6n^2-n-2$

$=(2n+1)(3n-2)$

$2n \searrow\nearrow\ 1 \longrightarrow 3n$

$3n \nearrow\searrow -2 \longrightarrow \underline{-4n}\ (+$

$-n$

02 인수분해 공식(2)

본문 90쪽

1 (3, 3, 3, 3) 2 $(a+4)^3$

3 $(2x+y)^3$ 4 $(3m+2n)^3$

5 (2, 2, 2, 2) 6 $(a-1)^3$

7 $(2k-3)^3$ 8 $(x-3y)^3$

9 (3, 3, 3, 3, 3, 3, 9) 10 $(m+5)(m^2-5m+25)$

11 $(2p+1)(4p^2-2p+1)$ 12 $(3a+4b)(9a^2-12ab+16b^2)$

13 (2, 2, 2, 2, 2, 2, 4) 14 $(4k-1)(16k^2+4k+1)$

15 $(3a-2b)(9a^2+6ab+4b^2)$

16 $6(m-2n)(m^2+2mn+4n^2)$

17 ③

2 $a^3+12a^2+48a+64=a^3+3\times a^2\times 4+3\times a\times 4^2+4^3$

$=(a+4)^3$

3 $8x^3+12x^2y+6xy^2+y^3$

$=(2x)^3+3\times(2x)^2\times y+3\times 2x\times y^2+y^3=(2x+y)^3$

4 $27m^3+54m^2n+36mn^2+8n^3$

$=(3m)^3+3\times(3m)^2\times 2n+3\times 3m\times(2n)^2+(2n)^3$

$=(3m+2n)^3$

6 $a^3-3a^2+3a-1=a^3-3\times a^2\times 1+3\times a\times 1^2-1^3=(a-1)^3$

7 $8k^3-36k^2+54k-27$

$=(2k)^3-3\times(2k)^2\times 3+3\times 2k\times 3^2-3^3$

$=(2k-3)^3$

8 $x^3-9x^2y+27xy^2-27y^3$

$=x^3-3\times x^2\times 3y+3\times x\times(3y)^2-(3y)^3=(x-3y)^3$

10 $m^3+125=m^3+5^3$

$=(m+5)(m^2-m\times 5+5^2)$

$=(m+5)(m^2-5m+25)$

11 $8p^3+1=(2p)^3+1^3$

$=(2p+1)\{(2p)^2-2p\times 1+1^2\}$

$=(2p+1)(4p^2-2p+1)$

12 $27a^3+64b^3=(3a)^3+(4b)^3$

$=(3a+4b)\{(3a)^2-3a\times 4b+(4b)^2\}$

$=(3a+4b)(9a^2-12ab+16b^2)$

14 $64k^3-1=(4k)^3-1^3$

$=(4k-1)\{(4k)^2+4k\times 1+1^2\}$

$=(4k-1)(16k^2+4k+1)$

15 $27a^3-8b^3=(3a)^3-(2b)^3$

$=(3a-2b)\{(3a)^2+3a\times 2b+(2b)^2\}$

$=(3a-2b)(9a^2+6ab+4b^2)$

16 $6m^3-48n^3=6(m^3-8n^3)$

$=6\{m^3-(2n)^3\}$

$=6(m-2n)\{m^2+m\times 2n+(2n)^2\}$

$=6(m-2n)(m^2+2mn+4n^2)$

17 $a^6-b^6=(a^3)^2-(b^3)^2$

$=(a^3+b^3)(a^3-b^3)$

$=(a+b)(a^2-ab+b^2)(a-b)(a^2+ab+b^2)$

따라서 a^6-b^6의 인수가 아닌 것은 ③이다.

03 인수분해 공식(3)

본문 92쪽

1 (2b, 2b, 2b, 2b) 2 ($-y$, $-y$, $-y$, $-y$, y)

3 $(a+2b+3c)^2$ 4 $(2p+q-r)^2$ 5 $(2a-b-c)^2$

6 $(x-2y-2z)^2$ 7 $(3l+m-2n)^2$

☺ +, +, −, +, +, −, −, −

8 (2z, 2z, y, 2z, y^2, 2zx)

9 $(2x+y+z)(4x^2+y^2+z^2-2xy-yz-2zx)$

10 $(p+q-r)(p^2+q^2+r^2-pq+qr+rp)$

11 $(a-b-c)(a^2+b^2+c^2+ab-bc+ca)$

12 $(x+2y+3z)(x^2+4y^2+9z^2-2xy-6yz-3zx)$

13 $(2a-b+c)(4a^2+b^2+c^2+2ab+bc-2ca)$

14 $(2l-m-3n)(4l^2+m^2+9n^2+2lm-3mn+6nl)$

15 (3, 3, a^2-3a+9)

16 $(4x^2+2x+1)(4x^2-2x+1)$

17 $(9m^2+6m+4)(9m^2-6m+4)$

18 $(a^2+5ab+25b^2)(a^2-5ab+25b^2)$

19 $(4x^2+6xy+9y^2)(4x^2-6xy+9y^2)$

20 ④

3 $a^2+4b^2+9c^2+4ab+12bc+6ca$
$=a^2+(2b)^2+(3c)^2+2\times a\times 2b+2\times 2b\times 3c+2\times 3c\times a$
$=(a+2b+3c)^2$

4 $4p^2+q^2+r^2+4pq-2qr-4rp$
$=(2p)^2+q^2+(-r)^2+2\times 2p\times q+2\times q\times(-r)$
$+2\times(-r)\times 2p$
$=(2p+q-r)^2$

5 $4a^2+b^2+c^2-4ab+2bc-4ca$
$=(2a)^2+(-b)^2+(-c)^2+2\times 2a\times(-b)$
$+2\times(-b)\times(-c)+2\times(-c)\times 2a$
$=(2a-b-c)^2$

6 $x^2+4y^2+4z^2-4xy+8yz-4zx$
$=x^2+(-2y)^2+(-2z)^2+2\times x\times(-2y)$
$+2\times(-2y)\times(-2z)+2\times(-2z)\times x$
$=(x-2y-2z)^2$

7 $9l^2+m^2+4n^2+6lm-4mn-12nl$
$=(3l)^2+m^2+(-2n)^2+2\times 3l\times m+2\times m\times(-2n)$
$+2\times(-2n)\times 3l$
$=(3l+m-2n)^2$

9 $8x^3+y^3+z^3-6xyz$
$=(2x)^3+y^3+z^3-3\times 2x\times y\times z$
$=(2x+y+z)(4x^2+y^2+z^2-2xy-yz-2zx)$

10 $p^3+q^3-r^3+3pqr$
$=p^3+q^3+(-r)^3-3\times p\times q\times(-r)$
$=(p+q-r)(p^2+q^2+r^2-pq+qr+rp)$

11 $a^3-b^3-c^3-3abc$
$=a^3+(-b)^3+(-c)^3-3\times a\times(-b)\times(-c)$
$=(a-b-c)(a^2+b^2+c^2+ab-bc+ca)$

12 $x^3+8y^3+27z^3-18xyz$
$=x^3+(2y)^3+(3z)^3-3\times x\times 2y\times 3z$
$=(x+2y+3z)(x^2+4y^2+9z^2-2xy-6yz-3zx)$

13 $8a^3-b^3+c^3+6abc$
$=(2a)^3+(-b)^3+c^3-3\times 2a\times(-b)\times c$
$=(2a-b+c)(4a^2+b^2+c^2+2ab+bc-2ca)$

14 $8l^3-m^3-27n^3-18lmn$
$=(2l)^3+(-m)^3+(-3n)^3-3\times 2l\times(-m)\times(-3n)$
$=(2l-m-3n)(4l^2+m^2+9n^2+2lm-3mn+6nl)$

16 $16x^4+4x^2+1=(2x)^4+(2x)^2\times 1^2+1^4$
$=(4x^2+2x+1)(4x^2-2x+1)$

17 $81m^4+36m^2+16$
$=(3m)^4+(3m)^2\times 2^2+2^4$
$=(9m^2+6m+4)(9m^2-6m+4)$

18 $a^4+25a^2b^2+625b^4$
$=a^4+a^2\times(5b)^2+(5b)^4$
$=(a^2+5ab+25b^2)(a^2-5ab+25b^2)$

19 $16x^4+36x^2y^2+81y^4$
$=(2x)^4+(2x)^2\times(3y)^2+(3y)^4$
$=(4x^2+6xy+9y^2)(4x^2-6xy+9y^2)$

20 ① $x^3-9x^2y+27xy^2-27y^3$
$=x^3-3\times x^2\times 3y+3\times x\times(3y)^2-(3y)^3$
$=(x-3y)^3$
② $a^8-b^8=(a^4)^2-(b^4)^2=(a^4-b^4)(a^4+b^4)$
$=\{(a^2)^2-(b^2)^2\}(a^4+b^4)$
$=(a^2-b^2)(a^2+b^2)(a^4+b^4)$
$=(a+b)(a-b)(a^2+b^2)(a^4+b^4)$
③ $x^2+y^2+2xy-2x-2y+1$
$=x^2+y^2+1+2xy-2y-2x$
$=x^2+y^2+(-1)^2+2\times x\times y+2\times y\times(-1)$
$+2\times(-1)\times x$
$=(x+y-1)^2$
④ $a^3+b^3-3ab+1$
$=a^3+b^3+1^3-3\times a\times b\times 1$
$=(a+b+1)(a^2+b^2+1-ab-a-b)$
⑤ $16x^4y^4+36x^2y^2+81$
$=(2xy)^4+(2xy)^2\times 3^2+3^4$
$=(4x^2y^2+6xy+9)(4x^2y^2-6xy+9)$
따라서 인수분해가 옳지 않은 것은 ④이다.

TEST 개념 확인

본문 94쪽

1 ③	2 ①, ③	3 ④	4 4
5 ④	6 ⑤	7 ③	8 ④
9 ④	10 ②	11 −1	12 ①

1 ① $a(x+y-2)+(b-1)(x+y-2)$
$=(x+y-2)(a+b-1)$
② $9a^2+16b^2-24ab=(3a)^2-2\times3a\times4b+(4b)^2$
$=(3a-4b)^2$
③ $x^2+y^2-2xy-1=(x^2-2xy+y^2)-1$
$=(x-y)^2-1^2$
$=(x-y+1)(x-y-1)$
④ $2x^2-4x-30=2(x^2-2x-15)$
$=2(x-5)(x+3)$
⑤ $3x^2-11x+6=(3x-2)(x-3)$
따라서 옳은 것은 ③이다.

2 $a^2-b^2+6a+9=(a^2+6a+9)-b^2$
$=(a+3)^2-b^2$
$=(a+3+b)(a+3-b)$
$=(a+b+3)(a-b+3)$
따라서 a^2-b^2+6a+9의 인수는 ①, ③이다.

3 $4x^2+9y^2+12xy-36=(4x^2+12xy+9y^2)-36$
$=(2x+3y)^2-6^2$
$=(2x+3y+6)(2x+3y-6)$
따라서 $a=2$, $b=6$, $c=3$, $d=-6$ 또는
$a=2$, $b=-6$, $c=3$, $d=6$이므로
$a+b+c+d=2+6+3+(-6)=2+(-6)+3+6=5$

4 $x^2+(2a-1)x+a^2-a-2$
$=x^2+(2a-1)x+(a-2)(a+1)$
$=(x+a-2)(x+a+1)$
즉 두 일차식의 합은
$(x+a-2)+(x+a+1)=2x+2a-1$
이고, 그 합이 $2x+7$이므로
$2a-1=7$
따라서 $a=4$

5 다항식 $27x^3+ax^2y+144xy^2+by^3$이 $(cx-4y)^3$으로 인수분해되므로
$27x^3+ax^2y+144xy^2+by^3=(cx-4y)^3$
$=c^3x^3-12c^2x^2y+48cxy^2-64y^3$
즉 $c^3=27$, $-12c^2=a$, $48c=144$, $b=-64$이므로
$c=3$, $a=-108$, $b=-64$
따라서 $c-a-b=3-(-108)-(-64)=175$

6 ③ $24a^3+81b^3=3(8a^3+27b^3)$
$=3\{(2a)^3+(3b)^3\}$
$=3(2a+3b)(4a^2-6ab+9b^2)$
④ $x^3y-27y^4=y(x^3-27y^3)$
$=y\{x^3-(3y)^3\}$
$=y(x-3y)(x^2+3xy+9y^2)$
⑤ $x^4-y^4=(x^2)^2-(y^2)^2$
$=(x^2+y^2)(x^2-y^2)$
$=(x^2+y^2)(x+y)(x-y)$
따라서 옳지 않은 것은 ⑤이다.

7 $x^6-3x^4y^2+3x^2y^4-y^6$
$=(x^2)^3-3\times(x^2)^2\times y^2+3\times x^2\times(y^2)^2-(y^2)^3$
$=(x^2-y^2)^3$
$=\{(x+y)(x-y)\}^3$
$=(x+y)^3(x-y)^3$

8 $x^4-yx^3-y^3x+y^4=(x^4-yx^3)-(y^3x-y^4)$
$=x^3(x-y)-y^3(x-y)$
$=(x-y)(x^3-y^3)$
$=(x-y)(x-y)(x^2+xy+y^2)$
$=(x-y)^2(x^2+xy+y^2)$
따라서 $x^4-yx^3-y^3x+y^4$의 인수가 아닌 것은 ④이다.

9 $a^5+b^5-a^3b^2-a^2b^3$
$=(a^5-a^3b^2)-(a^2b^3-b^5)$
$=a^3(a^2-b^2)-b^3(a^2-b^2)$
$=(a^2-b^2)(a^3-b^3)$
$=(a-b)(a+b)(a-b)(a^2+ab+b^2)$
$=(a+b)(a-b)^2(a^2+ab+b)$
따라서 $a^5+b^5-a^3b^2-a^2b^3$의 인수는 ㄱ, ㄴ, ㄹ, ㅁ이다.

10 $4x^2+y^2+9z^2-4xy-6yz+12zx$
$=(2x)^2+(-y)^2+(3z)^2+2\times2x\times(-y)+2\times(-y)\times3z$
$+2\times3z\times2x$
$=(2x-y+3z)^2$

11 $27x^3-8y^3+z^3+18xyz$
$=(3x)^3+(-2y)^3+z^3-3\times3x\times(-2y)\times z$
$=(3x-2y+z)(9x^2+4y^2+z^2+6xy+2yz-3zx)$
따라서 $a=3$, $b=-2$, $c=1$, $d=6$, $e=2$, $f=-3$이므로
$abc+d+e+f=3\times(-2)\times1+6+2+(-3)$
$=-1$

12 $x^4+9x^2+81=x^4+x^2\times3^2+3^4$
$=(x^2+3x+9)(x^2-3x+9)$
따라서 두 이차식의 합은
$(x^2+3x+9)+(x^2-3x+9)=2x^2+18$

04
본문 96쪽

치환을 이용한 인수분해

1 (✎ $a-b$, $2A$, 1, $(a-b-1)^2$)

2 $x(x-1)$ 3 $(x-7)^2$

4 $(x-2y-2)(x-2y+4)$ 5 $(a+b-2)(2a+2b+3)$

6 $(2x+y+3)^2$ 7 $(x-2y-2)(x-2y-3)$

8 $2x(2x-7)$ 9 $3(3x-2)(2x+1)$

10 (✎ x^2+x, $A+2$, 3, 10, 5, x^2+x+5, $x+2$, x^2+x+5)

11 $(x^2-x-13)(x^2-x+1)$

12 $(x+4)(x-1)(x^2+3x-2)$

13 $(x+3)(x-1)(x^2+2x+2)$

14 $(x-2)(x+1)(x-3)(x+2)$

15 $(x^2-2x+3)(x^2+3x+3)$

16 (✎ 3, 1, 2, x^2-3x+2, x^2-3x, 2, 2, $A-3$, x^2-3x+5)

17 $(x^2+3x-3)(x^2+3x+1)$

18 $(x^2+2x-6)(x^2+2x-5)$

19 $(x+2)(x+3)(x^2+5x-8)$

20 ③

2 $x+1=A$로 놓으면

$$\begin{aligned}(x+1)^2-3(x+1)+2&=A^2-3A+2\\&=(A-1)(A-2)\\&=\{(x+1)-1\}\{(x+1)-2\}\\&=x(x-1)\end{aligned}$$

3 $x-3=A$로 놓으면

$$\begin{aligned}(x-3)^2-8(x-3)+16&=A^2-8A+16\\&=(A-4)^2\\&=(x-3-4)^2\\&=(x-7)^2\end{aligned}$$

4 $x-2y=A$로 놓으면

$$\begin{aligned}(x-2y)(x-2y+2)-8&=A(A+2)-8\\&=A^2+2A-8\\&=(A-2)(A+4)\\&=(x-2y-2)(x-2y+4)\end{aligned}$$

5 $-a-b=-(a+b)$이므로 $a+b=A$로 놓으면

$$\begin{aligned}2(a+b)^2-a-b-6&=2(a+b)^2-(a+b)-6\\&=2A^2-A-6\\&=(A-2)(2A+3)\\&=(a+b-2)\{2(a+b)+3\}\\&=(a+b-2)(2a+2b+3)\end{aligned}$$

6 $12x+6y=6(2x+y)$이므로 $2x+y=A$로 놓으면

$$\begin{aligned}(2x+y)^2+12x+6y+9&=(2x+y)^2+6(2x+y)+9\\&=A^2+6A+9\\&=(A+3)^2\\&=(2x+y+3)^2\end{aligned}$$

7 $-5x+10y=-5(x-2y)$이므로 $x-2y=A$로 놓으면

$$\begin{aligned}(x-2y)^2-5x+10y+6&=(x-2y)^2-5(x-2y)+6\\&=A^2-5A+6\\&=(A-2)(A-3)\\&=(x-2y-2)(x-2y-3)\end{aligned}$$

8 $-2x-9=-(2x-3)-12$이므로 $2x-3=A$로 놓으면

$$\begin{aligned}(2x-3)^2-2x-9&=(2x-3)^2-(2x-3)-12\\&=A^2-A-12\\&=(A+3)(A-4)\\&=(2x-3+3)(2x-3-4)\\&=2x(2x-7)\end{aligned}$$

9 $-15x-8=-5(3x+1)-3$이므로 $3x+1=A$로 놓으면

$$\begin{aligned}2(3x+1)^2-15x-8&=2(3x+1)^2-5(3x+1)-3\\&=2A^2-5A-3\\&=(A-3)(2A+1)\\&=(3x+1-3)\{2(3x+1)+1\}\\&=(3x-2)(6x+3)\\&=3(3x-2)(2x+1)\end{aligned}$$

11 $x^2-x=A$로 놓으면

$$\begin{aligned}(x^2-x-2)(x^2-x-10)-33&=(A-2)(A-10)-33\\&=A^2-12A+20-33\\&=A^2-12A-13\\&=(A-13)(A+1)\\&=(x^2-x-13)(x^2-x+1)\end{aligned}$$

12 $x^2+3x=A$로 놓으면

$$\begin{aligned}&(x^2+3x+2)(x^2+3x-8)+24\\&=(A+2)(A-8)+24\\&=A^2-6A-16+24=A^2-6A+8\\&=(A-4)(A-2)\\&=(x^2+3x-4)(x^2+3x-2)\\&=(x+4)(x-1)(x^2+3x-2)\end{aligned}$$

13 $x^2+2x=A$로 놓으면

$$\begin{aligned}(x^2+2x)(x^2+2x-1)-6&=A(A-1)-6=A^2-A-6\\&=(A-3)(A+2)\\&=(x^2+2x-3)(x^2+2x+2)\\&=(x+3)(x-1)(x^2+2x+2)\end{aligned}$$

14 $x^2-x=A$로 놓으면

$(x^2-x-3)(x^2-x-5)-3$
$=(A-3)(A-5)-3$
$=A^2-8A+15-3=A^2-8A+12$
$=(A-2)(A-6)$
$=(x^2-x-2)(x^2-x-6)$
$=(x-2)(x+1)(x-3)(x+2)$

15 $x^2+3=A$로 놓으면

$(x^2-x+3)(x^2+2x+3)-4x^2$
$=(x^2+3-x)(x^2+3+2x)-4x^2$
$=(A-x)(A+2x)-4x^3$
$=A^2+xA-2x^2-4x^2=A^2+xA-6x^2$
$=(A-2x)(A+3x)$
$=(x^2+3-2x)(x^2+3+3x)$
$=(x^2-2x+3)(x^2+3x+3)$

17 $(x-1)(x+1)(x+2)(x+4)+5$
$=\{(x+1)(x+2)\}\{(x-1)(x+4)\}+5$
$=(x^2+3x+2)(x^2+3x-4)+5$
이때 $x^2+3x=A$로 놓으면
(주어진 식)$=(A+2)(A-4)+5$
$=A^2-2A-8+5=A^2-2A-3$
$=(A-3)(A+1)$
$=(x^2+3x-3)(x^2+3x+1)$

18 $(x-2)(x-1)(x+3)(x+4)+6$
$=\{(x-2)(x+4)\}\{(x-1)(x+3)\}+6$
$=(x^2+2x-8)(x^2+2x-3)+6$
이때 $x^2+2x=A$로 놓으면
(주어진 식)$=(A-8)(A-3)+6$
$=A^2-11A+24+6=A^2-11A+30$
$=(A-6)(A-5)$
$=(x^2+2x-6)(x^2+2x-5)$

19 $(x-1)(x+1)(x+4)(x+6)-24$
$=\{(x-1)(x+6)\}\{(x+1)(x+4)\}-24$
$=(x^2+5x-6)(x^2+5x+4)-24$
이때 $x^2+5x=A$로 놓으면
(주어진 식)$=(A-6)(A+4)-24$
$=A^2-2A-24-24$
$=A^2-2A-48$
$=(A+6)(A-8)$
$=(x^2+5x+6)(x^2+5x-8)$
$=(x+2)(x+3)(x^2+5x-8)$

20 $x+y=A$로 놓으면

$(x+y+2)^2+4(x+y)+k=(A+2)^2+4A+k$
$=A^2+4A+4+4A+k$
$=A^2+8A+4+k$

주어진 식이 x, y에 대한 일차식의 완전제곱식으로 인수분해되려면 위의 식이 A에 대한 완전제곱식으로 인수분해되어야 하므로 $A^2+8A+4+k=(A+4)^2$을 만족시켜야 한다.
따라서 $4+k=4^2$에서 $k=12$

05

본문 98쪽

복이차식의 인수분해

1 ($X+4$, x^2+4, $x+1$, x^2+4)
2 $(x^2+3)(x^2+2)$
3 $(x^2+1)(x^2+5)$
4 $(x+2)(x-2)(x^2+6)$
5 $(x+3)(x-3)(x^2+5)$
6 $(x+2)(x-2)(x+3)(x-3)$
7 $(x+1)(x-1)(x+2)(x-2)$
8 $(x+1)(x-1)(x+4)(x-4)$
9 $(x+1)(x-1)(x+5)(x-5)$
10 ($8x^2$, x^2, x^2, x^2-x+4)
11 $(x^2+x+1)(x^2-x+1)$
12 $(x^2+3x-2)(x^2-3x-2)$
13 $(x^2+x-3)(x^2-x-3)$
14 $(x^2+2x-2)(x^2-2x-2)$
15 $(x^2+2x+3)(x^2-2x+3)$
16 $(x^2+2x-1)(x^2-2x-1)$

2 x^4+5x^2+6에서 $x^2=X$로 놓으면

$x^4+5x^2+6=X^2+5X+6$
$=(X+3)(X+2)$
$=(x^2+3)(x^2+2)$

3 x^4+6x^2+5에서 $x^2=X$로 놓으면

$x^4+6x^2+5=X^2+6X+5$
$=(X+1)(X+5)$
$=(x^2+1)(x^2+5)$

4 x^4+2x^2-24에서 $x^2=X$로 놓으면

$$\begin{aligned}x^4+2x^2-24&=X^2+2X-24\\&=(X-4)(X+6)\\&=(x^2-4)(x^2+6)\\&=(x+2)(x-2)(x^2+6)\end{aligned}$$

5 x^4-4x^2-45에서 $x^2=X$로 놓으면

$$\begin{aligned}x^4-4x^2-45&=X^2-4X-45\\&=(X-9)(X+5)\\&=(x^2-9)(x^2+5)\\&=(x+3)(x-3)(x^2+5)\end{aligned}$$

6 x^4-13x^2+36에서 $x^2=X$로 놓으면

$$\begin{aligned}x^4-13x^2+36&=X^2-13X+36\\&=(X-4)(X-9)\\&=(x^2-4)(x^2-9)\\&=(x+2)(x-2)(x+3)(x-3)\end{aligned}$$

7 x^4-5x^2+4에서 $x^2=X$로 놓으면

$$\begin{aligned}x^4-5x^2+4&=X^2-5X+4\\&=(X-1)(X-4)\\&=(x^2-1)(x^2-4)\\&=(x+1)(x-1)(x+2)(x-2)\end{aligned}$$

[다른 풀이 1]

$$\begin{aligned}x^4-5x^2+4&=(x^4+4x^2+4)-9x^2\\&=(x^2+2)^2-(3x)^2\\&=(x^2+3x+2)(x^2-3x+2)\\&=(x+1)(x+2)(x-1)(x-2)\end{aligned}$$

[다른 풀이 2]

$$\begin{aligned}x^4-5x^2+4&=(x^4-4x^2+4)-x^2\\&=(x^2-2)^2-x^2\\&=(x^2+x-2)(x^2-x-2)\\&=(x+2)(x-1)(x+1)(x-2)\end{aligned}$$

8 x^4-17x^2+16에서 $x^2=X$로 놓으면

$$\begin{aligned}x^4-17x^2+16&=X^2-17X+16\\&=(X-1)(X-16)\\&=(x^2-1)(x^2-16)\\&=(x+1)(x-1)(x+4)(x-4)\end{aligned}$$

[다른 풀이 1]

$$\begin{aligned}x^4-17x^2+16&=(x^4-8x^2+16)-9x^2\\&=(x^2-4)^2-(3x)^2\\&=(x^2+3x-4)(x^2-3x-4)\\&=(x+4)(x-1)(x-4)(x+1)\end{aligned}$$

[다른 풀이 2]

$$\begin{aligned}x^4-17x^2+16&=(x^4+8x^2+16)-25x^2\\&=(x^2+4)^2-(5x)^2\\&=(x^2+5x+4)(x^2-5x+4)\\&=(x+1)(x+4)(x-1)(x-4)\end{aligned}$$

9 x^4-26x^2+25에서 $x^2=X$로 놓으면

$$\begin{aligned}x^4-26x^2+25&=X^2-26X+25\\&=(X-1)(X-25)\\&=(x^2-1)(x^2-25)\\&=(x+1)(x-1)(x+5)(x-5)\end{aligned}$$

[다른 풀이 1]

$$\begin{aligned}x^4-26x^2+25&=(x^4+10x^2+25)-36x^2\\&=(x^2+5)^2-(6x)^2\\&=(x^2+6x+5)(x^2-6x+5)\\&=(x+1)(x+5)(x-1)(x-5)\end{aligned}$$

[다른 풀이 2]

$$\begin{aligned}x^4-26x^2+25&=(x^4-10x^2+25)-16x^2\\&=(x^2-5)^2-(4x)^2\\&=(x^2+4x-5)(x^2-4x-5)\\&=(x+5)(x-1)(x+1)(x-5)\end{aligned}$$

11
$$\begin{aligned}x^4+x^2+1&=(x^4+2x^2+1)-x^2\\&=(x^2+1)^2-x^2\\&=(x^2+x+1)(x^2-x+1)\end{aligned}$$

12
$$\begin{aligned}x^4-13x^2+4&=(x^4-4x^2+4)-9x^2\\&=(x^2-2)^2-(3x)^2\\&=(x^2+3x-2)(x^2-3x-2)\end{aligned}$$

13
$$\begin{aligned}x^4-7x^2+9&=(x^4-6x^2+9)-x^2\\&=(x^2-3)^2-x^2\\&=(x^2+x-3)(x^2-x-3)\end{aligned}$$

14
$$\begin{aligned}x^4-8x^2+4&=(x^4-4x^2+4)-4x^2\\&=(x^2-2)^2-(2x)^2\\&=(x^2+2x-2)(x^2-2x-2)\end{aligned}$$

15
$$\begin{aligned}x^4+2x^2+9&=(x^4+6x^2+9)-4x^2\\&=(x^2+3)^2-(2x)^2\\&=(x^2+2x+3)(x^2-2x+3)\end{aligned}$$

16
$$\begin{aligned}x^4-6x^2+1&=(x^4-2x^2+1)-4x^2\\&=(x^2-1)^2-(2x)^2\\&=(x^2+2x-1)(x^2-2x-1)\end{aligned}$$

06 본문 100쪽

여러 개의 문자가 포함된 식의 인수분해

1 (✎ $x+3$, $x+3$, $x+3$, $x+y-3$)

2 $(x-4)(x+y+4)$ 3 $(x+1)(x-y+2)$

4 $(a+2)(2a+b-3)$ 5 $(y-3)(x+2y-1)$

6 $(2a-3)(a-3b+1)$ 7 ④

8 (✎ $b+c$, $b^2+2bc+c^2$, $b+c$, $b+c$, $b+c$, $b+c$, $b+c$, bc, $a+b$, $a+c$, $a+b$)

9 $(x-y)(y-z)(z-x)$ 10 $(a+b)(b-c)(c-a)$

11 $-(x-y)(y-z)(z-x)$ 12 $(a+b)(b-c)(c+a)$

13 (✎ $2y-2$, y^2-2y-3, $y-3$, $y-3$, $y-3$, $x+y-3$)

14 $(x-y-2)(x+2y-3)$ 15 $(2x-y+1)(x-y-3)$

16 $(x-2y-z)(x+y+3z)$ 17 ③

2 주어진 식을 y에 대한 내림차순으로 정리하면

$$\begin{aligned}x^2+xy-4y-16&=(x-4)y+x^2-4^2\\&=(x-4)y+(x-4)(x+4)\\&=(x-4)(x+y+4)\end{aligned}$$

3 주어진 식을 y에 대한 내림차순으로 정리하면

$$\begin{aligned}x^2-xy+3x-y+2&=-(x+1)y+x^2+3x+2\\&=-(x+1)y+(x+1)(x+2)\\&=(x+1)(x-y+2)\end{aligned}$$

4 주어진 식을 b에 대한 내림차순으로 정리하면

$$\begin{aligned}2a^2+ab+a+2b-6&=(a+2)b+2a^2+a-6\\&=(a+2)b+(a+2)(2a-3)\\&=(a+2)(2a+b-3)\end{aligned}$$

5 주어진 식을 x에 대한 내림차순으로 정리하면

$$\begin{aligned}2y^2+xy-3x-7y+3&=(y-3)x+2y^2-7y+3\\&=(y-3)x+(y-3)(2y-1)\\&=(y-3)(x+2y-1)\end{aligned}$$

6 주어진 식을 b에 대한 내림차순으로 정리하면

$$\begin{aligned}2a^2-6ab-a+9b-3&=(-6a+9)b+2a^2-a-3\\&=-3(2a-3)b+(2a-3)(a+1)\\&=(2a-3)(a-3b+1)\end{aligned}$$

7 주어진 식을 z에 대한 내림차순으로 정리하면

$$\begin{aligned}&x^3+x^2z-y^2z-y^3\\&=(x^2-y^2)z+x^3-y^3\\&=(x+y)(x-y)z+(x-y)(x^2+xy+y^2)\\&=(x-y)\{(x+y)z+(x^2+xy+y^2)\}\\&=(x-y)(x^2+y^2+xy+yz+zx)\end{aligned}$$

따라서 $x^3+x^2z-y^2z-y^3$의 인수인 것은 ④이다.

9 주어진 식을 z에 대한 내림차순으로 정리하면

$$\begin{aligned}&xy^2-x^2y+yz^2-y^2z+zx^2-z^2x\\&=(y-x)z^2+(x^2-y^2)z+xy^2-x^2y\\&=-(x-y)z^2+(x+y)(x-y)z-xy(x-y)\\&=-(x-y)\{z^2-(x+y)z+xy\}\\&=-(x-y)(z-x)(z-y)\\&=(x-y)(y-z)(z-x)\end{aligned}$$

10 주어진 식을 전개한 후 c에 대한 내림차순으로 정리하면

$$\begin{aligned}&2abc-ab(a+b)+bc(b-c)+ca(a-c)\\&=2abc-a^2b-ab^2+b^2c-bc^2+ca^2-c^2a\\&=-(a+b)c^2+(a^2+2ab+b^2)c-a^2b-ab^2\\&=-(a+b)c^2+(a+b)^2c-ab(a+b)\\&=-(a+b)\{c^2-(a+b)c+ab\}\\&=-(a+b)(c-a)(c-b)\\&=(a+b)(b-c)(c-a)\end{aligned}$$

11 주어진 식을 전개한 후 x에 대한 내림차순으로 정리하면

$$\begin{aligned}&xy(x-y)+yz(y-z)+zx(z-x)\\&=x^2y-xy^2+y^2z-yz^2+z^2x-zx^2\\&=(y-z)x^2-(y^2-z^2)x+y^2z-yz^2\\&=(y-z)x^2-(y+z)(y-z)x+yz(y-z)\\&=(y-z)\{x^2-(y+z)x+yz\}\\&=(y-z)(x-y)(x-z)\\&=-(x-y)(y-z)(z-x)\end{aligned}$$

12 주어진 식을 전개한 후 a에 대한 내림차순으로 정리하면

$$\begin{aligned}&a^2(b-c)+b^2(c+a)-c^2(a+b)\\&=a^2(b-c)+b^2c+b^2a-c^2a-c^2b\\&=(b-c)a^2+(b^2-c^2)a+b^2c-bc^2\\&=(b-c)a^2+(b+c)(b-c)a+bc(b-c)\\&=(b-c)\{a^2+(b+c)a+bc\}\\&=(b-c)(a+b)(a+c)\\&=(a+b)(b-c)(c+a)\end{aligned}$$

14 주어진 식을 x에 대한 내림차순으로 정리하면

$$\begin{aligned}&x^2-2y^2+xy-5x-y+6\\&=x^2+(y-5)x-(2y^2+y-6)\\&=x^2+\{-(y+2)+(2y-3)\}x-(y+2)(2y-3)\\&=\{x-(y+2)\}\{x+(2y-3)\}\\&=(x-y-2)(x+2y-3)\end{aligned}$$

15 주어진 식을 x에 대한 내림차순으로 정리하면

$$\begin{aligned}&2x^2+y^2-3xy-5x+2y-3\\&=2x^2+(-3y-5)x+(y^2+2y-3)\\&=2x^2+(-3y-5)x+(y-1)(y+3)\\&=2x^2+\{-(y-1)-2(y+3)\}x+\{-(y-1)\}\{-(y+3)\}\\&=\{2x-(y-1)\}\{x-(y+3)\}\\&=(2x-y+1)(x-y-3)\end{aligned}$$

16 주어진 식을 x에 대한 내림차순으로 정리하면
$x^2-2y^2-3z^2-xy-7yz+2zx$
$=x^2+(-y+2z)x-(2y^2+7yz+3z^2)$
$=x^2+\{-(2y+z)+(y+3z)\}x-(2y+z)(y+3z)$
$=\{x-(2y+z)\}\{x+(y+3z)\}$
$=(x-2y-z)(x+y+3z)$

17 주어진 식을 x에 대한 내림차순으로 정리하면
$2x^2-3y^2-xy+5x-5y+2$
$=2x^2+(-y+5)x-(3y^2+5y-2)$
$=2x^2+\{2(y+2)-(3y-1)\}x-(y+2)(3y-1)$
$=\{2x-(3y-1)\}\{x+(y+2)\}$
$=(2x-3y+1)(x+y+2)$
따라서 두 일차식의 합은
$(2x-3y+1)+(x+y+2)=3x-2y+3$

TEST 개념 확인

본문 102쪽

1 ③	2 ②	3 ②	4 ①
5 ③	6 6	7 ④	8 ③
9 ⑤	10 ①	11 ⑤	12 ②, ④

1 $6y-y^2-9=-(y^2-6y+9)=-(y-3)^2$
이므로 $2x-1=A$, $y-3=B$로 놓으면
$(2x-1)^2+6y-y^2-9$
$=(2x-1)^2-(y-3)^2$
$=A^2-B^2$
$=(A+B)(A-B)$
$=\{(2x-1)+(y-3)\}\{(2x-1)-(y-3)\}$
$=(2x+y-4)(2x-y+2)$

2 $(x+3)^2-4(x+3)-5$에서 $x+3=X$로 놓으면
(주어진 식)$=X^2-4X-5$
$=(X-5)(X+1)$
$=\{(x+3)-5\}\{(x+3)+1\}$
$=(x-2)(x+4)$
따라서 주어진 다항식의 인수인 두 일차식은 $x-2$, $x+4$이므로 그 합은
$(x-2)+(x+4)=2x+2$

3 $x^2+2x=A$로 놓으면
$(x^2+2x+4)(x^2+2x-9)+12$
$=(A+4)(A-9)+12$
$=A^2-5A-36+12$
$=A^2-5A-24$
$=(A-8)(A+3)$
$=(x^2+2x-8)(x^2+2x+3)$
$=(x-2)(x+4)(x^2+2x+3)$
따라서 주어진 다항식의 인수가 아닌 것은 ②이다.

4 $(x-3)(x-1)(x+2)(x+4)+24$
$=\{(x+2)(x-1)\}\{(x+4)(x-3)\}+24$
$=(x^2+x-2)(x^2+x-12)+24$
이때 $x^2+x=A$로 놓으면
(주어진 식)$=(A-2)(A-12)+24$
$=A^2-14A+24+24$
$=A^2-14A+48$
$=(A-6)(A-8)$
$=(x^2+x-6)(x^2+x-8)$
$=(x-2)(x+3)(x^2+x-8)$
따라서 주어진 다항식의 인수는 ㄱ, ㄷ이다.

5 $x^2=X$로 놓으면
$x^4+8x^2+15=X^2+8X+15$
$=(X+3)(X+5)$
$=(x^2+3)(x^2+5)$
$x^4-x^2-12=X^2-X-12$
$=(X-4)(X+3)$
$=(x^2-4)(x^2+3)$
$=(x+2)(x-2)(x^2+3)$
따라서 주어진 두 다항식의 공통인 인수는 ③이다.

6 x^4-10x^2+9에서 $x^2=X$로 놓으면
$x^4-10x^2+9=X^2-10X+9$
$=(X-1)(X-9)$
$=(x^2-1)(x^2-9)$
$=(x+1)(x-1)(x+3)(x-3)$
$=(x+3)(x+1)(x-1)(x-3)$
이것이 $a>b>c>d$일 때 $(x+a)(x+b)(x+c)(x+d)$와 일치하므로
$a=3$, $b=1$, $c=-1$, $d=-3$
따라서 $ab+cd=3\times1+(-1)\times(-3)=6$

[다른 풀이]
A^2-B^2 꼴로 변형하여 다음과 같이 인수분해해도 된다.
$x^4-10x^2+9=(x^4-6x^2+9)-4x^2$
$=(x^2-3)^2-(2x)^2$
$=(x^2+2x-3)(x^2-2x-3)$
$=(x+3)(x-1)(x-3)(x+1)$
$=(x+3)(x+1)(x-1)(x-3)$

7 $x^4+64=(x^4+16x^2+64)-16x^2$

$=(x^2+8)^2-(4x)^2$

$=(x^2+4x+8)(x^2-4x+8)$

따라서 주어진 다항식의 인수는 ④이다.

8 $x^4-8x^2y^2+4y^4=(x^4-4x^2y^2+4y^4)-4x^2y^2$

$=(x^2-2y^2)^2-(2xy)^2$

$=(x^2+2xy-2y^2)(x^2-2xy-2y^2)$

이것이 유리수 a, b에 대하여

$(x^2+axy+by^2)(x^2-axy+by^2)$과 일치하므로

$a=2$, $b=-2$ 또는 $a=-2$, $b=-2$

따라서 $a^2+b^2=(\pm2)^2+(-2)^2=8$

9 주어진 식을 y에 대한 내림차순으로 정리하면

$2x^2-4xy+5x+2y-3$

$=-2(2x-1)y+(2x^2+5x-3)$

$=-2(2x-1)y+(2x-1)(x+3)$

$=(2x-1)(x-2y+3)$

10 주어진 식을 전개한 후 a에 대한 내림차순으로 정리하면

$ab(a+b+c)+bc(b+c+a)+ca(c+a+b)-abc$

$=a^2b+ab^2+abc+b^2c+bc^2+abc+ac^2+ca^2+abc-abc$

$=a^2b+ab^2+b^2c+bc^2+ac^2+ca^2+2abc$

$=(b+c)a^2+(b^2+2bc+c^2)a+b^2c+bc^2$

$=(b+c)a^2+(b+c)^2a+bc(b+c)$

$=(b+c)\{a^2+(b+c)a+bc\}$

$=(b+c)(a+b)(a+c)$

$=(a+b)(b+c)(c+a)$

11 주어진 식을 x에 대한 내림차순으로 정리하면

$2x^2-6y^2+xy-x+5y-1$

$=2x^2+(y-1)x-(6y^2-5y+1)$

$=2x^2+\{-(3y-1)+2(2y-1)\}x-(3y-1)(2y-1)$

$=\{2x-(3y-1)\}\{x+(2y-1)\}$

$=(2x-3y+1)(x+2y-1)$

이것이 상수 a, b, c에 대하여 $(ax+by+1)(x+cy-1)$과 일치하므로

$a=2$, $b=-3$, $c=2$

따라서 $a-b+c=2-(-3)+2=7$

12 주어진 식을 전개한 후 y에 대한 내림차순으로 정리하면

$x^3+(y-1)x^2-(y+6)x-6y$

$=x^3+x^2y-x^2-xy-6x-6y$

$=(x^2-x-6)y+(x^3-x^2-6x)$

$=(x^2-x-6)y+x(x^2-x-6)$

$=(x^2-x-6)(x+y)$

$=(x+2)(x-3)(x+y)$

따라서 주어진 다항식의 인수는 ②, ④이다.

07 인수 정리를 이용한 고차식의 인수분해

본문 104쪽

원리확인

0, $x-1$, 1, -5, 6, 0, x^2-5x+6, $x-3$

1 (1) $P(1)=0$, $P(-2)=12$, $P(3)=12$
(2) $(x-1)(x-2)(x+3)$

2 (1) $P(1)=0$, $P(2)=24$, $P(4)=144$
(2) $(x-1)(x+2)(x+4)$

3 (1) $P(1)=-20$, $P(2)=0$, $P(3)=42$
(2) $(x-2)(x+3)(x+4)$

4 (✎ 0, $x-1$, 1, 1, -6, 8, 0, $x-1$, $(x-1)(x-2)(x-4)$)

5 $(x-2)(x^2+2x+5)$ 6 $(x-2)(x-3)(x-4)$

7 $(x+1)^2(x-5)$ 8 $(x-2)^2(x+1)$

9 $(x+2)(2x^2+x+3)$ 10 $(x-1)(x-2)(2x+1)$

11 $(x-1)(x+2)(3x-2)$ 12 $(x-2)(2x+1)(2x-1)$

13 ③, ⑤

14 (1) (✎ 0, 0)
(2) (✎ $x+1$, $x-2$, -3, 7, -10, 0, -1, 0, $x-2$, x^2-x+5)

15 (1) $f(-1)=0$, $f(-2)=0$
(2) $(x+1)(x+2)(x-2)(3x+1)$

16 $(x-1)(x-2)(x^2+2x+2)$

17 $(x-1)(x-3)(2x^2+x+3)$

18 $(x+1)(x+2)(3x^2-x-1)$

19 $(x-1)(x-2)(x+5)(x-3)$

20 $(x-1)(x+2)(x+4)(x-7)$

21 $(x-1)(x-2)^2(x-3)$

22 $(x+1)^2(x-2)(2x+1)$ 23 ②

24 (1) 4 (2) $(x-1)(x+2)(3x+1)$

25 (1) -12 (2) $(x+1)(x-3)(2x+3)$

26 ③

1 (1) $P(x)=x^3-7x+6$이므로

$P(1)=1^3-7\times1+6=0$

$P(-2)=(-2)^3-7\times(-2)+6=12$

$P(3)=3^3-7\times3+6=12$

(2) $P(1)=0$에서 $x-1$은 $P(x)$의 인수이므로 조립제법을 이용하여 인수분해하면

1	1	0	−7	6
		1	1	−6
	1	1	−6	0

따라서

$P(x)=(x-1)(x^2+x-6)$

$=(x-1)(x-2)(x+3)$

2 (1) $P(x)=x^3+5x^2+2x-8$이므로

$P(1)=1^3+5\times1^2+2\times1-8=0$

$P(2)=2^3+5\times2^2+2\times2-8=24$

$P(4)=4^3+5\times4^2+2\times4-8=144$

(2) $P(1)=0$에서 $x-1$은 $P(x)$의 인수이므로 조립제법을 이용하여 인수분해하면

1	1	5	2	-8
		1	6	8
	1	6	8	0

따라서

$P(x)=(x-1)(x^2+6x+8)$

$=(x-1)(x+2)(x+4)$

3 (1) $P(x)=x^3+5x^2-2x-24$이므로

$P(1)=1^3+5\times1^2-2\times1-24=-20$

$P(2)=2^3+5\times2^2-2\times2-24=0$

$P(3)=3^3+5\times3^2-2\times3-24=42$

(2) $P(2)=0$에서 $x-2$는 $P(x)$의 인수이므로 조립제법을 이용하여 인수분해하면

2	1	5	-2	-24
		2	14	24
	1	7	12	0

따라서

$P(x)=(x-2)(x^2+7x+12)$

$=(x-2)(x+3)(x+4)$

5 $P(x)=x^3+x-10$으로 놓으면

$P(2)=2^3+2-10=0$

즉 $x-2$는 $P(x)$의 인수이므로 조립제법을 이용하여 인수분해하면

2	1	0	1	-10
		2	4	10
	1	2	5	0

따라서 $P(x)=(x-2)(x^2+2x+5)$

6 $P(x)=x^3-9x^2+26x-24$로 놓으면

$P(2)=2^3-9\times2^2+26\times2-24=0$

즉 $x-2$는 $P(x)$의 인수이므로 조립제법을 이용하여 인수분해하면

2	1	-9	26	-24
		2	-14	24
	1	-7	12	0

따라서

$P(x)=(x-2)(x^2-7x+12)$

$=(x-2)(x-3)(x-4)$

7 $P(x)=x^3-3x^2-9x-5$로 놓으면

$P(-1)=(-1)^3-3\times(-1)^2-9\times(-1)-5=0$

즉 $x+1$은 $P(x)$의 인수이므로 조립제법을 이용하여 인수분해하면

-1	1	-3	-9	-5
		-1	4	5
	1	-4	-5	0

따라서

$P(x)=(x+1)(x^2-4x-5)$

$=(x+1)(x+1)(x-5)$

$=(x+1)^2(x-5)$

8 $P(x)=x^3-3x^2+4$로 놓으면

$P(2)=2^3-3\times2^2+4=0$

즉 $x-2$는 $P(x)$의 인수이므로 조립제법을 이용하여 인수분해하면

2	1	-3	0	4
		2	-2	-4
	1	-1	-2	0

따라서

$P(x)=(x-2)(x^2-x-2)$

$=(x-2)(x-2)(x+1)$

$=(x-2)^2(x+1)$

9 $P(x)=2x^3+5x^2+5x+6$으로 놓으면

$P(-2)=2\times(-2)^3+5\times(-2)^2+5\times(-2)+6=0$

즉 $x+2$는 $P(x)$의 인수이므로 조립제법을 이용하여 인수분해하면

-2	2	5	5	6
		-4	-2	-6
	2	1	3	0

따라서 $P(x)=(x+2)(2x^2+x+3)$

10 $P(x)=2x^3-5x^2+x+2$로 놓으면

$P(1)=2\times1^3-5\times1^2+1+2=0$

즉 $x-1$은 $P(x)$의 인수이므로 조립제법을 이용하여 인수분해하면

1	2	-5	1	2
		2	-3	-2
	2	-3	-2	0

따라서

$P(x)=(x-1)(2x^2-3x-2)$

$=(x-1)(x-2)(2x+1)$

11 $P(x)=3x^3+x^2-8x+4$로 놓으면

$P(1)=3\times1^3+1^2-8\times1+4=0$

즉 $x-1$은 $P(x)$의 인수이므로 조립제법을 이용하여 인수분해하면

1	3	1	−8	4
		3	4	−4
	3	4	−4	0

따라서

$P(x)=(x-1)(3x^2+4x-4)$

$\quad=(x-1)(x+2)(3x-2)$

12 $P(x)=4x^3-8x^2-x+2$로 놓으면

$P(2)=4\times2^3-8\times2^2-2+2=0$

즉 $x-2$는 $P(x)$의 인수이므로 조립제법을 이용하여 인수분해하면

2	4	−8	−1	2
		8	0	−2
	4	0	−1	0

따라서

$P(x)=(x-2)(4x^2-1)$

$\quad=(x-2)(2x+1)(2x-1)$

13 $P(x)=2x^3-5x^2-14x+8$로 놓으면

$P(-2)=2\times(-2)^3-5\times(-2)^2-14\times(-2)+8=0$

즉 $x+2$는 $P(x)$의 인수이므로 조립제법을 이용하여 인수분해하면

−2	2	−5	−14	8
		−4	18	−8
	2	−9	4	0

따라서

$P(x)=(x+2)(2x^2-9x+4)$

$\quad=(x+2)(2x-1)(x-4)$

이므로 주어진 다항식의 인수는 ③, ⑤이다.

15 (1) $f(-1)$

$=3\times(-1)^4+4\times(-1)^3-11\times(-1)^2-16\times(-1)-4$

$=0$

$f(-2)$

$=3\times(-2)^4+4\times(-2)^3-11\times(-2)^2-16\times(-2)-4$

$=0$

(2) $f(-1)=0$, $f(-2)=0$에서 $x+1$, $x+2$는 $f(x)$의 인수이므로 조립제법을 이용하여 인수분해하면

−1	3	4	−11	−16	−4
		−3	−1	12	4
−2	3	1	−12	−4	0
		−6	10	4	
	3	−5	−2	0	

따라서

$f(x)=(x+1)(x+2)(3x^2-5x-2)$

$\quad=(x+1)(x+2)(x-2)(3x+1)$

16 $f(x)=x^4-x^3-2x^2-2x+4$로 놓으면

$f(1)=1^4-1^3-2\times1^2-2\times1+4=0$

$f(2)=2^4-2^3-2\times2^2-2\times2+4=0$

즉 $x-1$, $x-2$는 $f(x)$의 인수이므로 조립제법을 이용하여 인수분해하면

1	1	−1	−2	−2	4
		1	0	−2	−4
2	1	0	−2	−4	0
		2	4	4	
	1	2	2	0	

따라서 $f(x)=(x-1)(x-2)(x^2+2x+2)$

17 $f(x)=2x^4-7x^3+5x^2-9x+9$로 놓으면

$f(1)=2\times1^4-7\times1^3+5\times1^2-9\times1+9=0$

$f(3)=2\times3^4-7\times3^3+5\times3^2-9\times3+9=0$

즉 $x-1$, $x-3$은 $f(x)$의 인수이므로 조립제법을 이용하여 인수분해하면

1	2	−7	5	−9	9
		2	−5	0	−9
3	2	−5	0	−9	0
		6	3	9	
	2	1	3	0	

따라서 $f(x)=(x-1)(x-3)(2x^2+x+3)$

18 $f(x)=3x^4+8x^3+2x^2-5x-2$로 놓으면

$f(-1)=3\times(-1)^4+8\times(-1)^3+2\times(-1)^2-5\times(-1)-2$

$\quad=0$

$f(-2)=3\times(-2)^4+8\times(-2)^3+2\times(-2)^2-5\times(-2)-2$

$\quad=0$

즉 $x+1$, $x+2$는 $f(x)$의 인수이므로 조립제법을 이용하여 인수분해하면

−1	3	8	2	−5	−2
		−3	−5	3	2
−2	3	5	−3	−2	0
		−6	2	2	
	3	−1	−1	0	

따라서 $f(x)=(x+1)(x+2)(3x^2-x-1)$

19 $f(x)=x^4-x^3-19x^2+49x-30$으로 놓으면

$f(1)=1^4-1^3-19\times1^2+49\times1-30=0$

$f(2)=2^4-2^3-19\times2^2+49\times2-30=0$

즉 $x-1$, $x-2$는 $f(x)$의 인수이므로 조립제법을 이용하여 인수분해하면

1	1	-1	-19	49	-30
		1	0	-19	30
2	1	0	-19	30	0
		2	4	-30	
	1	2	-15	0	

따라서

$f(x)=(x-1)(x-2)(x^2+2x-15)$

$\quad=(x-1)(x-2)(x+5)(x-3)$

20 $f(x)=x^4-2x^3-33x^2-22x+56$으로 놓으면

$f(1)=1^4-2\times1^3-33\times1^2-22\times1+56=0$

$f(-2)=(-2)^4-2\times(-2)^3-33\times(-2)^2-22\times(-2)+56$

$\quad=0$

즉 $x-1$, $x+2$는 $f(x)$의 인수이므로 조립제법을 이용하여 인수분해하면

1	1	-2	-33	-22	56
		1	-1	-34	-56
-2	1	-1	-34	-56	0
		-2	6	56	
	1	-3	-28	0	

따라서

$f(x)=(x-1)(x+2)(x^2-3x-28)$

$\quad=(x-1)(x+2)(x+4)(x-7)$

21 $f(x)=x^4-8x^3+23x^2-28x+12$로 놓으면

$f(1)=1^4-8\times1^3+23\times1^2-28\times1+12=0$

$f(2)=2^4-8\times2^3+23\times2^2-28\times2+12=0$

즉 $x-1$, $x-2$는 $f(x)$의 인수이므로 조립제법을 이용하여 인수분해하면

1	1	-8	23	-28	12
		1	-7	16	-12
2	1	-7	16	-12	0
		2	-10	12	
	1	-5	6	0	

따라서

$f(x)=(x-1)(x-2)(x^2-5x+6)$

$\quad=(x-1)(x-2)(x-2)(x-3)$

$\quad=(x-1)(x-2)^2(x-3)$

22 $f(x)=2x^4+x^3-6x^2-7x-2$로 놓으면

$f(-1)=2\times(-1)^4+(-1)^3-6\times(-1)^2-7\times(-1)-2$

$\quad=0$

$f(2)=2\times2^4+2^3-6\times2^2-7\times2-2=0$

즉 $x+1$, $x-2$는 $f(x)$의 인수이므로 조립제법을 이용하여 인수분해하면

-1	2	1	-6	-7	-2
		-2	1	5	2
2	2	-1	-5	-2	0
		4	6	2	
	2	3	1	0	

따라서

$f(x)=(x+1)(x-2)(2x^2+3x+1)$

$\quad=(x+1)(x-2)(2x+1)(x+1)$

$\quad=(x+1)^2(x-2)(2x+1)$

23 $f(x)=x^4+2x^3-13x^2-14x+24$로 놓으면

$f(1)=1^4+2\times1^3-13\times1^2-14\times1+24=0$

$f(-2)=(-2)^4+2\times(-2)^3-13\times(-2)^2-14\times(-2)+24$

$\quad=0$

즉 $x-1$, $x+2$는 $f(x)$의 인수이므로 조립제법을 이용하여 인수분해하면

1	1	2	-13	-14	24
		1	3	-10	-24
-2	1	3	-10	-24	0
		-2	-2	24	
	1	1	-12	0	

따라서

$f(x)=(x-1)(x+2)(x^2+x-12)$

$\quad=(x-1)(x+2)(x-3)(x+4)$

이므로 주어진 다항식의 인수인 것은 ②이다.

24 (1) 다항식 $f(x)$가 $x-1$을 인수로 가지면 $f(1)=0$이므로

$f(1)=3\times1^3+a\times1^2-5\times1-2=0$

따라서 $a-4=0$이므로 $a=4$

(2) 다항식 $f(x)=3x^3+4x^2-5x-2$가 $x-1$을 인수로 가지므로 조립제법을 이용하여 인수분해하면

1	3	4	-5	-2
		3	7	2
	3	7	2	0

따라서

$f(x)=(x-1)(3x^2+7x+2)$

$\quad=(x-1)(x+2)(3x+1)$

25 (1) 다항식 $f(x)$가 $x+1$을 인수로 가지면 $f(-1)=0$이므로

$f(-1)=2\times(-1)^3-(-1)^2+a\times(-1)-9=0$

따라서 $-a-12=0$이므로 $a=-12$

(2) 다항식 $f(x)=2x^3-x^2-12x-9$가 $x+1$을 인수로 가지므로 조립제법을 이용하여 인수분해하면

-1	2	-1	-12	-9
		-2	3	9
	2	-3	-9	0

따라서

$f(x)=(x+1)(2x^2-3x-9)$

$\quad=(x+1)(x-3)(2x+3)$

26 다항식 $f(x)=6x^3-7x^2+ax+2$가 $x-1$을 인수로 가지면

$f(1)=0$이므로

$f(1)=6\times1^3-7\times1^2+a\times1+2=0$

즉 $1+a=0$이므로 $a=-1$

따라서 $f(x)=6x^3-7x^2-x+2$

이때 다항식 $f(x)$가 $x-1$을 인수로 가지므로 조립제법을 이용하여 인수분해하면

$$\begin{array}{r|rrrr} 1 & 6 & -7 & -1 & 2 \\ & & 6 & -1 & -2 \\ \hline & 6 & -1 & -2 & \boxed{0} \end{array}$$

따라서

$f(x)=(x-1)(6x^2-x-2)$

$\quad=(x-1)(2x+1)(3x-2)$

한편

③ $2x^2+3x+1=(x+1)(2x+1)$

④ $3x^2-5x+2=(x-1)(3x-2)$

⑤ $6x^2-x-2=(2x+1)(3x-2)$

이므로 주어진 다항식의 인수가 아닌 것은 ③이다.

08 본문 108쪽

인수분해의 활용

1 (✐ 5, $x-5$, 95, 95, 90, 9000)

2 200	3 6400	4 38600
5 3600	6 1000000	7 40
8 64	9 ③	
10 (✐ $a-b$, $3ab$, 39, 39, 117)		11 25
12 336	13 85	14 3

2 51^2-49^2에서 $51=x$로 놓으면

$51^2-49^2=x^2-49^2$

$=(x+49)(x-49)$

$=(51+49)\times(51-49)$

$=100\times2=200$

3 $77^2+6\times77+9$에서 $77=x$로 놓으면

$77^2+6\times77+9=x^2+6x+9$

$=(x+3)^2$

$=(77+3)^2$

$=80^2=6400$

4 $196^2+196-12$에서 $196=x$로 놓으면

$196^2+196-12=x^2+x-12$

$=(x-3)(x+4)$

$=(196-3)\times(196+4)$

$=193\times200=38600$

5 $17^2+20^2+23^2+2\times(17\times20+20\times23+23\times17)$에서

$17=a$, $20=b$, $23=c$로 놓으면

$17^2+20^2+23^2+2\times(17\times20+20\times23+23\times17)$

$=a^2+b^2+c^2+2(ab+bc+ca)$

$=a^2+b^2+c^2+2ab+2bc+2ca$

$=(a+b+c)^2$

$=(17+20+23)^2$

$=60^2=3600$

6 $99^3+3\times99^2+3\times99+1$에서 $99=x$로 놓으면

$99^3+3\times99^2+3\times99+1=x^3+3x^2+3x+1$

$=(x+1)^3=(99+1)^3$

$=100^3=1000000$

7 $\dfrac{39^3+1}{39^2-38}$에서 $39=x$로 놓으면

$\dfrac{39^3+1}{39^2-38}=\dfrac{39^3+1}{39^2-39+1}=\dfrac{x^3+1}{x^2-x+1}$

$=\dfrac{(x+1)(x^2-x+1)}{x^2-x+1}$

$=x+1=39+1=40$

8 $\sqrt{17^3-3\times17^2+3\times17-1}$에서 $17=x$로 놓으면

$\sqrt{17^3-3\times17^2+3\times17-1}=\sqrt{x^3-3x^2+3x-1}$

$=\sqrt{(x-1)^3}$

$=\sqrt{(17-1)^3}$

$=\sqrt{16^3}$

$=(\sqrt{16})^3$

$=4^3=64$

9 $\dfrac{\sqrt{89^3+3\times89^2\times11+3\times89\times11^2+11^3}}{89^2-11^2}$에서

$89=a$, $11=b$로 놓으면

$\dfrac{\sqrt{89^3+3\times89^2\times11+3\times89\times11^2+11^3}}{89^2-11^2}$

$=\dfrac{\sqrt{a^3+3a^2b+3ab^2+b^3}}{a^2-b^2}$

$=\dfrac{\sqrt{(a+b)^3}}{(a+b)(a-b)}$

$=\dfrac{\sqrt{(89+11)^3}}{(89+11)\times(89-11)}$

$=\dfrac{\sqrt{100^3}}{100\times78}=\dfrac{1000}{7800}=\dfrac{5}{39}$

따라서 $p=39$, $q=5$이므로 $p+q=44$

11 $a^2+b^2+c^2+2ab+2bc+2ca=(a+b+c)^2$이고

$(a+b)+(b+c)+(c+a)=2+3+5$에서

$a+b+c=5$이므로

$a^2+b^2+c^2+2ab+2bc+2ca=5^2=25$

12 $a^4+a^2b^2+b^4=(a^2+ab+b^2)(a^2-ab+b^2)$이고

$a^2+ab+b^2=(a+b)^2-ab=6^2-8=28$,

$a^2-ab+b^2=(a+b)^2-3ab=6^2-3\times8=12$이므로

$a^4+a^2b^2+b^4=28\times12=336$

13 $a^3+b^3+a^2b+ab^2=(a^3+a^2b)+(b^3+ab^2)$

$=a^2(a+b)+b^2(a+b)$

$=(a+b)(a^2+b^2)$

이고

$a^2+b^2=(a+b)^2-2ab=5^2-2\times4=17$

이므로

$a^3+b^3+a^2b+ab^2=5\times17=85$

14 $a^3+b^3+c^3-3abc$

$=(a+b+c)(a^2+b^2+c^2-ab-bc-ca)$

이고 $a+b+c=0$이므로

$a^3+b^3+c^3-3abc=0$

따라서 $a^3+b^3+c^3=3abc$이므로

$\dfrac{a^3+b^3+c^3}{abc}=\dfrac{3abc}{abc}=3$

TEST 개념 확인

본문 110쪽

1 6	2 ③	3 ④	4 ④
5 ⑤	6 ①		

1 $f(x)=x^3+6x^2+11x+6$으로 놓으면

$f(-1)=(-1)^3+6\times(-1)^2+11\times(-1)+6=0$

즉 $x+1$은 $f(x)$의 인수이므로 조립제법을 이용하여 인수분해하면

-1	1	6	11	6
		-1	-5	-6
	1	5	6	0

즉

$f(x)=(x+1)(x^2+5x+6)$

$=(x+1)(x+2)(x+3)$

따라서 a, b, c는 1, 2, 3 중 각각 하나씩이므로

$a+b+c=1+2+3=6$

[다른 풀이]

$(x+a)(x+b)(x+c)$

$=x^3+(a+b+c)x^2+(ab+bc+ca)x+abc$

이므로

$a+b+c=6$

2 $f(x)=6x^4+13x^3-7x^2-22x-8$로 놓으면

$f(-1)=6\times(-1)^4+13\times(-1)^3-7\times(-1)^2-22\times(-1)-8$

$=0$

$f(-2)=6\times(-2)^4+13\times(-2)^3-7\times(-2)^2-22\times(-2)-8$

$=0$

즉 $x+1$, $x+2$는 $f(x)$의 인수이므로 조립제법을 이용하여 인수분해하면

-1	6	13	-7	-22	-8
		-6	-7	14	8
-2	6	7	-14	-8	0
		-12	10	8	
	6	-5	-4	0	

따라서

$f(x)=(x+1)(x+2)(6x^2-5x-4)$

$=(x+1)(x+2)(2x+1)(3x-4)$

이므로 네 일차식의 합은

$(x+1)+(x+2)+(2x+1)+(3x-4)=7x$

3 $f(x)=x^4+ax^3+bx^2-22x+24$라 할 때, 다항식 $f(x)$가 $x-1$을 인수로 가지면 $f(1)=0$이므로

$1^4+a\times1^3+b\times1^2-22\times1+24=0$

즉 $a+b=-3$ ...... ㉠

다항식 $f(x)$가 $x-2$를 인수로 가지면 $f(2)=0$이므로

$2^4+a\times2^3+b\times2^2-22\times2+24=0$

즉 $8a+4b=4$에서 $2a+b=1$ ...... ㉡

㉠, ㉡을 연립하여 풀면 $a=4$, $b=-7$이므로

$f(x)=x^4+4x^3-7x^2-22x+24$

이때 다항식 $f(x)$는 $x-1$, $x-2$를 인수로 가지므로 조립제법을 이용하여 인수분해하면

1	1	4	-7	-22	24
		1	5	-2	-24
2	1	5	-2	-24	0
		2	14	24	
	1	7	12	0	

따라서

$f(x)=(x-1)(x-2)(x^2+7x+12)$

$=(x-1)(x-2)(x+3)(x+4)$

4 $a^2-b^2=(a+b)(a-b)$이므로

$25^2-23^2+21^2-19^2+17^2-15^2$

$=(25^2-23^2)+(21^2-19^2)+(17^2-15^2)$

$=(25+23)\times(25-23)+(21+19)\times(21-19)$

$+(17+15)\times(17-15)$

$=48\times2+40\times2+32\times2$

$=(48+40+32)\times2$

$=120\times2=240$

5 $f(x)=x^4-11x^2+18x-8$에 대하여

$f(1)=1^4-11\times1^2+18\times1-8=0$

$f(2)=2^4-11\times2^2+18\times2-8=0$

즉 $x-1$, $x-2$는 $f(x)$의 인수이므로 조립제법을 이용하여 인수분해하면

1	1	0	−11	18	−8
		1	1	−10	8
2	1	1	−10	8	0
		2	6	−8	
	1	3	−4	0	

따라서

$f(x)=(x-1)(x-2)(x^2+3x-4)$

$=(x-1)(x-2)(x-1)(x+4)$

$=(x-1)^2(x-2)(x+4)$

이므로

$f(11)=(11-1)^2\times(11-2)\times(11+4)$

$=10^2\times9\times15$

$=13500$

6 $a^4+b^4+a^3b+ab^3=a^4+a^3b+b^4+ab^3$

$=a^3(a+b)+b^3(a+b)$

$=(a+b)(a^3+b^3)$

$=(a+b)(a+b)(a^2-ab+b^2)$

$=(a+b)^2(a^2-ab+b^2)$

이고

$(a+b)^2=(a-b)^2+4ab=3^2+4\times4=25$

$a^2-ab+b^2=(a-b)^2+ab=3^2+4=13$

이므로

$a^4+b^4+a^3b+ab^3=25\times13=325$

3. 인수분해

TEST 개념 발전

본문 112쪽

1 ④	2 ③	3 ②	4 ①, ③
5 ⑤	6 ②	7 ②	8 ②
9 ③, ⑤	10 25	11 ④	12 ④
13 ④	14 ③	15 ③	

1 ① $a^3+3a^2b-3ab^2-b^3$

$=(a^3-b^3)+(3a^2b-3ab^2)$

$=(a-b)(a^2+ab+b^2)+3ab(a-b)$

$=(a-b)(a^2+4ab+b^2)$

② $a^3+b^3=(a+b)(a^2-ab+b^2)$

③ $a^2+b^2+c^2-2ab-2bc+2ca$

$=a^2+(-b)^2+c^2+2\times a\times(-b)+2\times(-b)\times c+2\times c\times a$

$=(a-b+c)^2$

④ $a^3+b^3-c^3+3abc$

$=a^3+b^3+(-c)^3-3\times a\times b\times(-c)$

$=(a+b-c)(a^2+b^2+c^2-ab+bc+ca)$

⑤ $a^4+a^2b^2+b^4=(a^2+ab+b^2)(a^2-ab+b^2)$

따라서 인수분해가 옳은 것은 ④이다.

2 $x^3-64y^3=x^3-(4y)^3$

$=(x-4y)\{x^2+x\times4y+(4y)^2\}$

$=(x-4y)(x^2+4xy+16y^2)$

따라서 $a=-4$, $b=4$, $c=16$이므로

$a+bc=-4+4\times16=60$

3 $a^4+2a^3-2b^3-b^4$

$=(a^4-b^4)+(2a^3-2b^3)$

$=(a^2+b^2)(a^2-b^2)+2(a^3-b^3)$

$=(a+b)(a-b)(a^2+b^2)+2(a-b)(a^2+ab+b^2)$

$=(a-b)\{(a+b)(a^2+b^2)+2(a^2+ab+b^2)\}$

$=(a-b)(a^3+b^3+a^2b+ab^2+2a^2+2ab+2b^2)$

따라서 주어진 다항식의 인수인 것은 ②이다.

4 $-6x-6=-2(3x-1)-8$이므로 $3x-1=A$로 놓으면

$(3x-1)^2-6x-6=(3x-1)^2-2(3x-1)-8$

$=A^2-2A-8$

$=(A-4)(A+2)$

$=(3x-1-4)(3x-1+2)$

$=(3x-5)(3x+1)$

따라서 주어진 다항식의 인수인 것은 ①, ③이다.

[다른 풀이]

$(3x-1)^2-6x-6=9x^2-6x+1-6x-6$

$=9x^2-12x-5$

$=(3x-5)(3x+1)$

5 $x^2-4x=A$로 놓으면

$(x^2-4x+2)(x^2-4x+5)+2=(A+2)(A+5)+2$

$=A^2+7A+10+2$

$=A^2+7A+12$

$=(A+3)(A+4)$

$=(x^2-4x+3)(x^2-4x+4)$

$=(x-1)(x-3)(x-2)^2$

이때

④ $x^2-3x+2=(x-1)(x-2)$

⑤ $x^2+4x+4=(x+2)^2$

이므로 주어진 다항식의 인수가 아닌 것은 ⑤이다.

6 $x^2=X$로 놓으면

$x^4-8x^2+16=X^2-8X+16$
$=(X-4)^2$
$=(x^2-4)^2$
$=\{(x+2)(x-2)\}^2$
$=(x+2)^2(x-2)^2$

$a>b$이므로 $a=2,\ b=-2$

따라서 $a-b=2-(-2)=4$

7 $x^4-14x^2+25=(x^4-10x^2+25)-4x^2$
$=(x^2-5)^2-(2x)^2$
$=(x^2+2x-5)(x^2-2x-5)$

8 $x^2+2xy+8y-16=(x^2-16)+(2xy+8y)$
$=(x+4)(x-4)+2y(x+4)$
$=(x+4)(x+2y-4)$

따라서 주어진 다항식의 인수인 것은 ②이다.

9 $f(x)=2x^4+5x^3-10x^2-15x+18$로 놓으면

$f(1)=2\times1^4+5\times1^3-10\times1^2-15\times1+18=0$

$f(-2)$
$=2\times(-2)^4+5\times(-2)^3-10\times(-2)^2-15\times(-2)+18$
$=0$

즉 $x-1,\ x+2$는 $f(x)$의 인수이므로 조립제법을 이용하여 인수분해하면

1	2	5	−10	−15	18
		2	7	−3	−18
−2	2	7	−3	−18	0
		−4	−6	18	
	2	3	−9	0	

따라서

$f(x)=(x-1)(x+2)(2x^2+3x-9)$
$=(x-1)(x+2)(x+3)(2x-3)$

이므로 주어진 다항식의 인수가 아닌 것은 ③, ⑤이다.

10 $(x-3)(x-1)(x+2)(x+4)+k$
$=\{(x-1)(x+2)\}\{(x-3)(x+4)\}+k$
$=(x^2+x-2)(x^2+x-12)+k$

이때 $x^2+x=A$로 놓으면

(주어진 식)$=(A-2)(A-12)+k$
$=A^2-14A+24+k$

이 식이 A에 대한 완전제곱식이 되어야 하므로

$24+k=\left(\dfrac{-14}{2}\right)^2=49$

따라서 $k=25$

11 주어진 다항식을 x에 대하여 내림차순으로 정리하면

$x^2+2y^2-3xy+ax-5y-3$
$=x^2-(3y-a)x+(2y^2-5y-3)$
$=x^2-(3y-a)x+(2y+1)(y-3)$

이 다항식이 $x,\ y$에 대한 두 일차식의 곱으로 인수분해되려면

$-(2y+1)-(y-3)=-(3y-a)$, 즉 $-3y+2=-3y+a$

가 y에 대한 항등식이어야 한다.

따라서 $a=2$

참고

$a=2$일 때, 주어진 다항식은 $x^2+2y^2-3xy+2x-5y-3$이므로 다음과 같이 $x,\ y$에 대한 두 일차식의 곱으로 인수분해된다.

$x^2+2y^2-3xy+2x-5y-3$
$=x^2-(3y-2)x+(2y^2-5y-3)$
$=x^2-\{(2y+1)+(y-3)\}x+(2y+1)(y-3)$
$=\{x-(2y+1)\}\{x-(y-3)\}$
$=(x-2y-1)(x-y+3)$

12 $19=x$라 하고 $f(x)=x^4+7x^3+5x^2-7x-6$으로 놓으면 구하는 값은 $f(19)$이다.

$f(1)=1^4+7\times1^3+5\times1^2-7\times1-6=0$

$f(-1)=(-1)^4+7\times(-1)^3+5\times(-1)^2-7\times(-1)-6=0$

즉 $x-1,\ x+1$은 $f(x)$의 인수이므로 조립제법을 이용하여 인수분해하면

1	1	7	5	−7	−6
		1	8	13	6
−1	1	8	13	6	0
		−1	−7	−6	
	1	7	6	0	

따라서

$f(x)=(x+1)(x-1)(x^2+7x+6)$
$=(x+1)(x-1)(x+1)(x+6)$
$=(x+1)^2(x-1)(x+6)$

이므로

$19^4+7\times19^3+5\times19^2-7\times19-6$
$=f(19)$
$=(19+1)^2\times(19-1)\times(19+6)$
$=20^2\times18\times25=180000$

13 $f(x)=x^4+ax^3+bx^2+11x-6$으로 놓으면 $f(x)$가 $x-1$을 인수로 가지므로 $f(1)=0$

즉 $1^4+a\times1^3+b\times1^2+11\times1-6=0$에서

$b=-a-6$ ······ ㉠

㉠을 $f(x)$에 대입하면

$f(x)=x^4+ax^3+(-a-6)x^2+11x-6$

한편 $f(x)$가 $(x-1)^2$을 인수로 가지므로 조립제법을 이용하여 인수분해하면

$$\begin{array}{c|ccccc} 1 & 1 & a & -a-6 & 11 & -6 \\ & & 1 & a+1 & -5 & 6 \\ \hline 1 & 1 & a+1 & -5 & 6 & 0 \\ & & 1 & a+2 & a-3 & \\ \hline & 1 & a+2 & a-3 & a+3 & \end{array}$$

이때 $a+3=0$이어야 하므로 $a=-3$

㉠에서 $b=-3$

따라서 $f(x)=x^4-3x^3-3x^2+11x-6$이고 위의 조립제법에 의하여

$f(x)=(x-1)^2(x^2-x-6)$

$=(x-1)^2(x+2)(x-3)$

14 $\dfrac{ab^2+bc^2+ca^2-a^2b-b^2c-c^2a}{(a-b)(b-c)(c-a)}$에서 (분자)를 c에 대한 내림차순으로 정리하면

(분자)$=(b-a)c^2+(a^2-b^2)c+ab^2-a^2b$

$=-(a-b)c^2+(a+b)(a-b)c-ab(a-b)$

$=-(a-b)\{c^2-(a+b)c+ab\}$

$=-(a-b)(c-a)(c-b)$

$=(a-b)(b-c)(c-a)$

이므로

$\dfrac{ab^2+bc^2+ca^2-a^2b-b^2c-c^2a}{(a-b)(b-c)(c-a)}=\dfrac{(a-b)(b-c)(c-a)}{(a-b)(b-c)(c-a)}$

$=1$

15 $a^3+a^3b+a^2b^2+ab^3-b^3$

$=(a^3-b^3)+(a^3b+a^2b^2+ab^3)$

$=(a-b)(a^2+ab+b^2)+ab(a^2+ab+b^2)$

$=(a^2+ab+b^2)(a-b+ab)$

이고

$a^2+ab+b^2=(a-b)^2+3ab=3^2+3\times10=39$

이므로

$a^3+a^3b+a^2b^2+ab^3-b^3=39\times(3+10)$

$=507$

4 복소수

01 실수

본문 122쪽

1 (1) $5-\sqrt{4}$ (2) $-\dfrac{20}{4}$, 0, $5-\sqrt{4}$

(3) $0.\dot{1}2\dot{3}$, $-\dfrac{20}{4}$, 0, $5-\sqrt{4}$, 3.14, $-\dfrac{5}{2}$, $\sin 30°$

(4) $\sqrt{3}+1$, π, $\sqrt{\dfrac{1}{10}}$

(5) $0.\dot{1}2\dot{3}$, $-\dfrac{20}{4}$, $\sqrt{3}+1$, 0, π, $5-\sqrt{4}$, 3.14, $\sqrt{\dfrac{1}{10}}$, $-\dfrac{5}{2}$, $\sin 30°$

2 (1) $\dfrac{12}{6}$, 1 (2) $\dfrac{12}{6}$, $\sqrt{9}-3$, 1, -10, $-\sqrt{(-6)^2}$

(3) $-0.4\dot{3}$, $\dfrac{12}{6}$, $\sqrt{9}-3$, 1, -10, $-\sqrt{(-6)^2}$, $\sqrt{0.01}$, $\dfrac{7}{3}$

(4) $-1+\sqrt{3}$, $\cos 45°$

(5) $-0.4\dot{3}$, $\dfrac{12}{6}$, $\sqrt{9}-3$, 1, -10, $-1+\sqrt{3}$, $-\sqrt{(-6)^2}$, $\sqrt{0.01}$, $\dfrac{7}{3}$, $\cos 45°$

3 × 4 ○ 5 × 6 ×

7 ○ 8 × 9 ④

1 (1) $5-\sqrt{4}=5-2=3$

(2) $-\dfrac{20}{4}=-5$

(3) $0.\dot{1}2\dot{3}=\dfrac{123}{999}=\dfrac{41}{333}$

$\sin 30°=\dfrac{1}{2}$

(4) 무리수는 유리수가 아닌 수이다.

이때 π는 순환하지 않는 무한소수, 즉 무리수이다.

2 (1) $\dfrac{12}{6}=2$

(2) $\sqrt{9}-3=3-3=0$, $-\sqrt{(-6)^2}=-\sqrt{36}=-6$

(3) $-0.4\dot{3}=-\dfrac{43-4}{90}=-\dfrac{13}{30}$

$\sqrt{0.01}=\sqrt{\dfrac{1}{100}}=\dfrac{1}{10}$

(4) 무리수는 유리수가 아닌 수이다.

$\cos 45°=\dfrac{\sqrt{2}}{2}$

[3~8] 색칠한 부분에 속하는 수는 무리수이다.

3 0은 정수, 즉 유리수이다.

4 π는 순환하지 않는 무한소수, 즉 무리수이다.

5 $0.\dot{1}8\dot{1}=\frac{180}{990}=\frac{2}{11}$이므로 유리수이다.

6 $(-\sqrt{2})^2=2$이므로 유리수이다.

8 $\sqrt{\frac{16}{25}}=\frac{4}{5}$이므로 유리수이다.

9 ④ π는 무리수, 즉 실수이므로 수직선 위에 π를 나타내는 점이 있다.

02 복소수

본문 124쪽

1 2, 1 2 (✐ -1), 0, -1 3 -1, $\sqrt{2}$

4 $\frac{5}{2}$, $-\frac{3}{2}$ 5 (✐ 0), $\sqrt{7}$, 0 6 -7, 0

7 $2+\sqrt{3}$, 0 8 $-\sqrt{3}$, $\frac{\sqrt{3}}{3}$

9 허 10 허 11 실 12 허

13 실 14 허 15 실

16 (1) $1+\sqrt{2}$, $-\sqrt{25}$, 0 (2) $3-i$, $-\frac{i}{5}$, $\sqrt{4}i$

(3) $-\frac{i}{5}$, $\sqrt{4}i$ (4) $3-i$

17 (1) π, $-i^2$

(2) $1+5i$, $\sqrt{7}-i$, $\sqrt{-3}$, $\frac{\sqrt{2}}{2}i$

(3) $\sqrt{-3}$, $\frac{\sqrt{2}}{2}i$ (4) $1+5i$, $\sqrt{7}-i$

☺ $=$, $\neq$, $=$, $\neq$, $\neq$, $\neq$

18 (✐ -3, ±1, -3, ±1) 19 2, -3

20 1, ±3 21 3, -5 22 -5, 0 또는 1

23 -2, 2

24 ○ 25 × 26 × 27 ○

28 × 29 × 30 ②

11 $i^2=-1$이므로 실수이다.

13 $-\sqrt{(-7)^2}=-7$이므로 실수이다.

16 (1) $-\sqrt{25}=-5$이므로 실수이다.
(3) $\sqrt{4}i=2i$이므로 순허수이다.

17 (1) $-i^2=-(-1)=1$이므로 실수이다.
(3) $\sqrt{-3}=\sqrt{3}i$이므로 순허수이다.

19 $z=(x+3)+(x-2)i$
z가 실수가 되려면
(허수부분)$=0$이어야 하므로
$x-2=0$에서 $x=2$
z가 순허수가 되려면
(실수부분)$=0$, (허수부분)$\neq0$이어야 하므로
$x+3=0$에서 $x=-3$
$x-2\neq0$에서 $x\neq2$
따라서 $x=-3$

20 $z=(x^2-9)+(x-1)i$
z가 실수가 되려면
(허수부분)$=0$이어야 하므로
$x-1=0$에서 $x=1$
z가 순허수가 되려면
(실수부분)$=0$, (허수부분)$\neq0$이어야 하므로
$x^2-9=0$에서 $x=\pm3$
$x-1\neq0$에서 $x\neq1$
따라서 $x=\pm3$

21 $z=2(x+5)+(x-3)i$
z가 실수가 되려면
(허수부분)$=0$이어야 하므로
$x-3=0$에서 $x=3$
z가 순허수가 되려면
(실수부분)$=0$, (허수부분)$\neq0$이어야 하므로
$x+5=0$에서 $x=-5$
$x-3\neq0$에서 $x\neq3$
따라서 $x=-5$

22 $z=x(x-1)-(x+5)i$
z가 실수가 되려면
(허수부분)$=0$이어야 하므로
$x+5=0$에서 $x=-5$
z가 순허수가 되려면
(실수부분)$=0$, (허수부분)$\neq0$이어야 하므로
$x(x-1)=0$에서 $x=0$ 또는 $x=1$
$x+5\neq0$에서 $x\neq-5$
따라서 $x=0$ 또는 $x=1$

23 $z=(x^2-4)+(x+2)i$
z가 실수가 되려면
(허수부분)$=0$이어야 하므로
$x+2=0$에서 $x=-2$

z가 순허수가 되려면

(실수부분)$=0$, (허수부분)$\neq 0$이어야 하므로

$x^2-4=0$에서 $x=\pm 2$

$x+2\neq 0$에서 $x\neq -2$

따라서 $x=2$

25 $x^2=-1$이면 $x=\pm i$

26 허수부분이 0인 복소수는 실수이다.

28 $5+4i$의 허수부분은 4이다.

29 허수는 대소 관계를 정할 수 없다.

30 ① 실수와 허수를 통틀어 복소수라 한다.

② $\sqrt{-25}=5i$이므로 순허수이다.

③ -1의 제곱근은 $\pm i$이다.

④ 허수는 대소 관계를 정할 수 없다.

⑤ $-5i+6$의 실수부분은 6, 허수부분은 -5이다.

03 복소수가 서로 같을 조건

본문 128쪽

1 (✎2, 5)	2 $a=-1$, $b=4$
3 $a=-3$, $b=6$	4 $a=4$, $b=5$
5 $a=-2$, $b=-1$	6 $a=0$, $b=-3$
7 $a=2$, $b=-7$	8 $a=-6$, $b=4$
9 $a=-10$, $b=0$	10 (✎0, -1, 0, 2)
11 $a=\frac{3}{2}$, $b=-4$	12 $a=3$, $b=-2$
13 $a=3$, $b=2$	14 $a=1$, $b=-4$
15 $a=-5$, $b=6$	16 $a=-3$, $b=9$
17 (✎3, 1)	18 $a=-2$, $b=1$
19 $a=1$, $b=-2$	20 $a=20$, $b=10$
21 $a=8$, $b=-6$	22 ④

11 $2a-3=0$이므로 $a=\frac{3}{2}$

$4+b=0$이므로 $b=-4$

12 $2a=6$이므로 $a=3$

$b+1=-1$이므로 $b=-2$

13 $4a=12$이므로 $a=3$

$2=b$이므로 $b=2$

14 $-a+6=5$이므로 $a=1$

$-7=2b+1$이므로 $2b=-8$에서 $b=-4$

15 $10=-2a$이므로 $a=-5$

$a+b=1$이므로 $-5+b=1$에서 $b=6$

16 $2a=-6$이므로 $a=-3$

$a+b-1=5$이므로 $-3+b-1=5$에서 $b=9$

18 $a+4b=2$, $2a+b=-3$이므로

두 식을 연립하여 풀면

$a=-2$, $b=1$

19 $3a-b-5=0$, $a+b+1=0$이므로

두 식을 연립하여 풀면

$a=1$, $b=-2$

20 $a-b-1=9$, $a-2b=0$

즉 $a-b=10$, $a-2b=0$을 연립하여 풀면

$a=20$, $b=10$

21 $a+2b+1=-3$, $4=2a+b-6$

즉 $a+2b=-4$, $2a+b=10$을 연립하여 풀면

$a=8$, $b=-6$

22 $x+3=0$이므로 $x=-3$

$2x-5y-9=0$이므로

$-6-5y-9=0$에서 $y=-3$

따라서 $xy=9$

04 결레복소수

본문 130쪽

1 $1-2i$ 2 $-3-5i$ 3 $2+i$
4 $-4i+\sqrt{2}$ 5 $5+\sqrt{3}i$ 6 $6i+8$
7 10 8 $8i$ 9 $-\sqrt{2}i$
10 $1+\sqrt{2}$ 11 $2-\sqrt{5}-i$
12 (✎3, 2, 3, 2, 3, -2)
13 $a=2$, $b=5$ 14 $a=-4$, $b=-9$
15 $a=\sqrt{5}$, $b=\sqrt{3}$ 16 $a=8$, $b=\sqrt{2}$
17 $a=\sqrt{3}$, $b=2$ 18 $a=-5$, $b=-1$
19 $a=\sqrt{3}+3$, $b=0$ 20 $a=0$, $b=4$
☺ 2, 3, 2, 3, z 21 ①

13 $\overline{2-5i}=2+5i$이므로
$a=2$, $b=5$

14 $\overline{-4+9i}=-4-9i$이므로
$a=-4$, $b=-9$

15 $\overline{\sqrt{5}-\sqrt{3}i}=\sqrt{5}+\sqrt{3}i$이므로
$a=\sqrt{5}$, $b=\sqrt{3}$

16 $\overline{8-\sqrt{2}i}=8+\sqrt{2}i$이므로
$a=8$, $b=\sqrt{2}$

17 $\overline{-2i+\sqrt{3}}=2i+\sqrt{3}$, 즉 $\sqrt{3}+2i$이므로
$a=\sqrt{3}$, $b=2$

18 $\overline{i-5}=-i-5$, 즉 $-5-i$이므로
$a=-5$, $b=-1$

19 $\overline{\sqrt{3}+3}=\sqrt{3}+3$이므로
$a=\sqrt{3}+3$, $b=0$

20 $\overline{-4i}=4i$이므로
$a=0$, $b=4$

21 $\bar{z}=6+2i$이므로 $\bar{\bar{z}}=z=6-2i$
$x-y-5=6$, $2x+3y+1=-2$
즉 $x-y=11$, $2x+3y=-3$을 연립하여 풀면
$x=6$, $y=-5$
따라서 $xy=-30$

TEST 개념 확인

본문 132쪽

1 ③ 2 ② 3 ⑤ 4 ②
5 ③ 6 0 7 ② 8 $\frac{26}{7}$
9 ③ 10 $a=\sqrt{2}$, $b=-\sqrt{3}$ 11 ③
12 ③

1 실수는 π, $1+\sqrt{2}$, 3, $\sqrt{4}$, 0이므로 $a=5$
무리수는 π, $1+\sqrt{2}$이므로 $b=2$
따라서 $a+b=7$

2 ① 수직선은 실수를 나타내는 점으로 완전히 메울 수 있다.
③ 가장 작은 정수는 정할 수 없다.
④ $\frac{1}{3}$과 $\frac{2}{3}$ 사이에는 무수히 많은 유리수가 있다.
⑤ $\sqrt{9}=3$이므로 유리수이다.

3 ① 복소수 $-3+5i$의 실수부분은 -3, 허수부분은 5이다.
② 순허수는 실수부분이 0인 복소수이다.
③ 실수도 복소수이다.
④ 실수는 대소 관계를 정할 수 있다.

4 $4i^2=4\times(-1)=-4$
허수의 개수는 $-\frac{5}{3}i$, $\sqrt{-25}=5i$의 2이다.

5 실수가 되려면 (허수부분)$=0$이므로
$3-a=0$
따라서 $a=3$

6 순허수가 되려면 (실수부분)$=0$, (허수부분)$\neq 0$이므로
$x(x-2)=0$에서
$x=0$ 또는 $x=2$
$(x-2)(x-3)\neq 0$에서
$x\neq 2$ 그리고 $x\neq 3$
따라서 구하는 x의 값은 0이다.

7 $a+3=0$이므로 $a=-3$
$b-6=0$이므로 $b=6$

8 $a+2b=6$, $5a-4b=-2$를 연립하여 풀면
$a=\frac{10}{7}$, $b=\frac{16}{7}$
따라서 $a+b=\frac{26}{7}$

9 $a+3b=7$, $2a-b=0$을 연립하여 풀면
$a=1$, $b=2$
따라서 $ab=2$

10 $\overline{\sqrt{3}i+\sqrt{2}}=-\sqrt{3}i+\sqrt{2}=\sqrt{2}-\sqrt{3}i$
따라서 $a=\sqrt{2}$, $b=-\sqrt{3}$

11 $\bar{z}=a-bi$이므로

$a-bi=(2a+1)+(b-4)i$

$a=2a+1$, $-b=b-4$이므로

$a=-1$, $b=2$

따라서 $a+b=1$

12 $\bar{z}=3+4i$이므로

$3+4i=(3x-2y)+(x+4y)i$에서

$3x-2y=3$, $x+4y=4$를 연립하여 풀면

$x=\frac{10}{7}$, $y=\frac{9}{14}$

따라서 $xy=\frac{45}{49}$

05 복소수의 덧셈과 뺄셈

본문 134쪽

1 (✎ 8, 4, 8) 2 $4i$ 3 $7+8i$
4 $8+2i$ 5 $2+16i$ 6 $-30+4i$ 7 $-32+26i$
8 (✎ 3, 4, 3, 5) 9 $3+5i$ 10 $-11-3i$
11 $9-7i$ 12 $-50-10i$ 13 $-2+12i$ 14 $-14-53i$
15 $-2+3i$ 16 $-1+4i$ 17 0 18 $-6+4i$
19 $6-4i$ 20 $9-6i$ 21 $13-2i$
22 (✎ x, 2, 2, x, 2, x, 2) 23 -9 24 -3
25 $\pm\sqrt{5}$ 26 $\frac{15}{2}$
27 $\left(\text{✎ } x, 2, 3x, 2, 3x, 2, \frac{8}{3}, 2, \frac{8}{3}\right)$
28 -2 29 -16 30 $\pm\frac{\sqrt{14}}{2}$ 31 0
32 $x=-\frac{16}{5}$, $y=-\frac{3}{5}$ 33 $x=5$, $y=-9$
34 $x=-17$, $y=-6$ 35 $x=-\frac{4}{19}$, $y=\frac{3}{19}$
36 $x=\frac{11}{50}$, $y=\frac{2}{5}$ 37 ③
38 (1) $2+6i$ (2) 4 (3) $-12i$
39 (1) $3-2i$ (2) 6 (3) $-4i$
☺ $2a$, 실수

2 $(4i-3)+3=4i-3+3=4i$

3 $(5+3i)+(2+5i)=5+3i+2+5i$
$=7+8i$

4 $9i+(8-7i)=9i+8-7i$
$=8+2i$

5 $2(1+5i)+6i=2+10i+6i$
$=2+16i$

6 $(-3-2i)+3(-9+2i)=-3-2i-27+6i$
$=-30+4i$

7 $3(1+2i)+5(4i-7)=3+6i+20i-35$
$=-32+26i$

9 $(5+4i)-(2-i)=5+4i-2+i$
$=3+5i$

10 $(-7-6i)-(4-3i)=-7-6i-4+3i$
$=-11-3i$

11 $-2i-(-9+5i)=-2i+9-5i$
$=9-7i$

12 $-10-5(2i+8)=-10-10i-40$
$=-50-10i$

13 $2(-1+8i)-4i=-2+16i-4i$
$=-2+12i$

14 $4(-i+7)-7(6+7i)=-4i+28-42-49i$
$=-14-53i$

15 $z_1+z_3=(1+i)+(-3+2i)$
$=-2+3i$

16 $z_1-z_2=(1+i)-(2-3i)$
$=-1+4i$

17 $z_1+z_2+z_3=(1+i)+(2-3i)+(-3+2i)$
$=0$

18 $z_3-z_2-z_1=(-3+2i)-(2-3i)-(1+i)$
$=-3+2i-2+3i-1-i$
$=-6+4i$

19 $z_1+(z_2-z_3)=(1+i)+\{(2-3i)-(-3+2i)\}$
$=1+i+(2-3i+3-2i)$
$=6-4i$

20 $2(z_1+z_2)-z_3=2\{(1+i)+(2-3i)\}-(-3+2i)$
$=2(3-2i)+3-2i$
$=9-6i$

21 $-(z_2-3z_1)-4z_3=-z_2+3z_1-4z_3$
$=-(2-3i)+3(1+i)-4(-3+2i)$
$=-2+3i+3+3i+12-8i$
$=13-2i$

23 $z=(5+i)x+9i$
$=5x+(x+9)i$
이때 $x+9=0$이어야 하므로
$x=-9$

24 $z=(-3+2i)x-x+6i$
$=-3x+2xi-x+6i$
$=-4x+(2x+6)i$
이때 $2x+6=0$이어야 하므로
$x=-3$

25 $z=-2(-1-2i)x^2+4(2-5i)$
$=2x^2+4x^2i+8-20i$
$=(2x^2+8)+4(x^2-5)i$
이때 $x^2-5=0$이어야 하므로
$x=\pm\sqrt{5}$

26 $z=x(x-2i+3)+3(x+5i)$
$=x^2-2xi+3x+3x+15i$
$=(x^2+6x)+(-2x+15)i$
이때 $-2x+15=0$이어야 하므로
$x=\frac{15}{2}$

28 $z=(5-i)x+10$
$=5x-xi+10$
$=(5x+10)-xi$
이때 $5x+10=0$, $-x\neq0$이어야 하므로
$x=-2$, $x\neq0$
따라서 $x=-2$

29 $z=(-2+7i)x-4(8+3i)$
$=-2x+7xi-32-12i$
$=-2(x+16)+(7x-12)i$
이때 $x+16=0$, $7x-12\neq0$이어야 하므로
$x=-16$, $x\neq\frac{12}{7}$
따라서 $x=-16$

30 $z=(-2+3i)x^2+3xi+7$
$=-2x^2+3x^2i+3xi+7$
$=(-2x^2+7)+(3x^2+3x)i$
이때 $-2x^2+7=0$이어야 하로
$x^2=\frac{7}{2}$에서 $x=\pm\sqrt{\frac{7}{2}}=\pm\frac{\sqrt{14}}{2}$
또 $3x^2+3x=3x(x+1)\neq0$이어야 하므로
$x\neq0$ 그리고 $x\neq-1$
따라서 $x=\pm\frac{\sqrt{14}}{2}$

31 $z=x(x+i-2)-2(x+2i)$
$=x^2+xi-2x-2x-4i$
$=(x^2-4x)+(x-4)i$
이때 $x^2-4x=0$이므로
$x(x-4)=0$에서 $x=0$ 또는 $x=4$
또 $x-4\neq0$이어야 하므로 $x\neq4$
따라서 $x=0$

32 $(1-i)x-(2+3i)y=5i-2$
$x-xi-2y-3yi=5i-2$
$(x-2y)+(-x-3y)i=5i-2$
즉 $x-2y=-2$, $-x-3y=5$를 연립하여 풀면
$x=-\frac{16}{5}$, $y=-\frac{3}{5}$

33 $(x-5)+(2x+y-1)i=0$
$x-5=0$이므로 $x=5$
$2x+y-1=0$, 즉 $10+y-1=0$에서 $y=-9$

34 $(1-i)x-(2-3i)y+(5+i)=0$
$x-xi-2y+3yi+5+i=0$
$(x-2y+5)+(-x+3y+1)i=0$
즉 $x-2y+5=0$, $-x+3y+1=0$을 연립하여 풀면
$x=-17$, $y=-6$

35 $(3+i)x-(-4+5i)y=-i$
$3x+xi+4y-5yi=-i$
$(3x+4y)+(x-5y)i=-i$
즉 $3x+4y=0$, $x-5y=-1$을 연립하여 풀면
$x=-\frac{4}{19}$, $y=\frac{3}{19}$

36 $2(6-5i)x-(3+2i)y=2x+1-3i$
$12x-10xi-3y-2yi=2x+1-3i$
$(12x-3y)+(-10x-2y)i=(2x+1)-3i$
$12x-3y=2x+1$, $-10x-2y=-3$
즉 $10x-3y=1$, $10x+2y=3$을 연립하여 풀면
$x=\frac{11}{50}$, $y=\frac{2}{5}$

37 $(-3+i)x+(2+4i)y+2=-1-i$
$-3x+xi+2y+4yi+2=-1-i$
$(-3x+2y+2)+(x+4y)i=-1-i$
$-3x+2y+2=-1$, $x+4y=-1$
즉 $3x-2y=3$, $x+4y=-1$을 연립하여 풀면
$x=\frac{5}{7}$, $y=-\frac{3}{7}$
따라서 $x+y=\frac{2}{7}$

38 (2) $z+\bar{z}=(2-6i)+(2+6i)=4$
(3) $z-\bar{z}=(2-6i)-(2+6i)=-12i$

39 (2) $z+\bar{z}=(3+2i)+(3-2i)=6$
(3) $\bar{z}-z=(3-2i)-(3+2i)=-4i$

06 복소수의 곱셈과 나눗셈

본문 138쪽

1 (✎ $15i$, 10, 22, 7)　2 $-6+10i$
3 $-7-6i$　4 $-19+25i$　5 $29+3i$
6 $11-61i$　7 $36-33i$　8 $8+6i$
9 $-5-12i$　10 26　11 -18
12 $\left(✎\ 3-i,\ 3-i,\ 1,\ 7,\ 1,\ \frac{1}{10},\ \frac{7}{10}\right)$
13 $\frac{2}{5}-\frac{1}{5}i$　14 $\frac{15}{13}+\frac{10}{13}i$　15 $-\frac{1}{2}+\frac{1}{2}i$
16 $\frac{27}{13}+\frac{18}{13}i$　17 $-\frac{19}{17}+\frac{9}{17}i$　18 $\frac{9}{34}+\frac{53}{34}i$
19 $-\frac{1}{3}-\frac{2\sqrt{2}}{3}i$　20 $-11-3i$　21 $-6+5i$
22 $9+39i$　23 $-\frac{497}{10}-\frac{19}{10}i$　24 $\frac{726}{29}-\frac{12}{29}i$
25 $\frac{32}{5}-\frac{4}{5}i$　26 $7-i$　27 $-21-22i$
28 $-7-26i$　29 $\frac{33}{58}+\frac{39}{58}i$　30 $\frac{39}{50}+\frac{227}{50}i$
31 $-46+115i$　32 (✎ $3x$, 3, 3, $3x$, 3, -1, 5)
33 $x=1,\ y=-1$　34 $x=1,\ y=-1$
35 $x=-4,\ y=9$　36 ⑤
37 (1) 34　(2) $-\frac{8}{17}+\frac{15}{17}i$　(3) $-\frac{8}{17}-\frac{15}{17}i$
38 (1) 60　(2) $-\frac{3}{5}-\frac{4}{5}i$　(3) $-\frac{3}{5}+\frac{4}{5}i$
☺ bi, b^2, 실수

2 $2i(5+3i)=10i+6i^2$
$=-6+10i$

3 $-i(6-7i)=-6i+7i^2$
$=-7-6i$

4 $(2+5i)(3+5i)=6+10i+15i+25i^2$
$=-19+25i$

5 $(-4-i)(-7+i)=28-4i+7i-i^2$
$=29+3i$

6 $(-3-5i)(8+7i)=-24-21i-40i-35i^2$
$=11-61i$

7 $(7-2i)(6-3i)=42-21i-12i+6i^2$
$=36-33i$

8 $(3+i)^2=9+6i+i^2$
$=8+6i$

9 $(2-3i)^2=4-12i+9i^2$
$=-5-12i$

10 $(5+i)(5-i)=25-i^2=26$

11 $(-4+\sqrt{2}i)(4+\sqrt{2}i)=-16+2i^2$
$=-18$

13 $\frac{1}{2+i}=\frac{2-i}{(2+i)(2-i)}$
$=\frac{2-i}{5}=\frac{2}{5}-\frac{1}{5}i$

14 $\frac{5}{3-2i}=\frac{5(3+2i)}{(3-2i)(3+2i)}$
$=\frac{15+10i}{13}=\frac{15}{13}+\frac{10}{13}i$

15 $\frac{i}{1-i}=\frac{i(1+i)}{(1-i)(1+i)}=\frac{-1+i}{2}=-\frac{1}{2}+\frac{1}{2}i$

16 $\frac{9i}{2+3i}=\frac{9i(2-3i)}{(2+3i)(2-3i)}$
$=\frac{18i-27i^2}{13}=\frac{27}{13}+\frac{18}{13}i$

17 $\frac{-5+i}{4+i}=\frac{(-5+i)(4-i)}{(4+i)(4-i)}$
$=\frac{-20+5i+4i-i^2}{17}=-\frac{19}{17}+\frac{9}{17}i$

18 $\frac{6+7i}{5-3i}=\frac{(6+7i)(5+3i)}{(5-3i)(5+3i)}$
$=\frac{30+18i+35i+21i^2}{34}=\frac{9}{34}+\frac{53}{34}i$

19 $\frac{1-\sqrt{2}i}{1+\sqrt{2}i}=\frac{(1-\sqrt{2}i)^2}{(1+\sqrt{2}i)(1-\sqrt{2}i)}$
$=\frac{-1-2\sqrt{2}i}{3}=-\frac{1}{3}-\frac{2\sqrt{2}}{3}i$

20 $4i-(5-3i)(1+2i)=4i-(5+10i-3i-6i^2)$
$=4i-(11+7i)$
$=-11-3i$

21 $(2+3i)^2+i(-7+i)=4+12i+9i^2-7i+i^2$
$=-6+5i$

22 $(5+4i)^2+\frac{1-i}{1+i}$
$=25+40i+16i^2+\frac{(1-i)^2}{(1+i)(1-i)}$
$=9+40i+\frac{1-2i+i^2}{2}$
$=9+40i-i$
$=9+39i$

23 $\frac{6-i}{1+3i}+(7+i)(-7+i)$
$=\frac{(6-i)(1-3i)}{(1+3i)(1-3i)}+(-49+i^2)$
$=\frac{6-18i-i+3i^2}{10}-50$
$=\frac{3-19i}{10}-50$
$=-\frac{497}{10}-\frac{19}{10}i$

24 $(3+4i)(3-4i)-\frac{2i-1}{5+2i}$
$=9-16i^2-\frac{(2i-1)(5-2i)}{(5+2i)(5-2i)}$
$=9+16-\frac{10i-4i^2-5+2i}{29}$
$=25-\frac{-1+12i}{29}$
$=\frac{726}{29}-\frac{12}{29}i$

25 $\frac{1-2i}{1+2i}+(2+\sqrt{3}i)(2-\sqrt{3}i)$
$=\frac{(1-2i)^2}{(1+2i)(1-2i)}+(4-3i^2)$
$=\frac{1-4i+4i^2}{5}+7$
$=\frac{-3-4i}{5}+7$
$=\frac{32}{5}-\frac{4}{5}i$

26 $z_1z_2=(1-i)(4+3i)=4+3i-4i-3i^2$
$=7-i$

27 $z_1^2+z_3^2=(1-i)^2+(-2+5i)^2$
$=1-2i+i^2+4-20i+25i^2$
$=-21-22i$

28 $z_1^2-z_2^2=(1-i)^2-(4+3i)^2$
$=1-2i+i^2-(16+24i+9i^2)$
$=-7-26i$

29 $\frac{1}{z_1}-\frac{1}{z_3}=\frac{1}{1-i}-\frac{1}{-2+5i}$
$=\frac{1+i}{(1-i)(1+i)}-\frac{-2-5i}{(-2+5i)(-2-5i)}$
$=\frac{1+i}{2}-\frac{-2-5i}{29}$
$=\frac{29+29i+4+10i}{58}$
$=\frac{33}{58}+\frac{39}{58}i$

30 $\frac{z_2}{z_1}+\frac{z_3}{z_2}=\frac{4+3i}{1-i}+\frac{-2+5i}{4+3i}$
$=\frac{(4+3i)(1+i)}{(1-i)(1+i)}+\frac{(-2+5i)(4-3i)}{(4+3i)(4-3i)}$
$=\frac{4+4i+3i+3i^2}{2}+\frac{-8+6i+20i-15i^2}{25}$
$=\frac{1+7i}{2}+\frac{7+26i}{25}$
$=\frac{25+175i+14+52i}{50}=\frac{39}{50}+\frac{227}{50}i$

31 $z_1^3+z_2^3=(1-i)^3+(4+3i)^3$
$=1-3i+3i^2-i^3+64+144i+108i^2+27i^3$
$=1-3i-3+i+64+144i-108-27i$
$=-46+115i$

33 $(2+3i)x-(3-i)=y+4i$
$2x+3xi-3+i=y+4i$
$(2x-3)+(3x+1)i=y+4i$
$3x+1=4$이므로 $x=1$
$y=2x-3=2-3=-1$

34 $(1+i)^2+(-2-3i)x=-2+yi$
$1+2i+i^2-2x-3xi=-2+yi$
$-2x+(2-3x)i=-2+yi$
$-2x=-2$이므로 $x=1$
$y=2-3x=2-3=-1$

35 $\frac{x}{2-i}+\frac{y}{2+i}=2-\frac{13}{5}i$
$\frac{x(2+i)}{(2-i)(2+i)}+\frac{y(2-i)}{(2+i)(2-i)}=2-\frac{13}{5}i$
$\frac{2x+xi}{5}+\frac{2y-yi}{5}=2-\frac{13}{5}i$
$\frac{2x+2y}{5}+\frac{x-y}{5}i=2-\frac{13}{5}i$
즉 $2x+2y=10$, $x-y=-13$을 연립하여 풀면
$x=-4$, $y=9$

36 $\frac{10}{3+i}+\frac{30}{3-i}=x+yi$
$\frac{10(3-i)}{(3+i)(3-i)}+\frac{30(3+i)}{(3-i)(3+i)}=x+yi$
$3-i+3(3+i)=x+yi$

$12+2i=x+yi$

따라서 $x=12$, $y=2$이므로

$x+y=14$

37 $\overline{z}=3-5i$

(1) $z\overline{z}=(3+5i)(3-5i)=34$

(2) $\frac{z}{\overline{z}}=\frac{3+5i}{3-5i}=\frac{(3+5i)^2}{(3-5i)(3+5i)}$

$=\frac{9+30i+25i^2}{34}=\frac{-16+30i}{34}$

$=-\frac{8}{17}+\frac{15}{17}i$

(3) $\frac{\overline{z}}{z}=\frac{3-5i}{3+5i}=\frac{(3-5i)^2}{(3+5i)(3-5i)}$

$=\frac{9-30i+25i^2}{34}=\frac{-16-30i}{34}$

$=-\frac{8}{17}-\frac{15}{17}i$

38 $\overline{z}=2+4i$

(1) $3z\overline{z}=3(2-4i)(2+4i)=3\times20=60$

(2) $\frac{z}{\overline{z}}=\frac{2-4i}{2+4i}=\frac{(2-4i)^2}{(2+4i)(2-4i)}$

$=\frac{4-16i+16i^2}{20}=\frac{-12-16i}{20}$

$=-\frac{3}{5}-\frac{4}{5}i$

(3) $\frac{\overline{z}}{z}=\frac{2+4i}{2-4i}=\frac{(2+4i)^2}{(2-4i)(2+4i)}$

$=\frac{4+16i+16i^2}{20}=\frac{-12+16i}{20}$

$=-\frac{3}{5}+\frac{4}{5}i$

07 켤레복소수의 성질

본문 142쪽

원리확인

❶ z_1, z_2 ❷ $\overline{z_1}$, $\overline{z_2}$ ❸ $\overline{z_1}$, $\overline{z_2}$

❹ $\overline{z_2}$, $\overline{z_1}$, z_1

1 $5-3i$ 2 34 3 34 4 26

5 $\frac{12}{5}-\frac{6}{5}i$ 6 (✎ $a-b$, $a-b$, $a-b$, 5, 3, 2, 3, 2)

7 $z=2-i$ 8 $z=2-2i$ 9 $z=3+3i$ 10 $z=-1+8i$

11 (✎ b, -1, 1, $-1+i$) 12 $z=1-8i$ 13 $z=-3+3i$

14 $z=9-2i$ 15 $z=1+i$

1 $\overline{\alpha}+\overline{\beta}=\overline{\alpha+\beta}=\overline{(2-i)+(3+4i)}$

$=\overline{5+3i}$

$=5-3i$

2 $\alpha+\beta=5+3i$, 1번에서 $\overline{\alpha}+\overline{\beta}=5-3i$이므로

$(\alpha+\beta)(\overline{\alpha}+\overline{\beta})=(5+3i)(5-3i)$

$=34$

3 2번에서 $(\alpha+\beta)(\overline{\alpha}+\overline{\beta})=34$이므로

$\alpha\overline{\alpha}+\alpha\overline{\beta}+\overline{\alpha}\beta+\beta\overline{\beta}$

$=\alpha(\overline{\alpha}+\overline{\beta})+\beta(\overline{\alpha}+\overline{\beta})$

$=(\alpha+\beta)(\overline{\alpha}+\overline{\beta})$

$=34$

4 $\alpha-\beta=-1-5i$, $\overline{\alpha}-\overline{\beta}=-1+5i$이므로

$\alpha\overline{\alpha}-\alpha\overline{\beta}-\overline{\alpha}\beta+\beta\overline{\beta}$

$=\alpha(\overline{\alpha}-\overline{\beta})-\beta(\overline{\alpha}-\overline{\beta})$

$=(\alpha-\beta)(\overline{\alpha}-\overline{\beta})$

$=(-1-5i)(-1+5i)$

$=26$

5 $\frac{\overline{\beta}}{\alpha}+\frac{\overline{\alpha}}{\beta}=\frac{\alpha\overline{\alpha}+\beta\overline{\beta}}{\alpha\beta}$

$=\frac{(2-i)(2+i)+(3+4i)(3-4i)}{(2-i)(3+4i)}$

$=\frac{5+25}{10+5i}$

$=\frac{30(10-5i)}{(10+5i)(10-5i)}$

$=\frac{12-6i}{5}$

$=\frac{12}{5}-\frac{6}{5}i$

7 $z=a+bi$ (a, b는 실수)라 하면

$z-zi=(a+bi)-(a+bi)i$

$=a+bi-ai+b$

$=(a+b)+(-a+b)i$

$\overline{z-zi}=1+3i$에서

$(a+b)-(-a+b)i=1+3i$

$a+b=1$, $-a+b=-3$을 연립하여 풀면

$a=2$, $b=-1$

따라서 $z=2-i$

8 $z=a+bi$ (a, b는 실수)라 하면

$z+zi=(a+bi)+(a+bi)i$

$=a+bi+ai-b$

$=(a-b)+(a+b)i$

$\overline{z+zi}=4$에서

$(a-b)-(a+b)i=4$

$a-b=4$, $a+b=0$을 연립하여 풀면

$a=2$, $b=-2$

따라서 $z=2-2i$

9 $z=a+bi$ (a, b는 실수)라 하면
$z+zi=(a+bi)+(a+bi)i$
$=a+bi+ai-b$
$=(a-b)+(a+b)i$
$\overline{z+zi}=-6i$에서
$(a-b)-(a+b)i=-6i$
$a-b=0$, $a+b=6$을 연립하여 풀면
$a=3$, $b=3$
따라서 $z=3+3i$

10 $z=a+bi$ (a, b는 실수)라 하면
$z-zi=(a+bi)-(a+bi)i$
$=a+bi-ai+b$
$=(a+b)+(-a+b)i$
$\overline{z-zi}=7-9i$에서
$(a+b)-(-a+b)i=7-9i$
$a+b=7$, $-a+b=9$를 연립하여 풀면
$a=-1$, $b=8$
따라서 $z=-1+8i$

12 $z=a+bi$ (a, b는 실수)라 하면 $\bar{z}=a-bi$이므로
$2\bar{z}+3z=5-8i$에서
$2(a-bi)+3(a+bi)=5-8i$
$2a-2bi+3a+3bi=5-8i$
$5a+bi=5-8i$
$5a=5$에서 $a=1$, $b=-8$
따라서 $z=1-8i$

13 $z=a+bi$ (a, b는 실수)라 하면 $\bar{z}=a-bi$이므로
$iz-3\bar{z}=6+6i$에서
$(a+bi)i-3(a-bi)=6+6i$
$ai-b-3a+3bi=6+6i$
$(-3a-b)+(a+3b)i=6+6i$
$-3a-b=6$, $a+3b=6$을 연립하여 풀면
$a=-3$, $b=3$
따라서 $z=-3+3i$

14 $z=a+bi$ (a, b는 실수)라 하면 $\bar{z}=a-bi$이므로
$(2-3i)z+3i\bar{z}=6-4i$에서
$(2-3i)(a+bi)+3i(a-bi)=6-4i$
$2a+2bi-3ai+3b+3ai+3b=6-4i$
$(2a+6b)+2bi=6-4i$
$2a+6b=6$, $2b=-4$를 연립하여 풀면
$a=9$, $b=-2$
따라서 $z=9-2i$

15 $z=a+bi$ (a, b는 실수)라 하면 $\bar{z}=a-bi$이므로
$(-1-2i)z+(3+4i)\bar{z}=8-2i$에서
$(-1-2i)(a+bi)+(3+4i)(a-bi)=8-2i$
$-a-bi-2ai+2b+3a-3bi+4ai+4b=8-2i$
$(2a+6b)+(2a-4b)i=8-2i$
$2a+6b=8$, $2a-4b=-2$를 연립하여 풀면
$a=1$, $b=1$
따라서 $z=1+i$

TEST 개념 확인

본문 144쪽

1 $5+2i$	2 ②	3 ⑤	4 ③
5 ②	6 $-67-10i$	7 ③	8 ⑤
9 ①	10 $20-10i$	11 ②	12 ④

1 $(2+3i)+(-4+5i)-(6i-7)$
$=2+3i-4+5i-6i+7$
$=5+2i$

2 $(3+i)x+2(6-4i)=3x+ix+12-8i$
$=(3x+12)+(x-8)i$
이때 $3x+12=0$, $x-8\neq0$이어야 하므로
$x=-4$, $x\neq8$
따라서 $x=-4$

3 $2(1+i)x-(5i+3)y=1-2i$
$2x+2xi-5yi-3y=1-2i$
$(2x-3y)+(2x-5y)i=1-2i$
즉 $2x-3y=1$, $2x-5y=-2$이므로
$x=\frac{11}{4}$, $y=\frac{3}{2}$
따라서 $x-y=\frac{5}{4}$

4 $z=2-3i$에서 $\bar{z}=2+3i$이므로
$1+z+\bar{z}=1+(2-3i)+(2+3i)=5$

5 $(6-5i)^2=36-60i+25i^2$
$=11-60i$
따라서 구하는 실수부분은 11이다.

6 $(2+3i)(-2+3i)+(3i-7)(4i+6)$
$=(-4+9i^2)+(12i^2+18i-28i-42)$
$=-13-54-10i$
$=-67-10i$

7 $\frac{b}{a}+\frac{a}{b}=\frac{2-i}{1+2i}+\frac{1+2i}{2-i}$

$=\frac{(2-i)(1-2i)}{(1+2i)(1-2i)}+\frac{(1+2i)(2+i)}{(2-i)(2+i)}$

$=\frac{2-4i-i+2i^2}{5}+\frac{2+i+4i+2i^2}{5}$

$=\frac{-5i}{5}+\frac{5i}{5}$

$=0$

8 $(2-3i)x-(8+3i)=y+6i$

$2x-3xi-8-3i=y+6i$

$(2x-8)+(-3x-3)i=y+6i$

$-3x-3=6$에서 $x=-3$

$y=2x-8=-6-8=-14$

따라서 $xy=42$

9 $z=\frac{3+i}{3-i}=\frac{(3+i)^2}{(3-i)(3+i)}$

$=\frac{9+6i+i^2}{10}=\frac{8+6i}{10}$

$=\frac{4}{5}+\frac{3}{5}i$

$\bar{z}=\frac{4}{5}-\frac{3}{5}i$이므로 $a=\frac{4}{5}$, $b=-\frac{3}{5}$

따라서 $25ab=-12$

10 $\alpha+\beta=(4+3i)+(-1-2i)=3+i$,

$\alpha-\beta=(4+3i)-(-1-2i)=5+5i$이므로

$(\alpha+\beta)(\bar{\alpha}-\bar{\beta})=(\alpha+\beta)(\overline{\alpha-\beta})$

$=(3+i)(5-5i)$

$=15-15i+5i-5i^2$

$=20-10i$

11 $z+zi=(a+bi)+(a+bi)i$

$=a+bi+ai-b$

$=(a-b)+(a+b)i$

$\overline{z+zi}=(a-b)-(a+b)i$에서

$(a-b)-(a+b)i=-2i$

즉 $a-b=0$, $a+b=2$를 연립하여 풀면

$a=1$, $b=1$

따라서 $ab=1$

12 $z=a+bi$ (a, b는 실수)라 하면 $\bar{z}=a-bi$

$(1+i)-2i\bar{z}=7+5i$에서

$(1+i)-2(a-bi)i=7+5i$

$1+i-2ai-2b=7+5i$

$(1-2b)+(1-2a)i=7+5i$

$1-2a=5$에서 $a=-2$

$1-2b=7$에서 $b=-3$

따라서 $z=-2-3i$이므로 구하는 허수부분은 -3이다.

08 i의 거듭제곱

본문 146쪽

원리확인

❶ -1, $-i$ ❷ $-i$, 1 ❸ 1, i

❹ i, -1 ❺ -1, $-i$

1 (✎ 2, -1)	2 (✎ 3, 3, $-i$, i)		3 i
4 $-i$	5 $-i$	6 $-i$	7 1
8 -1	9 $-1-i$	10 $1+i$	11 $1-i$
12 -1	13 -1	14 1	15 -1
16 0	17 0	18 0	19 $-1-i$
20 ①			

3 $i^{25}=i^{4\times6+1}=i$

4 $i^{31}=i^{4\times7+3}=i^3=-i$

5 $i^{47}=i^{4\times11+3}=i^3=-i$

6 $(-i)^{53}=-i^{53}=-i^{4\times13+1}=-i$

7 $i^{100}=i^{4\times25}=1$

8 $i^{554}=i^{4\times138+2}=i^2=-1$

9 $i^{19}+i^{30}=i^{4\times4+3}+i^{4\times7+2}=i^3+i^2=-1-i$

10 $i^{13}+(-i)^{20}=i^{4\times3+1}+i^{4\times5}=1+i$

11 $\frac{1}{i^{100}}+\frac{1}{i^{101}}=\frac{1}{i^{4\times25}}+\frac{1}{i^{4\times25+1}}$

$=1+\frac{1}{i}=1-i$

12 $\left(\frac{1+i}{1-i}\right)^2=\left\{\frac{(1+i)^2}{(1-i)(1+i)}\right\}^2=\left(\frac{1+2i+i^2}{1-i^2}\right)^2$

$=\left(\frac{2i}{2}\right)^2=i^2=-1$

13 $\left(\frac{1-i}{1+i}\right)^2=\left\{\frac{(1-i)^2}{(1+i)(1-i)}\right\}^2=\left(\frac{1-2i+i^2}{1-i^2}\right)^2$

$=\left(\frac{-2i}{2}\right)^2=(-i)^2=i^2=-1$

14 $\left(\frac{1+i}{1-i}\right)^{200}=i^{200}=i^{4\times50}=1$

15 $\left(\frac{1-i}{1+i}\right)^{150}=(-i)^{150}=i^{150}=i^{4\times37+2}=i^2=-1$

16 $i+i^2+i^3+i^4+i^5+i^6+i^7+i^8$
$=(i-1-i+1)+(i-1-i+1)$
$=0$

17 $\frac{1}{i}+\frac{1}{i^2}+\frac{1}{i^3}+\frac{1}{i^4}$
$=\frac{1}{i}+\frac{1}{-1}+\frac{1}{-i}+\frac{1}{1}$
$=-i-1+i+1=0$

18 $i+i^2+i^3+i^4+i^5+i^6+i^7+i^8+\cdots+i^{100}$
$=(i+i^2+i^3+i^4)+i^4(i+i^2+i^3+i^4)+\cdots$
$+i^{96}(i+i^2+i^3+i^4)$
$=(i-1-i+1)+(i-1-i+1)+\cdots+(i-1-i+1)$
$=0$

19 $\frac{1}{i}+\frac{1}{i^2}+\frac{1}{i^3}+\frac{1}{i^4}+\cdots+\frac{1}{i^{50}}$
$=\left(\frac{1}{i}+\frac{1}{i^2}+\frac{1}{i^3}+\frac{1}{i^4}\right)+\frac{1}{i^4}\left(\frac{1}{i}+\frac{1}{i^2}+\frac{1}{i^3}+\frac{1}{i^4}\right)+\cdots$
$+\frac{1}{i^{44}}\left(\frac{1}{i}+\frac{1}{i^2}+\frac{1}{i^3}+\frac{1}{i^4}\right)+\frac{1}{i^{49}}+\frac{1}{i^{50}}$
$=0+0+\cdots+0+\frac{1}{i}+\frac{1}{i^2}$
$=-i-1$

20 $z=\left(\frac{1-i}{\sqrt{2}}\right)^2=\frac{1-2i+i^2}{2}=-i$
$z+z^2+z^3+z^4+\cdots+z^{10}$
$=-i+(-i)^2+(-i)^3+(-i)^4+\cdots+(-i)^{10}$
$=(-i-1+i+1)+(-i-1+i+1)+(-i)^9+(-i)^{10}$
$=0+0-i^9+i^{10}$
$=-i-1$

09 음수의 제곱근

본문 148쪽

1 (✎ $\sqrt{2}$) 2 $\sqrt{7}i$ 3 $4i$ 4 $2\sqrt{5}i$
5 $-\sqrt{10}i$ 6 $-5i$ 7 $\frac{3}{2}i$ 8 $\frac{\sqrt{3}}{3}i$
9 (✎ $\sqrt{3}$) 10 $\pm\sqrt{5}i$ 11 $\pm 5i$ 12 $\pm\sqrt{30}i$
13 $\pm\frac{\sqrt{2}}{2}i$ 14 $\pm\frac{1}{3}i$ 15 $\pm\frac{\sqrt{7}}{4}i$
☺ $\sqrt{a}i$, $\pm\sqrt{a}i$ 16 (✎ $\sqrt{2}$, $3\sqrt{2}$)
17 $\sqrt{3}i-\sqrt{10}i$ 18 $\sqrt{6}i+\sqrt{5}i$
19 $\sqrt{5}i-4\sqrt{2}i$ 20 $5i$ 21 $\frac{19}{3}i$
22 $-\sqrt{2}i+2\sqrt{6}i$ 23 $2\sqrt{5}-\sqrt{3}i$

4 $\sqrt{-20}=\sqrt{20}i=2\sqrt{5}i$

6 $-\sqrt{-25}=-\sqrt{25}i=-5i$

8 $\sqrt{-\frac{1}{3}}=\sqrt{\frac{1}{3}}i=\frac{\sqrt{3}}{3}i$

13 $\pm\sqrt{-\frac{1}{2}}=\pm\sqrt{\frac{1}{2}}i=\pm\frac{\sqrt{2}}{2}i$

14 $\pm\sqrt{-\frac{1}{9}}=\pm\sqrt{\frac{1}{9}}i=\pm\frac{1}{3}i$

15 $\pm\sqrt{-\frac{7}{16}}=\pm\sqrt{\frac{7}{16}}i=\pm\frac{\sqrt{7}}{4}i$

20 $\sqrt{-4}+\sqrt{-9}=2i+3i=5i$

21 $\sqrt{-16}+\sqrt{-\frac{49}{9}}=4i+\frac{7}{3}i=\frac{19}{3}i$

22 $\sqrt{-8}-\sqrt{-18}+\sqrt{-24}=2\sqrt{2}i-3\sqrt{2}i+2\sqrt{6}i$
$=-\sqrt{2}i+2\sqrt{6}i$

23 $\sqrt{-12}+\sqrt{20}-\sqrt{-27}=2\sqrt{3}i+2\sqrt{5}-3\sqrt{3}i$
$=2\sqrt{5}-\sqrt{3}i$

10 음수의 제곱근의 성질

본문 150쪽

1 (✎ $-\sqrt{6}$) 2 $-\sqrt{15}$ 3 $8i$ 4 (✎ $\sqrt{2}$, 2)
5 $-\sqrt{6}i$ 6 $\sqrt{5}i$ 7 $2\sqrt{2}$ 8 $-\frac{1}{2}i$
9 -2 10 $-2i$ 11 $-6-\frac{1}{2}i$ 12 $3\sqrt{5}+3\sqrt{5}i$
13 $\sqrt{2}$ ☺ <, <, >, <
14 (1) $-a+b$ (2) ab (3) $-a-b$
15 (1) $a+b$ (2) $-ab$ (3) $a-b$ 16 ①

3 $\sqrt{-4}\sqrt{16}=2i\times4=8i$

5 $\dfrac{\sqrt{18}}{\sqrt{-3}}=\dfrac{3\sqrt{2}}{\sqrt{3}i}=-\dfrac{3\sqrt{2}i}{\sqrt{3}}=-\dfrac{3\sqrt{6}}{3}i=-\sqrt{6}i$

6 $\dfrac{\sqrt{-10}}{\sqrt{2}}=\dfrac{\sqrt{10}i}{\sqrt{2}}=\sqrt{5}i$

7 $\dfrac{\sqrt{-40}}{\sqrt{-5}}=\dfrac{\sqrt{40}i}{\sqrt{5}i}=\sqrt{8}=2\sqrt{2}$

8 $\dfrac{\sqrt{6}}{\sqrt{-24}}=\dfrac{\sqrt{6}}{\sqrt{24}i}=-\dfrac{1}{2}i$

9 $\sqrt{-9}\sqrt{-16}-\sqrt{-25}\sqrt{-4}=-12-(-10)=-2$

10 $\dfrac{2-2\sqrt{-1}}{1+\sqrt{-1}}=\dfrac{2-2i}{1+i}$

$=\dfrac{(2-2i)(1-i)}{(1+i)(1-i)}$

$=\dfrac{2-2i-2i+2i^2}{2}=-2i$

11 $\sqrt{-4}\sqrt{-9}+\dfrac{\sqrt{2}}{\sqrt{-8}}=-6+\dfrac{\sqrt{2}}{\sqrt{8}i}=-6-\dfrac{1}{2}i$

12 $\sqrt{-3}\sqrt{15}-\sqrt{-3}\sqrt{-15}=\sqrt{3}i\times\sqrt{15}-(\sqrt{3}i\times\sqrt{15}i)$

$=3\sqrt{5}+3\sqrt{5}i$

13 $\dfrac{\sqrt{-10}}{\sqrt{5}}+\dfrac{\sqrt{10}}{\sqrt{-5}}+\dfrac{\sqrt{-10}}{\sqrt{-5}}=\sqrt{-2}-\sqrt{-2}+\sqrt{2}$

$=\sqrt{2}i-\sqrt{2}i+\sqrt{2}$

$=\sqrt{2}$

14 $\sqrt{a}\sqrt{b}=-\sqrt{ab}$이므로 $a<0,\ b<0$

(1) $\sqrt{a^2}-\sqrt{b^2}=-a-(-b)=-a+b$

(2) $|a||b|=(-a)\times(-b)=ab$

(3) $\sqrt{(a+b)^2}=-(a+b)=-a-b$

15 $\dfrac{\sqrt{a}}{\sqrt{b}}=-\sqrt{\dfrac{a}{b}}$이므로 $a>0,\ b<0$

(1) $\sqrt{a^2}-\sqrt{b^2}=a-(-b)=a+b$

(2) $|a||b|=a\times(-b)=-ab$

(3) $a>0,\ b<0$에서 $a-b>0$이므로

$\sqrt{(a-b)^2}=a-b$

16 $\sqrt{a}\sqrt{b}=-\sqrt{ab}$이므로 $a<0,\ b<0$

따라서

$|b|+\sqrt{(a+b)^2}=-b-(a+b)$

$=-a-2b$

TEST 개념 확인

본문 152쪽

1 ① 2 ③ 3 ④

4 (1) $\pm2\sqrt{2}i$ (2) $\pm\dfrac{5}{8}i$ 5 ⑤ 6 ②

7 ② 8 $-\dfrac{64}{65}+\dfrac{8}{65}i$ 9 ②

10 ③ 11 ⑤ 12 ④

1 $i^{50}+\dfrac{1}{i^{50}}=i^{4\times12+2}+\dfrac{1}{i^{4\times12+2}}$

$=i^2+\dfrac{1}{i^2}=-1-1=-2$

2 $\dfrac{1-i}{1+i}=\dfrac{(1-i)^2}{(1+i)(1-i)}=\dfrac{1-2i+i^2}{2}=-i$

따라서

$\left(\dfrac{1-i}{1+i}\right)^{300}=(-i)^{300}=i^{300}=i^{4\times75}=1$

3 $i+2i^2+3i^3+4i^4=i-2-3i+4=2-2i$

5 $-\sqrt{16}=-4$이므로 -4의 제곱근은

$\pm\sqrt{4}i=\pm2i$

6 $(1+\sqrt{-64})+(-3-\sqrt{-25})$

$=1+8i-3-5i$

$=-2+3i$

7 $\sqrt{-2}\sqrt{-8}+\dfrac{\sqrt{20}}{\sqrt{-5}}=-4-2i$

8 $\dfrac{1-\sqrt{-4}}{1+\sqrt{-4}}+\dfrac{2+\sqrt{-9}}{2-\sqrt{-9}}$

$=\dfrac{1-2i}{1+2i}+\dfrac{2+3i}{2-3i}$

$=\dfrac{(1-2i)^2}{(1+2i)(1-2i)}+\dfrac{(2+3i)^2}{(2-3i)(2+3i)}$

$=\dfrac{1-4i+4i^2}{5}+\dfrac{4+12i+9i^2}{13}$

$=\dfrac{-3-4i}{5}+\dfrac{-5+12i}{13}$

$=\left(-\dfrac{3}{5}-\dfrac{5}{13}\right)+\left(-\dfrac{4}{5}+\dfrac{12}{13}\right)i$

$=-\dfrac{64}{65}+\dfrac{8}{65}i$

9 $\sqrt{-5}\sqrt{-2}\sqrt{2}\sqrt{5}=-\sqrt{10}\sqrt{10}=-10$

10 $a=\dfrac{\sqrt{-15}}{\sqrt{3}}+\dfrac{\sqrt{15}}{\sqrt{-3}}+\dfrac{\sqrt{-15}}{\sqrt{-3}}=\sqrt{5}i-\sqrt{5}i+\sqrt{5}=\sqrt{5}$

따라서 $a^2=(\sqrt{5})^2=5$

11 $\dfrac{\sqrt{a}}{\sqrt{b}}=-\sqrt{\dfrac{a}{b}}$이므로 $a>0,\ b<0$

따라서

$$|a-b|+|a|-2|b|=(a-b)+a-2\times(-b)$$
$$=2a+b$$

12 $\sqrt{a}\sqrt{b}=-\sqrt{ab}$이므로 $a<0$, $b<0$

따라서

$\sqrt{(a+b)^2}-2|a|=-(a+b)-2\times(-a)=a-b$

TEST 개념 발전

4. 복소수

본문 154쪽

1 -2	2 ③	3 ③	4 ⑤
5 ⑤	6 ②	7 ②	8 ④
9 ③	10 ③	11 145	12 ⑤
13 $\sqrt{2}$	14 ③	15 ③	

1 실수는 0, $1+\sqrt{5}$, i^4이므로 $a=3$

허수는 i, $i+\sqrt{3}$, $\sqrt{-9}$, $\frac{3}{2}i$, $\frac{i}{\sqrt{2}}$이므로 $b=5$

따라서 $a-b=-2$

2 $(3-2i)x-(1+2i)=3x-2xi-1-2i$

$=(3x-1)+(-2x-2)i$

$3x-1=0$, $-2x-2\neq0$이어야 하므로

$x=\frac{1}{3}$, $x\neq-1$

따라서 $x=\frac{1}{3}$

3 ㄱ. $\overline{2+\sqrt{3}i}=2-\sqrt{3}i$

ㄴ. $\overline{-10i}=10i$

ㄷ. $\overline{15}=15$

ㄹ. $\overline{-6i+3}=6i+3$

ㅁ. $\overline{\left(\frac{1}{1+i}\right)}=\frac{1}{\overline{1+i}}=\frac{1}{1-i}$

따라서 옳은 것의 개수는 ㄱ, ㄴ, ㅁ의 3이다.

4 $\frac{5+5i}{1+2i}=\frac{(5+5i)(1-2i)}{(1+2i)(1-2i)}$

$=\frac{5-10i+5i-10i^2}{5}$

$=\frac{15-5i}{5}=3-i$

따라서 $a=3$, $b=-1$이므로

$a-b=4$

5 $\sqrt{-12}+\sqrt{-27}-\sqrt{-48}=2\sqrt{3}i+3\sqrt{3}i-4\sqrt{3}i$

$=\sqrt{3}i$

따라서 $a=i$

6 ② $\sqrt{2}i^2=-\sqrt{2}$

즉 $\sqrt{2}i^2$은 허수가 아니다.

7 $x(4-i)-2y(1+i)=\overline{5-2i}$

$4x-xi-2y-2yi=5+2i$

$(4x-2y)+(-x-2y)i=5+2i$

$4x-2y=5$, $-x-2y=2$를 연립하여 풀면

$x=\frac{3}{5}$, $y=-\frac{13}{10}$

따라서 $\frac{x}{y}=-\frac{6}{13}$

8 ① $(12+7i)+(-6+i)=6+8i$

② $(-6+10i)-(3i+9)=-15+7i$

③ $(2+3i)(-1+i)=-2+2i-3i+3i^2=-5-i$

④ $(-4+2i)^2=16-16i+4i^2=12-16i$

⑤ $\frac{1}{5+i}+\frac{1}{5-i}$

$=\frac{5-i}{(5+i)(5-i)}+\frac{5+i}{(5-i)(5+i)}$

$=\frac{5-i}{26}+\frac{5+i}{26}=\frac{10}{26}=\frac{5}{13}$

9 $\frac{a}{1+i}+\frac{b}{1-i}=\frac{a(1-i)}{(1+i)(1-i)}+\frac{b(1+i)}{(1-i)(1+i)}$

$=\frac{a-ai}{2}+\frac{b+bi}{2}$

$=\frac{a+b}{2}+\frac{-a+b}{2}i$

$\frac{a+b}{2}+\frac{-a+b}{2}i=2-i$이므로

$\frac{a+b}{2}=2$, $\frac{-a+b}{2}=-1$을 연립하여 풀면

$a=3$, $b=1$

따라서 $ab=3$

10 $z=a+bi$에서 $\bar{z}=a-bi$

$z+\bar{z}=(a+bi)+(a-bi)=2a=10$이므로

$a=5$

$z\bar{z}=(a+bi)(a-bi)=a^2+b^2=34$

$25+b^2=34$, $b^2=9$이므로

$b=\pm3$

따라서 $|a|+|b|=8$

11 $\alpha\bar{\alpha}+\alpha\bar{\beta}+\bar{\alpha}\beta+\beta\bar{\beta}=\alpha(\bar{\alpha}+\bar{\beta})+\beta(\bar{\alpha}+\bar{\beta})$

$=(\alpha+\beta)(\bar{\alpha}+\bar{\beta})$

$=(\alpha+\beta)(\overline{\alpha+\beta})$

$=(1+12i)(1-12i)$

$=145$

12 $\sqrt{x-5}\sqrt{1-x}=-\sqrt{(x-5)(1-x)}$이므로

(i) $x-5<0$, $1-x<0$일 때

$1<x<5$

(ii) $x-5=0$ 또는 $1-x=0$일 때

$x=5$ 또는 $x=1$

따라서 정수 x의 개수는 1, 2, 3, 4, 5의 5이다.

13 $(a+\sqrt{2}i)^2 i$

$=(a^2+2a\sqrt{2}i+2i^2)i$

$=a^2 i+2a\sqrt{2}i^2+2i^3$

$=a^2 i-2a\sqrt{2}-2i$

$=-2a\sqrt{2}+(a^2-2)i$

실수가 되려면 $a^2-2=0$이어야 하므로 $a=\pm\sqrt{2}$

따라서 양수 a의 값은 $\sqrt{2}$이다.

14 $z=\frac{\sqrt{3}+i}{2}$에서

$z^3=\frac{(\sqrt{3}+i)^3}{8}=\frac{3\sqrt{3}+9i+3\sqrt{3}i^2+i^3}{8}=\frac{8i}{8}=i$이므로

$z^{15}=z^{3\times5}=i^5=i$

$z^{30}=z^{3\times10}=i^{10}=i^2=-1$

따라서 $z^3+z^{15}+z^{30}=i+i-1=-1+2i$

15 $x=2-i$에서 $x-2=-i$

양변을 제곱하면

$(x-2)^2=(-i)^2$

즉 $x^2-4x+5=0$이고,

$x^4-3x^3+3x^2+8x+6$을 x^2-4x+5로 나누면

$$
\begin{array}{r|l}
 & x^2+x+2 \\
\hline
x^2-4x+5 & x^4-3x^3+3x^2+8x+6 \\
 & x^4-4x^3+5x^2 \\
\hline
 & x^3-2x^2+8x \\
 & x^3-4x^2+5x \\
\hline
 & 2x^2+3x+6 \\
 & 2x^2-8x+10 \\
\hline
 & 11x-4
\end{array}
$$

$x^4-3x^3+3x^2+8x+6$

$=(x^2-4x+5)(x^2+x+2)+11x-4$

이때 $x^2-4x+5=0$이므로

$x^4-3x^3+3x^2+8x+6=11x-4$

$=11(2-i)-4$

$=18-11i$

따라서 $a=18$, $b=-11$이므로

$a-b=29$

5 이차방정식

01 방정식 $ax=b$의 풀이

본문 158쪽

원리확인

❶ 3, 10, -5 ❷ 2, 0, 1, 없다

❸ 10, 4, 0, 0, 무수히 많다

1 (✎ $\frac{2}{a}$, 없다)	2 풀이 참조	3 풀이 참조
4 풀이 참조	5 풀이 참조	6 풀이 참조
7 풀이 참조	8 풀이 참조	9 풀이 참조
10 풀이 참조	11 (✎ $a+1$, 0, 무수히 많다, -1, 없다)	
12 풀이 참조	13 풀이 참조	14 풀이 참조
15 풀이 참조	16 (✎ 2, 없다, 0, 무수히 많다)	
17 풀이 참조	18 ④	

2 (ⅰ) $a\neq0$일 때, $x=0$

(ⅱ) $a=0$일 때, $0\times x=0$이므로 해가 무수히 많다.

3 (ⅰ) $a\neq0$일 때, $x=-\frac{6}{a}$

(ⅱ) $a=0$일 때, $0\times x=-6$이므로 해가 없다.

4 (ⅰ) $a\neq3$일 때, $x=\frac{1}{a-3}$

(ⅱ) $a=3$일 때, $0\times x=1$이므로 해가 없다.

5 (ⅰ) $a\neq-4$일 때, $x=-\frac{7}{a+4}$

(ⅱ) $a=-4$일 때, $0\times x=-7$이므로 해가 없다.

6 $ax+1=-3x$에서 $(a+3)x=-1$

(ⅰ) $a\neq-3$일 때, $x=-\frac{1}{a+3}$

(ⅱ) $a=-3$일 때, $0\times x=-1$이므로 해가 없다.

7 $ax-7=2(x-4)$에서 $ax-7=2x-8$

$(a-2)x=-1$

(ⅰ) $a\neq2$일 때, $x=-\frac{1}{a-2}$

(ⅱ) $a=2$일 때, $0\times x=-1$이므로 해가 없다.

8 $a(x+2)=-x+5$에서 $ax+2a=-x+5$

$(a+1)x=-2a+5$

(ⅰ) $a\neq-1$일 때, $x=\frac{-2a+5}{a+1}$

(ⅱ) $a=-1$일 때, $0\times x=7$이므로 해가 없다.

9 $a(x+1)=2a$에서 $ax+a=2a$

$ax=a$

(i) $a\neq0$일 때, $x=1$

(ii) $a=0$일 때, $0\times x=0$이므로 해가 무수히 많다.

10 $a(2x-1)=5a$에서 $2ax-a=5a$

$2ax=6a$, $ax=3a$

(i) $a\neq0$일 때, $x=3$

(ii) $a=0$일 때, $0\times x=0$이므로 해가 무수히 많다.

12 (i) $a\neq0$, $a\neq6$일 때

$x=\frac{a-6}{a(a-6)}=\frac{1}{a}$

(ii) $a=0$일 때

$0\times x=-6$이므로 해가 없다.

(iii) $a=6$일 때

$0\times x=0$이므로 해가 무수히 많다.

13 (i) $a\neq2$, $a\neq-3$일 때

$x=\frac{a+3}{(a-2)(a+3)}=\frac{1}{a-2}$

(ii) $a=2$일 때

$0\times x=5$이므로 해가 없다.

(iii) $a=-3$일 때

$0\times x=0$이므로 해가 무수히 많다.

14 $(a^2-9)x=a-3$에서 $(a-3)(a+3)x=a-3$

(i) $a\neq3$, $a\neq-3$일 때

$x=\frac{a-3}{(a-3)(a+3)}=\frac{1}{a+3}$

(ii) $a=3$일 때

$0\times x=0$이므로 해가 무수히 많다.

(iii) $a=-3$일 때

$0\times x=-6$이므로 해가 없다.

15 $(a-1)x=a^2-1$에서 $(a-1)x=(a-1)(a+1)$

(i) $a\neq1$일 때

$x=\frac{(a-1)(a+1)}{a-1}=a+1$

(ii) $a=1$일 때

$0\times x=0$이므로 해가 무수히 많다.

17 $(a^2-4)x-a=2$에서 $(a-2)(a+2)x=a+2$

(i) $a\neq2$, $a\neq-2$일 때

$x=\frac{a+2}{(a-2)(a+2)}=\frac{1}{a-2}$

(ii) $a=2$일 때

$0\times x=4$이므로 해가 없다.

(iii) $a=-2$일 때

$0\times x=0$이므로 해가 무수히 많다.

18 $a^2x+5a=ax-a^2$에서 $(a^2-a)x=-a^2-5a$

$a(a-1)x=-a(a+5)$

이 방정식의 해가 무수히 많으려면 $0\times x=0$ 꼴이어야 하므로

$a(a-1)=0$, $-a(a+5)=0$을 동시에 만족시켜야 한다.

따라서 $a=0$

02 절댓값 기호를 포함한 일차방정식의 풀이

본문 160쪽

1 (-7, 7, -9, 5)	2 $x=-\frac{7}{2}$ 또는 $x=\frac{1}{2}$
3 (없다, -1, -1)	4 $x=\frac{8}{3}$
5 $x=-3$ 또는 $x=3$	6 $x=\frac{9}{5}$
7 (-4, 없다, 3, -4, 3)	8 $x=-8$ 또는 $x=2$
9 $x=-6$ 또는 $x=-1$	10 $x=-1$
11 $x=-1$ 또는 $x=\frac{7}{3}$	12 $x=-\frac{5}{4}$ 또는 $x=\frac{5}{2}$
13 $\left(-\frac{3}{2}, \frac{1}{4}, -\frac{3}{2}, \frac{1}{4}\right)$	14 $x=5$ 또는 $x=\frac{5}{3}$
15 $x=2$ 또는 $x=\frac{8}{5}$	16 $x=-1$ 또는 $x=0$
17 $x=-6$ 또는 $x=2$	18 $x=5$ 또는 $x=-1$

2 $|2x+3|=4$에서 $2x+3=-4$ 또는 $2x+3=4$

따라서 주어진 방정식의 해는

$x=-\frac{7}{2}$ 또는 $x=\frac{1}{2}$

4 $|x-3|-2x=-5$에서 $|x-3|=2x-5$

(i) $x<3$일 때

$-(x-3)=2x-5$, $-x+3=2x-5$, $-3x=-8$

따라서 $x=\frac{8}{3}$

(ii) $x\geq3$일 때

$x-3=2x-5$, $-x=-2$

따라서 $x=2$

이때 $x\geq3$이므로 $x=2$는 해가 아니다.

(i), (ii)에서 주어진 방정식의 해는

$x=\frac{8}{3}$

5 $3|x-1|+x=9$에서 $3|x-1|=-x+9$

(i) $x<1$일 때

$-3(x-1)=-x+9$, $-3x+3=-x+9$, $-2x=6$

따라서 $x=-3$

(ii) $x\geq 1$일 때

$3(x-1)=-x+9$, $3x-3=-x+9$, $4x=12$

따라서 $x=3$

(i), (ii)에서 주어진 방정식의 해는

$x=-3$ 또는 $x=3$

6 $2|x-2|-3x+5=0$에서 $2|x-2|=3x-5$

(i) $x<2$일 때

$-2(x-2)=3x-5$

$-2x+4=3x-5$, $-5x=-9$

따라서 $x=\frac{9}{5}$

(ii) $x\geq 2$일 때

$2(x-2)=3x-5$, $2x-4=3x-5$, $-x=-1$

따라서 $x=1$

이때 $x\geq 2$이므로 $x=1$은 해가 아니다.

(i), (ii)에서 주어진 방정식의 해는

$x=\frac{9}{5}$

8 (i) $x<-6$일 때

$-(x+6)-x=10$에서

$-2x-6=10$, $-2x=16$

따라서 $x=-8$

(ii) $-6\leq x<0$일 때

$x+6-x=10$에서 $0\times x=4$

따라서 해가 없다.

(iii) $x\geq 0$일 때

$x+6+x=10$에서

$2x+6=10$, $2x=4$

따라서 $x=2$

(i), (ii), (iii)에서 주어진 방정식의 해는

$x=-8$ 또는 $x=2$

9 (i) $x<-5$일 때

$-(x+2)-(x+5)=5$에서

$-x-2-x-5=5$, $-2x=12$

따라서 $x=-6$

(ii) $-5\leq x<-2$일 때

$-(x+2)+(x+5)=5$에서 $-x-2+x+5=5$

$0\times x=2$

따라서 해가 없다.

(iii) $x\geq -2$일 때

$(x+2)+(x+5)=5$에서

$2x+7=5$, $2x=-2$

따라서 $x=-1$

(i), (ii), (iii)에서 주어진 방정식의 해는

$x=-6$ 또는 $x=-1$

10 (i) $x<-2$일 때

$-(x-3)-\{-(x+2)\}=3$에서

$-x+3+x+2=3$, $0\times x=-2$

따라서 해가 없다.

(ii) $-2\leq x<3$일 때

$-(x-3)-(x+2)=3$에서

$-x+3-x-2=3$, $-2x=2$

따라서 $x=-1$

(iii) $x\geq 3$일 때

$(x-3)-(x+2)=3$에서 $x-3-x-2=3$

$0\times x=8$

따라서 해가 없다.

(i), (ii), (iii)에서 주어진 방정식의 해는

$x=-1$

11 (i) $x<0$일 때

$-2x-(x-2)=5$에서

$-2x-x+2=5$, $-3x=3$

따라서 $x=-1$

(ii) $0\leq x<2$일 때

$2x-(x-2)=5$에서 $x+2=5$

따라서 $x=3$

이때 $0\leq x<2$이므로 $x=3$은 해가 아니다.

(iii) $x\geq 2$일 때

$2x+(x-2)=5$에서

$3x-2=5$, $3x=7$

따라서 $x=\frac{7}{3}$

(i), (ii), (iii)에서 주어진 방정식의 해는

$x=-1$ 또는 $x=\frac{7}{3}$

12 (i) $x<0$일 때

$-(x-4)-3x=9$에서

$-4x+4=9$, $-4x=5$

따라서 $x=-\frac{5}{4}$

(ii) $0\leq x<4$일 때

$-(x-4)+3x=9$에서

$2x+4=9$, $2x=5$

따라서 $x=\frac{5}{2}$

(iii) $x\geq 4$일 때

$(x-4)+3x=9$에서

$4x-4=9$, $4x=13$

따라서 $x=\frac{13}{4}$

이때 $x\geq 4$이므로 $x=\frac{13}{4}$은 해가 아니다.

(ⅰ), (ⅱ), (ⅲ)에서 주어진 방정식의 해는

$x=-\frac{5}{4}$ 또는 $x=\frac{5}{2}$

14 (ⅰ) $x=2x-5$일 때, $-x=-5$

따라서 $x=5$

(ⅱ) $x=-(2x-5)$일 때

$x=-2x+5$, $3x=5$

따라서 $x=\frac{5}{3}$

(ⅰ), (ⅱ)에서 주어진 방정식의 해는

$x=5$ 또는 $x=\frac{5}{3}$

15 (ⅰ) $4x-7=x-1$일 때, $3x=6$

따라서 $x=2$

(ⅱ) $4x-7=-(x-1)$일 때

$4x-7=-x+1$, $5x=8$

따라서 $x=\frac{8}{5}$

(ⅰ), (ⅱ)에서 주어진 방정식의 해는

$x=2$ 또는 $x=\frac{8}{5}$

16 (ⅰ) $x-1=3x+1$일 때, $-2x=2$

따라서 $x=-1$

(ⅱ) $x-1=-(3x+1)$일 때

$x-1=-3x-1$, $4x=0$

따라서 $x=0$

(ⅰ), (ⅱ)에서 주어진 방정식의 해는

$x=-1$ 또는 $x=0$

17 (ⅰ) $2x=x-6$일 때

$x=-6$

(ⅱ) $2x=-(x-6)$일 때

$2x=-x+6$, $3x=6$

따라서 $x=2$

(ⅰ), (ⅱ)에서 주어진 방정식의 해는

$x=-6$ 또는 $x=2$

18 (ⅰ) $x+4=2x-1$일 때, $-x=-5$

따라서 $x=5$

(ⅱ) $x+4=-(2x-1)$일 때

$x+4=-2x+1$, $3x=-3$

따라서 $x=-1$

(ⅰ), (ⅱ)에서 주어진 방정식의 해는

$x=5$ 또는 $x=-1$

03 이차방정식의 근과 풀이

본문 162쪽

1 (x, 0, 9)
2 $x=-4$ 또는 $x=0$
3 $x=5$
4 $x=-\frac{1}{3}$
5 $x=-2$ 또는 $x=2$
6 $x=-3$ 또는 $x=5$
7 $x=-\frac{7}{2}$ 또는 $x=1$
8 (3, $\sqrt{3}$)
9 $x=\pm\sqrt{5}$
10 (-5, $\sqrt{5}i$, $-1\pm\sqrt{5}i$)
11 $x=3\pm2\sqrt{3}$
12 (16, 16, 16, 4, 4, $4\pm\sqrt{15}$)
13 $x=-2\pm\sqrt{2}i$
14 $x=3\pm\sqrt{6}i$
15 (-3, 1, -5, 1, -3, $\sqrt{29}$)
16 $x=\frac{5\pm\sqrt{29}}{2}$
17 $x=\frac{-1\pm\sqrt{7}i}{2}$
18 $x=\frac{7\pm\sqrt{65}}{4}$
19 $x=\frac{3\pm\sqrt{11}i}{10}$
20 $x=\frac{-1\pm\sqrt{35}i}{6}$
21 (-1, -2, $-1\pm\sqrt{3}$)
22 $x=-2\pm i$
23 $x=-3\pm2\sqrt{2}$
24 $x=\frac{-1\pm\sqrt{13}i}{2}$
25 $x=\frac{5\pm\sqrt{13}}{3}$
26 $x=\frac{-3\pm i}{2}$
☺ b, $4ac$, $2a$, b', ac, a
27 $x=\frac{5\pm\sqrt{5}}{4}$
28 $x=\frac{-3\pm\sqrt{17}i}{2}$
29 $x=-2$ 또는 $x=\frac{1}{2}$
30 $x=6\pm\sqrt{29}$
31 $x=\sqrt{3}\pm i$
32 $x=\frac{-2\sqrt{2}\pm\sqrt{26}}{6}$
33 (-12, -4, 12, 3, -3, -3)
34 $x=3$
35 $x=\frac{1}{2}$
36 $x=2$
37 $x=3$
38 $x=-\frac{1}{3}$
☺ k, k, k
39 $\left(18, 2, 9, 2, -\frac{9}{2}\right)$
40 1 또는 4
41 -3 또는 3
42 -3
43 4
44 ③

2 $2x^2+8x=0$에서 $2x(x+4)=0$

따라서 $x=-4$ 또는 $x=0$

3 $x^2-10x+25=0$에서 $(x-5)^2=0$

따라서 $x=5$

4 $9x^2+6x+1=0$에서 $(3x+1)^2=0$

따라서 $x=-\frac{1}{3}$

5 $x^2-4=0$에서 $(x+2)(x-2)=0$
따라서 $x=-2$ 또는 $x=2$

6 $x^2-2x-15=0$에서 $(x+3)(x-5)=0$
따라서 $x=-3$ 또는 $x=5$

7 $2x^2+5x-7=0$에서 $(2x+7)(x-1)=0$
따라서 $x=-\frac{7}{2}$ 또는 $x=1$

9 $2x^2-10=0$에서 $x^2=5$
따라서 $x=\pm\sqrt{5}$

11 $(x-3)^2-12=0$에서 $(x-3)^2=12$
$x-3=\pm 2\sqrt{3}$
따라서 $x=3\pm 2\sqrt{3}$

13 $x^2+4x+6=0$에서
$(x^2+4x+4-4)+6=0$
$(x^2+4x+4)+2=0$
$(x+2)^2=-2$
$x+2=\pm\sqrt{2}i$
따라서 $x=-2\pm\sqrt{2}i$

14 $\frac{1}{3}x^2-2x+5=0$에서
$\frac{1}{3}(x^2-6x)+5=0$
$\frac{1}{3}(x^2-6x+9-9)+5=0$
$\frac{1}{3}(x-3)^2=-2$
$(x-3)^2=-6$
$x-3=\pm\sqrt{6}i$
따라서 $x=3\pm\sqrt{6}i$

16 $x=\frac{-(-5)\pm\sqrt{(-5)^2-4\times1\times(-1)}}{2\times1}$
$=\frac{5\pm\sqrt{29}}{2}$

17 $x=\frac{-1\pm\sqrt{1^2-4\times1\times2}}{2\times1}$
$=\frac{-1\pm\sqrt{7}i}{2}$

18 $x=\frac{-(-7)\pm\sqrt{(-7)^2-4\times2\times(-2)}}{2\times2}$
$=\frac{7\pm\sqrt{65}}{4}$

19 $x=\frac{-(-3)\pm\sqrt{(-3)^2-4\times5\times1}}{2\times5}$
$=\frac{3\pm\sqrt{11}i}{10}$

20 $x=\frac{-1\pm\sqrt{1^2-4\times3\times3}}{2\times3}$
$=\frac{-1\pm\sqrt{35}i}{6}$

22 $x=\frac{-2\pm\sqrt{2^2-1\times5}}{1}$
$=-2\pm i$

23 $x=\frac{-3\pm\sqrt{3^2-1\times1}}{1}$
$=-3\pm2\sqrt{2}$

24 $x=\frac{-1\pm\sqrt{1^2-2\times7}}{2}$
$=\frac{-1\pm\sqrt{13}i}{2}$

25 $x=\frac{-(-5)\pm\sqrt{(-5)^2-3\times4}}{3}$
$=\frac{5\pm\sqrt{13}}{3}$

26 $x=\frac{-3\pm\sqrt{3^2-2\times5}}{2}$
$=\frac{-3\pm i}{2}$

27 $\frac{2}{5}x^2-x+\frac{1}{2}=0$의 양변에 10을 곱하면
$4x^2-10x+5=0$
따라서
$x=\frac{-(-5)\pm\sqrt{(-5)^2-4\times5}}{4}$
$=\frac{5\pm\sqrt{5}}{4}$

28 $\frac{x^2-1}{3}+\frac{2x+5}{2}=0$의 양변에 6을 곱하면
$2(x^2-1)+3(2x+5)=0$
$2x^2-2+6x+15=0$, $2x^2+6x+13=0$
따라서
$x=\frac{-3\pm\sqrt{3^2-2\times13}}{2}$
$=\frac{-3\pm\sqrt{17}i}{2}$

29 $2(x^2-1)+3(x+2)-6=0$을 정리하면
$2x^2+3x-2=0$
$(x+2)(2x-1)=0$
따라서 $x=-2$ 또는 $x=\frac{1}{2}$

30 $\frac{1}{3}(x^2+4)-x-1=\frac{x^2-1}{4}$의 양변에 12를 곱하면

$4(x^2+4)-12x-12=3(x^2-1)$

$4x^2+16-12x-12=3x^2-3$

$x^2-12x+7=0$

따라서

$x=\frac{-(-6)\pm\sqrt{(-6)^2-1\times7}}{1}$

$=6\pm\sqrt{29}$

31 $x=\frac{-(-\sqrt{3})\pm\sqrt{(-\sqrt{3})^2-1\times4}}{1}$

$=\sqrt{3}\pm i$

32 $x=\frac{-2\sqrt{2}\pm\sqrt{(2\sqrt{2})^2-6\times(-3)}}{6}$

$=\frac{-2\sqrt{2}\pm\sqrt{26}}{6}$

34 $x=-1$을 주어진 식에 대입하면

$(-1)^2-a-3=0$, $-a=2$

따라서 $a=-2$

즉 주어진 이차방정식은 $x^2-2x-3=0$이므로

$(x+1)(x-3)=0$에서

$x=-1$ 또는 $x=3$

따라서 다른 한 근은 $x=3$

35 $x=3$을 주어진 식에 대입하면

$2\times3^2-7\times3+a=0$, $-3+a=0$

따라서 $a=3$

즉 주어진 이차방정식은 $2x^2-7x+3=0$이므로

$(2x-1)(x-3)=0$에서

$x=\frac{1}{2}$ 또는 $x=3$

따라서 다른 한 근은 $x=\frac{1}{2}$

36 $x=4$를 주어진 식에 대입하면

$4^2-4(a+2)+2a=0$, $16-4a-8+2a=0$

$-2a=-8$

따라서 $a=4$

즉 주어진 이차방정식은 $x^2-6x+8=0$이므로

$(x-2)(x-4)=0$에서

$x=2$ 또는 $x=4$

따라서 다른 한 근은 $x=2$

37 $x=-2$를 주어진 식에 대입하면

$(-2)^2-2a-3(a+3)=0$, $4-2a-3a-9=0$

$-5a=5$

따라서 $a=-1$

즉 주어진 이차방정식은 $x^2-x-6=0$이므로

$(x+2)(x-3)=0$에서

$x=-2$ 또는 $x=3$

따라서 다른 한 근은 $x=3$

38 $x=1$을 주어진 식에 대입하면

$3\times1^2-2a-a=0$, $-3a=-3$

따라서 $a=1$

즉 주어진 이차방정식은 $3x^2-2x-1=0$이므로

$(3x+1)(x-1)=0$에서

$x=-\frac{1}{3}$ 또는 $x=1$

따라서 다른 한 근은 $x=-\frac{1}{3}$

40 $x=-1$을 주어진 식에 대입하면

$4+a+a(a-6)=0$

$a^2-5a+4=0$, $(a-1)(a-4)=0$

따라서 $a=1$ 또는 $a=4$

41 $x=2$를 주어진 식에 대입하면

$8-6+a^2-11=0$

$a^2-9=0$, $(a+3)(a-3)=0$

따라서 $a=-3$ 또는 $a=3$

42 $x=1$을 주어진 식에 대입하면

$(a-2)+a^2-4=0$

$a^2+a-6=0$, $(a-2)(a+3)=0$

따라서 $a=2$ 또는 $a=-3$

이때 $a-2\neq0$, 즉 $a\neq2$이어야 하므로

$a=-3$

43 $x=3$을 주어진 식에 대입하면

$9(a+1)-6a-a^2-5=0$

$a^2-3a-4=0$, $(a+1)(a-4)=0$

따라서 $a=-1$ 또는 $a=4$

이때 $a+1\neq0$, 즉 $a\neq-1$이어야 하므로

$a=4$

44 $x=-5$를 $x^2+ax-a^2-1=0$에 대입하면

$25-5a-a^2-1=0$

$a^2+5a-24=0$, $(a+8)(a-3)=0$

따라서 $a=-8$ 또는 $a=3$

이때 a는 음수이므로 $a=-8$

$a=-8$일 때, 주어진 방정식은 $x^2-8x-65=0$이므로

$(x+5)(x-13)=0$에서

$x=-5$ 또는 $x=13$

즉 $b=13$

따라서 $a+b=-8+13=5$

04
본문 166쪽

절댓값 기호를 포함한 이차방정식의 풀이

원리확인

3, 2, -3, 2, -3, 2, 3, -2, 3, 3, -3, 3

1 $x=-3$ 또는 $x=3$
2 $x=-2$ 또는 $x=2$
3 $x=-4$ 또는 $x=4$
4 $x=-1$ 또는 $x=1$
5 $x=-3$ 또는 $x=3$
6 $x=-2$ 또는 $x=2$
7 $x=-5$ 또는 $x=5$
8 (✐ 9, 8, 1, -1, 7, 10, 2, -2, 없다, -1)
9 $x=1$ 또는 $x=3$
10 $x=-3-\sqrt{5}$ 또는 $x=0$
11 $x=-\sqrt{5}$ 또는 $x=1+\sqrt{2}$
12 $x=2-\sqrt{5}$ 또는 $x=-2+\sqrt{7}$
13 (✐ 32, 4, 4, 28, -2, -28, $-2\pm4\sqrt{2}$, 4, $-2\pm4\sqrt{2}$)
14 $x=-2$ 또는 $x=5$ 또는 $x=\dfrac{3\pm\sqrt{23}i}{2}$
15 $x=3\pm\sqrt{14}$ 또는 $x=1$ 또는 $x=5$
16 $x=-3$ 또는 $x=-2$ 또는 $x=3$ 또는 $x=4$
17 $x=\dfrac{4\pm\sqrt{31}}{3}$ 또는 $x=1$ 또는 $x=\dfrac{5}{3}$

1 (i) $x<0$일 때, $x^2-x-12=0$
$(x+3)(x-4)=0$
따라서 $x=-3$ 또는 $x=4$
이때 $x<0$이므로 $x=-3$
(ii) $x\geq0$일 때, $x^2+x-12=0$
$(x+4)(x-3)=0$
따라서 $x=-4$ 또는 $x=3$
이때 $x\geq0$이므로 $x=3$
(i), (ii)에서 주어진 방정식의 해는
$x=-3$ 또는 $x=3$

[다른 풀이]
$x^2=|x|^2$이므로 주어진 방정식은
$|x|^2+|x|-12=0$
$(|x|-3)(|x|+4)=0$
따라서 $|x|=3$ 또는 $|x|=-4$
이때 $|x|\geq0$이므로 $|x|=3$
즉 구하는 해는 $x=-3$ 또는 $x=3$

2 (i) $x<0$일 때, $x^2+x-2=0$
$(x+2)(x-1)=0$
따라서 $x=-2$ 또는 $x=1$
이때 $x<0$이므로 $x=-2$
(ii) $x\geq0$일 때, $x^2-x-2=0$
$(x+1)(x-2)=0$
따라서 $x=-1$ 또는 $x=2$
이때 $x\geq0$이므로 $x=2$
(i), (ii)에서 주어진 방정식의 해는
$x=-2$ 또는 $x=2$

3 (i) $x<0$일 때, $x^2+3x-4=0$
$(x+4)(x-1)=0$
따라서 $x=-4$ 또는 $x=1$
이때 $x<0$이므로 $x=-4$
(ii) $x\geq0$일 때, $x^2-3x-4=0$
$(x+1)(x-4)=0$
따라서 $x=-1$ 또는 $x=4$
이때 $x\geq0$이므로 $x=4$
(i), (ii)에서 주어진 방정식의 해는
$x=-4$ 또는 $x=4$

4 (i) $x<0$일 때, $2x^2-5x-7=0$
$(x+1)(2x-7)=0$
따라서 $x=-1$ 또는 $x=\dfrac{7}{2}$
이때 $x<0$이므로 $x=-1$
(ii) $x\geq0$일 때, $2x^2+5x-7=0$
$(2x+7)(x-1)=0$
따라서 $x=-\dfrac{7}{2}$ 또는 $x=1$
이때 $x\geq0$이므로 $x=1$
(i), (ii)에서 주어진 방정식의 해는
$x=-1$ 또는 $x=1$

5 (i) $x<0$일 때, $5x^2+8x-21=0$
$(x+3)(5x-7)=0$
따라서 $x=-3$ 또는 $x=\dfrac{7}{5}$
이때 $x<0$이므로 $x=-3$
(ii) $x\geq0$일 때, $5x^2-8x-21=0$
$(5x+7)(x-3)=0$
따라서 $x=-\dfrac{7}{5}$ 또는 $x=3$
이때 $x\geq0$이므로 $x=3$
(i), (ii)에서 주어진 방정식의 해는
$x=-3$ 또는 $x=3$

6 (i) $x<0$일 때, $3x^2+4x-4=0$
$(x+2)(3x-2)=0$
따라서 $x=-2$ 또는 $x=\dfrac{2}{3}$
이때 $x<0$이므로 $x=-2$
(ii) $x\geq0$일 때, $3x^2-4x-4=0$
$(3x+2)(x-2)=0$
따라서 $x=-\dfrac{2}{3}$ 또는 $x=2$
이때 $x\geq0$이므로 $x=2$
(i), (ii)에서 주어진 방정식의 해는
$x=-2$ 또는 $x=2$

7 (i) $x<0$일 때, $x^2+10x+25=0$

$(x+5)^2=0$

따라서 $x=-5$

(ii) $x\geq0$일 때, $x^2-10x+25=0$

$(x-5)^2=0$

따라서 $x=5$

(i), (ii)에서 주어진 방정식의 해는

$x=-5$ 또는 $x=5$

9 (i) $x<1$일 때, $x^2-2x+2=-(x-1)+x$

$x^2-2x+1=0$, $(x-1)^2=0$

따라서 $x=1$

이때 $x<1$이므로 해가 없다.

(ii) $x\geq1$일 때, $x^2-2x+2=x-1+x$

$x^2-4x+3=0$

$(x-1)(x-3)=0$

따라서 $x=1$ 또는 $x=3$

(i), (ii)에서 주어진 방정식의 해는

$x=1$ 또는 $x=3$

10 (i) $x<-2$일 때, $x^2+5x+2=-(x+2)$

$x^2+6x+4=0$

따라서 $x=\frac{-3\pm\sqrt{3^2-1\times4}}{1}=-3\pm\sqrt{5}$

이때 $x<-2$이므로 $x=-3-\sqrt{5}$

(ii) $x\geq-2$일 때, $x^2+5x+2=x+2$

$x^2+4x=0$, $x(x+4)=0$

따라서 $x=-4$ 또는 $x=0$

이때 $x\geq-2$이므로 $x=0$

(i), (ii)에서 주어진 방정식의 해는

$x=-3-\sqrt{5}$ 또는 $x=0$

11 (i) $x<2$일 때, $x^2+(x-2)=x+3$

$x^2-5=0$

따라서 $x=\pm\sqrt{5}$

이때 $x<2$이므로 $x=-\sqrt{5}$

(ii) $x\geq2$일 때, $x^2-(x-2)=x+3$

$x^2-2x-1=0$

따라서 $x=\frac{-(-1)\pm\sqrt{(-1)^2-1\times(-1)}}{1}=1\pm\sqrt{2}$

이때 $x\geq2$이므로 $x=1+\sqrt{2}$

(i), (ii)에서 주어진 방정식의 해는

$x=-\sqrt{5}$ 또는 $x=1+\sqrt{2}$

12 (i) $x<\frac{1}{4}$일 때, $x^2-(4x-1)=2$

$x^2-4x-1=0$

따라서 $x=\frac{-(-2)\pm\sqrt{(-2)^2-1\times(-1)}}{1}=2\pm\sqrt{5}$

이때 $x<\frac{1}{4}$이므로 $x=2-\sqrt{5}$

(ii) $x\geq\frac{1}{4}$일 때, $x^2+4x-1=2$

$x^2+4x-3=0$

따라서 $x=\frac{-2\pm\sqrt{2^2-1\times(-3)}}{1}=-2\pm\sqrt{7}$

이때 $x\geq\frac{1}{4}$이므로 $x=-2+\sqrt{7}$

(i), (ii)에서 주어진 방정식의 해는

$x=2-\sqrt{5}$ 또는 $x=-2+\sqrt{7}$

14 $|x^2-3x-1|=9$에서 $x^2-3x-1=\pm9$

(i) $x^2-3x-1=9$일 때, $x^2-3x-10=0$

$(x+2)(x-5)=0$

따라서 $x=-2$ 또는 $x=5$

(ii) $x^2-3x-1=-9$일 때, $x^2-3x+8=0$

따라서

$x=\frac{-(-3)\pm\sqrt{(-3)^2-4\times1\times8}}{2\times1}$

$=\frac{3\pm\sqrt{23}i}{2}$

(i), (ii)에서 주어진 방정식의 해는

$x=-2$ 또는 $x=5$ 또는 $x=\frac{3\pm\sqrt{23}i}{2}$

15 $|x^2-6x|=5$에서 $x^2-6x=\pm5$

(i) $x^2-6x=5$일 때, $x^2-6x-5=0$

따라서

$x=\frac{-(-3)\pm\sqrt{(-3)^2-1\times(-5)}}{1}$

$=3\pm\sqrt{14}$

(ii) $x^2-6x=-5$일 때, $x^2-6x+5=0$

$(x-1)(x-5)=0$

따라서 $x=1$ 또는 $x=5$

(i), (ii)에서 주어진 방정식의 해는

$x=3\pm\sqrt{14}$ 또는 $x=1$ 또는 $x=5$

16 $|x^2-x-9|=3$에서 $x^2-x-9=\pm3$

(i) $x^2-x-9=3$일 때, $x^2-x-12=0$

$(x+3)(x-4)=0$

따라서 $x=-3$ 또는 $x=4$

(ii) $x^2-x-9=-3$일 때, $x^2-x-6=0$

$(x+2)(x-3)=0$

따라서 $x=-2$ 또는 $x=3$

(i), (ii)에서 주어진 방정식의 해는

$x=-3$ 또는 $x=-2$ 또는 $x=3$ 또는 $x=4$

17 $|3x^2-8x|=5$에서 $3x^2-8x=\pm5$

(i) $3x^2-8x=5$일 때, $3x^2-8x-5=0$

따라서

$x=\frac{-(-4)\pm\sqrt{(-4)^2-3\times(-5)}}{3}$

$=\frac{4\pm\sqrt{31}}{3}$

(ⅱ) $3x^2-8x=-5$일 때, $3x^2-8x+5=0$

$(x-1)(3x-5)=0$

따라서 $x=1$ 또는 $x=\frac{5}{3}$

(ⅰ), (ⅱ)에서 주어진 방정식의 해는

$x=\frac{4\pm\sqrt{31}}{3}$ 또는 $x=1$ 또는 $x=\frac{5}{3}$

05 이차방정식의 활용

본문 168쪽

원리확인

x, 2, x, 3, 50, $x+2$, $x-3$, 6, 56, 7, 8, -7, 8, 8

1 (1) 가로의 길이: $(x+3)$ cm, 세로의 길이: $(x+2)$ cm
(2) $(x+3)(x+2)=2x^2$ (3) $x=-1$ 또는 $x=6$ (4) 6 cm

2 4 cm

3 (1) $(16-x)(12-x)=96$ (2) $x=4$ 또는 $x=24$ (3) 4 m

4 2 m

5 (1) $\frac{1}{2}(x+4)(x+2)=\frac{3}{2}x^2$ (2) $x=-1$ 또는 $x=4$
(3) 4 cm (4) 8 cm^2

6 18 cm^2

1 (3) $(x+3)(x+2)=2x^2$에서

$x^2-5x-6=0$, $(x+1)(x-6)=0$

따라서 $x=-1$ 또는 $x=6$

(4) x는 길이이므로 $x>0$

따라서 처음 정사각형의 한 변의 길이는 6 cm이다.

2 처음 직사각형의 넓이는 $8\times4=32(\text{cm}^2)$

처음 직사각형의 가로와 세로에서 늘인 길이를 x cm라 하면 새로 만든 직사각형의 넓이가 처음 직사각형의 넓이의 3배이므로

$(x+8)(x+4)=3\times32$

$x^2+12x-64=0$, $(x+16)(x-4)=0$

따라서 $x=-16$ 또는 $x=4$

이때 x는 길이이므로 $x>0$

따라서 늘인 길이는 4 cm이다.

3 (2) $(16-x)(12-x)=96$에서 $x^2-28x+96=0$

$(x-4)(x-24)=0$

따라서 $x=4$ 또는 $x=24$

(3) x는 길이이므로 $x>0$

또 세로의 길이는 12 m보다 길의 폭이 길 수 없으므로

$0<x<12$

따라서 길의 폭은 4 m이다.

4 길의 폭을 x m라 하면

$(15-x)(10-x)=104$

$x^2-25x+46=0$, $(x-2)(x-23)=0$

따라서 $x=2$ 또는 $x=23$

이때 $0<x<10$이므로 길의 폭은 2 m이다.

5 (2) $\frac{1}{2}(x+4)(x+2)=\frac{3}{2}x^2$에서 $2x^2-6x-8=0$

$x^2-3x-4=0$, $(x+1)(x-4)=0$

따라서 $x=-1$ 또는 $x=4$

(3) x는 길이이므로 $x>0$

따라서 처음 직각이등변삼각형의 빗변이 아닌 한 변의 길이는 4 cm이다.

(4) $\frac{1}{2}\times4\times4=8(\text{cm}^2)$

6 처음 직각이등변삼각형의 빗변이 아닌 한 변의 길이를 x cm라 하면

$\frac{1}{2}(x-2)(x-3)=\frac{1}{3}\times\frac{1}{2}x^2$

$2x^2-15x+18=0$, $(x-6)(2x-3)=0$

이때 $x>3$이므로 $x=6$

따라서 처음 직각이등변삼각형의 넓이는

$\frac{1}{2}\times6\times6=18(\text{cm}^2)$

TEST 개념 확인

본문 170쪽

1 풀이 참조 2 ② 3 ② 4 ①
5 $x=-5$ 또는 $x=2$ 6 ③ 7 ⑤
8 ⑤ 9 ② 10 $x=-1-\sqrt{6}$ 또는 $x=1+\sqrt{6}$
11 ② 12 ④

1 (ⅰ) $a\neq0$일 때, $x=\frac{4}{a}$

(ⅱ) $a=0$일 때, $0\times x=4$이므로 해가 없다.

2 $ax-3=-(x+5)$에서 $ax-3=-x-5$

$(a+1)x=-2$

(i) $a\neq-1$일 때, $x=-\frac{2}{a+1}$

(ii) $a=-1$일 때, $0\times x=-2$이므로 해가 없다.

따라서 옳은 것은 ㄴ뿐이다.

3 $a(a-2)x=a$가 해가 없으려면 $0\times x=$(0이 아닌 수) 꼴이어야 하므로 $a(a-2)=0$, $a\neq0$을 동시에 만족시켜야 한다.

따라서 $a=2$

4 (i) $x<1$일 때

$-(x-1)+2x=5$, $-x+1+2x=5$

따라서 $x=4$

이때 $x<1$이므로 해가 없다.

(ii) $x\geq1$일 때

$x-1+2x=5$, $3x=6$

따라서 $x=2$

(i), (ii)에서 주어진 방정식의 해는 $x=2$

5 (i) $x<-4$일 때

$-(x-1)-(x+4)=7$, $-2x=10$

따라서 $x=-5$

(ii) $-4\leq x<1$일 때

$-(x-1)+(x+4)=7$

따라서 $0\times x=2$이므로 해가 없다.

(iii) $x\geq1$일 때

$(x-1)+(x+4)=7$, $2x=4$

따라서 $x=2$

(i), (ii), (iii)에서 주어진 방정식의 해는

$x=-5$ 또는 $x=2$

6 $2x^2+5x-7=0$에서 $(2x+7)(x-1)=0$

따라서 $x=-\frac{7}{2}$ 또는 $x=1$

7 $(x-2)^2+8=0$에서 $(x-2)^2=-8$

$x-2=\pm2\sqrt{2}i$

따라서 $x=2\pm2\sqrt{2}i$

8 $x^2-6x+14=0$에서

$x=\frac{-(-3)\pm\sqrt{(-3)^2-1\times14}}{1}=3\pm\sqrt{5}i$

따라서 $a=3$, $b=5$이므로 $a+b=8$

9 $x=-1$을 $2x^2+(a+11)x+4a=0$에 대입하면

$2-(a+11)+4a=0$, $3a-9=0$

따라서 $a=3$이므로 주어진 이차방정식은

$2x^2+14x+12=0$

$x^2+7x+6=0$

$(x+6)(x+1)=0$

따라서 $x=-6$ 또는 $x=-1$

즉 $b=-6$이므로

$ab=3\times(-6)=-18$

10 (i) $x<0$일 때, $x^2+2x-5=0$에서

$x=\frac{-1\pm\sqrt{1^2-1\times(-5)}}{1}$

$=-1\pm\sqrt{6}$

이때 $x<0$이므로 $x=-1-\sqrt{6}$

(ii) $x\geq0$일 때, $x^2-2x-5=0$에서

$x=\frac{-(-1)\pm\sqrt{(-1)^2-1\times(-5)}}{1}$

$=1\pm\sqrt{6}$

이때 $x\geq0$이므로 $x=1+\sqrt{6}$

(i), (ii)에서 주어진 방정식의 해는

$x=-1-\sqrt{6}$ 또는 $x=1+\sqrt{6}$

11 (i) $x<1$일 때, $x^2-2x+1=-(x-1)$에서

$x^2-x=0$, $x(x-1)=0$

따라서 $x=0$ 또는 $x=1$

이때 $x<1$이므로 $x=0$

(ii) $x\geq1$일 때, $x^2-2x+1=x-1$에서

$x^2-3x+2=0$, $(x-1)(x-2)=0$

따라서 $x=1$ 또는 $x=2$

(i), (ii)에서 주어진 방정식의 해는

$x=0$ 또는 $x=1$ 또는 $x=2$

따라서 모든 근의 합은

$0+1+2=3$

12 처음 정사각형 모양의 땅의 한 변의 길이를 x m라 하면

$(x-3)(x+2)=\frac{2}{3}x^2$

$x^2-x-6=\frac{2}{3}x^2$, $x^2-3x-18=0$

$(x+3)(x-6)=0$

따라서 $x=-3$ 또는 $x=6$

이때 $x>0$이므로 $x=6$

따라서 정사각형 모양의 땅의 한 변의 길이는 6 m이다.

06 이차방정식의 근의 판별

본문 172쪽

1 (✎ -3, -3, 5, 서로 다른 두 실근)

2 서로 다른 두 실근	3 중근
4 서로 다른 두 허근	5 서로 다른 두 실근
6 서로 다른 두 허근	7 서로 다른 두 실근

8 (✎ -1, 1) (1) $\left(✎ 1, \frac{1}{4}\right)$ (2) $\left(✎ 1, \frac{1}{4}\right)$ (3) $\left(✎ 1, \frac{1}{4}\right)$

9 (1) $k<\frac{13}{4}$ (2) $k=\frac{13}{4}$ (3) $k>\frac{13}{4}$

10 $k<\frac{25}{4}$	11 $k<\frac{9}{4}$	12 $k<\frac{41}{8}$
13 $k<2$	14 $k>0$	15 $k<\frac{3}{4}$
16 1	17 $-\frac{17}{16}$	18 ±6
19 -2 또는 4	20 -6 또는 2	21 1
22 $k<-\frac{9}{4}$	23 $k>\frac{1}{2}$	24 $k<\frac{1}{4}$
25 $k>0$	26 $k<-\frac{1}{4}$	27 ①
28 $k\le\frac{29}{8}$	29 $k\le\frac{4}{3}$	
30 $k<0$ 또는 $0<k\le1$		31 $k<-\frac{9}{8}$
32 $k>\frac{5}{4}$	33 $k>\frac{2}{3}$	☺ 실근, 허근
34 $\frac{1}{8}$	35 ±4	36 -1
37 36	38 1	39 ③

2 주어진 이차방정식의 판별식을 D라 하면
$D=5^2-4\times1\times(-7)=53>0$
따라서 주어진 이차방정식은 서로 다른 두 실근을 갖는다.

3 주어진 이차방정식의 판별식을 D라 하면
$D=8^2-4\times1\times16=0$
따라서 주어진 이차방정식은 중근을 갖는다.

[다른 풀이]
$\frac{D}{4}=4^2-1\times16=0$
따라서 주어진 이차방정식은 중근을 갖는다.

4 주어진 이차방정식의 판별식을 D라 하면
$D=(-1)^2-4\times2\times\frac{1}{4}=-1<0$
따라서 주어진 이차방정식은 서로 다른 두 허근을 갖는다.

5 주어진 이차방정식의 판별식을 D라 하면
$\frac{D}{4}=(-3)^2-5\times(-2)=19>0$
따라서 주어진 이차방정식은 서로 다른 두 실근을 갖는다.

6 주어진 이차방정식의 판별식을 D라 하면
$D=(\sqrt{3})^2-4\times3\times1=-9<0$
따라서 주어진 이차방정식은 서로 다른 두 허근을 갖는다.

7 주어진 이차방정식의 판별식을 D라 하면
$\frac{D}{4}=2^2-\frac{1}{2}\times(-1)=\frac{9}{2}>0$
따라서 주어진 이차방정식은 서로 다른 두 실근을 갖는다.

9 주어진 이차방정식의 판별식을 D라 하면
$D=3^2-4\times1\times(k-1)=13-4k$
(1) $D>0$이어야 하므로 $13-4k>0$
따라서 $k<\frac{13}{4}$
(2) $D=0$이어야 하므로 $13-4k=0$
따라서 $k=\frac{13}{4}$
(3) $D<0$이어야 하므로 $13-4k<0$
따라서 $k>\frac{13}{4}$

10 주어진 이차방정식의 판별식을 D라 하면
$D=5^2-4\times1\times k=25-4k$
이때 주어진 이차방정식이 서로 다른 두 실근을 가지려면
$D>0$이어야 하므로 $25-4k>0$
따라서 $k<\frac{25}{4}$

11 주어진 이차방정식의 판별식을 D라 하면
$D=(-1)^2-4\times1\times(k-2)=9-4k$
이때 주어진 이차방정식이 서로 다른 두 실근을 가지려면
$D>0$이어야 하므로 $9-4k>0$
따라서 $k<\frac{9}{4}$

12 주어진 이차방정식의 판별식을 D라 하면
$D=1^2-4\times2\times(k-5)=41-8k$
이때 주어진 이차방정식이 서로 다른 두 실근을 가지려면
$D>0$이어야 하므로 $41-8k>0$
따라서 $k<\frac{41}{8}$

13 주어진 이차방정식의 판별식을 D라 하면
$\frac{D}{4}=(-k)^2-1\times(k^2+3k-6)=-3k+6$
이때 주어진 이차방정식이 서로 다른 두 실근을 가지려면
$\frac{D}{4}>0$이어야 하므로 $-3k+6>0$
따라서 $k<2$

14 주어진 이차방정식의 판별식을 D라 하면
$\frac{D}{4}=k^2-k\times(k-1)=k$

이때 주어진 이차방정식이 서로 다른 두 실근을 가지려면

$\frac{D}{4}>0$이어야 하므로 $k>0$

15 주어진 이차방정식의 판별식을 D라 하면

$\frac{D}{4}=\{-(k-2)\}^2-1\times(k^2+1)=3-4k$

이때 주어진 이차방정식이 서로 다른 두 실근을 가지려면

$\frac{D}{4}>0$이어야 하므로 $3-4k>0$

따라서 $k<\frac{3}{4}$

16 주어진 이차방정식의 판별식을 D라 하면

$\frac{D}{4}=1^2-1\times k=1-k$

이때 주어진 이차방정식이 중근을 가지려면 $\frac{D}{4}=0$이어야 하므로

$1-k=0$

따라서 $k=1$

17 주어진 이차방정식의 판별식을 D라 하면

$D=1^2-4\times4\times(-k-1)=16k+17$

이때 주어진 이차방정식이 중근을 가지려면 $D=0$이어야 하므로

$16k+17=0$

따라서 $k=-\frac{17}{16}$

18 주어진 이차방정식의 판별식을 D라 하면

$D=(-k)^2-4\times1\times9=k^2-36$

이때 주어진 이차방정식이 중근을 가지려면 $D=0$이어야 하므로

$k^2-36=0$

따라서 $k=\pm6$

19 주어진 이차방정식의 판별식을 D라 하면

$\frac{D}{4}=(-k)^2-1\times(2k+8)=k^2-2k-8$

이때 주어진 이차방정식이 중근을 가지려면 $\frac{D}{4}=0$이어야 하므로

$k^2-2k-8=0$

$(k+2)(k-4)=0$

따라서 $k=-2$ 또는 $k=4$

20 주어진 이차방정식의 판별식을 D라 하면

$D=k^2-4\times1\times(3-k)=k^2+4k-12$

이때 주어진 이차방정식이 중근을 가지려면 $D=0$이어야 하므로

$k^2+4k-12=0$

$(k+6)(k-2)=0$

따라서 $k=-6$ 또는 $k=2$

21 주어진 이차방정식의 판별식을 D라 하면

$\frac{D}{4}=k^2-1\times(k^2+k-1)=-k+1$

이때 주어진 이차방정식이 중근을 가지려면 $\frac{D}{4}=0$이어야 하므로

$-k+1=0$

따라서 $k=1$

22 주어진 이차방정식의 판별식을 D라 하면

$D=3^2-4\times1\times(-k)=9+4k$

이때 주어진 이차방정식이 서로 다른 두 허근을 가지려면

$D<0$이어야 하므로 $9+4k<0$

따라서 $k<-\frac{9}{4}$

23 주어진 이차방정식의 판별식을 D라 하면

$\frac{D}{4}=1^2-1\times2k=1-2k$

이때 주어진 이차방정식이 서로 다른 두 허근을 가지려면

$\frac{D}{4}<0$이어야 하므로 $1-2k<0$

따라서 $k>\frac{1}{2}$

24 주어진 이차방정식의 판별식을 D라 하면

$D=(-1)^2-4\times1\times(1-3k)=12k-3$

이때 주어진 이차방정식이 서로 다른 두 허근을 가지려면

$D<0$이어야 하므로 $12k-3<0$

따라서 $k<\frac{1}{4}$

25 주어진 이차방정식의 판별식을 D라 하면

$\frac{D}{4}=k^2-k\times(k+5)=-5k$

이때 주어진 이차방정식이 서로 다른 두 허근을 가지려면

$\frac{D}{4}<0$이어야 하므로 $-5k<0$

따라서 $k>0$

26 주어진 이차방정식의 판별식을 D라 하면

$D=(2k+1)^2-4\times1\times k^2=4k+1$

이때 주어진 이차방정식이 서로 다른 두 허근을 가지려면

$D<0$이어야 하므로 $4k+1<0$

따라서 $k<-\frac{1}{4}$

27 $x^2-2(k+2)x+k^2+1=0$의 판별식을 D_1이라 하면

$\frac{D_1}{4}=\{-(k+2)\}^2-1\times(k^2+1)=4k+3$

이때 주어진 이차방정식이 서로 다른 두 허근을 가지려면

$\frac{D_1}{4}<0$이어야 하므로 $4k+3<0$

따라서 $k<-\frac{3}{4}$ …… ㉠

$x^2+kx+5=0$의 판별식을 D_2라 하면

$D_2=k^2-4\times1\times5=k^2-20$

이때 주어진 이차방정식이 중근을 가지려면 $D_2=0$이어야 하므로
$k^2-20=0$
따라서 $k=\pm 2\sqrt{5}$ …… ㉡
㉠, ㉡에 의하여 $k=-2\sqrt{5}$

28 주어진 이차방정식의 판별식을 D라 하면
$D=3^2-4\times 1\times(2k-5)=29-8k$
이때 주어진 이차방정식이 실근을 가지려면 $D\geq 0$이어야 하므로
$29-8k\geq 0$
따라서 $k\leq \frac{29}{8}$

29 주어진 이차방정식의 판별식을 D라 하면
$\frac{D}{4}=(k-3)^2-1\times(k^2+1)=-6k+8$
이때 주어진 이차방정식이 실근을 가지려면 $\frac{D}{4}\geq 0$이어야 하므로
$-6k+8\geq 0$
따라서 $k\leq \frac{4}{3}$

30 주어진 이차방정식의 판별식을 D라 하면
$\frac{D}{4}=3^2-k\times 9=9-9k$
이때 주어진 이차방정식이 실근을 가지려면 $\frac{D}{4}\geq 0$이어야 하므로
$9-9k\geq 0$, 즉 $k\leq 1$
따라서 이차항의 계수는 0이 아니어야 하므로
$k<0$ 또는 $0<k\leq 1$

31 주어진 이차방정식의 판별식을 D라 하면
$D=3^2-4\times 1\times(-2k)=9+8k$
이때 주어진 이차방정식이 실근을 갖지 않으려면 $D<0$이어야 하므로 $9+8k<0$
따라서 $k<-\frac{9}{8}$

32 주어진 이차방정식의 판별식을 D라 하면
$D=1^2-4\times(k-1)\times 1=5-4k$
이때 주어진 이차방정식이 실근을 갖지 않으려면 $D<0$이어야 하므로 $5-4k<0$
따라서 $k>\frac{5}{4}$

33 주어진 이차방정식의 판별식을 D라 하면
$\frac{D}{4}=(-k)^2-1\times(k^2+3k-2)=2-3k$
이때 주어진 이차방정식이 실근을 갖지 않으려면 $\frac{D}{4}<0$이어야 하므로 $2-3k<0$
따라서 $k>\frac{2}{3}$

34 이차식 x^2-x+2k가 완전제곱식이 되려면 이차방정식 $x^2-x+2k=0$은 중근을 가져야 한다.
즉 $x^2-x+2k=0$의 판별식을 D라 하면
$D=(-1)^2-4\times 1\times 2k=1-8k=0$
따라서 $k=\frac{1}{8}$

35 이차식 x^2+kx+4가 완전제곱식이 되려면 이차방정식 $x^2+kx+4=0$은 중근을 가져야 한다.
즉 $x^2+kx+4=0$의 판별식을 D라 하면
$D=k^2-4\times 1\times 4=k^2-16=0$
따라서 $k=\pm 4$

36 이차식 $2x^2+(k-3)x+1-k$가 완전제곱식이 되려면 이차방정식 $2x^2+(k-3)x+1-k=0$은 중근을 가져야 한다.
즉 $2x^2+(k-3)x+1-k=0$의 판별식을 D라 하면
$D=(k-3)^2-4\times 2\times(1-k)=k^2+2k+1=(k+1)^2=0$
따라서 $k=-1$

37 이차식 $kx^2+12x+1$이 완전제곱식이 되려면 이차방정식 $kx^2+12x+1=0$은 중근을 가져야 한다.
즉 $kx^2+12x+1=0$의 판별식을 D라 하면
$\frac{D}{4}=6^2-k\times 1=36-k=0$
따라서 $k=36$

38 이차식 $kx^2-(1+k)x+1$이 완전제곱식이 되려면 이차방정식 $kx^2-(1+k)x+1=0$은 중근을 가져야 한다.
즉 $kx^2-(1+k)x+1=0$의 판별식을 D라 하면
$D=\{-(1+k)\}^2-4\times k\times 1=k^2-2k+1=(k-1)^2=0$
따라서 $k=1$

39 이차방정식 $x^2+2(k+a)x+k^2+3k-b=0$의 판별식을 D라 하면
$\frac{D}{4}=(k+a)^2-1\times(k^2+3k-b)=0$에서
$(2a-3)k+a^2+b=0$
이때 위의 등식이 실수 k의 값에 관계없이 항상 성립하므로
$2a-3=0$, $a^2+b=0$
따라서 $a=\frac{3}{2}$, $b=-\frac{9}{4}$이므로
$a+2b=\frac{3}{2}+2\times\left(-\frac{9}{4}\right)=-3$

07 이차방정식의 근과 계수의 관계

본문 176쪽

1 $\left(✎ -5, \frac{5}{2}, \frac{3}{2}\right)$ 2 3, 2 3 2, -2

4 0, 25 5 $-\frac{1}{5}, \frac{4}{5}$ 6 $-\frac{10}{3}$, 2

☺ $-a, b, -\frac{b}{a}, \frac{c}{a}$

7 (1) (✎ $-3, -8, -3, -8, -11$)
(2) (✎ $-3, -8, 9, 16, 25$) (3) (✎ $-3, -8, 9, 41, \sqrt{41}$)
(4) $\left(✎ -3, -8, \frac{3}{8}\right)$ (5) $\left(✎ 25, -8, -\frac{25}{8}\right)$
(6) (✎ $-8, 25, -200$)

8 (1) -35 (2) 59 (3) $-\frac{7}{5}$

9 (1) $\frac{7}{4}$ (2) 3 (3) $\frac{5}{2}$ 10 (1) 8 (2) 12

11 (1) -13 (2) 140 12 (1) $\frac{16}{9}$ (2) 2

13 (✎ $2\alpha, 2\alpha, 3, 1, 2\alpha, 2, 2$)

14 -3 15 -4 또는 4

16 $-\sqrt{3}$ 또는 $\sqrt{3}$ 17 1 또는 4

18 (✎ $2, 2, 2, -2, 2, 2, 3, -3, -3, 5, -3$)

19 1 20 4

21 -8 또는 1 22 -2 또는 $\frac{4}{3}$

23 (✎ $2\alpha, 2\alpha, -3\alpha, 2\alpha, 2, \sqrt{6}, \sqrt{6}, 3\sqrt{6}, \sqrt{6}, -3\sqrt{6}$)

24 $\frac{2}{5}$ 25 2

26 -1 또는 $\frac{7}{4}$ 27 $-\frac{1}{3}$ 또는 $\frac{1}{3}$

2 $\alpha+\beta=-\frac{-3}{1}=3$

$\alpha\beta=\frac{2}{1}=2$

3 $\alpha+\beta=-\frac{-2}{1}=2$

$\alpha\beta=\frac{-2}{1}=-2$

4 $\alpha+\beta=-\frac{0}{1}=0$

$\alpha\beta=\frac{25}{1}=25$

5 $\alpha+\beta=-\frac{1}{5}$

$\alpha\beta=\frac{4}{5}$

6 $\alpha+\beta=-\frac{10}{3}$

$\alpha\beta=\frac{6}{3}=2$

8 $x^2-7x-5=0$에서

$\alpha+\beta=-\frac{-7}{1}=7$, $\alpha\beta=\frac{-5}{1}=-5$

(1) $\alpha^2\beta+\alpha\beta^2=\alpha\beta(\alpha+\beta)=-5\times7=-35$

(2) $\alpha^2+\beta^2=(\alpha+\beta)^2-2\alpha\beta$
$=7^2-2\times(-5)$
$=49+10=59$

(3) $\frac{1}{\alpha}+\frac{1}{\beta}=\frac{\alpha+\beta}{\alpha\beta}=\frac{7}{-5}=-\frac{7}{5}$

9 $2x^2-3x+1=0$에서

$\alpha+\beta=-\frac{-3}{2}=\frac{3}{2}$, $\alpha\beta=\frac{1}{2}$

(1) $\alpha^2+\alpha\beta+\beta^2=(\alpha+\beta)^2-\alpha\beta=\left(\frac{3}{2}\right)^2-\frac{1}{2}=\frac{7}{4}$

(2) $(\alpha+1)(\beta+1)=\alpha\beta+(\alpha+\beta)+1$
$=\frac{1}{2}+\frac{3}{2}+1=3$

(3) $\frac{\beta}{\alpha}+\frac{\alpha}{\beta}=\frac{\alpha^2+\beta^2}{\alpha\beta}=\frac{(\alpha+\beta)^2-2\alpha\beta}{\alpha\beta}$
$=\frac{\left(\frac{3}{2}\right)^2-2\times\frac{1}{2}}{\frac{1}{2}}=\frac{5}{2}$

10 $x^2+4x+2=0$에서

$\alpha+\beta=-\frac{4}{1}=-4$, $\alpha\beta=\frac{2}{1}=2$

(1) $(\alpha-\beta)^2=(\alpha+\beta)^2-4\alpha\beta=(-4)^2-4\times2=8$

(2) $\alpha^2+\beta^2=(\alpha+\beta)^2-2\alpha\beta=(-4)^2-2\times2=12$

11 $x^2-5x-1=0$에서

$\alpha+\beta=-\frac{-5}{1}=5$, $\alpha\beta=\frac{-1}{1}=-1$

(1) $(2\alpha-1)(2\beta-1)=4\alpha\beta-2(\alpha+\beta)+1$
$=4\times(-1)-2\times5+1=-13$

(2) $\alpha^3+\beta^3=(\alpha+\beta)^3-3\alpha\beta(\alpha+\beta)$
$=5^3-3\times(-1)\times5=140$

12 $3x^2-6x+4=0$에서

$\alpha+\beta=-\frac{-6}{3}=2$, $\alpha\beta=\frac{4}{3}$

(1) $\alpha^3\beta+\alpha\beta^3=\alpha\beta(\alpha^2+\beta^2)=\alpha\beta\{(\alpha+\beta)^2-2\alpha\beta\}$
$=\frac{4}{3}\left(2^2-2\times\frac{4}{3}\right)=\frac{16}{9}$

(2) $\frac{\alpha}{\alpha-1}+\frac{\beta}{\beta-1}=\frac{\alpha(\beta-1)+\beta(\alpha-1)}{(\alpha-1)(\beta-1)}$
$=\frac{2\alpha\beta-(\alpha+\beta)}{\alpha\beta-(\alpha+\beta)+1}$
$=\frac{2\times\frac{4}{3}-2}{\frac{4}{3}-2+1}=2$

14 두 근을 2α, 3α $(\alpha\neq0)$라 하면

$2\alpha+3\alpha=-\frac{5}{2}$이므로 $5\alpha=-\frac{5}{2}$

따라서 $\alpha=-\frac{1}{2}$ …… ㉠

또 $2\alpha\times3\alpha=-\frac{k}{2}$이므로 $6\alpha^2=-\frac{k}{2}$ …… ㉡

㉠을 ㉡에 대입하면 $k=-3$

15 두 근을 α, 3α $(\alpha\neq0)$라 하면

$\alpha+3\alpha=-k$이므로 $4\alpha=-k$

따라서 $\alpha=-\frac{k}{4}$ …… ㉠

또 $\alpha\times3\alpha=3$이므로 $3\alpha^2=3$, $\alpha^2=1$

따라서 $\alpha=\pm1$ …… ㉡

㉡을 ㉠에 대입하면 $k=-4$ 또는 $k=4$

16 두 근을 2α, 5α $(\alpha\neq0)$라 하면

$2\alpha+5\alpha=\frac{7}{3}k$이므로 $7\alpha=\frac{7}{3}k$

따라서 $\alpha=\frac{1}{3}k$ …… ㉠

또 $2\alpha\times5\alpha=\frac{10}{3}$이므로 $10\alpha^2=\frac{10}{3}$

따라서 $\alpha=\pm\frac{\sqrt{3}}{3}$ …… ㉡

㉡을 ㉠에 대입하면 $k=-\sqrt{3}$ 또는 $k=\sqrt{3}$

17 두 근을 α, 2α $(\alpha\neq0)$라 하면

$\alpha+2\alpha=-3(k-2)$이므로 $3\alpha=-3k+6$

따라서 $\alpha=-k+2$ …… ㉠

또 $\alpha\times2\alpha=2k$이므로 $2\alpha^2=2k$

따라서 $\alpha^2=k$ …… ㉡

㉠을 ㉡에 대입하면

$(-k+2)^2=k$

$k^2-4k+4=k$, $k^2-5k+4=0$

$(k-1)(k-4)=0$

따라서 $k=1$ 또는 $k=4$

19 두 근을 α, $\alpha+1$이라 하면

$\alpha+(\alpha+1)=3$이므로 $2\alpha+1=3$

따라서 $\alpha=1$ …… ㉠

또 $\alpha\times(\alpha+1)=2k$이므로

$\alpha^2+\alpha=2k$ …… ㉡

㉠을 ㉡에 대입하면

$1^2+1=2k$

따라서 $k=1$

20 두 근을 α, $\alpha+3$이라 하면

$\alpha+(\alpha+3)=-5$이므로 $2\alpha+3=-5$

따라서 $\alpha=-4$ …… ㉠

또 $\alpha\times(\alpha+3)=k$이므로

$\alpha^2+3\alpha=k$ …… ㉡

㉠을 ㉡에 대입하면

$(-4)^2+3\times(-4)=k$

따라서 $k=4$

21 두 근을 α, $\alpha+4$라 하면

$\alpha+(\alpha+4)=-(2k+4)$이므로 $2\alpha+4=-2k-4$

따라서 $\alpha=-k-4$ …… ㉠

또 $\alpha\times(\alpha+4)=8-3k$이므로

$\alpha^2+4\alpha=8-3k$ …… ㉡

㉠을 ㉡에 대입하면

$(-k-4)^2+4\times(-k-4)=8-3k$

$k^2+7k-8=0$, $(k+8)(k-1)=0$

따라서 $k=-8$ 또는 $k=1$

22 두 근을 α, $\alpha+1$이라 하면

$\alpha+(\alpha+1)=-(3k-1)$이므로 $2\alpha+1=-3k+1$

따라서 $\alpha=-\frac{3}{2}k$ …… ㉠

또 $\alpha\times(\alpha+1)=-3k+6$이므로

$\alpha^2+\alpha=-3k+6$ …… ㉡

㉠을 ㉡에 대입하면

$\left(-\frac{3}{2}k\right)^2+\left(-\frac{3}{2}k\right)=-3k+6$

$\frac{9}{4}k^2-\frac{3}{2}k=-3k+6$, $3k^2+2k-8=0$, $(k+2)(3k-4)=0$

따라서 $k=-2$ 또는 $k=\frac{4}{3}$

24 두 근을 α, 2α $(\alpha\neq0)$라 하면

$\alpha+2\alpha=3$이므로 $3\alpha=3$

따라서 $\alpha=1$ …… ㉠

또 $\alpha\times2\alpha=5k$이므로

$2\alpha^2=5k$ …… ㉡

㉠을 ㉡에 대입하면 $2=5k$

따라서 $k=\frac{2}{5}$

25 두 근을 α, 3α $(\alpha\neq0)$라 하면

$\alpha+3\alpha=-4$이므로 $4\alpha=-4$

따라서 $\alpha=-1$ …… ㉠

또 $\alpha\times3\alpha=2k-1$이므로

$3\alpha^2=2k-1$ …… ㉡

㉠을 ㉡에 대입하면

$3\times(-1)^2=2k-1$, $3=2k-1$

따라서 $k=2$

26 두 근을 α, 4α $(\alpha\neq0)$라 하면

$\alpha+4\alpha=-5k$이므로 $5\alpha=-5k$

따라서 $\alpha=-k$ …… ㉠

또 $\alpha \times 4\alpha = 3k+7$이므로

$4\alpha^2 = 3k+7$ ...... ㉡

㉠을 ㉡에 대입하면

$4 \times (-k)^2 = 3k+7$

$4k^2 - 3k - 7 = 0$, $(k+1)(4k-7) = 0$

따라서 $k=-1$ 또는 $k=\frac{7}{4}$

27 두 근을 α, 2α ($\alpha \neq 0$)라 하면

$\alpha + 2\alpha = -6k$이므로 $3\alpha = -6k$

따라서 $\alpha = -2k$ ...... ㉠

또 $\alpha \times 2\alpha = -k^2+1$이므로

$2\alpha^2 = -k^2+1$ ...... ㉡

㉠을 ㉡에 대입하면

$2 \times (-2k)^2 = -k^2+1$

$8k^2 = -k^2+1$, $9k^2=1$, $k^2=\frac{1}{9}$

따라서 $k=-\frac{1}{3}$ 또는 $k=\frac{1}{3}$

08 이차방정식의 작성과 이차식의 인수분해

본문 180쪽

1 (✎ 3, 4)
2 $x^2+8x+15=0$
3 $x^2-2x-2=0$
4 $x^2+25=0$
5 $x^2+4x+5=0$
6 (✎ -5, 3) (1) $x^2+2x-15=0$ (2) $x^2+10x+12=0$ (3) $x^2+\frac{5}{3}x+\frac{1}{3}=0$
7 $\left(✎\ 4, \frac{1}{2}\right)$ (1) $x^2-6x+\frac{11}{2}=0$ (2) $x^2-15x+\frac{1}{4}=0$ (3) $x^2-30x+1=0$

☺ $-a$, b, $\alpha+\beta$, $-a$, b, a, $\frac{1}{b}$

8 $(x+\sqrt{6})(x-\sqrt{6})$
9 $(x+\sqrt{3}i)(x-\sqrt{3}i)$
10 (✎ -2, -2, 1, 1, 2, $\sqrt{2}$, $\sqrt{2}$, 2)
11 $(x+3-2i)(x+3+2i)$
12 $2\left(x-\frac{1+\sqrt{41}}{4}\right)\left(x-\frac{1-\sqrt{41}}{4}\right)$
13 $3\left(x+\frac{2-\sqrt{17}i}{3}\right)\left(x+\frac{2+\sqrt{17}i}{3}\right)$

2 $x^2-\{(-3)+(-5)\}x+(-3)\times(-5)=0$이므로

$x^2+8x+15=0$

3 $x^2-\{(1+\sqrt{3})+(1-\sqrt{3})\}x+(1+\sqrt{3})\times(1-\sqrt{3})=0$이므로

$x^2-2x-2=0$

4 $x^2-\{5i+(-5i)\}x+5i\times(-5i)=0$이므로

$x^2+25=0$

5 $x^2-\{(-2+i)+(-2-i)\}x+(-2+i)\times(-2-i)=0$이므로

$x^2+4x+5=0$

6 $\alpha+\beta=-5$, $\alpha\beta=3$

(1) x^2의 계수가 1이고 두 근이 -5, 3인 이차방정식은

$x^2-\{(-5)+3\}x+(-5)\times 3=0$

따라서 $x^2+2x-15=0$

(2) $2\alpha+2\beta=2(\alpha+\beta)=2\times(-5)=-10$

$2\alpha\times 2\beta=4\alpha\beta=4\times 3=12$이므로 구하는 이차방정식은

$x^2+10x+12=0$

(3) $\frac{1}{\alpha}+\frac{1}{\beta}=\frac{\alpha+\beta}{\alpha\beta}=-\frac{5}{3}$, $\frac{1}{\alpha}\times\frac{1}{\beta}=\frac{1}{\alpha\beta}=\frac{1}{3}$이므로

구하는 이차방정식은 $x^2+\frac{5}{3}x+\frac{1}{3}=0$

7 $\alpha+\beta=4$, $\alpha\beta=\frac{1}{2}$

(1) $(\alpha+1)+(\beta+1)=(\alpha+\beta)+2=4+2=6$

$(\alpha+1)\times(\beta+1)=\alpha\beta+(\alpha+\beta)+1=\frac{1}{2}+4+1=\frac{11}{2}$

이므로 구하는 이차방정식은

$x^2-6x+\frac{11}{2}=0$

(2) $\alpha^2+\beta^2=(\alpha+\beta)^2-2\alpha\beta=4^2-2\times\frac{1}{2}=16-1=15$

$\alpha^2\times\beta^2=(\alpha\beta)^2=\left(\frac{1}{2}\right)^2=\frac{1}{4}$이므로 구하는 이차방정식은

$x^2-15x+\frac{1}{4}=0$

(3) $\frac{\beta}{\alpha}+\frac{\alpha}{\beta}=\frac{\alpha^2+\beta^2}{\alpha\beta}=\frac{(\alpha+\beta)^2-2\alpha\beta}{\alpha\beta}=\frac{4^2-1}{\frac{1}{2}}=30$

$\frac{\beta}{\alpha}\times\frac{\alpha}{\beta}=1$이므로 구하는 이차방정식은

$x^2-30x+1=0$

8 $x^2-6=0$에서 $x=\pm\sqrt{6}$이므로

$x^2-6=(x+\sqrt{6})(x-\sqrt{6})$

9 $x^2+3=0$에서 $x=\pm\sqrt{3}i$이므로

$x^2+3=(x+\sqrt{3}i)(x-\sqrt{3}i)$

11 $x^2+6x+13=0$에서

$x=\frac{-3\pm\sqrt{3^2-1\times 13}}{1}=-3\pm 2i$

따라서

$x^2+6x+13=\{x-(-3+2i)\}\{x-(-3-2i)\}$

$=(x+3-2i)(x+3+2i)$

12 $2x^2-x-5=0$에서

$$x=\frac{-(-1)\pm\sqrt{(-1)^2-4\times2\times(-5)}}{2\times2}=\frac{1\pm\sqrt{41}}{4}$$

따라서 $2x^2-x-5=2\left(x-\frac{1+\sqrt{41}}{4}\right)\left(x-\frac{1-\sqrt{41}}{4}\right)$

13 $3x^2+4x+7=0$에서

$$x=\frac{-2\pm\sqrt{2^2-3\times7}}{3}=\frac{-2\pm\sqrt{17}i}{3}$$

따라서

$$3x^2+4x+7=3\left(x-\frac{-2+\sqrt{17}i}{3}\right)\left(x-\frac{-2-\sqrt{17}i}{3}\right)$$
$$=3\left(x+\frac{2-\sqrt{17}i}{3}\right)\left(x+\frac{2+\sqrt{17}i}{3}\right)$$

09 이차방정식의 켤레근

본문 182쪽

1 (1) (✐ $2-\sqrt{3}$) (2) (✐ $2-\sqrt{3}$, 4, $2-\sqrt{3}$, 1, -4, 1)
2 (1) $1+\sqrt{2}$ (2) $a=-2$, $b=-1$
3 (1) $2+2\sqrt{7}$ (2) $a=-4$, $b=-24$
4 (1) (✐ $2+i$) (2) (✐ $2+i$, 4, $2+i$, 5, -4, 5)
5 (1) $5-i$ (2) $a=-10$, $b=26$
6 (1) $-3i+2$ (2) $a=-4$, $b=13$
7 다른 한 근: $1+\sqrt{6}$, $a=2$, $b=-5$
8 다른 한 근: $-\sqrt{2}-4$, $a=-8$, $b=14$
9 다른 한 근: $-3\sqrt{2}-1$, $a=-2$, $b=-17$
10 다른 한 근: $7-2i$, $a=-14$, $b=-53$
11 다른 한 근: $-i-3$, $a=6$, $b=-10$
12 다른 한 근: $8-2i$, $a=-16$, $b=-68$

2 (1) 계수가 유리수이고 한 근이 $1-\sqrt{2}$이므로 다른 한 근은 $1+\sqrt{2}$
(2) 두 근의 합은 $(1-\sqrt{2})+(1+\sqrt{2})=2$
두 근의 곱은 $(1-\sqrt{2})\times(1+\sqrt{2})=-1$이므로
이차방정식의 근과 계수의 관계에 의하여
$a=-2$, $b=-1$

3 (1) 계수가 유리수이고 한 근이 $2-2\sqrt{7}$이므로 다른 한 근은 $2+2\sqrt{7}$
(2) 두 근의 합은 $(2-2\sqrt{7})+(2+2\sqrt{7})=4$
두 근의 곱은 $(2-2\sqrt{7})\times(2+2\sqrt{7})=-24$이므로
이차방정식의 근과 계수의 관계에 의하여
$a=-4$, $b=-24$

5 (1) 계수가 실수이고 한 근이 $5+i$이므로 다른 한 근은 $5-i$
(2) 두 근의 합은 $(5+i)+(5-i)=10$
두 근의 곱은 $(5+i)\times(5-i)=26$이므로
이차방정식의 근과 계수의 관계에 의하여
$a=-10$, $b=26$

6 (1) 계수가 실수이고 한 근이 $3i+2$, 즉 $2+3i$이므로 다른 한 근은 $2-3i$, 즉 $-3i+2$
(2) 두 근의 합은 $(3i+2)+(-3i+2)=4$
두 근의 곱은 $(3i+2)\times(-3i+2)=13$이므로
이차방정식의 근과 계수의 관계에 의하여
$a=-4$, $b=13$

7 계수가 유리수이고 한 근이 $1-\sqrt{6}$이므로 다른 한 근은 $1+\sqrt{6}$
이때 두 근의 합은 $(1-\sqrt{6})+(1+\sqrt{6})=2$
두 근의 곱은 $(1-\sqrt{6})\times(1+\sqrt{6})=-5$이므로
이차방정식의 근과 계수의 관계에 의하여
$a=2$, $b=-5$

8 계수가 유리수이고 한 근이 $\sqrt{2}-4$, 즉 $-4+\sqrt{2}$이므로 다른 한 근은 $-4-\sqrt{2}$, 즉 $-\sqrt{2}-4$
이때 두 근의 합은 $(\sqrt{2}-4)+(-\sqrt{2}-4)=-8$
두 근의 곱은 $(\sqrt{2}-4)\times(-\sqrt{2}-4)=14$이므로
이차방정식의 근과 계수의 관계에 의하여
$a=-8$, $b=14$

9 계수가 유리수이고 한 근이 $3\sqrt{2}-1$, 즉 $-1+3\sqrt{2}$이므로 다른 한 근은 $-1-3\sqrt{2}$, 즉 $-3\sqrt{2}-1$
이때 두 근의 합은 $(3\sqrt{2}-1)+(-3\sqrt{2}-1)=-2$
두 근의 곱은 $(3\sqrt{2}-1)\times(-3\sqrt{2}-1)=-17$이므로
이차방정식의 근과 계수의 관계에 의하여
$a=-2$, $b=-17$

10 계수가 실수이고 한 근이 $7+2i$이므로 다른 한 근은 $7-2i$
이때 두 근의 합은 $(7+2i)+(7-2i)=14$
두 근의 곱은 $(7+2i)\times(7-2i)=53$이므로
이차방정식의 근과 계수의 관계에 의하여
$a=-14$, $b=-53$

11 계수가 실수이고 한 근이 $i-3$, 즉 $-3+i$이므로 다른 한 근은 $-3-i$, 즉 $-i-3$
이때 두 근의 합은 $(i-3)+(-i-3)=-6$
두 근의 곱은 $(i-3)\times(-i-3)=10$이므로
이차방정식의 근과 계수의 관계에 의하여
$a=6$, $b=-10$

12 계수가 실수이고 한 근이 $8+2i$이므로 다른 한 근은 $8-2i$
이때 두 근의 합은 $(8+2i)+(8-2i)=16$
두 근의 곱은 $(8+2i)\times(8-2i)=68$이므로
이차방정식의 근과 계수의 관계에 의하여
$a=-16,\ b=-68$

TEST 개념 확인

본문 184쪽

1 (1) 서로 다른 두 실근 (2) 서로 다른 두 허근 (3) 중근

2 ⑤	3 2	4 ④	5 ⑤
6 ②	7 ①	8 $2x^2-2x-8=0$	
9 ②	10 ①	11 ⑤	

12 $x=-7$ 또는 $x=6$

1 (1) $x^2+8x-2=0$의 판별식을 D라 하면
$\frac{D}{4}=4^2-1\times(-2)=18>0$
따라서 서로 다른 두 실근을 갖는다.
(2) $6x^2+4x+1=0$의 판별식을 D라 하면
$\frac{D}{4}=2^2-6\times1=-2<0$
따라서 서로 다른 두 허근을 갖는다.
(3) $x^2-10x+25=0$의 판별식을 D라 하면
$\frac{D}{4}=(-5)^2-1\times25=0$
따라서 중근을 갖는다.

2 $x^2-2kx+2k+3=0$의 판별식을 D라 하면
$\frac{D}{4}=(-k)^2-1\times(2k+3)=k^2-2k-3$
중근을 가지려면 $\frac{D}{4}=0$이어야 하므로
$k^2-2k-3=0,\ (k+1)(k-3)=0$
따라서 $k=-1$ 또는 $k=3$
이때 $k>0$이므로 $k=3$
$k=3$일 때, 주어진 이차방정식은
$x^2-6x+9=0,\ (x-3)^2=0$
따라서 $x=3$, 즉 $m=3$이므로
$k+m=6$

3 $x^2-2(k-2)x+k^2-1=0$의 판별식을 D라 하면
$\frac{D}{4}=\{-(k-2)\}^2-1\times(k^2-1)=-4k+5$
이때 서로 다른 두 허근을 가지므로 $\frac{D}{4}<0$이어야 하므로
$-4k+5<0,\ k>\frac{5}{4}$
따라서 정수 k의 최솟값은 2이다.

4 이차방정식 $2x^2-3x+8=0$의 두 근이 $\alpha,\ \beta$이므로 근과 계수의 관계에 의하여
$\alpha+\beta=-\frac{-3}{2}=\frac{3}{2},\ \alpha\beta=\frac{8}{2}=4$
따라서 $\frac{1}{\alpha}+\frac{1}{\beta}=\frac{\alpha+\beta}{\alpha\beta}=\frac{\frac{3}{2}}{4}=\frac{3}{8}$

5 이차방정식 $x^2-x-4=0$의 두 근이 $\alpha,\ \beta$이므로 근과 계수의 관계에 의하여
$\alpha+\beta=-\frac{-1}{1}=1,\ \alpha\beta=\frac{-4}{1}=-4$
따라서 $(\alpha-\beta)^2=(\alpha+\beta)^2-4\alpha\beta=1^2-4\times(-4)=17$이고,
$\alpha>\beta$이므로 $\alpha-\beta=\sqrt{17}$

6 두 근을 $\alpha,\ 3\alpha\ (\alpha\neq0)$라 하면 이차방정식의 근과 계수의 관계에 의하여 두 근의 합은
$\alpha+3\alpha=8(k+1),\ 4\alpha=8k+8$이므로
$\alpha=2k+2$ …… ㉠
또 두 근의 곱은
$\alpha\times3\alpha=-3k,\ 3\alpha^2=-3k$이므로
$\alpha^2=-k$ …… ㉡
㉠을 ㉡에 대입하면 $(2k+2)^2=-k$, 즉 $4k^2+9k+4=0$이므로
$k=\frac{-9\pm\sqrt{9^2-4\times4\times4}}{2\times4}=\frac{-9\pm\sqrt{17}}{8}$
따라서 모든 실수 k의 값의 곱은
$\frac{-9+\sqrt{17}}{8}\times\frac{-9-\sqrt{17}}{8}=1$

[다른 풀이]
k에 대한 이차방정식 $4k^2+9k+4=0$의 판별식을 D라 하면
$D=9^2-4\times4\times4=17>0$
즉 서로 다른 두 실근을 가지므로 근과 계수의 관계에 의하여 두 실수 k의 값의 곱은
$\frac{4}{4}=1$

7 두 수의 합은 $(1+\sqrt{5})+(1-\sqrt{5})=2$
두 수의 곱은 $(1+\sqrt{5})\times(1-\sqrt{5})=-4$
따라서 구하는 이차방정식은 $x^2-2x-4=0$

8 $x^2-3x-2=0$에서 이차방정식의 근과 계수의 관계에 의하여
$\alpha+\beta=-\frac{-3}{1}=3,\ \alpha\beta=\frac{-2}{1}=-2$이므로
$(\alpha-1)+(\beta-1)=(\alpha+\beta)-2=3-2=1$
$(\alpha-1)\times(\beta-1)=\alpha\beta-(\alpha+\beta)+1=-2-3+1=-4$
따라서 구하는 이차방정식은 $2(x^2-x-4)=0$이므로
$2x^2-2x-8=0$

9 $x^2-3x+3=0$에서

$x=\frac{-(-3)\pm\sqrt{(-3)^2-4\times1\times3}}{2\times1}=\frac{3\pm\sqrt{3}i}{2}$

따라서 $x^2-3x+3=\left(x-\frac{3+\sqrt{3}i}{2}\right)\left(x-\frac{3-\sqrt{3}i}{2}\right)$

10 $x^2-ax-b=0$의 계수가 실수이고 한 근이 $1+2i$이므로 다른 한 근은 $1-2i$이다.
이때 두 근의 합은 $(1+2i)+(1-2i)=2$
두 근의 곱은 $(1+2i)\times(1-2i)=5$이므로 이차방정식의 근과 계수의 관계에 의하여
$-a=-2,\ -b=5$
따라서 $a=2,\ b=-5$이므로 $ab=-10$

11 $x^2+2x+a=0$의 계수가 유리수이고 한 근이 $b-\sqrt{3}$이므로 다른 한 근은 $b+\sqrt{3}$이다.
이때 이차방정식의 근과 계수의 관계에 의하여
$(b-\sqrt{3})+(b+\sqrt{3})=-2$에서 $b=-1$
또 $(b-\sqrt{3})\times(b+\sqrt{3})=a$에서
$a=b^2-3=(-1)^2-3=-2$
따라서 $a+b=-3$

12 $x^2+ax+b=0$의 계수가 유리수이고 한 근이 $3-\sqrt{2}$이므로 다른 한 근은 $3+\sqrt{2}$이다.
$(3-\sqrt{2})+(3+\sqrt{2})=6$이므로 이차방정식의 근과 계수의 관계에 의하여 $a=-6$
또 $(3-\sqrt{2})\times(3+\sqrt{2})=7$이므로 $b=7$
$x^2+(a+b)x+ab=0$에 $a=-6,\ b=7$을 대입하면
$x^2+x-42=0,\ (x+7)(x-6)=0$
따라서 $x=-7$ 또는 $x=6$

TEST 개념 발전

5. 이차방정식
본문 186쪽

1 ⑤	2 $x=\sqrt{2}$ 또는 $x=\sqrt{2}-1$		3 ④
4 ①	5 ③	6 ②, ⑤	7 ③
8 15	9 $x^2-4x+1=0$		10 ②
11 ③	12 ④	13 9π	14 ②
15 ③			

1 $2x^2-6x+7=0$에서

$x=\frac{-(-3)\pm\sqrt{(-3)^2-2\times7}}{2}=\frac{3\pm\sqrt{5}i}{2}$

따라서 $a=3,\ b=5$이므로 $a+b=8$

2 $(\sqrt{2}+1)x^2-(\sqrt{2}+3)x+\sqrt{2}=0$의 양변에 $\sqrt{2}-1$을 곱하면
$(\sqrt{2}-1)(\sqrt{2}+1)x^2-(\sqrt{2}-1)(\sqrt{2}+3)x+\sqrt{2}(\sqrt{2}-1)=0$
$x^2-(2\sqrt{2}-1)x+2-\sqrt{2}=0$
근의 공식에 의하여

$x=\frac{-\{-(2\sqrt{2}-1)\}\pm\sqrt{\{-(2\sqrt{2}-1)\}^2-4\times1\times(2-\sqrt{2})}}{2\times1}$

$=\frac{(2\sqrt{2}-1)\pm1}{2}$

따라서 구하는 근은 $x=\sqrt{2}$ 또는 $x=\sqrt{2}-1$

3 $2x^2-ax+8+a=0$에 $x=-1$을 대입하면
$2+a+8+a=0$
즉 $2a=-10$이므로 $a=-5$
주어진 이차방정식은 $2x^2+5x+3=0$이므로
$(x+1)(2x+3)=0$에서
$x=-1$ 또는 $x=-\frac{3}{2}$

따라서 $b=-\frac{3}{2}$이므로 $\frac{b}{a}=\frac{-\frac{3}{2}}{-5}=\frac{3}{10}$

4 방정식 $x^2-|4x-3|=8$에서

(i) $x<\frac{3}{4}$일 때, $x^2+(4x-3)=8$
$x^2+4x-11=0$
$x=\frac{-2\pm\sqrt{2^2-1\times(-11)}}{1}=-2\pm\sqrt{15}$
이때 $x<\frac{3}{4}$이므로 $x=-2-\sqrt{15}$

(ii) $x\geq\frac{3}{4}$일 때, $x^2-(4x-3)=8$
$x^2-4x-5=0,\ (x+1)(x-5)=0$
즉 $x=-1$ 또는 $x=5$
이때 $x\geq\frac{3}{4}$이므로 $x=5$

따라서 주어진 방정식의 근은 $x=-2-\sqrt{15}$ 또는 $x=5$이므로
모든 근의 합은
$(-2-\sqrt{15})+5=3-\sqrt{15}$

5 $x^2+(2k-3)x+k^2+2=0$의 판별식을 D라 하면
$D=(2k-3)^2-4\times1\times(k^2+2)$
$=1-12k$
서로 다른 두 실근을 가지려면 $D>0$이어야 하므로
$1-12k>0$, 즉 $k<\frac{1}{12}$
따라서 조건을 만족시키는 정수 k의 최댓값은 0이다.

6 $x^2+3kx+k^2+3k+8=0$의 판별식을 D라 하면
$D=(3k)^2-4\times1\times(k^2+3k+8)$
$=5k^2-12k-32$
이때 중근을 가지려면 $D=0$이어야 하므로
$5k^2-12k-32=0,\ (5k+8)(k-4)=0$
따라서 $k=-\frac{8}{5}$ 또는 $k=4$

7 이차방정식 $x^2-4x+1=0$의 두 근이 α, β이므로 근과 계수의 관계에 의하여 $\alpha+\beta=4$, $\alpha\beta=1$

따라서

$(\sqrt{\alpha}+\sqrt{\beta})^2=\alpha+\beta+2\sqrt{\alpha\beta}=4+2\times1=6$

이때 주어진 방정식의 근은

$x=\dfrac{-(-2)\pm\sqrt{(-2)^2-1\times1}}{1}=2\pm\sqrt{3}$

즉 $\alpha>0$, $\beta>0$이므로 $\sqrt{\alpha}>0$, $\sqrt{\beta}>0$

따라서 $\sqrt{\alpha}+\sqrt{\beta}>0$이므로 $(\sqrt{\alpha}+\sqrt{\beta})^2=6$에서

$\sqrt{\alpha}+\sqrt{\beta}=\sqrt{6}$

8 $2x^2+2x-k+3=0$의 두 근을 α, $\alpha+5$라 하면 이차방정식의 근과 계수의 관계에 의하여

$\alpha+(\alpha+5)=-\dfrac{2}{2}=-1$

즉 $2\alpha+5=-1$이므로

$\alpha=-3$ …… ㉠

또 $\alpha\times(\alpha+5)=\dfrac{-k+3}{2}$이므로

$\alpha^2+5\alpha=\dfrac{-k+3}{2}$ …… ㉡

㉠을 ㉡에 대입하면

$(-3)^2+5\times(-3)=\dfrac{-k+3}{2}$

$-6=\dfrac{-k+3}{2}$, $-12=-k+3$

따라서 $k=15$

9 $(\sqrt{3}+2)+(-\sqrt{3}+2)=4$

$(\sqrt{3}+2)\times(-\sqrt{3}+2)=1$

따라서 구하는 이차방정식은

$x^2-4x+1=0$

10 $x^2-4x+7=0$에서 이차방정식의 근과 계수의 관계에 의하여

$\alpha+\beta=4$, $\alpha\beta=7$이므로

$\dfrac{1}{\alpha}+\dfrac{1}{\beta}=\dfrac{\alpha+\beta}{\alpha\beta}=\dfrac{4}{7}$, $\dfrac{1}{\alpha}\times\dfrac{1}{\beta}=\dfrac{1}{\alpha\beta}=\dfrac{1}{7}$

따라서 구하는 이차방정식은 $7\left(x^2-\dfrac{4}{7}x+\dfrac{1}{7}\right)=0$, 즉

$7x^2-4x+1=0$

11 $x^2+4x+9=0$에서

$x=\dfrac{-2\pm\sqrt{2^2-1\times9}}{1}=-2\pm\sqrt{5}i$이므로

$x^2+4x+9=\{x-(-2+\sqrt{5}i)\}\{x-(-2-\sqrt{5}i)\}$

$=(x+2-\sqrt{5}i)(x+2+\sqrt{5}i)$

따라서 인수인 것은 ③이다.

12 $\dfrac{1}{2-i}=\dfrac{2+i}{(2-i)(2+i)}=\dfrac{2+i}{5}$

즉 이차방정식 $x^2+ax+b=0$의 두 근은 $\dfrac{2+i}{5}$, $\dfrac{2-i}{5}$

이때 두 근의 합은 $\dfrac{2+i}{5}+\dfrac{2-i}{5}=\dfrac{4}{5}$

두 근의 곱은 $\dfrac{2+i}{5}\times\dfrac{2-i}{5}=\dfrac{1}{5}$이므로 이차방정식의 근과 계수의 관계에 의하여

$a=-\dfrac{4}{5}$, $b=\dfrac{1}{5}$

따라서 $ab=-\dfrac{4}{25}$

13 가장 작은 원의 반지름의 길이를 x라 하면 나머지 두 원의 반지름의 길이는 각각

$x+1$, $x+2$

원의 넓이 사이의 관계에 의하여

$\pi(x+2)^2=\pi x^2+\pi(x+1)^2$

$x^2-2x-3=0$, $(x+1)(x-3)=0$

즉 $x=-1$ 또는 $x=3$

이때 $x>0$이므로 $x=3$

따라서 가장 작은 원의 넓이는

$\pi\times3^2=9\pi$

14 $x^2+2(k+2a)x+k^2+k-b=0$의 판별식을 D라 하면

$\dfrac{D}{4}=(k+2a)^2-1\times(k^2+k-b)$

$=(4a-1)k+4a^2+b$

중근을 가지려면 $\dfrac{D}{4}=0$이어야 하므로

$(4a-1)k+4a^2+b=0$

위의 등식이 실수 k의 값에 관계없이 항상 성립하므로

$4a-1=0$, $4a^2+b=0$

따라서 $a=\dfrac{1}{4}$, $b=-\dfrac{1}{4}$이므로

$a+b=0$

15 $x^2-12x+m=0$의 두 근을 α, β $(\alpha<0<\beta)$라 하면 양수인 근이 음수인 근의 절댓값의 3배이고, $\alpha<0$이므로

$\beta=3|\alpha|=-3\alpha$

이때 이차방정식의 근과 계수의 관계에 의하여

$\alpha+(-3\alpha)=12$, $-2\alpha=12$

즉 $\alpha=-6$ …… ㉠

또 $\alpha\times(-3\alpha)=m$이므로

$m=-3\alpha^2$ …… ㉡

㉠을 ㉡에 대입하면

$m=-3\times(-6)^2=-108$

6 이차방정식과 이차함수

01 일차함수의 그래프

본문 190쪽

1 -2, 4,

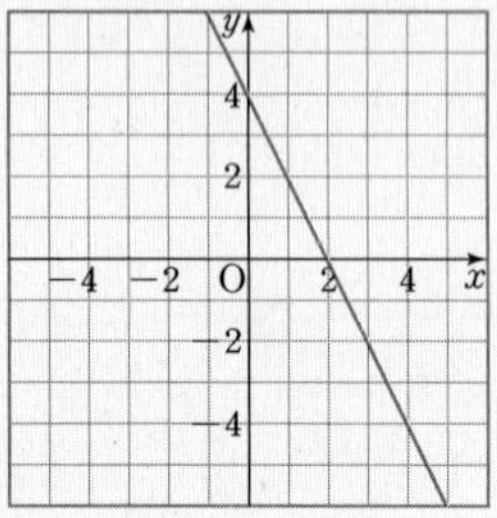

2 $\frac{1}{3}$, 2,

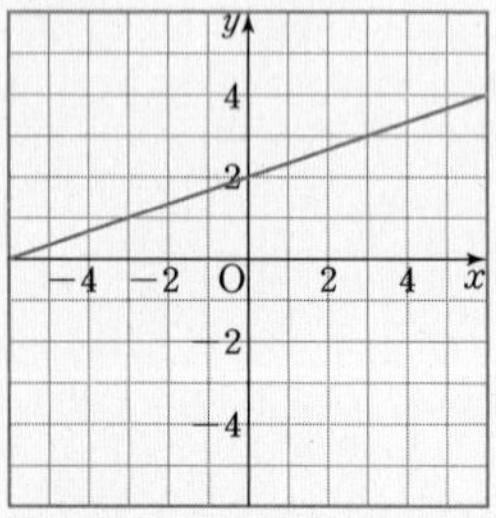

3 -4, -1,

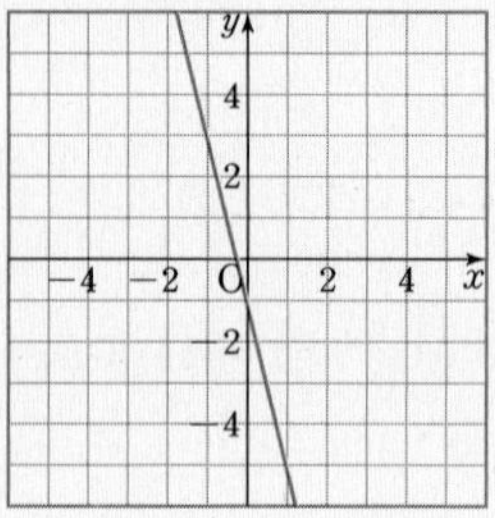

☺ a, b

4 (1) $>$, $<$ (2) $<$, $<$ (3) $<$, $>$ (4) $>$, $>$

5 (1) $<$, $<$ (2) $>$, $<$ (3) $>$, $>$ (4) $<$, $>$

6 ④

4 (1) 주어진 그래프가 오른쪽 위로 향하므로 $a>0$
y축과 양의 부분에서 만나므로 $-b>0$, $b<0$
(2) 주어진 그래프가 오른쪽 아래로 향하므로 $a<0$
y축과 양의 부분에서 만나므로 $-b>0$, $b<0$
(3) 주어진 그래프가 오른쪽 아래로 향하므로 $a<0$
y축과 음의 부분에서 만나므로 $-b<0$, $b>0$
(4) 주어진 그래프가 오른쪽 위로 향하므로 $a>0$
y축과 음의 부분에서 만나므로 $-b<0$, $b>0$

5 (1) 주어진 그래프가 오른쪽 위로 향하므로 $-a>0$, $a<0$
y축과 양의 부분에서 만나므로 $-b>0$, $b<0$
(2) 주어진 그래프가 오른쪽 아래로 향하므로 $-a<0$, $a>0$
y축과 양의 부분에서 만나므로 $-b>0$, $b<0$
(3) 주어진 그래프가 오른쪽 아래로 향하므로 $-a<0$, $a>0$
y축과 음의 부분에서 만나므로 $-b<0$, $b>0$
(4) 주어진 그래프가 오른쪽 위로 향하므로 $-a>0$, $a<0$
y축과 음의 부분에서 만나므로 $-b<0$, $b>0$

6 $a>0$, $b<0$일 때, 일차함수 $y=ax+b$의 그래프의 개형은 오른쪽 그림과 같다.
따라서 그래프가 지나는 사분면은 제1사분면, 제3사분면, 제4사분면이다.

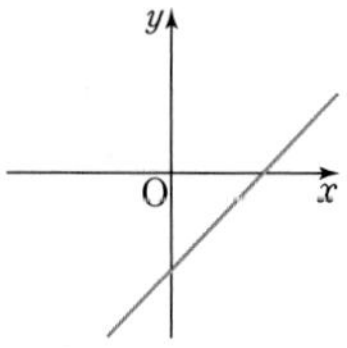

02 이차함수의 그래프

본문 192쪽

1

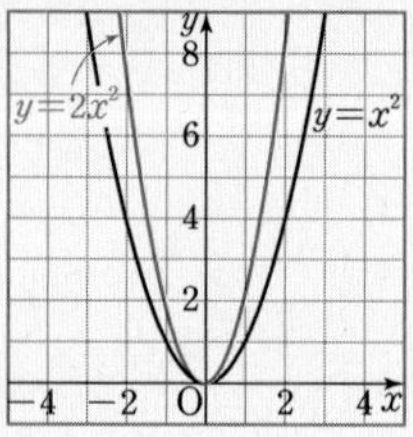

, 2

2

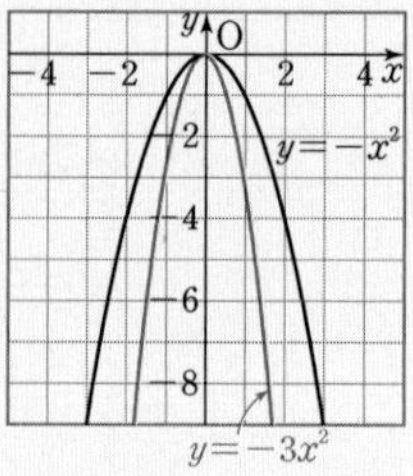

, 3

3

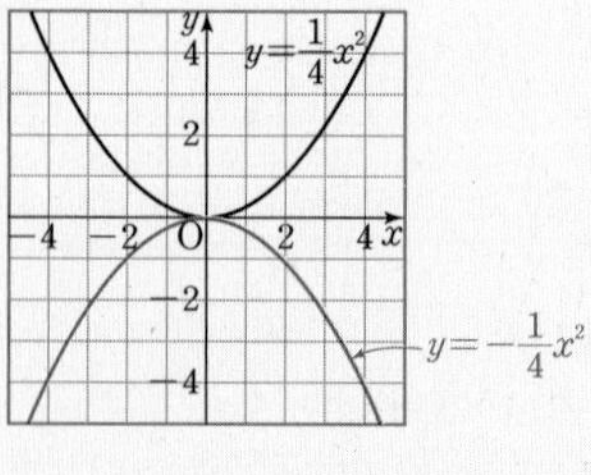

, x

☺ 클, x

4

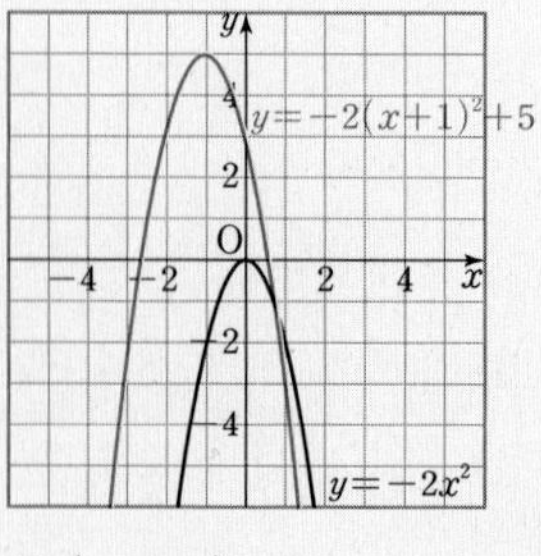

(1) $(-1, 5)$ (2) $x=-1$

5 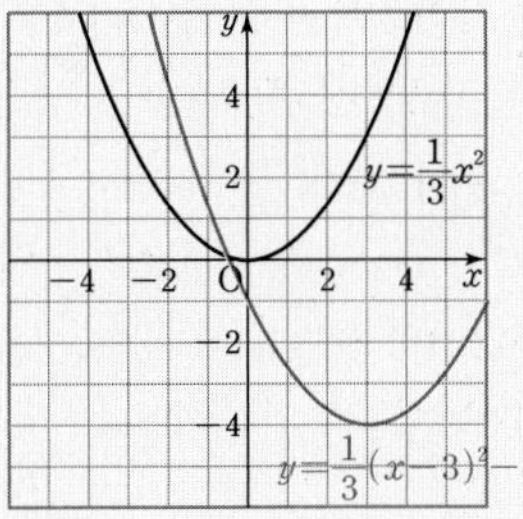

(1) $(3,\ -4)$ (2) $x=3$ ☺ p, q, p, q, p

6 (1) $y=(x+3)^2-1$ (2) $(-3, -1)$ (3) $x=-3$

(4) $(0,\ 8)$

(5) 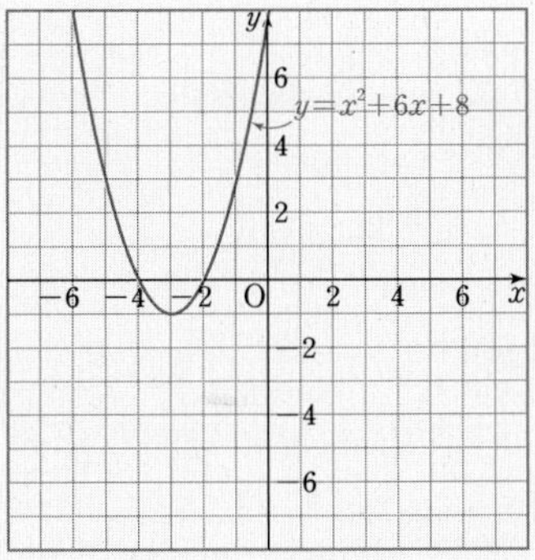

6 (1) $y=x^2+6x+8=(x^2+6x+9-9)+8=(x+3)^2-1$

03

본문 194쪽

이차함수 $y=ax^2+bx+c$의 그래프와 a, b, c의 부호

원리확인

❶ (1) > (2) >, > (3) >

❷ (1) < (2) <, > (3) <

1 >, <, < 2 <, <, >

3 >, >, > 4 <, <, =

5 >, <, > 6 <, =, <

7 <, <, < 8 >, >, =

1 그래프가 아래로 볼록하므로 $a>0$
축이 y축의 오른쪽에 있으므로 $ab<0$에서 $b<0$
y축과의 교점이 원점의 아래쪽에 있으므로 $c<0$

2 그래프가 위로 볼록하므로 $a<0$
축이 y축의 왼쪽에 있으므로 $ab>0$에서 $b<0$
y축과의 교점이 원점의 위쪽에 있으므로 $c>0$

3 그래프가 아래로 볼록하므로 $a>0$
축이 y축의 왼쪽에 있으므로 $ab>0$에서 $b>0$
y축과의 교점이 원점의 위쪽에 있으므로 $c>0$

4 그래프가 위로 볼록하므로 $a<0$
축이 y축의 왼쪽에 있으므로 $ab>0$에서 $b<0$
y축과의 교점이 원점이므로 $c=0$

5 그래프가 아래로 볼록하므로 $a>0$
축이 y축의 오른쪽에 있으므로 $ab<0$에서 $b<0$
y축과의 교점이 원점의 위쪽에 있으므로 $c>0$

6 그래프가 위로 볼록하므로 $a<0$
축이 y축이므로 $b=0$
y축과의 교점이 원점의 아래쪽에 있으므로 $c<0$

7 그래프가 위로 볼록하므로 $a<0$
축이 y축의 왼쪽에 있으므로 $ab>0$에서 $b<0$
y축과의 교점이 원점의 아래쪽에 있으므로 $c<0$

8 그래프가 아래로 볼록하므로 $a>0$
축이 y축의 왼쪽에 있으므로 $ab>0$에서 $b>0$
y축과의 교점이 원점이므로 $c=0$

04

본문 196쪽

이차함수의 식 구하기

1 (✎ 3, 5, 3, 5, 2, 2, 3, 5) 2 $y=-2x^2+7$

3 $y=3(x+3)^2-1$ 4 $y=-(x-2)^2+4$

☺ p, q 5 (✎ 2, 1, 3, 3, 3, 15, 18)

6 $y=x^2-7x-8$ 7 $y=-2x^2+8x$

8 $y=5x^2+20x+15$ ☺ α, β

9 (✎ 1, −8, 8, 1) 10 $y=-2x^2+6x-3$

11 $y=-7x^2-x+10$ 12 $y=3x^2+x-5$

☺ 0, c

2 이차함수의 식을 $y=ax^2+7$로 놓고 $x=-2$, $y=-1$을 대입하면
$-1=a\times(-2)^2+7$에서 $a=-2$
따라서 구하는 이차함수의 식은
$y=-2x^2+7$

3 이차함수의 식을 $y=a(x+3)^2-1$로 놓고 $x=-1$, $y=11$을 대입하면
$11=a\times(-1+3)^2-1$에서 $a=3$
따라서 구하는 이차함수의 식은
$y=3(x+3)^2-1$

4 이차함수의 식을 $y=a(x-2)^2+4$로 놓고 $x=4$, $y=0$을 대입하면

$0=a\times(4-2)^2+4$에서 $a=-1$

따라서 구하는 이차함수의 식은

$y=-(x-2)^2+4$

6 이차함수의 식을 $y=a(x+1)(x-8)$로 놓고 $x=2$, $y=-18$을 대입하면

$-18=a\times3\times(-6)$에서 $a=1$

따라서 구하는 이차함수의 식은

$y=(x+1)(x-8)=x^2-7x-8$

7 이차함수의 식을 $y=ax(x-4)$로 놓고 $x=3$, $y=6$을 대입하면

$6=a\times3\times(-1)$에서 $a=-2$

따라서 구하는 이차함수의 식은

$y=-2x(x-4)=-2x^2+8x$

8 이차함수의 식을 $y=a(x+3)(x+1)$로 놓고 $x=-2$, $y=-5$를 대입하면

$-5=a\times1\times(-1)$에서 $a=5$

따라서 구하는 이차함수의 식은

$y=5(x+3)(x+1)=5x^2+20x+15$

10 이차함수의 식을 $y=ax^2+bx-3$으로 놓고

$x=-1$, $y=-11$을 대입하면 $-11=a-b-3$ …… ㉠

$x=1$, $y=1$을 대입하면 $1=a+b-3$ …… ㉡

㉠, ㉡을 연립하여 풀면 $a=-2$, $b=6$

따라서 구하는 이차함수의 식은

$y=-2x^2+6x-3$

11 이차함수의 식을 $y=ax^2+bx+10$으로 놓고

$x=1$, $y=2$를 대입하면 $2=a+b+10$ …… ㉠

$x=-1$, $y=4$를 대입하면 $4=a-b+10$ …… ㉡

㉠, ㉡을 연립하여 풀면 $a=-7$, $b=-1$

따라서 구하는 이차함수의 식은

$y=-7x^2-x+10$

12 이차함수의 식을 $y=ax^2+bx-5$로 놓고

$x=-1$, $y=-3$을 대입하면 $-3=a-b-5$ …… ㉠

$x=1$, $y=-1$을 대입하면 $-1=a+b-5$ …… ㉡

㉠, ㉡을 연립하여 풀면 $a=3$, $b=1$

따라서 구하는 이차함수의 식은

$y=3x^2+x-5$

TEST 개념 확인

본문 198쪽

1 ②	2 ②	3 ㄷ, ㄹ	4 ⑤
5 ①	6 6	7 ⑤	8 ④
9 ④	10 ⑤	11 ②	

1 x의 값이 2에서 5까지 증가할 때, y의 값이 6만큼 감소하는 일차함수의 그래프의 기울기는 $\frac{-6}{5-2}=-2$

주어진 일차함수의 그래프 중 기울기가 -2인 것은 ②이다.

2 일차함수 $y=3x-6$의 그래프의 기울기는 3이다.

$y=3x-6$에 $y=0$을 대입하면 $3x-6=0$

$3x=6$, $x=2$

$y=3x-6$에 $x=0$을 대입하면 $y=-6$

따라서 $a=3$, $b=2$, $c=-6$이므로

$a+b+c=3+2-6=-1$

3 $a<0$, $b>0$일 때 보기의 일차함수의 그래프의 개형은 다음과 같다.

ㄱ. (기울기)$=a<0$
(y절편)$=b>0$

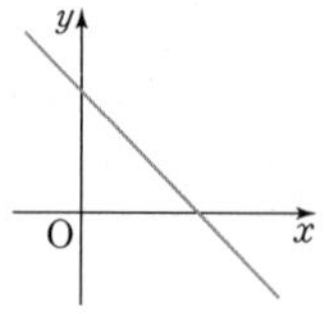

ㄴ. (기울기)$=a<0$
(y절편)$=-b<0$

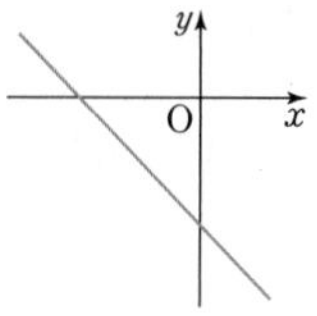

ㄷ. (기울기)$=-a>0$
(y절편)$=-b<0$

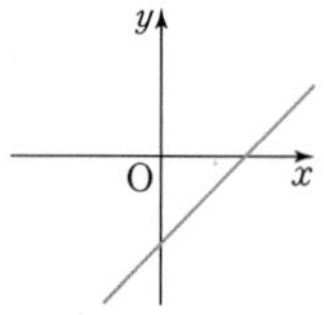

ㄹ. (기울기)$=-a>0$
(y절편)$=ab<0$

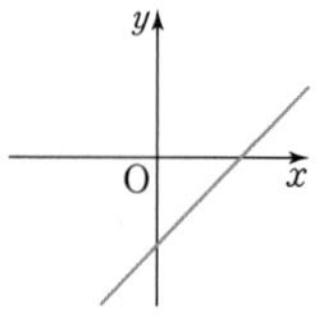

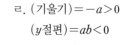

따라서 제2사분면만 지나지 않는 것은 ㄷ, ㄹ이다.

4 이차함수 $y=ax^2$의 그래프에서 $|a|$의 값이 클수록 그래프의 폭은 좁아진다.

따라서 그래프의 폭이 가장 좁은 것은 ⑤이다.

5 ② 축의 방정식은 $x=0$

③ 위로 볼록한 포물선이다.

④ $y=-2x^2$의 그래프를 y축의 방향으로 5만큼 평행이동한 것이다.

⑤ $x>0$일 때, x의 값이 증가하면 y의 값은 감소한다.

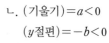

6 $y=\frac{1}{3}x^2-2x+5=\frac{1}{3}(x^2-6x+9-9)+5=\frac{1}{3}(x-3)^2-3+5$

$=\frac{1}{3}(x-3)^2+2$

이때 이차함수 $y=\frac{1}{3}x^2-2x+5$의 그래프가 이차함수

$y=\frac{1}{3}(x-p)^2+q$의 그래프와 일치하므로 $p=3$, $q=2$

따라서 $pq=3\times2=6$

7 그래프가 위로 볼록하므로 $a<0$

축이 y축의 왼쪽에 있으므로 $ab>0$에서 $b<0$

y축과의 교점이 원점의 위쪽에 있으므로 $c>0$

① $ab>0$ ② $ac<0$ ③ $bc<0$

④ $x=1$일 때, $y=a+b+c$

주어진 그래프에서 $x=1$일 때의 함숫값이 0이므로

$a+b+c=0$

⑤ $x=-1$일 때, $y=a-b+c$

주어진 그래프에서 $x=-1$일 때의 함숫값이 양수이므로

$a-b+c>0$

8 $a>0$이므로 그래프가 아래로 볼록하고 $ab>0$이므로 축이 y축의 왼쪽에 있다.

또 $c=0$이므로 y축과의 교점은 원점이다.

따라서 이차함수 $y=ax^2+bx+c$의 그래프는 오른쪽 그림과 같으므로 제4사분면을 지나지 않는다.

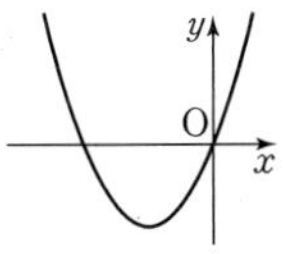

9 이차함수의 식을 $y=a(x+1)^2+4$로 놓고 $x=2$, $y=-5$를 대입하면

$-5=a\times(2+1)^2+4$에서 $9a=-9$, $a=-1$

즉 이차함수의 식은 $y=-(x+1)^2+4$

$y=-(x+1)^2+4$에 $x=0$을 대입하면

$y=-(0+1)^2+4=3$

따라서 이차함수의 그래프가 y축과 만나는 점의 y좌표는 3이다.

10 이차함수의 그래프가 세 점 $(-1, 0)$, $(2, 0)$, $(0, -4)$를 지나므로 이차함수의 식을 $y=a(x+1)(x-2)$로 놓고 $x=0$, $y=-4$를 대입하면

$-4=a\times1\times(-2)$에서 $-2a=-4$, $a=2$

즉 이차함수의 식은

$y=2(x+1)(x-2)=2(x^2-x-2)=2x^2-2x-4$

따라서 $a=2$, $b=-2$, $c=-4$이므로

$abc=2\times(-2)\times(-4)=16$

11 이차함수의 식을 $y=ax^2+bx+3$으로 놓고

$x=-3$, $y=6$을 대입하면 $6=9a-3b+3$

$3a-b=1$ ⋯⋯ ㉠

$x=1$, $y=-2$를 대입하면 $-2=a+b+3$

$a+b=-5$ ⋯⋯ ㉡

㉠, ㉡을 연립하여 풀면 $a=-1$, $b=-4$

따라서 이차함수의 식은

$y=-x^2-4x+3=-(x^2+4x+4-4)+3=-(x+2)^2+7$

이므로 그래프의 꼭짓점의 좌표는 $(-2, 7)$이다.

05

본문 200쪽

절댓값 기호를 포함한 식의 그래프

1 (1) 3, $x-3$,

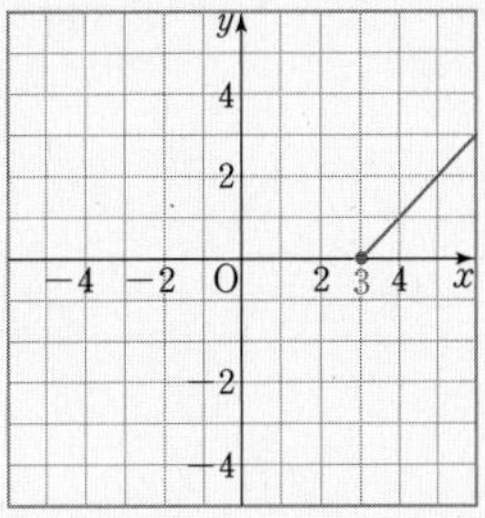

(2) 3, $-x+3$,

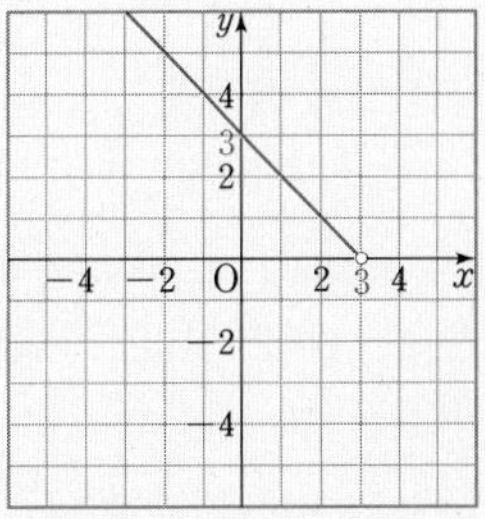

(3)

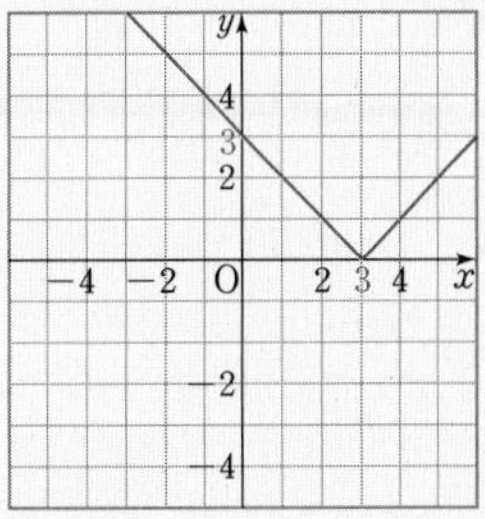

2 (1) x^2+x-2,

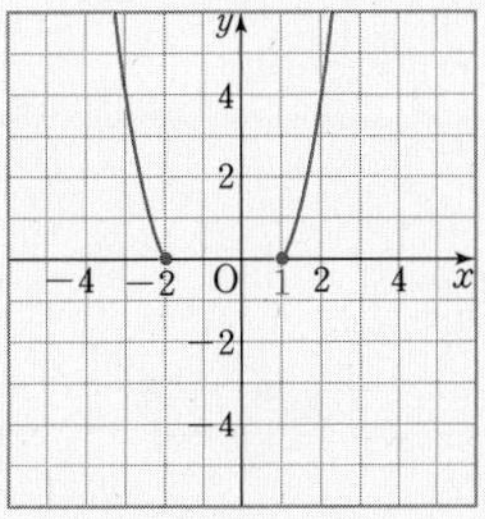

(2) $-x^2-x+2$,

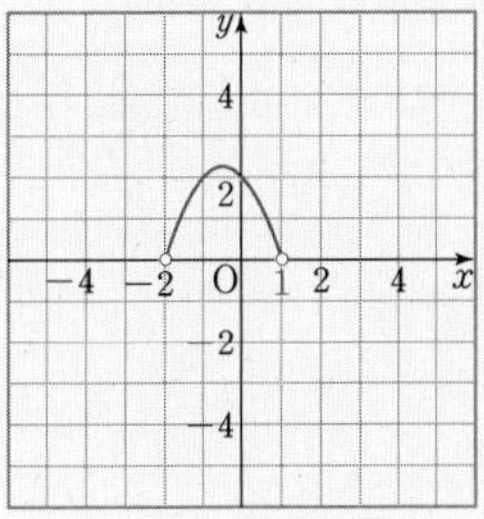

(3)

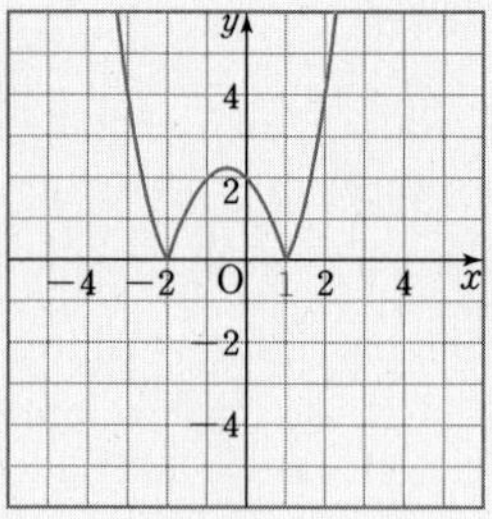

☺ ≥, <, x

3 (1) $x-3$,

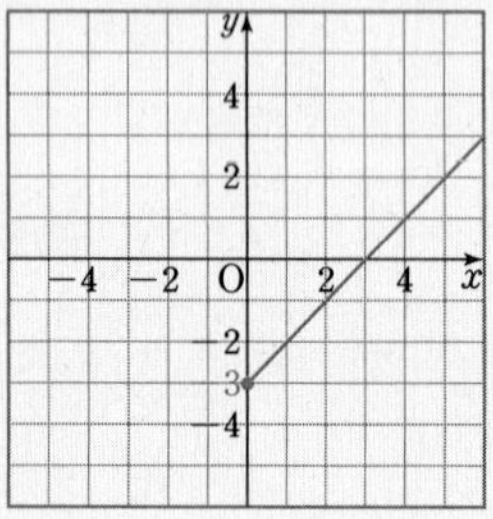

(2) $-x-3$,

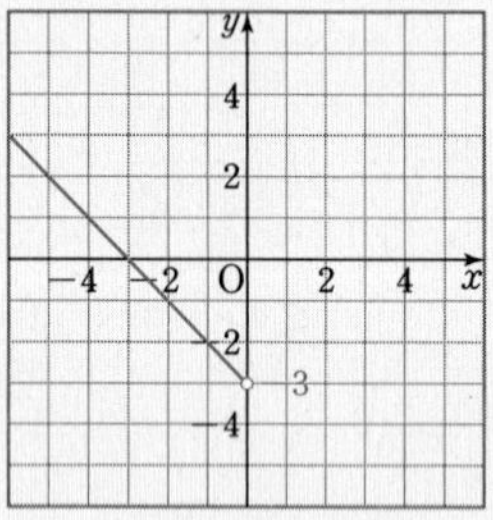

(3)

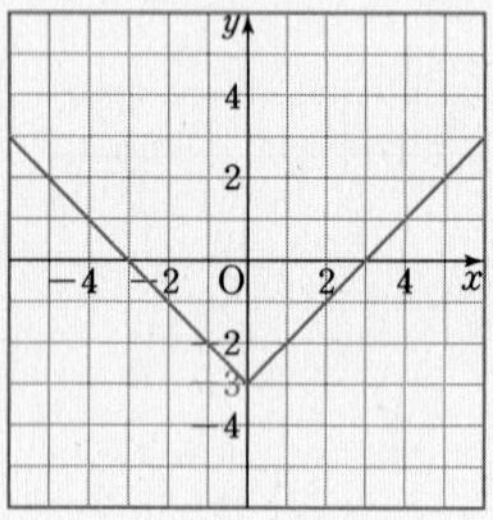

4 (1) x^2+x-2,

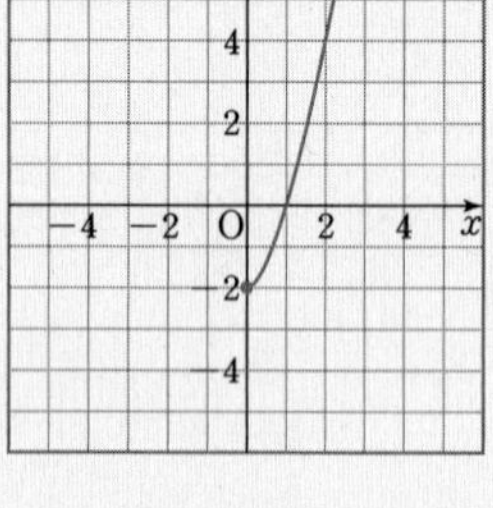

(2) x^2-x-2,

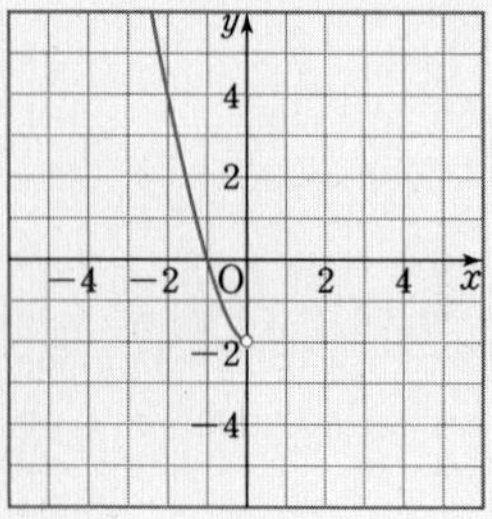

(3)

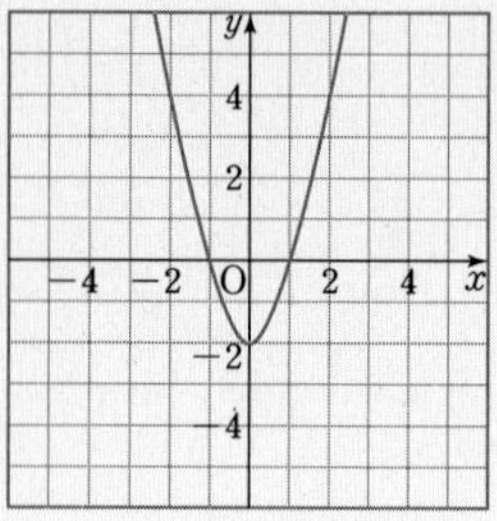

☺ <, ≥, y

5 (1) $x-3$,

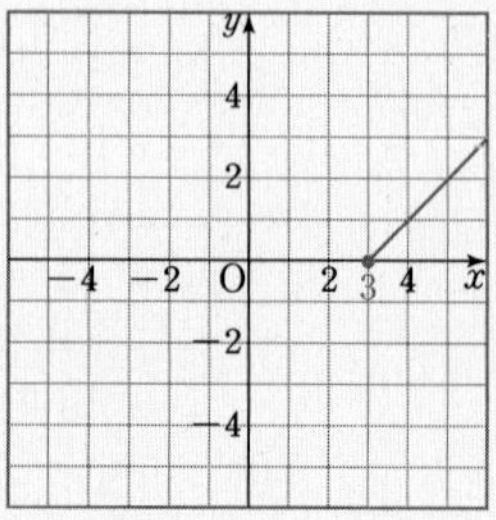

(2) $-x+3$,

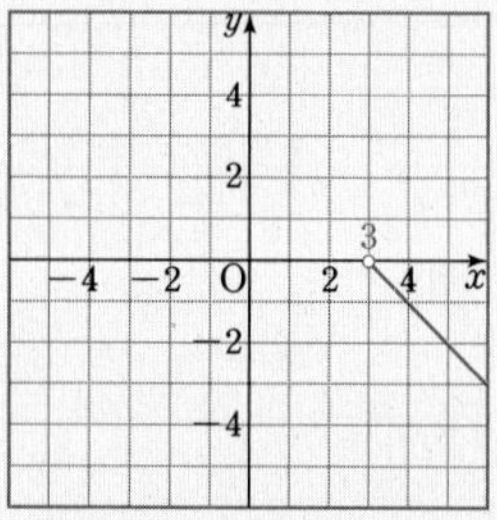

(3)

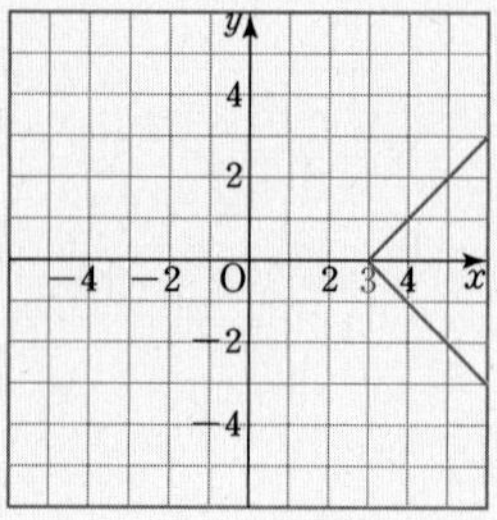

6 (1) x^2+x-2,

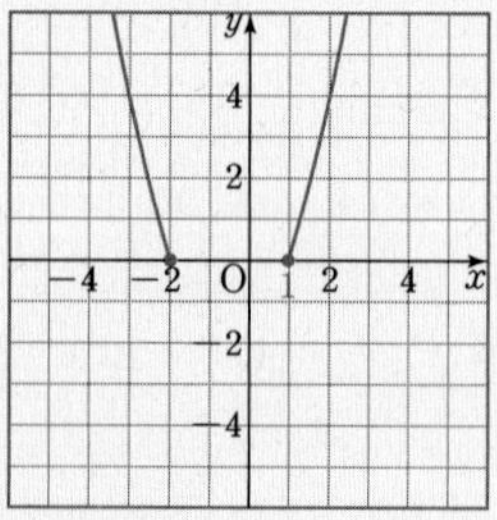

(2) $-x^2-x+2$,

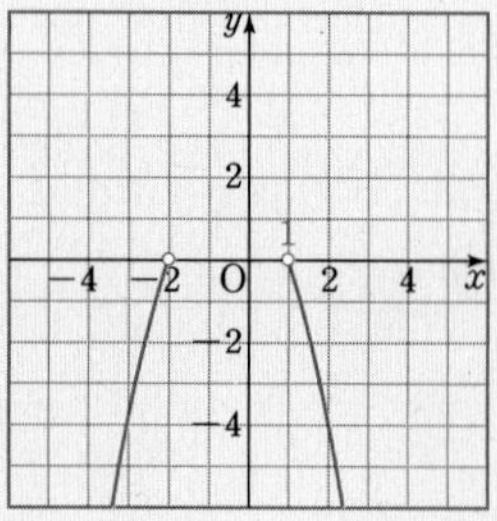

(3)
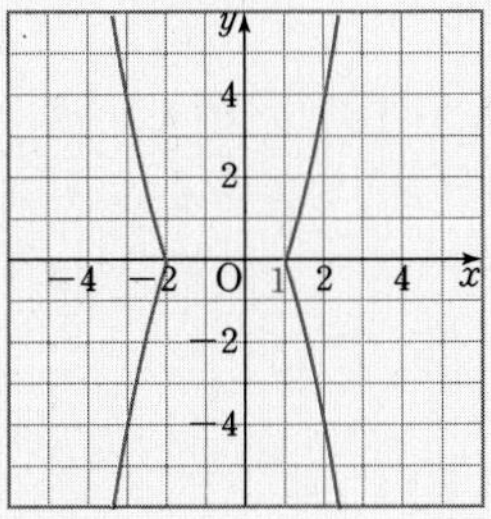

☺ <, ≥, x

7 (1) $-x+3$,
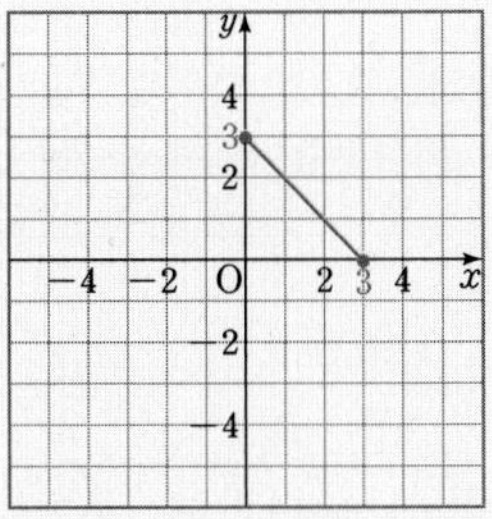

(2) $x-3$,
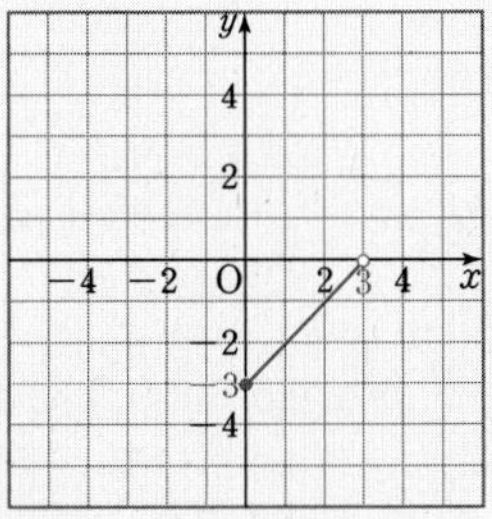

(3) $x+3$,
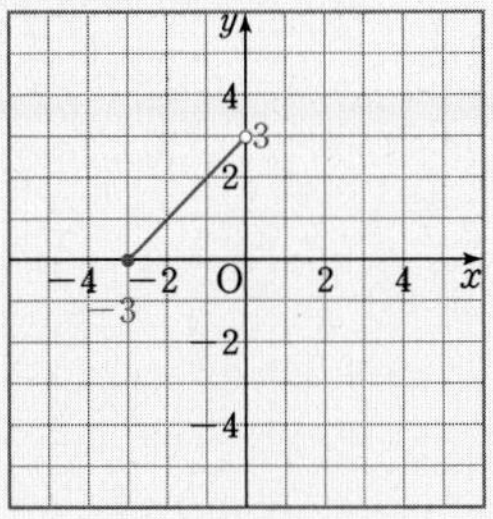

(4) $-x-3$,
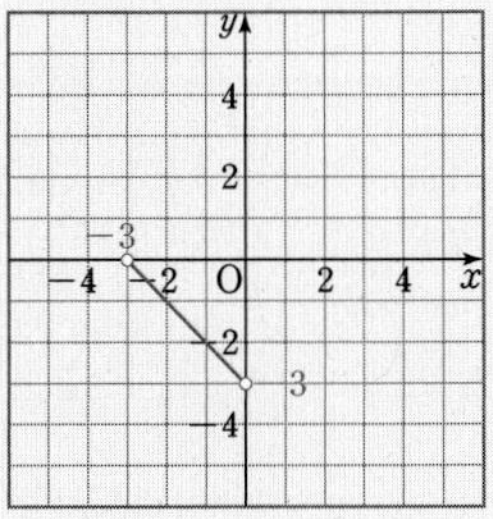

(5)
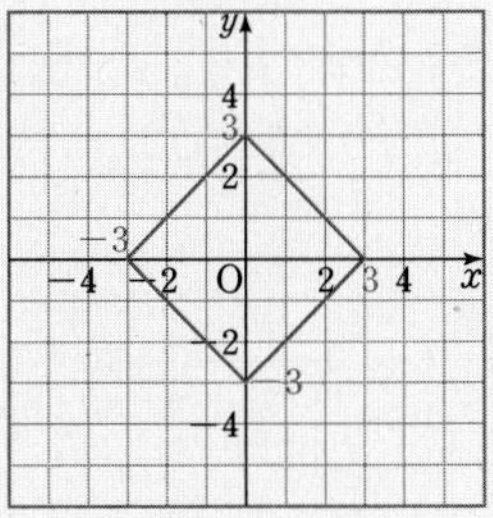

8 (1) x^2+x-2,
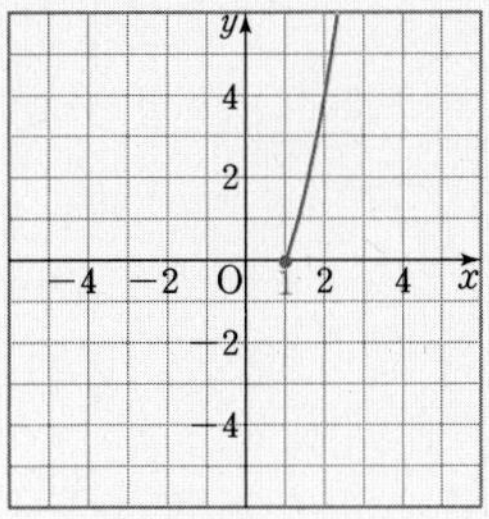

(2) $-x^2-x+2$,
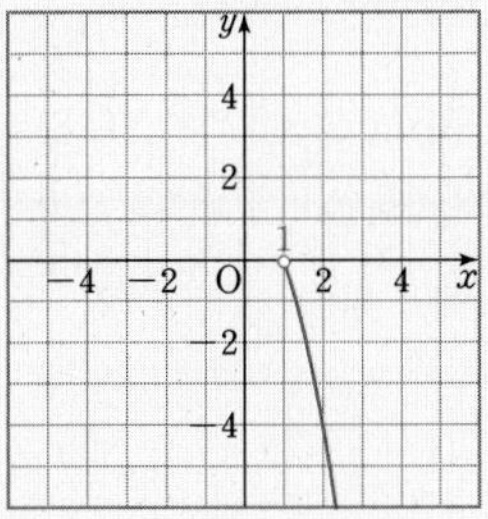

(3) x^2-x-2,
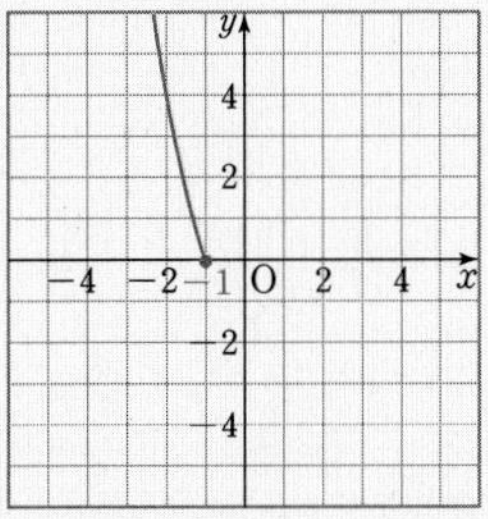

(4) $-x^2+x+2$,
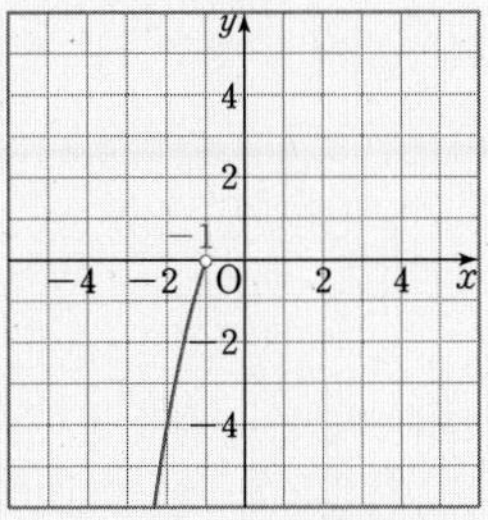

(5)
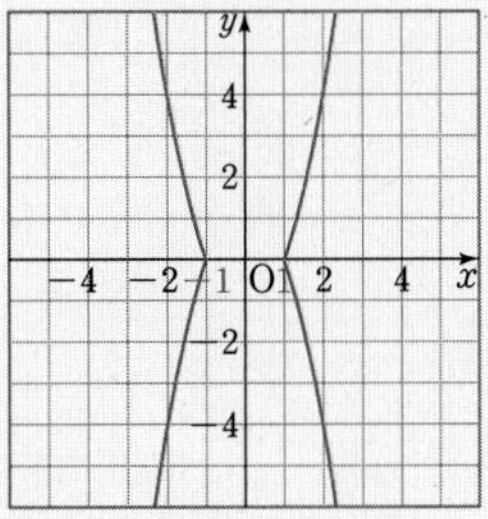

☺ ≥, ≥, y, 원점

9
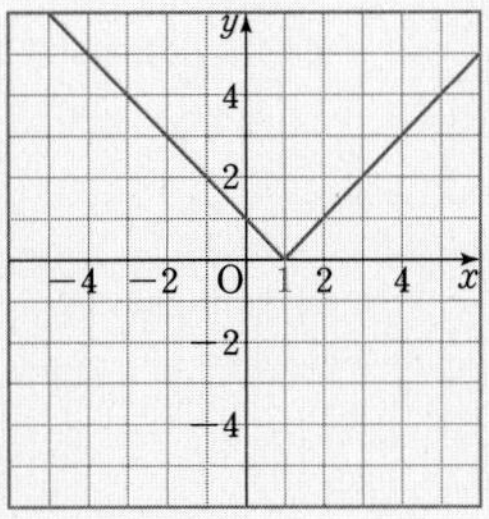

10

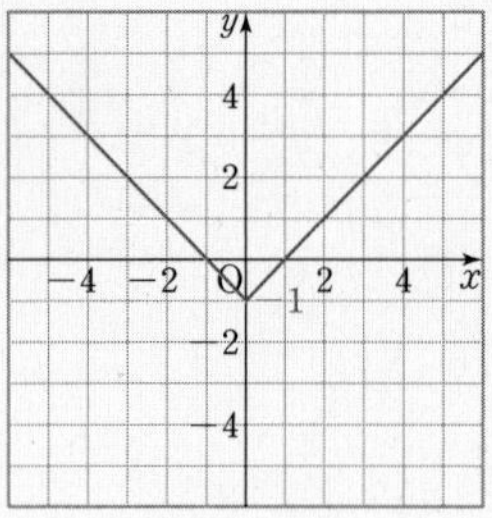

11

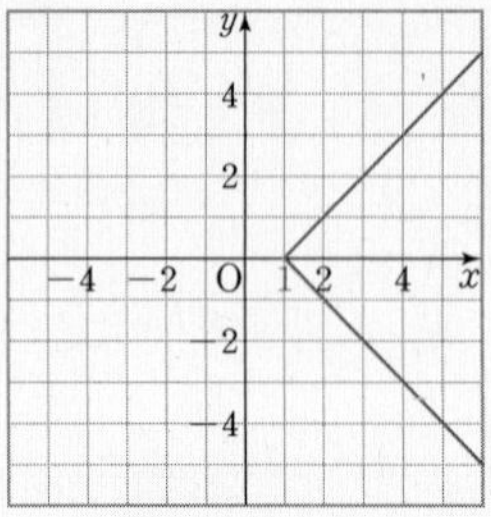

12

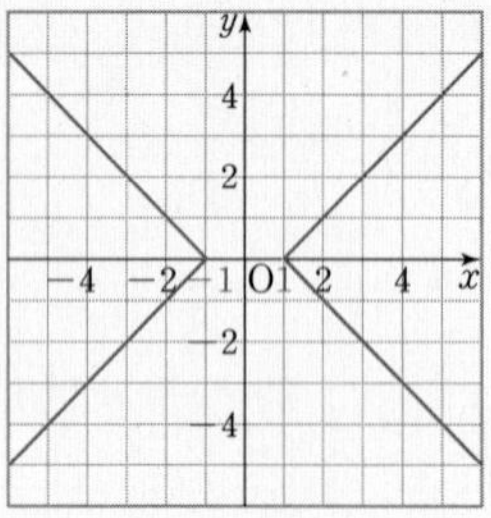

13

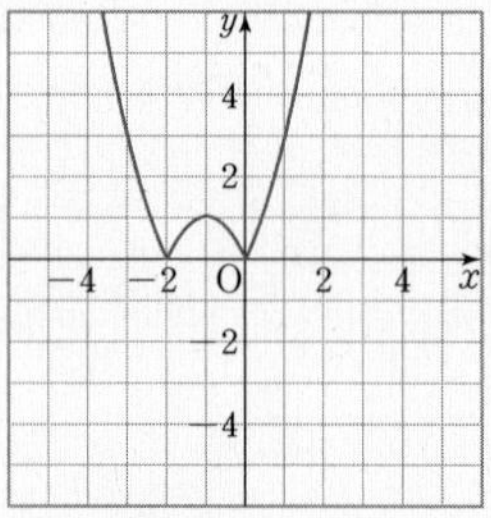

14

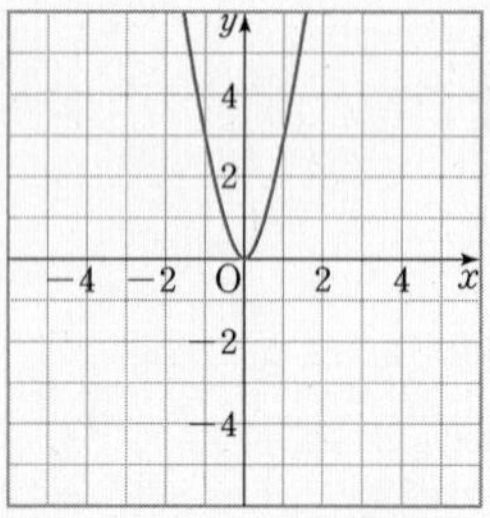

15

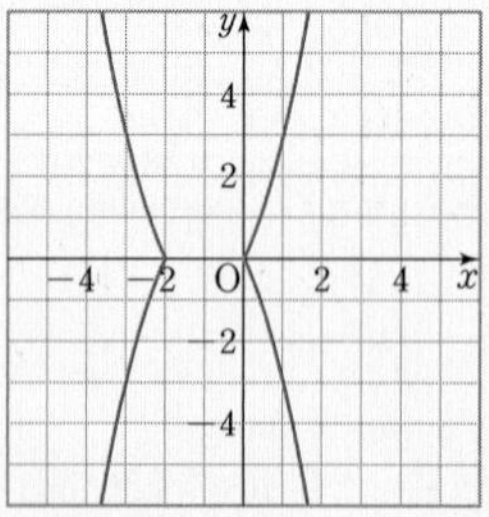

16

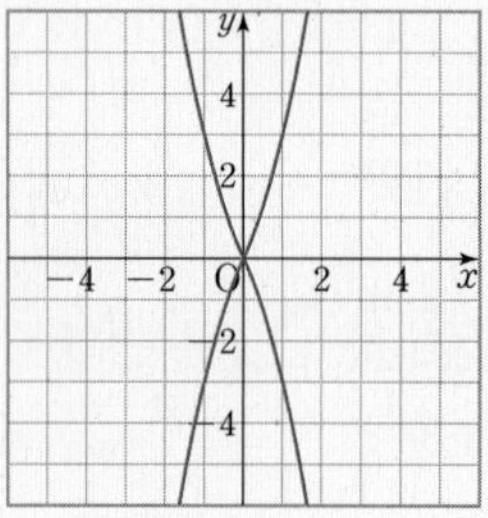

9 $y=|x-1|$의 그래프는 $y=x-1$의 그래프에서 $y\geq0$인 부분은 그대로 두고, $y<0$인 부분을 x축에 대하여 대칭이동한 것이다.

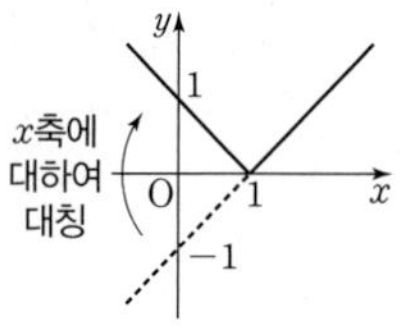

10 $y=|x|-1$의 그래프는 $y=x-1$의 그래프에서 $x<0$인 부분은 없애고, $x\geq0$인 부분만 남긴 후 y축에 대하여 대칭이동한 것이다.

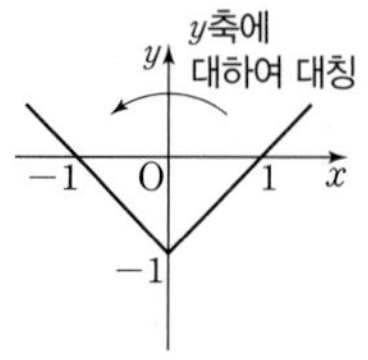

11 $|y|=x-1$의 그래프는 $y=x-1$의 그래프에서 $y<0$인 부분은 없애고, $y\geq0$인 부분만 남긴 후 x축에 대하여 대칭이동한 것이다.

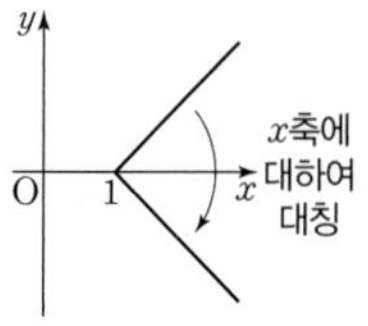

12 $|y|=|x|-1$의 그래프는 $y=x-1$의 그래프에서 $x\geq0$, $y\geq0$인 부분만 남긴 후 x축, y축 및 원점에 대하여 각각 대칭이동한 것이다.

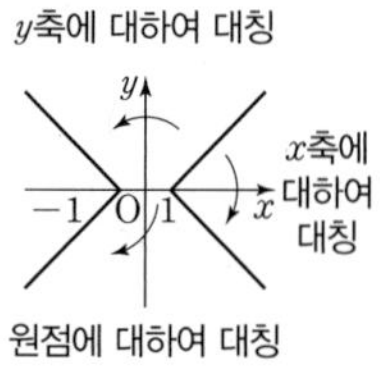

13 $y=|x^2+2x|$의 그래프는 $y=x^2+2x$의 그래프에서 $y\geq0$인 부분은 그대로 두고, $y<0$인 부분을 x축에 대하여 대칭이동한 것이다.

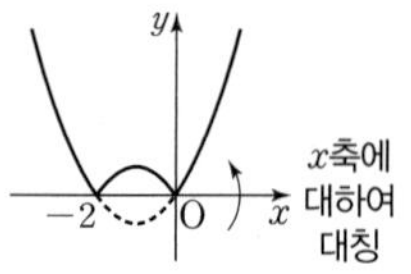

14 $y=|x|^2+2|x|$의 그래프는 $y=x^2+2x$의 그래프에서 $x<0$인 부분은 없애고, $x\geq0$인 부분만 남긴 후 y축에 대하여 대칭이동한 것이다.

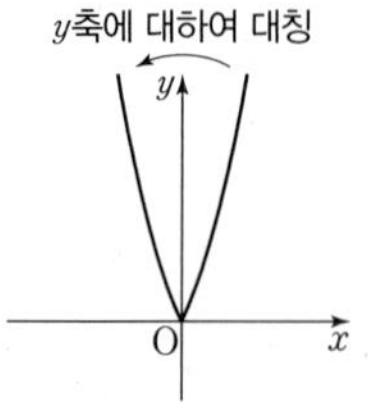

15 $|y|=x^2+2x$의 그래프는 $y=x^2+2x$의 그래프에서 $y<0$인 부분은 없애고, $y\geq0$인 부분만 남긴 후 x축에 대하여 대칭이동한 것이다.

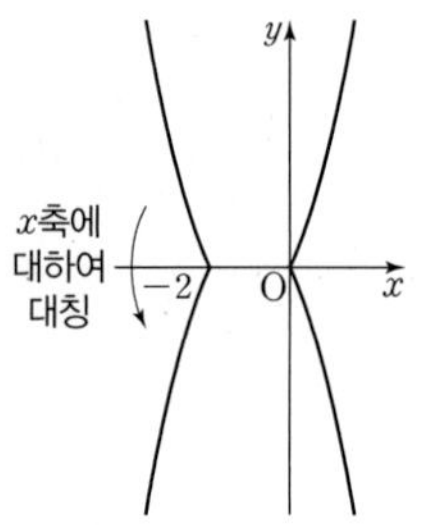

16 $|y|=|x|^2+2|x|$의 그래프는 $y=x^2+2x$의 그래프에서 $x\ge0$, $y\ge0$인 부분만 남긴 후 x축, y축 및 원점에 대하여 각각 대칭이동한 것이다.

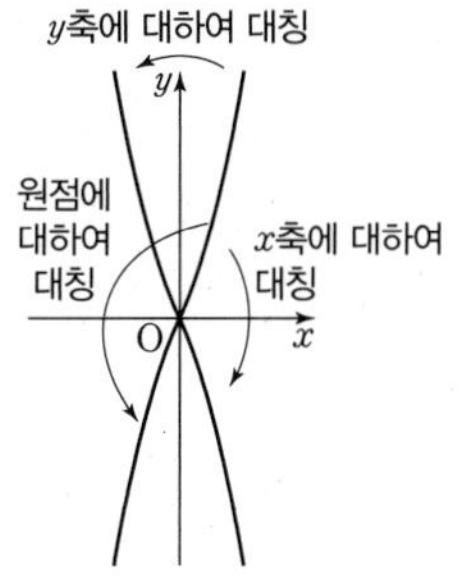

06 이차방정식과 이차함수의 관계

본문 206쪽

원리확인

❶ $-3,\ 2$ ❷ 1

1 (✎ $6,\ -6,\ -6$) 2 $-4,\ 5$ 3 $-3,\ \frac{1}{2}$

4 $-\frac{1}{3},\ \frac{1}{3}$ 5 $-\frac{1}{4}$ ☺ 0

6 (✎ $8,\ 3,\ -8,\ 3,\ -8,\ -8,\ 11$) 7 8

8 9 9 11 10 $\frac{5}{4}$

11 (✎ $3,\ 5,\ 2,\ 15,\ -2,\ -15$) 12 $p=-15,\ q=56$

13 (✎ $5,\ 14,\ 45,\ 28,\ 90,\ 28,\ 90$)

14 $p=-36,\ q=-108$ 15 ④

2 이차방정식 $x^2-x-20=0$에서
$(x+4)(x-5)=0$이므로
$x=-4$ 또는 $x=5$
따라서 교점의 x좌표는 $-4,\ 5$이다.

3 이차방정식 $-2x^2-5x+3=0$, 즉 $2x^2+5x-3=0$에서
$(x+3)(2x-1)=0$이므로
$x=-3$ 또는 $x=\frac{1}{2}$
따라서 교점의 x좌표는 $-3,\ \frac{1}{2}$이다.

4 이차방정식 $9x^2-1=0$에서
$(3x+1)(3x-1)=0$이므로
$x=-\frac{1}{3}$ 또는 $x=\frac{1}{3}$
따라서 교점의 x좌표는 $-\frac{1}{3},\ \frac{1}{3}$이다.

5 이차방정식 $16x^2+8x+1=0$에서
$(4x+1)^2=0$이므로
$x=-\frac{1}{4}$ (중근)
따라서 교점의 x좌표는 $-\frac{1}{4}$뿐이다.

7 이차방정식 $-x^2+16=0$, 즉 $x^2-16=0$에서
$(x+4)(x-4)=0$이므로
$x=-4$ 또는 $x=4$
따라서 두 점 A, B의 좌표는 $(-4,\ 0)$, $(4,\ 0)$이므로
$\overline{AB}=|4-(-4)|=8$

8 이차방정식 $x^2+9x=0$에서
$x(x+9)=0$이므로
$x=0$ 또는 $x=-9$
따라서 두 점 A, B의 좌표는 $(0,\ 0)$, $(-9,\ 0)$이므로
$\overline{AB}=|-9-0|=9$

9 이차방정식 $-x^2+7x+18=0$, 즉 $x^2-7x-18=0$에서
$(x+2)(x-9)=0$이므로
$x=-2$ 또는 $x=9$
따라서 두 점 A, B의 좌표는 $(-2,\ 0)$, $(9,\ 0)$이므로
$\overline{AB}=|9-(-2)|=11$

10 이차방정식 $-4x^2+3x+1=0$, 즉 $4x^2-3x-1=0$에서
$(4x+1)(x-1)=0$이므로
$x=-\frac{1}{4}$ 또는 $x=1$
따라서 두 점 A, B의 좌표는 $\left(-\frac{1}{4},\ 0\right)$, $(1,\ 0)$이므로
$\overline{AB}=\left|1-\left(-\frac{1}{4}\right)\right|=\frac{5}{4}$

12 $y=(x-7)(x-8)$이므로
$y=x^2-15x+56$
따라서 $p=-15,\ q=56$

14 $y=-3(x+6)^2$이므로
$y=-3(x^2+12x+36)$
$=-3x^2-36x-108$
따라서 $p=-36,\ q=-108$

15 이차방정식 $2x^2-4x-5=0$의 두 근이 $\alpha,\ \beta$이므로 이차방정식의 근과 계수의 관계에 의하여
$\alpha+\beta=-\frac{-4}{2}=2$, $\alpha\beta=-\frac{5}{2}$
따라서
$\alpha^3+\beta^3=(\alpha+\beta)^3-3\alpha\beta(\alpha+\beta)$
$=2^3-3\times\left(-\frac{5}{2}\right)\times2=23$

07 이차방정식의 해와 이차함수의 그래프

본문 208쪽

원리확인

2, 1, 0, 서로 다른 두 실근, 서로 다른 두 허근

1 (✎ -7, 1, $>$, 2) 2 1 3 0

4 2 5 1 ☺ $\geq$, $<$

6 (1) $\left(✎ 3,\ 9-4k,\ >,\ 9-4k,\ >,\ \frac{9}{4}\right)$

(2) $\left(✎ =,\ 9-4k,\ =,\ \frac{9}{4}\right)$ (3) $\left(✎ <,\ 9-4k,\ <,\ \frac{9}{4}\right)$

7 (1) $k<1$ (2) $k=1$ (3) $k>1$ 8 $k<9$

9 $k=-2$ 또는 $k=2$ 10 $k<-\frac{25}{12}$

11 $k\leq4$ 12 ⑤

2 이차방정식 $2x^2-4x+2=0$의 판별식을 D라 하면

$\frac{D}{4}=(-2)^2-2\times2=0$

따라서 이차함수의 그래프와 x축의 교점의 개수는 1이다.

3 이차방정식 $-5x^2+x-1=0$의 판별식을 D라 하면

$D=1^2-4\times(-5)\times(-1)=-19<0$

따라서 이차함수의 그래프와 x축의 교점의 개수는 0이다.

4 이차방정식 $-3x^2+4x+1=0$의 판별식을 D라 하면

$\frac{D}{4}=2^2-(-3)\times1=7>0$

따라서 이차함수의 그래프와 x축의 교점의 개수는 2이다.

5 이차방정식 $-x^2+6x-9=0$의 판별식을 D라 하면

$\frac{D}{4}=3^2-(-1)\times(-9)=0$

따라서 이차함수의 그래프와 x축의 교점의 개수는 1이다.

7 이차방정식 $-x^2+2x-k=0$의 판별식을 D라 하면

$\frac{D}{4}=1^2-(-1)\times(-k)=1-k$

(1) 이차함수의 그래프가 x축과 서로 다른 두 점에서 만나려면 $D>0$이어야 하므로

$1-k>0$

따라서 $k<1$

(2) 이차함수의 그래프가 x축과 한 점에서 만나려면 $D=0$이어야 하므로

$1-k=0$

따라서 $k=1$

(3) 이차함수의 그래프가 x축과 만나지 않으려면 $D<0$이어야 하므로

$1-k<0$

따라서 $k>1$

8 이차방정식 $x^2+6x+k=0$의 판별식을 D라 하면

$\frac{D}{4}=3^2-1\times k=9-k$

이차함수의 그래프가 x축과 서로 다른 두 점에서 만나려면 $D>0$이어야 하므로

$9-k>0$

따라서 $k<9$

9 이차방정식 $-4x^2+2kx-1=0$의 판별식을 D라 하면

$\frac{D}{4}=k^2-(-4)\times(-1)=k^2-4$

이차함수의 그래프가 x축과 한 점에서 만나려면 $D=0$이어야 하므로

$k^2-4=0$, $(k+2)(k-2)=0$

따라서 $k=-2$ 또는 $k=2$

10 이차방정식 $-x^2-5x+3k=0$의 판별식을 D라 하면

$D=(-5)^2-4\times(-1)\times3k=25+12k$

이차함수의 그래프가 x축과 만나지 않으려면 $D<0$이어야 하므로

$25+12k<0$

따라서 $k<-\frac{25}{12}$

11 이차방정식 $x^2-4x+k=0$의 판별식을 D라 하면

$\frac{D}{4}=(-2)^2-1\times k=4-k$

이차함수의 그래프가 x축과 만나려면 $D\geq0$이어야 하므로

$4-k\geq0$

따라서 $k\leq4$

12 이차방정식 $x^2-2kx+k+2=0$의 판별식을 D_1이라 하면

$\frac{D_1}{4}=(-k)^2-1\times(k+2)=k^2-k-2$

이차함수의 그래프가 x축과 한 점에서 만나려면 $D_1=0$이어야 하므로

$k^2-k-2=0$, $(k+1)(k-2)=0$

즉 $k=-1$ 또는 $k=2$ …… ㉠

이차방정식 $x^2-x-k=0$의 판별식을 D_2라 하면

$D_2=(-1)^2-4\times1\times(-k)=1+4k$

이차함수의 그래프가 x축과 서로 다른 두 점에서 만나려면 $D_2>0$이어야 하므로

$1+4k>0$

즉 $k>-\frac{1}{4}$ …… ㉡

㉠, ㉡에서 $k=2$

08

본문 210쪽

이차함수의 그래프와 직선의 위치 관계

원리확인

❶ $-4,\ -1$ ❷ -3

1 (✎ $2x-5,\ x^2-5x+6,\ 3,\ 3,\ -1,\ 3,\ 1$)

2 $(-1,\ -1),\ (2,\ 8)$ 3 $(4,\ 9)$

4 $(-4,\ -16),\ (1,\ -1)$ 5 $(2,\ -4)$

6 (✎ $-3x+5,\ x^2+5x+2,\ 5,\ 17,\ >$, 서로 다른 두 점)

7 한 점에서 만난다. 8 만나지 않는다.

9 서로 다른 두 점에서 만난다.

10 한 점에서 만난다. 11 만나지 않는다.

☺

12 (✎ $x^2+4x+k+4,\ -k,\ >,\ 0$)

13 $k=-6$ 또는 $k=2$ 14 $k<-\frac{5}{4}$

15 $k\le 6$ 16 $k=-\frac{17}{8}$

☺

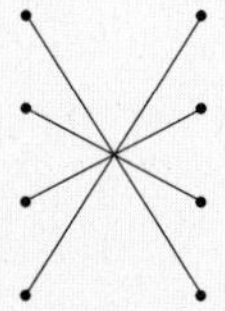

17 (✎ $ax+b,\ 2k-a,\ k^2+6k-b,\ 2k-a,\ -4a-24,$
$-4a-24,\ 0,\ -6,\ -9$)

18 $a=0,\ b=-4$ 19 $a=2,\ b=-1$

20 $a=2,\ b=3$ 21 $y=x-8$

22 $y=x+1$ 23 $y=\frac{1}{3}x+\frac{7}{9}$

24 $y=-x+2$ 25 $y=-5x+14$

26 $y=-2x-7$

2 이차함수 $y=x^2+2x$의 그래프와 직선 $y=3x+2$의 교점의 x좌표는 이차방정식 $x^2+2x=3x+2$, 즉 $x^2-x-2=0$의 실근과 같으므로
$(x+1)(x-2)=0$
즉 $x=-1$ 또는 $x=2$
따라서 교점의 좌표는 $(-1,\ -1),\ (2,\ 8)$이다.

3 이차함수 $y=2x^2-10x+17$의 그래프와 직선 $y=6x-15$의 교점의 x좌표는 이차방정식 $2x^2-10x+17=6x-15$, 즉 $2x^2-16x+32=0$의 실근과 같으므로
$x^2-8x+16=0$에서 $(x-4)^2=0$
즉 $x=4$ (중근)
따라서 교점의 좌표는 $(4,\ 9)$이다.

4 이차함수 $y=-x^2$의 그래프와 직선 $y=3x-4$의 교점의 x좌표는 이차방정식 $-x^2=3x-4$, 즉 $x^2+3x-4=0$의 실근과 같으므로
$(x+4)(x-1)=0$
즉 $x=-4$ 또는 $x=1$
따라서 교점의 좌표는 $(-4,\ -16),\ (1,\ -1)$이다.

5 이차함수 $y=-2x^2+3x-2$의 그래프와 직선 $y=-5x+6$의 교점의 x좌표는 이차방정식 $-2x^2+3x-2=-5x+6$, 즉 $2x^2-8x+8=0$의 실근과 같으므로
$x^2-4x+4=0$에서 $(x-2)^2=0$
즉 $x=2$ (중근)
따라서 교점의 좌표는 $(2,\ -4)$이다.

7 이차방정식 $2x^2-6x+\frac{1}{2}=-4x$, 즉 $2x^2-2x+\frac{1}{2}=0$,
$4x^2-4x+1=0$의 판별식을 D라 하면
$\frac{D}{4}=(-2)^2-4\times 1=0$
따라서 주어진 이차함수의 그래프와 직선은 한 점에서 만난다.

8 이차방정식 $3x^2-x+4=8x-3$, 즉 $3x^2-9x+7=0$의 판별식을 D라 하면
$D=(-9)^2-4\times 3\times 7=-3<0$
따라서 주어진 이차함수의 그래프와 직선은 만나지 않는다.

9 이차방정식 $-x^2+x-1=2x-3$, 즉 $x^2+x-2=0$의 판별식을 D라 하면
$D=1^2-4\times 1\times(-2)=9>0$
따라서 주어진 이차함수의 그래프와 직선은 서로 다른 두 점에서 만난다.

10 이차방정식 $-x^2+7x+2=-3x+27$, 즉 $x^2-10x+25=0$의 판별식을 D라 하면
$\frac{D}{4}=(-5)^2-1\times 25=0$
따라서 주어진 이차함수의 그래프와 직선은 한 점에서 만난다.

11 이차방정식 $-5x^2+4x+3=3x+4$, 즉 $5x^2-x+1=0$의 판별식을 D라 하면
$D=(-1)^2-4\times 5\times 1=-19<0$
따라서 주어진 이차함수의 그래프와 직선은 만나지 않는다.

13 이차함수 $y=-2x^2+kx-1$의 그래프와 직선 $y=-2x+1$이 한 점에서 만나려면 이차방정식 $-2x^2+kx-1=-2x+1$, 즉 $2x^2-(k+2)x+2=0$이 중근을 가져야 하므로 이 이차방정식의 판별식을 D라 하면

$D=\{-(k+2)\}^2-4\times2\times2=0$

$k^2+4k-12=0$

$(k+6)(k-2)=0$

따라서 $k=-6$ 또는 $k=2$

14 이차함수 $y=-x^2+x+k$의 그래프와 직선 $y=-2x+1$이 만나지 않으려면 이차방정식 $-x^2+x+k=-2x+1$, 즉 $x^2-3x-k+1=0$이 서로 다른 두 허근을 가져야 하므로 이 이차방정식의 판별식을 D라 하면

$D=(-3)^2-4\times1\times(-k+1)<0$

$9+4k-4<0$, $4k<-5$

따라서 $k<-\frac{5}{4}$

15 이차함수 $y=x^2-6x+k-1$의 그래프와 직선 $y=-2x+1$이 적어도 한 점에서 만나려면 이차방정식 $x^2-6x+k-1=-2x+1$, 즉 $x^2-4x+k-2=0$이 서로 다른 두 실근 또는 중근을 가져야 하므로 이 이차방정식의 판별식을 D라 하면

$\frac{D}{4}=(-2)^2-1\times(k-2)\geq0$

$4-k+2\geq0$

따라서 $k\leq6$

16 이차함수 $y=-2x^2-5x+k+2$의 그래프와 직선 $y=-2x+1$이 접하려면 이차방정식 $-2x^2-5x+k+2=-2x+1$, 즉 $2x^2+3x-k-1=0$이 중근을 가져야 하므로 이 이차방정식의 판별식을 D라 하면

$D=3^2-4\times2\times(-k-1)=0$

$9+8k+8=0$, $8k=-17$

따라서 $k=-\frac{17}{8}$

18 이차함수의 그래프와 직선이 접하므로 이차방정식 $x^2-2kx+k^2-4=ax+b$, 즉 $x^2-(2k+a)x+k^2-b-4=0$의 판별식을 D라 하면

$D=\{-(2k+a)\}^2-4\times1\times(k^2-b-4)=0$

$4k^2+4ak+a^2-4k^2+4b+16=0$

$4ak+(a^2+4b+16)=0$

위 식은 k에 대한 항등식이므로

$4a=0$, $a^2+4b+16=0$

따라서 $a=0$, $b=-4$

19 이차함수의 그래프와 직선이 접하므로 이차방정식 $x^2+2kx+k^2-2k=ax+b$, 즉 $x^2+(2k-a)x+k^2-2k-b=0$의 판별식을 D라 하면

$D=(2k-a)^2-4\times1\times(k^2-2k-b)=0$

$4k^2-4ak+a^2-4k^2+8k+4b=0$

$(4a-8)k-(a^2+4b)=0$

위 식은 k에 대한 항등식이므로

$4a-8=0$, $a^2+4b=0$

따라서 $a=2$, $b=-1$

20 이차함수의 그래프와 직선이 접하므로 이차방정식 $-x^2+kx-\frac{1}{4}k^2+k+2=ax+b$, 즉

$x^2+(a-k)x+\frac{1}{4}k^2-k+b-2=0$의 판별식을 D라 하면

$D=(a-k)^2-4\times1\times\left(\frac{1}{4}k^2-k+b-2\right)=0$

$a^2-2ak+k^2-k^2+4k-4b+8=0$

$(-2a+4)k+(a^2-4b+8)=0$

위 식은 k에 대한 항등식이므로

$-2a+4=0$, $a^2+8-4b=0$

따라서 $a=2$, $b=3$

21 구하는 직선의 방정식을 $y=x+a$라 하면 이차함수의 그래프와 직선이 접하므로 이차방정식 $x^2-3x-4=x+a$, 즉 $x^2-4x-a-4=0$의 판별식을 D라 하면

$\frac{D}{4}=(-2)^2-1\times(-a-4)=0$

$4+a+4=0$, $a=-8$

따라서 구하는 직선의 방정식은 $y=x-8$

22 구하는 직선의 방정식을 $y=x+a$라 하면 이차함수의 그래프와 직선이 접하므로 이차방정식 $2x^2+5x+3=x+a$, 즉 $2x^2+4x-a+3=0$의 판별식을 D라 하면

$\frac{D}{4}=2^2-2\times(-a+3)=0$

$4+2a-6=0$, $a=1$

따라서 구하는 직선의 방정식은 $y=x+1$

23 구하는 직선의 방정식을 $y=\frac{1}{3}x+a$라 하면 이차함수의 그래프와 직선이 접하므로 이차방정식 $-x^2+3x-1=\frac{1}{3}x+a$, 즉 $3x^2-8x+3a+3=0$의 판별식을 D라 하면

$\frac{D}{4}=(-4)^2-3\times(3a+3)=0$

$16-9a-9=0$, $a=\frac{7}{9}$

따라서 구하는 직선의 방정식은 $y=\frac{1}{3}x+\frac{7}{9}$

24 구하는 직선의 방정식을 $y=-x+a$라 하면 이차함수의 그래프와 직선이 접하므로 이차방정식 $x^2+x+3=-x+a$, 즉 $x^2+2x-a+3=0$의 판별식을 D라 하면

$\frac{D}{4}=1^2-1\times(-a+3)=0$

$1+a-3=0$, $a=2$

따라서 구하는 직선의 방정식은 $y=-x+2$

25 구하는 직선의 방정식을 $y=-5x+a$라 하면 이차함수의 그래프와 직선이 접하므로 이차방정식 $-2x^2+7x-4=-5x+a$, 즉 $2x^2-12x+a+4=0$의 판별식을 D라 하면

$\frac{D}{4}=(-6)^2-2\times(a+4)=0$

$36-2a-8=0$, $a=14$

따라서 구하는 직선의 방정식은 $y=-5x+14$

26 구하는 직선의 방정식을 $y=-2x+a$라 하면 이차함수의 그래프와 직선이 접하므로 이차방정식 $x^2+2x-3=-2x+a$, 즉 $x^2+4x-a-3=0$의 판별식을 D라 하면

$\frac{D}{4}=2^2-1\times(-a-3)=0$

$4+a+3=0$, $a=-7$

따라서 구하는 직선의 방정식은 $y=-2x-7$

TEST 개념 확인

본문 214쪽

1 ③	2 1	3 ④	4 ④
5 ①	6 ④	7 ③	8 ①
9 ③	10 −21	11 ③	12 ④

1 ㄱ. $y=f(|x|)$의 그래프는 $y=f(x)$의 그래프에서 $x<0$인 부분은 없애고, $x\geq0$인 부분만 남긴 후 y축에 대하여 대칭이동한 것이므로 주어진 그래프와 같다.

ㄴ. $|y|=f(x)$의 그래프는 $y=f(x)$의 그래프에서 $y<0$인 부분은 없애고, $y\geq0$인 부분만 남긴 후 x축에 대하여 대칭이동한 것이므로 주어진 그래프와 같다.

ㄷ. $|y|=f(|x|)$의 그래프는 $y=f(x)$의 그래프에서 $x\geq0$, $y\geq0$인 부분만 남긴 후 x축, y축 및 원점에 대하여 각각 대칭이동한 것이므로 오른쪽과 같다.

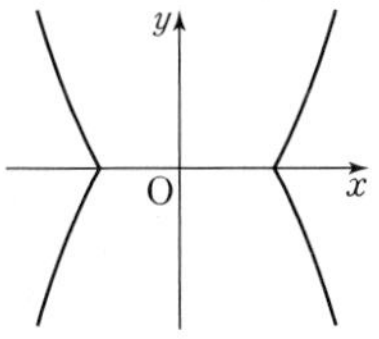

따라서 바르게 짝지어진 것은 ㄱ, ㄴ이다.

2 함수 $y=|x^2-2x|$의 그래프는 함수 $y=x^2-2x$의 그래프에서 $y\geq0$인 부분은 그대로 두고, $y<0$인 부분을 x축에 대하여 대칭이동한 것이므로 오른쪽 그림과 같다. 이때

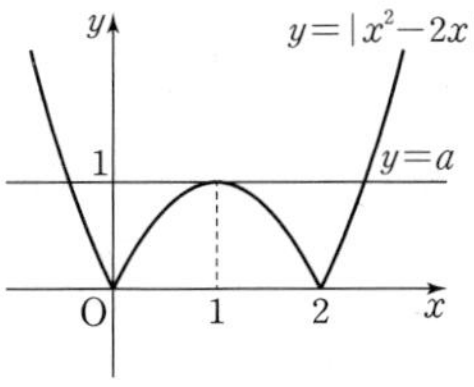

함수 $y=|x^2-2x|$의 그래프와 직선 $y=a$가 서로 다른 세 점에서 만나므로

$a=1$

3 $|x|+2|y|=8$의 그래프는 $x+2y=8$, 즉 $y=-\frac{1}{2}x+4$의 그래프에서 $x\geq0$, $y\geq0$인 부분만 남긴 후 x축, y축 및 원점에 대하여 각각 대칭이동한 것이므로 오른쪽 그림과 같은 마름모이다.

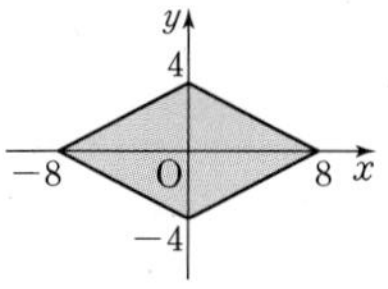

따라서 구하는 도형의 넓이는

$\frac{1}{2}\times8\times16=64$

4 $y=2x^2+ax+b$

$=2\{x-(-5)\}(x-3)=2(x+5)(x-3)$

$=2(x^2+2x-15)=2x^2+4x-30$

따라서 $a=4$, $b=-30$이므로

$a-b=4-(-30)=34$

5 이차방정식 $x^2-3x+k=0$의 두 실근이 α, β이므로 이차방정식의 근과 계수의 관계에 의하여

$\alpha+\beta=3$, $\alpha\beta=k$ ...... ㉠

이때 $|\alpha-\beta|=7$의 양변을 제곱하면

$(\alpha-\beta)^2=49$

$(\alpha+\beta)^2-4\alpha\beta=49$ ...... ㉡

㉠을 ㉡에 대입하면

$3^2-4k=49$, $4k=-40$

따라서 $k=-10$

6 주어진 이차함수의 그래프와 x축의 두 교점의 x좌표를 α, β라 하면 두 교점의 좌표는 $(\alpha, 0)$, $(\beta, 0)$이므로 그 거리는 $|\alpha-\beta|$이다.

이차방정식 $x^2-2x-4=0$의 두 근이 α, β이므로 근과 계수의 관계에 의하여

$\alpha+\beta=2$, $\alpha\beta=-4$

이때

$(\alpha-\beta)^2=(\alpha+\beta)^2-4\alpha\beta=2^2-4\times(-4)=20$

이므로 $|\alpha-\beta|=2\sqrt{5}$

따라서 구하는 거리는 $2\sqrt{5}$이다.

7 이차방정식 $x^2-2kx+k+6=0$이 중근을 가져야 하므로 이 이차방정식의 판별식을 D라 하면

$\frac{D}{4}=(-k)^2-1\times(k+6)=0$

$k^2-k-6=0$, $(k+2)(k-3)=0$

따라서 k가 양수이므로 $k=3$

8 이차방정식 $x^2+(2-n)x+\frac{n^2}{4}=0$, 즉

$4x^2+4(2-n)x+n^2=0$이 서로 다른 두 허근을 가져야 하므로 이 이차방정식의 판별식을 D라 하면

$\frac{D}{4}=\{2(2-n)\}^2-4n^2<0$

$16-16n+4n^2-4n^2<0$

$16-16n<0$, $n>1$

따라서 자연수 n의 최솟값은 2이다.

9 이차방정식 $-x^2+2(k-2)x-k^2+3k+2=0$이 서로 다른 두 실근 또는 중근을 가져야 하므로 이 이차방정식의 판별식을 D라 하면

$\frac{D}{4}=(k-2)^2-(-1)\times(-k^2+3k+2)\geq 0$

$k^2-4k+4-k^2+3k+2\geq 0$

$-k+6\geq 0$, $k\leq 6$

따라서 정수 k의 최댓값은 6이다.

10 이차방정식 $x^2+ax-3=-x+b$, 즉 $x^2+(a+1)x-b-3=0$의 두 근이 2, 5이므로 이차방정식의 근과 계수의 관계에 의하여

$2+5=-(a+1)$, $2\times 5=-b-3$

따라서 $a=-8$, $b=-13$이므로

$a+b=-8+(-13)=-21$

11 이차함수 $y=x^2-3x+1$의 그래프와 직선 $y=x+k$가 서로 다른 두 점에서 만나므로 이차방정식 $x^2-3x+1=x+k$, 즉 $x^2-4x-k+1=0$의 판별식을 D_1이라 하면

$\frac{D_1}{4}=(-2)^2-(-k+1)>0$, $4+k-1>0$

즉 $k>-3$ ······ ㉠

이차함수 $y=x^2-x+4$의 그래프와 직선 $y=x+k$가 만나지 않으므로 이차방정식 $x^2-x+4=x+k$, 즉 $x^2-2x-k+4=0$의 판별식을 D_2라 하면

$\frac{D_2}{4}=(-1)^2-(-k+4)<0$, $1+k-4<0$

즉 $k<3$ ······ ㉡

㉠, ㉡에서 $-3<k<3$

따라서 정수 k의 개수는 -2, -1, 0, 1, 2의 5이다.

12 구하는 직선의 방정식을 $y=ax+b$이라 하자.

이 직선이 점 $(-3, 1)$을 지나므로

$1=-3a+b$, $b=3a+1$

즉 점 $(-3, 1)$을 지나는 직선의 방정식은

$y=ax+3a+1$

이차함수 $y=-x^2+2x+5$의 그래프와 직선 $y=ax+3a+1$이 접하므로 이차방정식 $-x^2+2x+5=ax+3a+1$, 즉 $x^2+(a-2)x+3a-4=0$의 판별식을 D라 하면

$D=(a-2)^2-4\times 1\times(3a-4)=0$

$a^2-4a+4-12a+16=0$

$a^2-16a+20=0$

이 이차방정식의 두 실근을 α, β라 하면 α, β는 구하는 두 직선의 기울기이므로 이차방정식의 근과 계수의 관계에 의하여 기울기의 곱은

$\alpha\beta=20$

09 이차함수의 최대, 최소

본문 216쪽

원리확인

❶ 1, 최솟값, 2 ❷ -3, 최댓값, 1

1 (✎ 5, -5)	2 최댓값: 없다., 최솟값: 1
3 최댓값: 없다., 최솟값: $-\frac{9}{2}$	
4 최댓값: 21, 최솟값: 없다.	5 최댓값: 1, 최솟값: 없다.
☺ q, q, 없다.	6 (✎ $a-1$, 1, $a-1$, 2)
7 9	8 -6 또는 6
9 -8	10 -1
11 0	12 (✎ 1, -2, 2, 1, -2, -1)
13 $a=8$, $b=-15$	14 $a=0$, $b=7$
15 $a=-8$, $b=-11$	16 ⑤

2 $y=2x^2-8x+9=2(x^2-4x+4-4)+9$

$=2(x-2)^2+1$

따라서 최댓값은 없고, 최솟값은 1이다.

3 $y=\frac{1}{2}x^2-3x=\frac{1}{2}(x^2-6x+9-9)$

$=\frac{1}{2}(x-3)^2-\frac{9}{2}$

따라서 최댓값은 없고, 최솟값은 $-\frac{9}{2}$이다.

4 $y=-x^2+6x+12=-(x^2-6x+9-9)+12$

$=-(x-3)^2+21$

따라서 최댓값은 21, 최솟값은 없다.

5 $y=-3x^2+6x-2=-3(x^2-2x+1-1)-2$

$=-3(x-1)^2+1$

따라서 최댓값은 1, 최솟값은 없다.

7 $y=3x^2+6x+a-2=3(x^2+2x+1-1)+a-2$

$=3(x+1)^2+a-5$

이 함수의 최솟값이 4이므로 $a-5=4$

따라서 $a=9$

8 $y=x^2+ax=x^2+ax+\frac{a^2}{4}-\frac{a^2}{4}$

$=\left(x+\frac{a}{2}\right)^2-\frac{a^2}{4}$

이 함수의 최솟값이 -9이므로 $-\frac{a^2}{4}=-9$

$a^2=36$

따라서 $a=-6$ 또는 $a=6$

9 $y=-x^2+6x+a=-(x^2-6x+9-9)+a$

$=-(x-3)^2+a+9$

이 함수의 최댓값이 1이므로 $a+9=1$

따라서 $a=-8$

10 $y=-2x^2-4x+2a+3=-2(x^2+2x+1-1)+2a+3$

$=-2(x+1)^2+2a+5$

이 함수의 최댓값이 3이므로 $2a+5=3$

$2a=-2$

따라서 $a=-1$

11 $y=-\frac{1}{4}x^2+2ax+4=-\frac{1}{4}(x^2-8ax+16a^2-16a^2)+4$

$=-\frac{1}{4}(x-4a)^2+4a^2+4$

이 함수의 최댓값이 4이므로 $4a^2+4=4$

$a^2=0$

따라서 $a=0$

13 주어진 함수의 x^2의 계수가 -1이고 $x=4$에서 최댓값 1을 가지므로

$y=-(x-4)^2+1=-x^2+8x-15$

따라서 $a=8$, $b=-15$

14 주어진 함수의 x^2의 계수가 3이고 $x=0$에서 최솟값 7을 가지므로

$y=3x^2+7$

따라서 $a=0$, $b=7$

15 주어진 함수의 x^2의 계수가 -2이고 $x=-2$에서 최댓값 -3을 가지므로

$y=-2(x+2)^2-3=-2x^2-8x-11$

따라서 $a=-8$, $b=-11$

16 ① $x=1$에서 최솟값 2를 갖는다.

② $x=-4$에서 최솟값 -6을 갖는다.

③ $y=x^2-4x=(x-2)^2-4$이므로 $x=2$에서 최솟값 -4를 갖는다.

④ $y=\frac{1}{2}x^2+x-3=\frac{1}{2}(x+1)^2-\frac{7}{2}$이므로 $x=-1$에서 최솟값 $-\frac{7}{2}$을 갖는다.

⑤ $y=4x^2+6x+5=4\left(x+\frac{3}{4}\right)^2+\frac{11}{4}$이므로 $x=-\frac{3}{4}$에서 최솟값 $\frac{11}{4}$을 갖는다.

따라서 최솟값이 가장 큰 것은 ⑤이다.

10 제한된 범위에서의 이차함수의 최대, 최소

본문 218쪽

원리확인

❶ 3, 6, 1, 2 ❷ 3, 6, 2, 3

1 (1) (✎3, 3, 6, -3, -2, 6, -3)

(2) 최댓값: 1, 최솟값: -2 (3) 최댓값: 6, 최솟값: -3

2 (1) 최댓값: 2, 최솟값: -14 (2) 최댓값: 4, 최솟값: -4

(3) 최댓값: 4, 최솟값: 2

3 1, -1 4 1, -3 5 4, 1 6 6, -3

7 5, -1 8 (✎1, $k-1$, -1, $k-1$, $k-1$, 3)

9 7 10 0 11 -9 12 ②

1 (2) $1\le x\le 2$에서 $y=f(x)$의 그래프는 오른쪽 그림과 같고

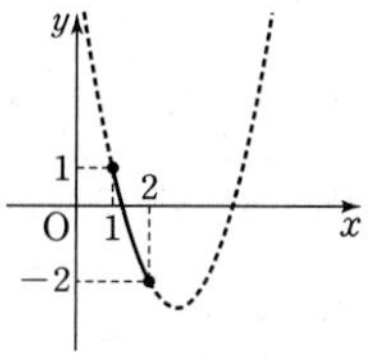

$f(1)=1$, $f(2)=-2$

따라서 $f(x)$의 최댓값은 1, 최솟값은 -2이다.

(3) $3\le x\le 6$에서 $y=f(x)$의 그래프는 오른쪽 그림과 같고

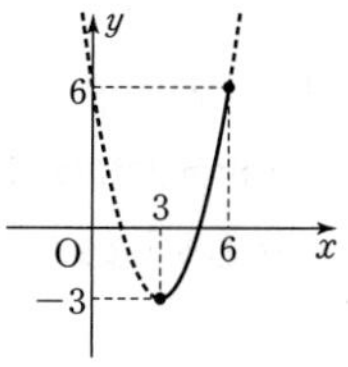

$f(3)=-3$, $f(6)=6$

따라서 $f(x)$의 최댓값은 6, 최솟값은 -3이다.

2 $f(x)=-2x^2-4x+2=-2(x+1)^2+4$

(1) $0\le x\le 2$에서 $y=f(x)$의 그래프는 오른쪽 그림과 같고

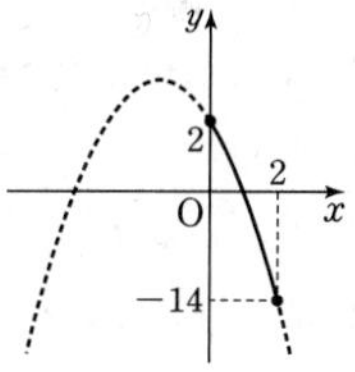

$f(0)=2$, $f(2)=-14$

따라서 $f(x)$의 최댓값은 2, 최솟값은 -14이다.

(2) $-1\le x\le 1$에서 $y=f(x)$의 그래프는 오른쪽 그림과 같고

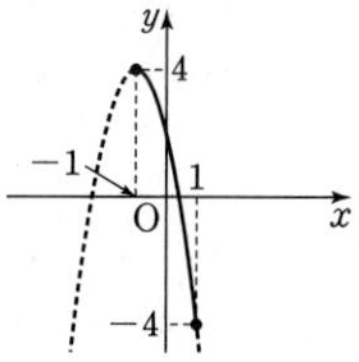

$f(-1)=4$, $f(1)=-4$

따라서 $f(x)$의 최댓값은 4, 최솟값은 -4이다.

(3) $-2\le x\le 0$에서 $y=f(x)$의 그래프는 오른쪽 그림과 같고

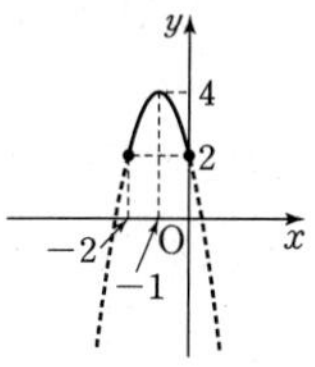

$f(-2)=2$, $f(-1)=4$, $f(0)=2$

따라서 $f(x)$의 최댓값은 4, 최솟값은 2이다.

3 $-1\le x\le 2$에서 $y=f(x)$의 그래프는 다음 그림과 같고

$f(-1)=1$, $f(1)=-1$, $f(2)=-\frac{1}{2}$

따라서 $f(x)$의 최댓값은 1, 최솟값은 -1이다.

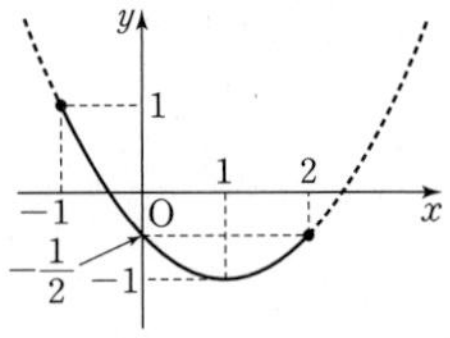

4 $-2\le x\le 0$에서 $y=f(x)$의 그래프는 오른쪽 그림과 같고

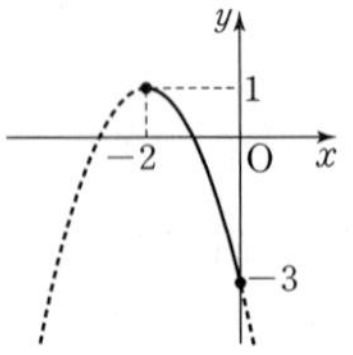

$f(-2)=1$, $f(0)=-3$

따라서 $f(x)$의 최댓값은 1, 최솟값은 -3이다.

5 $f(x)=x^2-2x+1=(x-1)^2$

$2\le x\le 3$에서 $y=f(x)$의 그래프는 오른쪽 그림과 같고

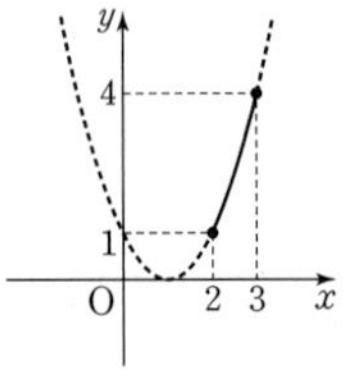

$f(2)=1$, $f(3)=4$

따라서 $f(x)$의 최댓값은 4, 최솟값은 1이다.

6 $f(x)=-x^2+6x-3=-(x-3)^2+6$

$2\le x\le 6$에서 $y=f(x)$의 그래프는 오른쪽 그림과 같고

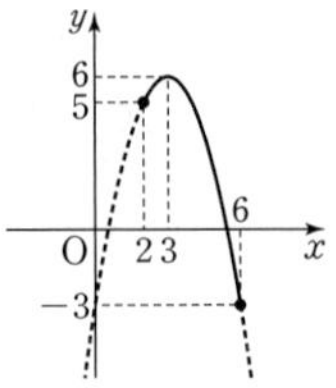

$f(2)=5$, $f(3)=6$, $f(6)=-3$

따라서 $f(x)$의 최댓값은 6, 최솟값은 -3이다.

7 $f(x)=-2x^2-4x+5=-2(x+1)^2+7$

$0\le x\le 1$에서 $y=f(x)$의 그래프는 오른쪽 그림과 같고

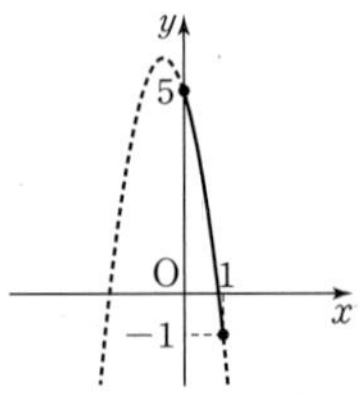

$f(0)=5$, $f(1)=-1$

따라서 $f(x)$의 최댓값은 5, 최솟값은 -1이다.

9 $f(x)=2x^2+12x+k=2(x+3)^2+k-18$

$-1\le x\le 1$에서 $y=f(x)$의 그래프는 오른쪽 그림과 같다.

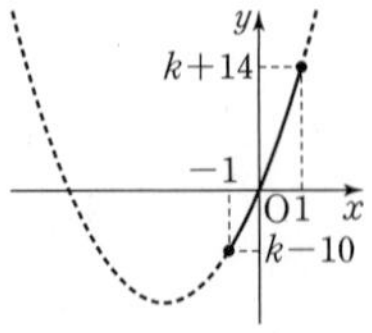

따라서 $x=-1$에서 최솟값 $k-10$을 가지므로

$k-10=-3$

따라서 $k=7$

10 $f(x)=-x^2+4x+k=-(x-2)^2+k+4$

$0\le x\le 3$에서 $y=f(x)$의 그래프는 다음의 그림과 같다.

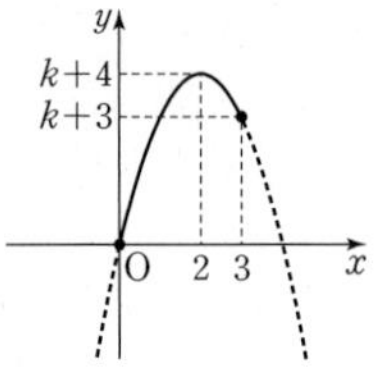

따라서 $x=2$에서 최댓값 $k+4$를 가지므로

$k+4=4$

따라서 $k=0$

11 $f(x)=-3x^2-12x+k=-3(x+2)^2+k+12$

$-1\le x\le 0$에서 $y=f(x)$의 그래프는 오른쪽 그림과 같다.

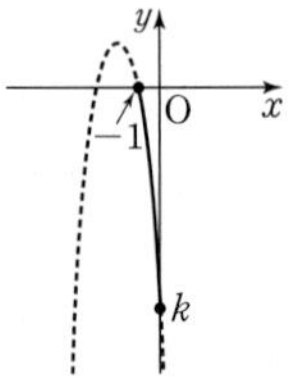

따라서 $x=-1$에서 최댓값 $k+9$를 가지므로

$k+9=0$

따라서 $k=-9$

12 $f(x)=x^2+4x-1=(x+2)^2-5$

$-3\le x\le 1$에서 $y=f(x)$의 그래프는 오른쪽 그림과 같다.

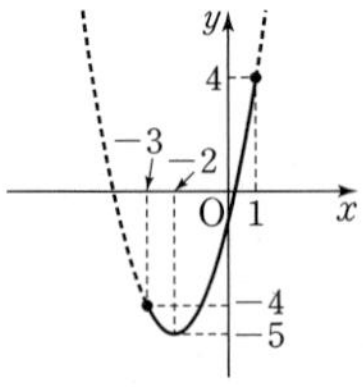

즉 $f(x)$의 최댓값은 4, 최솟값은 -5이므로

$M=f(1)=4$, $m=f(-2)=-5$

따라서 $M+m=4-5=-1$

11 치환을 이용한 이차함수의 최대, 최소

본문 220쪽

1 $t-2$, 2, 3, 1, 2, 1, -2

2 6　　3 6　　4 -2　　5 14

6 2　　7 -10

8 $t+1$, 6, 4, 1, 7, 1, -7

9 8　　10 -5　　11 -14　　12 5

13 -1　　14 25

2 $x^2-2x=t$로 놓으면

$t=x^2-2x=(x-1)^2-1$이므로 $t\ge -1$

주어진 함수는

$y=-(x^2-2x)^2+6(x^2-2x)-3=-t^2+6t-3$

$=-(t-3)^2+6$ $(t\ge -1)$

따라서 $t=3$일 때, 최댓값은 6이다.

3 $x^2+8x+10=t$로 놓으면

$t=x^2+8x+10=(x+4)^2-6$이므로 $t\ge -6$

주어진 함수는

$y=-(x^2+8x+10)^2+4(x^2+8x+10)+2=-t^2+4t+2$

$=-(t-2)^2+6$ $(t\ge -6)$

따라서 $t=2$일 때, 최댓값은 6이다.

4 $3x^2+6x+6=t$로 놓으면
$t=3x^2+6x+6=3(x+1)^2+3$이므로 $t\geq3$
$3x^2+6x=t-6$이므로 주어진 함수는
$y=-(3x^2+6x+6)^2-2(3x^2+6x)+1$
$=-t^2-2(t-6)+1=-t^2-2t+13$
$=-(t+1)^2+14\ (t\geq3)$
따라서 $t=3$일 때, 최댓값은 $-(3+1)^2+14=-2$

5 $x^2+4x+5=t$로 놓으면
$t=x^2+4x+5=(x+2)^2+1$이므로 $t\geq1$
$x^2+4x=t-5$이므로 주어진 함수는
$y=-(x^2+4x+5)^2-4(x^2+4x)-1$
$=-t^2-4(t-5)-1=-t^2-4t+19$
$=-(t+2)^2+23\ (t\geq1)$
따라서 $t=1$일 때, 최댓값은 $-(1+2)^2+23=14$

6 $x^2+x+1=t$로 놓으면
$t=x^2+x+1=\left(x+\frac{1}{2}\right)^2+\frac{3}{4}$이므로 $t\geq\frac{3}{4}$
$x^2+x-1=(x^2+x+1)-2=t-2$이므로 주어진 함수는
$y=-(x^2+x+1)^2+2(x^2+x-1)+5$
$=-t^2+2(t-2)+5=-t^2+2t+1$
$=-(t-1)^2+2\ \left(t\geq\frac{3}{4}\right)$
따라서 $t=1$일 때, 최댓값은 2이다.

7 $x^2-4x+4=t$로 놓으면
$t=x^2-4x+4=(x-2)^2$이므로 $t\geq0$
$x^2-4x=t-4$이므로 주어진 함수는
$y=-2(x^2-4x+4)^2+4(x^2-4x)+4$
$=-2t^2+4(t-4)+4=-2t^2+4t-12$
$=-2(t-1)^2-10\ (t\geq0)$
따라서 $t=1$일 때, 최댓값은 -10이다.

9 $x^2+2x+2=t$로 놓으면
$t=x^2+2x+2=(x+1)^2+1$이므로 $t\geq1$
$x^2+2x-2=(x^2+2x+2)-4=t-4$이므로 주어진 함수는
$y=(x^2+2x+2)^2-2(x^2+2x-2)+1$
$=t^2-2(t-4)+1=t^2-2t+9$
$=(t-1)^2+8\ (t\geq1)$
따라서 $t=1$일 때, 최솟값은 8이다.

10 $x^2+6x+8=t$로 놓으면
$t=x^2+6x+8=(x+3)^2-1$이므로 $t\geq-1$
주어진 함수는
$y=(x^2+6x+8)^2+4(x^2+6x+8)-2$
$=t^2+4t-2=(t+2)^2-6\ (t\geq-1)$
따라서 $t=-1$일 때, 최솟값은 $(-1+2)^2-6=-5$

11 $x^2+4x+3=t$로 놓으면
$t=x^2+4x+3=(x+2)^2-1$이므로 $t\geq-1$
$x^2+4x=t-3$이므로 주어진 함수는
$y=(x^2+4x+3)^2+6(x^2+4x)+9$
$=t^2+6(t-3)+9=t^2+6t-9$
$=(t+3)^2-18\ (t\geq-1)$
따라서 $t=-1$일 때, 최솟값은 $(-1+3)^2-18=-14$

12 $x^2-2x+1=t$로 놓으면
$t=x^2-2x+1=(x-1)^2$이므로 $t\geq0$
$x^2-2x=t-1$이므로 주어진 함수는
$y=(x^2-2x+1)^2-4(x^2-2x)+5$
$=t^2-4(t-1)+5=t^2-4t+9$
$=(t-2)^2+5\ (t\geq0)$
따라서 $t=2$일 때, 최솟값은 5이다.

13 $3x^2+6x+5=t$로 놓으면
$t=3x^2+6x+5=3(x+1)^2+2$이므로 $t\geq2$
주어진 함수는
$y=(3x^2+6x+5)^2-4(3x^2+6x+5)+3$
$=t^2-4t+3=(t-2)^2-1\ (t\geq2)$
따라서 $t=2$일 때, 최솟값은 -1이다.

14 $x^2-4x=t$로 놓으면
$t=x^2-4x=(x-2)^2-4$이므로 $t\geq-4$
주어진 함수는
$y=2(x^2-4x)^2+8(x^2-4x+7)-23$
$=2t^2+8(t+7)-23=2t^2+8t+33$
$=2(t+2)^2+25\ (t\geq-4)$
따라서 $t=-2$일 때, 최솟값은 25이다.

12 여러 가지 이차식의 최대, 최소

본문 222쪽

1 (✎ 14, 3, 14, 3, -14, -14)

2 -7	3 -20	4 (✎ 10, 2, 2, 10, 10)	
5 52	6 19	7 (✎ 2, 10, 1, 11, -1, -11)	
8 $\frac{3}{4}$	9 9	10 $\frac{15}{8}$	11 2
12 24	13 $\frac{15}{2}$	14 $\frac{1}{4}$	15 26
16 $-\frac{5}{2}$			

2 x^2-2x+y^2+2y-5
$=(x^2-2x+1)+(y^2+2y+1)-7$
$=(x-1)^2+(y+1)^2-7$

이때 x, y가 실수이므로

$(x-1)^2\ge0$, $(y+1)^2\ge0$

즉

$x^2-2x+y^2+2y-5=(x-1)^2+(y+1)^2-7$

≥-7

따라서 주어진 식의 최솟값은 -7이다.

3 $x^2-8x+y^2+4y=(x^2-8x+16)+(y^2+4y+4)-20$

$=(x-4)^2+(y+2)^2-20$

이때 x, y가 실수이므로

$(x-4)^2\ge0$, $(y+2)^2\ge0$

즉

$x^2-8x+y^2+4y=(x-4)^2+(y+2)^2-20$

≥-20

따라서 주어진 식의 최솟값은 -20이다.

5 $6x-10y-x^2-y^2+18$

$=-(x^2-6x+9)-(y^2+10y+25)+52$

$=-(x-3)^2-(y+5)^2+52$

이때 x, y가 실수이므로

$-(x-3)^2\le0$, $-(y+5)^2\le0$

즉

$6x-10y-x^2-y^2+18=-(x-3)^2-(y+5)^2+52$

≤52

따라서 주어진 식의 최댓값은 52이다.

6 $-8x+6y-x^2-3y^2$

$=-(x^2+8x+16)-3(y^2-2y+1)+19$

$=-(x+4)^2-3(y-1)^2+19$

이때 x, y가 실수이므로

$-(x+4)^2\le0$, $-(y-1)^2\le0$

즉

$-8x+6y-x^2-3y^2=-(x+4)^2-3(y-1)^2+19$

≤19

따라서 주어진 식의 최댓값은 19이다.

8 $x+y=-1$에서 $y=-x-1$

이를 x^2-3y에 대입하면

$x^2-3y=x^2-3(-x-1)=x^2+3x+3$

$=\left(x+\frac{3}{2}\right)^2+\frac{3}{4}$

따라서 $x=-\frac{3}{2}$일 때, 최솟값 $\frac{3}{4}$을 갖는다.

9 $x+y=3$에서 $y=-x+3$

이를 $6x+y^2$에 대입하면

$6x+y^2=6x+(-x+3)^2=x^2+9$

따라서 $x=0$일 때, 최솟값 9를 갖는다.

10 $x-y=1$에서 $y=x-1$

이를 $3x+2y^2$에 대입하면

$3x+2y^2=3x+2(x-1)^2=2x^2-x+2$

$=2\left(x-\frac{1}{4}\right)^2+\frac{15}{8}$

따라서 $x=\frac{1}{4}$일 때, 최솟값 $\frac{15}{8}$를 갖는다.

11 $x-y=2$에서 $y=x-2$

이를 x^2+y^2에 대입하면

$x^2+y^2=x^2+(x-2)^2=2x^2-4x+4$

$=2(x-1)^2+2$

따라서 $x=1$일 때, 최솟값 2를 갖는다.

12 $x+y=-6$에서 $y=-x-6$

이를 x^2+2y^2에 대입하면

$x^2+2y^2=x^2+2(-x-6)^2=3x^2+24x+72$

$=3(x+4)^2+24$

따라서 $x=-4$일 때, 최솟값 24를 갖는다.

13 $x+y=-3$에서 $y=-x-3$

이를 x^2+y^2+3에 대입하면

$x^2+y^2+3=x^2+(-x-3)^2+3=2x^2+6x+12$

$=2\left(x+\frac{3}{2}\right)^2+\frac{15}{2}$

따라서 $x=-\frac{3}{2}$일 때, 최솟값 $\frac{15}{2}$를 갖는다.

14 $x^2-y^2=-2$에서 $y^2=x^2+2$

이때 y가 실수이므로 $y^2\ge0$

즉 $x^2+2\ge0$은 반드시 성립하므로 x는 모든 실수이다.

$y^2=x^2+2$를 $3x-y^2$에 대입하면

$3x-y^2=3x-(x^2+2)=-x^2+3x-2$

$=-\left(x-\frac{3}{2}\right)^2+\frac{1}{4}$

따라서 $x=\frac{3}{2}$일 때, 최댓값 $\frac{1}{4}$을 갖는다.

15 $x^2-3y^2=-10$에서 $3y^2=x^2+10$

이때 y가 실수이므로 $3y^2\ge0$

즉 $x^2+10\ge0$은 반드시 성립하므로 x는 모든 실수이다.

$3y^2=x^2+10$을 $12x-3y^2$에 대입하면

$12x-3y^2=12x-(x^2+10)=-x^2+12x-10$

$=-(x-6)^2+26$

따라서 $x=6$일 때, 최댓값 26을 갖는다.

16 $2x^2-2y^2=-3$에서 $2y^2=2x^2+3$

이때 y가 실수이므로 $2y^2\ge0$

즉 $2x^2+3\ge0$은 반드시 성립하므로 x는 모든 실수이다.

$2y^2=2x^2+3$을 $-2x-2y^2$에 대입하면

$-2x-2y^2=-2x-(2x^2+3)$

$=-2x^2-2x-3$

$=-2\left(x+\frac{1}{2}\right)^2-\frac{5}{2}$

따라서 $x=-\frac{1}{2}$일 때, 최댓값 $-\frac{5}{2}$를 갖는다.

13 이차함수의 최대, 최소의 활용

본문 224쪽

1 (1) $(12-x)$ cm (2) $0<x<12$ (3) $S=-x^2+12x$
(4) 36 cm^2

2 64

3 (1) $(60-2x)$ m (2) $0<x<30$ (3) $S=-2x^2+60x$
(4) 450 m^2

4 98 m^2

5 (✎5, 1, 5, 5)

6 지면으로부터의 높이: 60 m, 걸린 시간: 2초

7 ④

1 (1) 직사각형의 세로의 길이를 y cm라 하면 철사의 길이가 24 cm이므로

$2(x+y)=24$

$x+y=12$

즉 $y=12-x$

따라서 직사각형의 세로의 길이는 $(12-x)$ cm이다.

(2) $x>0$, $12-x>0$이므로

$0<x<12$

(3) 직사각형의 가로의 길이는 x cm, 세로의 길이는 $(12-x)$ cm이므로

$S=x(12-x)$

$=-x^2+12x\,(\text{cm}^2)$

(4) $S=-x^2+12x$

$=-(x^2-12x+36)+36$

$=-(x-6)^2+36\ (0<x<12)$

따라서 S는 $x=6$일 때, 최댓값 36을 가지므로 직사각형의 넓이의 최댓값은 36 cm^2이다.

2 직사각형의 가로의 길이를 x, 세로의 길이를 y라 하면 직사각형의 둘레의 길이가 32이므로

$2(x+y)=32$

$x+y=16$

즉 $y=-x+16$

$x>0$, $y>0$이므로 $x>0$, $-x+16>0$에서

$0<x<16$

직사각형의 넓이를 S라 하면

$S=xy$

$=x(16-x)$

$=-x^2+16x$

$=-(x-8)^2+64\ (0<x<16)$

따라서 S는 $x=8$일 때, 최댓값 64를 가지므로 직사각형의 넓이의 최댓값은 64이다.

3 (1) 화단의 가로의 길이를 y m라 하면 철망의 길이가 60 m이므로

$x+y+x=60$, $2x+y=60$

즉 $y=60-2x$

따라서 화단의 가로의 길이는 $(60-2x)$ m이다.

(2) $x>0$, $60-2x>0$이므로

$0<x<30$

(3) 화단의 세로의 길이는 x m, 가로의 길이는 $(60-2x)$ m이므로

$S=x(60-2x)=-2x^2+60x\,(\text{m}^2)$

(4) $S=-2x^2+60x$

$=-2(x^2-30x+225)+450$

$=-2(x-15)^2+450\ (0<x<30)$

따라서 S는 $x=15$일 때, 최댓값 450을 가지므로 화단의 넓이의 최댓값은 450 m^2이다.

4 꽃밭의 세로의 길이를 x m, 가로의 길이를 y m라 하면 끈의 길이가 28 m이므로

$x+y+x=28$, $2x+y=28$

즉 $y=28-2x$

$x>0$, $y>0$이므로 $x>0$, $28-2x>0$에서

$0<x<14$

꽃밭의 넓이를 S m^2라 하면

$S=xy$

$=x(28-2x)$

$=-2x^2+28x$

$=-2(x-7)^2+98\ (0<x<14)$

따라서 S는 $x=7$일 때, 최댓값 98을 가지므로 꽃밭의 넓이의 최댓값은 98 m^2이다.

6 $y=-5t^2+20t+40$

$=-5(t^2-4t+4)+60$

$=-5(t-2)^2+60$

따라서 y는 $t=2$일 때, 최댓값 60을 가지므로 물체가 가장 높이 올라갔을 때의 지면으로부터의 높이는 60 m이고, 그때까지 걸린 시간은 2초이다.

7 $h=-5t^2+30t+80$

$=-5(t^2-6t+9)+125$

$=-5(t-3)^2+125$

즉 h는 $t=3$일 때, 최댓값 125를 가지므로 공은 $t=3$일 때, 최고 높이에 도달한다.

한편 공이 지면에 도착하면 $h=0$이므로

$-5t^2+30t+80=0$에서

$t^2-6t-16=0$, $(t+2)(t-8)=0$

이때 $t>0$이므로 $t=8$

따라서 $a=3$, $b=8$이므로 $a+b=3+8=11$

TEST 개념 확인

본문 226쪽

1 ④	2 ④	3 ①	4 3
5 ②	6 ①	7 ②	8 ③
9 ③	10 ③	11 ③	12 6

1 이차함수 $y=-3(x-p)^2+q$가 $x=2$에서 최댓값 9를 가지므로
$y=-3(x-2)^2+9$에서 $p=2$, $q=9$
따라서 $p+q=2+9=11$

2 이차함수 $y=x^2+2ax+b$가 $x=4$에서 최솟값 -3을 가지므로
$y=x^2+2ax+b=(x-4)^2-3=x^2-8x+13$
에서 $2a=-8$, $b=13$
따라서 $a=-4$, $b=13$이므로 $a+b=-4+13=9$

3 $f(x)=3x^2-6x+k$
$=3(x-1)^2-3+k$
이므로 $0\le x\le 3$에서 $y=f(x)$의 그래프는 오른쪽 그림과 같다.

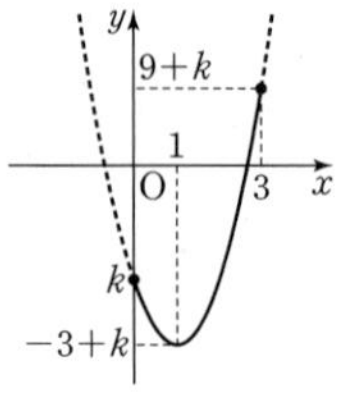

즉 $f(x)$는 $x=3$에서 최댓값 $9+k$를 가지므로
$9+k=8$, $k=-1$
따라서 $f(x)$의 최솟값은
$f(1)=-3+(-1)=-4$

4 $f(x)=ax^2-2ax+2b$
$=a(x-1)^2-a+2b$
이므로 $0\le x\le 3$에서 $y=f(x)$의 그래프는 오른쪽 그림과 같다.

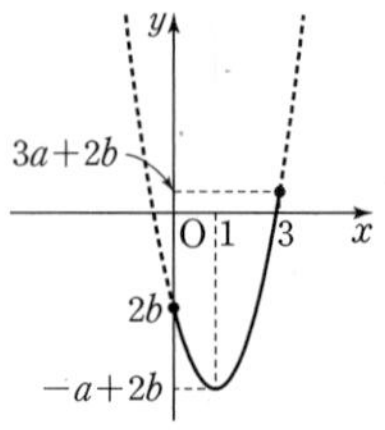

즉 $f(x)$는 $x=3$에서 최댓값 $3a+2b$, $x=1$에서 최솟값 $-a+2b$를 가지므로
$3a+2b=10$, $-a+2b=-6$
위의 두 식을 연립하여 풀면
$a=4$, $b=-1$
따라서 $a+b=4-1=3$

5 $x^2-2x+2=t$로 놓으면
$t=x^2-2x+2=(x-1)^2+1$이므로 $t\ge 1$
$x^2-2x=t-2$이므로 주어진 함수는
$y=-3(x^2-2x+2)^2+6(x^2-2x)+k+15$
$=-3t^2+6(t-2)+k+15=-3t^2+6t+k+3$
$=-3(t-1)^2+k+6$ $(t\ge 1)$
따라서 $t=1$일 때, 최댓값은 $k+6$이므로
$k+6=5$
$k=-1$

6 $x^2+4x+5=t$로 놓으면
$t=x^2+4x+5=(x+2)^2+1$이므로 $t\ge 1$
$x^2+4x+4=t-1$이므로 주어진 함수는
$y=(x^2+4x+5)^2+3(x^2+4x+4)+1$
$=t^2+3(t-1)+1=t^2+3t-2$
$=\left(t+\frac{3}{2}\right)^2-\frac{17}{4}$ $(t\ge 1)$
즉 $t=1$일 때, 최솟값은
$\left(1+\frac{3}{2}\right)^2-\frac{17}{4}=2$
이때 $t=1$, 즉 $x^2+4x+5=1$이므로 $x^2+4x+4=0$에서
$(x+2)^2=0$, $x=-2$
즉 $a=-2$, $b=2$
따라서 $a+b=-2+2=0$

7 $-x^2-y^2+2x-10y-20$
$=-(x^2-2x+1)-(y^2+10y+25)+6$
$=-(x-1)^2-(y+5)^2+6$
이때 x, y가 실수이므로
$-(x-1)^2\le 0$, $-(y+5)^2\le 0$
즉
$-x^2-y^2+2x-10y-20=-(x-1)^2-(y+5)^2+6$
≤ 6
따라서 주어진 식은 $x=1$, $y=-5$일 때, 최댓값 6을 가지므로
$a=1$, $b=-5$, $c=6$
따라서 $a+b+c=1-5+6=2$

8 $2x+y=-5$에서 $y=-2x-5$
이를 x^2+y^2에 대입하면
$x^2+y^2=x^2+(-2x-5)^2=5x^2+20x+25$
$=5(x+2)^2+5$
따라서 $x=-2$일 때, 최솟값 5를 갖는다.

9 $x+y=2$에서 $y=-x+2$ …… ㉠
이때 $x\ge 0$, $y\ge 0$이므로 $x\ge 0$, $y=-x+2\ge 0$에서
$0\le x\le 2$
㉠을 x^2+3y^2에 대입하면
$x^2+3y^2=x^2+3(-x+2)^2$
$=4x^2-12x+12$
$=4\left(x-\frac{3}{2}\right)^2+3$
이므로 x^2+3y^2은 $x=0$에서 최댓값 12, $x=\frac{3}{2}$에서 최솟값 3을 갖는다.
따라서 $M=12$, $m=3$이므로 $\frac{M}{m}=4$

10 울타리의 가로의 길이를 x, 세로의 길이를 y라 하면 끈의 길이가 40이므로
$2(x+y)=40$, $x+y=20$
즉 $y=-x+20$
이때 $x>0$, $y=-x+20>0$이므로 $0<x<20$

울타리의 넓이를 S라 하면

$S=xy=x(-x+20)=-x^2+20x$

$=-(x-10)^2+100\ (0<x<20)$

따라서 S는 $x=10$일 때, 최댓값 100을 가지므로 울타리의 넓이의 최댓값은 100이다.

11 직사각형의 가로의 길이를 x, 세로의 길이를 y라 하면 철사의 길이가 20이므로

$2(x+y)=20$, $x+y=10$

즉 $y=-x+10$

이때 $x>0$, $y=-x+10>0$이므로 $0<x<10$

직사각형의 대각선의 길이를 l이라 하면

$l^2=x^2+y^2=x^2+(-x+10)^2=2x^2-20x+100$

$=2(x-5)^2+50\ (0<x<10)$

즉 l^2은 $x=5$에서 최솟값 50을 갖는다.

따라서 직사각형의 대각선의 길이의 최솟값은

$\sqrt{50}=5\sqrt{2}$

12 $y=-5t^2+10t=-5(t^2-2t+1)+5=-5(t-1)^2+5$

따라서 y는 $t=1$일 때, 최댓값 5를 가지므로 농구공은 1초 후에 가장 높이 올라가고 이때의 지면으로부터의 높이는 5 m이다.

즉 $a=1$, $b=5$이므로 $a+b=1+5=6$

6. 이차방정식과 이차함수

TEST 개념 발전

본문 228쪽

1 ②	2 1	3 ④	4 ⑤
5 ④	6 ③	7 ④	8 ②
9 ①	10 ②	11 ④	12 ②
13 ③	14 ⑤	15 1200 m^2	

1 이차함수 $y=2x^2+ax+b$의 그래프와 x축의 교점의 x좌표가 -3, 2이므로 이차방정식 $2x^2+ax+b=0$의 두 근이 -3, 2이다.

이차방정식의 근과 계수의 관계에 의하여

$-\frac{a}{2}=-3+2=-1$, $\frac{b}{2}=(-3)\times2=-6$

따라서 $a=2$, $b=-12$이므로 $\frac{b}{a}=-6$

2 이차방정식 $\frac{1}{3}x^2-2x+3=0$, 즉 $x^2-6x+9=0$의 판별식을 D라 하면

$\frac{D}{4}=(-3)^2-1\times9=0$

이므로 이차방정식 $\frac{1}{3}x^2-2x+3=0$은 중근을 갖는다.

따라서 이차함수 $y=\frac{1}{3}x^2-2x+3$의 그래프는 x축과 한 점에서 만나므로 x축과의 교점의 개수는 1이다.

3 이차방정식 $x^2+2kx+k^2-3k+6=0$의 판별식을 D라 하면

$\frac{D}{4}=k^2-1\times(k^2-3k+6)=3k-6>0$

즉 $k>2$

따라서 정수 k의 최솟값은 3이다.

4 이차방정식 $x^2+3x+k=x+1$, 즉

$x^2+2x+k-1=0$의 판별식을 D라 하면

$\frac{D}{4}=1^2-(k-1)\geq0$

$-k+2\geq0$, 즉 $k\leq2$

따라서 k의 값이 될 수 없는 것은 ⑤이다.

5 이차함수 $y=x^2+ax+b$의 그래프가 점 $(-1, 1)$을 지나므로

$1=1-a+b$

즉 $b=a$ …… ㉠

또 주어진 이차함수의 그래프가 x축에 접하므로 이차방정식 $x^2+ax+b=0$의 판별식을 D라 하면

$D=a^2-4b=0$ …… ㉡

㉠을 ㉡에 대입하면

$a^2-4a=0$, $a(a-4)=0$

이때 $a>0$이므로 $a=4$

$a=4$를 ㉠에 대입하면 $b=4$

따라서 $ab=4\times4=16$

6 직선 $y=ax+b$의 기울기가 1이므로 $a=1$

이차함수 $y=2x^2-3x+3$의 그래프와 직선 $y=x+b$가 접하므로 이차방정식 $2x^2-3x+3=x+b$, 즉 $2x^2-4x-b+3=0$이 중근을 갖는다.

이 이차방정식의 판별식을 D라 하면

$\frac{D}{4}=(-2)^2-2\times(-b-3)=0$

$2b-2=0$, $b=1$

따라서 $a+b=1+1=2$

7 $f(x)=x^2-4ax+8a+7=(x-2a)^2-4a^2+8a+7$

즉 $f(x)$는 $x=2a$일 때, 최솟값 $-4a^2+8a+7$을 가지므로

$g(a)=-4a^2+8a+7=-4(a-1)^2+11$

따라서 $g(a)$는 $a=1$에서 최댓값 11을 갖는다.

8 $y=-x^2+4x+3=-(x^2-4x+4)+7$

$=-(x-2)^2+7$

$-1\leq x\leq3$에서 $y=f(x)$의 그래프는 오른쪽 그림과 같고

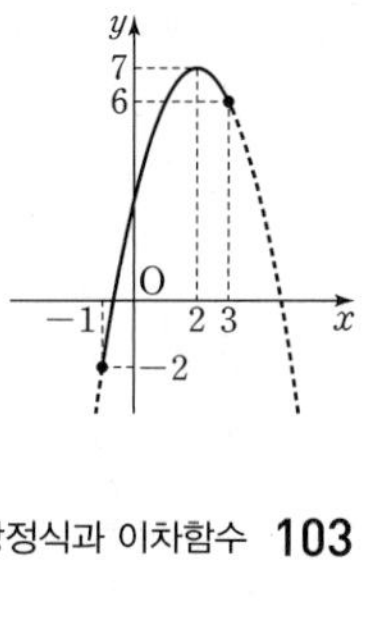

$f(-1)=-2$, $f(2)=7$, $f(3)=6$

따라서 $f(x)$의 최댓값은 7, 최솟값은 -2이므로 최댓값과 최솟값의 합은

$7-2=5$

9 $y=x^2-8x+13=(x-4)^2-3$이므로 이 이차함수가 $0\le x\le a$에서 최댓값 13, 최솟값 6을 가지려면 $x=0$에서 최댓값, $x=a$에서 최솟값을 가져야 한다.
즉 $a^2-8a+13=6$이어야 하므로
$a^2-8a+7=0$, $(a-1)(a-7)=0$
$a=1$ 또는 $a=7$
이때 $a=7$이면 주어진 이차함수는 $x=4$에서 최솟값 -3을 가지므로 $a\neq 7$
따라서 $a=1$

10 $y=2x+3$을 $2x^2+y^2$에 대입하면
$$2x^2+y^2=2x^2+(2x+3)^2$$
$$=6x^2+12x+9$$
$$=6(x+1)^2+3$$
따라서 $x=-1$일 때, 최솟값 3을 갖는다.

11 $4x-6z-x^2-y^2-z^2-3$
$=-(x^2-4x+4)-y^2-(z^2+6y+9)+10$
$=-(x-2)^2-y^2-(z+3)^2+10$
이때 x, y, z가 실수이므로
$-(x-2)^2\le 0$, $-y^2\le 0$, $-(z+3)^2\le 0$
즉
$4x-6z-x^2-y^2-z^2-3=-(x-2)^2-y^2-(z+3)^2+10$
≤ 10
따라서 주어진 식의 최댓값은 10이다.

12 $x^2-2x+3=t$로 놓으면
$t=x^2-2x+3=(x-1)^2+2$이므로 $t\ge 2$
주어진 함수는
$y=(x^2-2x+3)^2-4(x^2-2x+3)+k$
$=t^2-4t+k$
$=(t-2)^2+k-4$ $(t\ge 2)$
따라서 $t=2$일 때, 최솟값 $k-4$를 가지므로
$k-4=-6$
따라서 $k=-2$

13 방정식 $|x^2-4|=n$의 실근의 개수는 $y=|x^2-4|$의 그래프와 직선 $y=n$의 교점의 개수와 같다.
함수 $y=|x^2-4|$의 그래프는 함수 $y=x^2-4$의 그래프에서 $y\ge 0$인 부분은 그대로 두고, $y<0$인 부분을 x축에 대하여 대칭이동한 것이므로 오른쪽 그림과 같다.

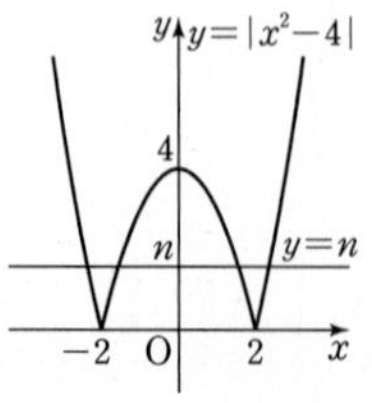

따라서 $y=|x^2-4|$의 그래프와 직선 $y=n$의 교점의 개수가 4이려면
$0<n<4$
이므로 자연수 n의 개수는 1, 2, 3의 3이다.

14 이차함수 $y=x^2-2x+2$의 그래프와 직선 $y=mx+n$의 교점의 x좌표는 이차방정식
$x^2-2x+2=mx+n$, 즉 $x^2-(m+2)x-n+2=0$ …… ㉠
의 실근과 같다.
이때 m, n이 유리수이므로 이차방정식 ㉠의 한 근이 $1+\sqrt{2}$이면 다른 한 근은 $1-\sqrt{2}$이다.
따라서 이차방정식의 근과 계수의 관계에 의하여
$(1+\sqrt{2})+(1-\sqrt{2})=m+2$
$(1+\sqrt{2})(1-\sqrt{2})=-n+2$
이므로 $m+2=2$, $-n+2=-1$
따라서 $m=0$, $n=3$이므로
$m+n=3$

15 텃밭의 세로의 길이를 x m, 가로의 길이를 y m라 하면 울타리의 길이가 120 m이므로
$3x+y=120$, 즉 $y=120-3x$
$x>0$, $y=120-3x>0$이므로
$0<x<40$
이때 전체 텃밭의 넓이를 S m^2라 하면
$S=xy=x(120-3x)$
$=-3x^2+120x$
$=-3(x-20)^2+1200$ $(0<x<40)$
따라서 S는 $x=20$일 때, 최댓값 1200을 가지므로 전체 텃밭의 넓이의 최댓값은 1200 m^2이다.

7 여러 가지 방정식

01 인수분해 공식을 이용한 삼 · 사차방정식의 풀이

본문 232쪽

1 (✎ 1, 1, -1, $\frac{1\pm\sqrt{3}i}{2}$)

2 $x=2$ 또는 $x=-1\pm\sqrt{3}i$

3 $x=-2$ 또는 $x=0$ 또는 $x=3$

4 $x=-1$ 또는 $x=1$ 또는 $x=2$

5 $x=-2$ 또는 $x=1$ 또는 $x=2$

6 $x=1$

7 $x=\pm i$ 또는 $x=-1$ 또는 $x=1$

8 $x=\pm 2i$ 또는 $x=-2$ 또는 $x=2$

9 $x=-1$ 또는 $x=0$ 또는 $x=2$

10 $x=-\frac{1}{2}$ 또는 $x=0$ 또는 $x=\pm i$

11 (✎ 2, 2, 2, 2, 2)

12 $a=-5$, $x=-5$ 또는 $x=1$

13 $a=-4$, $x=-2$ 또는 $x=-1$

14 $a=12$, $x=2$ 또는 $x=3$

2 $x^3-8=0$에서 $x^3-2^3=0$
$(x-2)(x^2+2x+4)=0$
따라서 $x=2$ 또는 $x=-1\pm\sqrt{3}i$

3 $x^3-x^2-6x=0$에서
$x(x^2-x-6)=0$, $x(x+2)(x-3)=0$
따라서 $x=-2$ 또는 $x=0$ 또는 $x=3$

4 $x^3-2x^2-x+2=0$에서
$x^2(x-2)-(x-2)=0$
$(x-2)(x^2-1)=0$
$(x-2)(x+1)(x-1)=0$
따라서 $x=-1$ 또는 $x=1$ 또는 $x=2$

5 $x^3-x^2-4x+4=0$에서
$x^2(x-1)-4(x-1)=0$
$(x-1)(x^2-4)=0$
$(x-1)(x+2)(x-2)=0$
따라서 $x=-2$ 또는 $x=1$ 또는 $x=2$

6 $x^3-3x^2+3x-1=0$에서
$(x-1)^3=0$
따라서 $x=1$

7 $x^4-1=0$에서
$(x^2+1)(x^2-1)=0$
$(x^2+1)(x+1)(x-1)=0$
따라서 $x=\pm i$ 또는 $x=-1$ 또는 $x=1$

8 $x^4-16=0$에서
$(x^2+4)(x^2-4)=0$
$(x^2+4)(x+2)(x-2)=0$
따라서 $x=\pm 2i$ 또는 $x=-2$ 또는 $x=2$

9 $x^4-x^3-2x^2=0$에서
$x^2(x^2-x-2)=0$
$x^2(x+1)(x-2)=0$
따라서 $x=-1$ 또는 $x=0$ 또는 $x=2$

10 $2x^4+x^3+2x^2+x=0$에서
$2x^2(x^2+1)+x(x^2+1)=0$
$(2x^2+x)(x^2+1)=0$
$x(2x+1)(x^2+1)=0$
따라서 $x=-\frac{1}{2}$ 또는 $x=0$ 또는 $x=\pm i$

12 방정식의 한 근이 $x=-1$이므로
$-1+5+1+a=0$에서 $a=-5$
즉 주어진 방정식은 $x^3+5x^2-x-5=0$이므로
좌변을 인수분해하면
$x^2(x+5)-(x+5)=0$
$(x+5)(x^2-1)=0$
$(x+5)(x+1)(x-1)=0$
따라서 $x=-5$ 또는 $x=-1$ 또는 $x=1$이므로
나머지 두 근은 $x=-5$ 또는 $x=1$

13 방정식의 한 근이 $x=2$이므로
$8+4-8+a=0$에서 $a=-4$
즉 주어진 방정식은 $x^3+x^2-4x-4=0$이므로
좌변을 인수분해하면
$x^2(x+1)-4(x+1)=0$
$(x+1)(x^2-4)=0$
$(x+1)(x+2)(x-2)=0$
따라서 $x=-2$ 또는 $x=-1$ 또는 $x=2$이므로
나머지 두 근은 $x=-2$ 또는 $x=-1$

14 방정식의 한 근이 $x=-2$이므로
$-8-12+8+a=0$에서 $a=12$
즉 주어진 방정식은 $x^3-3x^2-4x+12=0$이므로
좌변을 인수분해하면
$x^2(x-3)-4(x-3)=0$
$(x-3)(x^2-4)=0$
$(x-3)(x+2)(x-2)=0$
따라서 $x=-2$ 또는 $x=2$ 또는 $x=3$이므로
나머지 두 근은 $x=2$ 또는 $x=3$

02

본문 234쪽

인수 정리를 이용한 삼 · 사차방정식의 풀이

원리확인

1, -1, -2, x^2-x-2, $x-2$, 2

1 (✎ 1, 3, -10, $x^2+3x-10$, $x+5$, $x+5$, -5)

2 $x=-1$ 또는 $x=-2\pm\sqrt{10}$

3 $x=1$ 또는 $x=\dfrac{-3\pm\sqrt{17}}{2}$

4 $x=-2$ 또는 $x=1$

5 $x=-4$ 또는 $x=1$

6 $x=-\dfrac{2}{3}$ 또는 $x=0$ 또는 $x=1$ 또는 $x=2$

7 $x=-3$ 또는 $x=-2$ 또는 $x=1$ 또는 $x=2$

8 $x=1$ 또는 $x=2$ 또는 $x=\dfrac{3\pm\sqrt{5}}{2}$

9 (✎ -6, 6, 0, -4, -5, x^2-4x-5, $x-5$, $x-5$, 5)

10 $a=-3$, $x=3$ 또는 $x=4$

11 $a=-4$, $x=\dfrac{-7\pm\sqrt{33}}{8}$

12 $a=3$, $x=2$ 또는 $x=\dfrac{-3\pm\sqrt{11}i}{2}$

13 $a=2$, $x=-2$ 또는 $x=\pm\dfrac{\sqrt{2}}{2}$

☺ $x-\alpha$

14 ④

2 $f(x)=x^3+5x^2-2x-6$으로 놓으면

$f(-1)=-1+5+2-6=0$이므로 조립제법을 이용하여 $f(x)$를 인수분해하면

-1	1	5	-2	-6
		-1	-4	6
	1	4	-6	0

$f(x)=(x+1)(x^2+4x-6)$

즉 주어진 방정식은 $(x+1)(x^2+4x-6)=0$이므로

$x=-1$ 또는 $x=-2\pm\sqrt{10}$

3 $f(x)=x^3+2x^2-5x+2$로 놓으면

$f(1)=1+2-5+2=0$이므로 조립제법을 이용하여 $f(x)$를 인수분해하면

1	1	2	-5	2
		1	3	-2
	1	3	-2	0

$f(x)=(x-1)(x^2+3x-2)$

즉 주어진 방정식은 $(x-1)(x^2+3x-2)=0$이므로

$x=1$ 또는 $x=\dfrac{-3\pm\sqrt{17}}{2}$

4 $f(x)=x^3-3x+2$로 놓으면

$f(1)=1-3+2=0$이므로 조립제법을 이용하여 $f(x)$를 인수분해하면

1	1	0	-3	2
		1	1	-2
	1	1	-2	0

$f(x)=(x-1)(x^2+x-2)$

$\quad=(x-1)^2(x+2)$

즉 주어진 방정식은 $(x-1)^2(x+2)=0$이므로

$x=-2$ 또는 $x=1$

5 $f(x)=x^3+2x^2-7x+4$로 놓으면

$f(1)=1+2-7+4=0$이므로 조립제법을 이용하여 $f(x)$를 인수분해하면

1	1	2	-7	4
		1	3	-4
	1	3	-4	0

$f(x)=(x-1)(x^2+3x-4)$

$\quad=(x-1)^2(x+4)$

즉 주어진 방정식은 $(x-1)^2(x+4)=0$이므로

$x=-4$ 또는 $x=1$

6 $3x^4-7x^3+4x=0$에서 $x(3x^3-7x^2+4)=0$

$f(x)=3x^3-7x^2+4$로 놓으면

$f(1)=3-7+4=0$이므로 조립제법을 이용하여 $f(x)$를 인수분해하면

1	3	-7	0	4
		3	-4	-4
	3	-4	-4	0

$f(x)=(x-1)(3x^2-4x-4)$

$\quad=(x-1)(3x+2)(x-2)$

즉 주어진 방정식은 $x(x-1)(3x+2)(x-2)=0$이므로

$x=-\dfrac{2}{3}$ 또는 $x=0$ 또는 $x=1$ 또는 $x=2$

7 $f(x)=x^4+2x^3-7x^2-8x+12$로 놓으면

$f(1)=0$, $f(2)=0$이므로 조립제법을 이용하여 $f(x)$를 인수분해하면

1	1	2	-7	-8	12
		1	3	-4	-12
2	1	3	-4	-12	0
		2	10	12	
	1	5	6	0	

$f(x)=(x-1)(x-2)(x^2+5x+6)$

$\quad=(x-1)(x-2)(x+2)(x+3)$

즉 주어진 방정식은 $(x-1)(x-2)(x+2)(x+3)=0$이므로

$x=-3$ 또는 $x=-2$ 또는 $x=1$ 또는 $x=2$

8 $f(x)=x^4-6x^3+12x^2-9x+2$로 놓으면

$f(1)=0$, $f(2)=0$이므로 조립제법을 이용하여 $f(x)$를 인수분해하면

1	1	-6	12	-9	2
		1	-5	7	-2
2	1	-5	7	-2	0
		2	-6	2	
	1	-3	1	0	

$f(x)=(x-1)(x-2)(x^2-3x+1)$

즉 주어진 방정식은 $(x-1)(x-2)(x^2-3x+1)=0$이므로

$x=1$ 또는 $x=2$ 또는 $x=\dfrac{3\pm\sqrt{5}}{2}$

10 주어진 방정식의 한 근이 $x=-1$이므로

$-1+2a-(a+8)+12=0$에서 $a=-3$

즉 주어진 방정식은 $x^3-6x^2+5x+12=0$이고

$f(x)=x^3-6x^2+5x+12$로 놓으면

$f(-1)=0$이므로 조립제법을 이용하여 $f(x)$를 인수분해하면

-1	1	-6	5	12
		-1	7	-12
	1	-7	12	0

$f(x)=(x+1)(x^2-7x+12)$

$\quad=(x+1)(x-3)(x-4)$

따라서 주어진 방정식은 $(x+1)(x-3)(x-4)=0$이므로

나머지 두 근은 $x=3$ 또는 $x=4$

11 주어진 방정식의 한 근이 $x=2$이므로

$8a+4+2(1-3a)+2=0$에서 $a=-4$

즉 주어진 방정식은 $-4x^3+x^2+13x+2=0$, 즉

$4x^3-x^2-13x-2=0$이고

$f(x)=4x^3-x^2-13x-2$로 놓으면

$f(2)=0$이므로 조립제법을 이용하여 $f(x)$를 인수분해하면

2	4	-1	-13	-2
		8	14	2
	4	7	1	0

$f(x)=(x-2)(4x^2+7x+1)$

따라서 주어진 방정식은 $(x-2)(4x^2+7x+1)=0$이므로

나머지 두 근은 $x=\dfrac{-7\pm\sqrt{33}}{8}$

12 주어진 방정식의 한 근이 $x=-1$이므로

$1-a+1+3a+2-10=0$에서 $a=3$

즉 주어진 방정식은 $x^4+2x^3-11x-10=0$이고

$f(x)=x^4+2x^3-11x-10$으로 놓으면

$f(-1)=0$, $f(2)=0$이므로 조립제법을 이용하여 $f(x)$를 인수분해하면

-1	1	2	0	-11	-10
		-1	-1	1	10
2	1	1	-1	-10	0
		2	6	10	
	1	3	5	0	

$f(x)=(x+1)(x-2)(x^2+3x+5)$

따라서 주어진 방정식은 $(x+1)(x-2)(x^2+3x+5)=0$이므로

나머지 세 근은 $x=2$ 또는 $x=\dfrac{-3\pm\sqrt{11}i}{2}$

13 주어진 방정식의 한 근이 $x=1$이므로

$2+a-5-1+2=0$에서 $a=2$

즉 주어진 방정식은 $2x^4+2x^3-5x^2-x+2=0$이고

$f(x)=2x^4+2x^3-5x^2-x+2$로 놓으면

$f(1)=0$, $f(-2)=0$이므로 조립제법을 이용하여 $f(x)$를 인수분해하면

1	2	2	-5	-1	2
		2	4	-1	-2
-2	2	4	-1	-2	0
		-4	0	2	
	2	0	-1	0	

$f(x)=(x-1)(x+2)(2x^2-1)$

따라서 주어진 방정식은 $(x-1)(x+2)(2x^2-1)=0$이므로

나머지 세 근은 $x=-2$ 또는 $x=\pm\dfrac{\sqrt{2}}{2}$

14 주어진 방정식의 한 근이 $x=-2$이므로

$-8+4a-4a+a^2-1=0$에서 $a^2=9$

$a>0$이므로 $a=3$

즉 주어진 방정식은 $x^3+3x^2+6x+8=0$이고

$f(x)=x^3+3x^2+6x+8$로 놓으면

$f(-2)=0$이므로 조립제법을 이용하여 $f(x)$를 인수분해하면

-2	1	3	6	8
		-2	-2	-8
	1	1	4	0

$f(x)=(x+2)(x^2+x+4)$

이때 주어진 방정식은 $(x+2)(x^2+x+4)=0$이고 α, β는 이차방정식 $x^2+x+4=0$의 두 근이므로 이차방정식의 근과 계수의 관계에 의하여

$\alpha+\beta=-1$

따라서 $a+\alpha+\beta=3-1=2$

03 공통부분이 있는 방정식과 복이차방정식의 풀이

본문 236쪽

1 (✎ x^2+3x, 4, 4, -2, 4, 1, -2, 1)

2 $x=1$ 또는 $x=2$ 또는 $x=3$ 또는 $x=4$

3 $x=-1\pm\sqrt{7}i$ 또는 $x=-2$ 또는 $x=0$

4 $x=\frac{-5\pm\sqrt{3}i}{2}$ 또는 $x=\frac{-5\pm\sqrt{13}}{2}$

5 $x=-3$ 또는 $x=2$ 또는 $x=\frac{-1\pm\sqrt{33}}{2}$

6 (✎ x^2, X^2, 3, $\pm2i$, 3, 3, $\pm\sqrt{3}$, $\pm2i$, $\pm\sqrt{3}$)

7 $x=\pm\sqrt{5}i$ 또는 $x=\pm\sqrt{2}$

8 $x=\pm\sqrt{3}i$ 또는 $x=\pm\frac{1}{2}$

9 $x=\pm\sqrt{2}$ 또는 $x=\pm\sqrt{3}$

10 $x=\pm\sqrt{3}$ 또는 $x=\pm2$

11 (✎ x^2, x, x, x, x, x, $\frac{-1\pm\sqrt{17}}{2}$, $\frac{1\pm\sqrt{17}}{2}$)

12 $x=-1\pm\sqrt{2}i$ 또는 $x=1\pm\sqrt{2}i$

13 $x=\frac{-3\pm\sqrt{13}}{2}$ 또는 $x=\frac{3\pm\sqrt{13}}{2}$

14 $x=-1\pm2i$ 또는 $x=1\pm2i$

15 $x=-1\pm i$ 또는 $x=1\pm i$

16 $x=\frac{-3\pm\sqrt{7}i}{2}$ 또는 $x=\frac{3\pm\sqrt{7}i}{2}$

2 $x^2-5x=X$로 놓으면
$X^2+10X+24=0$, $(X+6)(X+4)=0$이므로
$X=-6$ 또는 $X=-4$
(i) $X=-6$일 때
$x^2-5x+6=0$에서 $(x-2)(x-3)=0$이므로
$x=2$ 또는 $x=3$
(ii) $X=-4$일 때
$x^2-5x+4=0$에서 $(x-1)(x-4)=0$이므로
$x=1$ 또는 $x=4$
(i), (ii)에서 $x=1$ 또는 $x=2$ 또는 $x=3$ 또는 $x=4$

3 $x^2+2x=X$로 놓으면
$(X+3)(X+5)-15=0$, $X^2+8X=0$
$X(X+8)=0$이므로
$X=-8$ 또는 $X=0$
(i) $X=-8$일 때
$x^2+2x+8=0$에서 $x=-1\pm\sqrt{7}i$
(ii) $X=0$일 때
$x^2+2x=0$에서 $x(x+2)=0$이므로
$x=-2$ 또는 $x=0$
(i), (ii)에서 $x=-1\pm\sqrt{7}i$ 또는 $x=-2$ 또는 $x=0$

4 $\{(x+1)(x+4)\}\{(x+2)(x+3)\}-3=0$에서
$(x^2+5x+4)(x^2+5x+6)-3=0$
$x^2+5x=X$로 놓으면
$(X+4)(X+6)-3=0$, $X^2+10X+21=0$
$(X+7)(X+3)=0$이므로
$X=-7$ 또는 $X=-3$
(i) $X=-7$일 때
$x^2+5x+7=0$에서 $x=\frac{-5\pm\sqrt{3}i}{2}$
(ii) $X=-3$일 때
$x^2+5x+3=0$에서 $x=\frac{-5\pm\sqrt{13}}{2}$
(i), (ii)에서 $x=\frac{-5\pm\sqrt{3}i}{2}$ 또는 $x=\frac{-5\pm\sqrt{13}}{2}$

5 $\{(x-3)(x+4)\}\{(x-1)(x+2)\}+24=0$에서
$(x^2+x-12)(x^2+x-2)+24=0$
$x^2+x=X$로 놓으면
$(X-12)(X-2)+24=0$
$X^2-14X+48=0$, $(X-6)(X-8)=0$이므로
$X=6$ 또는 $X=8$
(i) $X=6$일 때
$x^2+x-6=0$에서 $(x+3)(x-2)=0$이므로
$x=-3$ 또는 $x=2$
(ii) $X=8$일 때
$x^2+x-8=0$에서 $x=\frac{-1\pm\sqrt{33}}{2}$
(i), (ii)에서 $x=-3$ 또는 $x=2$ 또는 $x=\frac{-1\pm\sqrt{33}}{2}$

7 $x^2=X$로 놓으면
$X^2+3X-10=0$, $(X+5)(X-2)=0$이므로
$X=-5$ 또는 $X=2$
(i) $X=-5$일 때, $x^2=-5$에서 $x=\pm\sqrt{5}i$
(ii) $X=2$일 때, $x^2=2$에서 $x=\pm\sqrt{2}$
(i), (ii)에서 $x=\pm\sqrt{5}i$ 또는 $x=\pm\sqrt{2}$

8 $x^2=X$로 놓으면
$4X^2+11X-3=0$, $(X+3)(4X-1)=0$이므로
$X=-3$ 또는 $X=\frac{1}{4}$
(i) $X=-3$일 때, $x^2=-3$에서 $x=\pm\sqrt{3}i$
(ii) $X=\frac{1}{4}$일 때, $x^2=\frac{1}{4}$에서 $x=\pm\frac{1}{2}$
(i), (ii)에서 $x=\pm\sqrt{3}i$ 또는 $x=\pm\frac{1}{2}$

9 $x^2=X$로 놓으면
$X^2-5X+6=0$, $(X-2)(X-3)=0$이므로
$X=2$ 또는 $X=3$
(i) $X=2$일 때, $x^2=2$에서 $x=\pm\sqrt{2}$
(ii) $X=3$일 때, $x^2=3$에서 $x=\pm\sqrt{3}$
(i), (ii)에서 $x=\pm\sqrt{2}$ 또는 $x=\pm\sqrt{3}$

10 $x^2=X$로 놓으면
$X^2-7X+12=0$, $(X-3)(X-4)=0$이므로
$X=3$ 또는 $X=4$
(i) $X=3$일 때, $x^2=3$에서 $x=\pm\sqrt{3}$
(ii) $X=4$일 때, $x^2=4$에서 $x=\pm 2$
(i), (ii)에서 $x=\pm\sqrt{3}$ 또는 $x=\pm 2$

12 $x^4+2x^2+9=0$에서
$(x^4+6x^2+9)-4x^2=0$
$(x^2+3)^2-(2x)^2=0$
$(x^2+3+2x)(x^2+3-2x)=0$이므로
$x^2+2x+3=0$ 또는 $x^2-2x+3=0$
따라서 구하는 해는
$x=-1\pm\sqrt{2}i$ 또는 $x=1\pm\sqrt{2}i$

13 $x^4-11x^2+1=0$에서
$(x^4-2x^2+1)-9x^2=0$
$(x^2-1)^2-(3x)^2=0$
$(x^2-1+3x)(x^2-1-3x)=0$이므로
$x^2+3x-1=0$ 또는 $x^2-3x-1=0$
따라서 구하는 해는
$x=\frac{-3\pm\sqrt{13}}{2}$ 또는 $x=\frac{3\pm\sqrt{13}}{2}$

14 $x^4+6x^2+25=0$에서
$(x^4+10x^2+25)-4x^2=0$
$(x^2+5)^2-(2x)^2=0$
$(x^2+5+2x)(x^2+5-2x)=0$이므로
$x^2+2x+5=0$ 또는 $x^2-2x+5=0$
따라서 구하는 해는
$x=-1\pm 2i$ 또는 $x=1\pm 2i$

15 $x^4+4=0$에서
$(x^4+4x^2+4)-4x^2=0$
$(x^2+2)^2-(2x)^2=0$
$(x^2+2+2x)(x^2+2-2x)=0$이므로
$x^2+2x+2=0$ 또는 $x^2-2x+2=0$
따라서 구하는 해는
$x=-1\pm i$ 또는 $x=1\pm i$

16 $x^4-x^2+16=0$에서
$(x^4+8x^2+16)-9x^2=0$
$(x^2+4)^2-(3x)^2=0$
$(x^2+4+3x)(x^2+4-3x)=0$이므로
$x^2+3x+4=0$ 또는 $x^2-3x+4=0$
따라서 구하는 해는
$x=\frac{-3\pm\sqrt{7}i}{2}$ 또는 $x=\frac{3\pm\sqrt{7}i}{2}$

04 상반방정식의 풀이

본문 238쪽

1 (✎ 6, $x+\frac{1}{x}$, $x+\frac{1}{x}$, $-3\pm2\sqrt{2}$, $\frac{1\pm\sqrt{3}i}{2}$, $-3\pm2\sqrt{2}$, $\frac{1\pm\sqrt{3}i}{2}$)

2 $x=\frac{-5\pm\sqrt{21}}{2}$ 또는 $x=\frac{1\pm\sqrt{3}i}{2}$

3 $x=-2\pm\sqrt{3}$ 또는 $x=\frac{-1\pm\sqrt{3}i}{2}$

4 $x=\frac{-3\pm\sqrt{5}}{2}$ 또는 $x=-4\pm\sqrt{15}$

5 $x=-1$

6 $x=1$ 또는 $x=\frac{5\pm\sqrt{21}}{2}$

7 $x=\frac{-3\pm\sqrt{5}}{2}$ 또는 $x=3\pm2\sqrt{2}$

8 $x=\frac{-1\pm\sqrt{3}i}{2}$

9 $x=-2\pm\sqrt{3}$ 또는 $x=1$

10 $x=\frac{3\pm\sqrt{5}}{2}$

11 $x=-1$ 또는 $x=\frac{7\pm3\sqrt{5}}{2}$

2 $x\neq0$이므로 주어진 방정식의 양변을 x^2으로 나누면
$x^2+4x-3+\frac{4}{x}+\frac{1}{x^2}=0$
$\left(x+\frac{1}{x}\right)^2+4\left(x+\frac{1}{x}\right)-5=0$
$x+\frac{1}{x}=X$로 놓으면 $X^2+4X-5=0$
$(X+5)(X-1)=0$이므로
$X=-5$ 또는 $X=1$
(i) $X=-5$일 때, $x+\frac{1}{x}=-5$에서
$x^2+5x+1=0$이므로 $x=\frac{-5\pm\sqrt{21}}{2}$
(ii) $X=1$일 때, $x+\frac{1}{x}=1$에서
$x^2-x+1=0$이므로 $x=\frac{1\pm\sqrt{3}i}{2}$
(i), (ii)에서 $x=\frac{-5\pm\sqrt{21}}{2}$ 또는 $x=\frac{1\pm\sqrt{3}i}{2}$

3 $x\neq0$이므로 주어진 방정식의 양변을 x^2으로 나누면
$x^2+5x+6+\frac{5}{x}+\frac{1}{x^2}=0$
$\left(x+\frac{1}{x}\right)^2+5\left(x+\frac{1}{x}\right)+4=0$
$x+\frac{1}{x}=X$로 놓으면 $X^2+5X+4=0$
$(X+4)(X+1)=0$이므로
$X=-4$ 또는 $X=-1$
(i) $X=-4$일 때, $x+\frac{1}{x}=-4$에서
$x^2+4x+1=0$이므로 $x=-2\pm\sqrt{3}$

(ⅱ) $X=-1$일 때, $x+\frac{1}{x}=-1$에서

$x^2+x+1=0$이므로 $x=\frac{-1\pm\sqrt{3}i}{2}$

(ⅰ), (ⅱ)에서 $x=-2\pm\sqrt{3}$ 또는 $x=\frac{-1\pm\sqrt{3}i}{2}$

4 $x\neq0$이므로 주어진 방정식의 양변을 x^2으로 나누면

$x^2+11x+26+\frac{11}{x}+\frac{1}{x^2}=0$

$\left(x+\frac{1}{x}\right)^2+11\left(x+\frac{1}{x}\right)+24=0$

$x+\frac{1}{x}=X$로 놓으면 $X^2+11X+24=0$

$(X+3)(X+8)=0$이므로

$X=-3$ 또는 $X=-8$

(ⅰ) $X=-3$일 때, $x+\frac{1}{x}=-3$에서

$x^2+3x+1=0$이므로 $x=\frac{-3\pm\sqrt{5}}{2}$

(ⅱ) $X=-8$일 때, $x+\frac{1}{x}=-8$에서

$x^2+8x+1=0$이므로 $x=-4\pm\sqrt{15}$

(ⅰ), (ⅱ)에서 $x=\frac{-3\pm\sqrt{5}}{2}$ 또는 $x=-4\pm\sqrt{15}$

5 $x\neq0$이므로 주어진 방정식의 양변을 x^2으로 나누면

$x^2+4x+6+\frac{4}{x}+\frac{1}{x^2}=0$

$\left(x+\frac{1}{x}\right)^2+4\left(x+\frac{1}{x}\right)+4=0$

$x+\frac{1}{x}=X$로 놓으면 $X^2+4X+4=0$

$(X+2)^2=0$이므로 $X=-2$

즉 $x+\frac{1}{x}=-2$이므로 $x^2+2x+1=0$

$(x+1)^2=0$

따라서 $x=-1$

6 $x\neq0$이므로 주어진 방정식의 양변을 x^2으로 나누면

$x^2-7x+12-\frac{7}{x}+\frac{1}{x^2}=0$

$\left(x+\frac{1}{x}\right)^2-7\left(x+\frac{1}{x}\right)+10=0$

$x+\frac{1}{x}=X$로 놓으면 $X^2-7X+10=0$

$(X-2)(X-5)=0$이므로

$X=2$ 또는 $X=5$

(ⅰ) $X=2$일 때, $x+\frac{1}{x}=2$에서

$x^2-2x+1=0$, $(x-1)^2=0$이므로 $x=1$

(ⅱ) $X=5$일 때, $x+\frac{1}{x}=5$에서

$x^2-5x+1=0$이므로 $x=\frac{5\pm\sqrt{21}}{2}$

(ⅰ), (ⅱ)에서 $x=1$ 또는 $x=\frac{5\pm\sqrt{21}}{2}$

7 $x\neq0$이므로 주어진 방정식의 양변을 x^2으로 나누면

$x^2-3x-16-\frac{3}{x}+\frac{1}{x^2}=0$

$\left(x+\frac{1}{x}\right)^2-3\left(x+\frac{1}{x}\right)-18=0$

$x+\frac{1}{x}=X$로 놓으면 $X^2-3X-18=0$

$(X+3)(X-6)=0$이므로

$X=-3$ 또는 $X=6$

(ⅰ) $X=-3$일 때, $x+\frac{1}{x}=-3$에서

$x^2+3x+1=0$이므로 $x=\frac{-3\pm\sqrt{5}}{2}$

(ⅱ) $X=6$일 때, $x+\frac{1}{x}-6$에서

$x^2-6x+1=0$이므로 $x=3\pm2\sqrt{2}$

(ⅰ), (ⅱ)에서 $x=\frac{-3\pm\sqrt{5}}{2}$ 또는 $x=3\pm2\sqrt{2}$

8 $x\neq0$이므로 주어진 방정식의 양변을 x^2으로 나누면

$x^2+2x+3+\frac{2}{x}+\frac{1}{x^2}=0$

$\left(x+\frac{1}{x}\right)^2+2\left(x+\frac{1}{x}\right)+1=0$

$x+\frac{1}{x}=X$로 놓으면 $X^2+2X+1=0$

$(X+1)^2=0$이므로 $X=-1$

즉 $x+\frac{1}{x}=-1$이므로 $x^2+x+1=0$

따라서 $x=\frac{-1\pm\sqrt{3}i}{2}$

9 $x\neq0$이므로 주어진 방정식의 양변을 x^2으로 나누면

$x^2+2x-6+\frac{2}{x}+\frac{1}{x^2}=0$

$\left(x+\frac{1}{x}\right)^2+2\left(x+\frac{1}{x}\right)-8=0$

$x+\frac{1}{x}=X$로 놓으면 $X^2+2X-8=0$

$(X+4)(X-2)=0$이므로

$X=-4$ 또는 $X=2$

(ⅰ) $X=-4$일 때, $x+\frac{1}{x}=-4$에서

$x^2+4x+1=0$이므로 $x=-2\pm\sqrt{3}$

(ⅱ) $X=2$일 때, $x+\frac{1}{x}=2$에서

$x^2-2x+1=0$, $(x-1)^2=0$이므로 $x=1$

(ⅰ), (ⅱ)에서 $x=-2\pm\sqrt{3}$ 또는 $x=1$

10 $x\neq0$이므로 주어진 방정식의 양변을 x^2으로 나누면

$x^2-6x+11-\frac{6}{x}+\frac{1}{x^2}=0$

$\left(x+\frac{1}{x}\right)^2-6\left(x+\frac{1}{x}\right)+9=0$

$x+\frac{1}{x}=X$로 놓으면 $X^2-6X+9=0$

$(X-3)^2=0$이므로 $X=3$

즉 $x+\frac{1}{x}=3$이므로 $x^2-3x+1=0$

따라서 $x=\frac{3\pm\sqrt{5}}{2}$

11 $x\neq0$이므로 주어진 방정식의 양변을 x^2으로 나누면

$x^2-5x-12-\frac{5}{x}+\frac{1}{x^2}=0$

$\left(x+\frac{1}{x}\right)^2-5\left(x+\frac{1}{x}\right)-14=0$

$x+\frac{1}{x}=X$로 놓으면 $X^2-5X-14=0$

$(X+2)(X-7)=0$이므로

$X=-2$ 또는 $X=7$

(i) $X=-2$일 때, $x+\frac{1}{x}=-2$에서

$x^2+2x+1=0$, $(x+1)^2=0$이므로 $x=-1$

(ii) $X=7$일 때, $x+\frac{1}{x}=7$에서

$x^2-7x+1=0$이므로 $x=\frac{7\pm3\sqrt{5}}{2}$

(i), (ii)에서 $x=-1$ 또는 $x=\frac{7\pm3\sqrt{5}}{2}$

TEST 개념 확인

본문 240쪽

1 ③	2 ③	3 ⑤	4 $x=1\pm\sqrt{2}$
5 ②	6 ④	7 -1	8 ③
9 ③	10 $2\sqrt{6}$	11 ④	12 ④

1 $x^3+2x^2-x-2=0$에서

$x^2(x+2)-(x+2)=0$

$(x+2)(x^2-1)=0$

$(x+2)(x+1)(x-1)=0$이므로

$x=-2$ 또는 $x=-1$ 또는 $x=1$

따라서 $\alpha=1$, $\beta=-2$이므로 $\alpha+\beta=-1$

2 $3x^4+x^3+3x^2+x=0$에서

$x^3(3x+1)+x(3x+1)=0$

$(x^3+x)(3x+1)=0$

$x(x^2+1)(3x+1)=0$이므로

$x=-\frac{1}{3}$ 또는 $x=0$ 또는 $x=\pm i$

따라서 주어진 방정식의 모든 실근의 합은

$-\frac{1}{3}+0=-\frac{1}{3}$

3 주어진 방정식의 한 근이 $x=4$이므로

$64-64+4k-8=0$에서 $k=2$

즉 주어진 방정식은 $x^3-4x^2+2x-8=0$이므로 좌변을 인수분해하면

$x^2(x-4)+2(x-4)=0$

$(x-4)(x^2+2)=0$

이때 주어진 방정식의 나머지 두 근은 이차방정식 $x^2+2=0$의 두 근이므로 이차방정식의 근과 계수의 관계에 의하여 $\alpha\beta=2$

따라서 $k\alpha\beta=2\times2=4$

4 주어진 방정식의 한 근이 $x=-1$이므로

$-1+a+3-1=0$에서 $a=-1$

즉 주어진 방정식은 $x^3-x^2-3x-1=0$이고

$f(x)=x^3-x^2-3x-1$로 놓으면 $f(-1)=0$이므로 조립제법을 이용하여 $f(x)$를 인수분해하면

-1	1	-1	-3	-1
		-1	2	1
	1	-2	-1	0

$f(x)=(x+1)(x^2-2x-1)$

이때 주어진 방정식은 $(x+1)(x^2-2x-1)=0$이므로

$x=-1$ 또는 $x=1\pm\sqrt{2}$

따라서 나머지 두 근은 $x=1\pm\sqrt{2}$

5 $f(x)=x^4+3x^3+3x^2-x-6$으로 놓으면

$f(1)=1+3+3-1-6=0$,

$f(-2)=16-24+12+2-6=0$

이므로 조립제법을 이용하여 $f(x)$를 인수분해하면

1	1	3	3	-1	-6
		1	4	7	6
-2	1	4	7	6	0
		-2	-4	-6	
	1	2	3	0	

$f(x)=(x-1)(x+2)(x^2+2x+3)$

이때 α, β는 이차방정식 $x^2+2x+3=0$의 두 근이므로 이차방정식의 근과 계수의 관계에 의하여

$\alpha+\beta=-2$, $\alpha\beta=3$

따라서 $\alpha^2+\beta^2=(\alpha+\beta)^2-2\alpha\beta=(-2)^2-2\times3=-2$

6 주어진 방정식의 한 근이 $x=2$이므로

$8-16+2a-6=0$에서 $a=7$

즉 주어진 방정식은 $x^3-4x^2+7x-6=0$이고

$f(x)=x^3-4x^2+7x-6$으로 놓으면 $f(2)=0$이므로 조립제법을 이용하여 $f(x)$를 인수분해하면

2	1	-4	7	-6
		2	-4	6
	1	-2	3	0

$f(x)=(x-2)(x^2-2x+3)$

이때 주어진 방정식의 나머지 두 근은 이차방정식 $x^2-2x+3=0$의 두 근이므로 이차방정식의 근과 계수의 관계에 의하여 두 근의 합은 2이다.

7 $x^2+x=X$로 놓으면 $X^2-2X-8=0$

$(X+2)(X-4)=0$이므로

$X=-2$ 또는 $X=4$

(i) $X=-2$일 때

$x^2+x+2=0$이므로 $x=\frac{-1\pm\sqrt{7}i}{2}$

(ii) $X=4$일 때

$x^2+x-4=0$이므로 $x=\frac{-1\pm\sqrt{17}}{2}$

(i), (ii)에서 $x=\frac{-1\pm\sqrt{7}i}{2}$ 또는 $x=\frac{-1\pm\sqrt{17}}{2}$

따라서 주어진 방정식의 모든 실근의 합은

$\frac{-1+\sqrt{17}}{2}+\frac{-1-\sqrt{17}}{2}=-1$

8 $(x-2)(x+1)(x+3)(x+6)+26=0$에서

$\{(x-2)(x+6)\}\{(x+1)(x+3)\}+26=0$

$(x^2+4x-12)(x^2+4x+3)+26=0$

$x^2+4x=X$로 놓으면

$(X-12)(X+3)+26=0$, $X^2-9X-10=0$

$(X+1)(X-10)=0$이므로

$X=-1$ 또는 $X=10$

(i) $X=-1$일 때

$x^2+4x+1=0$이므로 이차방정식의 근과 계수의 관계에 의하여 두 근의 합은 -4이다.

(ii) $X=10$일 때

$x^2+4x-10=0$이므로 이차방정식의 근과 계수의 관계에 의하여 두 근의 합은 -4이다.

(i), (ii)에서 모든 근의 합은 -8이다.

9 주어진 방정식의 한 근이 $x=1$이므로

$1+2+a=0$에서 $a=-3$

즉 주어진 방정식은 $x^4+2x^2-3=0$

$x^2=X$로 놓으면

$X^2+2X-3=0$에서 $(X+3)(X-1)=0$이므로

$X=-3$ 또는 $X=1$

(i) $X=-3$일 때

$x^2=-3$이므로 $x=\pm\sqrt{3}i$

(ii) $X=1$일 때

$x^2=1$이므로 $x=\pm1$

(i), (ii)에서 $x=\pm\sqrt{3}i$ 또는 $x=\pm1$

따라서 이 방정식의 허근은 ③이다.

10 $x^4-14x^2+25=0$에서

$(x^4-10x^2+25)-4x^2=0$

$(x^2-5)^2-(2x)^2=0$

$(x^2-5+2x)(x^2-5-2x)=0$이므로

$x^2+2x-5=0$ 또는 $x^2-2x-5=0$

따라서 $x=-1\pm\sqrt{6}$ 또는 $x=1\pm\sqrt{6}$

이때 주어진 방정식의 양의 근은 $-1+\sqrt{6}$, $1+\sqrt{6}$이므로

$\alpha+\beta=2\sqrt{6}$

11 $x\neq0$이므로 주어진 방정식의 양변을 x^2으로 나누면

$x^2-2x-1-\frac{2}{x}+\frac{1}{x^2}=0$

$\left(x+\frac{1}{x}\right)^2-2\left(x+\frac{1}{x}\right)-3=0$

$x+\frac{1}{x}=X$로 놓으면 $X^2-2X-3=0$

$(X+1)(X-3)=0$이므로

$X=-1$ 또는 $X=3$

(i) $X=-1$일 때, $x+\frac{1}{x}=-1$에서

$x^2+x+1=0$이므로 $x=\frac{-1\pm\sqrt{3}i}{2}$

(ii) $X=3$일 때, $x+\frac{1}{x}=3$에서

$x^2-3x+1=0$이므로 $x=\frac{3\pm\sqrt{5}}{2}$

(i), (ii)에서 주어진 방정식의 실근은 $x=\frac{3\pm\sqrt{5}}{2}$

12 $x\neq0$이므로 주어진 방정식의 양변을 x^2으로 나누면

$x^2-6x+7-\frac{6}{x}+\frac{1}{x^2}=0$

$\left(x+\frac{1}{x}\right)^2-6\left(x+\frac{1}{x}\right)+5=0$

$x+\frac{1}{x}=X$로 놓으면 $X^2-6X+5=0$

$(X-1)(X-5)=0$이므로 $X=1$ 또는 $X=5$

(i) $X=1$일 때, $x+\frac{1}{x}=1$에서

$x^2-x+1=0$이므로 $x=\frac{1\pm\sqrt{3}i}{2}$

(ii) $X=5$일 때, $x+\frac{1}{x}=5$에서

$x^2-5x+1=0$이므로 $x=\frac{5\pm\sqrt{21}}{2}$

(i), (ii)에서 주어진 방정식의 실근은 $x=\frac{5\pm\sqrt{21}}{2}$이므로 그 곱은

$\frac{5+\sqrt{21}}{2}\times\frac{5-\sqrt{21}}{2}=1$

05 삼차방정식의 근과 계수의 관계

본문 242쪽

1 (✎ 4, -4, 1, 3, -5, 5)　2 2, -1, 1

3 -4, 0, -3　4 -2, $-\frac{1}{2}$, -1　5 $-\frac{3}{2}$, $-\frac{7}{2}$, $\frac{1}{2}$

6 -2, 0, -5　7 0, -6, 4　☺ $-a$, b, $-c$

8 (1) -4　(2) 3　(3) 5　(4) $\frac{3}{5}$　(5) 10　(6) $-\frac{4}{5}$

9 (1) 1　(2) 6　(3) -5　(4) $-\frac{6}{5}$　(5) -11　(6) 3

2 $\alpha+\beta+\gamma=-\frac{-2}{1}=2$

$\alpha\beta+\beta\gamma+\gamma\alpha=\frac{-1}{1}=-1$

$\alpha\beta\gamma=-\frac{-1}{1}=1$

3 $\alpha+\beta+\gamma=-\frac{4}{1}=-4$

$\alpha\beta+\beta\gamma+\gamma\alpha=0$

$\alpha\beta\gamma=-\frac{3}{1}=-3$

4 $\alpha+\beta+\gamma=-\frac{4}{2}=-2$

$\alpha\beta+\beta\gamma+\gamma\alpha=-\frac{1}{2}$

$\alpha\beta\gamma=-\frac{2}{2}=-1$

5 $\alpha+\beta+\gamma=-\frac{3}{2}$

$\alpha\beta+\beta\gamma+\gamma\alpha=-\frac{7}{2}$

$\alpha\beta\gamma=-\frac{-1}{2}=\frac{1}{2}$

6 $\alpha+\beta+\gamma=-\frac{2}{1}=-2$

$\alpha\beta+\beta\gamma+\gamma\alpha=0$

$\alpha\beta\gamma=-\frac{5}{1}=-5$

7 $\alpha+\beta+\gamma=0$

$\alpha\beta+\beta\gamma+\gamma\alpha=\frac{-6}{1}=-6$

$\alpha\beta\gamma=-\frac{-4}{1}=4$

8 (4) $\frac{1}{\alpha}+\frac{1}{\beta}+\frac{1}{\gamma}=\frac{\alpha\beta+\beta\gamma+\gamma\alpha}{\alpha\beta\gamma}=\frac{3}{5}$

(5) $\alpha^2+\beta^2+\gamma^2$

$=(\alpha+\beta+\gamma)^2-2(\alpha\beta+\beta\gamma+\gamma\alpha)$

$=(-4)^2-2\times3=10$

(6) $\frac{1}{\alpha\beta}+\frac{1}{\beta\gamma}+\frac{1}{\gamma\alpha}=\frac{\gamma+\alpha+\beta}{\alpha\beta\gamma}=-\frac{4}{5}$

9 (4) $\frac{1}{\alpha}+\frac{1}{\beta}+\frac{1}{\gamma}=\frac{\alpha\beta+\beta\gamma+\gamma\alpha}{\alpha\beta\gamma}=-\frac{6}{5}$

(5) $\alpha^2+\beta^2+\gamma^2$

$=(\alpha+\beta+\gamma)^2-2(\alpha\beta+\beta\gamma+\gamma\alpha)$

$=1^2-2\times6=-11$

(6) $(\alpha+1)(\beta+1)(\gamma+1)$

$=(\alpha\beta+\alpha+\beta+1)(\gamma+1)$

$=\alpha\beta\gamma+\alpha\beta+\alpha\gamma+\alpha+\beta\gamma+\beta+\gamma+1$

$=\alpha\beta\gamma+(\alpha\beta+\beta\gamma+\gamma\alpha)+(\alpha+\beta+\gamma)+1$

$=-5+6+1+1=3$

06 삼차방정식의 작성

본문 244쪽

1 (✎ 4, 1, -6, 4, 6)　2 $x^3+3x^2-18x-40=0$

3 $x^3-x^2-3x+3=0$　4 $x^3-9x^2+26x-24=0$

5 $x^3+12x^2+47x+60=0$　6 $x^3+\frac{7}{6}x^2-\frac{3}{2}x+\frac{1}{3}=0$

7 $x^3-3x^2-5x-1=0$　8 $x^3-3x^2+4x-12=0$

9 $x^3-4x^2+6x-4=0$　☺ $\alpha+\beta$, $\alpha+\beta+\gamma$, $\alpha\beta\gamma$

10 (1) (✎ 2, 8, 1, -2, 8, -1, $x^3+2x^2+8x+1=0$)

(2) $x^3-5x^2+15x-12=0$

(3) $x^3-8x^2+2x-1=0$　(4) $x^3-8x^2+2x-1=0$

11 (1) $x^3-6x^2-8x+8=0$　(2) $x^3+2x^2-3x-1=0$

12 (1) $x^3-7x^2+14x-7=0$　(2) $x^3-3x^2-4x-1=0$

13 (1) $x^3-2x-3=0$　(2) $x^3-x^2+6x-4=0$

14 (1) $x^3-x^2-1=0$　(2) $x^3+x+1=0$

2 (세 근의 합)$=-2-5+4=-3$

(두 근끼리의 곱의 합)$=10-20-8=-18$

(세 근의 곱)$=-2\times(-5)\times4=40$

따라서 구하는 삼차방정식은

$x^3+3x^2-18x-40=0$

3 (세 근의 합)$=1+\sqrt{3}-\sqrt{3}=1$

(두 근끼리의 곱의 합)$=\sqrt{3}-3-\sqrt{3}=-3$

(세 근의 곱)$=1\times\sqrt{3}\times(-\sqrt{3})=-3$

따라서 구하는 삼차방정식은

$x^3-x^2-3x+3=0$

4 (세 근의 합)$=2+3+4=9$

(두 근끼리의 곱의 합)$=6+12+8=26$

(세 근의 곱)$=2\times3\times4=24$

따라서 구하는 삼차방정식은

$x^3-9x^2+26x-24=0$

5 (세 근의 합)$=-3-4-5=-12$

(두 근끼리의 곱의 합)$=12+20+15=47$

(세 근의 곱)$=-3\times(-4)\times(-5)=-60$

따라서 구하는 삼차방정식은

$x^3+12x^2+47x+60=0$

6 (세 근의 합)$=\frac{1}{2}+\frac{1}{3}-2=-\frac{7}{6}$

(두 근끼리의 곱의 합)$=\frac{1}{6}-\frac{2}{3}-1=-\frac{3}{2}$

(세 근의 곱)$=\frac{1}{2}\times\frac{1}{3}\times(-2)=-\frac{1}{3}$

따라서 구하는 삼차방정식은

$x^3+\frac{7}{6}x^2-\frac{3}{2}x+\frac{1}{3}=0$

7 (세 근의 합)$=-1+(2+\sqrt{5})+(2-\sqrt{5})=3$

(두 근끼리의 곱의 합)$=-(2+\sqrt{5})-1-(2-\sqrt{5})=-5$

(세 근의 곱)$=-1\times(2+\sqrt{5})\times(2-\sqrt{5})=1$

따라서 구하는 삼차방정식은

$x^3-3x^2-5x-1=0$

8 (세 근의 합)$=3-2i+2i=3$

(두 근끼리의 곱의 합)$=-6i-4i^2+6i=-4i^2=4$

(세 근의 곱)$=3\times(-2i)\times2i=-12i^2=12$

따라서 구하는 삼차방정식은

$x^3-3x^2+4x-12=0$

9 (세 근의 합)$=2+(1+i)+(1-i)=4$

(두 근끼리의 곱의 합)$=(2+2i)+(1-i^2)+(2-2i)=6$

(세 근의 곱)$=2\times(1+i)\times(1-i)$

$=2\times(1-i^2)=4$

따라서 구하는 삼차방정식은

$x^3-4x^2+6x-4=0$

10 삼차방정식의 근과 계수의 관계에 의하여

$\alpha+\beta+\gamma=2,\ \alpha\beta+\beta\gamma+\gamma\alpha=8,\ \alpha\beta\gamma=1$

(2) 구하는 삼차방정식의 세 근이 $\alpha+1,\ \beta+1,\ \gamma+1$이므로

세 근의 합은

$\alpha+1+\beta+1+\gamma+1=(\alpha+\beta+\gamma)+3=5$

두 근끼리의 곱의 합은

$(\alpha+1)(\beta+1)+(\beta+1)(\gamma+1)+(\gamma+1)(\alpha+1)$

$=(\alpha\beta+\beta\gamma+\gamma\alpha)+2(\alpha+\beta+\gamma)+3=15$

세 근의 곱은

$(\alpha+1)(\beta+1)(\gamma+1)$

$=\alpha\beta\gamma+(\alpha\beta+\beta\gamma+\gamma\alpha)+(\alpha+\beta+\gamma)+1=12$

따라서 구하는 삼차방정식은

$x^3-5x^2+15x-12=0$

(3) 구하는 삼차방정식의 세 근이 $\frac{1}{\alpha},\ \frac{1}{\beta},\ \frac{1}{\gamma}$이므로

세 근의 합은

$\frac{1}{\alpha}+\frac{1}{\beta}+\frac{1}{\gamma}=\frac{\beta\gamma+\gamma\alpha+\alpha\beta}{\alpha\beta\gamma}=8$

두 근끼리의 곱의 합은

$\frac{1}{\alpha\beta}+\frac{1}{\beta\gamma}+\frac{1}{\gamma\alpha}=\frac{\gamma+\alpha+\beta}{\alpha\beta\gamma}=2$

세 근의 곱은

$\frac{1}{\alpha\beta\gamma}=1$

따라서 구하는 삼차방정식은

$x^3-8x^2+2x-1=0$

(4) 구하는 삼차방정식의 세 근이 $\alpha\beta,\ \beta\gamma,\ \gamma\alpha$이므로

세 근의 합은

$\alpha\beta+\beta\gamma+\gamma\alpha=8$

두 근끼리의 곱의 합은

$\alpha\beta^2\gamma+\alpha\beta\gamma^2+\alpha^2\beta\gamma=\alpha\beta\gamma(\beta+\gamma+\alpha)=2$

세 근의 곱은

$(\alpha\beta\gamma)^2=1$

따라서 구하는 삼차방정식은

$x^3-8x^2+2x-1=0$

11 삼차방정식의 근과 계수의 관계에 의하여

$\alpha+\beta+\gamma=-3,\ \alpha\beta+\beta\gamma+\gamma\alpha=-2,\ \alpha\beta\gamma=1$

(1) 구하는 삼차방정식의 세 근이

$-2\alpha,\ -2\beta,\ -2\gamma$이므로

세 근의 합은

$-2\alpha-2\beta-2\gamma=-2(\alpha+\beta+\gamma)=6$

두 근끼리의 곱의 합은

$4\alpha\beta+4\beta\gamma+4\gamma\alpha=4(\alpha\beta+\beta\gamma+\gamma\alpha)=-8$

세 근의 곱은

$-2\alpha\times(-2\beta)\times(-2\gamma)=-8\alpha\beta\gamma=-8$

따라서 구하는 삼차방정식은

$x^3-6x^2-8x+8=0$

(2) 구하는 삼차방정식의 세 근이 $\frac{1}{\alpha},\ \frac{1}{\beta},\ \frac{1}{\gamma}$이므로

세 근의 합은

$\frac{1}{\alpha}+\frac{1}{\beta}+\frac{1}{\gamma}=\frac{\beta\gamma+\gamma\alpha+\alpha\beta}{\alpha\beta\gamma}=-2$

두 근끼리의 곱의 합은

$\frac{1}{\alpha\beta}+\frac{1}{\beta\gamma}+\frac{1}{\gamma\alpha}=\frac{\gamma+\alpha+\beta}{\alpha\beta\gamma}=-3$

세 근의 곱은

$\frac{1}{\alpha\beta\gamma}=1$

따라서 구하는 삼차방정식은

$x^3+2x^2-3x-1=0$

12 삼차방정식의 근과 계수의 관계에 의하여

$\alpha+\beta+\gamma=4$, $\alpha\beta+\beta\gamma+\gamma\alpha=3$, $\alpha\beta\gamma=-1$

(1) 구하는 삼차방정식의 세 근이 $\alpha+1$, $\beta+1$, $\gamma+1$이므로

세 근의 합은

$\alpha+1+\beta+1+\gamma+1=(\alpha+\beta+\gamma)+3=7$

두 근끼리의 곱의 합은

$(\alpha+1)(\beta+1)+(\beta+1)(\gamma+1)+(\gamma+1)(\alpha+1)$

$=(\alpha\beta+\beta\gamma+\gamma\alpha)+2(\alpha+\beta+\gamma)+3=14$

세 근의 곱은

$(\alpha+1)(\beta+1)(\gamma+1)$

$=\alpha\beta\gamma+(\alpha\beta+\beta\gamma+\gamma\alpha)+(\alpha+\beta+\gamma)+1=7$

따라서 구하는 삼차방정식은

$x^3-7x^2+14x-7=0$

(2) 구하는 삼차방정식의 세 근이 $\alpha\beta$, $\beta\gamma$, $\gamma\alpha$이므로

세 근의 합은

$\alpha\beta+\beta\gamma+\gamma\alpha=3$

두 근끼리의 곱의 합은

$\alpha\beta^2\gamma+\alpha\beta\gamma^2+\alpha^2\beta\gamma=\alpha\beta\gamma(\beta+\gamma+\alpha)=-4$

세 근의 곱은

$(\alpha\beta\gamma)^2=1$

따라서 구하는 삼차방정식은

$x^3-3x^2-4x-1=0$

13 삼차방정식의 근과 계수의 관계에 의하여

$\alpha+\beta+\gamma=3$, $\alpha\beta+\beta\gamma+\gamma\alpha=1$, $\alpha\beta\gamma=2$

(1) 구하는 삼차방정식의 세 근이 $\alpha-1$, $\beta-1$, $\gamma-1$이므로

세 근의 합은

$\alpha-1+\beta-1+\gamma-1=(\alpha+\beta+\gamma)-3=0$

두 근끼리의 곱의 합은

$(\alpha-1)(\beta-1)+(\beta-1)(\gamma-1)+(\gamma-1)(\alpha-1)$

$=(\alpha\beta+\beta\gamma+\gamma\alpha)-2(\alpha+\beta+\gamma)+3=-2$

세 근의 곱은

$(\alpha-1)(\beta-1)(\gamma-1)$

$=\alpha\beta\gamma-(\alpha\beta+\beta\gamma+\gamma\alpha)+(\alpha+\beta+\gamma)-1=3$

따라서 구하는 삼차방정식은

$x^3-2x-3=0$

(2) 구하는 삼차방정식의 세 근이 $\alpha\beta$, $\beta\gamma$, $\gamma\alpha$이므로

세 근의 합은

$\alpha\beta+\beta\gamma+\gamma\alpha=1$

두 근끼리의 곱의 합은

$\alpha\beta^2\gamma+\alpha\beta\gamma^2+\alpha^2\beta\gamma=\alpha\beta\gamma(\beta+\gamma+\alpha)=6$

세 근의 곱은

$(\alpha\beta\gamma)^2=4$

따라서 구하는 삼차방정식은

$x^3-x^2+6x-4=0$

14 삼차방정식의 근과 계수의 관계에 의하여

$\alpha+\beta+\gamma=0$, $\alpha\beta+\beta\gamma+\gamma\alpha=1$, $\alpha\beta\gamma=1$

(1) 구하는 삼차방정식의 세 근이 $\alpha\beta$, $\beta\gamma$, $\gamma\alpha$이므로

세 근의 합은

$\alpha\beta+\beta\gamma+\gamma\alpha=1$

두 근끼리의 곱의 합은

$\alpha\beta^2\gamma+\alpha\beta\gamma^2+\alpha^2\beta\gamma=\alpha\beta\gamma(\beta+\gamma+\alpha)=0$

세 근의 곱은

$(\alpha\beta\gamma)^2=1$

따라서 구하는 삼차방정식은

$x^3-x^2-1=0$

(2) $\alpha+\beta+\gamma=0$에서

$\alpha+\beta=-\gamma$, $\beta+\gamma=-\alpha$, $\gamma+\alpha=-\beta$

즉 구하는 방정식은 $-\alpha$, $-\beta$, $-\gamma$를 세 근으로 하는 방정식과 같으므로

세 근의 합은

$-\alpha-\beta-\gamma=-(\alpha+\beta+\gamma)=0$

두 근끼리의 곱의 합은 $\alpha\beta+\beta\gamma+\gamma\alpha=1$

세 근의 곱은 $-\alpha\beta\gamma=-1$

따라서 구하는 삼차방정식은 $x^3+x+1=0$

07 삼차방정식의 켤레근

본문 246쪽

1 (✎ $1-\sqrt{2}$, $1-\sqrt{2}$, -3, $1-\sqrt{2}$, -3, $1-\sqrt{2}$, $1-\sqrt{2}$, -7, $1-\sqrt{2}$, -3, -7, -3)

2 $a=-36$, $b=42$ **3** $a=-8$, $b=-8$

4 $a=-48$, $b=-48$ **5** $a=-11$, $b=-3$

6 $a=-21$, $b=-5$ **7** $a=-6$, $b=4$

8 $a=-14$, $b=6$

9 (✎ $1-i$, $1-i$, -3, $1-i$, -3, $1-i$, $1-i$, -4, $1-i$, 6, -4, 6)

10 $a=-1$, $b=15$ **11** $a=2$, $b=2$

12 $a=0$, $b=18$ **13** $a=1$, $b=-3$

14 $a=-4$, $b=-24$ **15** $a=8$, $b=-10$

2 계수가 모두 유리수이고 한 근이 $3-\sqrt{3}$이므로 다른 한 근은 $3+\sqrt{3}$이다.

나머지 한 근을 α라 하면 삼차방정식의 근과 계수의 관계에 의하여

$(3+\sqrt{3})+(3-\sqrt{3})+\alpha=-1$이므로 $\alpha=-7$

따라서 주어진 삼차방정식의 세 근이 $3+\sqrt{3}$, $3-\sqrt{3}$, -7이므로 삼차방정식의 근과 계수의 관계에 의하여

$(3+\sqrt{3})(3-\sqrt{3})+(3-\sqrt{3})\times(-7)+(-7)\times(3+\sqrt{3})=a$

에서 $a=-36$

$(3+\sqrt{3})(3-\sqrt{3})\times(-7)=-b$에서 $b=42$

3 계수가 모두 유리수이고 한 근이 $-2\sqrt{2}$이므로 다른 한 근은 $2\sqrt{2}$이다.
나머지 한 근을 α라 하면 삼차방정식의 근과 계수의 관계에 의하여
$2\sqrt{2}+(-2\sqrt{2})+\alpha=-1$이므로 $\alpha=-1$
따라서 주어진 삼차방정식의 세 근이 $2\sqrt{2}$, $-2\sqrt{2}$, -1이므로 삼차방정식의 근과 계수의 관계에 의하여
$2\sqrt{2}\times(-2\sqrt{2})+(-2\sqrt{2})\times(-1)+(-1)\times2\sqrt{2}=a$에서
$a=-8$
$2\sqrt{2}\times(-2\sqrt{2})\times(-1)=-b$에서 $b=-8$

4 계수가 모두 유리수이고 한 근이 $4\sqrt{3}$이므로 다른 한 근은 $-4\sqrt{3}$이다.
나머지 한 근을 α라 하면 삼차방정식의 근과 계수의 관계에 의하여
$4\sqrt{3}+(-4\sqrt{3})+\alpha=-1$이므로 $\alpha=-1$
따라서 주어진 삼차방정식의 세 근이 $4\sqrt{3}$, $-4\sqrt{3}$, -1이므로 삼차방정식의 근과 계수의 관계에 의하여
$4\sqrt{3}\times(-4\sqrt{3})+(-4\sqrt{3})\times(-1)+(-1)\times4\sqrt{3}=a$에서
$a=-48$
$4\sqrt{3}\times(-4\sqrt{3})\times(-1)=-b$에서 $b=-48$

5 계수가 모두 유리수이고 한 근이 $-2+\sqrt{3}$이므로 다른 한 근은 $-2-\sqrt{3}$이다.
나머지 한 근을 α라 하면 삼차방정식의 근과 계수의 관계에 의하여
$(-2+\sqrt{3})+(-2-\sqrt{3})+\alpha=-1$이므로 $\alpha=3$
따라서 주어진 삼차방정식의 세 근이 $-2+\sqrt{3}$, $-2-\sqrt{3}$, 3이므로 삼차방정식의 근과 계수의 관계에 의하여
$(-2+\sqrt{3})(-2-\sqrt{3})+(-2-\sqrt{3})\times3+3\times(-2+\sqrt{3})=a$
에서 $a=-11$
$(-2+\sqrt{3})(-2-\sqrt{3})\times3=-b$에서 $b=-3$

6 계수가 모두 유리수이고 한 근이 $2-\sqrt{5}$이므로 다른 한 근은 $2+\sqrt{5}$이다.
나머지 한 근을 α라 하면 삼차방정식의 근과 계수의 관계에 의하여
$(2+\sqrt{5})+(2-\sqrt{5})+\alpha=-1$이므로 $\alpha=-5$
따라서 주어진 삼차방정식의 세 근이 $2+\sqrt{5}$, $2-\sqrt{5}$, -5이므로 삼차방정식의 근과 계수의 관계에 의하여
$(2+\sqrt{5})(2-\sqrt{5})+(2-\sqrt{5})\times(-5)+(-5)\times(2+\sqrt{5})=a$
에서 $a=-21$
$(2+\sqrt{5})(2-\sqrt{5})\times(-5)=-b$에서 $b=-5$

7 계수가 모두 유리수이고 한 근이 $\sqrt{5}-1$, 즉 $-1+\sqrt{5}$이므로 다른 한 근은 $-1-\sqrt{5}$이다.
나머지 한 근을 α라 하면 삼차방정식의 근과 계수의 관계에 의하여
$(-1+\sqrt{5})+(-1-\sqrt{5})+\alpha=-1$이므로 $\alpha=1$
따라서 주어진 삼차방정식의 세 근이 $-1+\sqrt{5}$, $-1-\sqrt{5}$, 1이므로 삼차방정식의 근과 계수의 관계에 의하여
$(-1+\sqrt{5})(-1-\sqrt{5})+(-1-\sqrt{5})\times1+1\times(-1+\sqrt{5})=a$
에서 $a=-6$
$(-1+\sqrt{5})(-1-\sqrt{5})\times1=-b$에서 $b=4$

8 계수가 모두 유리수이고 한 근이 $\sqrt{6}-2$, 즉 $-2+\sqrt{6}$이므로 다른 한 근은 $-2-\sqrt{6}$이다.
나머지 한 근을 α라 하면 삼차방정식의 근과 계수의 관계에 의하여
$(-2+\sqrt{6})+(-2-\sqrt{6})+\alpha=-1$이므로 $\alpha=3$
따라서 주어진 삼차방정식의 세 근이 $-2+\sqrt{6}$, $-2-\sqrt{6}$, 3이므로 삼차방정식의 근과 계수의 관계에 의하여
$(-2+\sqrt{6})(-2-\sqrt{6})+(-2-\sqrt{6})\times3+3\times(-2+\sqrt{6})=a$
에서 $a=-14$
$(-2+\sqrt{6})(-2-\sqrt{6})\times3=-b$에서 $b=6$

10 계수가 모두 실수이고 한 근이 $1-2i$이므로 다른 한 근은 $1+2i$이다.
나머지 한 근을 α라 하면 삼차방정식의 근과 계수의 관계에 의하여
$(1+2i)+(1-2i)+\alpha=-1$이므로 $\alpha=-3$
따라서 주어진 삼차방정식의 세 근이 $1+2i$, $1-2i$, -3이므로 삼차방정식의 근과 계수의 관계에 의하여
$(1+2i)(1-2i)+(1-2i)\times(-3)+(-3)\times(1+2i)=a$에서
$a=-1$
$(1+2i)(1-2i)\times(-3)=-b$에서 $b=15$

11 계수가 모두 실수이고 한 근이 $\sqrt{2}i$이므로 다른 한 근은 $-\sqrt{2}i$이다.
나머지 한 근을 α라 하면 삼차방정식의 근과 계수의 관계에 의하여
$\sqrt{2}i+(-\sqrt{2}i)+\alpha=-1$이므로 $\alpha=-1$
따라서 주어진 삼차방정식의 세 근이 $\sqrt{2}i$, $-\sqrt{2}i$, -1이므로 삼차방정식의 근과 계수의 관계에 의하여
$\sqrt{2}i\times(-\sqrt{2}i)+(-\sqrt{2}i)\times(-1)+(-1)\times\sqrt{2}i=a$에서 $a=2$
$\sqrt{2}i\times(-\sqrt{2}i)\times(-1)=-b$에서 $b=2$

12 계수가 모두 실수이고 한 근이 $1+\sqrt{5}i$이므로 다른 한 근은 $1-\sqrt{5}i$이다.
나머지 한 근을 α라 하면 삼차방정식의 근과 계수의 관계에 의하여
$(1+\sqrt{5}i)+(1-\sqrt{5}i)+\alpha=-1$이므로 $\alpha=-3$
따라서 주어진 삼차방정식의 세 근이 $1+\sqrt{5}i$, $1-\sqrt{5}i$, -3이므로 삼차방정식의 근과 계수의 관계에 의하여
$(1+\sqrt{5}i)(1-\sqrt{5}i)+(1-\sqrt{5}i)\times(-3)+(-3)\times(1+\sqrt{5}i)=a$
에서 $a=0$
$(1+\sqrt{5}i)(1-\sqrt{5}i)\times(-3)=-b$에서 $b=18$

13 계수가 모두 실수이고 한 근이 $-1-\sqrt{2}i$이므로 다른 한 근은 $-1+\sqrt{2}i$이다.
나머지 한 근을 α라 하면 삼차방정식의 근과 계수의 관계에 의하여
$-1+\sqrt{2}i+(-1-\sqrt{2}i)+\alpha=-1$이므로 $\alpha=1$
따라서 주어진 삼차방정식의 세 근이 $-1+\sqrt{2}i$, $-1-\sqrt{2}i$, 1이므로 삼차방정식의 근과 계수의 관계에 의하여
$(-1+\sqrt{2}i)(-1-\sqrt{2}i)+(-1-\sqrt{2}i)\times1+1\times(-1+\sqrt{2}i)=a$에서 $a=1$
$(-1+\sqrt{2}i)(-1-\sqrt{2}i)\times1=-b$에서 $b=-3$

14 계수가 모두 실수이고 한 근이 $-2+2i$이므로 다른 한 근은 $-2-2i$이다.
나머지 한 근을 α라 하면 삼차방정식의 근과 계수의 관계에 의하여
$(-2+2i)+(-2-2i)+\alpha=-1$이므로 $\alpha=3$
따라서 주어진 삼차방정식의 세 근이 $-2+2i$, $-2-2i$, 3이므로 삼차방정식의 근과 계수의 관계에 의하여
$(-2+2i)(-2-2i)+(-2-2i)\times3+3\times(-2+2i)=a$에서 $a=-4$
$(-2+2i)(-2-2i)\times3=-b$에서 $b=-24$

15 계수가 모두 실수이고 한 근이 $-1-3i$이므로 다른 한 근은 $-1+3i$이다.
나머지 한 근을 α라 하면 삼차방정식의 근과 계수의 관계에 의하여
$(-1+3i)+(-1-3i)+\alpha=-1$이므로 $\alpha=1$
따라서 주어진 삼차방정식의 세 근이 $-1+3i$, $-1-3i$, 1이므로 삼차방정식의 근과 계수의 관계에 의하여
$(-1+3i)(-1-3i)+(-1-3i)\times1+1\times(-1+3i)=a$에서 $a=8$
$(-1+3i)(-1-3i)\times1=-b$에서 $b=-10$

08
본문 248쪽

방정식 $x^3=1$의 허근의 성질

원리확인

❶ -1 ❷ x^2-x+1, x^2-x+1, 0
❸ 0, 1 ❹ 0, 1
❺ 0, $\omega-1$, 1, $\omega-1$, 1, 1, $-\frac{1}{\omega}$

1 1　2 0　3 -1　4 -1
5 -1　☺ 0, 1, -1, 1　6 -1
7 0　8 2　9 1　10 1
☺ 0, -1, 1, 1

1 방정식 $x^3=1$의 한 허근이 ω이므로 $\omega^3=1$
따라서 $\omega^9=(\omega^3)^3=1$

2 $x^3=1$에서
$x^3-1=0$, $(x-1)(x^2+x+1)=0$
이 방정식의 한 허근이 ω이므로 ω는 $x^2+x+1=0$의 근이다.
즉 $\omega^2+\omega+1=0$, $\omega^3=1$
따라서 $\omega+\omega^3+\omega^5=\omega+1+\omega^2=0$

3 $\omega^2+\omega+1=0$에서 $\omega\neq0$이므로 양변을 ω로 나누면
$\omega+1+\frac{1}{\omega}=0$
따라서 $\omega+\frac{1}{\omega}=-1$

[다른 풀이]
$x^2+x+1=0$의 두 허근이 ω, $\overline{\omega}$이므로 근과 계수의 관계에 의하여 $\omega+\overline{\omega}=-1$, $\omega\overline{\omega}=1$
$\omega\overline{\omega}=1$에서 $\overline{\omega}=\frac{1}{\omega}$이므로 $\omega+\frac{1}{\omega}=\omega+\overline{\omega}=-1$

4 $\omega^2+\frac{1}{\omega^2}=\left(\omega+\frac{1}{\omega}\right)^2-2=(-1)^2-2=-1$

5 $\frac{\overline{\omega}}{\omega}+\frac{\omega}{\overline{\omega}}=\frac{\overline{\omega}^2+\omega^2}{\omega\overline{\omega}}=(\overline{\omega}+\omega)^2-2\omega\overline{\omega}$
$=(-1)^2-2\times1=-1$

6 $x^3=-1$에서
$x^3+1=0$, $(x+1)(x^2-x+1)=0$
이 방정식의 한 허근이 ω이므로
$\omega^2-\omega+1=0$
따라서 $\omega^2-\omega=-1$

7 $\omega^3=-1$, $\omega^2-\omega+1=0$이므로
$\omega^3-\omega^2+\omega=-1-\omega^2+\omega$
$=-(\omega^2-\omega+1)$
$=0$

8 $x^2-x+1=0$의 두 허근이 ω, $\overline{\omega}$이므로 근과 계수의 관계에 의하여 $\omega+\overline{\omega}=1$, $\omega\overline{\omega}=1$
따라서
$\omega+\frac{1}{\omega}+\overline{\omega}+\frac{1}{\overline{\omega}}=\omega+\overline{\omega}+\frac{1}{\omega}+\frac{1}{\overline{\omega}}=\omega+\overline{\omega}+\frac{\omega+\overline{\omega}}{\omega\overline{\omega}}=2$

9 $\omega^2-\omega+1=0$에서 $\omega\neq0$이므로 양변을 ω로 나누면
$\omega+\frac{1}{\omega}=1$
또 $\omega^3=-1$이므로
$\omega^{11}=(\omega^3)^3\omega^2=-\omega^2$
따라서
$\omega^{11}+\frac{1}{\omega^{11}}=-\left(\omega^2+\frac{1}{\omega^2}\right)$
$=-\left(\omega+\frac{1}{\omega}\right)^2+2$
$=-1+2=1$

10 $\omega^3=-1$에서

$\omega^{99}=(\omega^3)^{33}=-1$,

$\omega^{100}=(\omega^3)^{33}\omega=-\omega$,

$\omega^{101}=(\omega^3)^{33}\omega^2=-\omega^2$이므로

$\frac{\omega^{99}+\omega^{101}}{\omega^{100}}=\frac{-1-\omega^2}{-\omega}=\frac{\omega^2+1}{\omega}=\frac{\omega}{\omega}=1$

TEST 개념 확인

본문 250쪽

1 ③	2 -1	3 ⑤	4 ②
5 ③	6 $x^3-x^2+4=0$	7 ④	
8 ⑤	9 ①	10 ②	11 ③
12 -1			

1 삼차방정식의 근과 계수의 관계에 의하여

$\alpha+\beta+\gamma=-3$, $\alpha\beta+\beta\gamma+\gamma\alpha=1$, $\alpha\beta\gamma=-1$이므로

$\frac{1}{\alpha}+\frac{1}{\beta}+\frac{1}{\gamma}=\frac{\beta\gamma+\gamma\alpha+\alpha\beta}{\alpha\beta\gamma}$

$=\frac{1}{-1}=-1$

2 삼차방정식의 근과 계수의 관계에 의하여

$\alpha+\beta+\gamma=1$, $\alpha\beta+\beta\gamma+\gamma\alpha=3$, $\alpha\beta\gamma=4$이므로

$(\alpha+\beta)(\beta+\gamma)(\gamma+\alpha)$

$=(1-\gamma)(1-\alpha)(1-\beta)$

$=-\alpha\beta\gamma+(\alpha\beta+\beta\gamma+\gamma\alpha)-(\alpha+\beta+\gamma)+1$

$=-4+3-1+1=-1$

3 주어진 삼차방정식의 세 근을 α, 2α, 4α $(\alpha\neq0)$라 하면 삼차방정식의 근과 계수의 관계에 의하여

$\alpha+2\alpha+4\alpha=-7$에서 $\alpha=-1$

즉 주어진 삼차방정식의 세 근이 -1, -2, -4이므로 근과 계수의 관계에 의하여

$(-1)\times(-2)+(-2)\times(-4)+(-4)\times(-1)=a$에서 $a=14$

$(-1)\times(-2)\times(-4)=-b$에서 $b=8$

따라서 $a+b=22$

4 $P(-3)=P(2+\sqrt{3})=P(2-\sqrt{3})=0$에서

삼차방정식 $P(x)=0$의 세 근은 -3, $2+\sqrt{3}$, $2-\sqrt{3}$이다.

(세 근의 합)

$=-3+(2+\sqrt{3})+(2-\sqrt{3})=1$

(두 근끼리의 곱의 합)

$=-3(2+\sqrt{3})+(2+\sqrt{3})(2-\sqrt{3})+(2-\sqrt{3})\times(-3)$

$=-11$

(세 근의 곱)$=-3\times(2+\sqrt{3})\times(2-\sqrt{3})=-3$

따라서 구하는 삼차방정식은

$x^3-x^2-11x+3=0$

5 삼차방정식의 근과 계수의 관계에 의하여

$\alpha+\beta+\gamma=-1$, $\alpha\beta+\beta\gamma+\gamma\alpha=0$, $\alpha\beta\gamma=1$

이때 구하는 삼차방정식의 세 근이 $\frac{1}{\alpha}$, $\frac{1}{\beta}$, $\frac{1}{\gamma}$이므로

세 근의 합은

$\frac{1}{\alpha}+\frac{1}{\beta}+\frac{1}{\gamma}=\frac{\alpha\beta+\beta\gamma+\gamma\alpha}{\alpha\beta\gamma}=0$

두 근끼리의 곱의 합은

$\frac{1}{\alpha\beta}+\frac{1}{\beta\gamma}+\frac{1}{\gamma\alpha}=\frac{\gamma+\alpha+\beta}{\alpha\beta\gamma}=-1$

세 근의 곱은

$\frac{1}{\alpha\beta\gamma}=1$

따라서 구하는 삼차방정식은

$x^3-x-1=0$

6 삼차방정식의 근과 계수의 관계에 의하여

$\alpha+\beta+\gamma=-2$, $\alpha\beta+\beta\gamma+\gamma\alpha=1$, $\alpha\beta\gamma=-4$

이때 구하는 삼차방정식의 세 근이 $\alpha+1$, $\beta+1$, $\gamma+1$이므로

세 근의 합은

$(\alpha+1)+(\beta+1)+(\gamma+1)=(\alpha+\beta+\gamma)+3=1$

두 근끼리의 곱의 합은

$(\alpha+1)(\beta+1)+(\beta+1)(\gamma+1)+(\gamma+1)(\alpha+1)$

$=(\alpha\beta+\beta\gamma+\gamma\alpha)+2(\alpha+\beta+\gamma)+3$

$=1-4+3=0$

세 근의 곱은

$(\alpha+1)(\beta+1)(\gamma+1)$

$=\alpha\beta\gamma+(\alpha\beta+\beta\gamma+\gamma\alpha)+(\alpha+\beta+\gamma)+1$

$=-4+1-2+1=-4$

따라서 구하는 삼차방정식은

$x^3-x^2+4=0$

7 계수가 모두 실수이고 한 근이 $1-2i$이므로 다른 한 근은 $1+2i$이다.

나머지 한 근을 α라 하면 삼차방정식의 근과 계수의 관계에 의하여

$(1+2i)(1-2i)\times\alpha=5$에서 $\alpha=1$

따라서 나머지 두 근은 $1+2i$, 1이므로 그 합은

$(1+2i)+1=2+2i$

8 계수가 모두 유리수이고 한 근이 $1+\sqrt{3}$이므로 다른 한 근은 $1-\sqrt{3}$이다.

나머지 한 근을 α라 하면 삼차방정식의 근과 계수의 관계에 의하여

$(1+\sqrt{3})(1-\sqrt{3})\times\alpha=2$에서 $\alpha=-1$

따라서 주어진 삼차방정식의 세 근이 $1+\sqrt{3}$, $1-\sqrt{3}$, -1이므로 삼차방정식의 근과 계수의 관계에 의하여

$(1+\sqrt{3})+(1-\sqrt{3})+(-1)=-a$에서 $a=-1$

$(1+\sqrt{3})(1-\sqrt{3})+(1-\sqrt{3})\times(-1)+(-1)\times(1+\sqrt{3})=b$

에서 $b=-4$

따라서 $ab=4$

9 계수가 모두 실수이고 한 근이 $-3+i$이므로 다른 한 근은 $-3-i$이다.

나머지 한 근을 α라 하면 삼차방정식의 근과 계수의 관계에 의하여

$(-3+i)+(-3-i)+\alpha=-1$에서 $\alpha=5$

따라서 주어진 삼차방정식의 세 근이 $-3+i$, $-3-i$, 5이므로 삼차방정식의 근과 계수의 관계에 의하여

$(-3+i)(-3-i)+(-3-i)\times5+5\times(-3+i)=a$에서

$a=-20$

$(-3+i)(-3-i)\times5=-b$에서 $b=-50$

따라서 $b-a=-30$

10 $x^3=1$에서

$x^3-1=0$, $(x-1)(x^2+x+1)=0$

방정식 $x^3=1$의 한 허근이 ω이므로

$\omega^2+\omega+1=0$, $\omega^3=1$

ㄱ. $x^2+x+1=0$의 두 근이 ω, $\overline{\omega}$이므로 근과 계수의 관계에 의하여 $\omega\overline{\omega}=1$ (참)

ㄴ. $\omega^2+\omega+1=0$에서 $\omega\neq0$이므로 양변을 ω로 나누면

$\omega+\dfrac{1}{\omega}=-1$ (거짓)

ㄷ. $\omega^2+\omega+1=0$, $\overline{\omega}^2+\overline{\omega}+1=0$이므로

$\dfrac{\omega^2}{1+\omega}+\dfrac{\overline{\omega}}{1+\overline{\omega}^2}=\dfrac{\omega^2}{-\omega^2}+\dfrac{\overline{\omega}}{-\overline{\omega}}=-1-1=-2$ (거짓)

ㄹ. $\omega^5+\omega^4+\omega^3+\omega^2+\omega+1$

$=\omega^3(\omega^2+\omega+1)+\omega^2+\omega+1$

$=(\omega^2+\omega+1)+(\omega^2+\omega+1)=0$ (참)

따라서 옳은 것은 ㄱ, ㄹ이다.

11 $x^3=-1$에서

$x^3+1=0$, $(x+1)(x^2-x+1)=0$

방정식 $x^3=-1$의 한 허근이 ω이므로

$\omega^2-\omega+1=0$, $\omega^3=-1$

따라서

$\omega^8-\omega^7+1=(\omega^3)^2\omega^2-(\omega^3)^2\omega+1$

$=\omega^2-\omega+1=0$

12 $x^3=1$에서

$x^3-1=0$, $(x-1)(x^2+x+1)=0$

방정식 $x^3=1$의 한 허근이 ω이므로

$\omega^2+\omega+1=0$, $\omega^3=1$

$\omega^2+\omega+1=0$에서 $\omega+1=-\omega^2$

따라서 $\dfrac{\omega^{14}}{\omega+1}=\dfrac{(\omega^3)^4\omega^2}{\omega+1}=\dfrac{\omega^2}{\omega+1}=\dfrac{\omega^2}{-\omega^2}=-1$

09 연립일차방정식의 풀이

본문 252쪽

1 (✎ 3, 9, 3, 3, 3, 3, 3, 3)	2 $x=1$, $y=-3$
3 $x=1$, $y=-2$	4 $x=1$, $y=2$
5 $x=0$, $y=1$	6 $x=7$, $y=4$
7 $x=1$, $y=1$	8 $x=2$, $y=2$
9 (✎ $x+3$, 1, 1, 4, 1, 4)	10 $x=-2$, $y=-8$
11 $x=1$, $y=1$	12 $x=2$, $y=1$
13 $x=5$, $y=7$	14 $x=1$, $y=2$
15 $x=1$, $y=-1$	16 $x=-1$, $y=-1$

2 $\begin{cases}3x-y=6 & \cdots\cdots ㉠\\ -x+y=-4 & \cdots\cdots ㉡\end{cases}$

㉠+㉡을 하면 $2x=2$이므로 $x=1$

$x=1$을 ㉡에 대입하면

$-1+y=-4$에서 $y=-3$

3 $\begin{cases}x-y=3 & \cdots\cdots ㉠\\ x+3y=-5 & \cdots\cdots ㉡\end{cases}$

㉠−㉡을 하면 $-4y=8$이므로 $y=-2$

$y=-2$를 ㉠에 대입하면

$x+2=3$에서 $x=1$

4 $\begin{cases}2x+3y=8 & \cdots\cdots ㉠\\ -x-3y=-7 & \cdots\cdots ㉡\end{cases}$

㉠+㉡을 하면 $x=1$

$x=1$을 ㉠에 대입하면

$2+3y=8$에서 $y=2$

5 $\begin{cases}2x+5y=5 & \cdots\cdots ㉠\\ x+y=1 & \cdots\cdots ㉡\end{cases}$

㉠−㉡×2를 하면 $3y=3$이므로 $y=1$

$y=1$을 ㉡에 대입하면

$x+1=1$에서 $x=0$

6 $\begin{cases}-x+2y=1 & \cdots\cdots ㉠\\ 2x-3y=2 & \cdots\cdots ㉡\end{cases}$

㉠×2+㉡을 하면 $y=4$

$y=4$를 ㉠에 대입하면

$-x+8=1$에서 $x=7$

7 $\begin{cases}3x-y=2 & \cdots\cdots ㉠\\ x-4y=-3 & \cdots\cdots ㉡\end{cases}$

㉠−㉡×3을 하면 $11y=11$이므로 $y=1$

$y=1$을 ㉡에 대입하면

$x-4=-3$에서 $x=1$

8 $\begin{cases} 4x-3y=2 & \cdots\cdots ㉠ \\ 3x+2y=10 & \cdots\cdots ㉡ \end{cases}$

㉠$\times 2+$㉡$\times 3$을 하면 $17x=34$이므로 $x=2$

$x=2$를 ㉡에 대입하면

$6+2y=10$에서 $y=2$

10 $\begin{cases} y=2x-4 \\ y=x-6 & \cdots\cdots ㉠ \end{cases}$

$2x-4=x-6$이므로 $x=-2$

$x=-2$를 ㉠에 대입하면 $y=-8$

11 $\begin{cases} x=-3y+4 & \cdots\cdots ㉠ \\ 2x+3y=5 & \cdots\cdots ㉡ \end{cases}$

㉠을 ㉡에 대입하면 $2(-3y+4)+3y=5$

$-3y=-3$이므로 $y=1$

$y=1$을 ㉠에 대입하면 $x=-3+4=1$

12 $\begin{cases} 3x-4y=2 & \cdots\cdots ㉠ \\ y=-2x+5 & \cdots\cdots ㉡ \end{cases}$

㉡을 ㉠에 대입하면 $3x-4(-2x+5)=2$

$11x=22$이므로 $x=2$

$x=2$를 ㉡에 대입하면 $y=-4+5=1$

13 $\begin{cases} x-y=-2 & \cdots\cdots ㉠ \\ 2x-y=3 & \cdots\cdots ㉡ \end{cases}$

㉠에서 $x=y-2$ $\cdots\cdots$ ㉢

㉢을 ㉡에 대입하면

$2(y-2)-y=3$이므로 $y=7$

$y=7$을 ㉢에 대입하면 $x=7-2=5$

14 $\begin{cases} -x+2y=3 & \cdots\cdots ㉠ \\ x-3y=-5 & \cdots\cdots ㉡ \end{cases}$

㉡에서 $x=3y-5$ $\cdots\cdots$ ㉢

㉢을 ㉠에 대입하면 $-(3y-5)+2y=3$

$-y=-2$이므로 $y=2$

$y=2$를 ㉢에 대입하면 $x=6-5=1$

15 $\begin{cases} x+4y=-3 & \cdots\cdots ㉠ \\ 3x+2y=1 & \cdots\cdots ㉡ \end{cases}$

㉠에서 $x=-4y-3$ $\cdots\cdots$ ㉢

㉢을 ㉡에 대입하면 $3(-4y-3)+2y=1$

$-10y=10$이므로 $y=-1$

$y=-1$을 ㉢에 대입하면 $x=4-3=1$

16 $\begin{cases} 3x-y=-2 & \cdots\cdots ㉠ \\ -2x+3y=-1 & \cdots\cdots ㉡ \end{cases}$

㉠에서 $y=3x+2$ $\cdots\cdots$ ㉢

㉢을 ㉡에 대입하면 $-2x+3(3x+2)=-1$

$7x=-7$이므로 $x=-1$

$x=-1$을 ㉢에 대입하면 $y=-3+2=-1$

10 연립이차방정식의 풀이

본문 254쪽

1 (✎ $2x+5$, $2x+5$, 3, 1, -1, -1, -1, 3, -1, -1, 3)

2 $\begin{cases} x=-3 \\ y=-4 \end{cases}$ 또는 $\begin{cases} x=4 \\ y=3 \end{cases}$ **3** $\begin{cases} x=1 \\ y=3 \end{cases}$ 또는 $\begin{cases} x=\frac{7}{3} \\ y=\frac{11}{3} \end{cases}$

4 $\begin{cases} x=-1 \\ y=5 \end{cases}$ 또는 $\begin{cases} x=5 \\ y=-7 \end{cases}$ **5** $\begin{cases} x=-3 \\ y=-4 \end{cases}$ 또는 $\begin{cases} x=2 \\ y=1 \end{cases}$

6 $\begin{cases} x=-2 \\ y=2 \end{cases}$ 또는 $\begin{cases} x=2 \\ y=4 \end{cases}$ **7** $x=5$, $y=1$

8 (✎ y, $-\sqrt{5}$, $\sqrt{5}$, y, $\sqrt{3}$, y, $\sqrt{3}$, $\sqrt{3}$, $-\sqrt{3}$, $-\sqrt{5}$, $\sqrt{5}$, $\sqrt{3}$, $\sqrt{3}$, $-\sqrt{3}$)

9 $\begin{cases} x=2\sqrt{3}i \\ y=-\sqrt{3}i \end{cases}$ 또는 $\begin{cases} x=-2\sqrt{3}i \\ y=\sqrt{3}i \end{cases}$ 또는 $\begin{cases} x=-2 \\ y=-1 \end{cases}$ 또는 $\begin{cases} x=2 \\ y=1 \end{cases}$

10 $\begin{cases} x=-\sqrt{6} \\ y=-\sqrt{6} \end{cases}$ 또는 $\begin{cases} x=\sqrt{6} \\ y=\sqrt{6} \end{cases}$ 또는 $\begin{cases} x=-4 \\ y=-1 \end{cases}$ 또는 $\begin{cases} x=4 \\ y=1 \end{cases}$

11 $\begin{cases} x=-\sqrt{3} \\ y=-\sqrt{3} \end{cases}$ 또는 $\begin{cases} x=\sqrt{3} \\ y=\sqrt{3} \end{cases}$ 또는 $\begin{cases} x=2 \\ y=-1 \end{cases}$ 또는 $\begin{cases} x=-2 \\ y=1 \end{cases}$

12 $\begin{cases} x=\sqrt{17} \\ y=-\sqrt{17} \end{cases}$ 또는 $\begin{cases} x=-\sqrt{17} \\ y=\sqrt{17} \end{cases}$ 또는 $\begin{cases} x=-4\sqrt{2} \\ y=-\sqrt{2} \end{cases}$ 또는 $\begin{cases} x=4\sqrt{2} \\ y=\sqrt{2} \end{cases}$

13 $\begin{cases} x=3 \\ y=-3 \end{cases}$ 또는 $\begin{cases} x=-3 \\ y=3 \end{cases}$ 또는 $\begin{cases} x=-3\sqrt{3} \\ y=-\sqrt{3} \end{cases}$ 또는 $\begin{cases} x=3\sqrt{3} \\ y=\sqrt{3} \end{cases}$

☺ 0, 0 **14** ⑤

15 (✎ 8, 12, 6, 2, 6, 2, 6, 6, 2)

16 $\begin{cases} x=-2 \\ y=5 \end{cases}$ 또는 $\begin{cases} x=5 \\ y=-2 \end{cases}$ **17** $\begin{cases} x=-4 \\ y=2 \end{cases}$ 또는 $\begin{cases} x=2 \\ y=-4 \end{cases}$

18 $\begin{cases} x=-2 \\ y=8 \end{cases}$ 또는 $\begin{cases} x=8 \\ y=-2 \end{cases}$ **19** $\begin{cases} x=-3 \\ y=-7 \end{cases}$ 또는 $\begin{cases} x=-7 \\ y=-3 \end{cases}$

20 (✎ $2xy$, v, 8, 6, 8, 8, -4, 6, 6, 4, -2, -4, 4, 2)

21 $\begin{cases} x=-1 \\ y=-3 \end{cases}$ 또는 $\begin{cases} x=-3 \\ y=-1 \end{cases}$ 또는 $\begin{cases} x=1 \\ y=3 \end{cases}$ 또는 $\begin{cases} x=3 \\ y=1 \end{cases}$

22 $\begin{cases} x=-1 \\ y=-4 \end{cases}$ 또는 $\begin{cases} x=-4 \\ y=-1 \end{cases}$ 또는 $\begin{cases} x=1 \\ y=4 \end{cases}$ 또는 $\begin{cases} x=4 \\ y=1 \end{cases}$

23 $\begin{cases} x=-2 \\ y=-3 \end{cases}$ 또는 $\begin{cases} x=-3 \\ y=-2 \end{cases}$ 또는 $\begin{cases} x=2 \\ y=3 \end{cases}$ 또는 $\begin{cases} x=3 \\ y=2 \end{cases}$

24 (✎ 1, -1, 0, -1, 1, 0, -1, 1)

25 $\begin{cases} x=0 \\ y=3 \end{cases}$ 또는 $\begin{cases} x=4 \\ y=-1 \end{cases}$ **26** $\begin{cases} x=-2 \\ y=0 \end{cases}$ 또는 $\begin{cases} x=-1 \\ y=-1 \end{cases}$

27 (✎ 2, y, x, 1, 2, 1, -2, x, 2, 1, -2)

28 $\begin{cases} x=-1 \\ y=-1 \end{cases}$ 또는 $\begin{cases} x=1 \\ y=1 \end{cases}$

29 $\begin{cases} x=-\sqrt{3} \\ y=-\sqrt{3} \end{cases}$ 또는 $\begin{cases} x=\sqrt{3} \\ y=\sqrt{3} \end{cases}$ 또는 $\begin{cases} x=-1 \\ y=-2 \end{cases}$ 또는 $\begin{cases} x=1 \\ y=2 \end{cases}$

2 $\begin{cases} x-y=1 & \cdots\cdots ㉠ \\ x^2+y^2=25 & \cdots\cdots ㉡ \end{cases}$

㉠에서 $x=y+1$ ⋯⋯ ㉢

㉢을 ㉡에 대입하면 $(y+1)^2+y^2=25$

$y^2+y-12=0$, $(y+4)(y-3)=0$이므로

$y=-4$ 또는 $y=3$

이를 각각 ㉢에 대입하면

$y=-4$일 때, $x=-3$, $y=3$일 때, $x=4$

따라서 구하는 해는

$\begin{cases} x=-3 \\ y=-4 \end{cases}$ 또는 $\begin{cases} x=4 \\ y=3 \end{cases}$

3 $\begin{cases} x-2y=-5 & \cdots\cdots ㉠ \\ x^2-y^2=-8 & \cdots\cdots ㉡ \end{cases}$

㉠에서 $x=2y-5$ ⋯⋯ ㉢

㉢을 ㉡에 대입하면 $(2y-5)^2-y^2=-8$

$3y^2-20y+33=0$, $(y-3)(3y-11)=0$이므로

$y=3$ 또는 $y=\frac{11}{3}$

이를 각각 ㉢에 대입하면

$y=3$일 때, $x=1$, $y=\frac{11}{3}$일 때, $x=\frac{7}{3}$

따라서 구하는 해는

$\begin{cases} x=1 \\ y=3 \end{cases}$ 또는 $\begin{cases} x=\frac{7}{3} \\ y=\frac{11}{3} \end{cases}$

4 $\begin{cases} 2x+y=3 & \cdots\cdots ㉠ \\ y^2-x^2=24 & \cdots\cdots ㉡ \end{cases}$

㉠에서 $y=-2x+3$ ⋯⋯ ㉢

㉢을 ㉡에 대입하면 $(-2x+3)^2-x^2=24$

$x^2-4x-5=0$, $(x+1)(x-5)=0$이므로

$x=-1$ 또는 $x=5$

이를 각각 ㉢에 대입하면

$x=-1$일 때, $y=5$, $x=5$일 때, $y=-7$

따라서 구하는 해는

$\begin{cases} x=-1 \\ y=5 \end{cases}$ 또는 $\begin{cases} x=5 \\ y=-7 \end{cases}$

5 $\begin{cases} x-y=1 & \cdots\cdots ㉠ \\ 2x^2-xy=6 & \cdots\cdots ㉡ \end{cases}$

㉠에서 $y=x-1$ ⋯⋯ ㉢

㉢을 ㉡에 대입하면 $2x^2-x(x-1)=6$

$x^2+x-6=0$, $(x+3)(x-2)=0$이므로

$x=-3$ 또는 $x=2$

이를 각각 ㉢에 대입하면

$x=-3$일 때, $y=-4$, $x=2$일 때, $y=1$

따라서 구하는 해는

$\begin{cases} x=-3 \\ y=-4 \end{cases}$ 또는 $\begin{cases} x=2 \\ y=1 \end{cases}$

6 $\begin{cases} x-2y=-6 & \cdots\cdots ㉠ \\ x^2-xy+y^2=12 & \cdots\cdots ㉡ \end{cases}$

㉠에서 $x=2y-6$ ⋯⋯ ㉢

㉢을 ㉡에 대입하면 $(2y-6)^2-(2y-6)y+y^2=12$

$y^2-6y+8=0$, $(y-2)(y-4)=0$이므로

$y=2$ 또는 $y=4$

이를 각각 ㉢에 대입하면

$y=2$일 때, $x=-2$, $y=4$일 때, $x=2$

따라서 구하는 해는

$\begin{cases} x=-2 \\ y=2 \end{cases}$ 또는 $\begin{cases} x=2 \\ y=4 \end{cases}$

7 연립방정식 $\begin{cases} x+y=a \\ x^2+2y^2=b \end{cases}$에 각각 $x=3$, $y=3$을 대입하면

$a=3+3=6$, $b=9+18=27$

따라서 주어진 연립방정식은

$\begin{cases} x+y=6 & \cdots\cdots ㉠ \\ x^2+2y^2=27 & \cdots\cdots ㉡ \end{cases}$

㉠에서 $x=-y+6$ ⋯⋯ ㉢

㉢을 ㉡에 대입하면 $(-y+6)^2+2y^2=27$

$y^2-4y+3=0$, $(y-1)(y-3)=0$이므로

$y=1$ 또는 $y=3$

이를 각각 ㉢에 대입하면

$y=1$일 때, $x=5$, $y=3$일 때, $x=3$

따라서 나머지 한 근은 $x=5$, $y=1$

9 $\begin{cases} x^2-4y^2=0 & \cdots\cdots ㉠ \\ x^2+xy-3y^2=3 & \cdots\cdots ㉡ \end{cases}$

㉠의 좌변을 인수분해하면

$(x+2y)(x-2y)=0$이므로

$x=-2y$ 또는 $x=2y$

(i) $x=-2y$를 ㉡에 대입하여 풀면

$y=-\sqrt{3}i$ 또는 $y=\sqrt{3}i$

이때 $x=-2y$이므로

$y=-\sqrt{3}i$일 때, $x=2\sqrt{3}i$, $y=\sqrt{3}i$일 때, $x=-2\sqrt{3}i$

(ii) $x=2y$를 ㉡에 대입하여 풀면

$y=-1$ 또는 $y=1$

이때 $x=2y$이므로

$y=-1$일 때, $x=-2$, $y=1$일 때, $x=2$

따라서 구하는 해는

$\begin{cases} x=2\sqrt{3}i \\ y=-\sqrt{3}i \end{cases}$ 또는 $\begin{cases} x=-2\sqrt{3}i \\ y=\sqrt{3}i \end{cases}$ 또는 $\begin{cases} x=-2 \\ y=-1 \end{cases}$ 또는 $\begin{cases} x=2 \\ y=1 \end{cases}$

10 $\begin{cases} x^2+2y^2=18 & \cdots\cdots ㉠ \\ x^2-5xy+4y^2=0 & \cdots\cdots ㉡ \end{cases}$

㉡의 좌변을 인수분해하면

$(x-y)(x-4y)=0$이므로

$x=y$ 또는 $x=4y$

(i) $x=y$를 ㉠에 대입하여 풀면

$y=-\sqrt{6}$ 또는 $y=\sqrt{6}$

이때 $x=y$이므로

$y=-\sqrt{6}$일 때, $x=-\sqrt{6}$, $y=\sqrt{6}$일 때, $x=\sqrt{6}$

(ii) $x=4y$를 ㉠에 대입하여 풀면

$y=-1$ 또는 $y=1$

이때 $x=4y$이므로

$y=-1$일 때, $x=-4$, $y=1$일 때, $x=4$

따라서 구하는 해는

$\begin{cases} x=-\sqrt{6} \\ y=-\sqrt{6} \end{cases}$ 또는 $\begin{cases} x=\sqrt{6} \\ y=\sqrt{6} \end{cases}$ 또는 $\begin{cases} x=-4 \\ y=-1 \end{cases}$ 또는 $\begin{cases} x=4 \\ y=1 \end{cases}$

11 $\begin{cases} 2x^2+y^2=9 & \cdots\cdots ㉠ \\ x^2+xy-2y^2=0 & \cdots\cdots ㉡ \end{cases}$

㉡의 좌변을 인수분해하면

$(x-y)(x+2y)=0$이므로

$x=y$ 또는 $x=-2y$

(i) $x=y$를 ㉠에 대입하여 풀면

$y=-\sqrt{3}$ 또는 $y=\sqrt{3}$

이때 $x=y$이므로

$y=-\sqrt{3}$일 때, $x=-\sqrt{3}$, $y=\sqrt{3}$일 때, $x=\sqrt{3}$

(ii) $x=-2y$를 ㉠에 대입하여 풀면

$y=-1$ 또는 $y=1$

이때 $x=-2y$이므로

$y=-1$일 때, $x=2$, $y=1$일 때, $x=-2$

따라서 구하는 해는

$\begin{cases} x=-\sqrt{3} \\ y=-\sqrt{3} \end{cases}$ 또는 $\begin{cases} x=\sqrt{3} \\ y=\sqrt{3} \end{cases}$ 또는 $\begin{cases} x=2 \\ y=-1 \end{cases}$ 또는 $\begin{cases} x=-2 \\ y=1 \end{cases}$

12 $\begin{cases} x^2-3xy-4y^2=0 & \cdots\cdots ㉠ \\ x^2+y^2=34 & \cdots\cdots ㉡ \end{cases}$

㉠의 좌변을 인수분해하면

$(x+y)(x-4y)=0$이므로

$x=-y$ 또는 $x=4y$

(i) $x=-y$를 ㉡에 대입하여 풀면

$y=-\sqrt{17}$ 또는 $y=\sqrt{17}$

이때 $x=-y$이므로

$y=-\sqrt{17}$일 때, $x=\sqrt{17}$, $y=\sqrt{17}$일 때, $x=-\sqrt{17}$

(ii) $x=4y$를 ㉡에 대입하여 풀면

$y=-\sqrt{2}$ 또는 $y=\sqrt{2}$

이때 $x=4y$이므로

$y=-\sqrt{2}$일 때, $x=-4\sqrt{2}$, $y=\sqrt{2}$일 때, $x=4\sqrt{2}$

따라서 구하는 해는

$\begin{cases} x=\sqrt{17} \\ y=-\sqrt{17} \end{cases}$ 또는 $\begin{cases} x=-\sqrt{17} \\ y=\sqrt{17} \end{cases}$ 또는 $\begin{cases} x=-4\sqrt{2} \\ y=-\sqrt{2} \end{cases}$ 또는 $\begin{cases} x=4\sqrt{2} \\ y=\sqrt{2} \end{cases}$

13 $\begin{cases} x^2-xy=18 & \cdots\cdots ㉠ \\ x^2-2xy-3y^2=0 & \cdots\cdots ㉡ \end{cases}$

㉡의 좌변을 인수분해하면

$(x+y)(x-3y)=0$이므로

$x=-y$ 또는 $x=3y$

(i) $x=-y$를 ㉠에 대입하여 풀면

$y=-3$ 또는 $y=3$

이때 $x=-y$이므로

$y=-3$일 때, $x=3$, $y=3$일 때, $x=-3$

(ii) $x=3y$를 ㉠에 대입하여 풀면

$y=-\sqrt{3}$ 또는 $y=\sqrt{3}$

이때 $x=3y$이므로

$y=-\sqrt{3}$일 때, $x=-3\sqrt{3}$, $y=\sqrt{3}$일 때, $x=3\sqrt{3}$

따라서 구하는 해는

$\begin{cases} x=3 \\ y=-3 \end{cases}$ 또는 $\begin{cases} x=-3 \\ y=3 \end{cases}$ 또는 $\begin{cases} x=-3\sqrt{3} \\ y=-\sqrt{3} \end{cases}$ 또는 $\begin{cases} x=3\sqrt{3} \\ y=\sqrt{3} \end{cases}$

14 $\begin{cases} x^2+y^2=10 & \cdots\cdots ㉠ \\ 3x^2-4xy+y^2=0 & \cdots\cdots ㉡ \end{cases}$

㉡의 좌변을 인수분해하면

$(x-y)(3x-y)=0$이므로

$y=x$ 또는 $y=3x$

(i) $y=x$를 ㉠에 대입하여 풀면

$x=-\sqrt{5}$ 또는 $x=\sqrt{5}$

이때 $y=x$이므로

$x=-\sqrt{5}$일 때, $y=-\sqrt{5}$, $x=\sqrt{5}$일 때, $y=\sqrt{5}$

(ii) $y=3x$를 ㉠에 대입하여 풀면

$x=-1$ 또는 $x=1$

이때 $y=3x$이므로

$x=-1$일 때, $y=-3$, $x=1$일 때, $y=3$

(i), (ii)에서 $\alpha\beta=5$ 또는 $\alpha\beta=3$이므로 $\alpha\beta$의 최댓값은 5이다.

16 주어진 연립방정식을 만족시키는 x, y는 t에 대한 이차방정식 $t^2-3t-10=0$의 두 근이므로

$(t+2)(t-5)=0$에서 $t=-2$ 또는 $t=5$

따라서 구하는 해는 $\begin{cases} x=-2 \\ y=5 \end{cases}$ 또는 $\begin{cases} x=5 \\ y=-2 \end{cases}$

17 주어진 연립방정식을 만족시키는 x, y는 t에 대한 이차방정식 $t^2+2t-8=0$의 두 근이므로

$(t+4)(t-2)=0$에서 $t=-4$ 또는 $t=2$

따라서 구하는 해는 $\begin{cases} x=-4 \\ y=2 \end{cases}$ 또는 $\begin{cases} x=2 \\ y=-4 \end{cases}$

18 주어진 연립방정식을 만족시키는 x, y는 t에 대한 이차방정식 $t^2-6t-16=0$의 두 근이므로

$(t+2)(t-8)=0$에서 $t=-2$ 또는 $t=8$

따라서 구하는 해는 $\begin{cases} x=-2 \\ y=8 \end{cases}$ 또는 $\begin{cases} x=8 \\ y=-2 \end{cases}$

19 주어진 연립방정식을 만족시키는 x, y는 t에 대한 이차방정식 $t^2+10t+21=0$의 두 근이므로

$(t+3)(t+7)=0$에서 $t=-3$ 또는 $t=-7$

따라서 구하는 해는 $\begin{cases} x=-3 \\ y=-7 \end{cases}$ 또는 $\begin{cases} x=-7 \\ y=-3 \end{cases}$

21 $\begin{cases} x^2+y^2=10 \\ xy=3 \end{cases}$에서 $\begin{cases} (x+y)^2-2xy=10 \\ xy=3 \end{cases}$

$x+y=u$, $xy=v$로 놓으면 주어진 연립방정식은

$\begin{cases} u^2-2v=10 \\ v=3 \end{cases}$이므로

$u=-4$, $v=3$ 또는 $u=4$, $v=3$

(i) $u=-4$, $v=3$일 때, x, y는 t에 대한 이차방정식 $t^2+4t+3=0$의 두 근이므로

$t=-1$ 또는 $t=-3$

(ii) $u=4$, $v=3$일 때, x, y는 t에 대한 이차방정식 $t^2-4t+3=0$의 두 근이므로

$t=1$ 또는 $t=3$

따라서 구하는 해는

$\begin{cases} x=-1 \\ y=-3 \end{cases}$ 또는 $\begin{cases} x=-3 \\ y=-1 \end{cases}$ 또는 $\begin{cases} x=1 \\ y=3 \end{cases}$ 또는 $\begin{cases} x=3 \\ y=1 \end{cases}$

22 $\begin{cases} x^2+y^2=17 \\ xy=4 \end{cases}$에서 $\begin{cases} (x+y)^2-2xy=17 \\ xy=4 \end{cases}$

$x+y=u$, $xy=v$로 놓으면 주어진 연립방정식은

$\begin{cases} u^2-2v=17 \\ v=4 \end{cases}$이므로

$u=-5$, $v=4$ 또는 $u=5$, $v=4$

(i) $u=-5$, $v=4$일 때, x, y는 t에 대한 이차방정식 $t^2+5t+4=0$의 두 근이므로

$t=-1$ 또는 $t=-4$

(ii) $u=5$, $v=4$일 때, x, y는 t에 대한 이차방정식 $t^2-5t+4=0$의 두 근이므로

$t=1$ 또는 $t=4$

따라서 구하는 해는

$\begin{cases} x=-1 \\ y=-4 \end{cases}$ 또는 $\begin{cases} x=-4 \\ y=-1 \end{cases}$ 또는 $\begin{cases} x=1 \\ y=4 \end{cases}$ 또는 $\begin{cases} x=4 \\ y=1 \end{cases}$

23 $\begin{cases} x^2+y^2-2xy=1 \\ xy=6 \end{cases}$에서 $\begin{cases} (x+y)^2-4xy=1 \\ xy=6 \end{cases}$

$x+y=u$, $xy=v$로 놓으면 주어진 연립방정식은

$\begin{cases} u^2-4v=1 \\ v=6 \end{cases}$이므로

$u=-5$, $v=6$ 또는 $u=5$, $v=6$

(i) $u=-5$, $v=6$일 때, x, y는 t에 대한 이차방정식 $t^2+5t+6=0$의 두 근이므로

$t=-2$ 또는 $t=-3$

(ii) $u=5$, $v=6$일 때, x, y는 t에 대한 이차방정식 $t^2-5t+6=0$의 두 근이므로

$t=2$ 또는 $t=3$

따라서 구하는 해는

$\begin{cases} x=-2 \\ y=-3 \end{cases}$ 또는 $\begin{cases} x=-3 \\ y=-2 \end{cases}$ 또는 $\begin{cases} x=2 \\ y=3 \end{cases}$ 또는 $\begin{cases} x=3 \\ y=2 \end{cases}$

25 $\begin{cases} x^2-2x+2y=6 & \cdots\cdots ㉠ \\ 2x^2-5x+3y=9 & \cdots\cdots ㉡ \end{cases}$

㉠×2−㉡을 하여 이차항을 소거하면

$x+y=3$에서 $y=-x+3$ $\cdots\cdots$ ㉢

㉢을 ㉠에 대입하면

$x^2-2x+2(-x+3)=6$

$x^2-4x=0$, $x(x-4)=0$

$x=0$ 또는 $x=4$

(i) $x=0$을 ㉢에 대입하면 $y=3$

(ii) $x=4$를 ㉢에 대입하면 $y=-1$

따라서 구하는 해는 $\begin{cases} x=0 \\ y=3 \end{cases}$ 또는 $\begin{cases} x=4 \\ y=-1 \end{cases}$

26 $\begin{cases} 2x^2+3x-3y=2 & \cdots\cdots ㉠ \\ 3x^2+4x-5y=4 & \cdots\cdots ㉡ \end{cases}$

㉠×3−㉡×2를 하여 이차항을 소거하면

$x+y=-2$에서 $y=-x-2$ $\cdots\cdots$ ㉢

㉢을 ㉠에 대입하면

$2x^2+3x-3(-x-2)=2$

$x^2+3x+2=0$, $(x+2)(x+1)=0$

$x=-2$ 또는 $x=-1$

(i) $x=-2$를 ㉢에 대입하면 $y=0$

(ii) $x=-1$을 ㉢에 대입하면 $y=-1$

따라서 구하는 해는 $\begin{cases} x=-2 \\ y=0 \end{cases}$ 또는 $\begin{cases} x=-1 \\ y=-1 \end{cases}$

28 $\begin{cases} x^2+2xy+y^2=4 & \cdots\cdots ㉠ \\ x^2+4xy+3y^2=8 & \cdots\cdots ㉡ \end{cases}$

㉠×2−㉡을 하여 상수항을 소거하면

$x^2-y^2=0$에서 $(x+y)(x-y)=0$이므로

$y=-x$ 또는 $y=x$

(i) $y=-x$를 ㉠에 대입하면

$x^2-2x^2+x^2=4$에서 $0\times x^2=4$이므로 해가 없다.

(ii) $y=x$를 ㉠에 대입하면

$x^2+2x^2+x^2=4$, $x^2=1$

$x=-1$ 또는 $x=1$

이때 $y=x$이므로

$x=-1$일 때, $y=-1$

$x=1$일 때, $y=1$

따라서 구하는 해는 $\begin{cases} x=-1 \\ y=-1 \end{cases}$ 또는 $\begin{cases} x=1 \\ y=1 \end{cases}$

29 $\begin{cases} x^2-2xy=-3 & \cdots\cdots ㉠ \\ y^2+xy=6 & \cdots\cdots ㉡ \end{cases}$

㉠×2+㉡을 하여 상수항을 소거하면

$2x^2-3xy+y^2=0$에서 $(x-y)(2x-y)=0$이므로

$y=x$ 또는 $y=2x$

(i) $y=x$를 ㉠에 대입하면

$x^2-2x^2=-3$, $x^2=3$

$x=-\sqrt{3}$ 또는 $x=\sqrt{3}$

이때 $y=x$이므로

$x=-\sqrt{3}$일 때, $y=-\sqrt{3}$

$x=\sqrt{3}$일 때, $y=\sqrt{3}$

(ii) $y=2x$를 ㉠에 대입하면

$x^2-4x^2=-3$, $x^2=1$

$x=-1$ 또는 $x=1$

이때 $y=2x$이므로

$x=-1$일 때, $y=-2$

$x=1$일 때, $y=2$

따라서 구하는 해는

$\begin{cases} x=-\sqrt{3} \\ y=-\sqrt{3} \end{cases}$ 또는 $\begin{cases} x=\sqrt{3} \\ y=\sqrt{3} \end{cases}$ 또는 $\begin{cases} x=-1 \\ y=-2 \end{cases}$ 또는 $\begin{cases} x=1 \\ y=2 \end{cases}$

11 공통근

본문 258쪽

1 (✎ -1, -1, 1, -1, -1, 3, 1, 3)

2 $a=\frac{5}{2}$, $b=4$　3 $a=-4$, $b=1$

4 $a=3$, $b=2$　5 $a=1$, $b=10$

6 (✎ 4, -4, 1, 1, 2, -4, -4, -4, -4, 12, 14)

7 -30　8 -2　9 $\frac{1}{28}$　10 $\frac{17}{2}$

11 (✎ $2-k$, $k-2$, $a-1$, 1, 1, 1, 1, 1, -3, -3, 1)

12 $k=2$, 1　13 $k=-7$, 1　14 $k=-\frac{1}{2}$, 1　15 ④

2 $x=2$를 $x^2-2ax+6=0$에 대입하면

$4-4a+6=0$이므로 $a=\frac{5}{2}$

$x=2$를 $x^2+(b-2)x-8=0$에 대입하면

$4+2b-4-8=0$이므로 $b=4$

3 $x=-3$을 $x^2-ax+3b=0$에 대입하면

$9+3a+3b=0$　$\cdots\cdots$ ㉠

$x=-3$을 $x^2-(b-1)x-9=0$에 대입하면

$9+3b-3-9=0$이므로 $b=1$

$b=1$을 ㉠에 대입하여 풀면 $a=-4$

4 $x=1$을 $x^2-ax+b=0$에 대입하면

$1-a+b=0$에서 $a-b=1$　$\cdots\cdots$ ㉠

$x=1$을 $2x^2-bx-(a-3)=0$에 대입하면

$2-b-a+3=0$에서 $a+b=5$　$\cdots\cdots$ ㉡

㉠, ㉡을 연립하여 풀면 $a=3$, $b=2$

5 $x=-4$를 $x^2+(a-2)x-2b=0$에 대입하면

$16-4a+8-2b=0$에서 $2a+b=12$　$\cdots\cdots$ ㉠

$x=-4$를 $x^2-2ax-(3b-6)=0$에 대입하면

$16+8a-3b+6=0$에서 $8a-3b=-22$　$\cdots\cdots$ ㉡

㉠, ㉡을 연립하여 풀면 $a=1$, $b=10$

7 $x^2-7x+6=0$에서 $(x-1)(x-6)=0$이므로

$x=1$ 또는 $x=6$

(i) 공통근이 $x=1$일 때

$x=1$을 $x^2-x+a=0$에 대입하면

$1-1+a=0$이므로 $a=0$

(ii) 공통근이 $x=6$일 때

$x=6$을 $x^2-x+a=0$에 대입하면

$36-6+a=0$이므로 $a=-30$

(i), (ii)에서 모든 상수 a의 값의 합은

$0+(-30)=-30$

8 $x^2-1=0$에서 $(x+1)(x-1)=0$이므로

$x=-1$ 또는 $x=1$

(i) 공통근이 $x=-1$일 때

$x=-1$을 $x^2-(a+1)x+3=0$에 대입하면

$1+a+1+3=0$이므로

$a=-5$

(ii) 공통근이 $x=1$일 때

$x=1$을 $x^2-(a+1)x+3=0$에 대입하면

$1-a-1+3=0$이므로

$a=3$

(i), (ii)에서 모든 상수 a의 값의 합은

$-5+3=-2$

9 $2x^2+3x-2=0$에서 $(x+2)(2x-1)=0$이므로

$x=-2$ 또는 $x=\frac{1}{2}$

(i) 공통근이 $x=-2$일 때

$x=-2$를 $2ax^2+6ax-1=0$에 대입하면

$8a-12a-1=0$이므로

$a=-\frac{1}{4}$

(ii) 공통근이 $x=\frac{1}{2}$일 때

$x=\frac{1}{2}$을 $2ax^2+6ax-1=0$에 대입하면

$\frac{1}{2}a+3a-1=0$이므로

$a=\frac{2}{7}$

(i), (ii)에서 모든 상수 a의 값의 합은

$-\frac{1}{4}+\frac{2}{7}=\frac{1}{28}$

10 $x^2-x-2=0$에서 $(x+1)(x-2)=0$이므로

$x=-1$ 또는 $x=2$

(i) 공통근이 $x=-1$일 때

$x=-1$을 $ax^2-3(a-2)x+4=0$에 대입하면

$a+3a-6+4=0$이므로 $a=\frac{1}{2}$

(ii) 공통근이 $x=2$일 때

$x=2$를 $ax^2-3(a-2)x+4=0$에 대입하면

$4a-6a+12+4=0$이므로 $a=8$

(i), (ii)에서 모든 상수 a의 값의 합은

$\frac{1}{2}+8=\frac{17}{2}$

12 공통근을 α라 하고 두 방정식에 대입하면

$\alpha^2+\alpha-k=0$ ...... ㉠

$\alpha^2-k\alpha+1=0$ ...... ㉡

㉠−㉡을 하면 $(k+1)\alpha-(k+1)=0$

$(k+1)(\alpha-1)=0$에서 $k=-1$ 또는 $\alpha=1$

이때 $k=-1$이면 주어진 두 이차방정식이 일치하므로 공통근이 2개 존재한다.

즉 $\alpha=1$

$\alpha=1$을 ㉠에 대입하면

$1+1-k=0$에서 $k=2$

따라서 $k=2$이고 공통근은 1이다.

13 공통근을 α라 하고 두 방정식에 대입하면

$3\alpha^2+k\alpha+4=0$ ...... ㉠

$3\alpha^2+4\alpha+k=0$ ...... ㉡

㉠−㉡을 하면 $(k-4)\alpha-(k-4)=0$

$(k-4)(\alpha-1)=0$에서 $k=4$ 또는 $\alpha=1$

이때 $k=4$이면 주어진 두 이차방정식이 일치하므로 공통근이 2개 존재한다.

즉 $\alpha=1$

$\alpha=1$을 ㉠에 대입하면

$3+k+4=0$에서 $k=-7$

따라서 $k=-7$이고 공통근은 1이다.

14 공통근을 α라 하고 두 방정식에 대입하면

$2\alpha^2+(k-1)\alpha+k=0$ ...... ㉠

$2\alpha^2-(2k+1)\alpha+4k=0$ ...... ㉡

㉠−㉡을 하면 $3k\alpha-3k=0$

$3k(\alpha-1)=0$에서 $k=0$ 또는 $\alpha=1$

이때 $k=0$이면 주어진 두 이차방정식이 일치하므로 공통근이 2개 존재한다.

즉 $\alpha=1$

$\alpha=1$을 ㉠에 대입하면

$2+k-1+k=0$에서 $k=-\frac{1}{2}$

따라서 $k=-\frac{1}{2}$이고 공통근은 1이다.

15 $x=2$를 $x^2+ax+3+b=0$에 대입하면

$4+2a+3+b=0$에서 $2a+b=-7$ ...... ㉠

$x=2$를 $x^2+(2a+1)x+b=0$에 대입하면

$4+4a+2+b=0$에서 $4a+b=-6$ ...... ㉡

㉠, ㉡을 연립하여 풀면 $a=\frac{1}{2}$, $b=-8$

$a=\frac{1}{2}$, $b=-8$을 각각 주어진 이차방정식에 대입하면

$x^2+\frac{1}{2}x-5=0$의 해는 $x=2$ 또는 $x=-\frac{5}{2}$

$x^2+2x-8=0$의 해는 $x=2$ 또는 $x=-4$

따라서 공통근이 아닌 근의 곱은 $-\frac{5}{2}\times(-4)=10$

12 연립이차방정식의 활용

본문 260쪽

1 (1) x^2+y^2, $10y+x$, $x+y$ (2) x^2+y^2, $x+y$

(3) $\begin{cases} x=3 \\ y=8 \end{cases}$ 또는 $\begin{cases} x=8 \\ y=3 \end{cases}$ (4) 38 또는 83

2 16

3 (1) $2x+2y$, $x+y$, xy (2) $x+y$, xy

(3) $x=5$, $y=2$ (4) 5 cm, 2 cm

4 10 cm

5 (1) xy, $x-500$, $y+10$, $x-500$, $y+10$

(2) xy, 10, 500, 145000 (3) $x=4000$, $y=30$

(4) 4000원, 30개

6 40개

1 (3) $\begin{cases} x^2+y^2=73 & \cdots\cdots ㉠ \\ x+y=11 & \cdots\cdots ㉡ \end{cases}$

㉡에서 $y=-x+11$ ...... ㉢

㉢을 ㉠에 대입하면 $x^2+(-x+11)^2=73$

$x^2-11x+24=0$, $(x-3)(x-8)=0$이므로

$x=3$ 또는 $x=8$

이를 각각 ㉢에 대입하면

$x=3$일 때, $y=8$, $x=8$일 때, $y=3$

따라서 구하는 해는 $\begin{cases} x=3 \\ y=8 \end{cases}$ 또는 $\begin{cases} x=8 \\ y=3 \end{cases}$

(4) 처음 자연수는 38 또는 83이다.

2 십의 자리 숫자를 x, 일의 자리 숫자를 y라 하면

$\begin{cases} x+y=7 & \cdots\cdots ㉠ \\ x^2+y^2=37 & \cdots\cdots ㉡ \end{cases}$

㉠에서 $y=-x+7$ …… ㉢

㉢을 ㉡에 대입하면 $x^2+(-x+7)^2=37$

$x^2-7x+6=0$, $(x-1)(x-6)=0$이므로

$x=1$ 또는 $x=6$

이를 각각 ㉠에 대입하면

$\begin{cases} x=1 \\ y=6 \end{cases}$ 또는 $\begin{cases} x=6 \\ y=1 \end{cases}$

즉 16 또는 61이다.

따라서 구하는 자연수는 50 이하의 자연수이므로 16이다.

3 (3) $\begin{cases} x+y=7 \\ xy=10 \end{cases}$

주어진 연립방정식을 만족시키는 x, y는 t에 대한 이차방정식 $t^2-7t+10=0$의 두 근이므로

$(t-2)(t-5)=0$에서 $t=2$ 또는 $t=5$

따라서 주어진 연립방정식의 해는

$\begin{cases} x=2 \\ y=5 \end{cases}$ 또는 $\begin{cases} x=5 \\ y=2 \end{cases}$

이때 $x>y$이므로 $x=5$, $y=2$

(4) 가로의 길이는 5 cm, 세로의 길이는 2 cm이다.

4 두 대각선의 길이를 각각 x cm, y cm라 하면 두 대각선의 길이의 합이 34 cm이므로

$x+y=34$

마름모의 넓이가 120 cm^2이므로

$\frac{1}{2}xy=120$에서 $xy=240$

따라서 $\begin{cases} x+y=34 \\ xy=240 \end{cases}$

주어진 연립방정식을 만족시키는 x, y는 t에 대한 이차방정식 $t^2-34t+240=0$의 두 근이므로

$(t-10)(t-24)=0$에서 $t=10$ 또는 $t=24$

즉 구하는 해는

$\begin{cases} x=10 \\ y=24 \end{cases}$ 또는 $\begin{cases} x=24 \\ y=10 \end{cases}$

따라서 마름모의 두 대각선의 길이는 10 cm, 24 cm이므로 짧은 것의 길이는 10 cm이다.

5 (3) $\begin{cases} xy=120000 & \cdots\cdots ㉠ \\ xy+10x-500y=145000 & \cdots\cdots ㉡ \end{cases}$

㉠을 ㉡에 대입하여 정리하면

$x=50y+2500$ …… ㉢

㉢을 ㉠에 대입하면

$50y^2+2500y=120000$

$y^2+50y-2400=0$, $(y+80)(y-30)=0$에서

$y>0$이므로 $y=30$

$y=30$을 ㉠에 대입하면 $x=4000$

따라서 구하는 해는 $x=4000$, $y=30$

(4) 할인하기 전 A 김밥 한 개의 가격은 4000원이고 그때의 하루 판매량은 30개이다.

6 할인하기 전 상품의 가격을 x만 원, 그때의 하루 판매량을 y개라 하면 할인하기 전 하루 매출이 200만 원이므로

$xy=200$

할인한 후 상품의 가격은 $(x-1)$만 원이고, 하루 판매량은 $(y+20)$개이다.

이때의 매출은 40만 원 증가한 240만 원이므로

$(x-1)(y+20)=240$

따라서 $\begin{cases} xy=200 & \cdots\cdots ㉠ \\ xy+20x-y=260 & \cdots\cdots ㉡ \end{cases}$

㉠을 ㉡에 대입하여 정리하면

$y=20x-60$ …… ㉢

㉢을 ㉠에 대입하면

$20x^2-60x=200$, $x^2-3x-10=0$

$(x+2)(x-5)=0$에서 $x>0$이므로 $x=5$

$x=5$를 ㉢에 대입하면 $y=40$

따라서 가격을 할인하기 전 상품의 하루 판매량은 40개이다.

13 부정방정식의 풀이

본문 262쪽

1 (✎ -2, -4, 4, 2, 1, 0, -1, -3, 5, 0, 2, 2)

2 $\begin{cases} x=-6 \\ y=2 \end{cases}$ 또는 $\begin{cases} x=-2 \\ y=-2 \end{cases}$ 또는 $\begin{cases} x=0 \\ y=8 \end{cases}$ 또는 $\begin{cases} x=4 \\ y=4 \end{cases}$

3 (✎ 1, 3, 2, 3, -3, 3, 1, 0, 1, 4, 5, 2)

4 $\begin{cases} x=-2 \\ y=-3 \end{cases}$ 또는 $\begin{cases} x=0 \\ y=-5 \end{cases}$ 또는 $\begin{cases} x=2 \\ y=1 \end{cases}$ 또는 $\begin{cases} x=4 \\ y=-1 \end{cases}$

5 (✎ 1, 4, 2, 4, 4, 2, 1, 5, 4, 6, 2)

6 (✎ 16, 2, 4, 2, 4, 2, 4) 7 $x=2$, $y=-1$

8 $x=-6$, $y=3$ 9 $x=-\frac{2}{3}$, $y=-2$

10 (✎ $y+2$, -2, 1, 1, -1)

11 $x=0$, $y=-1$ 12 $x=8$, $y=3$

2 $(x+1)(y-3)=5$에서 x, y가 정수이므로 $x+1$, $y-3$의 값은 다음 표와 같다.

$x+1$	-5	-1	1	5
$y-3$	-1	-5	5	1

따라서 구하는 정수 x, y의 값은

$\begin{cases} x=-6 \\ y=2 \end{cases}$ 또는 $\begin{cases} x=-2 \\ y=-2 \end{cases}$ 또는 $\begin{cases} x=0 \\ y=8 \end{cases}$ 또는 $\begin{cases} x=4 \\ y=4 \end{cases}$

4 $xy+2x-y-5=0$에서

$x(y+2)-(y+2)=3$

$(x-1)(y+2)=3$

이때 x, y가 정수이므로 $x-1$, $y+2$의 값은 다음 표와 같다.

$x-1$	-3	-1	1	3
$y+2$	-1	-3	3	1

따라서 구하는 정수 x, y의 값은

$\begin{cases} x=-2 \\ y=-3 \end{cases}$ 또는 $\begin{cases} x=0 \\ y=-5 \end{cases}$ 또는 $\begin{cases} x=2 \\ y=1 \end{cases}$ 또는 $\begin{cases} x=4 \\ y=-1 \end{cases}$

7 $x^2-4x+y^2+2y+5=0$에서

$(x^2-4x+4)+(y^2+2y+1)=0$이므로

$(x-2)^2+(y+1)^2=0$

이때 x, y가 실수이므로 $x-2=0$, $y+1=0$

따라서 $x=2$, $y=-1$

8 $x^2+4xy+5y^2-6y+9=0$에서

$(x^2+4xy+4y^2)+(y^2-6y+9)=0$이므로

$(x+2y)^2+(y-3)^2=0$

이때 x, y가 실수이므로 $x+2y=0$, $y-3=0$

따라서 $x=-6$, $y=3$

9 $9x^2-6xy+2y^2+4y+4=0$에서

$(9x^2-6xy+y^2)+(y^2+4y+4)=0$이므로

$(3x-y)^2+(y+2)^2=0$

이때 x, y가 실수이므로 $3x-y=0$, $y+2=0$

따라서 $x=-\frac{2}{3}$, $y=-2$

11 주어진 방정식을 x에 대한 내림차순으로 정리하면

$2x^2+2(y+1)x+y^2+2y+1=0$ …… ㉠

x가 실수이므로 이차방정식 ㉠의 판별식을 D라 하면

$\frac{D}{4}=(y+1)^2-2(y^2+2y+1)$

$=-y^2-2y-1$

$=-(y+1)^2\geq 0$

따라서 $y=-1$이고, 이를 ㉠에 대입하면

$2x^2=0$이므로 $x=0$

12 주어진 방정식을 x에 대한 내림차순으로 정리하면

$x^2-4(y+1)x+5y^2+2y+13=0$ …… ㉠

x가 실수이므로 이차방정식 ㉠의 판별식을 D라 하면

$\frac{D}{4}=4(y+1)^2-(5y^2+2y+13)$

$=-y^2+6y-9$

$=-(y-3)^2\geq 0$

따라서 $y=3$이고, 이를 ㉠에 대입하면

$x^2-16x+64=0$, $(x-8)^2=0$이므로 $x=8$

TEST 개념 확인

본문 264쪽

1 ④ 2 ③ 3 ②

4 $(-2, -1)$, $(-1, -2)$, $(1, 2)$, $(2, 1)$

5 ③ 6 ② 7 ⑤ 8 ④

9 62 10 2 11 ④ 12 ④

1 $\begin{cases} x-y=-2 & \cdots\cdots ㉠ \\ x^2+y^2=10 & \cdots\cdots ㉡ \end{cases}$

㉠에서 $y=x+2$ …… ㉢

㉢을 ㉡에 대입하면 $x^2+(x+2)^2=10$

$x^2+2x-3=0$, $(x+3)(x-1)=0$이므로

$x=-3$ 또는 $x=1$

이를 각각 ㉢에 대입하면

$x=-3$일 때, $y=-1$, $x=1$일 때, $y=3$

따라서 $x+y$의 최댓값은 $1+3=4$

2 $\begin{cases} 2x-y=4 & \cdots\cdots ㉠ \\ x^2+2xy-2y^2=13 & \cdots\cdots ㉡ \end{cases}$

㉠에서 $y=2x-4$ …… ㉢

㉢을 ㉡에 대입하면

$x^2+2x(2x-4)-2(2x-4)^2=13$

$-3x^2+24x-45=0$, $x^2-8x+15=0$

$(x-3)(x-5)=0$이므로

$x=3$ 또는 $x=5$

이를 각각 ㉢에 대입하면

$x=3$일 때, $y=2$, $x=5$일 때, $y=6$

이때 $x=\alpha$, $y=\beta$이고 $\alpha>\beta$이므로

$\alpha=3$, $\beta=2$

따라서 $\alpha\beta=3\times 2=6$

3 $\begin{cases} x^2+xy=12 & \cdots\cdots ㉠ \\ 2x^2+3xy-2y^2=0 & \cdots\cdots ㉡ \end{cases}$

㉡의 좌변을 인수분해하면

$(x+2y)(2x-y)=0$이므로

$x=-2y$ 또는 $x=\frac{1}{2}y$

(i) $x=-2y$를 ㉠에 대입하여 풀면

$y=-\sqrt{6}$ 또는 $y=\sqrt{6}$

이때 $x=-2y$이므로

$y=-\sqrt{6}$일 때, $x=2\sqrt{6}$, $y=\sqrt{6}$일 때, $x=-2\sqrt{6}$

(ii) $x=\frac{1}{2}y$를 ㉠에 대입하여 풀면

$y=-4$ 또는 $y=4$

이때 $x=\frac{1}{2}y$이므로

$y=-4$일 때, $x=-2$, $y=4$일 때, $x=2$

(i), (ii)에서 x, y는 자연수이므로 $x=2$, $y=4$

따라서 $y-x=4-2=2$

4 $\begin{cases} x^2-2xy+y^2=1 \\ x^2+y^2=5 \end{cases}$에서 $\begin{cases} (x+y)^2-4xy=1 \\ (x+y)^2-2xy=5 \end{cases}$

$x+y=u$, $xy=v$로 놓으면

$\begin{cases} u^2-4v=1 \\ u^2-2v=5 \end{cases}$이므로

$u=-3$, $v=2$ 또는 $u=3$, $v=2$

(i) $u=-3$, $v=2$일 때

x, y는 t에 대한 이차방정식 $t^2+3t+2=0$의 두 근이므로

$(t+1)(t+2)=0$에서

$t=-2$ 또는 $t=-1$

(ii) $u=3$, $v=2$일 때

x, y는 t에 대한 이차방정식 $t^2-3t+2=0$의 두 근이므로

$(t-1)(t-2)=0$에서

$t=1$ 또는 $t=2$

따라서 주어진 연립방정식을 만족시키는 x, y의 순서쌍 (x, y)는 $(-2, -1)$, $(-1, -2)$, $(1, 2)$, $(2, 1)$이다.

[다른 풀이]

$\begin{cases} (x-y)^2=1 \\ x^2+y^2=5 \end{cases}$에서 $\begin{cases} x-y=\pm 1 \\ x^2+y^2=5 \end{cases}$이므로

$\begin{cases} x-y=1 \\ x^2+y^2=5 \end{cases}$ 또는 $\begin{cases} x-y=-1 \\ x^2+y^2=5 \end{cases}$

(i) $\begin{cases} x-y=1 & \cdots\cdots ㉠ \\ x^2+y^2=5 & \cdots\cdots ㉡ \end{cases}$

㉠에서 $y=x-1$이므로 이를 ㉡에 대입하면

$x^2+(x-1)^2=5$, $2x^2-2x-4=0$

$x^2-x-2=0$, $(x+1)(x-2)=0$

따라서 $\begin{cases} x=-1 \\ y=-2 \end{cases}$ 또는 $\begin{cases} x=2 \\ y=1 \end{cases}$

(ii) $\begin{cases} x-y=-1 & \cdots\cdots ㉢ \\ x^2+y^2=5 & \cdots\cdots ㉣ \end{cases}$

㉢에서 $y=x+1$이므로 이를 ㉣에 대입하면

$x^2+(x+1)^2=5$, $2x^2+2x-4=0$

$x^2+x-2=0$, $(x+2)(x-1)=0$

따라서 $\begin{cases} x=-2 \\ y=-1 \end{cases}$ 또는 $\begin{cases} x=1 \\ y=2 \end{cases}$

(i), (ii)에서 구하는 순서쌍 (x, y)는

$(-2, -1)$, $(-1, -2)$, $(1, 2)$, $(2, 1)$이다.

5 두 이차방정식의 공통근을 α라 하면

$\alpha^2+2k\alpha+k=0$ $\cdots\cdots$ ㉠

$\alpha^2+(k-1)\alpha-1=0$ $\cdots\cdots$ ㉡

㉠−㉡을 하면 $(k+1)\alpha+k+1=0$

$(k+1)(\alpha+1)=0$이므로

$k=-1$ 또는 $\alpha=-1$

이때 $k=-1$이면 주어진 두 이차방정식이 일치하므로 공통근이 2개 존재한다. 즉 $\alpha=-1$

따라서 $\alpha=-1$을 ㉠에 대입하면 $1-2k+k=0$이므로

$k=1$

6 $x=1$을 각 방정식에 대입하면

$1+m-3+2n=0$에서 $m+2n=2$ $\cdots\cdots$ ㉠

$1+2m+n-8=0$에서 $2m+n=7$ $\cdots\cdots$ ㉡

㉠, ㉡을 연립하여 풀면 $m=4$, $n=-1$

$m=4$, $n=-1$을 각 방정식에 대입하면

$x^2+x-2=0$에서 $(x+2)(x-1)=0$이므로

$x=-2$ 또는 $x=1$

$x^2+8x-9=0$에서 $(x+9)(x-1)=0$이므로

$x=-9$ 또는 $x=1$

따라서 두 방정식의 근 중 공통근이 아닌 근의 합은

$-2+(-9)=-11$

7 처음 땅의 가로의 길이를 x m, 세로의 길이를 y m라 하면

대각선의 길이가 13 m이므로

$x^2+y^2=169$ $\cdots\cdots$ ㉠

가로의 길이를 1 m 줄이고, 세로의 길이를 2 m 늘인 땅의 넓이는 $(x-1)(y+2)$ m^2이므로

$(x-1)(y+2)=xy-4$

즉 $xy+2x-y-2=xy-4$에서 $y=2x+2$ $\cdots\cdots$ ㉡

㉡을 ㉠에 대입하면 $x^2+(2x+2)^2=169$

$5x^2+8x-165=0$, $(x-5)(5x+33)=0$에서

$x>0$이므로 $x=5$

$x=5$를 ㉡에 대입하면 $y=12$

따라서 처음 땅의 넓이는 $5\times 12=60$ (m^2)

8 두 원의 반지름의 길이를 각각 x, y라 하면

$\begin{cases} 2\pi x+2\pi y=14\pi \\ \pi x^2+\pi y^2=29\pi \end{cases}$, 즉 $\begin{cases} x+y=7 & \cdots\cdots ㉠ \\ x^2+y^2=29 & \cdots\cdots ㉡ \end{cases}$

㉠에서 $y=-x+7$을 ㉡에 대입하면

$x^2+(-x+7)^2=29$, $x^2-7x+10=0$

$(x-2)(x-5)=0$이므로

$x=2$ 또는 $x=5$

이를 각각 ㉠에 대입하면

$x=2$일 때, $y=5$, $x=5$일 때, $y=2$

따라서 두 원 중 큰 원의 반지름의 길이는 5이다.

9 십의 자리 숫자를 x, 일의 자리 숫자를 y라 하면 각 자리 숫자의 제곱의 합이 40이므로

$x^2+y^2=40$ …… ㉠

일의 자리의 숫자와 십의 자리 숫자를 바꾼 자연수와 처음 자연수의 합이 88이므로

$(10y+x)+(10x+y)=88$, 즉 $y=-x+8$ …… ㉡

㉡을 ㉠에 대입하면

$x^2+(-x+8)^2=40$, $x^2-8x+12=0$

$(x-2)(x-6)=0$이므로

$x=2$ 또는 $x=6$

이를 각각 ㉠에 대입하면

$x=2$일 때, $y=6$, $x=6$일 때, $y=2$

이때 $x>y$이므로 $x=6$, $y=2$

따라서 구하는 자연수는 62이다.

10 $xy+2x+2y+3=0$에서

$x(y+2)+2(y+2)=1$이므로

$(x+2)(y+2)=1$

이때 x, y가 정수이므로 $x+2$, $y+2$의 값은 다음 표와 같다.

$x+2$	-1	1
$y+2$	-1	1

따라서 정수 x, y의 순서쌍 (x, y)의 개수는

$(-3, -3)$, $(-1, -1)$의 2이다.

11 $x^2-xy-2x+2y-3=0$에서

$x(x-y)-2(x-y)=3$이므로

$(x-2)(x-y)=3$

이때 x, y가 정수이므로 $x-2$, $x-y$의 값은 다음 표와 같다.

$x-2$	-3	-1	1	3
$x-y$	-1	-3	3	1

정수 x, y의 값은

$\begin{cases} x=-1 \\ y=0 \end{cases}$ 또는 $\begin{cases} x=1 \\ y=4 \end{cases}$ 또는 $\begin{cases} x=3 \\ y=0 \end{cases}$ 또는 $\begin{cases} x=5 \\ y=4 \end{cases}$

따라서 xy의 최댓값은 $5\times4=20$

12 $5x^2-4xy+y^2-2x+1=0$에서

$(4x^2-4xy+y^2)+(x^2-2x+1)=0$이므로

$(2x-y)^2+(x-1)^2=0$

이때 x, y가 실수이므로 $2x-y=0$, $x-1=0$

따라서 $x=1$, $y=2$이므로

$3xy=6$

TEST 개념 발전

본문 266쪽

1 ④	2 ②	3 ③	4 ③
5 ①	6 ①	7 -1	8 ④
9 ⑤	10 10	11 ①	12 ⑤
13 ②	14 ①	15 $-\frac{11}{2}$	

1 $f(x)=x^3-2x^2+16$으로 놓으면

$f(-2)=0$이므로 조립제법을 이용하여 $f(x)$를 인수분해하면

-2	1	-2	0	16
		-2	8	-16
	1	-4	8	0

$f(x)=(x+2)(x^2-4x+8)$

즉 주어진 방정식은 $(x+2)(x^2-4x+8)=0$

따라서 구하는 두 허근은 $x^2-4x+8=0$의 두 근이므로 근과 계수의 관계에 의하여 두 허근의 곱은 8이다.

2 $x^3+kx^2+3kx-5=0$에 $x=1$을 대입하면

$1+k+3k-5=0$이므로 $k=1$

이때 주어진 방정식은

$x^3+x^2+3x-5=0$

$f(x)=x^3+x^2+3x-5$로 놓으면 $f(1)=0$이므로 조립제법을 이용하여 $f(x)$를 인수분해하면

1	1	1	3	-5
		1	2	5
	1	2	5	0

$f(x)=(x-1)(x^2+2x+5)$

즉 주어진 방정식은 $(x-1)(x^2+2x+5)=0$

따라서 구하는 나머지 두 근은 $x^2+2x+5=0$의 두 근이므로 근과 계수의 관계에 의하여 나머지 두 근의 합은 -2이다.

3 $(x+1)(x+2)(x+3)(x+4)-8=0$에서

$\{(x+1)(x+4)\}\{(x+2)(x+3)\}-8=0$

$(x^2+5x+4)(x^2+5x+6)-8=0$

$x^2+5x=t$로 놓으면

$(t+4)(t+6)-8=0$, $t^2+10t+16=0$

$(t+8)(t+2)=0$이므로 $t=-8$ 또는 $t=-2$

(i) $t=-8$일 때

$x^2+5x+8=0$이므로 이 이차방정식의 판별식을 D_1이라 하면 $D_1<0$

(ii) $t=-2$일 때

$x^2+5x+2=0$이므로 이 이차방정식의 판별식을 D_2라 하면 $D_2>0$

따라서 주어진 방정식의 모든 실근은 $x^2+5x+2=0$의 두 근이므로 근과 계수의 관계에 의하여 모든 실근의 곱은 2이다.

4 $f(x)=2x^4-3x^3-4x^2+3x+2$로 놓으면
$f(1)=0$, $f(2)=0$이므로 조립제법을 이용하여
$f(x)$를 인수분해하면

1	2	-3	-4	3	2
		2	-1	-5	-2
2	2	-1	-5	-2	0
		4	6	2	
	2	3	1	0	

$f(x)=(x-1)(x-2)(2x^2+3x+1)$
$\quad=(x-1)(x-2)(x+1)(2x+1)$
따라서 주어진 방정식은
$(x-1)(x-2)(x+1)(2x+1)=0$이므로
$x=-1$ 또는 $x=-\frac{1}{2}$ 또는 $x=1$ 또는 $x=2$
따라서 가장 큰 근과 가장 작은 근의 곱은
$2\times(-1)=-2$

5 삼차방정식의 근과 계수의 관계에 의하여
$\alpha+\beta+\gamma=-3$, $\alpha\beta+\beta\gamma+\gamma\alpha=-4$, $\alpha\beta\gamma=-2$이므로
$(\alpha-1)(\beta-1)(\gamma-1)$
$=\alpha\beta\gamma-(\alpha\beta+\beta\gamma+\gamma\alpha)+(\alpha+\beta+\gamma)-1$
$=-2-(-4)+(-3)-1=-2$

6 a, b가 실수이므로 $1-i$가 근이면 $1+i$도 근이다.
나머지 한 근을 α라 하면 삼차방정식의 근과 계수의 관계에 의하여
$(1-i)+(1+i)+\alpha=-1$이므로
$\alpha=-3$
즉 주어진 삼차방정식의 근이 $1+i$, $1-i$, -3이므로 삼차방정식의 근과 계수의 관계에 의하여
$(1+i)(1-i)+(1-i)\times(-3)+(-3)\times(1+i)=a$에서
$a=-4$
$(1+i)(1-i)\times(-3)=-b$에서 $b=6$
따라서 $a+b=-4+6=2$

7 $x^3=1$에서 $x^3-1=0$, $(x-1)(x^2+x+1)=0$
이때 ω는 $x^3=1$의 한 허근이므로
$\omega^3=1$, $\omega^2+\omega+1=0$
따라서 $\frac{\omega^{17}}{\omega+1}=\frac{(\omega^3)^5\times\omega^2}{\omega+1}=\frac{\omega^2}{\omega+1}=\frac{\omega^2}{-\omega^2}=-1$

8 $x=-3y+5$를 $x^2+y^2=5$에 대입하면
$(-3y+5)^2+y^2=5$, $y^2-3y+2=0$
$(y-1)(y-2)=0$이므로 $y=1$ 또는 $y=2$
이때 $x=-3y+5$이므로
$y=1$일 때, $x=2$, $y=2$일 때, $x=-1$
(i) $x=2$, $y=1$을 $4x+y=a$, $bx-y=1$에 각각 대입하면
$a=9$, $b=1$
(ii) $x=-1$, $y=2$를 $4x+y=a$, $bx-y=1$에 각각 대입하면
$a=-2$, $b=-3$
이때 a, b는 양수이므로 $a=9$, $b=1$
따라서 $ab=9$

9 $\begin{cases}xy=-3\\x^2+y^2=10\end{cases}$에서
$\begin{cases}xy=-3\\(x+y)^2-2xy=10\end{cases}$
$x+y=u$, $xy=v$로 놓으면
$\begin{cases}v=-3\\u^2-2v=10\end{cases}$이므로
$u=-2$, $v=-3$ 또는 $u=2$, $v=-3$
(i) $u=-2$, $v=-3$일 때
x, y는 t에 대한 이차방정식 $t^2+2t-3=0$의 두 근이므로
$t=-3$ 또는 $t=1$
따라서 $x=-3$, $y=1$ 또는 $x=1$, $y=-3$
(ii) $u=2$, $v=-3$일 때
x, y는 t에 대한 이차방정식 $t^2-2t-3=0$의 두 근이므로
$t=-1$ 또는 $t=3$
따라서 $x=-1$, $y=3$ 또는 $x=3$, $y=-1$
(i), (ii)에서 $\alpha+2\beta$의 최댓값은 $x=-1$, $y=3$일 때이므로
$-1+2\times3=5$

10 $\begin{cases}2x^2-3xy+y^2=0 & \cdots\cdots ㉠\\x^2+xy-y^2=25 & \cdots\cdots ㉡\end{cases}$
㉠의 좌변을 인수분해하면 $(x-y)(2x-y)=0$이므로
$y=x$ 또는 $y=2x$
(i) $y=x$를 ㉡에 대입하면 $x^2=25$이므로
$x=-5$ 또는 $x=5$
이때 $y=x$이므로
$x=-5$일 때, $y=-5$, $x=5$일 때, $y=5$
(ii) $y=2x$를 ㉡에 대입하면 $x^2=-25$이므로
$x=-5i$ 또는 $x=5i$
이때 $y=2x$이므로
$x=-5i$일 때, $y=-10i$, $x=5i$일 때, $y=10i$
이때 x, y는 실수이므로 (i), (ii)에서 $x=-5$, $y=-5$ 또는 $x=5$, $y=5$
따라서 $x+y$의 최댓값은 $5+5=10$

11 $\begin{cases}x+y=k & \cdots\cdots ㉠\\x^2+3x+y=2 & \cdots\cdots ㉡\end{cases}$
㉠에서 $y=-x+k$를 ㉡에 대입하면
$x^2+2x+k-2=0$ $\cdots\cdots$ ㉢
주어진 연립방정식이 오직 한 쌍의 해를 가지려면 이차방정식 ㉢이 중근을 가져야 한다. 즉 이차방정식 ㉢의 판별식을 D라 하면
$\frac{D}{4}=1-(k-2)=0$이므로 $k=3$

$k=3$을 ㉢에 대입하면 $x^2+2x+1=0$

$(x+1)^2=0$이므로 $x=-1$

$k=3$, $x=-1$을 ㉠에 대입하면 $-1+y=3$이므로

$y=4$

따라서 $k=3$, $\alpha=-1$, $\beta=4$이므로

$k+\alpha\beta=3-4=-1$

12 $x^2+y^2-4x-2y+5=0$에서

$(x-2)^2+(y-1)^2=0$

이때 x, y는 실수이므로

$x-2=0$, $y-1=0$

따라서 $x=2$, $y=1$이므로

$2x+y=4+1=5$

13 $x\neq0$이므로 주어진 방정식의 양변을 x^2으로 나누면

$x^2+2x-1+\frac{2}{x}+\frac{1}{x^2}=0$

$x^2+\frac{1}{x^2}+2\left(x+\frac{1}{x}\right)-1=0$

$\left(x+\frac{1}{x}\right)^2+2\left(x+\frac{1}{x}\right)-3=0$

$x+\frac{1}{x}=t$로 놓으면

$t^2+2t-3=0$, $(t+3)(t-1)=0$이므로

$t=-3$ 또는 $t=1$

(i) $t=-3$일 때

$x+\frac{1}{x}=-3$에서 $x^2+3x+1=0$

이 이차방정식의 판별식을 D_1이라 하면 $D_1>0$

(ii) $t=1$일 때

$x+\frac{1}{x}=1$에서 $x^2-x+1=0$

이 이차방정식의 판별식을 D_2라 하면 $D_2<0$

(i), (ii)에서 주어진 방정식의 한 허근 α는 방정식 $x^2-x+1=0$의 근이므로

$\alpha^2-\alpha+1=0$

따라서 $\alpha^2-\alpha=-1$

14 큰 정사각형의 한 변의 길이를 x, 작은 정사각형의 한 변의 길이를 y라 하면 두 정사각형의 둘레의 길이의 합이 28이므로

$4x+4y=28$, 즉 $x+y=7$에서 $y=-x+7$ ...... ㉠

두 정사각형의 넓이의 차가 21이므로

$x^2-y^2=21$ ...... ㉡

㉠을 ㉡에 대입하면

$x^2-(-x+7)^2=21$, $14x=70$이므로

$x=5$

$x=5$를 ㉠에 대입하면 $y=2$

따라서 큰 정사각형의 한 변의 길이는 5이다.

15 $x^3=1$에서 $(x-1)(x^2+x+1)=0$

ω는 $x^3=1$의 한 허근이므로

$\omega^3=1$, $\omega^2+\omega+1=0$

(i) $n=3k+1$ (k는 음이 아닌 정수)일 때

$\omega^n=\omega^{3k+1}=(\omega^3)^k\times\omega=\omega$,

$\omega^{2n}=(\omega^n)^2=\omega^2$이므로

$f(n)=\frac{\omega^n}{\omega^{2n}+1}=\frac{\omega}{\omega^2+1}=\frac{\omega}{-\omega}=-1$

(ii) $n=3k+2$ (k는 음이 아닌 정수)일 때

$\omega^n=\omega^{3k+2}=(\omega^3)^k\times\omega^2=\omega^2$,

$\omega^{2n}=(\omega^n)^2=\omega^4=\omega$이므로

$f(n)=\frac{\omega^n}{\omega^{2n}+1}=\frac{\omega^2}{\omega+1}=\frac{\omega^2}{-\omega^2}=-1$

(iii) $n=3k+3$ (k는 음이 아닌 정수)일 때

$\omega^n=\omega^{3k+3}=(\omega^3)^{k+1}=1$,

$\omega^{2n}=(\omega^n)^2=1$이므로

$f(n)=\frac{\omega^n}{\omega^{2n}+1}=\frac{1}{1+1}=\frac{1}{2}$

따라서

$f(1)+f(2)+f(3)+\cdots+f(10)$

$=\{f(1)+f(2)+f(3)\}+\{f(4)+f(5)+f(6)\}$

$+\{f(7)+f(8)+f(9)\}+f(10)$

$=3\left\{(-1)+(-1)+\frac{1}{2}\right\}+(-1)$

$=-\frac{11}{2}$

8 연립일차부등식

01 부등식 $ax>b$의 풀이

본문 276쪽

원리확인

❶ ≤ ❷ ≥ ❸ ≤ ❹ ≥

1 × 2 ○ 3 × 4 ○
5 × 6 ○ 7 ○ 8 ×
9 (✎ x, 3, 8) 10 $x<-3$ 11 $x\ge-2$
12 $x\ge14$ 13 $x<5$ 14 $x<-18$
15 (1) (✎ >) (2) (✎ 없다) (3) (✎ <)
16 (1) $x<-\dfrac{2}{a+2}$ (2) 해는 없다. (3) $x>-\dfrac{2}{a+2}$
17 (1) $x\ge1$ (2) 모든 실수 (3) $x\le1$
☺ >, <, =

1 $a=3$, $b=2$이면 $\dfrac{1}{a}=\dfrac{1}{3}$, $\dfrac{1}{b}=\dfrac{1}{2}$
따라서 $a>b$이지만 $\dfrac{1}{a}<\dfrac{1}{b}$인 경우가 있다.

3 $a=-3$, $b=-2$이면 $\dfrac{1}{a}=-\dfrac{1}{3}$, $\dfrac{1}{b}=-\dfrac{1}{2}$
따라서 $a<b<0$이지만 $\dfrac{1}{a}>\dfrac{1}{b}$인 경우가 있다.

5 $a=2$, $b=-3$이면 $a^2=4$, $b^2=9$
따라서 $a>b$이지만 $a^2<b^2$인 경우가 있다.

7 $a>b$의 양변에 양수인 a를 더하면
$2a>a+b$

8 $a<b$의 양변에 음수인 a를 곱하면
$a^2>ab$

10 $x-5>7x+13$에서 $x-7x>13+5$
$-6x>18$
따라서 $x<-3$

11 $3(x-3)-x\le6x-1$에서 $3x-9-x\le6x-1$
$3x-x-6x\le-1+9$
$-4x\le8$
따라서 $x\ge-2$

12 $-2(x-1)\ge-5x+2(x+8)$에서
$-2x+2\ge-5x+2x+16$
$-2x+5x-2x\ge16-2$
따라서 $x\ge14$

13 $-0.7x+3.5>0.1x-0.5$의 양변에 10을 곱하면
$-7x+35>x-5$, $-7x-x>-5-35$
$-8x>-40$
따라서 $x<5$

14 $\dfrac{x}{3}+1<\dfrac{x}{4}-\dfrac{1}{2}$의 양변에 12를 곱하면
$4x+12<3x-6$
$4x-3x<-6-12$
따라서 $x<-18$

16 $(a+2)x<-2$에서
(1) $a>-2$일 때, $a+2>0$이므로 양변을 $a+2$로 나누면
$x<-\dfrac{2}{a+2}$
(2) $a=-2$일 때, $0\times x<-2$를 만족시키는 x는 없으므로 해는 없다.
(3) $a<-2$일 때, $a+2<0$이므로 양변을 $a+2$로 나누면
$x>-\dfrac{2}{a+2}$

17 $(a-3)x\ge a-3$에서
(1) $a>3$일 때, $a-3>0$이므로 양변을 $a-3$으로 나누면
$x\ge1$
(2) $a=3$일 때, $0\times x\ge0$이므로 모든 실수 x에 대하여 성립한다.
따라서 해는 모든 실수이다.
(3) $a<3$일 때, $a-3<0$이므로 양변을 $a-3$으로 나누면
$x\le1$

02 부등식의 사칙연산

본문 278쪽

1 (1) (✎ 3, 12) (2) (✎ 0, 9) (3) (✎ 2, 20) (4) (✎ 1, 10)
2 (1) $4\le x+y\le16$ (2) $-3\le x-y\le9$
(3) $3\le xy\le48$ (4) $\dfrac{1}{4}\le\dfrac{x}{y}\le4$
3 (1) $-7<x+y<28$ (2) $-10<x-y<25$
4 (1) $2<xy\le42$ (2) $\dfrac{1}{6}<\dfrac{x}{y}<\dfrac{7}{2}$

2 (1)
$$\begin{array}{rcccl} & 1 \le & x & \le 12 \\ +) & 3 \le & y & \le 4 \\ \hline & 1+3 \le & x+y & \le 12+4 \end{array}$$
따라서 $4\le x+y\le16$

(2)
$$\begin{array}{rcccl} & 1 \le & x & \le 12 \\ -) & 3 \le & y & \le 4 \\ \hline & 1-4 \le & x-y & \le 12-3 \end{array}$$
따라서 $-3\le x-y\le9$

(3)
$$\begin{array}{rcccl} & 1 & \le x \le & 12 \\ \times) & 3 & \le y \le & 4 \\ \hline & 1\times3 & \le xy \le & 12\times4 \end{array}$$
따라서 $3\le xy\le 48$

(4)
$$\begin{array}{rcccl} & 1 & \le x \le & 12 \\ \div) & 3 & \le y \le & 4 \\ \hline & \frac{1}{4} & \le \frac{x}{y} \le & \frac{12}{3} \end{array}$$
따라서 $\frac{1}{4}\le\frac{x}{y}\le 4$

3 (1)
$$\begin{array}{rcccl} & -2 & < x < & 20 \\ +) & -5 & < y < & 8 \\ \hline & -2+(-5) & < x+y < & 20+8 \end{array}$$
따라서 $-7<x+y<28$

(2)
$$\begin{array}{rcccl} & -2 & < x < & 20 \\ -) & -5 & < y < & 8 \\ \hline & -2-8 & < x-y < & 20-(-5) \end{array}$$
따라서 $-10<x-y<25$

4 (1)
$$\begin{array}{rcccl} & 1 & < x \le & 7 \\ \times) & 2 & < y \le & 6 \\ \hline & 1\times2 & < xy \le & 7\times6 \end{array}$$
따라서 $2<xy\le 42$

(2)
$$\begin{array}{rcccl} & 1 & < x \le & 7 \\ \div) & 2 & < y \le & 6 \\ \hline & \frac{1}{6} & < \frac{x}{y} < & \frac{7}{2} \end{array}$$
따라서 $\frac{1}{6}<\frac{x}{y}<\frac{7}{2}$

03 연립일차부등식

본문 280쪽

원리확인

❶ 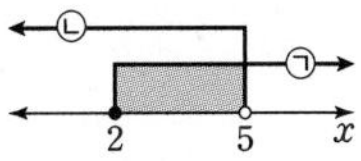

❷ 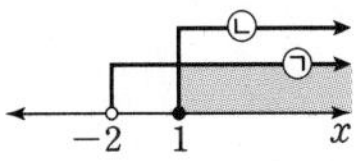

❸ 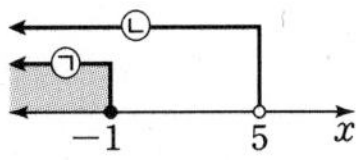

1 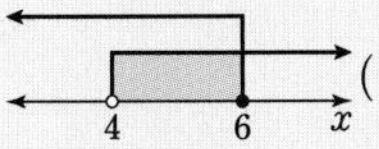 (✎ 4, 6)

2 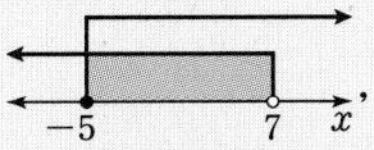, $-5\le x<7$

3 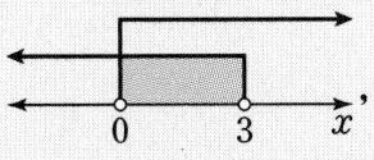, $0<x<3$

4 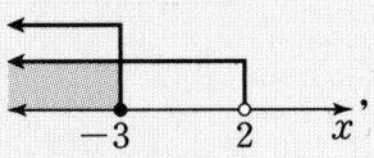, $x\le -3$

5 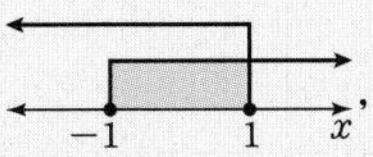, $-1\le x\le 1$

6 (✎ 6, 3, −9, −3, −3, 3, −3, 3)

7 $x>-1$ 8 $5<x\le 12$ 9 $-3<x<4$

10 $x\ge 5$ 11 $1<x\le 3$ 12 $x<6$

13 $-5\le x<-3$ 14 $-3<x<3$ 15 $x<3$

☺ 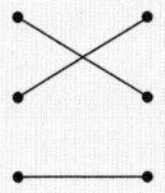

16 $x>9$ 17 $-2\le x<3$ 18 $-2\le x\le 3$

19 $3<x\le 4$ 20 $x>-4$ 21 $-6<x\le 18$

22 $x\ge\frac{2}{3}$ 23 $12<x\le 14$ 24 $-1\le x<3$

25 $2<x\le 22$

26 (✎ $2a+9$, -9, -9, $2a+9$, $2a+9$, 2)

27 -2 28 37 29 18

30 10

31 $\left(✎\ 4a-5,\ \frac{4a-5}{3},\ 7,\ 10,\ 5,\ \frac{4a-5}{3},\ 5,\ 1,\ 5,\ 2,\ 5\right)$

32 $a=7$, $b=6$ 33 $a=-5$, $b=15$ 34 $a=1$, $b=-12$

35 $a=7$, $b=-4$

7 $\begin{cases} x+3\ge 1 & \cdots\cdots ㉠ \\ -6x+3<9 & \cdots\cdots ㉡ \end{cases}$

㉠을 풀면 $x\ge -2$

㉡을 풀면 $-6x<6$에서 $x>-1$

㉠, ㉡의 해를 수직선 위에 나타내면

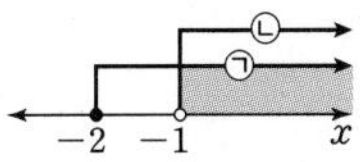

따라서 구하는 해는 $x>-1$

8 $\begin{cases} -x+17\ge 5 & \cdots\cdots ㉠ \\ -2x+10<0 & \cdots\cdots ㉡ \end{cases}$

㉠을 풀면 $-x\ge -12$에서 $x\le 12$

㉡을 풀면 $-2x<-10$에서 $x>5$

㉠, ㉡의 해를 수직선 위에 나타내면

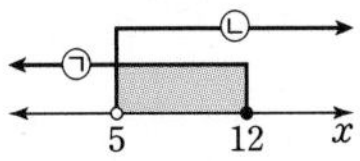

따라서 구하는 해는 $5<x\le 12$

9 $\begin{cases} 2x+4<12 & \cdots\cdots ㉠ \\ 4x>-12 & \cdots\cdots ㉡ \end{cases}$

㉠을 풀면 $2x<8$에서 $x<4$

㉡을 풀면 $x>-3$

㉠, ㉡의 해를 수직선 위에 나타내면

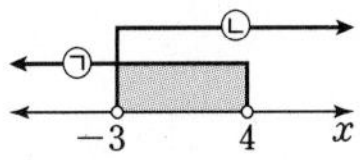

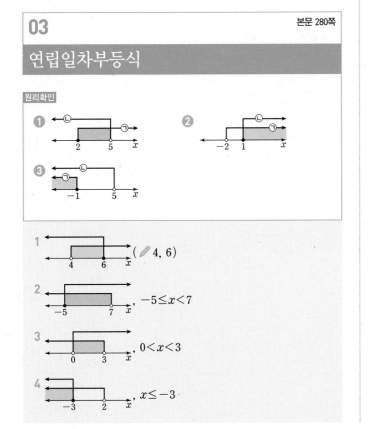

따라서 구하는 해는 $-3<x<4$

10 $\begin{cases} x-1\geq 4 & \cdots\cdots ㉠ \\ x-3\geq -x+3 & \cdots\cdots ㉡ \end{cases}$

㉠을 풀면 $x\geq 5$

㉡을 풀면 $2x\geq 6$에서 $x\geq 3$

㉠, ㉡의 해를 수직선 위에 나타내면

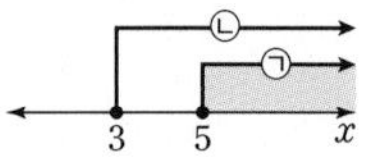

따라서 구하는 해는 $x\geq 5$

11 $\begin{cases} 3x+1>-x+5 & \cdots\cdots ㉠ \\ 5x-2\leq 2x+7 & \cdots\cdots ㉡ \end{cases}$

㉠을 풀면 $4x>4$에서 $x>1$

㉡을 풀면 $3x\leq 9$에서 $x\leq 3$

㉠, ㉡의 해를 수직선 위에 나타내면

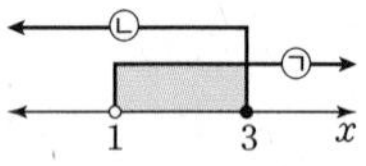

따라서 구하는 해는 $1<x\leq 3$

12 $\begin{cases} 5x\leq 2x+21 & \cdots\cdots ㉠ \\ 6-x>3x-18 & \cdots\cdots ㉡ \end{cases}$

㉠을 풀면 $3x\leq 21$에서 $x\leq 7$

㉡을 풀면 $-4x>-24$에서 $x<6$

㉠, ㉡의 해를 수직선 위에 나타내면

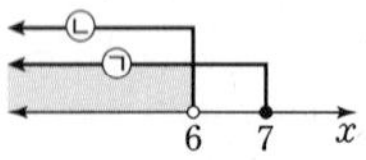

따라서 구하는 해는 $x<6$

13 $\begin{cases} 8x+10\geq 3x-15 & \cdots\cdots ㉠ \\ 4x-11>7x-2 & \cdots\cdots ㉡ \end{cases}$

㉠을 풀면 $5x\geq -25$에서 $x\geq -5$

㉡을 풀면 $-3x>9$에서 $x<-3$

㉠, ㉡의 해를 수직선 위에 나타내면

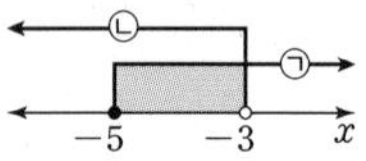

따라서 구하는 해는 $-5\leq x<-3$

14 $\begin{cases} 11x-5<-9x+55 & \cdots\cdots ㉠ \\ 4x+3>-x-12 & \cdots\cdots ㉡ \end{cases}$

㉠을 풀면 $20x<60$에서 $x<3$

㉡을 풀면 $5x>-15$에서 $x>-3$

㉠, ㉡의 해를 수직선 위에 나타내면

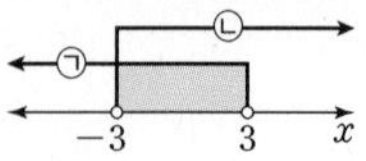

따라서 구하는 해는 $-3<x<3$

15 $\begin{cases} 4x-3<-5x+24 & \cdots\cdots ㉠ \\ 20-6x\geq -3x+2 & \cdots\cdots ㉡ \end{cases}$

㉠을 풀면 $9x<27$에서 $x<3$

㉡을 풀면 $-3x\geq -18$에서 $x\leq 6$

㉠, ㉡의 해를 수직선 위에 나타내면

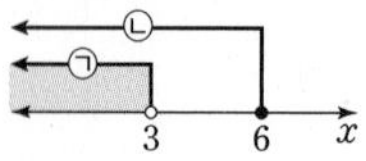

따라서 구하는 해는 $x<3$

16 $\begin{cases} 3(x-2)>x+12 & \cdots\cdots ㉠ \\ 18-2(x+5)\leq 4x & \cdots\cdots ㉡ \end{cases}$

㉠을 풀면 $3x-6>x+12$, $2x>18$에서 $x>9$

①을 풀면 $18-2x-10\leq 4x$, $-6x\leq -8$에서

$x\geq \frac{4}{3}$

㉠, ㉡의 해를 수직선 위에 나타내면

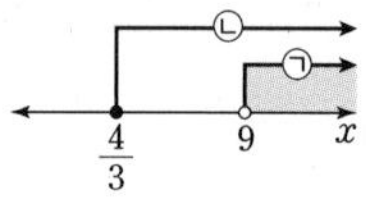

따라서 구하는 해는 $x>9$

17 $\begin{cases} 7(x-1)+4<18 & \cdots\cdots ㉠ \\ 11x+10\geq -6(x+4) & \cdots\cdots ㉡ \end{cases}$

㉠을 풀면 $7x-7+4<18$, $7x<21$에서 $x<3$

㉡을 풀면 $11x+10\geq -6x-24$, $17x\geq -34$에서

$x\geq -2$

㉠, ㉡의 해를 수직선 위에 나타내면

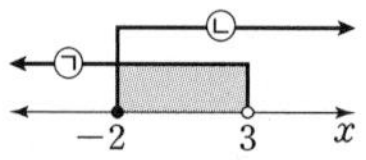

따라서 구하는 해는 $-2\leq x<3$

18 $\begin{cases} 5(2x-1)-14\leq x+8 & \cdots\cdots ㉠ \\ 8x-(x+3)\geq 4(x-2)-1 & \cdots\cdots ㉡ \end{cases}$

㉠을 풀면 $10x-5-14\leq x+8$, $9x\leq 27$에서

$x\leq 3$

㉡을 풀면 $8x-x-3\geq 4x-8-1$, $3x\geq -6$에서

$x\geq -2$

㉠, ㉡의 해를 수직선 위에 나타내면

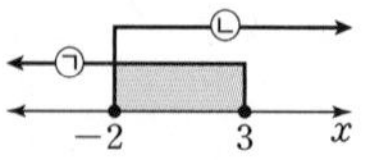

따라서 구하는 해는 $-2\leq x\leq 3$

19 $\begin{cases} 0.6x-0.1>1.7 & \cdots\cdots ㉠ \\ -0.4x+2.5\geq 0.3x-0.3 & \cdots\cdots ㉡ \end{cases}$

㉠의 양변에 10을 곱하면

$6x-1>17$, $6x>18$에서 $x>3$

㉡의 양변에 10을 곱하면

$-4x+25\geq 3x-3$, $-7x\geq -28$에서 $x\leq 4$

㉠, ㉡의 해를 수직선 위에 나타내면

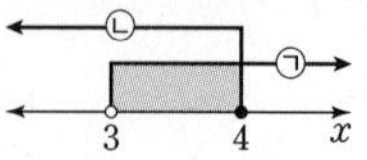

따라서 구하는 해는 $3<x\leq 4$

20 $\begin{cases} 3.6x-0.8\ge 2.8x-4.8 & \cdots\cdots ㉠ \\ 1-0.2(x+2)<0.4x+3 & \cdots\cdots ㉡ \end{cases}$

㉠의 양변에 10을 곱하면

$36x-8\ge 28x-48$, $8x\ge -40$에서 $x\ge -5$

㉡의 양변에 10을 곱하면

$10-2(x+2)<4x+30$, $10-2x-4<4x+30$

$-6x<24$에서 $x>-4$

㉠, ㉡의 해를 수직선 위에 나타내면

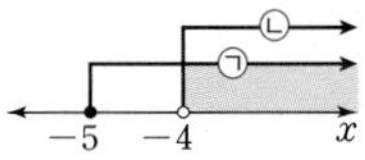

따라서 구하는 해는 $x>-4$

21 $\begin{cases} \dfrac{x}{6}+1\ge \dfrac{x}{3}-2 & \cdots\cdots ㉠ \\ -\dfrac{x}{24}<\dfrac{x}{8}+1 & \cdots\cdots ㉡ \end{cases}$

㉠의 양변에 6을 곱하면

$x+6\ge 2x-12$, $-x\ge -18$에서 $x\le 18$

㉡의 양변에 24를 곱하면

$-x<3x+24$, $-4x<24$에서 $x>-6$

㉠, ㉡의 해를 수직선 위에 나타내면

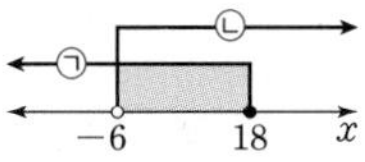

따라서 구하는 해는 $-6<x\le 18$

22 $\begin{cases} \dfrac{5}{3}x+\dfrac{7}{12}>\dfrac{5}{12}x+1 & \cdots\cdots ㉠ \\ -\dfrac{3}{4}x+\dfrac{1}{2}\le \dfrac{1}{4}x-\dfrac{1}{6} & \cdots\cdots ㉡ \end{cases}$

㉠의 양변에 12를 곱하면

$20x+7>5x+12$, $15x>5$에서 $x>\dfrac{1}{3}$

㉡의 양변에 12를 곱하면

$-9x+6\le 3x-2$, $-12x\le -8$에서 $x\ge \dfrac{2}{3}$

㉠, ㉡의 해를 수직선 위에 나타내면

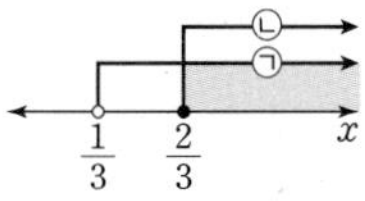

따라서 구하는 해는 $x\ge \dfrac{2}{3}$

23 $\begin{cases} \dfrac{1}{3}x-2>5-\dfrac{1}{4}x & \cdots\cdots ㉠ \\ 0.6(x+7)\ge 1.4x-7 & \cdots\cdots ㉡ \end{cases}$

㉠의 양변에 12를 곱하면

$4x-24>60-3x$, $7x>84$에서 $x>12$

㉡의 양변에 10을 곱하면 $6(x+7)\ge 14x-70$

$6x+42\ge 14x-70$, $-8x\ge -112$에서 $x\le 14$

㉠, ㉡의 해를 수직선 위에 나타내면

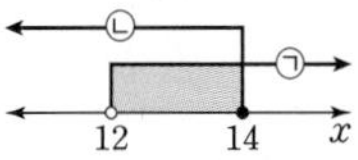

따라서 구하는 해는 $12<x\le 14$

24 $\begin{cases} 0.5x-0.7<0.2(x-3)+0.8 & \cdots\cdots ㉠ \\ \dfrac{x-7}{8}\le \dfrac{3x-1}{4} & \cdots\cdots ㉡ \end{cases}$

㉠의 양변에 10을 곱하면 $5x-7<2(x-3)+8$

$5x-7<2x-6+8$, $3x<9$에서 $x<3$

㉡의 양변에 8을 곱하면 $x-7\le 2(3x-1)$

$x-7\le 6x-2$, $-5x\le 5$에서 $x\ge -1$

㉠, ㉡의 해를 수직선 위에 나타내면

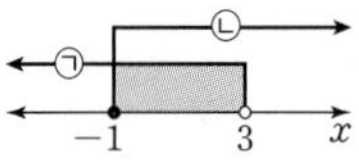

따라서 구하는 해는 $-1\le x<3$

25 $\begin{cases} -2.1x+4.5<\dfrac{2}{5}x-0.5 & \cdots\cdots ㉠ \\ 0.3(x-2)\ge -5+\dfrac{1}{2}x & \cdots\cdots ㉡ \end{cases}$

㉠의 양변에 10을 곱하면

$-21x+45<4x-5$, $-25x<-50$에서 $x>2$

㉡의 양변에 10을 곱하면 $3(x-2)\ge -50+5x$

$3x-6\ge -50+5x$, $-2x\ge -44$에서 $x\le 22$

㉠, ㉡의 해를 수직선 위에 나타내면

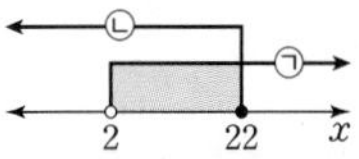

따라서 구하는 해는 $2<x\le 22$

27 $\begin{cases} 12-4x\ge 6x-18 & \cdots\cdots ㉠ \\ 10x+2\ge 8x+3a & \cdots\cdots ㉡ \end{cases}$

㉠을 풀면 $-10x\ge -30$에서 $x\le 3$

㉡을 풀면 $2x\ge 3a-2$에서 $x\ge \dfrac{3a-2}{2}$

이때 해가 $-4\le x\le 3$이어야 하므로 주어진 연립부등식의 해는

$\dfrac{3a-2}{2}\le x\le 3$이고 $\dfrac{3a-2}{2}=-4$

따라서 $3a-2=-8$, $3a=-6$에서 $a=-2$

28 $\begin{cases} 5x-12\le 7x & \cdots\cdots ㉠ \\ 8x-a\le -2x+3 & \cdots\cdots ㉡ \end{cases}$

㉠을 풀면 $-2x\le 12$에서 $x\ge -6$

㉡을 풀면 $10x\le a+3$에서 $x\le \dfrac{a+3}{10}$

이때 해가 $-6\le x\le 4$이어야 하므로 주어진 연립부등식의 해는

$-6\le x\le \dfrac{a+3}{10}$이고 $\dfrac{a+3}{10}=4$

따라서 $a+3=40$에서 $a=37$

29 $\begin{cases} -2(x+1)>a & \cdots\cdots ㉠ \\ 3x-34\le 6x+2 & \cdots\cdots ㉡ \end{cases}$

㉠을 풀면 $-2x>a+2$에서 $x<-\frac{a+2}{2}$

㉡을 풀면 $-3x\le 36$에서 $x\ge -12$

이때 해가 $-12\le x<-10$이어야 하므로 주어진 연립부등식의 해는

$-12\le x<-\frac{a+2}{2}$이고 $-\frac{a+2}{2}=-10$

따라서 $a+2=20$에서 $a=18$

30 $\begin{cases} 2(x-1)+3\le 4x+7 & \cdots\cdots ㉠ \\ 3(x+a)\ge 7(x+2) & \cdots\cdots ㉡ \end{cases}$

㉠을 풀면 $2x+1\le 4x+7$, $-2x\le 6$에서 $x\ge -3$

㉡을 풀면 $3x+3a\ge 7x+14$, $-4x\ge 14-3a$에서

$x\le \frac{3a-14}{4}$

이때 해가 $-3\le x\le 4$이어야 하므로 주어진 연립부등식의 해는

$-3\le x\le \frac{3a-14}{4}$이고 $\frac{3a-14}{4}=4$

따라서 $3a-14=16$, $3a=30$에서 $a=10$

32 $\begin{cases} 2x-3<5x+3a & \cdots\cdots ㉠ \\ -5+8x<7x+1 & \cdots\cdots ㉡ \end{cases}$

㉠을 풀면 $-3x<3a+3$에서 $x>-a-1$

㉡을 풀면 $x<6$

이때 해가 $-8<x<b$이어야 하므로 주어진 연립부등식의 해는

$-a-1<x<6$이고

$-8=-a-1$, $b=6$

따라서 $a=7$, $b=6$

33 $\begin{cases} x+4>2(a-1) & \cdots\cdots ㉠ \\ 2x+b>4x+5 & \cdots\cdots ㉡ \end{cases}$

㉠을 풀면 $x>2a-6$

㉡을 풀면 $-2x>5-b$에서 $x<\frac{b-5}{2}$

이때 해가 $-16<x<5$이어야 하므로 주어진 연립부등식의 해는

$2a-6<x<\frac{b-5}{2}$이고

$-16=2a-6$, $5=\frac{b-5}{2}$

따라서 $a=-5$, $b=15$

34 $\begin{cases} 7x+2\ge 4(x-a) & \cdots\cdots ㉠ \\ 5(x-1)\ge 6x+b & \cdots\cdots ㉡ \end{cases}$

㉠을 풀면 $7x+2\ge 4x-4a$

$3x\ge -4a-2$에서 $x\ge -\frac{4a+2}{3}$

㉡을 풀면 $5x-5\ge 6x+b$, $-x\ge b+5$에서 $x\le -b-5$

이때 해가 $-2\le x\le 7$이어야 하므로 주어진 연립부등식의 해는

$-\frac{4a+2}{3}\le x\le -b-5$이고

$-2=-\frac{4a+2}{3}$, $7=-b-5$

따라서 $a=1$, $b=-12$

35 $\begin{cases} 4x-1\le ax+8 & \cdots\cdots ㉠ \\ x-b\ge 2x-1 & \cdots\cdots ㉡ \end{cases}$

㉠을 풀면 $(4-a)x\le 9$

이때 $a>4$, 즉 $4-a<0$이므로 ㉠의 해는 $x\ge \frac{9}{4-a}$

㉡을 풀면 $-x\ge b-1$에서 $x\le -b+1$

이때 해가 $-3\le x\le 5$이어야 하므로 주어진 연립부등식의 해는

$\frac{9}{4-a}\le x\le -b+1$이고

$-3=\frac{9}{4-a}$, $5=-b+1$

따라서 $a=7$, $b=-4$

04

본문 284쪽

$A<B<C$ 꼴의 부등식

1 (✎ 1, 2, 1, 2, $1<x\le 2$) 2 $15\le x\le 18$

3 $6\le x<10$ 4 $x\le 3$ 5 $-\frac{3}{2}\le x<2$

6 $x<-2$ 7 $-13<x<-\frac{24}{5}$

2 주어진 부등식은

$\begin{cases} 4x+28\le 100 & \cdots\cdots ㉠ \\ 100\le 3x+55 & \cdots\cdots ㉡ \end{cases}$

㉠을 풀면 $4x\le 72$에서 $x\le 18$

㉡을 풀면 $-3x\le -45$에서 $x\ge 15$

㉠, ㉡의 해를 수직선 위에 나타내면

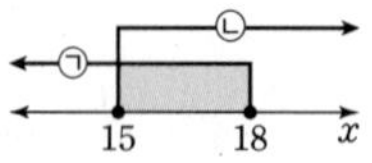

따라서 구하는 해는 $15\le x\le 18$

3 주어진 부등식은

$\begin{cases} x+6\le 2x & \cdots\cdots ㉠ \\ 2x<x+10 & \cdots\cdots ㉡ \end{cases}$

㉠을 풀면 $-x\le -6$에서 $x\ge 6$

㉡을 풀면 $x<10$

㉠, ㉡의 해를 수직선 위에 나타내면

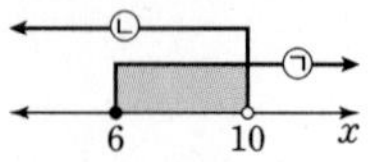

따라서 구하는 해는 $6\le x<10$

4 주어진 부등식은

$\begin{cases} 2x-5<x+3 & \cdots\cdots ㉠ \\ x+3\le -7x+27 & \cdots\cdots ㉡ \end{cases}$

㉠을 풀면 $x<8$

㉡을 풀면 $8x\le 24$에서 $x\le 3$

㉠, ㉡의 해를 수직선 위에 나타내면

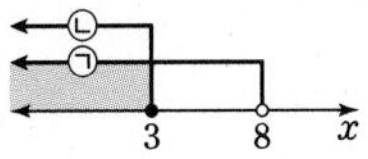

따라서 구하는 해는 $x\le 3$

5 주어진 부등식은

$\begin{cases} 5x-4<2x+2 & \cdots\cdots ㉠ \\ 2x+2\le 4x+5 & \cdots\cdots ㉡ \end{cases}$

㉠을 풀면 $3x<6$에서 $x<2$

㉡을 풀면 $-2x\le 3$에서 $x\ge -\frac{3}{2}$

㉠, ㉡의 해를 수직선 위에 나타내면

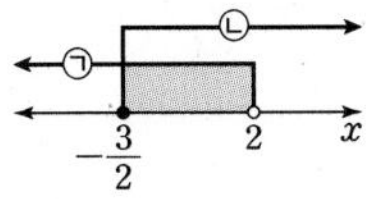

따라서 구하는 해는 $-\frac{3}{2}\le x<2$

6 주어진 부등식은

$\begin{cases} 8-5x<6(1-x) & \cdots\cdots ㉠ \\ 6(1-x)\le 4-8x & \cdots\cdots ㉡ \end{cases}$

㉠을 풀면 $8-5x<6-6x$에서 $x<-2$

㉡을 풀면 $6-6x\le 4-8x$, $2x\le -2$에서 $x\le -1$

㉠, ㉡의 해를 수직선 위에 나타내면

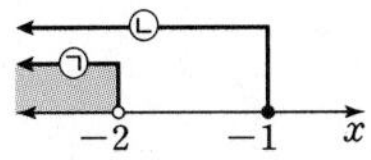

따라서 구하는 해는 $x<-2$

7 주어진 부등식은

$\begin{cases} \frac{3x-1}{4}<x+3 & \cdots\cdots ㉠ \\ x+3<\frac{1}{6}x-1 & \cdots\cdots ㉡ \end{cases}$

㉠의 양변에 4를 곱하면

$3x-1<4x+12$, $-x<13$에서 $x>-13$

㉡의 양변에 6을 곱하면

$6x+18<x-6$, $5x<-24$에서 $x<-\frac{24}{5}$

㉠, ㉡의 해를 수직선 위에 나타내면

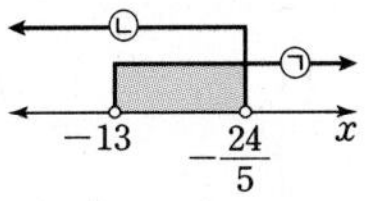

따라서 구하는 해는 $-13<x<-\frac{24}{5}$

TEST 개념 확인

본문 285쪽

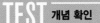

1 ②	2 ③	3 6	4 ④
5 ③	6 17		

1 $\begin{cases} 2(x-2)<x+1 & \cdots\cdots ㉠ \\ 7-3(x-1)\le -2 & \cdots\cdots ㉡ \end{cases}$

㉠을 풀면 $2x-4<x+1$에서 $x<5$

㉡을 풀면 $-3x+10\le -2$, $-3x\le -12$에서 $x\ge 4$

㉠, ㉡의 해를 수직선 위에 나타내면

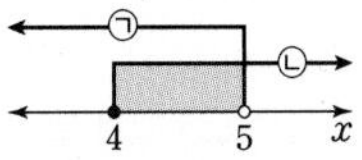

따라서 연립부등식의 해는 $4\le x<5$이므로 구하는 정수 x의 개수는 4의 1이다.

2 $\begin{cases} \frac{1}{5}x-2.9\le 0.4x-\frac{5}{2} & \cdots\cdots ㉠ \\ -(x-7)>3x+11 & \cdots\cdots ㉡ \end{cases}$

㉠의 양변에 10을 곱하면

$2x-29\le 4x-25$, $-2x\le 4$에서 $x\ge -2$

㉡을 풀면 $-x+7>3x+11$, $-4x>4$에서 $x<-1$

㉠, ㉡의 해를 수직선 위에 나타내면

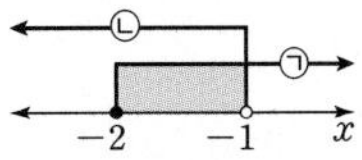

즉 연립부등식의 해는 $-2\le x<-1$이므로

$a=-2$, $b=-1$

따라서 $2a-3b=-4+3=-1$

3 $\begin{cases} 0.3x+1.4\le 0.8(x-2) & \cdots\cdots ㉠ \\ \frac{x-1}{3}\ge \frac{x+1}{4}-1 & \cdots\cdots ㉡ \end{cases}$

㉠의 양변에 10을 곱하면

$3x+14\le 8x-16$, $-5x\le -30$에서 $x\ge 6$

㉡의 양변에 12를 곱하면

$4x-4\ge 3x+3-12$에서 $x\ge -5$

㉠, ㉡의 해를 수직선 위에 나타내면

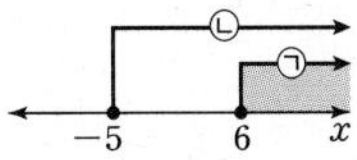

즉 연립부등식의 해는 $x\ge 6$

따라서 주어진 연립부등식을 만족시키는 x의 값 중 가장 작은 자연수는 6이다.

4 $\begin{cases} -2x+a\ge -14 & \cdots\cdots ㉠ \\ 6(x-1)\ge 3(x+1) & \cdots\cdots ㉡ \end{cases}$

㉠을 풀면 $-2x\ge -a-14$에서 $x\le \frac{a+14}{2}$

㉡을 풀면 $6x-6\ge 3x+3$, $3x\ge 9$에서 $x\ge 3$

이때 해가 $b\le x\le 12$이어야 하므로 주어진 연립부등식의 해는

$3\le x\le \frac{a+14}{2}$이고 $b=3$, $12=\frac{a+14}{2}$

따라서 $a=10$, $b=3$이므로 $a+b=13$

5 주어진 부등식은

$\begin{cases} 6x-1\le 2x+11 & \cdots\cdots ㉠ \\ 2x+11<5x+14 & \cdots\cdots ㉡ \end{cases}$

㉠을 풀면 $4x\le 12$에서 $x\le 3$

㉡을 풀면 $-3x<3$에서 $x>-1$

㉠, ㉡의 해를 수직선 위에 나타내면

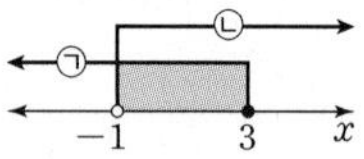

즉 연립부등식의 해는 $-1<x\le 3$

따라서 정수 x는 0, 1, 2, 3이므로 그 합은

$0+1+2+3=6$

6 주어진 부등식은

$\begin{cases} \dfrac{x-1}{2}-3\le\dfrac{2(x+1)-5}{3} & \cdots\cdots ㉠ \\ \dfrac{2(x+1)-5}{3}<-x+2 & \cdots\cdots ㉡ \end{cases}$

㉠의 양변에 6을 곱하면

$3x-3-18\le 4x+4-10$, $-x\le 15$에서 $x\ge -15$

㉡의 양변에 3을 곱하면

$2x+2-5<-3x+6$, $5x<9$에서 $x<\dfrac{9}{5}$

㉠, ㉡의 해를 수직선 위에 나타내면

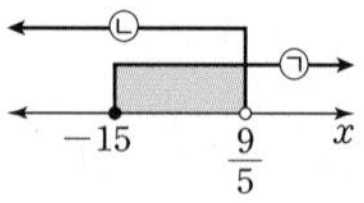

즉 연립부등식의 해는 $-15\le x<\dfrac{9}{5}$

따라서 구하는 정수 x의 개수는 -15, -14, -13, $\cdots$, 0, 1의 17이다.

05 특수한 해를 갖는 연립일차부등식

본문 286쪽

1 (✎1, 1)

2 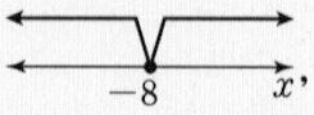, $x=-8$　3 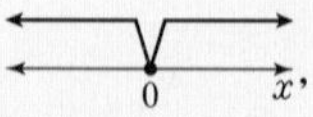, $x=0$

4 (✎ -2, 3, 없다)

5 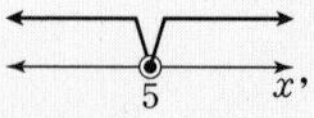, 해는 없다.　6 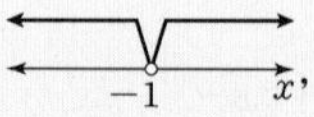, 해는 없다.

7 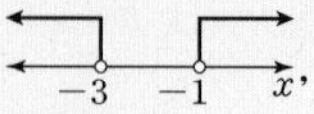, 해는 없다.　8 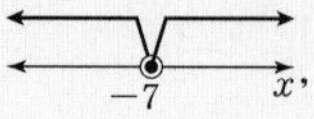, 해는 없다.

9 해는 없다.　10 해는 없다.　11 $x=-3$　12 해는 없다.

13 $x=-2$　14 $x=-1$　15 해는 없다.　16 $x=4$

17 해는 없다.　18 $x=-13$

☺

9 $\begin{cases} 2x-3<11 & \cdots\cdots ㉠ \\ 5x-28\ge 7 & \cdots\cdots ㉡ \end{cases}$

㉠을 풀면 $2x<14$에서 $x<7$

㉡을 풀면 $5x\ge 35$에서 $x\ge 7$

㉠, ㉡의 해를 수직선 위에 나타내면

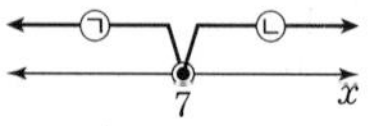

따라서 주어진 연립부등식의 해는 없다.

10 $\begin{cases} 6-x\le -5 & \cdots\cdots ㉠ \\ 8x+2\le 34 & \cdots\cdots ㉡ \end{cases}$

㉠을 풀면 $-x\le -11$에서 $x\ge 11$

㉡을 풀면 $8x\le 32$에서 $x\le 4$

㉠, ㉡의 해를 수직선 위에 나타내면

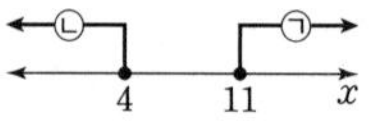

따라서 주어진 연립부등식의 해는 없다.

11 $\begin{cases} -2x\le 4x+18 & \cdots\cdots ㉠ \\ 7x+2\le 3x-10 & \cdots\cdots ㉡ \end{cases}$

㉠을 풀면 $-6x\le 18$에서 $x\ge -3$

㉡을 풀면 $4x\le -12$에서 $x\le -3$

㉠, ㉡의 해를 수직선 위에 나타내면

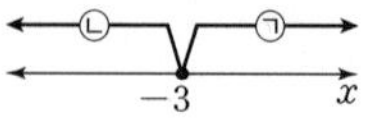

따라서 주어진 연립부등식의 해는 $x=-3$

12 $\begin{cases} -2x+5>17 & \cdots\cdots ㉠ \\ 3x+5<4x-1 & \cdots\cdots ㉡ \end{cases}$

㉠을 풀면 $-2x>12$에서 $x<-6$

㉡을 풀면 $-x<-6$에서 $x>6$

㉠, ㉡의 해를 수직선 위에 나타내면

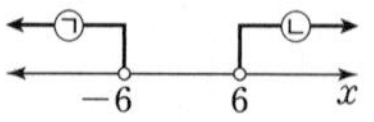

따라서 주어진 연립부등식의 해는 없다.

13 $\begin{cases} -4x+4\le -10x-8 & \cdots\cdots ㉠ \\ -11x-14\le -9x-10 & \cdots\cdots ㉡ \end{cases}$

㉠을 풀면 $6x\le -12$에서 $x\le -2$

㉡을 풀면 $-2x\le 4$에서 $x\ge -2$

㉠, ㉡의 해를 수직선 위에 나타내면

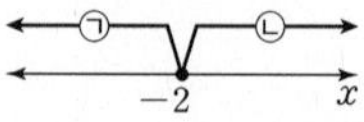

따라서 주어진 연립부등식의 해는 $x=-2$

14 $\begin{cases} -x+9\le 8-2x & \cdots\cdots ㉠ \\ 2-4(x+1)\le 3x+5 & \cdots\cdots ㉡ \end{cases}$

㉠을 풀면 $x\le -1$

㉡을 풀면 $-4x-2\le 3x+5$, $-7x\le 7$에서 $x\ge -1$

㉠, ㉡의 해를 수직선 위에 나타내면

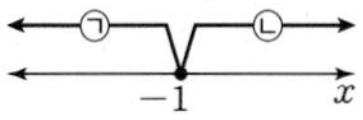

따라서 주어진 연립부등식의 해는 $x=-1$

15 $\begin{cases} 11-2(x+1)\le 2(x-5)-5 & \cdots\cdots ㉠ \\ 3(x-1)+1<2x+4 & \cdots\cdots ㉡ \end{cases}$

㉠을 풀면 $-2x+9\le 2x-15$, $-4x\le -24$에서 $x\ge 6$

㉡을 풀면 $3x-2<2x+4$에서 $x<6$

㉠, ㉡의 해를 수직선 위에 나타내면

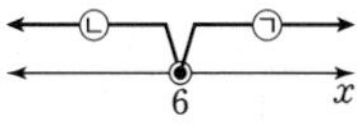

따라서 주어진 연립부등식의 해는 없다.

16 $\begin{cases} 6x-1\ge x+19 & \cdots\cdots ㉠ \\ 0.2x+0.7\ge 0.5(x-1) & \cdots\cdots ㉡ \end{cases}$

㉠을 풀면 $5x\ge 20$에서 $x\ge 4$

㉡의 양변에 10을 곱하면

$2x+7\ge 5x-5$, $-3x\ge -12$에서 $x\le 4$

㉠, ㉡의 해를 수직선 위에 나타내면

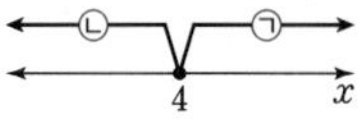

따라서 주어진 연립부등식의 해는 $x=4$

17 $\begin{cases} 1-(x+5)<3x-12 & \cdots\cdots ㉠ \\ \dfrac{2x-1}{3}\ge \dfrac{x-4}{2}+1 & \cdots\cdots ㉡ \end{cases}$

㉠을 풀면 $-x-4<3x-12$, $-4x<-8$에서 $x>2$

㉡의 양변에 6을 곱하면

$4x-2\le 3x-12+6$에서 $x\le -4$

㉠, ㉡의 해를 수직선 위에 나타내면

따라서 주어진 연립부등식의 해는 없다.

18 $\begin{cases} \dfrac{x+1}{6}-1\le \dfrac{x-3}{4}+1 & \cdots\cdots ㉠ \\ 1.4-0.2(x+1)\le -1.4-0.4x & \cdots\cdots ㉡ \end{cases}$

㉠의 양변에 12를 곱하면

$2x+2-12\le 3x-9+12$, $-x\le 13$에서 $x\ge -13$

㉡의 양변에 10을 곱하면

$14-2x-2\le -14-4x$, $2x\le -26$에서 $x\le -13$

㉠, ㉡의 해를 수직선 위에 나타내면

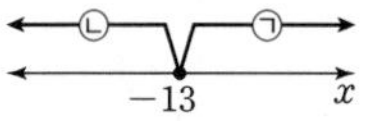

따라서 주어진 연립부등식의 해는 $x=-13$

06 해의 조건이 주어진 연립일차부등식

본문 288쪽

1 (✎ $2a+8$, 2, 2, 2, -3)
2 $a>-12$
3 $a<-2$
4 $a\le 3$
5 (✎ 6, $a+3$, 6, 6, 3)
6 $a>2$
7 $a<-1$
8 $a\ge -2$
9 (✎ 3, $a+3$, 1, 2, 3, 0, 1, -3, -2)
10 $\frac{5}{2}\le a<3$
11 $-\frac{2}{3}\le a<-\frac{1}{3}$
12 $-1<a\le 0$
13 $a\ge -1$
14 $-1<a\le 1$

2 $\begin{cases} x+7>3 & \cdots\cdots ㉠ \\ 2x-4<a & \cdots\cdots ㉡ \end{cases}$

㉠을 풀면 $x>-4$ $\cdots\cdots$ ㉢

㉡을 풀면 $2x<a+4$, $x<\frac{a+4}{2}$ $\cdots\cdots$ ㉣

주어진 연립부등식이 해를 갖도록 ㉢, ㉣을 수직선 위에 나타내면

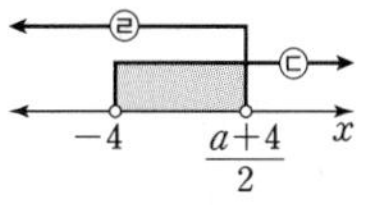

따라서 $\frac{a+4}{2}>-4$이어야 하므로

$a+4>-8$, 즉 $a>-12$

3 $\begin{cases} 3x>3a-12 & \cdots\cdots ㉠ \\ 8x+20<4(x-1) & \cdots\cdots ㉡ \end{cases}$

㉠을 풀면 $x>a-4$ $\cdots\cdots$ ㉢

㉡을 풀면 $8x+20<4x-4$

$4x<-24$, $x<-6$ $\cdots\cdots$ ㉣

주어진 연립부등식이 해를 갖도록 ㉢, ㉣을 수직선 위에 나타내면

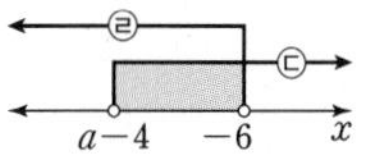

따라서 $a-4<-6$이어야 하므로

$a<-2$

4 $\begin{cases} 3(x-2a)\ge a & \cdots\cdots ㉠ \\ 4x-2\le 3x+5 & \cdots\cdots ㉡ \end{cases}$

㉠을 풀면 $3x-6a\ge a$

$3x\ge 7a$, $x\ge \frac{7}{3}a$ $\cdots\cdots$ ㉢

㉡을 풀면 $x\le 7$ $\cdots\cdots$ ㉣

주어진 연립부등식이 해를 갖도록 ㉢, ㉣을 수직선 위에 나타내면

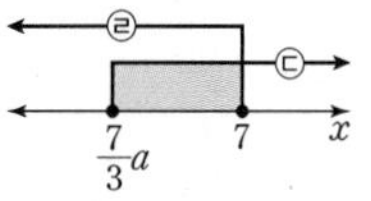

따라서 $\frac{7}{3}a\le 7$이어야 하므로 $a\le 3$

6 $\begin{cases} 2x \geq 6a-18 & \cdots\cdots ㉠ \\ 1-4x \geq x+16 & \cdots\cdots ㉡ \end{cases}$

㉠을 풀면 $x \geq 3a-9$ ⋯⋯ ㉢

㉡을 풀면 $-5x \geq 15$, $x \leq -3$ ⋯⋯ ㉣

주어진 연립부등식이 해를 갖지 않도록 ㉢, ㉣을 수직선 위에 나타내면

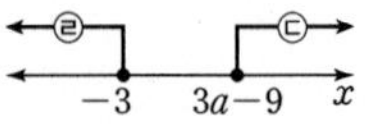

따라서 $3a-9>-3$이어야 하므로

$3a>6$, 즉 $a>2$

7 $\begin{cases} 6-2(x-1) \leq -x+4 & \cdots\cdots ㉠ \\ 8x-2a \leq 7x+6 & \cdots\cdots ㉡ \end{cases}$

㉠을 풀면 $-2x+8 \leq -x+4$

$-x \leq -4$, $x \geq 4$ ⋯⋯ ㉢

㉡을 풀면 $x \leq 2a+6$ ⋯⋯ ㉣

주어진 연립부등식이 해를 갖지 않도록 ㉢, ㉣을 수직선 위에 나타내면

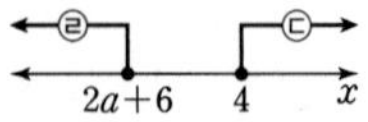

따라서 $2a+6<4$이어야 하므로

$2a<-2$, 즉 $a<-1$

8 $\begin{cases} \dfrac{x-1}{2} < \dfrac{x+1}{3}-1 & \cdots\cdots ㉠ \\ 0.2x+0.7 \leq 0.5(x-a) & \cdots\cdots ㉡ \end{cases}$

㉠의 양변에 6을 곱하면

$3x-3<2x+2-6$, $x<-1$ ⋯⋯ ㉢

㉡의 양변에 10을 곱하면

$2x+7 \leq 5x-5a$, $-3x \leq -5a-7$

$x \geq \dfrac{5a+7}{3}$ ⋯⋯ ㉣

주어진 연립부등식이 해를 갖지 않도록 ㉢, ㉣을 수직선 위에 나타내면

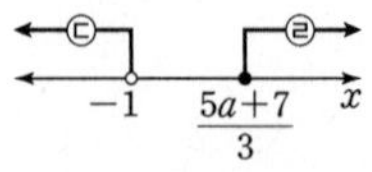

따라서 $\dfrac{5a+7}{3} \geq -1$이어야 하므로

$5a+7 \geq -3$, $5a \geq -10$, 즉 $a \geq -2$

10 $\begin{cases} 2(3x+1) \leq 3x+6a-1 & \cdots\cdots ㉠ \\ x+3<2x+1 & \cdots\cdots ㉡ \end{cases}$

㉠을 풀면 $6x+2 \leq 3x+6a-1$

$3x \leq 6a-3$, $x \leq 2a-1$ ⋯⋯ ㉢

㉡을 풀면 $x>2$ ⋯⋯ ㉣

주어진 연립부등식을 만족시키는 정수 x가 2개가 되도록 ㉢, ㉣을 수직선 위에 나타내면

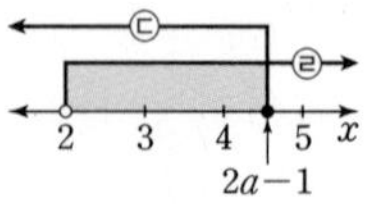

즉 연립부등식을 만족시키는 정수 x는 3, 4의 2개이고

$4 \leq 2a-1<5$이어야 한다.

따라서 $5 \leq 2a<6$에서 $\dfrac{5}{2} \leq a<3$

11 $\begin{cases} 5(x-3)-5<x & \cdots\cdots ㉠ \\ 2x-6a>10 & \cdots\cdots ㉡ \end{cases}$

㉠을 풀면 $5x-20<x$, $4x<20$

$x<5$ ⋯⋯ ㉢

㉡을 풀면 $2x>6a+10$

$x>3a+5$ ⋯⋯ ㉣

주어진 연립부등식을 만족시키는 정수 x가 1개가 되도록 ㉢, ㉣을 수직선 위에 나타내면

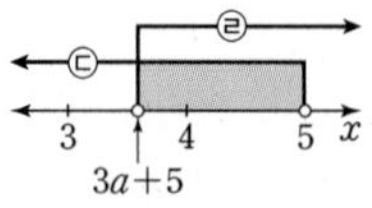

즉 연립부등식을 만족시키는 정수 x는 4의 1개이고

$3 \leq 3a+5<4$이어야 한다.

따라서 $-2 \leq 3a<-1$에서 $-\dfrac{2}{3} \leq a<-\dfrac{1}{3}$

12 $\begin{cases} -2x+5>x-10 & \cdots\cdots ㉠ \\ 1-(x-a) \leq 0 & \cdots\cdots ㉡ \end{cases}$

㉠을 풀면 $-3x>-15$, $x<5$ ⋯⋯ ㉢

㉡을 풀면 $-x+a+1 \leq 0$

$x \geq a+1$ ⋯⋯ ㉣

주어진 연립부등식을 만족시키는 정수 x가 4개가 되도록 ㉢, ㉣을 수직선 위에 나타내면

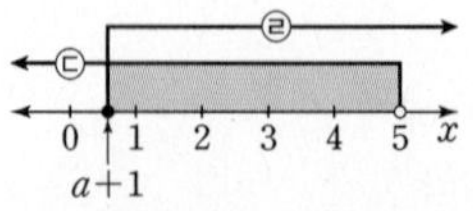

즉 연립부등식을 만족시키는 정수 x는 1, 2, 3, 4의 4개이고

$0<a+1 \leq 1$이어야 한다.

따라서 $-1<a \leq 0$

13 $\begin{cases} 3x+a<8 & \cdots\cdots ㉠ \\ x+8<2x+6 & \cdots\cdots ㉡ \end{cases}$

㉠을 풀면 $3x<8-a$, $x<\frac{8-a}{3}$ ⋯⋯ ㉢

㉡을 풀면 $-x<-2$, $x>2$ ⋯⋯ ㉣

주어진 연립부등식을 만족시키는 정수 x가 존재하지 않도록 ㉢, ㉣을 수직선 위에 나타내면

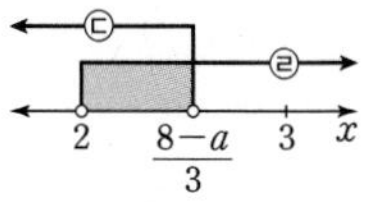

따라서 $\frac{8-a}{3}\le 3$이어야 하므로

$8-a\le 9$, 즉 $a\ge -1$

14 $\begin{cases} 0.5(x-1)\ge 0.3x-0.9 & \cdots\cdots ㉠ \\ 3-2(x-1)\ge a & \cdots\cdots ㉡ \end{cases}$

㉠의 양변에 10을 곱하면

$5x-5\ge 3x-9$, $2x\ge -4$, $x\ge -2$ ⋯⋯ ㉢

㉡을 풀면 $3-2x+2\ge a$

$-2x\ge a-5$, $x\le\frac{5-a}{2}$ ⋯⋯ ㉣

주어진 연립부등식을 만족시키는 정수 x가 5개가 되도록 ㉢, ㉣을 수직선 위에 나타내면

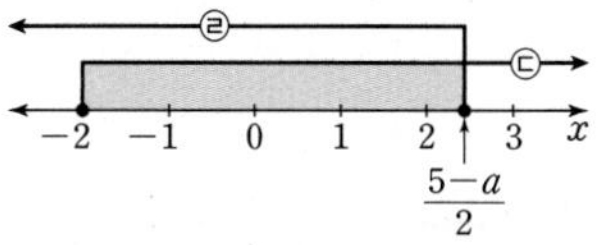

즉 연립부등식을 만족시키는 정수 x는 -2, -1, 0, 1, 2의 5개이고 $2\le\frac{5-a}{2}<3$이어야 한다.

따라서 $4\le 5-a<6$에서 $-1\le -a<1$이므로

$-1<a\le 1$

07 절댓값 기호를 포함한 부등식

본문 290쪽

1 (✎ -3, 3, -5, 1) 2 $-2<x<2$

3 (✎ -5, 5, 1, 11) 4 $-1\le x\le 7$

5 $x\le -9$ 또는 $x\ge -1$ 6 $-6<x<\frac{16}{3}$

☺ $-b$, b, $-b$, b

7 (✎ $-2-a$, $2-a$, $-2-a$, $2-a$, 1, 1)

8 $a=2$, $b=5$ 9 $a=-6$, $b=1$ 10 $a=3$, $b=4$

11 $a=-1$, $b=-6$ 12 $a=16$, $b=9$

13 (✎ 3, 3, $x-3$, 1, 1, 3, $x-3$, -3, 3, 1)

14 $x<1$ 15 $x\ge 1$ 16 $x\le 1$

17 $x<\frac{1}{2}$ 또는 $x>8$ 18 $x>\frac{11}{2}$

19 모든 실수 20 $x<4$ 21 $-8\le x\le 6$

22 $x<-2$ ☺ a, a 23 (✎ $-\frac{1}{2}$, $-\frac{1}{2}$, 1)

24 $x>5$ 25 $-7\le x<-3$ 26 $-8<x<-5$

27 $0<x<4$ 28 $3<x\le 5$

29 (✎ -2, 2, -2, -4, -4, 2, $\le$, 2, 4, 4, -4, 4)

30 $x<-9$ 또는 $x>6$ 31 $-3\le x\le 19$

32 $x>0$ 33 $-3\le x\le\frac{1}{3}$

34 $-7<x<1$ 35 $x<-\frac{1}{3}$ 또는 $x>5$

36 $x<2$ 또는 $x>\frac{22}{5}$ 37 $-2<x<\frac{2}{5}$

☺ a, b, b

2 $|2x|<4$를 풀면

$-4<2x<4$

따라서 $-2<x<2$

4 $|-x+3|\le 4$를 풀면

$-4\le -x+3\le 4$, $-7\le -x\le 1$

따라서 $-1\le x\le 7$

5 $|-2x-10|\ge 8$을 풀면

$-2x-10\le -8$ 또는 $-2x-10\ge 8$

$-2x\le 2$ 또는 $-2x\ge 18$

따라서 $x\le -9$ 또는 $x\ge -1$

6 $|3x+1|<17$을 풀면

$-17<3x+1<17$, $-18<3x<16$

따라서 $-6<x<\frac{16}{3}$

8 $|x-a|\le 3$을 풀면 $-3\le x-a\le 3$

$-3+a\le x\le 3+a$

이때 해가 $-1\le x\le b$이므로

$-3+a=-1$, $3+a=b$

따라서 $a=2$, $b=5$

9 $|2x+a|\le 4$를 풀면 $-4\le 2x+a\le 4$

$\frac{-4-a}{2}\le x\le\frac{4-a}{2}$

이때 해가 $b\le x\le 5$이므로

$\frac{-4-a}{2}=b$, $\frac{4-a}{2}=5$

따라서 $a=-6$, $b=1$

10 $|x+a|>7$을 풀면

$x+a<-7$ 또는 $x+a>7$

$x<-7-a$ 또는 $x>7-a$

이때 해가 $x<-10$ 또는 $x>b$이므로

$-7-a=-10$, $7-a=b$

따라서 $a=3$, $b=4$

11 $|x-a|\geq5$를 풀면

$x-a\leq-5$ 또는 $x-a\geq5$

$x\leq-5+a$ 또는 $x\geq5+a$

이때 해가 $x\leq b$ 또는 $x\geq4$이므로

$-5+a=b$, $5+a=4$

따라서 $a=-1$, $b=-6$

12 $|4x-a|>20$을 풀면

$4x-a<-20$ 또는 $4x-a>20$

$x<\frac{-20+a}{4}$ 또는 $x>\frac{20+a}{4}$

이때 해가 $x<-1$ 또는 $x>b$이므로

$\frac{-20+a}{4}=-1$, $\frac{20+a}{4}=b$

따라서 $a=16$, $b=9$

14 $|x|>3x-2$에서

(i) $x<0$일 때

$-x>3x-2$이므로 $x<\frac{1}{2}$

이때 $x<0$이므로 $x<0$

(ii) $x\geq0$일 때

$x>3x-2$이므로 $x<1$

이때 $x\geq0$이므로 $0\leq x<1$

(i), (ii)에서 주어진 부등식의 해는

$x<1$

15 $|x+4|\leq3x+2$에서

(i) $x<-4$일 때

$-(x+4)\leq3x+2$이므로 $x\geq-\frac{3}{2}$

이때 $x<-4$이므로 이 범위에서 해는 없다.

(ii) $x\geq-4$일 때

$x+4\leq3x+2$이므로 $x\geq1$

이때 $x\geq-4$이므로 $x\geq1$

(i), (ii)에서 주어진 부등식의 해는

$x\geq1$

16 $|x+2|\geq3x$에서

(i) $x<-2$일 때

$-(x+2)\geq3x$이므로 $x\leq-\frac{1}{2}$

이때 $x<-2$이므로 $x<-2$

(ii) $x\geq-2$일 때

$x+2\geq3x$이므로 $x\leq1$

이때 $x\geq-2$이므로 $-2\leq x\leq1$

(i), (ii)에서 주어진 부등식의 해는

$x\leq1$

17 $|3x-9|>x+7$에서

$3x-9=0$에서 $x=3$

(i) $x<3$일 때

$-(3x-9)>x+7$이므로 $x<\frac{1}{2}$

이때 $x<3$이므로 $x<\frac{1}{2}$

(ii) $x\geq3$일 때

$3x-9>x+7$이므로 $x>8$

이때 $x\geq3$이므로 $x>8$

(i), (ii)에서 주어진 부등식의 해는

$x<\frac{1}{2}$ 또는 $x>8$

18 $|5-x|>-3x+17$에서

(i) $x<5$일 때

$5-x>-3x+17$이므로 $x>6$

이때 $x<5$이므로 이 범위에서 해는 없다.

(ii) $x\geq5$일 때

$-(5-x)>-3x+17$이므로 $x>\frac{11}{2}$

이때 $x\geq5$이므로 $x>\frac{11}{2}$

(i), (ii)에서 주어진 부등식의 해는

$x>\frac{11}{2}$

19 $3|x+1|\geq x-15$에서

(i) $x<-1$일 때

$-3(x+1)\geq x-15$이므로 $x\leq3$

이때 $x<-1$이므로 $x<-1$

(ii) $x\geq-1$일 때

$3(x+1)\geq x-15$이므로 $x\geq-9$

이때 $x\geq-1$이므로 $x\geq-1$

(i), (ii)에서 주어진 부등식의 해는 모든 실수이다.

20 $4x-|x-4|<16$에서

(i) $x<4$일 때

$4x-\{-(x-4)\}<16$이므로 $x<4$

이때 $x<4$이므로 $x<4$

(ii) $x\geq4$일 때

$4x-(x-4)<16$이므로 $x<4$

이때 $x\geq4$이므로 이 범위에서 해는 없다.

(i), (ii)에서 주어진 부등식의 해는

$x<4$

21 $x+|2x-5|\le 13$에서

$2x-5=0$에서 $x=\frac{5}{2}$

(i) $x<\frac{5}{2}$일 때

$x-(2x-5)\le 13$이므로 $x\ge -8$

이때 $x<\frac{5}{2}$이므로 $-8\le x<\frac{5}{2}$

(ii) $x\ge \frac{5}{2}$일 때

$x+(2x-5)\le 13$이므로 $x\le 6$

이때 $x\ge \frac{5}{2}$이므로 $\frac{5}{2}\le x\le 6$

(i), (ii)에서 주어진 부등식의 해는

$-8\le x\le 6$

22 $|2x-8|+x<-3x+4$에서

$2x-8=0$에서 $x=4$

(i) $x<4$일 때

$-(2x-8)+x<-3x+4$이므로 $x<-2$

이때 $x<4$이므로 $x<-2$

(ii) $x\ge 4$일 때

$2x-8+x<-3x+4$이므로 $x<2$

이때 $x\ge 4$이므로 이 범위에서 해는 없다.

(i), (ii)에서 주어진 부등식의 해는

$x<-2$

24 $x>4$일 때, $x+1>0$, $x-4>0$이므로 주어진 부등식은

$(x+1)+(x-4)>7$, 즉 $x>5$

이때 $x>4$이므로 주어진 부등식의 해는

$x>5$

25 $x<-3$일 때, $x-1<0$, $x+3<0$이므로 주어진 부등식은

$-(x-1)-(x+3)\le 12$, 즉 $x\ge -7$

이때 $x<-3$이므로 주어진 부등식의 해는

$-7\le x<-3$

26 $x<-5$일 때, $x-7<0$, $x+5<0$이므로 주어진 부등식은

$-(x-7)-(x+5)<18$, 즉 $x>-8$

이때 $x<-5$이므로 주어진 부등식의 해는

$-8<x<-5$

27 $0<x<5$일 때, $x>0$, $x-5<0$이므로 주어진 부등식은

$x-2(x-5)>6$, 즉 $x<4$

이때 $0<x<5$이므로 주어진 부등식의 해는

$0<x<4$

28 $x>3$일 때, $x-3>0$, $x+4>0$이므로 주어진 부등식은

$5(x-3)-(x+4)\le 1$, 즉 $x\le 5$

이때 $x>3$이므로 주어진 부등식의 해는

$3<x\le 5$

30 $|x-3|+|x+6|>15$에서

(i) $x<-6$일 때

$-(x-3)-(x+6)>15$이므로 $x<-9$

이때 $x<-6$이므로 $x<-9$

(ii) $-6\le x<3$일 때

$-(x-3)+(x+6)>15$, 즉 $0\times x>6$이므로 이 범위에서 해는 없다.

(iii) $x\ge 3$일 때

$(x-3)+(x+6)>15$이므로 $x>6$

이때 $x\ge 3$이므로 $x>6$

(i), (ii), (iii)에서 주어진 부등식의 해는

$x<-9$ 또는 $x>6$

31 $|x|+|x-5|\le x+14$에서

(i) $x<0$일 때

$-x-(x-5)\le x+14$이므로 $x\ge -3$

이때 $x<0$이므로 $-3\le x<0$

(ii) $0\le x<5$일 때

$x-(x-5)\le x+14$이므로 $x\ge -9$

이때 $0\le x<5$이므로 $0\le x<5$

(iii) $x\ge 5$일 때

$x+(x-5)\le x+14$이므로 $x\le 19$

이때 $x\ge 5$이므로 $5\le x\le 19$

(i), (ii), (iii)에서 주어진 부등식의 해는

$-3\le x\le 19$

32 $|x+3|+|x-1|>-5x+4$에서

(i) $x<-3$일 때

$-(x+3)-(x-1)>-5x+4$이므로 $x>2$

이때 $x<-3$이므로 이 범위에서 해는 없다.

(ii) $-3\le x<1$일 때

$(x+3)-(x-1)>-5x+4$이므로 $x>0$

이때 $-3\le x<1$이므로 $0<x<1$

(iii) $x\ge 1$일 때

$(x+3)+(x-1)>-5x+4$이므로 $x>\frac{2}{7}$

이때 $x\ge 1$이므로 $x\ge 1$

(i), (ii), (iii)에서 주어진 부등식의 해는

$x>0$

33 $|2x-1|+5|x+2| \le 12$에서

(i) $x<-2$일 때

$-(2x-1)-5(x+2) \le 12$이므로 $x \ge -3$

이때 $x<-2$이므로 $-3 \le x < -2$

(ii) $-2 \le x < \frac{1}{2}$일 때

$-(2x-1)+5(x+2) \le 12$이므로 $x \le \frac{1}{3}$

이때 $-2 \le x < \frac{1}{2}$이므로 $-2 \le x \le \frac{1}{3}$

(iii) $x \ge \frac{1}{2}$일 때

$(2x-1)+5(x+2) \le 12$이므로 $x \le \frac{3}{7}$

이때 $x \ge \frac{1}{2}$이므로 이 범위에서 해는 없다.

(i), (ii), (iii)에서 주어진 부등식의 해는

$-3 \le x \le \frac{1}{3}$

34 $3|x-2|-4|x| > -1$에서

(i) $x<0$일 때

$-3(x-2)+4x > -1$이므로 $x > -7$

이때 $x<0$이므로 $-7<x<0$

(ii) $0 \le x < 2$일 때

$-3(x-2)-4x > -1$이므로 $x<1$

이때 $0 \le x < 2$이므로 $0 \le x < 1$

(iii) $x \ge 2$일 때

$3(x-2)-4x > -1$이므로 $x<-5$

이때 $x \ge 2$이므로 이 범위에서 해는 없다.

(i), (ii), (iii)에서 주어진 부등식의 해는

$-7<x<1$

35 $2|x-1|-|x+1| > 2$에서

(i) $x<-1$일 때

$-2(x-1)+(x+1) > 2$이므로 $x<1$

이때 $x<-1$이므로 $x<-1$

(ii) $-1 \le x < 1$일 때

$-2(x-1)-(x+1) > 2$이므로 $x < -\frac{1}{3}$

이때 $-1 \le x < 1$이므로 $-1 \le x < -\frac{1}{3}$

(iii) $x \ge 1$일 때

$2(x-1)-(x+1) > 2$이므로 $x>5$

이때 $x \ge 1$이므로 $x>5$

(i), (ii), (iii)에서 주어진 부등식의 해는

$x < -\frac{1}{3}$ 또는 $x>5$

36 $3|x-4|+2|x+3| > 16$에서

(i) $x<-3$일 때

$-3(x-4)-2(x+3) > 16$이므로 $x<-2$

이때 $x<-3$이므로 $x<-3$

(ii) $-3 \le x < 4$일 때

$-3(x-4)+2(x+3) > 16$이므로 $x<2$

이때 $-3 \le x < 4$이므로 $-3 \le x < 2$

(iii) $x \ge 4$일 때

$3(x-4)+2(x+3) > 16$이므로 $x > \frac{22}{5}$

이때 $x \ge 4$이므로 $x > \frac{22}{5}$

(i), (ii), (iii)에서 주어진 부등식의 해는

$x<2$ 또는 $x > \frac{22}{5}$

37 $6|x+1|-2|x-5| < 3x-2$에서

(i) $x<-1$일 때

$-6(x+1)+2(x-5) < 3x-2$이므로 $x>-2$

이때 $x<-1$이므로 $-2<x<-1$

(ii) $-1 \le x < 5$일 때

$6(x+1)+2(x-5) < 3x-2$이므로 $x < \frac{2}{5}$

이때 $-1 \le x < 5$이므로 $-1 \le x < \frac{2}{5}$

(iii) $x \ge 5$일 때

$6(x+1)-2(x-5) < 3x-2$이므로 $x<-18$

이때 $x \ge 5$이므로 이 범위에서 해는 없다.

(i), (ii), (iii)에서 주어진 부등식의 해는

$-2<x<\frac{2}{5}$

TEST 개념 확인

본문 294쪽

1 해는 없다.	2 ③	3 $x=-4$	4 ③
5 ②	6 ④	7 ④	8 ①
9 -1	10 ⑤	11 ③	12 ①

1 $\begin{cases} 4(x+1) \ge 6x+10 & \cdots\cdots ㉠ \\ 5x-3 < 8x-12 & \cdots\cdots ㉡ \end{cases}$

㉠을 풀면 $4x+4 \ge 6x+10$

$-2x \ge 6$에서 $x \le -3$

㉡을 풀면 $-3x < -9$에서 $x>3$

㉠, ㉡의 해를 수직선 위에 나타내면

따라서 주어진 연립부등식의 해는 없다.

2 $\begin{cases} \frac{x}{6}+2 \le \frac{x}{3}+1 & \cdots\cdots ㉠ \\ \frac{x-10}{12} \le -\frac{x-5}{3} & \cdots\cdots ㉡ \end{cases}$

㉠의 양변에 6을 곱하면 $x+12\le 2x+6$

$-x\le -6$에서 $x\ge 6$

㉡의 양변에 12를 곱하면

$x-10\le -4x+20$, $5x\le 30$에서 $x\le 6$

㉠, ㉡의 해를 수직선 위에 나타내면

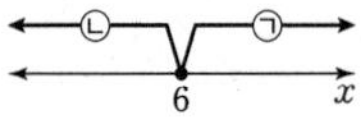

따라서 주어진 연립부등식의 해는 $x=6$

3 $\begin{cases} 0.4x-3.7\le x-1.3 & \cdots\cdots ㉠ \\ 2(x-1)+3\ge 3x+5 & \cdots\cdots ㉡ \end{cases}$

㉠의 양변에 10을 곱하면

$4x-37\le 10x-13$, $-6x\le 24$에서 $x\ge -4$

㉡을 풀면 $2x+1\ge 3x+5$에서 $x\le -4$

㉠, ㉡의 해를 수직선 위에 나타내면

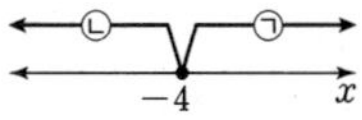

따라서 주어진 연립부등식의 해는 $x=-4$

4 $\begin{cases} 3(4x-1)-2(3-x)>19 & \cdots\cdots ㉠ \\ 6x-a\le 4x+5 & \cdots\cdots ㉡ \end{cases}$

㉠을 풀면 $12x-3-6+2x>19$

$14x>28$, $x>2$ $\cdots\cdots$ ㉢

㉡을 풀면 $2x\le a+5$, $x\le \frac{a+5}{2}$ $\cdots\cdots$ ㉣

주어진 연립부등식이 해를 갖도록 ㉢, ㉣을 수직선 위에 나타내면

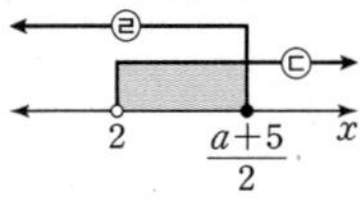

즉 $\frac{a+5}{2}>2$이어야 하므로 $a>-1$

따라서 정수 a의 최솟값은 0이다.

5 $\begin{cases} 0.9x-0.8\le 1.3(x-4) & \cdots\cdots ㉠ \\ x-3\le -2(x+2)+a & \cdots\cdots ㉡ \end{cases}$

㉠의 양변에 10을 곱하면 $9x-8\le 13x-52$

$-4x\le -44$, $x\ge 11$ $\cdots\cdots$ ㉢

㉡을 풀면 $x-3\le -2x-4+a$

$3x\le a-1$, $x\le \frac{a-1}{3}$ $\cdots\cdots$ ㉣

주어진 연립부등식이 해를 갖지 않도록 ㉢, ㉣을 수직선 위에 나타내면

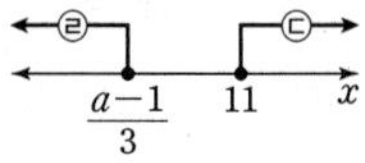

즉 $\frac{a-1}{3}<11$이어야 하므로 $a<34$

따라서 자연수 a의 개수는 33이다.

6 주어진 부등식은

$\begin{cases} -3x+6<2(4-x) & \cdots\cdots ㉠ \\ 2(4-x)\le -5(x+8)+3k & \cdots\cdots ㉡ \end{cases}$

㉠을 풀면 $-3x+6<8-2x$, $x>-2$ $\cdots\cdots$ ㉢

㉡을 풀면 $8-2x\le -5x-40+3k$

$3x\le 3k-48$, $x\le k-16$ $\cdots\cdots$ ㉣

주어진 연립부등식을 만족시키는 정수 x가 2개가 되도록 ㉢, ㉣을 수직선 위에 나타내면

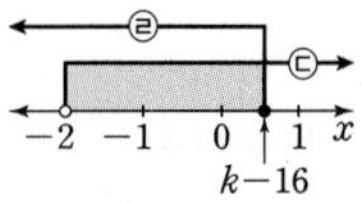

즉 연립부등식을 만족시키는 정수 x는 -1, 0의 2개이고

$0\le k-16<1$이어야 한다.

따라서 $16\le k<17$

7 주어진 부등식은

$\begin{cases} \frac{4x+5}{3}\le 2x+a & \cdots\cdots ㉠ \\ 2x+a\le \frac{5x+7}{4} & \cdots\cdots ㉡ \end{cases}$

㉠의 양변에 3을 곱하면 $4x+5\le 6x+3a$

$-2x\le 3a-5$, $x\ge \frac{-3a+5}{2}$

㉡의 양변에 4를 곱하면 $8x+4a\le 5x+7$

$3x\le -4a+7$, $x\le \frac{-4a+7}{3}$

주어진 연립부등식의 해가 오직 1개이려면

$\frac{-3a+5}{2}=\frac{-4a+7}{3}$이어야 하므로

$-9a+15=-8a+14$

따라서 $a=1$

8 $|x-2|<3$을 풀면 $-3<x-2<3$

$-1<x<5$

따라서 $\alpha=-1$, $\beta=5$이므로 $\alpha\beta=-5$

9 $|2x+1|\ge 5$를 풀면

$2x+1\le -5$ 또는 $2x+1\ge 5$

$x\le -3$ 또는 $x\ge 2$

따라서 $\alpha=-3$, $\beta=2$이므로 $\alpha+\beta=-1$

10 $|x-a|<4$를 풀면 $-4<x-a<4$

$-4+a<x<4+a$

이때 해가 $3<x<11$이므로

$-4+a=3$, $4+a=11$

따라서 $a=7$

11 $|4x-3| \geq 2x+3$에서

(i) $x<\frac{3}{4}$일 때

$-(4x-3) \geq 2x+3$이므로 $x \leq 0$

이때 $x<\frac{3}{4}$이므로 $x \leq 0$

(ii) $x \geq \frac{3}{4}$일 때

$4x-3 \geq 2x+3$이므로 $x \geq 3$

이때 $x \geq \frac{3}{4}$이므로 $x \geq 3$

(i), (ii)에서 주어진 부등식의 해는

$x \leq 0$ 또는 $x \geq 3$

따라서 $\alpha=0$, $\beta=3$이므로 $\alpha+2\beta=6$

12 $4|x-1|-3|x+1| \leq 8$에서

(i) $x<-1$일 때

$-4(x-1)+3(x+1) \leq 8$이므로 $x \geq -1$

이때 $x<-1$이므로 이 범위에서 해는 없다.

(ii) $-1 \leq x<1$일 때

$-4(x-1)-3(x+1) \leq 8$이므로 $x \geq -1$

이때 $-1 \leq x<1$이므로 $-1 \leq x<1$

(iii) $x \geq 1$일 때

$4(x-1)-3(x+1) \leq 8$이므로 $x \leq 15$

이때 $x \geq 1$이므로 $1 \leq x \leq 15$

(i), (ii), (iii)에서 주어진 부등식의 해는

$-1 \leq x \leq 15$

따라서 $\alpha=-1$, $\beta=15$이므로 $\alpha+\beta=14$

TEST 개념 발전

8. 연립일차부등식

본문 296쪽

1 ③	2 ①	3 37	4 ④
5 ⑤	6 ①	7 16	8 ③
9 ③	10 3	11 ③	12 ③
13 ⑤	14 ③	15 ②	

1 ③ $a=1$, $b=0$이면 $0>0$이므로 해는 없다.

2 $\begin{cases} 2x-3 \geq 5x-9 & \cdots\cdots ㉠ \\ -x+5<5x+17 & \cdots\cdots ㉡ \end{cases}$

㉠을 풀면 $-3x \geq -6$에서 $x \leq 2$

㉡을 풀면 $-6x<12$에서 $x>-2$

㉠, ㉡의 해를 수직선 위에 나타내면

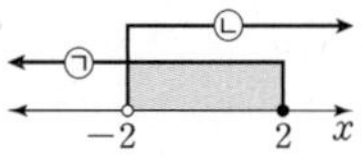

따라서 주어진 연립부등식의 해는 $-2<x \leq 2$이므로 해가 아닌 것은 ①이다.

3 $\begin{cases} \frac{x}{8}-2 \leq \frac{x}{4}+1 & \cdots\cdots ㉠ \\ \frac{x+3}{8}>\frac{x-1}{6} & \cdots\cdots ㉡ \end{cases}$

㉠의 양변에 8을 곱하면

$x-16 \leq 2x+8$에서 $x \geq -24$

㉡의 양변에 24를 곱하면

$3x+9>4x-4$에서 $x<13$

㉠, ㉡의 해를 수직선 위에 나타내면

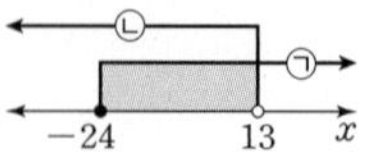

즉 주어진 연립부등식의 해는 $-24 \leq x<13$

따라서 $\alpha=-24$, $\beta=13$이므로

$\beta-\alpha=13-(-24)=37$

4 $\begin{cases} 8x-20>-a & \cdots\cdots ㉠ \\ -x+15>2x-3 & \cdots\cdots ㉡ \end{cases}$

㉠을 풀면 $8x>20-a$, $x>\frac{20-a}{8}$

㉡을 풀면 $-3x>-18$, $x<6$

이때 해가 $2<x<6$이므로 주어진 연립부등식의 해는

$\frac{20-a}{8}<x<6$이고

$2=\frac{20-a}{8}$

따라서 $a=4$

5 $\begin{cases} 2x+a<7(x+5) & \cdots\cdots ㉠ \\ 3(x-2) \leq 2x+b & \cdots\cdots ㉡ \end{cases}$

㉠을 풀면 $2x+a<7x+35$

$-5x<35-a$에서 $x>\frac{a-35}{5}$

㉡을 풀면 $3x-6 \leq 2x+b$에서 $x \leq b+6$

이때 해가 $-5<x \leq 8$이므로 주어진 연립부등식의 해는

$\frac{a-35}{5}<x \leq b+6$이고

$-5=\frac{a-35}{5}$, $8=b+6$

따라서 $a=10$, $b=2$이므로 $ab=20$

6 주어진 부등식은

$\begin{cases} \frac{3}{2}x-4 \leq \frac{2}{5}x & \cdots\cdots ㉠ \\ \frac{2}{5}x<\frac{3}{4}x+1 & \cdots\cdots ㉡ \end{cases}$

㉠의 양변에 10을 곱하면

$15x-40 \leq 4x$, $11x \leq 40$에서 $x \leq \frac{40}{11}$

㉡의 양변에 20을 곱하면

$8x<15x+20$, $-7x<20$에서 $x>-\frac{20}{7}$

㉠, ㉡의 해를 수직선 위에 나타내면

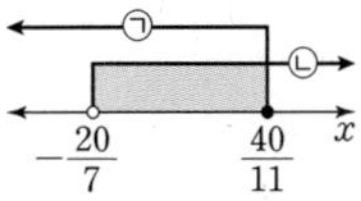

따라서 주어진 연립부등식의 해는 $-\frac{20}{7}<x\le\frac{40}{11}$이므로 정수 x는 -2, -1, 0, 1, 2, 3이고 그 합은

$-2+(-1)+0+1+2+3=3$

7 $\begin{cases}7x-21\le5(x+3) & \cdots\cdots ㉠\\ 0.2(x+3)-0.5(1-2x)<1.3x & \cdots\cdots ㉡\end{cases}$

㉠을 풀면 $7x-21\le5x+15$, $2x\le36$에서 $x\le18$

㉡의 양변에 10을 곱하면

$2x+6-5+10x<13x$에서 $x>1$

㉠, ㉡의 해를 수직선 위에 나타내면

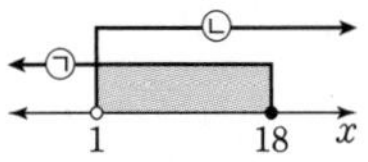

즉 주어진 연립부등식의 해는 $1<x\le18$

따라서 $M=18$, $m=2$이므로

$M-m=18-2=16$

8 ① $\begin{cases}2x-3\le0 & \cdots\cdots ㉠\\ 5x-4<2x+5 & \cdots\cdots ㉡\end{cases}$

㉠을 풀면 $x\le\frac{3}{2}$

㉡을 풀면 $3x<9$에서 $x<3$

㉠, ㉡의 해를 수직선 위에 나타내면

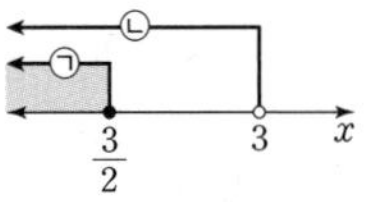

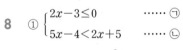

즉 이 연립부등식의 해는 $x\le\frac{3}{2}$

② $\begin{cases}3(x+1)>2(x-2) & \cdots\cdots ㉠\\ x\ge3x+8 & \cdots\cdots ㉡\end{cases}$

㉠을 풀면 $3x+3>2x-4$에서 $x>-7$

㉡을 풀면 $-2x\ge8$에서 $x\le-4$

㉠, ㉡의 해를 수직선 위에 나타내면

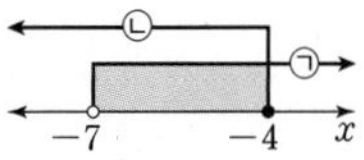

즉 이 연립부등식의 해는 $-7<x\le-4$

③ $\begin{cases}\frac{x}{2}+\frac{1}{3}\le\frac{1}{6} & \cdots\cdots ㉠\\ \frac{x}{2}-2\ge1 & \cdots\cdots ㉡\end{cases}$

㉠의 양변에 6을 곱하면

$3x+2\le1$에서 $x\le-\frac{1}{3}$

㉡의 양변에 2를 곱하면

$x-4\ge2$에서 $x\ge6$

㉠, ㉡의 해를 수직선 위에 나타내면

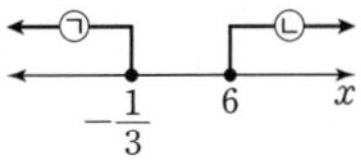

즉 이 연립부등식의 해는 없다.

④ $\begin{cases}0.1x+0.3\le0.5 & \cdots\cdots ㉠\\ 2x-1\ge x+1 & \cdots\cdots ㉡\end{cases}$

㉠의 양변에 10을 곱하면

$x+3\le5$에서 $x\le2$

㉡을 풀면 $x\ge2$

㉠, ㉡의 해를 수직선 위에 나타내면

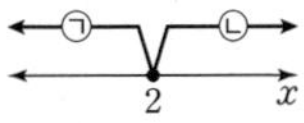

즉 이 연립부등식의 해는 $x=2$

⑤ $x-1<5x+1<8-2x$에서

$\begin{cases}x-1<5x+1 & \cdots\cdots ㉠\\ 5x+1<8-2x & \cdots\cdots ㉡\end{cases}$

㉠을 풀면 $-4x<2$에서 $x>-\frac{1}{2}$

㉡을 풀면 $7x<7$에서 $x<1$

㉠, ㉡의 해를 수직선 위에 나타내면

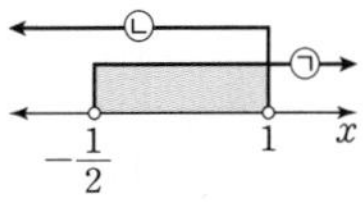

즉 이 연립부등식의 해는 $-\frac{1}{2}<x<1$

따라서 해가 없는 것은 ③이다.

9 $\begin{cases}2(x-3)\le3x-a & \cdots\cdots ㉠\\ 4x+b\ge6x+9 & \cdots\cdots ㉡\end{cases}$

㉠을 풀면 $2x-6\le3x-a$에서 $x\ge a-6$

㉡을 풀면 $2x\le b-9$에서 $x\le\frac{b-9}{2}$

이때 이 연립부등식의 해가 $x=6$이므로

$a-6=\frac{b-9}{2}=6$이어야 한다.

따라서 $a=12$, $b=21$이므로 $a+b=33$

10 $\begin{cases}2x\ge-x+3 & \cdots\cdots ㉠\\ \frac{7}{4}-\frac{1}{3}(a+1)>\frac{1}{12}x & \cdots\cdots ㉡\end{cases}$

㉠을 풀면 $3x\ge3$에서 $x\ge1$ $\cdots\cdots$ ㉢

㉡의 양변에 12를 곱하면 $21-4(a+1)>x$

$x<-4a+17$ $\cdots\cdots$ ㉣

주어진 연립부등식의 해가 존재하도록 ㉢, ㉣을 수직선 위에 나타내면

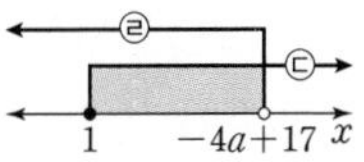

즉 $-4a+17>1$이므로 $-4a>-16$, $a<4$

따라서 자연수 a의 최댓값은 3이다.

11 $\begin{cases} 3x+4>x+2k & \cdots\cdots ㉠ \\ 2(x+7)-1\le -(x-2)+5 & \cdots\cdots ㉡ \end{cases}$

㉠을 풀면 $2x>2k-4$에서 $x>k-2$ ⋯⋯ ㉢

㉡을 풀면 $2x+13\le -x+7$

$3x\le -6$에서 $x\le -2$ ⋯⋯ ㉣

주어진 연립부등식의 해가 존재하지 않도록 ㉢, ㉣을 수직선 위에 나타내면

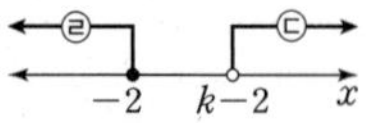

즉 $k-2\ge -2$이므로 $k\ge 0$

따라서 정수 k의 최솟값은 0이다.

12 $|4x+3|\le 11$을 풀면 $-11\le 4x+3\le 11$

$-14\le 4x\le 8$, $-\frac{7}{2}\le x\le 2$

따라서 $\alpha=-\frac{7}{2}$, $\beta=2$이므로 $\alpha\beta=-7$

13 잘못 변형하여 만든 연립부등식

$\begin{cases} 2x-a\le x+a & \cdots\cdots ㉠ \\ 2x-a<3x+b & \cdots\cdots ㉡ \end{cases}$에서

㉠을 풀면 $x\le 2a$

㉡을 풀면 $x>-a-b$

이때 잘못 변형하여 만든 연립부등식의 해가 $-2<x\le 6$이므로

$-a-b=-2$, $2a=6$

즉 $a=3$, $b=-1$

주어진 부등식은 $2x-3\le x+3<3x-1$이고 이를 풀기 위해 식을 변형하면

$\begin{cases} 2x-3\le x+3 & \cdots\cdots ㉢ \\ x+3<3x-1 & \cdots\cdots ㉣ \end{cases}$

㉢을 풀면 $x\le 6$

㉣을 풀면 $x>2$

즉 처음 주어진 부등식의 옳은 해는

$2<x\le 6$

따라서 $\alpha=2$, $\beta=6$이므로 $\alpha\beta=12$

14 $\begin{cases} 0.2(4-x)\ge 0.6-0.3x & \cdots\cdots ㉠ \\ 4x+a>8(x+1) & \cdots\cdots ㉡ \end{cases}$

㉠의 양변에 10을 곱하면

$2(4-x)\ge 6-3x$

$8-2x\ge 6-3x$에서 $x\ge -2$ ⋯⋯ ㉢

㉡을 풀면 $4x+a<8x+8$

$x<\frac{a-8}{4}$ ⋯⋯ ㉣

주어진 연립부등식을 만족시키는 정수 x가 4개가 되도록 ㉢, ㉣을 수직선 위에 나타내면

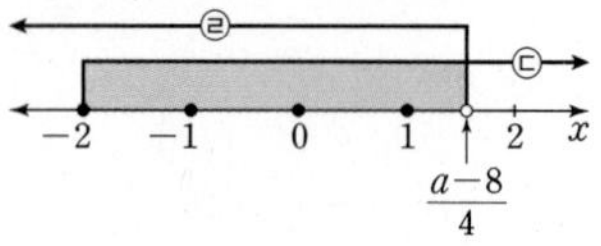

즉 연립부등식을 만족시키는 정수 x는 -2, -1, 0, 1의 4개이고

$1<\frac{a-8}{4}\le 2$이어야 한다.

따라서 $12<a\le 16$이므로 구하는 정수 a의 개수는 13, 14, 15, 16의 4이다.

15 $3|x+2|+|x-1|<6$에서

(i) $x<-2$일 때

$-3(x+2)-(x-1)<6$이므로 $x>-\frac{11}{4}$

이때 $x<-2$이므로 $-\frac{11}{4}<x<-2$

(ii) $-2\le x<1$일 때

$3(x+2)-(x-1)<6$이므로 $x<-\frac{1}{2}$

이때 $-2\le x<1$이므로 $-2\le x<-\frac{1}{2}$

(iii) $x\ge 1$일 때

$3(x+2)+(x-1)<6$이므로 $x<\frac{1}{4}$

이때 $x\ge 1$이므로 이 범위에서 해는 없다.

(i), (ii), (iii)에서 주어진 부등식의 해는

$-\frac{11}{4}<x<-\frac{1}{2}$

따라서 정수 x의 개수는 -2, -1의 2이다.

9 이차부등식

01 이차부등식과 이차함수의 그래프

본문 300쪽

1 ○(✎ x^2, 2, 3, 3)　2 ○　3 ×

4 ○　5 ×　6 ×

7 (1) (✎0, -2, 3)　(2) (✎$\le$, -2, 3)

(3) (✎0, -2, 3)　(4) (✎$\ge$, -2, 3)

8 (1) $x<1$ 또는 $x>3$　(2) $x\le1$ 또는 $x\ge3$

(3) $1<x<3$　(4) $1\le x\le3$

9 (1) $2<x<5$　(2) $2\le x\le5$

(3) $x<2$ 또는 $x>5$　(4) $x\le2$ 또는 $x\ge5$

10 (1) $-4<x<3$　(2) $-4\le x\le3$

(3) $x<-4$ 또는 $x>3$　(4) $x\le-4$ 또는 $x\ge3$

☺ $\alpha<x<\beta$, $\alpha\le x\le\beta$, $x<\alpha$, $x\ge\beta$

2 $2x^2+3x-1>3x+x^2$에서 모든 항을 좌변으로 이항하면
$2x^2+3x-1-3x-x^2>0$, 즉 $x^2-1>0$
따라서 (이차식)>0 꼴이므로 이차부등식이다.

3 $x(2x-3)<1+2x^2$에서 모든 항을 좌변으로 이항하면
$x(2x-3)-1-2x^2<0$
$2x^2-3x-1-2x^2<0$, 즉 $-3x-1<0$
따라서 (일차식)<0 꼴이므로 이차부등식이 아니다.

4 $x+1\ge x(x+3)$에서 모든 항을 좌변으로 이항하면
$x+1-x(x+3)\ge0$
$x+1-x^2-3x\ge0$, 즉 $-x^2-2x+1\ge0$
따라서 (이차식)≥0 꼴이므로 이차부등식이다.

5 $2x(1+2x)+3\le3(x^2-1)+x^2$에서 모든 항을 좌변으로 이항하면
$2x(1+2x)+3-3(x^2-1)-x^2\le0$
$2x+4x^2+3-3x^2+3-x^2\le0$, 즉 $2x+6\le0$
따라서 (일차식)≤0 꼴이므로 이차부등식이 아니다.

6 $1+x+x^2<3-x^2+x^3$에서 모든 항을 좌변으로 이항하면
$1+x+x^2-3+x^2-x^3<0$, 즉 $-x^3+2x^2+x-2<0$
따라서 (삼차식)<0 꼴이므로 이차부등식이 아니다.

8 (1) $f(x)<0$의 해는 이차함수 $y=f(x)$의 그래프에서 $y<0$인 부분의 x의 값의 범위이므로
$x<1$ 또는 $x>3$

(2) $f(x)\le0$의 해는 이차함수 $y=f(x)$의 그래프에서 $y\le0$인 부분의 x의 값의 범위이므로
$x\le1$ 또는 $x\ge3$

(3) $f(x)>0$의 해는 이차함수 $y=f(x)$의 그래프에서 $y>0$인 부분의 x의 값의 범위이므로
$1<x<3$

(4) $f(x)\ge0$의 해는 이차함수 $y=f(x)$의 그래프에서 $y\ge0$인 부분의 x의 값의 범위이므로
$1\le x\le3$

9 (1) $(x-2)(x-5)<0$의 해는 이차함수 $y=(x-2)(x-5)$의 그래프에서 $y<0$인 부분의 x의 값의 범위이므로
$2<x<5$

(2) $(x-2)(x-5)\le0$의 해는 이차함수 $y=(x-2)(x-5)$의 그래프에서 $y\le0$인 부분의 x의 값의 범위이므로
$2\le x\le5$

(3) $(x-2)(x-5)>0$의 해는 이차함수 $y=(x-2)(x-5)$의 그래프에서 $y>0$인 부분의 x의 값의 범위이므로
$x<2$ 또는 $x>5$

(4) $(x-2)(x-5)\ge0$의 해는 이차함수 $y=(x-2)(x-5)$의 그래프에서 $y\ge0$인 부분의 x의 값의 범위이므로
$x\le2$ 또는 $x\ge5$

10 $y=x^2+x-12$에서 $x=0$일 때 $y=-12$이므로 이차함수 $y=x^2+x-12$의 그래프는 y축과 점 $(0, -12)$에서 만난다.
$y=0$일 때, $x^2+x-12=0$에서
$(x+4)(x-3)=0$이므로
$x=-4$ 또는 $x=3$
즉 이차함수 $y=x^2+x-12$의 그래프는 x축과 두 점 $(-4, 0)$, $(3, 0)$에서 만난다.
따라서 이차함수 $y=x^2+x-12$의 그래프는 오른쪽 그림과 같다.

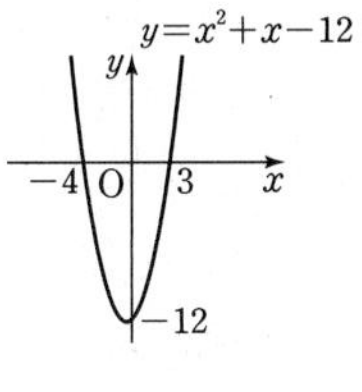

(1) $x^2+x-12<0$, 즉 $(x+4)(x-3)<0$의 해는 이차함수 $y=x^2+x-12$의 그래프에서 $y<0$인 부분의 x의 값의 범위이므로
$-4<x<3$

(2) $x^2+x-12\le0$, 즉 $(x+4)(x-3)\le0$의 해는 이차함수 $y=x^2+x-12$의 그래프에서 $y\le0$인 부분의 x의 값의 범위이므로
$-4\le x\le3$

(3) $x^2+x-12>0$, 즉 $(x+4)(x-3)>0$의 해는 이차함수 $y=x^2+x-12$의 그래프에서 $y>0$인 부분의 x의 값의 범위이므로
$x<-4$ 또는 $x>3$

(4) $x^2+x-12\ge0$, 즉 $(x+4)(x-3)\ge0$의 해는 이차함수 $y=x^2+x-12$의 그래프에서 $y\ge0$인 부분의 x의 값의 범위이므로
$x\le-4$ 또는 $x\ge3$

02 이차부등식의 해

본문 302쪽

원리확인

❶ 1, 2, 1, 2 (1) 1, 2 (2) 1, 2

❷ 1, 1

(1) $x \neq 1$ (2) 모든 실수 (3) 없다. (4) 1

❸ 4, 4, 2, 1, 2

(1) 모든 실수 (2) 모든 실수 (3) 없다. (4) 없다.

1 (1) $x<-1$ 또는 $x>3$ (2) $x \le -1$ 또는 $x \ge 3$
(3) $-1<x<3$ (4) $-1 \le x \le 3$

2 (✎ -3, 7, -3, 7, -3, 7)

3 $x \le -\frac{1}{2}$ 또는 $x \ge 1$

4 $\frac{1}{3}<x<3$

5 $-3 \le x \le -\frac{3}{2}$

6 (✎ 2, 4, -2, 4)

7 $x \le 1$ 또는 $x \ge 4$

8 $-2<x<\frac{1}{2}$

9 $\frac{1}{3} \le x \le \frac{1}{2}$

10 $-\frac{1}{3} \le x \le \frac{1}{3}$

11 ③

12 (1) $x \neq 3$인 모든 실수 (2) 모든 실수 (3) 해는 없다. (4) $x=3$

13 (1) (✎ 2, 2, -2) (2) (✎ 2, 모든 실수이다)
(3) (✎ 2, 없다) (4) (✎ 2, -2)

14 $x \neq 4$인 모든 실수

15 $x=-1$

16 해는 없다.

17 모든 실수

18 해는 없다.

19 ②

20 (1) 모든 실수 (2) 모든 실수 (3) 해는 없다. (4) 해는 없다.

21 (1) (✎ 1, 2, 1, 2, 모든 실수이다)
(2) (✎ 1, 2, 모든 실수이다)
(3) (✎ 1, 2, 없다) (4) (✎ 1, 2, 없다)

22 모든 실수

23 해는 없다.

24 모든 실수

25 모든 실수

26 해는 없다.

27 ④

28 $-4 \le x \le 2$

29 $x<3$ 또는 $x>5$

30 $x \le -\frac{1}{2}$ 또는 $x \ge \frac{5}{3}$

31 $1<x<3$

32 $-4 \le x \le \frac{1}{2}$

33 모든 실수

34 해는 없다.

35 $x=-2$

36 모든 실수

37 해는 없다.

38 모든 실수

39 ④

3 이차함수 $y=(2x+1)(x-1)$의 그래프는 오른쪽 그림과 같이 x축과 두 점 $\left(-\frac{1}{2}, 0\right)$, $(1, 0)$에서 만난다.

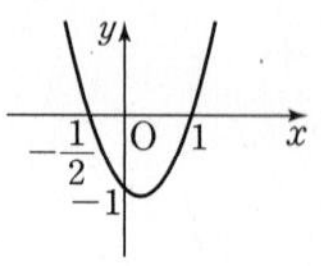

따라서 이차부등식 $(2x+1)(x-1) \ge 0$의 해는
$x \le -\frac{1}{2}$ 또는 $x \ge 1$

4 $(1-3x)(x-3)>0$에서
$(3x-1)(x-3)<0$
이때 이차함수 $y=(3x-1)(x-3)$의 그래프는 오른쪽 그림과 같이 x축과 두 점 $\left(\frac{1}{3}, 0\right)$, $(3, 0)$에서 만난다.

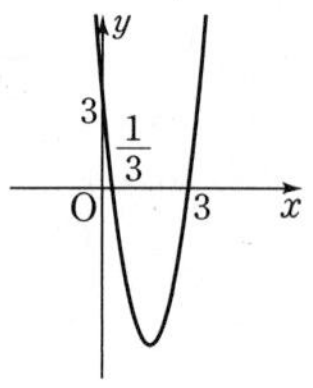

따라서 이차부등식 $(1-3x)(x-3)>0$,
즉 $(3x-1)(x-3)<0$의 해는
$\frac{1}{3}<x<3$

5 $(-2x-3)(x+3) \ge 0$에서
$(2x+3)(x+3) \le 0$
이때 이차함수 $y=(2x+3)(x+3)$의 그래프는 오른쪽 그림과 같이 x축과 두 점 $(-3, 0)$, $\left(-\frac{3}{2}, 0\right)$에서 만난다.

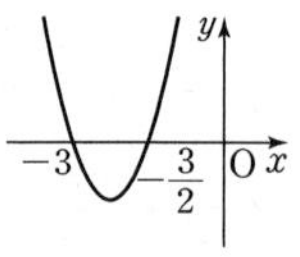

따라서 이차부등식 $(-2x-3)(x+3) \ge 0$
즉 $(2x+3)(x+3) \le 0$의 해는
$-3 \le x \le -\frac{3}{2}$

7 $x^2-5x+4 \ge 0$에서 $(x-1)(x-4) \ge 0$
따라서 주어진 부등식의 해는 $x \le 1$ 또는 $x \ge 4$

8 $2x^2+3x-2<0$에서 $(2x-1)(x+2)<0$
따라서 주어진 부등식의 해는 $-2<x<\frac{1}{2}$

9 $-6x^2+5x-1 \ge 0$에서 $6x^2-5x+1 \le 0$
$(3x-1)(2x-1) \le 0$
따라서 주어진 부등식의 해는 $\frac{1}{3} \le x \le \frac{1}{2}$

10 $1-9x^2 \ge 0$에서 $9x^2-1 \le 0$
$(3x+1)(3x-1) \le 0$
따라서 주어진 부등식의 해는 $-\frac{1}{3} \le x \le \frac{1}{3}$

11 $21+4x \ge x^2$에서 $x^2-4x-21 \le 0$
$(x-7)(x+3) \le 0$
따라서 주어진 부등식의 해는 $-3 \le x \le 7$이므로 정수 x의 개수는 -3, -2, -1, $\cdots$, 7의 11이다.

14 모든 실수 x에 대하여
$x^2-8x+16=(x-4)^2 \ge 0$
따라서 부등식 $x^2-8x+16>0$의 해는 $x \neq 4$인 모든 실수이다.

15 모든 실수 x에 대하여

$1+x^2+2x=x^2+2x+1=(x+1)^2\geq0$

따라서 부등식 $1+x^2+2x\leq0$의 해는 $x=-1$

16 모든 실수 x에 대하여

$1+4x+4x^2=4x^2+4x+1=(2x+1)^2\geq0$

따라서 부등식 $1+4x+4x^2<0$의 해는 없다.

17 $-9x^2-12x-4\leq0$에서 $9x^2+12x+4\geq0$

이때 모든 실수 x에 대하여

$9x^2+12x+4=(3x+2)^2\geq0$

따라서 부등식 $-9x^2-12x-4\leq0$, 즉 $9x^2+12x+4\geq0$의 해는 모든 실수이다.

18 $30x-25x^2-9>0$에서 $25x^2-30x+9<0$

이때 모든 실수 x에 대하여

$25x^2-30x+9=(5x-3)^2\geq0$

따라서 부등식 $30x-25x^2-9>0$, 즉 $25x^2-30x+9<0$의 해는 없다.

19 $x=a$가 이차방정식 $x^2-3x-2a=0$의 한 근이므로

$a^2-3a-2a=0$

$a^2-5a=0$, $a(a-5)=0$

이때 a는 양수이므로 $a=5$

이차부등식 $2x^2-(a+3)x+8\leq0$에 $a=5$를 대입하면

$2x^2-8x+8\leq0$에서 $x^2-4x+4\leq0$

따라서 모든 실수 x에 대하여

$x^2-4x+4=(x-2)^2\geq0$

이므로 주어진 이차부등식의 해는 $x=2$

22 모든 실수 x에 대하여

$x^2+x+3=\left(x^2+x+\frac{1}{4}\right)+\frac{11}{4}=\left(x+\frac{1}{2}\right)^2+\frac{11}{4}>0$

따라서 부등식 $x^2+x+3\geq0$의 해는 모든 실수이다.

23 모든 실수 x에 대하여

$x^2-3x+4=\left(x^2-3x+\frac{9}{4}\right)+\frac{7}{4}=\left(x-\frac{3}{2}\right)^2+\frac{7}{4}>0$

따라서 부등식 $x^2-3x+4\leq0$의 해는 없다.

24 모든 실수 x에 대하여

$$2x^2+5x+4=2\left(x^2+\frac{5}{2}x+\frac{25}{16}\right)+\frac{7}{8}$$
$$=2\left(x+\frac{5}{4}\right)^2+\frac{7}{8}>0$$

따라서 부등식 $2x^2+5x+4>0$의 해는 모든 실수이다.

25 $-x^2+2x-2<0$에서 $x^2-2x+2>0$

이때 모든 실수 x에 대하여

$x^2-2x+2=(x^2-2x+1)+1=(x-1)^2+1>0$

따라서 부등식 $-x^2+2x-2<0$, 즉 $x^2-2x+2>0$의 해는 모든 실수이다.

26 $-3x^2+3x-1>0$에서 $3x^2-3x+1<0$

이때 모든 실수 x에 대하여

$$3x^2-3x+1=3\left(x^2-x+\frac{1}{4}\right)+\frac{1}{4}$$
$$=3\left(x-\frac{1}{2}\right)^2+\frac{1}{4}>0$$

따라서 부등식 $-3x^2+3x-1>0$, 즉 $3x^2-3x+1<0$의 해는 없다.

27 ① 모든 실수 x에 대하여

$$2x^2-3x+3=2\left(x^2-\frac{3}{2}x+\frac{9}{16}\right)+\frac{15}{8}$$
$$=2\left(x-\frac{3}{4}\right)^2+\frac{15}{8}>0$$

이므로 부등식 $2x^2-3x+3\geq0$의 해는 모든 실수이다.

② $2(x^2+1)>4x$에서 $2x^2-4x+2>0$

즉 주어진 부등식은 $x^2-2x+1>0$

이때 모든 실수 x에 대하여

$x^2-2x+1=(x-1)^2\geq0$

이므로 주어진 부등식의 해는 $x\neq1$인 모든 실수이다.

③ 모든 실수 x에 대하여

$$3x^2-4x+6=3\left(x^2-\frac{4}{3}x+\frac{4}{9}\right)+\frac{14}{3}$$
$$=3\left(x-\frac{2}{3}\right)^2+\frac{14}{3}>0$$

이므로 부등식 $3x^2-4x+6>0$의 해는 모든 실수이다.

④ $3x^2\leq5x-3$에서 $3x^2-5x+3\leq0$

이때 모든 실수 x에 대하여

$$3x^2-5x+3=3\left(x^2-\frac{5}{3}x+\frac{25}{36}\right)+\frac{11}{12}$$
$$=3\left(x-\frac{5}{6}\right)^2+\frac{11}{12}>0$$

이므로 주어진 부등식의 해는 없다.

⑤ $12x-7\geq3x^2+5$에서 $3x^2-12x+12\leq0$

즉 주어진 부등식은 $x^2-4x+4\leq0$

이때 모든 실수 x에 대하여

$x^2-4x+4=(x-2)^2\geq0$

이므로 주어진 부등식의 해는 $x=2$

따라서 해가 존재하지 않는 이차부등식은 ④이다.

28 $x^2+2x-8\leq0$에서 $(x+4)(x-2)\leq0$

따라서 주어진 부등식의 해는 $-4\leq x\leq2$

29 $x^2-8x+15>0$에서 $(x-3)(x-5)>0$

따라서 주어진 부등식의 해는 $x<3$ 또는 $x>5$

30 $6x^2 \ge 7x+5$에서
$6x^2-7x-5 \ge 0$, $(2x+1)(3x-5) \ge 0$
따라서 주어진 부등식의 해는 $x \le -\frac{1}{2}$ 또는 $x \ge \frac{5}{3}$

31 $3(x^2+2) < x^2+8x$에서 $3x^2+6 < x^2+8x$
$2x^2-8x+6<0$, $x^2-4x+3<0$
$(x-1)(x-3)<0$
따라서 주어진 부등식의 해는 $1<x<3$

32 $2x(x+1) \le 4-5x$에서 $2x^2+2x \le 4-5x$
$2x^2+7x-4 \le 0$, $(x+4)(2x-1) \le 0$
따라서 주어진 부등식의 해는 $-4 \le x \le \frac{1}{2}$

33 $9x(x+2) \ge 2(3x-2)$에서
$9x^2+18x \ge 6x-4$, $9x^2+12x+4 \ge 0$
이때 모든 실수 x에 대하여
$9x^2+12x+4=(3x+2)^2 \ge 0$
따라서 주어진 부등식의 해는 모든 실수이다.

34 $4x > 4x^2+1$에서 $4x^2-4x+1<0$
이때 모든 실수 x에 대하여
$4x^2-4x+1=(2x-1)^2 \ge 0$
따라서 주어진 부등식의 해는 없다.

35 $3(x+2)(x+3)-x \le 2(x+3)$에서
$3(x^2+5x+6)-x \le 2x+6$
$3x^2+12x+12 \le 0$, $x^2+4x+4 \le 0$
이때 모든 실수 x에 대하여
$x^2+4x+4=(x+2)^2 \ge 0$
따라서 주어진 부등식의 해는 $x=-2$

36 모든 실수 x에 대하여
$x^2+4x+7=(x+2)^2+3>0$
따라서 주어진 부등식의 해는 모든 실수이다.

37 모든 실수 x에 대하여
$$2x^2-5x+5=2\left(x^2-\frac{5}{2}x+\frac{25}{16}\right)+\frac{15}{8}$$
$$=2\left(x-\frac{5}{4}\right)^2+\frac{15}{8}>0$$
따라서 주어진 부등식의 해는 없다.

38 $x(x+6) \le 2(x^2+5)$에서
$x^2+6x \le 2x^2+10$, $x^2-6x+10 \ge 0$
이때 모든 실수 x에 대하여
$x^2-6x+10=(x-3)^2+1 \ge 0$
따라서 주어진 부등식의 해는 모든 실수이다.

39 $4(x+1) \ge x^2-1$에서 $4x+4 \ge x^2-1$
$x^2-4x-5 \le 0$, $(x+1)(x-5) \le 0$이므로
$-1 \le x \le 5$
① $x^2-2x-3 \ge 0$에서 $(x+1)(x-3) \ge 0$이므로
$x \le -1$ 또는 $x \ge 3$
② $x^2+4x-5 \le 0$에서 $(x+5)(x-1) \le 0$이므로
$-5 \le x \le 1$
③ $|x-1| \le 4$에서 $-4 \le x-1 \le 4$이므로
$-3 \le x \le 5$
④ $|x-2| \le 3$에서 $-3 \le x-2 \le 3$이므로
$-1 \le x \le 5$
⑤ $|x-2| \ge 3$에서 $x-2 \le -3$ 또는 $x-2 \ge 3$이므로
$x \le -1$ 또는 $x \ge 5$
따라서 주어진 이차부등식과 해가 같은 것은 ④이다.

TEST 개념 확인

본문 307쪽

1 ④	2 5	3 ①	4 ④
5 ③	6 ②		

1 $f(x) \le 0$의 해는 $y=f(x)$의 그래프가 x축과 만나거나 x축보다 아래쪽에 있는 부분의 x의 값의 범위이므로 주어진 그림에서 구하는 해는
$-3 \le x \le 2$

2 $f(x) \le 0$의 해는 $y=f(x)$의 그래프가 x축과 만나거나 x축보다 아래쪽에 있는 부분의 x의 값의 범위이므로 주어진 그림에서 구하는 해는
$x \le 1$ 또는 $x \ge 5$
따라서 $\alpha=1$, $\beta=5$이므로 $\alpha\beta=5$

3 $3(x^2-x-1) \le 2x-1$에서 $3x^2-3x-3 \le 2x-1$
$3x^2-5x-2 \le 0$, $(3x+1)(x-2) \le 0$
즉 주어진 부등식의 해는 $-\frac{1}{3} \le x \le 2$
따라서 $\alpha=-\frac{1}{3}$, $\beta=2$이므로
$\frac{\beta}{\alpha}=\beta \div \alpha=2 \div \left(-\frac{1}{3}\right)=-6$

4 $(x+1)(x-4) > x+8$에서 $x^2-3x-4 > x+8$
$x^2-4x-12>0$, $(x+2)(x-6)>0$
따라서 주어진 부등식의 해는 $x<-2$ 또는 $x>6$이므로 자연수 x의 최솟값은 7이다.

5 ㄱ. $-x^2+2x-3>0$에서 $x^2-2x+3<0$

이때 모든 실수 x에 대하여

$x^2-2x+3=(x-1)^2+2>0$

이므로 주어진 부등식의 해는 없다.

ㄴ. $x^2-4x+3\le0$에서 $(x-1)(x-3)\le0$이므로 주어진 부등식의 해는 $1\le x\le3$

ㄷ. 모든 실수 x에 대하여

$$2x^2+3x+4=2\left(x^2+\frac{3}{2}x+\frac{9}{16}\right)+\frac{23}{8}$$
$$=2\left(x+\frac{3}{4}\right)^2+\frac{23}{8}>0$$

이므로 주어진 부등식의 해는 모든 실수이다.

ㄹ. 모든 실수 x에 대하여

$$3x^2+2x+1=3\left(x^2+\frac{2}{3}x+\frac{1}{9}\right)+\frac{2}{3}$$
$$=3\left(x+\frac{1}{3}\right)^2+\frac{2}{3}>0$$

이므로 주어진 부등식의 해는 없다.

따라서 해가 없는 이차부등식은 ㄱ, ㄹ이다.

6 $x^2-(k+2)x+2k<0$에서

$(x-2)(x-k)<0$

이때 $k>2$이므로 부등식의 해는

$2<x<k$

따라서 주어진 조건을 만족시키는 자연수는 3, 4, 5이므로 구하는 자연수 k의 값은 6이다.

03 해가 주어진 이차부등식의 작성

본문 308쪽

1 (1) (✎ 1, <, 3, <) (2) $3x^2-9x+6<0$

2 (1) (✎ 3, >, 2, >) (2) $3x^2-6x-9>0$

3 (1) $x^2-7x+10\le0$ (2) $-2x^2+14x-20\ge0$

4 (1) $x^2-8x+12\ge0$ (2) $-x^2+8x-12\le0$

5 (✎ 3, <, 4, <, −4, 3)

6 $a=-8$, $b=15$ 7 $a=1$, $b=-6$

8 $a=6$, $b=8$ 9 $a=-3$, $b=-10$

10 (✎ >, 2, <, 3, <, >, 3, <, $3a$, <, $-3a$, $2a$, 2, 4)

11 $a=2$, $b=10$ 12 $a=-1$, $b=-1$

13 $a=-3$, $b=-9$ 14 ④

1 (2) 해가 $1<x<2$이고 x^2의 계수가 3인 이차부등식은 (1)의 부등식의 양변에 3을 곱한 것과 같으므로

$3(x^2-3x+2)<0$, 즉 $3x^2-9x+6<0$

2 (2) 해가 $x<-1$ 또는 $x>3$이고 x^2의 계수가 3인 이차부등식은 (1)의 부등식의 양변에 3을 곱한 것과 같으므로

$3(x^2-2x-3)>0$, 즉 $3x^2-6x-9>0$

3 (1) 해가 $2\le x\le5$이고 x^2의 계수가 1인 이차부등식은

$(x-2)(x-5)\le0$, 즉 $x^2-7x+10\le0$

(2) 해가 $2\le x\le5$이고 x^2의 계수가 -2인 이차부등식은 (1)의 부등식의 양변에 -2를 곱한 것과 같으므로

$-2(x^2-7x+10)\ge0$, 즉 $-2x^2+14x-20\ge0$

4 (1) 해가 $x\le2$ 또는 $x\ge6$이고 x^2의 계수가 1인 이차부등식은

$(x-2)(x-6)\ge0$, 즉 $x^2-8x+12\ge0$

(2) 해가 $x\le2$ 또는 $x\ge6$이고 x^2의 계수가 -1인 이차부등식은 (1)의 부등식의 양변에 -1을 곱한 것과 같으므로

$-(x^2-8x+12)\le0$, 즉 $-x^2+8x-12\le0$

6 해가 $x<3$ 또는 $x>5$이고 x^2의 계수가 1인 이차부등식은

$(x-3)(x-5)>0$, 즉 $x^2-8x+15>0$

이 이차부등식이 $x^2+ax+b>0$과 일치하므로

$a=-8$, $b=15$

7 해가 $-3\le x\le2$이고 x^2의 계수가 1인 이차부등식은

$(x+3)(x-2)\le0$, 즉 $x^2+x-6\le0$

이 이차부등식이 $x^2+ax+b\le0$과 일치하므로

$a=1$, $b=-6$

8 해가 $x\le-4$ 또는 $x\ge-2$이고 x^2의 계수가 1인 이차부등식은

$(x+4)(x+2)\ge0$, 즉 $x^2+6x+8\ge0$

이 이차부등식이 $x^2+ax+b\ge0$과 일치하므로

$a=6$, $b=8$

9 해가 $-2<x<5$이고 x^2의 계수가 1인 이차부등식은

$(x+2)(x-5)<0$, 즉 $x^2-3x-10<0$

이 이차부등식이 $x^2+ax+b<0$과 일치하므로

$a=-3$, $b=-10$

11 해가 $x\le-4$ 또는 $x\ge-1$이고 이차부등식이 $ax^2+bx+8\ge0$이므로 x^2의 계수 a의 부호는 $a>0$

해가 $x\le-4$ 또는 $x\ge-1$이고 x^2의 계수가 1인 이차부등식은

$(x+4)(x+1)\ge0$, 즉 $x^2+5x+4\ge0$

이때 $a>0$이므로 이 부등식의 양변에 a를 곱하면

$a(x^2+5x+4)\ge0$, 즉 $ax^2+5ax+4a\ge0$

이 이차부등식이 $ax^2+bx+8\ge0$과 일치하므로

$5a=b, 4a=8$

따라서 $a=2$, $b=10$

12 해가 $x\le-3$ 또는 $x\ge2$이고 이차부등식이 $ax^2+bx+6\le0$이므로 x^2의 계수 a의 부호는 $a<0$

해가 $x\le-3$ 또는 $x\ge2$이고 x^2의 계수가 1인 이차부등식은

$(x+3)(x-2)\ge0$, 즉 $x^2+x-6\ge0$

이때 $a<0$이므로 이 부등식의 양변에 a를 곱하면

$a(x^2+x-6)\le0$, 즉 $ax^2+ax-6a\le0$

이 이차부등식이 $ax^2+bx+6\le0$과 일치하므로

$a=b$, $-6a=6$

따라서 $a=-1$, $b=-1$

13 해가 $1 \le x \le 3$이고 이차부등식이 $ax^2+12x+b \ge 0$이므로 x^2의 계수 a의 부호는 $a<0$

해가 $1 \le x \le 3$이고 x^2의 계수가 1인 이차부등식은

$(x-1)(x-3) \le 0$, 즉 $x^2-4x+3 \le 0$

이때 $a<0$이므로 이 부등식의 양변에 a를 곱하면

$a(x^2-4x+3) \ge 0$, 즉 $ax^2-4ax+3a \ge 0$

이 이차부등식이 $ax^2+12x+b \ge 0$과 일치하므로

$-4a=12$, $3a=b$

따라서 $a=-3$, $b=-9$

14 해가 $x<-1$ 또는 $x>-\frac{1}{2}$이고 x^2의 계수가 2인 이차부등식은

$2(x+1)\left(x+\frac{1}{2}\right)>0$, 즉 $2x^2+3x+1>0$

이 이차부등식이 $2x^2+ax+b>0$과 일치하므로

$a=3$, $b=1$

이때 이차부등식 $bx^2-2x-a \le 0$은 $x^2-2x-3 \le 0$이므로

$(x+1)(x-3) \le 0$, 즉 $-1 \le x \le 3$

따라서 $\alpha=-1$, $\beta=3$이므로

$\alpha^2+\beta^2=(-1)^2+3^2=10$

04 이차부등식이 항상 성립할 조건

본문 310쪽

1 (1) (✎양, 아래, ≥, 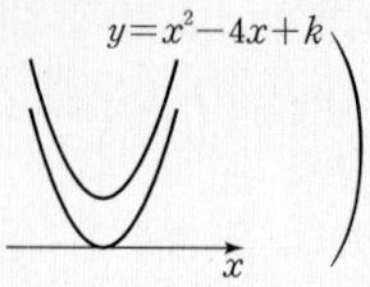

)

(2) (✎≤, ≤, 4)

2 (1) 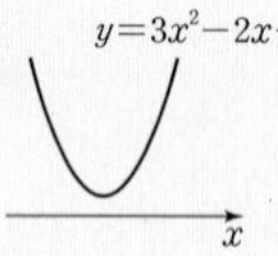

(2) $k>\frac{1}{3}$

3 (✎≤, ≤, 1)

4 $k>\frac{9}{8}$

5 $k \le -9$

6 $k<-\frac{1}{3}$

7 $-2<k<2$

8 $k=-1$

☺ >, ≤, <, ≤

9 (✎>, ≤, ≤, 0, $\frac{3}{4}$, >, 0, $\frac{3}{4}$)

10 $-5<k<0$

11 $\frac{1}{4}<k<1$

12 $k=-1$

13 ③

2 (1) 이차항의 계수가 양수이므로 그래프는 아래로 볼록하다.
또 모든 실수 x에 대하여 $3x^2-2x+k>0$, 즉 $y>0$이어야 하므로 그래프는 x축보다 위쪽에 그려져야 한다.
따라서 이차함수 $y=3x^2-2x+k$의 그래프의 개형은 오른쪽 그림과 같이 그려져야 한다.

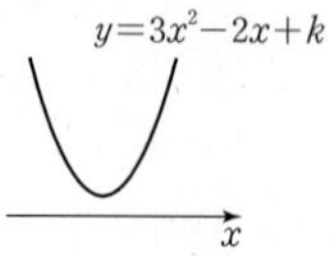

(2) 그래프가 (1)과 같이 그려지려면 $D<0$을 만족시켜야 하므로

$\frac{D}{4}=(-1)^2-3k<0$

따라서 $k>\frac{1}{3}$

4 이차부등식 $2x^2-3x+k>0$이 항상 성립하려면 $y=2x^2-3x+k$의 그래프가 오른쪽 그림과 같아야 한다.

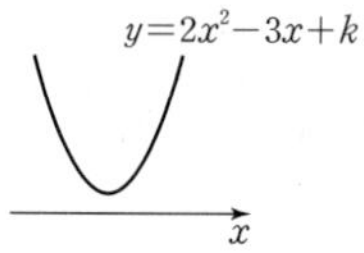

즉 이차방정식 $2x^2-3x+k=0$의 판별식을 D라 하면

$D=(-3)^2-4\times2\times k<0$

따라서 $k>\frac{9}{8}$

5 이차부등식 $-x^2+6x+k \le 0$이 항상 성립하려면 $y=-x^2+6x+k$의 그래프가 오른쪽 그림과 같아야 한다.

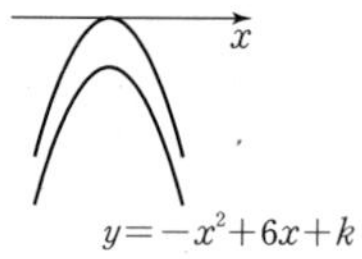

즉 이차방정식 $-x^2+6x+k=0$의 판별식을 D라 하면

$\frac{D}{4}=3^2-(-1)\times k \le 0$

따라서 $k \le -9$

6 이차부등식 $-3x^2-2x+k<0$이 항상 성립하려면 $y=-3x^2-2x+k$의 그래프가 오른쪽 그림과 같아야 한다.

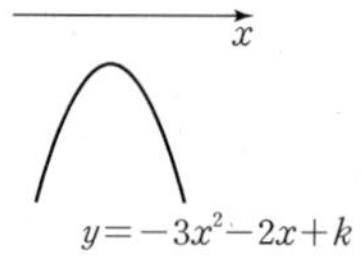

즉 이차방정식 $-3x^2-2x+k=0$의 판별식을 D라 하면

$\frac{D}{4}=(-1)^2-(-3)\times k<0$

따라서 $k<-\frac{1}{3}$

7 이차부등식 $x^2+kx+1>0$이 항상 성립하려면 $y=x^2+kx+1$의 그래프가 오른쪽 그림과 같아야 한다.

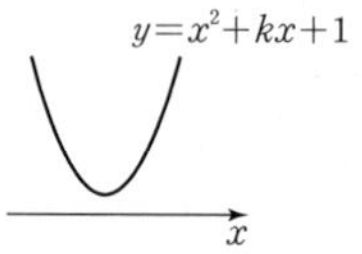

즉 이차방정식 $x^2+kx+1=0$의 판별식을 D라 하면

$D=k^2-4<0$, $(k+2)(k-2)<0$

따라서 $-2<k<2$

8 이차부등식 $-x^2+(k-1)x+k \le 0$이 항상 성립하려면 $y=-x^2+(k-1)x+k$의 그래프가 오른쪽 그림과 같아야 한다.

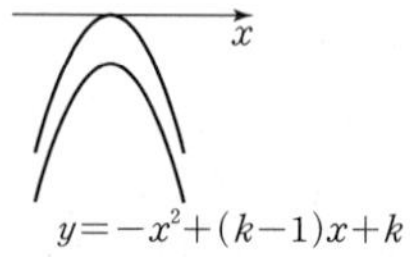

즉 이차방정식 $-x^2+(k-1)x+k=0$의 판별식을 D라 하면

$D=(k-1)^2-4\times(-1)\times k \le 0$

$k^2-2k+1+4k \le 0$, $k^2+2k+1 \le 0$

따라서 $(k+1)^2 \le 0$ …… ㉠

이때 모든 실수 k에 대하여 $(k+1)^2 \ge 0$이므로 ㉠을 만족시키는 실수 k의 값은 -1뿐이다.

10 이차부등식 $kx^2+2kx-5<0$이 항상 성립하려면 $y=kx^2+2kx-5$의 그래프가 오른쪽 그림과 같아야 한다.

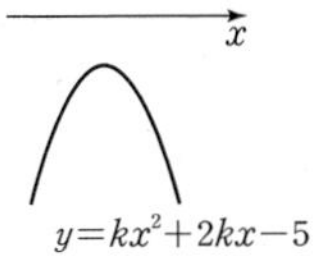

$k<0$ ⋯⋯ ㉠

이차방정식 $kx^2+2kx-5=0$의 판별식을 D라 하면

$\frac{D}{4}=k^2-k\times(-5)<0$이므로

$k^2+5k<0$, $k(k+5)<0$

따라서 $-5<k<0$

이때 ㉠에서 $k<0$이므로 구하는 k의 값의 범위는

$-5<k<0$

11 이차부등식 $kx^2+2(2k+1)x+9>0$이 항상 성립하려면 $y=kx^2+2(2k+1)x+9$의 그래프가 오른쪽 그림과 같아야 한다.

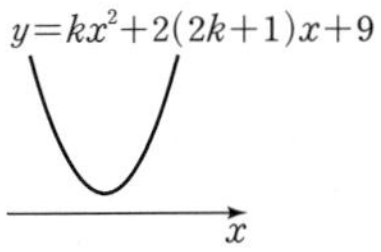

$k>0$ ⋯⋯ ㉠

이차방정식 $kx^2+2(2k+1)x+9=0$의 판별식을 D라 하면

$\frac{D}{4}=(2k+1)^2-k\times9<0$이므로

$4k^2-5k+1<0$, $(4k-1)(k-1)<0$

따라서 $\frac{1}{4}<k<1$

이때 ㉠에서 $k>0$이므로 구하는 k의 값의 범위는

$\frac{1}{4}<k<1$

12 이차부등식 $kx^2-(k-1)x-1\leq0$이 항상 성립하려면 $y=kx^2-(k-1)x-1$의 그래프가 오른쪽 그림과 같아야 한다.

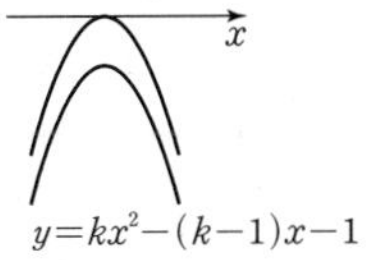

$k<0$ ⋯⋯ ㉠

이차방정식 $kx^2-(k-1)x-1=0$의 판별식을 D라 하면

$D=\{-(k-1)\}^2-4\times k\times(-1)\leq0$

$k^2+2k+1\leq0$

즉 $(k+1)^2\leq0$ ⋯⋯ ㉡

이때 모든 실수 k에 대하여 $(k+1)^2\geq0$이므로 ㉡을 만족시키는 실수 k의 값은 -1뿐이다.

따라서 $k=-1$은 ㉠을 만족시키므로 구하는 실수 k의 값은

$k=-1$

13 이차부등식 $x^2+2(k-2)x+k\geq0$이 모든 실수 x에 대하여 성립하려면 $y=x^2+2(k-2)x+k$의 그래프가 오른쪽 그림과 같아야 한다.

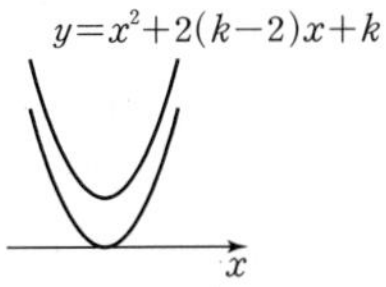

즉 이차방정식 $x^2+2(k-2)x+k=0$의 판별식을 D라 하면

$\frac{D}{4}=(k-2)^2-k\leq0$, $k^2-5k+4\leq0$

$(k-1)(k-4)\leq0$이므로 $1\leq k\leq4$

따라서 $M=4$, $m=1$이므로

$Mm=4\times1=4$

05 이차부등식의 해가 존재하지 않을 조건

본문 312쪽

원리확인

❶ >, >, < ❷ <, <, <

1 (1) > (2) (✎ 양, $x^2-6x+k>0$, <, 9, <, 9)

2 (1) ≥ (2) $k\geq\frac{1}{3}$

3 (1) ≤ (2) $k\leq-\frac{25}{8}$

4 $k>-1$

5 $k\leq-\frac{9}{2}$

6 $-1<k<1$

7 (✎ ≥, ≥, >, ≤, ≤, ≤, 0, 2, >, 0, 2)

8 $0<k\leq8$

9 $k=-3$

10 (✎ <, −2, <, <, −8, 0, −8, 0, −8, 0)

11 $0<k\leq1$

12 $-2\leq k\leq1$

☺ ≤, <, ≥, >

2 (1) 이차부등식 $3x^2-2x+k<0$ (k는 실수)의 해가 없으므로 모든 실수 x에 대하여 이차부등식 $3x^2-2x+k\geq0$이 성립한다.

(2) 이차항의 계수가 양수인 이차부등식 $3x^2-2x+k\geq0$이 모든 실수 x에 대하여 성립하려면 $D\leq0$이어야 하므로

$\frac{D}{4}=(-1)^2-3k\leq0$

따라서 $k\geq\frac{1}{3}$

3 (1) 이차부등식 $-2x^2+5x+k>0$ (k는 실수)의 해가 없으므로 모든 실수 x에 대하여 이차부등식 $-2x^2+5x+k\leq0$이 성립한다.

(2) 이차항의 계수가 음수인 이차부등식 $-2x^2+5x+k\leq0$이 모든 실수 x에 대하여 성립하려면 $D\leq0$이어야 하므로

$D=5^2-4\times(-2)\times k\leq0$, $8k+25\leq0$

따라서 $k\leq-\frac{25}{8}$

4 이차부등식 $x^2+2x+2k+3\leq0$의 해가 없으므로 모든 실수 x에 대하여 이차부등식 $x^2+2x+2k+3>0$이 성립한다.

즉 이차방정식 $x^2+2x+2k+3=0$의 판별식을 D라 할 때 $D<0$이어야 하므로

$\frac{D}{4}=1^2-(2k+3)<0$, $-2k-2<0$

따라서 $k>-1$

5 이차부등식 $-2x^2-6x+k>0$의 해가 없으므로 모든 실수 x에 대하여 이차부등식 $-2x^2-6x+k\le0$이 성립한다.
즉 이차방정식 $-2x^2-6x+k=0$의 판별식을 D라 할 때 $D\le0$이어야 하므로
$\frac{D}{4}=(-3)^2-(-2)\times k\le0$, $2k+9\le0$
따라서 $k\le-\frac{9}{2}$

6 이차부등식 $-x^2+2(k-2)x+4k-5\ge0$의 해가 없으므로 모든 실수 x에 대하여 이차부등식 $-x^2+2(k-2)x+4k-5<0$이 성립한다.
즉 이차방정식 $-x^2+2(k-2)x+4k-5=0$의 판별식을 D라 할 때, $D<0$이어야 하므로
$\frac{D}{4}=(k-2)^2-(-1)\times(4k-5)<0$
$k^2-1<0$, $(k+1)(k-1)<0$
따라서 $-1<k<1$

8 이차부등식 $2kx^2+kx+1<0$의 해가 없으므로 모든 실수 x에 대하여 이차부등식 $2kx^2+kx+1\ge0$이 성립한다.
이차부등식 $2kx^2+kx+1\ge0$이 항상 성립하려면
$2k>0$, 즉 $k>0$ …… ㉠
이차방정식 $2kx^2+kx+1=0$의 판별식을 D라 할 때, $D\le0$이어야 하므로
$D=k^2-4\times2k\times1\le0$
$k^2-8k\le0$, $k(k-8)\le0$
따라서 $0\le k\le8$
이때 ㉠에서 $k>0$이므로 구하는 k의 값의 범위는
$0<k\le8$

9 이차부등식 $kx^2-(k-3)x-3>0$의 해가 없으므로 모든 실수 x에 대하여 이차부등식 $kx^2-(k-3)x-3\le0$이 성립한다.
이차부등식 $kx^2-(k-3)x-3\le0$이 항상 성립하려면
$k<0$ …… ㉠
이차방정식 $kx^2-(k-3)x-3=0$의 판별식을 D라 할 때 $D\le0$이어야 하므로
$D=\{-(k-3)\}^2-4\times k\times(-3)\le0$
$k^2+6k+9\le0$
즉 $(k+3)^2\le0$ …… ㉡
이때 모든 실수 k에 대하여 $(k+3)^2\ge0$이므로 ㉡을 만족시키는 실수 k의 값은 -3뿐이다.
따라서 $k=-3$은 ㉠을 만족시키므로 구하는 실수 k의 값은
$k=-3$

11 부등식 $(k-1)x^2+2(k-1)x-1\ge0$의 해가 없으므로 모든 실수 x에 대하여 부등식
$(k-1)x^2+2(k-1)x-1<0$ …… ㉠
이 성립한다.
(i) $k-1=0$, 즉 $k=1$일 때
㉠에서 (좌변)$=-1<0$이므로 부등식 ㉠은 모든 실수 x에 대하여 성립한다.
(ii) $k-1\ne0$일 때
㉠이 항상 성립하려면
$k-1<0$, 즉 $k<1$ …… ㉡
이차방정식 $(k-1)x^2+2(k-1)x-1=0$의 판별식을 D라 할 때, $D<0$이어야 하므로
$\frac{D}{4}=(k-1)^2-(k-1)\times(-1)<0$
$k^2-k<0$, $k(k-1)<0$
$0<k<1$ …… ㉢
따라서 ㉡, ㉢에 의하여
$0<k<1$
(i), (ii)에서 구하는 k의 값의 범위는
$0<k\le1$

12 부등식 $(k+2)x^2-2kx-4x+3<0$에서
$(k+2)x^2-2(k+2)x+3<0$
이 부등식의 해가 없으므로 모든 실수 x에 대하여 부등식
$(k+2)x^2-2(k+2)x+3\ge0$ …… ㉠
이 성립한다.
(i) $k+2=0$, 즉 $k=-2$일 때
㉠에서 (좌변)$=3\ge0$이므로 부등식 ㉠은 모든 실수 x에 대하여 성립한다.
(ii) $k+2\ne0$일 때
㉠이 항상 성립하려면
$k+2>0$, 즉 $k>-2$ …… ㉡
이차방정식 $(k+2)x^2-2(k+2)x+3=0$의 판별식을 D라 할 때, $D\le0$이어야 하므로
$\frac{D}{4}=\{-(k+2)\}^2-(k+2)\times3\le0$
$k^2+k-2\le0$, $(k+2)(k-1)\le0$
$-2\le k\le1$ …… ㉢
따라서 ㉡, ㉢에 의하여
$-2<k\le1$
(i), (ii)에서 구하는 k의 값의 범위는
$-2\le k\le1$

06 두 함수의 그래프와 부등식의 해

본문 314쪽

1 (1) $-2\le x\le 3$ (2) $-3<x<5$
(3) $x\le -3$ 또는 $x\ge 5$ (4) $x<-3$ 또는 $x>5$

2 (1) $-5<x<0$ (2) $x\le -4$ 또는 $x\ge 0$
(3) $-4<x<0$ (4) $-4\le x\le 0$

3 (1) $-4\le x\le -2$ (2) $x\le -5$ 또는 $x\ge 1$
(3) $-5<x<1$ (4) $x<-5$ 또는 $x>1$

4 (1) $-5\le x\le 2$ (2) $x<-7$ 또는 $x>-1$
(3) $-7<x<-1$ (4) $x\le -7$ 또는 $x\ge -1$

5 (1) $-2\le x\le 3$ (2) $x<-2$ 또는 $x>3$ (3) $-2<x<3$
(4) $-4<x<-1$ 또는 $2<x<4$
(5) $x<-4$ 또는 $-1<x<2$ 또는 $x>4$

6 (1) $x\le 0$ 또는 $x\ge 4$ (2) $0<x<4$ (3) $x<0$ 또는 $x>4$
(4) $3<x<5$ (5) $x<0$ 또는 $0<x<3$ 또는 $x>5$

☺ 아래, 위

7 (✎ >, 2, 8, 2, −4, 2)

8 $-3<x<-1$

9 $x<\frac{1}{2}$ 또는 $x>2$

10 $\frac{2}{3}<x<2$

11 (✎ <, <, 1, <, 3, <, 3, 2)

12 4

13 13

14 8

15 (✎ >, >, <, 0, 2)

16 $-\frac{1}{2}<k<\frac{3}{2}$

17 $-2<k<6$

18 $1<k<9$

1 (1) 부등식 $f(x)\le 0$의 해는 이차함수 $y=f(x)$의 그래프가 직선 $y=0$, 즉 x축과 만나거나 x축보다 아래쪽에 있는 부분의 x의 값의 범위이므로
$-2\le x\le 3$
(2) 부등식 $f(x)<g(x)$의 해는 이차함수 $y=f(x)$의 그래프가 직선 $y=g(x)$보다 아래쪽에 있는 부분의 x의 값의 범위이므로
$-3<x<5$
(3) 부등식 $f(x)\ge g(x)$의 해는 이차함수 $y=f(x)$의 그래프가 직선 $y=g(x)$와 만나거나 직선 $y=g(x)$보다 위쪽에 있는 부분의 x의 값의 범위이므로
$x\le -3$ 또는 $x\ge 5$
(4) 부등식 $f(x)-g(x)>0$, 즉 $f(x)>g(x)$의 해는 이차함수 $y=f(x)$의 그래프가 직선 $y=g(x)$보다 위쪽에 있는 부분의 x의 값의 범위이므로
$x<-3$ 또는 $x>5$

2 (1) 부등식 $f(x)>0$의 해는 이차함수 $y=f(x)$의 그래프가 직선 $y=0$, 즉 x축보다 위쪽에 있는 부분의 x의 값의 범위이므로
$-5<x<0$
(2) 부등식 $f(x)\le g(x)$의 해는 이차함수 $y=f(x)$의 그래프가 직선 $y=g(x)$와 만나거나 직선 $y=g(x)$보다 아래쪽에 있는 부분의 x의 값의 범위이므로
$x\le -4$ 또는 $x\ge 0$
(3) 부등식 $f(x)>g(x)$의 해는 이차함수 $y=f(x)$의 그래프가 직선 $y=g(x)$보다 위쪽에 있는 부분의 x의 값의 범위이므로
$-4<x<0$
(4) 부등식 $g(x)-f(x)\le 0$, 즉 $g(x)\le f(x)$의 해는 이차함수 $y=f(x)$의 그래프가 직선 $y=g(x)$와 만나거나 직선 $y=g(x)$보다 위쪽에 있는 부분의 x의 값의 범위이므로
$-4\le x\le 0$

3 (1) 이차부등식 $ax^2+bx+c\le 0$의 해는 이차함수 $y=ax^2+bx+c$의 그래프가 직선 $y=0$, 즉 x축과 만나거나 x축보다 아래쪽에 있는 부분의 x의 값의 범위이므로
$-4\le x\le -2$
(2) 이차부등식 $ax^2+bx+c\ge mx+n$의 해는 이차함수 $y=ax^2+bx+c$의 그래프가 직선 $y=mx+n$과 만나거나 직선 $y=mx+n$보다 위쪽에 있는 부분의 x의 값의 범위이므로
$x\le -5$ 또는 $x\ge 1$
(3) 이차부등식 $ax^2+bx+c<mx+n$의 해는 이차함수 $y=ax^2+bx+c$의 그래프가 직선 $y=mx+n$보다 아래쪽에 있는 부분의 x의 값의 범위이므로
$-5<x<1$
(4) 이차부등식 $ax^2+(b-m)x+c-n>0$에서
$ax^2+bx+c>mx+n$
이 부등식의 해는 이차함수 $y=ax^2+bx+c$의 그래프가 직선 $y=mx+n$보다 위쪽에 있는 부분의 x의 값의 범위이므로
$x<-5$ 또는 $x>1$

4 (1) 이차부등식 $ax^2+bx+c\ge 0$의 해는 이차함수 $y=ax^2+bx+c$의 그래프가 직선 $y=0$, 즉 x축과 만나거나 x축보다 위쪽에 있는 부분의 x의 값의 범위이므로
$-5\le x\le 2$
(2) 이차부등식 $ax^2+bx+c<mx+n$의 해는 이차함수 $y=ax^2+bx+c$의 그래프가 직선 $y=mx+n$보다 아래쪽에 있는 부분의 x의 값의 범위이므로
$x<-7$ 또는 $x>-1$
(3) 이차부등식 $ax^2+bx+c>mx+n$의 해는 이차함수 $y=ax^2+bx+c$의 그래프가 직선 $y=mx+n$보다 위쪽에 있는 부분의 x의 값의 범위이므로
$-7<x<-1$
(4) 이차부등식 $ax^2+(b-m)x+c-n\le 0$에서
$ax^2+bx+c\le mx+n$
이 부등식의 해는 이차함수 $y=ax^2+bx+c$의 그래프가 직선 $y=mx+n$과 만나거나 직선 $y=mx+n$보다 아래쪽에 있는 부분의 x의 값의 범위이므로
$x\le -7$ 또는 $x\ge -1$

5 (1) 부등식 $f(x) \le g(x)$의 해는 이차함수 $y=f(x)$의 그래프가 이차함수 $y=g(x)$의 그래프와 만나거나 $y=g(x)$의 그래프보다 아래쪽에 있는 부분의 x의 값의 범위이므로
$-2 \le x \le 3$

(2) 부등식 $f(x) > g(x)$의 해는 이차함수 $y=f(x)$의 그래프가 이차함수 $y=g(x)$의 그래프보다 위쪽에 있는 부분의 x의 값의 범위이므로
$x < -2$ 또는 $x > 3$

(3) 부등식 $f(x)-g(x)<0$에서
$f(x)<g(x)$
이 부등식의 해는 이차함수 $y=f(x)$의 그래프가 이차함수 $y=g(x)$의 그래프보다 아래쪽에 있는 부뷰의 x의 값의 범위이므로
$-2<x<3$

(4) 부등식 $f(x)g(x)>0$의 해는 다음과 같이 경우를 나누어 구할 수 있다.
(i) $f(x)>0$, $g(x)>0$일 때
두 이차함수 $y=f(x)$, $y=g(x)$의 그래프가 모두 x축보다 위쪽에 있는 부분의 x의 값의 범위이므로
$2<x<4$
(ii) $f(x)<0$, $g(x)<0$일 때
두 이차함수 $y=f(x)$, $y=g(x)$의 그래프가 모두 x축보다 아래쪽에 있는 부분의 x의 값의 범위이므로
$-4<x<-1$
(i), (ii)에서 구하는 해는
$-4<x<-1$ 또는 $2<x<4$

(5) 부등식 $f(x)g(x)<0$의 해는 다음과 같이 경우를 나누어 구할 수 있다.
(i) $f(x)>0$, $g(x)<0$일 때
이차함수 $y=f(x)$의 그래프는 x축보다 위쪽에 있고, 이차함수 $y=g(x)$의 그래프는 x축보다 아래쪽에 있는 부분의 x의 값의 범위이므로
$x<-4$ 또는 $x>4$
(ii) $f(x)<0$, $g(x)>0$일 때
이차함수 $y=f(x)$의 그래프는 x축보다 아래쪽에 있고, 이차함수 $y=g(x)$의 그래프는 x축보다 위쪽에 있는 부분의 x의 값의 범위이므로
$-1<x<2$
(i), (ii)에서 구하는 해는
$x<-4$ 또는 $-1<x<2$ 또는 $x>4$

6 (1) 부등식 $f(x) \ge g(x)$의 해는 이차함수 $y=f(x)$의 그래프가 이차함수 $y=g(x)$의 그래프와 만나거나 이차함수 $y=g(x)$의 그래프보다 위쪽에 있는 부분의 x의 값의 범위이므로
$x \le 0$ 또는 $x \ge 4$

(2) 부등식 $f(x)<g(x)$의 해는 이차함수 $y=f(x)$의 그래프가 이차함수 $y=g(x)$의 그래프보다 아래쪽에 있는 부분의 x의 값의 범위이므로
$0<x<4$

(3) 부등식 $g(x)-f(x)<0$에서
$f(x)>g(x)$
이 부등식의 해는 이차함수 $y=f(x)$의 그래프가 이차함수 $y=g(x)$의 그래프보다 위쪽에 있는 부분의 x의 값의 범위이므로
$x<0$ 또는 $x>4$

(4) 부등식 $f(x)g(x)>0$의 해는 다음과 같이 경우를 나누어 구할 수 있다.
(i) $f(x)>0$, $g(x)>0$일 때
두 이차함수 $y=f(x)$, $y=g(x)$의 그래프가 모두 x축보다 위쪽에 있는 부분의 x의 값의 범위이므로
$3<x<5$
(ii) $f(x)<0$, $g(x)<0$일 때
두 이차함수 $y=f(x)$, $y=g(x)$의 그래프가 모두 x축보다 아래쪽에 있는 부분이므로 해가 없다.
(i), (ii)에서 구하는 해는
$3<x<5$

(5) 부등식 $f(x)g(x)<0$의 해는 다음과 같이 경우를 나누어 구할 수 있다.
(i) $f(x)>0$, $g(x)<0$일 때
이차함수 $y=f(x)$의 그래프는 x축보다 위쪽에 있고, 이차함수 $y=g(x)$의 그래프는 x축보다 아래쪽에 있는 부분의 x의 값의 범위이므로
$x<0$ 또는 $x>5$
(ii) $f(x)<0$, $g(x)>0$일 때
이차함수 $y=f(x)$의 그래프는 x축보다 아래쪽에 있고, 이차함수 $y=g(x)$의 그래프는 x축보다 위쪽에 있는 부분의 x의 값의 범위이므로
$0<x<3$
(i), (ii)에서 구하는 해는
$x<0$ 또는 $0<x<3$ 또는 $x>5$

8 이차함수 $y=2x^2+9x+3$의 그래프가 직선 $y=x-3$보다 아래쪽에 있으므로
$2x^2+9x+3<x-3$
즉 $2x^2+8x+6<0$에서
$x^2+4x+3<0$, $(x+3)(x+1)<0$
따라서 $-3<x<-1$

9 이차함수 $y=3x^2-7x+5$의 그래프가 이차함수 $y=x^2-2x+3$의 그래프보다 위쪽에 있으므로
$3x^2-7x+5>x^2-2x+3$
즉 $2x^2-5x+2>0$에서 $(2x-1)(x-2)>0$
따라서 $x<\frac{1}{2}$ 또는 $x>2$

10 이차함수 $y=x^2-x+2$의 그래프가 이차함수 $y=-2x^2+7x-2$의 그래프보다 아래쪽에 있으므로

$x^2-x+2<-2x^2+7x-2$

즉 $3x^2-8x+4<0$에서 $(3x-2)(x-2)<0$

따라서 $\frac{2}{3}<x<2$

12 이차함수 $y=2x^2+ax+4$의 그래프가 직선 $y=4x+b$보다 아래쪽에 있으므로

$2x^2+ax+4<4x+b$

즉 $2x^2+(a-4)x+4-b<0$이고 이 이차부등식의 해가

$\frac{1}{2}<x<1$

한편 x^2의 계수가 2이고 해가 $\frac{1}{2}<x<1$인 이차부등식은

$2\left(x-\frac{1}{2}\right)(x-1)<0$, 즉 $2x^2-3x+1<0$

이 이차부등식이 $2x^2+(a-4)x+4-b<0$과 일치하므로

$a-4=-3$, $4-b=1$

따라서 $a=1$, $b=3$이므로 $a+b=1+3=4$

13 이차함수 $y=x^2+2x-3$의 그래프가 직선 $y=ax-1$보다 위쪽에 있으므로

$x^2+2x-3>ax-1$

즉 $x^2+(2-a)x-2>0$이고 이 이차부등식의 해가

$x<-1$ 또는 $x>b$

한편 x^2의 계수가 1이고 해가 $x<-1$ 또는 $x>b$인 이차부등식은

$(x+1)(x-b)>0$, 즉 $x^2+(1-b)x-b>0$

이 이차부등식이 $x^2+(2-a)x-2>0$과 일치하므로

$1-b=2-a$, $-b=-2$

따라서 $a=3$, $b=2$이므로 $a^2+b^2=3^2+2^2=13$

14 이차함수 $y=3x^2+x+a$의 그래프가 이차함수 $y=2x^2-4x-1$보다 위쪽에 있으므로

$3x^2+x+a>2x^2-4x-1$

즉 $x^2+5x+a+1>0$이고 이 이차부등식의 해가

$x<b$ 또는 $x>-2$

한편 x^2의 계수가 1이고 해가 $x<b$ 또는 $x>-2$인 이차부등식은

$(x-b)(x+2)>0$, 즉 $x^2-(b-2)x-2b>0$

이 이차부등식이 $x^2+5x+a+1>0$과 일치하므로

$b-2=-5$, $-2b=a+1$

따라서 $a=5$, $b=-3$이므로 $a-b=5-(-3)=8$

16 이차함수 $y=3x^2+4kx-5$의 그래프가 이차함수 $y=x^2+2x-7$의 그래프보다 항상 위쪽에 있으므로 부등식

$3x^2+4kx-5>x^2+2x-7$, 즉 $x^2+(2k-1)x+1>0$

이 항상 성립해야 한다.

이차방정식 $x^2+(2k-1)x+1=0$의 판별식을 D라 하면

$D<0$이어야 하므로

$D=(2k-1)^2-4<0$

$4k^2-4k-3<0$, $(2k+1)(2k-3)<0$

따라서 $-\frac{1}{2}<k<\frac{3}{2}$

17 이차함수 $y=-4x^2+2x+1$의 그래프가 직선 $y=kx+2$보다 항상 아래쪽에 있으므로 부등식

$-4x^2+2x+1<kx+2$, 즉 $4x^2+(k-2)x+1>0$

이 항상 성립해야 한다.

이차방정식 $4x^2+(k-2)x+1=0$의 판별식을 D라 하면

$D<0$이어야 하므로

$D=(k-2)^2-16<0$

$k^2-4k-12<0$, $(k+2)(k-6)<0$

따라서 $-2<k<6$

18 이차함수 $y=-2x^2+4x-k$의 그래프가 직선 $y=2(k-1)x+k$보다 항상 아래쪽에 있으므로 부등식

$-2x^2+4x-k<2(k-1)x+k$, 즉 $x^2+(k-3)x+k>0$

이 항상 성립해야 한다.

이차방정식 $x^2+(k-3)x+k=0$의 판별식을 D라 하면

$D<0$이어야 하므로

$D=(k-3)^2-4k<0$

$k^2-10k+9<0$, $(k-1)(k-9)<0$

따라서 $1<k<9$

TEST 개념 확인

본문 318쪽

1 ③	2 ⑤	3 ②	4 ③
5 ①	6 2	7 ②	8 ③
9 ④	10 ⑤	11 20	12 ③

1 해가 $-3<x<\frac{2}{3}$이고 x^2의 계수가 1인 이차부등식은

$(x+3)\left(x-\frac{2}{3}\right)<0$, 즉 $x^2+\frac{7}{3}x-2<0$ ...... ㉠

㉠과 주어진 부등식 $ax^2+bx+6>0$의 부등호의 방향이 반대이므로 $a<0$

㉠의 양변에 음수 a를 곱하면

$ax^2+\frac{7}{3}ax-2a>0$

이 부등식이 주어진 부등식 $ax^2+bx+6>0$과 일치하므로

$\frac{7}{3}a=b$, $-2a=6$

따라서 $a=-3$, $b=-7$이므로

$a-b=-3-(-7)=4$

2 해가 $x=\frac{3}{2}$이고 x^2의 계수가 4인 이차부등식은

$4\left(x-\frac{3}{2}\right)^2\le0$, 즉 $4x^2-12x+9\le0$

이 부등식이 주어진 부등식 $4x^2-4kx+3k\le0$과 일치하므로

$-4k=-12$, $3k=9$

따라서 $k=3$

3 해가 $1<x<3$이고 x^2의 계수가 1인 이차부등식은

$(x-1)(x-3)<0$, 즉 $x^2-4x+3<0$ …… ㉠

㉠과 주어진 부등식 $ax^2+bx+c<0$의 부등호의 방향이 같으므로

$a>0$

㉠의 양변에 양수 a를 곱하면

$ax^2-4ax+3a<0$

이 부등식이 주어진 부등식 $ax^2+bx+c<0$과 일치하므로

$b=-4a$, $c=3a$

이차부등식 $4cx^2+2ax+b\ge0$에서

$12ax^2+2ax-4a\ge0$

이때 $a>0$이므로 $6x^2+x-2\ge0$

$(3x+2)(2x-1)\ge0$

따라서 $x\le-\frac{2}{3}$ 또는 $x\ge\frac{1}{2}$

4 이차항의 계수가 양수인 이차부등식

$3x^2+2(k-1)x+k-1\ge0$이 항상 성립해야 하므로 이차방정식 $3x^2+2(k-1)x+k-1=0$의 판별식을 D라 하면 $D\le0$이어야 한다. 즉

$\frac{D}{4}=(k-1)^2-3(k-1)\le0$

$k^2-5k+4\le0$, $(k-1)(k-4)\le0$

따라서 $1\le k\le4$

5 이차부등식

$kx^2-2kx-6x+k+2<0$, 즉 $kx^2-2(k+3)x+(k+2)<0$

이 항상 성립해야 하므로

$k<0$ …… ㉠

이차방정식 $kx^2-2(k+3)x+(k+2)=0$의 판별식을 D라 하면 $D<0$이어야 하므로

$\frac{D}{4}=\{-(k+3)\}^2-k(k+2)<0$

$4k+9<0$, 즉 $k<-\frac{9}{4}$ …… ㉡

따라서 ㉠, ㉡에서 $k<-\frac{9}{4}$이므로 구하는 정수 k의 최댓값은 -3이다.

6 $(k+1)x^2-2(k+1)x+2>0$ …… ㉠

(i) $k+1=0$, 즉 $k=-1$일 때

㉠에서 (좌변)$=2>0$이므로 부등식 ㉠은 모든 실수 x에 대하여 성립한다.

(ii) $k+1\ne0$일 때

㉠이 항상 성립하려면

$k+1>0$, 즉 $k>-1$ …… ㉡

이차방정식 $(k+1)x^2-2(k+1)x+2=0$의 판별식을 D라 하면 $D<0$이어야 하므로

$\frac{D}{4}=\{-(k+1)\}^2-2(k+1)<0$, $k^2-1<0$

$(k+1)(k-1)<0$, $-1<k<1$ …… ㉢

㉡, ㉢에서 $-1<k<1$

(i), (ii)에서 구하는 k의 값의 범위는

$-1\le k<1$

따라서 구하는 정수 k의 개수는 -1, 0의 2이다.

7 이차부등식 $-x^2-6x+k-1\ge0$의 해가 없도록 하려면 모든 실수 x에 대하여 이차부등식 $-x^2-6x+k-1<0$이 성립해야 한다.

즉 이차방정식 $-x^2-6x+k-1=0$의 판별식을 D라 하면 $D<0$이어야 하므로

$\frac{D}{4}=(-3)^2-(-1)\times(k-1)<0$

$k+8<0$, $k<-8$

따라서 구하는 정수 k의 최댓값은 -9이다.

8 이차부등식 $kx^2+kx+1<0$을 만족시키는 x의 값이 존재하지 않으려면 이차부등식 $kx^2+kx+1\ge0$이 항상 성립해야 하므로

$k>0$ …… ㉠

이차방정식 $kx^2+kx+1=0$의 판별식을 D라 하면 $D\le0$이어야 하므로

$D=k^2-4\times k\times1\le0$, $k^2-4k\le0$

$k(k-4)\le0$, $0\le k\le4$ …… ㉡

따라서 ㉠, ㉡에서 $0<k\le4$이므로 구하는 실수 k의 최댓값은 4이다.

9 부등식 $kx^2-2kx+5<2x^2-4x+1$에서

$(k-2)x^2-2(k-2)x+4<0$

이 부등식이 해를 갖지 않으려면 부등식

$(k-2)x^2-2(k-2)x+4\ge0$ …… ㉠

이 모든 실수 x에 대하여 성립해야 한다.

(i) $k-2=0$, 즉 $k=2$일 때

㉠에서 (좌변)$=4\ge0$이므로 부등식 ㉠은 모든 실수 x에 대하여 성립한다.

(ii) $k-2\ne0$일 때

㉠이 항상 성립하려면

$k-2>0$, 즉 $k>2$ …… ㉡

이차방정식 $(k-2)x^2-2(k-2)x+4=0$의 판별식을 D라 하면 $D\le0$이어야 하므로

$\frac{D}{4}=\{-(k-2)\}^2-4(k-2)\le0$, $k^2-8k+12\le0$

$(k-2)(k-6)\le0$, $2\le k\le6$ …… ㉢

㉡, ㉢에서 $2<k\le6$

(i), (ii)에서 구하는 k의 값의 범위는

$2\le k\le 6$

따라서 구하는 정수 k의 개수는 2, 3, 4, 5, 6의 5이다.

10 이차함수 $y=-x^2+10x-8$의 그래프가 직선 $y=2x+7$보다 위쪽에 있으므로

$-x^2+10x-8>2x+7$

$x^2-8x+15<0$, $(x-3)(x-5)<0$

따라서 $3<x<5$

11 이차함수 $y=x^2+ax+b$의 그래프가 직선 $y=-x+5$보다 아래쪽에 있으려면

$x^2+ax+b<-x+5$, 즉 $x^2+(a+1)x+b-5<0$

이고 이 이차부등식의 해가 $2<x<4$

한편 x^2의 계수가 1이고 해가 $2<x<4$인 이차부등식은

$(x-2)(x-4)<0$, 즉 $x^2-6x+8<0$

이 이차부등식이 $x^2+(a+1)x+b-5<0$과 일치하므로

$a+1=-6$, $b-5=8$

따라서 $a=-7$, $b=13$이므로

$b-a=13-(-7)=20$

12 이차함수 $y=-x^2+2kx-1$의 그래프가 이차함수 $y=kx^2-2x+2$의 그래프보다 항상 아래쪽에 있으므로 부등식

$-x^2+2kx-1<kx^2-2x+2$, 즉

$(k+1)x^2-2(k+1)x+3>0$ …… ㉠

이 항상 성립해야 한다.

(i) $k+1=0$, 즉 $k=-1$일 때

㉠에서 (좌변)$=3>0$이므로 부등식 ㉠은 항상 성립한다.

(ii) $k+1\ne 0$일 때

㉠이 항상 성립하려면

$k+1>0$, 즉 $k>-1$ …… ㉡

이차방정식 $(k+1)x^2-2(k+1)x+3=0$의 판별식을 D라 하면 $D<0$이어야 하므로

$\frac{D}{4}=\{-(k+1)\}^2-3(k+1)<0$, $k^2-k-2<0$

$(k+1)(k-2)<0$, $-1<k<2$ …… ㉢

㉡, ㉢에서 $-1<k<2$

(i), (ii)에서 k의 값의 범위는

$-1\le k<2$

이때 함수 $y=kx^2-2x+2$가 이차함수이므로 $k\ne 0$

따라서 구하는 k의 값의 범위는

$-1\le k<0$ 또는 $0<k<2$

이므로 실수 k의 최솟값은 -1이다.

07 연립이차부등식

본문 320쪽

원리확인

1, −1, 3, 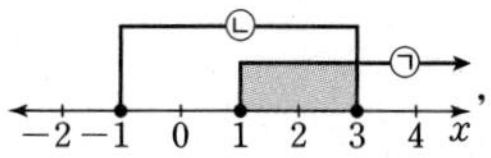, $1\le x\le 3$

1 (✎ 2, 1, 3, 1, 3, 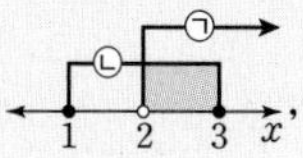, $2<x\le 3$)

2 $-1<x\le 1$ **3** $2\le x\le 3$

4 $-2\le x<-1$ 또는 $x>2$ **5** $x<-1$

6 $\frac{1}{2}<x<4$ **7** 해는 없다. **8** 해는 없다.

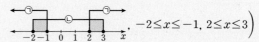

9 (✎ $x-2$, -2, 2, $x-4$, 1, 4, 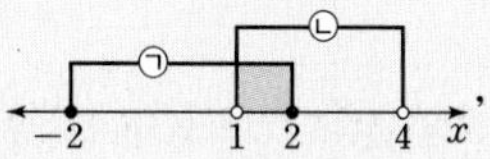, $1<x\le 2$)

10 $1\le x\le 2$ **11** 해는 없다. **12** $x=2$

13 $-3<x\le -2$ **14** $x\le -3$ 또는 $x>3$

15 $x<-4$ 또는 $-2<x\le 1$ 또는 $x\ge 2$

16 (✎ $x^2-x\le 6$, $x-2$, -1, 2, x^2-x-6, $x-3$, -2, 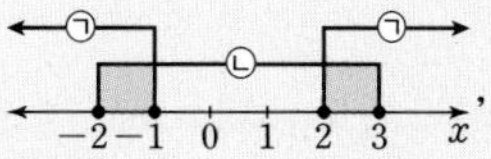, $-2\le x\le -1$, $2\le x\le 3$)

17 $2\le x\le 4$ **18** 해는 없다. **19** ⑤

20 -1, 3, k, 1, 1, 1, k, -1, 1, 3, 3 **21** $k\ge 4$

22 $k\le -3$ **23** -2, 3, -1, 2, $x-2$, x^2-x-2, -2

24 8 **25** -1

26 -2, 3, k, -2, 3, -2 **27** $k<7$

28 $k>-2$ **29** 2, 4, $x-k$, k, 5, k, 2, 5, 2

30 $-2\le k\le -1$ **31** $-3<k<1$

32 1, 4, $x-k$, k, -1, -1, -1, k, -1, k, 4, 2, 3

33 $1\le k<2$ **34** $4<k\le 5$

35 -2, 4, $\frac{k-3}{2}$, $\frac{k-3}{2}$, 4, 2, 3, 4, 1, 2, 5, 7

36 $4<k\le 5$ **37** $1\le k<2$

38 -3, -1, $x-k$, k, 4, -3, k, 4, -1, 없다, 4, k, -1

39 $k\ge 3$ **40** $k<2$

2 $3x+3\le 2(x+2)$에서 $3x+3\le 2x+4$이므로

$x\le 1$ …… ㉠

$x^2<x+2$에서 $x^2-x-2<0$

$(x+1)(x-2)<0$이므로

$-1<x<2$ …… ㉡

㉠, ㉡의 공통부분을 구하면

$-1<x\le 1$

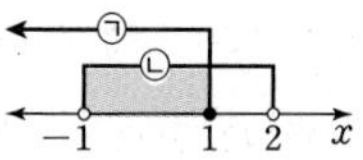

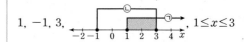

3 $2(x-1)\geq 4-x$에서 $2x-2\geq 4-x$이므로

$3x\geq 6$, 즉 $x\geq 2$ ...... ㉠

$x^2+2x\leq 3(x+2)$에서 $x^2-x-6\leq 0$

$(x+2)(x-3)\leq 0$이므로

$-2\leq x\leq 3$ ...... ㉡

㉠, ㉡의 공통부분을 구하면

$2\leq x\leq 3$

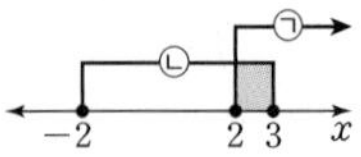

4 $\frac{3}{2}x+2\geq x+1$에서 $\frac{x}{2}\geq -1$이므로

$x\geq -2$ ...... ㉠

$2x^2-x>x^2+2$에서 $x^2-x-2>0$

$(x+1)(x-2)>0$이므로

$x<-1$ 또는 $x>2$ ...... ㉡

㉠, ㉡의 공통부분을 구하면

$-2\leq x<-1$ 또는 $x>2$

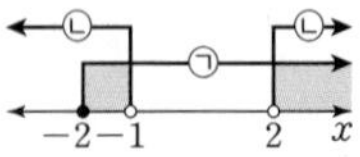

5 $2(x+3)<4$에서 $2x+6<4$이므로

$x<-1$ ...... ㉠

$5x\leq x^2+6$에서 $x^2-5x+6\geq 0$

$(x-2)(x-3)\geq 0$이므로

$x\leq 2$ 또는 $x\geq 3$ ...... ㉡

㉠, ㉡의 공통부분을 구하면

$x<-1$

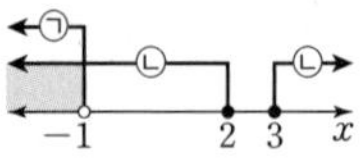

6 $4x+1\geq 2x-1$에서 $2x\geq -2$이므로

$x\geq -1$ ...... ㉠

$9x>2(x^2+2)$에서 $2x^2-9x+4<0$

$(2x-1)(x-4)<0$이므로

$\frac{1}{2}<x<4$ ...... ㉡

㉠, ㉡의 공통부분을 구하면

$\frac{1}{2}<x<4$

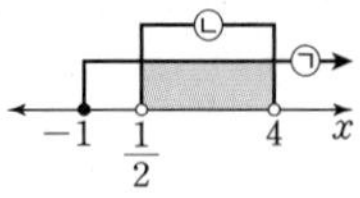

7 $3x+2<8$에서 $3x<6$이므로

$x<2$ ...... ㉠

$\frac{x^2}{9}+1<x-1$에서 $x^2+9<9x-9$

$x^2-9x+18<0$

$(x-3)(x-6)<0$이므로

$3<x<6$ ...... ㉡

㉠, ㉡의 공통부분은 없으므로 주어진 연립부등식의 해는 없다.

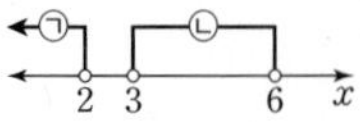

8 $\frac{3}{2}x-1\geq x+1$에서 $\frac{x}{2}\geq 2$이므로

$x\geq 4$ ...... ㉠

$x(x+3)\leq 2(x+1)$에서 $x^2+3x\leq 2x+2$

$x^2+x-2\leq 0$

$(x+2)(x-1)\leq 0$이므로

$-2\leq x\leq 1$ ...... ㉡

㉠, ㉡의 공통부분은 없으므로 주어진 연립부등식의 해는 없다.

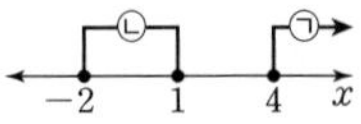

10 $x^2-3x+2\leq 0$에서 $(x-1)(x-2)\leq 0$이므로

$1\leq x\leq 2$ ...... ㉠

$x^2+3x+2>0$에서 $(x+2)(x+1)>0$이므로

$x<-2$ 또는 $x>-1$ ...... ㉡

㉠, ㉡의 공통부분을 구하면

$1\leq x\leq 2$

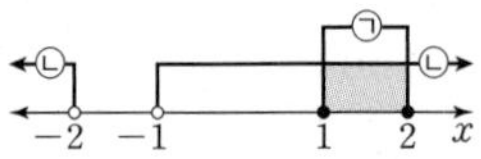

11 $x^2+x+3<4x+1$에서

$x^2-3x+2<0$

$(x-1)(x-2)<0$이므로

$1<x<2$ ...... ㉠

$x^2-3x+5\leq 5(x-2)$에서 $x^2-3x+5\leq 5x-10$

$x^2-8x+15\leq 0$

$(x-3)(x-5)\leq 0$이므로

$3\leq x\leq 5$ ...... ㉡

㉠, ㉡의 공통부분은 없으므로 주어진 연립부등식의 해는 없다.

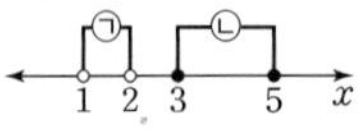

12 $x^2\leq x+2$에서 $x^2-x-2\leq 0$

$(x+1)(x-2)\leq 0$이므로

$-1\leq x\leq 2$ ...... ㉠

$(x-3)(x-4)\leq x$에서 $x^2-7x+12\leq x$

$x^2-8x+12\leq 0$

$(x-2)(x-6)\leq 0$이므로

$2\leq x\leq 6$ ...... ㉡

㉠, ㉡의 공통부분을 구하면

$x=2$

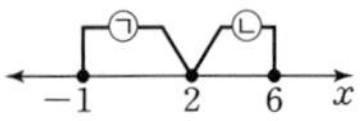

13 $x(2x+1)<x^2+6$에서 $2x^2+x<x^2+6$

$x^2+x-6<0$

$(x+3)(x-2)<0$이므로

$-3<x<2$ ...... ㉠

$(x-1)^2\geq 9$에서 $x^2-2x+1\geq 9$

$x^2-2x-8\geq 0$

$(x+2)(x-4)\geq 0$이므로

$x\leq -2$ 또는 $x\geq 4$ ...... ㉡

㉠, ㉡의 공통부분을 구하면

$-3<x\leq -2$

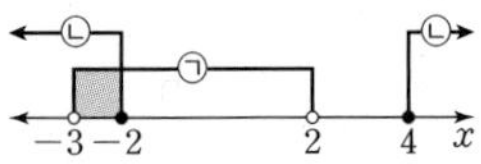

14 $x^2>x+6$에서 $x^2-x-6>0$

$(x+2)(x-3)>0$이므로

$x<-2$ 또는 $x>3$ …… ㉠

$2x^2+7x+3\geq(x+2)(x+3)$에서

$2x^2+7x+3\geq x^2+5x+6$

$x^2+2x-3\geq0$

$(x+3)(x-1)\geq0$이므로

$x\leq-3$ 또는 $x\geq1$ …… ㉡

㉠, ㉡의 공통부분을 구하면

$x\leq-3$ 또는 $x>3$

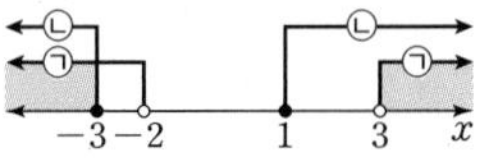

15 $x^2+2\geq3x$에서 $x^2-3x+2\geq0$

$(x-1)(x-2)\geq0$이므로

$x\leq1$ 또는 $x\geq2$ …… ㉠

$(x+3)^2>1$에서

$x^2+6x+8>0$

$(x+4)(x+2)>0$이므로

$x<-4$ 또는 $x>-2$ …… ㉡

㉠, ㉡의 공통부분을 구하면

$x<-4$ 또는 $-2<x\leq1$ 또는 $x\geq2$

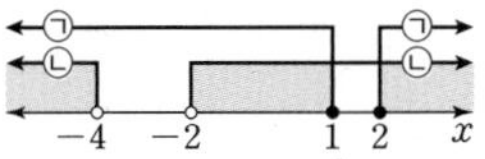

17 $6\leq x^2+x\leq5x$에서 $\begin{cases}6\leq x^2+x\\x^2+x\leq5x\end{cases}$

$6\leq x^2+x$에서 $x^2+x-6\geq0$

$(x+3)(x-2)\geq0$이므로

$x\leq-3$ 또는 $x\geq2$ …… ㉠

$x^2+x\leq5x$에서

$x^2-4x\leq0$

$x(x-4)\leq0$이므로

$0\leq x\leq4$ …… ㉡

㉠, ㉡의 공통부분을 구하면

$2\leq x\leq4$

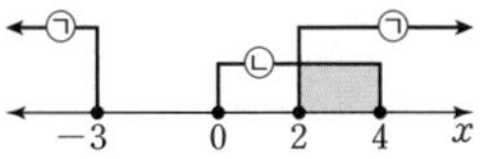

18 $2x^2\leq x^2-x+2<3x-1$에서

$\begin{cases}2x^2\leq x^2-x+2\\x^2-x+2<3x-1\end{cases}$

$2x^2\leq x^2-x+2$에서 $x^2+x-2\leq0$

$(x+2)(x-1)\leq0$이므로

$-2\leq x\leq1$ …… ㉠

$x^2-x+2<3x-1$에서 $x^2-4x+3<0$

$(x-1)(x-3)<0$이므로

$1<x<3$ …… ㉡

㉠, ㉡의 공통부분은 없으므로 주어진 연립부등식의 해는 없다.

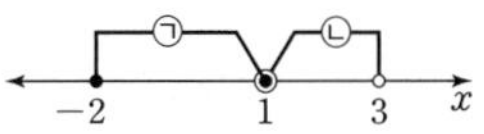

19 $2x+1<x^2+3x-5\leq x+10$에서

$\begin{cases}2x+1<x^2+3x-5\\x^2+3x-5\leq x+10\end{cases}$

$2x+1<x^2+3x-5$에서 $x^2+x-6>0$

$(x+3)(x-2)>0$이므로

$x<-3$ 또는 $x>2$ …… ㉠

$x^2+3x-5\leq x+10$에서 $x^2+2x-15\leq0$

$(x+5)(x-3)\leq0$이므로

$-5\leq x\leq3$ …… ㉡

㉠, ㉡의 공통부분을 구하면

$-5\leq x<-3$ 또는 $2<x\leq3$

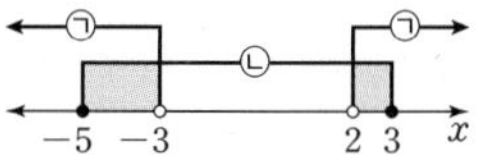

따라서 주어진 연립부등식을 만족시키는 정수 x의 최댓값은 $M=3$, 최솟값은 $m=-5$이므로

$M-m=3-(-5)=8$

21 $x^2-5x+4\leq0$에서 $(x-1)(x-4)\leq0$이므로

$1\leq x\leq4$ …… ㉠

$x^2-(k+2)x+2k>0$에서

$(x-2)(x-k)>0$

(i) $k<2$일 때, 해는 $x<k$ 또는 $x>2$이므로 연립부등식의 해의 조건을 만족시키지 않는다.

(ii) $k=2$일 때, 해는 $x\neq2$가 아닌 모든 실수이므로 연립부등식의 해의 조건을 만족시키지 않는다.

(iii) $k>2$일 때, 해는 $x<2$ 또는 $x>k$ …… ㉡

이때 연립부등식의 해가 $1\leq x<2$가 되도록 두 부등식의 해를 수직선 위에 나타내면 오른쪽 그림과 같으므로 $k\geq4$

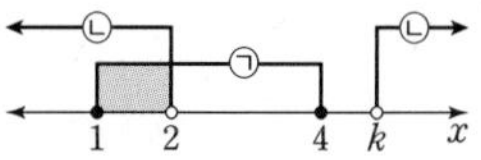

(i), (ii), (iii)에서 구하는 실수 k의 값의 범위는 $k\geq4$

22 $x^2+4x<2x+3$에서 $x^2+2x-3<0$

$(x+3)(x-1)<0$이므로

$-3<x<1$ …… ㉠

$2x^2+x\geq x^2+kx+k$에서 $x^2+(1-k)x-k\geq0$이므로

$(x+1)(x-k)\geq0$

(i) $k<-1$일 때, 해는 $x\leq k$ 또는 $x\geq-1$ …… ㉡

이때 연립부등식의 해가 $-1\leq x<1$이 되도록 두 부등식의 해를 수직선 위에 나타내면 오른쪽 그림과 같으므로 $k\leq-3$

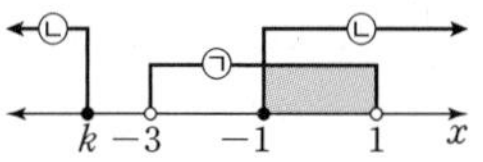

(ii) $k=-1$일 때, 해는 모든 실수이므로 연립부등식의 해의 조건을 만족시키지 않는다.

(iii) $k>-1$일 때, 해는 $x\leq-1$ 또는 $x\geq k$이므로 연립부등식의 해의 조건을 만족시키지 않는다.

(i), (ii), (iii)에서 구하는 실수 k의 값의 범위는 $k\leq-3$

24 $x^2-6x+5<0$에서 $(x-1)(x-5)<0$이므로
$1<x<5$ …… ㉠
이때 주어진 연립부등식의 해가
$1<x\le2$ 또는 $4\le x<5$
이므로 이차부등식 $x^2-6x+k\ge0$의 해는

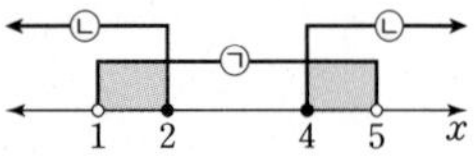

$x\le2$ 또는 $x\ge4$ …… ㉡
가 되어야 한다.
즉 x^2의 계수가 1이고 해가 ㉡과 같은 이차부등식은
$(x-2)(x-4)\ge0$이므로 $x^2-6x+8\ge0$
따라서 이 이차부등식이 $x^2-6x+k\ge0$과 일치해야 하므로
$k=8$

25 $x(x-2)\le2x-3$에서 $x^2-4x+3\le0$
$(x-1)(x-3)\le0$이므로
$1\le x\le3$ …… ㉠
$2(x^2+x-1)\le x(3x+k)$에서
$x^2+(k-2)x+2\ge0$
이때 주어진 연립부등식의 해가
$x=1$ 또는 $2\le x\le3$
이므로 이차부등식 $x^2+(k-2)x+2\ge0$의 해는

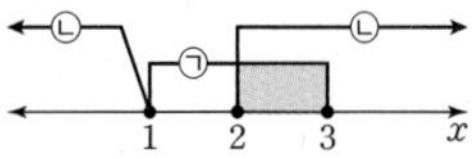

$x\le1$ 또는 $x\ge2$ …… ㉡
가 되어야 한다.
즉 x^2의 계수가 1이고 해가 ㉡과 같은 이차부등식은
$(x-1)(x-2)\ge0$이므로 $x^2-3x+2\ge0$
따라서 이 이차부등식이 $x^2+(k-2)x+2\ge0$과 일치해야 하므로
$k-2=-3$
$k=-1$

27 $x^2-4x+3<0$에서 $(x-1)(x-3)<0$이므로
$1<x<3$ …… ㉠
$2x+1>k$에서 $2x>k-1$
$x>\dfrac{k-1}{2}$ …… ㉡
주어진 연립부등식의 해가 존재하려면 ㉠, ㉡의 공통부분이 존재해야 하므로 ㉠, ㉡을 수직선 위에 나타내면 오른쪽 그림과 같다.

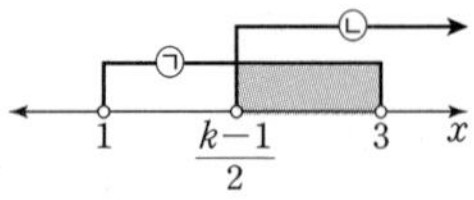

따라서 구하는 실수 k의 값의 범위는
$\dfrac{k-1}{2}<3$에서 $k-1<6$이므로 $k<7$

28 $x^2+x<2$에서 $x^2+x-2<0$
$(x+2)(x-1)<0$이므로
$-2<x<1$ …… ㉠
$x^2-2x+k\ge k(x-1)$에서 $x^2-(k+2)x+2k\ge0$이므로
$(x-k)(x-2)\ge0$
(i) $k<2$일 때, 이 부등식의 해는
$x\le k$ 또는 $x\ge2$ …… ㉡
이때 연립부등식의 해가 존재하려면 ㉠, ㉡의 공통부분이 존재해야 하므로 ㉠, ㉡을 수직선 위에 나타내면 오른쪽 그림과 같다. 즉 $k>-2$

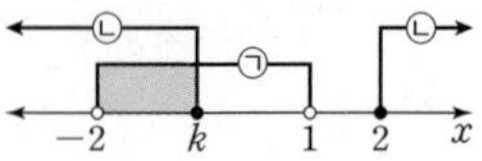

따라서 $-2<k<2$
(ii) $k=2$일 때, 이 부등식의 해는 모든 실수이므로 연립부등식의 해가 존재한다.
(iii) $k>2$일 때, 이 부등식의 해는 $x<2$ 또는 $x>k$이므로 연립부등식의 해가 존재한다.
(i), (ii), (iii)에서 구하는 실수 k의 값의 범위는
$k>-2$

30 $x^2-x-2<0$에서 $(x+1)(x-2)<0$이므로
$-1<x<2$ …… ㉠
$x^2-(2k+4)x+k(k+4)\ge0$에서
$(x-k)\{x-(k+4)\}\ge0$
$x\le k$ 또는 $x\ge k+4$ …… ㉡
주어진 연립부등식의 해가 존재하지 않으려면 ㉠, ㉡의 공통부분이 존재하지 않아야 하므로 ㉠, ㉡을 수직선 위에 나타내면 오른쪽 그림과 같다.

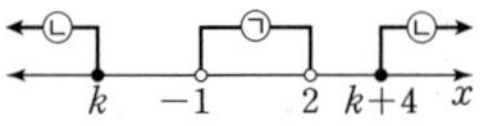

따라서 $k\le-1$, $2\le k+4$를 동시에 만족시켜야 하므로 구하는 실수 k의 값의 범위는
$-2\le k\le-1$

31 $(x+2)(x-1)\ge10$에서 $x^2+x-2\ge10$
$x^2+x-12\ge0$, $(x+4)(x-3)\ge0$이므로
$x\le-4$ 또는 $x\ge3$ …… ㉠
$x^2-(2k+1)x+k^2+k-2\le0$에서
$x^2-(2k+1)x+(k-1)(k+2)\le0$
$\{x-(k-1)\}\{x-(k+2)\}\le0$
$k-1\le x\le k+2$ …… ㉡
주어진 연립부등식의 해가 존재하지 않으려면 ㉠, ㉡의 공통부분이 존재하지 않아야 하므로 ㉠, ㉡을 수직선 위에 나타내면 오른쪽 그림과 같다.

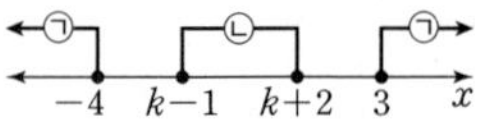

따라서 $-4<k-1$, $k+2<3$을 동시에 만족시켜야 하므로 구하는 실수 k의 값의 범위는
$-3<k<1$

33 $x^2\le x+2$에서 $x^2-x-2\le0$
$(x+1)(x-2)\le0$이므로
$-1\le x\le2$ …… ㉠
$x^2-(k+4)x+4k<0$에서
$(x-k)(x-4)<0$
(i) $k<4$일 때, 이 부등식의 해는
$k<x<4$ …… ㉡

연립부등식을 만족시키는 정수 x의 값이 2만 존재하도록 ㉠, ㉡을 수직선 위에 나타내면 오른쪽 그림과 같으므로

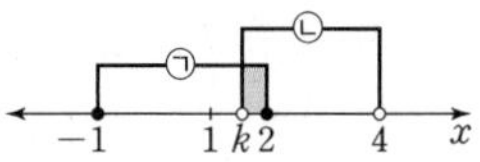

$1 \le k < 2$

(ii) $k=4$일 때, 이 부등식의 해는 없으므로 연립부등식의 해가 존재하지 않는다.

(iii) $k>4$일 때, 이 부등식의 해는 $4<x<k$이므로 연립부등식의 해가 존재하지 않는다.

(i), (ii), (iii)에서 구하는 실수 k의 값의 범위는

$1 \le k < 2$

34 $x(x-1)>x+3$에서 $x^2-x>x+3$

$x^2-2x-3>0$, $(x+1)(x-3)>0$이므로

$x<-1$ 또는 $x>3$ …… ㉠

$x^2-kx+k<x$에서 $x^2-(1+k)x+k<0$이므로

$(x-1)(x-k)<0$

(i) $k<1$일 때, 이 부등식의 해는 $k<x<1$이므로 연립부등식을 만족시키는 정수 x가 4가 되는 경우는 없다.

(ii) $k=1$일 때, 이 부등식의 해는 없으므로 연립부등식의 해가 존재하지 않는다.

(iii) $k>1$일 때, 이 부등식의 해는

$1<x<k$ …… ㉡

연립부등식을 만족시키는 정수 x의 값이 4만 존재하도록 ㉠, ㉡을 수직선 위에 나타내면 오른쪽 그림과 같으므로

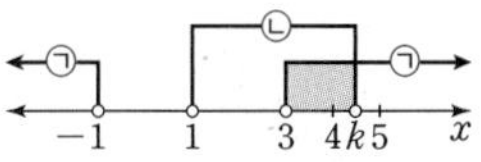

$4<k \le 5$

(i), (ii), (iii)에서 구하는 실수 k의 값의 범위는

$4<k \le 5$

36 $x^2+3x-2 \le 2(x+1)(x-1)$에서

$x^2+3x-2 \le 2x^2-2$, $x^2-3x \ge 0$

$x(x-3) \ge 0$이므로

$x \le 0$ 또는 $x \ge 3$ …… ㉠

$x^2+2x<k(x+2)$에서

$x^2+(2-k)x-2k<0$, $(x+2)(x-k)<0$

이때 $k>-2$이므로 $-2<x<k$ …… ㉡

㉠, ㉡의 공통부분에 속하는 정수 x가 4개가 되도록 ㉠, ㉡을 수직선 위에 나타내면 오른쪽 그림과 같다.

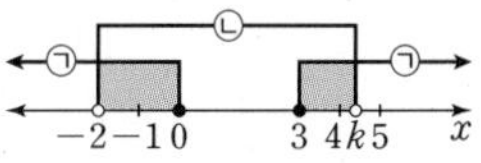

따라서 연립부등식을 만족시키는 정수 x는 -1, 0, 3, 4의 4개이고 구하는 실수 k의 값의 범위는

$4<k \le 5$

37 $x(x-1)<2(x+2)$에서 $x^2-x<2x+4$

$x^2-3x-4<0$, $(x+1)(x-4)<0$이므로

$-1<x<4$ …… ㉠

$x^2+3x-2k \le k(x+1)$에서 $x^2+3x-2k \le kx+k$

$x^2+(3-k)x-3k \le 0$이므로

$(x+3)(x-k) \le 0$

(i) $k<-3$일 때, 이 부등식의 해는 $k \le x \le -3$이므로 연립부등식의 해가 존재하지 않는다.

(ii) $k=-3$일 때, 이 부등식의 해는 $x=-3$이므로 연립부등식의 해가 존재하지 않는다.

(iii) $k>-3$일 때, 이 부등식의 해는

$-3 \le x \le k$ …… ㉡

㉠, ㉡의 공통부분에 속하는 정수 x가 2개가 되도록 ㉠, ㉡을 수직선 위에 나타내면 오른쪽 그림과 같으므로

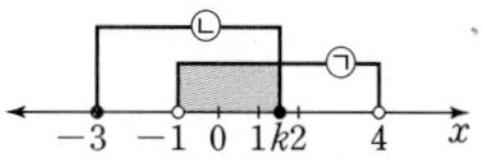

$1 \le k < 2$

(i), (ii), (iii)에서 연립부등식을 만족시키는 정수 x는 0, 1의 2개이고 구하는 실수 k의 값의 범위는

$1 \le k < 2$

39 $x^2-6x+8<0$에서 $(x-2)(x-4)<0$이므로

$2<x<4$ …… ㉠

$x^2-(k+1)x+k>0$에서

$(x-1)(x-k)>0$

(i) $k<1$일 때, 이 부등식의 해는 $x<k$ 또는 $x>1$이므로 연립부등식을 만족시키는 정수 $x=3$이 존재한다.

(ii) $k=1$일 때, 이 부등식의 해는 $x \ne 1$인 모든 실수이므로 연립부등식을 만족시키는 정수 $x=3$이 존재한다.

(iii) $k>1$일 때, 이 부등식의 해는

$x<1$ 또는 $x>k$ …… ㉡

㉠, ㉡의 공통부분에 속하는 정수 x가 없도록 ㉠, ㉡을 수직선 위에 나타내면 오른쪽 그림과 같으므로 $k \ge 3$

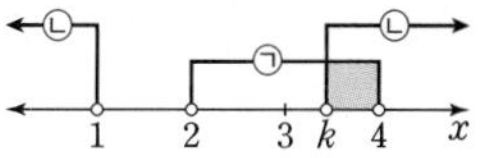

(i), (ii), (iii)에서 구하는 실수 k의 값의 범위는

$k \ge 3$

40 $x^2-7x+10 \le 0$에서 $(x-2)(x-5) \le 0$이므로

$2 \le x \le 5$ …… ㉠

$x^2-(k-3)x-3k \le 0$에서

$(x+3)(x-k) \le 0$

(i) $k<-3$일 때, 이 부등식의 해는 $k \le x \le -3$이므로 연립부등식의 해가 없다. 즉 연립부등식을 만족시키는 정수 x도 없으므로 $k<-3$은 조건을 만족시킨다.

(ii) $k=-3$일 때, 이 부등식의 해는 $x=-3$이므로 연립부등식의 해가 없다. 즉 연립부등식을 만족시키는 정수 x가 없으므로 $k=-3$은 조건을 만족시킨다.

(iii) $k>-3$일 때, 이 부등식의 해는

$-3 \le x \le k$ …… ㉡

㉠, ㉡의 공통부분에 속하는 정수 x가 없도록 ㉠, ㉡을 수직선 위에 나타내면 오른쪽 그림과 같으므로

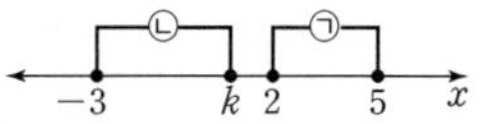

$-3<k<2$

(i), (ii), (iii)에서 구하는 실수 k의 값의 범위는

$k<2$

08 절댓값 기호를 포함한 이차부등식의 풀이

본문 326쪽

1 (✐ 0, x^2+x-6, -3, 2, 0, $0\le x<2$, 0, x^2-x-6, -2, 3, 0, $-2<x<0$, $-2<x<2$)

2 $x<-1$ 또는 $x>1$

3 (✐ 1, x^2-x+2, $x\ge1$, 1, x^2+x, -1, 1, -1, $0<x<1$, -1, 0)

4 $-3\le x\le 1$

5 (✐ -3, 3, -3, x^2-2x+3, 모든 실수, 3, x^2-2x-3, -1, 3, -1, 3)

6 $0\le x\le\frac{3}{2}$ 또는 $4\le x\le\frac{11}{2}$

7 $1<x<4$

8 $\sqrt{5}<x<5$

9 (✐ -3, 3, -2, $x-2$, -1, 2, -2, -1, 2, 4)

10 $-3<x\le2$

11 $\frac{1}{2}\le x<1$

12 ③

2 $3x^2>|x|+2$, 즉 $3x^2-|x|-2>0$에서

(i) $x\ge0$일 때, $3x^2-x-2>0$

$(3x+2)(x-1)>0$이므로 $x<-\frac{2}{3}$ 또는 $x>1$

이때 $x\ge0$이므로 $x>1$

(ii) $x<0$일 때, $3x^2+x-2>0$

$(3x-2)(x+1)>0$이므로 $x<-1$ 또는 $x>\frac{2}{3}$

이때 $x<0$이므로 $x<-1$

(i), (ii)에서 $x<-1$ 또는 $x>1$

4 $x^2\le|2x-3|$, 즉 $x^2-|2x-3|\le0$에서

(i) $x\ge\frac{3}{2}$일 때, $x^2-2x+3\le0$

이때 모든 실수 x에 대하여

$x^2-2x+3=(x^2-2x+1)+2=(x-1)^2+2>0$

이므로 해는 없다.

(ii) $x<\frac{3}{2}$일 때, $x^2+2x-3\le0$

$(x+3)(x-1)\le0$이므로

$-3\le x\le1$

이때 $x<\frac{3}{2}$이므로 $-3\le x\le1$

(i), (ii)에서 $-3\le x\le1$

6 $|2x^2-11x+6|\le6$에서

$-6\le2x^2-11x+6\le6$

$-6\le2x^2-11x+6$에서 $2x^2-11x+12\ge0$

$(2x-3)(x-4)\ge0$이므로

$x\le\frac{3}{2}$ 또는 $x\ge4$ …… ㉠

$2x^2-11x+6\le6$에서 $2x^2-11x\le0$

$x(2x-11)\le0$이므로

$0\le x\le\frac{11}{2}$ …… ㉡

따라서 ㉠, ㉡의 공통부분은

$0\le x\le\frac{3}{2}$ 또는 $4\le x\le\frac{11}{2}$

7 x의 값에 관계없이 $|x^2-4|\ge0$이므로 $|x^2-4|<3x$에서 $3x>0$임을 알 수 있다.

즉 주어진 부등식 $|x^2-4|<3x$에서

$-3x<x^2-4<3x$

$-3x<x^2-4$에서 $x^2+3x-4>0$

$(x+4)(x-1)>0$이므로

$x<-4$ 또는 $x>1$ …… ㉠

$x^2-4<3x$에서 $x^2-3x-4<0$

$(x+1)(x-4)<0$이므로

$-1<x<4$ …… ㉡

따라서 ㉠, ㉡의 공통부분은 $1<x<4$

8 x의 값에 관계없이 $|x^2-3x|\ge0$이므로

$|x^2-3x|<3x-5$에서 $3x-5>0$임을 알 수 있다.

즉 주어진 부등식 $|x^2-3x|<3x-5$에서

$-3x+5<x^2-3x<3x-5$

$-3x+5<x^2-3x$에서 $x^2-5>0$

$(x+\sqrt{5})(x-\sqrt{5})>0$이므로

$x<-\sqrt{5}$ 또는 $x>\sqrt{5}$ …… ㉠

$x^2-3x<3x-5$에서 $x^2-6x+5<0$

$(x-1)(x-5)<0$이므로

$1<x<5$ …… ㉡

따라서 ㉠, ㉡의 공통부분은 $\sqrt{5}<x<5$

10 $|2x+3|\le7$에서 $-7\le2x+3\le7$이므로

$-5\le x\le2$ …… ㉠

$x^2-3x<18$에서 $x^2-3x-18<0$

$(x+3)(x-6)<0$이므로

$-3<x<6$ …… ㉡

따라서 ㉠, ㉡의 공통부분은 $-3<x\le2$

11 $x^2+2|x|-3<0$에서

(i) $x\ge0$일 때, $x^2+2x-3<0$

$(x+3)(x-1)<0$이므로 $-3<x<1$

이때 $x\ge0$이므로 $0\le x<1$

(ii) $x<0$일 때, $x^2-2x-3<0$

$(x+1)(x-3)<0$이므로 $-1<x<3$

이때 $x<0$이므로 $-1<x<0$

(i), (ii)에서

$-1<x<1$ …… ㉠

$2x^2-9x+4\le0$에서 $(2x-1)(x-4)\le0$이므로

$\frac{1}{2}\le x\le4$ …… ㉡

따라서 ㉠, ㉡의 공통부분은 $\frac{1}{2}\le x<1$

12 $|2x-1|\le 5$에서 $-5\le 2x-1\le 5$이므로

$-2\le x\le 3$ ...... ㉠

$2x^2-9x-5<0$에서 $(2x+1)(x-5)<0$이므로

$-\frac{1}{2}<x<5$ ...... ㉡

㉠, ㉡의 공통부분은 $-\frac{1}{2}<x\le 3$

따라서 주어진 연립부등식을 만족시키는 정수 x의 개수는 0, 1, 2, 3의 4이다.

09 이차방정식의 근의 판별과 이차부등식

본문 328쪽

1 (✎ >, k, 1, 4, -4, 4)

2 $k<-\frac{1}{2}$ 또는 $k>\frac{3}{2}$ 3 $1<k<4$

4 $k\le 1$ 또는 $k\ge 2$ 5 $k\ne -1$인 모든 실수

6 $0<k<4$ 7 $k\le 2$ 또는 $k\ge 3$

8 (✎ >, -2, 4, <, -3, 1, -3, -2)

9 $0<k\le 1$ 10 $k\le -1$ 또는 $k\ge 1$

11 $k<-2$ 또는 $k>2$ 12 $-1<k<0$ 또는 $2<k<3$

2 이차방정식 $x^2+(2k-1)x+1=0$의 판별식을 D라 하면 $D>0$이어야 하므로

$D=(2k-1)^2-4\times 1\times 1>0$

$4k^2-4k-3>0$, $(2k+1)(2k-3)>0$

따라서 $k<-\frac{1}{2}$ 또는 $k>\frac{3}{2}$

3 이차방정식 $3x^2+2(k-1)x+k-1=0$의 판별식을 D라 하면 $D<0$이어야 하므로

$\frac{D}{4}=(k-1)^2-3(k-1)<0$

$k^2-5k+4<0$, $(k-1)(k-4)<0$

따라서 $1<k<4$

4 이차방정식 $x^2+2kx+3k-2=0$의 판별식을 D라 하면 $D\ge 0$이어야 하므로

$\frac{D}{4}=k^2-(3k-2)\ge 0$

$k^2-3k+2\ge 0$, $(k-1)(k-2)\ge 0$

따라서 $k\le 1$ 또는 $k\ge 2$

5 이차방정식 $x^2+(k-1)x-k=0$의 판별식을 D라 하면

$D=(k-1)^2-4\times 1\times (-k)>0$

$k^2+2k+1>0$, $(k+1)^2>0$

따라서 $k\ne -1$인 모든 실수

6 이차방정식 $x^2+(k+2)x+2k+1=0$의 판별식을 D라 하면 $D<0$이어야 하므로

$D=(k+2)^2-4\times 1\times (2k+1)<0$

$k^2-4k<0$, $k(k-2)<0$

따라서 $0<k<4$

7 이차방정식 $x^2-2(k-3)x-k+3=0$의 판별식을 D라 하면 $D\ge 0$이어야 하므로

$\frac{D}{4}=\{-(k-3)\}^2-(-k+3)\ge 0$

$k^2-5k+6\ge 0$, $(k-2)(k-3)\ge 0$

따라서 $k\le 2$ 또는 $k\ge 3$

9 이차방정식 $x^2+2(k-2)x+k^2=0$의 판별식을 D라 하면 $D\ge 0$이어야 하므로

$\frac{D}{4}=(k-2)^2-k^2\ge 0$

$-4k+4\ge 0$이므로 $k\le 1$ ...... ㉠

이차방정식 $x^2+2(k-1)x+1=0$의 판별식을 D'이라 하면 $D'<0$이어야 하므로

$\frac{D'}{4}=(k-1)^2-1<0$

$k^2-2k<0$, $k(k-2)<0$이므로

$0<k<2$ ...... ㉡

따라서 ㉠, ㉡의 공통부분을 구하면

$0<k\le 1$

10 이차방정식 $x^2+2(3k-1)x+2k(3k-1)=0$의 판별식을 D라 하면 $D\ge 0$이어야 하므로

$\frac{D}{4}=(3k-1)^2-2k(3k-1)\ge 0$

$(3k-1)(k-1)\ge 0$이므로

$k\le \frac{1}{3}$ 또는 $k\ge 1$ ...... ㉠

이차방정식 $x^2-2(k-2)x-4k+5=0$의 판별식을 D'이라 하면 $D'\ge 0$이어야 하므로

$\frac{D'}{4}=\{-(k-2)\}^2-(-4k+5)\ge 0$

$k^2-1\ge 0$, $(k+1)(k-1)\ge 0$이므로

$k\le -1$ 또는 $k\ge 1$ ...... ㉡

따라서 ㉠, ㉡의 공통부분을 구하면

$k\le -1$ 또는 $k\ge 1$

11 이차방정식 $kx^2+(k+1)x+2k-1=0$의 판별식을 D라 하면 $D<0$이어야 하므로

$D=(k+1)^2-4k(2k-1)<0$

$7k^2-6k-1>0$, $(7k+1)(k-1)>0$이므로

$k<-\frac{1}{7}$ 또는 $k>1$ ...... ㉠

이차방정식 $x^2-2kx+4=0$의 판별식을 D'이라 하면

$D'>0$이어야 하므로

$\frac{D'}{4}=(-k)^2-4>0$, $k^2-4>0$

$(k+2)(k-2)>0$이므로

$k<-2$ 또는 $k>2$ ...... ㉡

따라서 ㉠, ㉡의 공통부분을 구하면

$k<-2$ 또는 $k>2$

12 이차방정식 $x^2+2(k-1)x+4=0$의 판별식을 D라 하면

$D<0$이어야 하므로

$\frac{D}{4}=(k-1)^2-4<0$, $k^2-2k-3<0$

$(k+1)(k-3)<0$이므로

$-1<k<3$ ...... ㉠

이차방정식 $x^2-2kx+2k(k-1)=0$의 판별식을 D'이라 하면

$D'<0$이어야 하므로

$\frac{D'}{4}=(-k)^2-2k(k-1)<0$

$k<0$ 또는 $k>2$ ...... ㉡

따라서 ㉠, ㉡의 공통부분을 구하면

$-1<k<0$ 또는 $2<k<3$

10 본문 330쪽

이차방정식의 실근의 부호와 이차부등식

1 ≥, ≥, −3, 2, >, −1, >, −7, −7, −3, −1, 2, −7, −3

2 $k\geq 4$

3 ≥, ≥, −4, 1, <, −1, >, 5, −4, −1, 1, 5, −4

4 $k\geq 2$

5 (1) (✐ <, <, 1, 3) (2) (✐ 1, 3, >, >, 2, 2, 3)

(3) (✐ 1, 3, <, <, 2, 1, 2)

6 $-3<k<2$ 7 $-1<k<5$

2 이차방정식 $x^2-2(k-2)x+k=0$의 두 근을 α, β라 하고 판별식을 D라 하자.

(i) α, β는 모두 양수이므로 주어진 이차방정식은 실근을 가져야 한다. 즉 $D\geq 0$이어야 하므로

$\frac{D}{4}=\{-(k-2)\}^2-k\geq 0$에서 $k^2-5k+4\geq 0$

$(k-1)(k-4)\geq 0$이므로

$k\leq 1$ 또는 $k\geq 4$ ...... ㉠

(ii) $\alpha>0$, $\beta>0$에서 $\alpha+\beta>0$

이차방정식의 근과 계수의 관계에 의하여

$2(k-2)>0$이므로 $k>2$ ...... ㉡

(iii) $\alpha>0$, $\beta>0$에서 $\alpha\beta>0$

이차방정식의 근과 계수의 관계에 의하여

$k>0$ ...... ㉢

이때 ㉠, ㉡, ㉢을 수직선 위에 나타내면 다음과 같다.

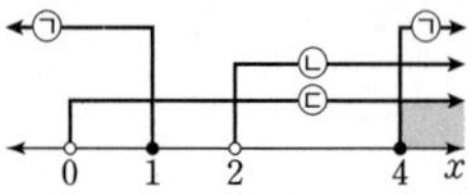

따라서 구하는 실수 k의 값의 범위는

$k\geq 4$

4 이차방정식 $x^2+2kx+k+2=0$의 두 근을 α, β라 하고 판별식을 D라 하자.

(i) α, β는 모두 음수이므로 주어진 이차방정식은 실근을 가져야 한다. 즉 $D\geq 0$이어야 하므로

$\frac{D}{4}=k^2-(k+2)\geq 0$에서 $k^2-k-2\geq 0$

$(k+1)(k-2)\geq 0$이므로

$k\leq -1$ 또는 $k\geq 2$ ...... ㉠

(ii) $\alpha<0$, $\beta<0$에서 $\alpha+\beta<0$

이차방정식의 근과 계수의 관계에 의하여

$-2k<0$이므로 $k>0$ ...... ㉡

(iii) $\alpha<0$, $\beta<0$에서 $\alpha\beta>0$

이차방정식의 근과 계수의 관계에 의하여

$k+2>0$이므로 $k>-2$ ...... ㉢

이때 ㉠, ㉡, ㉢을 수직선 위에 나타내면 다음과 같다.

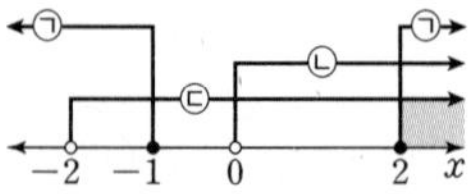

따라서 구하는 실수 k의 값의 범위는

$k\geq 2$

6 이차방정식 $x^2+kx+k^2+k-6=0$의 두 근을 α, β라 할 때, 두 근의 부호가 서로 다르므로 $\alpha\beta<0$이어야 한다.

즉 이차방정식의 근과 계수의 관계에 의하여

$k^2+k-6<0$이므로

$(k+3)(k-2)<0$

따라서 $-3<k<2$

7 이차방정식 $x^2-(k+1)x+k^2-3k-10=0$의 두 근을 α, β라 하자.

(i) 두 근의 부호가 서로 다르므로 $\alpha\beta<0$이어야 한다.

즉 이차방정식의 근과 계수의 관계에 의하여

$k^2-3k-10<0$이므로

$(k+2)(k-5)<0$, 즉 $-2<k<5$

(ii) 양수인 근이 음수인 근의 절댓값보다 크므로 $\alpha+\beta>0$이어야 한다. 즉 이차방정식의 근과 계수의 관계에 의하여

$k+1>0$, 즉 $k>-1$

(i), (ii)에서 구하는 실수 k의 값의 범위는

$-1<k<5$

11 이차방정식의 근의 분리

본문 332쪽

1 2, ≥, ≥, ≤, ≥, >, >, k, k^2, k, >, $k \geq 6$

2 $k \leq 0$ 3 $k \leq -2$ 4 $k \geq 5$

5 2, <, −1, 3 6 $k<-1$ 또는 $k>2$

7 −1, 3, ≥, $4k^2$, ≥, $-\frac{1}{2}$, $\frac{1}{2}$, >, $-\frac{1}{2}$, >, $\frac{5}{6}$, $2k$, $4k^2$, $2k$, $2k$, $-\frac{1}{2}$, $\frac{3}{2}$, $\frac{1}{2}$, $\frac{5}{6}$

8 $-\frac{2}{3} \leq k < -\frac{1}{3}$

2 $f(x)=x^2+2kx+2k$라 하자.

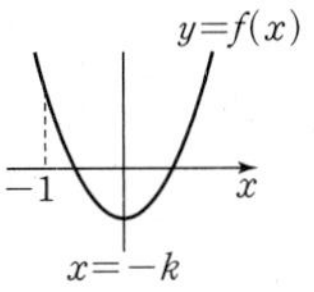

이차방정식 $f(x)=0$의 두 근이 모두 -1보다 크므로 이차함수 $y=f(x)$의 그래프는 오른쪽 그림과 같다.

(i) 이차방정식 $f(x)=0$의 판별식을 D라 하면 $D \geq 0$이어야 하므로

$\frac{D}{4}=k^2-2k \geq 0$, $k(k-2) \geq 0$이므로

$k \leq 0$ 또는 $k \geq 2$

(ii) $f(-1)=1>0$

은 항상 성립하므로 k는 모든 실수이다.

(iii) $f(x)=x^2+2kx+2k=(x+k)^2-k^2+2k$

에서 이차함수 $y=f(x)$의 그래프의 축의 방정식은

$x=-k$이므로

$-k>-1$에서 $k<1$

(i), (ii), (iii)에서 구하는 실수 k의 값의 범위는

$k \leq 0$

3 $f(x)=x^2-kx+k+3$이라 하자.

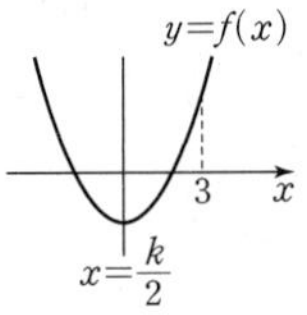

이차방정식 $f(x)=0$의 두 근이 모두 3보다 작으므로 이차함수 $y=f(x)$의 그래프는 오른쪽 그림과 같다.

(i) 이차방정식 $f(x)=0$의 판별식을 D라 하면 $D \geq 0$이어야 하므로

$D=(-k)^2-4(k+3) \geq 0$, $k^2-4k-12 \geq 0$

$(k+2)(k-6) \geq 0$이므로

$k \leq -2$ 또는 $k \geq 6$

(ii) $f(3)>0$에서 $12-2k>0$이므로 $k<6$

(iii) $f(x)=x^2-kx+k+3=\left(x-\frac{k}{2}\right)^2-\frac{k^2}{4}+k+3$

에서 이차함수 $y=f(x)$의 그래프의 축의 방정식은

$x=\frac{k}{2}$이므로

$\frac{k}{2}<3$에서 $k<6$

(i), (ii), (iii)에서 구하는 실수 k의 값의 범위는

$k \leq -2$

4 $f(x)=x^2-2kx+4k+5$라 하자.

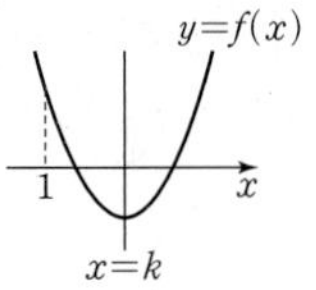

이차방정식 $f(x)=0$의 두 근이 모두 1보다 크므로 이차함수 $y=f(x)$의 그래프는 오른쪽 그림과 같다.

(i) 이차방정식 $f(x)=0$의 판별식을 D라 하면 $D \geq 0$이어야 하므로

$\frac{D}{4}=(-k)^2-(4k+5) \geq 0$

$k^2-4k-5 \geq 0$, $(k+1)(k-5) \geq 0$이므로

$k \leq -1$ 또는 $k \geq 5$

(ii) $f(1)>0$에서 $2k+6>0$이므로 $k>-3$

(iii) $f(x)=x^2-2kx+4k+5$

$=(x-k)^2-k^2+4k+5$

에서 이차함수 $y=f(x)$의 그래프의 축의 방정식은

$x=k$이므로

$k>1$

(i), (ii), (iii)에서 구하는 실수 k의 값의 범위는

$k \geq 5$

6 $f(x)=x^2-k^2x+3(k-1)$이라 하면 주어진 조건을 만족시키는 이차함수 $y=f(x)$의 그래프는 오른쪽 그림과 같다.

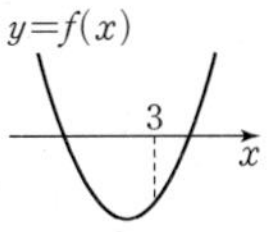

이때 $f(3)<0$이므로 $3^2-3k^2+3(k-1)<0$, $3k^2-3k-6>0$

$k^2-k-2>0$, $(k+1)(k-2)>0$

따라서 $k<-1$ 또는 $k>2$

8 $f(x)=x^2-4x-3k+2$라 하자.

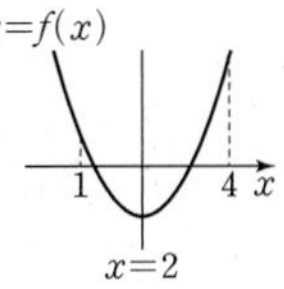

이차방정식 $f(x)=0$의 두 근이 모두 1과 4 사이에 있으므로 이차함수 $y=f(x)$의 그래프는 오른쪽 그림과 같다.

(i) 이차방정식 $f(x)=0$의 판별식을 D라 하면 $D \geq 0$이어야 하므로

$\frac{D}{4}=(-2)^2-(-3k+2) \geq 0$

$3k+2 \geq 0$이므로 $k \geq -\frac{2}{3}$ …… ㉠

(ii) $f(1)>0$에서 $-3k-1>0$이므로 $k<-\frac{1}{3}$ …… ㉡

$f(4)>0$에서 $-3k+2>0$이므로 $k<\frac{2}{3}$ …… ㉢

(iii) $f(x)=x^2-4x-3k+2$

$=(x-2)^2-3k-2$

에서 이차함수 $y=f(x)$의 그래프의 축의 방정식은

$x=2$

이때 $1<2<4$이므로 항상 성립한다.

따라서 ㉠, ㉡, ㉢의 공통부분을 구하면

$-\frac{2}{3} \leq k < -\frac{1}{3}$

TEST 개념 확인

본문 334쪽

1 ③	2 ④	3 ②	4 ②
5 ④	6 ①, ⑤	7 4	8 ④
9 ⑤	10 ③	11 2	12 ①

1 $(x+2)(x-4)\le 7$에서 $x^2-2x-8\le 7$

$x^2-2x-15\le 0$, $(x+3)(x-5)\le 0$이므로

$-3\le x\le 5$ …… ㉠

$x(x-1)>2$에서 $x^2-x-2>0$

$(x+1)(x-2)>0$

$x<-1$ 또는 $x>2$ …… ㉡

㉠, ㉡의 공통부분을 구하면

$-3\le x<-1$ 또는 $2<x\le 5$

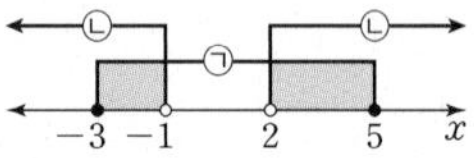

따라서 주어진 연립부등식을 만족시키는 정수 x의 개수는 -3, -2, 3, 4, 5의 5이다.

2 $|x+2|\ge 2$에서

$x+2\le -2$ 또는 $x+2\ge 2$

$x\le -4$ 또는 $x\ge 0$ …… ㉠

$x^2+x-6<0$에서 $(x+3)(x-2)<0$이므로

$-3<x<2$ …… ㉡

㉠, ㉡의 공통부분을 구하면

$0\le x<2$

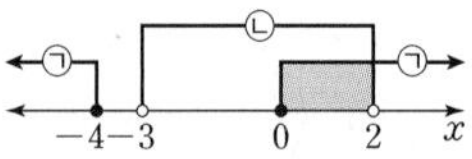

3 $x^2<2x+3$에서 $x^2-2x-3<0$

$(x+1)(x-3)<0$이므로

$-1<x<3$ …… ㉠

$x^2-kx+k\le 2x-k$에서 $x^2-(k+2)x+2k\le 0$이므로

$(x-2)(x-k)\le 0$에서

(i) $k<2$일 때, 해는 $k\le x\le 2$ …… ㉡

이때 연립부등식의 해가 $-1<x\le 2$가 되도록 두 부등식의 해를 수직선 위에 나타내면 오른쪽 그림과 같으므로 $k\le -1$

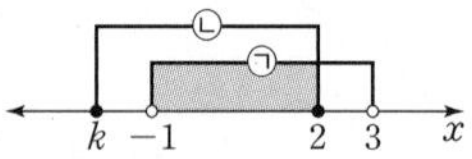

(ii) $k=2$일 때, 해는 $x=2$이므로 연립부등식의 해의 조건을 만족시키지 않는다.

(iii) $k>2$일 때, 해는 $2\le x\le k$이므로 연립부등식의 해의 조건을 만족시키지 않는다.

(i), (ii), (iii)에서 실수 k의 값의 범위는

$k\le -1$

따라서 구하는 실수 k의 최댓값은 -1이다.

4 $(x+4)(x-2)\le x-6$에서 $x^2+2x-8\le x-6$

$x^2+x-2\le 0$, $(x+2)(x-1)\le 0$이므로

$-2\le x\le 1$ …… ㉠

$x^2+k^2\ge 2kx+9$에서

$x^2-2kx+k^2-9\ge 0$

$x^2-2kx+(k-3)(k+3)\ge 0$

$\{x-(k-3)\}\{x-(k+3)\}\ge 0$이므로

$x\le k-3$ 또는 $x\ge k+3$ …… ㉡

주어진 연립부등식의 해가 존재하지 않으려면 ㉠, ㉡의 공통부분이 존재하지 않아야 하므로 ㉠, ㉡을 수직선 위에 나타내면 오른쪽 그림과 같다.

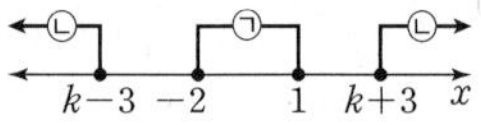

즉 $k-3<-2$, $1<k+3$이어야 하므로

$-2<k<1$

따라서 조건을 만족시키는 정수 k는 -1, 0이므로 그 합은

$(-1)+0=-1$

5 $x^2-x-2\le 0$에서 $(x+1)(x-2)\le 0$이므로

$-1\le x\le 2$ …… ㉠

$x+2>k$에서

$x>k-2$ …… ㉡

이때 ㉠, ㉡의 공통부분에 속하는 정수 x가 2개 존재하도록 ㉠, ㉡을 수직선 위에 나타내면 오른쪽 그림과 같다.

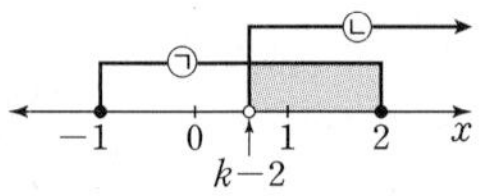

따라서 $0\le k-2<1$이어야 하므로

$2\le k<3$

6 이차방정식 $x^2+(k-3)x+k-3=0$의 판별식을 D라 하면

$D>0$이어야 하므로

$D=(k-3)^2-4(k-3)>0$

$k^2-10k+21>0$, $(k-3)(k-7)>0$

즉 $k<3$ 또는 $k>7$

따라서 실수 k의 값이 될 수 있는 것은 ①, ⑤이다.

7 이차방정식 $x^2-(k-2)x+4=0$의 판별식을 D라 하면

$D<0$이어야 하므로

$D=\{-(k-2)\}^2-4\times 1\times 4<0$

$k^2-4k-12<0$, $(k+2)(k-6)<0$

즉 $-2<k<6$ …… ㉠

이차방정식 $x^2+(k-3)x+k=0$의 판별식을 D'이라 하면

$D'<0$이어야 하므로

$D'=(k-3)^2-4k<0$

$k^2-10k+9<0$, $(k-1)(k-9)<0$

즉 $1<k<9$ …… ㉡

㉠, ㉡의 공통부분을 구하면

$1<k<6$

따라서 정수 k의 개수는 2, 3, 4, 5의 4이다.

8 이차방정식 $x^2-2(k-4)x+2k=0$의 두 근을 α, β라 하고 판별식을 D라 하자.

(i) α, β는 모두 음수이므로 주어진 이차방정식은 실근을 가져야 한다. 즉 $D\ge 0$이어야 하므로

$\frac{D}{4}=\{-(k-4)\}^2-2k\ge 0$

$k^2-10k+16\ge 0$, $(k-2)(k-8)\ge 0$이므로

$k\le 2$ 또는 $k\ge 8$

(ii) $\alpha<0$, $\beta<0$에서 $\alpha+\beta<0$

이차방정식의 근과 계수의 관계에 의하여

$2(k-4)<0$에서 $k<4$

(iii) $\alpha<0$, $\beta<0$에서 $\alpha\beta>0$

이차방정식의 근과 계수의 관계에 의하여

$2k>0$에서 $k>0$

(i), (ii), (iii)에서 구하는 실수 k의 값의 범위는

$0<k\le 2$

따라서 구하는 실수 k의 최댓값은 2이다.

9 이차방정식 $x^2-(k^2-6k+5)x-k+3=0$의 두 근을 α, β라 하자.

(i) 두 근의 부호가 서로 다르므로 $\alpha\beta<0$

이차방정식의 근과 계수의 관계에 의하여

$-k+3<0$이므로

$k>3$

(ii) 양수인 근이 음수인 근의 절댓값보다 작으므로 $\alpha+\beta<0$

이차방정식의 근과 계수의 관계에 의하여

$k^2-6k+5<0$이므로

$(k-1)(k-5)<0$

즉 $1<k<5$

(i), (ii)에서 구하는 실수 k의 값의 범위는

$3<k<5$

10 $f(x)=x^2-2kx+3k+4$라 하자.

이차방정식 $f(x)=0$의 두 근이 모두 2보다 크므로 이차함수 $y=f(x)$의 그래프는 오른쪽 그림과 같다.

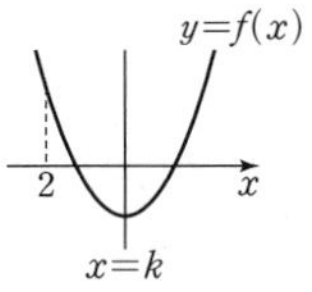

(i) 이차방정식 $f(x)=0$의 판별식을 D라 하면

$D\ge 0$이어야 하므로

$\frac{D}{4}=(-k)^2-(3k+4)\ge 0$

$k^2-3k-4\ge 0$, $(k+1)(k-4)\ge 0$이므로

$k\le -1$ 또는 $k\ge 4$

(ii) $f(2)>0$에서 $8-k>0$이므로

$k<8$

(iii) $f(x)=x^2-2kx+3k+4$

$\quad=(x-k)^2-k^2+3k+4$

에서 이차함수 $y=f(x)$의 그래프의 축의 방정식은

$x=k$이므로

$k>2$

(i), (ii), (iii)에서 구하는 실수 k의 값의 범위는

$4\le k<8$

따라서 구하는 실수 k의 최솟값은 4이다.

11 $f(x)=x^2+4k^2x-3k^2-2$라 하자.

이차방정식 $f(x)=0$의 두 근 사이에 1이 있으므로 이차함수 $y=f(x)$의 그래프는 오른쪽 그림과 같다.

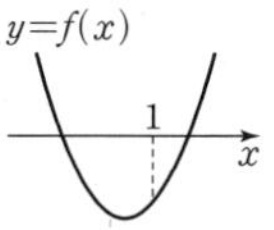

즉 $f(1)<0$이어야 하므로

$f(1)=1+4k^2-3k^2-2<0$

$k^2-1<0$, $(k+1)(k-1)<0$

즉 $-1<k<1$

따라서 $\alpha=-1$, $\beta=1$이므로

$\alpha^2+\beta^2=(-1)^2+1^2=2$

12 $f(x)=x^2-(k+2)x-k+1$이라 하자.

이차방정식 $f(x)=0$의 서로 다른 두 실근이 모두 -1과 2 사이에 있으므로 이차함수 $y=f(x)$의 그래프는 오른쪽 그림과 같다.

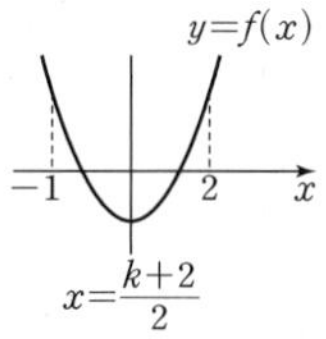

(i) 이차방정식 $f(x)=0$의 판별식을 D라 하면

$D>0$이어야 하므로

$D=\{-(k+2)\}^2-4(-k+1)>0$

$k^2+8k>0$, $k(k+8)>0$

즉 $k<-8$ 또는 $k>0$ …… ㉠

(ii) $f(-1)=4>0$

은 항상 성립한다.

$f(2)>0$에서 $1-3k>0$이므로

$k<\frac{1}{3}$ …… ㉡

(iii) $f(x)=x^2-(k+2)x-k+1$

$\quad=\left(x-\frac{k+2}{2}\right)^2-\frac{(k+2)^2}{4}-k+1$

에서 이차함수 $y=f(x)$의 그래프의 축의 방정식은

$x=\frac{k+2}{2}$

즉 $-1<\frac{k+2}{2}<2$이므로

$-4<k<2$ …… ㉢

따라서 ㉠, ㉡, ㉢의 공통부분을 구하면

$0<k<\frac{1}{3}$

TEST 개념 발전

9. 이차부등식

본문 336쪽

1 ③	2 ③	3 ⑤	4 13
5 ①	6 ②	7 ②	8 13
9 ③	10 ①	11 ③	12 ①
13 ③	14 1	15 ①	

1 이차부등식 $ax^2+(b-m)x+c-n>0$에서
$ax^2+bx+c>mx+n$
이때 부등식 $ax^2+bx+c>mx+n$의 해는 이차함수 $y=ax^2+bx+c$의 그래프가 직선 $y=mx+n$보다 위쪽에 있는 부분의 x의 값의 범위이다.
따라서 주어진 그래프에서 구하는 해는
$-3<x<2$

2 ㄱ. 모든 실수 x에 대하여
$x^2+25+10x=(x+5)^2\geq0$
이므로 부등식 $x^2+25+10x\geq0$의 해는 모든 실수이다.
ㄴ. 모든 실수 x에 대하여
$4x^2+20x+25=(2x+5)^2\geq0$
이므로 부등식 $4x^2+10x+25\leq0$의 해는 $x=-\frac{5}{2}$
ㄷ. 모든 실수 x에 대하여
$2x^2-8x+9=2(x^2-4x+4)+1$
$=2(x-2)^2+1>0$
이므로 부등식 $2x^2-8x+9<0$의 해는 없다.
ㄹ. 모든 실수 x에 대하여
$3x^2+x+1=3\left(x^2+\frac{1}{3}x+\frac{1}{36}\right)+\frac{11}{12}$
$=3\left(x+\frac{1}{6}\right)^2+\frac{11}{12}>0$
이므로 부등식 $3x^2+x+1\geq0$의 해는 모든 실수이다.
따라서 해가 모든 실수인 이차부등식은 ㄱ, ㄹ이다.

3 부등식 $x^2-3x-3<3|x-1|$에서
(i) $x\geq1$일 때
$x^2-3x-3<3(x-1)$
$x^2-3x-3<3x-3$, $x^2-6x<0$
$x(x-6)<0$이므로 $0<x<6$
이때 $x\geq1$이므로 $1\leq x<6$
(ii) $x<1$일 때
$x^2-3x-3<-3(x-1)$
$x^2-3x-3<-3x+3$, $x^2-6<0$
$(x+\sqrt{6})(x-\sqrt{6})<0$이므로 $-\sqrt{6}<x<\sqrt{6}$
이때 $x<1$이므로 $-\sqrt{6}<x<1$
(i), (ii)에서 주어진 부등식의 해는
$-\sqrt{6}<x<6$
따라서 $-3<-\sqrt{6}<-2$이므로 주어진 부등식을 만족시키는 정수 x의 개수는 -2, -1, 0, $\cdots$, 5의 8이다.

4 해가 $x<-1$ 또는 $x>b$이고 이차항의 계수가 1인 이차부등식은
$(x+1)(x-b)>0$, 즉 $x^2+(1-b)x-b>0$
이 이차부등식이 $x^2+ax-3>0$과 일치해야 하므로
$1-b=a$, $-b=-3$
따라서 $a=-2$, $b=3$이므로
$a^2+b^2=(-2)^2+3^2=13$

5 이차부등식 $2x^2-8x+k<0$의 해가 존재하지 않으려면 모든 실수 x에 대하여 이차부등식 $2x^2-8x+k\geq0$이 성립해야 한다.
즉 이차방정식 $2x^2-8x+k=0$의 판별식을 D라 할 때
$D\leq0$이어야 하므로
$\frac{D}{4}=(-4)^2-2k\leq0$
$16-2k\leq0$, 즉 $k\geq8$
따라서 구하는 정수 k의 최솟값은 8이다.

6 이차함수 $y=2x^2-3x+a$의 그래프에서 직선 $y=x+13$보다 아래쪽에 있는 부분의 x의 값의 범위는 부등식
$2x^2-3x+a<x+13$, 즉 $2x^2-4x+a-13<0$ ⋯⋯ ㉠
의 해이다.
해가 $-3<x<b$이고 x^2의 계수가 2인 이차부등식은
$2(x+3)(x-b)<0$
$2x^2+2(3-b)x-6b<0$ ⋯⋯ ㉡
㉠, ㉡이 일치해야 하므로
$-4=2(3-b)$, $a-13=-6b$
따라서 $a=-17$, $b=5$이므로
$b-a=5-(-17)=22$

7 이차함수 $y=x^2-2(2-k)x+k$의 그래프가 x축과 만나지 않으려면 모든 실수 x에 대하여 부등식 $x^2-2(2-k)x+k>0$이 성립해야 한다.
이차방정식 $x^2-2(2-k)x+k=0$의 판별식을 D라 하면
$D<0$이어야 하므로
$\frac{D}{4}=\{-(2-k)\}^2-k<0$
$k^2-5k+4<0$, $(k-1)(k-4)<0$
즉 $1<k<4$
따라서 정수 k의 값은 2, 3이므로 구하는 합은
$2+3=5$

8 새로 만든 직사각형의 가로, 세로의 길이는 각각
$(30-x)$ cm, $(20+2x)$ cm
이므로 직사각형의 넓이가 782 cm^2 이상이 되려면
$(30-x)(20+2x)\geq782$
$x^2-20x+91\leq0$, $(x-7)(x-13)\leq0$
즉 $7\leq x\leq13$
따라서 x의 최댓값은 13이다.

9 $|2x-7|<4$에서 $-4<2x-7<4$
$3<2x<11$이므로 $\frac{3}{2}<x<\frac{11}{2}$ ⋯⋯ ㉠
$3x^2-11x+6\leq0$에서
$(3x-2)(x-3)\leq0$이므로 $\frac{2}{3}\leq x\leq3$ ⋯⋯ ㉡
㉠, ㉡의 공통부분을 구하면
$\frac{3}{2}<x\leq3$
따라서 정수 x의 개수는 2, 3의 2이다.

10 $(x+2)(x-2) \le x+8$에서 $x^2-4 < x+8$

$x^2-x-12 \le 0$, $(x+3)(x-4) \le 0$이므로

$-3 \le x \le 4$ ······ ㉠

이때 연립부등식의 해가

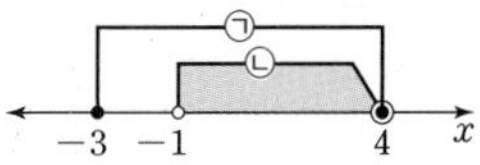

$-1 < x < 4$가 되려면 이차부등식

$x^2-kx-k-1 < 0$의 해는

$-1 < x < 4$ ······ ㉡

이어야 한다.

x^2의 계수가 1이고 해가 ㉡과 같은 이차부등식은

$(x+1)(x-4) < 0$, 즉 $x^2-3x-4 < 0$

이 이차부등식이 $x^2-kx-k-1 < 0$과 일치하므로

$-3=-k$, $-4=-k-1$에서 $k=3$

11 $2x^2 < x^2+x+2$에서 $x^2-x-2 < 0$

$(x+1)(x-2) < 0$이므로

$-1 < x < 2$ ······ ㉠

$x^2+3x-2k \le kx+k$에서 $x^2-(k-3)x-3k \le 0$

즉 $(x-k)(x+3) \le 0$

(i) $k < -3$일 때, 해는 $k \le x \le -3$이므로 연립부등식의 해가 존재하지 않는다.

(ii) $k=-3$일 때, 해는 $x=-3$이므로 연립부등식의 해가 존재하지 않는다.

(iii) $k > -3$일 때, 해는

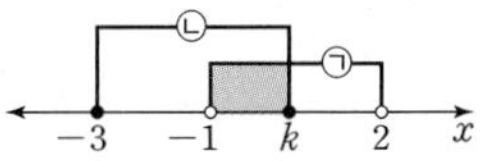

$-3 \le x \le k$ ······ ㉡

연립부등식의 해가 존재하려면

오른쪽 그림과 같아야 하므로 $k > -1$

(i), (ii), (iii)에서 구하는 실수 k의 값의 범위는

$k > -1$

따라서 정수 k의 최솟값은 0이다.

12 $x^2-4x+3 \le 0$에서 $(x-1)(x-3) \le 0$이므로

$1 \le x \le 3$ ······ ㉠

$x^2-(k-1)x-k > 0$에서

$(x+1)(x-k) > 0$

(i) $k < -1$일 때, 이 부등식의 해는 $x < k$ 또는 $x > -1$이므로 연립부등식을 만족시키는 정수 x는 1, 2, 3이 존재한다.

(ii) $k=-1$일 때, 이 부등식의 해는 $x \ne -1$인 모든 실수이므로 연립부등식을 만족시키는 정수 x는 1, 2, 3이 존재한다.

(iii) $k > -1$일 때, 이 부등식의 해는

$x < -1$ 또는 $x > k$ ······ ㉡

㉠, ㉡의 공통부분에 속하는 정수 x가 없도록 ㉠, ㉡을 수직선 위에 나타내면 오른쪽 그림과 같으므로 $k \ge 3$

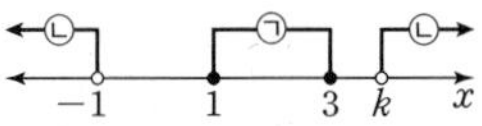

(i), (ii), (iii)에서 구하는 실수 k의 값의 범위는

$k \ge 3$

13 $(k+1)x^2+2(k+1)x+3 > 0$ ······ ㉠

(i) $k+1=0$, 즉 $k=-1$일 때

㉠에서 (좌변)$=3 > 0$이므로 부등식 ㉠은 모든 실수 x에 대하여 성립한다.

(ii) $k+1 \ne 0$일 때

모든 실수 x에 대하여 ㉠이 성립하려면

$k+1 > 0$, 즉 $k > -1$ ······ ㉡

이차방정식 $(k+1)x^2+2(k+1)x+3=0$의 판별식을 D라 하면 $D < 0$이어야 하므로

$$\frac{D}{4}=(k+1)^2-3(k+1) < 0$$

$k^2-k-2 < 0$, $(k+1)(k-2) < 0$이므로

$-1 < k < 2$ ······ ㉢

㉡, ㉢의 공통부분을 구하면 $-1 < k < 2$

(i), (ii)에서 구하는 실수 k의 값의 범위는 $-1 \le k < 2$

14 이차방정식 $2x^2-(k^2+5k-6)x+k^2-4=0$의 두 근을 α, β라 하자.

두 근의 부호가 서로 다르므로 $\alpha\beta < 0$

이차방정식의 근과 계수의 관계에 의하여

$\frac{k^2-4}{2} < 0$에서 $k^2-4 < 0$

$(k+2)(k-2) < 0$이므로

$-2 < k < 2$ ······ ㉠

또 부호가 서로 다른 두 근의 절댓값이 같으므로 $\alpha+\beta=0$

이차방정식의 근과 계수의 관계에 의하여

$\frac{k^2+5k-6}{2}=0$에서 $k^2+5k-6=0$

$(k+6)(k-1)=0$이므로

$k=-6$ 또는 $k=1$ ······ ㉡

㉠, ㉡에 의하여 구하는 실수 k의 값은 1이다.

15 $f(x)=x^2-2kx+6-k$라 하자.

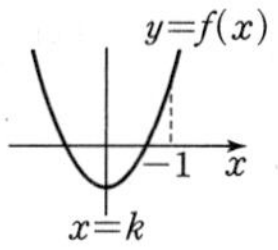

이차방정식 $f(x)=0$의 두 근이 모두 -1보다 작으므로 이차함수 $y=f(x)$의 그래프는 오른쪽 그림과 같다.

(i) 이차방정식 $f(x)=0$의 판별식을 D라 하면 $D \ge 0$이어야 하므로

$$\frac{D}{4}=(-k)^2-(6-k) \ge 0$$

$k^2+k-6 \ge 0$, $(k+3)(k-2) \ge 0$

즉 $k \le -3$ 또는 $k \ge 2$

(ii) $f(-1) > 0$에서 $k+7 > 0$이므로

$k > -7$

(iii) $f(x)=x^2-2kx+6-k$

$=(x-k)^2-k^2+6-k$

에서 이차함수 $y=f(x)$의 그래프의 축의 방정식은

$x=k$이므로

$k < -1$

(i), (ii), (iii)에서 구하는 실수 k의 값의 범위는 $-7 < k \le -3$

10 경우의 수

01 사건과 경우의 수

본문 348쪽

1 (1) (✎3, 5, 3) (2) 2 (3) 3
2 (1) 5 (2) 3 (3) 6
3 (1) 6 (2) 2 (3) 6
4 26
5 4
6 13
7 3
8 (✎A, A, B, A, B, A, 6)
9 3
10 12
11 9
12 6

1 (2) 3의 약수의 눈이 나오는 경우는 1, 3이므로 경우의 수는 2이다.
(3) 소수의 눈이 나오는 경우는 2, 3, 5이므로 경우의 수는 3이다.

2 (1) 눈의 수의 합이 6인 경우는
(1, 5), (2, 4), (3, 3), (4, 2), (5, 1)이므로 경우의 수는 5이다.
(2) 눈의 수의 합이 10인 경우는
(4, 6), (5, 5), (6, 4)이므로 경우의 수는 3이다.
(3) 눈의 수의 차가 3인 경우는
(1, 4), (2, 5), (3, 6), (4, 1), (5, 2), (6, 3)이므로 경우의 수는 6이다.

3 (1) 짝수가 나오는 경우는 2, 4, 6, 8, 10, 12이므로 경우의 수는 6이다.
(2) 5의 배수가 나오는 경우는 5, 10이므로 경우의 수는 2이다.
(3) 12의 약수가 나오는 경우는 1, 2, 3, 4, 6, 12이므로 경우의 수는 6이다.

5 8의 약수가 나오는 경우는 1, 2, 4, 8이므로 경우의 수는 4이다.

6 7의 배수 중 두 자리의 수는 14, 21, 28, ⋯, 91, 98이므로 경우의 수는 13이다.

7 앞면이 2개 나오는 경우는
(앞면, 앞면, 뒷면), (앞면, 뒷면, 앞면), (뒷면, 앞면, 앞면)
이므로 경우의 수는 3이다.

9

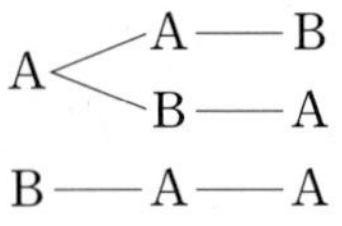

따라서 구하는 경우의 수는 3이다.

10

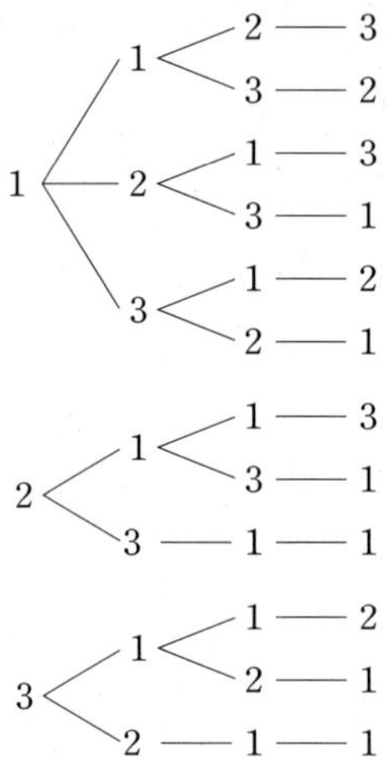

따라서 구하는 경우의 수는 12이다.

11 네 명의 학생 A, B, C, D의 가방을 각각 a, b, c, d라 하면 A, B, C, D가 자기 가방이 아닌 다른 학생의 가방을 메는 경우는 다음과 같다.

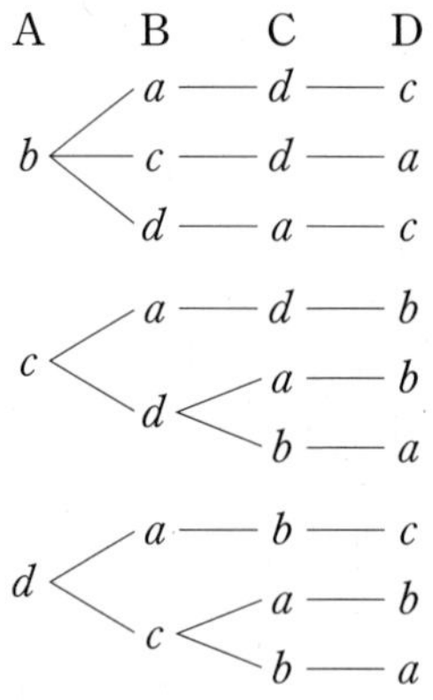

따라서 구하는 경우의 수는 9이다.

12 갑, 을, 병 세 명이 가위바위보를 할 때, 모두 서로 다른 것을 내는 경우는 다음과 같다.

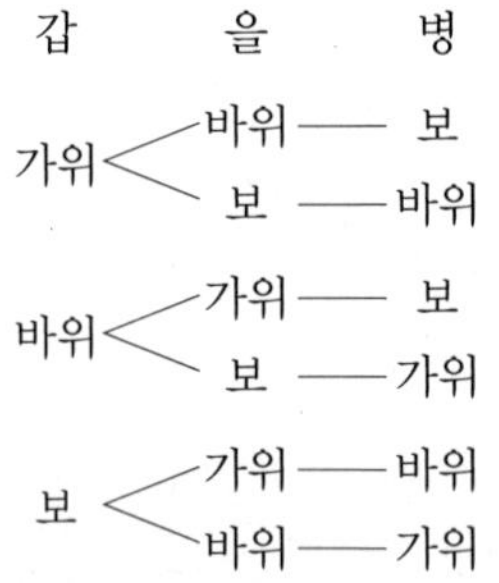

따라서 구하는 경우의 수는 6이다.

[다른 풀이]
다음에 배울 곱의 법칙을 이용하여 구할 수도 있다.
갑이 낼 수 있는 경우는 3가지, 을이 낼 수 있는 경우는 갑이 낸 것을 제외한 2가지, 병이 낼 수 있는 경우는 갑, 을이 낸 것을 제외한 1가지이다.
따라서 구하는 경우의 수는 $3\times2\times1=6$

02 합의 법칙

본문 350쪽

1 (1) (✎ 2, 5, 2, 4) (2) 5　2 (1) 4 (2) 6　3 (1) 17 (2) 9
4 8　5 12　6 7　7 12
☺ +　8 (✎ 6, 1, 6, 10)　9 10
10 7

1 (2) 3의 약수의 눈이 나오는 경우는 1, 3의 2가지
2의 배수의 눈이 나오는 경우는 2, 4, 6의 3가지
따라서 구하는 경우의 수는 $2+3=5$

2 (1) 5의 약수가 나오는 경우는 1, 5의 2가지
7의 배수가 나오는 경우는 7, 14의 2가지
따라서 구하는 경우의 수는 $2+2=4$
(2) 3의 배수가 나오는 경우는 3, 6, 9, 12, 15의 5가지
8의 배수가 나오는 경우는 8의 1가지
따라서 구하는 경우의 수는 $5+1=6$

3 (1) 소수가 나오는 경우는 2, 3, 5, 7, 11, 13, 17, 19, 23, 29의 10가지
4의 배수가 나오는 경우는 4, 8, 12, 16, 20, 24, 28의 7가지
따라서 구하는 경우의 수는 $10+7=17$
(2) 5의 배수가 나오는 경우는 5, 10, 15, 20, 25, 30의 6가지
9의 배수가 나오는 경우는 9, 18, 27의 3가지
따라서 구하는 경우의 수는 $6+3=9$

4 버스를 타고 가는 방법은 6가지
지하철을 타고 가는 방법은 2가지
따라서 구하는 방법의 수는 $6+2=8$

5 소설책을 택하는 경우는 3가지
문제집을 택하는 경우는 4가지
잡지를 택하는 경우는 5가지
따라서 구하는 경우의 수는 $3+4+5=12$

6 눈의 수의 합이 4인 경우는 (1, 3), (2, 2), (3, 1)의 3가지
눈의 수의 합이 9인 경우는
(3, 6), (4, 5), (5, 4), (6, 3)의 4가지
따라서 구하는 경우의 수는 $3+4=7$

7 눈의 수의 차가 2인 경우는
(1, 3), (2, 4), (3, 1), (3, 5), (4, 2), (4, 6), (5, 3), (6, 4)의 8가지
눈의 수의 차가 4인 경우는
(1, 5), (2, 6), (5, 1), (6, 2)의 4가지
따라서 구하는 경우의 수는 $8+4=12$

9 2의 배수인 경우는 2, 4, 6, 8, 10, 12, 14, 16의 8가지
5의 배수인 경우는 5, 10, 15의 3가지
2와 5의 공배수인 경우는 10의 1가지
따라서 구하는 경우의 수는 $8+3-1=10$

10 8의 약수인 경우는 1, 2, 4, 8의 4가지
20의 약수인 경우는 1, 2, 4, 5, 10, 20의 6가지
8과 20의 공약수인 경우는 1, 2, 4의 3가지
따라서 구하는 경우의 수는 $4+6-3=7$

03 곱의 법칙

본문 352쪽

1 (1) (✎ 4, 4, 4, 4, 16) (2) 15　2 (1) 24 (2) 6
3 (1) 6 (2) 25　4 6　5 30
6 9　7 30　8 40　9 8
10 16　☺ ×

1 (2) 십의 자리가 될 수 있는 숫자는 1, 3, 5, 7, 9의 5가지
일의 자리가 될 수 있는 숫자는 3, 6, 9의 3가지
따라서 구하는 경우의 수는 $5\times3=15$

2 (1) 동전 1개를 던지면 앞면, 뒷면의 2가지
주사위 1개를 던지면 눈의 수가 1에서 6까지의 6가지
따라서 구하는 경우의 수는 $2\times2\times6=24$
(2) 동전이 서로 같은 면이 나오는 경우는
(앞면, 앞면), (뒷면, 뒷면)의 2가지
주사위에서 소수의 눈이 나오는 경우는 2, 3, 5의 3가지
따라서 구하는 경우의 수는 $2\times3=6$

3 (1) 3의 배수가 나오는 경우는 3, 6, 9의 3가지
4의 배수가 나오는 경우는 4, 8의 2가지
따라서 구하는 경우의 수는 $3\times2=6$
(2) 짝수가 나오는 경우는 2, 4, 6, 8, 10의 5가지
홀수가 나오는 경우는 1, 3, 5, 7, 9의 5가지
따라서 구하는 경우의 수는 $5\times5=25$

4 자음이 적힌 카드는 ㄱ, ㄴ, ㄷ의 3가지
모음이 적힌 카드는 ㅏ, ㅜ의 2가지
따라서 구하는 글자의 개수는 $3\times2=6$

5 남학생 대표 1명을 뽑는 경우는 5가지
여학생 대표 1명을 뽑는 경우는 6가지
따라서 구하는 경우의 수는 $5\times6=30$

6 첫 번째에 짝수의 눈이 나오는 경우는 2, 4, 6의 3가지
두 번째에 소수의 눈이 나오는 경우는 2, 3, 5의 3가지
따라서 구하는 경우의 수는 $3\times3=9$

7 밥을 1가지 택하는 경우는 5가지
면을 1가지 택하는 경우는 3가지
음료수를 1가지 택하는 경우는 2가지
따라서 구하는 경우의 수는 $5\times3\times2=30$

8 백의 자리가 될 수 있는 숫자는 1, 3, 5, 7, 9의 5가지
십의 자리가 될 수 있는 숫자는 4, 8의 2가지
일의 자리가 될 수 있는 숫자는 1, 2, 3, 6의 4가지
따라서 구하는 경우의 수는 $5\times2\times4=40$

9 깃발 1개로 만들 수 있는 신호는 올리거나 내리는 경우의 2가지
따라서 깃발 3개로 만들 수 있는 신호의 개수는
$2\times2\times2=8$

10 전구 1개로 만들 수 있는 신호는 켜거나 끄는 경우의 2가지
따라서 전구 4개로 만들 수 있는 신호의 개수는
$2\times2\times2\times2=16$

04 여러 가지 경우의 수

본문 354쪽

1 (✎9, 4, 2, 3, 2, 2, 3, 10, 3, 1, 3, 1, 2)

2 3	3 5	4 4	5 3
6 12	7 (✎4, 2, 6)		8 4
9 2	10 9	11 7	12 (✎3, 6)
13 8	14 9	15 8	16 12
17 (✎2, 3^2, 2, 2, 9)		18 6	19 9
20 16	21 8	22 (✎3, 3, 3, 3, 108)	
23 72	24 48		

25 (✎3, 3, 3, 3, 36, 3, 2, 2, 3, 2, 2, 48, 36, 48, 84)

26 84	27 (✎2, 2, 6)		
28 12	29 15	30 20	
31 (✎4, 2, 8, 8, 10)		32 9	33 12
34 17	35 (✎5, 1, 29)		36 19
37 34	38 47	39 71	40 134
41 (✎2000, 20, 25, 26, 25)			42 29
43 12	44 49	45 84	46 30

2 계수의 절댓값이 큰 y에 $y=1, 2, 3, \cdots$을 대입하면
$y=1$일 때, $x+4=13$이므로 $x=9$
$y=2$일 때, $x+8=13$이므로 $x=5$
$y=3$일 때, $x+12=13$이므로 $x=1$
따라서 구하는 순서쌍 (x, y)의 개수는
$(1, 3), (5, 2), (9, 1)$의 3이다.

3 계수의 절댓값이 가장 큰 x에 $x=1, 2, 3, \cdots$을 대입하면
(i) $x=1$일 때, $y+2z=8$이므로 y, z의 순서쌍 (y, z)의 개수는 $(6, 1), (4, 2), (2, 3)$의 3이다.
(ii) $x=2$일 때, $y+2z=5$이므로 y, z의 순서쌍 (y, z)의 개수는 $(3, 1), (1, 2)$의 2이다.
따라서 구하는 순서쌍 (x, y, z)의 개수는 $3+2=5$

4 계수의 절댓값이 큰 x에 $x=0, 1, 2, \cdots$를 대입하면
$3x+y=9$를 만족시키는 음이 아닌 정수 x, y의 순서쌍
(x, y)의 개수는 $(0, 9), (1, 6), (2, 3), (3, 0)$의 4이다.

5 계수의 절댓값이 큰 y에 $y=0, 1, 2, \cdots$를 대입하면
$2x+3y=12$를 만족시키는 음이 아닌 정수 x, y의 순서쌍
(x, y)의 개수는 $(0, 4), (3, 2), (6, 0)$의 3이다.

6 계수의 절댓값이 가장 큰 z에 $z=0, 1, 2, \cdots$를 대입하면
(i) $z=0$일 때, $x+y=5$이므로 음이 아닌 정수 x, y의 순서쌍 (x, y)의 개수는 $(0, 5), (1, 4), (2, 3), (3, 2), (4, 1), (5, 0)$의 6이다.
(ii) $z=1$일 때, $x+y=3$이므로 음이 아닌 정수 x, y의 순서쌍 (x, y)의 개수는 $(0, 3), (1, 2), (2, 1), (3, 0)$의 4이다.
(iii) $z=2$일 때, $x+y=1$이므로 음이 아닌 정수 x, y의 순서쌍 (x, y)의 개수는 $(0, 1), (1, 0)$의 2이다.
따라서 구하는 순서쌍 (x, y, z)의 개수는
$6+4+2=12$

8 계수의 절댓값이 큰 y에 대하여
$y=1$일 때, $2x\le6$, 즉 $x\le3$이므로 $x=1, 2, 3$의 3개
$y=2$일 때, $2x\le3$, 즉 $x\le\frac{3}{2}$이므로 $x=1$의 1개
따라서 구하는 순서쌍 (x, y)의 개수는 $3+1=4$

9 계수의 절댓값이 큰 y에 대하여
$y=1$일 때, $3x<7$, 즉 $x<\frac{7}{3}$이므로 $x=1, 2$의 2개
$y=2$일 때, $3x<3$, 즉 $x<1$이므로 자연수 x는 존재하지 않는다.
따라서 구하는 순서쌍 (x, y)의 개수는 2이다.

10 계수의 절댓값이 큰 x에 대하여
$x=0$일 때, $y\le5$이므로 $y=0, 1, 2, 3, 4, 5$의 6개
$x=1$일 때, $y\le2$이므로 $y=0, 1, 2$의 3개
따라서 구하는 순서쌍 (x, y)의 개수는 $6+3=9$

11 계수의 절댓값이 큰 x에 대하여
$x=0$일 때, $3y\le 9$, 즉 $y\le 3$이므로 $y=0, 1, 2, 3$의 4개
$x=1$일 때, $3y\le 5$, 즉 $y\le \frac{5}{3}$이므로 $y=0, 1$의 2개
$x=2$일 때, $3y\le 1$, 즉 $y\le \frac{1}{3}$이므로 $y=0$의 1개
따라서 구하는 순서쌍 (x, y)의 개수는 $4+2+1=7$

13 a, b를 x, y, z, w에 각각 곱하면 항이 만들어지므로 항의 개수는 $2\times 4=8$

14 a, b, c를 x, y, z에 각각 곱하면 항이 만들어지므로 항의 개수는 $3\times 3=9$

15 a, b를 m, n에 각각 곱하고 이것을 다시 x, y에 각각 곱하면 항이 만들어지므로 항의 개수는 $2\times 2\times 2=8$

16 a, b, c를 m, n에 각각 곱하고 이것을 다시 x, y에 각각 곱하면 항이 만들어지므로 항의 개수는 $3\times 2\times 2=12$

18 75를 소인수분해하면 $75=3\times 5^2$
따라서 75의 약수의 개수는
$(1+1)\times(2+1)=6$

19 100을 소인수분해하면 $100=2^2\times 5^2$
따라서 100의 약수의 개수는
$(2+1)\times(2+1)=9$

20 168을 소인수분해하면 $168=2^3\times 3\times 7$
따라서 168의 약수의 개수는
$(3+1)\times(1+1)\times(1+1)=16$

21 250을 소인수분해하면 $250=2\times 5^3$
따라서 250의 약수의 개수는
$(1+1)\times(3+1)=8$

23 가장 많은 영역과 인접한 B에 칠할 수 있는 색은 4가지
C에 칠할 수 있는 색은 B에 칠한 색을 제외한 3가지
D에 칠할 수 있는 색은 B, C에 칠한 색을 제외한 2가지
A에 칠할 수 있는 색은 B에 칠한 색을 제외한 3가지
따라서 구하는 경우의 수는 $4\times 3\times 2\times 3=72$

24 가장 많은 영역과 인접한 A에 칠할 수 있는 색은 4가지
B에 칠할 수 있는 색은 A에 칠한 색을 제외한 3가지
C에 칠할 수 있는 색은 A, B에 칠한 색을 제외한 2가지
D에 칠할 수 있는 색은 A, C에 칠한 색을 제외한 2가지
따라서 구하는 경우의 수는 $4\times 3\times 2\times 2=48$

26 (i) A, C에 같은 색을 칠한 경우
A에 칠할 수 있는 색은 4가지
B에 칠할 수 있는 색은 A에 칠한 색을 제외한 3가지
C에 칠할 수 있는 색은 A에 칠한 색과 같으므로 1가지
D에 칠할 수 있는 색은 A, C에 칠한 색을 제외한 3가지
이므로 경우의 수는 $4\times 3\times 1\times 3=36$
(ii) A, C에 다른 색을 칠한 경우
A에 칠할 수 있는 색은 4가지
B에 칠할 수 있는 색은 A에 칠한 색을 제외한 3가지
C에 칠할 수 있는 색은 A, B에 칠한 색을 제외한 2가지
D에 칠할 수 있는 색은 A, C에 칠한 색을 제외한 2가지
이므로 경우의 수는 $4\times 3\times 2\times 2=48$
따라서 구하는 경우의 수는 $36+48=84$

28 A 지점에서 B 지점으로 가는 경우는 4가지
B 지점에서 C 지점으로 가는 경우는 3가지
따라서 A 지점에서 C 지점으로 가는 경우의 수는 $4\times 3=12$

29 A 지점에서 B 지점으로 가는 경우는 3가지
B 지점에서 C 지점으로 가는 경우는 5가지
따라서 A 지점에서 C 지점으로 가는 경우의 수는 $3\times 5=15$

30 A 지점에서 B 지점으로 가는 경우는 4가지
B 지점에서 C 지점으로 가는 경우는 5가지
따라서 A 지점에서 C 지점으로 가는 경우의 수는 $4\times 5=20$

32 A 지점에서 C 지점으로 가는 경우는 다음과 같다.
(i) A → C를 이용하는 경우는 3가지
(ii) A → B → C를 이용하는 경우는 $3\times 2=6$(가지)
따라서 구하는 경우의 수는 $3+6=9$

33 A 지점에서 C 지점으로 가는 경우는 다음과 같다.
(i) A → B → C를 이용하는 경우는 $2\times 3=6$(가지)
(ii) A → D → C를 이용하는 경우는 $2\times 3=6$(가지)
따라서 구하는 경우의 수는 $6+6=12$

34 A 지점에서 C 지점으로 가는 경우는 다음과 같다.
(i) A → C를 이용하는 경우는 3가지
(ii) A → B → C를 이용하는 경우는 $2\times 3=6$(가지)
(iii) A → D → C를 이용하는 경우는 $2\times 4=8$(가지)
따라서 구하는 경우의 수는 $3+6+8=17$

36 500원짜리 4개로 지불할 수 있는 경우
→ 0개, 1개, 2개, 3개, 4개의 5가지
1000원짜리 3장으로 지불할 수 있는 경우
→ 0장, 1장, 2장, 3장의 4가지
모두 0개인 경우는 지불하는 경우가 아니다.
따라서 구하는 경우의 수는
$5\times 4-1=19$

37 100원짜리 6개로 지불할 수 있는 경우
→ 0개, 1개, 2개, 3개, 4개, 5개, 6개의 7가지
1000원짜리 4장으로 지불할 수 있는 경우
→ 0장, 1장, 2장, 3장, 4장의 5가지
모두 0개인 경우는 지불하는 경우가 아니다.
따라서 구하는 경우의 수는
$7\times5-1=34$

38 10원짜리 3개로 지불할 수 있는 경우
→ 0개, 1개, 2개, 3개의 4가지
100원짜리 2개로 지불할 수 있는 경우
→ 0개, 1개, 2개의 3가지
500원짜리 3개로 지불할 수 있는 경우
→ 0개, 1개, 2개, 3개의 4가지
모두 0개인 경우는 지불하는 경우가 아니다.
따라서 구하는 경우의 수는
$4\times3\times4-1=47$

39 100원짜리 5개로 지불할 수 있는 경우
→ 0개, 1개, 2개, 3개, 4개, 5개의 6가지
500원짜리 3개로 지불할 수 있는 경우
→ 0개, 1개, 2개, 3개의 4가지
1000원짜리 2장으로 지불할 수 있는 경우
→ 0장, 1장, 2장의 3가지
모두 0개인 경우는 지불하는 경우가 아니다.
따라서 구하는 경우의 수는
$6\times4\times3-1=71$

40 100원짜리 8개로 지불할 수 있는 경우
→ 0개, 1개, 2개, …, 8개의 9가지
500원짜리 2개로 지불할 수 있는 경우
→ 0개, 1개, 2개의 3가지
1000원짜리 4장으로 지불할 수 있는 경우
→ 0장, 1장, 2장, 3장, 4장의 5가지
모두 0개인 경우는 지불하는 경우가 아니다.
따라서 구하는 경우의 수는
$9\times3\times5-1=134$

42 100원짜리 4개로 만들 수 있는 금액
→ 0원, 100원, 200원, 300원, 400원의 5가지
500원짜리 5개로 만들 수 있는 금액
→ 0원, 500원, 1000원, 1500원, 2000원, 2500원의 6가지
0원인 경우는 지불하는 금액이 아니다.
따라서 구하는 금액의 수는
$5\times6-1=29$

43 500원짜리 6개로 만들 수 있는 금액
→ 0원, 500원, 1000원, 1500원, 2000원, 2500원, 3000원 …… ㉠
1000원짜리 3장으로 만들 수 있는 금액
→ 0원, 1000원, 2000원, 3000원 …… ㉡
이때 ㉠, ㉡에서 1000원, 2000원, 3000원이 중복되므로 1000원짜리 3장을 500원짜리 6개로 생각하면 구하는 금액의 수는 500원짜리 동전 12개로 지불할 수 있는 경우의 수와 같다.
500원짜리 12개로 지불할 수 있는 경우
→ 0개, 1개, 2개, …, 12개의 13가지
0원인 경우는 지불하는 금액이 아니다.
따라서 구하는 금액의 수는
$13-1=12$

44 100원짜리 4개로 만들 수 있는 금액
→ 0원, 100원, 200원, 300원, 400원
500원짜리 5개로 만들 수 있는 금액
→ 0원, 500원, 1000원, 1500원, 2000원, 2500원 …… ㉠
1000원짜리 2장으로 만들 수 있는 금액
→ 0원, 1000원, 2000원 …… ㉡
이때 ㉠, ㉡에서 1000원, 2000원이 중복되므로 1000원짜리 2장을 500원짜리 4개로 생각하면 구하는 금액의 수는 500원짜리 동전 9개와 100원짜리 4개로 지불할 수 있는 경우의 수와 같다.
500원짜리 9개로 지불할 수 있는 경우
→ 0개, 1개, 2개, …, 9개의 10가지
100원짜리 4개로 지불할 수 있는 경우
→ 0개, 1개, 2개, 3개, 4개의 5가지
0원인 경우는 지불하는 금액이 아니다.
따라서 구하는 금액의 수는
$10\times5-1=49$

45 50원짜리 4개로 만들 수 있는 금액
→ 0원, 50원, 100원, 150원, 200원 …… ㉠
100원짜리 6개로 만들 수 있는 금액
→ 0원, 100원, 200원, …, 600원 …… ㉡
1000원짜리 4장으로 만들 수 있는 금액
→ 0원, 1000원, 2000원, 3000원, 4000원
이때 ㉠, ㉡에서 100원, 200원이 중복되므로 100원짜리 6개를 50원짜리 12개로 생각하면 구하는 금액의 수는 1000원 짜리 4장, 50원짜리 16개로 만들 수 있는 경우의 수와 같다.
1000원짜리 4장으로 지불할 수 있는 경우
→ 0장, 1장, 2장, 3장, 4장의 5가지
50원짜리 16개로 지불할 수 있는 경우
→ 0개, 1개, 2개 …, 16개의 17가지
0원인 경우는 지불하는 금액이 아니다.
따라서 구하는 금액의 수는
$5\times17-1=84$

46 100원짜리 5개로 만들 수 있는 금액

→ 0원, 100원, 200원, 300원, 400원, 500원 …… ㉠

500원짜리 3개로 만들 수 있는 금액

→ 0원, 500원, 1000원, 1500원 …… ㉡

1000원짜리 1장으로 만들 수 있는 금액

→ 0원, 1000원 …… ㉢

이때 ㉠, ㉡, ㉢에서 500원, 1000원이 중복되므로 1000원짜리 1장과 500원짜리 3개를 100원짜리 동전 25개로 생각하면 구하는 금액의 수는 100원짜리 동전 30개로 지불할 수 있는 경우의 수와 같다.

100원짜리 30개로 지불할 수 있는 경우

→ 0개, 1개, 2개, …, 30개의 31가지

0원인 경우는 지불하는 금액이 아니다.

따라서 구하는 금액의 수는

$31-1=30$

TEST 개념 확인

본문 360쪽

1 ④	2 ④	3 15	4 ①
5 ⑤	6 43		

1 4로 나눈 나머지가 0 또는 2인 수는 2, 4, 6, 8, 10, 12, 14, 16, 18이므로 구하는 경우의 수는 9이다.

2 두 눈의 수의 곱이 홀수가 되는 경우는 두 눈의 수가 모두 홀수일 때이다.

따라서 구하는 경우의 수는 $3\times3=9$

3 호수 코스에서 3가지, 정원 코스에서 5가지를 택할 수 있다.

따라서 구하는 경우의 수는 $3\times5=15$

4 x, y가 10 이하의 자연수일 때, $2\le\frac{x}{y}\le3$에서

$y=1$일 때, $2\le x\le3$이므로 $x=2$, 3의 2가지

$y=2$일 때, $2\le\frac{x}{2}\le3$이므로 $x=4$, 5, 6의 3가지

$y=3$일 때, $2\le\frac{x}{3}\le3$이므로 $x=6$, 7, 8, 9의 4가지

$y=4$일 때, $2\le\frac{x}{4}\le3$이므로 $x=8$, 9, 10의 3가지

$y=5$일 때, $2\le\frac{x}{5}\le3$이므로 $x=10$의 1가지

$y\ge6$일 때, $2\le\frac{x}{y}\le3$을 만족시키는 x의 값이 존재하지 않는다.

따라서 구하는 경우의 수는 $2+3+4+3+1=13$

5 $72=2^3\times3^2$

2^3의 약수는 1, 2, 2^2, 2^3의 4개

3^2의 약수는 1, 3, 3^2의 3개

따라서 72의 약수의 개수는 $a=4\times3=12$

$240=2^4\times3\times5$

2^4의 약수는 1, 2, 2^2, 2^3, 2^4의 5개

3의 약수는 1, 3의 2개

5의 약수는 1, 5의 2개

따라서 240의 약수의 개수는 $b=5\times2\times2=20$

그러므로 $a+b=12+20=32$

6 50원짜리 동전 2개로 만들 수 있는 금액

→ 0원, 50원, 100원 …… ㉠

100원짜리 동전 4개로 만들 수 있는 금액

→ 0원, 100원, 200원, 300원, 400원 …… ㉡

1000원짜리 지폐 3장으로 만들 수 있는 금액

→ 0원, 1000원, 2000원, 3000원

이때 ㉠, ㉡에서 100원이 중복되므로 100원짜리 동전 4개를 50원짜리 동전 8개로 생각하면 구하는 금액의 수는 50원짜리 동전 10개와 1000원짜리 지폐 3장으로 지불할 수 있는 경우의 수와 같다.

50원짜리 10개로 지불할 수있는 경우

→ 0개, 1개, 2개, …, 10개의 11가지

1000원 짜리 3장으로 지불할 수 있는 경우

→ 0장, 1장, 2장, 3장의 4가지

0원인 경우는 지불하는 금액이 아니다.

따라서 구하는 금액의 수는

$11\times4-1=43$

TEST 개념 발전

본문 361쪽

1 ③	2 13	3 ②	4 ④
5 ②	6 ③		

1 두 직선 $y=ax+1$, $y=2x+b$의 교점의 x좌표가 1이므로

$y=a+1$, $y=2+b$이고 $a+1=2+b$

즉 $a-b=1$

$a-b=1$을 만족시키는 순서쌍 (a, b)는

$(2, 1)$, $(3, 2)$, $(4, 3)$, $(5, 4)$, $(6, 5)$

이때 $(2, 1)$일 때 두 직선은 일치하므로 제외한다.

따라서 구하는 경우의 수는 4이다.

2 $(a+b+c)(x+y+z)$의 전개식에서 항의 개수는 $3\times3=9$

$(x+y)(p+q)$의 전개식에서 항의 개수는 $2\times2=4$

따라서 구하는 항의 개수는 $9+4=13$

3 세 종류의 공책의 개수를 각각 x, y, z라 하자. (단, x, y, z는 자연수이다.)
구입하는 총액이 10000원이므로
$1000x+2000y+3000z=10000$
$x+2y+3z=10$
계수의 절댓값이 가장 큰 z에 $z=1, 2, \cdots$를 대입하면
$z=1$일 때, $x+2y=7$이므로 이를 만족시키는 순서쌍 (x, y)는 $(1, 3)$, $(3, 2)$, $(5, 1)$의 3가지
$z=2$일 때, $x+2y=4$이므로 이를 만족시키는 순서쌍 (x, y)는 $(2, 1)$의 1가지
따라서 구하는 경우의 수는 $3+1=4$

4 가장 많은 영역과 인접한 A에 칠할 수 있는 색은 4가지
B에 칠할 수 있는 색은 A에 칠한 색을 제외한 3가지
C에 칠할 수 있는 색은 A, B에 칠한 색을 제외한 2가지
D에 칠할 수 있는 색은 A, C에 칠한 색을 제외한 2가지
E에 칠할 수 있는 색은 A, D에 칠한 색을 제외한 2가지
따라서 구하는 경우의 수는 $4\times3\times2\times2\times2=96$

5 A 지역에서 D 지역으로 가는 경우는 다음과 같다.
(i) A → D로 가는 경우는 1가지
(ii) A → B → D로 가는 경우는 $3\times2=6$(가지)
(iii) A → C → D로 가는 경우는 $2\times3=6$(가지)
따라서 구하는 경우의 수는 $1+6+6=13$

6 이차방정식 $x^2-2ax+5b=0$이 실근을 가지므로 판별식을 D라 하면
$\frac{D}{4}=a^2-5b\geq0$에서 $a^2\geq5b$
$a=3$일 때, $9\geq5b$이므로 $b=1$의 1가지
$a=4$일 때, $16\geq5b$이므로 $b=1, 2, 3$의 3가지
$a=5$일 때, $25\geq5b$이므로 $b=1, 2, 3, 4, 5$의 5가지
$a=6$일 때, $36\geq5b$이므로 $b=1, 2, 3, 4, 5, 6$의 6가지
따라서 구하는 경우의 수는 $1+3+5+6=15$

11 순열과 조합

01 순열

본문 364쪽

1 (✐3)	2 ${}_6P_2$	3 ${}_{10}P_4$	4 ${}_{20}P_{19}$
5 ${}_5P_5$	6 (✐2, 24)	7 6	8 5
9 30	10 360	11 210	12 20160
13 3024	14 1	15 1	16 24
17 120	18 (✐2, 24)		19 720
20 5	21 720	22 120	23 2880
24 120	25 210	26 720	27 66
☺ 2, 2	28 (✐$n-1$, $n-1$, 7, 8)		29 5
30 6	31 6	32 4	33 5
34 15	35 (✐4, 3)	36 2	37 1
38 3	39 3	40 2	41 ①
42 (✐2, 2, 4, 20)		43 60	44 360
45 210	46 1680	47 720	48 (✐4, 24)
49 24	50 120	51 720	

7 ${}_3P_2=3\times2=6$

8 ${}_5P_1=5$

9 ${}_6P_2=6\times5=30$

10 ${}_6P_4=6\times5\times4\times3=360$

11 ${}_7P_3=7\times6\times5=210$

12 ${}_8P_6=8\times7\times6\times5\times4\times3=20160$

13 ${}_9P_4=9\times8\times7\times6=3024$

16 ${}_4P_4=4\times3\times2\times1=24$

17 ${}_5P_5=5\times4\times3\times2\times1=120$

19 $6!=6\times5\times4\times3\times2\times1=720$

20 $5\times0!=5\times1=5$

21 $6\times5!=6\times(5\times4\times3\times2\times1)=720$

22 ${}_5P_2\times3!=(5\times4)\times(3\times2\times1)=120$

23 ${}_6P_3\times4!=(6\times5\times4)\times(4\times3\times2\times1)=2880$

24 $\frac{6!}{3!}=\frac{6\times5\times4\times3\times2\times1}{3\times2\times1}=120$

25 $\frac{7!}{4!}=\frac{7\times6\times5\times4\times3\times2\times1}{4\times3\times2\times1}=210$

26 $\frac{10!}{7!}=\frac{10\times9\times8\times7\times6\times5\times4\times3\times2\times1}{7\times6\times5\times4\times3\times2\times1}=720$

27 $\frac{12!}{2!\times10!}=\frac{12\times11\times10\times9\times8\times\cdots\times1}{2\times1\times10\times9\times8\times\cdots\times1}=66$

29 ${}_nP_3=n(n-1)(n-2)$이므로
$n(n-1)(n-2)=60=5\times4\times3$
따라서 $n=5$

30 ${}_nP_n=n(n-1)(n-2)\times\cdots\times1$이므로
$n(n-1)(n-2)\times\cdots\times1=720=6\times5\times4\times3\times2\times1$
따라서 $n=6$

31 ${}_nP_2=5n$에서 $n(n-1)=5n$
${}_nP_2$에서 $n\geq2$이므로 양변을 n으로 나누면
$n-1=5$
따라서 $n=6$

32 ${}_nP_2=7n-16$에서 $n(n-1)=7n-16$
$n^2-8n+16=0$, $(n-4)^2=0$
따라서 $n=4$

33 ${}_nP_4=6\times{}_nP_2$에서
$n(n-1)(n-2)(n-3)=6n(n-1)$
${}_nP_4$에서 $n\geq4$이므로 양변을 $n(n-1)$로 나누면
$(n-2)(n-3)=6=3\times2$
따라서 $n=5$

34 ${}_nP_3:{}_{n-1}P_3=5:4$에서
$4\times{}_nP_3=5\times{}_{n-1}P_3$
$4n(n-1)(n-2)=5(n-1)(n-2)(n-3)$
${}_{n-1}P_3$에서 $n\geq4$이므로 양변을 $(n-1)(n-2)$로 나누면
$4n=5(n-3)$
따라서 $n=15$

36 $110=11\times10$이므로 ${}_{11}P_2=110$
따라서 $r=2$

37 자연수 n에 대하여 ${}_nP_0=1$이므로
${}_{10}P_0=1$에서 $r-1=0$
따라서 $r=1$

38 ${}_8P_5=\frac{8!}{(8-5)!}=\frac{8!}{3!}$이므로 $r=3$

39 ${}_5P_r\times4!=1440$에서 ${}_5P_r\times24=1440$
${}_5P_r=60=5\times4\times3$이므로 ${}_5P_3=60$
따라서 $r=3$

40 ${}_6P_{2r+1}=2\times{}_6P_{2r}$에서
$6\times5\times4\times3\times2=2\times6\times5\times4\times3$이므로
${}_6P_5=2\times{}_6P_4$
따라서 $r=2$

41 ${}_{n+2}P_{n+2}-{}_nP_n=55\times n!$에서
$(n+2)!-n!=55\times n!$
$\{(n+2)(n+1)-1\}n!=55\times n!$
$(n+2)(n+1)-1=55$
$n^2+3n-54=0$, $(n-6)(n+9)=0$
이때 n은 자연수이므로 $n=6$

43 ${}_5P_3=5\times4\times3=60$

44 ${}_6P_4=6\times5\times4\times3=360$

45 ${}_7P_3=7\times6\times5=210$

46 ${}_8P_4=8\times7\times6\times5=1680$

47 ${}_{10}P_3=10\times9\times8=720$

49 ${}_4P_4=4!=4\times3\times2\times1=24$

50 ${}_5P_5=5!=5\times4\times3\times2\times1=120$

51 ${}_6P_6=6!=6\times5\times4\times3\times2\times1=720$

02 이웃하는 순열의 수

본문 368쪽

원리확인

❶ (1) 5, 5, 120 (2) 6 (3) 120, 6, 720

❷ (1) 4, 4, 24 (2) 24 (3) 24, 24, 576

❸ (1) 2 (2) 3, 6, 4, 24 (3) 6, 24, 288

1 48　2 240　3 1440　4 144
5 576　6 96　7 288　8 1440
9 144　10 1728

1 A, B를 한 사람으로 생각하여 4명을 일렬로 세우는 경우의 수는 $4!=24$
A, B가 자리를 바꾸는 경우의 수는 $2!=2$
따라서 구하는 경우의 수는 $24\times2=48$

2 부모님을 한 사람으로 생각하여 5명을 일렬로 세우는 경우의 수는 $5!=120$
부모님이 자리를 바꾸는 경우의 수는 $2!=2$
따라서 구하는 경우의 수는 $120\times2=240$

3 a와 e를 한 문자로 생각하여 문자 6개를 일렬로 나열하는 경우의 수는 $6!=720$
a와 e가 자리를 바꾸는 경우의 수는 $2!=2$
따라서 구하는 경우의 수는 $720\times2=1440$

4 모음 o, a, e를 한 문자로 생각하여 문자 4개를 일렬로 나열하는 경우의 수는 $4!=24$
o, a, e가 자리를 바꾸는 경우의 수는 $3!=6$
따라서 구하는 경우의 수는 $24\times6=144$

5 홀수 1, 3, 5, 7을 하나로 생각하여 숫자 4개를 일렬로 나열하는 경우의 수는 $4!=24$
1, 3, 5, 7이 자리를 바꾸는 경우의 수는 $4!=24$
따라서 구하는 경우의 수는 $24\times24=576$

6 발라드 4곡을 한 곡으로 생각하고, 트로트 2곡을 한 곡으로 생각하여 노래 2곡을 일렬로 배열하는 경우의 수는 $2!=2$
발라드 4곡이 자리를 바꾸는 경우의 수는 $4!=24$
트로트 2곡이 자리를 바꾸는 경우의 수는 $2!=2$
따라서 구하는 경우의 수는 $2\times24\times2=96$

7 모음 e, a, u 3개를 한 개로 생각하고, 자음 d, r, m, p 4개를 한 개로 생각하여 일렬로 나열하는 경우의 수는 $2!=2$
모음 3개가 자리를 바꾸는 경우의 수는 $3!=6$
자음 4개가 자리를 바꾸는 경우의 수는 $4!=24$
따라서 구하는 경우의 수는 $2\times6\times24=288$

8 체육책 3권을 한 권으로 생각하고, 음악책 2권을 한 권으로 생각하여 책 5권을 일렬로 꽂는 경우의 수는 $5!=120$
체육책 3권이 자리를 바꾸는 경우의 수는 $3!=6$
음악책 2권이 자리를 바꾸는 경우의 수는 $2!=2$
따라서 구하는 경우의 수는 $120\times6\times2=1440$

9 1학년 학생 3명, 2학년 학생 2명, 3학년 학생 2명을 각각 한 명으로 생각하여 학생 3명을 일렬로 세우는 경우의 수는 $3!=6$
1학년 학생 3명이 자리를 바꾸는 경우의 수는 $3!=6$
2학년 학생 2명이 자리를 바꾸는 경우의 수는 $2!=2$
3학년 학생 2명이 자리를 바꾸는 경우의 수는 $2!=2$
따라서 구하는 경우의 수는 $6\times6\times2\times2=144$

10 합창 4팀, 밴드 3팀, 댄스 2팀을 각각 한 팀으로 생각하여 3팀의 순서를 정하는 경우의 수는 $3!=6$
합창 4팀이 자리를 바꾸는 경우의 수는 $4!=24$
밴드 3팀이 자리를 바꾸는 경우의 수는 $3!=6$
댄스 2팀이 자리를 바꾸는 경우의 수는 $2!=2$
따라서 구하는 경우의 수는 $6\times24\times6\times2=1728$

03 이웃하지 않는 순열의 수

본문 370쪽

원리확인

❶ (1) 3, 6 (3) 6, 144
❷ (1) 4, 24 (3) 24, 1440
❸ (1) 2, 2 (2) 6, 4, 24 (3) 2, 6, 24, 288

1 72	2 12	3 480	4 144
5 1440	6 144	7 960	8 72
9 432	10 864		

1 C, D를 제외한 A, B, E 3명을 일렬로 세우는 경우의 수는 $3!=6$
이들의 양 끝과 사이사이의 4개의 자리 중에서 2개의 자리에 C, D를 세우는 경우의 수는 ${}_4P_2=12$
따라서 구하는 경우의 수는 $6\times12=72$

2 2개의 모음 a, e를 일렬로 나열하는 경우의 수는 $2!=2$
이들의 양 끝과 사이사이의 3개의 자리에 자음 b, c, d를 나열하는 경우의 수는 ${}_3P_3=6$
따라서 구하는 경우의 수는 $2\times6=12$

3 4개의 자음 n, g, l, s를 일렬로 나열하는 경우의 수는 $4!=24$
이들의 양 끝과 사이사이의 5개의 자리 중에서 2개의 자리에 모음 a, e를 나열하는 경우의 수는 ${}_5P_2=20$
따라서 구하는 경우의 수는 $24\times20=480$

4 사회책 3권을 일렬로 꽂는 경우의 수는 $3!=6$
이들의 양 끝과 사이사이의 4개의 자리 중에서 3개의 자리에 국사책을 꽂는 경우의 수는 ${}_4P_3=24$
따라서 구하는 경우의 수는 $6\times24=144$

5 4개의 홀수 1, 3, 5, 7을 일렬로 나열하는 경우의 수는 $4!=24$
이들의 양 끝과 사이사이의 5개의 자리 중에서 3개의 자리에 짝수를 나열하는 경우의 수는 ${}_5P_3=60$
따라서 구하는 경우의 수는 $24\times60=1440$

6 A, B를 한 명으로 생각하고 C, D를 제외한 3명을 일렬로 세우는 경우의 수는 $3!=6$
이들의 양 끝과 사이사이의 4개의 자리 중에서 2개의 자리에 C, D를 세우는 경우의 수는 ${}_4P_2=12$
A, B가 자리를 바꾸는 경우의 수는 $2!=2$
따라서 구하는 경우의 수는 $6\times12\times2=144$

[다른 풀이]

A, B가 이웃하도록 일렬로 세우는 경우의 수에서 A와 B, C와 D가 각각 이웃하는 경우의 수를 빼면 된다.
A, B가 이웃하도록 일렬로 세우는 경우의 수는 A, B를 한 명으로 생각하여 5명을 일렬로 세우는 경우의 수가 $5!=120$
A, B가 자리를 바꾸는 경우의 수가 $2!=2$이므로 $120\times2=240$
A와 B, C와 D가 각각 이웃하는 경우의 수는 A와 B, C와 D를 각각 한 명으로 생각하여 4명을 일렬로 세우는 경우의 수가 $4!=24$
A와 B가 자리를 바꾸고 C와 D가 자리를 바꾸는 경우의 수가 $2!\times2!=4$이므로 $24\times4=96$
따라서 구하는 경우의 수는 $240-96=144$

7 모음 e, i를 한 개로 생각하고 p, l을 제외한 4개를 일렬로 나열하는 경우의 수는 $4!=24$
이들의 양 끝과 사이사이의 5개의 자리 중에서 2개의 자리에 p, l을 나열하는 경우의 수는 ${}_5P_2=20$
e, i가 자리를 바꾸는 경우의 수는 $2!=2$
따라서 구하는 경우의 수는 $24\times20\times2=960$

8 볼펜 3자루를 한 자루로 생각하고 연필 2자루를 제외한 2자루를 일렬로 나열하는 경우의 수는 $2!=2$
이들의 양 끝과 사이사이의 3개의 자리 중에서 2개의 자리에 연필 2자루를 나열하는 경우의 수는 ${}_3P_2=6$
볼펜 3자루가 자리를 바꾸는 경우의 수는 $3!=6$
따라서 구하는 경우의 수는 $2\times6\times6=72$

9 수학책 3권을 한 권으로 생각하고 영어책 2권을 제외한 3권을 일렬로 꽂는 경우의 수는 $3!=6$
이들의 양 끝과 사이사이의 4개의 자리 중에서 2개의 자리에 영어책 2권을 꽂는 경우의 수는 ${}_4P_2=12$
수학책끼리 자리를 바꾸는 경우의 수는 $3!=6$
따라서 구하는 경우의 수는 $6\times12\times6=432$

10 초등학생 3명을 한 명으로 생각하고 중학생 3명을 제외한 3명을 일렬로 세우는 경우의 수는 $3!=6$
이들의 양 끝과 사이사이의 4개의 자리 중에서 3개의 자리에 중학생 3명을 세우는 경우의 수는 ${}_4P_3=24$
초등학생끼리 자리를 바꾸는 경우의 수는 $3!=6$
따라서 구하는 경우의 수는 $6\times24\times6=864$

04 여러 가지 경우의 순열의 수

본문 372쪽

1 (✎4, 24) 2 24 3 120 4 48
5 20 6 (✎4, 24, 144, 144, 576)
7 44 8 108 9 72 10 480
11 (✎3, 6, 3, 6, 6, 6, 72) 12 1152
13 (✎3, 6, 6, 12) 14 144 15 (✎3, 3, 60)
16 360 17 (✎12, 12, 48) 18 300
19 (✎0, 3, 3, 18, 18, 30) 20 144
21 (✎2, 8, 8, 20) 22 15
23 (✎325, 342, 354, 33) 24 16 25 54
26 66 27 (✎2, 2, 2, 16) 28 55번째
29 (✎2, ㄹㄱㄷㄴ) 30 $dacbe$

2 t를 맨 뒤에 놓고 나머지 e, a, c, h를 일렬로 나열하면 되므로 구하는 경우의 수는 $4!=24$

3 어른 1명을 세 번째에 세우고 어린이 5명을 일렬로 세우면 되므로 구하는 경우의 수는 $5!=120$

4 대학생 2명을 양 끝에 세우는 경우의 수는 $2!=2$
대학생 사이에 고등학생 4명을 일렬로 세우는 경우의 수는 $4!=24$
따라서 구하는 경우의 수는 $2\times24=48$

5 D를 회장으로 뽑고 나머지 5명 중 부회장 1명, 서기 1명을 뽑는 경우의 수는 ${}_5P_2=20$

7 (i) 8명의 학생 중에서 대표 1명, 부대표 1명을 뽑는 경우의 수는 ${}_8P_2=56$
(ii) 대표, 부대표가 모두 여학생인 경우의 수는 여학생 4명 중에서 대표 1명, 부대표 1명을 뽑는 경우의 수이므로 ${}_4P_2=12$
(i), (ii)에서 구하는 경우의 수는 $56-12=44$

8 (i) 5개의 문자를 일렬로 나열하는 경우의 수는 $5!=120$
(ii) 자음 b, c, d의 3개 중에서 어느 것도 이웃하지 않도록 나열하는 경우의 수는 모음 a, e의 2개를 일렬로 나열하고 이들의 양 끝과 사이사이의 3개의 자리에 자음 3개를 나열하면 되므로 $2!\times{}_3P_3=2\times6=12$
(i), (ii)에서 구하는 경우의 수는 $120-12=108$

9 2개의 자음 k, r 사이에 모음이 적어도 1개가 오도록 나열하는 경우의 수는 5개의 문자를 일렬로 나열하는 경우의 수에서 2개의 자음 k, r 사이에 모음이 1개도 오지 않는 경우의 수, 즉 k, r가 이웃하도록 나열하는 경우의 수를 빼면 된다.
(i) 5개의 문자를 일렬로 나열하는 경우의 수는 $5!=120$

(ii) k, r를 하나로 생각하여 문자 4개를 일렬로 나열하는 경우의 수는 $4!=24$

k, r가 자리를 바꾸는 경우의 수는 $2!=2$

즉 k, r를 이웃하게 나열하는 경우의 수는 $24\times2=48$

(i), (ii)에서 구하는 경우의 수는 $120-48=72$

10 어른 2명 사이에 어린이가 적어도 1명이 오도록 세우는 경우의 수는 전체 6명을 일렬로 세우는 경우의 수에서 어른 2명을 이웃하게 세우는 경우의 수를 빼면 된다.

(i) 6명을 일렬로 세우는 경우의 수는 $6!=720$

(ii) 어른 2명을 한 사람으로 생각하여 5명을 일렬로 세우는 경우의 수는 $5!=120$

어른 2명이 자리를 바꾸는 경우의 수는 $2!=2$

즉 어른 2명을 이웃하게 세우는 경우의 수는

$120\times2=240$

(i), (ii)에서 구하는 경우의 수는 $720-240=480$

12 선생님 4명을 일렬로 세우는 경우의 수는 $4!=24$

선생님 사이사이와 오른쪽 끝에 학생을 세우는 경우의 수는

$4!=24$

선생님 사이사이와 왼쪽 끝에 학생을 세우는 경우의 수는

$4!=24$

따라서 구하는 경우의 수는 $24\times24+24\times24=1152$

14 수가 더 적은 우산 3개를 일렬로 나열하는 경우의 수는 $3!=6$

우산의 양 끝과 사이사이에 지팡이를 나열하는 경우의 수는

$4!=24$

따라서 구하는 경우의 수는 $6\times24=144$

16 6개의 숫자 중에서 4개를 택하여 나열하면 되므로 구하는 자연수의 개수는 ${}_6P_4=360$

18 천의 자리에는 0이 올 수 없으므로 천의 자리에 올 수 있는 숫자의 개수는 1, 2, 3, 4, 5의 5이다.

백의 자리, 십의 자리, 일의 자리에는 천의 자리에 온 숫자를 제외한 5개 중에서 3개를 택하여 나열하면 되므로 ${}_5P_3=60$

따라서 구하는 자연수의 개수는 $5\times60=300$

20 일의 자리에 올 수 있는 숫자의 개수는 1, 3, 5의 3이다.

천의 자리에는 0과 일의 자리에 온 숫자를 제외한 4개, 백의 자리에는 천의 자리와 일의 자리에 온 숫자를 제외한 4개, 십의 자리에는 천, 백, 일의 자리에 온 숫자를 제외한 3개의 숫자가 올 수 있다.

따라서 구하는 네 자리 홀수의 개수는 $3\times4\times4\times3=144$

22 4의 배수는 마지막 두 자리 수가 00 또는 4의 배수이어야 한다.

(i) □04, □20, □40 꼴

만들 수 있는 세 자리 자연수의 개수는

${}_3P_1\times3=3\times3=9$

(ii) □12, □24, □32 꼴

백의 자리에는 0이 올 수 없으므로 만들 수 있는 세 자리 자연수의 개수는 $2\times3=6$

(i), (ii)에서 구하는 4의 배수의 개수는 $9+6=15$

24 23□ 꼴인 자연수의 개수는 231, 234의 2

24□ 꼴인 자연수의 개수는 241, 243의 2

3□□ 꼴인 자연수의 개수는 ${}_3P_2=6$

4□□ 꼴인 자연수의 개수는 ${}_3P_2=6$

따라서 구하는 자연수의 개수는 $2+2+6+6=16$

25 1□□□ 꼴인 자연수의 개수는 ${}_4P_3=24$

2□□□ 꼴인 자연수의 개수는 ${}_4P_3=24$

31□□ 꼴인 자연수의 개수는 ${}_3P_2=6$

따라서 구하는 자연수의 개수는 $24+24+6=54$

26 321□□ 꼴인 자연수의 개수는 $2!=2$

324□□ 꼴인 자연수의 개수는 $2!=2$

325□□ 꼴인 자연수의 개수는 $2!=2$

34□□□ 꼴인 자연수의 개수는 $3!=6$

35□□□ 꼴인 자연수의 개수는 $3!=6$

4□□□□ 꼴인 자연수의 개수는 $4!=24$

5□□□□ 꼴인 자연수의 개수는 $4!=24$

따라서 구하는 자연수의 개수는

$2+2+2+6+6+24+24=66$

28 a□□□□ 꼴인 문자열의 개수는 $4!=24$

b□□□□ 꼴인 문자열의 개수는 $4!=24$

ca□□□ 꼴인 문자열의 개수는 $3!=6$

따라서 $cbade$가 나타나는 순서는 $24+24+6+1=55$(번째)

30 a□□□□ 꼴인 문자열의 개수는 $4!=24$

b□□□□ 꼴인 문자열의 개수는 $4!=24$

c□□□□ 꼴인 문자열의 개수는 $4!=24$

이때 $24+24+24=72$(개)이므로 75번째로 나타나는 문자열은 d□□□□ 꼴에서 3번째 문자열이다.

d□□□□ 꼴인 문자열을 나열하면 $dabce$, $dabec$, $dacbe$, ⋯ 이다.

따라서 75번째로 나타나는 문자열은 $dacbe$이다.

TEST 개념 확인

본문 376쪽

1 ④	2 1320	3 ④	4 ③
5 ⑤	6 ⑤	7 ②	8 ①
9 144	10 ③	11 ②	12 ⑤
13 ①			

1 $2\times{}_{n+2}P_2={}_{n+1}P_3$에서

$2(n+2)(n+1)=(n+1)n(n-1)$

이때 n은 자연수이므로 양변을 $n+1$로 나누면

$2(n+2)=n(n-1)$

$n^2-3n-4=0$, $(n-4)(n+1)=0$

따라서 $n=4$

2 $_{12}P_3=12\times11\times10=1320$

3 운전석에 앉을 수 있는 사람은 희제와 선화 두 사람이므로 $2!=2$
나머지 네 자리에는 운전석에 앉은 사람을 제외한 네 사람이 앉으므로 $4!=24$
따라서 구하는 경우의 수는 $2\times24=48$

4 1학년 학생 3명을 한 사람으로, 2학년 학생 3명을 한 사람으로, 3학년 학생 2명을 한 사람으로 생각하여 3명을 일렬로 세우는 경우의 수는 $3!=6$
1학년 학생 3명이 자리를 바꾸는 경우의 수는 $3!=6$
2학년 학생 3명이 자리를 바꾸는 경우의 수는 $3!=6$
3학년 학생 2명이 자리를 바꾸는 경우의 수는 $2!=2$
따라서 구하는 경우의 수는 $6\times6\times6\times2=432$

5 짝수 2, 4, 6, 8을 일렬로 나열하는 경우의 수는 $4!=24$
∨짝∨짝∨짝∨짝∨
짝수의 양 끝과 사이사이의 5개의 자리 중에서 3개의 자리에 홀수 3, 5, 7을 나열하는 경우의 수는 $_5P_3=60$
따라서 구하는 경우의 수는 $24\times60=1440$

6 A를 세 번째 순서로 정하고 나머지 9명 중에서 3명을 택하여 일렬로 나열하면 되므로 구하는 경우의 수는 $_9P_3=504$

7 적어도 한 쪽 끝에 모음이 오는 경우의 수는 전체 경우의 수에서 양 끝에 모두 자음이 오는 경우의 수를 뺀 것과 같다.
5개의 문자 s, t, o, r, e를 일렬로 나열하는 경우의 수는
$5!=120$
양 끝에 자음 s, t, r 3개 중에서 2개를 나열하고 그 가운데에 나머지 3개의 문자를 나열하는 경우의 수는
$_3P_2\times3!=6\times6=36$
따라서 구하는 경우의 수는 $120-36=84$

8 남학생 3명 중에서 1번 주자와 마지막 주자를 뽑는 경우의 수는
$_3P_2=6$
나머지 $(n+1)$명을 가운데에 일렬로 나열하는 경우의 수는
$(n+1)!$
이때의 경우의 수가 144이므로
$6\times(n+1)!=144$, $(n+1)!=24=4!$
따라서 $n=3$

9 로마 숫자 3개를 한 개로, 아라비아 숫자 3개를 한 개로 생각하여 2개를 일렬로 나열하는 경우의 수는 $2!=2$
로마 숫자 3개가 자리를 바꾸는 경우의 수는 $3!=6$
아라비아 숫자 3개가 자리를 바꾸는 경우의 수는 $3!=6$
즉 로마 숫자끼리, 아라비아 숫자끼리 각각 이웃하게 나열하는 경우의 수는
$a=2\times6\times6=72$
또 로마 숫자 3개를 일렬로 나열하는 경우의 수는 $3!=6$
로마 숫자 사이사이와 오른쪽 끝에 아라비아 숫자를 나열하는 경우의 수는 $3!=6$
로마 숫자 사이사이와 왼쪽 끝에 아라비아 숫자를 나열하는 경우의 수는 $3!=6$
즉 로마 숫자와 아라비아 숫자를 교대로 나열하는 경우의 수는
$b=6\times6+6\times6=72$
따라서 $a+b=144$

10 (i) □□□□0 꼴
만, 천, 백, 십의 자리는 4개의 숫자 1, 2, 3, 4를 일렬로 나열하면 되므로
$4!=24$
(ii) □□□□2, □□□□4 꼴
만의 자리에는 0이 올 수 없으므로 3개의 숫자가 올 수 있고, 천, 백, 십의 자리에는 만의 자리와 일의 자리에 온 숫자를 제외한 3개의 숫자를 일렬로 나열하면 되므로
$3\times3!\times2=36$
(i), (ii)에서 구하는 자연수의 개수는 $24+36=60$

11 (i) □□0 꼴
백, 십의 자리에는 5개의 숫자 1, 2, 3, 4, 5 중에서 2개를 택하여 일렬로 나열하면 되므로
$_5P_2=20$
(ii) □□5 꼴
백의 자리에는 0이 올 수 없으므로 4개의 숫자가 올 수 있고, 십의 자리에는 백의 자리와 일의 자리에 온 숫자를 제외한 4개의 숫자가 올 수 있으므로
$4\times4=16$
(i), (ii)에서 구하는 자연수의 개수는 $20+16=36$

12 23□□□ 꼴인 자연수의 개수는 $3!=6$
24□□□ 꼴인 자연수의 개수는 $3!=6$
25□□□ 꼴인 자연수의 개수는 $3!=6$
3□□□□ 꼴인 자연수의 개수는 $4!=24$
41□□□ 꼴인 자연수의 개수는 $3!=6$
따라서 구하는 수의 개수는
$6+6+6+24+6=48$

13 a□□□□ 꼴인 문자열의 개수는 $4!=24$
b□□□□ 꼴인 문자열의 개수는 $4!=24$
a 또는 b로 시작하는 문자열이 모두 48개이므로 70번째로 나타나는 문자열은 c□□□□ 꼴이다.
ca□□□ 꼴인 문자열의 개수는 $3!=6$
cb□□□ 꼴인 문자열의 개수는 $3!=6$
cd□□□ 꼴인 문자열의 개수는 $3!=6$

이때 24+24+6+6+6=66(개)이므로 70번째로 나타나는 문자열은 $ce\square\square\square$ 꼴인 문자열 중에서 4번째 문자열이다.
$ce\square\square\square$ 꼴인 문자열을 나열하면
$ceabd$, $ceadb$, $cebad$, $cebda$, …이다.
따라서 70번째로 나타나는 문자열은 $cebda$이다.

05 조합

본문 378쪽

1 (2)	2 ${}_6C_3$	3 ${}_7C_3$	4 ${}_8C_5$
5 ${}_{10}C_5$	6 ${}_{15}C_{10}$	7 (2, 45)	
8 10	9 8	10 1	11 190
12 1	13 (3, 3, 56)		14 10
15 28	16 220	☺ r, $n-r$, 1, 1, r	
17 (n, 7, 7)		18 5	19 7
20 15	21 10	22 9	
23 (4, 4, 4, 10)		24 12	25 15
26 3	27 7	28 (n, n, n, 6)	
29 8	30 7	31 6	32 7
33 (r, r, r, 2, 6)		34 8	35 3 또는 4
36 2 또는 3	37 ③	38 ($n-2$, $n-2$, 4)	
39 5	40 7	41 6	42 7
43 8	44 (20, 5, 5)		45 4
46 6	47 5 또는 6	48 5	49 ②
50 (20)	51 10	52 21	53 210
54 28	55 66	56 (6, 10, 60)	
57 60	58 1400	59 5250	60 204
61 16	62 30	63 46	

8 ${}_5C_3=\frac{{}_5P_3}{3!}=\frac{5\times4\times3}{3\times2\times1}=10$

9 ${}_8C_1=\frac{{}_8P_1}{1!}=\frac{8}{1}=8$

10 ${}_{10}C_0=\frac{{}_{10}P_0}{0!}=\frac{1}{1}=1$

11 ${}_{20}C_2=\frac{{}_{20}P_2}{2!}=\frac{20\times19}{2\times1}=190$

12 ${}_{25}C_{25}=\frac{{}_{25}P_{25}}{25!}=\frac{25!}{25!}=1$

14 ${}_{10}C_9={}_{10}C_1=10$

15 ${}_8C_6={}_8C_2=\frac{8\times7}{2\times1}=28$

16 ${}_{12}C_9={}_{12}C_3=\frac{12\times11\times10}{3\times2\times1}=220$

18 ${}_nC_2=10$에서 $\frac{n(n-1)}{2\times1}=10$이므로
$n(n-1)=20=5\times4$
따라서 $n=5$

19 ${}_nC_3=35$에서 $\frac{n(n-1)(n-2)}{3\times2\times1}=35$이므로
$n(n-1)(n-2)=210=7\times6\times5$
따라서 $n=7$

20 ${}_nC_1=15$에서 $n=15$

21 ${}_nC_3=120$에서 $\frac{n(n-1)(n-2)}{3\times2\times1}=120$이므로
$n(n-1)(n-2)=720=10\times9\times8$
따라서 $n=10$

22 ${}_nC_4=126$에서 $\frac{n(n-1)(n-2)(n-3)}{4\times3\times2\times1}=126$
$n(n-1)(n-2)(n-3)=3024=9\times8\times7\times6$
따라서 $n=9$

24 ${}_nC_5={}_nC_{n-5}$이므로
${}_nC_{n-5}={}_nC_7$에서 $n-5=7$
따라서 $n=12$
[다른 풀이]
${}_nC_5={}_nC_7$에서 $n=5+7=12$

25 ${}_nC_6={}_nC_{n-6}$이므로
${}_nC_{n-6}={}_nC_9$에서 $n-6=9$
따라서 $n=15$
[다른 풀이]
${}_nC_6={}_nC_9$에서 $n=6+9=15$

26 ${}_{n+2}C_n={}_{n+2}C_2$이므로
${}_{n+2}C_2=10$에서 $\frac{(n+2)(n+1)}{2\times1}=10$
$(n+2)(n+1)=20=5\times4$
따라서 $n=3$

27 ${}_{n+1}C_{n-1}={}_{n+1}C_2$이므로
${}_{n+1}C_2=28$에서 $\frac{n(n+1)}{2\times1}=28$
$n(n+1)=56=7\times8$
따라서 $n=7$

29 ${}_{n}C_{2}-{}_{n}C_{1}=20$에서 $\frac{n(n-1)}{2}-n=20$

$n(n-1)-2n=40$

$n(n-3)=40=8\times5$

따라서 $n=8$

30 ${}_{n+1}C_{2}-{}_{n}C_{2}={}_{7}C_{6}$에서

$\frac{n(n+1)}{2\times1}-\frac{n(n-1)}{2\times1}=7$

$n(n+1)-n(n-1)=14$, $2n=14$

따라서 $n=7$

31 ${}_{n-1}C_{3}+{}_{n-1}C_{2}={}_{6}C_{3}$에서

$\frac{(n-1)(n-2)(n-3)}{3\times2\times1}+\frac{(n-1)(n-2)}{2\times1}=\frac{6\times5\times4}{3\times2\times1}$

$(n-1)(n-2)(n-3)+3(n-1)(n-2)=6\times5\times4$

$(n-1)(n-2)(n-3+3)=6\times5\times4$

$n(n-1)(n-2)=6\times5\times4$

따라서 $n=6$

32 ${}_{n-1}C_{2}+{}_{n}C_{2}={}_{n+2}C_{2}$에서

$\frac{(n-1)(n-2)}{2\times1}+\frac{n(n-1)}{2\times1}=\frac{(n+2)(n+1)}{2\times1}$

$(n-1)(n-2)+n(n-1)=(n+2)(n+1)$

$2n^2-4n+2=n^2+3n+2$

$n^2-7n=0$, $n(n-7)=0$

n은 자연수이므로 $n=7$

34 ${}_{10}C_{r}={}_{10}C_{10-r}$이므로

${}_{10}C_{10-r}={}_{10}C_{r-6}$

$10-r=r-6$에서 $2r=16$

따라서 $r=8$

[다른 풀이]

${}_{10}C_{r}={}_{10}C_{r-6}$에서 $r+r-6=10$, $2r=16$

따라서 $r=8$

35 ${}_{11}C_{r+1}={}_{11}C_{2r-2}$이기 위해서는

$r+1=2r-2$ 또는 $(r+1)+(2r-2)=11$이어야 한다.

(i) $r+1=2r-2$일 때

$r=3$

(ii) $(r+1)+(2r-2)=11$일 때

$3r=12$, $r=4$

(i), (ii)에서 $r=3$ 또는 $r=4$

36 ${}_{15}C_{2r+3}={}_{15}C_{9-r}$이기 위해서는

$2r+3=9-r$ 또는 $(2r+3)+(9-r)=15$이어야 한다.

(i) $2r+3=9-r$일 때

$3r=6$, $r=2$

(ii) $(2r+3)+(9-r)=15$일 때

$r=3$

(i), (ii)에서 $r=2$ 또는 $r=3$

37 ${}_{n}P_{r}=20$, ${}_{n}C_{r}=10$이고 ${}_{n}C_{r}=\frac{{}_{n}P_{r}}{r!}$이므로

$10=\frac{20}{r!}$에서 $r!=2$, $r=2$

이때 ${}_{n}P_{2}=20$에서 $n(n-1)=5\times4$이므로 $n=5$

따라서 $n+r=7$

39 $6\times{}_{n}C_{2}={}_{n}P_{3}$에서

$3n(n-1)=n(n-1)(n-2)$

${}_{n}P_{3}$에서 $n\geq3$이므로 양변을 $n(n-1)$로 나누면

$3=n-2$ 따라서 $n=5$

40 $24\times{}_{n}C_{3}={}_{n}P_{4}$에서

$4n(n-1)(n-2)=n(n-1)(n-2)(n-3)$

${}_{n}P_{4}$에서 $n\geq4$이므로 양변을 $n(n-1)(n-2)$로 나누면

$4=n-3$ 따라서 $n=7$

41 $14\times{}_{n}C_{2}=5\times{}_{n+1}P_{2}$에서

$7n(n-1)=5n(n+1)$

${}_{n}C_{2}$에서 $n\geq2$이므로 양변을 n으로 나누면

$7(n-1)=5(n+1)$, $2n=12$

따라서 $n=6$

42 $15\times{}_{n+1}C_{3}={}_{n}P_{4}$에서

$\frac{15n(n+1)(n-1)}{6}=\frac{5n(n+1)(n-1)}{2}$

$=n(n-1)(n-2)(n-3)$

${}_{n}P_{4}$에서 $n\geq4$이므로 양변을 $n(n-1)$로 나누면

$\frac{5(n+1)}{2}=(n-2)(n-3)$

$2n^2-15n+7=0$, $(2n-1)(n-7)=0$

따라서 $n=7$

43 ${}_{n+2}P_{3}=20\times{}_{n+1}C_{2}$에서

$n(n+1)(n+2)=10n(n+1)$

${}_{n+2}P_{3}$에서 $n\geq1$이므로 양변을 $n(n+1)$로 나누면

$n+2=10$

따라서 $n=8$

45 ${}_{n+2}C_{n}={}_{n+2}C_{2}$이므로

${}_{n+1}P_{2}+{}_{n+2}C_{2}=35$

$n(n+1)+\frac{(n+2)(n+1)}{2}=35$

$3n^2+5n-68=0$, $(3n+17)(n-4)=0$

${}_{n}C_{2}$에서 $n\geq2$이므로 $n=4$

46 ${}_{n}P_{2}+3\times{}_{n}C_{2}=75$에서

$n(n-1)+\frac{3n(n-1)}{2}=75$

$n^2-n-30=0$, $(n-6)(n+5)=0$

${}_{n}P_{2}$에서 $n\geq2$이므로 $n=6$

47 $5\times{}_{n-1}C_2-{}_nP_2={}_nC_3$에서

$\frac{5(n-1)(n-2)}{2}-n(n-1)=\frac{n(n-1)(n-2)}{6}$

$15(n-1)(n-2)-6n(n-1)=n(n-1)(n-2)$

${}_nP_3$에서 $n\geq3$이므로 양변을 $n-1$로 나누면

$15(n-2)-6n=n(n-2)$

$n^2-11n+30=0$, $(n-5)(n-6)=0$

따라서 $n=5$ 또는 $n=6$

48 $2\times{}_nP_2+4\times{}_nC_{n-1}={}_nP_3$에서 ${}_nC_{n-1}={}_nC_1$이므로

$2\times{}_nP_2+4\times{}_nC_1={}_nP_3$

$2n(n-1)+4n=n(n-1)(n-2)$

${}_nP_3$에서 $n\geq3$이므로 양변을 n으로 나누면

$2(n-1)+4=(n-1)(n-2)$

$n^2-5n=0$, $n(n-5)=0$

따라서 $n=5$

49 ${}_nC_2+{}_{n+1}C_3=3\times{}_nP_2$에서

$\frac{n(n-1)}{2}+\frac{n(n+1)(n-1)}{6}=3n(n-1)$

$3n(n-1)+n(n+1)(n-1)=18n(n-1)$

${}_nC_2$에서 $n\geq2$이므로 양변을 $n(n-1)$로 나누면

$3+(n+1)=18$

따라서 $n=14$

51 ${}_5C_3={}_5C_2=10$

52 ${}_7C_5={}_7C_2=21$

53 10개의 공 중에서 6개를 택하는 경우의 수이므로

${}_{10}C_6={}_{10}C_4=210$

54 8팀 중에서 2팀을 택하여 경기를 하는 경우의 수이므로 ${}_8C_2=28$

55 12명 중에서 2명을 택하여 악수하는 경우의 수이므로 ${}_{12}C_2=66$

57 남학생 5명 중에서 대표 2명을 뽑는 경우의 수는 ${}_5C_2=10$

여학생 4명 중에서 대표 2명을 뽑는 경우의 수는 ${}_4C_2=6$

따라서 구하는 경우의 수는 $10\times6=60$

58 6종류의 셔츠 중에서 3종류를 택하는 경우의 수는 ${}_6C_3=20$

8종류의 바지 중에서 4종류를 택하는 경우의 수는 ${}_8C_4=70$

따라서 구하는 경우의 수는 $20\times70=1400$

59 박물관 5곳 중에서 3곳을 방문하는 경우의 수는 ${}_5C_3=10$

전시장 6곳 중에서 2곳을 방문하는 경우의 수는 ${}_6C_2=15$

공연장 7곳 중에서 3곳을 방문하는 경우의 수는 ${}_7C_3=35$

따라서 구하는 경우의 수는 $10\times15\times35=5250$

60 서로 다른 알파벳이 각각 하나씩 적힌 카드 10장 중에서 3장을 뽑는 경우의 수는 ${}_{10}C_3=120$

서로 다른 숫자가 각각 하나씩 적힌 9장의 카드 중에서 3장을 뽑는 경우의 수는 ${}_9C_3=84$

따라서 구하는 경우의 수는 $120+84=204$

61 서로 다른 두 수의 합이 짝수가 되는 경우는

(짝수)+(짝수) 또는 (홀수)+(홀수)인 경우이다.

(i) 짝수 2개를 택하는 경우

짝수 2, 4, 6, 8 중에서 서로 다른 두 수를 택하는 경우의 수는 ${}_4C_2=6$

(ii) 홀수 2개를 택하는 경우

홀수 1, 3, 5, 7, 9 중에서 서로 다른 두 수를 택하는 경우의 수는 ${}_5C_2=10$

(i), (ii)에서 구하는 경우의 수는 $6+10=16$

62 A 모둠 5명 중에서 3명을 뽑는 경우의 수는 ${}_5C_3=10$

B 모둠 5명 중에서 3명을 뽑는 경우의 수는 ${}_5C_3=10$

C 모둠 5명 중에서 3명을 뽑는 경우의 수는 ${}_5C_3=10$

따라서 구하는 경우의 수는 $10+10+10=30$

63 A 지역 3곳 중에서 3곳을 선택하는 경우의 수는 ${}_3C_3=1$

B 지역 5곳 중에서 3곳을 선택하는 경우의 수는 ${}_5C_3=10$

C 지역 7곳 중에서 3곳을 선택하는 경우의 수는 ${}_7C_3=35$

따라서 구하는 경우의 수는 $1+10+35=46$

06 특정한 것을 포함하거나 포함하지 않는 조합의 수

본문 384쪽

1 (✎1, 1, 7) 2 10 3 21 4 84 5 (✎4, 4, 35) 6 10 7 5 8 126 9 (✎1, 1, 6) 10 10 11 36 12 56 13 70

2 숫자 2를 미리 뽑아 놓고 나머지 5개 중에서 3개를 뽑으면 되므로 구하는 경우의 수는

${}_5C_3={}_5C_2=10$

3 4의 약수인 1, 2, 4를 미리 뽑아 놓고 나머지 7개 중에서 2개를 뽑으면 되므로 구하는 경우의 수는

${}_7C_2=21$

4 특정한 쿠키 한 종류를 미리 골라 놓고 나머지 9종류 중에서 3종류를 고르면 되므로 구하는 경우의 수는

${}_9C_3=84$

6 D를 제외한 나머지 5개 중에서 3개를 뽑으면 되므로 구하는 경우의 수는
$_5C_3 = {_5C_2} = 10$

7 수학책 3권을 제외한 5권 중에서 4권을 택하면 되므로 구하는 경우의 수는
$_5C_4 = {_5C_1} = 5$

8 특정한 남자 계주 선수 2명을 제외한 나머지 9명 중에서 4명을 뽑으면 되므로 구하는 경우의 수는
$_9C_4 = 126$

10 5의 배수 5, 10은 미리 뽑아 놓고 3의 배수 3, 6, 9를 제외한 나머지 5개의 수 중에서 2개를 뽑으면 되므로 구하는 경우의 수는
$_5C_2 = 10$

11 특정한 중학생 1명을 미리 뽑아 놓고 특정한 고등학생 2명을 제외한 나머지 9명 중에서 2명을 뽑으면 되므로 구하는 경우의 수는
$_9C_2 = 36$

12 A, B, C 3명을 미리 뽑아 놓고 D를 제외한 나머지 8명 중에서 3명을 뽑으면 되므로 구하는 경우의 수는
$_8C_3 = 56$

13 특정한 A회사 제품 2개를 미리 꺼내 놓고 B회사 제품 5개를 제외한 나머지 8개 중에서 4개를 꺼내면 되므로 구하는 경우의 수는 $_8C_4 = 70$

07 여러 가지 경우의 조합의 수

본문 386쪽

1 (✎3, 56, 56, 64) 2 26 3 205
4 480 5 (✎3, 4, 3, 10, 4, 10, 70)
6 310 7 665 8 364
9 (✎3, 2, 200, 200, 24000) 10 1440
11 360 12 2400 13 (✎2, 6, 24, 6, 24, 144)
14 360 15 (✎3, 10, 120, 10, 120, 1200)
16 15120 17 (✎2, 2, 15) 18 28
19 45 20 66 21 (✎30, 30, 32)
22 44 23 26 24 37 25 ②
26 (✎2, 2, 15, 15, 9) 27 20 28 35
29 65 30 90 31 (✎n, n, 3, 7)
32 10 33 11 34 20 35 (✎3, 3, 56)
36 165 37 (✎3, 4, 3, 10, 4, 10, 70)
38 135 39 (✎3, 4, 4, 31) 40 74
41 (✎4, 4, 126) 42 495 43 (✎3, 3, 18)
44 150 45 (✎10, 10, 60) 46 45

2 9명 중에서 2명을 뽑는 경우의 수는 $_9C_2 = 36$
남학생 5명 중에서 2명을 뽑는 경우의 수는 $_5C_2 = 10$
따라서 구하는 경우의 수는 $36 - 10 = 26$

3 10권 중에서 4권을 뽑는 경우의 수는 $_{10}C_4 = 210$
국어책 5권 중에서 4권을 뽑는 경우의 수는 $_5C_4 = {_5C_1} = 5$
따라서 구하는 경우의 수는 $210 - 5 = 205$

4 12명 중에서 4명을 뽑는 경우의 수는 $_{12}C_4 = 495$
체조 선수 6명 중에서 4명을 뽑는 경우의 수는 $_6C_4 = {_6C_2} = 15$
따라서 구하는 경우의 수는 $495 - 15 = 480$

6 11개 중에서 4개를 사는 경우의 수는 $_{11}C_4 = 330$
시나몬 빵 5개 중에서 4개를 사는 경우의 수는 $_5C_4 = {_5C_1} = 5$
야채 빵 6개 중에서 4개를 사는 경우의 수는 $_6C_4 = {_6C_2} = 15$
따라서 구하는 경우의 수는 $330 - (5 + 15) = 310$

7 13개 중에서 4개를 뽑는 경우의 수는 $_{13}C_4 = 715$
자음 7개 중에서 4개를 뽑는 경우의 수는 $_7C_4 = {_7C_3} = 35$
모음 6개 중에서 4개를 뽑는 경우의 수는 $_6C_4 = {_6C_2} = 15$
따라서 구하는 경우의 수는 $715 - (35 + 15) = 665$

8 15명 중에서 3명을 뽑는 경우의 수는 $_{15}C_3 = 455$
중학생 8명 중에서 3명을 뽑는 경우의 수는 $_8C_3 = 56$
초등학생 7명 중에서 3명을 뽑는 경우의 수는 $_7C_3 = 35$
따라서 구하는 경우의 수는 $455 - (56 + 35) = 364$

10 소설책 5권 중에서 2권을 뽑고, 시집 4권 중에서 2권을 뽑는 경우의 수는 $_5C_2 \times {_4C_2} = 10 \times 6 = 60$
뽑은 4권을 일렬로 꽂는 경우의 수는 $4! = 24$
따라서 구하는 경우의 수는 $60 \times 24 = 1440$

11 사탕 6개 중에서 2개를 뽑고, 초콜릿 4개 중에서 1개를 뽑는 경우의 수는 $_6C_2 \times {_4C_1} = 15 \times 4 = 60$
뽑은 3개를 일렬로 나열하는 경우의 수는 $3! = 6$
따라서 구하는 경우의 수는 $60 \times 6 = 360$

12 짝수 5개 중에서 2개를 뽑고, 홀수 5개 중에서 2개를 뽑는 경우의 수는 $_5C_2 \times {_5C_2} = 10 \times 10 = 100$
뽑은 4개를 일렬로 나열하는 경우의 수는 $4! = 24$
따라서 구하는 경우의 수는 $100 \times 24 = 2400$

14 특정한 두 수를 제외한 나머지 6개에서 4개를 뽑는 경우의 수는
${}_{6}C_{4}={}_{6}C_{2}=15$
뽑은 4개를 일렬로 나열하는 경우의 수는 $4!=24$
따라서 구하는 경우의 수는 $15\times24=360$

16 A는 미리 뽑아 놓고 B, C를 제외한 7명 중에서 5명을 뽑는 경우의 수는
${}_{7}C_{5}={}_{7}C_{2}=21$
뽑은 6명을 일렬로 세우는 경우의 수는 $6!=720$
따라서 구하는 경우의 수는 $21\times720=15120$

18 8개의 점 중에서 2개를 택하는 경우의 수는
${}_{8}C_{2}=28$

19 10개의 점 중에서 2개를 택하는 경우의 수는
${}_{10}C_{2}=45$

20 12개의 점 중에서 2개를 택하는 경우의 수는
${}_{12}C_{2}=66$

22 평행한 두 직선 위의 점을 각각 1개씩 택하여 이으면 직선이 만들어지므로 ${}_{6}C_{1}\times{}_{7}C_{1}=6\times7=42$
주어진 평행선 2개를 추가하면 구하는 직선의 개수는
$42+2=44$

23 평행한 두 직선 위의 점을 각각 1개씩 택하여 이으면 직선이 만들어지므로 ${}_{6}C_{1}\times{}_{4}C_{1}=6\times4=24$
주어진 평행선 2개를 추가하면 구하는 직선의 개수는
$24+2=26$

24 평행한 두 직선 위의 점을 각각 1개씩 택하여 이으면 직선이 만들어지므로 ${}_{5}C_{1}\times{}_{7}C_{1}=5\times7=35$
주어진 평행선 2개를 추가하면 구하는 직선의 개수는
$35+2=37$

25 8개의 점 중에서 2개를 택하는 경우의 수는 ${}_{8}C_{2}=28$
한 직선 위의 5개의 점 중에서 2개를 택하는 경우의 수는
${}_{5}C_{2}=10$
이때 한 직선 위에 있는 점으로는 1개의 직선만 만들어지므로 구하는 직선의 개수는
$28-10+1=19$

27 8개의 꼭짓점 중에서 2개를 택하여 만들 수 있는 선분의 개수는
${}_{8}C_{2}=28$
이때 이웃한 두 점을 택하는 경우는 변이 만들어지므로 구하는 대각선의 개수는
$28-8=20$

28 10개의 꼭짓점 중에서 2개를 택하여 만들 수 있는 선분의 개수는
${}_{10}C_{2}=45$
이때 이웃한 두 점을 택하는 경우는 변이 만들어지므로 구하는 대각선의 개수는
$45-10=35$

29 13개의 꼭짓점 중에서 2개를 택하여 만들 수 있는 선분의 개수는
${}_{13}C_{2}=78$
이때 이웃한 두 점을 택하는 경우는 변이 만들어지므로 구하는 대각선의 개수는
$78-13=65$

30 15개의 꼭짓점 중에서 2개를 택하여 만들 수 있는 선분의 개수는
${}_{15}C_{2}=105$
이때 이웃한 두 점을 택하는 경우는 변이 만들어지므로 구하는 대각선의 개수는
$105-15=90$

32 대각선의 개수가 35인 다각형의 변의 개수를 $n(n\geq3)$이라 하면
${}_{n}C_{2}-n=35$에서 $\frac{n(n-1)}{2}-n=35$
$n^2-3n-70=0$, $(n-10)(n+7)=0$
$n\geq3$이므로 $n=10$

33 대각선의 개수가 44인 다각형의 변의 개수를 $n(n\geq3)$이라 하면
${}_{n}C_{2}-n=44$에서 $\frac{n(n-1)}{2}-n=44$
$n^2-3n-88=0$, $(n-11)(n+8)=0$
$n\geq3$이므로 $n=11$

34 대각선의 개수가 170인 다각형의 변의 개수를 $n(n\geq3)$이라 하면
${}_{n}C_{2}-n=170$에서 $\frac{n(n-1)}{2}-n=170$
$n^2-3n-340=0$, $(n-20)(n+17)=0$
$n\geq3$이므로 $n=20$

36 원 위의 11개의 점 중에서 3개를 택하면 삼각형이 만들어지므로 구하는 삼각형의 개수는
${}_{11}C_{3}=165$

38 두 직선 l, m 위의 11개의 점 중에서 3개를 택하는 경우의 수는
${}_{11}C_{3}=165$
이때 한 직선 위에 있는 3개의 점으로는 삼각형을 만들 수 없다.
직선 l 위의 5개의 점 중에서 3개를 택하는 경우의 수는
${}_{5}C_{3}={}_{5}C_{2}=10$
직선 m 위의 6개의 점 중에서 3개를 택하는 경우의 수는
${}_{6}C_{3}=20$
따라서 구하는 삼각형의 개수는
$165-10-20=135$

40 9개의 점 중에서 3개를 택하는 경우의 수는 ${}_9C_3=84$

이때 한 직선 위에 있는 3개의 점으로는 삼각형이 만들어지지 않는다.

한 직선 위의 5개의 점 중에서 3개를 택하는 경우의 수는

${}_5C_3={}_5C_2=10$

따라서 구하는 삼각형의 개수는 $84-10=74$

42 원 위의 12개의 점 중에서 4개를 택하면 사각형이 만들어지므로 구하는 사각형의 개수는

${}_{12}C_4=495$

44 직선 l 위의 5개의 점 중에서 2개를 택하는 경우의 수는

${}_5C_2=10$

직선 m 위의 6개의 점 중에서 2개를 택하는 경우의 수는

${}_6C_2=15$

따라서 구하는 사각형의 개수는 $10\times15=150$

46 가로 방향의 3개의 평행선 중에서 2개를 택하는 경우의 수는

${}_3C_2=3$

세로 방향의 6개의 평행선 중에서 2개를 택하는 경우의 수는

${}_6C_2=15$

따라서 구하는 평행사변형의 개수는 $3\times15=45$

08 분할과 분배

본문 392쪽

1 (1) (2, 2, 6, 15, 15)

(2) (3, 3, 2, 3, 2, 3, 2, 20, 2, 10)

(3) (4, 2, 4, 2, 3, 4, 2, 3, 4, 3, 6, 6, 15)

2 (1) 1260 (2) 378 (3) 280

3 (2, 2, 10, 2, 3, 3, 630) **4** 1260

5 (2, 60, 2, 3, 60, 150) **6** 540

7 (4, 4, 4, 2, 3, 45) **8** 315

9 (3, 3, 3, 10, 30) **10** 90

2 (1) 9종류 중 2종류를 택한 후 남은 7종류 중 3종류를 택하고 나머지 4종류 중 4종류를 택하는 경우의 수이므로

$${}_9C_2\times{}_7C_3\times{}_4C_4=\frac{9\times8}{2\times1}\times\frac{7\times6\times5}{3\times2\times1}\times1$$
$$=36\times35\times1=1260$$

(2) 9종류 중 2종류를 택한 후 남은 7종류 중 2종류를 택하고 나머지 5종류 중 5종류를 택하는 경우의 수이므로

${}_9C_2\times{}_7C_2\times{}_5C_5$

이때 2종류를 택한 두 묶음은 구별되지 않으므로 2!만큼 중복하여 나타난다.

따라서 구하는 경우의 수는

$${}_9C_2\times{}_7C_2\times{}_5C_5\times\frac{1}{2!}=\frac{9\times8}{2\times1}\times\frac{7\times6}{2\times1}\times1\times\frac{1}{2}$$
$$=36\times21\times1\times\frac{1}{2}=378$$

(3) 9종류 중 3종류를 택한 후 남은 6종류 중 3종류를 택하고 나머지 3종류 중 3종류를 택하는 경우의 수이므로

${}_9C_3\times{}_6C_3\times{}_3C_3$

이때 3종류를 택한 세 묶음은 구별되지 않으므로 3!만큼 중복하여 나타난다.

따라서 구하는 경우의 수는

$${}_9C_3\times{}_6C_3\times{}_3C_3\times\frac{1}{3!}=\frac{9\times8\times7}{3\times2\times1}\times\frac{6\times5\times4}{3\times2\times1}\times1\times\frac{1}{3!}$$
$$=84\times20\times1\times\frac{1}{6}=280$$

4 8명의 학생을 2명, 2명, 4명으로 나누는 경우의 수는

$${}_8C_2\times{}_6C_2\times{}_4C_4\times\frac{1}{2!}=\frac{8\times7}{2\times1}\times\frac{6\times5}{2\times1}\times1\times\frac{1}{2}$$
$$=28\times15\times1\times\frac{1}{2}=210$$

이때 세 동아리에 배정하는 경우의 수는 3!이므로

$210\times3!=1260$

6 서로 다른 6종류의 꽃을 3명이 적어도 1종류씩 받도록 나누는 방법은

(1종류, 2종류, 3종류), (1종류, 1종류, 4종류),

(2종류, 2종류, 2종류)의 세 가지이다.

(i) 1종류, 2종류, 3종류로 나누어 주는 경우

$({}_6C_1\times{}_5C_2\times{}_3C_3)\times3!=360$

(ii) 1종류, 1종류, 4종류로 나누어 주는 경우

$\left({}_6C_1\times{}_5C_1\times{}_4C_4\times\frac{1}{2!}\right)\times3!=90$

(iii) 2종류, 2종류, 2종류로 나누어 주는 경우

$\left({}_6C_2\times{}_4C_2\times{}_2C_2\times\frac{1}{3!}\right)\times3!=90$

(i), (ii), (iii)에서 구하는 경우의 수는 $360+90+90=540$

8 먼저 8개의 팀을 4개, 4개의 팀으로 분할하고, 각각 다시 2개, 2개의 팀으로 분할하는 경우의 수이므로

$$\left({}_8C_4\times{}_4C_4\times\frac{1}{2!}\right)\times\left({}_4C_2\times{}_2C_2\times\frac{1}{2!}\right)\times\left({}_4C_2\times{}_2C_2\times\frac{1}{2!}\right)$$
$$=35\times3\times3=315$$

10 6개의 팀을 3개, 3개의 팀으로 분할하고, 3개의 팀 중에서 부전승으로 올라가는 1개의 팀을 각각 구하는 경우의 수이므로

$$\left({}_6C_3\times{}_3C_3\times\frac{1}{2!}\right)\times{}_3C_1\times{}_3C_1=10\times3\times3=90$$

TEST 개념 확인

본문 394쪽

1 ④	2 ⑤	3 60	4 ⑤
5 ①	6 ③	7 ③	8 ⑤
9 194	10 ③	11 ④	12 100

1 ${}_nC_2 : {}_nC_3 = 3 : 4$에서 $4 \times {}_nC_2 = 3 \times {}_nC_3$

$2n(n-1) = \dfrac{n(n-1)(n-2)}{2}$

$4n(n-1) = n(n-1)(n-2)$

이때 ${}_nC_3$에서 $n \geq 3$이므로 양변을 $n(n-1)$로 나누면

$4 = n-2$

따라서 $n=6$

2 ${}_{n+1}P_3 - 2 \times {}_nC_{n-2} \leq n \times {}_8C_3$에서 ${}_nC_{n-2} = {}_nC_2$, ${}_8C_3 = 56$이므로

${}_{n+1}P_3 - 2 \times {}_nC_2 \leq 56n$

$(n+1)n(n-1) - n(n-1) \leq 56n$

이때 ${}_{n+1}P_3$에서 $n \geq 2$이므로 양변을 n으로 나누면

$(n+1)(n-1) - (n-1) \leq 56$

$n^2 - n - 56 \leq 0$

$(n-8)(n+7) \leq 0$

$n \geq 2$이므로 $2 \leq n \leq 8$

따라서 구하는 자연수 n의 개수는 2, 3, 4, 5, 6, 7, 8의 7이다.

3 파란 구슬 6개 중에서 2개를 택하는 경우의 수는 ${}_6C_2 = 15$

노란 구슬 4개 중에서 1개를 택하는 경우의 수는 ${}_4C_1 = 4$

따라서 구하는 경우의 수는 $15 \times 4 = 60$

4 참가한 학생 수를 n명이라 하면 참가한 모든 학생들이 서로 한 번씩 토론을 한 총 횟수는 n명 중에서 2명을 택하는 조합의 수와 같으므로

${}_nC_2 = 45$에서 $\dfrac{n(n-1)}{2} = 45$

$n(n-1) = 90 = 10 \times 9$, $n = 10$

따라서 참가한 학생 수는 10명이다.

5 (i) 3개 모두 검은 공일 때

검은 공 4개 중에서 3개를 택하는 경우의 수는 ${}_4C_3 = 4$

(ii) 3개 모두 흰 공일 때

흰 공 3개 중에서 3개를 택하는 경우의 수는 ${}_3C_3 = 1$

(iii) 3개 모두 빨간 공일 때

빨간 공 n개 중에서 3개를 택하는 경우의 수는 ${}_nC_3$

이때 모두 같은 색의 공을 꺼내는 경우의 수가 15이므로

$4 + 1 + {}_nC_3 = 15$, ${}_nC_3 = 10$

$\dfrac{n(n-1)(n-2)}{6} = 10$

$n(n-1)(n-2) = 60 = 5 \times 4 \times 3$

따라서 $n=5$

6 5의 배수인 5, 10을 미리 뽑아 놓고 나머지 8장 중에서 3장을 뽑으면 되므로 구하는 경우의 수는

${}_8C_3 = 56$

7 3, 6을 제외한 6개의 공 중에서 5개를 택하면 되므로 구하는 경우의 수는

${}_6C_5 = {}_6C_1 = 6$

8 우유 2개, 오렌지 주스 2개, 요구르트 2개를 택하는 경우의 수는

${}_5C_2 \times {}_4C_2 \times {}_2C_2 = 10 \times 6 \times 1 = 60$

택한 6개 중에서 우유 2개, 오렌지 주스 2개를 일렬로 나열하는 경우의 수는 $4! = 24$

우유와 오렌지 주스를 나열한 양 끝과 사이사이의 5개의 자리에 요구르트 2개를 나열하는 경우의 수는 ${}_5P_2 = 20$

따라서 구하는 경우의 수는 $60 \times 24 \times 20 = 28800$

9 전체 10편 중에서 4편을 고르는 경우의 수는 ${}_{10}C_4 = 210$

오페라 4편 중에서 4편을 고르는 경우의 수는 ${}_4C_4 = 1$

뮤지컬 6편 중에서 4편을 고르는 경우의 수는 ${}_6C_4 = {}_6C_2 = 15$

따라서 구하는 경우의 수는 $210 - (1 + 15) = 194$

10 직선 l 위의 4개의 점 중에서 1개를 택하고 직선 m 위의 5개의 점 중에서 1개를 택하는 경우의 수는

${}_4C_1 \times {}_5C_1 = 4 \times 5 = 20$

이때 주어진 두 직선 l, m을 추가하면

구하는 직선의 개수는

$20 + 2 = 22$

11 팔각형의 꼭짓점들은 어느 세 점도 한 직선 위에 있지 않다.

따라서 8개의 꼭짓점 중에서 3개를 택하면 삼각형이 만들어지므로 구하는 삼각형의 개수는

${}_8C_3 = 56$

12 가로 방향의 평행선 5개 중에서 2개를 택하고 세로 방향의 평행선 5개 중에서 2개를 택하면 직사각형이 만들어지므로 구하는 직사각형의 개수는

${}_5C_2 \times {}_5C_2 = 10 \times 10 = 100$

TEST 개념 발전

본문 396쪽

1 48	2 ⑤	3 5	4 ④
5 ④	6 ③	7 ②	8 ①
9 24	10 ②	11 ②	12 ⑤
13 ⑤	14 ①		

1 혜나와 찬호를 한 명으로 생각하여 4명이 일렬로 앉는 경우의 수는 $4!=24$
혜나와 찬호가 자리를 바꾸는 경우의 수는 $2!=2$
따라서 구하는 경우의 수는 $24\times2=48$

2 먼저 남학생의 자리를 고정하여 일렬로 세우고 그 맞은 편에 여학생을 일렬로 세우면 되므로 구하는 경우의 수는
${}_5P_5=5!=120$

3 이차방정식 ${}_nP_r\times x^2-4\times{}_nC_{n-r}\times x-48=0$의 두 근이 -2, 4이므로 근과 계수의 관계에 의하여
(두 근의 합)$=\dfrac{4\times{}_nC_{n-r}}{{}_nP_r}=2$에서 $2\times{}_nC_{n-r}={}_nP_r$
(두 근의 곱)$=\dfrac{-48}{{}_nP_r}=-8$에서 ${}_nP_r=6$
$2\times{}_nC_{n-r}=2\times{}_nC_r=\dfrac{2\times{}_nP_r}{r!}=\dfrac{12}{r!}=6$이므로
$r!=2$, 즉 $r=2$
${}_nP_2=n(n-1)=6$에서 $n=3$
따라서 $n+r=2+3=5$

4 학생 세 명이 빈 의자 8개 중에서 서로 다른 의자에 앉는 경우의 수는 ${}_8P_3=336$
학생 세 명 사이에 빈 의자가 없도록 이웃하여 앉는 경우의 수는
$6\times3!=36$
따라서 세 명 사이사이에 적어도 하나의 빈 의자가 있도록 앉는 경우의 수는
$336-36=300$

5 모임에 참석한 회원 수를 n명이라 하면 악수한 총 횟수는 n명 중에서 2명을 택하는 조합의 수와 같으므로
${}_nC_2=78$에서 $\dfrac{n(n-1)}{2}=78$
$n(n-1)=156=13\times12$, $n=13$
따라서 모임에 참석한 회원 수는 13명이다.

6 운동부원 10명 중에서 3명을 뽑는 경우의 수는 ${}_{10}C_3=120$
수영부를 n명이라 하면 n명 중에서 3명을 뽑는 경우의 수는
${}_nC_3$
대표 3명 중에서 적어도 펜싱부 한 명을 포함하는 경우의 수가 100이므로
${}_{10}C_3-{}_nC_3=100$, ${}_nC_3=20$
$\dfrac{n(n-1)(n-2)}{6}=20$
$n(n-1)(n-2)=120=6\times5\times4$, $n=6$
따라서 수영부는 6명이다.

7 12개의 점 중에서 서로 다른 2개를 택하는 경우의 수는 ${}_{12}C_2=66$
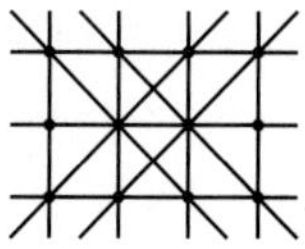
(i) 한 직선 위에 3개의 점이 있을 때, 2개를 택하는 경우의 수는 ${}_3C_2=3$
(ii) 한 직선 위에 4개의 점이 있을 때, 2개를 택하는 경우의 수는 ${}_4C_2=6$
한 직선에 3개의 점이 있는 직선의 개수는 8이고 한 직선에 4개의 점이 있는 직선의 개수는 3이다.
한 직선 위에 있는 점으로 만들 수 있는 직선의 개수는 1이므로 구하는 직선의 개수는
$66-(8\times3+3\times6)+8+3=35$

8 B, C는 미리 뽑아 놓고 A를 제외한 5명 중에서 2명을 뽑으면 되므로 구하는 경우의 수는 ${}_5C_2=10$

9 대각선의 개수가 252인 다각형의 꼭짓점의 개수를 $n(n\geq3)$이라 하면
${}_nC_2-n=252$에서 $\dfrac{n(n-1)}{2}-n=252$
$n^2-3n-504=0$, $(n-24)(n+21)=0$
$n\geq3$이므로 $n=24$
따라서 구하는 다각형의 꼭짓점의 개수는 24이다.

10 세 수의 곱이 짝수인 경우는 적어도 한 개의 수가 짝수이어야 한다.
9개의 공 중에서 3개의 공을 뽑는 경우의 수는 ${}_9C_3=84$
5개의 홀수 중에서 3개를 뽑는 경우의 수는 ${}_5C_3={}_5C_2=10$
따라서 구하는 경우의 수는
$84-10=74$

11 전체 6명을 일렬로 나열하는 경우의 수는 $6!=720$
선생님을 n명이라 하면 학생 $(6-n)$명 중에서 2명을 양 끝에 세우는 경우의 수는
${}_{6-n}P_2=(6-n)(5-n)$
나머지 4명을 가운데에 세우는 경우의 수는 $4!=24$
즉 양 끝에 학생이 오는 경우의 수는
$(6-n)(5-n)\times24$
따라서 적어도 한 쪽 끝에 선생님이 오는 경우의 수는
$720-(6-n)(5-n)\times24=576$
$(6-n)(5-n)\times24=144$
$(6-n)(5-n)=6=3\times2$
따라서 $n=3$이므로 선생님의 수는 3이다.

12 구하는 경우의 수는 전체 6개의 자리 중에서 4개를 택하여 자리를 정하는 경우의 수와 같으므로
${}_6P_4=360$

13 $0<a\le b\le c<10$을 만족시키는 a, b, c의 경우는 다음과 같다.

(i) $0<a<b<c<10$인 경우

1부터 9까지의 9개의 자연수 중에서 서로 다른 3개를 뽑는 경우의 수와 같으므로 ${}_9C_3=84$

(ii) $0<a=b<c<10$인 경우

1부터 9까지의 9개의 자연수 중에서 서로 다른 2개를 뽑는 경우의 수와 같으므로 ${}_9C_2=36$

(iii) $0<a<b=c<10$인 경우

1부터 9까지의 9개의 자연수 중에서 서로 다른 2개를 뽑는 경우의 수와 같으므로 ${}_9C_2=36$

(iv) $0<a=b=c<10$인 경우

1부터 9까지의 9개의 자연수 중에서 1개를 뽑는 경우의 수와 같으므로 ${}_9C_1=9$

따라서 구하는 자연수의 개수는

$84+36+36+9=165$

14 (i) 같은 캐릭터의 상품으로 묶는 경우는 다음과 같다.

A 캐릭터의 상품 3종류를 묶는 경우의 수는 ${}_6C_3=20$

B 캐릭터의 상품 3종류를 묶는 경우의 수는 ${}_5C_3={}_5C_2=10$

C 캐릭터의 상품 3종류를 묶는 경우의 수는 ${}_4C_3={}_4C_1=4$

따라서 같은 캐릭터의 상품으로 묶는 경우의 수는

$a=20+10+4=34$

(ii) 서로 다른 캐릭터의 상품으로 묶는 경우는 A, B, C 캐릭터를 각각 1종류씩 택하면 되므로

$b={}_6C_1\times{}_5C_1\times{}_4C_1=6\times5\times4=120$

(i), (ii)에서 $a+b=34+120=154$

12 행렬과 그 연산

01 행렬의 뜻과 그 성분

본문 406쪽

원리확인

❶ 556, 24 ❷ 성분

1 (✎ 42)

2 $B=(38\quad 27\quad 33)$

3 $C=\begin{pmatrix}28 & 42\\ 38 & 27\end{pmatrix}$

4 $D=\begin{pmatrix}15\\ 33\end{pmatrix}$

5 $T=\begin{pmatrix}28 & 42 & 15\\ 38 & 27 & 33\end{pmatrix}$

6 24 7 27, 19

8 목요일, 6시 9 월요일, 19

☺ 괄호, 성분

2 7월, 8월, 9월의 스마트폰의 판매 수를 괄호를 사용하여 행렬로 나타내면

$B=(38\quad 27\quad 33)$

3 7월과 8월의 컴퓨터와 스마트폰의 판매 수를 괄호를 사용하여 행렬로 나타내면

$C=\begin{pmatrix}28 & 42\\ 38 & 27\end{pmatrix}$

4 9월의 컴퓨터와 스마트폰의 판매 수를 괄호를 사용하여 행렬로 나타내면

$D=\begin{pmatrix}15\\ 33\end{pmatrix}$

5 7월, 8월, 9월의 컴퓨터와 스마트폰의 전체 판매 수를 괄호를 사용하여 행렬로 나타내면

$T=\begin{pmatrix}28 & 42 & 15\\ 38 & 27 & 33\end{pmatrix}$

02 행렬의 구조

본문 408쪽

원리확인

❶ 4 ❷ 3 ❸ 3 ❹ 4 ❺ 2, 2(이)

1 (1) 2 (2) 3 (3) 3, 7, 11 (4) 1, 5, 9 (5) 3, 1 (6) 7, 5 (7) 7 (8) 9

2 (✎ 2)

3 1×3행렬 4 2×1행렬 5 2×3행렬

6 2×1행렬 7 3×3행렬, 정

☺ 가로줄, 세로줄, m, n

3 1개의 행과 3개의 열로 이루어졌으므로 1×3행렬이다.

4 2개의 행과 1개의 열로 이루어졌으므로 2×1행렬이다.

5 2개의 행과 3개의 열로 이루어졌으므로 2×3행렬이다.

6 2개의 행과 1개의 열로 이루어졌으므로 2×1행렬이다.

7 3개의 행과 3개의 열로 이루어졌으므로 3×3행렬이다.
따라서 3차정사각행렬이다.

03 행렬의 (i, j) 성분

본문 410쪽

원리확인

❶ (1) 2, 2 (2) 2, 4 (3) 5, 3

❷ (1) a_{12}, a_{21}, a_{32}

(2) 3, j, 3, 2, 3, 2, 4, 1, 4, 3, 5

(3) 3, 3, 4, 4, 5

1 (1) 1 (2) 1 (3) 20 (4) (✎ a_{13}, a_{13}, 9) (5) $a_{11}=3$, $a_{22}=5$

2 (1) 0 (2) 0 (3) -1 (4) $a_{21}=-2$, $a_{31}=5$, $a_{32}=0$

(5) $a_{11}=1$, $a_{22}=9$, $a_{33}=1$

☺ i, j

3 (1) (✎ 2, 3, 2, 3) (2) $C=\begin{pmatrix} 1 & 7 & 2 \\ 3 & 1 & 2 \end{pmatrix}$

4 (1) $B=\begin{pmatrix} 3 & 8 & 1 \\ 4 & 5 & 0 \end{pmatrix}$ (2) $C=\begin{pmatrix} 3 & 8 & 4 \\ 1 & 2 & 7 \\ 6 & 8 & 2 \end{pmatrix}$

5 ④, ⑤

6 (✎ 1, 1, 2, 1, 2, 2, 2, 2)

7 $A=\begin{pmatrix} 2 & 3 & 4 \\ 4 & 5 & 6 \end{pmatrix}$ 8 $A=\begin{pmatrix} 3 & 5 \\ 8 & 12 \end{pmatrix}$

9 $A=\begin{pmatrix} 1 & 2 \\ \frac{1}{2} & 1 \end{pmatrix}$ 10 $A=\begin{pmatrix} 1 & -1 & 1 \\ -1 & 1 & -1 \end{pmatrix}$

11 (✎ 22, -2, 21, -2, -2, 1)

12 $A=\begin{pmatrix} -1 & 1 \\ -1 & -1 \\ -1 & -1 \end{pmatrix}$ 13 $A=\begin{pmatrix} 1 & 3 & 4 \\ 2 & 4 & 5 \end{pmatrix}$

14 $A=\begin{pmatrix} 2 & 3 & 4 \\ 5 & 4 & 7 \\ 10 & 11 & 6 \end{pmatrix}$ 15 $A=\begin{pmatrix} 1 & 0 & -1 \\ 2 & 2 & 1 \\ 4 & 2 & 3 \end{pmatrix}$

16 (✎ 21, 0, 22, 0, 23, -1, 0, -1)

17 $A=\begin{pmatrix} 2 & -2 \\ 3 & 2 \\ 4 & 5 \end{pmatrix}$ 18 $A=\begin{pmatrix} 0 & -4 & -5 \\ 4 & 0 & -6 \\ 5 & 6 & 0 \end{pmatrix}$

19 ⑤

20 (✎ 0, 1, -1, 1, 0, -1, -1, 1, 0)

21 $A=\begin{pmatrix} 1 & 3 \\ 1 & 2 \end{pmatrix}$

1 (1) (2, 1) 성분은 제2행과 제1열이 만나는 위치에 있는 성분이므로 1이다.
(3) $a_{13}=11$, $a_{23}=9$이므로
$a_{13}+a_{23}=11+9=20$
(5) $i=j$인 성분은 a_{11}, a_{22}이므로
$a_{11}=3$, $a_{22}=5$

2 (1) (3, 2) 성분은 제3행과 제2열이 만나는 위치에 있는 성분이므로 0이다.
(3) $a_{21}=-2$, $a_{33}=1$이므로
$a_{21}+a_{33}=-2+1=-1$
(4) $i>j$인 성분은 a_{21}, a_{31}, a_{32}이므로
$a_{21}=-2$, $a_{31}=5$, $a_{32}=0$
(5) $i=j$인 성분은 a_{11}, a_{22}, a_{33}이므로
$a_{11}=1$, $a_{22}=9$, $a_{33}=1$

3 (2) $a_{11}=7$, $a_{12}=1$, $a_{21}=2$, $a_{22}=3$이므로
$C=\begin{pmatrix} 1 & 7 & 2 \\ 3 & 1 & 2 \end{pmatrix}$

4 $a_{11}=6$, $a_{12}=8$, $a_{13}=2$, $a_{21}=3$, $a_{22}=1$, $a_{23}=4$, $a_{31}=5$, $a_{32}=7$, $a_{33}=0$이므로

(1) $B=\begin{pmatrix} a_{21} & a_{12} & a_{22} \\ a_{23} & a_{31} & a_{33} \end{pmatrix}=\begin{pmatrix} 3 & 8 & 1 \\ 4 & 5 & 0 \end{pmatrix}$

(2) $C=\begin{pmatrix} a_{21} & a_{12} & a_{23} \\ a_{22} & a_{13} & a_{32} \\ a_{11} & a_{12} & a_{13} \end{pmatrix}=\begin{pmatrix} 3 & 8 & 4 \\ 1 & 2 & 7 \\ 6 & 8 & 2 \end{pmatrix}$

5 ③ $i<j$인 성분은 a_{12}, a_{13}, a_{23}이므로

$a_{12}=-2$, $a_{13}=1$, $a_{23}=5$

따라서 $i<j$인 성분의 합은

$-2+1+5=4$

④ $i=j$인 성분은 a_{11}, a_{22}이므로

$a_{11}=3$, $a_{22}=1$

따라서 $i=j$인 성분의 합은

$3+1=4$

⑤ 행렬 A는 행의 개수와 열의 개수가 다르므로 정사각행렬이 아니다.

따라서 옳지 않은 것은 ④, ⑤이다.

7 $i=1, 2$, $j=1, 2, 3$을 $a_{ij}=2i+j-1$에 대입하여 행렬 A의 각 성분을 구하면

$a_{11}=2+1-1=2$, $a_{12}=2+2-1=3$, $a_{13}=2+3-1=4$,

$a_{21}=4+1-1=4$, $a_{22}=4+2-1=5$, $a_{23}=4+3-1=6$

따라서 구하는 행렬 A는

$A=\begin{pmatrix} 2 & 3 & 4 \\ 4 & 5 & 6 \end{pmatrix}$

8 $i=1, 2$, $j=1, 2$를 $a_{ij}=i^2+2ij$에 대입하여 행렬 A의 각 성분을 구하면

$a_{11}=1+2=3$, $a_{12}=1+4=5$,

$a_{21}=4+4=8$, $a_{22}=4+8=12$

따라서 구하는 행렬 A는

$A=\begin{pmatrix} 3 & 5 \\ 8 & 12 \end{pmatrix}$

9 $i=1, 2$, $j=1, 2$를 $a_{ij}=\frac{j}{i}$에 대입하여 행렬 A의 각 성분을 구하면

$a_{11}=\frac{1}{1}=1$, $a_{12}=\frac{2}{1}=2$, $a_{21}=\frac{1}{2}$, $a_{22}=\frac{2}{2}=1$

따라서 구하는 행렬 A는

$A=\begin{pmatrix} 1 & 2 \\ \frac{1}{2} & 1 \end{pmatrix}$

10 $i=1, 2$, $j=1, 2, 3$을 $a_{ij}=(-1)^{i+j}$에 대입하여 행렬 A의 각 성분을 구하면

$a_{11}=(-1)^2=1$, $a_{12}=(-1)^3=-1$, $a_{13}=(-1)^4=1$,

$a_{21}=(-1)^3=-1$, $a_{22}=(-1)^4=1$, $a_{23}=(-1)^5=-1$

따라서 구하는 행렬 A는

$A=\begin{pmatrix} 1 & -1 & 1 \\ -1 & 1 & -1 \end{pmatrix}$

12 $i<j$일 때, $a_{ij}=1$이므로

$a_{12}=1$

$i\geq j$일 때, $a_{ij}=-1$이므로

$a_{11}=a_{21}=a_{22}=a_{31}=a_{32}=-1$

따라서 구하는 행렬 A는

$A=\begin{pmatrix} -1 & 1 \\ -1 & -1 \\ -1 & -1 \end{pmatrix}$

13 $i\geq j$일 때, $a_{ij}=ij$이므로

$a_{11}=1\times1=1$, $a_{21}=2\times1=2$, $a_{22}=2\times2=4$

$i<j$일 때, $a_{ij}=i+j$이므로

$a_{12}=1+2=3$, $a_{13}=1+3=4$, $a_{23}=2+3=5$

따라서 구하는 행렬 A는

$A=\begin{pmatrix} 1 & 3 & 4 \\ 2 & 4 & 5 \end{pmatrix}$

14 $i\neq j$일 때, $a_{ij}=i^2+j$이므로

$a_{12}=1^2+2=3$, $a_{13}=1^2+3=4$, $a_{21}=2^2+1=5$,

$a_{23}=2^2+3=7$, $a_{31}=3^2+1=10$, $a_{32}=3^2+2=11$

$i=j$일 때, $a_{ij}=i+j$이므로

$a_{11}=1+1=2$, $a_{22}=2+2=4$, $a_{33}=3+3=6$

따라서 구하는 행렬 A는

$A=\begin{pmatrix} 2 & 3 & 4 \\ 5 & 4 & 7 \\ 10 & 11 & 6 \end{pmatrix}$

15 $i\leq j$일 때, $a_{ij}=2i-j$이므로

$a_{11}=2-1=1$, $a_{12}=2-2=0$, $a_{13}=2-3=-1$,

$a_{22}=4-2=2$, $a_{23}=4-3=1$, $a_{33}=6-3=3$

$i>j$일 때, $a_{ij}=2^{i-j}$이므로

$a_{21}=2^{2-1}=2$, $a_{31}=2^{3-1}=4$, $a_{32}=2^{3-2}=2$

따라서 구하는 행렬 A는

$A=\begin{pmatrix} 1 & 0 & -1 \\ 2 & 2 & 1 \\ 4 & 2 & 3 \end{pmatrix}$

17 $i>j$일 때, $a_{ij}=i+j$이므로

$a_{21}=2+1=3$, $a_{31}=3+1=4$, $a_{32}=3+2=5$

$i=j$일 때, $a_{ij}=2$이므로

$a_{11}=a_{22}=2$

$i<j$일 때, $a_{ij}=-ij$이므로

$a_{12}=-1\times2=-2$

따라서 구하는 행렬 A는

$A=\begin{pmatrix} 2 & -2 \\ 3 & 2 \\ 4 & 5 \end{pmatrix}$

18 $i>j$일 때, $a_{ij}=i+j+1$이므로
$a_{21}=2+1+1=4$, $a_{31}=3+1+1=5$, $a_{32}=3+2+1=6$
$i=j$일 때, $a_{ij}=0$이므로
$a_{11}=a_{22}=a_{33}=0$
$i<j$일 때, $a_{ij}=-a_{ji}$이므로
$a_{12}=-a_{21}=-4$, $a_{13}=-a_{31}=-5$, $a_{23}=-a_{32}=-6$
따라서 구하는 행렬 A는
$$A=\begin{pmatrix} 0 & -4 & -5 \\ 4 & 0 & -6 \\ 5 & 6 & 0 \end{pmatrix}$$

19 $i=1, 2$, $j=1, 2$를 $a_{ij}=i+j+k$에 대입하여
행렬 A의 각 성분을 구하면
$a_{11}=1+1+k=2+k$, $a_{12}=1+2+k=3+k$,
$a_{21}=2+1+k=3+k$, $a_{22}=2+2+k=4+k$
행렬 A의 모든 성분의 합이 20이므로
$(2+k)+(3+k)+(3+k)+(4+k)=20$, $4k=8$
따라서 $k=2$

21 1지점에서 1지점으로 한 번에 갈 수 있는 도로의 개수가 1이므로 $a_{11}=1$
1지점에서 2지점으로 한 번에 갈 수 있는 도로의 개수가 3이므로 $a_{12}=3$
2지점에서 1지점으로 한 번에 갈 수 있는 도로의 개수가 1이므로 $a_{21}=1$
2지점에서 2지점으로 한 번에 갈 수 있는 도로의 개수가 2이므로 $a_{22}=2$
따라서 구하는 행렬 A는
$$A=\begin{pmatrix} 1 & 3 \\ 1 & 2 \end{pmatrix}$$

04 서로 같은 행렬

본문 414쪽

원리확인

1, 1, 3, 0, 2, 3

1 (✎5, 4, d, 4, 6, 2, 4, 3)
2 $a=6$, $b=-3$, $c=5$
3 $a=2$, $b=2$
4 $a=2$, $b=1$, $c=2$
5 $a=3$, $b=0$, $c=6$, $d=-2$
6 $a=1$, $b=1$, $c=2$, $d=-1$
7 (✎6, $a+b$, -8, 4, -2, 4, -2)
8 $a=3$, $b=2$, $c=0$
9 (✎4, b^2, 2, 3, -2, 3)
10 $a=1$, $b=-2$, $c=6$
☺ b_{12}, a_{21}
11 ④

2 대응하는 성분이 각각 같아야 하므로
$a+b=3$, $c=5$, $b+c=2$
따라서 $a=6$, $b=-3$, $c=5$

3 대응하는 성분이 각각 같아야 하므로
$2a+b=6$, $3a-b=4$
따라서 $a=2$, $b=2$

4 대응하는 성분이 각각 같아야 하므로
$a+2b=4$, $c=2$, $a-b=1$
따라서 $a=2$, $b=1$, $c=2$

5 대응하는 성분이 각각 같아야 하므로
$a+2=5$, $3=a-b$, $-2=2d+2$, $c+d=4$
따라서 $a=3$, $b=0$, $c=6$, $d=-2$

6 대응하는 성분이 각각 같아야 하므로
$5a-3b=2$, $2b-1=c-1$, $4-5c=5d-1$, $6=2-4d$
따라서 $a=1$, $b=1$, $c=2$, $d=-1$

8 대응하는 성분이 각각 같아야 하므로
$a=3$ …… ㉠
$a+b=5$ …… ㉡
$b-c=2$ …… ㉢
$a+b+c=5$ …… ㉣
㉠, ㉡에서 $a=3$, $b=2$
$b=2$를 ㉢에 대입하면 $c=0$
이때 a, b, c의 값을 ㉣에 대입하면 성립하므로
$a=3$, $b=2$, $c=0$

10 대응하는 성분이 각각 같아야 하므로
$a+b=-1$ …… ㉠
$ab=-2$ …… ㉡
$a+c=7$ …… ㉢
$a^2=1$ …… ㉣
㉣에서 $a=\pm1$
㉡에서 $a=1$일 때 $b=-2$, $a=-1$일 때 $b=2$
이 중에서 ㉠을 만족시키는 a, b의 값을 구하면
$a=1$, $b=-2$
$a=1$을 ㉢에 대입하면 $c=6$

11 대응하는 성분이 각각 같아야 하므로
$2x+3y=x+2y+3$, $2xy+1=xy+2$
따라서 $x+y=3$, $xy=1$이므로

$$x^2+y^2=(x+y)^2-2xy$$
$$=3^2-2\times1=7$$

05 행렬의 덧셈

본문 416쪽

1 (0, 1, 2, 5) 2 $\begin{pmatrix}3\\7\end{pmatrix}$ 3 $\begin{pmatrix}6&4\\8&8\end{pmatrix}$

4 $\begin{pmatrix}4&-1\\-2&4\end{pmatrix}$ 5 $\begin{pmatrix}1&3&2\\0&-4&-1\end{pmatrix}$

6 ($x+5$, 7, $x+5$, 7, $x+5$, 7, 1, 7)

7 $x=2$, $y=3$, $z=-7$ 8 $x=2$, $y=4$, $z=4$

9 $x=0$, $y=5$, $z=5$

☺ $a_{12}+b_{12}$, $a_{21}+b_{21}$

10 (1) $\begin{pmatrix}5&5\\4&0\end{pmatrix}$ (2) $\begin{pmatrix}5&5\\4&0\end{pmatrix}$ (3) $\begin{pmatrix}8&7\\5&4\end{pmatrix}$ (4) $\begin{pmatrix}8&7\\5&4\end{pmatrix}$

☺ B, B, B

11 ②

2 $\begin{pmatrix}5\\4\end{pmatrix}+\begin{pmatrix}-2\\3\end{pmatrix}=\begin{pmatrix}5-2\\4+3\end{pmatrix}=\begin{pmatrix}3\\7\end{pmatrix}$

3 $\begin{pmatrix}4&1\\6&3\end{pmatrix}+\begin{pmatrix}2&3\\2&5\end{pmatrix}=\begin{pmatrix}4+2&1+3\\6+2&3+5\end{pmatrix}$

$=\begin{pmatrix}6&4\\8&8\end{pmatrix}$

4 $\begin{pmatrix}-3&1\\-2&5\end{pmatrix}+\begin{pmatrix}7&-2\\0&-1\end{pmatrix}=\begin{pmatrix}-3+7&1-2\\-2+0&5-1\end{pmatrix}$

$=\begin{pmatrix}4&-1\\-2&4\end{pmatrix}$

5 $\begin{pmatrix}-1&3&3\\-3&-5&1\end{pmatrix}+\begin{pmatrix}2&0&-1\\3&1&-2\end{pmatrix}$

$=\begin{pmatrix}-1+2&3+0&3-1\\-3+3&-5+1&1-2\end{pmatrix}$

$=\begin{pmatrix}1&3&2\\0&-4&-1\end{pmatrix}$

7 $\begin{pmatrix}2&-3\\x&-9\end{pmatrix}+\begin{pmatrix}y&3\\6&2\end{pmatrix}=\begin{pmatrix}2+y&-3+3\\x+6&-9+2\end{pmatrix}=\begin{pmatrix}2+y&0\\x+6&-7\end{pmatrix}$

이므로

$\begin{pmatrix}2+y&0\\x+6&-7\end{pmatrix}=\begin{pmatrix}5&0\\8&z\end{pmatrix}$

두 행렬이 서로 같을 조건에 의하여

$2+y=5$, $x+6=8$, $-7=z$

따라서 $x=2$, $y=3$, $z=-7$

8 $\begin{pmatrix}6&x\\3&2\end{pmatrix}+\begin{pmatrix}-2&5\\5&x\end{pmatrix}=\begin{pmatrix}6-2&x+5\\3+5&2+x\end{pmatrix}=\begin{pmatrix}4&x+5\\8&2+x\end{pmatrix}$

이므로

$\begin{pmatrix}4&x+5\\8&2+x\end{pmatrix}=\begin{pmatrix}y&7\\8&z\end{pmatrix}$

두 행렬이 서로 같을 조건에 의하여

$4=y$, $x+5=7$, $2+x=z$

따라서 $x=2$, $y=4$, $z=4$

9 $\begin{pmatrix}x&3\\y&4\end{pmatrix}+\begin{pmatrix}y&2\\3&z\end{pmatrix}=\begin{pmatrix}x+y&3+2\\y+3&4+z\end{pmatrix}=\begin{pmatrix}x+y&5\\y+3&4+z\end{pmatrix}$

이므로

$\begin{pmatrix}x+y&5\\y+3&4+z\end{pmatrix}=\begin{pmatrix}5&z\\8&9\end{pmatrix}$

두 행렬이 서로 같을 조건에 의하여

$x+y=5$, $5=z$, $y+3=8$, $4+z=9$

따라서 $x=0$, $y=5$, $z=5$

10 (1) $A+B=\begin{pmatrix}4&3\\-1&1\end{pmatrix}+\begin{pmatrix}1&2\\5&-1\end{pmatrix}$

$=\begin{pmatrix}4+1&3+2\\-1+5&1-1\end{pmatrix}$

$=\begin{pmatrix}5&5\\4&0\end{pmatrix}$

(2) $B+A=\begin{pmatrix}1&2\\5&-1\end{pmatrix}+\begin{pmatrix}4&3\\-1&1\end{pmatrix}$

$=\begin{pmatrix}1+4&2+3\\5-1&-1+1\end{pmatrix}$

$=\begin{pmatrix}5&5\\4&0\end{pmatrix}$

(3) (1)에서 $A+B=\begin{pmatrix}5&5\\4&0\end{pmatrix}$이므로

$(A+B)+C=\begin{pmatrix}5&5\\4&0\end{pmatrix}+\begin{pmatrix}3&2\\1&4\end{pmatrix}$

$=\begin{pmatrix}5+3&5+2\\4+1&0+4\end{pmatrix}$

$=\begin{pmatrix}8&7\\5&4\end{pmatrix}$

(4) $B+C=\begin{pmatrix}1&2\\5&-1\end{pmatrix}+\begin{pmatrix}3&2\\1&4\end{pmatrix}$

$=\begin{pmatrix}1+3&2+2\\5+1&-1+4\end{pmatrix}$

$=\begin{pmatrix}4&4\\6&3\end{pmatrix}$

이므로

$A+(B+C)=\begin{pmatrix}4&3\\-1&1\end{pmatrix}+\begin{pmatrix}4&4\\6&3\end{pmatrix}$

$=\begin{pmatrix}4+4&3+4\\-1+6&1+3\end{pmatrix}$

$=\begin{pmatrix}8&7\\5&4\end{pmatrix}$

11 $A+B=\begin{pmatrix} 1 & 3 \\ -2 & 2 \end{pmatrix}+\begin{pmatrix} 3 & 1 \\ 7 & -3 \end{pmatrix}$

$=\begin{pmatrix} 1+3 & 3+1 \\ -2+7 & 2-3 \end{pmatrix}$

$=\begin{pmatrix} 4 & 4 \\ 5 & -1 \end{pmatrix}$

따라서 $m=4$, $n=-1$이므로

$m+n=4-1=3$

06 행렬의 뺄셈

본문 418쪽

1 (✎ 3, 4, −8, −3)　2 $\begin{pmatrix} 4 \\ 4 \end{pmatrix}$

3 $\begin{pmatrix} 0 & -2 \\ -4 & -2 \end{pmatrix}$　4 $\begin{pmatrix} -2 & -16 \\ 4 & 9 \end{pmatrix}$　5 $\begin{pmatrix} -2 & 1 & 8 \\ 3 & 4 & 4 \end{pmatrix}$

☺ $a_{11}-b_{11}$, $a_{21}-b_{21}$

6 (1) $\begin{pmatrix} 3 & 1 \\ 2 & 5 \end{pmatrix}$ (2) $\begin{pmatrix} 3 & 1 \\ 2 & 5 \end{pmatrix}$ (3) $\begin{pmatrix} 0 & 0 \\ 0 & 0 \end{pmatrix}$ (4) $\begin{pmatrix} 0 & 0 \\ 0 & 0 \end{pmatrix}$

☺ $+$, A, $-A$, O

7 (✎ −5, 0, −5, 0, −5, 0, −5, 0, 5, 7)

8 $\begin{pmatrix} -3 & 3 \\ -1 & 1 \end{pmatrix}$　9 $\begin{pmatrix} 1 & -3 \\ 2 & -3 \end{pmatrix}$　10 $\begin{pmatrix} 4 & 2 & 2 \\ 1 & -3 & 4 \end{pmatrix}$

☺ $-$

11 ①

2 $\begin{pmatrix} 7 \\ 2 \end{pmatrix}-\begin{pmatrix} 3 \\ -2 \end{pmatrix}=\begin{pmatrix} 7-3 \\ 2-(-2) \end{pmatrix}=\begin{pmatrix} 4 \\ 4 \end{pmatrix}$

3 $\begin{pmatrix} 3 & 0 \\ -1 & 4 \end{pmatrix}-\begin{pmatrix} 3 & 2 \\ 3 & 6 \end{pmatrix}=\begin{pmatrix} 3-3 & 0-2 \\ -1-3 & 4-6 \end{pmatrix}$

$=\begin{pmatrix} 0 & -2 \\ -4 & -2 \end{pmatrix}$

4 $\begin{pmatrix} 1 & -7 \\ 5 & 3 \end{pmatrix}-\begin{pmatrix} 3 & 9 \\ 1 & -6 \end{pmatrix}=\begin{pmatrix} 1-3 & -7-9 \\ 5-1 & 3-(-6) \end{pmatrix}$

$=\begin{pmatrix} -2 & -16 \\ 4 & 9 \end{pmatrix}$

5 $\begin{pmatrix} 1 & 3 & 9 \\ 8 & 0 & 10 \end{pmatrix}-\begin{pmatrix} 3 & 2 & 1 \\ 5 & -4 & 6 \end{pmatrix}$

$=\begin{pmatrix} 1-3 & 3-2 & 9-1 \\ 8-5 & 0-(-4) & 10-6 \end{pmatrix}$

$-\begin{pmatrix} -2 & 1 & 8 \\ 3 & 4 & 4 \end{pmatrix}$

6 (1) $A+O=\begin{pmatrix} 3 & 1 \\ 2 & 5 \end{pmatrix}+\begin{pmatrix} 0 & 0 \\ 0 & 0 \end{pmatrix}$

$=\begin{pmatrix} 3+0 & 1+0 \\ 2+0 & 5+0 \end{pmatrix}$

$=\begin{pmatrix} 3 & 1 \\ 2 & 5 \end{pmatrix}$

(2) $O+A=\begin{pmatrix} 0 & 0 \\ 0 & 0 \end{pmatrix}+\begin{pmatrix} 3 & 1 \\ 2 & 5 \end{pmatrix}$

$=\begin{pmatrix} 0+3 & 0+1 \\ 0+2 & 0+5 \end{pmatrix}$

$=\begin{pmatrix} 3 & 1 \\ 2 & 5 \end{pmatrix}$

(3) $-A=\begin{pmatrix} -3 & -1 \\ -2 & -5 \end{pmatrix}$이므로

$A+(-A)=\begin{pmatrix} 3 & 1 \\ 2 & 5 \end{pmatrix}+\begin{pmatrix} -3 & -1 \\ -2 & -5 \end{pmatrix}$

$=\begin{pmatrix} 3-3 & 1-1 \\ 2-2 & 5-5 \end{pmatrix}$

$=\begin{pmatrix} 0 & 0 \\ 0 & 0 \end{pmatrix}$

(4) $-A=\begin{pmatrix} -3 & -1 \\ -2 & -5 \end{pmatrix}$이므로

$(-A)+A=\begin{pmatrix} -3 & -1 \\ -2 & -5 \end{pmatrix}+\begin{pmatrix} 3 & 1 \\ 2 & 5 \end{pmatrix}$

$=\begin{pmatrix} -3+3 & -1+1 \\ -2+2 & -5+5 \end{pmatrix}$

$=\begin{pmatrix} 0 & 0 \\ 0 & 0 \end{pmatrix}$

8 주어진 등식의 양변에서 $\begin{pmatrix} 4 & 3 \\ -2 & 4 \end{pmatrix}$를 빼면

$\begin{pmatrix} 4 & 3 \\ -2 & 4 \end{pmatrix}+X-\begin{pmatrix} 4 & 3 \\ -2 & 4 \end{pmatrix}=\begin{pmatrix} 1 & 6 \\ -3 & 5 \end{pmatrix}-\begin{pmatrix} 4 & 3 \\ -2 & 4 \end{pmatrix}$

따라서

$X=\begin{pmatrix} 1-4 & 6-3 \\ -3-(-2) & 5-4 \end{pmatrix}$

$=\begin{pmatrix} -3 & 3 \\ -1 & 1 \end{pmatrix}$

9 주어진 등식의 양변에서 $\begin{pmatrix} -1 & 3 \\ -2 & 3 \end{pmatrix}$을 빼면

$X+\begin{pmatrix} -1 & 3 \\ -2 & 3 \end{pmatrix}-\begin{pmatrix} -1 & 3 \\ -2 & 3 \end{pmatrix}=O-\begin{pmatrix} -1 & 3 \\ -2 & 3 \end{pmatrix}$

따라서

$X=\begin{pmatrix} 0 & 0 \\ 0 & 0 \end{pmatrix}-\begin{pmatrix} -1 & 3 \\ -2 & 3 \end{pmatrix}$

$=\begin{pmatrix} 0-(-1) & 0-3 \\ 0-(-2) & 0-3 \end{pmatrix}$

$=\begin{pmatrix} 1 & -3 \\ 2 & -3 \end{pmatrix}$

10 주어진 등식의 양변에서 $\begin{pmatrix}1&2&1\\3&0&1\end{pmatrix}$을 빼면

$$\begin{pmatrix}1&2&1\\3&0&1\end{pmatrix}+X-\begin{pmatrix}1&2&1\\3&0&1\end{pmatrix}=\begin{pmatrix}5&4&3\\4&-3&5\end{pmatrix}-\begin{pmatrix}1&2&1\\3&0&1\end{pmatrix}$$

따라서

$$X=\begin{pmatrix}5-1&4-2&3-1\\4-3&-3-0&5-1\end{pmatrix}=\begin{pmatrix}4&2&2\\1&-3&4\end{pmatrix}$$

11 $A-C=\begin{pmatrix}5&3\\1&4\end{pmatrix}-\begin{pmatrix}4&2\\1&-1\end{pmatrix}=\begin{pmatrix}5-4&3-2\\1-1&4-(-1)\end{pmatrix}=\begin{pmatrix}1&1\\0&5\end{pmatrix}$

이므로

$$B-(A-C)=\begin{pmatrix}3&-7\\-5&2\end{pmatrix}-\begin{pmatrix}1&1\\0&5\end{pmatrix}=\begin{pmatrix}3-1&-7-1\\-5-0&2-5\end{pmatrix}=\begin{pmatrix}2&-8\\-5&-3\end{pmatrix}$$

즉 $\begin{pmatrix}2&-8\\-5&-3\end{pmatrix}=\begin{pmatrix}a&b\\c&d\end{pmatrix}$이므로 두 행렬이 서로 같을 조건에 의하여

$a=2,\ b=-8,\ c=-5,\ d=-3$

따라서 $ad-bc=2\times(-3)-(-8)\times(-5)=-6-40=-46$

07 행렬의 실수배

본문 420쪽

1 (1) (✎ 2, 2, 2, 12, −4) (2) $\begin{pmatrix}1&-2&3\\-1&4&0\end{pmatrix}$

(3) $\begin{pmatrix}3&-6&9\\-3&12&0\end{pmatrix}$ (4) $\begin{pmatrix}-2&4&-6\\2&-8&0\end{pmatrix}$ (5) $\begin{pmatrix}0&0&0\\0&0&0\end{pmatrix}$

☺ $ka_{12},\ ka_{22}$

2 (1) (✎ 2, 6, 6, 6, 12) (2) $\begin{pmatrix}5&0\\15&10\end{pmatrix}$

(3) $\begin{pmatrix}0&6\\0&12\end{pmatrix}$ (4) $\begin{pmatrix}6&-9\\18&-6\end{pmatrix}$ (5) $\begin{pmatrix}-1&6\\-3&10\end{pmatrix}$

☺ $lA,\ lA,\ kA$

3 (1) (✎ $4A,\ 2A$, 2, 0, 4, −3, 2)

(2) $\begin{pmatrix}\frac{14}{3}&4\\4&-\frac{2}{3}\end{pmatrix}$ (3) $\begin{pmatrix}-12&-6\\4&6\end{pmatrix}$ (4) $\begin{pmatrix}12&6\\-4&-6\end{pmatrix}$

4 (✎ 2, +, 2, +, 2, +, 2, 2, 2, 2, −, 2, −, 2, −, 2, 4, 2)

5 $X=\begin{pmatrix}1&0\\2&-1\end{pmatrix},\ Y=\begin{pmatrix}2&3\\0&1\end{pmatrix}$

6 $X=\begin{pmatrix}0&-7\\1&-2\end{pmatrix},\ Y=\begin{pmatrix}-1&-24\\-2&-8\end{pmatrix}$

7 (✎ $B,\ B,\ B,\ b_{21},\ b_{21}$, 6, b_{21}, 6, −6)

8 3 **9** ②

10 (✎ 0, a, $-b$, $3b$, $a-b$, $3b$, $a-b$, $3b$, $a-b$, 2, 2, 3)

11 $a=2,\ b=-1$ **12** $a=-5,\ b=-1$

13 $a=1,\ b=-1$

14 (✎ $2x$, $-6x$, y, $-y$, $2x$, $-6x-y$, $2x$, $-6x-y$, $2x$, $-6x-y$, 2, −3)

15 $x=2,\ y=3$ **16** ②

1 (2) $\frac{1}{2}A=\frac{1}{2}\begin{pmatrix}2&-4&6\\-2&8&0\end{pmatrix}=\begin{pmatrix}\frac{1}{2}\times2&\frac{1}{2}\times(-4)&\frac{1}{2}\times6\\\frac{1}{2}\times(-2)&\frac{1}{2}\times8&\frac{1}{2}\times0\end{pmatrix}=\begin{pmatrix}1&-2&3\\-1&4&0\end{pmatrix}$

(3) $1.5A=1.5\begin{pmatrix}2&-4&6\\-2&8&0\end{pmatrix}=\begin{pmatrix}1.5\times2&1.5\times(-4)&1.5\times6\\1.5\times(-2)&1.5\times8&1.5\times0\end{pmatrix}=\begin{pmatrix}3&-6&9\\-3&12&0\end{pmatrix}$

(4) $(-1)A=(-1)\begin{pmatrix}2&-4&6\\-2&8&0\end{pmatrix}=\begin{pmatrix}(-1)\times2&(-1)\times(-4)&(-1)\times6\\(-1)\times(-2)&(-1)\times8&(-1)\times0\end{pmatrix}=\begin{pmatrix}-2&4&-6\\2&-8&0\end{pmatrix}$

(5) $0A=0\begin{pmatrix}2&-4&6\\-2&8&0\end{pmatrix}=\begin{pmatrix}0\times2&0\times(-4)&0\times6\\0\times(-2)&0\times8&0\times0\end{pmatrix}=\begin{pmatrix}0&0&0\\0&0&0\end{pmatrix}$

2 (2) $3A+2A=(3+2)A=5A=5\begin{pmatrix}1&0\\3&2\end{pmatrix}=\begin{pmatrix}5&0\\15&10\end{pmatrix}$

(3) $2(A+B)=2\left\{\begin{pmatrix}1 & 0\\3 & 2\end{pmatrix}+\begin{pmatrix}-1 & 3\\-3 & 4\end{pmatrix}\right\}$

$=2\begin{pmatrix}0 & 3\\0 & 6\end{pmatrix}$

$=\begin{pmatrix}0 & 6\\0 & 12\end{pmatrix}$

(4) $3A-3B=3(A-B)$

$=3\left\{\begin{pmatrix}1 & 0\\3 & 2\end{pmatrix}-\begin{pmatrix}-1 & 3\\-3 & 4\end{pmatrix}\right\}$

$=3\begin{pmatrix}2 & -3\\6 & -2\end{pmatrix}$

$=\begin{pmatrix}3\times2 & 3\times(-3)\\3\times6 & 3\times(-2)\end{pmatrix}$

$=\begin{pmatrix}6 & -9\\18 & -6\end{pmatrix}$

(5) $3A-2(A-B)=3A-2A+2B=A+2B$

$=\begin{pmatrix}1 & 0\\3 & 2\end{pmatrix}+2\begin{pmatrix}-1 & 3\\-3 & 4\end{pmatrix}$

$=\begin{pmatrix}1 & 0\\3 & 2\end{pmatrix}+\begin{pmatrix}2\times(-1) & 2\times3\\2\times(-3) & 2\times4\end{pmatrix}$

$=\begin{pmatrix}1 & 0\\3 & 2\end{pmatrix}+\begin{pmatrix}-2 & 6\\-6 & 8\end{pmatrix}$

$=\begin{pmatrix}-1 & 6\\-3 & 10\end{pmatrix}$

3 (2) $3(X-B)=2A+B$에서

$3X-3B=2A+B$

$3X=2A+4B$

따라서

$X=\frac{1}{3}(2A+4B)$

$=\frac{1}{3}\left\{2\begin{pmatrix}-1 & 0\\2 & 1\end{pmatrix}+4\begin{pmatrix}4 & 3\\2 & -1\end{pmatrix}\right\}$

$=\frac{1}{3}\left\{\begin{pmatrix}-2 & 0\\4 & 2\end{pmatrix}+\begin{pmatrix}16 & 12\\8 & -4\end{pmatrix}\right\}$

$=\frac{1}{3}\begin{pmatrix}14 & 12\\12 & -2\end{pmatrix}$

$=\begin{pmatrix}\frac{14}{3} & 4\\4 & -\frac{2}{3}\end{pmatrix}$

(3) $2(X-2A)=X-2B$에서

$2X-4A=X-2B$

따라서

$X=4A-2B$

$=4\begin{pmatrix}-1 & 0\\2 & 1\end{pmatrix}-2\begin{pmatrix}4 & 3\\2 & -1\end{pmatrix}$

$=\begin{pmatrix}-4 & 0\\8 & 4\end{pmatrix}-\begin{pmatrix}8 & 6\\4 & -2\end{pmatrix}$

$-\begin{pmatrix}-12 & -6\\4 & 6\end{pmatrix}$

(4) $2(X-3A)=3X-2(A+B)$에서

$2X-6A=3X-2A-2B$

따라서

$X=-4A+2B$

$=-4\begin{pmatrix}-1 & 0\\2 & 1\end{pmatrix}+2\begin{pmatrix}4 & 3\\2 & -1\end{pmatrix}$

$=\begin{pmatrix}4 & 0\\-8 & -4\end{pmatrix}+\begin{pmatrix}8 & 6\\4 & -2\end{pmatrix}$

$=\begin{pmatrix}12 & 6\\-4 & -6\end{pmatrix}$

5 $X-Y=A$ ...... ㉠

$2X+Y=B$ ...... ㉡

㉠+㉡을 하면 $3X=A+B$이므로

$X=\frac{1}{3}(A+B)$

$=\frac{1}{3}\left\{\begin{pmatrix}-1 & -3\\2 & -2\end{pmatrix}+\begin{pmatrix}4 & 3\\4 & -1\end{pmatrix}\right\}$

$=\frac{1}{3}\begin{pmatrix}3 & 0\\6 & -3\end{pmatrix}=\begin{pmatrix}1 & 0\\2 & -1\end{pmatrix}$

$2\times$㉠$-$㉡을 하면 $-3Y=2A-B$이므로

$Y=-\frac{1}{3}(2A-B)$

$=-\frac{1}{3}\left\{2\begin{pmatrix}-1 & -3\\2 & -2\end{pmatrix}-\begin{pmatrix}4 & 3\\4 & -1\end{pmatrix}\right\}$

$=-\frac{1}{3}\begin{pmatrix}-6 & -9\\0 & -3\end{pmatrix}$

$=\begin{pmatrix}2 & 3\\0 & 1\end{pmatrix}$

6 $5X-2Y=A+2B$ ...... ㉠

$2X-Y=A+B$ ...... ㉡

㉠$-2\times$㉡을 하면

$X=-A=\begin{pmatrix}0 & -7\\1 & -2\end{pmatrix}$

㉡에서

$Y=2X-(A+B)=2X-A-B=-2A-A-B$

$=-3A-B$

$=-3\begin{pmatrix}0 & 7\\-1 & 2\end{pmatrix}-\begin{pmatrix}1 & 3\\5 & 2\end{pmatrix}$

$=\begin{pmatrix}0 & -21\\3 & -6\end{pmatrix}-\begin{pmatrix}1 & 3\\5 & 2\end{pmatrix}$

$=\begin{pmatrix}-1 & -24\\-2 & -8\end{pmatrix}$

8 $4(A+B)-3(A+2B)=4A+4B-3A-6B$

$=A-2B$

이므로 행렬 $A-2B$의 $(1, 2)$ 성분을 구하면 된다.

행렬 $A-2B$의 (1, 2) 성분은 $a_{12}-2b_{12}$이고

$a_{12}=1+2\times2=5$

$b_{12}=-4\times1+2\times2+1=1$

따라서 $a_{12}-2b_{12}=5-2\times1=3$

9 $\begin{pmatrix}1&-1\\-2&1\end{pmatrix}=X$, $\begin{pmatrix}3&2\\-1&3\end{pmatrix}=Y$라 하면

$2A+B=X$ …… ㉠

$A-2B=Y$ …… ㉡

$2\times$㉠$+$㉡을 하면 $5A=2X+Y$이므로

$$A=\frac{1}{5}(2X+Y)$$
$$=\frac{1}{5}\left\{2\begin{pmatrix}1&-1\\-2&1\end{pmatrix}+\begin{pmatrix}3&2\\-1&3\end{pmatrix}\right\}$$
$$=\frac{1}{5}\begin{pmatrix}5&0\\-5&5\end{pmatrix}$$
$$=\begin{pmatrix}1&0\\-1&1\end{pmatrix}$$

㉠$-2\times$㉡을 하면 $5B=X-2Y$이므로

$$B=\frac{1}{5}(X-2Y)$$
$$=\frac{1}{5}\left\{\begin{pmatrix}1&-1\\-2&1\end{pmatrix}-2\begin{pmatrix}3&2\\-1&3\end{pmatrix}\right\}$$
$$=\frac{1}{5}\begin{pmatrix}-5&-5\\0&-5\end{pmatrix}$$
$$=\begin{pmatrix}-1&-1\\0&-1\end{pmatrix}$$

$$A-B=\begin{pmatrix}1&0\\-1&1\end{pmatrix}-\begin{pmatrix}-1&-1\\0&-1\end{pmatrix}$$
$$=\begin{pmatrix}2&1\\-1&2\end{pmatrix}$$

따라서 행렬 $A-B$의 모든 성분의 합은

$2+1-1+2=4$

11 $a\begin{pmatrix}1&-1\\0&4\end{pmatrix}+b\begin{pmatrix}5&7\\3&-2\end{pmatrix}=\begin{pmatrix}a&-a\\0&4a\end{pmatrix}+\begin{pmatrix}5b&7b\\3b&-2b\end{pmatrix}$

$$=\begin{pmatrix}a+5b&-a+7b\\3b&4a-2b\end{pmatrix}$$

이므로 $\begin{pmatrix}a+5b&-a+7b\\3b&4a-2b\end{pmatrix}=\begin{pmatrix}-3&-9\\-3&10\end{pmatrix}$

두 행렬이 서로 같을 조건에 의하여

$a+5b=-3$, $-a+7b=-9$, $3b=-3$, $4a-2b=10$

따라서 $a=2$, $b=-1$

12 $a\begin{pmatrix}2&2\\0&-1\end{pmatrix}+b\begin{pmatrix}-1&-3\\3&4\end{pmatrix}=\begin{pmatrix}2a&2a\\0&-a\end{pmatrix}+\begin{pmatrix}-b&-3b\\3b&4b\end{pmatrix}$

$$=\begin{pmatrix}2a-b&2a-3b\\3b&-a+4b\end{pmatrix}$$

이므로 $\begin{pmatrix}2a-b&2a-3b\\3b&-a+4b\end{pmatrix}=\begin{pmatrix}-9&-7\\-3&1\end{pmatrix}$

두 행렬이 서로 같을 조건에 의하여

$2a-b=-9$, $2a-3b=-7$, $3b=-3$, $-a+4b=1$

따라서 $a=-5$, $b=-1$

13 $2\begin{pmatrix}a^2&-1\\b&4\end{pmatrix}+3\begin{pmatrix}a&2\\1&b\end{pmatrix}=\begin{pmatrix}2a^2&-2\\2b&8\end{pmatrix}+\begin{pmatrix}3a&6\\3&3b\end{pmatrix}$

$$=\begin{pmatrix}2a^2+3a&4\\2b+3&8+3b\end{pmatrix}$$

이므로 $\begin{pmatrix}2a^2+3a&4\\2b+3&8+3b\end{pmatrix}=\begin{pmatrix}5&4\\1&5\end{pmatrix}$

두 행렬이 서로 같을 조건에 의하여

$2a^2+3a=5$, $2b+3=1$, $8+3b=5$

$2b+3=1$에서 $b=-1$

$2a^2+3a=5$에서 $2a^2+3a-5=0$

$(2a+5)(a-1)=0$

이때 a는 정수이므로 $a=1$

15 $xA+yB=x\begin{pmatrix}2&2\\3&3\end{pmatrix}+y\begin{pmatrix}2&-1\\-1&1\end{pmatrix}$

$$=\begin{pmatrix}2x&2x\\3x&3x\end{pmatrix}+\begin{pmatrix}2y&-y\\-y&y\end{pmatrix}$$
$$=\begin{pmatrix}2x+2y&2x-y\\3x-y&3x+y\end{pmatrix}$$

이므로 $\begin{pmatrix}2x+2y&2x-y\\3x-y&3x+y\end{pmatrix}=\begin{pmatrix}10&1\\3&9\end{pmatrix}$

두 행렬이 서로 같을 조건에 의하여

$2x+2y=10$, $2x-y=1$, $3x-y=3$, $3x+y=9$

따라서 $x=2$, $y=3$

16 $X-3\begin{pmatrix}3&x\\2&1\end{pmatrix}=\frac{1}{2}\begin{pmatrix}2&6\\6y&4\end{pmatrix}$에서

$$X=\frac{1}{2}\begin{pmatrix}2&6\\6y&4\end{pmatrix}+3\begin{pmatrix}3&x\\2&1\end{pmatrix}$$
$$=\begin{pmatrix}1&3\\3y&2\end{pmatrix}+\begin{pmatrix}9&3x\\6&3\end{pmatrix}$$
$$=\begin{pmatrix}10&3+3x\\3y+6&5\end{pmatrix}$$

행렬 X의 모든 성분의 합이 12이므로

$10+(3+3x)+(3y+6)+5=12$

$3x+3y=-12$

따라서 $x+y=-4$

TEST 개념 확인

본문 424쪽

1 ③, ④	2 ①	3 5	4 ②
5 ③	6 ①	7 ③	8 ④
9 ③	10 ②	11 −31	12 ⑤

1 ① $a_{12}=-1$, $a_{21}=2$이므로

$a_{12}+a_{21}=-1+2=1$

② 행렬 A는 2×3행렬이다.

③ (1, 3) 성분은 3, (2, 2) 성분은 3이므로 (1, 3) 성분과 (2, 2) 성분은 같다.

⑤ 행렬 A는 행의 개수와 열의 개수가 다르므로 정사각행렬이 아니다.

따라서 옳은 것은 ③, ④이다.

2 $a_{11}=2x-y$, $a_{12}=x-y$, $a_{21}=x+2y$, $a_{22}=x+y$

$a_{11}+a_{22}=3$이므로

$2x-y+x+y=3$, $3x=3$, $x=1$

$a_{12}-a_{21}=6$이므로

$x-y-(x+2y)=6$, $-3y=6$, $y=-2$

따라서 $a_{21}=x+2y=1-4=-3$

3 $i>j$일 때, $a_{ij}=ij$이므로

$a_{21}=2\times1=2$, $a_{31}=3\times1=3$, $a_{32}=3\times2=6$

$i=j$일 때, $a_{ij}=k$이므로

$a_{11}=a_{22}=k$

$i<j$일 때, $a_{ij}=-a_{ji}$이므로

$a_{12}=-a_{21}=-2$

즉 구하는 행렬 A는

$$A=\begin{pmatrix} k & -2 \\ 2 & k \\ 3 & 6 \end{pmatrix}$$

이때 행렬 A의 모든 성분의 합은 19이므로

$k-2+2+k+3+6=19$, $2k=10$

따라서 $k=5$

4 대응하는 성분이 각각 같아야 하므로

$a+2b=5$ …… ㉠

$a-b=-7$ …… ㉡

$3c=9$ …… ㉢

㉠, ㉡을 연립하여 풀면

$a=-3$, $b=4$

㉢에서 $c=3$

따라서 $a+b+c=-3+4+3=4$

5 $A=B$를 만족시키려면 대응하는 성분이 각각 같아야 하므로

$2x-y=4$ …… ㉠

$x+y=2$ …… ㉡

$z^2-2z=3$ …… ㉢

$z^2=1$ …… ㉣

㉠, ㉡을 연립하여 풀면

$x=2$, $y=0$

㉢에서 $z^2-2z-3=0$, $(z+1)(z-3)=0$

$z=-1$ 또는 $z=3$

그런데 $z=-1$일 때에만 ㉣을 만족시키므로

$z=-1$

따라서 $x-y+z=2-0-1=1$

6 대응하는 성분이 각각 같아야 하므로

$2x+3y=x+2y+2$, $2xy+1=xy+2$, $x-y=-2y+2$

따라서 $x+y=2$, $xy=1$이므로

$x^2+y^2=(x+y)^2-2xy$

$=2^2-2\times1=2$

7 $$A+B=\begin{pmatrix} 2 & 1 \\ x & 3 \end{pmatrix}+\begin{pmatrix} 4 & 3x \\ 3 & -1 \end{pmatrix}=\begin{pmatrix} 6 & 1+3x \\ x+3 & 2 \end{pmatrix}$$

행렬 $A+B$의 모든 성분의 합이 16이므로

$6+(1+3x)+(x+3)+2=16$, $4x+12=16$, $4x=4$

따라서 $x=1$

8 $\begin{pmatrix} 3 & 5 \\ -1 & 1 \end{pmatrix}+X=\begin{pmatrix} 2 & 4 \\ -2 & 5 \end{pmatrix}$에서

$$X=\begin{pmatrix} 2 & 4 \\ -2 & 5 \end{pmatrix}-\begin{pmatrix} 3 & 5 \\ -1 & 1 \end{pmatrix}=\begin{pmatrix} -1 & -1 \\ -1 & 4 \end{pmatrix}$$

따라서 행렬 X의 모든 성분의 합은

$-1-1-1+4=1$

9 $$B+C=\begin{pmatrix} 7 & 3 \\ 1 & 2 \end{pmatrix}+\begin{pmatrix} -4 & 1 \\ 2 & -3 \end{pmatrix}=\begin{pmatrix} 3 & 4 \\ 3 & -1 \end{pmatrix}$$

이므로

$$A-(B+C)=\begin{pmatrix} 2 & 1 \\ -2 & -1 \end{pmatrix}-\begin{pmatrix} 3 & 4 \\ 3 & -1 \end{pmatrix}=\begin{pmatrix} -1 & -3 \\ -5 & 0 \end{pmatrix}$$

즉 $\begin{pmatrix} -1 & -3 \\ -5 & 0 \end{pmatrix}=\begin{pmatrix} a & b \\ c & d \end{pmatrix}$이므로 두 행렬이 서로 같을 조건에 의하여

$a=-1$, $b=-3$, $c=-5$, $d=0$

따라서

$ad+bc=(-1)\times0+(-3)\times(-5)=15$

10 $X+2A=A+3B$에서

$X=-A+3B$

$=-\begin{pmatrix} 8 & 3 \\ 2 & 1 \end{pmatrix}+3\begin{pmatrix} -2 & 1 \\ 5 & 1 \end{pmatrix}$

$=\begin{pmatrix} -8 & -3 \\ -2 & -1 \end{pmatrix}+\begin{pmatrix} -6 & 3 \\ 15 & 3 \end{pmatrix}$

$=\begin{pmatrix} -14 & 0 \\ 13 & 2 \end{pmatrix}$

따라서 행렬 X의 (2, 2) 성분은 2이다.

11 $2X+Y=A$ ······ ㉠

$X+Y=B$ ······ ㉡

㉠−㉡을 하면

$X=A-B$

$=\begin{pmatrix} 3 & -4 \\ -3 & 2 \end{pmatrix}-\begin{pmatrix} 1 & 2 \\ 1 & 5 \end{pmatrix}$

$=\begin{pmatrix} 2 & -6 \\ -4 & -3 \end{pmatrix}$

$2\times$㉡−㉠을 하면

$Y=-A+2B$

$=-\begin{pmatrix} 3 & -4 \\ -3 & 2 \end{pmatrix}+2\begin{pmatrix} 1 & 2 \\ 1 & 5 \end{pmatrix}$

$=\begin{pmatrix} -3 & 4 \\ 3 & -2 \end{pmatrix}+\begin{pmatrix} 2 & 4 \\ 2 & 10 \end{pmatrix}$

$=\begin{pmatrix} -1 & 8 \\ 5 & 8 \end{pmatrix}$

따라서

$X-Y=\begin{pmatrix} 2 & -6 \\ -4 & -3 \end{pmatrix}-\begin{pmatrix} -1 & 8 \\ 5 & 8 \end{pmatrix}$

$=\begin{pmatrix} 3 & -14 \\ -9 & -11 \end{pmatrix}$

이므로 $X-Y$의 모든 성분의 합은

$3-14-9-11=-31$

12 $xA+yB=x\begin{pmatrix} 5 & 3 \\ 1 & 2 \end{pmatrix}+y\begin{pmatrix} -2 & 2 \\ -1 & 3 \end{pmatrix}$

$=\begin{pmatrix} 5x & 3x \\ x & 2x \end{pmatrix}+\begin{pmatrix} -2y & 2y \\ -y & 3y \end{pmatrix}$

$=\begin{pmatrix} 5x-2y & 3x+2y \\ x-y & 2x+3y \end{pmatrix}$

이므로 $\begin{pmatrix} 5x-2y & 3x+2y \\ x-y & 2x+3y \end{pmatrix}=\begin{pmatrix} 4 & 12 \\ -1 & 13 \end{pmatrix}$

두 행렬이 서로 같을 조건에 의하여

$5x-2y=4$, $3x+2y=12$, $x-y=-1$, $2x+3y=13$

따라서 $x=2$, $y=3$이므로

$xy=2\times3=6$

08 행렬의 곱셈

본문 426쪽

1 (✎ 2, 1, 10) **2** (15) **3** (-8)

4 (1) **5** (✎ 1, 5, 10, 26)

6 $(4 \quad 5)$ **7** $(-3 \quad -7)$

8 $(7 \quad -11)$ **9** $(-11 \quad 9)$

10 (✎ 4×1, 2×3, 4, 6)

11 $\begin{pmatrix} -2 & 8 \\ -5 & 20 \end{pmatrix}$ **12** $\begin{pmatrix} 18 & -12 \\ 12 & -8 \end{pmatrix}$ **13** $\begin{pmatrix} 2 & -8 \\ -7 & 28 \end{pmatrix}$

14 $\begin{pmatrix} -15 & 6 \\ 5 & -2 \end{pmatrix}$

15 (✎ 2×3, 5×1, 9, 8)

16 $\begin{pmatrix} -4 \\ 1 \end{pmatrix}$ **17** $\begin{pmatrix} 4 \\ -2 \end{pmatrix}$ **18** $\begin{pmatrix} -16 \\ 4 \end{pmatrix}$

19 $\begin{pmatrix} -5 \\ -5 \end{pmatrix}$ **20** (✎ 2×2, 4×3, 3×1, 5, 18, 11)

21 $\begin{pmatrix} -2 & 8 \\ -5 & 5 \end{pmatrix}$ **22** $\begin{pmatrix} 6 & 1 \\ 5 & 16 \end{pmatrix}$ **23** $\begin{pmatrix} 11 & 2 \\ -17 & -6 \end{pmatrix}$

24 $\begin{pmatrix} -12 & 12 \\ 2 & -2 \end{pmatrix}$ **25** (✎ $5a$, $5b$, 1, $5a$, 1, $5b$, -3, 4)

26 $a=4$, $b=4$ **27** $a=-3$, $b=2$

28 $a=4$, $b=3$ **29** $a=1$, $b=-1$

30 $a=4$, $b=-3$, $c=-4$ **31** $a=2$, $b=-1$, $c=-2$

32 $a=-1$, $b=4$, $c=-7$ **33** ④

34 (1) (✎ 2000, 100, 4, 7)

(2) ❶ 참외 ❷ 복숭아

(3) (✎ 1400, 2000, 5, 8, 200, 100, 19600, 1800, 1500)

(4) ❶ (✎ 윤미, 가격) ❷ (✎ 하린, 무게)

35 (1) 20, 45, 7, 9

(2) ❶ 일요일에 자전거를 탄 시간

❷ 사로가 자전거를 1분 탔을 때 소모되는 열량

(3) $C=\begin{pmatrix} 430 & 380 \\ 525 & 465 \end{pmatrix}$

(4) ❶ 사로가 토요일에 자전거 타기와 수영을 했을 때 소모된 총 열량

❷ 사준이와 사로가 일요일에 자전거 타기와 수영을 했을 때 소모된 총 열량

36 (1) 1200, 1500, 5, 3

(2) $C=\begin{pmatrix} 5200 & 8400 \\ 6500 & 10500 \end{pmatrix}$

(3) ❶ 혁진이가 마트에서 구입할 때, 과자와 음료수의 총 가격

❷ 혜상이가 마트에서 구입할 때, 과자와 음료수의 총 가격

❸ 혁진이가 편의점에서 구입할 때, 과자와 음료수의 총 가격

❹ 혜상이가 편의점에서 구입할 때, 과자와 음료수의 총 가격

(4) 7850원

37 ④

2 $\begin{pmatrix}-3 & 3\end{pmatrix}\begin{pmatrix}-1\\4\end{pmatrix}=\begin{pmatrix}(-3)\times(-1)+3\times4\end{pmatrix}$
$=\begin{pmatrix}15\end{pmatrix}$

3 $\begin{pmatrix}4 & -1\end{pmatrix}\begin{pmatrix}-2\\0\end{pmatrix}=\begin{pmatrix}4\times(-2)+(-1)\times0\end{pmatrix}$
$=\begin{pmatrix}-8\end{pmatrix}$

4 $\begin{pmatrix}-2 & 5\end{pmatrix}\begin{pmatrix}-3\\-1\end{pmatrix}=\begin{pmatrix}(-2)\times(-3)+5\times(-1)\end{pmatrix}$
$=\begin{pmatrix}1\end{pmatrix}$

6 $\begin{pmatrix}-2 & 3\end{pmatrix}\begin{pmatrix}1 & 2\\2 & 3\end{pmatrix}$
$=\begin{pmatrix}(-2)\times1+3\times2 & (-2)\times2+3\times3\end{pmatrix}=\begin{pmatrix}4 & 5\end{pmatrix}$

7 $\begin{pmatrix}1 & -2\end{pmatrix}\begin{pmatrix}-3 & 1\\0 & 4\end{pmatrix}$
$=\begin{pmatrix}1\times(-3)+(-2)\times0 & 1\times1+(-2)\times4\end{pmatrix}$
$=\begin{pmatrix}-3 & -7\end{pmatrix}$

8 $\begin{pmatrix}3 & -5\end{pmatrix}\begin{pmatrix}-1 & 3\\-2 & 4\end{pmatrix}$
$=\begin{pmatrix}3\times(-1)+(-5)\times(-2) & 3\times3+(-5)\times4\end{pmatrix}$
$=\begin{pmatrix}7 & -11\end{pmatrix}$

9 $\begin{pmatrix}-1 & -3\end{pmatrix}\begin{pmatrix}2 & -3\\3 & -2\end{pmatrix}$
$=\begin{pmatrix}(-1)\times2+(-3)\times3 & (-1)\times(-3)+(-3)\times(-2)\end{pmatrix}$
$=\begin{pmatrix}-11 & 9\end{pmatrix}$

11 $\begin{pmatrix}2\\5\end{pmatrix}\begin{pmatrix}-1 & 4\end{pmatrix}=\begin{pmatrix}2\times(-1) & 2\times4\\5\times(-1) & 5\times4\end{pmatrix}$
$=\begin{pmatrix}-2 & 8\\-5 & 20\end{pmatrix}$

12 $\begin{pmatrix}6\\4\end{pmatrix}\begin{pmatrix}3 & -2\end{pmatrix}=\begin{pmatrix}6\times3 & 6\times(-2)\\4\times3 & 4\times(-2)\end{pmatrix}$
$=\begin{pmatrix}18 & -12\\12 & -8\end{pmatrix}$

13 $\begin{pmatrix}-2\\7\end{pmatrix}\begin{pmatrix}-1 & 4\end{pmatrix}=\begin{pmatrix}(-2)\times(-1) & (-2)\times4\\7\times(-1) & 7\times4\end{pmatrix}$
$=\begin{pmatrix}2 & -8\\-7 & 28\end{pmatrix}$

14 $\begin{pmatrix}3\\-1\end{pmatrix}\begin{pmatrix}-5 & 2\end{pmatrix}=\begin{pmatrix}3\times(-5) & 3\times2\\(-1)\times(-5) & (-1)\times2\end{pmatrix}$
$=\begin{pmatrix}-15 & 6\\5 & -2\end{pmatrix}$

16 $\begin{pmatrix}1 & 2\\2 & 1\end{pmatrix}\begin{pmatrix}2\\-3\end{pmatrix}=\begin{pmatrix}1\times2+2\times(-3)\\2\times2+1\times(-3)\end{pmatrix}$
$=\begin{pmatrix}-4\\1\end{pmatrix}$

17 $\begin{pmatrix}3 & 1\\-2 & 0\end{pmatrix}\begin{pmatrix}1\\1\end{pmatrix}=\begin{pmatrix}3\times1+1\times1\\(-2)\times1+0\times1\end{pmatrix}$
$=\begin{pmatrix}4\\-2\end{pmatrix}$

18 $\begin{pmatrix}-2 & 3\\0 & -1\end{pmatrix}\begin{pmatrix}2\\-4\end{pmatrix}=\begin{pmatrix}(-2)\times2+3\times(-4)\\0\times2+(-1)\times(-4)\end{pmatrix}$
$=\begin{pmatrix}-16\\4\end{pmatrix}$

19 $\begin{pmatrix}3 & -1\\2 & 1\end{pmatrix}\begin{pmatrix}-2\\-1\end{pmatrix}=\begin{pmatrix}3\times(-2)+(-1)\times(-1)\\2\times(-2)+1\times(-1)\end{pmatrix}$
$=\begin{pmatrix}-5\\-5\end{pmatrix}$

21 $\begin{pmatrix}4 & 2\\1 & 2\end{pmatrix}\begin{pmatrix}1 & 1\\-3 & 2\end{pmatrix}$
$=\begin{pmatrix}4\times1+2\times(-3) & 4\times1+2\times2\\1\times1+2\times(-3) & 1\times1+2\times2\end{pmatrix}$
$=\begin{pmatrix}-2 & 8\\-5 & 5\end{pmatrix}$

22 $\begin{pmatrix}1 & -2\\2 & 3\end{pmatrix}\begin{pmatrix}4 & 5\\-1 & 2\end{pmatrix}$
$=\begin{pmatrix}1\times4+(-2)\times(-1) & 1\times5+(-2)\times2\\2\times4+3\times(-1) & 2\times5+3\times2\end{pmatrix}$
$=\begin{pmatrix}6 & 1\\5 & 16\end{pmatrix}$

23 $\begin{pmatrix}-1 & 2\\3 & -2\end{pmatrix}\begin{pmatrix}-3 & -2\\4 & 0\end{pmatrix}$
$=\begin{pmatrix}(-1)\times(-3)+2\times4 & (-1)\times(-2)+2\times0\\3\times(-3)+(-2)\times4 & 3\times(-2)+(-2)\times0\end{pmatrix}$
$=\begin{pmatrix}11 & 2\\-17 & -6\end{pmatrix}$

24 $\begin{pmatrix}-3 & -2\\1 & 0\end{pmatrix}\begin{pmatrix}2 & -2\\3 & -3\end{pmatrix}$
$=\begin{pmatrix}(-3)\times2+(-2)\times3 & (-3)\times(-2)+(-2)\times(-3)\\1\times2+0\times3 & 1\times(-2)+0\times(-3)\end{pmatrix}$
$=\begin{pmatrix}-12 & 12\\2 & -2\end{pmatrix}$

26 $\begin{pmatrix} a & 1 \\ -2 & 1 \end{pmatrix}\begin{pmatrix} -1 \\ 2 \end{pmatrix}=\begin{pmatrix} -a+2 \\ 4 \end{pmatrix}=\begin{pmatrix} -2 \\ b \end{pmatrix}$

두 행렬이 서로 같을 조건에 의하여

$-a+2=-2$, $4=b$

따라서 $a=4$, $b=4$

27 $\begin{pmatrix} -1 & 3 \\ -2 & a \end{pmatrix}\begin{pmatrix} b \\ -3 \end{pmatrix}=\begin{pmatrix} -b-9 \\ -2b-3a \end{pmatrix}=\begin{pmatrix} -11 \\ 5 \end{pmatrix}$

두 행렬이 서로 같을 조건에 의하여

$-b-9=-11$, $-2b-3a=5$

따라서 $a=-3$, $b=2$

28 $\begin{pmatrix} 3 & -2 \\ a & 1 \end{pmatrix}\begin{pmatrix} 2 \\ b \end{pmatrix}=\begin{pmatrix} 6-2b \\ 2a+b \end{pmatrix}=\begin{pmatrix} 0 \\ 11 \end{pmatrix}$

두 행렬이 서로 같을 조건에 의하여

$6-2b=0$, $2a+b=11$

따라서 $a=4$, $b=3$

29 $\begin{pmatrix} 2 & -5 \\ 4 & 6 \end{pmatrix}\begin{pmatrix} a \\ b \end{pmatrix}=\begin{pmatrix} 2a-5b \\ 4a+6b \end{pmatrix}=\begin{pmatrix} 7 \\ -2 \end{pmatrix}$

두 행렬이 서로 같을 조건에 의하여

$2a-5b=7$, $4a+6b=-2$

위의 두 식을 연립하여 풀면

$a=1$, $b=-1$

30 $\begin{pmatrix} 2 & a \\ a & 5 \end{pmatrix}\begin{pmatrix} -3 & 4 \\ 2 & b \end{pmatrix}=\begin{pmatrix} -6+2a & 8+ab \\ -3a+10 & 4a+5b \end{pmatrix}=\begin{pmatrix} 2 & c \\ -2 & 1 \end{pmatrix}$

두 행렬이 서로 같을 조건에 의하여

$-6+2a=2$, $8+ab=c$, $-3a+10=-2$, $4a+5b=1$

따라서 $a=4$, $b=-3$, $c=-4$

31 $\begin{pmatrix} -1 & -2 \\ a & 3 \end{pmatrix}\begin{pmatrix} 0 & b \\ 1 & 2 \end{pmatrix}=\begin{pmatrix} -2 & -b-4 \\ 3 & ab+6 \end{pmatrix}=\begin{pmatrix} c & -3 \\ 3 & 4 \end{pmatrix}$

두 행렬이 서로 같을 조건에 의하여

$-2=c$, $-b-4=-3$, $ab+6=4$

따라서 $a=2$, $b=-1$, $c=-2$

32 $\begin{pmatrix} 2 & a \\ -3 & b \end{pmatrix}\begin{pmatrix} 1 & 0 \\ -1 & 2 \end{pmatrix}=\begin{pmatrix} 2-a & 2a \\ -3-b & 2b \end{pmatrix}=\begin{pmatrix} 3 & -2 \\ c & 8 \end{pmatrix}$

두 행렬이 서로 같을 조건에 의하여

$2-a=3$, $2a=-2$, $-3-b=c$, $2b=8$

따라서 $a=-1$, $b=4$, $c=-7$

33 $AB=\begin{pmatrix} x & -2 \\ -9 & y \end{pmatrix}\begin{pmatrix} 3x & 3 \\ 6 & 2 \end{pmatrix}$

$=\begin{pmatrix} x\times 3x+(-2)\times 6 & x\times 3+(-2)\times 2 \\ (-9)\times 3x+y\times 6 & (-9)\times 3+y\times 2 \end{pmatrix}$

$=\begin{pmatrix} 3x^2-12 & 3x-4 \\ -27x+6y & -27+2y \end{pmatrix}$

이므로 $\begin{pmatrix} 3x^2-12 & 3x-4 \\ -27x+6y & -27+2y \end{pmatrix}=\begin{pmatrix} 0 & 2 \\ 0 & -9 \end{pmatrix}$

두 행렬이 서로 같을 조건에 의하여

$3x^2-12=0$, $3x-4=2$, $-27x+6y=0$, $-27+2y=-9$

따라서 $x=2$, $y=9$이므로

$x+y=2+9=11$

35 (3) $C=AB=\begin{pmatrix} 20 & 30 \\ 15 & 45 \end{pmatrix}\begin{pmatrix} 8 & 7 \\ 9 & 8 \end{pmatrix}$

$=\begin{pmatrix} 20\times 8+30\times 9 & 20\times 7+30\times 8 \\ 15\times 8+45\times 9 & 15\times 7+45\times 8 \end{pmatrix}$

$=\begin{pmatrix} 430 & 380 \\ 525 & 465 \end{pmatrix}$

36 (2) $C=AB=\begin{pmatrix} 1200 & 800 \\ 1500 & 1000 \end{pmatrix}\begin{pmatrix} 3 & 5 \\ 2 & 3 \end{pmatrix}$

$=\begin{pmatrix} 1200\times 3+800\times 2 & 1200\times 5+800\times 3 \\ 1500\times 3+1000\times 2 & 1500\times 5+1000\times 3 \end{pmatrix}$

$=\begin{pmatrix} 5200 & 8400 \\ 6500 & 10500 \end{pmatrix}$

(4) 혁진이가 마트에서 A 과자와 B 음료수를 구입하고 지불한 금액은 행렬 C의 (1, 1) 성분으로 5200원이다.

혜상이가 편의점에서 A 과자와 B 음료수를 구입하고 지불한 금액은 행렬 C의 (2, 2) 성분이므로 10500원이다.

따라서 구하는 평균은

$\frac{5200+10500}{2}=7850$(원)

37 민준이네가 미술관을 관람하고 지불한 금액은 c, 채원이네가 박물관을 관람하고 지불한 금액은 b이다.

따라서 구하는 평균은 $\frac{b+c}{2}$원이다.

09 행렬의 곱셈의 성질

본문 432쪽

1 (✎ -1, -2, 5, -1, 15, 0)

2 $\begin{pmatrix} 1 & -7 \\ 1 & -3 \end{pmatrix}$

3 $\begin{pmatrix} 3 & -3 \\ -3 & -3 \end{pmatrix}$

4 $\begin{pmatrix} 2 & -2 \\ -2 & -6 \end{pmatrix}$

5 $\begin{pmatrix} 3 & -3 \\ -3 & -9 \end{pmatrix}$

6 $\begin{pmatrix} 1 & -5 \\ -1 & -7 \end{pmatrix}$

7 $\begin{pmatrix} -4 & -2 \\ 10 & 8 \end{pmatrix}$

☺ $\neq$, BC, AC, AC, AB, kB

8 (1) × (2) ○ (3) × (4) × (5) × (6) ○ (7) × (8) ×

2 $AB-AC=A(B-C)$

$=\begin{pmatrix} 1 & 2 \\ -1 & 0 \end{pmatrix}\left\{\begin{pmatrix} 1 & 3 \\ 0 & -2 \end{pmatrix}-\begin{pmatrix} 2 & 0 \\ -1 & 3 \end{pmatrix}\right\}$

$=\begin{pmatrix} 1 & 2 \\ -1 & 0 \end{pmatrix}\begin{pmatrix} -1 & 3 \\ 1 & -5 \end{pmatrix}$

$=\begin{pmatrix} 1 & -7 \\ 1 & -3 \end{pmatrix}$

3 $AB-BA=\begin{pmatrix} 1 & 2 \\ -1 & 0 \end{pmatrix}\begin{pmatrix} 1 & 3 \\ 0 & -2 \end{pmatrix}-\begin{pmatrix} 1 & 3 \\ 0 & -2 \end{pmatrix}\begin{pmatrix} 1 & 2 \\ -1 & 0 \end{pmatrix}$

$=\begin{pmatrix} 1 & -1 \\ -1 & -3 \end{pmatrix}-\begin{pmatrix} -2 & 2 \\ 2 & 0 \end{pmatrix}$

$=\begin{pmatrix} 3 & -3 \\ -3 & -3 \end{pmatrix}$

4 $A(2B)=2AB$

$=2\begin{pmatrix} 1 & 2 \\ -1 & 0 \end{pmatrix}\begin{pmatrix} 1 & 3 \\ 0 & -2 \end{pmatrix}$

$=2\begin{pmatrix} 1 & -1 \\ -1 & -3 \end{pmatrix}$

$=\begin{pmatrix} 2 & -2 \\ -2 & -6 \end{pmatrix}$

5 $(6A)B-A(3B)=6AB-3AB$

$=3AB$

$=3\begin{pmatrix} 1 & 2 \\ -1 & 0 \end{pmatrix}\begin{pmatrix} 1 & 3 \\ 0 & -2 \end{pmatrix}$

$=3\begin{pmatrix} 1 & -1 \\ -1 & -3 \end{pmatrix}$

$=\begin{pmatrix} 3 & -3 \\ -3 & -9 \end{pmatrix}$

6 $ABC-ABA$

$=AB(C-A)$

$=\begin{pmatrix} 1 & 2 \\ -1 & 0 \end{pmatrix}\begin{pmatrix} 1 & 3 \\ 0 & -2 \end{pmatrix}\left\{\begin{pmatrix} 2 & 0 \\ -1 & 3 \end{pmatrix}-\begin{pmatrix} 1 & 2 \\ -1 & 0 \end{pmatrix}\right\}$

$=\begin{pmatrix} 1 & 2 \\ -1 & 0 \end{pmatrix}\begin{pmatrix} 1 & 3 \\ 0 & -2 \end{pmatrix}\begin{pmatrix} 1 & -2 \\ 0 & 3 \end{pmatrix}$

$=\begin{pmatrix} 1 & -1 \\ -1 & -3 \end{pmatrix}\begin{pmatrix} 1 & -2 \\ 0 & 3 \end{pmatrix}$

$=\begin{pmatrix} 1 & -5 \\ -1 & -7 \end{pmatrix}$

7 $(BC)A-A(CA)$

$=B(CA)-A(CA)$

$=(B-A)CA$

$=\left\{\begin{pmatrix} 1 & 3 \\ 0 & -2 \end{pmatrix}-\begin{pmatrix} 1 & 2 \\ -1 & 0 \end{pmatrix}\right\}\begin{pmatrix} 2 & 0 \\ -1 & 3 \end{pmatrix}\begin{pmatrix} 1 & 2 \\ -1 & 0 \end{pmatrix}$

$=\begin{pmatrix} 0 & 1 \\ 1 & -2 \end{pmatrix}\begin{pmatrix} 2 & 0 \\ -1 & 3 \end{pmatrix}\begin{pmatrix} 1 & 2 \\ -1 & 0 \end{pmatrix}$

$=\begin{pmatrix} -1 & 3 \\ 4 & -6 \end{pmatrix}\begin{pmatrix} 1 & 2 \\ -1 & 0 \end{pmatrix}$

$=\begin{pmatrix} -4 & -2 \\ 10 & 8 \end{pmatrix}$

8 (1) 행렬의 곱셈에서는 교환법칙이 성립하지 않으므로

$A(BC)\neq A(CB)$ (거짓)

(2) 행렬의 곱셈에서는 결합법칙이 성립하므로

$A(BC)D=(AB)(CD)$ (참)

(3) $A(B+C)=AB+AC$, $(B+C)A=BA+CA$

행렬의 곱셈에서는 교환법칙이 성립하지 않으므로

$A(B+C)\neq(B+C)A$ (거짓)

(4) $A=\begin{pmatrix} 0 & 0 \\ 0 & -1 \end{pmatrix}$, $B=\begin{pmatrix} 2 & 0 \\ 0 & 0 \end{pmatrix}$이면

$AB=\begin{pmatrix} 0 & 0 \\ 0 & -1 \end{pmatrix}\begin{pmatrix} 2 & 0 \\ 0 & 0 \end{pmatrix}=\begin{pmatrix} 0 & 0 \\ 0 & 0 \end{pmatrix}$

따라서 $A\neq O$, $B\neq O$이지만 $AB=O$인 행렬 A, B가 존재한다. (거짓)

(5) $A=\begin{pmatrix} 1 & 0 \\ 0 & 0 \end{pmatrix}$, $B=\begin{pmatrix} 0 & 0 \\ 0 & 1 \end{pmatrix}$, $C=\begin{pmatrix} 1 & 0 \\ 0 & 1 \end{pmatrix}$이면

$ABC=\begin{pmatrix} 1 & 0 \\ 0 & 0 \end{pmatrix}\begin{pmatrix} 0 & 0 \\ 0 & 1 \end{pmatrix}\begin{pmatrix} 1 & 0 \\ 0 & 1 \end{pmatrix}$

$=\begin{pmatrix} 0 & 0 \\ 0 & 0 \end{pmatrix}\begin{pmatrix} 1 & 0 \\ 0 & 1 \end{pmatrix}$

$=\begin{pmatrix} 0 & 0 \\ 0 & 0 \end{pmatrix}$

따라서 $A\neq O$, $B\neq O$, $C\neq O$이지만 $ABC=O$인 행렬 A, B, C가 존재한다. (거짓)

(6) $X=A$이면 $X-A=O$, $X=B$이면 $X-B=O$이고

$AO=OA=O$이므로

$X=A$ 또는 $X=B$이면

$(X-A)(X-B)=O$ (참)

(7) $X=\begin{pmatrix} 3 & 2 \\ 5 & 1 \end{pmatrix}$, $A=\begin{pmatrix} 1 & 1 \\ -1 & -2 \end{pmatrix}$, $B=\begin{pmatrix} 1 & 3 \\ 9 & -1 \end{pmatrix}$이면

$X-A=\begin{pmatrix} 3 & 2 \\ 5 & 1 \end{pmatrix}-\begin{pmatrix} 1 & 1 \\ -1 & -2 \end{pmatrix}=\begin{pmatrix} 2 & 1 \\ 6 & 3 \end{pmatrix}$

$X-B=\begin{pmatrix} 3 & 2 \\ 5 & 1 \end{pmatrix}-\begin{pmatrix} 1 & 3 \\ 9 & -1 \end{pmatrix}=\begin{pmatrix} 2 & -1 \\ -4 & 2 \end{pmatrix}$

이므로

$(X-A)(X-B)=\begin{pmatrix} 2 & 1 \\ 6 & 3 \end{pmatrix}\begin{pmatrix} 2 & -1 \\ -4 & 2 \end{pmatrix}=\begin{pmatrix} 0 & 0 \\ 0 & 0 \end{pmatrix}$

따라서 $(X-A)(X-B)=O$이지만

$X\neq A$, $X\neq B$인 행렬 X, A, B가 존재한다. (거짓)

(8) $X=\begin{pmatrix} 1 & 0 \\ 1 & 0 \end{pmatrix}$, $A=\begin{pmatrix} 1 & 2 \\ 0 & 4 \end{pmatrix}$, $B=\begin{pmatrix} 1 & 2 \\ -1 & 2 \end{pmatrix}$이면

$XA=\begin{pmatrix} 1 & 0 \\ 1 & 0 \end{pmatrix}\begin{pmatrix} 1 & 2 \\ 0 & 4 \end{pmatrix}=\begin{pmatrix} 1 & 2 \\ 1 & 2 \end{pmatrix}$

$XB=\begin{pmatrix} 1 & 0 \\ 1 & 0 \end{pmatrix}\begin{pmatrix} 1 & 2 \\ -1 & 2 \end{pmatrix}=\begin{pmatrix} 1 & 2 \\ 1 & 2 \end{pmatrix}$

따라서 $XA=XB$, $X\neq O$이지만 $A\neq B$인 행렬 A, B가 존재한다. (거짓)

10 행렬의 거듭제곱

본문 434쪽

1 (1) $\begin{pmatrix} 0 & -1 \\ 1 & -1 \end{pmatrix}$ (2) (✎ -1, -1, A, -1, -1, 0, -1)

(3) $\begin{pmatrix} 1 & 0 \\ 0 & 1 \end{pmatrix}$ (4) $\begin{pmatrix} -1024 & 1024 \\ -1024 & 0 \end{pmatrix}$

2 (1) $\begin{pmatrix} 1 & 0 \\ 4 & 1 \end{pmatrix}$ (2) $\begin{pmatrix} 1 & 0 \\ 6 & 1 \end{pmatrix}$ (3) $\begin{pmatrix} 1 & 0 \\ 8 & 1 \end{pmatrix}$

(4) (✎ 4, 4, 4, 8, 8, 4, 16, 4, 20)

3 (1) $\begin{pmatrix} 1 & 6 \\ 0 & 1 \end{pmatrix}$ (2) $\begin{pmatrix} 1 & 9 \\ 0 & 1 \end{pmatrix}$ (3) $\begin{pmatrix} 1 & 12 \\ 0 & 1 \end{pmatrix}$

(4) (✎ 2, 3, 4, n, 15, 45)

4 (1) $\begin{pmatrix} 4 & 0 \\ 0 & 9 \end{pmatrix}$ (2) $\begin{pmatrix} 8 & 0 \\ 0 & 27 \end{pmatrix}$ (3) $\begin{pmatrix} 16 & 0 \\ 0 & 81 \end{pmatrix}$ (4) $\begin{pmatrix} 2^{100} & 0 \\ 0 & 3^{100} \end{pmatrix}$

5 (1) $\begin{pmatrix} 1 & 0 \\ 0 & 1 \end{pmatrix}$ (2) $\begin{pmatrix} 1 & 0 \\ 0 & 1 \end{pmatrix}$ (3) $\begin{pmatrix} 1 & 0 \\ 0 & 1 \end{pmatrix}$ (4) $\begin{pmatrix} 1 & 0 \\ 0 & 1 \end{pmatrix}$

☺ na, na, a^n, b^n, 0, 1

6 ①

1 (1) $A^2=AA$

$=\begin{pmatrix} 1 & -1 \\ 1 & 0 \end{pmatrix}\begin{pmatrix} 1 & -1 \\ 1 & 0 \end{pmatrix}$

$=\begin{pmatrix} 0 & -1 \\ 1 & -1 \end{pmatrix}$

(3) (2)에서 $A^3=\begin{pmatrix} -1 & 0 \\ 0 & -1 \end{pmatrix}$이므로

$A^6=(A^3)^2=A^3A^3$

$=\begin{pmatrix} -1 & 0 \\ 0 & -1 \end{pmatrix}\begin{pmatrix} -1 & 0 \\ 0 & -1 \end{pmatrix}$

$=\begin{pmatrix} 1 & 0 \\ 0 & 1 \end{pmatrix}$

(4) $(2A)^{10}=2^{10}A^{10}=2^{10}A^6A^3A$

$=2^{10}\begin{pmatrix} 1 & 0 \\ 0 & 1 \end{pmatrix}\begin{pmatrix} -1 & 0 \\ 0 & -1 \end{pmatrix}\begin{pmatrix} 1 & -1 \\ 1 & 0 \end{pmatrix}$

$=2^{10}\begin{pmatrix} -1 & 0 \\ 0 & -1 \end{pmatrix}\begin{pmatrix} 1 & -1 \\ 1 & 0 \end{pmatrix}$

$=1024\begin{pmatrix} -1 & 1 \\ -1 & 0 \end{pmatrix}$

$=\begin{pmatrix} -1024 & 1024 \\ -1024 & 0 \end{pmatrix}$

2 (1) $A^2=AA$

$=\begin{pmatrix} 1 & 0 \\ 2 & 1 \end{pmatrix}\begin{pmatrix} 1 & 0 \\ 2 & 1 \end{pmatrix}$

$=\begin{pmatrix} 1 & 0 \\ 4 & 1 \end{pmatrix}$

(2) (1)에서 $A^2=\begin{pmatrix} 1 & 0 \\ 4 & 1 \end{pmatrix}$이므로

$A^3=A^2A$

$=\begin{pmatrix} 1 & 0 \\ 4 & 1 \end{pmatrix}\begin{pmatrix} 1 & 0 \\ 2 & 1 \end{pmatrix}$

$=\begin{pmatrix} 1 & 0 \\ 6 & 1 \end{pmatrix}$

(3) (2)에서 $A^3=\begin{pmatrix} 1 & 0 \\ 6 & 1 \end{pmatrix}$이므로

$A^4=A^3A$

$=\begin{pmatrix} 1 & 0 \\ 6 & 1 \end{pmatrix}\begin{pmatrix} 1 & 0 \\ 2 & 1 \end{pmatrix}$

$=\begin{pmatrix} 1 & 0 \\ 8 & 1 \end{pmatrix}$

(4) **[다른 풀이]**

$A^2=\begin{pmatrix} 1 & 0 \\ 2\times2 & 1 \end{pmatrix}$, $A^3=\begin{pmatrix} 1 & 0 \\ 2\times3 & 1 \end{pmatrix}$, $A^4=\begin{pmatrix} 1 & 0 \\ 2\times4 & 1 \end{pmatrix}$, $\cdots$

이므로 A^n (n은 자연수)을 추정하면

$A^n=\begin{pmatrix} 1 & 0 \\ 2n & 1 \end{pmatrix}$

따라서 $A^{10}=\begin{pmatrix} 1 & 0 \\ 20 & 1 \end{pmatrix}$

3 (1) $A^2=AA$

$=\begin{pmatrix} 1 & 3 \\ 0 & 1 \end{pmatrix}\begin{pmatrix} 1 & 3 \\ 0 & 1 \end{pmatrix}$

$=\begin{pmatrix} 1 & 6 \\ 0 & 1 \end{pmatrix}$

(2) (1)에서 $A^2=\begin{pmatrix} 1 & 6 \\ 0 & 1 \end{pmatrix}$이므로

$A^3=A^2A$

$=\begin{pmatrix} 1 & 6 \\ 0 & 1 \end{pmatrix}\begin{pmatrix} 1 & 3 \\ 0 & 1 \end{pmatrix}$

$=\begin{pmatrix} 1 & 9 \\ 0 & 1 \end{pmatrix}$

(3) (2)에서 $A^3=\begin{pmatrix} 1 & 9 \\ 0 & 1 \end{pmatrix}$이므로

$A^4=A^3A$

$=\begin{pmatrix} 1 & 9 \\ 0 & 1 \end{pmatrix}\begin{pmatrix} 1 & 3 \\ 0 & 1 \end{pmatrix}$

$=\begin{pmatrix} 1 & 12 \\ 0 & 1 \end{pmatrix}$

(4) **[다른 풀이]**

(2)에서 $A^3=\begin{pmatrix} 1 & 9 \\ 0 & 1 \end{pmatrix}$, (3)에서 $A^4=\begin{pmatrix} 1 & 12 \\ 0 & 1 \end{pmatrix}$이므로

$A^{15}=(A^4)^3A^3=A^4A^4A^4A^3$

$=\begin{pmatrix}1&12\\0&1\end{pmatrix}\begin{pmatrix}1&12\\0&1\end{pmatrix}\begin{pmatrix}1&12\\0&1\end{pmatrix}\begin{pmatrix}1&9\\0&1\end{pmatrix}$

$=\begin{pmatrix}1&24\\0&1\end{pmatrix}\begin{pmatrix}1&12\\0&1\end{pmatrix}\begin{pmatrix}1&9\\0&1\end{pmatrix}$

$=\begin{pmatrix}1&36\\0&1\end{pmatrix}\begin{pmatrix}1&9\\0&1\end{pmatrix}$

$=\begin{pmatrix}1&45\\0&1\end{pmatrix}$

4 (1) $A^2=AA$

$=\begin{pmatrix}2&0\\0&3\end{pmatrix}\begin{pmatrix}2&0\\0&3\end{pmatrix}$

$=\begin{pmatrix}4&0\\0&9\end{pmatrix}$

(2) (1)에서 $A^2=\begin{pmatrix}4&0\\0&9\end{pmatrix}$이므로

$A^3=A^2A$

$=\begin{pmatrix}4&0\\0&9\end{pmatrix}\begin{pmatrix}2&0\\0&3\end{pmatrix}$

$=\begin{pmatrix}8&0\\0&27\end{pmatrix}$

(3) (2)에서 $A^3=\begin{pmatrix}8&0\\0&27\end{pmatrix}$이므로

$A^4=A^3A$

$=\begin{pmatrix}8&0\\0&27\end{pmatrix}\begin{pmatrix}2&0\\0&3\end{pmatrix}$

$=\begin{pmatrix}16&0\\0&81\end{pmatrix}$

(4) $A^2=\begin{pmatrix}2^2&0\\0&3^2\end{pmatrix}$, $A^3=\begin{pmatrix}2^3&0\\0&3^3\end{pmatrix}$, $A^4=\begin{pmatrix}2^4&0\\0&3^4\end{pmatrix}$, $\cdots$

이므로 A^n (n은 자연수)을 추정하면

$A^n=\begin{pmatrix}2^n&0\\0&3^n\end{pmatrix}$

따라서 $A^{100}=\begin{pmatrix}2^{100}&0\\0&3^{100}\end{pmatrix}$

5 (1) $A^2=AA$

$=\begin{pmatrix}1&0\\0&1\end{pmatrix}\begin{pmatrix}1&0\\0&1\end{pmatrix}$

$=\begin{pmatrix}1&0\\0&1\end{pmatrix}$

(2) (1)에서 $A^2=\begin{pmatrix}1&0\\0&1\end{pmatrix}$이므로

$A^3=A^2A$

$=\begin{pmatrix}1&0\\0&1\end{pmatrix}\begin{pmatrix}1&0\\0&1\end{pmatrix}$

$=\begin{pmatrix}1&0\\0&1\end{pmatrix}$

(3) (2)에서 $A^3=\begin{pmatrix}1&0\\0&1\end{pmatrix}$이므로

$A^4=A^3A$

$=\begin{pmatrix}1&0\\0&1\end{pmatrix}\begin{pmatrix}1&0\\0&1\end{pmatrix}$

$=\begin{pmatrix}1&0\\0&1\end{pmatrix}$

(4) $A^2=\begin{pmatrix}1&0\\0&1\end{pmatrix}$, $A^3=\begin{pmatrix}1&0\\0&1\end{pmatrix}$, $A^4=\begin{pmatrix}1&0\\0&1\end{pmatrix}$, $\cdots$

이므로 A^n (n은 자연수)을 추정하면

$A^n=\begin{pmatrix}1&0\\0&1\end{pmatrix}$

따라서 $A^{2025}=\begin{pmatrix}1&0\\0&1\end{pmatrix}$

6 $A^2=AA$

$=\begin{pmatrix}1&2\\-1&-2\end{pmatrix}\begin{pmatrix}1&2\\-1&-2\end{pmatrix}$

$=\begin{pmatrix}-1&-2\\1&2\end{pmatrix}$

$A^3=A^2A$

$=\begin{pmatrix}-1&-2\\1&2\end{pmatrix}\begin{pmatrix}1&2\\-1&-2\end{pmatrix}$

$=\begin{pmatrix}1&2\\-1&-2\end{pmatrix}=A$

$A^4=A^3A$

$=\begin{pmatrix}1&2\\-1&-2\end{pmatrix}\begin{pmatrix}1&2\\-1&-2\end{pmatrix}$

$=\begin{pmatrix}-1&-2\\1&2\end{pmatrix}=A^2$

이와 같이 계속되므로

$A=A^3=A^5=\cdots=\begin{pmatrix}1&2\\-1&-2\end{pmatrix}$

$A^2=A^4=A^6=\cdots=\begin{pmatrix}-1&-2\\1&2\end{pmatrix}$

즉 A^{2n-1}, A^{2n} (n은 자연수)을 추정하면

$A^{2n-1}=\begin{pmatrix}1&2\\-1&-2\end{pmatrix}$, $A^{2n}=\begin{pmatrix}-1&-2\\1&2\end{pmatrix}$

따라서

$A^{10}+A^{21}=A^{2\times5}+A^{2\times11-1}$

$=\begin{pmatrix}-1&-2\\1&2\end{pmatrix}+\begin{pmatrix}1&2\\-1&-2\end{pmatrix}$

$=\begin{pmatrix}0&0\\0&0\end{pmatrix}$

이므로 구하는 모든 성분의 합은 0이다.

11 행렬의 곱셈의 주의 사항

본문 436쪽

1 (✎ $A+2B$, $2B$, A, A^2, $2BA$)
2 $4A^2-2AB-2BA+B^2$ 3 $3A^2-3AB$
4 $A^2-2AB+2BA-4B^2$ 5 $4AB-2A^2+2B^2-BA$
6 $2AB-6BA$ 7 $-A^2+2AB+10BA$
8 (✎ BA, $2a-b$, $2a-3$, $2a-b$, $2a-3$, $2a-b$, $2a-3$, 4, 3)
9 $a=\frac{9}{2}$, $b=\frac{11}{2}$ 10 $a=17$, $b=-8$
11 $a=-3$, $b=1$ 12 $a=1$, $b=0$
13 ⑤

2 $(2A-B)^2=(2A-B)(2A-B)$
$=2A(2A-B)-B(2A-B)$
$=4A^2-2AB-2BA+B^2$

3 $A(A-2B)+A(2A-B)=A^2-2AB+2A^2-AB$
$=3A^2-3AB$

4 $(A+2B)(A-2B)=A(A-2B)+2B(A-2B)$
$=A^2-2AB+2BA-4B^2$

5 $(2A+B)(2B-A)=2A(2B-A)+B(2B-A)$
$=4AB-2A^2+2B^2-BA$

6 $(A-3B)(A+B)-(A+3B)(A-B)$
$=A(A+B)-3B(A+B)-A(A-B)-3B(A-B)$
$=A^2+AB-3BA-3B^2-A^2+AB-3BA+3B^2$
$=2AB-6BA$

7 $(A+2B)(2A+B)-(A-2B)(3A-B)$
$=A(2A+B)+2B(2A+B)-A(3A-B)+2B(3A-B)$
$=2A^2+AB+4BA+2B^2-3A^2+AB+6BA-2B^2$
$=-A^2+2AB+10BA$

9 $(AB)^2=(AB)(AB)=A(BA)B$,
$A^2B^2=A(AB)B$이므로 $(AB)^2=A^2B^2$에서
$AB=BA$
$$AB=\begin{pmatrix}1&2\\3&4\end{pmatrix}\begin{pmatrix}1&3\\a&b\end{pmatrix}=\begin{pmatrix}1+2a&3+2b\\3+4a&9+4b\end{pmatrix},$$
$$BA=\begin{pmatrix}1&3\\a&b\end{pmatrix}\begin{pmatrix}1&2\\3&4\end{pmatrix}=\begin{pmatrix}10&14\\a+3b&2a+4b\end{pmatrix}$$
이므로
$$\begin{pmatrix}1+2a&3+2b\\3+4a&9+4b\end{pmatrix}=\begin{pmatrix}10&14\\a+3b&2a+4b\end{pmatrix}$$
두 행렬이 서로 같을 조건에 의하여
$1+2a=10$, $3+2b=14$, $3+4a=a+3b$, $9+4b=2a+4b$
따라서 $a=\frac{9}{2}$, $b=\frac{11}{2}$

10 $(A+B)^2=A^2+AB+BA+B^2$이므로
$(A+B)^2=A^2+2AB+B^2$에서
$AB=BA$
$$AB=\begin{pmatrix}-2&2\\-1&3\end{pmatrix}\begin{pmatrix}a&b\\4&-3\end{pmatrix}=\begin{pmatrix}-2a+8&-2b-6\\-a+12&-b-9\end{pmatrix},$$
$$BA=\begin{pmatrix}a&b\\4&-3\end{pmatrix}\begin{pmatrix}-2&2\\-1&3\end{pmatrix}=\begin{pmatrix}-2a-b&2a+3b\\-5&-1\end{pmatrix}$$
이므로
$$\begin{pmatrix}-2a+8&-2b-6\\-a+12&-b-9\end{pmatrix}=\begin{pmatrix}-2a-b&2a+3b\\-5&-1\end{pmatrix}$$
두 행렬이 서로 같을 조건에 의하여
$-2a+8=-2a-b$, $-2b-6=2a+3b$,
$-a+12=-5$, $-b-9=-1$
따라서 $a=17$, $b=-8$

11 $(A-B)^2=A^2-AB-BA+B^2$이므로
$(A-B)^2=A^2-2AB+B^2$에서
$AB=BA$
$$AB=\begin{pmatrix}2&a\\3&-1\end{pmatrix}\begin{pmatrix}b&1\\-1&2\end{pmatrix}=\begin{pmatrix}2b-a&2+2a\\3b+1&1\end{pmatrix},$$
$$BA=\begin{pmatrix}b&1\\-1&2\end{pmatrix}\begin{pmatrix}2&a\\3&-1\end{pmatrix}=\begin{pmatrix}2b+3&ab-1\\4&-a-2\end{pmatrix}$$
이므로
$$\begin{pmatrix}2b-a&2+2a\\3b+1&1\end{pmatrix}=\begin{pmatrix}2b+3&ab-1\\4&-a-2\end{pmatrix}$$
두 행렬이 서로 같을 조건에 의하여
$2b-a=2b+3$, $2+2a=ab-1$, $3b+1=4$, $1=-a-2$
따라서 $a=-3$, $b=1$

12 $(A+2B)(A-2B)=A^2-2AB+2BA-4B^2$이므로
$(A+2B)(A-2B)=A^2-4B^2$에서
$AB=BA$
$$AB=\begin{pmatrix}2&a\\0&3\end{pmatrix}\begin{pmatrix}-1&2\\b&1\end{pmatrix}=\begin{pmatrix}-2+ab&4+a\\3b&3\end{pmatrix},$$
$$BA=\begin{pmatrix}-1&2\\b&1\end{pmatrix}\begin{pmatrix}2&a\\0&3\end{pmatrix}=\begin{pmatrix}-2&-a+6\\2b&ab+3\end{pmatrix}$$
이므로
$$\begin{pmatrix}-2+ab&4+a\\3b&3\end{pmatrix}=\begin{pmatrix}-2&-a+6\\2b&ab+3\end{pmatrix}$$
두 행렬이 서로 같을 조건에 의하여
$-2+ab=-2$, $4+a=-a+6$, $3b=2b$, $3=ab+3$
따라서 $a=1$, $b=0$

13 $(A+2B)^2=A^2+2AB+2BA+4B^2$이므로
$(A+2B)^2=A^2+4AB+4B^2$에서

$AB=BA$

$AB=\begin{pmatrix} -2 & 1 \\ -1 & 2 \end{pmatrix}\begin{pmatrix} 3 & x \\ 4 & y \end{pmatrix}=\begin{pmatrix} -2 & -2x+y \\ 5 & -x+2y \end{pmatrix}$,

$BA=\begin{pmatrix} 3 & x \\ 4 & y \end{pmatrix}\begin{pmatrix} -2 & 1 \\ -1 & 2 \end{pmatrix}=\begin{pmatrix} -6-x & 3+2x \\ -8-y & 4+2y \end{pmatrix}$

이므로

$\begin{pmatrix} -2 & -2x+y \\ 5 & -x+2y \end{pmatrix}=\begin{pmatrix} -6-x & 3+2x \\ -8-y & 4+2y \end{pmatrix}$

두 행렬이 서로 같을 조건에 의하여

$-2=-6-x$, $-2x+y=3+2x$, $5=-8-y$,

$-x+2y=4+2y$

이므로 $x=-4$, $y=-13$

따라서 $x+y=-4-13=-17$

12 단위행렬

본문 438쪽

1 (1) E (2) E (3) $-E$ (4) O (5) $2E$

☺ E

2 (✎ $2E$, $2AE$, $4E^2$, 4, $4E$)

3 $A^2+4A+4E$

4 A^3+3A^2+3A+E

5 A^3+E

6 ②

7 (✎ -3, 1, 2, -3, 1, 1, 0, 3)

8 2

9 4

10 6

11 (✎ -2, -2, -2, -2, 8, 8, 8, 3, 3, 6, 6, 6)

12 $\begin{pmatrix} -2^6 & 0 \\ 0 & -2^6 \end{pmatrix}$

13 $\begin{pmatrix} 0 & -2^{11} \\ 2^{10} & 2^{11} \end{pmatrix}$

14 $\begin{pmatrix} 3^{100} & 0 \\ 0 & 3^{100} \end{pmatrix}$

15 (✎ $3x+4y$, $2u+3v$, $3x+4y$, $2u+3v$, -2, -4, -4, -2)

16 $X=\begin{pmatrix} 0 & 1 \\ -1 & 0 \end{pmatrix}$

17 $X=\begin{pmatrix} -2 & 1 \\ -\frac{3}{2} & \frac{1}{2} \end{pmatrix}$

18 (✎ AB, $3A$, $3B$, $3B$, A^2, $3A$, $27A$, B^2, $3B$, $27B$, $27A$, $A+B$, $3E$, $81E$)

19 $14E$

20 $4E$

21 $3E$

22 (✎ 19, 5, 19, 5, 19, 5, $3p$, p, q, 0, $15+3p$, $4+p+q$, $15+3p$, $4+p+q$, -5, 1)

23 $p=-4$, $q=4$

24 $p=0$, $q=-5$

1 (1) $E^2=EE$

$=\begin{pmatrix} 1 & 0 \\ 0 & 1 \end{pmatrix}\begin{pmatrix} 1 & 0 \\ 0 & 1 \end{pmatrix}$

$=\begin{pmatrix} 1 & 0 \\ 0 & 1 \end{pmatrix}=E$

(2) $(-E)^2=(-E)(-E)=E^2$

$=\begin{pmatrix} 1 & 0 \\ 0 & 1 \end{pmatrix}=E$

(3) (1)에 의하여 E^n (n은 자연수)을 추정하면

$E^n=E$

(2)에서 $(-E)^2=E$이므로

$(-E)^{101}=\{(-E)^2\}^{50}(-E)$

$=E^{50}(-E)$

$=E(-E)=-E^2=-E$

(4) (1), (3)에 의하여 E^n, $(-E)^{2n-1}$ (n은 자연수)을 추정하면

$E^n=E$, $(-E)^{2n-1}=-E$

따라서

$E^{20}+(-E)^{25}=E+(-E)=O$

(5) (2)에 의하여 $(-E)^{2n}$ (n은 자연수)을 추정하면

$(-E)^{2n}=E$

따라서

$(-E)^{2024}+E^{2025}=E+E=2E$

3 $(A+2E)^2=(A+2E)(A+2E)$

$=A(A+2E)+2E(A+2E)$

$=A^2+2AE+2EA+4E^2$

$=A^2+4A+4E$

4 $(A+E)^2=A^2+2A+E$이므로

$(A+E)^3=(A+E)^2(A+E)$

$=(A^2+2A+E)(A+E)$

$=A^2(A+E)+2A(A+E)+E(A+E)$

$=A^3+A^2E+2A^2+2AE+EA+E^2$

$=A^3+A^2+2A^2+2A+A+E$

$=A^3+3A^2+3A+E$

5 $(A+E)(A^2-A+E)$

$=A(A^2-A+E)+E(A^2-A+E)$

$=A^3-A^2+AE+EA^2-EA+E^2$

$=A^3-A^2+A+A^2-A+E$

$=A^3+E$

6 $A(B+E)-(A-E)B=AB+AE-AB+EB$

$=A+B$

$=\begin{pmatrix} -2 & 1 \\ 1 & 3 \end{pmatrix}+\begin{pmatrix} -3 & 2 \\ 1 & 1 \end{pmatrix}$

$=\begin{pmatrix} -5 & 3 \\ 2 & 4 \end{pmatrix}$

따라서 $A(B+E)-(A-E)B$의 모든 성분의 합은

$-5+3+2+4=4$

8 $A^2=AA=\begin{pmatrix} 1 & 0 \\ 0 & -1 \end{pmatrix}\begin{pmatrix} 1 & 0 \\ 0 & -1 \end{pmatrix}$

$=\begin{pmatrix} 1 & 0 \\ 0 & 1 \end{pmatrix}=E$

따라서 $A^n=E$를 만족시키는 최소의 자연수 n의 값은 2이다.

9 $A^2=AA=\begin{pmatrix} 2 & 5 \\ -1 & -2 \end{pmatrix}\begin{pmatrix} 2 & 5 \\ -1 & -2 \end{pmatrix}$

$=\begin{pmatrix} -1 & 0 \\ 0 & -1 \end{pmatrix}=-E$

$(A^2)^2=(-E)^2=E$이므로 $A^4=E$

따라서 $A^n=E$를 만족시키는 최소의 자연수 n의 값은 4이다.

10 $A^2=AA=\begin{pmatrix} 2 & 1 \\ -3 & -1 \end{pmatrix}\begin{pmatrix} 2 & 1 \\ -3 & -1 \end{pmatrix}$

$=\begin{pmatrix} 1 & 1 \\ -3 & -2 \end{pmatrix}$

$A^3=A^2A=\begin{pmatrix} 1 & 1 \\ -3 & -2 \end{pmatrix}\begin{pmatrix} 2 & 1 \\ -3 & -1 \end{pmatrix}$

$=\begin{pmatrix} -1 & 0 \\ 0 & -1 \end{pmatrix}=-E$

$(A^3)^2=(-E)^2=E$이므로 $A^6=E$

따라서 $A^n=E$를 만족시키는 최소의 자연수 n의 값은 6이다.

12 $A^2=AA=\begin{pmatrix} 1 & 1 \\ -1 & 1 \end{pmatrix}\begin{pmatrix} 1 & 1 \\ -1 & 1 \end{pmatrix}$

$=\begin{pmatrix} 0 & 2 \\ -2 & 0 \end{pmatrix}$

$A^3=A^2A=\begin{pmatrix} 0 & 2 \\ -2 & 0 \end{pmatrix}\begin{pmatrix} 1 & 1 \\ -1 & 1 \end{pmatrix}$

$=\begin{pmatrix} -2 & 2 \\ -2 & -2 \end{pmatrix}$

$A^4=A^3A=\begin{pmatrix} -2 & 2 \\ -2 & -2 \end{pmatrix}\begin{pmatrix} 1 & 1 \\ -1 & 1 \end{pmatrix}$

$=\begin{pmatrix} -4 & 0 \\ 0 & -4 \end{pmatrix}=-4E=-2^2E$

따라서

$A^{12}=(A^4)^3=(-2^2E)^3=-2^6E^3=-2^6E$

$=\begin{pmatrix} -2^6 & 0 \\ 0 & -2^6 \end{pmatrix}$

13 $A^2=AA=\begin{pmatrix} 0 & 2 \\ -1 & -2 \end{pmatrix}\begin{pmatrix} 0 & 2 \\ -1 & -2 \end{pmatrix}=\begin{pmatrix} -2 & -4 \\ 2 & 2 \end{pmatrix}$

$A^3=A^2A=\begin{pmatrix} -2 & -4 \\ 2 & 2 \end{pmatrix}\begin{pmatrix} 0 & 2 \\ -1 & -2 \end{pmatrix}=\begin{pmatrix} 4 & 4 \\ -2 & 0 \end{pmatrix}$

$A^4=A^3A=\begin{pmatrix} 4 & 4 \\ -2 & 0 \end{pmatrix}\begin{pmatrix} 0 & 2 \\ -1 & -2 \end{pmatrix}=\begin{pmatrix} -4 & 0 \\ 0 & -4 \end{pmatrix}$

$=-4E=-2^2E$

따라서

$A^{21}=(A^4)^5A=(-2^2E)^5A$

$=-2^{10}E^5A=-2^{10}A$

$=-2^{10}\begin{pmatrix} 0 & 2 \\ -1 & -2 \end{pmatrix}$

$=\begin{pmatrix} 0 & -2^{11} \\ 2^{10} & 2^{11} \end{pmatrix}$

14 $A^2=AA=\begin{pmatrix} 0 & 3 \\ -3 & 0 \end{pmatrix}\begin{pmatrix} 0 & 3 \\ -3 & 0 \end{pmatrix}=\begin{pmatrix} -9 & 0 \\ 0 & -9 \end{pmatrix}$

$=-9E=-3^2E$

따라서

$A^{100}=(A^2)^{50}=(-3^2E)^{50}=3^{100}E$

$=\begin{pmatrix} 3^{100} & 0 \\ 0 & 3^{100} \end{pmatrix}$

16 $X=\begin{pmatrix} x & u \\ y & v \end{pmatrix}$라 하면

$\begin{pmatrix} 0 & -1 \\ 1 & 0 \end{pmatrix}\begin{pmatrix} x & u \\ y & v \end{pmatrix}=\begin{pmatrix} 1 & 0 \\ 0 & 1 \end{pmatrix}$에서

$\begin{pmatrix} -y & -v \\ x & u \end{pmatrix}=\begin{pmatrix} 1 & 0 \\ 0 & 1 \end{pmatrix}$

두 행렬이 서로 같을 조건에 의하여

$-y=1$, $x=0$, $-v=0$, $u=1$

즉 $x=0$, $y=-1$, $u=1$, $v=0$

따라서 $X=\begin{pmatrix} 0 & 1 \\ -1 & 0 \end{pmatrix}$

17 $X=\begin{pmatrix} x & u \\ y & v \end{pmatrix}$라 하면

$\begin{pmatrix} 1 & -2 \\ 3 & -4 \end{pmatrix}\begin{pmatrix} x & u \\ y & v \end{pmatrix}=\begin{pmatrix} 1 & 0 \\ 0 & 1 \end{pmatrix}$에서

$\begin{pmatrix} x-2y & u-2v \\ 3x-4y & 3u-4v \end{pmatrix}=\begin{pmatrix} 1 & 0 \\ 0 & 1 \end{pmatrix}$

두 행렬이 서로 같을 조건에 의하여

$x-2y=1$, $3x-4y=0$ …… ㉠

$u-2v=0$, $3u-4v=1$ …… ㉡

㉠의 두 방정식을 연립하여 풀면 $x=-2$, $y=-\frac{3}{2}$

㉡의 두 방정식을 연립하여 풀면 $u=1$, $v=\frac{1}{2}$

따라서 $X=\begin{pmatrix} -2 & 1 \\ -\frac{3}{2} & \frac{1}{2} \end{pmatrix}$

19 $A+B=4E$의 양변의 왼쪽에 A를 곱하면

$A^2+AB=4A$, $A^2=4A-AB$

그런데 $AB=E$이므로 $A^2=4A-E$

$A+B=4E$의 양변의 오른쪽에 B를 곱하면

$AB+B^2=4B$, $B^2=4B-AB$

그런데 $AB=E$이므로 $B^2=4B-E$

따라서

$A^2+B^2=4A-E+4B-E$

$=4(A+B)-2E$

$=4\times4E-2E$

$=16E-2E$

$=14E$

20 $A+B=2E$의 양변의 오른쪽에 A를 곱하면

$A^2+BA=2A$

그런데 $BA=O$이므로 $A^2=2A$

$A+B=2E$의 양변의 왼쪽에 B를 곱하면

$BA+B^2=2B$

그런데 $BA=O$이므로 $B^2=2B$

따라서

$A^2+B^2=2A+2B=2(A+B)=2\times 2E=4E$

21 $AB=E$이므로

$$\begin{aligned}A^2B+AB^2&=A(AB)+(AB)B\\&=AE+EB\\&=A+B\\&=3E\end{aligned}$$

[다른 풀이]

$A+B=3E$의 양변의 왼쪽에 A를 곱하면

$A^2+AB=3A$, $A^2=3A-AB$

그런데 $AB=E$이므로 $A^2=3A-E$

$A+B=3E$의 양변의 오른쪽에 B를 곱하면

$AB+B^2=3B$, $B^2=3B-AB$

그런데 $AB=E$이므로 $B^2=3B-E$

따라서

$$\begin{aligned}A^2B+AB^2&=(3A-E)B+A(3B-E)\\&=3AB-B+3AB-A\\&=6AB-A-B=6AB-(A+B)\\&=6E-3E=3E\end{aligned}$$

23 $A^2=\begin{pmatrix}1&-1\\1&3\end{pmatrix}\begin{pmatrix}1&-1\\1&3\end{pmatrix}=\begin{pmatrix}0&-4\\4&8\end{pmatrix}$이므로

$$\begin{aligned}A^2+pA+qE&=\begin{pmatrix}0&-4\\4&8\end{pmatrix}+p\begin{pmatrix}1&-1\\1&3\end{pmatrix}+q\begin{pmatrix}1&0\\0&1\end{pmatrix}\\&=\begin{pmatrix}0&-4\\4&8\end{pmatrix}+\begin{pmatrix}p&-p\\p&3p\end{pmatrix}+\begin{pmatrix}q&0\\0&q\end{pmatrix}\\&=\begin{pmatrix}p+q&-4-p\\4+p&8+3p+q\end{pmatrix}\end{aligned}$$

$\begin{pmatrix}p+q&-4-p\\4+p&8+3p+q\end{pmatrix}=\begin{pmatrix}0&0\\0&0\end{pmatrix}$에서

두 행렬이 서로 같을 조건에 의하여

$p+q=0$, $-4-p=0$, $4+p=0$, $8+3p+q=0$

따라서 $p=-4$, $q=4$

24 $A^2=\begin{pmatrix}3&4\\-1&-3\end{pmatrix}\begin{pmatrix}3&4\\-1&-3\end{pmatrix}=\begin{pmatrix}5&0\\0&5\end{pmatrix}$이므로

$$\begin{aligned}A^2+pA+qE&=\begin{pmatrix}5&0\\0&5\end{pmatrix}+p\begin{pmatrix}3&4\\-1&-3\end{pmatrix}+q\begin{pmatrix}1&0\\0&1\end{pmatrix}\\&=\begin{pmatrix}5&0\\0&5\end{pmatrix}+\begin{pmatrix}3p&4p\\-p&-3p\end{pmatrix}+\begin{pmatrix}q&0\\0&q\end{pmatrix}\\&=\begin{pmatrix}5+3p+q&4p\\-p&5-3p+q\end{pmatrix}\end{aligned}$$

$\begin{pmatrix}5+3p+q&4p\\-p&5-3p+q\end{pmatrix}=\begin{pmatrix}0&0\\0&0\end{pmatrix}$에서

두 행렬이 서로 같을 조건에 의하여

$5+3p+q=0$, $4p=0$, $-p=0$, $5-3p+q=0$

따라서 $p=0$, $q=-5$

13 케일리-해밀턴의 정리

본문 442쪽

1 (2, −1, −1, 3, A, $5E$, −1, −5)

2 $p=1$, $q=-2$　　3 $p=-6$, $q=13$

4 $p=2$, $q=-17$

5 (1) (+, −, 3, 3, $7E$, $-7E$, 1, 1, −7, −7)

(2) ($2E$, $6A$, $6A$, 6, 12, 6)

6 (1) $\begin{pmatrix}2&0\\0&2\end{pmatrix}$ (2) $\begin{pmatrix}-3&-3\\-6&-9\end{pmatrix}$

7 (1) $\begin{pmatrix}0&0\\0&0\end{pmatrix}$ (2) $\begin{pmatrix}-2&1\\-4&2\end{pmatrix}$

8 (3, $3y$, 3, $3y$, 5, 6)

9 $x=1$, $y=0$

10 $x=-1$, $y=5$ 또는 $x=5$, $y=-1$　　11 ③

2 케일리-해밀턴의 정리에 의하여

$A^2-\{2+(-3)\}A+\{2\times(-3)-4\times(-1)\}E=O$

즉 $A^2+A-2E=O$ …… ㉠

이때 ㉠이 등식 $A^2+pA+qE=O$와 같아야 하므로

$p=1$, $q=-2$

3 케일리-해밀턴의 정리에 의하여

$A^2-(3+3)A+\{3\times3-4\times(-1)\}E=O$

즉 $A^2-6A+13E=O$ …… ㉠

이때 ㉠이 등식 $A^2+pA+qE=O$와 같아야 하므로

$p=-6$, $q=13$

4 케일리-해밀턴의 정리에 의하여

$A^2-\{1+(-3)\}A+\{1\times(-3)-2\times7\}E=O$

즉 $A^2+2A-17E=O$ …… ㉠

이때 ㉠이 등식 $A^2+pA+qE=O$와 같아야 하므로

$p=2$, $q=-17$

6 (1) 케일리-해밀턴의 정리에 의하여

$A^2-(1+3)A+(1\times3-1\times2)E=O$

$A^2-4A+E=O$

따라서

$A^2-4A+3E=(A^2-4A+E)+2E$

$=2E$

$=2\begin{pmatrix}1&0\\0&1\end{pmatrix}=\begin{pmatrix}2&0\\0&2\end{pmatrix}$

(2) $A^4-4A^3+A^2-3A$

$=A^2(A^2-4A+E)-3A$

$=-3A$

$=-3\begin{pmatrix}1&1\\2&3\end{pmatrix}=\begin{pmatrix}-3&-3\\-6&-9\end{pmatrix}$

7 (1) 케일리-해밀턴의 정리에 의하여

$A^2-\{(-1)+3\}A+\{(-1)\times3-1\times(-4)\}E=O$

따라서

$A^2-2A+E=O=\begin{pmatrix}0&0\\0&0\end{pmatrix}$

(2) (1)에서 $A^2-2A+E=O$이므로

$(A-E)^2=O$

따라서

$(A-E)+(A-E)^2+\cdots+(A-E)^{10}$

$=(A-E)+O+\cdots+O=A-E$

$=\begin{pmatrix}-1&1\\-4&3\end{pmatrix}-\begin{pmatrix}1&0\\0&1\end{pmatrix}=\begin{pmatrix}-2&1\\-4&2\end{pmatrix}$

9 케일리-해밀턴의 정리에 의하여

$A^2-(x+2)A+(2x+y)E=O$

$A\neq kE$ (k는 실수)이므로

$x+2=3,\ 2x+y=2$

따라서 $x=1,\ y=0$

10 케일리-해밀턴의 정리에 의하여

$A^2-(x+y)A+(xy+1)E=O$

$A\neq kE$ (k는 실수)이므로

$x+y=4,\ xy+1=-4$

즉 $y=4-x$ ······ ㉠, $xy=-5$ ······ ㉡

㉠을 ㉡에 대입하면

$x(4-x)=-5,\ x^2-4x-5=0,\ (x+1)(x-5)=0$

$x=-1$ 또는 $x=5$

따라서 $x=-1$일 때 $y=5$, $x=5$일 때 $y=-1$

11 케일리-해밀턴의 정리에 의하여

$A^2-\{3+(-2)\}A+\{3\times(-2)-4\times(-2)\}E=O$

$A^2-A+2E=O$

따라서

$A^3+2A^2+3A+4E$

$=A(A^2-A+2E)+3A^2+A+4E$

$=3A^2+A+4E$

$=3(A^2-A+2E)+4A-2E$

$=4A-2E$

TEST 개념 확인

본문 444쪽

1 ④	2 ②	3 ①	4 ③
5 ②	6 ③	7 ①	8 ④
9 68	10 −60	11 ①	12 ⑤
13 2	14 ③, ⑤	15 ⑤	16 ④
17 ③	18 ①	19 ①	

1 $AB=\begin{pmatrix}3&1\\-1&2\end{pmatrix}\begin{pmatrix}1&2\\-1&-4\end{pmatrix}$

$=\begin{pmatrix}2&2\\-3&-10\end{pmatrix}$

따라서 $m=2,\ n=-10$이므로

$m+n=2-10=-8$

2 $AB=\begin{pmatrix}2&a\\1&5\end{pmatrix}\begin{pmatrix}-3&4\\2&b\end{pmatrix}$

$=\begin{pmatrix}-6+2a&8+ab\\7&4+5b\end{pmatrix}$

이므로 $\begin{pmatrix}-6+2a&8+ab\\7&4+5b\end{pmatrix}=\begin{pmatrix}2&c\\7&-6\end{pmatrix}$

두 행렬이 서로 같을 조건에 의하여

$-6+2a=2,\ 8+ab=c,\ 4+5b=-6$

따라서 $a=4,\ b=-2,\ c=0$이므로

$a+b+c=4-2+0=2$

3 $\begin{pmatrix}2&-1\\x&y\end{pmatrix}\begin{pmatrix}x\\y\end{pmatrix}=\begin{pmatrix}2x-y\\x^2+y^2\end{pmatrix}$이므로

$\begin{pmatrix}2x-y\\x^2+y^2\end{pmatrix}=\begin{pmatrix}1\\2\end{pmatrix}$

두 행렬이 서로 같을 조건에 의하여

$2x-y=1$ ······ ㉠

$x^2+y^2=2$ ······ ㉡

㉠에서 $y=2x-1$ ······ ㉢

㉢을 ㉡에 대입하면

$x^2+(2x-1)^2=2,\ 5x^2-4x-1=0$

$(5x+1)(x-1)=0$

$x>0$이므로 $x=1$

$x=1$을 ㉢에 대입하면 $y=1$

따라서 $x+y=1+1=2$

4 $(5A)B-A(2B)=5AB-2AB=3AB$

$=3\begin{pmatrix} 2 & 1 \\ 3 & 4 \end{pmatrix}\begin{pmatrix} 1 & -1 \\ -1 & 1 \end{pmatrix}$

$=3\begin{pmatrix} 1 & -1 \\ -1 & 1 \end{pmatrix}$

$=\begin{pmatrix} 3 & -3 \\ -3 & 3 \end{pmatrix}$

따라서 모든 성분의 합은

$3-3-3+3=0$

5 $ABC-ABA=AB(C-A)$

$=\begin{pmatrix} 2 & 2 \\ 3 & 3 \end{pmatrix}\begin{pmatrix} 2 & -1 \\ -1 & 1 \end{pmatrix}\left\{\begin{pmatrix} 2 & 3 \\ 4 & 5 \end{pmatrix}-\begin{pmatrix} 2 & 2 \\ 3 & 3 \end{pmatrix}\right\}$

$=\begin{pmatrix} 2 & 2 \\ 3 & 3 \end{pmatrix}\begin{pmatrix} 2 & -1 \\ -1 & 1 \end{pmatrix}\begin{pmatrix} 0 & 1 \\ 1 & 2 \end{pmatrix}$

$=\begin{pmatrix} 2 & 0 \\ 3 & 0 \end{pmatrix}\begin{pmatrix} 0 & 1 \\ 1 & 2 \end{pmatrix}$

$=\begin{pmatrix} 0 & 2 \\ 0 & 3 \end{pmatrix}$

6 $AC+BC=(A+B)C$

$=\left\{\begin{pmatrix} 1 & -1 \\ 0 & a \end{pmatrix}+\begin{pmatrix} b & 1 \\ -3 & -1 \end{pmatrix}\right\}\begin{pmatrix} 2 & 5 \\ -1 & c \end{pmatrix}$

$=\begin{pmatrix} 1+b & 0 \\ -3 & a-1 \end{pmatrix}\begin{pmatrix} 2 & 5 \\ -1 & c \end{pmatrix}$

$=\begin{pmatrix} 2+2b & 5+5b \\ -a-5 & ac-c-15 \end{pmatrix}$

이므로 $\begin{pmatrix} 2+2b & 5+5b \\ -a-5 & ac-c-15 \end{pmatrix}=\begin{pmatrix} 6 & 15 \\ -7 & -15 \end{pmatrix}$

두 행렬이 서로 같을 조건에 의하여

$2+2b=6$, $5+5b=15$, $-a-5=-7$, $ac-c-15=-15$

따라서 $a=2$, $b=2$, $c=0$이므로

$abc=2\times2\times0=0$

7 ㄱ. 행렬에서는 교환법칙이 성립하지 않으므로

$AB\neq BA$ (거짓)

ㄴ. 행렬에서는 결합법칙이 성립하므로

$(AB)C=A(BC)$ (참)

ㄷ. $B=\begin{pmatrix} 1 & 1 \\ 0 & 0 \end{pmatrix}$, $C=\begin{pmatrix} 2 & 2 \\ 1 & 1 \end{pmatrix}$이면 $A=O$이므로

$AB=AC=O$이지만 $B\neq C$ (거짓)

ㄹ. $A=\begin{pmatrix} 1 & 0 \\ 0 & 0 \end{pmatrix}$, $B=\begin{pmatrix} 0 & 0 \\ 3 & 1 \end{pmatrix}$이면 $AB=O$이지만

$A\neq O$, $B\neq O$ (거짓)

따라서 옳은 것은 ㄴ뿐이다.

8 $A^2=AA=\begin{pmatrix} 1 & 1 \\ 3 & -2 \end{pmatrix}\begin{pmatrix} 1 & 1 \\ 3 & -2 \end{pmatrix}$

$=\begin{pmatrix} 4 & -1 \\ -3 & 7 \end{pmatrix}$

$A^3=A^2A=\begin{pmatrix} 4 & -1 \\ -3 & 7 \end{pmatrix}\begin{pmatrix} 1 & 1 \\ 3 & -2 \end{pmatrix}$

$=\begin{pmatrix} 1 & 6 \\ 18 & -17 \end{pmatrix}$

이므로

$A^3+4A^2+2A=\begin{pmatrix} 1 & 6 \\ 18 & -17 \end{pmatrix}+4\begin{pmatrix} 4 & -1 \\ -3 & 7 \end{pmatrix}+2\begin{pmatrix} 1 & 1 \\ 3 & -2 \end{pmatrix}$

$=\begin{pmatrix} 1 & 6 \\ 18 & -17 \end{pmatrix}+\begin{pmatrix} 16 & -4 \\ -12 & 28 \end{pmatrix}+\begin{pmatrix} 2 & 2 \\ 6 & -4 \end{pmatrix}$

$=\begin{pmatrix} 19 & 4 \\ 12 & 7 \end{pmatrix}$

따라서 (1, 1) 성분은 19, (2, 2) 성분은 7이므로 구하는 합은

$19+7=26$

[다른 풀이]

케일리－해밀턴의 정리에 의하여

$A^2-(1-2)A+\{1\times(-2)-1\times3\}E=O$

$A^2+A-5E=O$이므로

A^3+4A^2+2A

$=A(A^2+A-5E)+3A^2+7A$

$=3A^2+7A$

$=3(A^2+A-5E)+4A+15E$

$=4A+15E$

$=4\begin{pmatrix} 1 & 1 \\ 3 & -2 \end{pmatrix}+15\begin{pmatrix} 1 & 0 \\ 0 & 1 \end{pmatrix}$

$=\begin{pmatrix} 4 & 4 \\ 12 & -8 \end{pmatrix}+\begin{pmatrix} 15 & 0 \\ 0 & 15 \end{pmatrix}=\begin{pmatrix} 19 & 4 \\ 12 & 7 \end{pmatrix}$

따라서 (1, 1) 성분은 19, (2, 2) 성분은 7이므로 구하는 합은

$19+7=26$

9 $A^2+B^2=\begin{pmatrix} -1 & 2 \\ 4 & 1 \end{pmatrix}\begin{pmatrix} -1 & 2 \\ 4 & 1 \end{pmatrix}+\begin{pmatrix} 4 & 2 \\ 1 & 3 \end{pmatrix}\begin{pmatrix} 4 & 2 \\ 1 & 3 \end{pmatrix}$

$=\begin{pmatrix} 9 & 0 \\ 0 & 9 \end{pmatrix}+\begin{pmatrix} 18 & 14 \\ 7 & 11 \end{pmatrix}$

$=\begin{pmatrix} 27 & 14 \\ 7 & 20 \end{pmatrix}$

따라서 구하는 모든 성분의 합은

$27+14+7+20=68$

10 $A^2=AA=\begin{pmatrix} 1 & -2 \\ 0 & 1 \end{pmatrix}\begin{pmatrix} 1 & -2 \\ 0 & 1 \end{pmatrix}=\begin{pmatrix} 1 & -4 \\ 0 & 1 \end{pmatrix}$

$A^3=A^2A=\begin{pmatrix} 1 & -4 \\ 0 & 1 \end{pmatrix}\begin{pmatrix} 1 & -2 \\ 0 & 1 \end{pmatrix}=\begin{pmatrix} 1 & -6 \\ 0 & 1 \end{pmatrix}$

$A^4=A^3A=\begin{pmatrix} 1 & -6 \\ 0 & 1 \end{pmatrix}\begin{pmatrix} 1 & -2 \\ 0 & 1 \end{pmatrix}=\begin{pmatrix} 1 & -8 \\ 0 & 1 \end{pmatrix}$

⋮

이므로 A^n (n은 자연수)을 추정하면

$A^n=\begin{pmatrix} 1 & (-2)\times n \\ 0 & 1 \end{pmatrix}$

따라서 $A^{30}=\begin{pmatrix} 1 & (-2)\times 30 \\ 0 & 1 \end{pmatrix}=\begin{pmatrix} 1 & -60 \\ 0 & 1 \end{pmatrix}$이므로

A^{30}의 (1, 2) 성분은 -60이다.

11 $A^2=AA=\begin{pmatrix} 1 & 2 \\ -1 & -2 \end{pmatrix}\begin{pmatrix} 1 & 2 \\ -1 & -2 \end{pmatrix}$

$=\begin{pmatrix} -1 & -2 \\ 1 & 2 \end{pmatrix}=-A$

$A^3=A^2A=(-A)A=-A^2=A$

$A^4=A^3A=AA=A^2=-A$

⋮

이므로 A^n (n은 자연수)을 추정하면

$A^{2n-1}=A$, $A^{2n}=-A$

따라서 $A^{2024}=-A$이므로

$k=-1$

12 $(A-B)(A+3B)+(B-2A)(A+B)$

$=A^2+3AB-BA-3B^2+BA+B^2-2A^2-2AB$

$=-A^2+AB-2B^2$

$=-\begin{pmatrix} 2 & -1 \\ 5 & -2 \end{pmatrix}\begin{pmatrix} 2 & -1 \\ 5 & -2 \end{pmatrix}+\begin{pmatrix} 2 & -1 \\ 5 & -2 \end{pmatrix}\begin{pmatrix} 1 & -3 \\ 1 & -2 \end{pmatrix}$

$-2\begin{pmatrix} 1 & -3 \\ 1 & -2 \end{pmatrix}\begin{pmatrix} 1 & -3 \\ 1 & -2 \end{pmatrix}$

$=-\begin{pmatrix} -1 & 0 \\ 0 & -1 \end{pmatrix}+\begin{pmatrix} 1 & -4 \\ 3 & -11 \end{pmatrix}-2\begin{pmatrix} -2 & 3 \\ -1 & 1 \end{pmatrix}$

$=\begin{pmatrix} 1 & 0 \\ 0 & 1 \end{pmatrix}+\begin{pmatrix} 1 & -4 \\ 3 & -11 \end{pmatrix}-\begin{pmatrix} -4 & 6 \\ -2 & 2 \end{pmatrix}$

$=\begin{pmatrix} 6 & -10 \\ 5 & -12 \end{pmatrix}$

따라서 $a=6$, $b=-10$, $c=5$, $d=-12$이므로

$ad-bc=6\times(-12)-(-10)\times 5=-22$

13 $(A+B)^2=A^2+AB+BA+B^2$이고

$(A+B)^2=A^2+2AB+B^2$이므로

$AB=BA$

$AB=\begin{pmatrix} 2 & 1 \\ -1 & x \end{pmatrix}\begin{pmatrix} 2 & y \\ -1 & 1 \end{pmatrix}=\begin{pmatrix} 3 & 2y+1 \\ -2-x & x-y \end{pmatrix}$,

$BA=\begin{pmatrix} 2 & y \\ -1 & 1 \end{pmatrix}\begin{pmatrix} 2 & 1 \\ -1 & x \end{pmatrix}=\begin{pmatrix} 4-y & 2+xy \\ -3 & x-1 \end{pmatrix}$

이므로

$\begin{pmatrix} 3 & 2y+1 \\ -2-x & x-y \end{pmatrix}=\begin{pmatrix} 4-y & 2+xy \\ -3 & x-1 \end{pmatrix}$

두 행렬이 서로 같을 조건에 의하여

$3=4-y$, $2y+1=2+xy$, $-2-x=-3$, $x-y=x-1$

따라서 $x=1$, $y=1$이므로

$x^2+y^2=1+1=2$

14 ① $(AB)^2=ABAB$, $A^2B^2=AABB$이고 $AB\neq BA$이므로

$(AB)^2\neq A^2B^2$

② $A=\begin{pmatrix} 1 & 1 \\ -1 & -1 \end{pmatrix}$이면

$A^2=\begin{pmatrix} 1 & 1 \\ -1 & -1 \end{pmatrix}\begin{pmatrix} 1 & 1 \\ -1 & -1 \end{pmatrix}=\begin{pmatrix} 0 & 0 \\ 0 & 0 \end{pmatrix}=O$

이지만 $A\neq O$

③ 행렬의 곱셈에서는 결합법칙이 성립하므로

$(A^2B^2)C^2=A^2(B^2C^2)$

④ $(A-B)^2=A^2-AB-BA+B^2$이고 $AB\neq BA$이므로

$(A-B)^2\neq A^2-2AB+B^2$

⑤ $(A+B)(A-B)=A^2-AB+BA-B^2$

이때 $AB=BA$이므로

$(A+B)(A-B)=A^2-B^2$

따라서 옳은 것은 ③, ⑤이다.

15 ① 자연수 n에 대하여 $E^n=E$이므로

$E^{2025}=E$

③ $E^5+(-E)^5=E-E=O$

④ $(A-E)^2=A^2-AE-EA+E$

$=A^2-A-A+E$

$=A^2-2A+E$

⑤ $A=2E$이면 $A^5=(2E)^5=2^5E^5=32E$

따라서 옳지 않은 것은 ⑤이다.

16 $A^2=AA=\begin{pmatrix} 0 & -1 \\ 1 & 1 \end{pmatrix}\begin{pmatrix} 0 & -1 \\ 1 & 1 \end{pmatrix}=\begin{pmatrix} -1 & -1 \\ 1 & 0 \end{pmatrix}$

$A^3=A^2A=\begin{pmatrix} -1 & -1 \\ 1 & 0 \end{pmatrix}\begin{pmatrix} 0 & -1 \\ 1 & 1 \end{pmatrix}=\begin{pmatrix} -1 & 0 \\ 0 & -1 \end{pmatrix}=-E$

$(A^3)^2=(-E)^2=E$이므로 $A^6=E$

따라서 $A^n=E$를 만족시키는 최소의 자연수 n의 값은 6이다.

17 케일리－해밀턴의 정리에 의하여

$A^2-(2-3)A+\{2\times(-3)-0\times 1\}E=O$

$A^2+A-6E=O$

따라서 $p=1$, $q=-6$이므로

$pq=1\times(-6)=-6$

18 케일리－해밀턴의 정리에 의하여

$A^2-(3-2)A+\{3\times(-2)-(-1)\times 5\}E=O$

$A^2-A-E=O$

따라서

A^3+3A^2+A+3E

$=A(A^2-A-E)+4A^2+2A+3E$

$=4A^2+2A+3E$

$=4(A^2-A-E)+6A+7E$

$=6A+7E$

이므로 $p=6$, $q=7$

따라서 $p+q=6+7=13$

19 케일리－해밀턴의 정리에 의하여

$A^2-(x+y)A+(xy+2)E=O$

$A\neq kE$ (k는 실수)이므로

$x+y=3,\ xy+2=3$, 즉 $x+y=3,\ xy=1$

따라서

$$\begin{aligned}x^2+y^2&=(x+y)^2-2xy\\&=3^2-2\times1=7\end{aligned}$$

TEST 개념 발전

12. 행렬과 그 연산

본문 447쪽

1 ⑤	2 ③	3 ①	4 ③
5 ②	6 1	7 ④	8 ①
9 ④	10 ⑤	11 ②	12 ③
13 ④	14 ④	15 ⑤	16 ⑤
17 ③	18 8		

1 $a_{12}=-1+2\times2=3,\ a_{22}=2\times2-3\times2=-2$

이므로

$a_{12}+a_{22}=3-2=1$

2 대응하는 성분이 각각 같아야 하므로

$x=3-y,\ x+y=3,\ 3-xy=5$

따라서 $x+y=3,\ xy=-2$이므로

$$\begin{aligned}x^2+y^2&=(x+y)^2-2xy\\&=3^2-2\times(-2)=13\end{aligned}$$

3
$$\begin{aligned}B-(A+C)&=\begin{pmatrix}-3&0\\2&3\end{pmatrix}-\left\{\begin{pmatrix}1&-1\\0&2\end{pmatrix}+\begin{pmatrix}1&4\\5&3\end{pmatrix}\right\}\\&=\begin{pmatrix}-3&0\\2&3\end{pmatrix}-\begin{pmatrix}2&3\\5&5\end{pmatrix}\\&=\begin{pmatrix}-5&-3\\-3&-2\end{pmatrix}\end{aligned}$$

따라서 $a=-5,\ b=-3,\ c=-3,\ d=-2$이므로

$ad-bc=(-5)\times(-2)-(-3)\times(-3)=1$

4 $3X-A=3(B-A)$에서

$3X-A=3B-3A,\ 3X=3B-2A$이므로

$$\begin{aligned}X&=B-\frac{2}{3}A\\&=\begin{pmatrix}4&2\\2&-1\end{pmatrix}-\frac{2}{3}\begin{pmatrix}3&4\\-1&3\end{pmatrix}\\&=\begin{pmatrix}4&2\\2&-1\end{pmatrix}-\begin{pmatrix}2&\frac{8}{3}\\-\frac{2}{3}&2\end{pmatrix}=\begin{pmatrix}2&-\frac{2}{3}\\\frac{8}{3}&-3\end{pmatrix}\end{aligned}$$

따라서 행렬 X의 모든 성분의 합은

$2-\frac{2}{3}+\frac{8}{3}-3=1$

5 $\begin{pmatrix}1&-1\\-2&1\end{pmatrix}=X,\ \begin{pmatrix}3&-1\\4&1\end{pmatrix}=Y$라 하면

$A+B=X$ …… ㉠

$A-B=Y$ …… ㉡

㉠+㉡을 하면 $2A=X+Y$이므로

$$\begin{aligned}A&=\frac{1}{2}X+\frac{1}{2}Y\\&=\frac{1}{2}\begin{pmatrix}1&-1\\-2&1\end{pmatrix}+\frac{1}{2}\begin{pmatrix}3&-1\\4&1\end{pmatrix}\\&=\begin{pmatrix}\frac{1}{2}&-\frac{1}{2}\\-1&\frac{1}{2}\end{pmatrix}+\begin{pmatrix}\frac{3}{2}&-\frac{1}{2}\\2&\frac{1}{2}\end{pmatrix}=\begin{pmatrix}2&-1\\1&1\end{pmatrix}\end{aligned}$$

㉠－㉡을 하면 $2B=X-Y$이므로

$$\begin{aligned}B&=\frac{1}{2}X-\frac{1}{2}Y\\&=\frac{1}{2}\begin{pmatrix}1&-1\\-2&1\end{pmatrix}-\frac{1}{2}\begin{pmatrix}3&-1\\4&1\end{pmatrix}\\&=\begin{pmatrix}\frac{1}{2}&-\frac{1}{2}\\-1&\frac{1}{2}\end{pmatrix}-\begin{pmatrix}\frac{3}{2}&-\frac{1}{2}\\2&\frac{1}{2}\end{pmatrix}=\begin{pmatrix}-1&0\\-3&0\end{pmatrix}\end{aligned}$$

따라서

$$\begin{aligned}2A+B&=2\begin{pmatrix}2&-1\\1&1\end{pmatrix}+\begin{pmatrix}-1&0\\-3&0\end{pmatrix}\\&=\begin{pmatrix}4&-2\\2&2\end{pmatrix}+\begin{pmatrix}-1&0\\-3&0\end{pmatrix}\\&=\begin{pmatrix}3&-2\\-1&2\end{pmatrix}\end{aligned}$$

이므로 행렬 $2A+B$의 $(1,\ 2)$ 성분은 -2이다.

6
$$\begin{aligned}xA+yB&=x\begin{pmatrix}1&-1\\0&4\end{pmatrix}+y\begin{pmatrix}5&7\\3&-2\end{pmatrix}\\&=\begin{pmatrix}x&-x\\0&4x\end{pmatrix}+\begin{pmatrix}5y&7y\\3y&-2y\end{pmatrix}\\&=\begin{pmatrix}x+5y&-x+7y\\3y&4x-2y\end{pmatrix}\end{aligned}$$

이므로 $\begin{pmatrix}x+5y&-x+7y\\3y&4x-2y\end{pmatrix}=\begin{pmatrix}-3&-9\\-3&10\end{pmatrix}$

두 행렬이 서로 같을 조건에 의하여

$x+5y=-3,\ -x+7y=-9,\ 3y=-3,\ 4x-2y=10$

따라서 $x=2,\ y=-1$이므로

$x+y=2-1=1$

7 $AB=\begin{pmatrix} 0 & a \\ -2 & 3 \end{pmatrix}\begin{pmatrix} 1 & 7 \\ 2 & b \end{pmatrix}=\begin{pmatrix} 2a & ab \\ 4 & -14+3b \end{pmatrix}$

이므로 $\begin{pmatrix} 2a & ab \\ 4 & -14+3b \end{pmatrix}=\begin{pmatrix} 8 & c \\ 4 & 1 \end{pmatrix}$

두 행렬이 서로 같을 조건에 의하여

$2a=8,\ ab=c,\ -14+3b=1$

따라서 $a=4,\ b=5,\ c=20$이므로

$a^2+b-c=4^2+5-20=1$

8 $\begin{pmatrix} -5 & 0 \\ -1 & -8 \end{pmatrix}+10\begin{pmatrix} 1 & 0 \\ 0 & 1 \end{pmatrix}=\begin{pmatrix} -5 & 0 \\ -1 & -8 \end{pmatrix}+\begin{pmatrix} 10 & 0 \\ 0 & 10 \end{pmatrix}$

$=\begin{pmatrix} 5 & 0 \\ -1 & 2 \end{pmatrix}$

$\begin{pmatrix} 1 & -2 \\ 0 & 1 \end{pmatrix}\begin{pmatrix} x & 4 \\ y & 2 \end{pmatrix}=\begin{pmatrix} x-2y & 0 \\ y & 2 \end{pmatrix}$

이므로

$\begin{pmatrix} 5 & 0 \\ -1 & 2 \end{pmatrix}=\begin{pmatrix} x-2y & 0 \\ y & 2 \end{pmatrix}$

두 행렬이 서로 같을 조건에 의하여

$5=x-2y,\ -1=y$

따라서 $x=3,\ y=-1$이므로

$x+y=3-1=2$

9 $A^2=AA=\begin{pmatrix} 1 & -2 \\ 1 & 1 \end{pmatrix}\begin{pmatrix} 1 & -2 \\ 1 & 1 \end{pmatrix}$

$=\begin{pmatrix} -1 & -4 \\ 2 & -1 \end{pmatrix}$

$A^3=A^2A=\begin{pmatrix} -1 & -4 \\ 2 & -1 \end{pmatrix}\begin{pmatrix} 1 & -2 \\ 1 & 1 \end{pmatrix}$

$=\begin{pmatrix} -5 & -2 \\ 1 & -5 \end{pmatrix}$

이므로

A^3-2A^2+4A

$=\begin{pmatrix} -5 & -2 \\ 1 & -5 \end{pmatrix}-2\begin{pmatrix} -1 & -4 \\ 2 & -1 \end{pmatrix}+4\begin{pmatrix} 1 & -2 \\ 1 & 1 \end{pmatrix}$

$=\begin{pmatrix} -5 & -2 \\ 1 & -5 \end{pmatrix}-\begin{pmatrix} -2 & -8 \\ 4 & -2 \end{pmatrix}+\begin{pmatrix} 4 & -8 \\ 4 & 4 \end{pmatrix}$

$=\begin{pmatrix} 1 & -2 \\ 1 & 1 \end{pmatrix}$

따라서 구하는 합은

$1-2+1+1=1$

[다른 풀이]

케일리－해밀턴의 정리에 의하여

$A^2-(1+1)A+\{1\times1-(-2)\times1\}E=O$

$A^2-2A+3E=O$이므로

$A^3-2A^2+4A=A(A^2-2A+3E)+A$

$=A=\begin{pmatrix} 1 & -2 \\ 1 & 1 \end{pmatrix}$

따라서 구하는 합은

$1-2+1+1=1$

10 $A^2=AA=\begin{pmatrix} 1 & 2 \\ 0 & 1 \end{pmatrix}\begin{pmatrix} 1 & 2 \\ 0 & 1 \end{pmatrix}=\begin{pmatrix} 1 & 4 \\ 0 & 1 \end{pmatrix}=\begin{pmatrix} 1 & 2\times2 \\ 0 & 1 \end{pmatrix}$

$A^3=A^2A=\begin{pmatrix} 1 & 4 \\ 0 & 1 \end{pmatrix}\begin{pmatrix} 1 & 2 \\ 0 & 1 \end{pmatrix}=\begin{pmatrix} 1 & 6 \\ 0 & 1 \end{pmatrix}=\begin{pmatrix} 1 & 2\times3 \\ 0 & 1 \end{pmatrix}$

$A^4=A^3A=\begin{pmatrix} 1 & 6 \\ 0 & 1 \end{pmatrix}\begin{pmatrix} 1 & 2 \\ 0 & 1 \end{pmatrix}=\begin{pmatrix} 1 & 8 \\ 0 & 1 \end{pmatrix}=\begin{pmatrix} 1 & 2\times4 \\ 0 & 1 \end{pmatrix}$

⋮

이므로 A^n (n은 자연수)을 추정하면

$A^n=\begin{pmatrix} 1 & 2n \\ 0 & 1 \end{pmatrix}$

따라서 $a_n=1,\ b_n=2n,\ c_n=0,\ d_n=1$이므로

$a_n+b_n+c_n+d_n=1+2n+0+1=2n+2$

$2n+2=120$에서

$n=59$

11 $(A+B)(A-B)=A^2-AB+BA-B^2$이므로

$(A+B)(A-B)=A^2-B^2$에서

$AB=BA$

$AB=\begin{pmatrix} a & b \\ -3 & 1 \end{pmatrix}\begin{pmatrix} 1 & 2 \\ 3 & 0 \end{pmatrix}=\begin{pmatrix} a+3b & 2a \\ 0 & -6 \end{pmatrix}$,

$BA=\begin{pmatrix} 1 & 2 \\ 3 & 0 \end{pmatrix}\begin{pmatrix} a & b \\ -3 & 1 \end{pmatrix}=\begin{pmatrix} a-6 & b+2 \\ 3a & 3b \end{pmatrix}$

이므로

$\begin{pmatrix} a+3b & 2a \\ 0 & -6 \end{pmatrix}=\begin{pmatrix} a-6 & b+2 \\ 3a & 3b \end{pmatrix}$

두 행렬이 서로 같을 조건에 의하여

$a+3b=a-6,\ 2a=b+2,\ 0=3a,\ -6=3b$

따라서 $a=0,\ b=-2$이므로

$a+b=0-2=-2$

12 ㄱ. $(A+2E)^2=A^2+A(2E)+(2E)A+(2E)^2$

$=A^2+2A+2A+4E^2$

$=A^2+4A+4E$ (참)

ㄴ. $A+B=E$이면 $A=E-B$이므로

$AB=(E-B)B=B-B^2$,

$BA=B(E-B)=B-B^2$

따라서 $A+B=E$이면 $AB=BA$ (참)

ㄷ. $A=\begin{pmatrix} 0 & 1 \\ 0 & 1 \end{pmatrix}$, $B=\begin{pmatrix} 1 & 2 \\ 3 & 1 \end{pmatrix}$, $C=\begin{pmatrix} 5 & 3 \\ 3 & 1 \end{pmatrix}$이면

$AB=\begin{pmatrix} 0 & 1 \\ 0 & 1 \end{pmatrix}\begin{pmatrix} 1 & 2 \\ 3 & 1 \end{pmatrix}=\begin{pmatrix} 3 & 1 \\ 3 & 1 \end{pmatrix}$,

$AC=\begin{pmatrix} 0 & 1 \\ 0 & 1 \end{pmatrix}\begin{pmatrix} 5 & 3 \\ 3 & 1 \end{pmatrix}=\begin{pmatrix} 3 & 1 \\ 3 & 1 \end{pmatrix}$

따라서 $A\neq O$, $AB=AC$이지만 $B\neq C$ (거짓)

ㄹ. $A=\begin{pmatrix} 2 & 1 \\ 0 & 2 \end{pmatrix}$이면 $A-2E=\begin{pmatrix} 0 & 1 \\ 0 & 0 \end{pmatrix}$이므로

$(A-2E)^2=\begin{pmatrix} 0 & 1 \\ 0 & 0 \end{pmatrix}\begin{pmatrix} 0 & 1 \\ 0 & 0 \end{pmatrix}=\begin{pmatrix} 0 & 0 \\ 0 & 0 \end{pmatrix}=O$

따라서 $(A-2E)^2=O$이지만 $A\neq 2E$ (거짓)

그러므로 옳은 것은 ㄱ, ㄴ이다.

[다른 풀이]

ㄴ. $A+B=E$의 양변의 왼쪽에 A를 곱하면

$A^2+AB=A$ …… ㉠

또 $A+B=E$의 양변의 오른쪽에 A를 곱하면

$A^2+BA=A$ …… ㉡

㉠－㉡을 하면 $AB-BA=O$

따라서 $AB=BA$ (참)

13 $A+B=2E$의 양변의 왼쪽에 A를 곱하면

$A^2+AB=2A$

그런데 $AB=O$이므로 $A^2=2A$

$A+B=2E$의 양변의 오른쪽에 B를 곱하면

$AB+B^2=2B$

그런데 $AB=O$이므로 $B^2=2B$

$A^3=(A^2)A=(2A)A=2A^2=2\times 2A=4A$

$B^3=(B^2)B=(2B)B=2B^2=2\times 2B=4B$

따라서

$A^3+B^3=4A+4B=4(A+B)$

$=4\times 2E=8E$

14 케일리－해밀턴의 정리에 의하여

$A^2-(3-2)A+\{3\times(-2)-1\times(-5)\}E=O$

$A^2-A-E=O$

따라서

$A+A^2+A^3+A^4$

$=A^2(A^2-A-E)+2A^3+2A^2+A$

$=2A^3+2A^2+A$

$=2A(A^2-A-E)+4A^2+3A$

$=4A^2+3A$

$=4(A^2-A-E)+7A+4E$

$=7A+4E$

15 케일리－해밀턴의 정리에 의하여

$A^2-(x+1)A+(x-2y)E=O$

$A\neq kE$ (k는 실수)이므로 $x+1=4$, $x-2y=-5$

따라서 $x=3$, $y=4$이므로

$xy=3\times 4=12$

16 $\begin{pmatrix} \alpha+\beta & \alpha \\ 0 & \beta \end{pmatrix}\begin{pmatrix} \beta & 0 \\ \alpha+\beta & \alpha \end{pmatrix}=\begin{pmatrix} \alpha^2+2\alpha\beta+\beta^2 & \alpha^2 \\ \alpha\beta+\beta^2 & \alpha\beta \end{pmatrix}$

따라서

$\alpha^2+2\alpha\beta+\beta^2+\alpha^2+\alpha\beta+\beta^2+\alpha\beta$

$=2(\alpha+\beta)^2$

이때 근과 계수의 관계에 의하여

$\alpha+\beta=3$

이므로 구하는 모든 성분의 합은

$2\times 3^2=18$

17 $(A+B)^2=A^2+AB+BA+B^2$이므로

$A^2+B^2=(A+B)^2-(AB+BA)$

$=\begin{pmatrix} 2 & 1 \\ -1 & 3 \end{pmatrix}\begin{pmatrix} 2 & 1 \\ -1 & 3 \end{pmatrix}-\begin{pmatrix} 3 & 1 \\ -2 & 5 \end{pmatrix}$

$=\begin{pmatrix} 3 & 5 \\ -5 & 8 \end{pmatrix}-\begin{pmatrix} 3 & 1 \\ -2 & 5 \end{pmatrix}$

$=\begin{pmatrix} 0 & 4 \\ -3 & 3 \end{pmatrix}$

따라서 $(2, 2)$ 성분은 3이다.

18 (i) $A=kE$ (k는 실수)일 때

$A^2-5A+4E=k^2E-5kE+4E$

$=(k^2-5k+4)E=O$

따라서 $k^2-5k+4=0$, 즉 $(k-1)(k-4)=0$이므로

$k=1$ 또는 $k=4$

$k=1$일 때, $A=E$이므로 $a+d=1+1=2$

$k=4$일 때, $A=4E$이므로 $a+d=4+4=8$

(ii) $A\neq kE$ (k는 실수)일 때,

케일리－해밀턴의 정리에 의하여

$A^2-(a+d)A+(ad-bc)E=O$

따라서 $a+d=5$

(i), (ii)에 의하여 $a+d$의 값은 2, 5, 8이므로 구하는 최댓값은 8이다.

문제를 보다!

I 다항식

본문 114쪽

[기출 변형] ③　　0 ②

기출 변형 $P(x)$는 삼차다항식이고 $Q(x)$는 일차다항식이므로
조건 (나)의 모든 실수 x에 대하여

$P(x)-x^3+3x^2+2=\{Q(x)\}^2$ …… ①

은 x에 대한 항등식이고 $P(x)$는 최고차항의 계수가 1인 삼차다항식이다.

또한 조건 (가)에서 $P(x)Q(x)$가 $(x^2-x+1)(x-1)$로 나누어떨어지므로

$P(x)Q(x)=(x^2-x+1)(x-1)(x+k)m$ (k, m은 실수)

으로 놓으면 $P(1)Q(1)=0$

따라서 다음의 세 경우로 나눌 수 있다.

(i) $P(1)=0$, $Q(1)=0$인 경우

$P(x)=(x^2-x+1)(x-1)$, $Q(x)=m(x-1)$이므로

①에 대입하면

$(x^2-x+1)(x-1)-x^3+3x^2+2=\{m(x-1)\}^2$에서

$x^2+2x+1=m^2x^2-2m^2x+m^2$ …… ㉠

㉠이 항상 성립하려면 $m^2=1$, $m^2=-1$이어야 하고 이를 만족시키는 m의 값은 존재하지 않는다.

(ii) $P(1)=0$, $Q(1)\neq0$인 경우

$P(x)=(x^2-x+1)(x-1)$,

$Q(x)=m(x+k)$ (단, $k\neq-1$)이므로

①에 대입하면

$(x^2-x+1)(x-1)-x^3+3x^2+2=\{m(x+k)\}^2$에서

$x^2+2x+1=m^2x^2+2m^2kx+m^2k^2$ …… ㉡

㉡이 항상 성립하려면

$m^2=1$에서 $m=\pm1$이고 $k=1$이므로

$Q(x)=x+1$ 또는 $Q(x)=-(x+1)$

이때 $Q(0)>0$이므로 $Q(x)=x+1$

(iii) $P(1)\neq0$, $Q(1)=0$인 경우

$P(x)=(x^2-x+1)(x+k)$ (단, $k\neq-1$),

$Q(x)=m(x-1)$이므로

①에 대입하면

$(x^2-x+1)(x+k)-x^3+3x^2+2=\{m(x-1)\}^2$에서

$(k+2)x^2-(k-1)x+(k+2)=m^2x^2-2m^2x+m^2$ …… ㉢

㉢이 항상 성립하려면 $k+2=m^2$, $k-1=2m^2$에서

$k=-5$, $m^2=-3$이므로 m의 값은 실수가 아니다.

(i), (ii), (iii)에서

$P(x)=(x^2-x+1)(x-1)$, $Q(x)=x+1$이므로

$P(2)=3\times1=3$, $Q(2)=2+1=3$

따라서 $P(2)Q(2)=3\times3=9$

0 $P(x)$는 삼차다항식이고 $Q(x)$는 일차다항식이므로
조건 (나)의 모든 실수 x에 대하여

$x^3-2x-P(x)=\{Q(x)\}^2$ …… ①

은 x에 대한 항등식이고 $P(x)$는 최고차항의 계수가 1인 삼차다항식이다.

또한 조건 (가)에서 $P(x)Q(x)$가 $(x^2-2x+2)(x-1)$로 나누어떨어지므로

$P(x)Q(x)=(x^2-2x+2)(x-1)(x+k)m$ (k, m은 실수)

으로 놓으면 $P(1)Q(1)=0$

따라서 다음의 세 경우로 나눌 수 있다.

(i) $P(1)=0$, $Q(1)=0$인 경우

$P(x)=(x^2-2x+2)(x-1)$, $Q(x)=m(x-1)$이므로

①에 대입하면

$x^3-2x-(x^3-3x^2+4x-2)=\{m(x-1)\}^2$에서

$3x^2-6x+2=m^2x^2-2m^2x+m^2$ …… ㉠

㉠이 항상 성립하려면 $m^2=3$, $m^2=2$이어야 하고 이를 만족시키는 m의 값은 존재하지 않는다.

(ii) $P(1)=0$, $Q(1)\neq0$인 경우

$P(x)=(x^2-2x+2)(x-1)$,

$Q(x)=m(x+k)$ (단, $k\neq-1$)이므로

①에 대입하면

$x^3-2x-(x^3-3x^2+4x-2)=\{m(x+k)\}^2$에서

$3x^2-6x+2=m^2x^2+2m^2kx+m^2k^2$ …… ㉡

㉡이 항상 성립하려면 $m^2=3$, $k=-1$, $m^2k^2=2$이어야 하고 이를 만족시키는 m의 값은 존재하지 않는다.

(iii) $P(1)\neq0$, $Q(1)=0$인 경우

$P(x)=(x^2-2x+2)(x+k)$ (단, $k\neq-1$),

$Q(x)=m(x-1)$이므로

①에 대입하면

$x^3-2x-(x^2-2x+2)(x+k)=\{m(x-1)\}^2$에서

$-(k-2)x^2+2(k-2)x-2k=m^2x^2-2m^2x+m^2$ …… ㉢

㉢이 항상 성립하려면

$m^2=-k+2$, $m^2=-2k$에서 $-k+2=-2k$이므로

$k=-2$이고 $m^2=4$에서 $m=\pm2$이므로

$Q(x)=2(x-1)$ 또는 $Q(x)=-2(x-1)$

이때 $Q(0)<0$이므로 $Q(x)=2(x-1)$

(i), (ii), (iii)에서

$P(x)=(x^2-2x+2)(x-2)$, $Q(x)=2(x-1)$이므로

$P(-1)=5\times(-3)=-15$, $Q(-1)=2\times(-2)=-4$

따라서 $P(-1)+Q(-1)=(-15)+(-4)=-19$

인수분해를 이용한 이차방정식의 풀이 [중3 이차방정식]

두 수 또는 두 식 A, B에 대하여 $AB=0$이면 다음 세 가지 중에서 반드시 하나가 성립한다.

① $A=0$, $B=0$
② $A=0$, $B\neq0$
③ $A\neq0$, $B=0$

이 세 가지를 통틀어 '$A=0$ 또는 $B=0$'라 한다.

Ⅱ 방정식

본문 268쪽

[기출 변형] ④ **0** ②

기출 변형 이차함수 $y=x^2-4x+9$의 그래프와 직선 $y=ax$ $(a>0)$가 한 점에서 만나므로 직선 $y=ax$는 이차함수 $y=x^2-4x+9$의 그래프와 접한다. 즉 이차방정식 $x^2-4x+9=ax$는 중근을 가진다.

이차방정식 $x^2-(a+4)x+9=0$의 판별식을 D라 하면

$D=\{-(a+4)\}^2-4\times9=0$

$a^2+8a-20=0$

$(a+10)(a-2)=0$

에서 $a>0$이므로 $a=2$

점 A는 이차함수 $y=x^2-4x+9$의 그래프와 직선 $y=2x$의 접점이므로 점 A의 x좌표는 이차방정식 $x^2-4x+9=2x$의 실근과 같다.

즉 $x^2-6x+9=0$, $(x-3)^2=0$에서 $x=3$

따라서 점 A의 좌표는 $(3, 6)$, 점 H의 좌표는 $(3, 0)$

점 B는 이차함수 $y=x^2-4x+9$의 그래프와 y축의 교점이므로 점 B의 좌표는 $(0, 9)$이다.

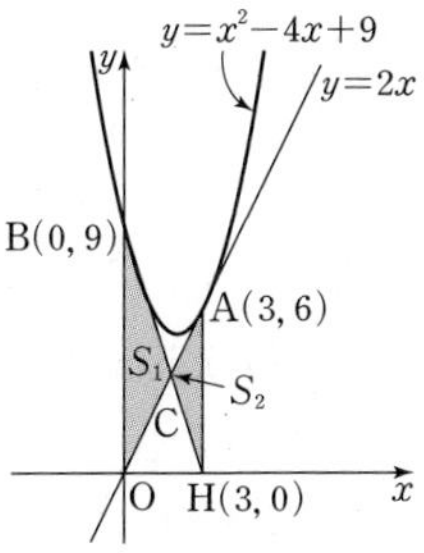

한편 $S_1-S_2=\triangle\text{BOH}-\triangle\text{AOH}$가 성립하므로

$S_1-S_2=\triangle\text{BOH}-\triangle\text{AOH}$

$=\frac{1}{2}\times3\times9-\frac{1}{2}\times3\times6$

$=\frac{27}{2}-9=\frac{9}{2}$

0 이차함수 $y=x^2-x+4$의 그래프와 직선 $y=ax$ $(a>0)$가 한 점에서 만나므로 직선 $y=ax$는 이차함수 $y=x^2-x+4$의 그래프와 접한다.

즉 이차방정식 $x^2-x+4=ax$는 중근을 가진다.

이차방정식 $x^2-(a+1)x+4=0$의 판별식을 D라 하면

$D=\{-(a+1)\}^2-4\times4=0$

$a^2+2a-15=0$

$(a+5)(a-3)=0$

에서 $a>0$이므로 $a=3$

점 A는 이차함수 $y=x^2-x+4$의 그래프와 직선 $y=3x$의 접점이므로 점 A의 x좌표는 $x^2-x+4=3x$의 실근과 같다.

즉 $x^2-4x+4=0$, $(x-2)^2=0$에서 $x=2$

따라서 점 A의 좌표는 $(2, 6)$, 점 H의 좌표는 $(2, 0)$

점 B는 이차함수 $y=x^2-x+4$의 그래프와 y축의 교점이므로 점 B의 좌표는 $(0, 4)$

직선 AB의 기울기는 $\frac{6-4}{2-0}=1$, y절편은 4이므로

직선 AB의 방정식은 $y=x+4$

점 C는 직선 AB와 x축의 교점이므로

점 C의 좌표는 $(-4, 0)$

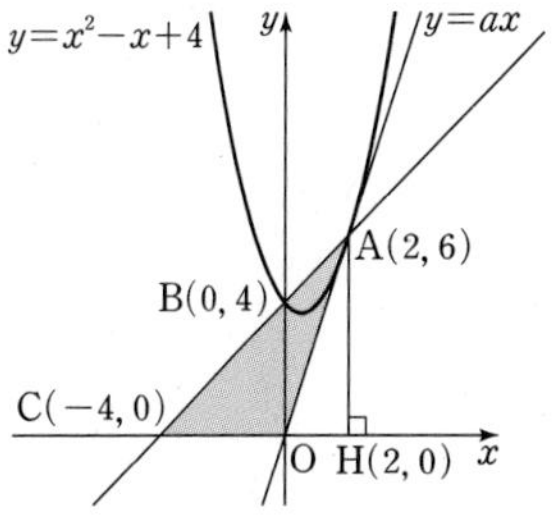

따라서 $\triangle\text{ACO}=\frac{1}{2}\times4\times6=12$

Ⅲ 부등식

본문 338쪽

[기출 변형] ③ **0** ②

기출 변형 $\begin{cases}x^2-(a^2-2)x-2a^2<0 & \cdots\cdots ㉠\\ x^2+(a-7)x-7a>0 & \cdots\cdots ㉡\end{cases}$

이차부등식 ㉠에서

$(x-a^2)(x+2)<0$

$a>0$에서 $a^2>0$이므로 ㉠의 해는

$-2<x<a^2$

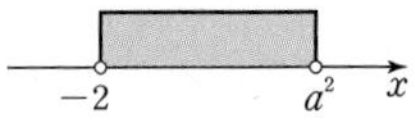

이차부등식 ㉡에서

$(x+a)(x-7)>0$

$a>0$에서 $-a<0$이므로 ㉡의 해는

$x<-a$ 또는 $x>7$

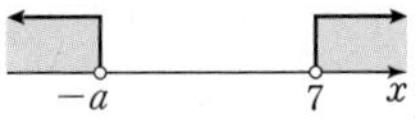

다음과 같이 $-a>-1$이면 연립부등식의 해에 $x=-1$이 포함되고, $a^2>8$이면 연립부등식의 해에 $x=8$이 포함되므로 연립부등식을 만족시키는 정수 x가 존재한다.

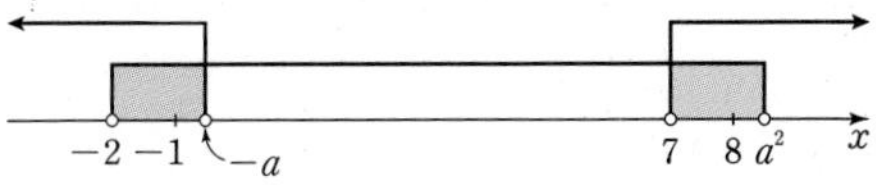

즉 정수 x가 존재하지 않도록 하는 a의 값의 범위는

$-1\ge-a$이고 $a^2\le8$ $(a>0)$

즉 $a\ge1$이고 $0<a\le2\sqrt{2}$이므로 $1\le a\le2\sqrt{2}$

따라서 a의 최댓값 $M=2\sqrt{2}$이므로

$M^2=8$

0 $\begin{cases}x^2-(a^2-3)x-3a^2<0 & \cdots\cdots ㉠\\ x^2+(a-10)x-10a\ge0 & \cdots\cdots ㉡\end{cases}$

이차부등식 ㉠에서

$(x-a^2)(x+3)<0$

$a>0$에서 $a^2>0$이므로 ㉠의 해는

$-3<x<a^2$

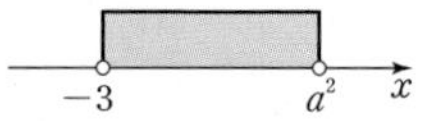

이차부등식 ㉡에서

$(x+a)(x-10)\geq 0$

$a>0$에서 $-a<0$ ㉡의 해는

$x\leq -a$ 또는 $x\geq 10$

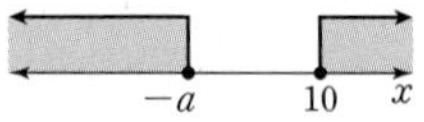

다음과 같이 $-a\geq -2$이면 연립부등식의 해에 $x=-2$가 포함되고, $a^2>10$이면 연립부등식의 해에 $x=10$이 포함되므로 연립부등식을 만족시키는 정수 x가 존재한다.

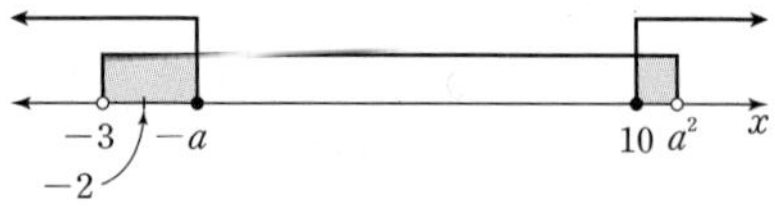

즉 정수 x가 존재하지 않도록 하는 a의 값의 범위는

$-a<-2$이고 $a^2\leq 10$ $(a>0)$

즉 $a>2$이고 $0<a\leq\sqrt{10}$이므로

$2<a\leq\sqrt{10}$

IV 경우의 수

본문 398쪽

[기출 변형] ②　　0 ①

기출 변형

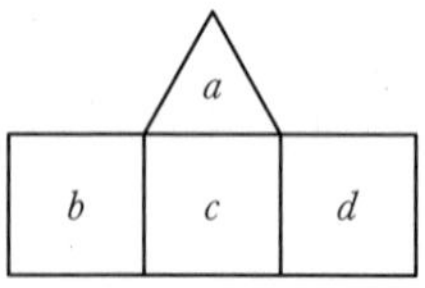

그림과 같이 정삼각형에 적힌 수를 a, 정사각형에 적힌 수를 왼쪽부터 차례대로 b, c, d라 하자.

조건 ㈎, ㈏에서 a보다 큰 수가 적어도 2개 존재해야 하므로

$a\leq 4$

(i) $a=1$일 때

c는 2, 3, 4, 5, 6 중 하나이다. 이 각각에 대하여 b, d는 2, 3, 4, 5, 6 중 c가 아닌 수이면 되므로 그 경우의 수는

$4\times 4=16$

따라서 $a=1$인 경우의 수는 $5\times 16=80$

(ii) $a=2$일 때

c는 3, 4, 5, 6 중 하나이다. 이 각각에 대하여 b, d는 3, 4, 5, 6 중 c가 아닌 수이면 되므로 그 경우의 수는 $3\times 3=9$

따라서 $a=2$인 경우의 수는 $4\times 9=36$

(iii) $a=3$일 때

c는 4, 5, 6 중 하나이다. 이 각각에 대하여 b, d는 4, 5, 6 중 c가 아닌 수이면 되므로 그 경우의 수는 $2\times 2=4$

따라서 $a=3$인 경우의 수는 $3\times 4=12$

(iv) $a=4$일 때

c는 5, 6 중 하나이다. 이 각각에 대하여 b, d는 5, 6 중 c가 아닌 수이면 되므로 그 경우의 수는 1

따라서 $a=4$인 경우의 수는 $2\times 1=2$

(i)~(iv)에서 구하는 경우의 수는

$80+36+12+2=130$

0 맨 왼쪽 정사각형에 1을 적고 그 옆에 2를 적는 경우에 대하여 수형도를 그리면 다음과 같다.

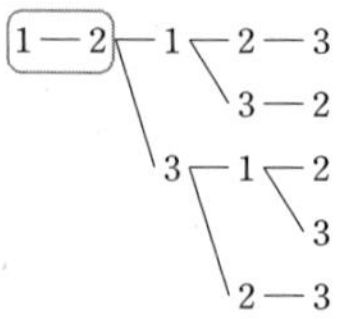

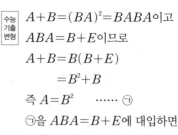

맨 왼쪽 정사각형에 1을 적고 그 옆에 3을 적는 경우에 대하여 수형도를 그리면 다음과 같다.

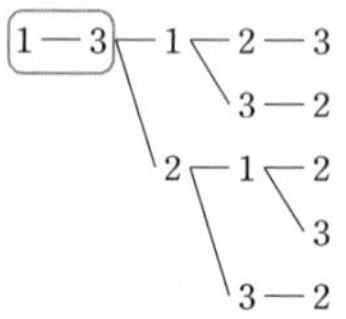

즉, 맨 왼쪽 정사각형에 1을 적는 경우의 수는 10

위의 방법과 마찬가지로 맨 왼쪽 정사각형에 2를 적는 경우의 수는 10, 맨 왼쪽 정사각형에 3을 적는 경우의 수는 10

따라서 다섯 개의 정사각형 내부에 적인 숫자가 조건을 만족시키는 경우의 수 $10+10+10=30$

V 행렬

본문 450쪽

[수능 기출 변형] ①　　0 ④

수능 기출 변형

$A+B=(BA)^2=BABA$이고

$ABA=B+E$이므로

$A+B=B(B+E)$

$\quad =B^2+B$

즉 $A=B^2$ ...... ㉠

㉠을 $ABA=B+E$에 대입하면

$(B^2)B(B^2)=B^5=B+E$

또한

$A^5=(B^2)^5$

$=(B^5)^2$

$=(B+E)^2$

$=B^2+2B+E$ ← $A=B^2$

$=A+2B+E$

이므로

$A^5-B^5=A+2B+E-(B+E)$

$\quad =A+B$

0 ㄱ. $A-B=(AB)^2=ABAB$이고

$ABA+B+E=O$에서 $ABA=-B-E$이므로

$A-B=(-B-E)B$

$=-B^2-B$

즉 $A=-B^2$ (거짓)

ㄴ. $ABA=-B-E$에 $A=-B^2$을 대입하면

$(-B^2)B(-B^2)=B^5=-B-E$ (참)

ㄷ. $A^5=(-B^2)^5$

$=-(B^5)^2$ $\leftarrow B^5=-B-E$

$=-(-B-E)^2$

$=-(B^2+2B+E)$

$=-B^2-2B-E$ $\leftarrow A=-B^2$

$=A-2B-E$

이므로

$B^5-A^5=(-B-E)-(A-2B-E)$

$=-B-E-A+2B+E$

$=-A+B$

즉 $B^5-A^5=-A+B$ (참)

따라서 옳은 것은 ㄴ, ㄷ이다.